植物生物学

〔英〕A. M. 史密斯　G. 库普兰特
L. 多兰　　N. 哈伯德　　J. 琼斯　**编著**
C. 马丁　R. 萨布洛斯基　A. 埃米

瞿礼嘉　顾红雅　刘敬婧　秦跟基　**主译**

科学出版社
北　京

图字：01-2010-1296 号

内 容 简 介

本书由欧洲著名植物分子生物学研究所 John Innes Center 的七位杰出植物生物学家合作撰写。全书共分九章，首先介绍现代植物起源研究，并简述植物基因组和遗传学的特征，随后阐述植物细胞、代谢和发育等方面的基础知识和研究进展，以及植物对环境信号的接受和应对生物胁迫和非生物胁迫的策略，最后讨论植物学研究发展与人类社会的关系。本书内容全面、系统、权威，反映了当前人们对植物学在分子层面上的最新、最前沿的理解。全书结构简洁，语言深入浅出，图文并茂，编排有序，是植物生物学领域的一部全新的重要著作。

本书适合于植物学、分子生物学、生物化学、细胞生物学、农学等相关领域的高年级本科生、研究生、教师和科研人员阅读参考。

PLANT BIOLOGY, by Alison M. Smith, George Couplant, Liam Dolan, Nicholas Harberd, Jonathan Jones, Cathie Martin, Robert Sablowski, Abigail Amey
Copyright 2010 by Garland Science, Taylor & Francis Group, LLC
Chinese Translation Edition Copyright 2012 Science Press
All Rights Reserved
Authorized translation from English language edition published by Garland Science, part of Taylor & Francis Group LLC.

本书封面贴有 Taylor & Francis 集团防伪标签，未贴防伪标签属未获授权的非法行为。

图书在版编目（CIP）数据

植物生物学/（英）史密斯（Smith, A. M.）等编著；瞿礼嘉等译.
—北京：科学出版社，2012

（生命科学名著）
Plant Biology
ISBN 978-7-03-034067-2

Ⅰ.①植… Ⅱ.①史…②瞿… Ⅲ.①植物学-研究 Ⅳ.①Q94

中国版本图书馆 CIP 数据核字（2012）第 072489 号

责任编辑：王海光 刘 晶/责任校对：刘小梅 包志虹 钟 洋
责任印制：吴兆东/封面设计：陈 敬

科学出版社出版
北京东黄城根北街 16 号
邮政编码：100717
http://www.sciencep.com

北京建宏印刷有限公司印刷
科学出版社发行 各地新华书店经销

*

2012 年 6 月第 一 版　开本：787×1092　1/16
2025 年 1 月第十次印刷　印张：44 3/4
字数：1 028 000

定价：180.00 元
（如有印装质量问题，我社负责调换）

译校者名单

主译　瞿礼嘉　顾红雅　刘敬婧　秦跟基

参译　(以姓氏笔画为序)

　　　王剑峤　王维莹　韦宝耶　石　佼
　　　朱久磊　李　萌　李　爽　李世柏
　　　李洁如　杨　琰　张　俊　何雨点
　　　林　青　侯仙慧　侯英楠　钟　声
　　　唐智鹏　黄清配　雷　蕾　魏　嘉

主校　瞿礼嘉　顾红雅

参校　蔡　乐　张慧婷　施逸豪　张汉林

译 者 的 话

于我而言，今天《植物生物学》(中文版)的付梓印刷有着特殊意义。

还记得八年前，科学出版社出版了我和同事们翻译的《植物生物化学与分子生物学》(中文版)，那是一部超过一千页的鸿篇巨著，由于其既兼顾植物分子生物学领域研究的历史，又详尽介绍其研究现状和未来发展方向，且图文印刷质量极佳，因而受到了广大国内同行的欢迎，有不少科研院所都把它列入研究生的必读书目。此书需求甚广，直到最近还有朋友希望购买此书。与此同时，也有不少同行以及读者朋友来信反映这本书太厚，内容太多，希望能有一本内容稍少、言简意赅的简装版。数年前，我在一个会议上见到原书主编之一的瑞士联邦工学院威利·格鲁森（Wilhelm Gruissem）教授时曾问过他，现在植物分子生物学的研究日新月异，他们是否考虑更新内容编写《植物生物化学与分子生物学》的第二版或是新的简装版，他说由于年龄、工作单位变更等各种原因，要再组织起一群志同道合的学者编写第二版很困难，因而虽然有此想法却迟迟没有动手。当时我觉得这真是一件很可惜的事情。2010年，Taylor & Francis集团下属的 Garland Science 出版社出版了 *Plant Biology*，我一看到这本书，马上就有"就是它了"的感觉，读过之后这种感觉就更为强烈了。*Plant Biology* 是由七位英国植物学家共同撰写而成，他们都是约翰因内斯中心（John Innes Center）的科学家，他们各自的研究都代表了目前英国植物分子生物学研究最活跃、最前沿的水平。约翰因内斯中心一直是欧洲最好的植物科学研究所之一，由于有20世纪90年代中期在约翰因内斯中心做访问学者的经历，我对这个中心比较了解，很有感情，因而也长期在想一个问题，一个聚集了这么多世界顶尖植物学家的研究所为什么不能也组织起来写一部植物分子生物学研究领域的"圣经"呢？看到这本 *Plant Biology* 后我突然有了释然的感觉，约翰因内斯中心终于"出手"了！所以当科学出版社找我，希望我能够把这本书翻译成中文时，我毫不犹豫欣然接受了下来。

《植物生物学》分为九章，内容从植物演化、植物基因组和遗传，到植物细胞、代

译者的话

谢和发育，再到植物与环境的关系以及对人类社会和生活的影响，涵盖了目前我们对植物在各个层面上的理解，既全面（宏观、微观都有）又重点突出（突出植物遗传学和基因组学的重要地位）。总体而言，《植物生物学》的篇幅不像《植物生物化学与分子生物学》那么大（约一半多一点），内容新颖简洁，比较适合于高年级本科生和研究生使用。值得一提的是，该书的最后一位作者是一位拥有生物化学博士学位的专栏编辑，他的加入为该书文字的润色和图表的编排添色不少，使之读起来更加浅显易懂。

本书的翻译工作持续了两年的时间，先后有我们实验室的二十多人参与其中，因此是典型的团队作品。在翻译的过程中，特别是在翻译一些特殊的专业词汇时，中国科学院植物研究所的漆小泉、陈之端、孙苗和刘夙给予了很大帮助；由于部分图片尚有未解决的版权问题，北京大学生命科学学院张慧婷同学负责了这些图中大部分的绘制工作，复旦大学马红教授和中国科学院遗传与发育生物学研究所薛勇彪研究员也为我们提供了他们自己实验室拍摄的图片，对于这些帮助我们心存感谢。对于原书的一些排版和书写错误，我们也在尽可能在忠于原著的基础上予以改正。另外还要强调的是，整个翻译和校阅工作对我们自己而言也是一个学习和提高的过程，本书内容覆盖面大，细节多，我们虽然竭尽全力，仍然难免会出现这样那样的疏漏，对此我们恳请读者朋友谅解，并不吝指正。

《植物生物学》（中文版）得到了北京大学蛋白质与植物基因研究国家重点实验室和生命科学学院的大力支持。我们要深深感谢所有参与翻译和校阅以及为我们的工作提供方便和帮助的北京大学的老师和同学；深深感谢科学出版社的王静女士，王静是我们之前那本书的责任编辑，现在已是部门领导，我们一起合作多次，彼此很熟悉，她是本书引进翻译的推动者；深深感谢王海光和刘晶两位责任编辑，她们为本书付出了大量的心血和汗水，她们高度的责任心和忘我的工作作风令人钦佩。最后，我们想感谢《植物生物学》的原书作者们，是他们的卓越工作带给了我们大家一部有关植物学研究最新理解的好书，翻译时我们很享受阅读这本书的过程，也希望读者朋友阅读这本《植物生物学》（中文版）时获得同样的享受！

谨以此部译著献给北京大学一百一十四周年校庆！

瞿礼嘉　代表所有译校人员
2012 年春于燕园

前　　言

　　生物通过光合作用捕获的太阳光是地球上几乎所有生物的能量来源，而植物作为生活在陆地上的主要光合作用生物，为地球上几乎所有生态系统提供能源。因此，了解植物生物学是当今科学研究最重要的目标之一，由于人类活动造成地球环境的变化从而威胁到生态系统的稳定性，这一目标因而也变得日益紧迫。

　　《植物生物学》是一本有关植物科学"目前我们知道什么"的书，讲述了有关植物科学的历史，但整个内容设置受到近二十年来出现的全新概念的很大影响。就经典而言，以前人们主要在生物化学、细胞生物学以及生物体水平上研究植物的生长、发育、代谢以及对环境的反应。然而20世纪80年代早期出现的两股变革浪潮彻底改变了人们对植物生物学的认识。

　　第一个浪潮是人们认识到遗传学和分子遗传学也可以用来研究一般的植物生物学问题。当然，植物遗传学本身就有一段辉煌的历史，发现基因是遗传的基本单位以及发现DNA转座子都是在植物中被发现的。这第一个浪潮的不同之处在于人们认识到遗传学和分子遗传学可以成为研究植物生物学各个方面问题的工具，而在以前人们并没有把它划定在植物遗传学研究的范畴内。人们开始通过研究遗传上发生改变的，即带有突变基因、产生了突变表型的植物（突变体）来研究生长、代谢以及植物生物学的许多其他领域。

　　紧接着就有了第二个变革的浪潮，这个浪潮的起点可以精确地定位到1999年的年末——第一个植物全基因组序列正式发表之时。从此，许多植物都进行了全基因组序列测定，我们今天仍然生活在这一"基因组"的浪潮当中，其结果和深远影响还无法盖棺定论。但有一点是确定无疑的，那就是这两个浪潮已经彻底改变了我们对植物生物学的想法。

　　我们之所以撰写这本《植物生物学》，是因为我们感受到了需求，需要有一本教科书来反映这些令人激动的研究前景的变化。本书开篇是一个有关我们现代植物起源研究的小结，包括如何认定陆地植物的祖先是水生藻类，植物如何上陆，有花植物（被子植物）如何主宰陆地植被等。随后，鉴于遗传学在本书其余部分内容中的重要地位，我们安排了有关植物基因组和遗传学的特征的内容。后边的章节则综述目前我们在植物细胞生物学、植物代谢和植物发育生物学中的现有知识。我们用三章的篇幅简要介绍植物与环境的相互作用，包括植物如何应对环境变化调节自身的生长、植物如何应对胁迫以及植物如何与其他生物体相互作用。最后一章阐述植物与人的关系，包括驯化、农业以及作物育种。

目前我们所了解的知识甚至在几年前还是无法想象的，有一个例子可以说明这一点，那就是现在我们已经知道植物是如何通过特定的转录因子间的相互作用以及相对的空间分布来调控花的形成的。我们在本书中讨论到的许多植物生物学领域的最新进展有助于我们从整体上更好地理解现代生物学。

本书编排上的特点如学习目的、章节小结、信息框以及延伸阅读文献推荐等对于加强读者对重要概念的理解很有助益。使用《植物生物学》为教材讲课的教师可以使用 Garland Science Classwire™，利用它教师可以很容易地为其课程建立网站，并拥有用于授课的网上资源。注册后，教师可以下载《植物生物学》所有图，这些图的格式为 JPEG 或是 PowerPoint。请访问 Garland Science 网站（www. garlandscience. com）或者发电子邮件到 science@garland. com 索取更多有关 Classwire 的信息。

《植物生物学》的面世是很多人共同努力的结果。我们感谢本书的审稿人，他们提出的富有建设性和深刻见地的建议对我们弥足珍贵，特别要感谢 Anil Day、Rob Martiennsen 和 Graham Moore 对本书的贡献。毋庸赘言，本书的任何错误均为我们的无心差池而与审稿人无关。Nigel Orme 图画得非常好，Tobias Kieser 的照片精美，极大地提升了文字的阐述清晰度和质量。感谢 Linda Strange 对本书文字娴熟的编辑工作和字斟句酌，Keith Roberts 在本书的不同阶段都提供了宝贵的建议、鼓励以及质量监控。我们感谢 Dick Flavell 在本书撰写早期的大量投入，感谢 Chris Lamb 以及 John Innes Center 对本书完成的支持。最后我们想感谢 Garland Science 出版社所有工作人员，特别要感谢 Matt Day 在本书早期的协调工作，Dominic Holdsworth 接手直至完成，Liz Owen、Simon Hill、Georgina Lucas 和 Helen Powis 在最后编辑和印刷阶段的努力，以及 Denise Schanck 对本书自始至终的支持。

希望您享受本书带来的快乐！

> A. M. 史密斯　G. 库普兰特　L. 多兰　N. 哈伯德
> J. 琼斯　C. 马丁　R. 萨布洛斯基　A. 埃米

致 谢

在本书编写过程中，很多植物生物学家为我们提供了实用的意见，我们特别希望感谢以下学者：

Richard Amasino, University of Wisconsin-Madison
Dorothea Bartels, University of Bonn
David Baulcombe, University of Cambridge
Andrew Bent, University of Wisconsin-Madison
Frederic Berger, Temasek Life Sciences Laboratory, Singapore
Hans Bohnert, University of Illinois
Terry Brown, University of Manchester
Maarten J. Chrispeels, University of California, San Diego
Jeff Dangl, University of North Carolina
Anil Day, University of Manchester
David T. Dennis, Performance Plants Inc.
Allan Downie, John Innes Centre, Norwich
Jeff Ellis, CSIRO Plant Industry, Canberra
Noel Ellis, John Innes Centre, Norwich
Robert Furbank, CSIRO Plant Industry, Canberra
Jeremy Harbinson, Wageningen University
Patrick Hayes, Oregon State University
Elizabeth A. Kellogg, University of Missouri, St. Louis
Paul Kenrick, The Natural History Museum
Ross E. Koning, Eastern Connecticut State University
Jane Langdale, Oxford University
Ottoline Leyser, University of York
Chentao Lin, University of California, Los Angeles
Enrique Lopez-Juez, Royal Holloway, University of London
John Mansfield, Imperial College
Ron Martiennsen, Cold Spring Harbor Laboratory
Graham Moore, John Innes Centre, Norwich
Andy Maule, John Innes Centre, Norwich
Timothy Nelson, Yale University
T. Kaye Peterman, Wellesley College
Eric J. Richards, Boyce Thompson Institute for Plant Research
Fred Sack, University of British Columbia
Peter Shaw, John Innes Centre, Norwich
Jonathan Walton, Michigan State University
Gary Whitelam, Leicester University

目　　录

译者的话
前言
致谢

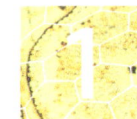 起源　1

1.1　地球、细胞和光合作用　2
　　地球在 46 亿年前形成　2
　　光合作用在约 35 亿年前演化出来　4
　　产氧光合作用在 22 亿年前广泛存在　5
　　光合作用蓝细菌产生富氧的大气　6
　　地球上早期的生命在缺乏臭氧保护的大气中演化　6
1.2　真核细胞　7
　　光合真核生物从两种内共生作用中产生　7
　　几类光合生物体是从产生质体的内共生作用中衍生而来　9
　　化石证据表明真核生物在 27 亿年前形成，多细胞生物在 12.5 亿年前形成　9
　　动物和藻类在早寒武纪的多样化　12
1.3　陆地植物　13
　　绿色植物为单起源　13
　　陆地植物可能由与轮藻近缘的植物衍生而来　14
　　　信息框 1-1　在亲缘关系和演化方面 DNA 能够告诉我们什么　15
　　小型化石说明早期的陆地植物出现在中奥陶纪（约 4.75 亿年前）　16
　　志留纪和泥盆纪期间植物多样性的增加　17
　　孢子囊的数目可以把最早的陆地植物和它们衍生的后代区别开来　18
　　植物大小的增长伴随着维管系统的演化　19
　　一些最早的维管植物和现在的石松类有亲缘关系　21
　　木贼、真蕨以及种子植物是从 4 亿年前泥盆纪早期的一类无叶植物中产生的　23
　　真蕨和木贼类演化于泥盆纪　25
　　随着陆生植物的早期演化，其化学成分和细胞复杂性增加　25
　　大气中 CO_2 和 O_2 水平取决于光合作用和碳掩埋的速率　26
　　陆生植物的演化在一定程度上造成了 4.5 亿年前大气 CO_2 含量开始下降　27

古生代中期大气 CO_2 含量的下降是大叶片演化的驱动力　29
1.4　种子植物　30
种子包含受精产生的遗传物质,并且被孢子体发育而来的组织所包被　31
种子植物起源于泥盆纪,且在 2.9 亿～2.5 亿年前的二叠纪蓬勃发展　32
泥盆纪孢子体世代开始在陆生植物的生活史中占主导地位　33
至今有 5 类种子植物生存地球上　37
1.5　被子植物　37
被子植物出现在 1.35 亿年前早白垩纪的化石中　37
被子植物起源于热带,随后扩散到高纬度地区　38
无油樟是所有现存被子植物的姐妹类群　39
真双子叶植物通过花粉孔的数目区别于其他有花植物　41
最早的被子植物花器官形态小,由很多部分组成　42
单子叶植物是一个单系类群　43
禾本科起源于 6000 万年前,但在较晚期开始分化　45

基因组　49

2.1　核基因组:染色体　50
2.2　染色体 DNA　51
着丝粒与端粒中存在特殊的 DNA 重复序列　51
核基因可以转录成几种类型的 RNA　53
植物的染色体组含有多种可移动的遗传因子　55
2.3　核基因的调节　58
调控序列和转录因子控制基因转录发生的位置及时间　59
　　信息框 2-1　由转录因子完成的联合调控　62
基因的活性可以通过染色质 DNA 和蛋白质的化学变化进行调控　65
染色质修饰可以通过细胞分裂遗传下去　67
基因功能也在 RNA 水平受到调控　69
调节性小 RNA 控制 mRNA 的功能　70
小 RNA 能够指导在特定 DNA 的序列上进行染色质修饰　73
2.4　基因组序列　74
拟南芥基因组是第一个被全部测序的植物基因组　74
分析基因组序列鉴定单个基因　74
测序结果显示,拟南芥基因组具有与动物基因组类似的复杂性,但其中又有很大比例的植物特有基因　75
植物基因组的比较揭示出它们之间保守和分歧的特征　77
大多数被子植物在演化历程中都经历过基因组加倍　78
通过重复和分化,基因能够获得新的功能　79
在亲缘关系很近的植物种中,基因排列的顺序是保守的　82
2.5　基因组和生物技术　84
突变基因可以通过与已知分子标记的共分离结果定位在基因组中　84
由 DNA 插入引起突变的基因可以通过检测插入序列来定位　85
基因可在 DNA 水平直接通过筛选突变体获得,而不依赖于表型　87

RNA 干涉也是敲除基因功能的一种方法　88
多基因遗传可通过绘制数量性状基因座（QTL）图谱进行分析　88
基因组测序促进了新技术的发展，使得人们可以同时观测多个基因的活性　89

2.6　细胞质基因组　91

质体和线粒体由被吞入其他细胞中的细菌演化而来　91
细胞器基因不遵循孟德尔遗传定律　92
质体和线粒体的基因组在演化过程中不断被简化　92
细胞器中的大多数多肽由核基因组编码并定位于细胞器　93
质体 DNA 的复制和重组并不与细胞分裂紧密偶联　94
质体和真细菌中基因表达具有相同的特征　95
质体中含有两种不同的 RNA 聚合酶　95
转录后加工对于调控质体基因的表达十分重要　97
细胞器转录物经过 RNA 编辑　98
翻译后加工可维持多亚基复合体中核编码与质体编码的组分的正确比例　98
质体基因表达的发育调控也包括质体与细胞核之间的信号通路　98

3　细胞　103

3.1　细胞周期　105

细胞周期各个阶段的转换由一套复杂的机制来调控　106
　信息框 3-1　细胞核　108
植物细胞周期受发育和环境调控　112
许多分化中的细胞进行核内复制：没有核分裂和细胞分裂的 DNA 复制　112

3.2　细胞分裂　116

细胞分裂中细胞组分随细胞骨架迁移　117
　信息框 3-2　细胞骨架　117
早前期带发生在即将形成新细胞壁的位置　118
复制后的姐妹染色单体在纺锤体微管牵引下分离　120
微管指引确定新细胞壁合成的成膜体形成　121
囊泡将原料从高尔基体运送到新形成的细胞壁　126
减数分裂是产生单倍体细胞和遗传多样性的一种特殊细胞分裂　128

3.3　细胞器　132

质体和线粒体的复制独立于细胞分裂　134
质体和线粒体的生物合成与多种蛋白质的翻译后转入相关　136
内膜系统将蛋白质转运到细胞表面和液泡中　139
细胞器在细胞内的运动依赖肌动蛋白微丝　145

3.4　初生细胞壁　146

细胞壁基质由果胶和半纤维素组成　148
纤维素是在细胞板形成后的细胞表面合成的　149
细胞壁的糖类组分相互作用形成坚韧而有弹性的结构　151
糖蛋白和酶在细胞壁中具有重要功能　153
胞间连丝在细胞间形成通道　155

3.5 细胞膨大和细胞形态　158
　　质膜性质决定细胞组成并调控细胞和外界环境之间的相互作用　158
　　质子的跨膜运输形成电势和质子势来驱动其他运输过程　159
　　水孔蛋白介导水分的跨膜运动　160
　　细胞膨大是由溶质涌入液泡所驱动的　162
　　液泡是储存物质和隔离物质的场所　166
　　相互协调的离子转运和水分运动驱动气孔开启　167
　　细胞膨大的方向由细胞皮层中的微管来决定　170
　　细胞膨大时肌动蛋白丝引导新物质添加到细胞表面　173
　　在根毛细胞和花粉管细胞中，细胞膨大位于细胞顶端　173

3.6 次生细胞壁和角质层　176
　　次生细胞壁的结构和成分随着细胞类型的改变而改变　177
　　木质素是很多次生细胞壁的主要组成成分　178
　　木质化是木质导管和管胞细胞的特征　182
　　木材由维管组织次生生长形成　183
　　角质层形成植物地上部分的疏水屏障　187

4 新陈代谢　193

4.1 代谢通路的调控　194
　　区室化提高了代谢多样性的可能　194
　　代谢过程受酶活性的协调和控制　196

4.2 碳的同化：光合作用　199
　　碳通过卡尔文循环被吸收　201
　　叶绿体类囊体上的光俘获过程为碳的同化提供能量　202
　　叶绿素分子捕获光能并将其转移至反应中心　204
　　反应中心间的电子传递使 $NADP^+$ 被还原并建立了跨类囊体膜的质子梯度　205
　　　信息框 4-1　光　206
　　质子梯度通过 ATP 合酶复合体驱动 ATP 的合成　211
　　通过调控光捕获过程使过量激发能的耗散达到最大　214
　　碳的同化和能量供应受到卡尔文循环酶的协调　215
　　蔗糖的合成受光合作用以及植物非光合部分对碳需求的严格调控　218
　　淀粉的合成使得光合作用在蔗糖合成受限时也能保持在较高水平　224

4.3 光呼吸作用　226
　　Rubisco 可以用 O_2 代替 CO_2 作为底物　226
　　光呼吸机制在叶片碳和氮利用方面的影响　229
　　C4 植物通过浓缩 CO_2 来消除光呼吸作用　231

4.4 蔗糖的运输　239
　　蔗糖通过韧皮部运送到植物非光合作用部位　239
　　韧皮部的装载可能是质外体装载或共质体装载　239
　　蔗糖从韧皮部卸载的途径取决于植物器官的种类　243
　　叶片提供的吸收物和植物其他地方的需求是一致的　245

4.5 非光合作用的能量和前体的合成 247
   蔗糖和己糖磷酸之间的相互转换灵敏地调节蔗糖代谢 247
   糖酵解和戊糖磷酸氧化途径产生还原力、ATP 和生物合成途径前体物质 249
   三羧酸循环和线粒体电子传递链是非光合作用细胞的 ATP 的主要来源 252
   蔗糖在"代谢骨架"途径中的分配是相当灵活的,与细胞的功能相关 261

4.6 碳的储存 262
   糖在液泡中的储存 263
   淀粉颗粒是由一些小家族淀粉合酶和淀粉分支酶合成的半晶状结构 264
   淀粉降解的途径取决于植物器官的类型 269
   一些植物储存可溶的果糖多聚体而非淀粉 270
   储存性脂肪由内质网中的脂肪酸合成 272
   储存脂类中脂肪酸的组分因物种而异 276
   通过 β 氧化和糖异生作用将三酰甘油转变为糖 281
   蔗糖可能作为决定碳储存程度的信号 281

4.7 质体代谢 285
   质体通过代谢物转运蛋白与细胞质交换特定代谢物 286
   脂肪酸通过质体中的酶复合体合成 288
   细胞中通过与"真核"途径不同的"原核"途径进行质体内膜脂质的合成 292
   萜类化合物的合成在质体和胞质内途径不同而产生不同的产物 295
   叶绿素和亚铁血红素的前体——四吡咯是在质体中合成的 301

4.8 氮同化 303
   植物包含几种类型的硝酸盐转运蛋白,受不同信号的调节 304
   硝酸盐还原酶受不同水平的调节 306
   氨基酸生物合成部分受到反馈调节 310
   氮以氨基酸和特定储存蛋白的形式被储存 318

4.9 磷、硫和铁的同化 321
   磷的供给量是植物生长的一个主要限制因素 324
   硫以硫酸盐的形式被吸收,然后还原为硫化物同化到半胱氨酸中 326
   铁吸收需要特别的机制来提高其在土壤中的溶解性 328

4.10 水分和矿物质的运输 332
   水从土壤中转移到叶片,在此处以蒸腾作用形式散失 332
   水分从根到叶片是通过液压的机制达到的 333
   植物中矿物质营养物的运输同时涉及木质部和韧皮部 335

5 发育 341

5.1 植物发育综述 341
   动物和植物中多细胞性是独立演化的 344
   团藻是一种简单的系统,可以用于研究多细胞性的遗传基础 345

5.2 胚胎和种子的发育 347
   在 *Fucus* 胚胎中顶端-基部对称轴建立的外源信号 347
   在 *Fucus* 的胚胎中细胞壁对细胞命运的决定有指向作用 349

高等植物中的胚胎发育发生在种子内部　350
胚胎细胞的位置决定它们的命运　352
　　信息框 5-1　纯系分析　352
生长素运输蛋白的不断极化参与介导胚胎中基极的形成　354
胚根与下胚轴中的径向细胞模式由 SCARECROW 和 SHOOT ROOT 转录因子决定　355
胚胎中建立顶端-基部对称轴以及径向模式所需的信号分子同样也用于根分生组织的定位　358
茎顶端分生组织的建立是循序渐进的，而且不依赖于根分生组织　359
胚乳发育与胚胎发育同步进行　361
产生胚乳的细胞分裂在受精之前一直受到抑制　361
在胚与胚乳发育成熟之后，种子往往进入休眠期　362

5.3　根的发育　364

植物的根至少独立演化了两次　364
根中的几个区域含有处于连续分化阶段的细胞　365
拟南芥的根细胞组成简单　366
　　信息框 5-2　动、植物中的干细胞　367
根中细胞的命运由它的位置决定　367
遗传分析进一步确认了细胞位置决定细胞类型的推断　368
侧根的发育需要生长素　369

5.4　茎的发育　371

茎顶端分生组织的细胞在径向区域和同心层内的排列是有序的　372
分生组织新增的细胞数目始终与形成新器官的细胞数目相平衡　375
器官原基是以一种重复的模式从分生组织的侧翼发生的　378
基因表达的改变早于原基出现　380
在叶片发育的过程中，复叶的发育与分生组织的表达有关联　380
叶片的成型依赖于有序的细胞分裂以及之后的细胞扩张和分化　381
在发育早期，叶原基的不同区域获得不同的命运　382
特定的基因调控叶片两面的差异　384
侧生长需要叶片的背面和腹面之间的分界　386
叶片通过调控细胞分裂和细胞扩展来达到其最终的形状和大小　387
叶片的生长伴随有日趋复杂、精细的维管系统的发育，这个过程受到生长素运输的控制　389
细胞间的通信以及定向的细胞分裂控制了叶片中特化细胞类型所处的位置　391
叶的衰老是一个活跃的过程：能够在叶片的生命末期从叶片中回收养分　393
分枝起源于侧生分生组织，而侧生分生组织的生长受到顶端分生组织的影响　395
节间的生长通过细胞分裂和细胞伸长来完成，而且受到赤霉素的控制　397
一层分生组织细胞产生维管组织，并引起茎的次生加厚　399

5.5　从营养生长到生殖生长　400

被子植物的生殖结构是由花和花序分生组织产生的　401
花分生组织的发育是由一个保守的调控基因来启动的　402
LEAFY 类的表达模式决定了花序的构造　402
花在外观上差异很大，但其基本结构是由高度保守的基因来控制形成的　405
在花器官特征的 ABC 模型中，每种类型的器官都由一种特定的同源异型基因的组合决定　407
在被子植物中，花器官特征基因是保守的　411
花器官的不对称生长产生两侧对称的花　412

另外的一些调控基因控制花器官发育的晚期阶段　413

5.6　从孢子体到配子体　414

雄配子体是花粉粒，它具有一个营养细胞、雄性配子和一层坚硬的细胞壁　415
周围的孢子体组织可以辅助花粉的发育　417
雌配子体在胚珠中发育，为双受精提供配子，从而形成合子和胚乳　419
雌配子体的发育是与胚珠中孢子体组织的发育协调一致的　420
花粉粒在柱头上萌发，形成花粉管并将精细胞核向胚珠运输　421
花粉管的生长导向受到来自心皮组织的长距离信号以及胚珠的短距离信号的影响　421
植物的某些机制只允许携带特定基因的花粉管生长　422
自交不亲和性可能是配子体或者孢子体性质的，这一点取决于被识别的花粉蛋白的来源　424
被子植物有双受精现象　424
来自雌、雄配子的基因在受精后的表达并不是等同的　426
一些植物未受精也可产生种子　428

环境信号　433

6.1　种子萌发　434
6.2　光和光受体　436

在光照和黑暗条件下，植物的发育会通过两种不同模式进行　436
探测不同波长光的光受体　437
照射红光能使无活性的光敏色素转变为有活性的形式　438
不同形式的光敏色素发挥不同的功能　442
光敏色素在避阴反应中发挥作用　445
隐花色素是具有特定和重叠功能的蓝光受体　446
向光素是参与向光性、气孔张开和叶绿体迁移的蓝光受体　449
一些光受体会响应红光和蓝光　451
生物化学和遗传学的研究可以提供光敏色素信号转导途径中组分的信息　452

6.3　幼苗发育　455

乙烯由甲硫氨酸合成而来，其合成途径受到一个基因家族控制　455
利用遗传分析鉴定乙烯信号转导途径中的组分　456
乙烯与受体的结合负调控乙烯响应　459
CTR1 的失活可以使乙烯信号链的下游组分被激活　460
乙烯与其他信号途径的相互作用　460
幼苗的光响应在暗下被抑制　461
COP1 和 COP9 信号转导体通过使光形态建成必需的蛋白质脱稳定来发挥功能　462
油菜素类固醇对于暗下光形态建成的抑制以及植物发育中的其他重要功能是必需的　464

6.4　开花　468

许多植物的生殖发育受光周期调控　470
在光周期控制开花的过程中，光敏色素和隐花色素作为光受体来行使功能　473
昼夜节律可以控制植物许多基因表达并影响光周期对开花的控制　473
植物的昼夜节律来源于输入的环境信号、中央振荡器以及输出的节律性应答　477
叶片产生的物质会促进或者抑制开花　480

在拟南芥和水稻中也存在类似的基因参与光周期对开花的控制　484
在许多植物中，春化是由顶端感受进而控制开花时间的　489
控制植物开花的遗传变异对于植物适应不同环境或许是很重要的　491
拟南芥的春化应答反应包括了 *FLC* 基因的组蛋白修饰，*FLC* 基因也受到了自主开花途径的调控　492
拟南芥中的光周期和春化途径共同调控一小组开花整合基因的转录　495

6.5　根和茎的生长　496
植物生长受重力刺激的影响　496
平衡石是茎、下胚轴和根的重力感应的关键　497
根冠的柱细胞是正在生长的根感应重力的部位　497
内胚层细胞是生长中的茎和下胚轴的重力感应位点　498
生长素信号转导途径和运输途径的相关突变会造成根的向重力性的缺陷　498
侧根伸长的程度与土壤中的养分水平相关　499

7　环境胁迫　505

7.1　光胁迫　507
光系统Ⅱ对过量光照高度敏感　507
强光诱导的非光化学猝灭是一种防止光氧化的短期保护机制　507
维生素 E 类抗氧化剂也能在光胁迫下保护 PSⅡ　511
光胁迫耐受的植物能快速修复光系统Ⅱ的光损伤　514
冬季常青树等植物具有对光胁迫的长期保护机制　514
弱光使植物的叶片构造、叶绿体结构和排列方向以及生命周期发生改变　517
紫外辐射损伤 DNA 和蛋白质　521
抵御 UV 光包括产生特殊的植物代谢物和形态变化　523

7.2　高温　524
高温诱导的热激蛋白的保护　526
分子伴侣确保蛋白质在任何环境下都能正确折叠　526
各个热激蛋白家族在不同物种的高温胁迫应答中起不同作用　527
热激蛋白的合成受转录水平调控　527
某些植物对高温胁迫具有发育上的适应性　529

7.3　水分缺乏　530
干旱、盐碱和低温会导致水分缺乏　530
植物利用脱落酸作为信号诱导植物对水分缺乏的应答　530
植物也利用 ABA 非依赖的信号途径响应干旱　534
脱落酸通过调控气孔开放控制水分流失　535
干旱诱导的蛋白质能够合成和运输渗透物质　535
离子通道和水通道蛋白在响应水分胁迫时受到调控　538
许多植物在干旱胁迫下会采用专有的新陈代谢　538
耐受极端干旱的植物具有改良的糖代谢　542
许多适应干旱环境的植物具有特殊的形态　543
生活在干旱环境的植物普遍具有在不缺水时快速的生命周期　548

7.4　盐胁迫　548

盐胁迫干扰了水势和离子分布的稳态　549
　　盐胁迫通过 ABA 依赖和 ABA 不依赖两种途径来传递信号　549
　　适应盐胁迫主要通过盐的内部隔离来实现　550
　　对盐胁迫的生理性适应包括保卫细胞功能的调节　553
　　适应盐胁迫的形态包括分泌盐的毛状体和囊状物　554
　　渗透压能促进一些盐生植物的生殖过程　557

7.5　冷胁迫　558
　　低温是一种与水分缺失相似的环境胁迫　558
　　用低温前处理进行驯化可使温带植物对冰冻伤害具有抗性　558
　　低温会诱导冷调控基因（COR）的表达　559
　　CBF1 转录激活子的表达可诱导 COR 基因的表达并实现抗冻　559
　　低温的信号转导引起细胞内钙离子浓度增加　560
　　冷反应中的 ABA 依赖和 ABA 不依赖的信号途径　561
　　温暖气候中的植物对冷更为敏感　561
　　春化和冷驯化在小麦及其他谷类作物中是紧密相连的过程　563

7.6　缺氧胁迫　563
　　水涝是引起植物缺氧或无氧胁迫的一种原因　564
　　缺氧信号是由可诱导 ROS 瞬时产生的 Rop 介导的信号转导途径来传递的　564
　　无氧条件诱导初级代谢转变　564
　　在洪涝耐受植物中通气组织有利于长距离的氧气运输　567
　　淹水与其他能够提高植物存活力的适应性发育过程有关　569
　　在缺氧条件下植物合成氧结合蛋白　573

7.7　氧化胁迫　573
　　活性氧在正常代谢中产生，但也在多种环境胁迫条件下积累　573
　　抗坏血酸代谢在清除活性氧中起核心作用　574
　　过氧化氢是氧化胁迫的信号　575
　　抗坏血酸代谢是氧化胁迫应答的核心　576

 **8　与其他生物的相互作用**　581

8.1　微生物病原　584
　　大多数病原可以归类为活体营养或死体营养　584
　　病原通过多种不同途径进入植物　584
　　病原侵染会导致一系列的病症　589
　　许多病原产生影响它们与宿主植物间相互关系的效应分子　591
　　农杆菌将其 DNA（T-DNA）转入植物细胞来调节植物生长并为己所用，这种转化系统已在生物技术中得到应用　595
　　植物可识别一些病原效应分子并激活防御机制　600
　　一些细菌 *avr* 基因产物可在植物细胞中起作用　601
　　真菌和卵菌效应分子的功能知之甚少　603

8.2　害虫和寄生虫　605
　　寄生线虫与寄主植物形成亲密关系　605

植物生物学

　　昆虫通过直接取食或辅助传染病原造成农作物大量损失　607
　　一些植物是植物的病原　608

8.3　病毒和类病毒　609
　　病毒和类病毒是一类多样化的复杂寄生物　609
　　不同类型的植物病毒有不同的结构和复制机制　611

8.4　防御　615
　　基础防御机制是由病原相关分子模式（PAMP）激活的　616
　　参与防御的 R 蛋白和许多其他植物蛋白富含亮氨酸重复序列　621
　　R 基因编码参与识别和信号转导的蛋白质家族　622
　　大部分 R 蛋白不会直接识别病原效应分子　623
　　R 基因的多态性在自然种群中限制了病害　625
　　R 基因在最早期的作物育种中受到选择　627
　　植物对毒素不敏感在抵抗死体营养型病原中起重要作用　628
　　植物合成抗生素物质以防御微生物和食草动物　629
　　抗病性通常与植物细胞的局域化死亡相关　636
　　在系统抗性中，导致细胞死亡的生物攻击可以使植物"免疫"　637
　　伤害和昆虫取食诱导复杂的植物防御机制　641
　　嚼食类昆虫引发植物产生吸引其他昆虫的挥发性物质　644
　　RNA 沉默在植物抵抗病毒中的重要作用　645

8.5　合作　648
　　许多植物物种通过动物传粉　648
　　共生固氮作用是植物和细菌间的特化的相互作用　649
　　菌根真菌与植物的根形成紧密的共生关系　660

9　驯化和农业　665

9.1　驯化　665
　　人类选择参与的作物驯化　666
　　五个不同位点等位基因的变化足以说明玉米及其野生祖先玉蜀黍之间的差异　669
　　玉蜀黍分枝基因表达的改变在玉米驯化过程中起着重要作用　670
　　玉蜀黍的颖片结构基因调控颖片的大小和硬度　671
　　栽培小麦是多倍体　672
　　花椰菜是由分生组织决定基因的突变产生的　673
　　果实增大出现在番茄的早期驯化中　675

9.2　科学植物育种　676
　　作物改良的科学方法使许多作物的遗传结构发生了实质性的改变　676
　　小黑麦是一个"合成"的驯化作物　678
　　抗病是产量的重要决定因子，并且可通过植物育种和作物管理来实现　679
　　影响果实颜色、成熟和脱落的突变基因已被运用于番茄育种工程中　680
　　在绿色革命中，小麦和水稻矮化突变体的应用是作物产量提升的主要原因　681
　　杂种优势也导致作物产量大幅度提高　683
　　细胞质雄性不育使得 F_1 代杂交种更方便　685

9.3 生物技术　686

农杆菌介导的基因转化方法广泛应用于植物转基因工作中　687

基因枪法（粒子轰击）介导的基因转化是产生转基因植株的另一种方法　688

转基因抗除草剂作物有利于控制杂草　688

转入编码苏云金芽孢杆菌（Bt）晶体蛋白基因的作物产生了抗虫性并能提高了产量　689

许多农艺性状都可以通过转基因方法得到改良　690

"绿色未来"：人类与植物之间的可持续发展　692

1 起源

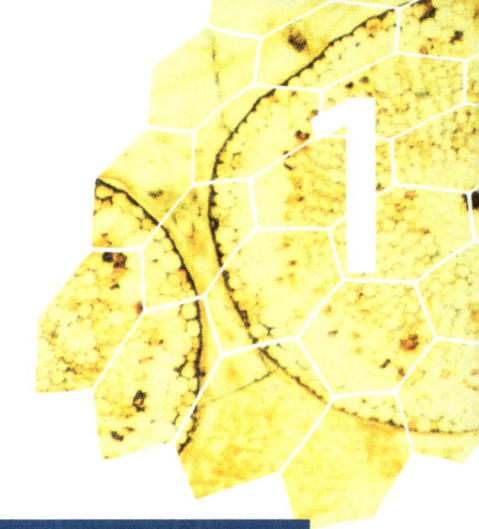

> 阅读本章后，您应该能够做到：
> - 描述出早期无生命地球的大气环境，说出这种环境是如何随着产氧的光合作用的演化和植物登上陆地而改变的。
> - 概述用来估算植物演化重大事件时间的直接或间接证据的类型。
> - 描述内共生事件在早期真核细胞和早期光合真核生物形成中扮演的角色。
> - 讨论植物从水中到陆地的过渡，找到陆地植物是由藻类演变而来的证据，以及能将植物与其藻类祖先区分开的特征。
> - 概述种子植物的演化过程，列出它们特有的结构特征。
> - 概述陆地植物不同类型的生活史，并能列出每种生活史的代表植物。
> - 概括被子植物的辨别特征，以及与其他植物类群的区别。
> - 区分主要的被子植物类群，概括它们的亲缘关系。

在绿色植物的叶片中，发生着一件不同寻常的事：这是一个小小的化学变化，但是它打开了从无机世界到有机世界的大门。阳光和叶片细胞中的色素相互作用，为这个细胞内的一个小分子和二氧化碳的反应提供了能量，这就是**光合作用**。这个由"固定"无机碳而产生的有机化合物，成为植物和以这些植物为食的生物的所有有机物的来源。植物并不是能固碳的唯一生物，有些细菌也能这么做，但是本书的主角是植物——它们的结构和生物化学过程、生长发育、多样性、对环境变化的反应、植物间的相互作用和与其他类型生物间的相互作用，以及它们的用途和人类对它们的操控。

对于植物生物学的研究必须从历史开始——当今植物祖先的起源和演化。只有通过更多地了解这段历史，利用各种手段来研究现存植物之间的亲缘关系，我们才能够很好地欣赏和完全地理解我们这个星球上植物的多样性。

那么，让我们从一些进行光合作用的生物（尤其是陆地植物）的演化历程中的重大事件开始吧。我们将植物生命的发育放到地球的大系统中进行描述：地球上物理、化学、生物学多方面相互作用形成的网络，包括**水圈**、**大气圈**。在这一章中，我们将从地球的形成开始，到有花植物的多样化结束。图 1-1 描述了这章讲述的主要事件及其发生的时间。

光合生物体的演化对地球系统有巨大的影响。通过增加碳掩埋的速率，它减少了大气中的二氧化碳含量，接着，由产氧光合作用生成的氧气又逐渐催生了一个含氧的大气层。最早的物种是单细胞生物，但是在 12.5 亿年前，多于一个细胞的生物体就已经在海洋中出现了。这些最早的多细胞生物体是藻类，这些藻类的化石为有性生殖提供了最早的证据。

距今年代	主要事件
46亿年前	地球形成
38亿年前	生命出现
27亿年前	最早的真核生物
12.5亿年前	多细胞生物
4.7亿年前	陆地植物
1.3亿年前	有花植物出现
今天	

图 1-1 这一章中描述的主要事件，从 46 亿年前地球形成到今天。更详细的演化时间见图 1-2 和图 1-11。

接着，4.7 亿年前，植物在陆地上出现，最早的陆生生态环境形成了。在那之后是植物历史中一段关键时期——"泥盆纪大暴发"。在 4.7 亿年前～4.05 亿年前出现的简单陆生植物，导致了后来至少 5000 万年间植物的大规模"辐射"——多样性的增加和地理分布范围的扩张。在这短短 5000 万年内，演化出了大量的陆生植物类群。接下来的 2.5 亿年内，这些植物类群的多样性增加，在约 1.3 亿年前，一些关键的事件使得有花植物产生了——紧接着是又一次更深远的"辐射"。今天，有花植物在所有植物能存活的陆地表面占有主导地位。

本章导论将植物置于地球系统的背景下进行讨论，而本书的重点则是有花植物的遗传学、分子生物学和生物化学。我们的目的就是给大家提供一个从太阳系到现今复杂陆生生态环境漫长过程中与植物密切相关的一些主要事件，而不是包罗万象的描述。其他教科书着重介绍的是地球起源、地球系统的功能、植物演化、植物系统分类学以及环境科学等方面的细节。

1.1 地球、细胞和光合作用

我们从地球系统和最早的细胞谈起。这段早期历史展现了正在演化中的生命是怎样依赖这个年轻地球的环境，以及随着光合作用的演化，这些生物是如何改变环境，从而影响了所有随后的演化过程。

地球在 46 亿年前形成

大约在 50 亿年前，我们的太阳在盘状旋转的尘埃和气体（称为太阳系）中形成。星际间尘埃和气体浓缩到像一个旋转的盘子时，太阳系就形成了，中心最热，边缘最冷。太阳在最热的中心形成，剩下的"材料"逐渐聚集成为行星和小行星。离太阳最近的行星——水星、金星、地球和火星——主要是以由金属硅酸盐构成的岩石"材料"聚集形成的。离太阳更远的地方，气体和冰的聚集形成了巨大的气态行星——木星、土星、天王星和海王星。地球富含硅酸盐的起源在土壤的化学成分中反映出来，是由含有沙子（石英、二氧化硅）和黏土（金属硅酸盐），以及有机物和水的复杂基质组成的。于是，在太阳系中浓缩的硅酸盐成为决定我们星球上土壤化学特性的一个重要因素。

行星的形成是一个渐变过程。太阳形成后 4 亿年（也就是 46 亿年前），原始的地球形成了。它被流星和彗星连续轰炸了 8 亿年；在这段时期，地球的层次结构逐渐发育成型：内核、外核、地幔和地壳。持续的轰炸为早期地球送来了水分，保持了高温，同时也引发了大范围的火山活动。高温对环境进行"消毒",可能除去了所有早期生命。这个爆炸时代,即冥古代(图1-2)在38亿年前结束。随着冥古代的结束,地球历史上最混乱的时代结束了,这也是人们认为原始生命产生的时期。

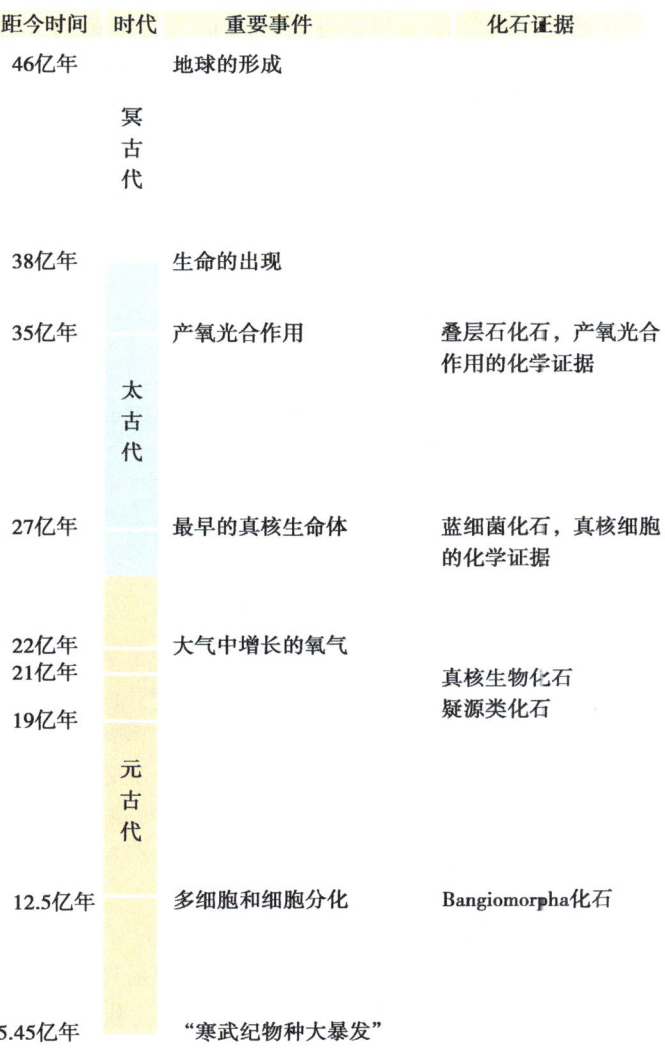

图1-2 从地球形成到"寒武纪物种大暴发"期间的重大演化事件。涵盖这段时期的三个地质时代——冥古代、太古代和元古代,总称为隐生宙。5亿年前到今天——显生宙的事件详见图1-11。

晚冥古代的地球大气是由火山活动释放出的气体组成的;这些气体可能包括大量的二氧化碳。这时的大气中也含有水蒸气,因为早期的行星聚集中产生的水和彗星轰炸带来的水共同形成了海洋。早期的大气层与今天的有很大不同,没有氧气,也没有最外面的臭氧保护层。在接下来的20亿年间,两个重要的事件——产氧光合作用的演化和海洋的逐渐氧化,将使少量的氧气在大气层中积聚。

光合作用在约 35 亿年前演化出来

人们在太古代（38 亿年前～25 亿年前，图 1-2）沉积的岩石中找到了最早的细胞化石，这预示着生命已演化了 35 亿年。这些化石中包括含有石化细菌的**叠层石**（图 1-3）。现代叠层石是在温暖的浅海海水里，通过一种称为蓝细菌的光合细菌的活动形成的山丘状结构。这种细菌生长在表面沉积了一层碳酸钙的胶团中。随着碳酸钙层变厚，细菌向表层移动，产生另一个胶团。这种循环重复着，导致胶质层和碳酸钙层呈山丘状交替。随着时间推移，这些结构石化，形成一种石灰岩，保存了封闭在内的细菌。叠层石化石的存在不仅说明了生命演化了 35 亿年，也表明这些早期细菌细胞是感光的，而且很有可能进行一种光合作用。

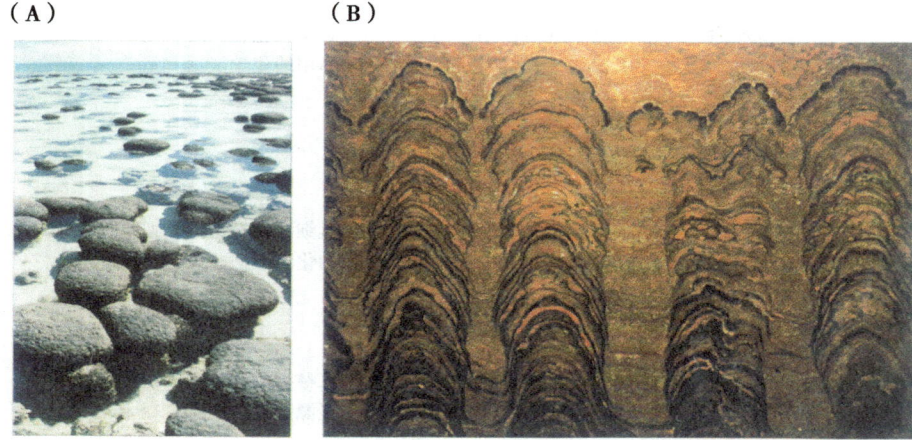

图 1-3 现代叠层石与叠层石化石。 （A）澳大利亚西海岸鲨鱼港的现代叠层石。（B）叠层石化石的断面。这个样本是从阿根廷有 24 亿年高龄的岩石中得到的。交替的层次看起来很像现代叠层石中的碳酸钙和胶状物的交替层。

成为化石的生物为 35 亿年前的生命繁荣提供了可见的证据，岩石中化学和同位素的信息为更早的生命的存在提供了间接的证据。同位素数据显示光合作用的生物体可能早在 38 亿年前就存在了。如果这是真的，那么生命体在冥古代的末期就已经出现了。

碳以几种不同的同位素形式存在，它们原子核中的中子数各不相同。在现代的大气层中，二氧化碳中的碳有约 99% 是 ^{12}C，1% 是稍重一些的 ^{13}C。这两者在地质年代都是稳定的，也就是说，它们不会放射衰减成为其他同位素。在光合作用中，植物同化大气二氧化碳中的碳，产生有机化合物。植物细胞中的一种酶对 ^{12}C 有略强的选择性（相对 ^{13}C 而言），这种酶可催化大气中的碳与其受体分子相结合。所以，从光合细胞中获得的含碳物质中 ^{13}C 的比例比 ^{12}C 低，低于直接从大气二氧化碳中衍生的无机含碳物质。通过测定碳源中 ^{13}C 的含量（图 1-4），可以确定碳源究竟来源于活细胞的光合作用，还是非生物的沉积（无机碳酸盐在海洋中持续沉积，有些有机化合物可以通过化学过程而不是生化过程形成）。

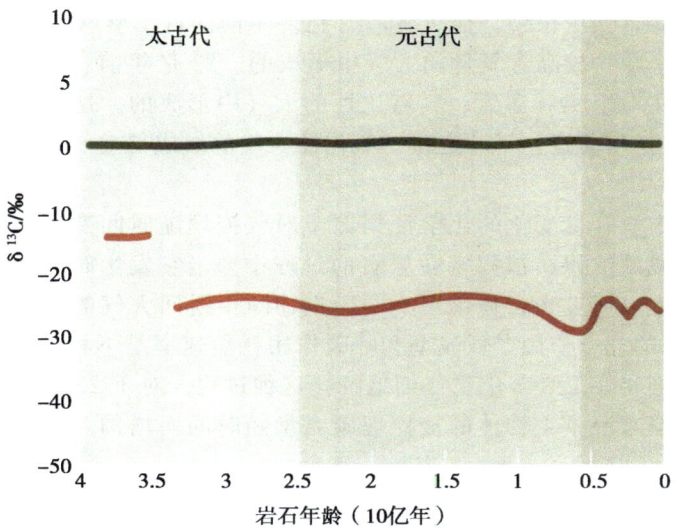

图 1-4 含碳岩石中 ^{12}C 与 ^{13}C 之比。在这张示意图中，样品中 ^{13}C 的含量与岩石标样比较的相对值称为 $δ^{13}C$ 值。例如，如果 ^{13}C 在岩石样品中的比例比标样中低了 3‰（即30‰），那么这个岩石样品的 $δ^{13}C$ 值就是 -30‰。$δ^{13}C$ 值在如今的大多数植物中是 -27‰。黑线表示的是无机碳矿石中的 $δ^{13}C$ 值（含碳的岩石，如石灰岩）；这些值并不随地质时间推移而改变。红线表示含有机碳沉积物中的 $δ^{13}C$ 值，在 38 亿年前该值比无机碳矿石的低，在 35 亿年前变得更低了。这和有机碳化合物是自 38 亿年前起由生物体内的生化反应形成的观点是一致的。

人们在格陵兰的 Isua 半岛上有着 38 亿年历史的岩石中发现了一个低的 $^{13}C:^{12}C$ 值，这些是地球上已知的最古老的岩石。这个发现表明岩石中的碳来源于光合生物，因此光合作用在 38 亿年前就演化形成了。从我们了解到的地球那时的大气层，早期的光合作用产生的可能不是氧气。今天地球上多数光合生物的光合作用是从水中获得电子，从而产生氧气——这里指产氧光合作用（详见 4.2 节）。但是，也有一些单细胞生物的光合作用是从水之外的化合物中获得电子，产物是氧化物而不是氧气。38 亿年前形成的光合生物很可能就是这一类生物。例如，它们可能从硫化氢（H_2S）中获得电子，产生含硫化合物，而不是氧气。尽管光合作用已在 38 亿年前形成，但它并不产生氧气，产氧光合作用是晚些时候才演化形成的。

产氧光合作用在 22 亿年前广泛存在

对 22 亿年前岩石的分析为我们研究产氧光合作用的演化时间表提供了两条证据主线。第一条是从一个称为"矿物风化"的过程中获取的；这种过程发生在岩石中含铁矿物质与空气中的氧相互作用的时候。今天的富氧大气中，岩石中新裸露出的溶于水的亚铁离子（Fe^{2+}）被氧化为不溶于水的铁离子（Fe^{3+}）。这种形态的铁离子将留在它凝析出的地方，不会被水冲走。所以在一个含氧大气中由含铁岩石风化形成的土壤含铁量相对丰富。相反地，在一个缺氧的大气中，裸露出的亚铁离子不会被氧化，而被水冲走，土壤因此含铁量很少。很明显，22亿多年前的古土壤（paleosols）是缺铁的，说明它们是在一个缺少较高含氧量的大气中形成的。22亿年前左右的古土壤铁相对富集，说明它们是在一个相对富氧、具氧化性的大气中形成的。这个证据说明了地球大气中氧气在约22亿年前达到了一定量。氧化性大气的形成得益于产氧光合作用产生的氧气的积累。

第二条大气中氧含量变化的化学证据源于对碳掩埋随时间变化的观察。碳掩埋发生于生物遗骸形成的沉积层被固定在岩石的过程中。当它发生时，大气中的碳向生物体中转移的同化率（通过光合作用）不同于生物圈中返回大气的碳损耗率（通过呼吸作用）。所以，总的光合作用产氧速率和呼吸作用耗氧速率是不相等的，这导致了大气中氧的增长。我们将在1.3节中更详细地解释这种过程。对于22亿年前左右的岩石进行检测，结果表明来源于生物体的被掩埋碳含量随时间而增加，这说明大气中的氧含量一直在增加。

所以，由矿石风化和碳掩埋获得的证据告诉我们22亿年左右大气中的氧含量开始增加。由细菌产生的气体在全球大气成分中得到反映需要很长一段时间，所以，产氧生物在大气中氧含量到达一定水平之前一定已经生存很长时间了。

光合作用蓝细菌产生富氧的大气

已知最早进行产氧光合作用的生物是蓝细菌。这类生物从35亿年前就开始形成叠层石。关于蓝细菌存在的最早的可靠证据是利用化学技术从27亿年前的岩石中获得的。蓝细菌合成一种特有的化合物——2-甲基菌何帕醇（2-methylbacteriohopanepolyol）。在沉积物中，这些醇类转化为2-甲基藿烷（2-methylhopane）。在27亿年前岩石中鉴定出2-甲基藿烷为22亿年左右大气中氧含量增加之前蓝细菌的存在提供了证据。因为蓝细菌进行产氧光合作用，那么它们很可能与氧气的产生有关，也就与氧化型的大气形成有关。

如果蓝细菌在27亿年前就存在并且产生氧气，那么为什么大气层要再用5亿年的时间才变成氧化型的呢？如上所述，通过产氧光合作用产生的氧气能够和亚铁离子或其他元素反应生成沉淀（如不溶于水的铁氧化物）。在海洋中，光合生物产生的氧气可能会与来自陆地矿物风化产生的亚铁离子发生反应。这个过程会阻碍氧气释放到大气层，所以延迟了富氧大气的形成。产生的含铁沉淀不断石化，从而在海底形成富含铁的岩石。人们已从35亿年前到19亿年前之间的沉积物中发现了这种岩石，这说明氧气在这段时间已开始大量产生。所以，尽管最初的类蓝细菌生物的可靠证据是在27亿年前的沉积物中发现的，但更早的富铁岩石的存在说明产氧细菌在这之前就已经存在了，光合细菌的产氧光合作用可能已长达35亿年。

地球上早期的生命在缺乏臭氧保护的大气中演化

富氧大气层的形成为臭氧层的形成开辟了道路。现在，臭氧在大气层气体中只占有0.000 01%的量，而在平流层中大量聚集（相比较而言，氧气在大气中占据了约21%）。尽管含量很低，但臭氧很重要，因为它吸收了99%的波长为190～310nm的紫外（UV）辐射。紫外辐射对于生物体杀伤力很大。DNA（脱氧核糖核酸）吸收260nm

附近区域的紫外线会产生化学变化，或者产生突变。高突变率对生物有害，而现在大气层中的臭氧大大减少了生物暴露在对DNA有害的紫外线中的机会（图1-5）。

我们知道了约38亿年前演化出最早的生命，氧化型大气层直到22亿年前左右才形成，所以地球上的生命体一定在没有臭氧层保护下存在了相当一段时间。早期生命体尽可能避免暴露在紫外线中，或是有能减少DNA损伤的保护机制。在现存细菌中发现的某些保护性结构就包括能吸收紫外辐射的胞外黏质鞘、能让细菌细胞避免剧烈辐射的滑动以及紫外诱导的修复损伤DNA的生化系统。对于古老叠层石的分析发现，有些最古老的光合细菌生活在紫外防护的黏质环境中（图1-3）。还有，几乎所有的早期生命都生活在水中，海洋环境也提供了对紫外线的防护。

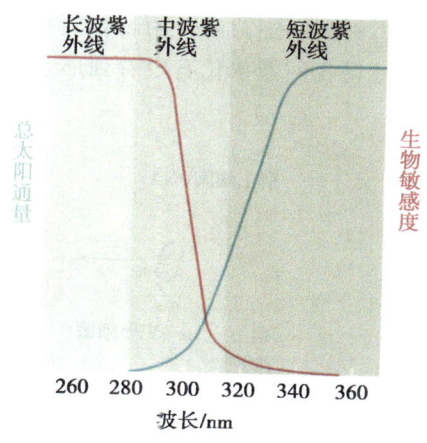

图 1-5　**紫外辐射**。这张图表现了紫外波段不同波长的辐射到达地球表面（蓝线）以及生物DNA对辐射破坏的敏感度（红线）。在约300nm以下没有辐射是因为这些辐射被臭氧吸收了。这些波长比人眼可见的那些更短（见信息框4-1）。

1.2　真核细胞

地球上最早兴盛的生物是**原核生物**。今天，原核生物的代表是两大支单细胞生物类型：古细菌和细菌。其他现存的生物就是**真核生物**。原核生物是单细胞，没有内膜隔开的区间。真核生物在结构上更复杂，它们包括几种内膜隔开的区间（称为**细胞器**），如**线粒体**、**细胞核**，植物和少量的其他生物中还有**质体**（**叶绿体**就是其中一种）。关于这些细胞器的生物学特性将在随后的章节中描述。这里我们在植物演化的背景下讨论有关真核生物从原核细胞演化而来的方式和时间。

真核细胞的线粒体和质体起源于一个单细胞原核生物被另一个摄入，被吞入的生物被保留在宿主细胞的细胞质中。这种共生型的整合被称为**内共生作用**。在这之后，共生作用的两方共同满足这个新生物体的生存所需。

光合真核生物从两种内共生作用中产生

植物细胞的演化史包括至少两种独立的内共生作用。第一种即宿主细胞摄入一个称为α-变形细菌的生物体（图1-6A）。宿主细胞的原型还不知道，但是它可能与今天的古细菌有关。不管是被吞噬的生物还是它的宿主都不能进行光合作用：它们和内共生作用产生的新生物体都是**异养**的（这就是说，它们以光合作用生物产生的有机碳源为食）。这种第一次内共生作用产生的细胞（**原真核生物**）衍生出了所有的主要真核生物类群。这次共生事件产生了真核细胞的线粒体。在以后的演化过程中，大多数线粒体**基因**都转移到了宿主细胞的基因组中，后者被围进了一个膜内形成细胞核。在现在的真核细胞中，线粒体中残留的基因组与细菌的基因组相似（见2.6节），而核基因组则继承了古细菌和细菌两者的特性。在原真核细胞形成之后，真核物种种类和数量增加了，这使得我们能从化石中看到形态和生活史多样化的生命形式。

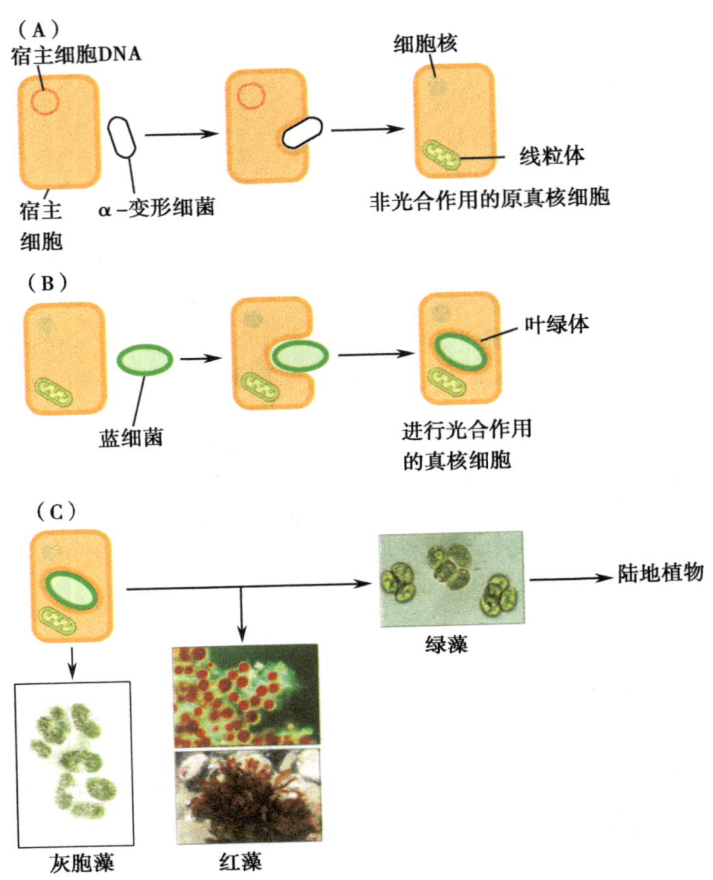

图 1-6　导致光合真核生物体出现的事件。（A）第一次内共生作用：一个细菌（α-变形细菌）被另一个原核宿主细胞吞噬。产生的"原真核细胞"中被吞噬的细胞基因组中的基因向宿主细胞基因组中转移，被吞噬的细胞转化成特化的亚细胞结构（细胞器）——线粒体。宿主细胞的基因组被围在膜中，成为细胞核。（B）第二次内共生作用：一个真核细胞吞噬一个原核细胞（光合蓝细菌）。被吞噬的细胞的基因向宿主的细胞核中转移，同时，被吞噬细胞转化成特化的细胞器——叶绿体（质体）。（C）原始的光合真核生物产生现有生物的三个分支：灰胞藻、红藻和绿藻。灰胞藻是一类单细胞藻类，它们的叶绿体与其他现存的光合生物体不同，这些叶绿体保留了一个肽聚糖的外壳，图中显示的生物为蓝藻。红藻既有单细胞也有多细胞形式，图中上面显示的是一种单细胞的淡水物种——紫球藻属，下面是一种海洋多细胞种类——掌状红皮藻。绿藻同样也有多细胞和单细胞的形式，图中显示的是单细胞淡水物种——小球藻属。

有些真核类群后来有了另一种细胞器——**质体**，这是通过第二次内共生作用形成的，这次事件由一个含有线粒体的真核细胞摄入了一个光合蓝细菌，形成了一个自养细胞——能够通过光合作用从无机二氧化碳中生成所需有机碳的生物体。共生的蓝细菌就变成了质体。许多蓝细菌的基因转移到了宿主细胞的基因组中。剩下的那部分基因——质体基因组，在结构和组成上都很像蓝细菌（见 2.6 节）。含质体的细胞的核基因组是**嵌合式**的，既有原真核细胞的基因组成分，也有蓝细菌的基因组成分。

几类光合生物体是从产生质体的内共生作用中衍生而来

因为它们内共生式的起源，质体（如叶绿体）被两层膜包围着：一层内膜，一层外膜，分别是从它们的蓝细菌祖先和宿主细胞那里获得的。从以上的两种内共生作用产生的光合真核细胞中直接演化出三个**演化分支**（从同一祖先演化来的不同生物类群）：灰胞藻（glaucophytes）、红藻（rhodophytes）和绿藻（chlorophytes），其中绿藻是现今陆地植物的祖先（图 1-6C）。灰胞藻是一个小的淡水生物类群，它们只有一个独特的质体，其形态介于蓝细菌细胞和绿藻或红藻的质体之间。灰胞藻的质体外面有类似于蓝细菌的**肽聚糖**层；而这个肽聚糖层在其他所有种类的质体中都没有。灰胞藻的质体还有一些蓝细菌的特征，这些都是绿藻和它的后代所不具备的，包括称为**藻胆素**的一种色素和称为**藻胆体**的小颗粒，后者位于**类囊体**膜上。红藻有大有小，在淡水和海水中都存在；与灰胞藻相似，它们的质体也有藻胆素和藻胆体。

绿藻也是有大有小，存在于淡水和海水中。除了与蓝细菌、灰胞藻和红藻一样具有叶绿素 a 之外，绿藻还含有第二种叶绿素——叶绿素 b。绿藻又分为几个类群，如单细胞的小球藻、多细胞的石莼，还有轮藻类，如淡水轮藻属。轮藻是陆地植物的姐妹类群，即轮藻和陆地植物来源于同一个祖先。

其他生物类群演化涉及进一步的内共生作用，即单细胞的含质体真核生物与其他不含质体的真核生物形成了内共生体（图 1-7A）。这些次生的内共生作用产生了几类现存的光合生物。例如，裸藻是与一类绿藻通过次生内共生作用形成的，褐藻（包括大多数较大的海藻）是与一些红藻通过次生作用形成的（图 1-7B）。

化石证据表明真核生物在 27 亿年前形成，多细胞生物在 12.5 亿年前形成

真核细胞被认为出现在 27 亿年前。除了细胞中拥有细胞器以外，真核细胞还能够在某些化学特征方面与原核细胞（古细菌与细菌）相区别。例如，就目前所知，没有原核生物能合成固醇物质，如胆固醇（尽管有些种类合成更简单的相关分子），所以固醇可以用来作为真核生物特有的分子标记。当真核生命体的残骸整合进沉积物中时，它里面的固醇可能会以其他形式保存下来，总称为"甾烷"。最早鉴定出含有甾烷的岩石是在澳大利亚发现的有 27 亿年历史的岩石。

这些最早的真核生物的形态还是个谜。这个古老时期的岩石在地球上很稀少，它们所含有的矿物质也在化学和物理方面发生了变化，这造成了化石结构的损坏。在一块 21 亿年前的岩石中发现了保存有可能是真核生物——*Grypania spiralis* 形态的最古老的化石，人们发现最早的真核生物和藻类很相似。从它的大尺寸（直径 2mm）来看，人们认为 *Grypania* 是能进行光合作用的真核生物。尺寸大小经常被用来区别原核生物和真核生物的化石，因为大多数原核细胞远远小于真核细胞。

在首次发现它们之后，真核生物体经历了一个缓慢的、多样性的增长阶段。人们在 19 亿年前的岩石中才又发现了很可能是真核生物、被称为疑源类的单细胞生物。它

们与那些较之更年轻、已被明确鉴定为真核生物的化石在形态上颇为相似，但是它们的化石缺少了亚细胞信息，而这些信息才能显示出具有特征意义的细胞器的存在。

图 1-7　次生内共生。（A）在次生内共生过程中，一个藻类物种——一种光合真核生物，被一种非光合作用的宿主细胞所吞噬。在演化过程中，被吞噬细胞的大部分机能丢失，但保留了它的叶绿体。叶绿体保留了吞噬过程中得到的额外的外膜。（B）单细胞裸藻绿眼虫（上图）能依靠一条像鞭子一样的鞭毛游动。绿眼虫细胞的长度为 25～250μm。下图是一类生长在加利福尼亚海岸的大型褐藻

已知最早的疑源类是球状的细胞，直径为 20~200μm。从 19 亿年前~12.5 亿年前，真核细胞的种类逐渐增加；接着，疑源类的直径达到了 2700μm，形态上也更复杂，表面有了复杂的装饰物（图 1-8）。

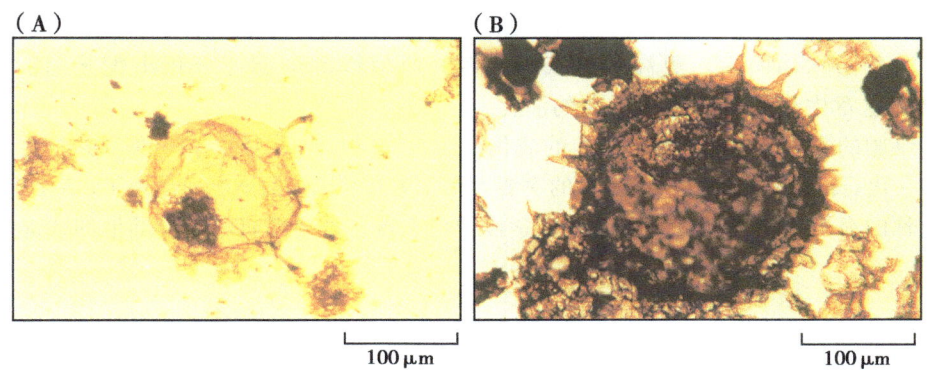

图 1-8　**疑源类**。疑源类是在元古代大小和复杂度都逐渐增加的一类小型化石。（A）在有 15 亿年历史的岩石切片中发现的一个简单的疑源类，细胞表面光滑，直径为 120μm。（B）在 5.8 亿年前的岩石切片中发现的一个更大、更复杂、有刺的疑源类的小型化石，这个疑源类的直径超过了 200μm（图 A 和图 B 由 Andrew Knoll 提供）。

尽管疑源类的形态表明它们是光合真核生物，但是它们不能被归入现存真核生物中的任何一类，或者说任何一个**分类单位**。最早的能归入现存生物分类单位的真核生物是 *Bangiomorpha pubescens*，一个保存在加拿大北部 12 亿年前的岩石中的海生红藻化石，该化石源自潮间沉积物。这个种类非常像暗紫红毛菜（*Bangia atropurpurea*，图 1-9），一类现存的在淡水和海水交界处生长的藻类。这两个种类看起来很相似，也生活在几乎一样的环境中。于是我们可以定论，那些与现代真核生物相似的类群是于 12 亿年前演化出来的。

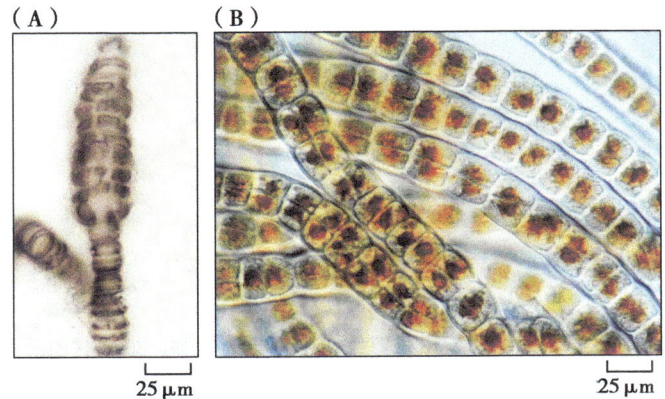

图 1-9　**古代和现代的藻类**。一块 *Bangiomorpha pubescens* 的化石（A）和匈牙利巴拉顿湖中的暗紫红毛菜（B）。图中显示了这些藻类的一些形态上的相似性（图 A 由 N. Butterfield 提供，图 B 由 Lajos Vörös 提供）。

Bangiomorpha 展示了真核生物体中最早的多细胞组成、细胞特化以及有性生殖。因为这些化石的不寻常的保存状态，使得人们可以从中看到多细胞藻类的发育。孢子的萌发产生了藻类的多细胞体。正在发育中的"植物"基部细胞形成了一个类似附着器的结构，将该生物体固着在基质（沉积物或岩石）上。另一头（顶部）的细胞分化成为丝状体或是原植体（生物的上端，图 1-9A）。*Bangiomorpha* 的体型构造允许它垂直生长，穿过水体向上，更高效地获得光源。原植体的细胞还分化出**配子**(性细胞)。我们会在这章中描述有性生活周期的演化。

多细胞的演化伴随着更大生命体的演化。在 12 亿年前～7 亿年前，许多更大的多细胞生命体在化石记录中出现。所有现存的主要大型藻类在 6 亿年前就已经出现了，5.7 亿年前，两侧对称的海生动物出现，大型的动物紧接着也出现，植物即将开始向陆地的迁徙。

动物和藻类在早寒武纪的多样化

生物体多样性增长速度的大幅加快在前寒武纪开始，并贯穿整个寒武纪（寒武纪在元古代之后，约 5.5 亿年前）。对于光合生物而言，这次加速在疑源类的化石记录中得到了很好的体现。如上所述，疑源类在距今 19 亿～10 亿年前呈现缓慢地多样化。在距今 10 亿～6 亿年前多样化的速度加快。接着，在距今 6 亿～5 亿年前，出现了疑源类多样性的两次大幅增长（图 1-10）。这些疑源类化石记录中快速的变化说明光合真核生物的演化速率加快了。

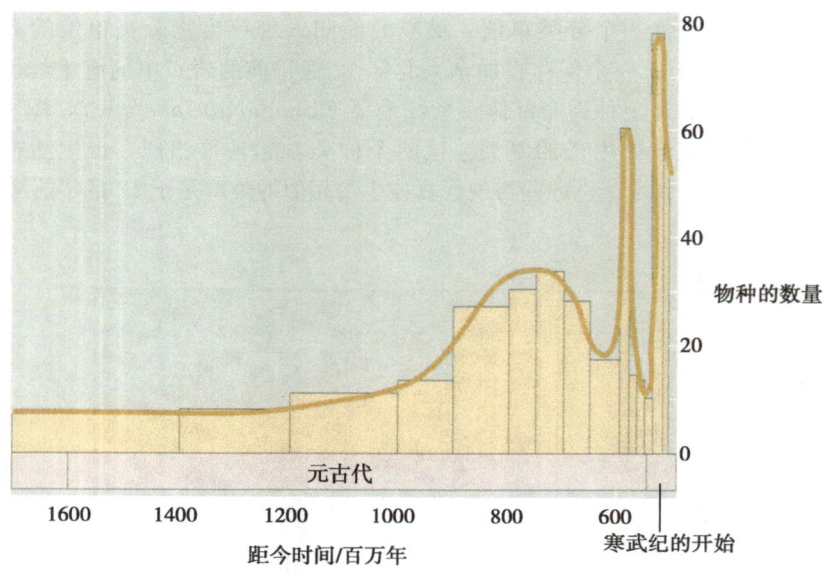

图 1-10 元古代形成的岩石中疑源类物种数量的增加。 如柱状图所示，疑源类物种的数量在约 10 亿年前是很少的，在那之后至少有三次物种数量的大暴发，每次暴发之后都有一个衰减过程。

同一时期内，异养真核生物体的演化速率也平行地加快了。在前寒武纪，动物多样性有一个显著的增长，软体动物出现，即著名的文德动物群或埃迪卡拉动物群。在寒武纪期间，具有硬化外骨骼的动物种类大幅增加。这次种类的增加反映在化石记录中突然大量出现的大型硬壳动物。这次动物多样性的增加非常之大，以至于在这段相对较短的时间内，所有的动物门（只有一个除外）都出现了。这段在演化史上很特殊的时期称为"寒武纪大暴发"。

看起来，环境的变化至少在一定程度上对于前寒武纪和寒武纪期间真核动物种类的增长起到了一定的作用。例如，5.7亿年前最早的海洋大型动物的出现被认为是大气层含氧量增加的结果。不管原因是什么，在寒武纪大暴发之后，海洋中充斥着食肉动物以及具有盔甲防御（壳和骨骼）的动物。那时也有大量的光合真核生物，它们中的一群进驻到大陆边缘的潮湿地带，对于陆地的"侵占"即将开始。

1.3 陆地植物

化石记录表明，在4.7亿年前，植物生长在陆地表面的潮湿地带。在这之前，它们可能已经存在了相当一段时间，但如果是这样，它们的早期祖先没有在化石记录中留下任何痕迹。这里我们简单地列出了一些陆地植物历史上主要的演化事件，其时间表见图1-11。

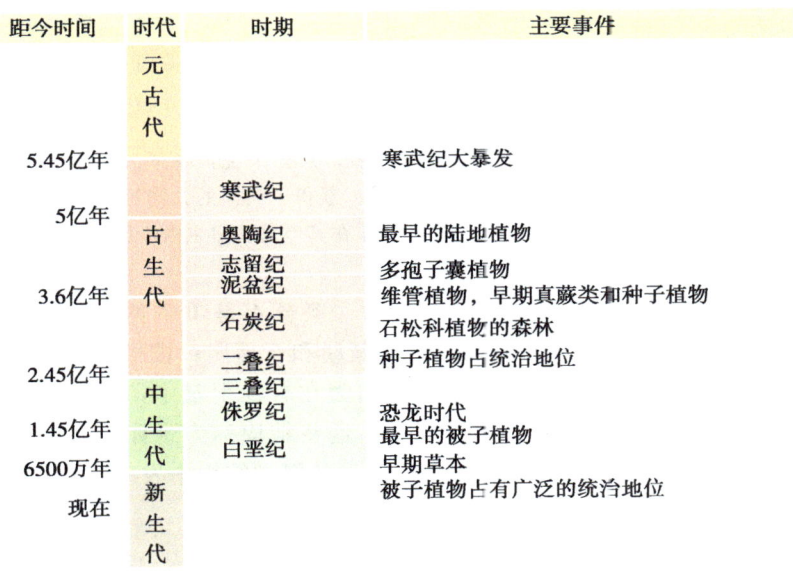

图 1-11 从 5.45 亿年前的元古代至今（显生宙）的重要演化事件时间表。这个时期分为三个代，即古生代、中生代和新生代，每个代又可以分为几个纪。

绿色植物为单起源

真核生物的"生命之树"（图1-12）显示，绿色植物是单系类群，即它们是由单一共同祖先演化而来的。**真菌**和动物分别都是单系类群。

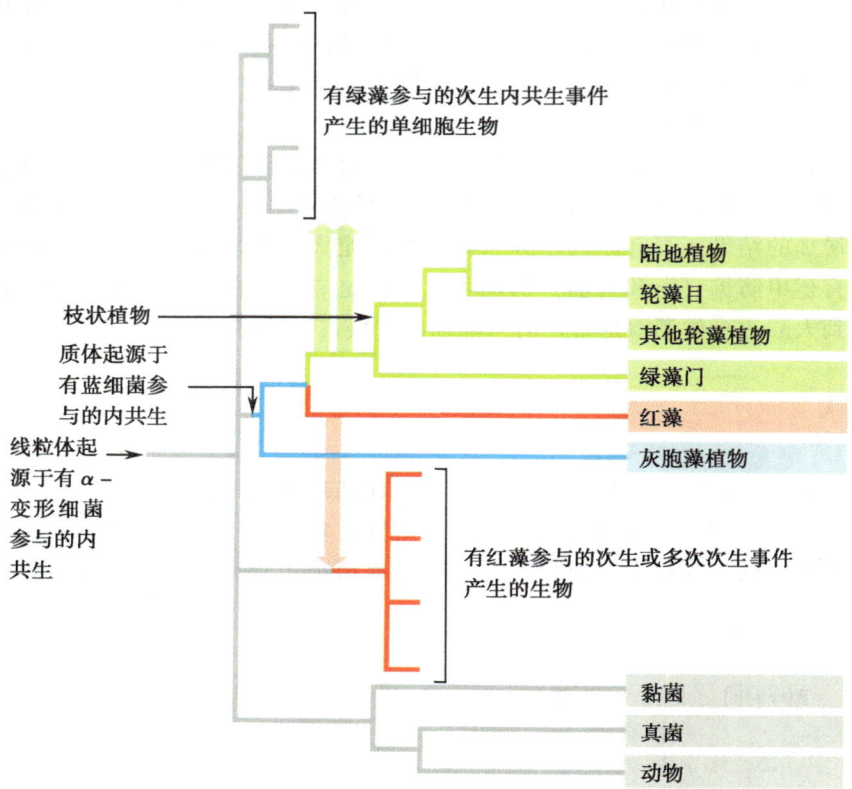

图 1-12　表示真核生物主要类群之间关系的演化树。总体来说，绿藻、红藻以及灰胞藻形成了一个单系类群，它们是通过初生内共生（图 1-6）获得了质体的共同祖先演化而来。绿色和红色的箭头表明在演化史的某些阶段，红藻和绿藻在其他真核宿主内经历了次生内共生。

在绿色植物—红藻—灰胞藻这一支中，每个类群都是单系类群。绿色植物分为两支：绿藻门（绿藻植物），包括小球藻属、衣藻属和石莼属；枝形植物门类，包括轮藻门和陆地植物。陆地植物又叫做**有胚植物**，因为在有性生殖中，受精的产物在保护结构中发育成**胚**。除了有花植物外的所有植物，这些结构称为颈卵器（有花植物在演化过程中失去了颈卵器；它们的胚在一种不同类型的保护结构中发育，见第 5 章）。

陆地植物可能由与轮藻近缘的植物衍生而来

陆地植物很可能源于轮藻纲（轮藻植物）——一小群占优势地位的淡水绿藻。这个结论来源于对于陆地植物和轮藻类的 DNA 序列的比较，这个比较表明陆地植物和轮藻目（轮藻纲的一个目）是从同一个祖先衍生而来的（信息框 1-1 介绍了 DNA 分析是如何用于亲缘关系研究的）。轮藻植物和陆地植物共享一些其他类群没有的特征，这些特征包括细胞壁里的纤维素、细胞分裂（有丝分裂）时引导细胞分隔的成膜体，还有连接细胞的通道——胞间连丝（图 1-13）（见第 3 章对于细胞结构和细胞分裂的描述）。最早的陆地植物很可能从周期性干涸的淡水塘中演化而来，对这些植物来说，具有抵抗脱水的生存能力是必不可少的。如今这种类型的环境被一些耐脱水的轮藻所占据。

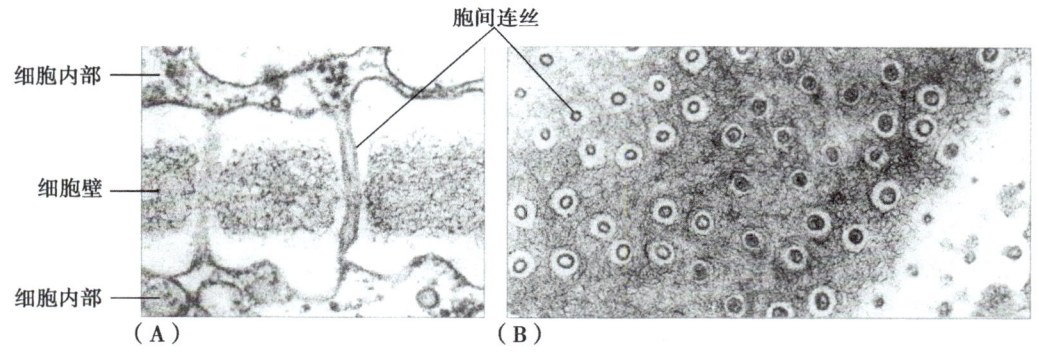

图 1-13 一个现存藻类——纤维轮藻的胞间连丝。 胞间连丝是轮藻和陆生植物中细胞壁上由膜系统相连的孔状物,它将相邻的细胞连在一起。请注意这两张照片上的胞间连丝和图 3-57 上高等植物胞间连丝的相似性。胞间连丝的结构将在 3.4 节中详细讨论。(A)细胞壁的纵切面,显示胞间连丝穿过细胞壁将两个相邻的细胞连在一起。(B)细胞壁的横切面,显示壁上的胞间连丝簇。

信息框 1-1　在亲缘关系和演化方面 DNA 能够告诉我们什么

　　生物体的 DNA 序列能够用来确定亲缘关系相近类群之间物种形成的顺序——新物种的形成和分化。DNA 分子内的变化,即突变,时时刻刻都在发生着,这些可遗传的突变可传给下一代。所以,通过比较不同类群的 DNA 分子,我们能够重新构建一个亲缘关系树,即演化树。演化树是人们用统计学的方法来推测一群生物之间的相互关系,可以用来解释这些生物的亲缘关系,即起源或演化历史。演化树的树枝上物种的相对位置推测了物种的形成顺序。这些假设有待得到其他数据的验证。

　　DNA 序列也能用来估计演化树的树枝是多久以前形成的。如果突变率是恒定的,这种方法就能够像钟表那样被使用,即分子钟。根据分子钟假设,如果在一类生物内突变率是恒定的,不同生物间 DNA 序列的差异就可以用来确定物种形成的时间。但是,我们知道分子钟在不同的谱系中转速是不一样的,所以我们不得不考虑演化树之内的这种差异。人们已研究出各种分析方法来消除这种差异的影响。为时钟的转速设定一个基点,我们应该至少有一片化石证据。更多的化石证据能够被用来验证"基因树"分支的年龄,或是为某些分支设一个年龄的限制。建立在化石年代和分子钟上的年代估计经常不同,因为这两种技术都不是完美的。由于地质记录是不完整的,所以我们知道化石证据常常会低估演化树上分支的年代。化石最早的出现仅仅能够给出某些类群一个最小的年龄。分子钟已经被用来为那些缺少好的化石记录的谱系推测分支(物种形成)时间。例如,化石记录表明陆地植物在 4.7 亿年前的某个时间在陆地上出现,但是这没有告诉我们最早的陆地植物是什么时候从它们的绿藻祖先那里演化出来的。而分子钟的分析表明,这些谱系可能很早就分化了——可能在寒武纪。应该记住,这些演化树或校正了的演化树只是一个推测,它们将被新的数据所验证和修订。

　　尽管证明轮藻目植物和早期陆地植物关系的证据是很有说服力的,但是它并不能被化石记录所支持。最早的轮藻化石只有 4 亿年的历史,比最早的胚胎植物孢子的化石晚了 7000 万年。如果陆地植物真的由早期的轮藻物种衍生而来,这些藻类一定在 4.75 亿年前就出现了,因为最早的胚胎植物的化石记录在那时已存在了。但人们并没

有发现寒武纪、奥陶纪以及志留纪时期（5.45亿~4.09亿年前）的轮藻化石，这与我们的推测是矛盾的。也许是因为这段时间的轮藻非常小，不可能找到它们的化石；或者因为它们缺少坚韧的组织，不能形成化石或者仅仅形成碎片。

小型化石说明早期的陆地植物出现在中奥陶纪（约4.75亿年前）

在4.75亿年前化石中具有有胚植物特征的孢子的出现是陆地植物最早的证据。在现有的产孢子的陆地植物——苔藓植物（包括苔类、藓类以及角苔类）和蕨类植物（石松、真蕨和木贼类）中，水和风为孢子的传播媒介。孢子壁含有孢粉素，这一种非常稳定的物质，它使孢子很坚固，并且不容易腐烂。对化石化的孢子的统计分析揭示了植物的多样性在占领陆地早期有两个独立的"暴发"，或称为辐射。

证明第一次辐射的证据来源于4.75亿年前（奥陶纪中期）的化石孢子。这些孢子以四分体——四个连在一起的孢子组的形式散布。通过电镜对这类孢子的孢子壁的仔细研究发现，它们在形态学上很像现存的某些苔藓植物。这说明，陆地植物第一次辐射发生在约4.6亿年前，这次辐射导致了由苔藓植物占优势成分植物群的形成。

第二次辐射，约4.3亿年前（志留纪），也是来源于化石中不同孢子形态的证据。这些孢子分散得很开，但是它们带有的"疤痕"说明它们曾经历了四分孢子的发育过程。这种形态与一些复杂的现存植物的孢子很相似，如蕨类植物。我们将在阐述种子植物演化时，详细讨论这些早期产孢子植物逐渐增加的复杂性（见1.4节）。

关于早期陆地植物特性的更好的证据来源于一些含有孢子的**孢子囊**，孢子囊是孢子在母体中发育的场所。这些化石比孢子的化石更为稀少，最早的证据来源于发现于阿曼的奥陶纪晚期（4.6亿年前）的岩石。在这些岩石中，孢子出现于与现存苔类简单孢子囊相似的囊状结构中（图1-14）。这个证据和类苔藓植物是早期的登陆植物的观点

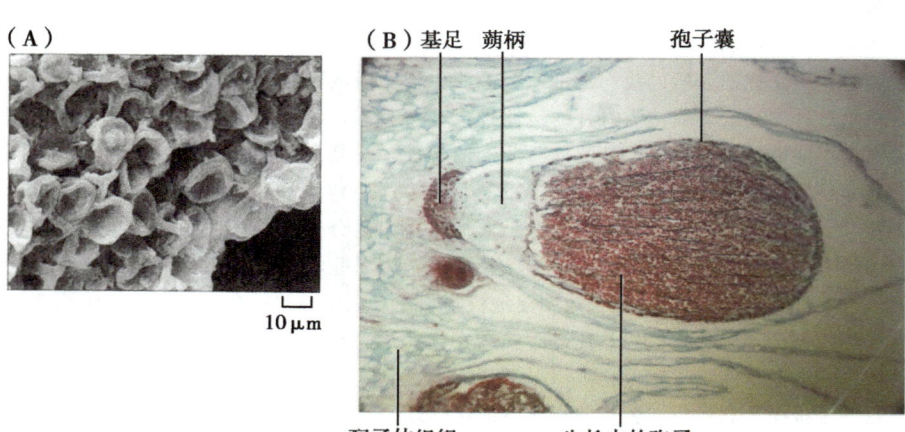

图1-14 化石中和现代的孢子囊。（A）4.6亿年前岩石中的孢子化石，集中在一个孢子囊中。（B）现代苔类地钱的孢子囊切片。这个孢子囊中充满成熟孢子。这种结构组成了苔类的孢子体，由一主杆（蒴柄）和基足组成，基足连着配子体组织，并使孢子体长在配子体上。成熟的孢子囊约有2mm长。陆地植物的孢子体和配子体世代在1.3节中讨论（图A来自C. H. Wellman等，Nature，425：282-285，2003，得到Macmillan Publishers Ltd许可；图B由David Polcyn提供）。

是一致的。这些最早的陆地植物没有留下全面的化石记录：我们仅仅找到了孢子（称为"小型化石"），还有一些孢子囊，但是没有植物的其他部分。这很可能是因为这些早期陆地植物很柔软，如现存的藓类和苔类，所以它们在形成化石之前就被微生物分解了。陆地植物的大化石证据来自于志留纪和泥盆纪，那时植物已演化得更坚韧了。

志留纪和泥盆纪期间植物多样性的增加

如上所述，从孢子化石中得到的证据表明，最早的陆地植物和苔类相近，并且出现于4.75亿年前，在那之后植物多样性逐渐增加。在约4亿年前（泥盆纪早期），陆地上出现越来越多复杂的生态系统。其中最好的一个例子来源于苏格兰一个叫莱尼的小村庄，那里一个早期陆地植物的生活环境被保存在硅化石中（图1-15）。这个生态环境保留完好的原因是它靠近温泉，这块区域会周期性地被温泉中富含硅的水淹没。硅会逐渐渗入被淹没的植物，取代其中的有机成分，将植物保存在它们最初生长的地方。随着时间的推移，硅固定下来形成燧石，即一种类似于打火石的石头，这种石头几乎全由硅组成。

莱尼燧石群独一无二的原因是这整个生态系统都变为化石保存下来了。这和同一时期大多数其他植物化石的保存模式差异很大。石化过程主要发生在河床中或湖底，但因为大多数陆地植物不是生活在这样的环境中，它们是被"搬运"（如被溪流）到河中或湖里之后形成石化的。植物在运送过程中会被损坏，所以形成的化石就不完整。例如，另一个具有丰富的泥盆纪植物化石的是威尔士森尼河床，那里陆地植物被保存在广阔淡水湖的沉积物之中（周围有鱼和其他水生动物）。这些化石提供了有关泥盆纪陆地植物的形态学和大小方面的信息，但和莱尼燧石群不同，它们提供的关于生活在植物周围的其他陆地生物的信息是很少的。

莱尼燧石群生态系统显示，几类和现存的石松类（包括石松、卷柏和水韭属）相近的陆地植物的祖先形成了一个高度为20~30cm的"草地"，其中居住着跳虫、盲蛛、多足虫，以及已知最早的有翅

(A)

(B)
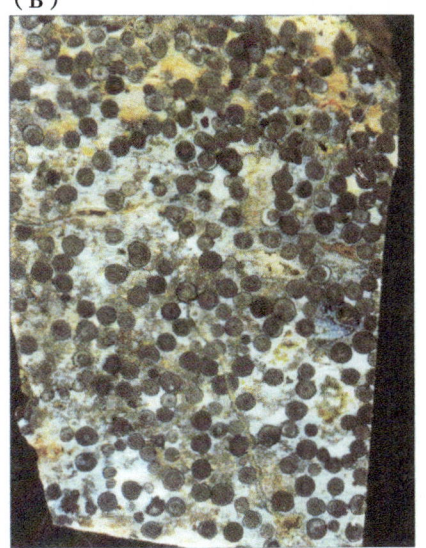

(C)
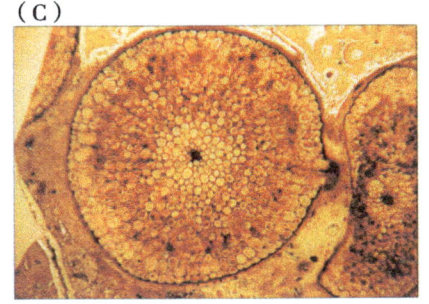

图1-15 **莱尼燧石中的植物群。**（A）一片抛光过的苏格兰莱尼燧石，显示了从土壤中长出的植物的纵剖面。（B）上述燧石的横剖面，显现了众多的植物茎的横切面。（C）格温沃恩莱尼蕨（*Rhynia gwynne-vaughnii*）茎横切面的放大，显示出保存良好的细胞结构。这些茎的直径约为0.5cm（图A和图B由Hans Kerp和Hagen Hass提供，图C由Hans Steur提供）。

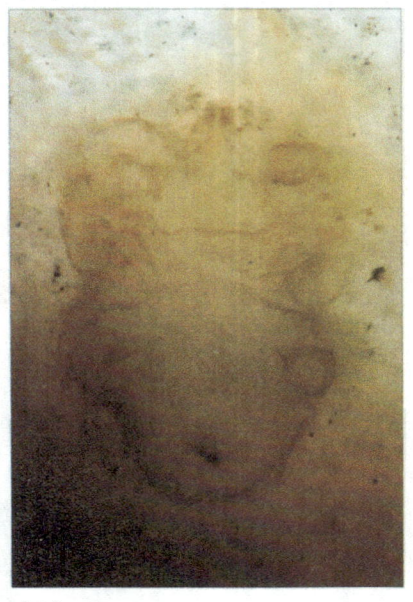

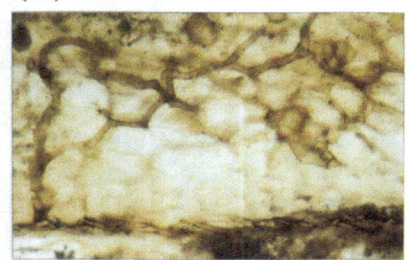

图 1-16 在莱尼燧石群生态系统中的其他生物化石。（A）一种节肢动物，与现代的螨很像。（B）在一个阿格劳蕨属物种茎内生长的菌根真菌。丝状结构可能是菌丝，直径约有 10μm（图 A 和图 B 由 Hans Kerp 和 Hagen Hass 提供）。

昆虫等节肢动物（图 1-16A）。在今天，相似的动物都居住在这种环境中，尽管构成这些环境的植物各不相同——多数泥盆纪植物群现已灭绝。对莱尼燧石群中这些动物胃内含物和口器的检查表明，这些动物至少是部分（也可能是全部）以碎屑（死亡的植物）、孢子和以碎屑为生的微生物为食。它们没有表现出吃活植物的迹象，所以有可能食草的生命形式在那之后才演化出来。莱尼燧石群的植物化石中还包含植物与真菌相关联的证据。多数现存的陆地植物与真菌有共生，形成菌根（见 8.5 节）。真菌从植物那里得到糖类，也为植物提供从土壤中获得的养分，尤其是磷酸盐。化石中植物茎内的结构看起来像是今天的菌根真菌，这说明，这种植物-真菌共生体出现在陆地植物演化的早期。

孢子囊的数目可以把最早的陆地植物和它们衍生的后代区别开来

如上所述，最早的陆地植物很有可能与现在的苔藓植物很相似：4.6 亿年前化石中的孢子很像有些现代的苔类，晚些发现的化石也表现出苔藓的特征，如简单的产生孢子的结构和根状的假根。在距今 4.25 亿～3.5 亿年前的志留纪和泥盆纪之间，陆地植物的形态多样性有所增加。到了石炭纪（距今 3.6 亿～3 亿年前），复杂的森林生态系统产生了，其中有着大小各异、形态多样的性植物。

苔藓植物是一类有胚植物，该类植物的特点是其生命周期中**配子体**（产生配子）世代的植株大于**孢子体**（产生孢子）世代的植株（下面将进一步讨论）。它们的配子体是植物上有"叶片"的部分——它进行光合作用，利用假根或鳞状衍生物固定在基质上，并从中吸取水和养分。这些配子体缺少了高等植物中才有的特化的输导水分的细胞——**管状分子**，它们被称为"非维管"植物，而高等植物被称为"维管"植物。少数具有特别大的配子体的苔藓植物发展出了称为**水螅体**的传导细胞。孢子体，即苔藓植物的"孢蒴"，直接在配子体上发育，并从配子体中获得养分。所有苔藓植物孢子体共有的一个特性是每个孢子体只发育出一个孢子囊（图 1-14B）。这个特性将苔藓植物与所有其他的陆地植物区别开来，后者的一个孢子体上产生许多孢子囊。

最早在每个孢子体上产生许多孢子的植物叫做"多孢子囊植物"。最早的多孢子囊植物化石来自晚志留纪，拥有 4.25 亿年的历史。这些植物的无叶孢子体一般还不到

10cm 高，通过简单的分叉进行分枝（二歧分枝）。每个分枝都一样长，这种方式称为"等二歧分枝"。单个孢子囊位于这些分枝的末端。阿格劳蕨是早期多孢子囊植物的一个很好的代表（图 1-17）。它通过假根固定在基质上，在向上生长的枝端产生拉长的孢子囊。像苔藓植物那样，多孢子囊植物也缺少高等植物那样特化的输导水分的细胞（管状分子），但是这些分枝有着类似于苔藓水螅体的非常简单的输水组织。类似阿格劳蕨的植物被称为**前维管植物**。

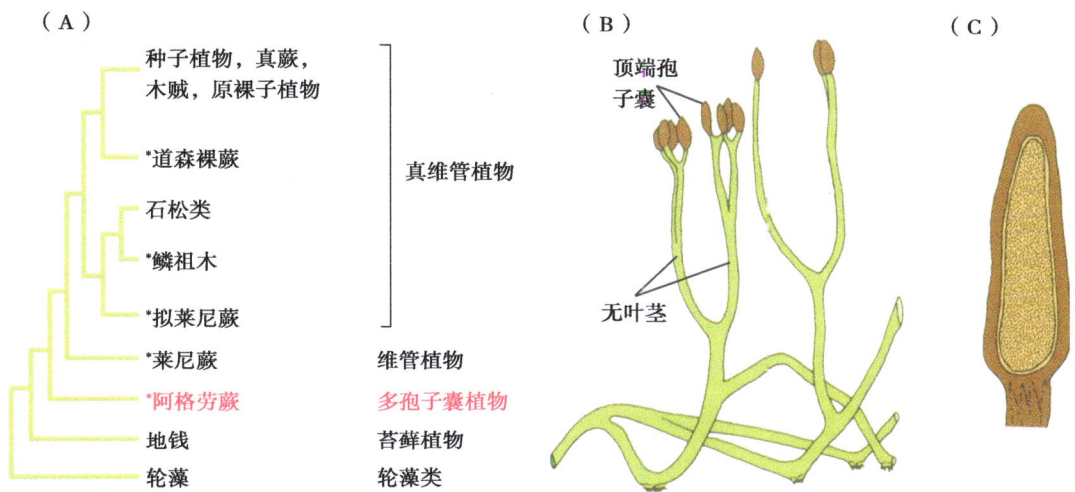

图 1-17　阿格劳蕨——一种已灭绝的多孢子囊植物。（A）演化树，显示了人们推测的阿格劳蕨与其他陆地植物类群之间的亲缘关系。星号标出的是已灭绝的物种。（B）阿格劳蕨孢子体的形态。这种孢子体与苔类地钱（图 1-14B）相比更复杂，而且更大（约 10cm 高）。（C）阿格劳蕨的孢子囊，其中含有很多孢子。

植物大小的增长伴随着维管系统的演化

在志留纪末期和泥盆纪末期（4.25 亿～3.6 亿年前）植物高度大幅度地增加了。志留纪植物的高度一般不到 10cm；在泥盆纪的末期，已演化出有如现今树种那么大的植物。"身高"上的增加伴随着特化细胞的发育。这种细胞有加厚的细胞壁，它们能够把水从植物的基部转运到最高的区域，并为植物向上生长提供机械支持。这些植物叫做**维管植物**；它们的输水管由厚壁细胞组成，这些细胞也为植物提供了机械支持（见 3.6 节）。在志留纪的沉积物中发现的这些早期的维管植物包括一些叫做格温沃恩莱尼蕨（图 1-18）和库克逊蕨的植物，它们更像是阿格劳蕨，具分枝的孢子体上没有叶片，在分枝的顶端有孢子囊。但是不同于前多孢子囊植物，这两者分枝上的输水细胞壁均已加厚。

随着植物在高度上的增加，输水细胞壁加厚的性质也发生了改变。在真维管植物（真正的维管植物）中，管状分子（管胞）细胞壁因为**木质素**的出现而得到了加固，木质素是一种非常强韧且复杂的多聚物（见 3.6 节），它能防水，而且不容易腐烂；据估计，它的半衰期长达 500 年。木质素的出现使得更多的植物能够变为化石，因为这些植物不会在石化之前被分解。木质素包围着管胞细胞壁上的纤维，使得细胞壁变硬，并承受得住因植物体内水分运输而产生的负压（见 4.10 节）。最早的维管植物的管胞细胞壁的加厚形成环状或螺旋状，进一步加固细胞（见 3.6 节和 5.4 节关于管胞以及相关的现代陆地植物木质部中导管的结构和发育）。

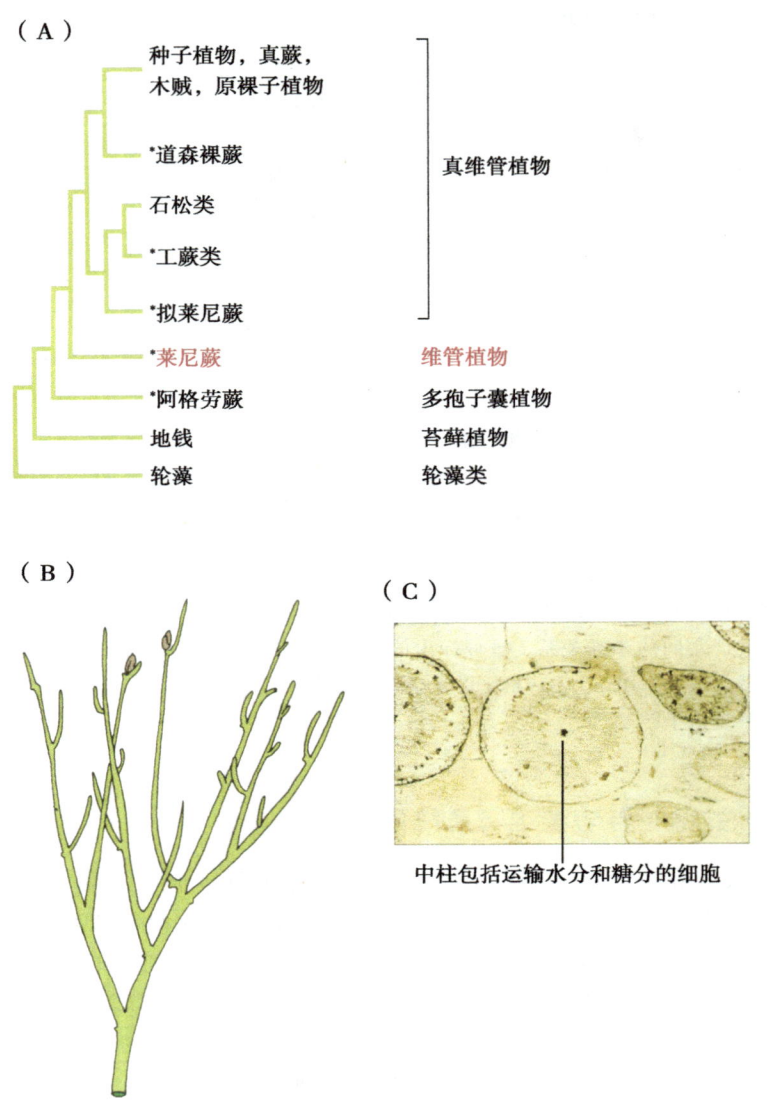

图 1-18　**格温沃恩莱尼蕨——一种早期的维管植物。**（A）演化树显示了文中所说的格温沃恩莱尼蕨和其他陆地植物之间可能的亲缘关系。标星号的类群已经灭绝。（B）莱尼蕨属孢子体的形态。（C）一块莱尼蕨茎的横切面，展示了被认为包含输水细胞（管状分子）的区域以及光合作用产生的糖（韧皮部）（图 C 由 Paul Kenrick 提供）。

一些最早的维管植物和现在的石松类有亲缘关系

植物高度的增加导致了又密又高的森林的形成。在泥盆纪（3.6亿年前）的末期，这些森林中一半的种类都是石松类（图 1-19）。这些植物是今天的石松科、水韭科以及卷柏科的近亲（图 1-20）。

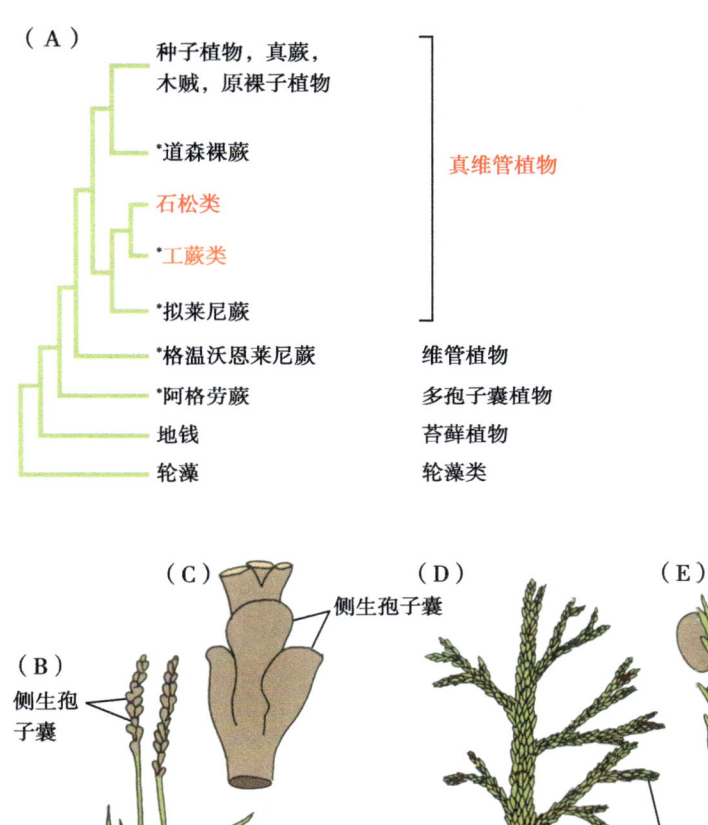

图 1-19 石松类。（A）演化树显示了文中所说的石松类（石松纲和工蕨类植物）与其他植物可能的亲缘关系。标星号的类群已经灭绝。（B，C）一种工蕨属植物的形态，它没有叶片，孢子囊紧贴着茎成簇产生。（D，E）已灭绝的石松纲植物马基星木的形态，一个有叶片的、长有孢子囊的分枝。

图 1-20　现存的石松类植物。（A）卷柏属的一种植物。（B）石松类的杉蔓石松。（C）水韭；这一水生植物生长在北欧、加拿大和美国北部的湖床中。

　　石松类包括两个亚类群：工蕨纲和石松纲（图 1-19）。工蕨纲现在已经灭绝了，它们生活在泥盆纪，在潮湿环境中形成草皮或是在高大植物的下层生长。它们表面上看起来像是莱尼蕨类（图 1-19），因为它们又短又没有叶片，有水平的根状茎和产生孢子囊的直立茎（图 1-19B、C）。但是，莱尼蕨在茎端产生孢子囊，而工蕨类的孢子囊是侧生的，在分枝上聚集成锥形物。这代表了维管植物早期演化中一种向聚集的孢子囊发展的趋势。

　　在泥盆纪森林中和后来的石炭纪沼泽中的许多高大树木都是石松纲的成员。石松纲也有草本的类型，如保存在 4.05 亿年前岩石中的马基星木（图 1-19D、E）。石松纲与工蕨纲的不同之处在于它们发育出了**小型叶**——具有中心维管束，即**叶迹**。小型叶类似于后来的种子植物和蕨类的叶片，但是这两种结构不是**同源**的。这就是说，它们不是来自于同一个共同的祖先结构，而是相互独立演化的。

　　有些石松类长得和现在的树一样高，而且输水系统有了进一步发展，这样的物理支撑使得树高进一步增加。而这时在一类低矮陆地植物以及与石松相近的工蕨纲中，维管束的形成是初生生长的结果，这就是说，维管细胞是由枝端细胞（**顶端分生组织**）分裂产生的。分生组织是能产生植物组织的一群细胞。相反地，树状石松富含管胞的强壮茎是由称为形成层的次生分生组织分裂产生的。形成层在初生分生组织下面较远处发育出来，在那里它产生维管细胞，使得茎的直径和硬度得以增大。这种茎的次生生长在陆地植物中演化了很多次。例如，次生生长在种子植物和石松类中是独立演化的；这两个类群最后的共同祖先是草本植物，没有次生生长（现存被子植物中的初生和次生生长将在第 3 章和第 5 章中介绍）。

　　木本的石松类能长高不仅有茎次生生长的机械性加强，也有坚固的锚状结构（图 1-21）。维管植物和工蕨类有平行的根状茎，产生孢子囊的气生茎就从中长出，通常只有 25cm 高。相反地，木本的石松类具有大的异化的根状茎，称为"根状体"，其上长有异化的称为"小根"的小型叶。

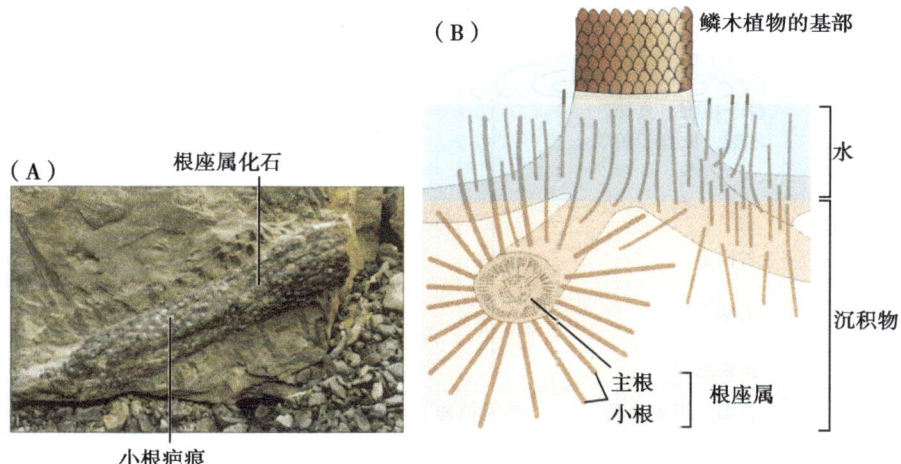

图 1-21 已灭绝的木本石松类的根部结构。(A) 含有根状体化石的岩石。化石表面的疤痕是原来小根的位置。(B) 人们想象中长有小根根状体的示意图。根状体化石和同一棵树的树干以及叶片的化石最初是分别被发现和命名的。之后人们才发现这些化石来自同一物种。这体现在化石的名称上——这种木本石松类的根状体化石称为根座属，地上部分称为鳞木属（图 A 由 Peter Skelton 提供）。

木贼、真蕨以及种子植物是从 4 亿年前泥盆纪早期的一类无叶植物中产生的

除了木本的石松类，泥盆纪森林和石炭纪沼泽还有其他树状植物类群，包括木贼类、真蕨以及种子植物的前身——原裸子植物。我们用的煤就来源于这些古生代的庞然大物，而煤从工业革命以来就一直推动着世界工业的发展。

木贼、真蕨和种子植物属于同一个单系类群，即真叶植物亚门。大多数这类植物都具有真叶，或叫做大型叶。那些缺少大型叶的种类要么是最原始的、已经灭绝的种类，要么是原有的大型叶在后来的演化中丢失了，如现存的松叶蕨目。大型叶被认为是无叶的茎分枝的合并，就像这一类群中已灭绝的、最古老的类道森裸蕨（图 1-22）。这种称为"顶枝学说"的假说认为，三维的分枝系统先是丢失了它的孢子囊（不育），后来又变为一个平面（均夷作用），在分枝的枝条之间产生了叶片（图 1-22C）。

真叶植物亚门有两个明显的共性：茎的分枝模式以及孢子囊的位置。真叶植物亚门呈单轴分枝（一个分枝形成一支单轴，然后形成一个单独的主茎或树干）。单轴有两种不同的演化方式。它们可以通过顶端分生组织在枝端分裂为两个不等的分生组织，较大的那支成为主导的茎，形成单轴，较小的那支形成侧枝；或者，在较晚演化的类群中，单轴由顶端分生组织形成，而侧枝由侧生分生组织产生。这使得植物发育成为有主茎和许多较小侧枝的系统。这种分枝模式与在石松类以及更早期的陆地植物中发现的二歧分枝（通过分叉形成分枝）恰恰相反：后者的分生组织相等地分裂为两个分生组织，每一个都产生一支茎。持续分叉的结果是分枝越来越细。单轴茎的形态通过道森裸蕨的植物化石来说明（图 1-22B）。在这个物种中，地上枝条从水平生长的茎（地下茎）中长出。需要注意的是，道森裸蕨没有叶片（大型叶）。

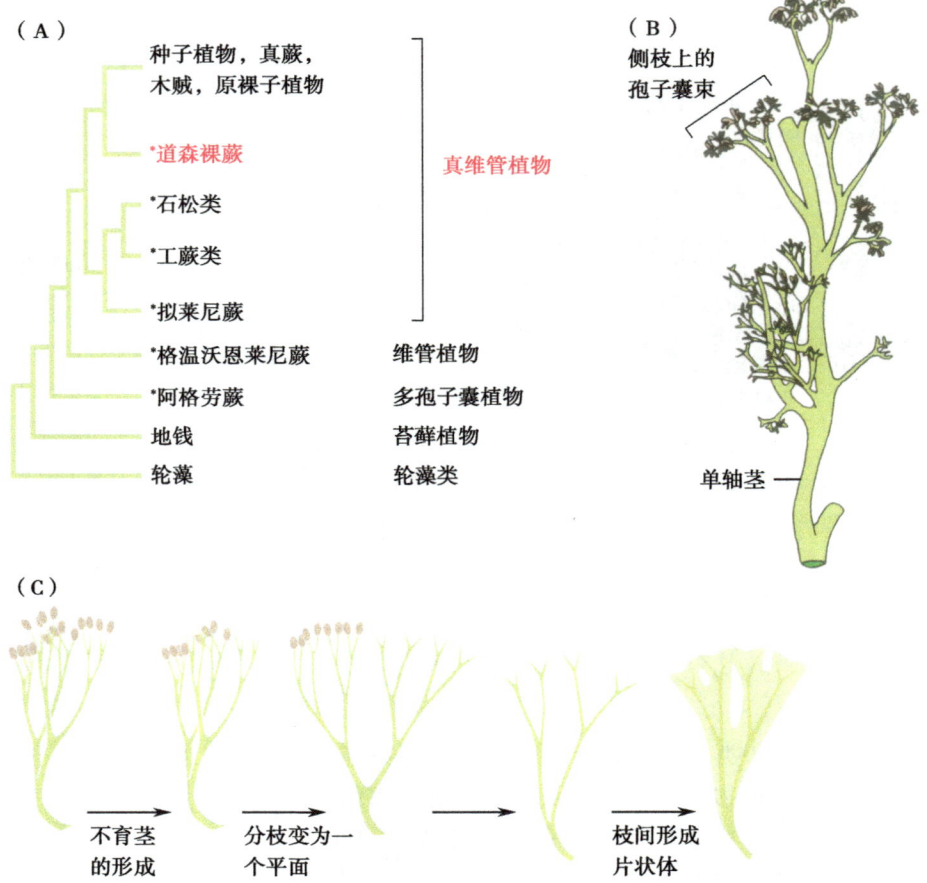

图 1-22 道森裸蕨——真维管植物。（A）演化树显示了文中提及的道森裸蕨和其他陆地植物之间可能的亲缘关系。标星号的是已灭绝的种类。裸蕨与种子植物、真蕨、木贼类和原裸子植物是从一个共同祖先演化而来的，它们共同组成真叶植物亚门。（B）道森裸蕨的形态，一个主茎上长有产生大量孢子囊侧枝的无叶植物。与这种单轴生长相反的是阿格劳蕨这类早期陆地植物的等分枝生长（图 1-17）。（C）大型叶演化的顶枝学说。真叶植物亚门的一个古老成员的一些分枝渐渐变成不育枝，然后不断扁平化，并在分枝间形成填充组织以及薄片，最终成为叶片。

如上所述，早期陆地植物在茎的末端产生单个孢子囊，而后期的石松类中孢子囊变为侧生，成簇排列在由茎侧产生的分枝上。最早的真叶植物还有第三种产生孢子囊的方法：许多顶端孢子囊发育于一个单枝上。这些孢子囊团可以在道森裸蕨螺旋状的侧枝上看到（图 1-22B）。很明显，木贼类、真蕨以及种子植物起源于与道森裸蕨相似的祖先，而种子植物是木贼类和真蕨的姐妹类群。但是，由于化石记录的不完整以及我们对于化石之间亲缘关系的不确定，我们不能描述出类似裸蕨植物的形态是如何一步步演化到木贼类、真蕨和种子植物的过程。

真蕨和木贼类演化于泥盆纪

现存的真叶植物亚门包括两个姐妹类群：种子植物和蕨类植物。蕨类植物包括真蕨类和木贼类（图1-23）。

图1-23 **真叶植物。**（A）演化树显示了蕨类植物、种子植物以及它们一些共同祖先可能的亲缘关系。木贼是一单系类群，它镶嵌在真蕨植物中，说明真蕨是一个并系类群，即这一类群并没有包含其最近祖先所衍生的所有后代。大多数现存的真蕨都是薄囊蕨。（B）一些现存的蕨类植物：欧紫萁，一种薄囊蕨植物（Bi）；一种木贼（Bii）；瓶尔小草，一种箭蕨（Biii）（图Bi和Bii由Tobias Kieser提供；图Biii由David J. Glaves提供）。

现存蕨类植物核基因组DNA序列比较结果显示，这一类群3.9亿年来多样化的速率稳定。通过在蕨类植物的系统发育树中估测物种分化事件的时间，我们得知大部分类群在3.8亿~2亿年前形成（在古生代的泥盆纪和早中生代侏罗纪之间）。最古老的真蕨类化石发现于3.7亿年前的早泥盆纪的岩石层，所以真蕨谱系在蕨类植物进化史的早期就分化出来了。然而蕨类植物的许多现存种属都是在近1.4亿年间才演化出来的。因此现在我们看到的丰富的蕨类植物物种与有花植物一样，是较近期才出现的，而不是早期演化的孑遗物。

随着陆生植物的早期演化，其化学成分和细胞复杂性增加

我们已经描述了陆生植物如何由一个与轮藻目共有的祖先演化而来。最早的陆生植物保留有这一藻类祖先的一些特征，并且获得了适合较干燥陆地生活的新特征。下面我们着重介绍一下植物从水生环境登上陆地所需的重要特征。

最早的有胚植物中所发现的一些化学特征使得这些植物能够在干旱陆地上生存，如细胞壁出现蜡质、酚类化合物形成的聚合物和孢粉素。这些化学物质能够减少细胞水分流失以及保护细胞使其免受损害。蜡质在陆生植物的地上部分形成一个防水层——角质层。孢粉素存在于早期有胚植物孢子的细胞壁中，它能够保护孢子免受脱水和微生物分解。蜡质、酚类化合物（苯丙类化合物）和孢粉素的生化合成途径在轮藻中也有，尽

管其产物并没有用于增加细胞壁的防水性和机械强度。轮藻和陆生植物的共同祖先很可能拥有这些生化合成途径。因此，陆生植物演化过程中关键的生化合成途径并不是在其早期演化过程中新形成的，而是从藻类祖先那里继承来的。演化过程中对祖先生化合成途径的改动使得当今的陆生植物拥有了十分丰富的化学多样性（见第4章）。

早期陆生植物的一些形态特征也可能与适应干旱陆地环境相关。这些形态特征包括特化的输水细胞的形成。拥有输水细胞的植物能够向上生长到干燥的空气中，而不是被限制在水中，让所有器官都浸泡在水中。正如我们所看到的那样，晚泥盆纪和早石炭纪这些早期输导系统不断变得复杂是与树状植物的发育相关的，在此系统中，水分可以从地下运输到好几米高的地上部分，就像现在的树一样。

陆生植物的另一个新的细胞类型是传递细胞。传递细胞的细胞壁有广泛的内陷，产生很大的表面积。它们出现在植物中蔗糖和其他营养物质在细胞之间相互传递的区域；巨大的表面积使得细胞吸收营养物质的速率增高。传递细胞的出现对陆生植物早期演化过程中生活史的改变可能是很重要。对陆生植物的水生祖先来说，其生活史的配子体世代和孢子体世代是完全分开的（下文将更为详细地描述）。然而陆生植物的孢子体和配子体是整合在一起的。早期陆生植物的孢子体依赖配子体，并从中获取营养，正如现在的苔藓植物（图 1-14B）。孢子体和配子体连接处的传递细胞使得营养物质从配子体往发育中的孢子体中运输更加便利。

陆生植物演化过程中的一个主要变化是分生组织的出现。分生组织是一群持续分裂的细胞，其在植物的整个生活史中不断产生出植物体的各个组织和器官（形态建成的过程）。4.7亿～3.5亿年前陆生植物形态多样性的增加也取决于分生组织活性的变化。例如，泥盆纪植物分生组织活性的种类和复杂性的增加，导致产生了复杂的分支枝条和根系统。

大气中 CO_2 和 O_2 水平取决于光合作用和碳掩埋的速率

陆生植物的演化引起了地球大气中 CO_2 和 O_2 相对含量的变化。在详细介绍这一变化之前，我们先来概述一些决定大气中这些气体水平的因素。

让我们来想象一下没有生命的地球，在没有生命的情况下，大气中 CO_2 的水平由地质过程所控制。38亿年前的地球就像现在的金星和火星，都是没有生命的星球。这种星球上大气中 CO_2 含量的增加归功于火山运动和正在经历变质过程的岩石中 CO_2 的释放。而 CO_2 水平因为各种硅酸盐岩石的化学风化作用而降低，这是因为大气中的 CO_2 能够与暴露在外的硅酸盐矿物质发生反应，变成留在土壤或水中的矿物质。如在含钠长石（$NaAlSi_3O_8$）的化学风化过程中，大气中的 CO_2 与长石以及水蒸气 H_2O（g）发生反应，生成一种黏土矿物质 [$Al_2Si_2O_5(OH)_4$]，以及碳酸氢钠和溶解硅。

$$2NaAlSi_3O_8 + 2CO_2 + 3H_2O\,(g) \longrightarrow Al_2Si_2O_5(OH)_4 + 2NaHCO_3 + 4SiO_2$$

生命的出现改变了地球上的碳循环。大气中 CO_2 的最大来源是呼吸作用，生物体利用呼吸作用产生赖以生存的、富含能量的分子。有机分子——通常是碳水化合物，如蔗糖，被氧化生成 CO_2，而能量分子则在这一氧化过程中产生（见第4章，详述各种氧化途径）。简而言之，呼吸作用可由下列公式所表示：

$$nO_2 + (CH_2O)_n \longrightarrow nCO_2 + nH_2O$$

$(CH_2O)_n$ 代表碳水化合物。因此，呼吸作用消耗 O_2，产生 CO_2。

光合作用则是一个相反的过程：大气中的 CO_2 被同化为有机分子（生物量），并且伴随着氧气的释放：

$$nCO_2 + nH_2O \longrightarrow (CH_2O)_n + nO_2$$

正如本章开始所述，现在大气中大量的 O_2 都是近 30 亿年以来通过光合作用形成的。

有机体生物量中所含的碳最终有两种命运。第一种，当有机体死亡后，生物遗体被其他生物利用，所含的碳作为呼吸作用的原料，消耗 O_2，同时将碳以 CO_2 的形式释放到大气中。第二种，生物遗体被埋在沉积物中，形成煤炭或者其他富含碳的岩石。碳掩埋的结果是，1mol 碳被掩埋就意味着 1mol 的 O_2 留在大气中。因此，埋在地下的碳的数量与大气中 O_2 水平的增加是直接相关的。

为了确定在漫长的地质年代大气中 CO_2 和 O_2 含量之间的关系，我们需要一种估测这些气体含量的方法。大气中气体的相对含量可以利用来自两极冰冠的冰核进行测量，最古老的冰冠可达 70 万年。而更早期的大气含量无法直接测量，因此只能进行估测。估测大气中 CO_2 的含量主要有两种方法：一是分析古老的化石化土壤中的碳含量，二是用复杂的计算模型估算，这需要整合各种影响大气 CO_2 含量的可测量因素的信息，这些因素包括有机和无机碳掩埋的速率、风化以及火山活动。这两种独立的方法对 5.5 亿年以来大气 CO_2 含量提供了非常相似的数据。类似的模型方法也用于同一时期氧气水平的估测。

图 1-24 描绘了大致的趋势。大气中 CO_2 含量在大约 5 亿年前（寒武纪）很高，在 4.5 亿年前（中奥陶纪）到 3 亿年前（大约为石炭纪和二叠纪的交界）的时期内稳定降低。在三叠纪时期其含量又上升到一个较低的峰值，此后一直下降直到 1750 年工业革命开始。而氧气含量在 3 亿年前左右表现出急剧的增加。大气中 CO_2 含量降低的同时，O_2 含量上升。

陆生植物的演化在一定程度上造成了 4.5 亿年前大气 CO_2 含量开始下降

大气 CO_2 含量的降低是陆生植物活动（包括有机质的掩埋）以及化学风化的增加共同造成的。如前文所述，陆生植物的第一个化石证据来自 4.7 亿年前的沉积物。这些陆生植物同化大量的 CO_2，其中部分碳在植物死亡之后被掩藏。埋藏的速率急剧增加，在 3.5 亿～3 亿年前达到最高值。这是石炭纪煤炭沼泽形成的时期，树木以沉积物的形式埋在地下，形成了推动 3 亿年后工业革命的煤炭。当时大气中 CO_2 含量的降低部分归因于碳掩埋的增加。

如上所述，另一个减少大气 CO_2 水平的因素是岩石的化学风化作用。风化作用将大气中的碳转化为不可溶性产物留在岩石中，最终形成土壤（如黏土矿物质），或者转化为可溶性物质被水带走。这一大气 CO_2 含量减少的过程被称为大气中 CO_2 的"吸耗"(drawdown)。陆生植物的生长增强了化学风化作用，因为它使得更多的岩石的表面裸露出来。此外，植物的根系分泌一些可溶解岩石矿物质的酸性物质，从而促进了风化反应。

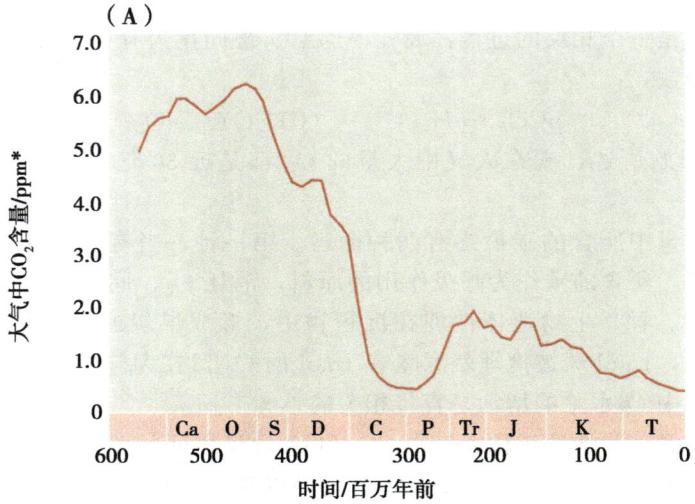

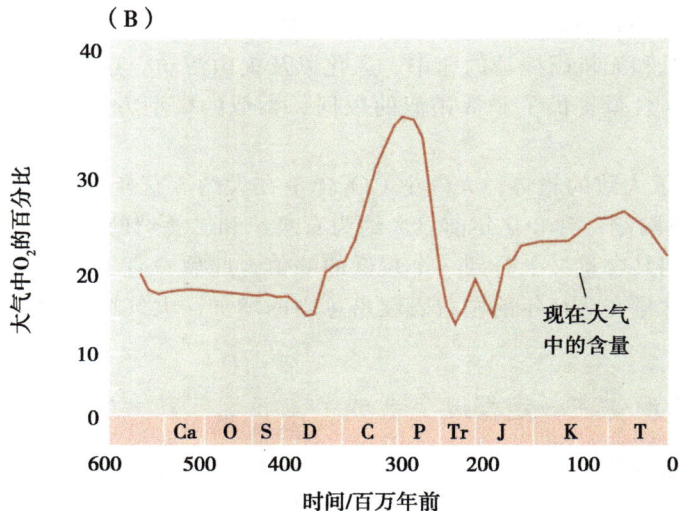

图 1-24 过去 5.5 亿年间大气中 CO_2 和 O_2 水平的变化。(A) 人们对大气中 CO_2 水平变化的估测（目前的水平按体积计算约为 0.385‰，或者百万分之 385，或者 0.0385%）。(B) 估测的大气中 O_2 水平的变化。缩写表示不同的地质时期：Ca，Cambrian 寒武纪；O，Ordovician 奥陶纪；S，Silurian 志留纪；D，Devonian 泥盆纪；C，Carboniferous 石炭纪；P，Permian 二叠纪；Tr，Triassic 三叠纪；J，Jurassic 侏罗纪；K，Cretaceous 白垩纪；T，Tertiary 第三纪。＊：$1ppm=10^{-6}$，后同。

造成 CO_2 吸耗的一个重要因素就是植物根系的演化。早期矮小的陆生植物没有根系，而是依靠由单细胞假根组成的根状茎附着在基质上，根状茎吸收养分和水并且分泌酸性物质到周围的基质中（如图 1-17 中的阿格劳蕨）。到石炭纪，演化出了拥有真正的根和复杂根系的大树。4 亿～3.5 亿年前，植物在增加高度的同时，其根系的深度从小于 1cm 增长到大于 1m。这一根系的发展不仅加快了风化作用的速率，而且首次产生了由富含植物生物质衍生而来的有机质土壤。这些土壤可看成是"碳库"，其中的一部分碳是通过光合作用从大气中获得，并被保存了起来。碳被保存在土壤中，以及其大量的埋藏导致了 3.9 亿～2.75 亿年前大气中 O_2 含量的增加。

只要碳掩埋的速率增加，大气中氧气的含量就会增加。到石炭纪末，泛古陆超大陆形成，气候开始变干，导致植物生物量产量的下降。超大陆形成的同时海洋面积减少，从而大陆架上大量富含碳的沉积物暴露在大气中，进而被氧化。沉积物氧化、生物量产量的降低以及碳掩埋的减少共同导致了石炭纪末期大气中 O_2 水平的下降。因此，在过去的 5.5 亿年间，生物学和地质学事件共同决定了大气的成分。

现在人们担心因化石燃料燃烧而引起大气 CO_2 含量上升。这一人类行为已经造成大气 CO_2 水平从工业革命之前的 270ppm 增加到如今的 380ppm。这种担忧是有道理的，因为 CO_2 是温室气体，大气中 CO_2 含量越多，滞留在大气层中的热量就越多。在 4 亿～2.5 亿年前，随着大气中 CO_2 含量的急剧下降，出现过一个与温室效应相反的过程，导致了石炭纪两极形成了冰盖和一直延续至二叠纪的冰河时期。

古生代中期大气 CO_2 含量的下降是大叶片演化的驱动力

晚期泥盆纪和石炭纪大气 CO_2 水平的下降对陆生植物叶片的演化产生巨大的影响。对植物的生理实验结果表明，大气 CO_2 水平一定程度上决定着叶片上给定区域的气孔数目（气孔密度）。气孔是叶片表层（表皮）的小孔，植物通过这些小孔在大气和叶片内的细胞间隙之间进行气体和水分的交换。植物生长环境中的 CO_2 含量越低，叶表面的气孔密度越大。这样对 CO_2 的响应使得在 CO_2 浓度较低的情况下，大气和细胞空隙之间 CO_2 能更快地平衡。化石记录表明当大气中 CO_2 水平较低的时候，气孔密度相对较高，这与现代植物一致（气孔的详细功能将在第 3、4、6、7 章进行讨论）。

有证据表明大气中 CO_2 水平较低至少部分有助于约 3.9 亿年前大叶片的演化（图 1-25）。气孔能使 CO_2 进入叶片，同时也能够使水蒸气排出叶片进入大气。这一过程对维持水分通过维管系统从土壤到叶片的流动至关重要，同时水分蒸发能够为叶片降温。这种降温功能能够消散太阳辐射对叶片的热效应。因为气孔密度基本上取决于大气中 CO_2 水平，大气中 CO_2 含量的变化能够改变叶片蒸发降温的能力。如果大气 CO_2 含量高，则气孔密度低，因而叶片蒸发降温的能力也低。这些因素限制了 3.9 亿年前叶片的大小，那时大气 CO_2 含量高，因此气孔密度低，叶片小，形成表面积较小的小型叶。大的表面积会拦截更多的太阳辐射，因此会造成叶片过热。当大气 CO_2 含量降低时，气孔数目增加，导致叶片蒸发降温的能力也增加；相应的，这一变化使得叶片增大，因为更强的蒸发降温意味着大叶片表面积拦截太阳辐射不会造成叶片过热。

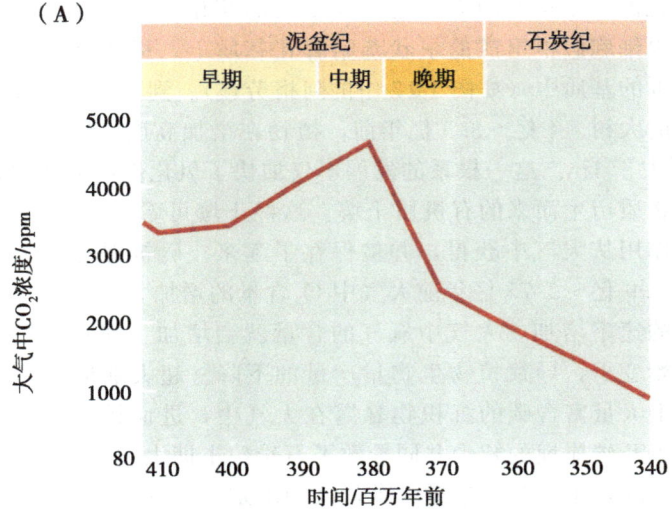

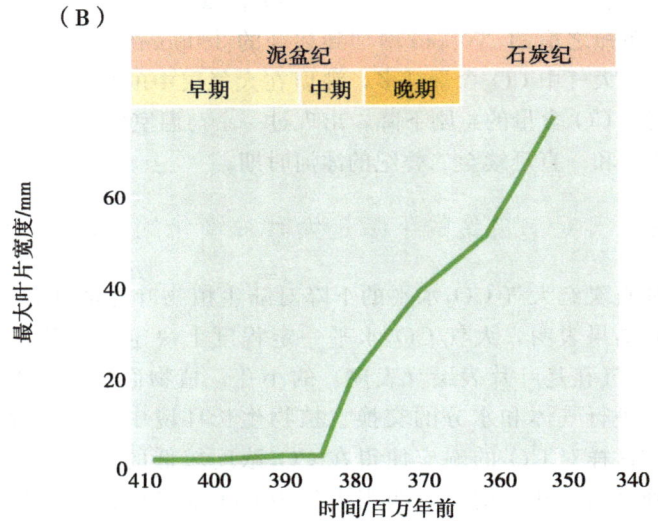

图 1-25 泥盆纪大气中 CO_2 水平的下降，植物叶片增大。（A）估测的大气中 CO_2 水平，显示了从中泥盆纪开始大气中 CO_2 水平急剧下降。（B）从中泥盆纪开始化石记录中叶宽的增加。

1.4 种子植物

种子植物（spermatophyte）是能够产生种子的植物。种子包含受精产生的合子（zygote）细胞，合子发育为胚胎。现存的种子植物超过 223 000 种，可分为 5 个单系类群：苏铁目、买麻藤目、银杏目、松柏目（图 1-26）和被子植物（迄今为止活着的最大的类群）。许多其他类群的种子植物已经灭绝了，现在人们只能从化石中看到它们。

图 1-26　现代种子植物。（A）原产南非的欧登斯大头苏铁。（B）原产北美的小干松。（C）原产中国东部的银杏，这是唯一现存的银杏目物种；化石记录表明，其他银杏目植物在 200 万年前左右开始灭绝。（D）原产于北美的绿麻黄。现代种子植物的第 5 个类群——被子植物的成员将在本章稍后描述。

种子包含受精产生的遗传物质，并且被孢子体发育而来的组织所包被

种子在植物的演化过程中只产生了一次，即所有的种子植物起源于一个共同的祖先。种子是植物物种传播新的遗传个体的方式。在种子植物中，孢子体时代在其生殖结构（孢子囊）中产生两种类型的孢子：**大孢子**（megaspore），将来产生**雌配子体**（megagametophyte）；**小孢子**（microspore），将来产生**雄配子体**（microgametophyte）。这两种类型的孢子分别由形态不同的孢子囊——**大孢子囊**（megasporangium）和**小孢子囊**（microsporangium）产生（图 1-27）。因此种子植物是异型孢的，即产生不同

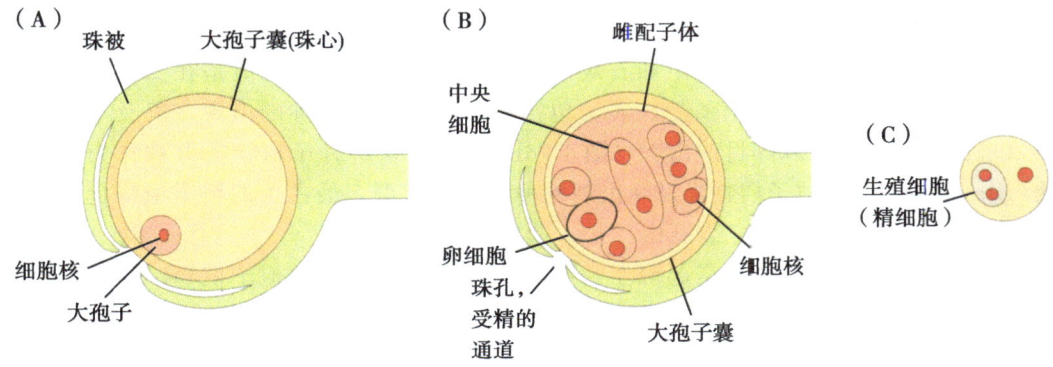

图 1-27　种子植物产生孢子的示意图。（A）胚珠（雌性生殖结构）发育的早期阶段。胚珠被包在母体植物（孢子体）中。胚珠由大孢子囊及包裹着大孢子囊的外珠被组成，大孢子囊含有大孢子。（B）大孢子行细胞分裂形成雌配子体。在受精作用中，雌配子体中的一个细胞，即卵细胞与雄配子体（花粉）的一个细胞核融合产生合子，合子发育为胚胎。（C）一个成熟的雄配子体，即花粉粒（雄性生殖结构）。花粉粒由两个细胞组成，小的生殖细胞有两个核，其中一个核在受精过程中与卵细胞融合。

类型的孢子。雌配子体由位于大孢子囊中的大孢子发育而来。**胚珠**(ovule) 是由一个复合结构组成的：由大孢子发育而来的雌配子体，周围的大孢子囊（**珠心，**nucellus）还有一至数层的保护细胞层，即**珠被**(integument)；胚珠镶嵌在孢子体内。与雌配子体不同，雄配子体在小孢子囊中产生，但将从中被释放出来；种子植物的雄配子体称为**花粉**(pollen)。花粉被传播到接近胚珠的孢子体的具有接受能力的表面，随后发生受精作用，雄配子体的其中一个核（**精子，**sperm）与雌配子体的其中一个核（卵细胞）融合形成合子，随后发育为胚胎。受精之后，胚珠及其周围包被的母体组织被称为"种子"。被子植物配子的形成及受精将在第 5 章详细讲述。

前文描述了陆生植物的祖先的生活史，它们的配子体时代是独立生存的，即独立于孢子体生长发育并且自养。这种特征在现有的植物中也存在，如苔藓植物、石松类、真蕨类和木贼类植物。然而在种子植物中，雌配子体包被在长在孢子体上的大孢子囊中，吸收由孢子体输送的养分。种子植物的雄配子体比雌配子体小很多，在其发育成花粉被释放之前在小孢子囊中发育。花粉有坚硬的外壁包裹，花粉壁中含孢子素。孢子素是具有高度耐受性的聚合物，首先在早期植物的孢子壁中发现。尽管花粉从孢子体中释放出来，但它不是自养的，而是利用其储存的在配子体发育过程中从孢子体中吸收的能量。

受精的产物——合子经过一系列细胞分裂发育为胚胎。这一发育过程在配子体内进行，而配子体是包被在孢子体组织（珠心和珠被）内的。因此即将散播的成熟种子含有由受精产生的遗传物质、下一代的孢子体，以及所包被的母体孢子体组织。

种子植物起源于泥盆纪，且在 2.9 亿～2.5 亿年前的二叠纪蓬勃发展

最古老的种子植物化石发现于 3.85 亿～3.65 亿年前（泥盆纪）的岩石中。种子植物构成当今世界植物类群的主体。到 3 亿年前，种子植物已经分化为两个主要类群：科达类和种子蕨类植物，它们与孢子植物如真蕨类、木贼类和石松类共存（图 1-28）。

另外一些植物类群在接下来的 5000 万～8000 万年（二叠纪）出现，包括苏铁目、松柏目和银杏目。到三叠纪（2.3 亿年前），种子植物已经成为热带雨林中的优势植物类群（大型石松类植物在泥盆纪和石炭纪的森林中占主导地位，但是在二叠纪灭绝）。种子植物在三叠纪和侏罗纪蓬勃发展，包括松柏类等很多物种的出现，以及本内苏铁目（现已绝灭）和买麻藤目的出现（图 1-26D）。以上这些种子植物类群被称为**裸子植物**(gymnosperm)。被子植物是最晚出现的种子植物类群。最古老的被子植物化石发现于约 1.3 亿年前的早白垩岩石中。

最早的种子植物被认为是起源于一种被称为前裸子植物的孢子植物。尽管这种植物还有独立生活的配子体，但它们已形成了木质部，有与现存种子植物类似的根系，并且在某些种类中产生异型孢子。已知最早的具有种子样结构的植物化石是有 3.85 亿年历史的 *Runcaria*（图 1-29），其雌配子体被珠被包裹。*Runcaria* 的大孢子囊被一个开放的丝状珠被包裹。这不是真正的种子，但代表了种子演化过程中的一种中间状态。到 3.6 亿年前，出现了一种大孢子囊被部分融合的珠被包裹的植物，如古籽属。到早石炭世约 3.5 亿年前，出现了大孢子囊被珠被完全包裹的植物。

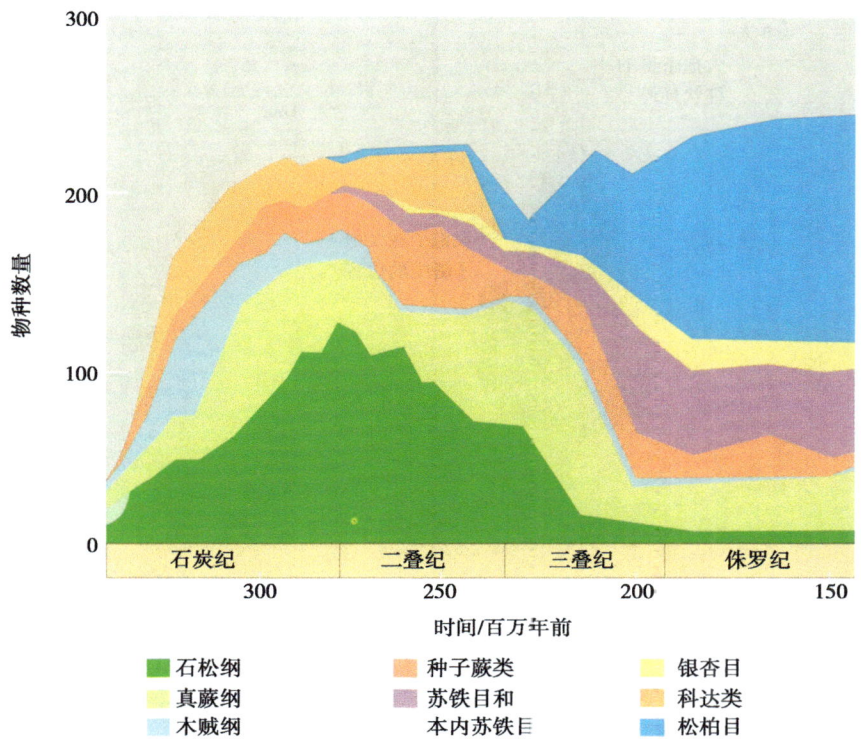

图 1-28 在 3.5 亿～1.5 亿年前种子植物的分化。早期的种子植物物种数量在石炭纪开始上升，随之在二叠纪产生新的种子植物类群。孢子植物——石松类、真蕨类和木贼类，在三叠纪一直是全球植物界的优势类群。在三叠纪，大量新的种子植物物种出现，特别是针叶类植物，同时孢子植物的数量急剧减少。直到侏罗纪末期，所有的种子植物都是裸子植物；被子植物首次出现于约 1.3 亿年前。

泥盆纪孢子体世代开始在陆生植物的生活史中占主导地位

在陆生植物演化最初的 1 亿年中，孢子体变得更大、更复杂，而配子体则变得更小。在这里我们从与轮藻的最近共同祖先开始，追溯一下陆生植物生活史的主要变化。

所有的陆生植物的生活史有两个相互交替的多细胞有机体世代，一个单倍体有性世代（配子体）与一个二倍体无性世代（孢子体）互相交替。单倍体个体的细胞包含单套承载其遗传信息的染色体；而二倍体个体的细胞包含两套染色体。这种单倍体世代和二倍体世代都是多细胞的，被称为"两型世代生活史"。陆生植物的祖先轮藻有着不同的生活史，其二倍体世代是单细胞（合子），而植物体本身是单倍的配子体，这叫做"单型世代生活史"。因此在轮藻属中，单倍的植物体产生单倍的配子。两种单倍的配子融合产生一个二倍体孢子体——合子。合子迅速进行一种特殊的细胞分裂，叫做**减数分裂**（meiosis），形成四个单倍的孢子细胞。在减数分裂过程中，二倍体细胞的两套染色体首先复制形成四套，然后四套染色体随细胞分裂分配到四个子细胞（单倍体）中，每个细胞有一套染色体（这一过程将在 3.2 节中进行详细描述）。孢子萌发后发育为单倍体植物（图1-30）。大多数原始陆生植物，即与轮藻植物亲缘关系最近的陆生植物有

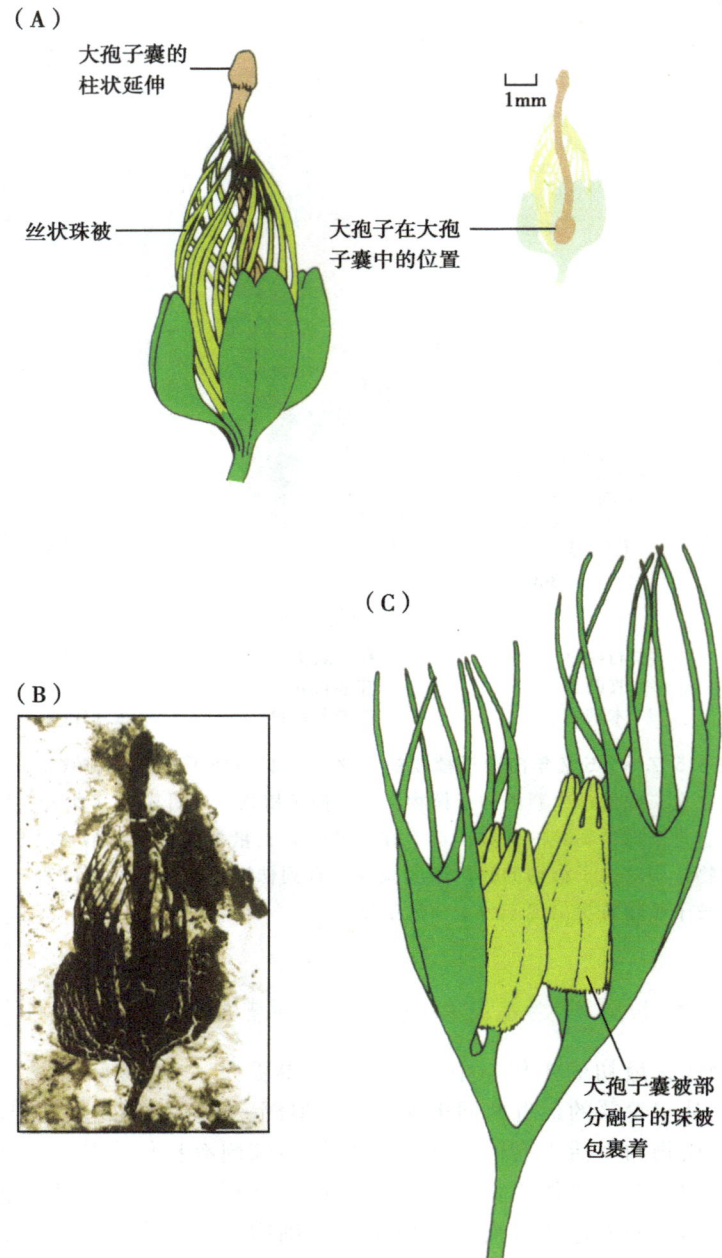

图 1-29 种子的演化。（A）*Runcaria heinzelinii*（一种前种子植物）有一个丝状、开放的珠被围绕大孢子囊（棕色）。大孢子囊有一个柱状延伸物，可能参与接受花粉。（B）*Runcaria* 的化石照片，A 图据此而画。化石样本长 7mm，发现于比利时的砂岩中。（C）阿诺德古籽（*Archaeosperma arnoldii*）被部分融合的珠被包裹（图 B 由 Philippe Gerrienne 提供）。

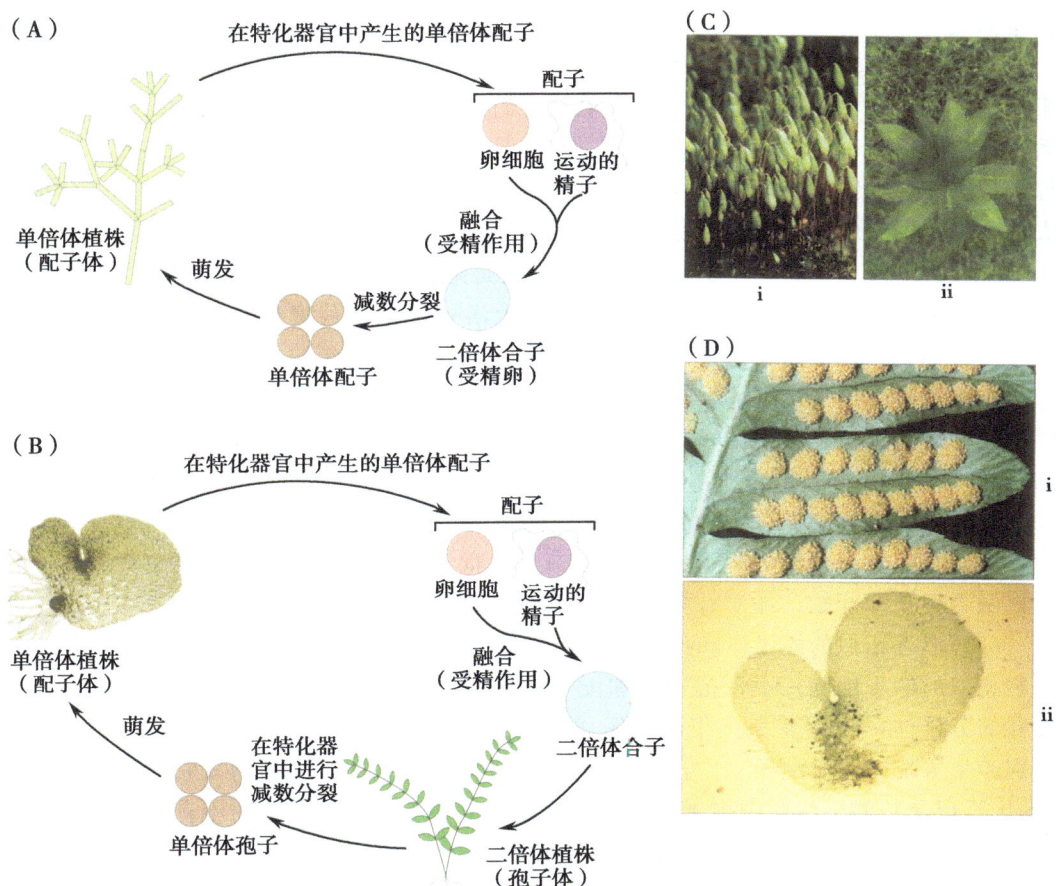

图 1-30　单型世代和两型世代生活史。(A) 陆生植物最近的祖先轮藻类的单型世代生活史。单倍体植物产生雌雄配子体（卵和精子），二者分别由植物体上的特化器官所产生。配子的融合产生一个二倍体合子。合子进行减数分裂，产生单倍体孢子，孢子萌发后发育成为下一个单倍体世代。(B) 陆生植物两型世代生活史（在此展示的是真蕨植物的简单生活史类型）。单倍体世代（在蕨类植物中，称为原叶体）产生雌雄配子体（卵和精子），二者分别由植物体上的特化器官产生。配子融合形成一个二倍体合子。合子进行有丝分裂（而不是减数分裂）产生多细胞的二倍体孢子体世代（真蕨植物的成体）。孢子体特化器官中进行减数分裂产生单倍体孢子，孢子萌发并发育形成下一个单倍体世代。(C) 藓类植物真藓属成熟的孢子囊（孢蒴）（左图）；图片底部可见多叶的配子体，孢子体即从中产生。藓类植物小立碗藓（右图）多叶的配子体从单倍体孢子萌发后形成的一团丝状物中长出。(D) 真蕨植物叶的下表面（上图），展示含金色孢子囊簇的特化结构（孢子囊群）。每个孢子囊产生众多孢子。它们在成熟孢子囊开裂时借助风力释放并散播。一个真蕨植物的原叶体（下图），单倍体的配子体世代，由数百个细胞组成，依靠假根（图中可见）附着在基质上。雌雄配子（卵和精子）产生于原叶体表面的不同器官中，分别为颈卵器和精子器（图中未展示）。游动的精子通过表面的水层到达颈卵器，在那里进行受精作用（图 Cii 由 Ralf Reski 提供；图 Dii 由 Michael Knee 提供）。

两型世代生活史，这表明从水生到陆生的转变伴随着具有多细胞孢子体世代的两型世代生活史的产生。

陆生植物的进一步演化伴随着两型世代生活史的不断修饰。人们推测的陆生植物祖先状态同样存在于现存的苔藓植物中，它们的二倍的孢子体比单倍的配子体小。此后生活史经历了一些过渡阶段，包括一个生活史中两种世代状态大小一致的阶段（就像莱尼蕨类，如阿格劳蕨），最终产生了种子植物，其雌配子体体型减小，并完全被庞大的孢子体的组织所包被。下面详细讲述四种不同类型的陆生植物生活史。

（1）大型配子体和小型孢子体。这种类型是陆生植物中最古老的两型世代生活史，其特征是孢子体"寄生"在配子体上。这种生活史存在于苔藓植物当中，如苔类、藓类和角苔类。在藓类植物中，单倍孢子萌发后产生一个丝状结构。它由两种细胞类型组成：**绿丝体**（chloronema）细胞，其中含有大的叶绿体；**轴丝体**（caulonema）细胞，最终发育为藓类植物叶状配子体（图 1-30C）。颈卵器和精子器（产生雌性和雄性配子的器官）在叶状配子体的顶端形成。一旦发生受精作用，二倍孢子体便在原位发育，并吸收来自配子体的养分（与苔类植物类似，图 1-14B）。当孢子体顶端的孢子囊成熟后，开始减数分裂并形成孢子（图 1-30C）。注意在轮藻中情况不同，减数分裂在受精时核融合后立即开始，并没有多细胞二倍体阶段。

（2）形态相似的配子体和孢子体。在前维管植物如阿格劳蕨（拥有形态独特、与管胞相似的输水细胞）中，孢子体和配子体阶段是独立的，而且两者形态相似，均为无叶的分枝体，顶端着生孢子囊（图 1-17）或者产生配子的器官（精子器和颈卵器，分别产生雄配子和雌配子）。与苔藓植物的孢子体相比，前维管植物或它们的最近祖先（无化石记录）的生活史中孢子体世代开始变得复杂起来。现存植物不存在孢子体和配子体形态大小相似的情况，因此，这一类型的生活史是从 4.1 亿～3.9 亿年前（早志留世和晚泥盆世）的化石中发现的。

（3）小型配子体和大型孢子体。生活史演化的下一种类型中，二倍体的孢子体占主导地位。这一现象存在于许多化石以及现存的蕨类植物（如石松类、真蕨类和木贼类）中。自由生活的配子体比孢子体小，真蕨类生活史就是一个例子。其中"真蕨植物"（二倍孢子体）产生孢子，孢子萌发后发育成独立生存、由几百个细胞组成的单倍配子体，称为**原叶体**（prothallus）（图 1-30B、D）。精子器和颈卵器可以在相同的或者不同的原叶体上发育。受精后，合子发育为孢子体，而小的原叶体结构逐渐死亡。

（4）孢子体包被雌配子体，雄配子体（花粉）散播出去。最后出现的生活史形式是雌配子体被孢子体组织包被。大孢子在进行减数分裂之后，单倍体的雌配子体发育成一个拥有几个细胞的结构（图 1-27B）。这一结构被孢子体组织所包被。相反，雄配子体（花粉）是可移动的［空气传播或者通过其他方式（如昆虫携带）传播］。花粉降落在雌配子体附近，萌发产生花粉管将精子核通过孢子体组织（通过珠孔，图 1-27B）输送到卵细胞。所有种子植物，包括现存的和已经灭绝的，其生活史均是这种类型。

综上所述，陆生植物演化的最初 1 亿年中，发生了生活史的急剧变化，伴随着配子体不断变小且越来越简单，孢子体的复杂性不断增加。

至今有 5 类种子植物生存在地球上

5 类现存的种子植物，如前文所述，分别是苏铁目、银杏目、松柏目、买麻藤目（裸子植物）和被子植物。为了了解它们的起源，我们需要知道这 5 类植物的关系。人们至今对此没有达成共识，但是提出了两种假设，这两种假设所推测的被子植物的起源是完全不同的。"有花植物"假说认为现存裸子植物中与被子植物亲缘关系最近的是买麻藤目；这一假说基于比较形态学。然而基于 DNA 序列的比较则得出另外一种结论，称为"买麻藤/松柏"（gnepine）假说（图1-31）。该假说表明现存的买麻藤类与松柏类有着更近的亲缘关系，而不是与被子植物更近。据此推测，衍生出被子植物的支系将更加古老。目前这个假说似乎被普遍接受。

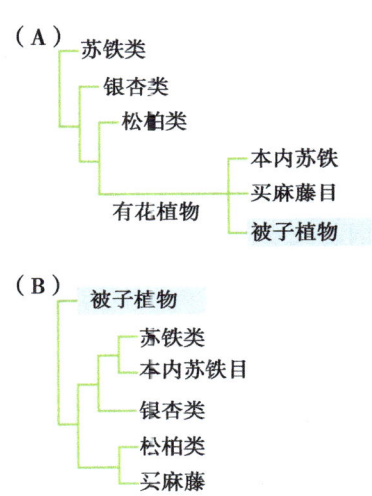

图 1-31　现存种子植物类群之间推测的亲缘关系。具体的关系不甚明确；有以下两种推测。（A）有花植物假说，基于现存和灭绝的种子植物比较形态学的研究，认为被子植物与买麻藤类和本内苏铁类的亲缘关系较近，与苏铁类、银杏类和松柏类亲缘关系较远。（B）gnepine 假说基于现存种子植物的 DNA 序列比对，认为买麻藤类与松柏类亲缘关系较近，且裸子植物各类群之间的亲缘关系更近。

现在我们把目光转向有花植物（被子植物）的发展史。

1.5　被子植物

被子植物（来自希腊语 *angeion*、"vessel"和 *sperma*、"seed"）是能够开花的种子植物。它们是现存种子植物的主要类群之一。被子植物是有压植物中最大的类群，是除了高山顶端、两极和海洋的其他所有生境中的优势植物类群。它们在形式上呈现巨大的多样化，其中有扎根于土壤的陆地植物；有生长在其他植物上的附生植物（epiphyte）；还有固定或者漂浮在海洋或淡水中的水生植物。被子植物具体的物种数尚不清楚，根据目前保守的估计，现存有 220 000 种被子植物，分别属于 450 多个科。

被子植物出现在 1.35 亿年前早白垩纪的化石中

最古老的被子植物化石约有 1.35 亿年的年龄。被子植物的主要谱系于 0.9 亿～1.3 亿年前形成。被子植物花的特征——花的大小、花器官各部分的组合及结构，在早期被子植物中差别很大，表明花形式的多样性在早期有所增加。跟随这一辐射演化的是1亿~0.7亿年前被子植物逐渐在生态方面占据了主导地位。如今,有着巨大的花型多样性及植物形态多样性的被子植物在世界植物区系中占主导地位。

被子植物有一些在其他植物类群中不存在的共有特征,包括:种子的特征(胚乳的发育);生殖结构的特征(花器官的出现,其中胚珠被心皮包被;雄蕊有两对花粉囊);还有韧皮部,它是一种运输系统,运输光合作用产生的糖类。

尽管被子植物形成一个界限清晰的单系类群,它们的起源仍然不明确(图1-31)。确定它们的起源需要鉴别与其亲缘关系最近的非被子植物。我们猜想与其亲缘关系最近的类群属于裸子植物。裸子植物是另一类产生种子的植物,有着比被子植物更早的化石记录。然而遗憾的是,我们并不清楚哪一种裸子植物类群与被子植物亲缘关系更近。这些类群的演化关系有待更多的系统发育研究来解释。

记录着被子植物扩散的化石证据显示了它们的多样性随着时间推移而逐渐增加,但并没有告诉我们被子植物演化和多样化背后的驱动力是什么。实际上我们可能永远都不会了解。然而白垩纪大规模的环境变化可能起到重要的作用,这种变化产生了被子植物辐射所需的新的生态位。白垩纪经历了泛古陆超大陆的分裂,引起了火山活动和大陆架大规模的淹没,最终导致了气候变化。另外的促进性因素可能是有翅昆虫数量和物种多样性的增加,这些昆虫可以将花粉从一株植物传播到另一株(植物和授粉昆虫之间的关系将在8.5节中进行讨论)。

被子植物起源于热带,随后扩散到高纬度地区

自1.35亿年前至今,被子植物的扩散有详细的记录,因为来自化石记录的被子植物花粉在形态上很容易与其他种子植物的花粉相区别(图1-32)。

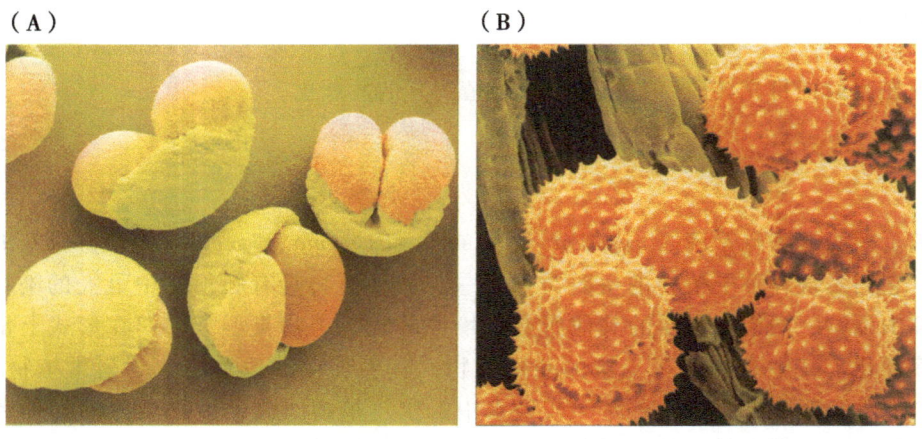

图1-32 裸子植物和被子植物的花粉粒。 花粉粒的彩色扫描电镜照片。(A)裸子植物欧洲赤松的花粉,花粉具有翅状气囊,有助于风媒传播。(B)被子植物豚草属的花粉。花粉粒外壁(exine)的式样是物种特异的。这个特征是人们通过化石记录重建昔日植被类型的重要证据。这对刑侦科学也很重要:鉴定证物上的花粉粒能够追踪它的来源和移动路线。豚草属花粉粒同样很有趣,因为它们是北美花粉热的主要诱因。花粉粒中一种特殊蛋白质是引起黏膜炎症的抗原。

最早的被子植物花粉化石发现于以色列和摩洛哥的沉积物中。在接下来的3000万年间，被子植物几乎扩散到全球。在6000万年内，被子植物逐渐成了赤道地区植被的优势成分。至此它们在更高纬度地区的植被中约占30%。

可以用被子植物对澳大利亚白垩纪植被的影响来阐述有花植物如何入侵以及最终在世界植物区系中占主导地位。在早白垩纪时期，澳大利亚是冈瓦纳古陆超大陆的一部分。现在的澳大利亚中部地区曾经有许多河流和湖泊，还有茂密的森林。林冠由针叶树组成，包括罗汉松科和南洋杉科（包括智利南洋杉）的成员，现在是南半球的特征植物类群。下层林木包括种子蕨类、苏铁类、本内苏铁目、蕨类植物（石松类、真蕨类和木贼类）和苔藓类植物。约1.2亿年前，当第一批被子植物出现时，它们生活在河流和湖泊的附近。接下来的3000万年间，它们不断分化，并散布到更加多样的生态环境中。9000万年前就出现被子植物树木，到8400万年前，被子植物不仅取代针叶树成为森林中的优势植物，而且形成了茂密的林下群落。澳大利亚被子植物辐射演化可能是世界范围内被子植物早期从其起源地进行辐射的一个缩影。

无油樟是所有现存被子植物的姐妹类群

系统演化树能够表明不同被子植物类群之间可能的演化关系。这些演化树显示，被子植物衍化为**真双子叶植物**（eudicot，Eudicotyledon）、**单子叶植物**（monocot，Monocotyledon），以及其他相关类群，包括**木兰亚纲**（magnoliids）、水生植物金鱼藻属、金粟兰科和其他几个更基部的类群，统称为基部被子植物。在基部被子植物中，无油樟被认为是所有其他现存被子植物的姐妹类群，即无油樟和所有的被子植物起源于一个共同祖先（图1-33A）。无油樟（图1-34）是仅生长在澳大利亚东海岸新喀

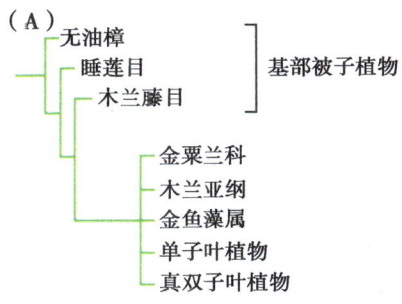

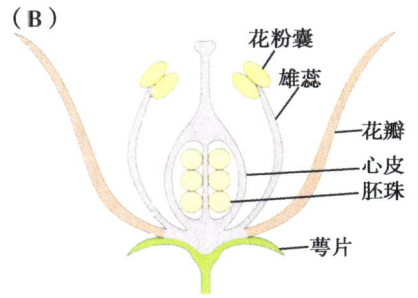

图1-33 被子植物。（A）演化树显示了现存被子植物之间可能的亲缘关系。随着更多植物DNA序列的获得，以及推测不同植物支系分歧时间的生物信息方法的改进，这种亲缘关系不断被修正。（B）被子植物花的纵切面，显示被子植物特有的结构。胚珠（图1-27）包裹在心皮中。雄配子体产生于雄蕊的花粉囊中。生殖器官被花瓣包围。被子植物花的大小和形态变异很大，其中一些变异将在下文中举例说明。

里多尼亚雨林中的灌木。它是无油樟科唯一的物种，**雌雄异株**（dioecious），即雌花和雄花生长在不同的植株上。其花小且**花被**（perianth）螺旋排列，它们还没有特化成**花萼**和**花瓣**，因此被称为**花被片**（tepal）。即使现在广泛接受无油樟是最古老的现存被子植物，我们还不能定论是否原被子植物（最早的被子植物）也有这些形态特征。

图 1-34　基部被子植物的成员。一种原产于新喀里多尼亚的灌木植物——无油樟。(A) 花；(B) 果实。(C) 一种原产于中国的木本植物——五味子的果实，该植物属于木兰藤目。(D) 睡莲目的荷花（图 A 和图 B 由 Peter Endress 提供；图 C 由 Tobias Kieser 提供）。

再晚些衍生出的被子植物中，木兰亚纲包括林仙目、胡椒目和木兰目（图 1-35）；单子叶植物包括禾本科、棕榈科和莎草科，它们将在下文中进一步讨论。总而言之，非双子叶植物占有花植物的 25%，而其中 97% 是单子叶植物。

另外 75% 的有花植物是真双子叶植物。真双子叶植物演化树的最基部类群是"基部真双子叶植物"，包括罂粟科和毛茛科。较晚期出现的真双子叶植物类群，即"核心真双子叶植物"，分为两支：蔷薇类群，由具有分离花瓣的植物组成；菊类群，包含合瓣花植物。核心真双子叶类群植物表现出巨大的形态多样性（图1-36）。例如，尽管辐射花对称被认为是古老的花对称形式，两侧对称花在核心真双子叶中多次独立演化，并被认为是与授粉昆虫协同演化的结果（见 8.5 节）。此外，乔木特征也演化并丢失了多次。

图 1-35　金鱼藻属和木兰亚纲。(A) 金鱼藻，一种淡水生长的植物。(B) 巨花马兜铃（胡椒目）。(C) 月桂（樟目）。(D) 鹅掌楸（木兰目）（图 B~D 由 Tobias Kieser 提供）。

真双子叶植物通过花粉孔的数目区别于其他有花植物

基于 DNA 序列的系统演化用来确定有花植物类群的演化关系，花粉的形态也可用来区别两个主要的被子植物类群：真双子叶类群和所有其他被子植物类群（图 1-37）。被子植物中除了真双子叶之外，其他所有植物的花粉属于单沟型（monocolpate），即花粉仅有一个开孔。当花粉落到柱头表面后，花粉管就从这个孔中萌发并长出。而真双子叶植物产生带有三个孔的花粉，即**三沟花粉**（tricolpate pollen），三沟花粉是真双子叶植物共有的衍生特征——一种**衍征**（synapomorphy）。这一特有的形态特征支持了真双子叶植物是一个单系类群的观点。

图 1-36 真双子叶植物。(A) 罂粟 (罂粟科),一种基部真双子叶植物。(B) 香豌豆 (豆目),属蔷薇类群,花两侧对称的一个例子。(C) 龙胆 (龙胆目),属菊类群 (图 A 由 Tobias Kieser 提供)。

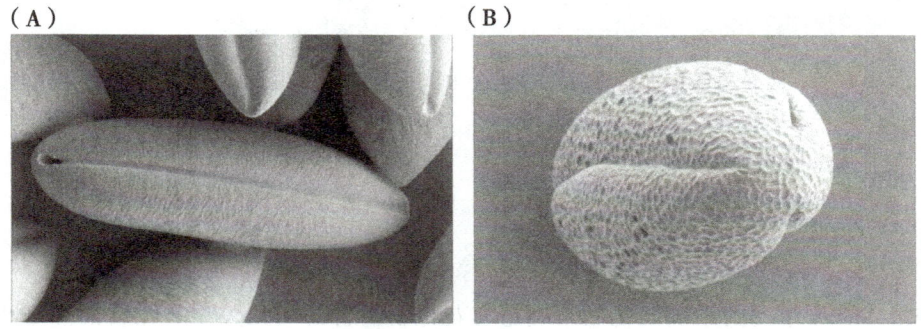

图 1-37 被子植物两种不同的花粉粒。扫描电镜图片:(A) 单沟花粉粒,仅有一个萌发孔。(B) 三孔花粉粒 (图 A 和图 B 由 Kim Findlay 提供)。

最早的被子植物花器官形态小,由很多部分组成

正如前文所提到的,花粉化石能帮助揭示被子植物起源时间。在被子植物花粉出现在化石记录中之后不久,就发现了形态与基部被子植物和基部真双子叶类群花粉相似的花粉化石,表明一些有花植物主要类群的分化发生在这一时期的辐射演化中。

因为结构脆弱,花很难保存在沉积物中。但是在保存很好的沉积物中所发现的非常规化石给出了最早的花形态的图画。最古老的花化石(图1-38)发现于1.25亿~1.12亿年前。这些花形态小,有几轮轮状排列的花结构,且辐射对称。它们与现存的基部被子植物花器官类似,有些可能是这类植物中已灭绝的物种。尽管基部被子植物仅占现存有花植物的一小部分,它们的祖先却是早白垩纪占据主导地位的被子植物类群。

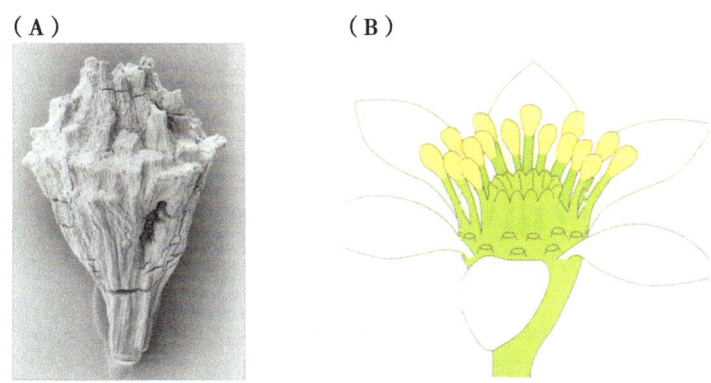

图1-38 花化石。与现存基部被子植物睡莲的花类似的花化石。该化石可追溯到1.25亿~1.12亿年前的早期白垩纪。(A)化石侧面。(B)花的重构(图A摘自E. M. Friis et al., Nature, 410: 357-360, 2001. Macmillan Publishers Ltd, 授权, 由Else Marie Friis提供;图B摘自E. M. Friis et al., Nature, 410: 357-360, 2001. Macmillan Publishers Ltd授权, 由Pollyanna von Knorring提供)。

遗憾的是,这些花化石是独立存在的,并没有与其他植物残余物相连,因此我们无法推测产生这些早期花器官的植物到底是乔木、灌木还是草本植物。我们只能等待带有花朵的整个分枝或者整株植物化石的发现。

单子叶植物是一个单系类群

单子叶植物起源于一个共同的祖先。单子叶植物区别于其他有花植物类群的一个主要的共有特征是拥有单个子叶(种子中的叶片),而不是两个子叶(图1-39A、图1-39B)。另一个显著而又独特的特征是平行叶脉。大多数其他被子植物的叶脉呈网状,网状脉是有花植物中比较古老的特征(图1-39C、D)。单子叶植物的一些属,如薯蓣属、延龄草属和菝葜属,也具有网状脉,但这种现象被认为是平行脉的丢失和网状脉的独立演化产生的。

最古老的单子叶植物化石是棕榈和天南星科植物,发现于约有1亿年历史的岩石中。到6500万年前的白垩纪末期,所有主要的单子叶类群都已演化出来。接下来的新物种产生和老物种灭绝的事件可能增加了物种的数目,但并没有导致新的单子叶植物谱系的演化。

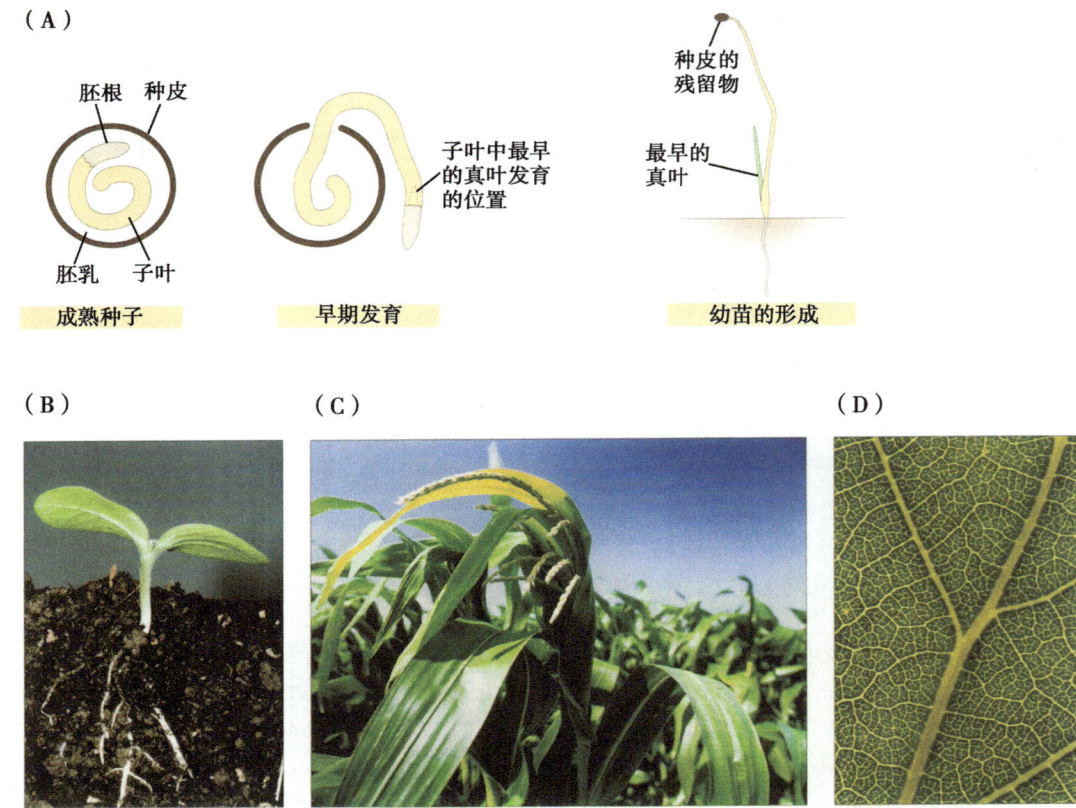

图 1-39 单子叶植物和真双子叶植物的区别特征。（A）单子叶植物种子萌发的三个连续阶段（洋葱，葱属）。幼苗苗生长时单个真叶从单个子叶中发育出来。这一特征是单子叶植物所特有的。种子中胚乳围绕胚胎，是一种营养组织（见第 4 章和第 5 章对胚乳发育及功能的描述）。（B）真双子叶植物的幼苗（南瓜）。有两片大的子叶。第一对真叶从两片子叶中间长出。（C）玉米叶片，显示单子叶植物典型的平行脉（维管束）。（D）大齿杨的叶片下表面，显示真双子叶典型的网状脉。

  大多数单子叶植物的花都不显眼，它们的花瓣和萼片以 3 为单位轮状排列（花为三基数），并缺少出现在大多数真双子叶植物类群的彩色。具有"花瓣状"花的单子叶植物是个例外，如百合目、天门冬目和薯蓣目，这些植物有大的花瓣状的结构（花被片）（图1-40D）。没有证据表明这三种单子叶植物类群形成一个单系类群，所以它们可能在演化过程中独立产生了花被片。

  单子叶植物各类群的系统演化树表明菖蒲属是所有其他现存类群的姐妹类群。分化程度最大的植物类群是鸭跖草分支，包括槟榔目（如棕榈植物）、鸭跖草目（如西方露紫草及其亲缘物种）、禾本目（如禾草）和姜目（如生姜及其亲缘物种）。鸭跖草分支出现于 6500 万年前（白垩纪末期），从那时起又发生了进一步大规模的物种分化。为了突出较晚期演化事件在产生物种多样性方面所起的作用，我们接下来集中讨论禾本科。

图 1-40 单子叶植物。(A) 单子叶植物的演化树。括号内是类群中植物的例子。(B) 水菖蒲的花穗，一种生活在池塘和河边的植物。菖蒲目在单子叶植物演化树的基部。(C) 西方露紫草，鸭跖草目植物，最晚演化出的单子叶植物类群之一。(D) 一种百合（百合属），有明显花器官的单子叶植物之一，有大的花被片。（图 B～D 由 Tobias Kieser 提供）。

禾本科起源于 6000 万年前，但在较晚期开始分化

禾本科包括近万个物种，并覆盖 20%～30% 的地球陆地表面。其中许多种类作为食物、能源（生物能源）和建筑材料的来源，具有重要的经济学价值。它们包括水稻、玉米、小麦、高粱、黍、大麦、燕麦以及许多其他物种。禾本科植物具有一些区别于其他物种的共有特征（图 1-41）。这些特征包括：产生独特的小花；在**胚胎发生**时形成一种特殊的子叶，叫做**盾片**（scutellum）；以及形成一种特殊的**果实**，叫做**颖果**（caryopsis），其包裹胚珠的外层珠被与心皮内壁融合。

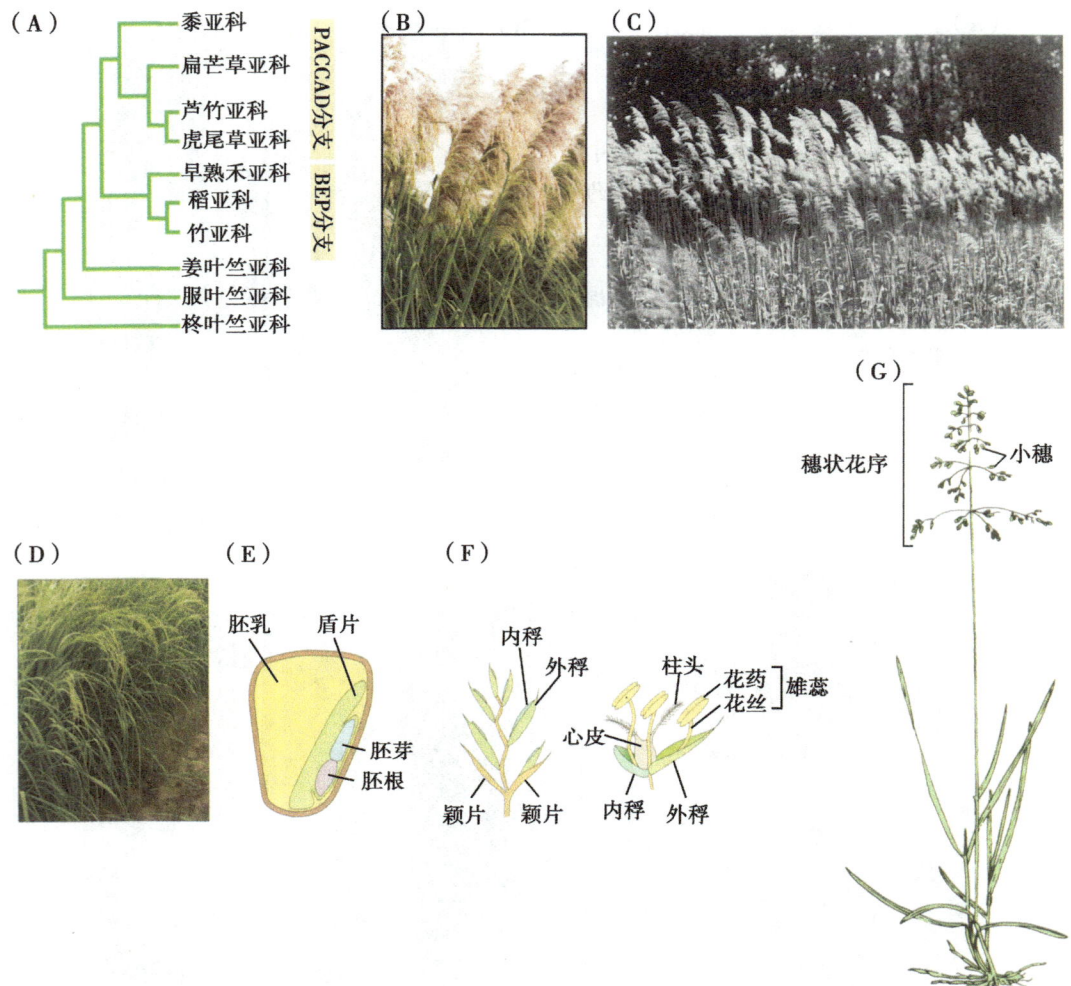

图 1-41 禾草（禾本科）。（A）禾本科演化树。BEP 分支和 PACCAD 分支是组成大部分禾本科植物的两个分支；图中仅展示出两个分支的主要类群。作为全世界最重要的谷类作物，玉米、高粱和黍属于黍亚科；燕麦、小麦和大麦属于早熟禾亚科；水稻属于稻亚科。（B）蒲苇（扁芒草亚科）。（C）芦苇（芦竹亚科）。（D）画眉草属植物，西北非一种重要的谷类作物（虎尾草亚科）。（E）玉米粒的横切。其子叶称为盾片，这一器官在种子萌发时留在谷粒内（图 1-39A 中的洋葱种子恰好相反）。胚芽和胚根突破谷粒的外表皮分别发育为第一片真叶和根。盾片在种子萌发时为胚胎的发育提供重要的营养（见 4.6 节）。玉米粒是一种颖果，其外部保护层是珠被和心皮（图 1-33）融合发育而成。（F）禾本科植物典型的花：未成熟的小穗（左图），由许多小花组成，被两个叶状颖片包着；一个独立的小花（右图）。生殖器官包裹在两片苞片（外稃和内稃）中。内外稃在一些物种中发育为颖果的外壳。（G）早熟禾属的一种，图示正在开花的穗状花序（图 C 由 Tobias Kieser 提供）。

保存的花粉微化石显示禾本科植物演化于 7000 万年前（晚期白垩纪）～5500 万年前（第三纪的古新世）。这些早期的禾本科植物生长在森林边缘和阴暗的地方，现存的禾本科基部类群如 *Anomochloa* 和 *Streptochaeta* 仍生活在这样的环境中。禾本科植物的系统演化树（图 1-41A）表明柊叶竺亚科是其他禾本科植物的姐妹类群。古老亚科中存活下来的物种很少。这些古老的亚科一起形成了演化树中最早分出的三个分支，其中只有 25 个现存物种。另外还有两个主要的物种富集的分支：PACCAD 分支包括黍亚科（包括玉米、黍和高粱）；BEP 分支包括物种丰富的早熟禾亚科（包括小麦）和两个物种较少的科，即竹亚科（包括竹子）和稻亚科（包括水稻）。

直到 3300 万年前，禾本科物种在全世界的植被中占的分额较少，但自那以后，禾本科物种多样性开始增加。物种多样性的增加与全球范围内的大陆变干同时发生。禾本科植物很可能从原始禾本科植物占据的热带雨林边缘及阴暗的生态环境扩展到新的、较干旱的生境中。从这一时期开始，禾本科植物化石数量的增加和具有草地土壤特点的土壤化石（古土壤）的首次出现是此次物种扩张以及大片草地首次形成的一个证据。

大面积草地出现的同时，食草哺乳动物类群开始出现。很多有蹄类哺乳动物发育出特化的牙齿，能够嚼烂坚硬的、含硅的禾草组织（见 4.9 节）。禾草的叶片通过叶片基部的分生组织（基部分生组织）进行生长。这意味着食草动物吃掉禾草叶片的远端部分并不会使禾草死去，叶片能够继续生长并发挥功能。食草哺乳动物牙齿适合吃草的特征与允许植食性动物吃草但不会伤害分生组织的植物生长形式很可能是禾本科植物和食草动物在很长一个时期共同演化的结果。

小结

地球在 46 亿年前在太阳星云中形成。在冥古代末期，即 38 亿年前，大气富含二氧化碳和水蒸气，没有氧气和臭氧层。在接下来的 20 亿年间，产生氧气的光合作用的出现和海洋的逐渐氧化导致了氧气在大气层中积累。光合细菌可能在 38 亿～35 亿年前演化出来，而产生氧气的光合作用在 22 亿年前开始广泛存在。

真核生物在 27 亿年前已经形成。光合真核细胞起源于两次或更多次内共生事件：宿主细胞获得一个细菌，这个细菌逐渐变成线粒体；这一原真核细胞进一步获得一个蓝细菌，蓝细菌逐渐变成质体。有三支植物类群直接起源于这些产氧的真核祖先：灰胞藻门、红藻门和绿藻门。在之后的 10 亿年时间里，物种多样性缓慢增加，直至 6 亿年前，物种多样化速率加快，所有大型藻类的主要类群都已演化出来。

陆生植物可能起源于一类主要生活在淡水的绿藻。植物（苔藓植物）到 4.7 亿年前已经生长到大陆表面。紧接着植物种类的多样化逐步增加。到石炭纪（3.5 亿～3 亿年前），复杂的森林生态系统包含形态和大小多样的植物。生物学和地质学事件的结合决定了近 6 亿年间大气中 CO_2 和 O_2 的水平，并对陆生植物的演化发挥了巨大的作用。

所有陆生植物的生活史都是一个多细胞单倍有性世代（配子体）与一个多细胞二倍无性世代（孢子体）相互交替。生活史经历了数次转变，最终形成种子植物中的类型，即雌配子体变小，并完全被一个很大的孢子体所包被。最早的种子植物可能起源于产孢子的植物。种子植物在泥盆纪演化出来，并在 2.9 亿～2.5 亿年前的二叠纪开始分化。被子植物是最后出现的种子植物类群。最古老的被子植物化石发现于 1.35 亿～1.3 亿年前早白垩纪的岩层中。

被子植物是开花的种子植物；它们是全球范围内大多数生境中的优势植物类群。它们形成一个清晰的单系类群，但是其起源并不清楚。最早的被子植物花器官形态小，有很多轮状排列的花器官，但被子植物逐渐分化，并形成具有非常丰富花型的不同植物物种。在被子植物中，就物种数目和重要性来说，有两个类群在陆生植物中占据主导地位：真双子叶植物和单子叶植物（禾本科及其亲缘类群）。

延伸阅读

Gensel PG & Edwards D (2001) Plants invade the land. New York, NY: Columbia University Press.

Karol KG, McCourt RM, Cimino MT & Delwiche C (2007) The closest living relatives of the land plants. *Science* 294, 2351-2353.

Kellogg EA (2001) Evolutionary history of the grasses. *Plant Physiol* 125, 1198-1205.

Soltis PS & Soltis DE (2004) The origin and diversification of angiosperms. *Am. J. Bot.* 91, 1614-1626.

Willis KJ & McElwain JC (2002) The evolution of land plants. Oxford: Oxford University Press.

2 基 因 组

阅读本章后，您应该能够做到：

- 描述 DNA 和蛋白质如何组装成染色体，区分常染色质和异染色质，以及描述着丝粒和端粒的功能。
- 描述一个完整的植物基因的典型结构，以及植物细胞核内产生的各类 RNA 的来源。
- 掌握两类转座子的异同，并概述演化过程中转座子在基因组扩增中的作用。
- 概述核基因功能是如何在转录水平得到调控的，并列出基本转录装置的元件和活性。
- 列出染色质中的各类共价修饰，并知晓其修饰的后果。
- 概述植物细胞在 RNA 水平上对核基因功能的调控途径。
- 列出植物中小分子调控 RNA 的类型，以及它们在核基因功能调节中的作用。
- 以拟南芥基因组为例，描述基因注释的过程。
- 阐明多倍化是如何产生的，并概述其在演化中的意义。
- 简述基因复制和分化的机制及后果。
- 定义"同线性"概念并阐述其在演化研究和作物改良中的重要性。
- 概述如何运用分子标记在基因组中定位基因。
- 描述转座子标记、反向遗传学、数量性状基因座（QTL）分析和表达阵列技术，并举例说明它们分别能提供何种信息。
- 概括质体与核基因组在质体功能中的作用，描述细胞核与质体间可影响植物生长的信号途径

  物种间遗传物质的差异造成了地球上数量庞大且多种多样的植物体，这种差异最终都能追溯到我们在第 1 章中所述的演化过程。对每一种植物而言，其区别于其他种并可代代相传的遗传性状是由基因组决定的。在植物和其他真核生物中，基因组是该生物单套染色体组的全部遗传物质；而在原核生物中，基因组是单个染色体中的遗传物质。

  在本章中我们将描述一个植物基因组的物质组成和它所编码的信息类型，以及基因组如何能随整个演化过程而改变。植物的独特之处在于每个细胞都包含三个独特的基因组：核基因组、线粒体基因组和质体基因组。核基因组是这三个中最大的基因组。

  本章首先回顾植物核基因组的一些基本特征，有些基本特征是所有真核生物所共有的；有些则是植物所特有的，其中包括序列结构、不同类型的基因和可移动遗传因子（转座子），然后将讨论成千上万个基因的活动是如何被协调统一的，其重点在 RNA 的合成——基因活动的直接产物。接下来我们以研究最多的拟南芥为例，展示一个植物基因组的完整 DNA 序列所告诉我们的信息。正如我们所知，许多演化观点以及多种生物技术的进步都是通过了解和研究植物的核基因组而得来的。

如第 1 章所述，植物细胞的另两个基因组——**质体基因组**和**线粒体基因组**，由于其内共生起源，具有与细菌基因组共同的特征。鉴于叶绿体为植物带来多种植物所独有的特性，我们在讨论细胞质基因组时，将重点介绍叶绿体基因组。

本章的内容还包括简要回顾基因的结构和功能，但读者需要有遗传学的基本知识，包括孟德尔遗传和遗传连锁，以及分子生物学的基本知识，包括 DNA、RNA 和蛋白质的结构、功能与合成。在阅读本章时，有关有丝分裂和减数分裂，尤其是减数分裂重组机制的知识将对理解本章内容有所帮助。这些知识将在第 3 章中有所涉及。

2.1 核基因组：染色体

核基因组进一步分装为染色体，染色体是"分子载体"，它使成套的基因可以进行复制，并将复制的副本精确地分配给子细胞。单倍体的染色体数目（n）在不同植物种间差异很大，从 2 个（如菊科的 *Haplopappus gracilis*）到 500 个左右（如蕨类植物钝头瓶尔小草，*Ophioglossum petiolatum*）。但总体来说，有亲缘关系的物种具有类似的染色体数目（例如，所有的松属植物都为 12）。植物染色体数目差异很大，部分原因在于许多植物种是多倍体；也就是说，它们的基因组是通过单个祖先基因组的重复或两个祖先种基因组的合并而来的（见 2.4 节）。在这种情况下，染色体数目通常会发生整套基本染色体组（也称为一个物种或属的 C 值，或"基数"）的倍数性变化。然而，减数分裂或有丝分裂期间的分离缺陷而导致的单个染色体的丢失或增加，使得染色体数目也可以发生小规模的、非倍数性的逐步改变。

染色体为在细胞分裂过程中包装和移动大量的 DNA 提供了便利。每一个染色体的骨架都是一条线性且极长的 DNA 片段，上面排列着数百万至千万个碱基对（bp），包含了成千上万个基因。植物核基因组的 DNA 总量在种间变化很大，从拟南芥（一种得到广泛研究的模式植物）的 1.2 亿，至百合科贝母属 *Fritillaria assyriaca* 的 1300 亿，相差 1000 倍以上。植物中 DNA 含量的变化远大于其他的真核生物，这也反映了植物的多倍化特性。造成这一现象的其他一些因素将在本章的后半部分讨论。

蛋白质与 DNA 骨架结合形成染色质，从而把 DNA 紧密地压缩包装在染色体中。包装染色质的基本单位是核小体，它是由一类称为组蛋白的特化蛋白包裹着 DNA 形成的。这些组蛋白分子质量较小，

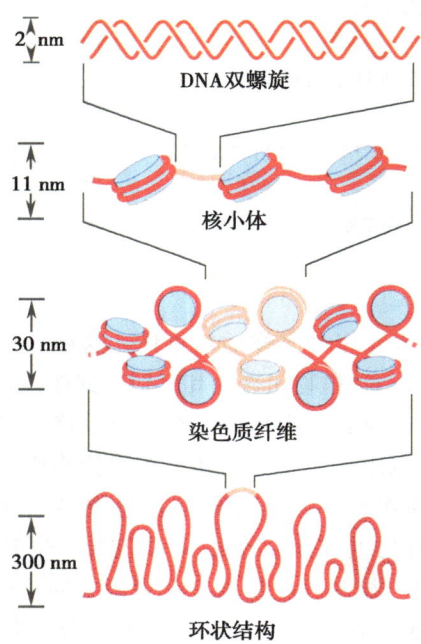

图 2-1 组蛋白中 DNA 的包装。 从上到下显示 DNA 浓缩程度的递增：裸露 DNA，DNA 缠绕组蛋白形成核小体，核小体包裹的 DNA 盘绕成 30nm 的纤维，30nm 纤维组成的环状结构形成了常染色质的典型结构。

呈碱性（带正电），并富含精氨酸和赖氨酸，这样蛋白质与酸性 DNA（图 2-1）可以相互吸引。包括植物在内的真核生物中有 5 种类型的组蛋白，其结构高度保守。

每个核小体由 146bp 的 DNA 围绕一个包含 8 个组蛋白分子（H2A、H2B、H3 和 H4 各两个）的核心颗粒缠绕两周而成，每圈长约 80bp，这样 DNA 的长度就被压缩了约 6 倍。在相邻核心颗粒之间，由一段结合了组蛋白（H1）的、长 20~35bp 的 DNA 片段连接，这样多个核小体又进一步折叠成一个直径约 30nm 的纤维。与完全舒展的 DNA 相比，这种结构共压缩了近 40 倍。

30nm 粗的纤维呈环状排列，附着在一个由非组蛋白构成的框架上。这些环状结构中含有大量基因，并与转录装置相互作用产生 RNA 转录物（见下文）。它们是染色质的典型结构，称为常染色质，是基因表达活跃的区域。但是，在染色体的某些部位上，染色质会进一步压缩形成异染色质。异染色质区域的基因不太容易接触到转录装置，因此造成基因沉默或表达水平低。异染色质是与常染色质中所没有的特殊蛋白相结合的，但具体结合方式尚不清楚。

在有丝分裂和减数分裂中染色质还会进一步浓缩（图 2-2），此时组成常染色质的环状纤维盘绕在一起，形成光学显微镜（见第 3 章）下可见的浓缩形式（中期染色体）。染色质的这种高度浓缩有助于复制后的染色体分配给子细胞。

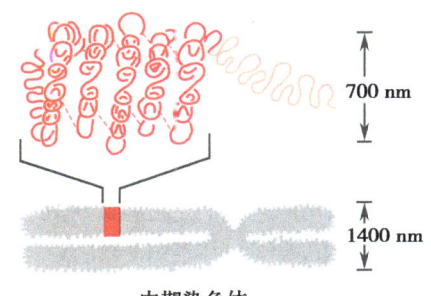

图 2-2 中期染色体的 DNA 的进一步浓缩。在图 2-1 底部显示的环状纤维紧紧缠绕，形成出现在细胞分裂中期相对较厚（700nm）的染色体臂。

2.2 染色体 DNA

着丝粒与端粒中存在特殊的 DNA 重复序列

染色体的着丝粒结合着一类特化的蛋白质，这类蛋白质为纺锤体微管提供附着点，使有丝或减数分裂中的染色体分离并移动到细胞相反的两极。与其他高等真核生物类似，植物的着丝粒一般为长约 1 000 000bp 的 DNA，其中绝大部分由重复序列组成（拟南芥的重复序列长约 178bp）。这些高度重复的序列仅仅存在于着丝粒中，暗示了它们在着丝粒的功能中起重要作用。然而，这些重复的 DNA 序列即使在亲缘关系较近的物种间差异也很大，说明它的序列本身可能对功能并不重要。着丝粒重复序列的保守特征之一是与一种特殊的组蛋白 H3（CenH3）相结合，该蛋白质仅存在于着丝粒中。对其他生物如果蝇（*Drosophila melanogaster*）的实验表明，CeH3 是有丝分裂中染色体正确分离所必需的。

除了高度重复的短序列外，着丝粒还含有大量称为**逆转录转座子**的 DNA 元件，详见下文。逆转录转座子富集是异染色质的特征，如上所述，其中活跃基因所占的比例很低。然而，尽管活跃基因的密度仅为常染色质区的大约 1/20，植物染色体的着丝粒区中确实包含具有转录活性的基因。

植物染色体数目在演化过程中会发生改变，导致前文提及的染色体数目大规模变化，染色体着丝粒与其他异染色质的相似性为解释这一现象提供了一个线索。在玉米中存在一类称为"染色纽"的异染色质区，它通常不具备着丝粒的功能，却能在拥有一个10号染色体（异10）的特殊变异体的有丝分裂中起到类似着丝粒的作用。在这些植物减数分裂过程中，纺锤体不仅附着在相关着丝粒上，而且还附着在这种染色纽上。玉米的实例说明异染色质区域有可能转变为着丝粒。这种"新着丝粒"的出现可能成为染色体数目在演化过程中逐步改变的第一步，因为一个染色体片段只有在获得有功能的着丝粒之后才能成为一个独立的染色体。

着丝粒并非是细胞分裂中维持染色体成套数目稳定所唯一必需的染色体 DNA 区域。染色体的末端，即**端粒**，在染色体的维持中同样具有重要作用。端粒由数百至数千个短 DNA 序列拷贝组成（在拟南芥和绝大部分被子植物中这个短 DNA 序列拷贝为 TTTAGGG）。一个染色体的 DNA 末端并非游离的，而是自身形成环状结构并结合端粒特异的蛋白质（图 2-3）。这种特化的结构对防止染色体末端相互融合而形成具有多重着丝粒的联合染色体是必需的，而具有多重着丝粒的染色体将导致有丝分裂和减数分裂中染色体分离异常。端粒缺失产生 DNA 融合的原因是细胞中有修复系统，该系统将游离的 DNA 识别为破碎的 DNA，会结合到 DNA 末端来修复损伤。因而人们认为端粒是隐藏染色体的 DNA 末端，使之不被细胞损伤监控系统识别的特化结构。

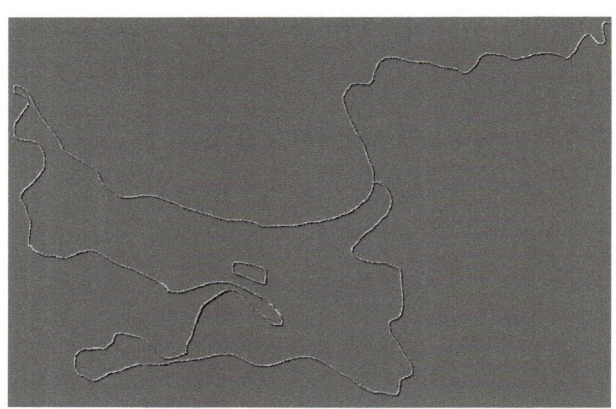

图 2-3　豌豆端粒 DNA 放大示意图。通过与已知规模的 DNA 比较（即包围在端粒大环状结构内的小环的质粒），估计大环中约含有 22 000 个碱基对（张慧婷提供）。

产生端粒特化结构的另外一个原因与 DNA 的复制有关。在复制过程中，DNA 的模板链与多个短链 RNA 分子（**RNA 引物**）杂交，由引物开始合成另一条链的 DNA 片段（图 2-4）。随后 DNA 片段继续延伸至取代 RNA 引物，从而连接成一条长链分子。但是在 DNA 模板链的最初开始的一端没有上游 DNA 片段可以延伸并取代 RNA 引物。如此，在每一轮复制中 DNA 都应该会变短一些。而端粒的其中一个功能就是阻止这种染色体片段的逐渐变短。一个被称为**端粒酶**的特化核糖核蛋白会将端粒特异的 DNA 加到染色体末端，该酶以它的 RNA 亚基为模板合成短链 DNA 片段，并将之连接到染色体 DNA 末端，产生具有特定重复序列的端粒。

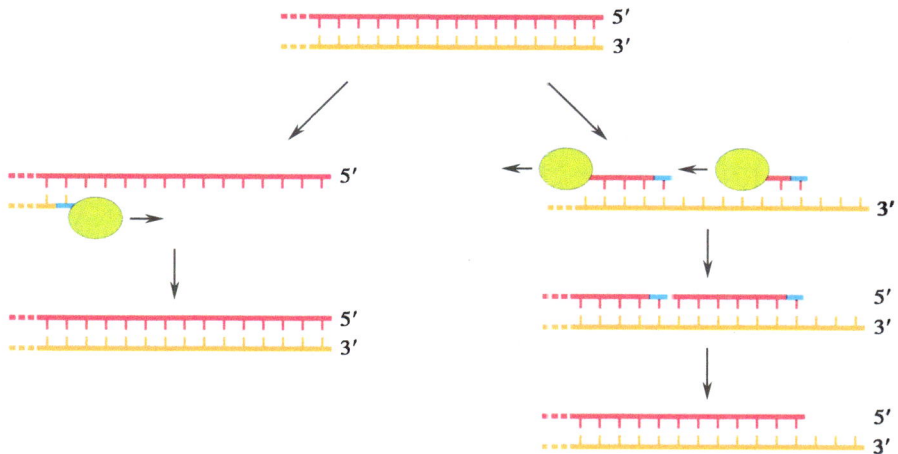

图 2-4 线性 DNA 在每一轮复制中缩短。短 RNA 分子（引物，蓝色）通过与模板 DNA 链杂交启动 DNA 的合成。在一个复制链上（右侧），每一个新的 DNA 片段延伸（绿色椭圆代表酶），直到它遇到下游的另一个引物。随后 RNA 引物被 DNA 取代，并且 DNA 片段互相连接成一条长链，从而形成一个新的 DNA 分子。然而，在这个新的 DNA 链的起始端（红色），没有引物启动 DNA 合成的一段序列遗留下来。为了纠正 DNA 在每个复制周期的逐步缩短，一个特定机制被用于不依赖一个模板链而延伸 DNA 分子的末端。

对拟南芥端粒酶蛋白亚基基因缺失**突变体**的研究表明，端粒对维持染色体的结构十分重要。这些突变体植株和它们的后代的端粒逐渐缩短（每代减少 250～500 bp）。经过 6～10 代，无端粒酶活性的突变体中端粒将耗尽。由于染色体融合而导致的染色体断裂和遗传物质缺失，使植物变得不育并有严重的生长缺陷。

正如端粒酶活性的丧失可以导致染色体不稳定，有活性的端粒酶也可以稳定异常的染色体。例如，由一个断裂的染色体片段连接到另一个染色体上而形成的异常染色体。如果端粒酶在 DNA 修复系统附着于新的染色体末端之前合成新的端粒，那么重排后的染色体就可以在接下来的细胞分裂中维持稳定。通过端粒酶稳定重排的染色体，还有新着丝粒的出现，或许已成为演化过程中染色体数目变化和染色体片段重组的一个关键（在 2.4 节我们将以禾谷类基因为例分析染色体重组）。

核基因可以转录成几种类型的 RNA

在连接着丝点与端粒的染色体臂上包含着成千上万个基因，为 RNA 分子产生提供模板。这些 RNA 产物包括**核糖体 RNA**（rRNA）、**信使 RNA**（mRNA）、**转运 RNA**（tRNA）和**核仁小 RNA**（snoRNA）。除了这些"经典"的 RNA，新发现的一类 RNA 转录物可以加工成小 RNA 用于负调节基因表达，如微 RNA（miRNA），在 2.3 节中将详细讲述。

同所有的真核生物一样，植物的大多数 RNA 都是由三大类 **RNA 聚合酶**合成的：RNA 聚合酶 I 产生大分子 rRNA；RNA 聚合酶 II 转录 mRNA 和 miRNA 前体；RNA

聚合酶Ⅲ则生产 tRNA、snoRNA 以及一种小分子 rRNA。还有一小部分的 RNA 是由另一类酶以 RNA 为模板合成的，这种酶就是由核基因编码的**依赖于 RNA 的 RNA 聚合酶**，它把单链 RNA 转换为双链 RNA（dsRNA），随后参与**干扰小 RNA**（siRNA，详见 2.3 节）介导的基因转录后调控。

三种较大的 rRNA 最初转录成单个 RNA 分子（45S rRNA），它随后被剪接成三个独立的 RNA 分子（植物中为 26S、18S 和 5.8S rRNA）。第四种 rRNA（5S rRNA）是从一个单独的基因转录的。为了持续产生细胞所需的大量 rRNA，相应的基因（45S rDNA 和 5S rDNA）有成千上万份拷贝，其含量最高可达核基因组的 10%（拟南芥中为 8%）。rDNA 基因的拷贝集中排列在一个或几个染色体区。这些区域位于核仁内（图 2-5），它们是合成**核糖体**的最初场所（部分蛋白质组分随后在细胞质中装配）。

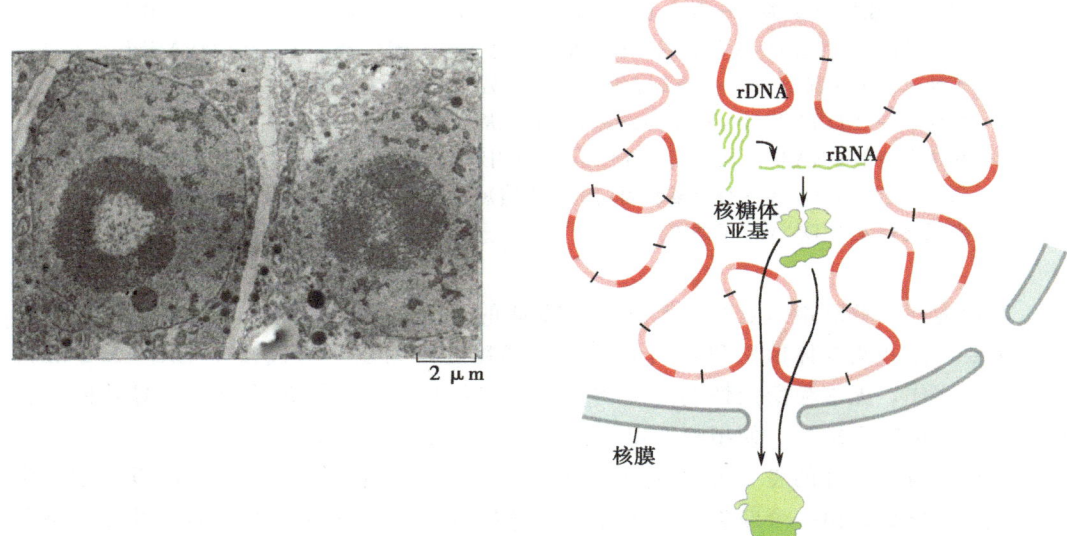

图 2-5 电镜下核仁的示意图。细胞核的染色体 DNA 中包含许多基因拷贝产生核糖体 RNA（rDNA 的拷贝为红色）。每个基因的复制功能模板产生一个 rRNA 前体（显示为绿色链逐步伸长），前体经剪接后形成最终的 rRNA。rRNA 与蛋白质结合形成核糖体亚基，该产物被运送到细胞质中完成核糖体的组装。电子显微镜显示了豌豆的核仁（摘自 P. J. Shaw et al., EMBO J. 14 (12): 2896-2906, 1995. Macmillan Publishers Ltd 许可, Peter Shaw 提供）。

与编码 rRNA 的基因不同，转录产生 mRNA 的基因是以单拷贝或相关基因家族的形式存在的；它们分散在整个染色体组中，当然，在着丝粒和其他异染色质区域分布较少。我们以 *rbcS* 基因为例来分析典型的植物中编码蛋白的基因。*rbcS* 基因编码核酮糖二磷酸羧化酶（Rubisco）的小亚基，这种酶在光合作用（见 4.2 节）中负责把绝大部分的二氧化碳固定转变为糖。植物通常有 *rbcS* 的小基因家族（如在番茄和拟南芥中分别有 5 个 *rbcS* 基因）。图 2-6 比较了在几种植物中具有代表性的 *rbcS* 基因的调节序列、转录序列以及蛋白质编码序列。

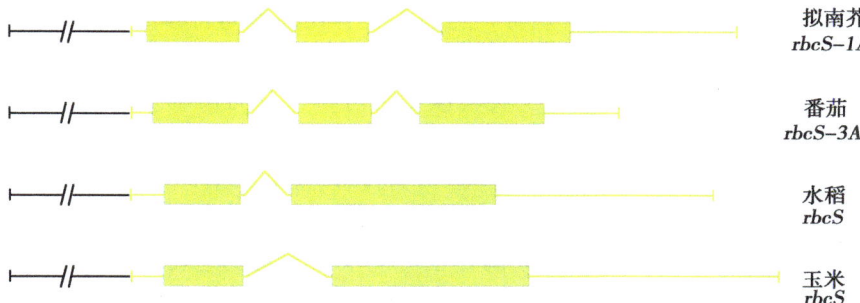

图 2-6　几种植物的 rbs 基因示意图。其中上游调节序列显示为灰色，转录序列为绿色。蛋白质编码序列（显示为绿色盒）在内含子（绿色折线）被剪接后，连接在一起形成了成熟的 mRNA。这种蛋白质编码序列的两侧通常连接 5′端和 3′端非编码 RNA 序列（绿色直线）。调节区域、内含子和非编码 RNA 区的大小（和序列）在整个基因家族中具有多变性，而编码序列往往是相似的。

包括植物在内的所有高等真核生物中，蛋白质编码基因为内含子所间隔开（相应的蛋白质编码序列被称为外显子）；植物的内含子长度相对较短（通常为几百到几千个碱基对，而动物中一般达到成千上万个碱基对）。在一个家族相关基因之间，内含子的大小、位置和 DNA 序列比蛋白质编码序列更容易发生变异。目前，我们尚不完全清楚标记在转录物的特定区域而使得内含子被删除的信号是什么。其中一部分信号依赖于外显子-内含子边界的特殊短序列（通常以 ｜GU 为内含子的起始端，以 AG｜ 为尾端，竖线代表外显子-内含子的边界）。这些短序列是将内含子删除所必需的信号，但不是信号的全部。还需要其他的特征性信号，例如，双子叶植物的内含子比外显子具有更高的 AT 含量。

调控序列决定了一个基因在特定细胞的特定时刻发生转录，通常是转录起始点上游的几百到几千个碱基对。在多数情况下，例如，rbcS 基因中，调控序列位于转录区的上游（相对于转录方向）。与内含子相似的是，调控序列在相关基因中的变异度远高于蛋白质编码序列，但被调控蛋白所识别的一些短序列往往是保守的（见 2.3 节）。

产生调控性小 RNA 的基因同样分散在整个染色体组中。这些基因最重要的特征就是能够产生微 RNA（miRNA）。miRNA 可能是由几百个基因的单拷贝或小基因家族所编码的。它们最初被转录为一个几百个碱基长的 RNA 前体分子，随后被加工为成熟 miRNA（见 2.3 节）。与由 RNA 聚合酶 Ⅱ 产生的其他转录产物一样，miRNA 的前体有 poly（A），有时也有内含子。

植物的染色体组含有多种可移动的遗传因子

在核基因组内多拷贝 DNA 序列的类型不仅是 rRNA 基因，着丝粒重复片段和端粒序列，还存在另一类重复序列，即转座子。多数转座子可以独立于基因组的其余部分而进行自主复制，然后重新插入到基因组的其他位置上。

转座子分为两大类，Ⅰ类转座子包括逆转录转座子，命名源于其与逆转录病毒的相似性。它们通过一个 RNA 中间体进行复制并通常编码一种逆转录酶，这种酶能够用 RNA 为模板产生**互补 DNA**（cDNA）分子。因一个逆转录酶产生的 DNA 拷贝插入宿主基因组中新的位置，Ⅰ类转座子有时也被称为"复制和粘贴"转座子。逆转录转座子可能由逆转录病毒演化而来，但不同于病毒，它们不具有在细胞间转移的能力。由于逆转录转座子仅通过复制移动，每一次的移动都会导致基因组中转座子插入的数目有所增加。

根据其序列及结构（图 2-7），Ⅰ类转座子可进一步分为两个亚类。第一亚类转座子的两端具有**长末端重复序列**（LTR），这有两种作用：①调控一个编码逆转录酶的基因表达，该酶以从逆转录转座子转录的 RNA 为模板合成 cDNA；②参与将 cDNA 整合到宿主基因组的反应过程。第二亚类逆转录转座子成员两端缺少 LTR，取而代之在末端添加 poly（A）。它们不编码逆转录酶，也可能依赖于其他逆转录转座子编码的逆转录酶活性，在基因组中被动地移动。

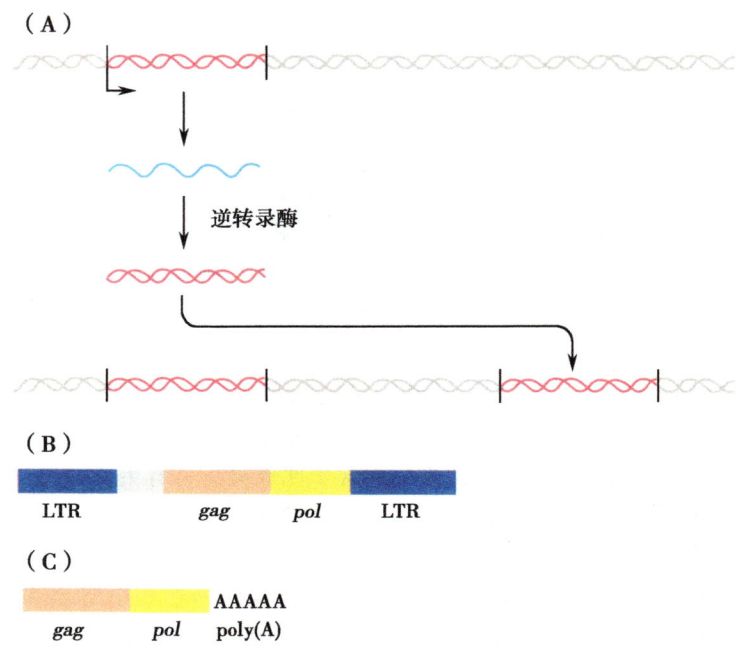

图 2-7 Ⅰ类（复制和粘贴）转座子。（A）转移机制：在逆转录转座子（红色双线）产生一个自身的 RNA 拷贝（蓝色单线），除了编码其他蛋白外，还编码一个逆转录酶。该酶使 RNA 拷贝逆转录回一个 DNA 分子，插入到基因组的其他位置上。（B）逆转录转座子的亚基结构在编码序列的两侧含有长末端重复序列（LTR）；*gag* 是病毒结构蛋白的相关基因，*pol* 编码一个多肽前体，该前体被切割成逆转录酶和一个逆转录转座子整合所必需的蛋白质。（C）一些逆转录转座子缺少 LTR，相反，其含有聚腺苷酸序列。

Ⅱ类转座子的转座不涉及 RNA 中间体，而是 DNA 序列可以从基因的某个位点剪切出来并插入到另一个位点。这也被称为"剪切和粘贴"转座子（图 2-8）。这种转座子内的一个基因编码了能催化自身的剪切和再整合的酶，该酶被称为**转座酶**。因为Ⅱ类转座子是被剪切出来再整合到不同的位点，因此它们往往不像逆转录转座子积累得那么多；当然，它们倾向于从复制后的 DNA 向未复制的 DNA 上转移的特点，使得它们的拷贝数得到了一定的增加。转座子插入到基因中可能会产生一个突变体表型。在第二类转座子的情况中，从被插入的宿主基因中又被剪切出来，也许会恢复突变基因的功能，返回到野生表型，这样的过程被称为**回复突变**。

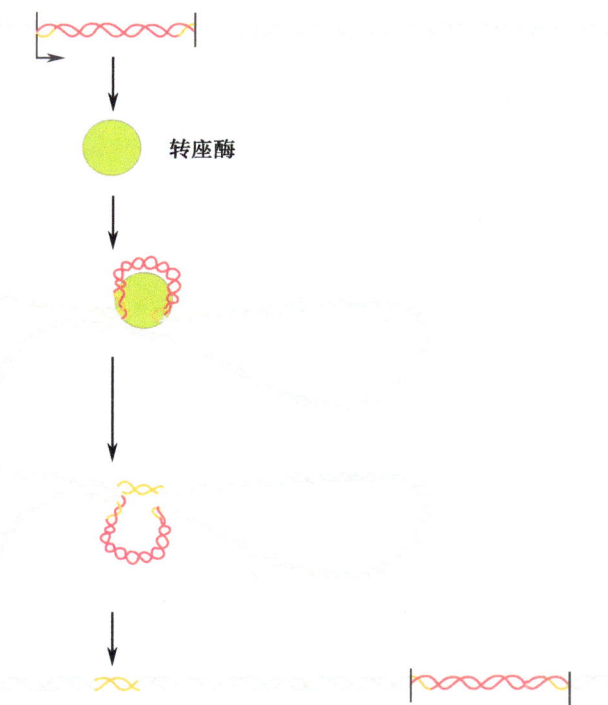

图 2-8　Ⅱ类（"剪切和粘贴"）转座子。转座子（红色）两侧是短重复序列（橙色），编码一个转座酶（绿色圆形），该酶催化转座子从基因组的一个位置中被切除并插入到基因组的不同位置上。在此过程中，一个重复序列的拷贝保留在原转座子的位置上（橙色"足迹"）。

如果回复突变高频率发生，可能会造成一种不稳定表型，即突变细胞衍生的细胞群中将产生多个由恢复野生型的细胞组成的扇形面。Barbara McClintock 就是利用玉米的这种不稳定突变体作为实验材料，从而发现了转座子。在她的研究材料中，最常被插入的基因是花青苷（一种色素）生物合成的基因。转座子插入时产生突变的无色细胞；而当转座子被剪切后花青苷生物合成基因恢复功能，这时可以发现玉米粒的糊粉层中产生了多个红色扇形面（图 2-9）。

与其他所有随机突变相同，转座子插入所引起的遗传变化只有极少数是有利的，而大多数是有害的。这意味着在演化过程中，自然选择将保留抑制转座子活性的机制。其中一种机制涉及调节小 RNA 的活性，它使得转座子插入的染色质区转录沉默（见 2.3 节）。

尽管存在抑制其活性的机制，经过很多代以后，转座子仍然可以积累到相当多的数量。基因间转座子的插入在谷物类基因组扩展的演化过程中扮演了一个重要的角色。玉米的逆转录转座子至少占基因组总量的 50%，并高度集中于基因之间的区域。玉米和高粱约在 1600 万年前从一个共同的祖先分化而来，而在此期间，玉米的基因组大小增加了 2～5 倍。目前，人们通过比较谷类具有相同基因的区域之间的 DNA 差异来研究谷物类基因组的演化。例如，基因 *shrunken 1* 和 *a 1* 周围的基因序列在绝大多数谷类物种中很保守，因此，*sh 1 -a 1* 区为比较不同物种的基因组提供了一个很好的材料。对比玉米和高粱的该基因组区域，玉米中存在许多逆转录转座子而高粱中不存在任何逆转录转座子。因此可以说，高粱和玉米之间逆转录转座子拷贝数的差异是造成这两个物种间基因组大小差别的最主要的原因之一。进一步序列分析表明，绝大多数逆转录转座子是在过去的 600 万年间插入到玉米基因组中的。

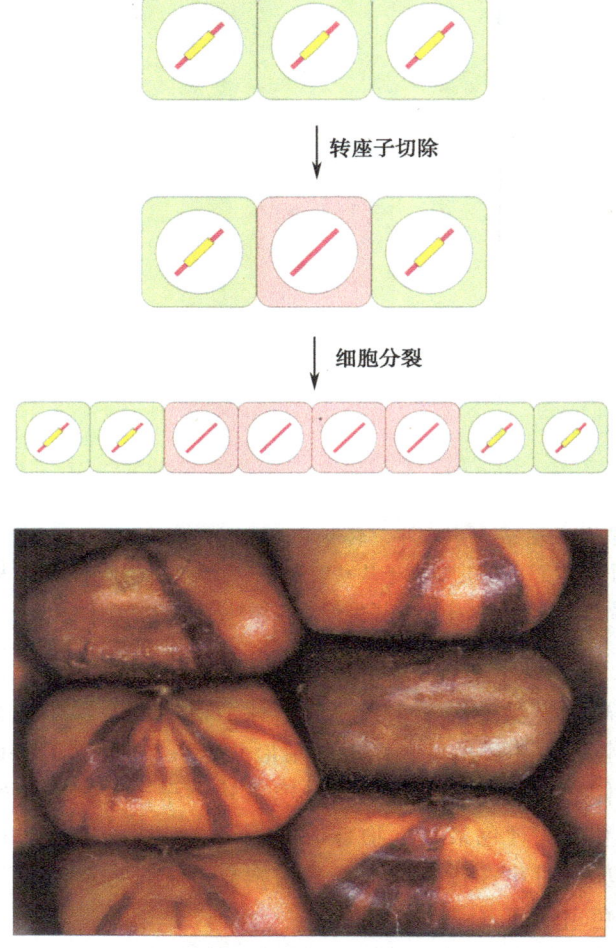

图 2-9 组织生长过程中转座子的随机切除形成的有色扇形面。 最初，所有细胞都具有转座子插入到色素合成基因中（核基因显示为一条红线被黄色框代表的转座子阻断）。在一些细胞中，转座子移除后重新插入到不同位置（为简单起见，重新插入的转座子不显示）。这重构了最初被破坏的基因并恢复了细胞产生色素的能力（红色细胞）。在组织生长过程中，此类细胞的后代继承了活性基因，并形成组织内的有色区域（扇形面）。这张照片显示了在玉米粒的糊粉层组织中由转座子切除形成的扇形面。

2.3 核基因的调节

基因的特异表达使得绝大部分植物的表型在发育及环境信号应答的过程中发生改变。基因表达的调控存在于从转录到 RNA 转录物的**翻译**之间的各个阶段，而基因所编码的蛋白质的功能往往是通过与其他蛋白质或小分子的相互作用来实现的。但是到目前为止，在包括植物在内的真核生物中，人们常从转录的起始阶段开始介绍基因表达调控。因此，我们也将首先讨论这一部分的内容。

调控序列和转录因子控制基因转录发生的位置及时间

如 2.2 节所述，真核生物有三种 RNA 聚合酶。我们对转录起始的大部分认识来源于酵母和哺乳动物细胞系中的 RNA 聚合酶Ⅱ的研究。虽然 RNA 聚合酶Ⅰ和Ⅲ拥有其特异的结合蛋白，但它们起始转录的方式在本质上与 RNA 聚合酶Ⅱ相似。因为在植物中存在酵母和哺乳动物中基础转录装置中的大部分同源蛋白，所以人们认为所有真核生物拥有共同的转录起始过程。

RNA 聚合酶Ⅱ不能够单独引发基因转录。它需要借助其他蛋白质的作用被携带至起始位点，这类蛋白质被称为**通用转录因子**(GTF)。GTF 和 RNA 聚合酶Ⅱ通常结合在一段被称为 TATA 盒的短序列上。信息框 2-1 详细补充了 GTF 以及被称为转录因子的调控蛋白——它们能识别所调节基因中的 DNA 短序列（**顺式元件**），在联合控制转录起始中的活动。一些转录因子家族在所有的真核生物中是保守的（如 MYB 与 MADS 盒家族），而其他家族仅仅被发现于单一的门类中，其中包括几种植物特有的转录因子家族（表 2-1）。

联合控制被认为是由 RNA 聚合酶Ⅱ所转录的所有真核基因的一种特性。例如，植物 *cab* 基因（编码一个光合作用装置）的激活依赖于几个顺式元件（图 2-10）。其中某些受控于转录因子 CCA1（属于 MYB 家族），而 CCA1 的活动随 24h 昼夜周期（**昼夜节律**）发生波动。其他顺式元件受控于不同波长的光激活的转录因子，如 HY5（**基础亮氨酸拉链**或 bZIP 家族）和 PIF3（**基础螺旋-环-螺旋**或 bHLH 家族）。这样就使得不同类型的输入信息，如一天中的时刻或到达细胞的光质，会共同控制 *cab* 基因的转录。

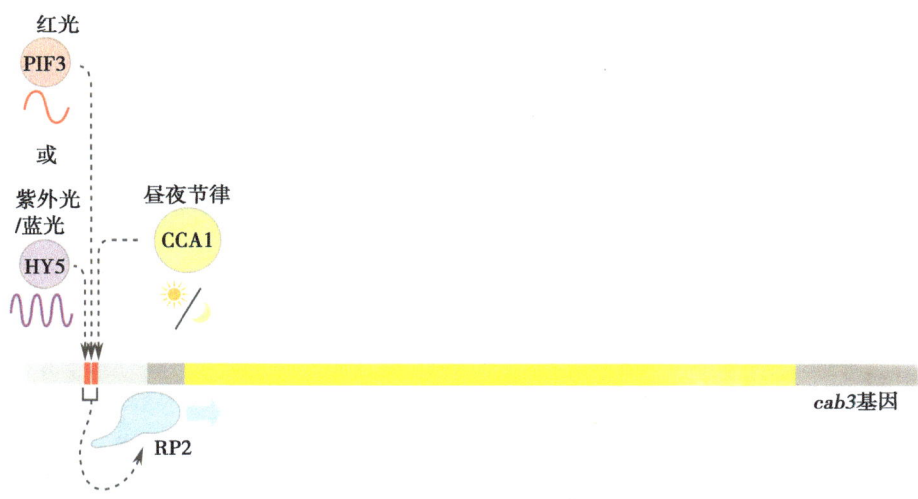

图 2-10 多种转录因子与 *cab* 启动子的顺式元件相互作用使外界输入信号发生联合并作用于基因的调节。PIF3 介导红光对 *cab* 的激活；HY5 介导紫外光和蓝光作用下的激活和 CCA1 负责生物钟的输入信号（见 2.5 节）。

表 2-1 转录因子

家族名称	分布范围	DNA 结合域的特征	蛋白质-蛋白质相互作用域的特征	植物中的实例
AP2/EREBP	植物特有	60-氨基酸的 DNA 结合域；类似细菌的整合酶；形成三链 β 折叠与平行 α 螺旋。DNA 通过精氨酸和色氨酸残基与 β 折叠相连		拟南芥：AP2, ANT 的同源域蛋白；DREB/CBP 应激调节因子；玉米：Glossy15；梅子属植物：生物碱合成过程的 ORCA 调节因子
ARF/VP1	植物特有	N 端 DNA 结合域	在 ARF 中，保守域 III 和 IV 与 AUX/IAA 蛋白的相关结构互作。可以作为转录激活因子或阻抑蛋白	结构上与下面蛋白质的折叠结构相关：生长素应答因子（ARF），拟南芥的 ABI3 和玉米 VP1，它们调控组织的休眠
bHLH	真核生物	序列保守的碱性域	螺旋-环-螺旋域与其他 HLH 域互作而形成对称并由 4-α 螺旋束组成的二聚体。这种联合允许 DNA 结合到相邻的碱性蛋白	拟南芥：光敏色素信号途径中的 PIF 蛋白。玉米：含花青苷生物合成的 R/B 蛋白
bZIP	真核生物	序列保守的碱性域	亮氨酸拉链的 C 端由 α 螺旋组成，该螺旋每逢 7 的倍数即为一个亮氨酸或疏水残基。α 螺旋相互作用形成二聚体	玉米：参与种子储藏蛋白合成的 Opaque2 调节因子
热激因子	真核生物	一加 β 折叠罩住的 3-螺旋束。第三 α 螺旋（识别螺旋）直接与热激元件的 DNA 相互作用		HSF
同源域（HD）	真核生物	一个 60-氨基酸的酸性域，形成一个螺旋-螺旋-转角-螺旋结构。第三螺旋为识别螺旋，直接与 DNA 互作	可作为单体或二聚体结合 DNA。若二聚化，则可能有另外的蛋白质互作域，如 HD-ZIP 亚家族中	维持干细胞的 KNOX 蛋白，包括拟南芥的 STM 和玉米中的 KN1，以及拟南芥的 WUS, GL2, PHB, PHV

续表

家族名称	分布范围	DNA结合域的特征	蛋白质-蛋白质相互作用域的特征	植物中的实例
MADS盒	真核生物	一个56-氨基酸的酸性域，形成一对反向平行的绕线式α螺旋，中间被反向平行双链β折叠填充。这些α螺旋直接与DNA互作，且其N端结构域与DNA主体相连接	二聚化对某些成员与DNA的结合是不可或缺的。二聚化结构域由β折叠组成并包含MICK型MADS盒蛋白的I和K域，有些MADS盒蛋白具有C端激活域	大多数花的同源域基因表达的调节，包括拟南芥中的AP1,AP3、PI,AG,SEP,FLC蛋白
MYB	真核生物	蛋白质包含1~4条由52/53-氨基酸重复序列、每个基序形成一个螺旋-螺旋-转角-螺旋结构。第三螺旋为识别螺旋。具有2或3个MYB结构域与DNA结合。具有1个MYB结构域的蛋白(1R)以二聚体形式与DNA结合，并具有与2R/3R MYB不同的特异结合位点	具有2或3个MYB结构域的蛋白(2R或3R)可能具有C端激活或阻抑域。具有1个MYB结构域的蛋白可能包含卷曲-螺旋域，以便于二聚体的形成，或蛋白质蛋白质的相互作用	3R MYB: 细胞周期基因表达的调节因子 2R MYB: 拟南芥的GL1、LAF1、AtMYB4、PAP1；玉米中的C1 1R MYB: 拟南芥的PHR1、LHY1、CCA1；玉米的Golden2
NAC	植物特有	160-氨基酸的NAC域，包含5个子域(A~E)。子域D和E形成一个60-氨基酸的DNA结合域，其结构为反向平行的扭曲型β折叠以及两端的α螺旋	160-氨基酸的NAC域还包含二聚体化亚结构域	矮牵牛: NAM1 拟南芥: CUC1和CUC2
WRKY	植物特有	60-氨基酸区域形成一个4链β折叠，其中一端有2个半胱氨酸和2个组氨酸残基组成的锌指基序，它可结合到部分的N端包含WRKYGQK基序，大W盒的恒定核心TGAC序列上		拟南芥: WRKY1、TTG2
锌指(C2-H2)	真核生物	DNA结合域的特定位点包含2个半胱氨酸和2个组氨酸，它们可共同结合锌分子。介于β折叠以及DNA之间的区域存在两条反向平行的β折叠以及α螺旋		拟南芥: SERRATE，参与种子发育的DOF蛋白

信息框 2-1　由转录因子完成的联合调控

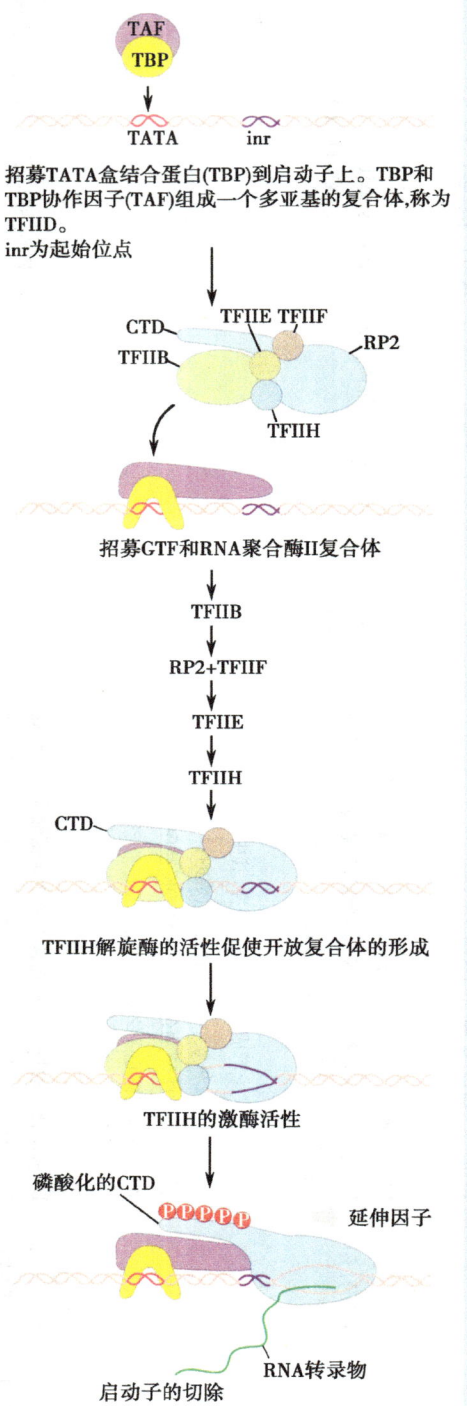

图 B2-1　逐步装配一个启动子上的前起始复合物并过渡到转录延伸复合物。

任何基因激活和抑制之间的平衡是由识别不同调节元件的多个转录因子共同完成的。

RNA 聚合酶 Ⅱ 在通用转录因子（GTF）的作用下被引导至转录起始位点。GTF 还参与双链 DNA 的解链（分离），以及将聚合酶从转录启动时的结构转变到转录延伸时的形态。GTF 属于 TATA 结合蛋白（TBP），包括 TFIIB、TFIIE、TFIIF 和 TFIIH。转录自基因编码序列起始端上游的特定位点启动。在真核生物中，其中一种被称为"TATA 盒"的序列（包含一个保守序列 TATAA）通常位于转录起始位点上游约 25 bp 处。

转录起始的第一步是 TBP 结合到 TATA 盒上（图 B2-1）。TBP 蛋白形成一个横跨 TATA 盒的"分子马鞍"结构。这种结合引起 DNA 的弯曲并提供适合的拓扑结构使 TFIIB 能够结合在 TATA 盒的任何一边。而 TFIIB 的结合位置标明了转录起始的极性。TFIIB 还与 RNA 聚合酶 Ⅱ（RP2）结合。下一个结合上的 GTF 组分是 TFIIF，它由两个蛋白质亚基组成（酵母中为 3 个）。TFIIF 对 RNA 聚合酶 Ⅱ 有很高的亲和性，而 RNA 聚合酶 Ⅱ 通过与 TFIIF 和 TFIIB 的相互作用被招募到启动子上。下一个结合上来的蛋白是 TFIIE，它由两个多肽组成。这种蛋白复合物使得 RNA 聚合酶 Ⅱ 上与 DNA 结合的活性位点的构象变化。TFIIE 还将 TFIIH 招募到转录装置上。TFIIH 是一由 9 个亚基造成、具有 3 种功能的酶：依赖 DNA 的 **ATP 酶**、依赖 ATP 的**解旋酶**以及**激酶**。它作为"分子扳手"通过其解旋酶的活性使基本装置的下游 DNA 旋转，从而使 DNA 解链，启动转录。

转录起始至延伸的过程

转录起始将由 RNA 聚合酶Ⅱ的构象变化转成转录延伸。RNA 聚合酶Ⅱ在其羧基端结构域（CTD）中包含重复的氨基酸基序（Tyr—Ser—Pro—Thr—Ser—Pro—Ser）。当 RNA 聚合酶Ⅱ加入前起始复合物时，CTD 并未被磷酸化的状态。TFIIH 的激酶活性使 CTD 磷酸化并将聚合酶的起始构象转变成延伸构象。当延伸完成后，一种特定的磷酸酶将 CTD 去磷酸化，从而将 RNA 聚合酶Ⅱ回收用于下一轮转录起始。

基础转录装置的激活

基础转录装置的直接转录水平极低。大多数基因含有可被特异 DNA 结合蛋白识别的其他调控元件，能够调节基因转录起始效率，这些蛋白质被称为**转录因子**。被转录因子识别的 DNA 位点称为顺式元件。转录因子可以离基础转录装置较远的距离而起作用，并可激活距被调控基因相当远（高达 25 000 000 bp 以上）的顺式元件开始转录。此类顺式元件通常被称为"增强子"，它可能位于基因的下游，其作用与方向无关。一般来说，植物的启动子长度小于动物，而且大多数植物调控序列位于转录起始位点 500bp 的范围之内。

根据定义，转录因子是与 DNA 特异结合的蛋白质。它们一般具有模块化的结构，由一个 **DNA 结合域**以及分开的、参与转录起始区域和蛋白质间相互作用的区域所组成。能够与序列特异性 DNA 结合的折叠结构相对较少，因此转录因子的 DNA 结合域是高度保守的，这就使得人们可以其 DNA 结合域将转录因子分为不同的蛋白质家族。有些转录因子家族在所有的后生动物中具有保守性（如 MYB 和 bZIP 家族；表 2-1)，而其他家族只存在单一门类中，如 AP2 的转录因子家族仅存在于植物中。

转录激活因子可能还包含激活域。激活域所需的氨基酸序列不是太固定，但总体上分为三大类：酸性域，特别是在两亲性 α 螺旋所构成的区域，该区域的酸性残基排在螺旋的一侧；谷氨酸富集域；脯氨酸富集域。激活域可以直接地或通过辅激活蛋白间接地与基础转录装置相互作用。有些辅激活蛋白是基础转录装置（一般是 TBP）的结合蛋白，可以接受来自许多不同的转录因子的信号，并将信号传递给基础转录装置。这些蛋白质被称为 TAF（TATA 盒结合蛋白相关因子，TBP-associated factor）。其他辅激活蛋白可能具有更加特化的作用，它们只传递来自一个或少数几个转录因子的信号。

转录激活因子激活转录的主要方法是加大 RNA 聚合酶Ⅱ被招募到其调控基因的启动子上的力度（图 B2-2）。因此，转录激活因子对靶标启动子序列的特异性识别会加强将基础转录装置招募到 TATA 盒周围的力度，这是通过蛋白质之间直接互作或间接地通过辅激活蛋白来完成的。

转录因子与增强子元件结合可能会使 DNA 成环状结构，从而促进转录起始。与增强子的结合提高了该区域内互作蛋白的浓度，因而提高了将相关蛋白招募到起始位点的速率。DNA 与转录因子结合也经常导致 DNA 发生弯曲，从而加强环状结构的产生及蛋白质与蛋白质的相互作用。

转录起始的阻抑作用

转录阻抑蛋白的作用方式多种多样（图 B2-3），有些抑制转录激活因子的活性，因此可将其看成是间接的转录调节物。它们可以阻止顺式元件与转录激活因子的结合，其机制就是改变染

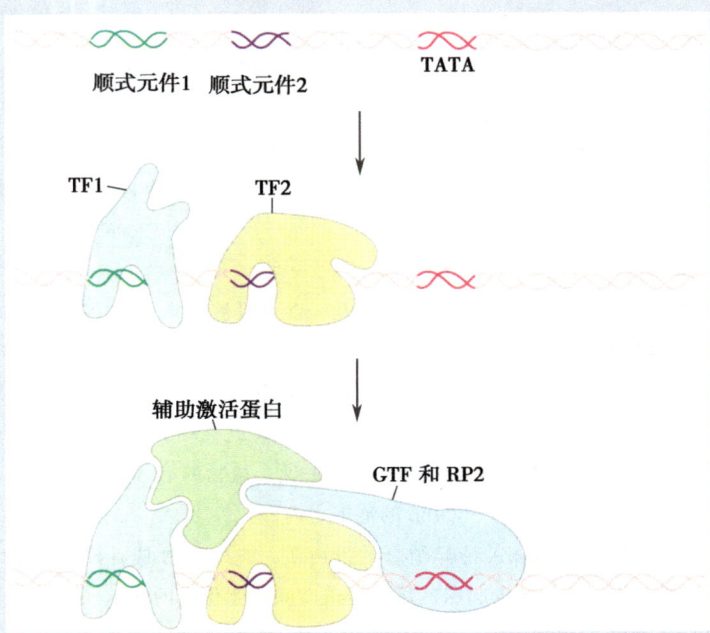

图 B2-2　转录因子与顺式元件的结合影响基因的转录效率。 顺式元件为短序列，通常存在于转录起始位点上的数百个碱基对内。不同的顺式元件识别不同类型的转录因子（TF）。在某些情况下，TF可直接与RNA聚合酶Ⅱ（RP2）或GTF作用，以促进或阻碍前起始复合物的装配。在其他情况下，转录因子可能会吸引一个或多个中介蛋白（辅助激活蛋白），而这些蛋白质又能与前起始复合物相互作用。

色质的结构使转录激活因子不能与顺式元件相遇，或自己与转录激活因子竞争，结合到顺式元件上。它们还可以与转录激活因子结合，以防止后者与DNA的结合，或掩盖其活性激活域。不过，某些转录阻抑蛋白也可在缺少激活因子的情况下减少转录起始。这种阻抑蛋白为**阻遏域**，可能通过与介体复合物或其他TAF的相互作用实现其功能。

基因表达的联合控制

一般来说，任何基因的特定表达模式主要是指在特定细胞水平上的转录起始，这是由多种转录因子识别基因启动子内（也可能是其他位置）的不同顺式元件而产生的联合活动所决定的。激活和阻抑之间的平衡，以及不同转录因子识别一个特定的启动子所造成的不同程度的激活和阻抑作用，将确定最终的转录起始水平。这就是所谓的**联合控制**，人们认为它参与了RNA聚合酶Ⅱ转录的所有真核基因的控制。

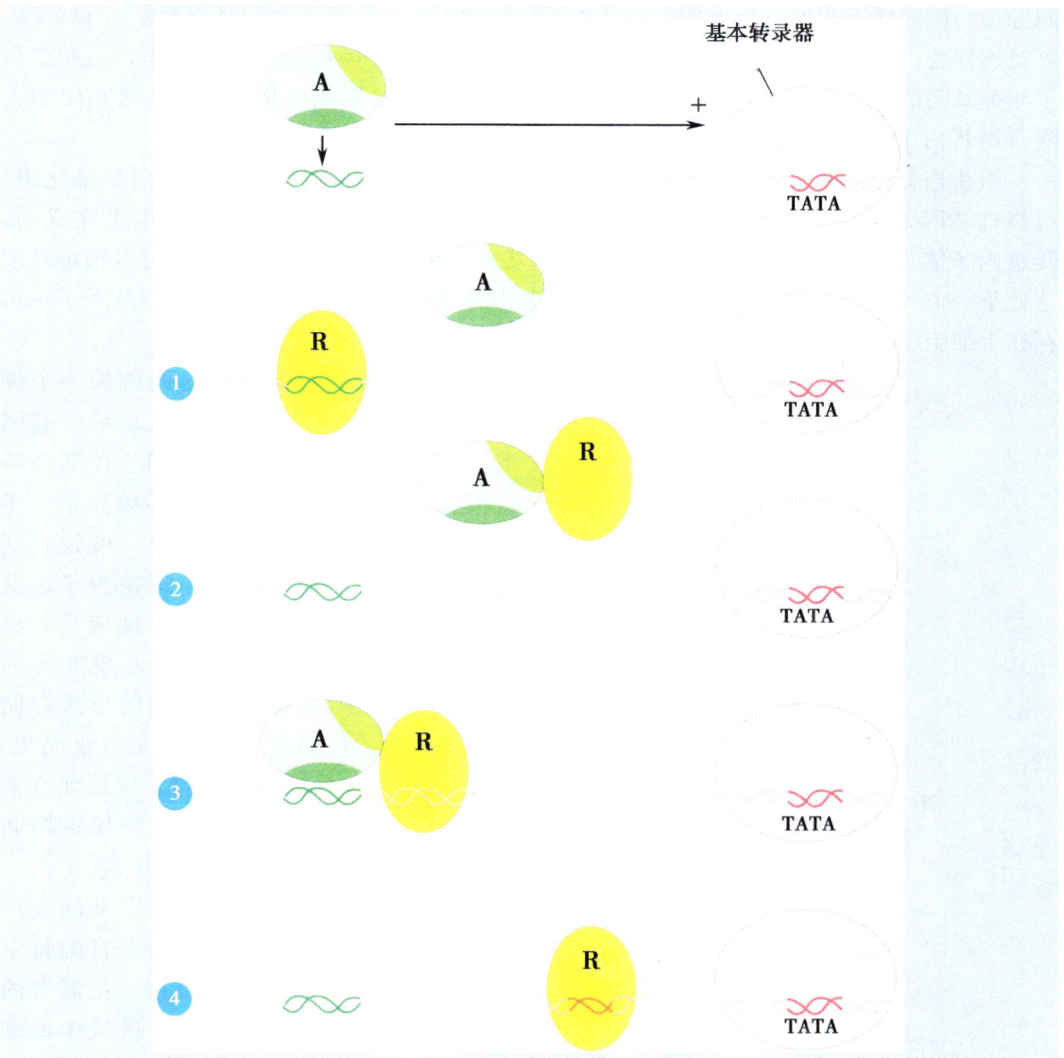

图 B2-3 转录阻抑蛋白的作用模式。 在顶部图中,一个转录激活因子(A)结合到顺式元件(在 DNA 链上显示为绿色)并刺激前起始复合物的装配(其中包含基础转录机的组件如 RNA 聚合酶Ⅱ和它的辅因子)。一个转录阻抑蛋白(R)能作用于不同的方式。阻抑蛋白可以(1)在与转录激活因子竞争下结合到相同的顺式元件,或(2)结合激活因子以防止它结合启动子上的顺式元件。(3)阻抑蛋白的作用不能够阻止激活因子结合相应的顺式元件,相反,它们可以阻止它刺激前起始复合物装配的能力。(4)阻遏可以不依赖于激活因子而结合到自身独立的顺式元件上,从而对前起始复合物产生负效应。

如信息框 2-1 所示,转录因子控制基础转录装置在 TATA 盒上的装配。此外,转录因子能够通过招募其他蛋白质来促进或抑制基因表达,这些蛋白质通过改变 DNA 与组蛋白组装的方式而改变顺式元件与 TATA 盒的可接近程度。后面还将对其进行详细叙述。

基因的活性可以通过染色质 DNA 和蛋白质的化学变化进行调控

DNA 缠绕组蛋白的方式及染色质的浓缩程度均可影响 DNA 与转录因子和 RNA 聚合

酶等蛋白质的接近程度，从而影响基因的表达。对 DNA 和组蛋白的修饰控制了 DNA 的可接近程度。组蛋白上的乙酰基和甲基等附加基团能改变染色质的浓缩状态，从而改变了相关基因的转录活性。组蛋白乙酰化与具有转录活性的染色质相关，而乙酰基团的去除及组蛋白 H3 上赖氨酸-0 和赖氨酸-27 的甲基化均与染色质沉默有关。

组蛋白修饰酶（组蛋白乙酰基转移酶、组蛋白脱乙酰基转移酶和组蛋白甲基化酶）可修饰基因组中特定的基因，这个特定的过程是通过与转录因子相互作用来完成的，转录因子能识别靶基因的特定顺式元件。靶基因中染色质随后产生的变化可以锁定其表达处于一个"打开"或"关闭"的状态，这种状态甚至能保留到靶基因的转录因子不再存在于细胞中之后。

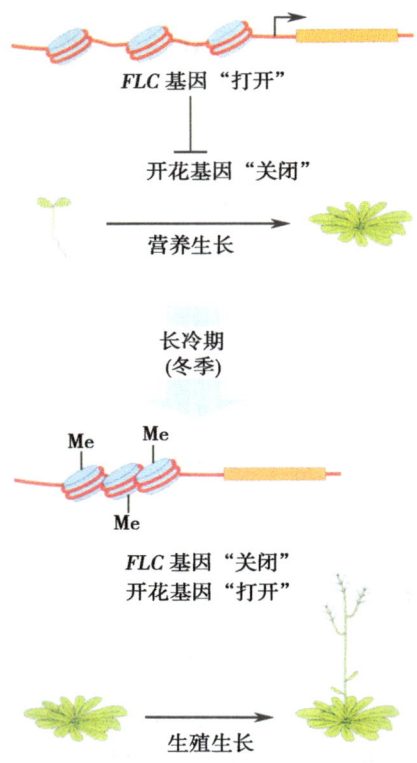

图 2-11　组蛋白修饰对成花的控制。组蛋白的修饰对临时冷处理的应答导致控制拟南芥成花的基因表达发生持久性变化。如果植物已萌发，并在生长中缺少接触类似冬季温度的时期，FLC 基因将维持打开状态并阻止成花。当植物暴露于一段冷期（模拟冬季），与 FLC 启动子相关的组蛋白的甲基化（Me＝甲基基团）引起染色质变化而导致 FLC 被关闭。这些变化保留到冷期结束之后，从而使植物开花时的温度适宜。这种机制在冬季结束之前最大限度地减少了过早产生花的风险。

我们以温度控制开花时间作为一个例子，说明当最初刺激消失很久以后，基因表达的变化还会维持很长时间。在某些特定植物中，包括拟南芥的大多数品系，正常的开花过程发生在植物经历一段较长期的寒冷之后。自然条件下，这是为了确保植物不会在冬季结束之前过早地成花。正如在 6.4 节中所阐述的，一段长期寒冷的"记忆"将以 FLC 被稳定抑制的形式存储进植物体内，该基因的活性就是阻止成花。冷处理引发 FLC 的永久关闭，从而允许植物开花（图 2-11）。FLC 的这种稳定抑制由调控区域的组蛋白甲基化所导致。

另一个染色质的变化能稳定基因表达模式的例子是负责花各个不同器官的特定基因的调控。如 5.5 节中所述，花器官的位置安排是由花芽发育的特定区域中器官特征基因的表达所决定的。这些基因的表达模式是由其他转录因子在芽的发育早期建立的；而随后的阶段中，它们表达的稳定性部分由染色质修饰作用维持着。例如，拟南芥中的器官特征基因 AGAMOUS 在卷叶（CURLY LEAF）蛋白质作用下维持抑制状态，而该基因受到抑制的区域发育为花瓣和萼片；这种蛋白质属于在所有真核生物中都存在的一个组蛋白甲基化酶家族，即多聚梳基（PcG）蛋白（名称源自最初在果蝇中发现的基因）。在 CURLY LEAF 突变体中，PcG 蛋白的缺乏造成 AGAMOUS 处于不正常的打开状态，即不仅在花萼和花瓣，在叶片中也同样如此（导致叶片卷曲并以其命名该突变体）。

组蛋白并不是染色质中被共价修饰的唯一组分。无转录活性的染色质也与自身 DNA 的甲基化有关，而且转座子（见 2.2 节）往往保持着高度甲基化，即非转录活性的状态。大多数植物 DNA 甲基化涉及一个甲基基团从甲基供体 S-腺苷甲硫氨酸转移到胞嘧啶残基的嘧啶环 5 位（图 2-12）上，该反应由甲基转移酶催化。而鸟嘌呤和胸腺嘧啶没有被甲基化，虽然植物中有些腺嘌呤也被甲基化，但它的功能意义尚不清楚。与此相反，在许多原核生物中，腺嘌呤和胞嘧啶都经常被甲基化。

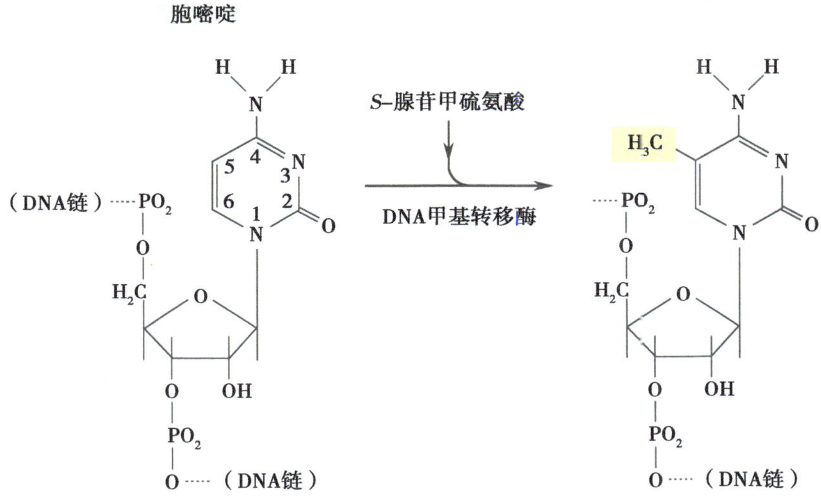

图 2-12　DNA 甲基转移酶的催化将一个甲基基团从 S-腺苷甲硫氨酸转移到 DNA 的胞嘧啶上。黄色表示甲基基团。

DNA 的甲基化模式部分取决于组蛋白的甲基化模式。如组蛋白 H3 的赖氨酸-9 被甲基化，核小体中相应的 DNA 就可能被甲基化。植物的这类证据来自拟南芥的 *ddm1* 突变体。DDM1 使组蛋白的甲基化装置接近核小体蛋白，因此它是组蛋白 H3 上赖氨酸-9 甲基化必需的染色质重塑因子。即使 DDM1 本身没有甲基转移酶的活性，*ddm1* 突变体中 DNA 的甲基化水平也低于野生型。这表明了由组蛋白甲基转移酶（这需要 DDM1 的活性）产生的组蛋白的甲基化模式决定着 DNA 上发生甲基化的区域。

染色质修饰可以通过细胞分裂遗传下去

染色质修饰能够在发育中维持基因稳定表达模式的部分原因是染色质的改变可以经由细胞分裂遗传。在植物中，这一过程了解得最为清楚的是 DNA 的甲基化。

在复制之前，DNA 的双链均被甲基化。复制后，每条双螺旋结构包含一条旧链（甲基化）和一条新链（非甲基化）。随后一个 DNA 甲基转移酶以旧链上的 DNA 甲基式样为模板给新链加甲基。甲基化位点主要是在双链含有胞嘧啶残基的对称位置上（图 2-13）。在动物中，对称位置的甲基化发生在鸟嘌呤前一位的胞嘧啶上（CG）；在植物中，对称的甲基化可发生在两种类型的序列中，即 CG 和 CNG（其中 N 表示任何一种碱基，A、C、T 或 G）。特定的甲基转移酶都与这两种类型的胞嘧啶甲基化相关。

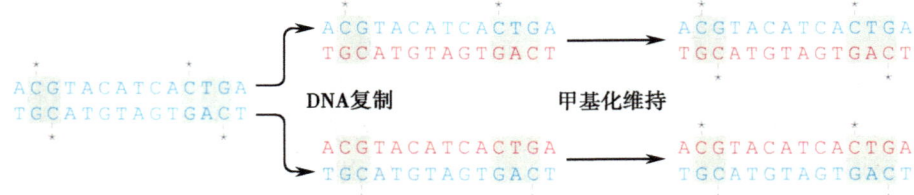

图 2-13 对称位点上 DNA 甲基化的维持。甲基化的 DNA 复制后，新链上的胞嘧啶（红色）没有甲基基团（星号表示）。维修甲基化酶识别一条链上含有甲基胞嘧啶的对称短序列（灰盒），并在互补链的相应胞嘧啶上添加一个甲基基团，再现了 DNA 复制之前原有的胞嘧啶甲基化模式。

野生型

辐射对称

图 2-14 Linaria 中的 CYCLOIDEA 外突变体。野生型 Linaria 花（上图）是两侧对称的。下图显示自然条件下辐射对称（peloric）花带有一个 CYCLOIDEA 外突变体（环形棘皮纲）(摘自 P. Cubasetal Nature, 401: 157-161, 1999. Macmillan Publishers Ltd, Enrico Coen 提供许可）。

植物中的 DNA 甲基化还发生在非对称位点上（如 CNN，N 表示除 G 之外的任一碱基）。这种类型的甲基化在 DNA 复制后无法拷贝到新合成的链上，因此它只有在细胞分裂后重新甲基化来维持机制。维持这种非对称位点上 DNA 甲基化的机制是利用小 RNA 作为导杆，以确定甲基化的 DNA 序列，具体解释见下文。

对称位点的 DNA 甲基化和染色质修饰以类似于遗传信息复制的方式，通过植物生长过程中的细胞有丝分裂被复制。这种遗传方式被称为表观遗传（epigenetic，epi 意为"表面"），也就是说，它是由某些能改变基因功能但不会使相关基因序列发生变化的因子造成的。大多数情况下，在发育过程中积累的表观遗传变化在减数分裂过程中会被消除，但有时这些变化在减数分裂后继续存在。这可能导致基因失活的现象继续遗传下去，后果类似于那些在 DNA 序列中的突变。由染色质结构的改变而不是 DNA 序列的变化所产生的变异基因被称为表观等位基因（以等位基因作比喻，具有不同 DNA 序列的一个基因的多种版本）。

人们在自然环境中生长的 Linaria（柳穿鱼属）中发现了一个表观等位基因，这个表观等位基因导致不对称花变成了辐射对称（图 2-14）。这种表观突变与基因 CYCLOIDEA 中 DNA 甲基化的减少相关，而 CYCLOIDEA 基因则是两侧对称花的发育所必需的。缺乏 CYCLOIDEA 活性的植物发育异常，生成辐射对称花（见 5.5 节）。这个 Linaria 的表观突变体是在一个已有 250 多年的野生种群中发现的，这暗示着这个表观等位基因已在种群中至少传递 250 代。

基因功能也在 RNA 水平受到调控

转录因子和染色质修饰控制着 RNA 转录物的产生速率。然而，RNA 转录物的生成并不能自动导致编码蛋白质的产生。最终基因产物的积累在转录后的几个中间步骤中仍然受到调控，包括 RNA 剪接、稳定性和翻译。

如同其他真核生物，植物中单一转录物的不同剪接也可以产生多种 mRNA。然而人们发现，可变剪接在植物中发生的频率要低于动物：据估计，拟南芥中大约 5% 的基因发生了可变剪接，而动物基因的比例估计达到 10%～30% 甚至更高。已知功能的可变剪接产物非常少，其中一个著名的例子发生在水稻中：一个基因（*sdhB*）转录物的不同剪接方式产生两种功能完全不同的蛋白质（图 2-15）。当这个基因的外显子 1 直接连接到外显子 3 上，编码的产物是参与线粒体呼吸作用的琥珀酸脱氢酶的 B 亚基（SDHB）。当外显子 1 与外显子 2 连接，编码产物则是线粒体的核糖体蛋白 14（RPS14）。这两种蛋白质具有相同的 N 端序列，其中包括线粒体定位序列。这一不寻常的基因可能起源于编码 RPS14 的序列从线粒体基因组被转移到核基因组（许多细胞器基因都发生了这样的转移；见 2.4 节和 2.6 节），它插入核基因 *sdhB* 中以获得编码线粒体定位肽的序列。这两个剪接变异体的共存允许各自的基因功能被保留下来。

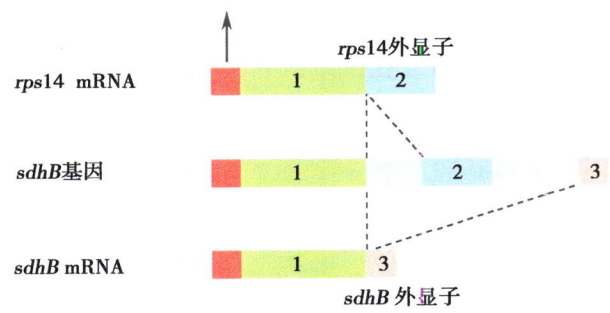

图 2-15 可变剪接。 水稻中，基因 *sdhB* 的可变剪接导致 mRNA 编码不同功能的蛋白质。当外显子 1（绿色）与外显子 2（蓝色）拼接，编码的蛋白质为线粒体的核糖体蛋白 14（RPS14）。而当外显子 1 跳过外显子 2 与外显子 3（粉红色）连接，mRNA 编码的酶是琥珀酸脱氢酶的 B 亚基（SDHB）。

另一个控制基因功能的节点是 mRNA 的稳定性。单个细胞某种 mRNA 的总量不仅反映了它被转录和加工的速率，而且反映了它被细胞质中核糖核酸酶（RNase）破坏的速率。各种 mRNA 的降解速率不同，其半衰期从几分钟到几天不等。但是，降解不只影响 mRNA 的稳定状态水平，应答基因表达的变化速度，特别是在当基因受到抑制时，同样受到 mRNA 降解的影响，那些具有快速应答发育和环境变化功能的调节基因的 mRNA 的半衰期就很短。其中一个例子为一些编码转录因子 ARF 的 mRNA，这些转录因子介导了生长素的细胞应答（生长素和其他植物激素在后面的章节中详述）。

mRNA 的稳定性的差异由特定序列控制，并且在不同的 mRNA 中是不同的。mRNA 的调控区域还可以控制其在应答外界刺激时的降解速率。例如，在豌豆中，编码光合载体铁氧化还原蛋白Ⅰ（ferredoxin Ⅰ）的 mRNA 在光下维持稳定，而这一效应由接近 mRNA 5′端的序列所介导。

即使此时 mRNA 在细胞质中仍保留完整无损的结构，它也不一定能指导蛋白质的合成。另一水平的基因调控为 mRNA 的翻译，它通常发生在核糖体的结合与蛋白质合成起始的最初阶段。对逆境的响应会抑制翻译，如脱水。这种反应对一些特定 mRNA 的调控是不同的。拿脱水来说，编码在失水条件下对植物起保护作用的蛋白质（如 LEA 蛋白；见 7.3 节）的 mRNA 在逆境下仍然进行翻译。在种子成熟过程中，当胚和储存组织脱水时，这一功能可以被清楚地观察到：种子干燥过程中，仍然有极少数核糖体继续进行蛋白质合成，它们与编码脱水蛋白和 LEA 蛋白的 mRNA 结合在一起。

翻译的效率和 mRNA 的稳定性也是相关联的：当一种 mRNA 具有一个影响其编码蛋白质合成能力的缺陷时（例如，由于该基因有一个提前的**终止密码子**），它将有针对性地被迅速降解；这一被称为"无义突变介导性 mRNA 衰变"的过程在真核生物中都是保守的，其中也包括植物。

调节性小 RNA 控制 mRNA 的功能

对很多 mRNA 来说，它们的稳定性和翻译还被一些小 RNA 调控，这些小 RNA 含有与相应靶 mRNA 互补的序列。其中一种类型的调节性小 RNA 是微 RNA（mircoRNA，或 miRNA）。miRNA 是由较长的前体 RNA 产生的，后者由 RNA 聚合酶Ⅱ从 *miR* 基因（*mircoRNA*）转录而来。不同基因的最初转录产物长短不一，几十到几百个核苷酸不等，含有反向重复序列，从而导致自身回折形成双链 RNA（dsRNA）。一种特定的 RNA 酶（Dicer RNase）可以在该结构中识别这种双链区域，并将最初转录物切割为 21～24 个核苷酸的片段（图 2-16）。

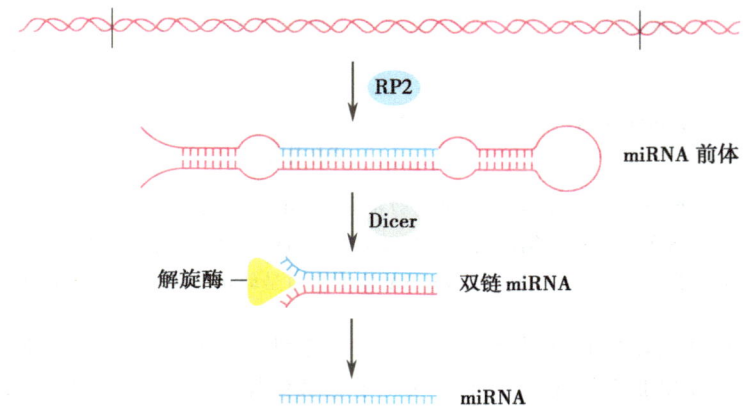

图 2-16　微 RNA（miRNA）的起源。RNA 聚合酶Ⅱ（RP2）转录特定基因（*miR*）产生前 miRNA。这一转录前体含有自身互补的序列并回折形成包含 miRNA（蓝色）双链 RNA，Dicer RNA 酶将前 miRNA 的这些区域切割成小分子双链 RNA；切割下来的双链由一个解旋酶分离，产生成熟 miRNA。

短 dsRNA 片段的一条链成为成熟的 miRNA，并与 ARGONAUTE（AGO）蛋白结合，该蛋白质是一个蛋白质复合体的组成部分，而这种蛋白质复合体可以和 mRNA 中与 miRNA 互补的序列相结合。当一个靶 mRNA 被识别后，它与 miRNA 杂交的区域将被切割（随后导致 mRNA 片段的降解），或者它的翻译过程被抑制。在植物中这种相互作用的结果取决于 mRNA 和 miRNA 之间的互补程度：完全或近乎完全的互补性会导致 mRNA 的切割，而不完全的匹配可导致转录抑制（图 2-17）。

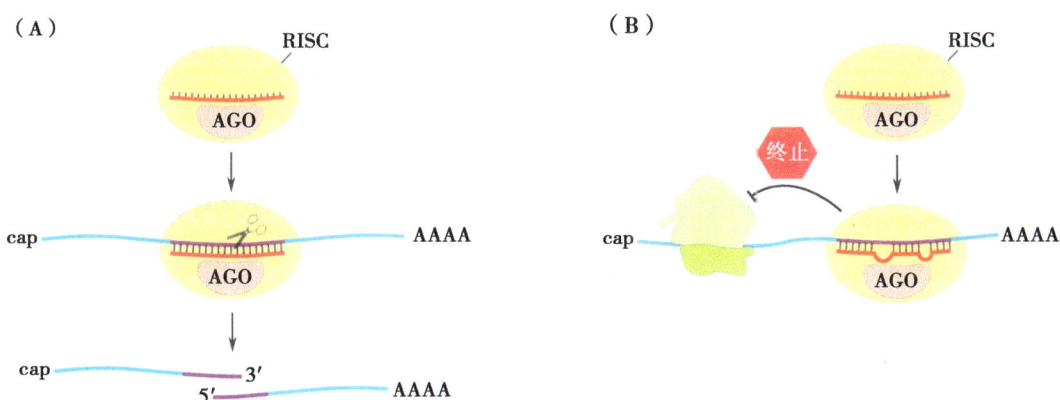

图 2-17 miRNA 与 ARGONAUTE 蛋白（AGO）的相互作用。每个 miRNA 上结合一个 AGO 蛋白，作为一个被称为 RNA 诱导沉默复合物（RISC）复合体的一部分而与其他蛋白质共同发挥作用。RISC 中的 miRNA 作为一个探针以确定匹配的 mRNA。(A) 当 miRNA 与它们的 RNA 完全互补时，该 mRNA 通常被切割。(B) 不完全匹配往往导致翻译抑制。

植物中许多 miRNA 能识别编码转录因子的靶 mRNA，因此 miRNA 是控制这些调控蛋白在不同时空中表达机制的一个重要组成部分。例如，拟南芥中 mRNA-165 和 miRNA-166 切割了一些 mRNA，这些 mRNA 编码了一些转录因子，它们能促进叶近轴侧的细胞发育（另见 5.4 节关于叶发育的讨论），而这些转录因子基因在叶远轴侧的表达则受到 miRNA 引导的 mRNA 切割的抑制（图 2-18）。

图 2-18 miRNA 控制叶片发育中的基因表达。基因 *PHABULOSA*（*PUB*）控制叶片远（近）轴侧叶片的发育，已知叶片远轴侧具有特定的功能组织，如高密度的叶毛细胞；发育叶片的下表面（远轴侧）中 *PHB* 的表达被 miR-NA-165（miR165）阻止。图中显示了一个幼叶切片（左），其中标明了 *PHB* 的 mRNA（也包括 PHB 蛋白）和 miR165 形成互补积累的区域；这些区域最终发育为成熟叶片的两个不同表面（在右侧截面中显示）。显微照片显示了幼嫩叶苗端周围的横截面。其中包括与探针杂交检测 miR165（左）和 PHB 的（右）（检测出的表达结果为暗蓝色/紫色区域）。值得注意的是，miR165 在背离叶尖的一面表达，在该区域中 PHB 的积累减少（Catherine Kidner 提供）。

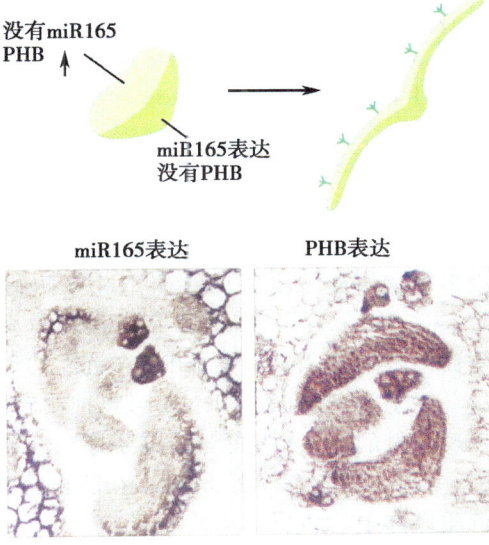

小 RNA 控制 mRNA 稳定性的另一种机制是 RNA 干扰（RNAi），这与 miRNA 的功能有关。RNA 干扰也是由 21~24 个核苷酸的 RNA 介导的（这种情况下称为 siRNA，即干扰小 RNA）。与 miRNA 相似，由 Dicer RNase 产生的 siRNA 与 ARGONAUTE 蛋白共同作用并切割 mRNA 上的互补序列。而 miRNA 的不同点在于，产生特定小 RNA 的基因并不编码 siRNA。相反，siRNA 可能来自非基因组编码的 dsRNA，例如，在病毒复制过程中形成的 dsRNA。除了病毒来源的 dsRNA，细胞质依赖于 RNA 的 RNA 聚合酶还可以利用 mRNA 中产生的 dsRNA，这是 RNA 干扰可以抑制转入到植物中的外源基因表达的常见原因（图 2-19）。

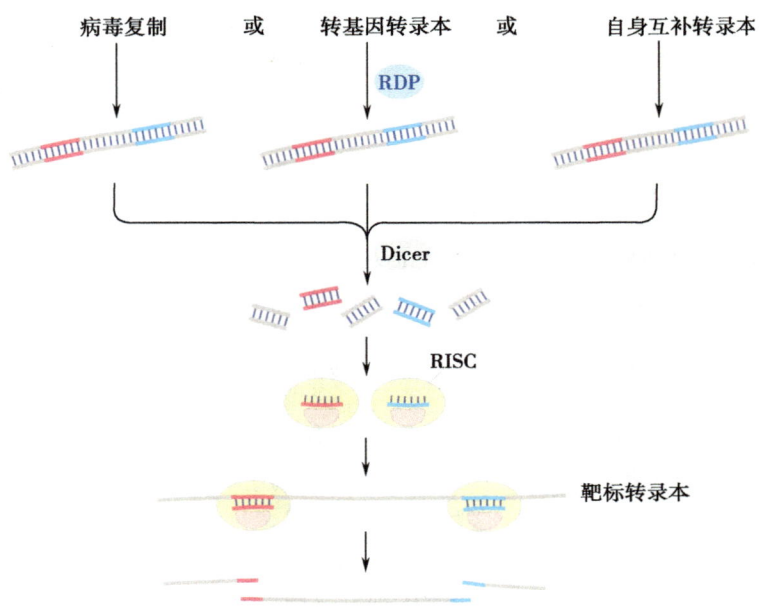

图 2-19 **RNA 干扰（RNAi）**。RNA 干扰是由长的双链 RNA 引发的，该双链可能是在病毒复制过程中形成，或者是由一个细胞质依赖 RNA 的 RNA 聚合酶（RDP；表示一个转基因的转录物）产生，亦或由自身互补的 RNA 所组成。Dicer 酶将 dsRNA 切割成混合的小 RNA 群体（不同颜色显示来自 dsRNA 不同区域的片段）。每个小 RNA 与 RISC 结合（图 2-17）并引导匹配序列切割成单链 RNA 转录物。

人们认为 siRNA 由对病毒和转座子的防御机制演化而来。侵染植物的很大一部分病毒具有 RNA 基因组（见 8.3 节），并且它们的复制机制产生 dsRNA 可引发 RNAi。一些 RNAi 反应被削弱或消除的拟南芥突变体更容易受到病毒的侵染。与此相对应，许多植物病毒已演化出克服 RNAi 防御反应的对策，例如，番茄丛矮病毒（*Tomato bushy stunt virus*）产生的 P19 蛋白与小 RNA 结合，从而阻止它们与 ARGONAUTE 蛋白结合（见 8.4 节关于 RNA 沉默的讨论）。

除了防御病毒，siRNA 可以抑制转座子的活动。体现出这种作用的是植物细胞中发现大量的小 RNA 可与转座子序列相匹配。防御病毒的侵染是基于 siRNA 对特定靶 RNA 的降解能力，而 siRNA 在防止转座子扩散增殖中的作用，可能涉及 siRNA 在染色质修饰中的功能，详见下文。

小 RNA 能够指导在特定 DNA 的序列上进行染色质修饰

siRNA 在染色质修饰中的作用在含有高度甲基化异染色质的裂殖酵母（*Schizosaccharomyces pombe*）中研究得较为清楚。异染色质区被转录产生 RNA 长分子，接着被依赖 RNA 的 RNA 聚合酶转变为 dsRNA。如上所述，dsRNA 由 Dicer 酶切割成 siRNA。这些 siRNA 同样结合一个 ARGONAUTE 蛋白，但它们将一个组蛋白甲基转移酶引导至染色体中被转录的原始序列位点上，而并非针对性地降解 mRNA 或抑制其翻译。组蛋白的甲基化，如前面所述，增加了染色质的浓缩程度并促进这些区域的 DNA 甲基化。

在植物中，人们可以运用 9.3 节所描述的技术将外源基因（称为转基因）插入到植物基因组中，而有时 siRNA 引导的 DNA 甲基化能够使这些外源基因沉默。当一个转基因诱导产生 siRNA（例如，因转录物形成 dsRNA 区），除了导致 mRNA 降解，siRNA 可以引导一个特异的 DNA 甲基化酶（DRM）至转基因上（图 2-20）。DRM 启动 DNA 的甲基化，也就是说，它可以使之前未甲基化的胞嘧啶残基被甲基化。

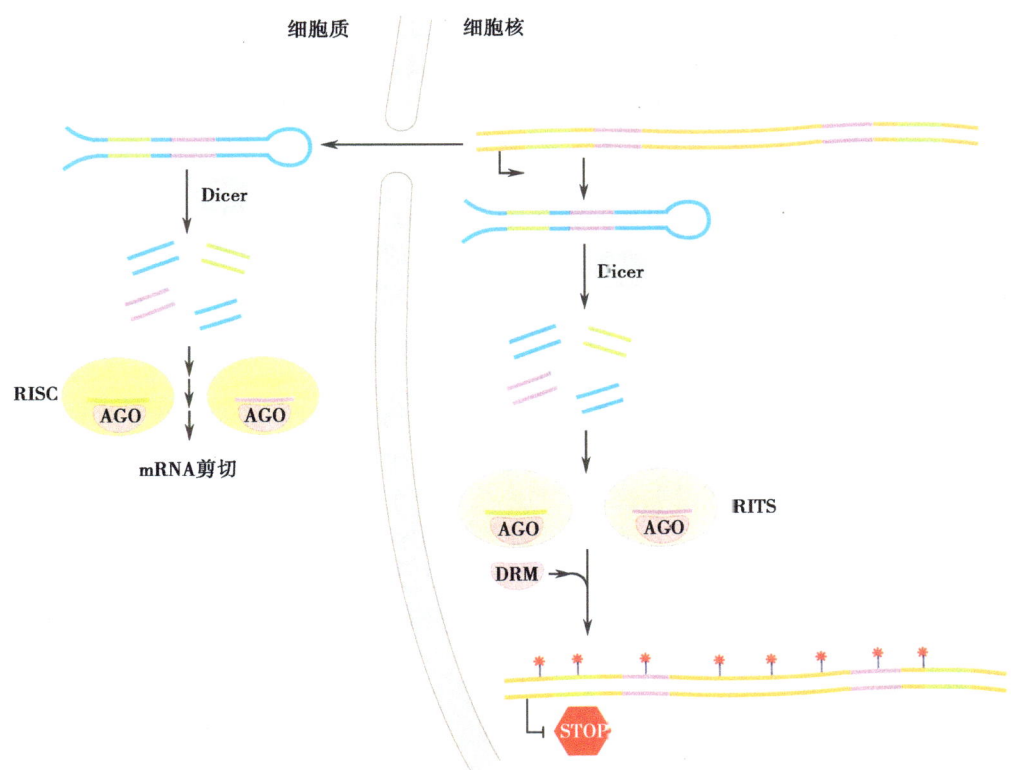

图 2-20　RNA 干扰导致转录基因沉默。 除了造成 mRNA 在细胞质中被切割（左），siRNA 还可以直接作用于核基因的沉默（右）。转录通过反向重复序列产生自身互补的 RNA（蓝色发夹结构），它们可以被细胞质和细胞核中的不同 Dicer 酶识别并切割。细胞质中的 siRNA 被纳入 RISC 并直接参与对 mRNA 的切割，而细胞核中的 siRNA 被纳入另一种蛋白质复合体，即基因转录沉默的 RNA 诱导起始物（RITS），其中还包含一个 AGO 蛋白。但是，RITS 针对的不是 siRNA 与 mRNA 序列，而是与靶 DNA 序列的匹配。随后相应的基因进入转录沉默并被 DRM 甲基化酶甲基化。

如前文所述，当 RNA 引导的 DNA 甲基化发生在对称的位点上，这些甲基化产物可以随着 DNA 的复制而被拷贝，并能够遗传给子代细胞。然而当甲基化发生在非对称位点时，新合成 DNA 的甲基化不能遵循互补 DNA 链的甲基化模式，必须由匹配的 siRNA 在新的细胞中完成。因此，非对称甲基化的维持（例如，存在于许多转座子中）可能需要 siRNA 的持续产生。

2.4 基因组序列

目前为止，我们已经讨论了核基因组中的单个组分及其功能。显然，不同基因以及染色体上各结构组分的功能是紧密相连的。例如，编码转录因子的基因可以调控许多其他的基因，包括其他的转录因子。所有这些基因的活性又可被染色质修饰限制。染色质修饰是一个由小分子 RNA 控制的过程，其中也涉及对 mRNA 功能的调控。经过很长的时间后，基因突变改变了基因间的相互作用，突变有时由转座子活动造成。因此，单个地了解基因组各组分是如何作用的并不足以帮助我们理解一个生命体是如何行使功能和演化的。从整体上了解基因组的功能，我们还有很长的路要走。但为了实现这一目标，第一步就要将核基因组中一套完整的基因以及其他的组分鉴定出来，而这一过程就需要对基因组进行测序。

拟南芥基因组是第一个被全部测序的植物基因组

全世界的科学家们合作共同对拟南芥基因组进行了测序。他们之所以选择拟南芥，主要有以下两个原因：一是拟南芥核基因组是最小的植物基因组之一；二是它的生长周期很短，并已作为模式植物广泛地用于遗传学研究。现在一些具有重要经济价值的植物如水稻和杨树，它们的基因组也已经测序完成。但我们讨论的重点还是放在拟南芥上，它的基因组是人们了解得最充分的。

基因组测序从很多方面帮助我们更好地理解植物基因的功能和演化。首先，它使我们对于哪些基因是植物所必需的这一问题有了一个更好的认识。其次，全基因组测序使得我们可以发展和应用某些技术，同时检测多个基因的行为。最后，全基因组序列告诉我们，植物与那些已经全部测序或者部分测序的生物间有哪些相同点和不同点。通过对拟南芥基因组序列的仔细分析，人们发现了大量编码未知生化功能的蛋白质的基因。这些蛋白质中有的属于某一家族，它们同样存在于别的生物中，通过比较研究，也许有助于了解其功能。

分析基因组序列鉴定单个基因

一个生物的基因组测序得到的最终结果是每条染色体上沿 DNA 骨架排列的一长串核苷酸序列（拟南芥中每条染色体含有 1800 万～2900 万个碱基对）。接下来要分析这些序列，从中提炼出有用的信息，例如，它们含有多少个基因，它们的 RNA 产物和编码的蛋白质如何，以及找到一些有关基因编码产物生化功能的线索等。这一过程叫做**基因注释**。

在某些情况下，单个基因已经被分离，如通过图位克隆或者转座子标签（见 2.5 节），它们的序列已经知道。这样的话很容易将它们定位在基因组序列中。然而，进行基因组测序很重要的一个原因就是鉴定那些目前还未知的基因。用来发现这些基因的一个线索就是它们大多会编码蛋白质，这样的话，基因序列会被翻译成相应的一段氨基酸序列。因为在 64 个三联密码子中，有三个终止密码子，所以翻译一段随机的序列时，往往会在几十个或几百个碱基对后便遇到一个终止密码子而使得翻译停止。这一特征有助于人们在诸多的非编码 DNA 序列之间定位蛋白编码区域。如果发现这样一个**可读框**能够连续读数百个密码子而不被终止密码子所打断，那么它很可能就是一个编码蛋白基因的一部分。但是，这一方法的复杂之处在于真核生物的基因中蛋白质编码序列往往会被分成多个外显子，而有的外显子很小（有的只有 30bp）。插在中间的内含子又常常含有终止密码子。虽然我们知道一些短的特殊序列会出现在外显子和内含子的连接处，内含子也通常含有较少的 G、C 碱基，但仅有这些特征并不足以准确地预测外显子和内含子的结构。可以通过计算机程序统计可读框的长度和外显子与内含子交替的序列特征，用于预测基因组中的未知基因结构，但通过这种方法预测出来的结果往往是不准确的。

对基因注释的另外一条线索是将预测基因所编码的蛋白质与已知蛋白质比较。如果能找到相似的序列，则可以很有把握地推测这段序列属于一个编码蛋白质的基因，因为这种情况一般不会是偶然因素造成的。当然，鉴定基因最确切的方法是找到由该基因转录来的 RNA。正因如此，基因组测序常常需要用大量来自该生物体的不同组织、不同生长时期的 RNA 逆转录得到的 cDNA 测序结果进行验证（这些 cDNA 是在试管中通过纯化的逆转录酶合成的，见 2.5 节）。这些序列被称为**表达序列标签**（EST），通过比对这些序列和基因组序列，能够精确地确定转录区域以及外显子、内含子的结构。人们已建立了很多植物的表达序列标签数据库，以便进行基因鉴定和特征分析。

一旦找到可能的基因，它的 DNA 序列和预测的由它编码的氨基酸序列就可以与数据库中许多其他生物体中已知或未知基因的 DNA 序列和氨基酸序列进行比较。这一比较可能会找到新基因与某些功能已知的基因间的相似性。具有相似氨基酸序列的蛋白质或者蛋白质结构域，也就往往具有相似的结构和生化活性。所以，序列的相似性能为我们了解基因的功能提供非常重要的线索。

测序结果显示，拟南芥基因组具有与动物基因组类似的复杂性，但其中又有很大比例的植物特有基因

拟南芥基因组全序列长约有 125 000 000bp，其中约含有 26 000 个基因。在这一植物基因组中含有的基因数目与动物基因组中的基因数处于同一数量级［线虫（*Caenorhabditis elegans*）约有 18 000 个基因，黑腹果蝇（*Drosophila melanogaster*）约有 13 000 个，人类约有 32 000 个］。

拟南芥中典型的基因一般长为 4500bp，外显子和内含子的平均长度分别是 250bp 和 170bp，调控序列一般位于编码序列的上游，约几百个碱基对。这一平均的基因结构与在线虫和果蝇中发现的很相似，但较人类基因要紧凑很多（人类基因平均长为 30 000bp，主要是因为含有长达成千上万碱基对的内含子）。

基于与其他真核生物中基因序列的比较，拟南芥基因中约有近半数可以在动物或者真菌中找到同源基因。但同时，拟南芥基因组编码约 150 个植物所特有的蛋白质家族，这 150 个家族中又有近 400 个基因与**蓝细菌**相关。这些类蓝细菌基因（cyanobacteria-like）很可能是从植物所特有的**内共生事件**形成的质体中获得的。它们在进化过程

中由叶绿体中转移到核基因组中。从质体中向细胞核转移基因的过程似乎还在进行，因为在拟南芥核内发现的数十个基因，在其他的植物物种中仍存在于质体内。线粒体DNA同样向核内发生了转移。这种现象在拟南芥中特别明显，因为在3号染色体着丝粒附近插入了一个近乎完整的线粒体基因组拷贝。

基于与已知蛋白（来自所有生物）的相似性，拟南芥基因组所编码的蛋白质中，70%可以归为相应的功能类别（图2-21列出了这些功能类别的分类及其基因数目）。其中，数量最多的类群（23%）是参与代谢的酶。这些酶种类繁多，一定程度上反映出植物中复杂多样的**次生代谢**。例如，次生代谢生物合成中常涉及的羟基化反应由细胞色素P450家族的酶催化完成，这类蛋白质在拟南芥基因组中约由300个基因编码。复杂的细胞壁是植物的另一特征，反映在基因组中就是编码了大量相关的酶：大约有400种酶与细胞壁的代谢有关。另外，基因组序列揭示出先前未知的代谢复杂性。拟南芥基因组编码的大量酶与代谢途径中的某些步骤相关，但以前人们并不知道它们也存在于拟南芥中（如生物碱的生物合成）。

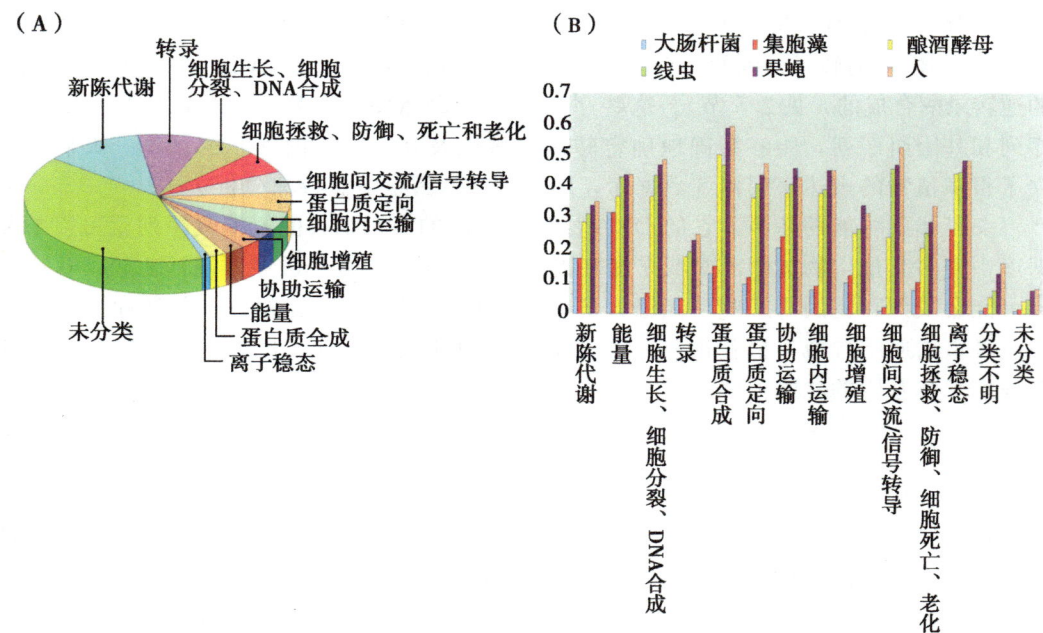

图2-21 拟南芥基因的功能预测。(A) 不同功能类群基因的比例；(B) 多种生物体中不同功能类群基因的比例与拟南芥相应的功能群具有高度的相似性（经Macmillan Publishers Ltd同意，采自The Arabidopsis Genome Initiative, Nature, 408: 796-815, 2000）。

数量第二多的功能蛋白是与基因表达调控相关的类群（17%，如图2-21中的"转录"所示）。这一类群中包含了数目众多的转录因子家族，且有45%的转录因子是植物所特有的（表2-1）。这暗示着它们可能是在大约15亿年前（前寒武纪），植物与动物、真菌分开之后演化而来的。相反地，一些动物中很大的转录因子家族如细胞核内激素受体家族等在植物中却几乎不存在。一些转录因子家族在动物和真菌中确实存在相应的同源基因，但是在植物中数量却大大增加了。例如，MADS家族在酵母中含有4个成员，在果蝇和线虫中各只有2个，但在拟南芥中却有多于80个基因，它们大多参与调控植物发育。现在还不是很清楚为什么一些特殊的转录因子家族成员会在植物中大量地增加。一种可能的解释是：丰富的基因表达模式对于植物不断适应环境的变化、调整自身的生长和代谢是必需的（详细内容见第6章和第7章，由于植物营固着生活，其对环境变化的适应能力是生存所必需的）。

除了某些转录因子家族之外，与其他真核生物相比，拟南芥基因组中还有一些其他的蛋白质家族也是大量增加的。其中就包含有那些涉及目的蛋白降解和RNA加工的蛋白质。例如，在拟南芥基因组中编码有大约400个RNA结合蛋白PPR家族中的成员，而在酵母、果蝇和线虫中这一家族只有10个基因。与细胞间信息传递相关的基因在拟南芥中也大量存在。**富含亮氨酸**(leucine-rich repeat，LRR) 的受体激酶家族在拟南芥基因组中含有近200个成员，它们参与了植物生长发育和对病原体的防御（见8.4节）。然而另外某些在动物中非常常见的受体（如G蛋白偶联受体）在植物中却几乎不存在。这些现象表明，动植物在生长发育和抵御病原体侵害过程中复杂的细胞间信息交流就基于不同受体基因家族成员的增加。

除了上述基因，在拟南芥基因组中还含有数量巨大的转座子（约4000个），它们插在染色体的着丝粒附近和异染色质区域。Ⅰ型和Ⅱ型转座子（见2.2节）含量几乎相等（这与其他植物不同，在其他植物中Ⅰ型转座子没有这么丰富）。这些转座子大多是没有活性的：Ⅰ型转座元件的转座功能需要通过RNA介导，但其中仅有4%能检测到相应的RNA转录物。

其他重要的非基因序列包括：端粒，它含有2000～3000bp的TTTAGGG重复序列；着丝粒，主要含有长达3 000 000bp的重复序列（特异的178bp重复）。此外还含有大量重复序列的是**核仁组织区**(NOR)，每个含有近400个拷贝的编码rRNA的基因。

总之，拟南芥基因组序列首次为我们提供了一个植物基因组的全貌。它显示出了与动物基因组相似的复杂性，包含有大量与动物基因相似的基因，但同时又有很大一部分植物有特有基因。从这一基因组测序得到的准确全面的数据，使得我们可以开发更好的技术来更有效地研究基因功能，详细的叙述见2.5节。

植物基因组的比较揭示出它们之间保守和分歧的特征

自从拟南芥基因组测序完成后，又有几种植物的基因组被测序，其中包括一些具有经济价值的物种。最显著的两个例子是水稻和杨树。水稻特别重要，因为它是研究禾谷类基因组的模式物种（详见后文中有关禾谷类作物同线性的讨论）。水稻基因组的大小（389 000 000bp）大约是拟南芥基因组的3倍，但其基因密度较低，平均每个基因约为9900bp。这样大的基因间距一部分是因为存在大量的可转移元件（占整个基因组的35%）。虽然基因密度不及拟南芥基因组，但是水稻基因组中预测的基因还是多于拟南芥的基因（有37 000个，相对而言，拟南芥中只有26 000个）。在两个物种中，整体上基因家族的情况是相似的，但水稻中有很多基因在拟南芥中找不到同源基因（拟南芥中有89%的基因在水稻中有同源基因，但水稻中预测的基因只有71%可以在拟南芥中找到同源基因）。可能就是这些独特的基因决定了**单子叶植物**和**双子叶植物**在生长发育和生理学上存在的差异。

杨树是第一个基因组被测序的树种。杨树的基因组约有 485 000 000bp，预测含有 45 000 种蛋白质，其中约 12% 在拟南芥中没有同源物。整体上已知基因家族的情况与拟南芥情况类似，但有一些基因家族成员在杨树中较多。例如，作为一个木本植物，编码与细胞壁木质化相关的酶的基因家族就比拟南芥中的大（杨树中含有 34 个与苯丙烷类化合物和木质素的生物合成相关的基因，而在拟南芥中只有 18 个）。另外一个例子，和水稻一样，杨树中含有数量更多的 **R 蛋白**，这类蛋白质与植物的抗病性有关（杨树中有 398 个同源物，水稻中有 535 个，而拟南芥中只有 207 个）。这也许可以反映出这类基因的快速演化，而这一现象常与强烈的多样化自然选择有关（见 8.4 节）。

其他一些植物的基因组如玉米、番茄、苜蓿（*Medicago truncatula*）（一种豆科植物）和小立碗藓（*Physcomitrella patens*）也已经被测序。这些物种的基因组对于生物技术研发而言是重要的资源；同时，比较基因组研究也能给人们研究植物演化提供重要的思路。在后面的内容中我们将看到这一作用。

大多数被子植物在演化历程中都经历过基因组加倍

在拟南芥、水稻和杨树的基因组中，一个显著的特征就是基因组的很大部分似乎经历过复制。因为含有同样一段基因顺序的染色体片段会在整个基因组的多个位置出现（图 2-22）。这揭示了在演化历程中，这些基因组经历了复制（全部或者部分）。然而被复制的序列会部分缺失或发生分歧，一些基因获得了不同的功能。

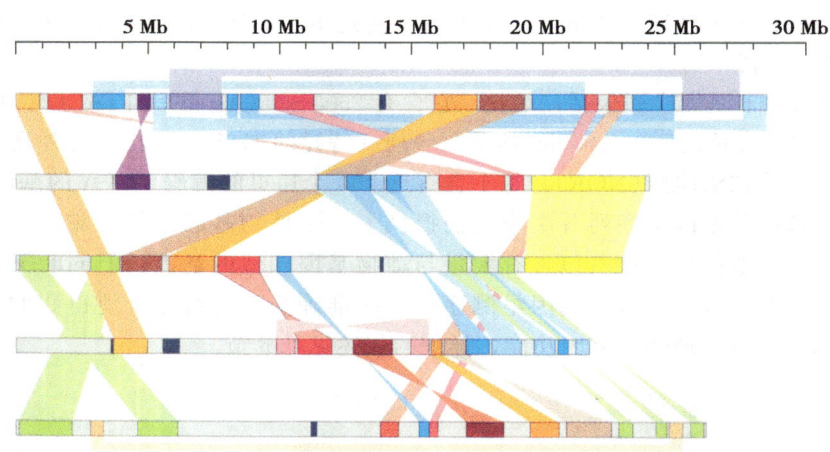

图 2-22 拟南芥基因组中的重复区域。 5 条染色体均用灰色表示，黑色方块表示着丝粒。重复的片段用彩色条带连接（扭转的条带表示反向重复），rDNA 序列之间的相似性没有显示（Mb 表示 100 万个碱基对）（经 Macmillan Publishers Ltd 同意，采自 The Arabidopsis Genome Initiative，Nature，408：796-815，2000）。

基因组的大片段重复是被子植物的典型特征。在演化历程中这些重复的途径之一就是多倍化。多倍化是指由两个或者更多的全套染色体组合在一起，形成一个更大的基因组。多倍化的形成有两种方式：由单一的祖先物种的染色体重复形成（称为**同源多倍体**autopolyploids；auto 就是"自身"的意思），或者由两个亲缘关系相近物种的两套相似染色体组合形成（称为**异源多倍体**allopolyploids；allo 就是"其他"的意思）

(图 2-23)。超过 50% 的被子植物可能都经历过多倍化，这个频率高于动物和别的植物类群如裸子植物。

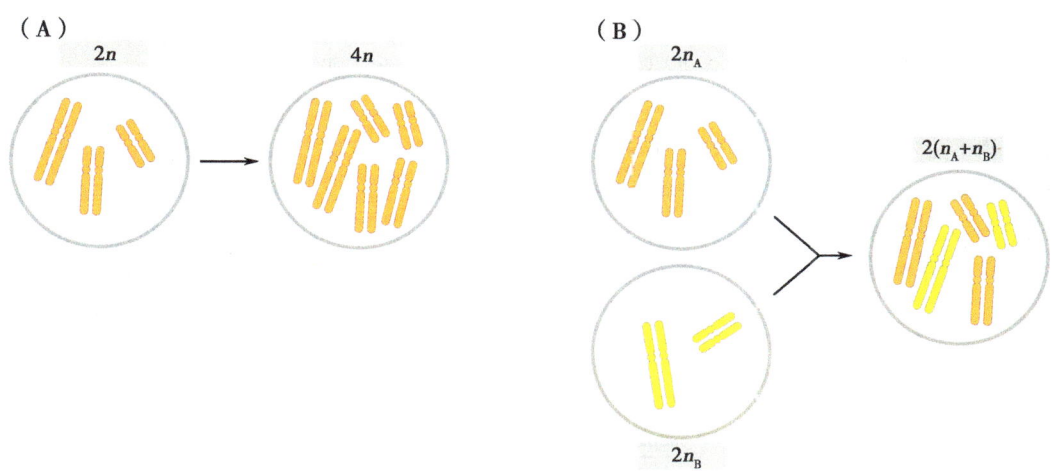

图 2-23　不同起源的多倍化。（A）在同源多倍体中，一个祖先的整套染色体被复制（这样就从二倍体变成了四倍体）。（B）在异源多倍体中，两个不同物种的整套染色本（这两个二倍体中染色体数分别为 $2n_A$ 和 $2n_B$）共同组成一个染色体数为 $2(n_A+n_B)$ 的新二倍体物种。

多倍性是基因变异的一个潜在来源：在异源多倍体中，变异的增加是由于两个不同亲本基因组的贡献，而在同源多倍体中，变异可以由等位基因的新组合而产生。多倍化同样可以导致新物种的形成。与含有相对较少染色体的亲本杂交，加倍的基因组很难进行正常的分离传递给后代，这样就与亲本间产生了生殖隔离。在演化历史中，多倍体的产生可能在被子植物多样化的过程中起了主要的作用。同时，在农作物如小麦和芸薹属蔬菜（十字花科植物）的形成过程中起到了非常重要的作用，详细内容见第 9 章。

多倍化也会导致基因表达方式发生改变。例如，栽培的陆地棉（*Gossypium hirsutum*）是由草棉（*Gossypium herbaceum*）和雷蒙德氏棉（*Gossypium raimondii*）形成的异源四倍体。在四倍体的陆地棉中，很多基因的表达方式和它们在相应的亲本中的表达方式很不一样（如在不同的器官中有不同水平的表达）。当在实验室中人工产生上述的四倍体棉花时，很快就能重现与栽培陆地棉花相同的基因表达模式。

当人工诱导拟南芥形成同源四倍体时，多倍化后同样能看到基因表达的改变。在这种情况下，一些基因的某些拷贝失活往往并不伴随 DNA 序列的改变，而是因这些基因高度甲基化而沉默。一旦沉默，即使它们分离到二倍体后代中，这些等位基因仍会保持沉默。在这个例子中，是通过染色质结构的修饰抑制基因的表达，且这种修饰能够稳定地从上一代遗传给下一代。这种基因表达的表观遗传调控是新形成多倍体的基因组进行结构重组的一部分。

通过重复和分化，基因能够获得新的功能

多倍化引起的染色体数目的改变或者异常的染色体分离并非是单一基因组中相同

基因产生多个拷贝的唯一方式。单个基因能够在减数分裂时由于不完全的交换产生重复。这是导致基因拷贝在染色体上相同位点串联排列现象的主要原因。

无论哪种原因引起的基因重复，基因的一个拷贝可能会由于表观遗传修饰（如上所述）或者突变而失活。即使这两个拷贝都保持活性，它们行使的功能也和单个基因在亲本中的功能一样。因此，当一个基因由于突变失活，那么这对基因中的另一个会弥补上它的缺失，从而不会有表型上的变化。如果两个基因都发生突变而丧失功能，那么就不会有别的蛋白质补偿它们的功能，于是就能观察到突变体的表型。当两个或者更多的基因功能重叠，它们就被称为"功能冗余"。这一现象可用 SHATTER-PROOF 1 和 2 来说明，在拟南芥中它们编码高度相似的含 MADS 结构域的转录因子，控制其果实（角果）的形成。它们中的一个突变缺失不会形成不正常的角果，因为另一个可以补偿。但当两个基因都突变后，就会使得角果的发育不正常（图 2-24）。

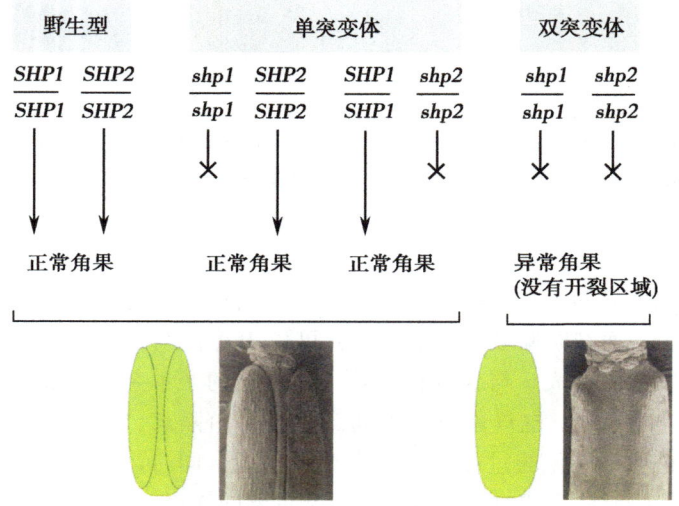

图 2-24　基因冗余。 拟南芥果实中的开裂区域，其发育受到两个基因 SHP 1 和 SHP 2 的控制。这两个基因处在不同位点，但执行相同的功能。在图的上部，显示了野生型、单突变体和双突变体中每个位点的等位基因（大写字母表示野生型的等位基因，小写字母表示突变基因）。箭头表示基因能执行正常的功能，短线表示基因功能缺失。只要一个位点的基因功能正常，就足以促进正常果实的发育。图下面部分的示意图和显微照片分别显示了一个正常的果实和一个缺少了开裂区域的双突变体果实（经 Macmillan Publishers Ltd 同意，采自 Liljegren et al.，Nature，404：766-770，2000，由 Martin Yanofsky 提供）。

功能冗余常发生在新近重复的基因之间。当然，经过一段时间之后，该重复基因的每一个拷贝都会获得不同的功能。这些新功能可能是重复前原始基因功能的一部分（这种情况称之为"亚功能化"），或者与原始基因的功能不同（因而发生"新功能化"）。在这两种情况下，基因功能的改变可能是由其编码的蛋白质的改变引起的，但实际上往往是由调控序列的突变引起的，导致这两个基因在不同的发育时间或者不同的部位表达。下面这个拟南芥的例子就说明了这点：有两个基因 WEREWOLF（WER）和 GLABROUS 1（GL 1）编码 MYB 家族的两个转录因子。WEREWOLF 抑制根毛的发育，而 GLABROUS 1 促进地上部分器官表皮毛的发育（见第 5 章）。虽然这些基因的生物学功能迥异，但其编码的蛋白却可以互换：由 GL1 的调控序列控制 WER 蛋白的表达，可以完全行使 GL1 的功能，反之亦然。由此可见，它们在生物学功能上的差异最根本的原因是它们调控序列发生了分歧（图 2-25）。

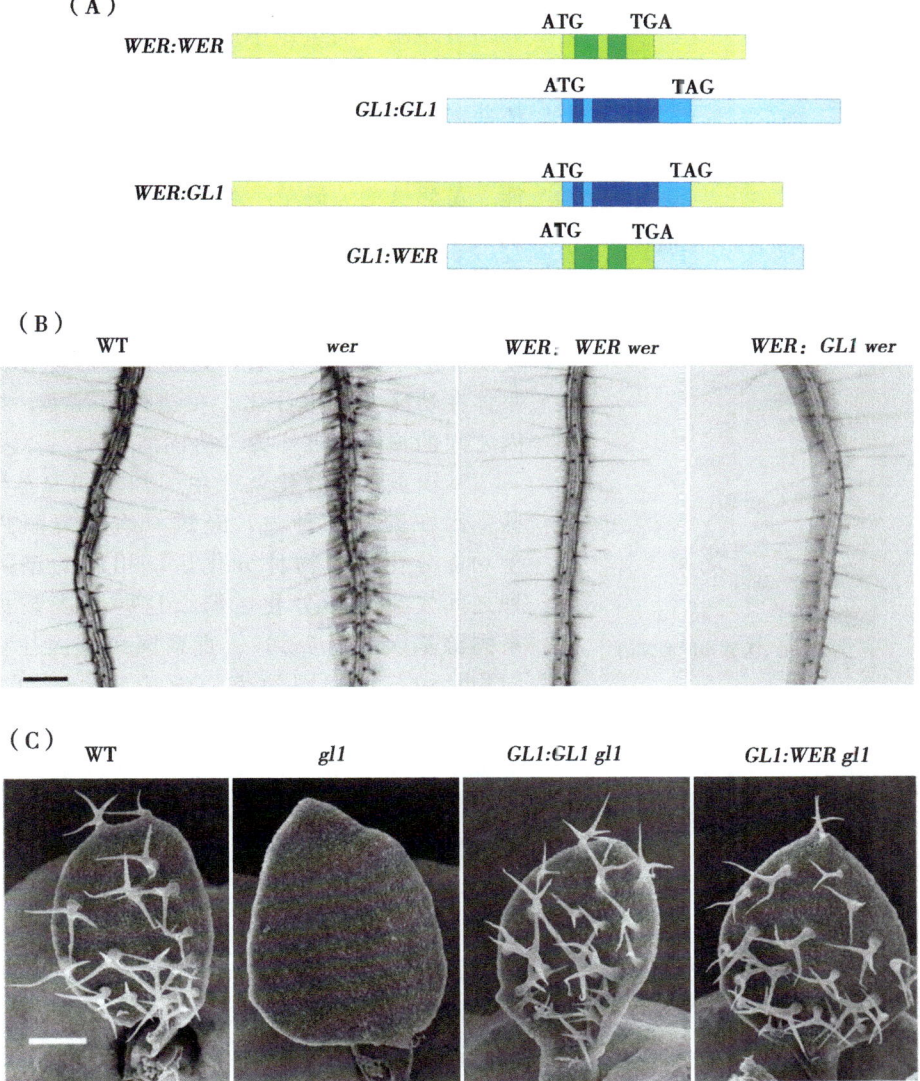

图 2-25　通过改变调控序列造成基因功能的变化。WER 和 GL1 基因在发育过程中行使不同的功能，但它们编码两个可互换的蛋白质。（A）WER、GL1 和互换了蛋白编码序列的人工基因的结构。浅色表示调控序列，深色表示编码序列，中间颜色表示非编码的转录序列（如内含子）。WER：WER 和 GL1：GL1 表示正常的野生型基因；WER：GL1 表示由 WER 调控序列控制的 GL1 编码序列；GL1：WER 表示 GL1 调控序列控制 WER 的编码序列。（B）左边第一幅显微照片为野生型（WT）根的表型，第二幅为 wer 突变体的根，注意突变体中根毛数目的增加。当 WER：WER 被转入 wer 突变体中，WER 的功能得到恢复，根具有与野生型一样的表型（左边第三幅显微照片）。转入 WER：GL1 到 wer 突变体中，能恢复成相似的野生型表型（右边）。（C）左边第一、二张照片显示的是野生型和 gl1 突变体的叶片，第三、四张显示的是 GL1：GL1 和 GL1：WER 在 gl1 突变体中恢复其表皮毛发育的情况。比例尺：0.2 mm（图 A～C 获 Company of Biologists 许可采用）。

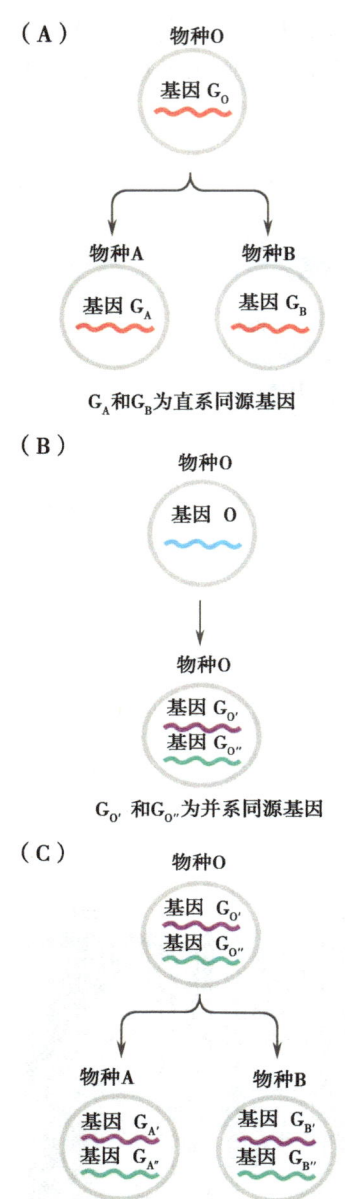

图 2-26 直系同源基因和并系同源基因。(A) 直系同源基因是指那些来源于一个共同的祖先、因产生了新的物种在不同的物种中发生了分化的基因。(B) 并系同源基因是指在一个物种内由于一个基因重复后分化形成的基因。(C) 当一个祖先物种中含有几个并系同源基因时,每个并系同源基因都有可能在以后衍生的物种中拥有直系同源基因。

另一个调控序列发生改变的例子来自玉米中调控色素形成的基因。玉米是一种古老的四倍体植物,在其体内,有两类分属于 bHLH 和 MYB 家族的转录因子调控花青素的合成。这些基因的不同拷贝控制不同组织中的花青素合成:在种子的糊粉层中,MYB 类的基因 $C1$ 和 bHLH 类基因 R 共同起作用;在营养组织中,Pl(一个 MYB 基因)和 B(另一个 bHLH 基因)共同行使功能。虽然这些编码单一类型蛋白质的基因在不同的组织中表达,但是它们仍会固定地和某一类型的因子共同作用来行使功能(如一个 MYB 蛋白和 bHLH 蛋白)。这一现象显示,当一组共同行使功能的基因重复之后,这整组基因能作为一个整体在功能上发生分化。在这种情况下,组内基因之间的关系就被称为"协同演化"。

基因重复和分化就产生了并系同源基因。这些基因在同一物种内,经过一次重复事件后发生功能分化。当物种分化后,相同的基因在物种之间发生功能分化,那么这些基因被称为**直系同源**基因(图 2-26)。直系同源基因往往在不同物种中行使相同的生物学功能。例如,在金鱼草中控制花发育的 *FLORICAULA* 基因,就是拟南芥中 *LEAFY* 基因的一个直系同源基因(见 5.5 节)。突变其中任意一个基因,它们都表现出相似的生长表型,这就说明它们编码的蛋白质在两个物种中各自行使相同的功能。

在单个基因组内,基因的重复和分化导致基因家族的形成。例如,在拟南芥基因组中 1500 多个基因(占整个基因组 5.9%)编码 DNA 结合蛋白,它们分属于大约 29 个基因家族。这些基因家族在大小上相差很大:LEAFY 家族只含有一个成员,而含有两个 MYB 结构域的 MYB 家族在经过一系列的基因重复事件后含有多达 126 个成员。

在亲缘关系很近的植物物种中,基因排列的顺序是保守的

人们发现直系同源基因在不同物种内常常行使相同的功能。这一发现表明,直系同源基因的

鉴定不仅对于研究生物演化非常重要，而且有助于我们应用从模式植物中获得的知识改良农作物。然而，在很多情况下，由于多个并系同源基因的存在，使得人们很难判断究竟是哪个并系基因与另一物种内的某个基因在功能上是一致的。这时，这些基因所处的染色体周边的相关信息会对解决上述问题有所帮助。因为研究表明，具有共同起源的物种所保留的印迹，不仅表现为基因序列具有相似性，而且染色体上相邻基因的排列顺序都具很高的一致性。

在演化历程中，由于染色体重排、缺失和插入等，基因的排列顺序可能会发生改变。但是在亲缘关系相近的物种中，基因排列仍具有一定的相似性。例如，禾本科植物如小麦、大麦、玉米、水稻、高粱、小米和甘蔗含有不同的染色体数目，但是如果将每个物种的染色体分割成大的片段，然后进行重新排列，就会发现一个共有的基因排列顺序。而这一顺序可能就存在于某种原始的、它们的共同祖先草本植物中（图2-27）。这种基因排列的保守性称为同线性。同线性在亲缘关系较远的物种中表现得不明显，因为原始的基因顺序被长时间所积累的基因组重组打乱了。

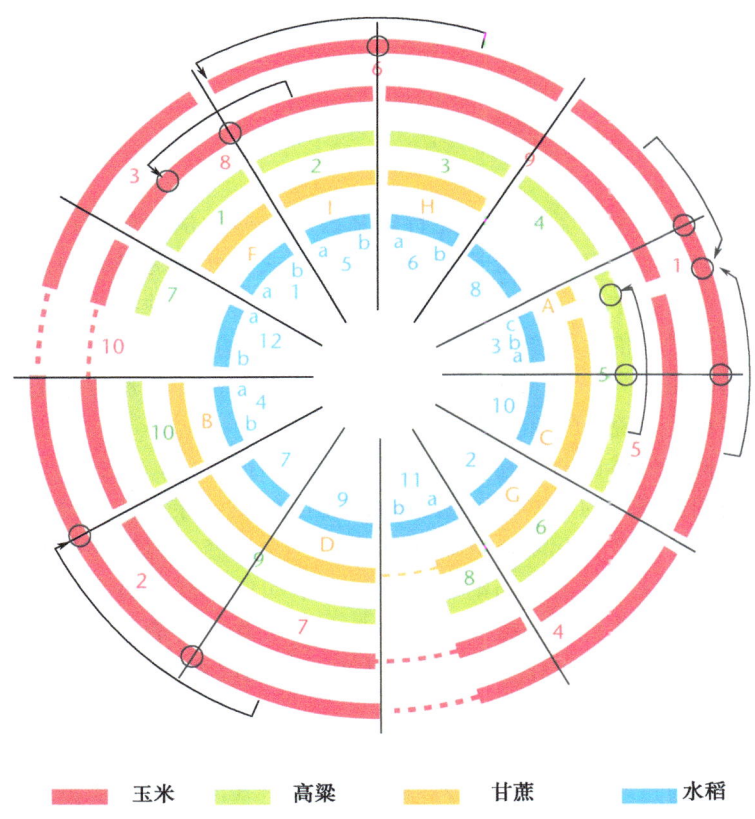

图 2-27　玉米、高粱、甘蔗和水稻基因组的排列比对。一系列的彩色的弧线表示各物种的染色体，每个弧线内侧显示了该染色体的编号。玉米有两套弧线，因为它是一个古老的四倍体植物。辐射的黑线表示排布后这四个物种中的保守片段。当染色体上有从另外的染色体区域插入获得的片段时，用黑色箭头标出插入片段和插入位点（用圆圈表示）。虚线表示重复片段。

同线性有助于人们鉴定那些与农作物中某些有用表型相关的基因。在一些重要的农作物中，一些有趣的突变已经被定位在基于**重组率**的**遗传图谱**上。然而，这些与特定表型相关的基因的分子鉴定，需要将遗传图谱转化为物理图谱（基于 DNA 序列）。而对于很多农作物而言，由于获得的 DNA 序列很少或者基因组序列太大且含有很多的重复序列，其物理图谱很难获得，就像在很多禾本科植物如禾谷类作物中看到的那样。当然，水稻（或者模式谷类植物短柄草 *Brachypodium*）是个例外。在这种情况下，想要分析一个相似的突变体并分离到相关基因，开始最好在一个亲缘关系较近、含有更小更易鉴定的基因组的物种中进行（对于禾本科植物，水稻基因组就是个很好的选择）。然后通过序列的同源性，在感兴趣的作物中分离得到该基因。当采取这种策略时，最重要的是要确定从模式植物中鉴定的基因是所感兴趣的农作物中的基因的直系同源基因，而这可以通过相似的表型和相似的周边基因顺序来共同加以确认。

随着越来越多的植物基因组序列的获得，如水稻、杨树、番茄和模式豆科植物，人们就可以进行更多的基因比较，就可以更加便捷地鉴定具有相似功能的基因。这样的话，从模式植物中获得的有关基因功能的信息将可以转化到农作物甚至野生物种中。下一节将详细介绍基因组测序对生物技术的影响，特别是对鉴定基因的功能并对其进行操控等方面。

2.5 基因组和生物技术

基因组的序列直接影响了人们研究特定基因功能的方法和效率。植物生物学研究的共同目的之一就是了解某一特定途径（发育途径或者代谢途径）中基因的功能，了解它们在植物生命过程中的贡献，弄清楚是什么使得一个物种有别于其他物种。了解一个基因及其产物的功能变异产生的效果，对于植物的育种至关重要（见第 9 章）。一个物种整个的基因组序列为研究这个植物提供了一套高密度的**遗传标记**，以及这使得人们可以通过多种途径克隆目标基因。

如果通过分析突变体的表型初步确认了一个基因的作用，那么，一般接下来的步骤就是分离得到相应基因的 DNA 序列。通过基因的 DNA 序列就能预测它编码蛋白的氨基酸序列，这为研究其生化功能提供了线索。当有整套基因组序列时，数千个基因的序列和预测蛋白的序列都是可知的，问题就在于如何弄清楚每个基因在生物体内都起怎样的作用。这一节我们将介绍植物生物学中研究基因功能的一些常用技术，以及这些技术的原理和应用（也可以参照 9.3 节中有关**转基因植物**培育及应用）。

突变基因可以通过与已知分子标记的共分离结果定位在基因组中

人们往往首先通过基因突变引起表型变化而鉴定基因。在一些植物中，科学家已构建好了它们的遗传图谱，知道它们的基因在染色体上的排列顺序。**图位克隆**就是利用这些图谱将目的基因定位在基因组中：人们可以找到该基因两侧与之紧密相连的遗传分子标记，将研究限制在基因组上一个很小的区域，再对该区域进行测序。这些在遗传图谱上作为参照点的遗传分子标记往往是一些特殊的 DNA 序列。为了确定一个基因和某一特定分子标记间连锁的紧密程度，就必须计算该基因和这个分子标记间在减数分裂时的重组率（有关减数分裂的概况参见 3.2 节）。这个重组率与该基因和该分子标记之间的染色体长度有关：它们之间的距离越短，发生重组的可能性就越低。

为了计算重组率以便在遗传图谱上定位一个突变的基因，需要将突变植株与另一个株系进行杂交，后者称为**定位株系**。来自定位株系中的目的基因是野生型，但是它的基因组序列中分布着一些与突变植株不一样的 DNA 序列。因为这些不同序列所在位置是已知的，所以可以将它们当作遗传图谱上的参照点（如作为遗传标记）（图 2-28）。当突变植株与定位株系进行杂交时，这些遗传标记就会与突变基因混合在一起并在子一代（F_2 代）中分离开来（图 2-29）。由于染色体的重组和随机分离，F_2 代每一个植株含有混合在一起的、来自两个亲本的遗传标记。但就像上文提到的，染色体上的两段 DNA 序列越近，它们之间重组的可能性就越低。这也就是说，突变基因附近染色体区域仍保留着突变植株相应区域的 DNA 序列。换句话说，如果某个特定的遗传标记在 F_2 代中仍与突变连锁在一起，那就意味着突变基因定位在该标记周边的染色体区域中。科学家在众多的标记中寻找这种连锁现象，最终能将突变基因定位在基因组上一段很小的区域，然后通过测序确定哪个基因发生了突变。

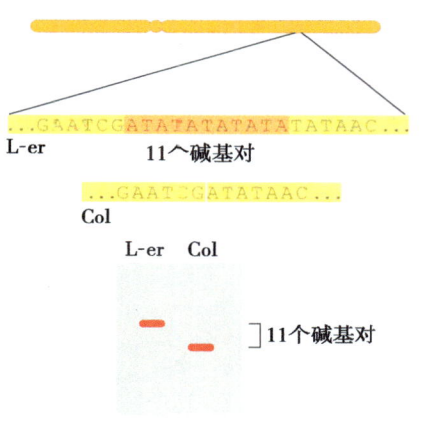

图 2-28 一个用于基因定位的分子标记。两种不同的拟南芥生态型：Landsberg-erecta（L-er）和 Columbia（Col），在它们基因组序列中含有很多细微的差异。图中显示的是假设 L-er 的一段序列中多出 11 个碱基对。当基因组中一段与这一小区域相关的 DNA 片段通过聚合酶链反应（PCR，一种在体外获得所选 DNA 序列多个拷贝的方法）扩增时，源自 L-er 的片段比从 Col 中扩增的相应片段要大 11bp。这个大小上的差异可以通过凝胶电泳加以检测（见图下部分），凝胶电泳是一种根据分子大小分离 DNA 片段的方法。通过这种方法，可以确定基因组中一段特殊的 DNA 片段是来源于 L-er 还是 Col 中（这类分子标记在基因图位克隆中的应用参见图 2-29）。

基因组测序从两个方面促进了图位克隆技术的发展。第一，它使人们发现新的遗传标记，当不同株系的 DNA 片段都被测序后，这些株系中不同的 DNA 序列以及它们在染色体上的位置就一目了然；第二，为人们提供了一个参照的野生型序列，使得人们更便捷地确定突变序列。最终确定突变的步骤是对遗传定位区域中的所有序列加以测定。

由 DNA 插入引起突变的基因可以通过检测插入序列来定位

转座子标签是另一种常用的克隆基因的方法，该方法是先从有表型的突变体入手。这种方法是利用转座子能够任意插入基因组中某一位置的特点，当它插入一个基因内部时就能引起突变。通过刺激转座子使之转移（在某些情况下，改变植物生长的环境就可以),可以随机诱导产生新的突变。当一个突变是由 DNA 序列已知的转座子插入某个基因引起的,那么这个突变基因就被这段序列所标记上了。分离得到含有该转座子的一段基因组 DNA 序列也会含有被插入的那个基因的部分序列(图 2-30)。转座子两侧的这些序列可以用于分离完整的基因,即若基因组的序列已知,那么在数据库中就能将该基因鉴定出来。

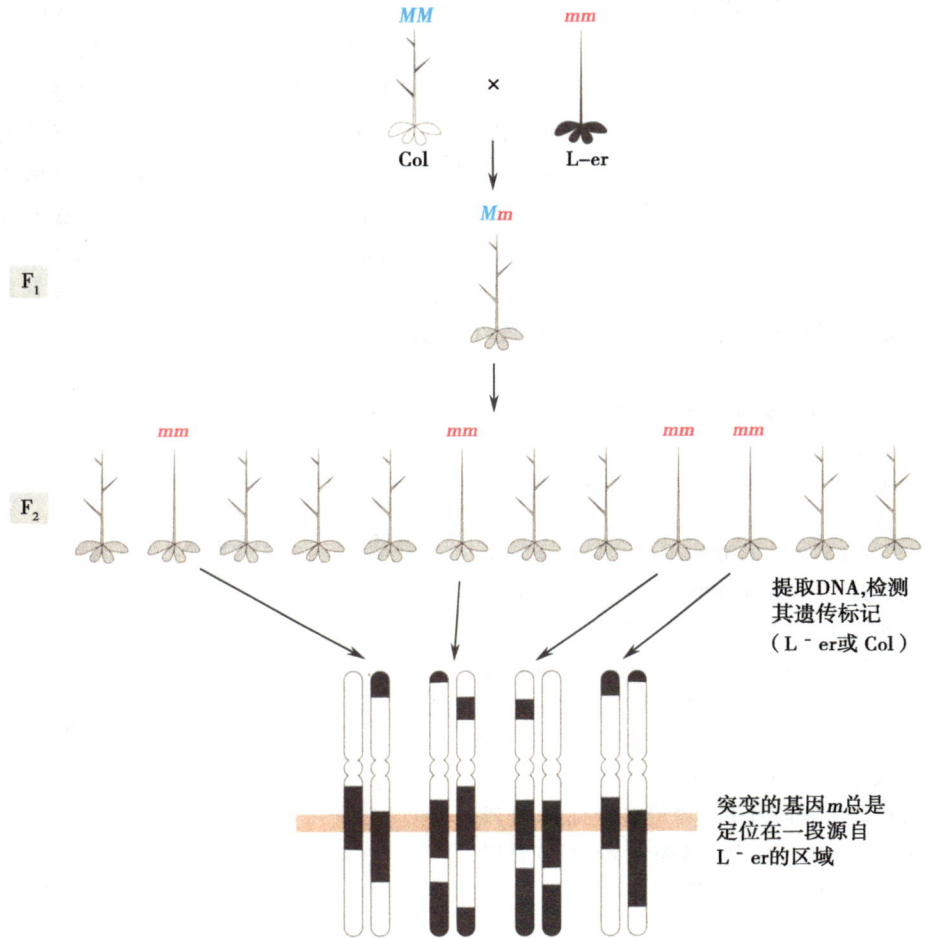

图 2-29 基于与已知分子标记共分离的基因图位克隆原理。 基于隐性突变基因 m 导致的表型(图中的例子显示的是没有分枝),基因 M 所在的区域可通过遗传学方法加以确定。而位点 M 在基因组中的定位可以通过检测其突变的等位基因 m 与已知分子标记的连锁情况加以确定(图 2-28)。为了检测共分离情况,将含有 mm 突变的植物(L-er,黑色)与另一个不同生态型的野生型植株(Col,白色)杂交。如图 2-28 所示,这两个不同的生态型在基因组序列上存在很多易于检测的差异。杂交得到的后代就含有混合 Col/L-er 的基因组(这样的植物用灰色显示)。F_1 代植株自交之后,F_2 代中含有突变基因 m 的纯合体可以通过其无分枝的表型加以鉴定。这些个体中,一些已知的遗传标记用于检测基因组中是否有很多的不同区域的 DNA 总是源自 L-er 或者 Col 的。因为等位基因 m 是在生态型 L-er 中发生的,所以与之相邻的 DNA 序列更倾向于是来自 L-er 的。这样的话,如果在纯合的 mm 植物中总伴随有某特定的 L-er 标记,那么 M 位点就可能在这个标记周围。

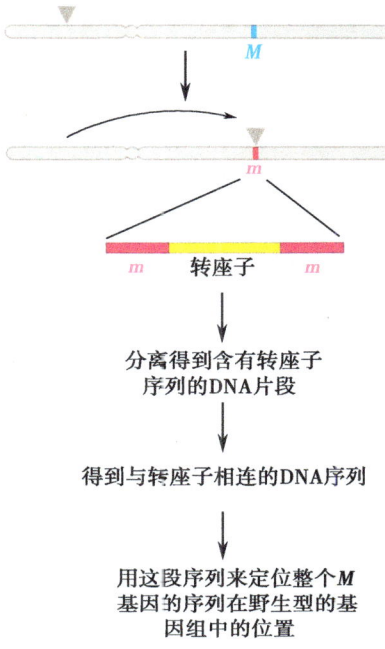

图 2-30 定位一个被转座子插入的基因的流程。当一个转座子（三角形表示）转移到一个新的位置，它可能会破坏一个基因，表现为野生型 M 变成突变的等位基因 m。这个新的等位基因 m 可能会引起一个可观察到的表型变化，但是这个基因及其位置最初是未知的。因为转座子的 DNA 序列是已知的，基于聚合酶链反应的方法可以扩增得到含有转座子序列的 DNA 片段。这段序列中就包含有相关的 m 基因的部分序列。通过将新获得的 m 序列与已知的基因组序列进行比对，就能找到 M 位点的基因及其位置。

基因可在 DNA 水平直接通过筛选突变体获得，而不依赖于表型

反向遗传学是通过基因序列来确定基因功能的一种方法。这项技术常用于确定那些通过基因组测序得到的新基因（没有已知功能的同源基因）的功能。

很多资源是人们可以利用的——特别是对于拟南芥研究者而言，人们几乎可以获得基因组中所有基因的突变体。通过一段已知序列的 DNA 插入来诱导突变，如转座子或者能通过农杆菌（*Agrobacterium tumefaciens*）转入植物细胞的 T-DNA（见 8.1 节和 9.3 节），可以相对简单地获得一个含有已知的突变基因的植物群体。在这种情况下，已知序列的 DNA 能作为一个可分离的并存在于目的基因组 DNA 周边的标签，这能帮助人们鉴定插入位点所在的基因（参见转座子标签部分的内容）。通过这种方法，建立了含有单个插入的植物群体的种子库，也就是说具有一个由于插入突变缺失了基因功能的数据库。通过数据库的检索，研究者可以查找自己感兴趣的基因的插入缺失情况，通过相应的突变体库购买突变体，并对之加以鉴定。将突变体植株和同一生态型拟南芥野生型植株在同样的条件下栽培，可以比较两个植株的表型。任何能观察到的差异都可以认为是该基因的功能突变后造成的。

反向遗传学的另一种方法是**定向诱导基因组局部突变**（TILLING），该技术能用于鉴定由化学诱变剂如甲基磺酸乙酯（EMS）等引起的单核苷酸突变。由于缺少可检测的序列标签，应用这类的诱变剂后，突变基因的鉴定工作会变得较麻烦。然而，EMS 作为一种诱变频率很高的诱变剂，现仍被广泛使用；EMS 的另外一个优点就是可以诱导产生更加细微的突变表型，如由氨基酸替代产生的表型。这对研究蛋白质的功能具有重要的意义，通常可以作为**等位基因敲除**造成的突变体的补充。为了鉴定植株中有单核苷酸突变的目标基因，要从大量经 EMS 处理的独立株系中通过**聚合酶链反应**（PCR）获得大量该基因片段。然后将扩增得到的基因片段与野生型序列进行杂交。如

果有突变产生,就会形成一段非配对的 DNA 区域(**异源双链**),而这个区域一般是由单个碱基错配引起的。这样的 DNA 可以通过**高效液相色谱**(HPLC)或者能特异在单碱基错配位置切割 DNA 的酶与正常配对的 DNA 区分开来。当含有异源双链的特定株系被确定之后,就可以通过测序该突变基因找到突变的核苷酸。再通过与野生型的对比,研究该基因的功能。

现在的技术可以将多个异源双链 DNA 片段放在一个样品中同时进行序列分析。通过这些技术,研究者可以在一组诱变的植物中将含有一个突变等位基因的单个植株鉴定出来。TILLING 技术不仅只适用于模式植物,只要所研究的基因的序列是已知的即可。

RNA 干涉也是敲除基因功能的一种方法

另一种研究特定基因功能缺失所产生后果的方法是通过 RNAi 使该基因失活(见 2.3 节)。具体的做法是,将目标基因中的一段 DNA 转入植物中进行表达,形成一个具有发夹结构的转录物。常用的方法是构建一个人工基因,它含有目的基因中一个小片段(约 500bp)的两个拷贝,使这两个拷贝头对头排列。当这个人工基因在宿主植株中表达时,含有头对头重复片段的转录物就会折叠成双链 RNA,从而形成发夹结构。通过 siRNA 途径将 dsRNA 加工成小的 RNA 片段(siRNA)来与目的基因的 mRNA 互补。如在 2.3 节描述的那样,这些 siRNA 能够结合并且引导目的 mRNA 发生切割和降解,因此有效地阻止目的基因的表达。一旦基因被沉默,就可以观察其表型并推测该基因的功能。

多基因遗传可通过绘制数量性状基因座(QTL)图谱进行分析

上面所说的这些方法对于分析与特定基因功能变化明确相关的不连续性状来说,是非常有用的。然而,很多情况下,一些对人类而言很重要的表型如种子质量和开花时间,在一个群体中表现为连续的变化,很难将其清楚地分为几种类型。这些常见的连续变异的表型是由多个基因控制的,每个基因只起相对较小的作用。由于没有清楚的表型分类,所以无法用经典的孟德尔遗传方法对其加以分析,不可能找出有多少个基因参与调控或每个基因在表型中起了多大的作用。在这种情况下,一种特殊的方法被用于定位对于同一性状作出贡献的各个位点。对特定表型做出贡献的各个遗传位点统称为**数量性状基因座**(QTL),这种定位方法称为 **QTL 分析**。

QTL 分析技术的基本原理是:虽然不能通过单个植物的表型来确定影响一个特定性状的特定等位基因,但是可以利用与这些基因紧密连锁的遗传标记进行推断,这样很容易检测到这些基因并对其进行"打分"。通常情况下,这些标记就是 DNA 序列的多态性,即一个种群的不同个体中同一染色体位置上具有不一样的 DNA 序列。通过检测覆盖基因组大部分区域的众多遗传标记,研究者可以找到一些标记总会伴随着群体中人们所研究的数量性状出现(如某个标记总出现在高的个体中)。这不能说明每个标记就直接与一个控制该表型变异的基因相连锁,但是这些标记总伴随着这个数量性状出现，至少说明染色体上这些标记所在位置的周边区域是控制这一数量性状的位点。通过统计学的方法，可以计算这一标记和表型相关性的可能性，从而排除偶然性的可能。同时，也可以计算一个 QTL 与这个标记之间的紧密程度。通过这些方法可以知道，到底有多少位点可能参与对一个数量性状的控制、它们在染色体上的大概位置以及它们对最终表型的相对贡献大小各是多少。

QTL 是自然界分布的种群中变异的主要分子基础，这与实验室中筛选出来旨在了解单个基因功能的突变等位基因的简单遗传不同。但是，这并不意味着实验室中研究的单个位点就与自然变异无关，拟南芥中一个自然突变体的研究就证明了这一点。自然界中存在一些不同于 Columbia 生态型的自然株系（通常具有不同的采集编号称），它们有一系列与 Columbia 不同的性状，Columbia 是第一个被全基因组测序的生态型。这些不同生态型中不同的表型，如开花时间，常常是由 QTL 控制的。来自赤道附近岛屿上的 Cape Verde 生态型，其开花就是在短日照条件下进行的，因为热带的白天和黑夜的长度几乎相同。而北半球的拟南芥生态型就必须在长日照条件下才能诱导开花。通过将 Cape Verde 生态型和一种北半球的生态型进行杂交，QTL 分析发现了基因组中与控制开花时间相关的区域。这其中的一个区域包含有 *CRY 2* 基因，这是一个编码蓝光光受体的基因，已知其具有在长日照条件下促进开花的功能（具体的内容参见 6.2 节）。通过对不同生态型的这一基因进行测序分析，发现 Cape Verde 生态型中 *CRY 2* 发生了一个碱基的突变，使得该蛋白质在短日照条件下也能行使功能。这样人们就找到了一个自然产生的引起开花时间变化的突变基因，这是一种很微小的变化；而这个基因若突变程度很大的话，造成的表型的变化将是很大的。

类似的分析可以应用于研究任何植物中有关某一特定性状的自然变异，而且在农作物驯化过程的研究中已经取到了很好的效果。

基因组测序促进了新技术的发展，使得人们可以同时观测多个基因的活性

由于可以获得整个基因组的序列，人们可以开发同时观测一个生物体中所有基因表达的技术。这类技术可用来了解在发育过程中或对外界刺激作出反应时基因是如何协调表达的。

全基因组水平的表达情况可以通过表达阵列来加以观测。阵列由大量的 **DNA 探针**（寡聚核苷酸或者更长的 DNA 片段）附着在固体介质（较常见是玻璃片）上构成。探针被分布在高密度的微点矩阵中，上千个基因可以在比普通的显微镜载玻片还小的区域内加以检测。为了观测基因表达，必须从一类细胞、器官或者整株植物中提取 RNA 样品。全部的 mRNA 要在试管中转化成 DNA 拷贝（cDNA），同时被标记上含有荧光标签的核苷酸。标记后的 DNA 用于与阵列进行杂交，然后通过激光扫描测量得到每个探针捕获的荧光标签的数目。每个标签的数目反映出每个 mRNA 的 DNA 拷贝数，从而能估计基因的表达水平（图 2-31）。

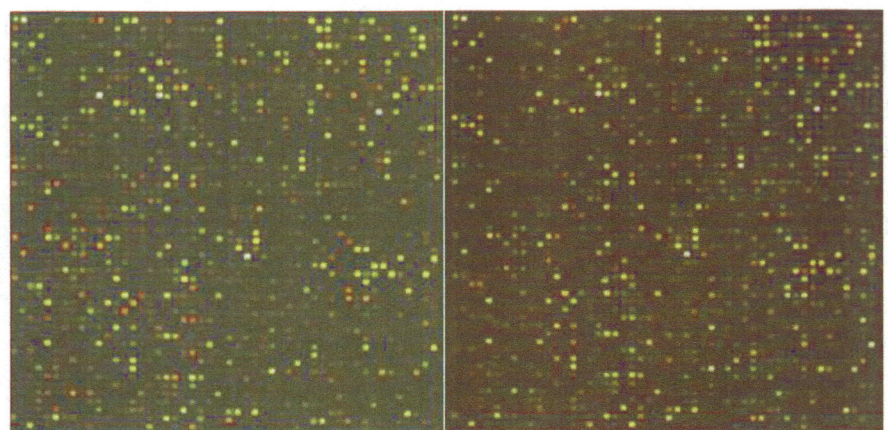

图 2-31 利用 cDNA 微阵列同时检测很多基因的表达水平。图片显示了一张拟南芥 cDNA 微阵列的一部分。每个点中含有一个被固定在玻璃板上的特定基因的 DNA 探针。当微阵列与荧光标记的 cDNA 杂交时，这些点就变成可见的。从含有要研究的基因的细胞中提取 RNA，可制备得到 cDNA。每个点的亮度可以反映每个 cDNA 在混合体系中的含量。这些点有不同的颜色是因为这个阵列同时与两个不同的 cDNA 样本进行了杂交：一个是从白光下生长的幼苗中提出的 RNA 制备而来（cDNA 标记为绿色荧光），一个是由黑暗下生长的幼苗中 RNA 制得（cDNA 标记为红色荧光）。这样绿色的点表示受光激活基因的表达，红色的点表示在黑暗中表达的基因。在两种情况下都表达的基因呈现为黄色（两种荧光混合后呈黄色）。

通过这类实验人们能得到的信息很多，一个例子就是用于分析拟南芥在一天 24h 周期中基因的表达情况。从细菌到人类，生物体内的新陈代谢、基因表达和生理反应都随着一天昼夜的交替而有节奏地变化。这个周期变化不仅仅是直接感知外界昼夜的周期的结果，而且同时反映出体内生物节律的变化，即**生物钟**。它能连续地控制昼夜节律，即使是在无法通过外界信息感知是白天还是黑夜的情况下（见 6.4 节）。表达阵列被用于检测拟南芥中这些与生物节律相关的基因。研究发现，拟南芥中约有 6% 的基因表达受到生物节律的控制，这些基因的功能能够反映出在昼夜周期中拟南芥代谢和发育的变化。例如，编码与光合作用相关蛋白的基因的表达在中午达到顶峰，编码合成保护植物免受紫外线（UV）伤害的物质相关的基因在日出前开始表达。编码糖合成相关的酶的基因在白天程序性的表达；而利用淀粉储备的酶则在夜间优先合成。除了显示上百个与昼夜节律相关的基因的协同表达情况外，这些实验还有助于人们了解这种协同是如何实现的。例如，检测那些在傍晚时分表达达到峰值的基因，发现它们的调控序列中有一段共有的序列元件（这一反式元件被称为"傍晚元件"）。这一元件协调了将周期变化的信号转变成转录调控变化的过程。

与在 mRNA 水平上同时观测多个基因的情况类似，现在可以通过技术手段检测生物样本中大量蛋白质的变化（**蛋白质组学**方法），或者同时检测多种代谢物的情况（**代谢组学**）。所有的这些技术，都从原来的研究单个基因、蛋白质或者代谢途径的方向转移到了同时研究大量的基因、大量的蛋白质和一个细胞中所有的生化途径的功能上来。研究它们相互之间的调控网络是所有生物学研究，包括植物生物学在内面临的主要挑战。

2.6 细胞质基因组

在植物细胞中,细胞核含有细胞内所有 DNA 的 80%~90%,剩下的部分主要存在于两种细胞器中:**线粒体**和**质体**。与高等植物大的、线性的核染色体不同,这些细胞器的基因组通常很小,且是环状的。

质体和线粒体分裂与细胞分裂并不同步,这两种细胞器都可以在不分裂的细胞中进行增殖。因此,在不同类型的细胞和不同代谢状态下的细胞中,线粒体和质体的数目变化很大。同样,由于所在细胞的类型不同,质体又能发育成具有不同功能的多种类型:**前质体**、**造粉体**、**有色体**、**白色体**、**黄化质体**以及**叶绿体**。但是,所有的这些质体都含有同样的基因组——**质体基因组**。

质体和线粒体拥有它们独特的基因表达机制(图 2-32)——它们的基因是在细胞器中转录和翻译的。这就是说在一个植物细胞中,有三个部位可以合成蛋白质:细胞质、线粒体和质体。每个合成部位都有自己一套核糖体。质体 70S 的核糖体和植物线粒体 78S 的核糖体均与细胞质中 80S 的核糖体不同。细胞器核糖体更像真细菌的核糖体,这也反映了它们的演化起源。

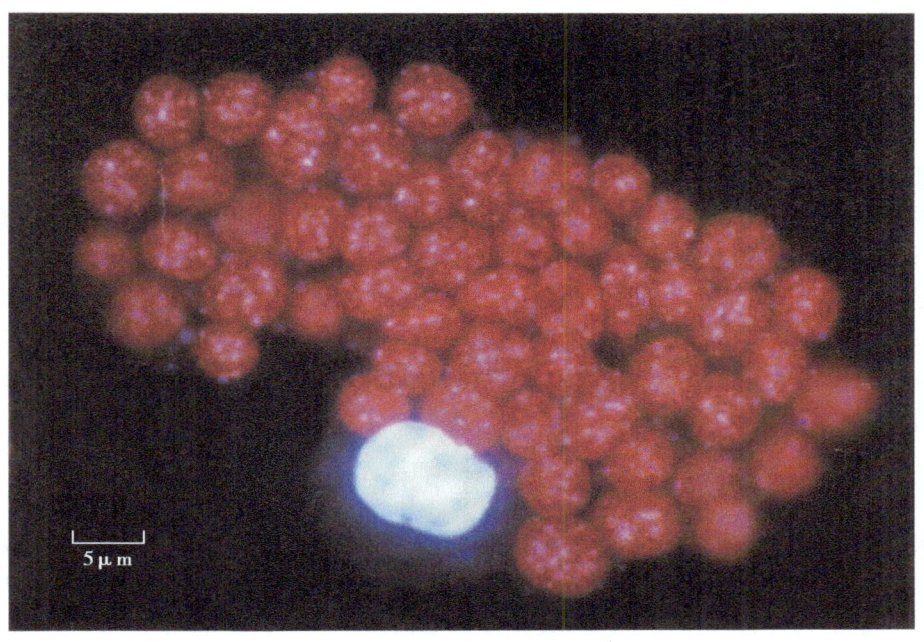

图 2-32 叶绿体中的 DNA。这张显微照片显示的是一组从豌豆叶片中提取出来的叶绿体。叶绿体表现为红色是因为叶绿素的自发荧光是红色的。叶绿体中的蓝色小点为 DNA,它们被一种蓝色的荧光染料所染色(经 Macmillan Publishers Ltd 同意,引自 Sato et al., EMBO J. 12: 555-561, 1993, 由 Naoki Sato 提供)。

质体和线粒体由被吞入其他细胞中的细菌演化而来

如 1.2 节讨论的那样,现存的质体和线粒体的基因组反映出了它们的演化历史。

这两种细胞器均可能来源于细菌，与原始的真核细胞内共生形成。与细菌的 DNA 类似，这两种细胞器中的 DNA 也大多是环状分子，且缺少核染色体中的组蛋白。

线粒体很可能起源于古老的 α 变形菌。与线粒体亲缘关系最近的现存 α 变形菌群是立克次氏体（*Rickettsia*），它们可能与线粒体具有一个共同的祖先。立克次氏体属于胞内寄生菌，如普氏立克次氏体（*Rickettsia prowazekii*）是斑疹伤寒的病原体。

比较细胞器基因组和细菌基因组发现，质体可能起源于古老的蓝细菌。这是一类在演化上起源很早的光合细菌。一些蓝细菌，如 *Synechocystis* sp. PCC6803，可以营自由的自养生活，而其他的可以与很多其他真核生物共生，包括星芒属海绵、地钱、水生蕨类满江红和被子植物 *Gunnera*。似乎现存藻类、陆生植物和一些原生生物内的所有质体均起源于一次古老的内共生事件。从这一原始的质体演化出两类主要的类型：存在红藻中的质体类型和存在于绿藻及陆生植物中的质体类型。这两种质体的主要区别在于光合色素及其相关基因的不同。随后又在非光合真核细胞中发生了第二次内共生事件，即吞入了单细胞藻类（红藻或者绿藻），产生了存在于腰鞭毛虫、眼虫和其他一些非光合的动物寄生虫如 *Plasmodium* 等物种中的质体。在本书中，我们主要讨论陆生植物中的质体。

细胞器基因不遵循孟德尔遗传定律

与核基因相比，质体和线粒体基因在从一代传递给下一代时并不遵循孟德尔遗传模式。在很多被子植物中，包括烟草（图 2-33）和玉米，质体和线粒体只通过卵细胞遗传，而不能从精子（花粉）传递。这意味着细胞器基因组不仅专一地从母系传递，而且任何一套特定的质体基因组都会与一套特定的线粒体基因组一起遗传。

较少的情况下，质体可以从两个亲本中获得（双亲遗传）。在质体进行双亲遗传的物种（如苜蓿和天竺葵）中，合子中来自父本和母本的质体基因组比例变化范围很大，细胞通过核基因调控它们之间的平衡。在一些裸子植物中，质体主要是通过精细胞进行传递。这种父系遗传模型在松柏类植物，如松树中很典型。质体和线粒体也可以分别按不同的模式进行遗传。例如，在苜蓿中，线粒体表现为母系遗传，而质体则为双亲遗传。

质体和线粒体的基因组在演化过程中不断被简化

演化成线粒体和质体的内共生细菌最初应该含有与立克次氏体和蓝细菌 *Synechocystis* 相当大小的基因组。然而在演化的历程中，一些不必要的 DNA 分别从这两个细胞器基因组中丢失，从而使质体和线粒体的基因组均比 *Synechocystis* sp. PCC6803 和 *R. prowazekii* 的基因组小得多。例如，*Synechocystis* 含有约 3000 个基因，而大多数陆生植物的质体只含有 100～200 个基因。

细胞器基因组中的一些基因删除是因为偶然发生的 DNA 复制错误或者异常的 DNA 重组事件导致多余基因（与其他细胞器基因或者核基因的功能重叠）的丢失造成的。而细胞器中的另外一些基因，则被转移到了核基因组中（见 2.4 节和下文的讨论）。在长期演化过程中，这些被转移的细菌基因具有真核细胞的转录和翻译序列特征，以便能有效地在核内进行转录，在细胞溶胶的核糖体中进行翻译。

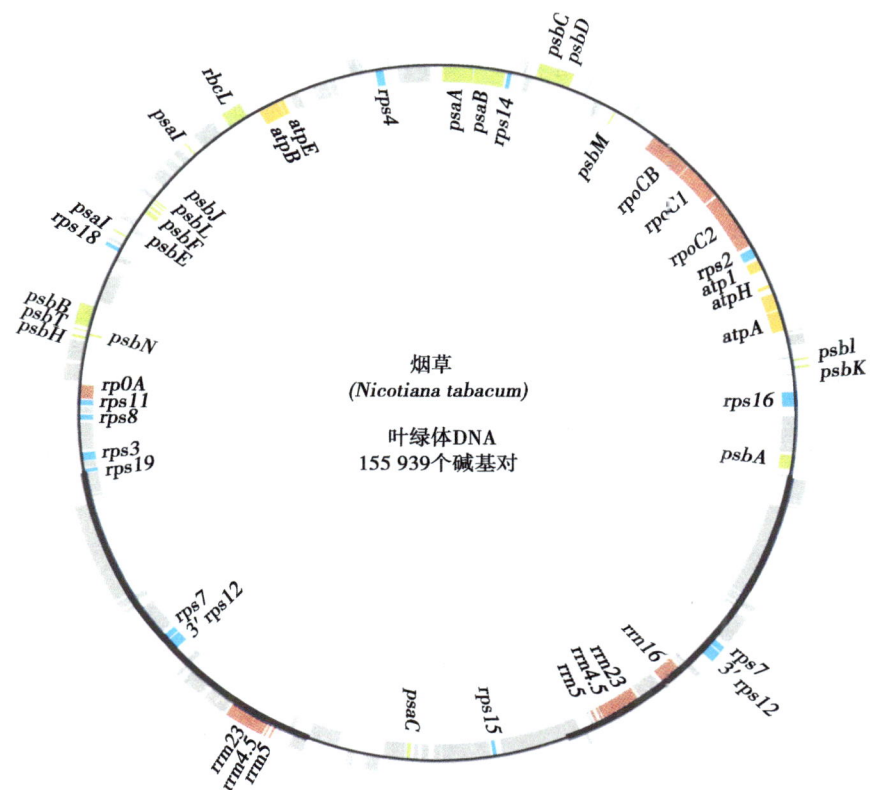

图 2-33 烟草质体 DNA 的基因组成。图中显示的是烟草质体基因组的一个示意图。黑色的圆环表示 DNA，在圆环的两侧用方框和线条表示基因。参与相似生理过程的基因用同一种颜色表示：绿色表示与光合作用相关的基因；橙色表示编码 H^+-ATP 酶（见第 4 章）各亚基的基因；棕色表示编码核糖体蛋白质的基因；蓝色表示与转录相关的基因。参与其他生理过程的基因均用灰色表示。

这种基因组减小的趋势在现有植物的线粒体基因组中有所减弱，但在质体基因组中还在继续。例如，被子植物 *Epifagus virginiana* 寄生在山毛榉根上，它不能进行光合作用，其地上部分除了花之外都是白色的。通常存在于绿色植物质体中编码与光合作用直接相关蛋白的基因已经从 *Epifagus virginiana* 质体的小基因组中丢失。

细胞器中的大多数多肽由核基因组编码并定位于细胞器

如上所述，细胞器基因组的编码能力很有限。定位在细胞器中的大多数（＞95％）多肽是由核基因组编码的。这些基因在核内转录，然后其 RNA 转录物被运出至细胞质，并在那里被翻译成多肽。

编码作用于线粒体和质体的蛋白质的很多基因最初都是起源于形成这些细胞器的内共生细菌的基因组。在叶绿体中发现的 2000～3000 种由核基因编码的多肽中，其基因至少有 40% 是起源于质体的原始祖先——蓝细菌样的内共生体。当然，一些由核基因编码的细胞器蛋白很明显就是起源自原始的真核细胞宿主。从内共生体向细胞器转化，意味着一个曾经自主生活的细菌完全被同化到宿主细胞的新陈代谢活动中来。在这个同化过程中，很多并非源自原始内共生体的宿主核基因编码的蛋白质转变为定位于细胞器的蛋白质。

与核基因编码的蛋白质转移到细胞器中相反，如前所述，一些基因会从细胞器转移到核基因组中。某些情况下，似乎是那些最初源自一个内共生体的基因被转移到核内，然后它们编码的蛋白质产物同时作用于两种类型的细胞器：线粒体和质体。由核基因编码、定位在细胞器中的多肽在其 N 端含有特定的氨基酸序列，引导它们定位细胞器。引导肽〔常称为转移肽（transit peptide）〕作为位置标签引导蛋白质进行正确的亚细胞定位。有关这部分，更多的内容将在 3.3 节讨论。

质体 DNA 的复制和重组并不与细胞分裂紧密偶联

与质体 DNA 复制和重组相关的酶是由核基因编码的。在质体 DNA 复制过程中，每一个**复制起点**处会出现一个**替代环**（D-loop）。在一个替代环中，DNA 双链中只有一条链发生复制，**复制叉**的延伸产生一条与母链互补的 DNA 单链。两个复制起点（oriA 和 oriB）已经定位在烟草质体基因组的一段反向重复区域中。从复制起点 oriA 和 oriB 起始的复制叉会合成两个会聚的 D-loop，当这两个替代环相遇时就合成了质体 DNA 的两条链（图 2-34）。

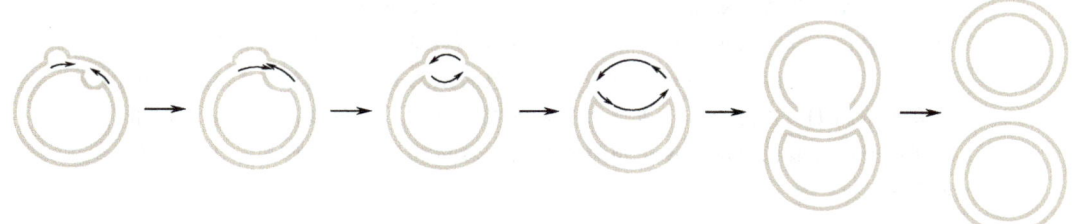

图 2-34 烟草质体 DNA 的复制。复制从两个起始点开始，最初这两个起始点的复制是单向的。当这两个复制环（D-loop）相遇，它们就会形成一个单一的环，在每个复制叉处进行双向的 DNA 复制。这两个复制叉一直沿着环状的 DNA 进行复制，直到它们在另一端相遇，那样两个环状的 DNA 分子就会分离（获 Company of Biologists 许可采用）。

在细胞核内，DNA 的复制在细胞分裂之前完成，复制后的 DNA 均匀地分配到两个子细胞中。相反，质体 DNA 的复制并不紧密地与细胞器的分裂相偶联。当质体分裂时，它们将获得数量不等的基因组拷贝，包括一些部分复制的 DNA。因为 DNA 的复制和质体的分裂并不偶联，所以在发育过程中质体内基因组的拷贝数变化很大。例如，拟南芥茎尖分生组织细胞中，每个质体含有大约 40 个基因组拷贝；这一数目在叶原基中增大到 600，而在成熟叶片中又会减少。在叶片发育早期阶段，质体基因组拷贝数的增加可能是为了使得叶绿体满足光合作用增加的需求。

质体和真细菌中基因表达具有相同的特征

质体基因的转录和翻译发生在同一亚细胞区域（这与核基因不同）。这使得转录、RNA 加工和翻译能偶联在一起，就像在大肠杆菌（*Escherichia coli*）等细菌中一样：细菌核糖体能够在转录完成之前结合上 mRNA 开始蛋白质的合成。这与核基因的转录很不一样，核基因的 mRNA 是在细胞质中的核糖体上翻译的，与转录的地点是隔开的。细菌的很多基因排列成操纵子，即一个启动子能转录一系列相邻的基因。操纵子可以使多个基因协同表达（产生多顺反子信息），它们的产物可能是在同一代谢途径中所必需的。在质体和线粒体基因组中很多基因也以操纵子形式排列。例如，质体中相邻的 *rps2*、*atpI*、*atpH*、*atpF* 和 *atpA* 等基因就被作为一个多顺反子信息一同转录。当然，另外一些基因如编码核酮糖-1,5-二磷酸羧化/加氧酶（Rubisco）大亚基的基因，就主要以单基因转录的，或称为单顺反子。

质体基因的表达在多个水平上受到调控，包括转录、mRNA 降解、翻译和蛋白质更新。这些将在接下来的内容中进行讨论。

质体中含有两种不同的 RNA 聚合酶

在质体中至少存在有两类 RNA 聚合酶。**质体编码的质体 RNA 聚合酶**（PEP RNA polymerase）是一种与大肠杆菌内 RNA 聚合酶类似的多亚基 RNA 聚合酶，在其核心聚合酶中含有 5 种多肽（图 2-35）。其中 4 种亚基：α 亚基、β 亚基、β′ 亚基和 β″ 亚基由质体基因 *rpoA*、*rpoB*、*rpoC* 和 *rpoC2* 编码，第 5 个亚基 δ 亚基则是由核基因组编码。δ 亚基与核心 RNA 聚合酶结合形成一个复合体，能特异地识别并结合启动子序列。这种启动子识别的特异性是由 δ 因子决定的。质体编码的质体 RNA 聚合酶在叶片的叶绿体中活性很高，转录那些编码与光合作用直接相关蛋白的基因。在这些基因上游具有与大肠杆菌中相类似的启动子。与光合作用相关的基因包括有 *rbcL* 和 *psbA*，后者编码光系统Ⅱ中的蛋白质 D1（见 4.2 节和 7.1 节）。

陆生植物中含有核基因编码的**质体 RNA 聚合酶**（NEP RNA polymerase）的证据首先来自对缺少正常功能的核糖体的谷类质体的研究。在大麦 *albostrians* 和玉米 *iojap* 突变体中分别发现了核基因的隐性突变体导致质体中核糖体的缺失。因为核糖体对于基因在质体中的表达是必需的，包括合成核糖体蛋白，所以质体核糖体的缺失是不可逆的。核糖体有缺陷的质体是白色的，因为它们不能积累叶绿素Ⅱ，这样的质体会使得植株表现出白色条纹。核糖体有缺陷的质体不能翻译相关信息，不能表达编码 PEP RNA 聚合酶中的 *ropA*、*B*、*C* 和 *C1* 等基因。在这样的突变体中，由于 NEP RNA 聚合酶的缺失，人们发现了第二种能转录信号的聚合酶——PEP RNA 聚合酶。类似地，在烟草中应用定向插入突变质体的 *rpo* 基因，敲除 PEP RNA 聚合酶的合成，同样能表现出 NEP RNA 聚合酶的活性。

NEP RNA 聚合酶只有一条肽链，其结构与噬菌体 T7 RNA 聚合酶相似。它能识别质体启动子上的特异基序。在拟南芥中，一种 NEP RNA 聚合酶作用于质体，另一种作用于线粒体，第三种则作用于这两类细胞器。NEP 和 PEP RNA 聚合酶似乎在调控质体基因的表达过程中行使不同的功能。光合作用相关基因如 *rbcL* 含有 PEP RNA

聚合酶识别的启动子。那些不直接与光合作用相关的蛋白质的基因，如质体 rRNA 基因，含有 NEP 和 NEP RNA 聚合酶识别的两种启动子。少数与光合作用无关的基因，如 *clpP* 和 *rpoB*，只含有 NEP RNA 聚合酶识别的启动子。NEP RNA 聚合酶可能主要负责与光合作用无关的管家基因的低水平转录，因为诸如蛋白质合成这样的功能对所有类型的质体都是必需的。相反，PEP RNA 聚合酶则在叶绿体中活性很高，负责合成大量的编码光合作用相关蛋白如 *rbcL* 等的转录物。

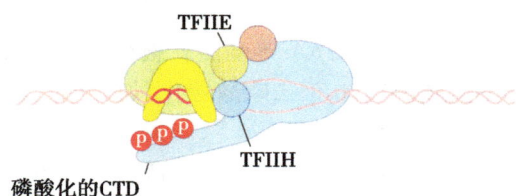

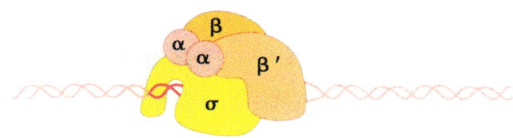

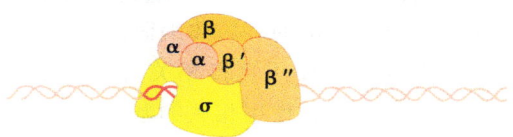

图 2-35　RNA 聚合酶。细胞核 RNA 聚合酶Ⅱ（RP2）复合体（见信息框 2-1），一种细菌的 RNA 聚合酶（根据大肠杆菌的信息）和质体编码的质体（PEP）RNA 聚合酶（叶绿体）之间的比较。注意细菌 RNA 聚合酶中的每一个亚基在 PEP RNA 聚合酶中都有一个相应的同源物（除了细菌中的 β′ 亚基，在质体 RNA 聚合酶中该亚基分成了 β′ 和 β″ 两个独立的亚基）。

NEP 和 PEP RNA 聚合酶活性上的相互影响，可以有效地调节不同类型质体中质体基因的表达，虽然具体的机制目前还不是很清楚。一个有意思的模型是：在前质体发育成叶绿体的过程中，NEP RNA 聚合酶逐步地被 PEP RNA 聚合酶所取代。有关的实验观察支持了这一模型：发育过程中主要由 NEP RNA 聚合酶合成的 mRNA（编码与光合作用无关的蛋白）在质体内积累到峰值的时期要早于由 PEP RNA 聚合酶合成的 mRNA 积累到峰值的时期。因为编码 PEP RNA 聚合酶的 *rpo* 基因是由 NEP RNA 聚合酶转录的，所以在发育过程中 NEP RNA 聚合酶的激活要早于 PEP RNA 聚合酶。

转录后加工对于调控质体基因的表达十分重要

编码与光合作用直接相关的蛋白质的质体基因（如 *psbA* 基因），在叶片和根等不同的器官中转录速率似乎很相近。但观察发现这些 mRNA 在绿色叶片中的积累明显要多，这就意味着在根中这些转录物的降解要比在叶片中快得多。质体 mRNA 的降解是由**核糖核酸内切酶**起始的，这类酶可以在转录物内部将其水解成小的片段（图 2-36）。这些降解中间产物由**核糖核酸外切酶**进一步降解，该酶从其末端切除核苷酸。

在质体中，RNA 降解中间产物 3′端的**聚腺苷酸化**可能会促进其快速降解。这与细胞核/细胞质中的 mRNA 刚好相反，因为聚腺苷酸化会使这些 mRNA 更加稳定，成熟的 mRNA 的 3′端会有一个长长的 poly（A）尾〔poly（A）tail〕。因为质体mRNA 的聚腺苷酸化标记会使之降解，所以质体信号中的 poly（A）尾的存在是瞬时的。成熟的质体 mRNA 是不含 poly（A）尾的。其 3′端存在有短的反向重复序列，可能会形成茎环结构，这能起到稳定质体 mRNA 的作用。同时，通过结合几种调节蛋白，能控制 mRNA 是否与核糖核酸酶结合。质体 RNA 5′端的非翻译区及编码序列也会影响其稳定性。RNA 的加工似乎主要涉及质体 mRNA 3′端和 5′端的修饰，对于 RNA 成熟过程中核糖核酸酶的作用还知之甚少。

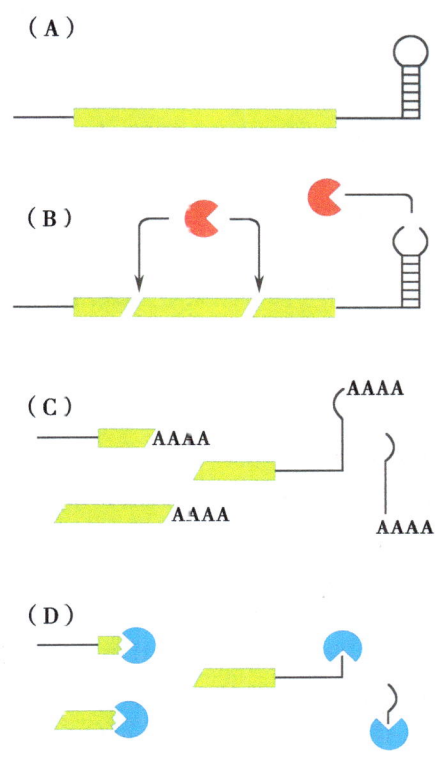

图 2-35　质体 mRNA 的逐级降解。（A）完整的 mRNA，编码序列用绿色方框表示；在其末端的茎环结构对于 mRNA 的稳定是必需的。（B）mRNA 的最终降解起始于核糖内切核酸酶（红色）的内部剪切。（C）形成的 mRNA 片段被加上一个额外的 poly（A）尾。（D）聚腺苷酰化修饰的 RNA 片段被核糖核酸外切酶（蓝色）降解。

翻译的调控对于决定质体蛋白的相对丰度具有重要的意义。招募质体核糖体到质体 mRNA 上的过程，受到 AUG 起始密码子周边序列的影响。这些序列中可能包含有与大肠杆菌中类似的核糖体结合序列（Shine-Dalgarno 序列），它可以与核糖体中 16S rRNA 的 3′端互补。很多质体 RNA 缺少 Shine-Dalgarno 序列，其 5′端序列能够结合核基因编码的调控蛋白，从而控制质体核糖体与 AUG 起始密码子的结合。同一转录物加工而来的编码区域能够优先得到翻译，使得基因产物保持一个最佳的水平。例如，在 *rbcL* 信号中，核酮糖-1,5-二磷酸羧化/加氧酶（Rubisco）蛋白就只能在其前体 mRNA 被加工之后才能得到翻译。

细胞器转录物经过 RNA 编辑

另外一种在质体和线粒体中不常见的 RNA 加工方式就是 RNA 编辑——转录后调控 RNA 序列的变化。例如，在玉米 *rpl 2* RNA 中，编辑使得一个 ACG 转变成 AUG。经过编辑的 AUG 是一个起始密码子，能够通过一个 tRNA$^{formyl-Met}$ 开始 rpl2 蛋白的翻译。这种带有甲酰甲硫氨酸的 tRNA 是细菌、线粒体和质体中翻译起始的 tRNA。

在目前所有已经检测过的高等植物质体中，包括裸子植物如黑松（blackpine），都观察到有 RNA 编辑的存在。但在真细菌、藻类和低等植物如地钱（*Marchantia polymorpha*）的质体中，到目前为止还没有观察到 RNA 编辑的现象。因此，RNA 编辑可能是近期起源于高等植物一个共同的祖先。

翻译后加工可维持多亚基复合体中核编码与质体编码的组分的正确比例

细胞器中很多多亚基蛋白，其中一些多肽是由核基因编码的，另外一些则是由细胞器基因编码的。在质体中，这些多肽包括类囊体膜复合体：**光系统 I、光系统 II、细胞色素 $b_6 f$** 和 **NADH 脱氢酶**；基质中可溶的核酮糖-1,5-二磷酸羧化/加氧酶（Rubisco）；还有组成质体核糖体的各种蛋白质。为了协调在不同细胞区室的核基因和质体基因以正确的水平表达，以形成完整的蛋白复合体，这就需要一套特殊的调控网络，该网络是细胞器特异的。蛋白质降解在维持核基因和质体基因的产物平衡过程中发挥了重要作用。没有稳定结合到复合体中的多余亚基会被迅速地降解掉。

通过**蛋白酶解**来协调质体基因和核基因编码的蛋白质水平，这一猜想得到了对核酮糖-1,5-二磷酸羧化/加氧酶（Rubisco）研究的支持。这一蛋白质是固定 CO_2 的核心酶（见 4.2 节）。核酮糖-1,5-二磷酸羧化/加氧酶（Rubisco）由 8 个亚基组成：4 个相同的由核基因编码的小亚基，4 个相同的由质体基因编码的大亚基。通过基因突变、抑制质体中或细胞质中的核糖体作用的蛋白质合成抑制剂等，可以分别阻止大小亚基的合成。当大亚基的合成受阻时，核基因编码的小亚基仍能合成并运输到质体中，但很快在质体中被降解掉；反之亦然，当小亚基不能正常合成时，大亚基能在质体内合成，但也很快就被降解。只有结合形成具有活性的核酮糖-1,5-二磷酸羧化/加氧酶（Rubisco）（**全酶**）的大小亚基，才能不被蛋白酶解。

质体基因表达的发育调控也包括质体与细胞核之间的信号通路

禾谷类和禾草植物的叶片是研究质体发育的绝好系统。新的叶片由基本分生组织发育而来。这样最新的细胞存在于叶片基部，最老的细胞存在于尖端。从白色的叶基部到绿色的叶尖，能够观察到一个质体发育的梯度，从前质体开始到叶绿体为止。叶绿体的发育伴随着质体基因组拷贝数的增加和与光合作用相关蛋白复合体的积累。

当高等植物处在黑暗环境下时，它们会停止叶绿素 II 的积累，叶绿体会转变成不含类囊体的白色体或者被其所取代。光诱导白色体向叶绿体转化是另一个有关叶绿体发育研究的较为清楚的例子。在拟南芥中研究这一光调控的发育途径，分离得到了这一途径中各组分发生缺陷的核基因突变体。例如，*cop 1* 突变体能够在黑暗的条件下发育出成熟的类囊体，虽然它不能积累叶绿素 II。COP1 蛋白是叶绿体发育相关的核基因的一个负调控因子。

我们已经知道，细胞器正确行使功能需要定位在不同亚细胞区域的基因协同表达。研究发现，不同的细胞类型在决定质体分化状态的过程中起了主要的作用。这表明质体的发育受到细胞核的调控。例如，储存淀粉的造粉体存在于植物的根和块茎中，而参与光合作用的叶绿体存在于叶片中。质体基因组在根中的表达与在叶片中的表达很不一样。与造粉体不同，叶绿体中含有丰富的核糖体，在蛋白质合成方面很活跃，高水平表达与光合作用直接相关的蛋白质。

研究还发现核基因对于来自质体的信号很敏感。例如，除草剂（如 norflurazon）或者电子传递抑制剂（如二氯苯二甲脲等）会造成质体功能紊乱，并能下调核基因编码的定位于质体的光合作用相关多肽的表达。光系统II的集光复合体多肽（LHCP）就是一个例子，这一由核基因编码的质体蛋白对叶绿体能否正常行驶功能的信号很敏感（见 4.2 节）。

一个可能的信号分子是卟啉，它是叶绿素的前体（见 4.7 节）。这已经被拟南芥中 *gun*（genome uncoupled）突变体所证实，在这一突变体中核基因如 *LHCP* 的表达对影响质体的除草剂不敏感。*GUN 5* 编码质体 Mg^{2+} 螯合酶的一个亚基，参与叶绿素的生物合成。*gun 5* 突变体不能形成叶绿素生物合成所必需的原卟啉 XI，这就表明这一分子可能作为一个信号，在除草剂 norflurazon 处理时抑制 *LHCP* 基因的表达。当然也有证据表明在质体和细胞核之间还有其他的信号通路存在，如蔗糖水平的高低、电子载体**质体醌**的氧化还原状态等。

小结

一个植物物种的可遗传性状是由其基因组决定的，基因组所有的内容包含在该物种单套染色体中。核基因组分成多条染色体，每条染色体由 DNA 紧密缠绕着组蛋白形成。着丝粒和端粒中的 DNA 重复序列对染色体的维持和稳定十分重要。核基因组可以转录成多种类型的 RNA：rRNA、mRNA、tRNA、小分子核仁 RNA 和 RNA 转录物加工形成的小分子调控 RNA（miRNA、siRNA）。植物染色体中含有很多可移动的基因元件，叫做转座子，可通过"复制-粘贴"或者"剪切-粘贴"的方式进行移动。由转座子插入引起的基因突变偶尔是有利的，但通常情况下是有害的。

在植物发育过程中和对外界环境信号做出反应时，大部分表型的变化都是基因表达的差异引起的。基因表达能够在转录和 RNA 转录物的翻译过程中多个阶段进行调控。调控序列和转录因子调控一个基因于何时在何处进行转录。它们共同调控转录的起始，而这一起始过程需要 RNA 聚合酶II和必要的转录因子参与。基因活性还可以通过 DNA 和组蛋白的化学修饰如甲基化等进行调节。这种变化能够稳定基因的表达模式，并可以在细胞分裂后仍得到保持，即表观遗传。RNA 水平的调控包括转录物的可变剪切、mRNA 的稳定性调控（降解速率）以及小分子调控 RNA（包括 miRNA、siRNA）的控制。

基因组测序使得人们对于哪些基因是植物所必需的、它们是如何促进植物生长发育的这些问题有了更好的理解，使得人们能够发展可同时观测多个基因活动情况的方法。同时，基因组测序也揭示了植物与其他生命体之间的相同和不同点。基因注释就是使基因组序列转变成有意义的内容，并从中获得相关的信息。拟南芥基因组是第一个被全部测序的植物基因组。测序结果显示：拟南芥基因组具有与动物基因组类似的复杂性，但其中又有很大比例是植物特有的基因。其他几种植物基因组也相继被测序。拟南芥、水稻和杨树基因组一个显著的特征是：它们中的大部分序列是重复的。重复的一种途径就是通过多倍化。通过重复和分化，基因能够获得新的功能。在植物近缘物种中，基因排列的顺序是保守的，这种现象称为同线性。

植物生物学研究的一个目标就是弄清一个基因在特定的途径中所起的作用，它们如何使植物体生长的，是什么使得一个物种有别于其他物种。一个基因的功能可以通过研究其突变体的表型来加以推测。紧接着就要分离、测序这个基因，然后就能预测其蛋白质的序列。蛋白质序列能为研究其生化功能提供线索。为了达到这一目的，人们发展了很多方法，包括遗传标记、图位克隆、转座子标签、反向遗传学（包括应用农杆菌进行的 T-DNA 插入 和 TILLING）、聚合酶链反应、RNA 干扰、数量性状基因座分析、表达阵列、蛋白质组学和代谢组学的方法。

细胞核含有植物细胞中 80%～90% 的 DNA，剩下的 DNA 存在于线粒体和质体中。这些细胞器基因组起源于细菌和蓝细菌等内共生体。在演化历程中，一些基因从共生体转移到了宿主细胞的细胞核基因组中。质体和线粒体的基因并不遵循孟德尔遗传规律；在很多被子植物中，质体和线粒体遵从母系遗传。细胞器中的大部分蛋白是由核基因编码然后定位到细胞器的，很多编码这些定位于细胞器的蛋白质的基因是由细菌内共生体起源的。质体基因的表达能在多个水平进行调控，包括转录、mRNA 降解、翻译和蛋白质降解。质体基因表达的发育调控，包括质体与细胞核之间的信号通路——细胞核调控质体的发育，核基因的表达对源自质体的信号很敏感。

延伸阅读

整章

Alberts B，Johnson A，Lewis J et al. （2008）Molecular Biology of the Cell，5th ed. New York：Garland Science.

Lewin B （2008）Genes IX. Boston：Jones and Bartlett Publishers.

2.1 核基因组：染色体

Heslop-Harrison JS （2000）Comparative genome organization in plants：from sequence and markers to chromatin and chromo-somes. *Plant Cell* 12，617-635.

Kornberg RD & Lorch Y （1999）Twenty-five years of the nucleo-some，fundamental particle of the eukaryote chromosome. *Cell* 98，285-294.

2.2 染色体 DNA

Copenhaver GP，Nickel K，Kuromori T et al. （1999）Genetic defi-nition and sequence analysis of Arabidopsis centromeres. *Science* 286，2468-2474.

McKnight TD & Shippen DE （2004）Plant telomere biology. *Plant Cell* 16，794-803.

Sabot F & Schulman AH （2006）Parasitism and the retrotransposon life cycle in plants：a hitchhiker's guide to the genome. *Heredity* 97，381-388.

San Miguel P，Gaut BS，Tikhonov A et al. （1998）The paleontology of intergene retrotransposons of maize. *Nat. Genet.* 20，43-45.

Wilson WA, Harrington SE, Woodman WL et al. (1999) Inferences on the genome structure of progenitor maize through comparative analysis of rice, maize and the domesticated panicoids. *Genetics* 153, 453-473.

2.3 核基因的调节

Baulcombe D (2004) RNA silencing in plants. *Nature* 431, 356-363.

Baurle I & Dean C (2006) The timing of developmental transitions in plants. *Cell* 125, 655-664.

Cao X, Aufsatz W, Zilberman D et al. (2003) Role of the DRM and CMT3 methyltransferases in RNA-directed DNA methylation. *Curr. Biol.* 13, 2212-2217.

Chan SWL, Henderson IR & Jacobsen SE (2005) Gardening the genome: DNA methylation in *Arabidopsis thaliana*. *Nat. Rev. Genet.* 6, 351-360.

Cubas P, Vincent C & Coen E (1999) An epigenetic mutation responsible for natural variation in floral symmetry. *Nature* 401, 157-161.

Dickey LF, Petracek ME, Nguyen TT et al. (1998) Light regulation of Fed-1 mRNA requires an element in the 5' untranslated region and correlates with differential polyribosome association. *Plant Cell* 10, 475-484.

Gendrel A-V, Lippman Z, Yordan C et al. (2002) Dependence of heterochromatic histone H3 methylation patterns on the Arabidopsis gene *DDM1*. *Science* 297, 1871-1873.

Goodrich J, Puangsomlee P, Martin M et al. (1997) A Polycomb-group gene regulates homeotic gene expression in Arabidopsis. *Nature* 386, 44-51.

Kubo N, Harada K, Hirai A & Kadowaki K-I (1999) A single nuclear transcript encoding mitochondrial RPS14 and SDHB of rice is processed by alternative splicing: common use of the same mitochondrial targeting signal for different proteins. *Proc. Natl. Acad. Sci. USA* 96, 9207-9211.

Lippman Z & Martienssen R (2004) The role of RNA interference in heterochromatic silencing. *Nature* 431, 364-370.

Loidl P (2004) A plant dialect of the histone language. *Trends Plant Sci.* 9, 84-90.

Quail PH (2002) Photosensory perception and signalling in plant cells: new paradigms? *Curr. Opin. Cell Biol.* 14, 180-188.

Woychik NA & Hampsey M (2002) The RNA polymerase II machinery: structure illuminates function. *Cell* 108, 453-463.

2.4 基因组序列

Adams KL, Cronn R, Percifield R & Wendel JF (2003) Genes duplicated by polyploidy show unequal contributions to the transcriptome and organ-specific reciprocal silencing. *Proc. Natl. Acad. Sci. USA* 100, 4649-4654.

Arabidopsis Genome Initiative (2000) Analysis of the genome sequence of the flowering plant *Arabidopsis thaliana*. *Nature* 408, 796-815.

International Rice Genome Sequencing Project (2005) The map-based sequence of the rice genome. *Nature* 436, 793-800.

Kellogg EA & Bennetzen JL (2004) The evolution of nuclear genome structure in seed plants. *Am. J. Bot.* 91, 1709-1725.

Liljegren SJ, Ditta GS, Eshed HY et al. (2000) SHATTERPROOF MADS-box genes control seed dispersal in Arabidopsis. *Nature* 404, 766-770.

Min Lee M & Schiefelbein J (2001) Developmentally distinct MYB genes encode functionally equivalent proteins in Arabidopsis. *Development* 128, 1539-1546.

Moore G, Devos KM, Wang Z & Gale MD (1995) Cereal genome evolution--grasses, line up and form a circle. *Curr. Biol.* 5，737-739.

Riechmann JL，Heard J，Martin G et al. (2000) Arabidopsis transcription factors: genome-wide comparative analysis among eukaryotes. *Science* 290，2105-2110.

Tuskan GA，DiFazio S，Jansson S et al. (2006) The genome of black cottonwood，*Populus trichocarpa* (Torr. & Gray). *Science* 313，1596-1604.

Wang J，Tian L，Madlung A et al. (2004) Stochastic and epigenetic changes of gene expression in Arabidopsis polyploids. *Genetics* 167，1961-1973.

2.5 基因组和生物技术

Alonso JM & Ecker JR (2006) Moving forward in reverse: genetic technologies to enable genome-wide phenomic screens in Arabidopsis. *Nat. Rev. Genet.* 7，524-536.

Edwards D & Batley J (2004) Plant bioinformatics: from genome to phenome. *Trends Biotechnol.* 22，232-237.

El-Din El-Assal S，Alonso-Blanco C，Peeters AJM et al. (2001) A QTL for flowering time in *Arabidopsis* reveals a novel allele of CRY2. *Nat. Genet.* 29，435-440.

Harmer SL，Hogenesch JB，Straume M et al (2000) Orchestrated transcription of key pathways in Arabidopsis by the circadian clock. *Science* 290，2110-2113.

Jander G，Norris SR，Rounsley SD et al. (2002) Arabidopsis map-based cloning in the post-genome era. *Plant Physiol.* 129，440-450.

Tanksley SD (1993) Mapping polygenes. *Annu. Rev. Genet.* 27，205-233.

Till BJ，Reynolds SH，Greene EA et al. (2003) Large-scale discovery of induced point mutations with high-throughput TILLING. *Genome Res.* 13，524-530.

2.6 细胞质基因组

Deng X-W，Matsui M，Wei N et al. (1992) COP1, an Arabidopsis regulatory gene，encodes a protein with both a zinc-binding motif and a Gβ homologous domain. *Cell* 71，791-801.

De Pamphilis CW & Palmer JD (1990). Loss of photosynthetic and chlororespiratory genes from the plastid genome of a parasitic flowering plant. *Nature* 348，337-339.

Douglas SE (1998) Plastid evolution: origins，diversity，trends. *Curr. Opin. Genet. Dev.* 8，655-661.

Freyer R，Kiefer-Meyer M-C & Kossel H (1997) Occurrence of plastid RNA editing in all major lineages of land plants. *Proc. Natl. Acad. Sci.USA* 94，6285-6290.

Hoch B，Maler RM，Appel K et al. (1991) Editing of a chloroplast mRNA by creation of an initiation codon. *Nature* 353，178-180.

Kolodner RD & Tewari KK (1975) Chloroplast DNA from higher plants replicates by both Cairns and rolling circle mechanism. *Nature* 256，708-711.

Martin W，Rujan T，Richly E et al. (2002) Evolutionary analysis of Arabidopsis，cyanobacterial，and chloroplast genomes reveals plas-tid phylogeny and thousands of cyanobacterial genes in the nucleus. *Proc. Natl. Acad. Sci.USA* 99，12246-12251.

Nott A，Jung H-S，Koussevitzky S & Chory J (2006) Plastid-to-nucleus retrograde signaling. *Annu. Rev. Plant Biol.* 57，739-759.

Rochaix JD (1992) Post-transcriptional steps in the expression of chloroplast genes. *Annu. Rev. Cell Biol.* 8，1-28.

Stern DB，Higgs DC & Yang JJ (1997) Transcription and translation in chloroplasts. *Trends Plant Sci.* 2，308-315.

3 细 胞

阅读本章后,您应该能够做到:

- 描述植物细胞的主要结构并注意到那些与动物细胞的不同之处。
- 概述细胞周期的各个阶段和植物细胞中细胞周期调控的方式。
- 定义"核内再复制"(endoreduplication)并解释其与多倍性、细胞大小和分化的关系。
- 描述植物特异的细胞分裂特征,包括早前期带(preprophase band)和成膜体(phragmoplast)的形成。
- 描述细胞骨架和内膜系统的组成成分,并概述其功能。
- 描述初生细胞壁和次生细胞壁的结构与性质。
- 描述如何实现细胞跨膜运输的调控,包括分子泵、转运蛋白、电化学和质子梯度以及水通道蛋白的作用。
- 概述植物细胞中央液泡的功能。
- 解释气孔如何开放和闭合。
- 概述细胞膨大的机制以及在细胞成熟时决定细胞形态的因子。
- 描述木质素的合成,区分木本植物中的初级生长和次级生长。

现在我们关注的重点从植物**基因组**(genome)转到植物细胞上来,包括其结构、分裂、生长和分化。植物细胞与包括动物细胞在内的其他真核细胞有许多共同之处。**质膜**(plasma membrane)包裹着含有多种不同亚细胞结构(**细胞器**)的胞浆(cytosol),这些亚细胞结构包括也由膜包裹的细胞核、线粒体、过氧化物酶体、内膜系统和液泡(图3-1)。细胞浆中还包括由微管和微丝组成的网状结构——**细胞骨架**(cytoskeleton)。然而,与动物细胞相比,植物细胞有两个明显不同的结构。第一,植物细胞在细胞膜外有一层**细胞壁**(cell wall)包裹;第二,植物细胞中含有**质体**(plastid),其中包括**叶绿体**(chloroplast)。正是植物细胞壁的存在,才使人们第一次认识到活生物体的细胞结构。在17世纪中期,显微镜学家罗伯特·虎克(Robert Hocke)观察到**软木**(cork)(来自于栓皮栎的树皮)是由坚硬的壁结构包围的小室组成的,他把这些小室命名为"细胞"(图3-2)。

植物生长和发育产生于由分裂引起的细胞增殖以及随后的细胞膨大和在植物体特定位置分化出具有特定功能的细胞。细胞分裂包括**细胞核**(nucleus)的复制和分裂,紧接着两个子细胞核相互分离,同时**细胞质**(cytoplasm)(细胞浆和其中除细胞核外的内含物)也被一层新的细胞壁分隔成两个细胞。细胞膨大和分化需要水和离子进入细胞来增加细胞体积,并且需要运入其他物质来提供能量和合成新的结构物质的前体。正如我们所看到的,物质进入细胞的途径和细胞膨大要求细胞膜及膜周围的细胞壁具有特定的性质。在细胞内，膨大和分化需要合成蛋白质、膜结构、新细胞壁物质和其他细胞结构及酶体系，以及将新合成的分子转运到正确的亚细胞位置。

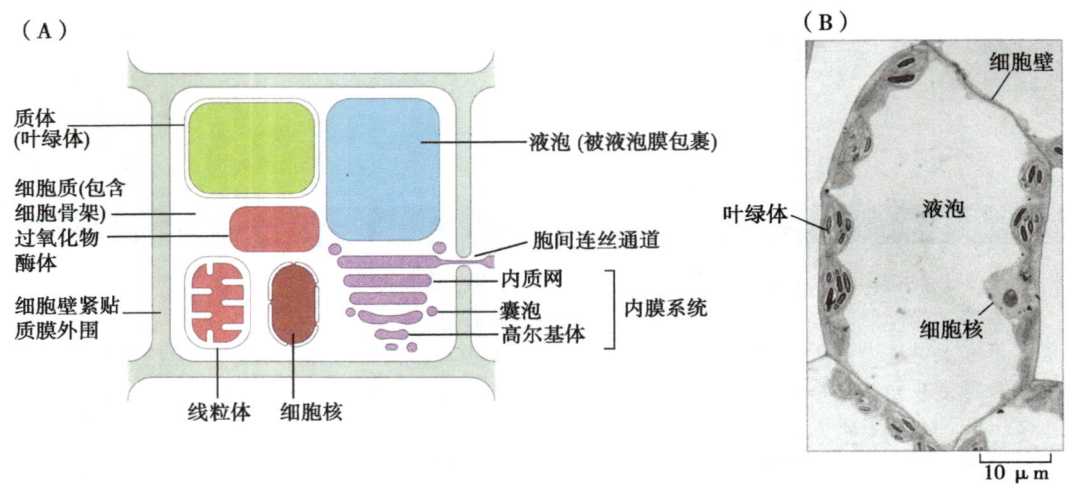

图 3-1　**植物细胞结构。**（A）图中所示为本章所涉及的植物细胞的主要结构特征。（B）拟南芥叶片细胞的透射电镜照片，可以看到细胞质中的叶绿体围绕在中央大液泡周围。本章以及第 4 章还会有更多的亚细胞结构图片。

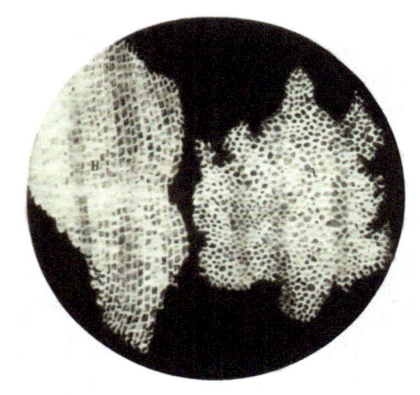

图 3-2　**首次描绘的细胞结构。**这些橡树皮细胞图是罗伯特·虎克用早期显微镜发现并绘制的，于 1667 年发表在他的著作《微物图志》一书中。

我们从描述细胞怎么通过分裂形成遗传物质相同的子细胞（**细胞周期**）和细胞器如何复制并分配到新的细胞中来开始这一章的介绍。接下来我们把目光转向植物独特的细胞结构——细胞壁，并描述细胞膨大相关的过程，包括初生细胞壁的合成和导致细胞体积增加的溶质转运入细胞。最后我们将描述一个重要的细胞成熟和分化的结构——**次生细胞壁**的合成。

首先，请注意在这一章里我们会频繁提到另一个植物独特的结构——**分生组织**（meristems）。在植物营养生长的过程中，细胞分裂主要发生在特定的区域，即分生组织中。来自于分生组织的细胞的分化产生了植物体中十分广泛的细胞类型（图 3-3 给出了一些细胞类型的例子）。这些内容会在第 5 章中详细讨论。

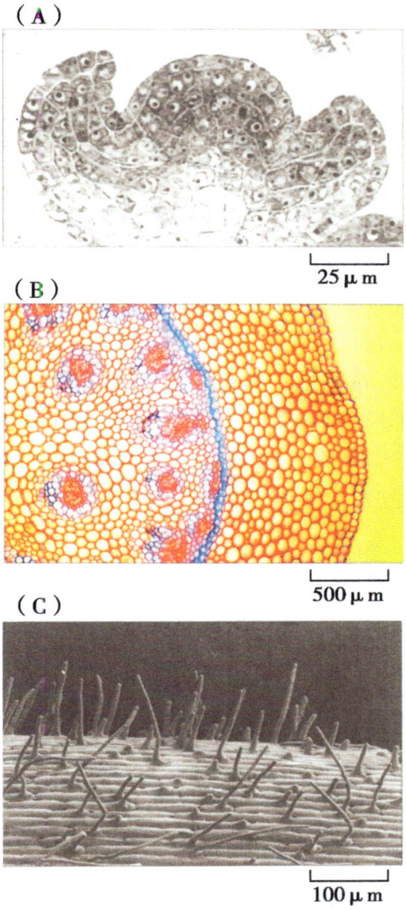

图 3-3 一些植物中共有的细胞类型。(A) 拟南芥花分生组织的横截面电镜图（花结构产生的生长点；见第 5 章）。茎顶端快速分裂的小细胞和从两侧发育出的器官原基，其细胞质稠密，没有中央大液泡。(B) 铃兰（*Convallaria majalis*）根状茎（地下茎）的切面电镜图。大部分由薄壁细胞（橙色部分）组成，薄壁细胞相对较大，细胞壁薄，中央大液泡明显，细胞质被液泡挤压成紧贴细胞壁的薄薄的一层。(C) 水稻根表面的扫描电镜图。图中显示了伸长的表皮细胞和根毛。其他细胞类型在本章的其他图中会有展示。

3.1 细胞周期

要产生两个遗传物质相同的子细胞，核 DNA 必须在复制后准确分配到两个子细胞核中。信息框 3-1 介绍了植物细胞的细胞核。植物细胞中涉及 DNA 复制和分配的一系列事件——细胞周期，是一个像所有的**真核生物**（eukaryotes）一样精确的程序化的过程（图 3-4）。在细胞周期的最初阶段——G_1 期（间歇期 1），细胞为 DNA 复制做准备；DNA 复制发生在 **S 期**（合成期）；S 期之后紧接着另一个间歇期——G_2 期，在这个时期细胞的变化为随后发生的细胞分裂中两个相同拷贝的基因组相互分离做准备；核膜消失，标志着 **M 期**[有丝分裂（mitosis）]的开始，在 M 期，姐妹染色单体（染色体复制后的相同拷贝）相互分开并由有丝分裂**纺锤体**（spindle）牵引到细胞的两侧。两个子细胞核随后重建并包含两组完整的染色体，

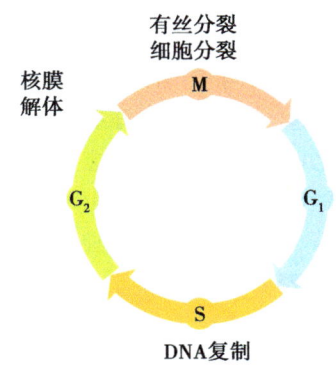

图 3-4 细胞周期图示。

在植物中，有丝分裂后期细胞中部会形成会发育成分隔细胞壁的**细胞板**(cell plate)，我们会在本章后边详细描述。随后，子细胞或者重新进入 G_1 期，或者进入一个相对稳定的时期不再进行分裂。

细胞周期各个阶段的转换由一套复杂的机制来调控

细胞周期被一套叫做细胞周期蛋白依赖的**蛋白激酶**(cyclin-dependent protein kinase，CDK) 所调控。在细胞周期的特定阶段，这些蛋白激酶起着开启和关闭细胞功能的作用。蛋白激酶是一组通过对特定氨基酸残基磷酸化过程（增加一个磷酸基团）改变其所作用蛋白质的活性的酶（enzyme）。CDK 的活性依赖于一类与其形成复合体的称为**周期蛋白**(cyclin) 的蛋白质（图 3-5）。在 CDK-cyclin 复合体中，周期蛋白决定了 CDK 对特定的一个蛋白质或者一系列蛋白质的作用。植物细胞中含有多种形式的 CDK 和周期蛋白，由不同的基因所编码。例如，在拟南芥中至少有 30 个基因编码周期蛋白以及 7 个基因编码 CDK。

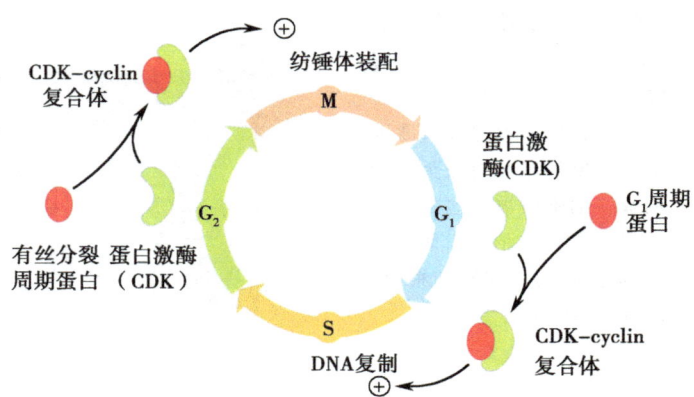

图 3-5 CDK-cyclin 复合体在细胞周期中的功能。S 期 DNA 复制和 M 期纺锤体形成都是被特定的 CDK-cyclin 复合体调控的。这些复合体在细胞周期的适当时间点合成。

细胞周期中多种不同的 CDK-cyclin 复合体在从一个时期到下一个时期的有序过程中的不同时间点上发挥作用。例如，一个在 G_1 期形成的、含有一个 G_1 家族周期蛋白的 CDK-cyclin 复合体控制使 S 期 DNA 复制所需基因表达的**转录因子**(transcription factor) 的活性。另一个在 G_2 期末组成的 CDK-cyclin 复合体包含一个有丝分裂家族的周期蛋白，这个复合体能使控制纺锤体装配的蛋白质磷酸化，而纺锤体的功能是将复制后的染色体排列起来并在分裂时使姐妹染色单体相互分离（在 3.2 节详细介绍）。

在细胞周期中，不同的 CDK-cyclin 复合体的出现和消失由多种方式调控。复合体的活性部分地在转录水平上受 CDK 和周期蛋白所编码基因表达量的调控。一类重要的 CDK，即 CDKA，是**组成型**(constitutively) 表达的（也就是说，在细胞周期的所有时期都表达）。但第二类，即 CDKB，是细胞周期依赖性的表达模式，只在 G_2 和 M 期激活表达。编码不同周期蛋白的基因在细胞周期中的不同时间点表达。然而，CDK-cyclin 复合体活性在很大程度上由转录后机制来调控（第 2 章更多地解释了基因表达转录和转录后调控的机制)。

调控细胞周期中一个主要的转录后调控机制就是 CDK-cyclin 复合体中周期蛋白亚基的**蛋白酶降解**(proteolysis)(不仅仅是周期蛋白有这样的调控,特定的蛋白酶降解复合体在调控细胞生长和分化中的许多关键蛋白的丰富度上有重要作用)。两个在细胞周期调控中的重要蛋白酶降解复合体是 SCF 和 APC。这两个复合体都将**泛素**(ubiquitin)连接到特定的靶蛋白上,随后这个靶蛋白被称为**蛋白酶体**(proteasome)的蛋白水解酶(**水解蛋白质的酶**,protease)复合体所降解(5.4 节)。在 G_1-S 转换中起作用的周期蛋白被 SCF 复合体特异性的降解(这个命名来源于复合体的三个组成成分:Skp1、Cullin 和 F-box 蛋白)。有丝分裂中期结束,姐妹染色单体分离到分裂细胞的两侧(发生在分裂后期),需要 APC (anaphase-promoting complex,分裂后期促进复合物)对有丝分裂周期蛋白进行降解(图 3-6)。APC 同样降解称为黏结蛋白(cohesin)的、在有丝分裂初期将姐妹染色单体连一起的蛋白质。黏结蛋白的消失为有丝分裂后期染色体分离创造了条件。

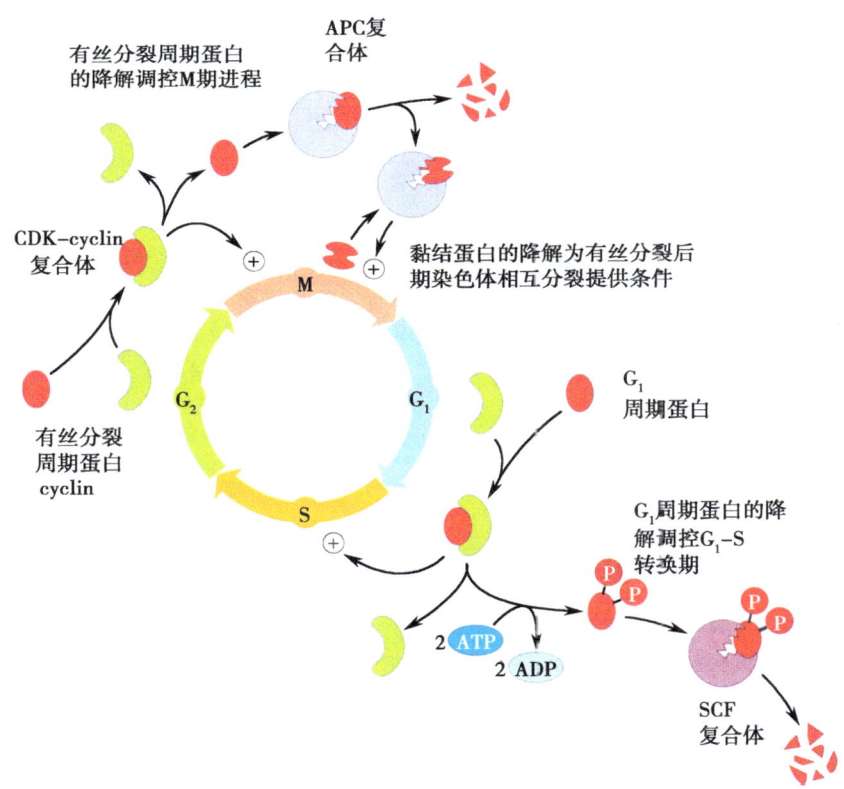

图 3-6 **细胞周期中 CDK-cyclin 复合体的解体和装配。**特异的蛋白降解复合体降解对应的、作用在细胞周期不同时间点的特定周期蛋白。周期蛋白的降解导致了 CDK-cyclin 复合物活性降低,促使细胞进入下一个时期。蛋白降解复合体由几种不同的蛋白质组成,这些蛋白质在特异性识别靶蛋白的过程中发挥了不可替代的作用。一种调控蛋白降解复合体活性的机制是通过磷酸化。降解对应 G_1 周期蛋白的 SCF 复合体只有在被蛋白激酶磷酸化之后才能够识别 G_1。蛋白降解复合体还能识别多种类型的蛋白质。例如,ACP 复合体还能降解有丝分裂早期必需的一些蛋白质,促使细胞进入后面的进程。

另外一个决定 CDK-cyclin 复合体活性的机制是 CDK 亚基的磷酸化。这一机制在酵母中得到了最好的阐述。酵母的 *WEE* 和 *CDC 25* 基因调控 G_2-M 期的转变（图 3-7）。*WEE* 编码了一个通过磷酸化 CDK 的两个氨基酸来抑制 CDK 活性的蛋白激酶（WEE）。在野生型酵母中，这种抑制作用阻止细胞进入 M 期，也就是阻止细胞分裂，直到细胞达到一个特定的大小。在 *wee* 突变体中（"wee"是非常小的意思），有丝分裂的 CDK 活性没有被抑制，使得细胞能够在未达到通常分裂发生所需要的细胞大小时就发生分裂。*CDC 25* 编码可以将 WEE 对 CDK 的磷酸化作用去磷酸化，进而重新激活 CDK 并促进 M 期进程的 CDC25 **蛋白磷酸酶**（protein phosphatase）。酵母 CDC25 蛋白也能促进高等植物的细胞分裂：用基因工程方法获得的能够产生 CDC25 蛋白的烟草植株的细胞数量多于正常植株。然而，在植物中并没有发现一个与 CDC25 完全相同的蛋白质。这可能是因为在植物中 G_2-M 转换有一个不同的、涉及 B 类型的 CDK 的调控机制。这个类型的 CDK 只在植物中发现并特异地在细胞周期的 G_2 期和 M 期表达。

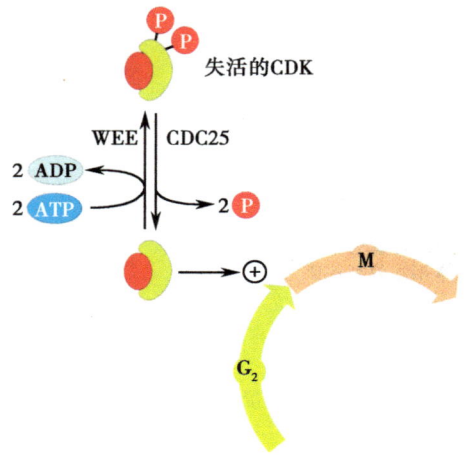

图 3-7　酵母中 WEE/CDC25 途径。CDK 促使 G_2-M 期的转换，酵母中 CDK 的磷酸化抑制了 CDK 的活性，同时抑制了 G_2-M 期的转换。去磷酸化后，CDK 被重新激活，G_2-M 期转换启动。WEE 蛋白激酶和 CDC25 蛋白磷酸酶催化了 CDK 的磷酸化和去磷酸化过程。这一机制不一定是植物中 G_2-M 期转换的调控机制；植物中的转换机制尚不清楚。

信息框 3-1　细胞核

细胞核是基因组 DNA 存在的位置。细胞核中含有大量的蛋白质和核酸，它们形成复杂的三维结构，并由核膜包裹。DNA 复制、基因转录和 RNA 转录后加工都发生在细胞核内（见第 2 章）。**RNA 聚合酶**参与了基因转录，转录后 RNA 通过核孔从细胞核内运输到细胞核外。核孔是核膜上的"分子大门"，不仅仅是 RNA 运输的通道，还是蛋白质从细胞质运输到细胞核内的必经之路。从细胞质运输到细胞核内的蛋白质主要有 RNA 聚合酶、DNA 聚合酶、组蛋白和转录因子（所有都在第 2 章已经详细讲述）。

细胞核中包含几个不同的、由转入的蛋白质执行不同功能的亚结构域，包括核质（nucleoplasm）、核仁（nucleolus）、核小点（nuclear speckles）和间质小体（Cajar bodies）（图 B3-1A）。

核质是**染色质**（chromatin，DNA 和与其结合的蛋白质）和染色质间区（不结合蛋白质的 DNA 区域）占据的核区域。染色质可以高度浓缩成**异染色质**（heterochromatin），在异染色质区 DNA 被高度浓缩聚合为很小的体积；也可以形成相对较松散的**常染色质**（euchromatin）。在拟南芥中，染色质的**着丝粒**和**端粒**区的 DNA 序列以及富含 DNA 重复序列而不是基因的染色质区域常呈现异染色质状态。而富含基因的染色质区域，也就是转录活跃的区域，呈现出常染色质状态。

核仁是基因转录形成**核糖体 RNA**（rRNA）的场所（图 B3-1B）。这些基因串联排列在染色体上的**核仁组织区**（nuleolar organing region）（2.4 节）。核仁中不同区域在核糖体亚单位的合成中发挥不同作用。由 RNA 聚合酶 I 参与的 rRNA 的转录发生在称为致密纤维的非浓缩染色质组分中的很多位点。转录后产生一个 RNA 前体分子（45S RNA），接着这个前体 RNA 形成成熟的 18S、5.8S 和 28S 核糖体 RNA 组分。这个过程的第一步发生在致密纤维组分中。随后 RNA 前体分子转移到核仁的颗粒组分，完成剩下来的步骤。最后，成熟的 RNA 分子与运输到核内的核糖体蛋白装配形成核糖体亚单位，被运出到细胞质中。

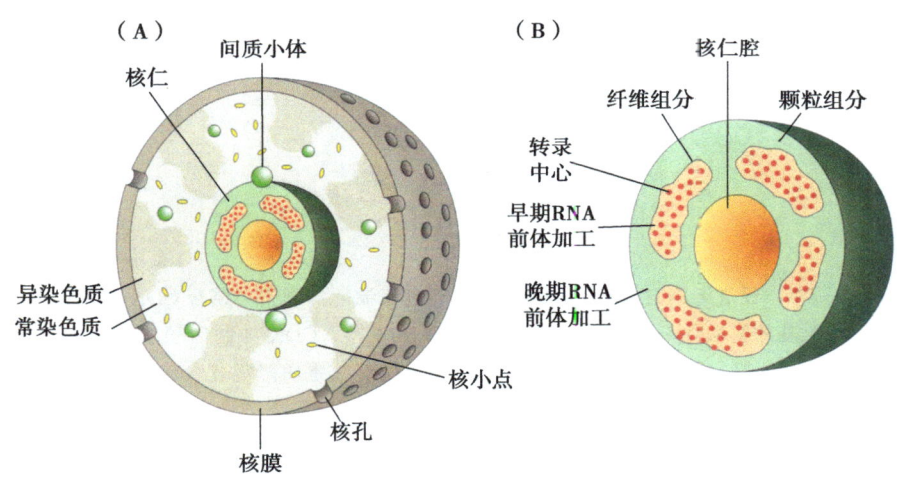

图 B3-1　细胞核结构。(A)细胞核内部结构。(B)核仁结构。图中显示了核糖体 RNA 的不同合成部位。

更小的核内结构为小 RNA 和蛋白复合体在核内的装配提供场所。正如在第 2 章中所描述的，新转录形成的 RNA 包含内含子区，形成成熟的 RNA 分子过程中内含子会被剪切掉，随后 RNA 被运输到细胞质中翻译成蛋白质。负责内含子剪接的核酶包含在**剪接体**（spliceosome）中，剪接体包含 5 种不同的小 RNA 分子和至少 200 种蛋白质。现在认为剪接体是在核小点区形成的。在所有的细胞核中都发现了间质小体的存在，间质小体与核小点结构相似，但是体积比核小点大。和核小点一样，间质小体也包含了多种不同的小 RNA 和蛋白质，并可能参与核中与 RNA 剪接和成熟 rRNA 的合成等过程相关的小 RNA 的成熟和运输。

决定 CDK-cyclin 复合体活性的第三个机制也涉及 CDK 活性的抑制，这是由称为**细胞周期蛋白依赖性激酶抑制因子**（cyclin-dependent kinase inhibitor，CKI）的作用来调控的。酵母中促进有丝分裂的 CDK 的调控就是一个很好的例子（图 3-8）。SIC1 是一个通过抑制 CDK 活性来中止 G_2-M 转换进程的 CKI。这个抑制作用会由于 SIC1 的降解而减弱，SIC1 的降解同样是通过蛋白酶降解复合体 SCF 来完成的。拟南芥有 7 个编码类似 CKI 蛋白（CKI-like proteins）的基因。这些蛋白质可以中止细胞周期的一个证据来自于通过遗传操作使其中一个基因在花（flower）中高表达，可造成花的发育被强烈抑制，说明 CKI 蛋白可能抑制细胞进入细胞周期。

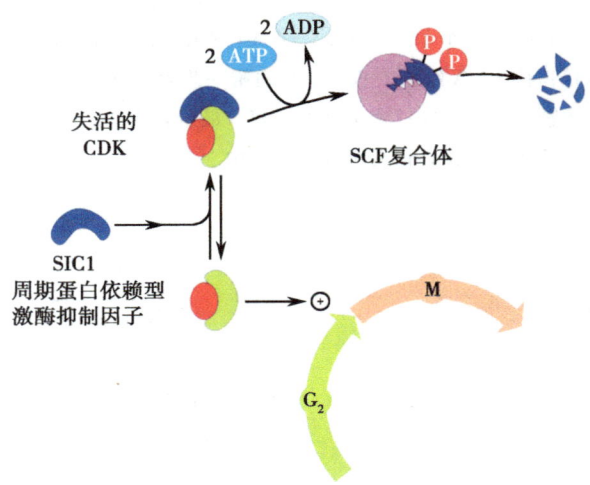

图 3-8 促进细胞 G_2-M 期转换的 CDK 调控机制。 抑制蛋白结合 CDK 和催化亚基的磷酸化都可抑制 CDK 的活性（图 3-7）。CDK 抑制因子 SIC1 磷酸化后，抑制解除。磷酸化过程使得 SIC1 能够被蛋白降解复合体 SCF 识别并降解，和图 3-6 中 G_1 周期蛋白的降解过程相似。

显然，从细胞周期的一个时期过渡到下一个时期的调控非常复杂，通常涉及许多不同的调控机制。成视网膜细胞瘤（rebinoblastoma）的发生途径是说明该复杂性的一个好的例子（图 3-9），涉及 G_1-S 期转换的调控机制。**成视网膜细胞瘤蛋白**（retinoblastoma protein，Rb 蛋白）顾名思义是最初在哺乳动物中发现的抑制一种被称为成视网膜细胞瘤的肿瘤生长抑制因子。Rb 蛋白是诱导肿瘤病毒（virus）的一个靶蛋白，病毒作用会导致 Rb 蛋白的失活。这个途径在真核生物中并不普遍：它只在动物和植物中发现，在酵母中还没有发现。Rb 蛋白通过抑制 E2F 类型的转录因子的活性来抑制细胞进入 S 期，E2F 类型的转录因子在 S 期 DNA 合成的必需基因的表达过程中必不可少。有一个 G_1 期特异的 CDK-cyclin 复合体（G_1-specific CDK-cyclin complex）通过磷酸化使 Rb 蛋白失活，释放 E2F 转录因子激活靶基因从而为 DNA 复制准备条件，促进细胞进入 S 期。G_1 特异性的 CDK-cyclin 复合体自身的活性又受到其他因子的调控。蛋白激酶 CAK 使特定的酪氨酸残基磷酸化而激活，CKI 的结合又会使其失活。

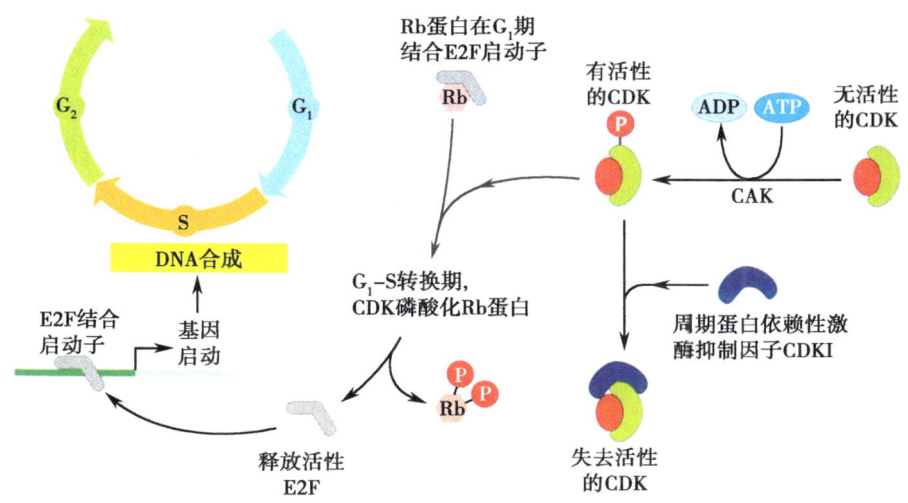

图 3-9　视网膜母细胞瘤调控途径。视网膜母细胞瘤（Rb）蛋白参与到 G_1-S 期转换调控的机制中。转录因子 E2F 激活 S 期 DNA 复制。在 S 期之前，E2F 的活性抑制是通过结合 Rb 蛋白实现的。G_1-S 转换期的 CDK 的功能就是磷酸化 Rb 蛋白，释放 E2F 转录因子，激活 DNA 合成。CDK 本身也受到多种不同水平的调控。如图所示，CDK 的活性受到催化亚基磷酸化的影响（被蛋白激酶 CAK 磷酸化），也受到 CDK 抑制因子的调控（图 3-6）。

　　细胞周期调控还有其他方面的复杂性。细胞周期的进程还受到只有前一个时期完全结束、下一个时期才会被启动的机制的调控。这些机制通常被称为"检验点"（checkpoints）（图 3-10）。研究得比较清楚的是纺锤体装配检验点。当用阻碍有丝分裂纺锤体装配的药物处理时，细胞周期会停止在 M 期。有丝分裂检验点相关基因会中断已有的有丝分裂细胞活动，中止细胞周期的进程，直到纺锤体装配完成后分裂才会继续。这些基因的功能是通过阻止 APC 对有丝分裂周期蛋白的降解来实现的（图 3-6）。只要有丝分裂中的 CDK-cyclin 复合体保持活性，细胞就会停留在 M 期。另外一个重要的检验点是 DNA 复制完备性的检验。在酵母中，DNA 复制不完全或者 DNA 损伤会启动一个叫做检验点激酶 1（checkpoint kinase 1，CHK1）的蛋白激酶。CHK1 通过两种方式破坏有丝分裂 CDK 的活性：通过激活 WEE 激酶来磷酸化 CDK 催化亚基抑制 CDK 活性，或通过抑制 CDK 磷酸酶 CDC25 来抑制 CDK 活性（图 3-10，图 3-7）。在植物中 DNA 复制完备性检验点的本质还不清楚。

图 3-10　细胞周期检验点。DNA 复制的完备性对细胞周期后的所有阶段的进行是必不可少的。在酵母中，如果蛋白检验点激酶 1（CHK1）检验到 DNA 复制不完全，它就会激活 CDK 的抑制蛋白，抑制 CDK 活性，因为特定 CDK 对细胞进入 M 期是必需的，这样可防止细胞进入 M 期。CHK1 激活蛋白激酶 WEE，抑制蛋白磷酸酶 CDC25，CDK 催化亚基保持非活性的磷酸化状态。

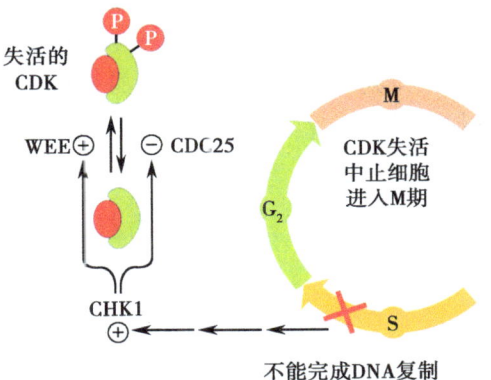

植物细胞周期受发育和环境调控

细胞周期进程受到许多发育和环境因素的影响。如上所述，植物体整合了来自内部与外部的各种信号，通过复杂多样的机制激活和降解 CDK 以调控细胞周期的进行。在这里我们讨论一些发育和环境因素调控的例子。

器官发育过程中细胞分裂速度和类型的变化是细胞周期主要调控因子暂时性表达所引起的。例如，在发育中的玉米叶片（leaf）中，细胞分裂只发生在叶片基部的分生组织中。这种细胞分裂的区域限制性与 Rb 蛋白（retinoblastoma protein）的表达模式有关。我们之前提到过 Rb 蛋白，它是通过抑制 E2F 转录因子的活性来抑制 DNA 复制，从而抑制细胞分裂的（图 3-9）。Rb 蛋白在叶片上的**细胞分裂区**（zone of cell division）低水平表达，但在其他细胞分裂受到抑制而细胞伸长和分化大量发生的叶片区域高水平表达（5.3 节和 5.4 节详细讨论了根和茎中的生长和分化区）。

细胞周期同样受到不同水平的**植物激素**（phytohormone，plant hormone）和小分子化合物（类动物激素）的调控，这些激素和小分子是连接生长、发育和环境的信号分子。不同种类的植物激素，包括生长素（auxin）、细胞分裂素（cytokinin）、赤霉素（gibberellin）、油菜素内酯（brassinosteroid）和脱落酸（abscisic acid）（ABA），通过影响细胞周期的进程改变植物生长的速率和发育方向。这些植物激素中，有些激素调控 CDK 和周期蛋白（cyclin）的基因表达；另一些激素的作用则更为间接，它们通过影响如 CKI 这类蛋白质的活性来调节 CDK-cyclin 复合体的活性。在某些情况下，植物激素可通过影响蛋白水解复合体（proteolytic complex）的活性来调控细胞周期中负调控因子的降解。植物激素在植物发育和对环境应答过程中的作用在第 5 章和第 6 章将会再讨论。

多种逆境会抑制植物生长和发育（详见第 7 章）。这种抑制作用至少有部分来自于逆境所引起的细胞周期变化。例如，将拟南芥植株从没有 NaCl 的培养基转移到 NaCl 浓度为 0.5% 的培养基中培养时，会导致根伸长的程度较未转移的对照组大大降低。研究发现根伸长的减少是由分生组织中细胞分裂的减少和成熟细胞长度减少所引起的。盐处理导致分生组织中处在 G_2-M 转换期的细胞数量迅速减少，从而导致了分生组织（正在分裂的细胞群体）变小和生长速率降低（图 3-11）。在面对许多不同类型的环境胁迫时，植物体内所发生的一系列变化可能是相似的。相比细胞周期中的其他阶段，细胞有可能更倾向于在有丝分裂期间受到环境胁迫的影响，因为在此期间 G_2-M 转换可以迅速得到中止，这种机制可能是将损害尽量减少并且促进其他抗逆性应答启动的一种保护机制。分生组织的减小下调了植物的生长并最终达到与并不理想的环境条件相适应的生长水平。

许多分化中的细胞进行核内复制：没有核分裂和细胞分裂的 DNA 复制

核内复制（endoreduplication）是细胞周期的一种变化形式，在核内复制的过程中，细胞经过一轮或者多轮的 DNA 复制过程（S 期），但并不发生细胞核分裂和有丝分裂（M 期）。尽管细胞周期循环通常产生多个与最初分裂细胞拥有相同 DNA 的子细胞，而核内复制只会产生一个**多倍体**（polyploid）细胞。多倍体现象几乎存在于所有的植物中：至少某些细胞类型在细胞分裂停止后要经过核内复制的阶段。举例来说，拟南芥中叶片只有25%的细胞具有2C（C是指单倍体基因组中的DNA含量，所以2C是二倍体）的DNA含量。而剩下的75%的细胞经过1～4轮核内复制最终成为一个具有4C～32C遗传物质的多倍体。在正在发育的种子（seed）和储存蛋白（storage protein）及其他储存物质高速合成的细胞中，核内复制以更高水平发生。例如，玉米的胚乳（endosperm）细胞可能有超过200倍的单倍体基因组拷贝（胚乳的发育在3.2节中详细描述）。

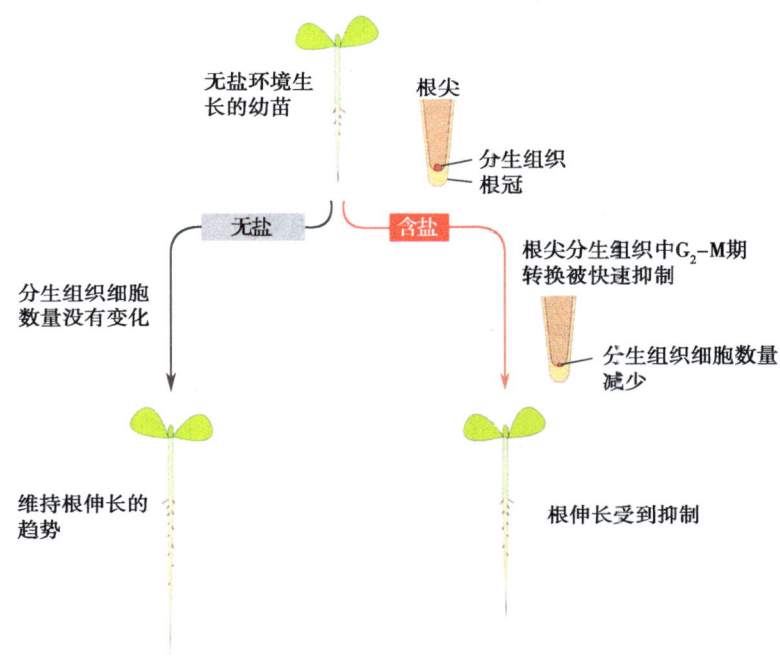

图 3-11　**盐胁迫对根伸长的影响。**盐胁迫通过影响细胞周期减少根分生组织的细胞数量来抑制根的伸长。无盐环境下的幼苗转移到两种介质中，一种含盐，另一种不含盐。在无盐环境下，根分生组织的细胞数量不变，根伸长程度的趋势不变。而在含盐的环境中，幼苗根分生组织的细胞数量减少，根伸长受到抑制。

在植物细胞中，多倍性与高水平的**信使 RNA**（messenger RNA）和蛋白质合成密切相关。如上面所提到的，种子中储存物质高速合成的细胞中（胚胎或者胚乳）通常是高度多倍化的。而且多倍化与细胞大小之间也有紧密联系：基因组拷贝数量越多，细胞越大。这种相关性适用于同一植物的不同细胞和不同多倍体水平的物种间：多倍体植株细胞通常比它的二倍体祖先大。然而，多倍性并不直接决定细胞大小。通常认为多倍性设定了一个最大的范围，还要根据其他的发育或环境因素来决定是否能实现。多倍性和细胞大小的联系在嵌合体曼陀罗（Datura stramonium）中得到有力证明。该嵌合体在同一分生组织中含有正常的二倍体细胞和多倍体细胞。多倍体细胞体积显著大于二倍体细胞（图 5.34）。

图 3-12 核内复制对正常生长不可缺少。左边是野生型拟南芥，右边是缺失 DNA 拓扑异构酶Ⅵ的拟南芥突变体。在突变体中核内复制的最大染色体数量是 8C，而野生型中是 32C。

拟南芥的核内复制抑制突变体，如 *roothairless 2*（*rhl 2*）和 *hypocotyl 6*（*hyp 6*），也证明了核内复制与细胞大小之间的联系（图 3-12）。这些突变体缺少 DNA 复制时催化染色体解旋的 DNA 拓扑异构酶Ⅵ。在复制过程中，DNA 双螺旋结构解旋使得 **DNA 聚合酶**能够以每一条原始单链为模板正常合成新的 DNA 分子。这种双螺旋结构的解旋过程是 **DNA 拓扑异构酶**（DNA topoisomerase）催化实现的。如果拓扑异构酶缺失，有丝分裂过程中复制的 DNA 双链螺旋相互连接而不能相互分离，从而阻碍核内复制，最终导致植物体小于正常大小。

核内复制也是细胞分化的必要步骤。拟南芥的表皮毛是一个很好的研究范例。表皮毛（trichome）是指一些分叉的、大的**表皮细胞**（epidermal cell）。DNA 数量的增加是表皮细胞形成表皮毛的一个早期特征（图 3-13）。当表皮毛随细胞膨大而增大时，表皮毛细胞经过多轮的核内复制过程并形成一些分叉。拥有 3 个或者更多分叉的成熟的表皮毛可能包含 16 倍于二倍体细胞核的 DNA 含量（即 32C，由 4 次核内复制形成）。表皮毛分叉和多倍性受影响的突变体证明了表皮毛分化与核内复制之间的紧密联系。*glabra 3* 突变体的表皮毛比野生型分叉更少，而且多倍性更低，而 *tryptichon*（*try*）突变体表皮毛分叉和多倍性都增加（图 3-13），*try* 突变体的表皮毛数量也比野生型更多。另一个发现表明一个影响细胞正常形成表皮毛的基因同时减少了核内复制的发生，这也为核内复制与分化之间的关系提供了更多的证据。（表皮毛的发育会在 5.4 节中讨论。）

核内复制是有丝分裂细胞周期的一种变化形式，在此过程中 S 期正常进行而 M 期却被抑制（图 3-14）。细胞中促进细胞周期 S 期进行的调控因子在核内复制阶段同样活跃，然而促进细胞分裂 M 期的调控因子在核内复制的细胞中却被抑制。在种子发育过程中所形成多倍体的玉米胚乳细胞的调控是由两种主要的机制完成的。第一种是 Rb 蛋白在胚乳细胞核内磷酸化使得 S 期相关的基因持续表达（图 3-9）。第二种是这些细胞中含有阻止细胞进入 M 期的有丝分裂 CDK 的抑制因子（图 3-14）。

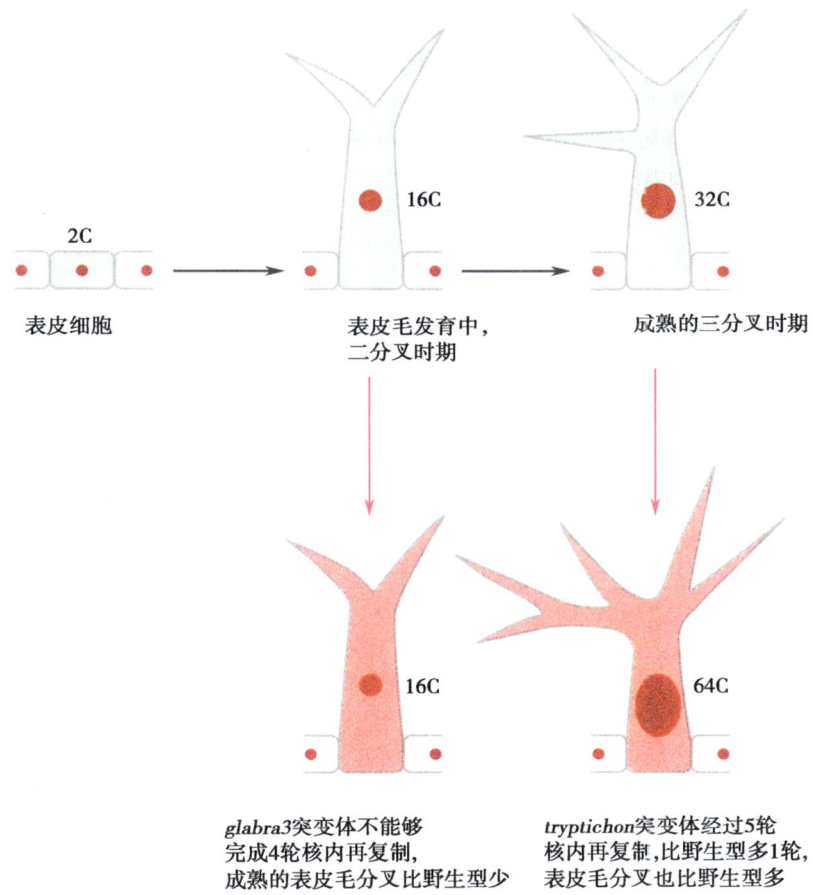

图 3-13 野生型拟南芥及 *glabra 3* 和 *tryptichon* 突变体的表皮毛发育。在野生型中（上部），核内复制形成了 DNA 含量 16C 的表皮细胞，同时细胞出现两个分叉的表皮毛，随后 DNA 含量达到 32C，表皮细胞出现成熟的三分叉表皮毛。*Glabra 3* 突变体（左下）中核内复制的最后阶段被中止，只形成有两分叉的表皮毛。*Tryptichon* 突变体（右下）表皮细胞 DNA 含量大于 32C，相应出现多分叉的表皮毛。

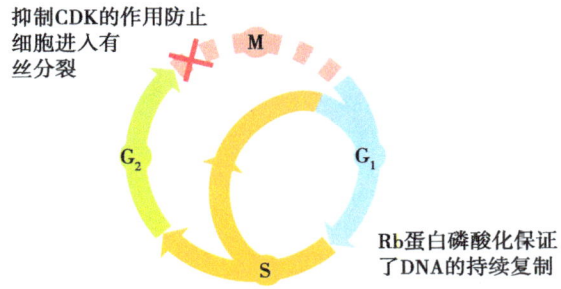

图 3-14 玉米胚乳细胞核内复制过程中缩短的细胞周期循环。

核内复制的过程中阻止有丝分裂进行的机制在豆科植物蒺藜苜蓿（*Medicago truncatula*）**根瘤**（root nodules）中进行了详细研究。当**固氮菌**（nitrogen-fixing bacteria）进入植物根部与植物形成**共生关系**（symbiotic relationship）后，根瘤细胞会进行核内复制（8.5 节）。根瘤中有一些小细胞分裂活跃形成分生组织，还有一些大细胞形成与细菌共生的区域。较大的细胞中的 DNA 含量为 4C～32C。在核内复制过程中，*ccs 52* 基因在这些较大的细胞中表达，研究表明 *ccs 52* 基因在酵母和动物中的同源基因能够启动蛋白水解过程来降解有丝分裂中的 CDK（图 3-8）。这个提前启动的有丝分裂 CDK 的蛋白水解过程阻止细胞进入 M 期。

3.2 细胞分裂

有丝分裂（mitosis）分为核分裂和质分裂两个过程：**核分裂**（karyokinesis）使复制后的染色体相互分离，**质分裂**（cytokinesis）后两个子细胞形成。两个过程共同配合使得每一个子细胞都拥有一套与母细胞完全相同的染色体拷贝，也就是说，子细胞与母细胞拥有相同的遗传信息。

有丝分裂通常按时间分为**前期**（prophase）、**中期**（metaphase）、**后期**（anaphase）和**末期**（telophase）（图 3-15）。

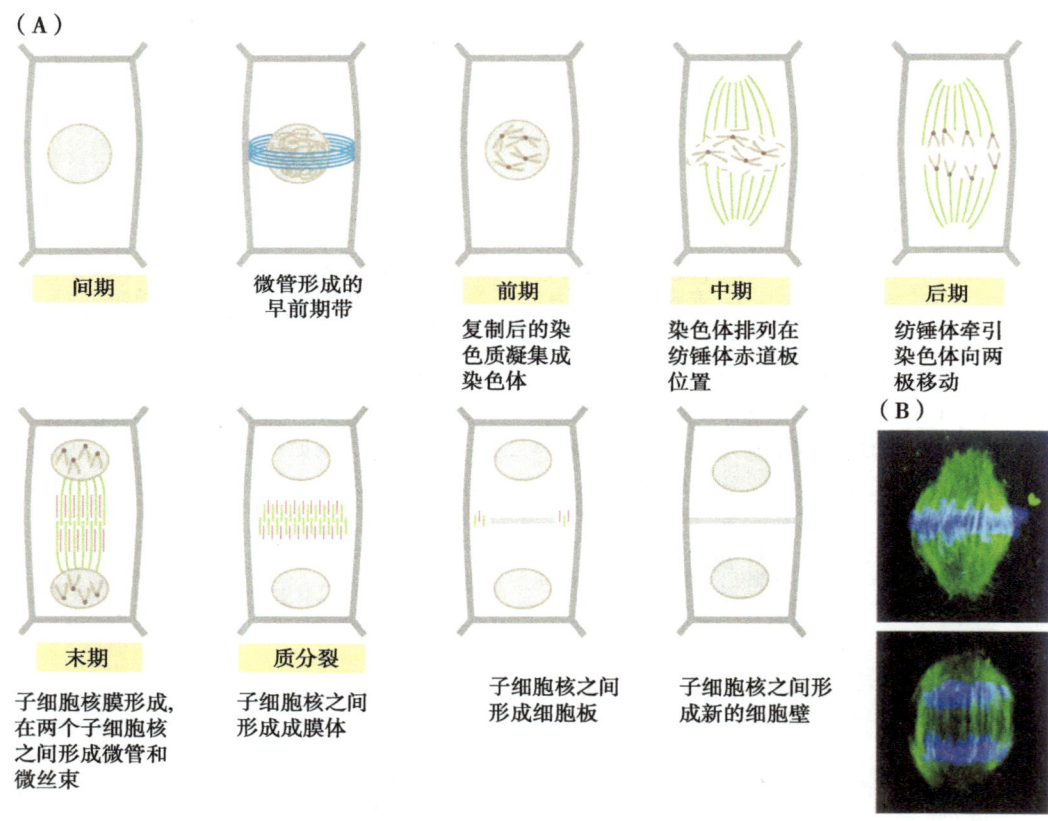

图 3-15 植物中的有丝分裂。（A）分裂之前细胞处在间期。分裂的第一步是形成早前期带——环绕细胞中心的微管束。早前期带决定了新细胞壁形成的位置（质分裂时）。前期，细胞核复制后的染色质凝集成染色体。中期，核膜消失，染色体排列在纺锤体赤道板上。后期，姐妹染色单体相互分离。质分裂时，微管和微丝排列在两子细胞之间形成成膜体，成膜体完成细胞板的合成，随后细胞板发展形成新的细胞壁。（B）烟草细胞中期（上面）和后期（下面）微管的显微成像。细胞被荧光试剂处理，微管显示绿色，染色体显示蓝色。

细胞分裂中细胞组分随细胞骨架迁移

细胞分裂过程中，核分裂和质分裂都依赖于细胞骨架（信息框 3-2）。细胞骨架是由微丝和微管组成的复合体，其在未分裂的植物细胞中起着维持细胞形态和**胞质流动**（cytoplasmic streaming）的作用（3.3 节）。细胞骨架由两种主要蛋白质即**微管蛋白**（tubulin）和**肌动蛋白**（actin）的聚合体组成。这些聚合体结合起来形成了细胞内的分子轨道，能够将胞内组分迁移到细胞内的不同区域。细胞骨架从**早前期带**（pre-prophase band）的形成开始就对核分裂起到重要作用。早前期带环绕在细胞中部，是由**微管**（microtubule，由多聚体微管蛋白组成）和微丝组成的一个环状结构。有丝分裂纺锤体也由微管组成，早前期带与纺锤体结构的定位相关。染色体排列在纺锤体的中部（赤道板），并且在微管的牵引下向细胞两极移动。纺锤体解体后，由成膜体装配形成的新细胞壁将细胞分隔成两个子细胞。**成膜体**（phragmoplas-）也是由微管和微丝组成的结构，功能是引导运输新细胞壁合成前体的囊泡到达指定位置。下面我们要详细讨论这些步骤。

信息框 3-2　细胞骨架

　　细胞骨架位于细胞质内，由微丝和微管组成，涉及本章所描述的多个过程。植物细胞的分裂、生长和发育都依赖细胞骨架的正常功能。在有丝分裂时细胞骨架形成纺锤体，使姐妹染色体相互分离；细胞骨架控制细胞内细胞器的运动；细胞骨架引导细胞板的合成；细胞骨架还决定了细胞膨大的方向。

　　植物细胞骨架的主要成分是肌动蛋白微丝和微管（图 B3-2A，B）。微丝是肌动蛋白的线性聚合物，这些肌动蛋白是由多基因家族编码的。随着物种的不同，肌动蛋白基因家族的规模差异较大：拟南芥有 10 个肌动蛋白基因，而矮牵牛却有超过 100 个肌动蛋白基因。基因家族中的不同基因在植物体不同的部位表达，并响应不同的环境和发育刺激。微管的基本单位是 α-微管蛋白和 β-微管蛋白组成的二聚体。这些二聚体单元聚合形成空心圆柱管，也就是微管。微管也是一个多基因家族编码的：在拟南芥基因组中有 19 个微管蛋白基因。

　　微丝和微管的两极是不相同的。"正极"的聚合速度比"负极"的聚合速度快（图 B3-2C）。沿着微丝和微管蛋白移动的马达蛋白通常只向一个方向移动，一些从正极到负极，另一些从负极到正极。

　　微丝和微管总在不断地聚合和解聚，是高度动态的结构。有时细胞骨架结构的动态变化会有净损失或者增加，例如，在有丝分裂期间纺锤体的形成和装配。但是，有时候微管和微丝一极的聚合和另一极解聚不会带来长度的上任何改变，这个现象被称为"踏车现象"。在微丝的踏车现象中，微丝蛋白在正极增加的速度与在负极减少的速度达到平衡（图 B3-2D）。微管可以在伸长和缩短之间迅速转换，这个现象被称为"动态不稳定"（图 B3-2E）。微管蛋白单元添加到微管上时会与富含能量的 GTP 结合，当它们组合到微管中后，GTP 被水解成 GDP。GTP-微管蛋白存于微管末端时有利于微管聚合；而 GDP-微管蛋白存在于微管末端时有利于微管解聚。当聚合速度较快时，新加的亚基上的 GTP 水解成 GDP 的速度滞后，因而在新合成的末端上的亚基是 GTP-微管蛋白亚基而非 GDP-微管蛋白亚基，这进一步促进了蛋白聚合。如果聚合速度减慢，合成端 GTP 的水解速度会加快，这样的话 GDP-微管蛋白的含量就会增加，这促进了聚合（微管的伸长）到解聚（微管的缩短）的转换。

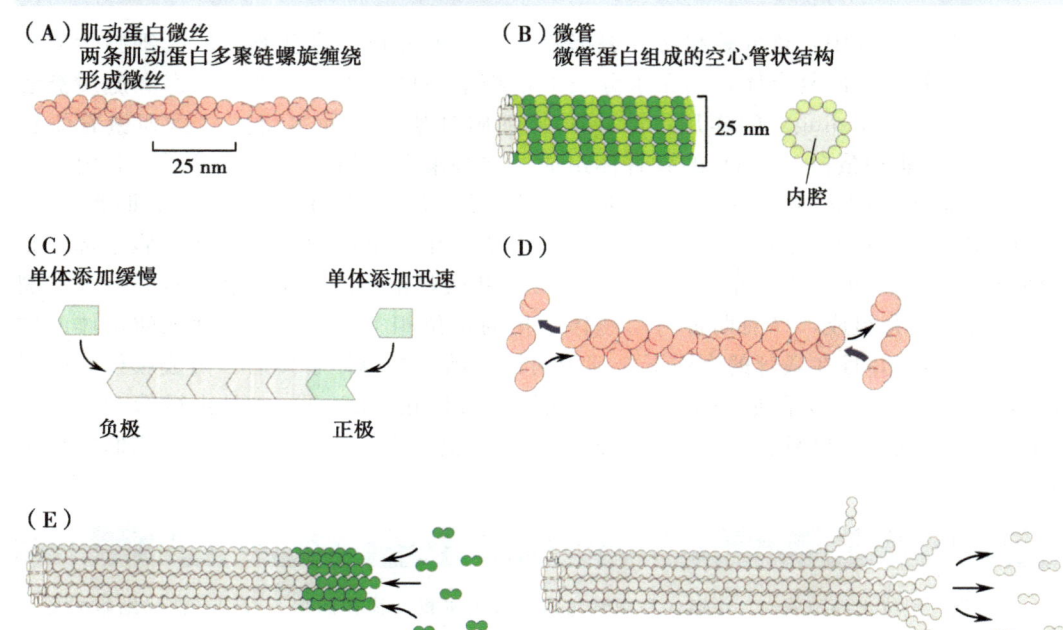

图 B3-2　（A）微丝结构。（B）微管结构。（C）细胞骨架成分的聚合。（D）-微丝的踏车现象：正极的增加和负极的减少相等。（E）微管的动态不稳定性。结构单元以 GTP-微管蛋白偶联（绿色）的形式添加到微管上。聚合后，GTP 被水解成 GDP-微管蛋白（灰色）。当结构单元添加到微管上的速度放缓时，新结合的单元将迅速转换成 GDP-微管蛋白，GDP-微管蛋白在微管端的存在促进了从聚合到解聚的转换（右）。

除了微丝和微管，植物细胞骨架还包括许多其他的蛋白质组分：有驱动细胞器和成对染色体等亚细胞结构沿微丝或微管移动的马达蛋白（如肌球蛋白）；有将微管和微丝聚成一束的蛋白质；还有调控细胞骨架结构聚合和解聚动态变化的蛋白质。对最后一条有一个非常有意思的例子就是肌动蛋白抑制蛋白（profilin）。肌动蛋白抑制蛋白结合肌动蛋白单体，从而决定了肌动蛋白能否聚合形成微丝。例如，花粉中的肌动蛋白就与该抑制蛋白形成复合体。肌动蛋白抑制蛋白实际上就是导致花粉热的主要过敏原。

早前期带发生在即将形成新细胞壁的位置

在将要分裂的细胞中，早前期带在赤道板的位置形成（图 3-16）。它出现在 G_2 期晚期，处在邻近质膜的细胞质中（称为"细胞皮质"的区域）。我们已经讨论过不同的 CDK 在细胞周期的不同时期的功能（3.1 节）。在早前期带中发现一种特殊的 CDK，即 CDC2，它可能调控了早前期带的形成。早前期带紧缩成一圈窄而致密的环形结构，并且在前期核膜解体时消失。与此同时，所有的皮质微管消失，肌动蛋白微丝在早前期带的皮质位置也特异性消失。在质分裂后，新的细胞壁在肌动蛋白缺失的部位形成，也就是早前期带消失前所处的位置（图 3-17）。这样看来，早前期带似乎在这个区域留下了"分子足迹"，指示了新细胞壁（细胞板）形成的位置。

在大部分类型的细胞中，早前期带调控了细胞分裂的方向，但早前期带对分裂过程本身并不是必需的。例如，拟南芥 *fass* 突变体细胞中并不形成早前期带，但细胞分裂没有受到抑制。但是在这些突变体中细胞分裂的方向是没有规律的：在野生型植株中，胚胎的**下胚轴**（hypocotyl）（幼苗在根和子叶之间的区域）细胞大部分分裂都是横向的，但是，在 *fass* 突变体植株中这个部位细胞分裂方向是随机的（图 3-18）。这个实验表明，没有早前期带，有丝分裂纺锤体依然可以形成并发挥作用，只是细胞分裂方向的控制需要早前期带的存在。

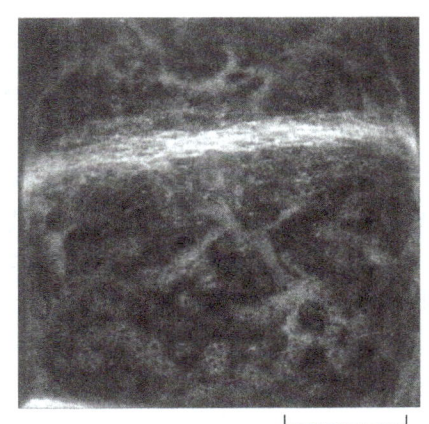

图 3-16 烟草细胞中的早前期带。处理后，细胞中微管发出荧光（引自 C. Lloyd and J. Chan, Nature Rev. Mol. Cell Biol. 7: 147-152, 2006。Macmillan Publishers Ltd 许可，由 John Innes Center 的 J. Chan, G. Calder 和 C. Lloyd 提供）。

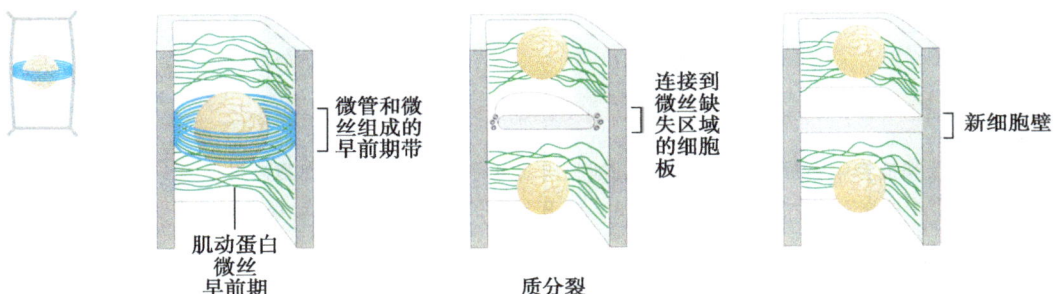

图 3-17 早前期带标记了新细胞壁形成的位置。G_2 期末，细胞皮层中出现了一条微管和微丝组成的带状结构。在前期开始时这条带状结构消失，同时皮层区域的微丝结构也消失。在质分裂过程中，形成新细胞壁的细胞板结构会在之前早前期带所在的位置形成。

图 3-18 不能形成早前期带的突变体。野生型拟南芥幼苗（右）和 *fass* 突变体幼苗（左）证明了早前期带的缺失影响生长方向。因为胚胎的桶形结构，*fass* 突变体又叫做 *tonneau*（由 Henrik Buschmann 提供）。

复制后的姐妹染色单体在纺锤体微管牵引下分离

在 G_2 期末，早前期带消失，染色体凝集，纺锤体形成。"纺锤体微管"从核膜位置相反两个区域伸出（纺锤体两极），整个细胞包裹在大量致密的微管当中。核膜解体时，这些大量的微管组织形成纺锤体（图 3-15）。微管两端具有不同的性质（信息框 3-2），其中一端为正极，能够快速伸长；另外一端为负极，只能缓慢伸长。在动态发育的纺锤体中，正极微管朝向赤道板方向伸长而负极微管伸向纺锤体两极。

在除了高等植物外的几乎所有生物体中，包括藻类（algae）、低等植物（如苔藓和蕨类）和绝大部分动物，纺锤体微管的组装需要中心粒，它是由三种不同形式微管蛋白（α-、β-、γ-微管蛋白）组成的立体空间结构。在有丝分裂前（S 期）中心粒复制，复制后的中心粒迁移到细胞核两侧。纺锤体微管负极与这两个中心粒相连（图 3-19）。虽然高等植物没有中心粒，但它们的纺锤体微管依然连接细胞两极，微管连接的相对松散的两极区域称为极冠（polar cap）。

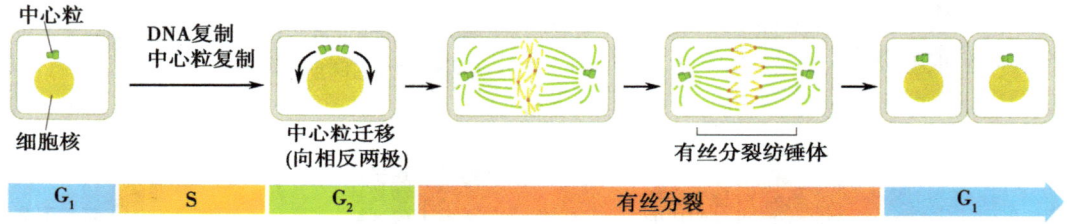

图 3-19　低等植物中心粒的复制和迁移。细胞周期过程中中心粒位于细胞核附近。S 期时，中心粒复制，两个中心粒移动到细胞核相反两极。在有丝分裂过程中，形成纺锤体的微管负极连接到中心粒。质分裂后两个中心粒分配到两个子细胞中。

在植物（和所有的真核细胞）中，一条染色体上两个相同 DNA 分子（姐妹染色单体，sister chromatid）在中期之前在着丝粒位置相互连接（2.2 节）。在这个配对区域，每条姐妹染色单体上形成**着丝粒**(kinetochore)。每一个动粒连接到纺锤体微管的正极形成"着丝粒微管"，而且两条姐妹染色单体的着丝粒分别连接来自相反两极的纺锤体微管（图 3-20）。着丝粒微管束的移动将染色体整齐地排列在细胞赤道板位置（中期），随后（后期）将姐妹染色单体拉开，从赤道板移向两极。

着丝粒微管将染色体排列在纺锤体上赤道板位置并随有丝分裂将其拉向两极是通过两个机制实现的：**马达蛋白**(motor protein) 的活动和微管的解聚作用。马达蛋白是由 ATP 水解所产生的能量来维持其机械能量或拉力的。连接到纺锤体微管的马达蛋白称为**驱动蛋白**(kinesin)，驱动蛋白包含一个头部结构和一个可变尾部结构。驱动蛋白通常以二聚体形式发挥作用，并且两分子在尾部区域形成二聚化。头部结合微管和 ATP，而尾部与要移动的分子相连。ATP 水解，提供能量使携带着目标分子的驱动蛋白沿着微管移动。驱动蛋白运动具有方向性，也就是说每种驱动蛋白在微管上只能向一个方向运动（图 3-21）。在植物纺锤体中研究最透彻的驱动蛋白是"类驱动蛋白钙调

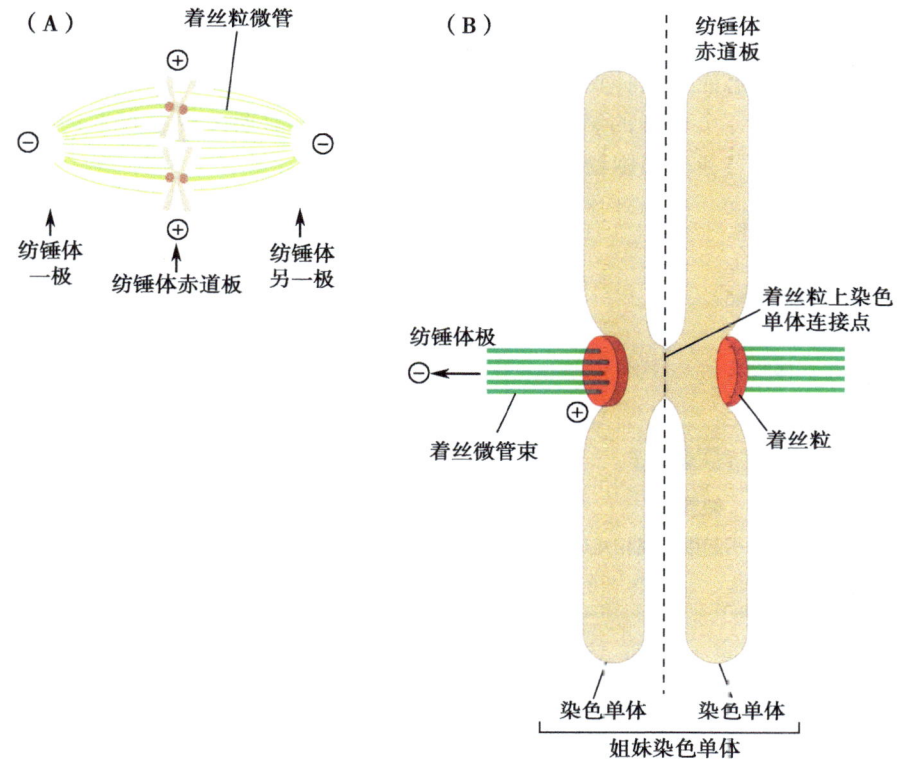

图 3-20 纺锤体微管连接到染色单体上。（A）在赤道板位置染色单体与着丝粒微管相连。微管的正负极如图所示。(B) 微管通过着丝粒结构连接到染色体的着丝粒位置。微管束的正极（着丝粒微管）连接到这个结构上。

蛋白结合蛋白"(kinesin-like calmodulin-binding protein, KCBP)。KCBP 连接到纺锤体上从正极端向负极端移动。在有丝分裂过程中，驱动蛋白如何使染色单体移动的具体机制还不清楚，但是一个可能的机制是驱动蛋白通过连接到着丝粒微管，并且以其他纺锤体中稳定的微管作为轨道来完成染色单体的移动。如果这个模型成立，那么由于两个染色单体之间距离的增加和纺锤体两极的消失，着丝粒微管必定会解聚（图 3-22A）。另外一个可能的机制就是驱动蛋白的头部连接到着丝粒微管，同时尾部结合到着丝粒，直接对着丝粒施加向两极的力量。如果这个模型正确，那么连接到着丝粒的微管正极在移动开始后就会发生解聚（图 3-22B）。

微管指引确定新细胞壁合成的成膜体形成

有丝分裂后期末，在纺锤体赤道板位置两个相互分离的姐妹染色单体之间开始形成新细胞壁。新的细胞壁以细胞板的形式起始，成膜体直接参与细胞板的形成（图 3-23，图 3-24）。随着染色体去浓缩，核膜重新形成，在子细胞核与赤道板之间出现两束微管和肌动蛋白微丝。这些微管和微丝可能有部分是有丝分裂纺锤体的残留，另一部分则是重新合成的。它们的分布方向垂直于分裂面，在曾经纺锤体赤道板也就是后来两个子细胞核的中间位置，两微管束相互重叠。这个重叠区域就是我们所说的"成膜体区域"，也就是有丝分裂末期细胞板开始合成的位置。细胞板的合成从细胞中央开始，随着合成的进行，形成成膜体的微管和微丝在细胞板中央解聚，又在边缘重新装配。所以成膜体形成了一个环形的结构，从细胞的中央向早前期带曾经存在的细胞皮质区域扩展，最后直至与新的细胞壁所在位置吻合。

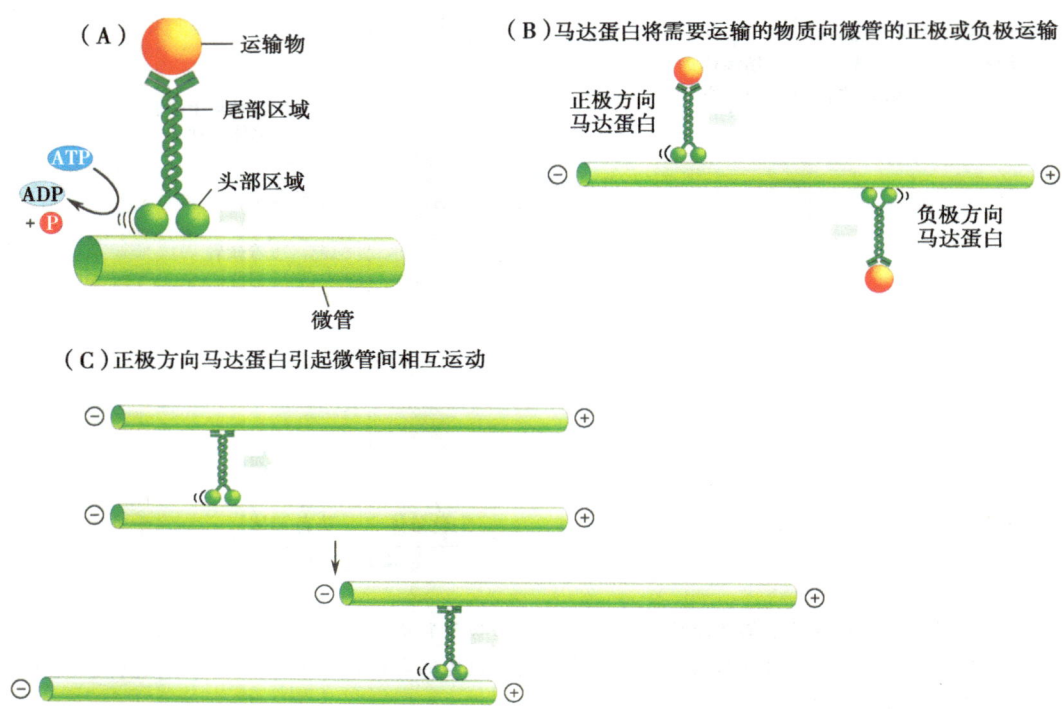

图 3-21 马达蛋白和微管移动。（A）马达蛋白（驱动蛋白）通常是两个相同蛋白组成的二聚体。较长的尾部结构结合到需要运输的物质上，头部区域连接到微管上，沿着微管移动。ATP 在头部区域水解提供移动所需能量。（B）某些种类的驱动蛋白只从微管的正极向负极移动；其他的种类只能向相反方向移动。（C）驱动蛋白可以通过头尾结合到不同微管上引起微管间的相对滑动。

  细胞壁组分通过囊泡运输到子细胞的边界，囊泡融合形成细胞板以及包围细胞板的质膜。这个过程经过了三个阶段。第一个阶段囊泡沿着微管运动到成膜体赤道板区域。两束成膜体微管的正极指向赤道板，使得正极导向的马达蛋白（如重链驱动蛋白）能够将囊泡运送到赤道板区域（图 3-20）。在赤道板区域，囊泡之间通过细小的（20nm）膜管道相互连接构成一个网络结构。第二阶段，这些膜管道直径增加，同时有更多的囊泡融合到这个不断延伸的网络结构中。第三阶段，参与运送囊泡的微管结构从赤道板位置消失，留下相互融合形成的囊泡网状结构，也就是膜包被的细胞板结构。在成膜体向细胞边缘扩展的过程中，这三个阶段不断重复发生，直到细胞板和包裹它的膜结构与母细胞的细胞壁发生接触为止。随后，新的细胞板会与老的细胞壁融合，而包裹细胞板的膜结构会成为细胞质膜的一部分，从而使两个子细胞相互隔开（图 3-23）。

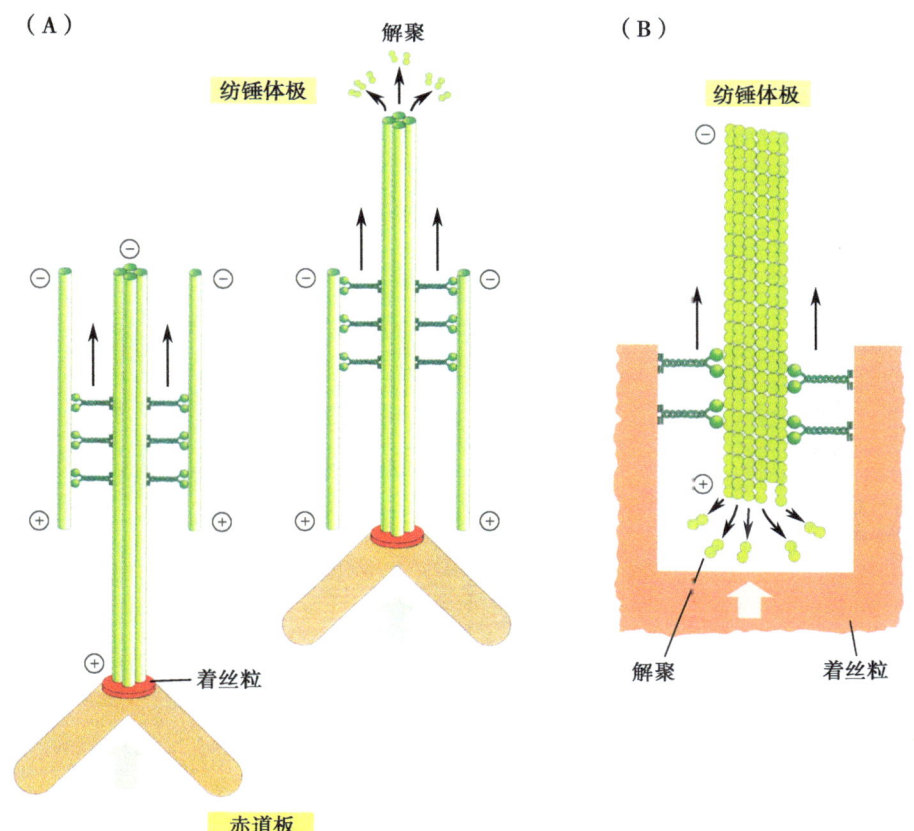

图 3-22 染色单体移动的两种模型。（A）在第一个模型中，染色单体（褐色）是被着丝粒微管（中间绿色的杆）拉开的，着丝粒微管连接到其他位置相对稳定的微管（其他绿色的杆）上，通过驱动蛋白带动微管间的相对运动，拉动着丝粒微管连接的染色单体向两极移动，着丝粒微管在两极解聚（微管负极）。（B）在另一个模型中，着丝粒是连接到驱动蛋白上，驱动蛋白以着丝粒微管（中间绿色的杆）为轨迹，拉动着丝粒连同染色单体向两极移动。为了完成这类移动，着丝粒微管必须在着丝粒端解聚（正极）。

对许多植物而言，在种子的胚乳发育的早期阶段，细胞核分裂和细胞质分裂并不是像上面所说的存在先后关系，而是相互独立发生的。这个过程在谷类种子胚乳中得到广泛研究，因为谷类种子中含有大量的淀粉（starch）积累（4.2 节）。**受精**（fertilization）之后，中央极核（将来形成胚乳，4.2 节）进行多轮核分裂，却没有质分裂。这个过程形成了一个边缘分布了众多细胞核的大细胞（称为**多核体** syncytium）。随后，垂直于外周边缘的细胞壁开始形成，将多核体分裂成多个小细胞，每个细胞内包含一个细胞核。

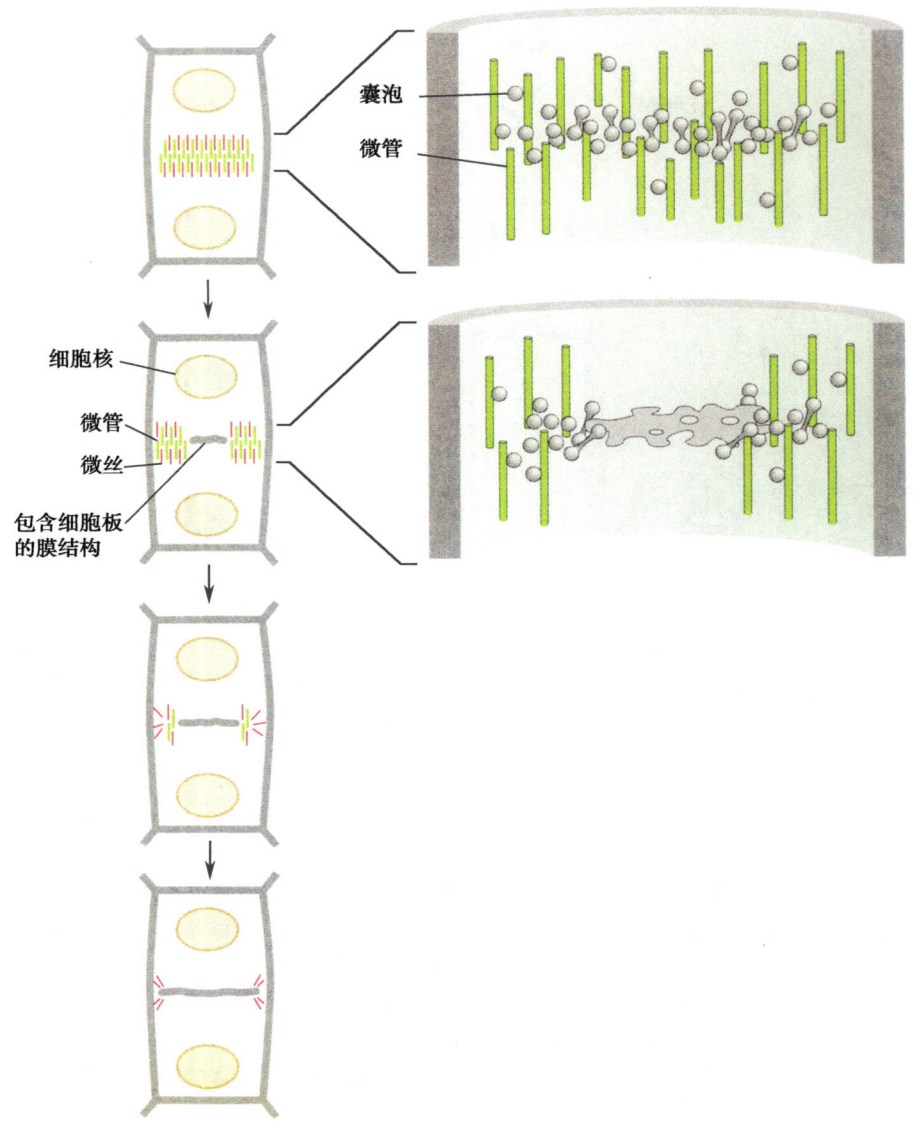

图 3-23 成膜体和细胞板形成。 随着新细胞核形成,从两个子细胞核延伸出来的微丝和微管束在赤道板位置相互重叠(上)。微管引导囊泡运输到赤道板区域,囊泡融合,从细胞中央开始,向边缘扩展(左上到下)。融合后的囊泡形成了一个膜包被的细胞结构,在这个结构中利用囊泡运输的物质合成细胞板。

多核体众多细胞核之间**垂周**(anticlinal)细胞壁的形成来源于从每一个核膜上发散出的微管微丝束形成的成膜体。接下来细胞核分裂与质分裂先后进行形成了这些细胞内的**平周**(periclinal)细胞壁,这些从原始单层细胞中平周分裂而来的细胞形成了平行于表层的新细胞层。最后,原来的多核体中的整个空间都通过这样的方式细胞化了(图3-25)。

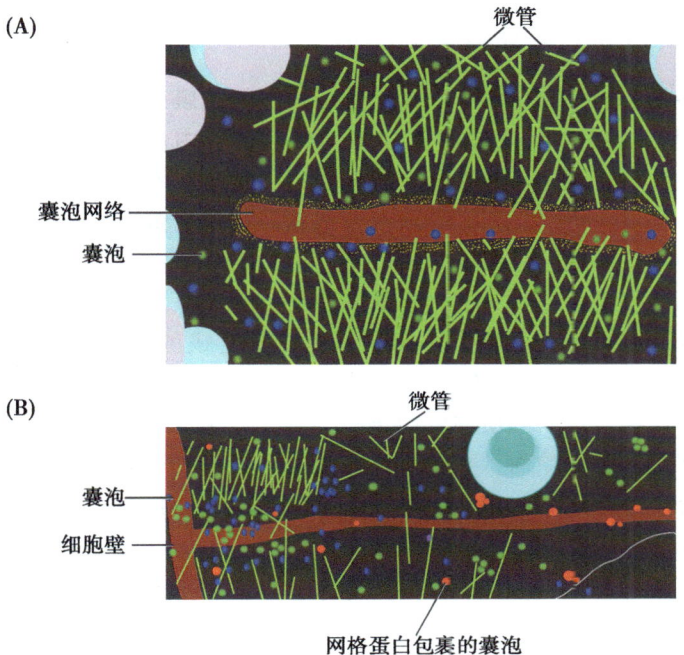

图 3-24 拟南芥茎分生组织中成膜体和细胞板的形成。(A) 成膜体侧面图,该时期细胞中央囊泡网状结构形成 (上图,大约是图 3-23 中显示的第一时期)。(B) 成膜体和细胞板侧面图,细胞板形成晚期 (大约是图 3-23 从上至下第三张图的时期)。注意两张图上都存在平滑表面的囊泡结构和囊泡外包裹的网格蛋白 (图3-46)。其他囊泡类型也同样在细胞板形成过程中发挥功能 (图 3-28) (张慧婷提供)。

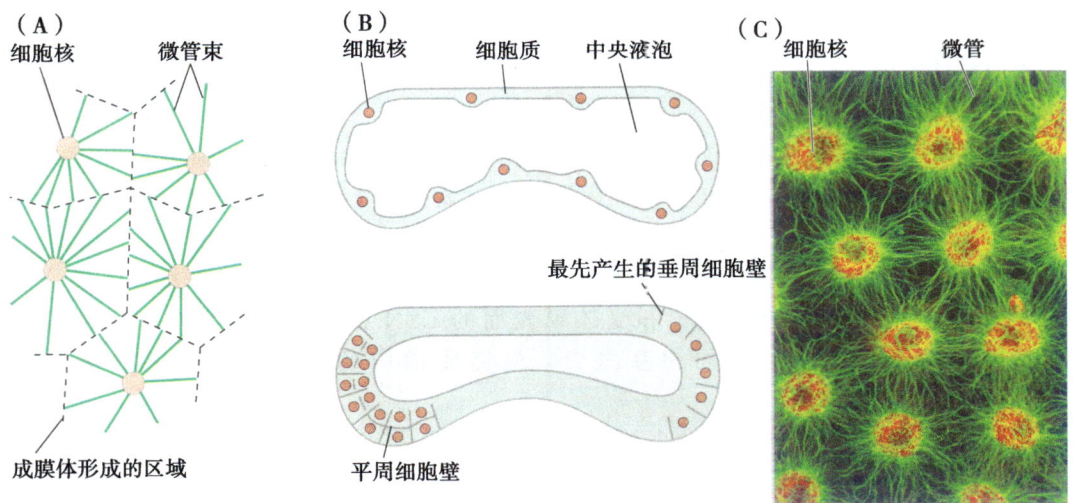

图 3-25 胚乳细胞化。(A) 图中所示是在发育早期单细胞胚乳中细胞核和辐射状分布的微管束。(B) 谷类种子中的胚乳发育。上图显示了与 A 图同一发育时期合胞体胚乳的横切面图。下图显示了胚乳的细胞化过程:垂周细胞壁的形成 (右端) 和平周细胞壁的形成以及进一步的垂周分布 (左端)。(C) 早期胚乳发育过程中细胞核和辐射型微管的电镜照片。

囊泡将原料从高尔基体运送到新形成的细胞壁

细胞板的**多糖**（polysaccharide）组分是在细胞的**内膜系统**（endomembrane system）上合成的。内膜系统中由膜包被的亚细胞结构，包含**内质网**（endoplasmic reticulum）和**高尔基体**（Golgi apparatus）、**液泡**（vacuoles）和**囊泡**，还有细胞质膜和核膜。细胞内膜系统为许多生化反应提供场所，合成复杂的糖类以及**糖蛋白**（glycoprotein）。

细胞壁结构的主要成分〔果胶（pectin）和纤维素（hemicellulose）〕是在高尔基体中合成的，高尔基体是由膜包被的扁平囊状亚细胞结构，位于成膜体边缘区域。但是，合成这些多糖成分所需要的酶并不是高尔基体自身合成的，它们在内质网（endoplasmic reticulum）中合成，随后被转运到高尔基体内。在粗面内质网的**核糖体**（ribosome）上翻译完成后，这些酶进入内质网腔内进一步加工（见 3.3 节），然后从内质网腔内通过囊泡运输到高尔基体的顺面（高尔基体靠近内质网的一侧，图 3-40）。催化多糖在高尔基体内持续合成，并从高尔基体囊膜的顺面移动到反面。从高尔基体反面分泌出的囊泡直接将多糖转运到正在形成的细胞板中。

不仅仅是细胞板的形成，囊泡的形成和融合在许多的亚细胞进程中十分重要。囊泡在膜细胞器间进行物质传递，还包括细胞质膜和液泡膜（3.3 节）。所有囊泡运输的过程基本相似，根据供体膜和受体膜性质的不同也会有一些细节差异（图 3-26）。

囊泡的形成通常由外部蛋白的作用引起。例如，在内质网和高尔基体间传递物质的囊泡是由胞质包被蛋白（cytosolic coating protein）连接到供体膜外侧形成的，这个过程中涉及了其他几种特异性蛋白和提供能量的 GTP。一旦结合到膜上，胞质包被蛋白就会相互聚合，改变供体膜的形态，形成一个向外伸出的芽体。芽体从供体膜中完全分离出来以后形成一个被胞质包被蛋白完全包裹的囊泡。当囊泡转运到目标膜上时，该蛋白质外被解聚，囊泡表面的其他蛋白质暴露出来，使得囊泡能够连接到目标膜上而融合。

从囊泡到目标结构的物质运输需要能够保证正确目标结构的识别机制和促进囊泡融合进入受体膜的融合机制。准确识别是通过囊泡膜上蛋白复合物的功能实现的，这种蛋白复合物被称为"粘连复合物"（tethering complex）。识别和定位到特定的受体结构上就是通过这些复合物来实现的。接着膜融合由 SNARE 蛋白家族介导，一般在囊泡表面的 v-SNARE 蛋白和受体膜表面的 t-SNARE 蛋白的相互作用使得囊泡和受体膜相互靠近，继而相互融合，最终囊泡内的成分得以运输传递（图 3-26）。

拟南芥缺失膜融合突变体的表型生动地说明了这些相互作用的重要性（图 3-27）。*Knolle* 和 *keule* 突变体不能形成正常的细胞板。这些突变纯合体胚胎具有多核细胞，并伴随着不完整、不正常的交叉细胞壁，并且在萌发之后不久植株就会死亡。KNOLLE 蛋白是一类称为**突触融合蛋白**（syntaxin）的 t-SNARE 蛋白，而 EULE 蛋白能够调控 t-SNARE 形成和 v-SNARE 相互作用的受体复合物。因而这两种蛋白质中任何一种的缺失将会减少新的细胞板成分的运输，也就导致了不完全的质分裂。

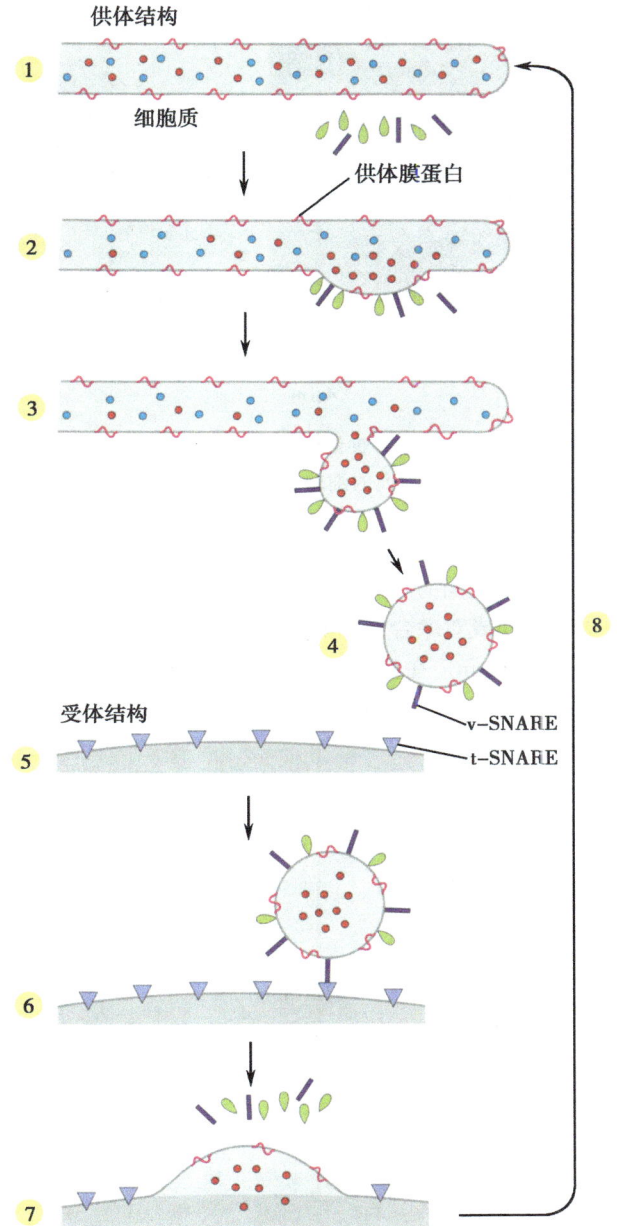

图 3-26　亚细胞结构间囊泡运输的一般流程。（1）胞质蛋白（黑色小杆，绿色小滴）循环到供体结构膜上。（2）这些蛋白质在膜上形成包裹，供体膜出芽，特定的分子（红点）被包裹在芽体中，保留分子（蓝点）不进入芽体。（3~5）囊泡形成，并通过细胞质移动到特定结构。与微管相连的马达蛋白可能牵引囊泡完成移动。（6）特定的蛋白质（v-SNARE）在囊泡形成时循环利用定位在囊泡表面，并最后被定为在受体结构上的特异性的受体（t-SNARE，蓝色三角）识别。这个识别过程使得囊泡能够铆定在特定的受体结构上。（7）囊泡膜与受体膜融合，释放运输的分子进入受体结构中。膜上蛋白质回到细胞质中参与循环。（8）囊泡转运是一个两步过程。囊泡会从受体结构回到最初的供体细胞器上，膜成分回归。

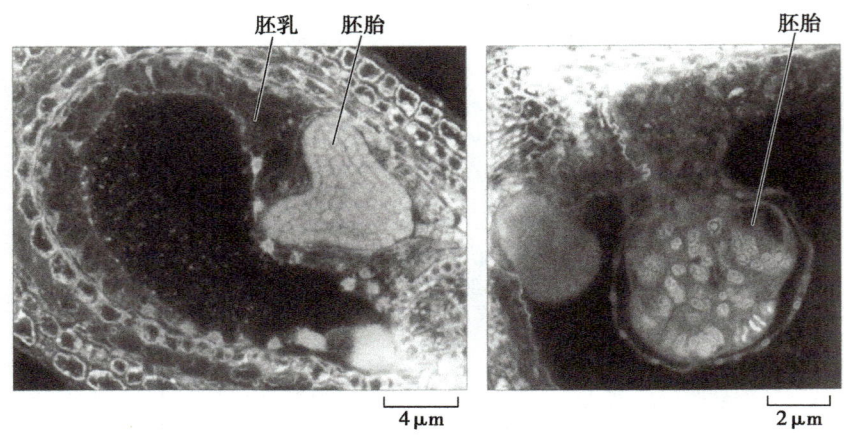

图 3-27 拟南芥野生型和 *knolle* 突变体发育中的胚胎。注意在 *knolle* 突变体中（右）比野生型（左）体积大的细胞。每个突变体细胞都包含多个核。

就像图 3-24 中所显示的，至少有两种类型的囊泡在细胞板合成过程中涉及物质运输。其中一种囊泡在进入到细胞板周围的细胞质（称之为"细胞板合成基质"）时会经过一个动态形状改变的过程。囊泡之间成对融合成沙漏形状的囊泡，随后发动蛋白引起"颈部"区域的剧烈收缩。发动蛋白（dynamin）在囊泡外侧聚合并形成螺旋，形状如哑铃（图 3-28）。这种囊泡的挤压可能会诱导其中包含的细胞壁多糖的构型改变，为之后组建细胞板准备条件。

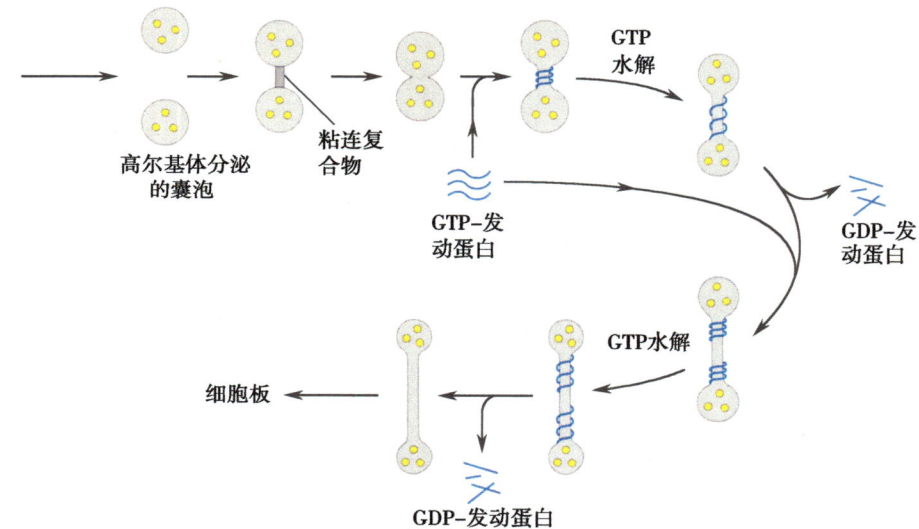

图 3-28 细胞板装配期间哑铃形囊泡形成的步骤。高尔基体形成的小囊泡成对融合形成沙漏形结构。GTP-发动蛋白单体环绕沙漏形颈部装配形成弹簧状结构，并利用 GTP 水解释放的能量向两囊泡端延伸释放出 GDP-发动蛋白。这个颈部缢缩过程可不断重复。

减数分裂是产生单倍体细胞和遗传多样性的一种特殊细胞分裂

减数分裂（meiosis） 在**有性生殖**（sexual reproduction） 过程中发生，是一个**双倍体**（diploid） 细胞分裂形成**单倍体**（haploid） 细胞（只包含一套染色体拷贝的细胞）的过程。在动物细胞中，减数分裂产生**配子**（gamete），而在植物细胞中减数分裂产生**孢子**（spore）。不同于配子的是，孢子不会融合形成**合子**（zygote），却会形成一个单倍体生命随后通过有丝分裂产生配子。在维管植物中，单倍体生命通常只包含少量细胞的花粉（pollen）粒和胚囊（embryo sac）的形式存在。但在其他没有维管的低等植物中，单倍体生命是主要的世代存在形式（第 1 章和第 5 章）。在减数分裂过程中，染色体交换 DNA 片段，从而改变了 DNA 序列，这个过程叫做**重组**（recombination）。下面我们概述减数分裂的过程，再简要讨论其对产生遗传多样性的重要性。

在减数分裂之前，二倍体母细胞经过 DNA 复制（S 期）。这样，当分裂开始时，每一条染色体都包含两个相同的 DNA 分子（姐妹染色单体），而且细胞核中包含着大小、结构和 DNA 序列相似的染色体对（同源染色体）。单倍体细胞是通过两组连续的细胞分裂形成的（图 3-29）。首先，同源染色体在纺锤体的牵引下相互分离形成两组染色

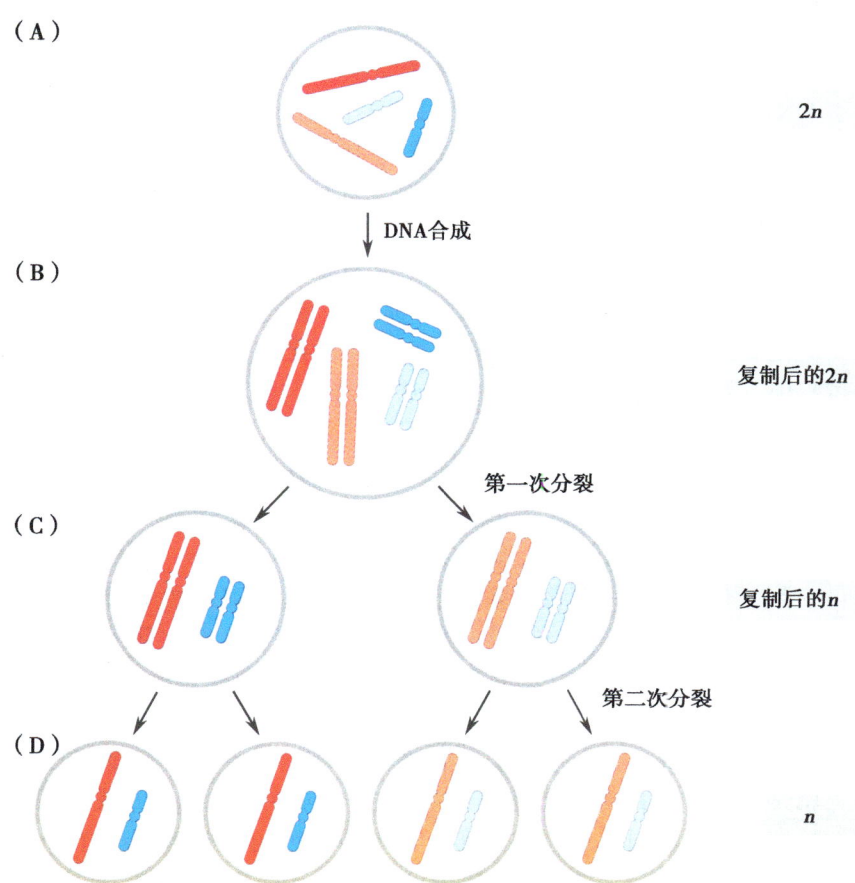

图 3-29　减数分裂过程中染色体的分配。图中每个圆圈代表一个包含染色体（彩色的条）的细胞。（A）减数分裂从一个包含了两组同源拷贝的染色质的二倍体细胞开始。为了简化问题，我们只画出两对同源染色体：一对短的同源染色体用浅蓝色和深蓝色表示，还有一对长的同源染色体用浅红色和深红色表示。（B）减数分裂开始时，每一条染色体都经过复制，形成两条相互连接的姐妹染色单体（用两个相同颜色的平行条表示）。（C）在第一次减数分裂期间，每一个子细胞获得一套同源染色体，每一条染色体上仍然包含两个姐妹染色单体。（D）第二次减数分裂时，姐妹染色单体相互分离，形成四个单倍体细胞。

体。每一组中包含每一对母细胞同源染色体中的一条。也就是说，这两组染色体都是单倍染色体组（只是每一条染色体上包含两个相同 DNA 分子）。在这里注意与有丝分裂的不同：在有丝分裂过程中，纺锤体上每一条染色体上的两条姐妹染色单体相互分离。然而在减数分裂第一次分裂过程中，姐妹染色单体仍然连在一起，只是同源染色体相互分离。在减数分裂第二次分裂中，姐妹染色单体才会在纺锤体的牵引下相互分离，两次分裂共形成四组染色体，每一条染色体包含一个 DNA 分子（一条姐妹染色单体）。这四组染色体重新被核膜包裹，经过质分裂形成四个单倍体细胞。

减数分裂第一次分裂要求在同源染色体分离之前相互识别配对。配对保证了分裂形成的每一组染色体中都含有每对母细胞同源染色体中的一条。同源染色体初始配对是在沿着染色体既定的位置上发生的。这些同源染色体排列起来使得相同的 DNA 序列区域相邻。随后**联会复合体**（synaptonemal complex）在这两条同源染色体之间形成并将它们连接起来（图 3-30）。在这个时期，同源染色体相邻接的区域中会发生 DNA 重组，重组导致了同源染色体之间 DNA 片段的交换。一个染色单体上 DNA 双链断裂，分子末端"侵入"并连接到另一条同源染色体染色单体的互补链中（图 3-30D）。这个过程包含了 DNA 降解和合成，精确机制现在还不清楚。

随着减数分裂第一次分裂的进行，联会复合体消失，同源染色体在重组区域保持连接状态，这些连接称为**交换**（crossover）或者**交叉**（chiasmata）。同源染色体排列在纺锤体赤道板位置时，交叉结构将它们连接在一起，保证了分裂过程中同源染色体的准确排列。同源染色体被纺锤体牵引向两极，相互分离。这个机制与有丝分裂过程中姐妹染色单体相互分离的机制相似。随后，分离后形成的两组染色体经过第二次分裂（图 3-29），只是这次分裂之前不经过 S 期，也就是没有 DNA 复制的过程。减数分裂第二次分裂过程中，姐妹染色单体相互分离。这个过程与有丝分裂基本相同，随后的质分裂将细胞分割成单倍体细胞。

减数分裂的遗传重要性和有丝分裂完全不同。有丝分裂所产生细胞的遗传物质与母细胞完全相同，而减数分裂所产生的四个单倍体细胞的遗传物质与母细胞（性母细胞）不同，而且相互之间也不相同。事实上，在花药（anther）或胚珠（ovule）中的每一个性母细胞都有可能产生遗传背景不同于其他性母细胞所产生的生殖细胞。这种**遗传变异**（genetic variation）是通过多种途径形成的。第一，在大部分生物体中，同源染色体的 DNA 序列是相似的但不完全相同的（例如，它们有可能有不同的等位基因，详见第 2 章）。这样的话，两组通过减数分裂第一次分裂产生的染色体就是不同的。第二，减数分裂第一次分裂中每一对同源染色体的分离方向与其他同源染色体对是相互独立的。也就是说，形成的单倍染色体组有许多不同的排列组合方式（图 3-31）。例如，如果性母细胞有两对同源染色体，那么就有四种可能的单倍体组合方式；如果有三对同源染色体，那么就有八种可能的单倍染色体组合方式，依此类推。

第三种造成生殖细胞遗传多变性的来源就是重组。正如上面所说，减数分裂过程中重组导致了染色单体上 DNA 序列的改变，从而使得染色单体 DNA 序列不再与母细胞染色体相同。**重组率**（recombination frequency）决定了**遗传连锁**（genetic linkage）的程度，就是说在同一条染色体上基因之间相互连锁，而连锁程度意味着它们共同遗传下去的可能性。在生殖细胞形成过程中，分布在不同染色体上的基因随机组合，因为它们会在有性生殖过程中独立分离。如果没有重组，处在同一条染色体上的基因会共同遗传，也就是连锁在一起。这样的话，对每一对母细胞同源染色体而言，子细胞中不是遗传了其中一条同源染色体的全部基因就是得到另一条的。但是由于重组的存在，引入了同源染色体间 DNA 片段的交换（图 3-30），子细胞获得的基因就是两条亲本同源染色体的混合。染色体两端的基因独立性更高，因为它们之间重组的可能性更高。而同一条染色体上相互靠近的基因相互连锁，共同遗传的概率很高。

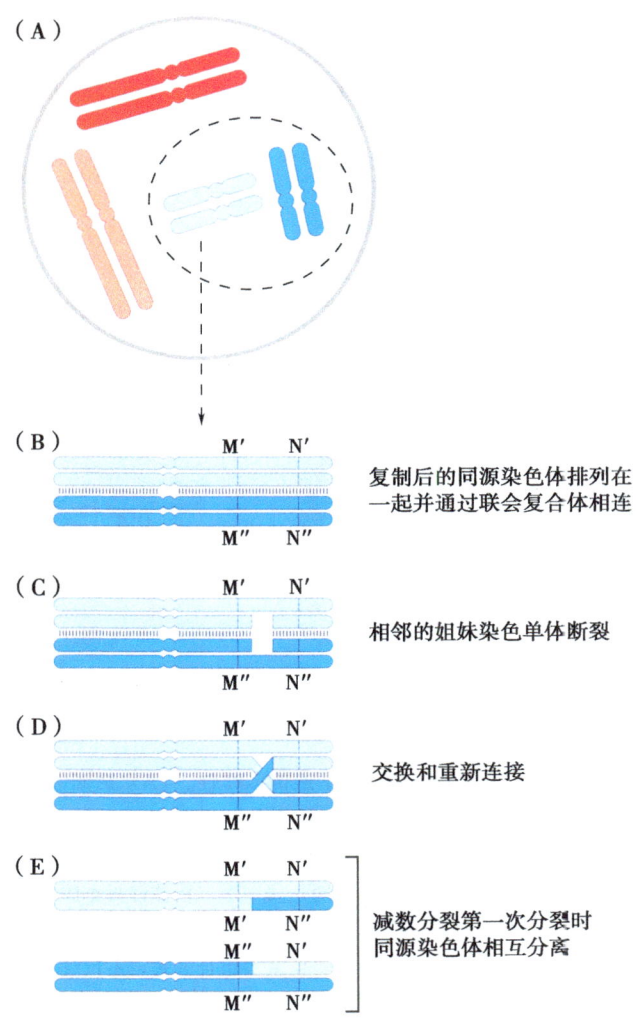

图 3-30　减数分裂期间同源染色体重组。(A) 圆圈表示一个细胞中包含两对同源染色体（和图 3-29B 中一样，第一次减数分裂之前）。(B) 在第一次分裂过程中，同源染色体联会。简单起见，我们把蓝色的一对同源染色体举例画在图上。M′和 N′两个基因及其等位基因 M″和 N″的位置都显示在图上。配对的同源染色体被联会复合体连接到一起。(C) 在两个相邻的姐妹染色单体上出现了 DNA 断裂。(D) 同源染色单体之间进行 DNA 片段交换。(E) 在减数分裂第一次分裂时，联会复合体解体，同源染色体相互分离。其中一条浅蓝色的染色单体已经包含了一段曾经在深蓝色染色单体上的 DNA 片段，其基因组成是 M′和 N″；而一条深蓝色染色单体上也包含了新的基因组合 M″和 N′。

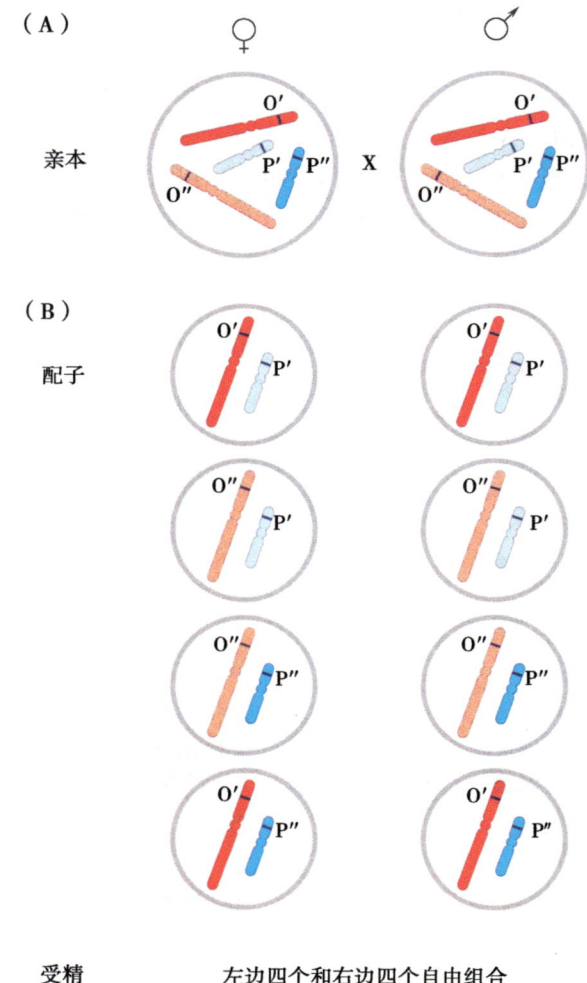

图 3-31 减数分裂通过形成等位基因的新组合创造了遗传多样性。(A) 圆圈表示二倍体性母细胞，细胞所在时期与图 3-29A 中相同。O 和 P 代表同源染色体上的不同基因（O′ 和 O″ 是在红色同源染色体对上的等位基因，P′ 和 P″ 是在蓝色同源染色体对上的等位基因）。注意雄性和雌性的性母细胞都包含了相同组合的等位基因（O′O″P′P″）。(B) 在减数分裂末期，每一个二倍体性母细胞都形成了包含四种可能的基因组合的配子，这四种组合分别是：O′P′、O′P″、O″P′ 和 O″P″。受精时，雌雄配子随机组合形成新的二倍体细胞，这个二倍体合子中包含了所有可能的 O P 等位基因组合方式，不仅仅只有亲本的基因组合。

总之，减数分裂的过程再加上受精过程（见 5.2 节）保证了大多数二倍体生物的后代的遗传组成不同于其任一亲本。

3.3 细胞器

在细胞分裂和细胞生长过程中，细胞器在产生新的细胞组分中起着至关重要的作用。在许多细胞中，为了满足这些生理过程的能量和物质需要，并且保持某些成熟细胞的特定功能，细胞器需要自我复制。细胞器功能的维持和发展、新的蛋白质和其他细胞器原料的合成，以及在细胞内将这些组分转运到准确位置都需要高度协同。细胞核在信息框 3-1 中已有描述；在本节中，我们重点讲述胞质中的细胞器的结构和功能。我们会描述叶绿体和线粒体是如何复制的，细胞器所需的蛋白质是怎样在细胞质中合成并跨膜运输到细胞器中的。我们还要阐述细胞内膜系统在修饰特定蛋白质和转运这些蛋白质到它们特定位置（如说液泡和细胞壁）中所发挥的重要作用，还有细胞骨架在细胞器的移动和定位中所起的作用。

在整节中我们将描述细胞中蛋白质移动到特定位置的途径和机制。就像我们在第 2 章中所讨论的，植物细胞中绝大部分的蛋白质由细胞核基因编码并在核糖体中合成。核糖体有些游离在细胞质中，有些则附着在内质网的胞质面上。合成后的蛋白质可能到达细胞核、叶绿体、线粒体、过氧化物酶体、液泡、内膜系统的其他组分和细胞表面。所有的蛋白质，除了那些留在细胞质（蛋白质翻译的场所）内的，都包含一个或者多个定位域（通常是氨基酸序列基元）。特定的细胞体系和这些结构域中的信息相互作用并根据目的位置分选这些蛋白质（图 3-32）。每一个定位域都特异地指向某个目的位置，蛋白质分选体系对目标结构或膜系统也是特定的。例如，一个蛋白质包含一段叶绿体的定位序列，那这个蛋白质就不能进入到其他的细胞器。一旦这些蛋白质到达目的区域，定位域经常会被目标结构内的蛋白酶（在氨基酸序列的特定位点上切断肽键的酶）切除而形成一个有功能的多肽。

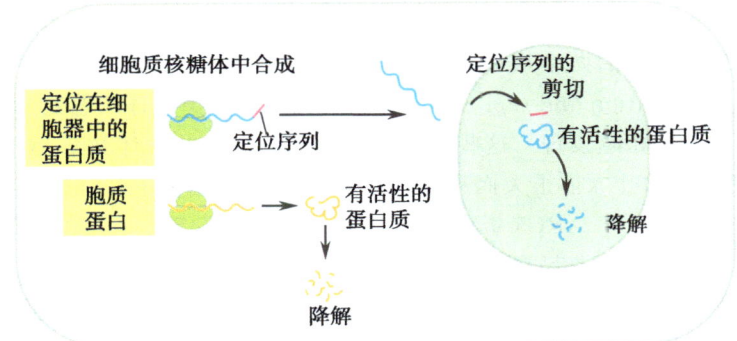

图 3-32 **蛋白质形成、定位和降解的基本流程。** 蛋白质在核糖体上合成，如果没有定位信息，合成后的蛋白质会被释放到细胞质中。包含了定位信息的蛋白质可以与特定膜表面的受体结合，跨膜运输进入到特定结构中。在某些亚细胞结构中，蛋白质定位序列可能被切除，随后才能形成有功能的蛋白质。无论定位在哪里，蛋白质的寿命都是有限的。蛋白质的降解过程并不是随机的，而有十分严密蛋白特异性调控。我们在文中已给出重要的例子。细胞中特定蛋白的数量是由它的合成率和降解率共同决定的。

蛋白质合成不仅仅是在生长和成熟过程中而是在细胞的整个生命过程中始终进行着。细胞中几乎所有的蛋白质都在合成之后被降解（图 3-32），因而必须得到及时补充。蛋白质的平均寿命随着细胞种类的不同差别较大，从几分钟到很多天不等。蛋白质降解主要用来除去损伤或者折叠不正确的蛋白质，也是响应发育和环境信号而改变蛋白质水平的一种方式。因而，对几乎所有蛋白质而言，一定水平的合成和转运到合适的细胞结构是维持细胞内蛋白质功能的最基本的条件，蛋白质合成和降解的平衡调控了蛋白质的功能水平。

质体和线粒体的复制独立于细胞分裂

质体和线粒体的复制是以**二分裂**（binary fission）的方式进行的。在正在分裂的细胞中，这类复制会在细胞周期中发生，而且质体和线粒体会在细胞分裂的过程中分配到子细胞中去。但是在细胞分裂停止后的细胞生长和分化的过程中，细胞器复制往往仍在继续。例如，在细胞生长成熟的过程中，叶肉（mesophyll）细胞中的质体数量通常会从约 20 个增加到 50 个左右。

在质体二分裂时，待分裂的质体开始转变成哑铃形（图 3-33A），中间部分不断缢缩，直到两个新的质体形成并相互分离。这种缢缩作用是由两个连接到中间区域的同心环结构的收缩所引起的：位置靠外的环定位在靠近细胞质的叶绿体外膜表面，而位置靠内的环定位在靠近基质的叶绿体内膜表面［叶绿体中类囊体膜外的部分被称为叶绿体基质（stroma）］。与细胞骨架成分微管蛋白相关的 FtsZ 蛋白就是内环结构的重要组分（图 3-33B）。缺失 FtsZ 蛋白的拟南芥突变体细胞中质体发育不正常，与野生型相比，突变体中的叶绿体更大而数量更少。这些具有收缩性质的环状结构的位置是由 MIN 蛋白决定的，MIN 蛋白在细胞质中合成后被运输到质体中（见下）。例如，在 *minD* 突变体等缺失 *MIN* 基因功能的突变植株中，叶绿体上的环状结构是不对称的，这直接导致了分裂得到的两个质体大小不等（正常情况下大小相同，图 3-33C）。通过一系列 *arc*（accumulation and replication of chloroplast）突变体的鉴定，更多的叶绿体分裂所需的蛋白质被相继发现。这些突变体叶肉细胞中的叶绿体数量小于野生型植株。例如，*arc 5* 突变体的叶绿体很大而且常常呈哑铃形，这说明了叶绿体分裂是在较晚时期被中断的（图 3-33D）。ARC5 蛋白属于自组装蛋白的发动蛋白家族，在叶绿体后期分裂缢缩区域的外环结构中起重要作用。

质体分裂的过程在许多方面与细菌分裂过程相似，这一点支持了质体的内共生进化起源说（1.2 节和 2.6 节都有讨论）。与叶绿体相似，在细菌中由 FtsZ 蛋白组成的有收缩作用的环状结构引起了细胞的缢缩，这个环围绕细胞长轴的中心，环的位置也是由 Min 蛋白决定的。缺失 Min 蛋白的细菌突变体在分裂过程中形成一个不对称位置的环，导致了不包含 DNA 的无活性小细胞的产生。

在未成熟植物细胞分化的过程中，根据特定的细胞类型，质体也会发生分化。例如，绿色光合作用组织中的叶绿体，储存器官如块茎和谷类种子胚乳中的**造粉体**（amyloplast，储存淀粉的质体），在某些花瓣、成熟的果实或者块根中的**有色体**（chromoplast，一类含有大量黄色 β-胡萝卜素或者红色叶黄素的质体）。所有这些种类的质体都是由**前质体**（proplastid，存在于未分化细胞中的小质体）衍生发育而来的（图 3-34）。

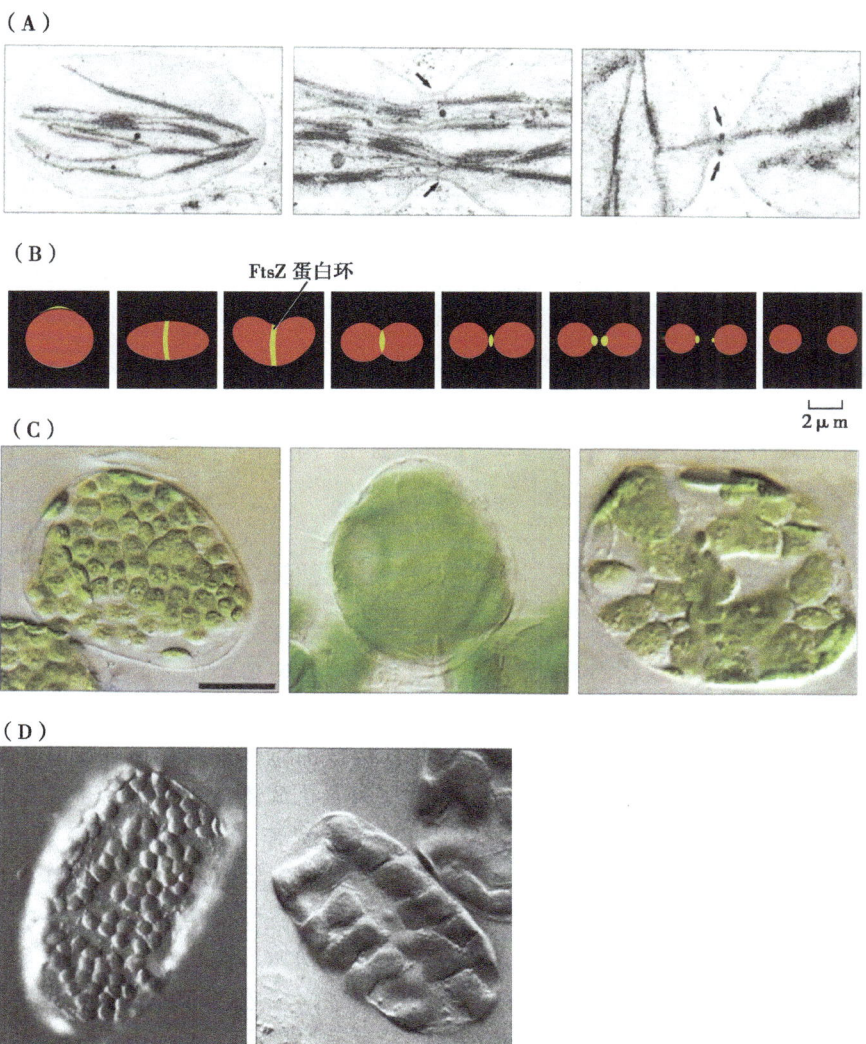

图 3-33 分裂中质体的电镜照片。（A）天竺葵细胞叶绿体分裂的三个连续阶段。箭头指出的是 FtsZ 蛋白环的结构。（B）红藻细胞中叶绿体分裂过程 FtsZ 蛋白环的位置。图中 FtsZ 蛋白连接了一个荧光分子标签，显示出黄色。注意图上分裂过程中 FtsZ 蛋白环的形成和收缩。（C）野生型拟南芥叶片细胞叶绿体（左），缺失某种 FtsZ 蛋白的突变体（中）和缺失 MIN D 蛋白的突变体（右）。注意 *ftsZ* 突变体中单个的大叶绿体（中）和 *minD* 突变体中不规则的叶绿体大小（右）。不规则大小的叶绿体来自不对称的叶绿体分裂（标尺：5μm）。（D）野生型拟南芥（左）和 *arc 5* 突变体的叶片细胞（右）。注意 *arc 5* 突变体中的哑铃形大叶绿体（图 A 由 Haruko Kuroiwa 提供；图 B 由张慧婷提供；图 C 由 Katherine Osteryoung 提供；图 D 由 Joanne Marrison 提供。）。

与质体分裂相比，目前对线粒体分裂的了解得较少。与质体相似，线粒体的分裂也要经过缢缩过程，而且在缢缩的部位也有环状结构形成。但是高等植物线粒体中缺少类 FtsZ 蛋白，环状结构中却含有与发动蛋白相似的蛋白质。

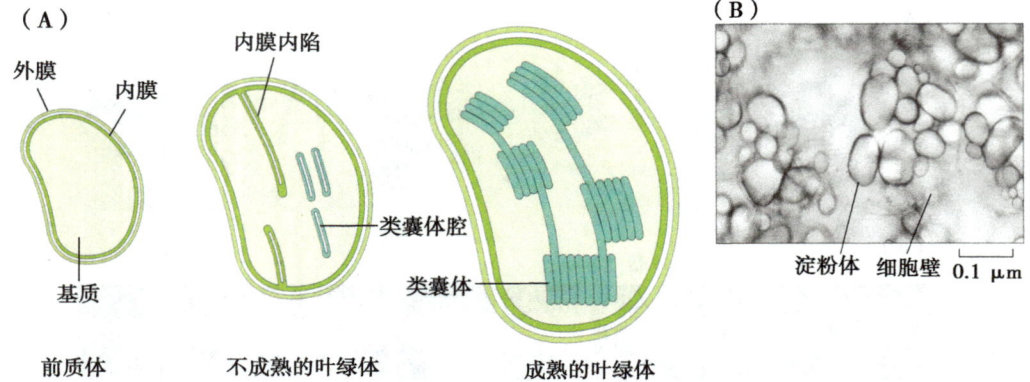

图 3-34　质体发育。(A) 质体发育形成叶绿体。前质体内膜内陷形成类囊体。图中成熟的叶绿体中没有画出类囊体腔。(B) 马铃薯块茎切片的光镜照片。椭圆形结构是淀粉粒，每一个都是独立的淀粉体。

质体和线粒体的生物合成与多种蛋白质的翻译后转入相关

只有少部分的质体蛋白是由质体基因组编码：在细胞器中发现的几千个蛋白质中只有大概 100 个由质体基因组编码（2.6 节）。其他所有的质体蛋白都是由核基因编码，然后由胞质核糖体合成，并通过质体膜上的**蛋白转入复合体**（protein-import complex，也叫转位器或者转位酶）运入质体。这些转入的蛋白质中有许多是在叶绿体基质或质体内膜上发挥功能，但在叶绿体中还有一类特殊的转入蛋白会进一步被运输到类囊体膜上或者跨膜运输进入类囊体腔中（图 3-35）。

蛋白质运输进入质体内需要蛋白质上特定的 N 端信号序列。这段序列通常含约 50 个氨基酸残基，我们称之为**转运肽**（transit peptide）。转运肽与膜上的转位器相互作用，并在转入后被切除，这个切除过程也是运输过程中的重要步骤。转位器识别转运肽的机制不是根据特定的氨基酸序列，而是根据它们的二级结构。无论对于要进入到哪个预定位置的蛋白质，如质体内膜、基质、类囊体膜或者内囊体腔，这个机制是它们通过质体外膜时的共同机制（图 3-36），也是某些蛋白质进一步转移进入类囊体的机制。

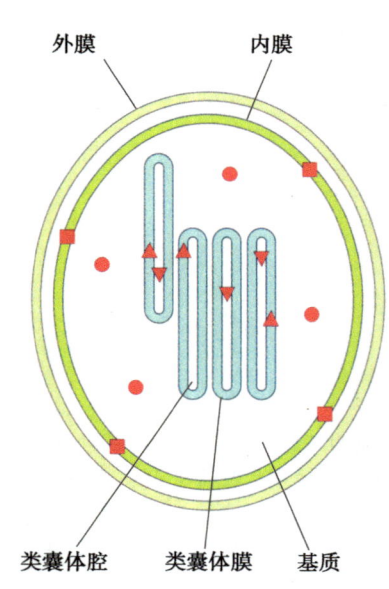

图 3-35　叶绿体中核编码蛋白质的定位。蛋白质在细胞质核糖体上合成，并定位到质体中发挥功能（如通过质体转运肽），定位的区域可能是质体内膜上（红方点），类囊体膜和类囊体腔内（红三角），还可能是叶绿体基质中（红圆点）。

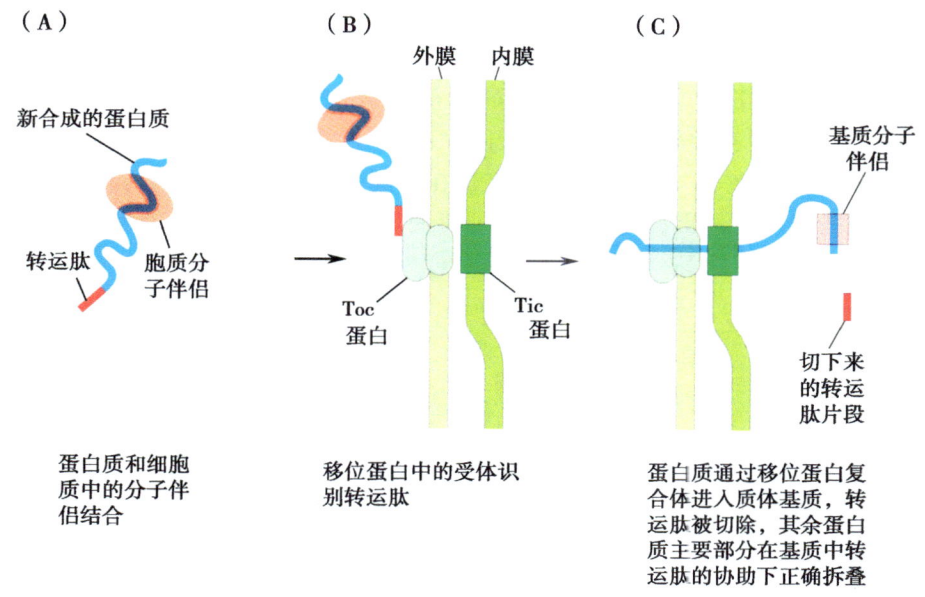

图 3-36 定位在质体基质的蛋白转运入质体。(A) 新合成的蛋白质在分子伴侣的协助下靠近质体。(B) 蛋白质转运入质体要通过跨质体内膜和外膜的移位蛋白。信号肽被外膜上的受体识别，蛋白质跨膜进入质体。(C) 在基质中，转运肽被蛋白酶特异性切除。基质内的分子伴侣连接到转入的蛋白质上保证其正确折叠，形成特定的功能构型。

除了蛋白转入器，蛋白质输入质体还需要**分子伴侣**（chaperone）的协助（图 3-36A）。分子伴侣在很多涉及蛋白质的折叠和展开的细胞功能中有重要作用。几乎所有的蛋白质都只能以一种特定的三维结构来发挥功能，而这种三维结构是通过折叠已合成的氨基酸链形成的。分子伴侣结合到未折叠的蛋白质上，起到稳定蛋白质结构的作用，有助于蛋白质的正确折叠。也就是说，分子伴侣能够防止蛋白质的错误折叠，并能防止其与其他蛋白质的聚合。不仅仅是在正常情况下发挥功能，分子伴侣在细胞抵抗高温方面也有重要作用。因为高温使得蛋白质变性（展开），分子伴侣可以稳定蛋白质结构来保护细胞。高温会诱导分子伴侣的快速合成：它们结合到变性的蛋白质上，使蛋白质重新折叠，防止蛋白质聚合失去活性。正是由于这一点，分子伴侣通常都被称为**热激蛋白**（heat shock protein，HSP）（7.2 节）。

要运送到质体中的蛋白质在细胞质中的核糖体合成后会立即结合一类称为 HSP70 的分子伴侣。HSP70 使蛋白质保持在非折叠状态，这对通过转位器跨膜运输是必不可少的。转运肽被质体外膜的受体识别，使未经折叠的蛋白质与转位器相连（图 3-36B）。部分质体外膜转位器由四个 Toc 蛋白（也就是叶绿体外膜的转位酶）组成。其中之一的 Toc75 形成了一个转移通道供蛋白质通过。另一个 Toc 蛋白是一个膜结合的分子伴侣，属于 HSP70 家族。蛋白质跨叶绿体内膜的转运需要转位器的第二部分介导，这部分包括几种 Tic 蛋白（也就是叶绿体内膜上的转位酶）。转运过程所需的能量来自 ATP 的水解。当蛋白质进入到基质中，转运肽会被基质中的蛋白酶切除（图 3-36C）。即将在基质中发挥功能的蛋白质随后会在两种分子伴侣（HSP60 和 HSP10）形成的复合物的作用下折叠组装成有功能的结构形式。

定位在类囊体的蛋白质还需要包含更多的定位信息。对于在类囊体腔或类囊体膜靠近内腔的表面行使功能的蛋白质的定位信息通常是一段腔定位序列（腔转运肽），这一段序列紧接在转运肽之后。当蛋白质进入基质，转运肽被切除后，腔定位序列就暴露出来（图 3-37）。对于某些定位在类囊体膜上的蛋白质，定位的机理还不太清楚。某些情况下，蛋白质的疏水区可能使得蛋白质无需特殊的转运机制就能嵌入到这些膜中。

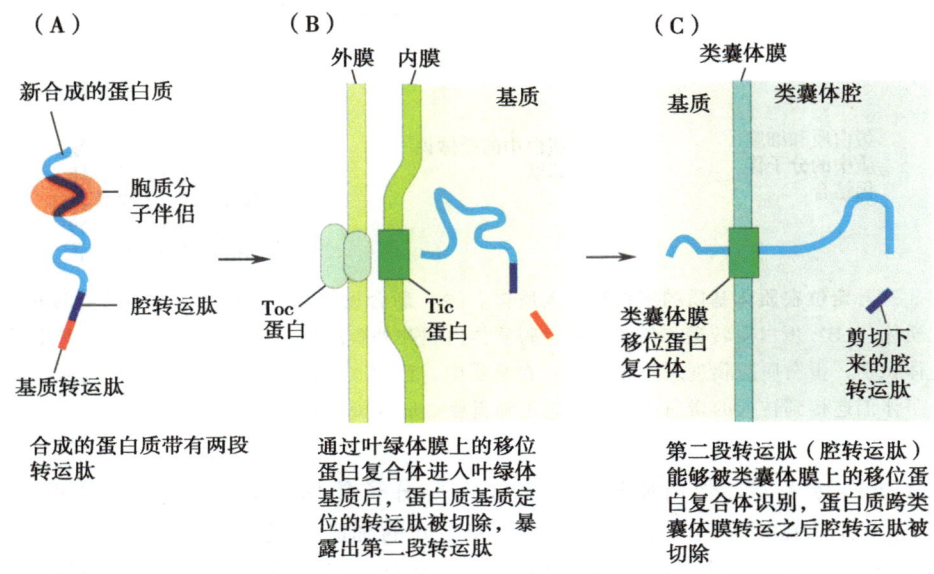

图 3-37　定位在类囊体腔的蛋白质跨叶绿体膜类囊体膜的运输。(A，B) 新合成的蛋白质有两段转运肽；N 端的转运肽指示定位在基质中（图 3-36），第二段转运肽紧接第一段，在基质转运肽被切除后暴露出来行使功能。(C) 在蛋白质进入到类囊体腔后，协助蛋白质通过类囊体膜的转运肽被切除。

蛋白质从基质转运到类囊体腔内可能有三种不同的通路：SEC 通路、ΔpH 通路和 SRP（信号识别颗粒）通路。SEC 通路的运输需要两种蛋白质：SECA 和 SECY。SECA 是一种 ATP 水解酶，它在类囊体膜内外移动来驱动蛋白质通过 SECY 蛋白形成的通道（图 3-38）。**质体蓝素**(plastocyanin) 就是这种转运类型的蛋白质，它是电子传递链上的一个电子受体，是类囊体膜上的光系统中的组分（光系统和电子传递链的组成在 4.2 节讲述）。玉米中 SEC 通路缺陷的突变体（*tha1* 突变体，缺少 SECA 蛋白）不能够形成有功能的类囊体膜。这些植株光合作用严重受损，萌发后不久就死亡。

ΔpH 通路所用到的能量来源于基质和类囊体腔的 pH 梯度，而不是像 SEC 通路中所用的 ATP 水解释放的能量（图 3-38）。依靠这种转运通路的蛋白质有光系统 II 中的**水裂解复合体**(water-splitting complex)，它定位在类囊体膜靠近内腔的一侧。通过 SRP 通路转运的蛋白质需要与一个叫做信号识别颗粒 (SRP) 的基质因子协同作用（图 3-38）。运输所需的能量由 GTP 水解提供，而且这个过程还受跨类囊体膜 pH 梯度促进。对 SEC 通路而言,无论是缺少 ΔpH 通路还是 SRP 通路的突变体玉米都显示出类囊体缺陷,光合作用受损的表型与质体基因组一样,**线粒体基因组**(mitochondrial genome) 也只编码线粒体蛋白中的很小一部分。至少有 95% 的线粒体蛋白是在细胞质中合成并通过线粒体膜上的转入蛋白复合体进入线粒体。线粒体输入蛋白的机制在很多方面与叶绿体输入蛋白的机制类似,尽管在转运蛋白复合体以及不同的被转运蛋白的转运肽上略有区别。

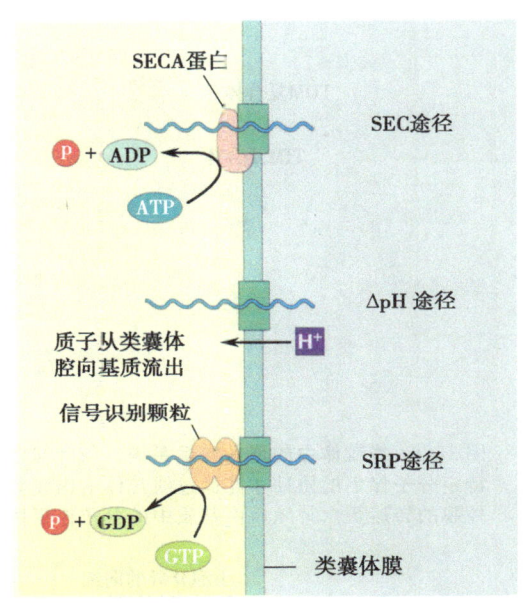

图 3-38 **蛋白质跨类囊体膜转运途径**。在 SEC 途径中,转运由 ATP 水解释放能量驱动,一种基质蛋白 SECA 催化了 ATP 的水解。在 ΔpH 途径中,转运的能量来自类囊体膜两侧的质子浓度梯度。在光合作用过程中,捕捉下来的光能提供将质子从基质泵入类囊体腔的能量(4.2 节)。类囊体腔内的质子浓度大大高于基质。质子缓慢顺浓度梯度回到基质的过程为 ATP 合成提供能量(4.2 节),还为其他的能量消耗过程如 ΔpH 途径提供能量。在 SRP 途径中,转运需要结合信号识别颗粒,信号识别颗粒与跨膜转运蛋白相结合,由 GTP 水解提供能量。

定位在线粒体基质内的蛋白质在细胞质内合成之后必须相继通过线粒体内膜和外膜到达基质(图 3-39)。与质体相似,这个过程也是由细胞质中的 HSP70 分子伴侣协助完成的。线粒体的移位蛋白包含一个 Tom 复合体(线粒体外膜转位酶,其中包括至少 8 种不同的蛋白质)和一个 Tim 复合体(线粒体外膜转位酶)。转运过程需要 ATP 提供能量而且还需要内外膜之间的电化学梯度(4.5 节)。前导肽(类似于质体蛋白的转运肽)在基质中被蛋白酶切除。随后基质蛋白在由 HSP60 和 HSP10 组成的分子伴侣复合体的协助下折叠成有功能的结构形式。某些定位在内外膜之间或者是内膜上的蛋白质在通过了 Tom 复合体后就会直接嵌入到指定位置,其他的与定位在叶绿体类囊体腔的蛋白质有着类似通路。最初的前导序列使得蛋白转运进入基质,随后这段序列被切除暴露出第二段导肽,而这段序列让蛋白质再一次回到内膜上或者跨过内膜进入到膜间隙。

内膜系统将蛋白质转运到细胞表面和液泡中

正如我们在 3.2 节中所描述的那样,新细胞壁合成的酶需要从内质网到高尔基体再到细胞板的转运,细胞内除了内质网和高尔基体之间,还有液泡和细胞表面等许多亚细胞结构之间都有这样依靠囊泡从内膜系统中出芽形成又溶入另一个膜系统中(图 3-40)的物质运输。细胞内膜系统是许多类型分子合成的场所,如脂类是在内质网中合成的(4.6 节);复杂的细胞壁多糖是在高尔基体中装配的;还有定位在细胞壁、液泡和多种类型的储存细胞器中的蛋白质是在内膜系统中经过糖基化和剪切等加工修饰的。

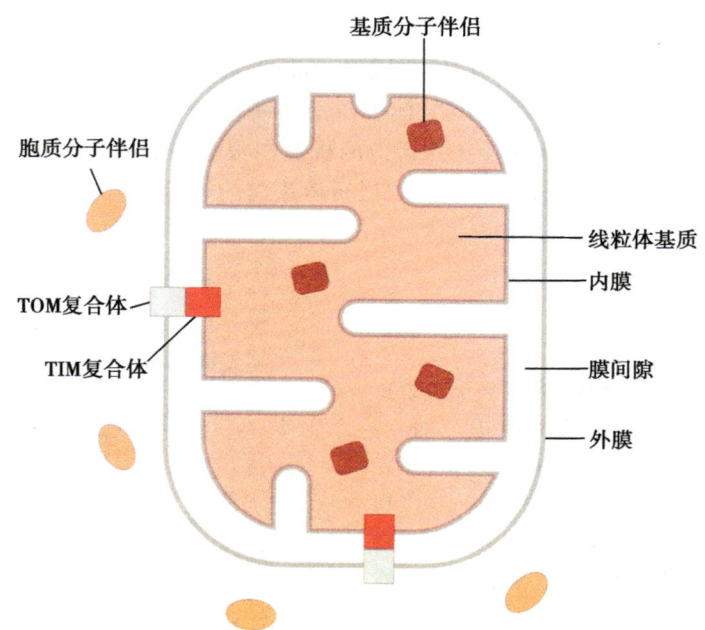

图 3-39 **线粒体中的蛋白转运系统。**与叶绿体情况相似,定位在线粒体基质中的蛋白质也需要特定分子伴侣的协助才能通过线粒体的内膜和外膜来进行转运。转运过程中需要通过跨内膜和外膜的转运蛋白,随后由基质中的分子伴侣协助折叠成有功能的构型。

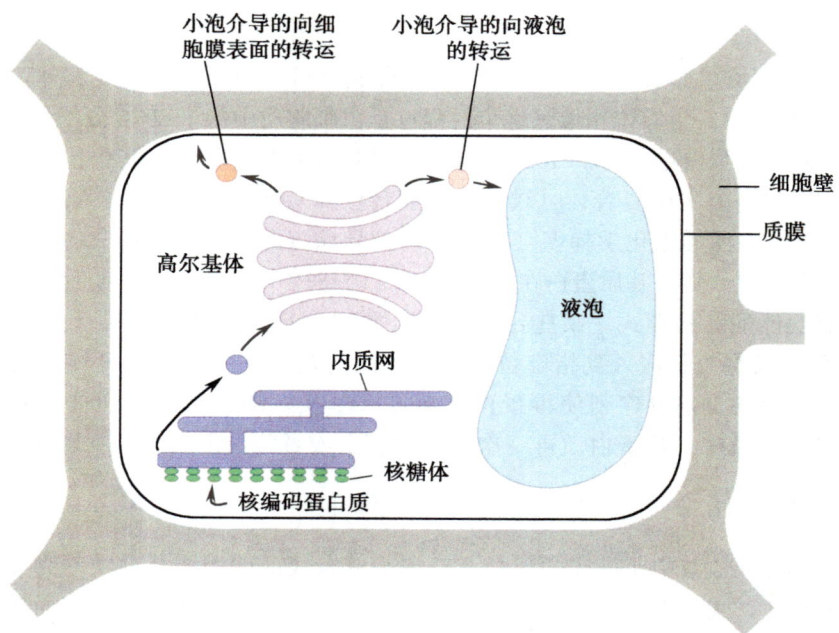

图 3-40 **内膜系统概况。**定位在液泡中或者细胞表面的蛋白质是在粗面内质网上的核糖体中合成的,在合成过程中蛋白质被转入内质网中(滑面内质网缺少核糖体,是其他生化合成的主要场所,包括脂类合成等;见第 4 章)。经过内质网腔中的翻译后修饰,蛋白质被小泡运送到高尔基体中。经过高尔基体进一步加工修饰,蛋白质或通过液泡形成体进入到液泡中,或者通过小泡运输到细胞质上分泌到胞外(3.2 节讨论过的细胞板的形成是后一个转运途径的特例)。

无论是正在转运的蛋白质，还是酶或者分子伴侣，只要是进入到内膜系统的蛋白质，都是在附着于内质网细胞质面上的核糖体上翻译合成的。有大量核糖体附着的内质网区域被称为粗面内质网，而不附有核糖体的内质网则被称为滑面内质网（图 3-41）。粗面内质网上核糖体附着程度随着细胞种类和发育时期的不同而有所不同。粗面内质网在大量合成分泌蛋白和液泡中的储存蛋白的细胞中含量特别丰富（4.8 节）。

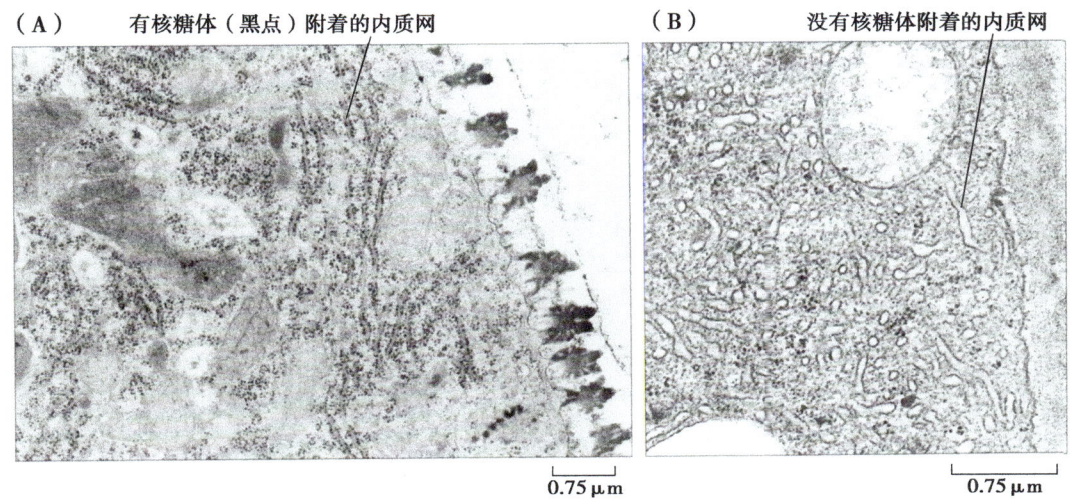

图 3-41 粗面内质网和滑面内质网。电镜图显示：（A）绒毡层细胞的粗面内质网，绒毡层细胞为花药中正在发育的花粉粒提供营养。（B）报春花花瓣表面的花粉腺细胞内的滑面内质网。花粉腺将类黄酮等保护性成分分泌到花瓣表面，随后这些物质结晶形成粉状物质（farina）。

定位在内质网中的蛋白质有一段 N 端信号肽。蛋白质翻译过程中，N 段肽链从核糖体中合成出来就立即被识别并结合信号识别颗粒（RNA 和蛋白质复合体，类似于上面提到的叶绿体中的 SRP，图 3-42）。SRP 暂停了蛋白质的合成并被内质网膜表面受体识别，将核糖体连同已经合成的部分肽链连接到内质网上后蛋白质合成才继续进行，肽链边合成边经过内质网膜上的亲水孔洞或称**易位子**（translocon）进入到内质网中。内质网表面内侧的蛋白酶切除转运蛋白的 N 端信号肽。这个切除步骤也是转运过程中所必需的。信号肽切除位点受到影响的突变体中蛋白酶不能识别信号肽，导致蛋白质转运中断。

在内质网腔内，有许多保证蛋白质正确折叠和装配的机制。这些机制对蛋白质进一步通过内膜系统运输非常关键：不正确折叠的蛋白质不能被运输，而是会被降解。

首先，分子伴侣会与部分折叠的蛋白质结合，保证其结构稳定并能够完成完整的折叠。BiP 是内质网中一种主要的分子伴侣，属于 HSP70 家族。其次，新转入的蛋白质要经过糖基化的过程。在蛋白质天冬酰胺残基上加上一个侧链寡糖，这个过程叫做 **N-糖基化**（N-glycosylation）。这些寡糖中含有 N-乙酰-葡糖胺、甘露糖和葡萄糖残基（图 3-43）。随后再去除葡萄糖残基（去糖基化）使得蛋白质能够结合分子伴侣钙连接蛋白和钙网蛋白，促进蛋白质的正确折叠。如果没有进行正确折叠，那么连接在蛋白质上的寡糖会被重新糖基化和去糖基化，提供一个新的分子伴侣附着位点，进而完成正确折叠。

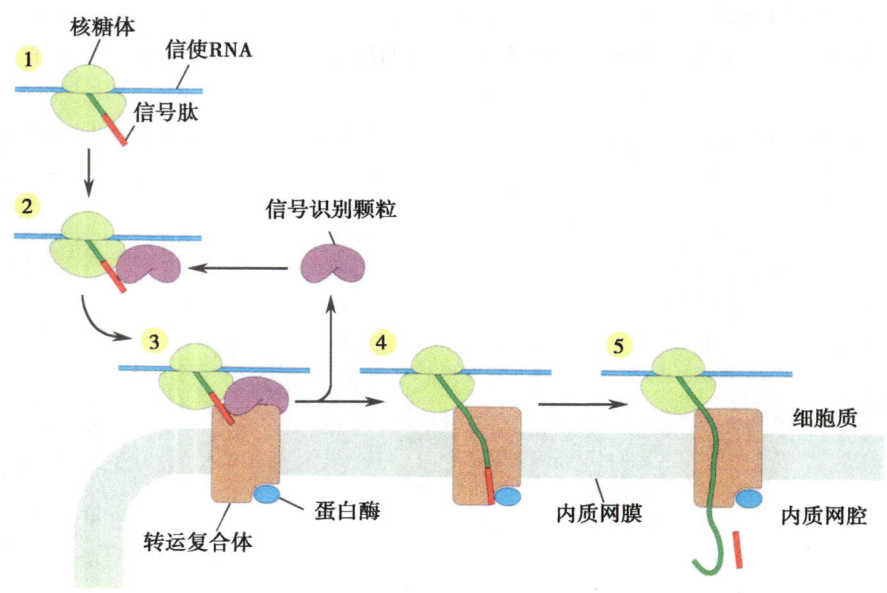

图 3-42　**蛋白质运输到内质网腔内**。(1) 细胞质核糖体中合成。(2) 信号肽被信号识别颗粒（SRP）识别，SRP 与新生的部分蛋白质以及核糖体形成复合体，暂停蛋白质合成。(3) SRP 识别并连接到内质网膜上的受体（转运复合体的一个成分）。(4) SR 分离，蛋白质合成继续，并通过易位子微孔不断进入到内质网腔中。(5) 信号肽被蛋白酶识别并特异性切除，剩下的肽链进一步加工形成成熟的蛋白质。

最后在内质网内，某些种类的蛋白质需要在半胱氨酸残基间形成分子内二硫键才能正确折叠。这种方式涉及许多重要的种子储存蛋白，包括小麦的**麦谷蛋白**（glutenin）、豌豆和豆类中的**豌豆球蛋白**（vicilin）和**豆球蛋白**（legumin）（4.8 节）。在种子发育过程中储存蛋白大量积累，而在萌芽过程中其大量水解成氨基酸来满足幼苗早期生长需要。内质网腔内是一个氧化性相对较强的环境，这样可以促进半胱氨酸巯基氧化形成二硫键。正确蛋白质折叠的二硫键是由蛋白质二硫化异构酶催化形成的，二硫化异构酶能够打断并重新形成二硫键直到正确的构型得以建立。

分泌到细胞表面或者定位到液泡中的蛋白质会首先从内质网转运到高尔基体中（图 3-44）。我们在 3.2 节中讨论了运送到细胞板的多糖是如何从内质网到高尔基体，然后从高尔基体通过囊泡运输的方式运送到细胞板的膜结构中的。许多要运送到液泡和细胞表面的蛋白质也有相似的路径。当蛋白质进入高尔基体中，蛋白质天冬酰胺残基上的 N-多聚糖侧链上的糖基可以进一步添加或者去除（图 3-45）。进一步的糖基化过程，即 O-糖基化也可能发生：在高尔基体顺面，多聚糖（通常包含阿拉伯糖和半乳糖残基）连接到某些氨基酸的羟基上，包括丝氨酸、苏氨酸和羟脯氨酸。

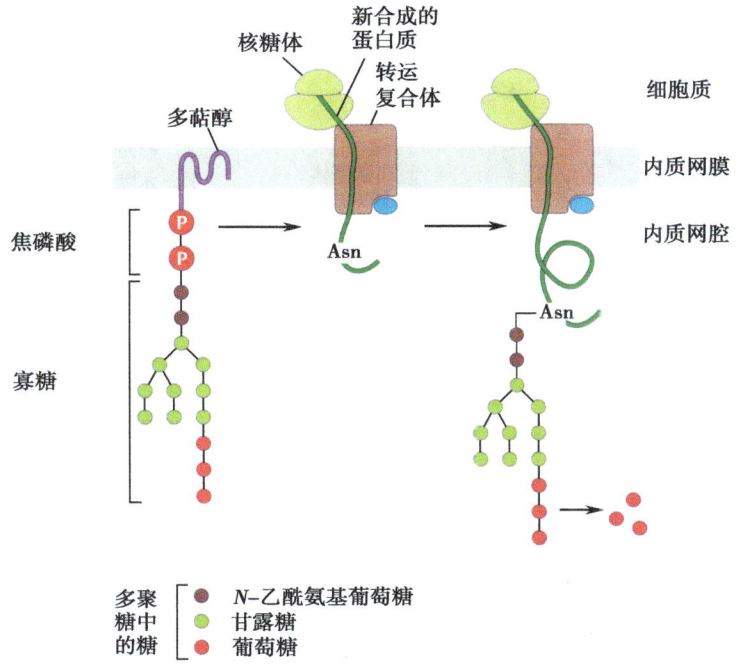

图 3-43　**内质网腔内蛋白质的糖基化。**寡糖的合成方式是向焦磷酸多萜醇的焦磷酸基团添加糖核苷酸（UDP-乙酰氨基葡萄糖、UDP-甘露糖和 UDP-葡萄糖）。多萜醇是疏水的异戊二烯化合物，是内膜系统中的膜组分（4.7 节）。寡糖合成后，被添加到蛋白质的天冬酰胺残基上，进入内质网腔。由于多聚糖通过天冬酰胺的氨基氮连接到蛋白质上，所以这个过程叫做 N-糖基化。去除寡糖侧链上的葡萄糖残基使得蛋白质能够与内质网腔内的分子伴侣结合。

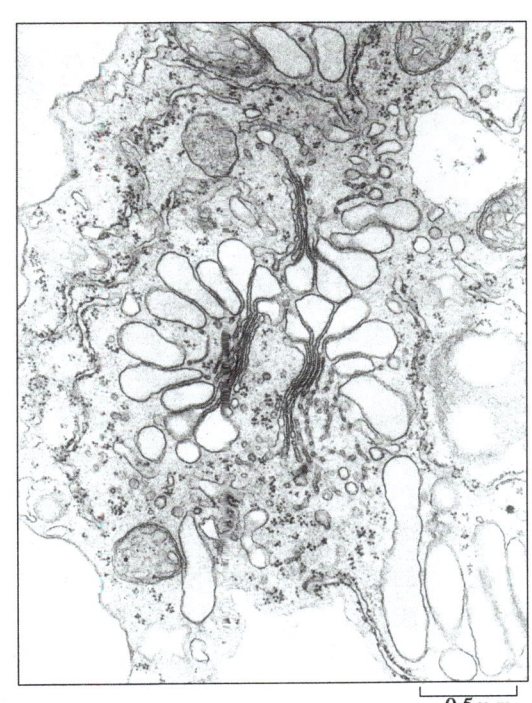

图 3-44　**高尔基体。**电镜照片显示玉米根冠细胞中的两个高尔基体囊膜堆叠。这些大的高尔基体囊膜和分泌出的囊泡参与到根冠黏液的分泌，有利于根冠向土壤中延伸。（由 Chris Hawes 提供）

0.5 μm

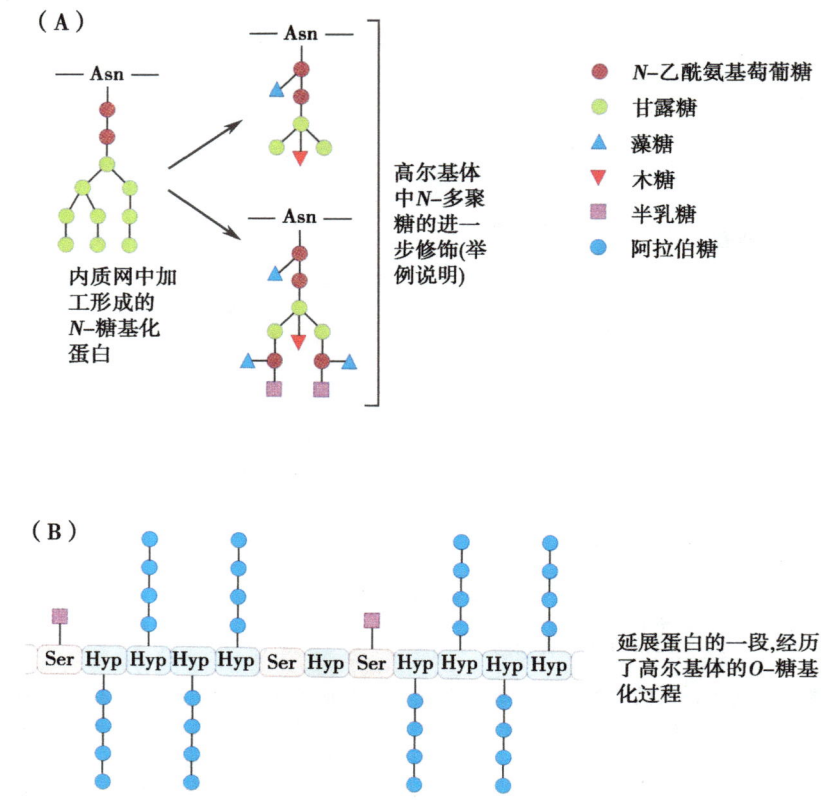

图 3-45 高尔基体中的蛋白糖基化。(A) 内质网腔内 N-糖基化修饰的例子（图 3-43）。(B) 延展蛋白 O-糖基化例子。这种细胞壁蛋白含有许多重复的氨基酸序列 Hyp—Hyp—Hyp—Hyp—Ser。在高尔基体中，单糖或短链寡糖可添加到羟脯氨酸的羟基和丝氨酸残基上，所以称之为 O-糖基化。一般来说，会有一个半乳糖残基添加到丝氨酸残基上，还有 1~4 个阿拉伯糖残基添加到羟脯氨酸上。

蛋白质运输的最终位置会被特定的二级结构基序所决定，如上所述，这些二级结构基序起到定位的作用。携带这些定位信号的蛋白质能被运输到液泡中；没有这些定位信号的蛋白质就会被分泌到细胞质膜外（如 3.4 节提到的细胞壁蛋白）。

不同种类的蛋白质进入液泡有不同的途径（图 3-46）。我们接下来谈一谈大部分成熟细胞所具有的中央大液泡的形成和功能（3.5 节）。运输到液泡（也叫水解酶液泡）中的蛋白质包含在由高尔基体反面出芽形成的囊泡中，这些囊泡被**网格蛋白**（clathrin）包裹融合形成液泡前体并随后与液泡融合。这些蛋白质包括蛋白酶、脂肪酶和核酸酶。在某些储存器官中，特别是发育中的种子中，液泡中有大量的储存蛋白积累，这第二种类型的液泡被称为"蛋白储存液泡"。这些液泡不同于水解酶液泡的地方不仅仅是液泡内容物的蛋白质组成不同，还有不同于水解酶液泡酸性环境的中性 pH 环境，而且这两种**液泡膜**（tonoplast）上的蛋白质种类也不相同。定位于蛋白储存液泡中的蛋白质在密集囊泡中从高尔基体分泌出来，这些密集囊泡都没有包裹网格蛋白。这些内容物浓稠的囊泡直接与蛋白质储存液泡膜相互融合。其他的蛋白质会储存在**蛋白质小体**（protein body）中，它们直接从内质网出芽形成，而不经过高尔基体。储存蛋白的形成还会在 4.8 节中进一步讨论。

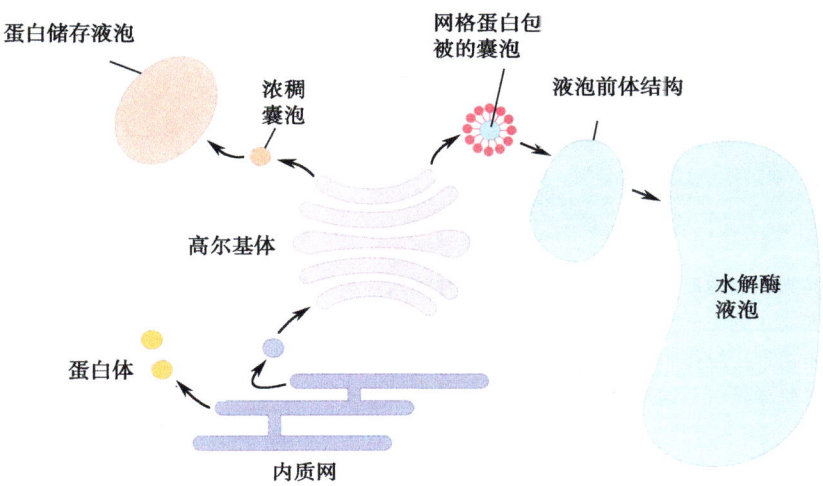

图 3-46 蛋白质运输进入液泡的途径。蛋白质通过多种途径从内质网和高尔基体转运到水解酶液泡、蛋白储存液泡以及蛋白体中。定位在水解酶液泡中的蛋白质通过内质网和高尔基体，再由网格蛋白包裹的囊泡进入液泡前体结构，随后液泡前体融合进入液泡。储存蛋白有可能通过内质网和高尔基体分泌浓稠囊泡进入蛋白储存液泡，也有可能直接由内质网出芽形成进入蛋白体。

细胞器在细胞内的运动依赖肌动蛋白微丝

在植物细胞中细胞器并不是随机分布的，而是位于固定的位置或者沿着细胞骨架的路径移动。在许多植物细胞中，细胞器和细胞质环绕细胞的整体移动被称为胞质环流。特定的细胞器移动也会在发育过程中和响应环境变化时出现。细胞器表面的肌球马达蛋白与微丝束形成的网状结构的相互作用决定了细胞器的定位和运动。肌球马达蛋白和微丝之间的作用也决定了细胞分裂时由高尔基体向细胞板运送组分的囊泡运动（3.2 节），以及向顶端极性生长细胞如花粉管和根毛的生长点的囊泡运动（3.5 节）。细胞器和囊泡沿着微丝移动的方向是由微丝的极性决定的，就像微管一样，肌动蛋白微丝有正、负两极，肌球蛋白通常向微丝的负极移动。

在某些大的绿藻细胞以及根毛内，胞质环流很容易观察。在巨大的藻类（如轮藻和丽藻）节间细胞中，叶绿体包含于周细胞质（位于细胞质膜内侧）中，在这一区域富含肌动微丝来使中位于中心细胞质的细胞器迁移（图 3-47）。

在叶片细胞中，叶绿体会根据光线的强度和性质变化而移动（7.1 节）。在弱光条件下，叶绿体在细胞骨架的作用下沿着细胞移动到垂直阳光照射的角度，最大限度地吸收光能。而强光条件下，叶绿体会沿着微丝移动到细胞平行阳光照射的方向，减少吸收光能的比例，从而减少过多能量可能造成的损伤（图 3-48）。

146 植物生物学

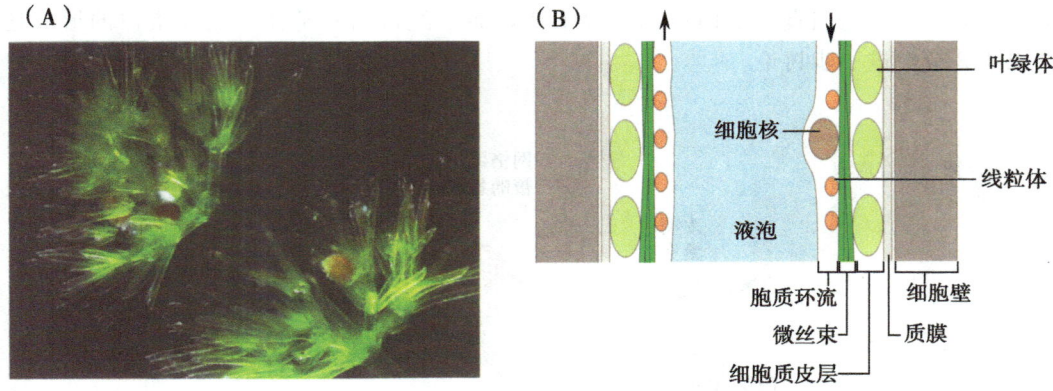

图 3-47　藻类细胞的胞质环流。(A) 丽藻。这种淡水藻类的每一个侧枝都是一个单独的细胞。最终的细胞长度能达到 1~2mm。(B) 丽藻细胞纵向图。叶绿体定位在邻近质膜的细胞质皮层中。这一层细胞质携带线粒体和细胞核等亚细胞结构绕细胞进行胞质环流。这样的细胞内运动是通过细胞器表面的肌球蛋白马达与微丝的相互作用实现的。

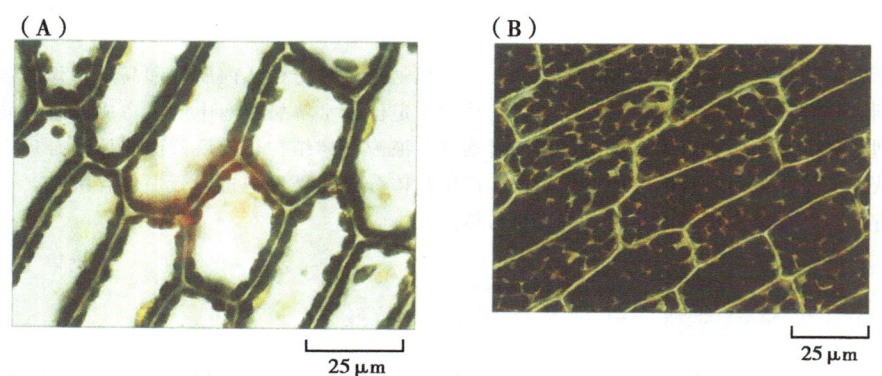

图 3-48　叶片细胞内叶绿体的位置随光照条件而改变。电镜图片显示小立碗藓在两种不同光照条件下的叶片表面。(A) 在强光照条件下，叶绿体分布在细胞背光的一面。(B) 在弱光照条件下，叶绿体分布在光照的正面。图中样本进行了碘染色处理，故而叶绿体呈现棕色。

3.4　初生细胞壁

　　初生细胞壁是由嵌入在基质中的纤维素微纤丝和基质组成的，而基质则主要是由果胶和相互交联的多糖组成的（图 3-49）。基质位于细胞板之中（参看本章 3.2 节），而纤维素微纤丝的合成则是在细胞板延伸到细胞边缘之后才进行。相互交联的多糖与纤维素微纤丝之间形成氢键，同时这两者也是初生细胞壁主要的结构框架，并镶嵌在由果胶形成的网状胶状物中。细胞壁不是一个稳定的结构。在细胞分裂之后，细胞壁随着细胞的膨大而膨大。这个过程可能是由囊泡与细胞膜融合不断输入新的多糖和酶并分泌到细胞壁中（**胞吐作用**）而实现。这些分泌的酶将会降解或重新合成糖类或者甲基化糖基。这些改变会在很大程度上影响细胞壁的物理性质。

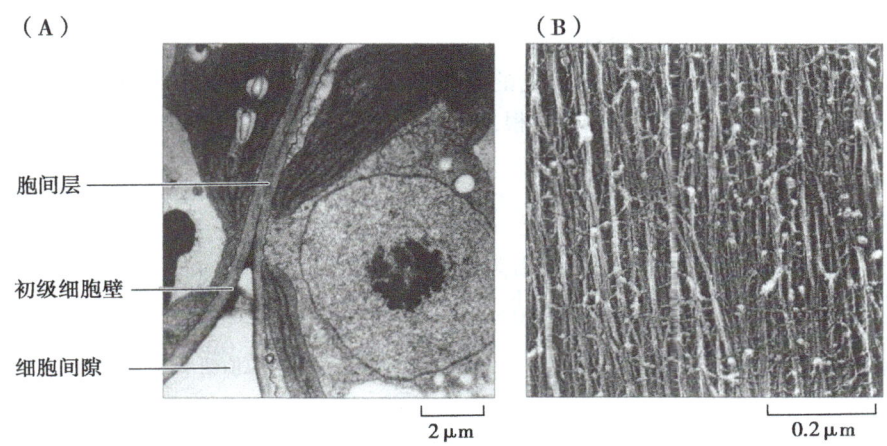

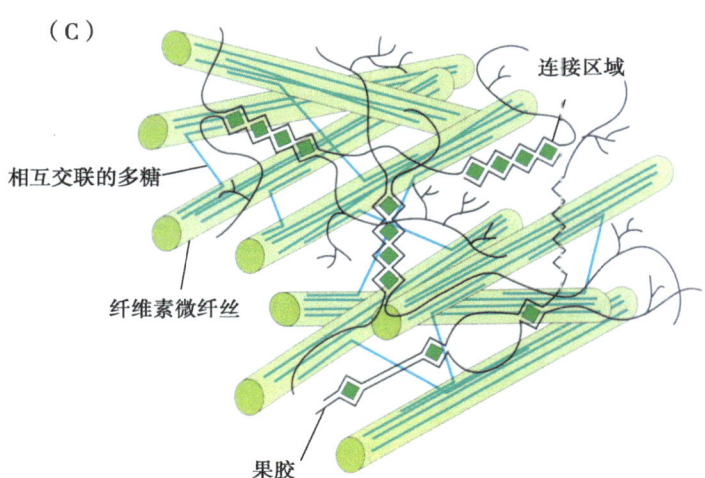

图 3-49　初生细胞壁。（A）电子显微镜照片显示两个相邻的叶细胞之间的胞间层。（B）深度蚀刻扫描电子显微照片显示正在生长的胡萝卜细胞壁中纤维素微纤丝的网状结构。（C）初生细胞壁结构图显示了三种主要的多糖组成成分及其连接方式。在果胶组成的网状结构中，纤维素微纤丝是与相互交联的多糖中的氢键相交联的。果胶基质中的连接区域则会在后面的正文中具体描述（图 B 经 Company of Biologists 允许）。

当细胞达到最终体积时，很多细胞会在初生细胞壁中形成次生细胞壁作为细胞分化的一部分。有关次生细胞壁的性质和各种物质的合成将会在本章 3.6 节讨论到。这里我们来描述初生细胞壁的结构、性质以及它是如何随着细胞生长而生长的。

细胞壁基质由果胶和半纤维素组成

正如之前在本章中所提到的，细胞壁基质的主要组成成分——果胶和相互交联的多糖，在高尔基体中合成并由小泡运送到细胞板中。这两种多糖的结构都很复杂，而且随着物种和细胞类型的改变有着很大的差异。

果胶是线型和分支型的糖类组成的异型基团多聚体，它富含半乳糖醛酸，但是它也常含有其他几种糖类（图 3-50）。根据碳骨架的组成可以粗略地将其分为两种类型，

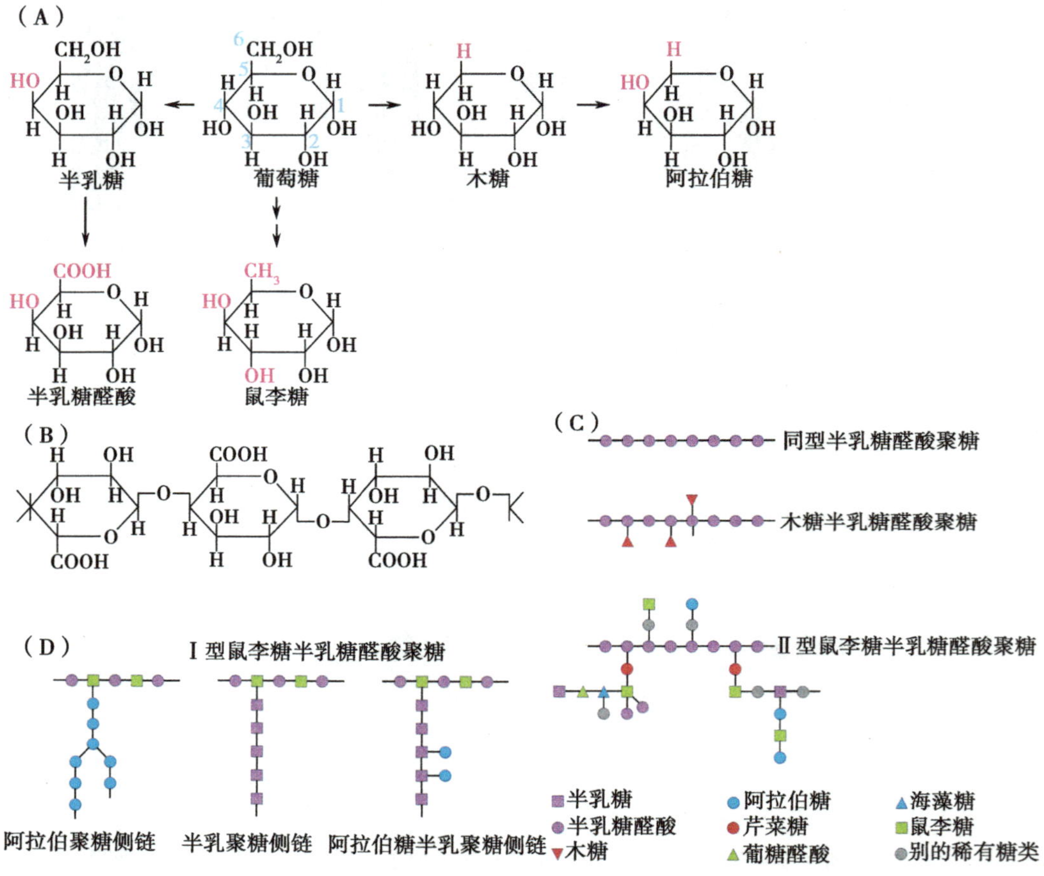

图 3-50　果胶的组成和结构。（A）在果胶和相互交联的多糖中的一些主要糖类。这些糖类都是从葡萄糖衍生而来，图中显示了葡萄糖碳原子的编号系统。红色标记为图中别的糖类不同于葡萄糖的位置。各种糖类相互转换的酶是以核苷酸作为底物而非糖类本身。例如，尿苷二磷酸-葡萄糖经过尿苷二磷酸-半乳糖差向异构酶作用后生成尿苷二磷酸-半乳糖。再经过尿苷二磷酸-半乳糖脱氢酶作用，尿苷二磷酸-半乳糖转变为尿苷二磷酸-半乳糖醛酸。各种由尿苷二磷酸-葡萄糖衍生而形成的核苷酸反应都是在内膜系统中进行的。在高尔基体中，由糖基转移酶催化形成各种糖类，之后这些尿苷二磷酸形式的糖类被转移至合成的多聚体上，而这些多聚糖类则组成果胶和相互交联的多糖。（B）果胶碳骨架——多聚半乳糖醛酸。（C）果胶中的同型半乳糖醛酸聚糖家族。（D）果胶中的Ⅰ型鼠李糖半乳糖醛酸聚糖家族。

再根据侧链又可以进一步对这两种类型进行细分。果胶中的同型半乳糖醛酸聚糖家族的碳骨架是由 α-1,4-糖苷键连接的半乳糖醛酸。同型半乳糖醛酸聚糖是没有支链的。而木糖半乳糖醛酸聚糖则在将近一半的碳骨架上有木糖侧链。II型鼠李糖半乳糖醛酸聚糖则有一个复杂的分支结构。它的半乳糖醛酸骨架上有四个不同的侧链。果胶中的 I 型鼠李糖半乳糖醛酸聚糖的碳骨架则是由半乳糖醛酸和鼠李糖相互交替形成的。连接在鼠李糖残基上的侧链由线型半乳糖链、分支阿拉伯糖链和带有阿拉伯糖侧链的线型半乳糖链组成。

相互交联的多糖也是嵌入到细胞板中的初生细胞壁中。这些多糖主要有三种类型，这些类型在高等植物中有着不同的分布（图 3-51）。**木糖葡聚糖**是由一个以 β-1,4-糖苷键连接的葡萄糖碳骨架和一个单一的木糖侧链所组成的。木糖葡聚糖的精确结构是随着物种的不同而不同的；如侧链的数目可以不同，而木糖也可由别的糖类（如岩藻糖或阿拉伯糖）所替代。木糖葡聚糖可以在绝大多数的双子叶植物中发现——它们是相互交联的多糖的主要组成部分，而在约一半的单子叶植物中也含有木糖葡聚糖。葡萄糖醛酸阿拉伯糖木聚糖的碳骨架是木糖，侧链由葡萄糖醛酸和阿拉伯糖组成。所有的高等植物中都存在葡萄糖醛酸阿拉伯糖木聚糖，而且在一些单子叶植物（如草类、凤梨、姜，以及棕榈）中，这种糖是相互交联的多糖的主要组成形式。在禾本目（草类及相关的科）中还存在混合连接的多糖，这些多糖则由 β-1,3-糖苷键和 β-1,4-糖苷键连接的葡萄糖构成碳骨架。

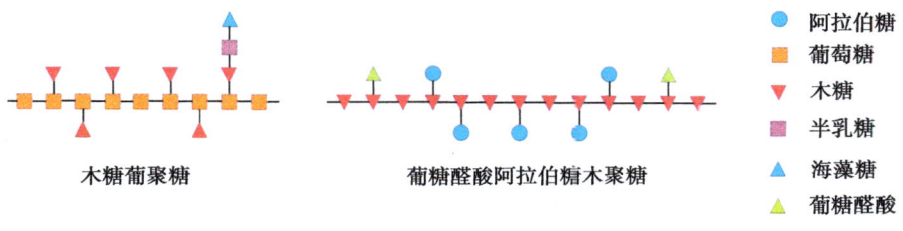

图 3-51　**相互交联的多糖。**木糖葡聚糖和葡糖醛酸阿拉伯糖木聚糖中一些常见的重复单位。

除了果胶和相互交联的多糖之外，细胞板基质还常含有一种由 β-1,3-糖苷键连接的葡萄糖多聚体——**胼胝质**。这种糖不是由小泡运输到达细胞板之中，而是直接在细胞板中合成的。在细胞板形成的第二阶段，小泡形成管状网状结构，胼胝质积累（图 3-23）。而在胞质分裂结束之时，胼胝质也随即消失，所以大部分成熟的细胞壁缺乏这种多糖。但是也有例外，如花粉管细胞，在细胞壁上就含有胼胝质，并且沿着细胞长轴形成胼胝质塞（参见 5.2 节和 5.6 节）。

纤维素是在细胞板形成后的细胞表面合成的

纤维素是在细胞板接触到细胞边缘以及胞质分裂完成之后在初生细胞壁中开始积累的。当初生细胞壁已经完全形成（亦即细胞分裂停止）之时，在大多数细胞类型中纤维素占细胞壁总量的 15%～30%。纤维素相互聚集形成微纤丝，微纤丝就像线轴上的线包裹线轴一样将细胞包裹起来。

纤维素是由质膜表面的纤维素合酶复合体合成并聚集成微纤丝。**纤维素合酶复合体**是一种多聚体酶（有多个亚基），也被称为**末端复合体**。末端复合体由 6 个排成六边形的复合体（图 3-52A）组成玫瑰花样；纤维素微纤丝从纤维素合酶复合体中挤出并进入到细胞壁中。虽然纤维素是地球上最多的生物多聚体，但纤维素合酶复合体的结构和功能还不清楚。因为在活体植物之外要想完全重建纤维素合成这个过程是十分困难的，所以研究纤维素合酶复合体是一个十分艰难的课题。去除细胞壁的合酶复合体就

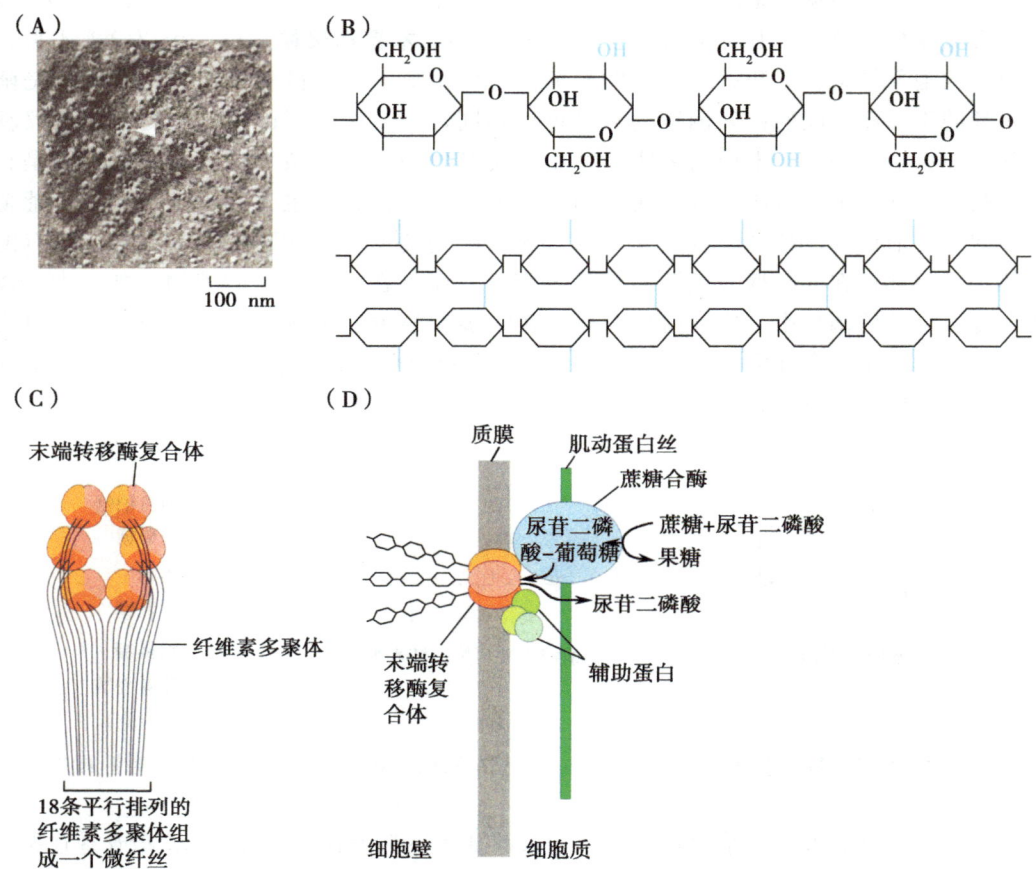

图 3-52　纤维素合成。（A）电镜图片显示玉米根细胞玫瑰状结构（箭头所指）是由纤维素合酶复合体构成的，该酶位于质膜外侧。（B）纤维素结构。由于葡萄糖侧链残基的特性，相邻的两条纤维素长链之间可以形成很多链间氢键（蓝色），这些氢键是由两条链中突出的羟基形成的。（C）从胞外观测的假定的玫瑰状结构。每个末端复合体可能含有三种不同的纤维素合酶蛋白。图上显示的有 18 条纤维素分子；还有一些研究显示该结构可能产生 36 条纤维素分子。（D）假定的部分纤维素合酶复合体。与肌动蛋白丝锚定的蔗糖合酶提供了由蔗糖转变而来的尿苷二磷酸-葡萄糖，尿苷二磷酸-葡萄糖被质膜上的末端复合体加到延伸的纤维素长链上，末端转移酶复合体是由三种不同的纤维素合酶和未知的辅助蛋白所构成的。纤维素多聚体就是这样在质膜的外表面产生的。这个示意图有很多假定的成分（图 A 由 T. Arioli 等提供，Science, 279（5351）：717-720, 1998. 经 AAAS 同意）。

丧失了原有的活性，这是因为细胞壁中的蛋白质与复合体的联系被切断了。根据现有的模型，在被子植物中，每个末端复合体合成3～6个平行排列的纤维素多聚体，因此每个玫瑰花样结构能合成18～36个纤维素多聚体（图3-52C）。这些多聚糖是由β-1,4-糖苷键连接的葡萄糖聚合而成的葡聚糖。葡聚糖单体是以核苷酸（尿苷二磷酸-葡萄糖）加到聚糖上的，而尿苷二磷酸-葡萄糖则是经过**蔗糖合酶**催化后由蔗糖转变而来的。据估计，蔗糖合酶和末端转移酶复合体在质膜内表面可能是连接在一起的（图3-52D；参见本章4.5小节）。当进入细胞壁基质，这些由每个玫瑰花样结构中生成的、平行排列的葡聚糖长链组合成结晶状长条（或微纤丝）。

高等植物的纤维素合酶是由小的**多基因家族**编码的。在拟南芥中，三种必需的纤维素合酶负责初生细胞壁的合成。如果这三种纤维素合酶中的任意一种发生突变，植物就会发生生长发育不良，如 *root swelling 1* 这个突变体。除了纤维素合酶之外，还有别的纤维素合成所必需的酶类。例如，缺乏一种与质膜结合的内切葡聚糖酶（一种切断β-1,4-糖苷键的酶）的拟南芥突变体如 *korrigan* 和 *swelling 2* 就会发生纤维素合成减少和生长迟滞的现象。但这些酶在纤维素合成中的具体作用还未知。缺乏这些酶很有可能导致从末端玫瑰花样结构中合成的完整或分解的聚合链不能正确地聚合形成纤维素微纤丝。

细胞壁的糖类组分相互作用形成坚韧而有弹性的结构

细胞壁的糖类组分所形成的结构是充分坚韧的，既可使组织忍受向外的压力（膨压；见本章3.5节），又具有足够的弹力让细胞膨大（图3-49）。如上所述，细胞壁是由纤维素和相互交联的多糖作为骨架，以网状结构的果胶作为基质的。各种组分共价和非共价键之间的作用以及细胞壁上各种酶和蛋白质的作用（也参见前文）使得细胞壁具有一定的弹性，足以使细胞膨大顺利进行。这里我们描述这些相互作用的主要特点和对细胞壁的性质的影响。

纤维素微纤丝具有的拉伸强度可以和钢铁相比拟。纤维素微纤丝为细胞壁提供了机械支持，同时还使得细胞能承受膨压。初生细胞壁中纤维素微纤丝的方向决定了细胞膨大的方向（参见本章3.5节）。如果一个细胞中的纤维素微纤丝是呈十字形交错的网状，细胞就倾向于以相同程度向各个方向膨大。但如果一个细胞中的纤维素微纤丝呈相互平行如环绕细胞环状，细胞就会朝着垂直环状的长轴的方向膨大从而变长或变为圆柱形（图3-54）。缺乏足够数量纤维素微纤丝的突变体植物细胞不能适当地膨大，如 *rsw* 突变体具有短的、肿胀的根细胞和下胚轴细胞（图3-53）。

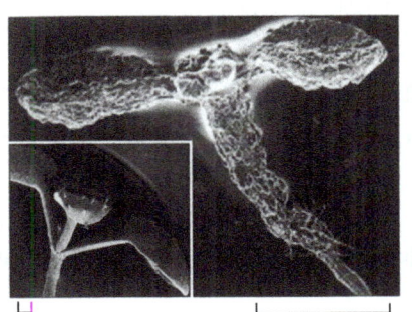

图3-53 拟南芥突变体 *root swelling* (*rsw*)。这种突变体缺乏一种合成纤维素所必需的β-1,4-葡聚糖酶；插入的小图显示的是野生型植物。*rsw* 突变体的幼苗由于不能正确地形成纤维素微纤丝，因而呈现出肿胀的组织形态。两幅图中的标尺代表的是同一个长度（由 T. Arioli 等提供，Science, 279 (5351): 717-720, 1998. 经 AAAS 同意）。

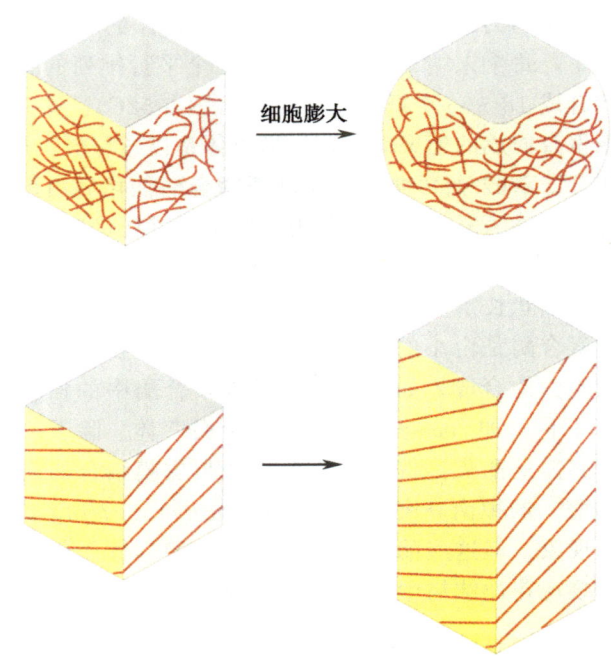

图 3-54　**细胞壁的扩张**。在上图中，纤维素微纤丝呈交联网状，细胞向各个方向膨大。但下图中，纤维素微纤丝呈现环状，细胞膨大仅发生在细胞长轴的延伸上。

　　由于细胞壁中纤维素微纤丝的位置是由质膜上的纤维素合酶复合体所决定的，所以该酶复合体也进一步决定了细胞膨大的方向和程度。所以该酶复合体也就相应地与细胞皮层中位于仅靠质膜胞质内的细胞骨架的方向紧密相连。在许多进行膨大的细胞中，皮层微管是和位于质膜外侧的纤维素微纤丝对齐的。这就提示我们，很有可能皮层微管与新合成的纤维素微纤丝的方向决定相关。皮层微管的方向和细胞膨大方向的关系将会在本章 3.5 节中讨论。

　　纤维素微纤丝和皮层微管如何排列的机制目前还不清楚。目前提出的一个假设认为，纤维素合酶复合体是通过一种横跨质膜的桥联蛋白将其与皮层微管相连接。根据这种模型，纤维素合酶复合体的方向是由这些桥联蛋白沿着皮层微管移动所决定的（图 3-55）。

　　相互交联的多糖在纤维素微纤丝之间形成灵活地连接。这些多糖长链可以通过与微纤丝间形成氢键连接不同的纤维素微纤丝链；也可以一端与纤维素微纤丝连接，另一端则与连接在别的纤维素微纤丝上的其他多糖链相连。这样，相互交联的纤维素微纤丝长链就十分坚韧，从而提高了细胞壁强度。

　　果胶相互作用形成了一个没有形态的网状结构，在这个网状结构中，其他的细胞壁结构成分都可以镶嵌其中。这种网状结构形成的主要方式就是通过钙离子的交联。同型半乳糖醛酸聚糖长链是带有负电的，所以这些侧链可以和钙离子发生强相互作用形成"钙桥"（图 3-56A）。这些形成钙桥的区域成为连接区域，而形成钙桥的频率会随着细胞的生长而改变。同型半乳糖醛酸聚糖上的很多糖残基都会在其分泌进入细胞壁时受到甲基化修饰。这就减少了这个分子的负电荷，从而抑制了钙桥的形成，抑制钙桥形成会造成果胶更具延展性。当细胞膨大停止之后，甲基基团就会被在细胞壁中的果胶甲基酯酶切去，使得钙桥形成，从而加强细胞壁的强度而减少细胞壁的柔韧度。果胶鼠李糖半乳糖醛酸聚糖Ⅱ复合体（图 3-50C）的结构在双子叶植物和单子叶植物中都是很保守的，因此它可能起到重要的决定细胞壁结构的作用。果胶鼠李糖半乳糖醛酸聚糖Ⅱ分子可通过硼交联形成二聚体（也叫硼酸酯），这也加强了细胞壁基质的强度。这个观点得到拟南芥 *mur 1* 突变体的研究支持，该突变体在根中不能在大多数根细胞中合成海藻糖，使果胶鼠李糖半乳糖醛酸聚糖Ⅱ的结构破坏而减少了细胞壁中的硼交联，从而使突变体的细胞膨大受到了严重的影响（图 3-56）。

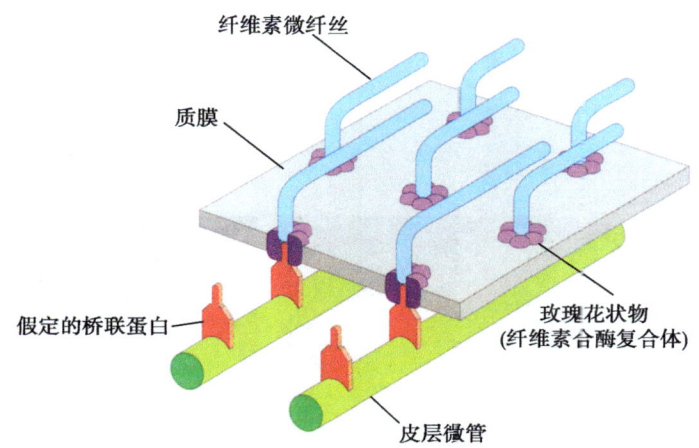

图 3-55　**纤维素微纤丝和皮层微管的假定排列模型。** 图中显示的是质膜上产生纤维素的玫瑰花状物和皮层微管通过假定的桥联蛋白连接在一起。典型的平行微管之间的距离为 30nm。

细胞壁的孔隙度受到果胶多糖特性的调节。均一的同型半乳糖醛酸聚糖只有很少的孔隙，因为它们彼此之间形成有规律的相互交联。而有侧链的果胶多糖（如鼠李糖半乳糖醛酸聚糖Ⅰ和Ⅱ）则因为不能形成连接区域而形成孔隙。果胶基质中常规的孔隙直径为 5~7nm。由于果胶网状结构中同型半乳糖醛酸聚糖、鼠李糖半乳糖醛酸聚糖以及钙离子的相对含量不同，因而不同物种之间细胞壁孔隙度以及细胞膨大时孔隙度的改变也有所不同。

糖蛋白和酶在细胞壁中具有重要功能

植物细胞壁中除多聚糖组分外，还含有起着重要结构功能的蛋白质和在细胞膨大过程中代谢糖类多聚体的酶。

大部分的结构蛋白有着很大的多糖侧链，而蛋白质可能只占其中的一小部分（小到 5%）。这些侧链上的多糖和细胞壁基质中的多糖一样，也是在内膜系统中合成并且通过小泡运输到细胞壁上。糖蛋白中的碳水化合物侧链和蛋白质都具有很高程度的可变性：在同一个植物体内，细胞壁中的糖蛋白属性就可随组织的不同而不同。这些糖

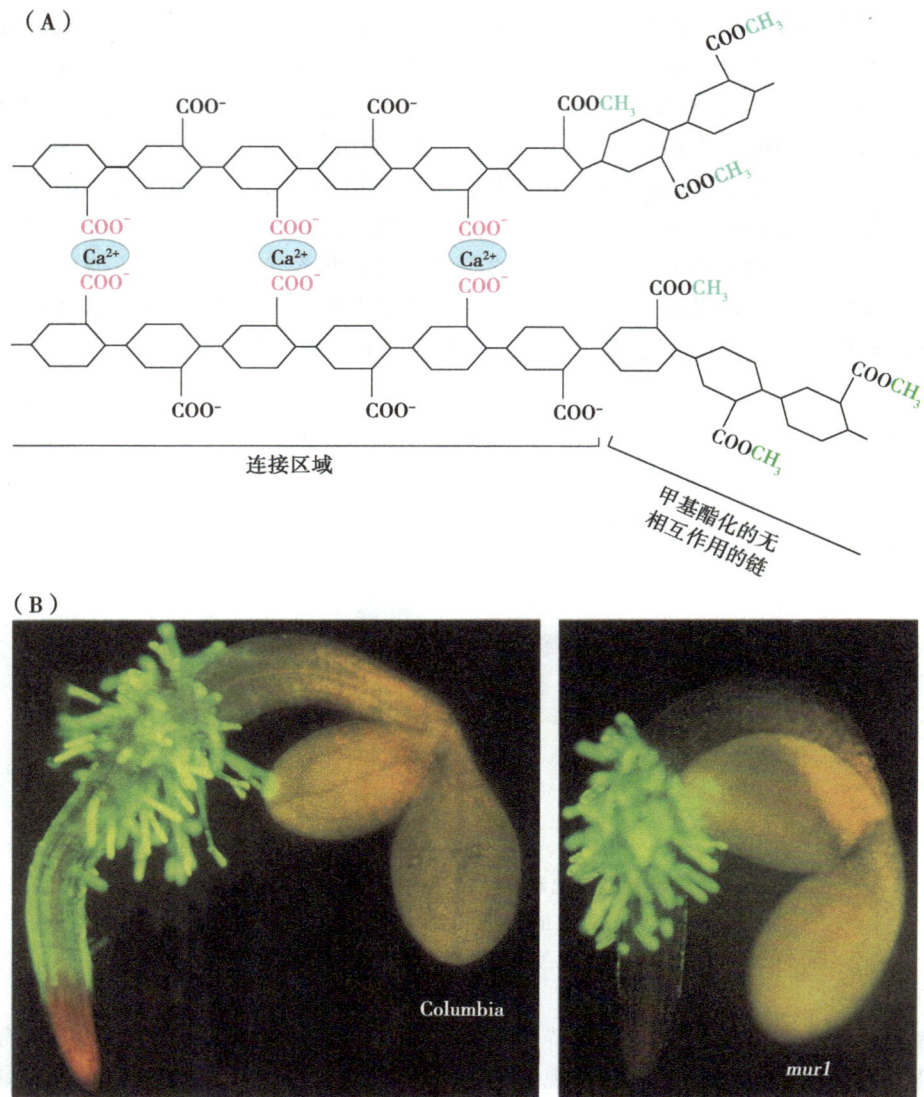

图 3-56 果胶网状结构的生成。(A) 没有甲基化的同型半乳糖醛酸聚糖分子可形成成片的连接区域；而被甲基化的区域则不能形成连接区域。(B) 左图显示的为野生的 Columbia 生态型幼苗，而右图则显示了 mur 1 突变体。幼苗经处理后细胞壁中的海藻糖多聚体能发出荧光。在野生型幼苗中，根毛细胞和根主体细胞壁中均含有海藻糖。而在 mur 1 突变体中，海藻糖仅存在于根毛细胞细胞壁中。因而在突变体中，根细胞比野生型小，并且根的延伸也受到了明显的抑制（由 Michael Hahn 和 Glenn Freshour 提供）。

蛋白的生物学功能还未知，它们有可能协助细胞壁中碳水化合物多聚体的交联过程。图 3-45B 显示的是糖蛋白中有一种叫做延展蛋白的结构。另外的结构蛋白家族包括阿拉伯糖半乳聚糖蛋白（这种糖蛋白巨大的、高度分支的半乳聚糖侧链上含有阿拉伯糖残基）和富含甘氨酸的糖蛋白（这种糖蛋白中最多可含 25％ 的甘氨酸）。富含甘氨酸的蛋白质结构如同折叠片一样，它们可能是形成质膜-细胞壁相互接触面的板状结构成分。

为了适应细胞延伸和伸长,细胞壁必须是一个可以伸缩的动态结构。这是因为细胞壁基质本身具有一定的延展性,同时也因为在细胞壁中存在酶的活性,这些酶催化细胞壁中多糖之间的化学键的断裂,从而使得细胞基质疏松,这就使得在细胞生长中细胞壁延展和新的多聚糖插入到细胞壁中成为可能。例如,在细胞伸长时木糖葡聚糖内转糖苷酶可破坏和重新形成木糖葡聚糖侧链。这种酶的作用可能是在细胞膨大的时候造成了纤维素微纤丝的瞬时滑移。另外一种很重要的酶类家族称为**膨大蛋白**,这种蛋白质破坏纤维素微纤丝和木糖葡聚糖之间的氢键,从而使得细胞壁疏松而膨大。在上文中我们还提到了果胶甲基酯酶的重要性,它通过控制连接区域的形成而影响细胞壁的强度和延展性。

胞间连丝在细胞间形成通道

在新形成的子细胞中,细胞板并非是一个连续的屏障。正如在本章3.2节中所说的,子细胞之间有内质网带在发育中的细胞壁中形成膜通道。当细胞板和已经形成的细胞壁融合时,由膜所包围的管道就会与质膜相通,形成一个可以从一个细胞的胞质到另一个相邻细胞直接运输物质的管道。内质网带、内质网带之间的孔隙以及包围在管道外侧的膜共同组成了胞间连丝(图3-57)。胞间连丝的中间部分——内质网带,被称为连丝微管,而包围着管道的圆柱形胞质则被称为胞质袖筒。这些细胞间的通道对于细胞和组织功能是十分重要的,但是这些通道很难被单独分离出来研究。因而至今组成胞间连丝的结构蛋白的性质以及物质是如何通过胞间连丝来运输仍未知。

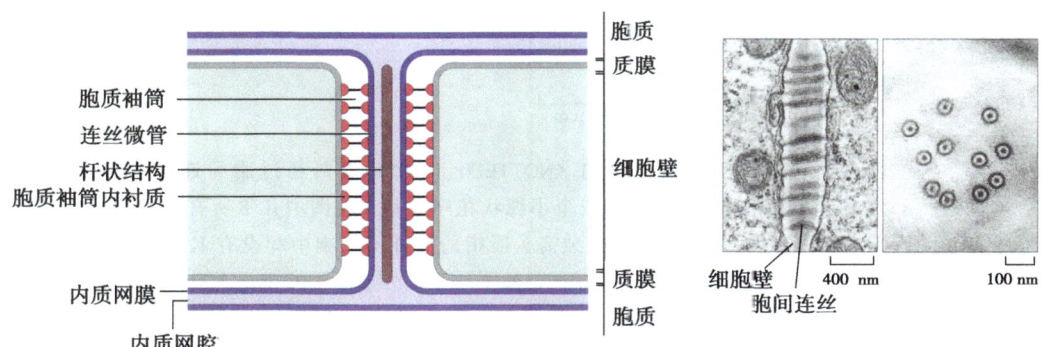

图3-57 胞间连丝。 图中所示是一个胞间连丝的结构。胞质袖筒内衬质、连接衬质的辐条以及在连丝微管中杆状结构的属性都还不清楚。电镜照片显示的是在甘蔗叶细胞壁中胞间连丝的纵切面(左)和由胞间连丝形成孔隙的横切面(右)。

绝大多数已知的有关胞间连丝的运动都涉及物质经过胞质袖筒的运输。例如,在叶肉细胞中由光合作用生成的蔗糖就是通过胞质袖筒从一个细胞运送到另一个细胞最终达到韧皮部。经过韧皮部运输系统将蔗糖运送到非光合作用细胞之后,蔗糖又将会通过胞质袖筒从韧皮部进入到周围的细胞中(这些运输活动将在4.4节中描述)。

胞质袖筒并非对所有的物质都具有通透性。通过向植物细胞内注射已知大小的荧光物质，研究者就可以得知能自由通过胞间连丝的最大分子质量的分子。对于绝大多数的胞间连丝来说，最大的分子质量大约为 1kDa，这称为胞间连丝的分子大小通透限制。

若蛋白质大于胞间连丝的分子大小通透限制，这种蛋白质就不能通过胞间连丝的方式进行胞间运输。但有些转录因子（可以调控下游有关植物生长发育基因表达的蛋白质）却能通过胞质袖筒在胞间进行运输。这种蛋白质运输的具体机制还不清楚。例如，转录因子 KNOTTED 起始并维持茎分生组织（参见 5.4 节）。在玉米茎分生组织中，所有的细胞都含有 KNOTTED 蛋白，但在最外层的细胞中却没有相应的 mRNA（图 3-58）。这很有可能是因为该基因是只在分生组织内层细胞中转录和翻译，合成后的蛋白质（转录因子）则通过胞间连丝转运到了外层细胞。

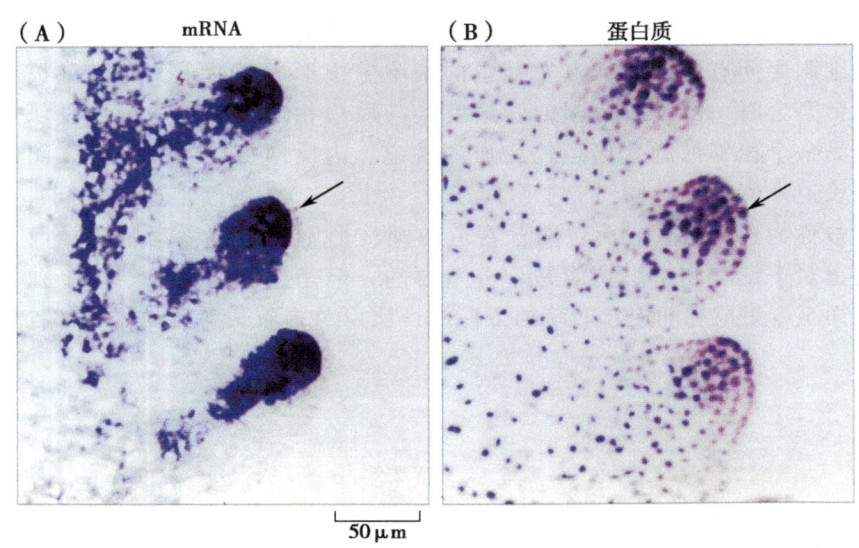

图 3-58　发育中的玉米茎分生组织内 KNOTTED1（KN1）蛋白通过胞间连丝的移运。图中所示为位于玉米耳状花序边缘的三个小穗状花序原基。左图中几乎所有细胞中都含有转录因子 KN1 蛋白的 mRNA，但唯独箭头所指的最外层细胞中却没有 KN1。在右图中，KN1 蛋白在所有细胞的细胞核中存在，甚至位于最外层的细胞中也含有 KN1（图 A 和图 B 经 Company Biologists 同意采用）。

对于那些可以通过胞间连丝运输的蛋白质，运输的距离（运输时跨越的细胞）以及运输的方向都是可以调节的。另外一种转录因子称为 SHORT ROOT，这种转录因子可以调控拟南芥细胞的分化，它能在胞间连丝中进行有方向的运输。*SHORT ROOT* 基因是在根部内皮层细胞中转录和翻译（参见 5.2 节），然后该转录因子向外经过胞间连丝运输到了根部皮层细胞中。SHORT ROOT 只能从产生的细胞运输到相邻的细胞（运输的距离只有一个细胞），而且运输的方向在根中也是特定向外的。这一点已经在转基因拟南芥中得到了证实，在转基因拟南芥中使 *SHORT ROOT* 在根的皮层细胞中而非内皮层细胞中表达，该植物中 SHORT ROOT 蛋白也是从皮层细胞向外运输一个细胞层。

当植物受病毒感染时，胞间连丝的分子大小通透限制可能会变大。这种改变是由一种病毒编码的运动蛋白所造成的，这种蛋白质有利于通过胞间连丝运输病毒核酸或整个病毒，这样病毒就可从一个细胞扩散到另一个细胞（见8.3节）。一些运动蛋白和病毒核酸分子相互作用，使得病毒核酸分子由于构象上的转变顺利通过胞间连丝；这些运动蛋白并没有改变胞间连丝的结构。另一些运动蛋白则可以直接修饰宿主细胞的胞间连丝，使得正常的胞间连丝结构被替换为可以通过病毒颗粒和大分子的管状结构。这些管状结构究竟是如何形成的还不清楚，但形成机制很可能随病毒的种类不同而不同。

在植物中有两种胞间连丝。我们已讨论过的是在胞质分裂时在细胞板上形成的初生胞间连丝。次生胞间连丝则是在细胞膨大和成熟时形成的，与初生胞间连丝不同的是，次生胞间连丝具有分支。在次生胞间连丝形成的早期，内质网和质膜在将要形成胞间连丝的位置相连。在该位置细胞壁解聚，两侧的内质网融合形成连丝微管。当细胞成熟时，细胞壁沿着胞间连丝重新形成。

有一类植物细胞不形成胞间连丝，所以它们在胞质上和相邻的细胞是分离的。一个典型的例子是气孔中的**保卫细胞**。**气孔**是叶片表面的孔隙结构，能控制水分和二氧化碳在叶片内部与外界大气之间进行交换。气孔由两个保卫细胞相围而成，保卫细胞通过形态的改变调节气孔的开合。保卫细胞能随着外界环境的变化做出敏锐的体积改变。当外界条件有利于光合作用时，保卫细胞从周围环境的细胞间隙中吸收溶质和水分，从而导致保卫细胞的膨压升高并膨胀（参见3.5节）。因为保卫细胞壁的厚度不均一，所以膨压升高后气孔打开（图3-59），此过程可迅速发生（只需几分钟）。如果保卫细胞与其相邻的细胞是通过胞间连丝相连的话，这种迅速的、细胞体积的改变就不会发生了：从细胞间隙中吸收的溶质和水分将会通过胞间连丝运输到相邻细胞中，而不是在细胞内部产生迅速升高的内压（气孔在气体交换中的重要作用将会在本章后面描述）。

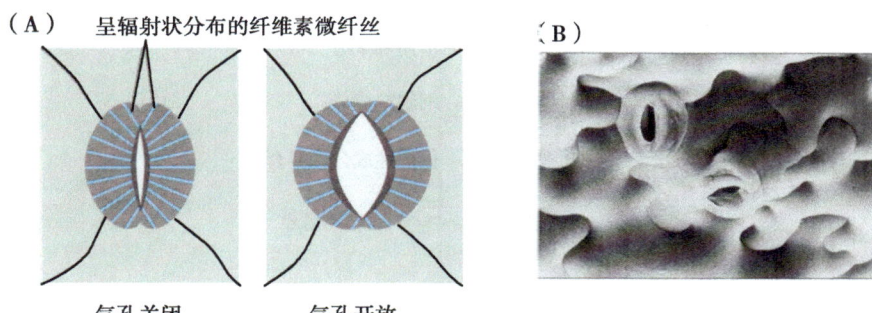

图3-59 保卫细胞体积改变的作用。（A）当细胞扩张时，在保卫细胞细胞壁中使得孔隙变大成为可能。保卫细胞没有胞间连丝，这样就可以防止溶质和水的流失。（B）拟南芥叶表面，显示有两个气孔。

3.5 细胞膨大和细胞形态

在一个植物细胞分裂后，子细胞形成初生细胞壁，细胞经过膨大达到最终的成熟大小和形态。细胞膨大涉及溶质和水分从胞外运输进入胞内，同时还伴随着细胞壁特定区域的松弛和新的细胞壁组成物质的添加。溶质和水分的运输是由质膜的性质决定的，我们首先描述质膜在这个过程中的作用。接着，我们将描述内压——膨压是如何通过溶质和水分进入细胞，特别是进入液泡中而产生的，膨压又是如何使得细胞壁膨大以及细胞膨大的方向是如何由皮层细胞骨架方向所决定的。特定细胞的膨大例子——气孔保卫细胞和尖端生长的根毛细胞，将进一步阐述这些重要的概念。

质膜性质决定细胞组成并调控细胞和外界环境之间的相互作用

质膜是一个细胞的最外围屏障：它维持细胞内部环境稳定使细胞的代谢活动正常进行（图 3-60）。质膜是选择透过性的，所以它控制了水分、无机溶质以及代谢产物在细胞内外的运输，使质膜内外的化学组成包括 pH、**渗透势**和电势有很大不同。质膜同样也是细胞感受外部信号的场所，这些外部信号是用来协调不同细胞间的活动，从而使得植物有效地应对变换的外界环境。这些信号通常是由位于质膜磷脂双分子层中的受体来感应。如上所述，细胞壁的合成同样与质膜相互协调（本章 3.4 节），合成纤维素微纤丝的酶复合体就是位于质膜上。

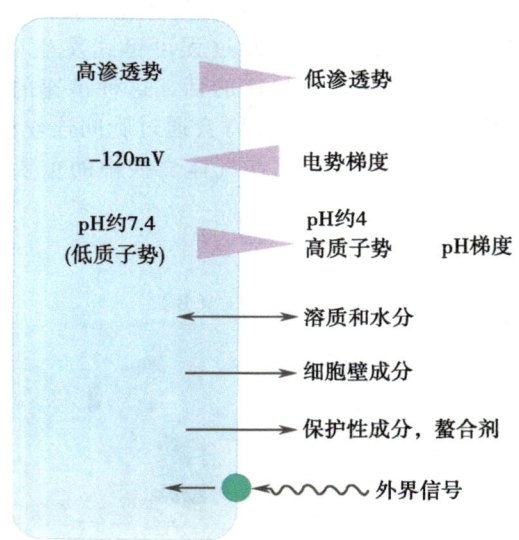

图 3-60 质膜控制着进出细胞分子的运动。细胞内外差异——各种跨膜梯度，即渗透势、电势和 pH 的不同是由特定溶质的跨膜运输所决定的。经过跨膜运输从细胞分泌出去的分子包括细胞壁组成分子、阻止潜在病原体入侵的保护性复合物（见第 8 章），以及协助植物细胞吸收矿物离子的分子（如螯合剂，参见 4.9 节）。在质膜上接收的外部信号分子有植物激素和病原菌分泌的物质（参见第 6 章和第 8 章）。信号由位于质膜上的磷脂双分子层中的受体蛋白所接收（绿色圆圈）。小分子跨膜运动一部分是由于扩散引起的，但是主要还是通过位于双分子层中特定的通道和载体蛋白来进行运输。大分子（如蛋白质和碳水化合物多聚体）通常是通过小泡进行跨膜运输的，通过小泡和质膜的融合，小泡中的物质也被释放到了细胞之外（见 3.4 节）。

质子的跨膜运输形成电势和质子势来驱动其他运输过程

不同的细胞内外物质的维持通常需要逆着某种分子和离子的浓度及电势梯度运输来完成。这种运输，即**主动运输**，是需要能量的（化学能或电能），而这些能量则是由位于质膜上的特定运输蛋白所提供的。

一些小的不带电分子可以相对自由地自由扩散出入质膜（如氧气、二氧化碳、水分）。相反地，更大的分子和离子只能依赖高度特化的转运蛋白进出细胞。有些物质的运输只依赖一种转运蛋白，而另一些则可能依赖不同的转运蛋白进出细胞（如下文将会描述钾离子）。

许多物质跨膜进出细胞的运动都会直接或者间接地依赖于一类转运蛋白——**离子泵**，离子泵的能量来源是水解 ATP 释放的。质子泵也叫做质子转运子，是迄今为止植物质膜中最为重要的泵。**质子泵**是一种跨膜蛋白。在质膜的内侧面上，质子泵水解 ATP 末端的高能磷酸键，从而把 ATP 水解为 ADP 和磷酸基团，水解释放出来的能量则用来将质子从胞内运输到胞外（图 3-61）。质子泵的活动保证了胞内高 pH、低质子含量而胞外低 pH 的环境，更为重要的是，质子泵的活动产生了跨膜的电势差。因为带正电荷的离子被转运出胞外，所以质膜内侧就会比外侧带有更多的负电荷。一个植物细胞典型的**膜电位**为 -60mV 至 24mV。质子泵的活性由细胞内外各种因子所调控。如细胞代谢常会在胞质中产生质子，这样胞质就会被酸化。这就激活了质膜上的质子泵，质子泵将会把多余的质子泵出质膜，从而维持质膜内外相对恒定的 pH 和膜电位。生长素（一种植物激素）能促进细胞的伸长和生长，一部分原因是由于生长素激活了质膜上的质子泵。这就使得细胞壁酸化，从而进一步激活松弛细胞壁的酶类（见 3.4 节），细胞得以膨大。

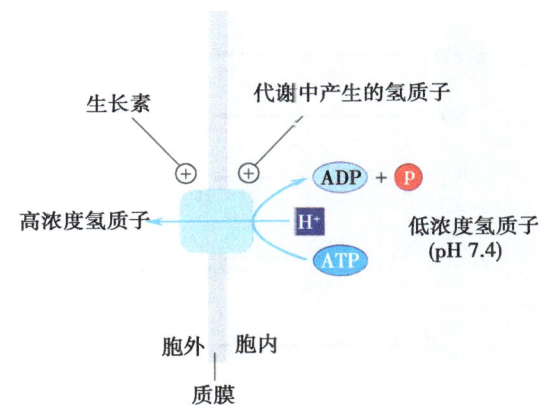

图 3-61 质膜上质子泵的作用和激活。 质子泵利用 ATP 水解释放的能量将质子运输出胞。这样就维持了胞质内相对较高的胞质 pH 以及质膜内表面相对的负电性；还维持了细胞壁相对的酸性环境。质子泵可由胞内过多质子积累（胞内 pH 降低）所激活，也可被植物激素生长素所激活。

质子梯度和膜电位是很多带电或不带电物质跨膜运输的驱动力（图 3-62）。在跨膜运输中，涉及两种不同的转运蛋白：一种是利用质子梯度转运其他物质的转运蛋白，而另一种通道则依赖电位梯度被动运输大量离子。

顺着浓度梯度的质子流（从胞外到胞内）为许多物质的向外/向内跨膜运输提供了能量。例如，钾离子、磷酸盐和硝酸盐都是和质子流一起入胞的，而这个过程是由特定的转运蛋白（被称为同向转运蛋白）所催化的。钠离子则逆着质子流出胞，这个过程由另一种特定的运载蛋白（被称为反向转运蛋白）所催化。在植物细胞中，钾离子在胞内含量较高而钠离子含量较低；这正好和动物细胞相反，动物细胞中钠离子含量较高而钾离子含量较低。

离子通道是对特定离子有选择性的跨膜蛋白，特别是对钾离子、钙离子和氯离子（图 3-62）。绝大多数的离子通道只对质膜上电位改变发生响应，所以这些离子通道被称为**电压门控离子通道**。例如，拟南芥钾离子通道家族中的一个成员叫做 AKT1，这种离子通道就会在高膜电位（去极化）的时候被激活，AKT1 是钾离子从土中吸收进入根细胞的主要途径。尽管质膜上也存在钾离子转运载体（如上所述），但是钾离子转运载体并不能完全取代 AKT1 的作用。缺失 AKT1 的拟南芥突变体长势不良，因为胞内溶质浓度很低，因而细胞膨大受到了很大的限制（将在下文讨论）。

随着环境条件以及细胞类型的变化，质膜上的转运载体和离子通道也会相应地发生很大的改变。例如，土中存在的硝酸盐就能诱导编码硝酸盐转运蛋白在根中质膜上的表达（见 4.8 节）。而相对应地，土壤中缺乏钾离子则能诱导编码一种特定钾离子转运载体基因的表达。特殊分化功能的细胞如气孔保卫细胞（见下文）和**盐腺**（见 7.4 节）就会有和它们的细胞功能相对应的特定载体和离子通道。

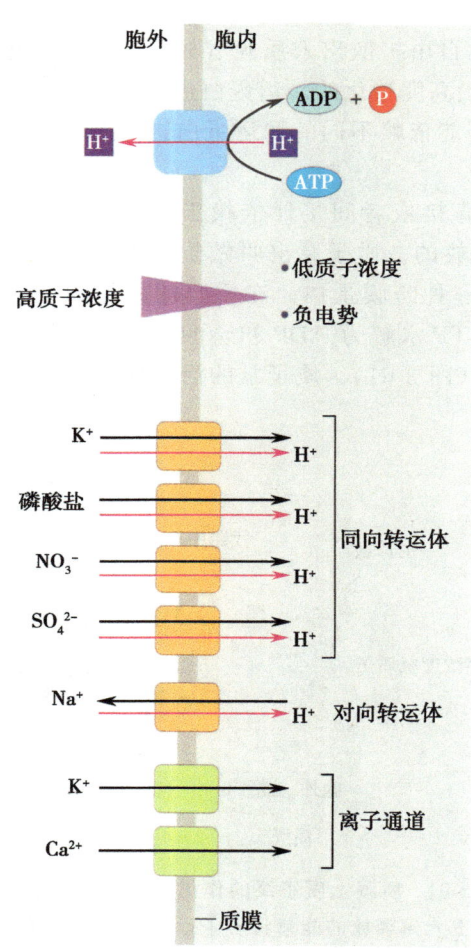

图 3-62 无机离子的跨膜运输依赖于转运体和离子通道。最上方的质子泵产生跨膜质子浓度梯度差和电势差（见图 3-61）。特定的转运蛋白将顺浓度梯度入胞的质子流和其他离子进/出胞的过程偶联起来。离子通道则顺着电位梯度转运大量离子跨膜。

水孔蛋白介导水分的跨膜运动

在植物中水分进入胞内是由于胞内外溶质的差异所造成的。水分通过渗透作用从低溶质浓度的胞外运动到高溶质浓度的胞内（见下文讨论）。水分的跨膜运动可利用通过磷脂双分子层的自由扩散或者通过一种在质膜上对水分有选择作用的孔道蛋白——**水孔蛋白**(图 3-63)。这两种水分运输方式都是非主动的，亦即不需要利用能量。

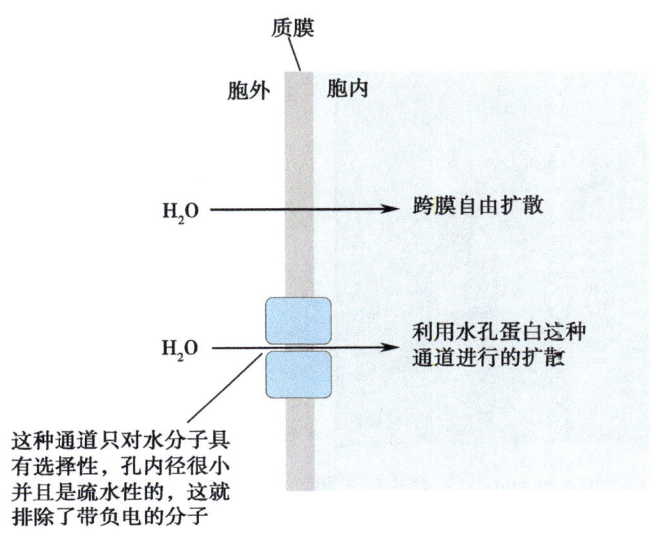

图 3-63 **水分的跨膜运输**。水分可通过两种方式进行跨膜运输：自由扩散和经过水孔蛋白的扩散。

水分跨膜运输的速度部分是由胞内外不同的物理条件所决定的（**水势**和**流体静力压**；图 3-65）。但质膜对于水分的渗透势发生大的剧烈改变也可以通过调节水孔蛋白的数量和活性来实现。在不同的外界环境（影响细胞水势）下，如环境中的高盐度和低水分，水孔蛋白基因的表达也会相应地改变（见 7.3 节）。这些条件下，特定水孔蛋白的丰度会变高，质膜对于水分子的通透性也会变大，水分就能从胞外顺利流入胞内了。一些能促进细胞生长的植物激素也是通过增加水孔蛋白的活性来调控水分进入细胞的速率。

水孔蛋白是由一个很大的基因家族所编码的，家族中的成员的表达谱在植物中有着很大的差别。例如，一些水孔蛋白在细胞膨大和细胞吸水很快的时候特异表达，另外一些则在种子萌发前和干种子重新吸收水分时表达。

对于环境的外界刺激，水孔蛋白也能相应地促进一些特定细胞类型中大量水分的跨膜运输，从而使得这些特定细胞迅速地膨胀和收缩。这些细胞就包括气孔保卫细胞和与植物器官快速运动有关的细胞。例如，捕蝇草（图 3-64）捕捉器的关闭、含羞草叶片的合拢和下垂，以及非洲田麻的富含弹性的雄蕊都是因为在受到接触刺激时，在器官底部"探测细胞"的膨压发生了迅速的改变，从而水分通过水孔蛋白迅速流入/流出细胞。在叶片和雄蕊上的接触刺激能激发探测细胞上的膜电位变低（去极化）；从而钾离子和氯离子迅速出胞，接着水分也流出细胞。水孔蛋白能使水分迅速向外出胞，因而细胞的膨压会在几秒钟内迅速下降。于是，薄壁的探测细胞就会萎蔫，整个器官随之快速运动。

图 3-64 捕蝇草（*Dionaea muscipula*）叶片的关闭。当捕蝇草捕捉器（经过修饰的叶片）的内表面毛受到刺激时，如有昆虫落入，那么捕捉器就会迅速关闭。这种机制具体怎样还不清楚，但很有可能由于紧挨捕捉器内表皮细胞的叶肉细胞的膨压骤变引起。捕捉器的迅速关闭只需不到 0.5s。接着经过缓慢的、连续的膨压变化，捕捉器会合得更紧，从而使得猎物和能分泌消化酶的腺体相接触。捕蝇草就是通过消化酶作用，把昆虫蛋白消化为氨基酸来获取自身氮源的。

细胞膨大是由溶质涌入液泡所驱动的

植物细胞膨大时细胞体积变大的主要原因是中央液泡吸收水分。在描述液泡吸收水分和准备膨大的一系列协调事件之前，我们有必要先在整体细胞层面上解释一下膨压的概念。

如上所述，跨膜的质子梯度和电势梯度驱动了溶质（如钾离子）在胞内的积累，所以导致了胞内溶质的浓度比胞外的要大得多（图 3-65）。水分就会顺着浓度梯度渗透入细胞。渗透作用是由水分从低溶质浓度（高水势）环境向高溶质浓度（低水势）环境净转移的结果。由于细胞吸水，胞质内的内容物就有向外膨胀的趋势。这种向外膨胀的趋势与细胞壁所产生的阻力抗衡，所以就导致胞内压升高，而所谓的膨压也就是这里产生的流体静力压。由于膨压的形成，水分净入胞的速度减慢，最终停止。

膨压是维持非木质植物坚韧度的重要原因。仅仅靠细胞壁是难以维持叶和茎的强度的，这种强度的维持是膨压的原因。当外界环境中可利用水分减少（环境中的水势下降）时，细胞就会失水，膨压将会降低。这就造成了植物器官的萎蔫。

细胞膨大涉及吸收渗透势驱动的水分（造成膨压升高）与细胞壁松弛并在其中添加新的结构物质这两个过程的整合（图 3-66）。能作用于细胞壁使细胞壁在膨压的影响下松弛的酶类已经在 3.4 节中讨论过。细胞壁膨大引起膨压下降，这就使得更多的水分通过渗透作用入胞。新的细胞壁基质物质必须转运到细胞壁中，从而在细胞延伸和膨大之时维持细胞壁的强度。这些新的物质是在内膜系统中合成并由小泡运输到相应位置，这已经在上文讲到细胞板的时候描述过（参见本章 3.2 节）。

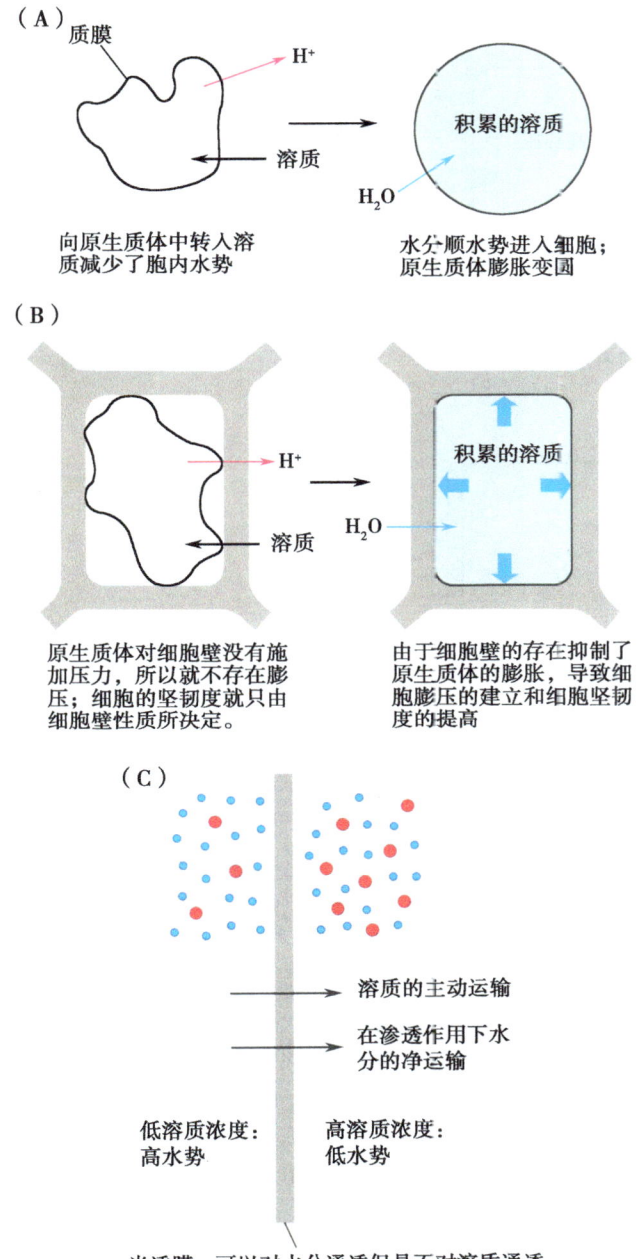

图 3-65　膨压、水势和渗透作用。图中所示阐释了事件的相同顺序。(A) 在原生质体中（没有细胞壁的细胞体）；(B) 在完整的细胞中（细胞壁包被的原生质体）。(A) 质子泵把质子运送出胞外，从而驱动溶质通过转运蛋白和离子通道入胞。原生质体中溶质的积累会使胞内水势降低，从而驱动水分内流渗透进入细胞。如在没有细胞壁的情况下，原生质体会像一个膨胀的气球而呈圆形。(B) 在完整的细胞中，当原生质体没有对细胞壁施加压力时（如左图所示），这种情况被称为胞质分离。在这种情况之下，膨压为零。当溶质进入细胞，胞内水势降低从而引起细胞从外部渗透吸水，原生质体就开始膨胀（如右图所示）。细胞膨胀受到细胞壁的限制，膨压也就因此而产生。(C) 水分运输的关键在于渗透压。在渗透压的驱动下，水分通过具有选择性的半透膜从高水势的一面净运往低水势的一面。

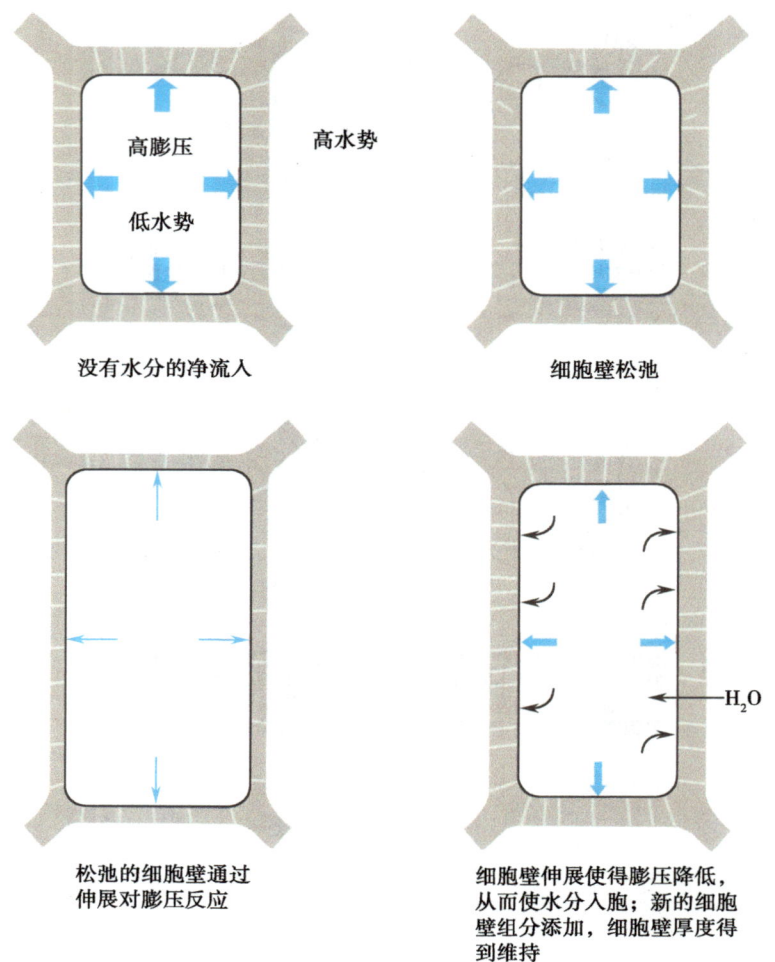

图 3-66 细胞膨大由细胞壁松弛和膨压来驱动。 在不扩张的细胞中（如左上所示）膨压很大，所以水分经渗透作用净流入胞受到限制。当细胞扩张开始之时（右上），松弛细胞壁的酶类破坏细胞壁中组成物质之间的交联，细胞的延展性增加。膨压使得松弛的细胞壁伸展（左下），因此细胞壁变薄、细胞伸展，这样就降低了膨压。膨压降低使更多的水分入胞（右下），接着膨压随着水分入胞而升高。细胞壁的增厚是由新的细胞壁组成成分的加入引起的。

让我们现在回到液泡的作用上来：中央液泡含有植物细胞中最多的水分。在细胞膨大时，是液泡体积膨大而不是周围的胞质体积膨大。在很多成熟的植物细胞中，中央液泡占据了整个细胞绝大多数的体积。水分在液泡膜上运输的途径与水分经过质膜运输的途径一样：通过跨磷脂双分子层的自由扩散和通过由水孔蛋白介导的运输。在液泡膜上水孔蛋白形成的孔道状结构很多。实际上，在拟南芥叶细胞的 **mRNA 转录物**中表达量最丰富的 mRNA 就有液泡膜上的水孔蛋白 α-TIP。

水分跨液泡膜运送到液泡中的过程是由于溶质在液泡中的积累所造成的，这样就使得液泡中的水势和胞质中的水势有所不同。经过主动运输，溶质从胞质中运入液泡腔，这个过程是由两种不同的质子泵作用所形成的质子梯度和电势梯度来驱动的（图3-67）。其中一种质子泵的能量来源是水解 ATP，而另外一种质子泵则依赖水解**焦磷酸**供能。和在质膜上的运输一样，溶质跨膜方式也有两种：阴离子顺着液泡膜电位差通过离子通道入液泡膜，而阳离子和中性分子（如糖类）则通过与质子梯度偶联的转运体进入液泡膜。当细胞膨大时，由于液泡膜上的质子泵的作用造成了很多溶质分子净流入液泡腔，这样就进一步驱动水分由胞质涌入液泡中。

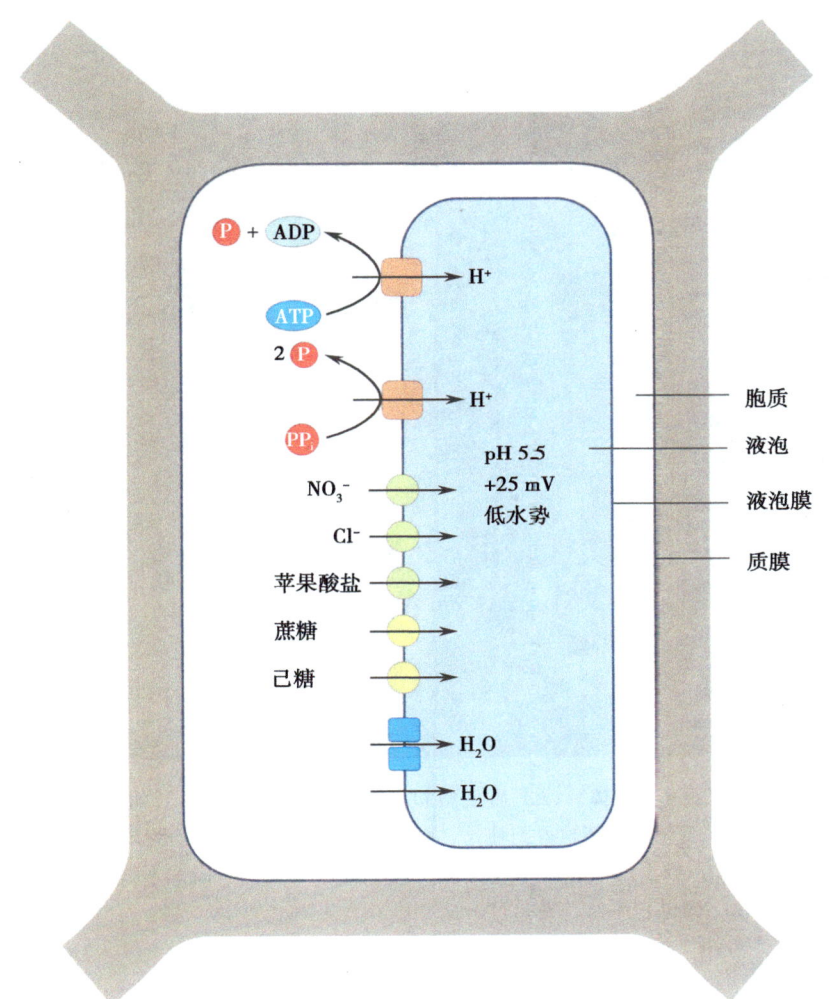

图 3-67　溶质进入液泡膜。液泡膜上的质子泵利用 ATP 水解或焦磷酸水解所产生的能量将质子逆浓度梯度从胞质中运入液泡，从而在液泡膜两侧产生质子梯度，质子梯度驱动溶质运入液泡膜。质子泵的作用是在液泡膜上建立起质子浓度梯度和电势。这样液泡中的物质就比胞质中的更具酸性，同时也含有更多的正电荷。阴离子如硝酸盐、氯离子（也进行跨质膜运输）和苹果酸盐（在胞质中合成）是顺着电势梯度从胞质流入液泡。而不带电荷的分子如蔗糖和己糖（葡萄糖和果糖）是顺着质子梯度由反向转运体介导进入液泡，反向转运体同时也将液泡膜中的质子被动运出到胞质中。溶质在液泡中累积降低了液泡的水势，进一步促进了水分通过水孔蛋白和自由扩散跨液泡膜进入液泡的运输。

溶质转运入液泡腔对于细胞膨大是十分重要的，拟南芥突变体 *de-etiolated 3*（*det 3*）就缺乏液泡膜上的一种主要质子泵的亚基。由于液泡膜上的质子泵作用受到限制，流入到液泡内的溶质也减少，因而流入到液泡内的水分也减少，这样一来就限制了水分在整个细胞水平上的内流，细胞膨大受到影响，突变体植株的下胚轴就不能伸长（图 3-68）。

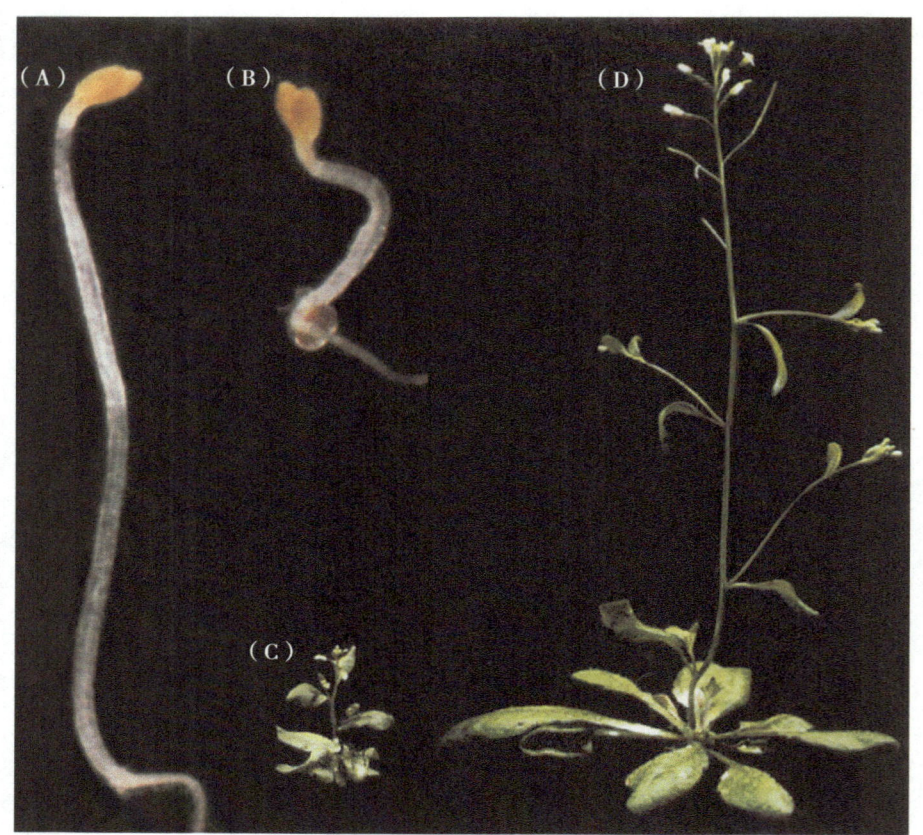

图 3-68　拟南芥 *det 3* 突变体。（A）野生型和（B）在黑暗条件下生长的 *det 3* 突变体幼苗。在野生型中，黄化的下胚轴得到伸长，而突变体的下胚轴伸长受到限制。（C）*det 3* 突变体成株和（D）野生型成株。在突变体中，细胞体积变小，因此形成矮化表型（由 Karin Schumacher 提供）。

液泡是储存物质和隔离物质的场所

除了在维持细胞膨压方面的作用外，液泡也将有可能阻碍代谢过程的物质隔离在了胞质之外。这些潜在的有害物质包括细胞代谢活动中产生的废物（如叶绿素分解的成分）、从环境中进入到细胞的有毒物质（如在对除草剂有抗性的植物中，由除草剂衍生的物质；参见 9.3 节），以及当植物被植食性动物啃噬时释放的阻遏或毒害植食性动物的保护性物质（如**含氰苷**和**芥子油苷**；参见 8.4 节）。液泡中还含有可水解大分子物质的酶类，包括蛋白酶、酯酶和核酸酶，这些酶类分别水解蛋白质、脂质和核酸（所以液泡才被称为水解泡）。这些酶类会在细胞衰老时破坏胞内的结构成分（见 5.4 节），但它们会不会在其他时期降解胞内结构成分还不清楚。液泡膜内的酶类还是植物防御系统中的一部分，从而在一定程度上抵御植食性动物。

植物花瓣中含有的吸引传粉动物的色素也是在液泡中积累的，特别是花色素苷这种色素。果实的可食性也是由液泡中含有的糖类和酸类决定的。例如，橘类果实中薄壁多汁的囊状细胞的巨型液泡中就含有柠檬酸和糖类（图3-69），而苹果果实的薄壁细胞的液泡则富含高浓度的苹果酸。有些细胞中的液泡可以积累很高浓度的质子，因而液泡内的pH可以低至2，这就为在胞质中合成的高浓度有机负离子（如柠檬酸盐和苹果酸盐）从胞质中运输到液泡中提供了动力。

ABC 转运蛋白（ATP 结合的转运蛋白）是一类涉及很多物质跨液泡膜运输的泵。这类转运蛋白利用水解 ATP 释放的能量来运输有机分子跨膜。ABC 转运蛋白是由一个多基因家族编码的，并且很有可能不同的家族成员运输不同的物质跨膜。目前对这类转运蛋白比较深入的研究集中在有关除草剂抗性和一些防御物质方面。例如，对硫代氨基甲酸酯类除草剂具有抗性的植物，除草剂和一种叫做**谷胱甘肽**的小肽结合，这种结合作用是由**谷胱甘肽-S-转移酶**催化的，结合后的除草剂就会丧失毒性。这种结合是在胞质中进行的，并通过 ABC 转运蛋白将结合物转运到液泡中。

相互协调的离子转运和水分运动驱动气孔开启

气孔保卫细胞为溶质和水分相互协调的跨膜运输提供了一个很好的例子。如在本章3.4节中所描述的，叶片表面的气孔开合是通过气孔两侧的保卫细胞的体积改变来调控的。当保卫细胞的膨压高时，保卫细胞膨胀，气孔打开；反之，保卫细胞失水收缩，气孔合拢（图3-70）。保卫细胞的体积大小又是由进出胞体的水分和溶质运动所决定的。在绝大多数的植物中，气孔在早晨受到蓝光刺激开放（见6.2节），在夜晚关闭。

(A)

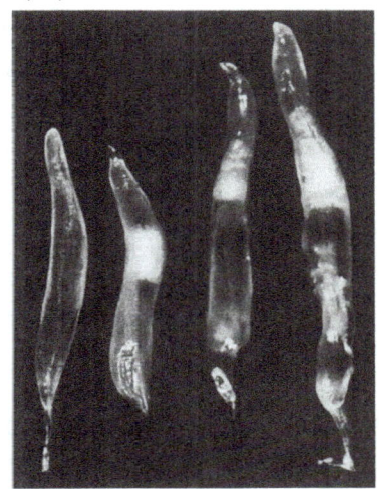

(B)

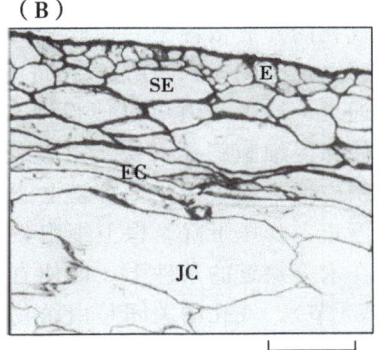

(C)

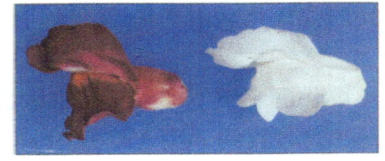

图 3-69 液泡的储存功能。（A）溪蜜柚（*Citrus grandis*）充满汁液的液囊。液囊大约有2cm长。（B）充满汁液的液囊的横切面，显示了最外层表皮（E）、下表皮（SE）、伸长的细胞（EC）包围着内部体积庞大、薄壁的多汁细胞（JC）。（C）金鱼草的花。左图中深紫色花瓣颜色的形成是因为类黄酮这种色素分子（花青素-3-芸香糖苷）在表皮细胞液泡中的积累。右图中白色的突变体 *nivea* 由于缺少合成该色素第一步所需的酶——查耳酮合酶，因此不能合成这种色素。

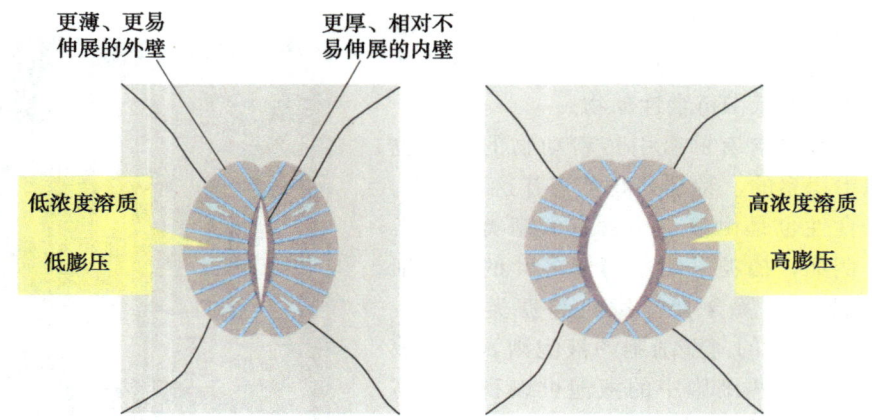

图 3-70　**气孔的开合。**当保卫细胞膨压低时,气孔关闭。随着溶质、接着是水分的净内流,保卫细胞膨压升高并膨胀。纤维素微纤丝的位置和不同程度细胞壁的增厚使气孔打开。

　　气孔的开放依赖于一种蓝光激活质子泵的活动,这种质子泵能造成质膜上形成很大的膜电位(图 3-71A)。这种负电位就激活了一类特定的钾离子通道——电压门控内流钾通道,这种通道可以使得钾离子内流入胞。钾离子的内流又伴随着水分的内流,从而使保卫细胞膨压升高。这就使得保卫细胞发生形变而气孔开启。在黑暗情况下,质子泵失活,膜去极化(跨膜电位差降低),钾离子通道失活。钾离子和水分内流入胞逐渐停止,膨压下降,保卫细胞又发生形变而气孔关闭。

　　在水分缺乏的条件下,即使有光刺激,气孔也会关闭从而阻止叶片中的水分流失(见 7.3 节)。气孔的关闭是由植物激素脱落酸(ABA)的含量增加诱发的,脱落酸会在缺水的情况下合成。保卫细胞对 ABA 的响应受到一系列**信号级联反应**的调控,级联反应是指感知信号(如植物激素)后所引发的一连串反应。ABA 的下游反应是保卫细胞质膜的去极化,溶质出胞,水分也随之出胞,因而细胞膨压降低,气孔关闭(图 3-71B)。

　　在级联反应中使保卫细胞去极化的关键步骤是胞内钙离子的含量升高。ABA 通过至少两种途径促进钙离子含量升高。一种途径涉及位于质膜内表面的 **G 蛋白**激活。G 蛋白是植物和动物中涉及很多信号级联反应的一种蛋白质。激活后的 G 蛋白又激活和膜结合在一起的**磷脂酶 C**,这种酶将膜上的一种特定脂质催化为可溶的小分子肌醇三磷酸(IP3)。IP3 通过扩散入胞,并且与内质网膜和液泡膜上的 IP3 受体和钙离子通道相互作用。内质网和液泡内含有比胞质更高的钙离子浓度(毫摩尔相对于纳摩尔)。IP3 激活钙离子通道,使得钙离子内流入胞而胞质内钙离子浓度至少增加 20 倍(图 3-72)。第二种信号级联反应则通过 ABA 激活细胞表面的**活性氧物质**(ROS)(如 H_2O_2),从而使得质膜上钙离子通道开启,钙离子内流。还有一种信号级联反应则涉及一氧化氮(NO)的生成,一氧化氮可以促进钙离子由细胞器释放进入胞质。

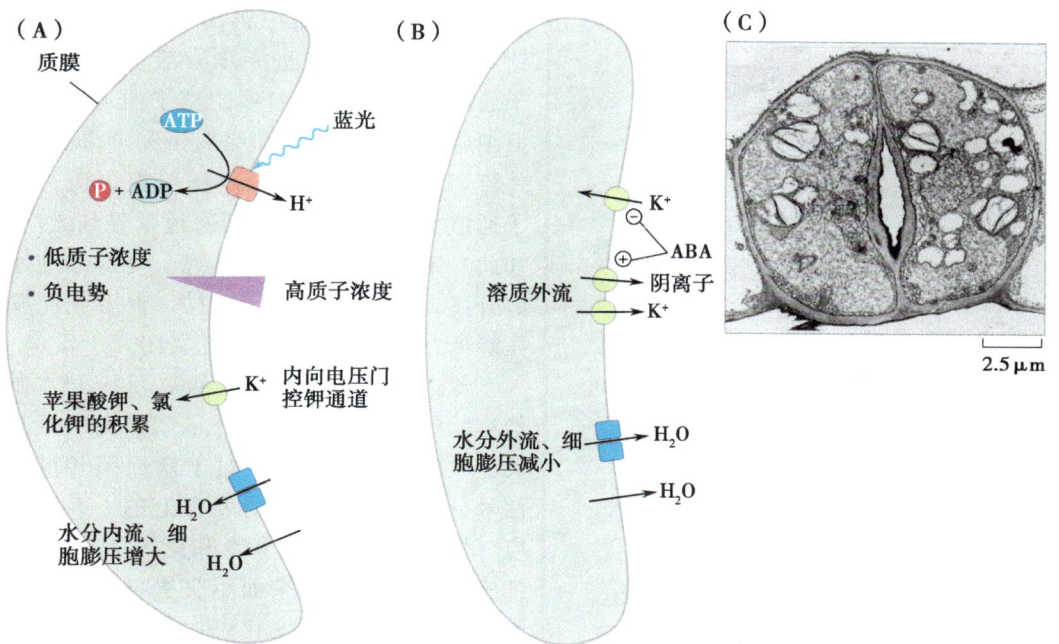

图 3-71 保卫细胞中由蓝光诱导的气孔开启以及由 ABA 引导的气孔关闭的一系列过程。（A）蓝光激活了质子泵，导致大的膜电位产生。这就激活了钾离子通道，使得钾离子内流入胞变为可能。同时钾离子内流入胞的过程中还伴随着氯离子的内流以及在胞质中苹果酸盐（一种有机负离子）的积累。这样胞内溶质浓度净增加使得细胞从外界吸收水分使膨压增大。（B）脱落酸（ABA）激活了阴离子通道使得阴离子外流出胞。这就降低了细胞的膜电位，使得内流钾离子电压门控通道受到抑制而外流钾通道激活。这样溶质出胞就导致了水分的出胞使膨压降低。（C）电镜图片显示了在拟南芥叶片中一对保卫细胞的形态。正如先前在上文中提到的那样，在保卫细胞中很多溶质的积累是发生在液泡中—在图（A）和（B）没有显示（图 C 由 Liming Zhao 提供）。

图 3-72 在保卫细胞内脱落酸诱发的信号级联反映。ABA 通过和质膜上的受体结合激活位于质膜内表面的 G 蛋白。这就激活了磷脂酶 C，它催化膜上的脂类生成磷脂酰肌醇二磷酸（PIP2），并且向胞质中释放肌醇三磷酸（IP3）。IP3 激活液泡膜上的钙离子通道（还激活内质网膜上的钙离子通道，但这里未显示），所以钙离子就从液泡中（还从内质网基质中）释放入胞质中。

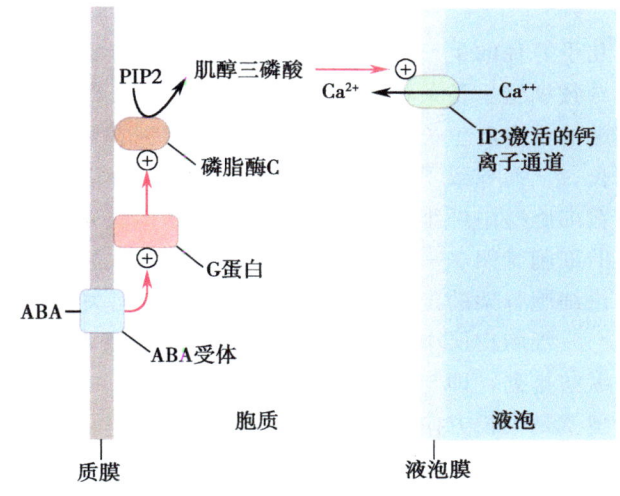

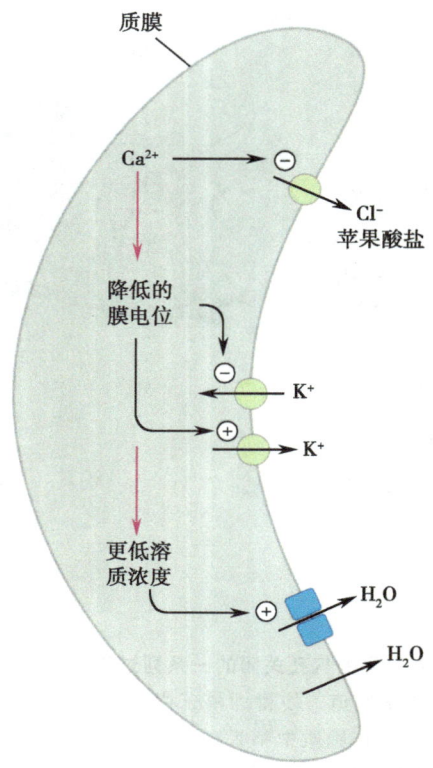

图 3-73 保卫细胞胞质中增加的钙离子引起的一系列事件。钙离子激活质膜上的阴离子通道，使阴离子（如氯离子和苹果酸盐）内流入胞。这使膜电位降低，内流电压门控钾通道的活性受到抑制而外流钾通道活性受到激发。阴离子和钾离子的外流使得水分出胞使膨压降低，气孔关闭（见图 3-71B 中简化的离子和水分运动）。

ABA 促进胞质中钙离子的含量升高，钙离子含量升高又进一步激活了膜上阴离子通道（图 3-73）。这些阴离子通道使得保卫细胞中的阴离子（如氯离子和苹果酸盐）外流，使膜电位降低，电压门控内流钾离子通道受到抑制，外流钾通道则受到激活。如此一来，大量溶质净出胞，使得细胞水势升高，水分也出胞。这样，保卫细胞膨压降低，形态改变而使气孔关闭。

促进气孔开合的信号级联反应和在其他植物细胞中受到信号分子调控的一系列反应大致相似。例如，对于病原菌相应的信号分子所诱发的植物发育上的一系列反应（详细内容参见第 6 章和第 8 章）。保卫细胞可以被分离出来而不失去活性，对于膨压和细胞形态的变化可以做出响应，并且这种响应很容易测量，因而是一个很好的研究系统。在分离的保卫细胞中，已经发展出了一些研究胞内过程的方法。例如，可向胞内微注射与钙离子结合的荧光分子或通过转基因植物的方法使研究者能通过荧光显微镜来实时监测钙离子在亚细胞结构中的水平的变化。

细胞膨大的方向由细胞皮层中的微管来决定

绝大多数细胞是不会一次性向所有方向膨大。位于茎的基本组织中央的髓细胞几乎等径的生长导致了细胞等径的形态，而根部表皮细胞中主要沿着一个轴的生长则导致细胞呈长条状（图 3-54）（详情参见第 5 章中各种细胞和组织类型的描述）。最极端的单方向生长的例子就是根毛细胞和花粉管细胞，它们的生长依赖于细胞尖端的生长，从而导致了细胞的单方向生长与尖头状形态（见下文讨论）。我们之前已经讨论过在细胞壁中纤维素微纤丝的方向是如何决定细胞的膨大方向，也讨论过在细胞皮质中的细胞骨架——微管的排列方向是如何决定纤维素微纤丝的走向。现在我们集中来讨论细胞骨架的走向和细胞膨大的方向有何关联。

细胞皮层中的微管从胞质分裂后的核表面大量产生。细胞膨大初期，皮质微管呈纵向排列，即与细胞膨大方向垂直排列。一种微管无方向性排列的拟南芥突变体的表型就是生长方向发生改变，这就充分说明了微管的正确排列方向对于植物生长发育中细胞膨大的方向起决定性作用（图 3-74）。例如，在突变体 *katanin* 和 *mor 1* 中，皮质微管的排列并非与细胞长轴垂直而是随机分布的，因而细胞的形状是等径的而非伸长的，这样就导致了器官发育受阻。Katanin 这种蛋白质能切断微管暴露出微管的自由端，因此 katanin 蛋白能促进微管的解聚。而在缺失 katanin 蛋白活性的突变体中，由于微管解聚频率降低，因而微管不能正常排列。另一种蛋白 MOR1（微管组织蛋白 1）则能稳定微管束的排列。在缺失 MOR1 蛋白的突变体中，微管变得更短而没有方向。

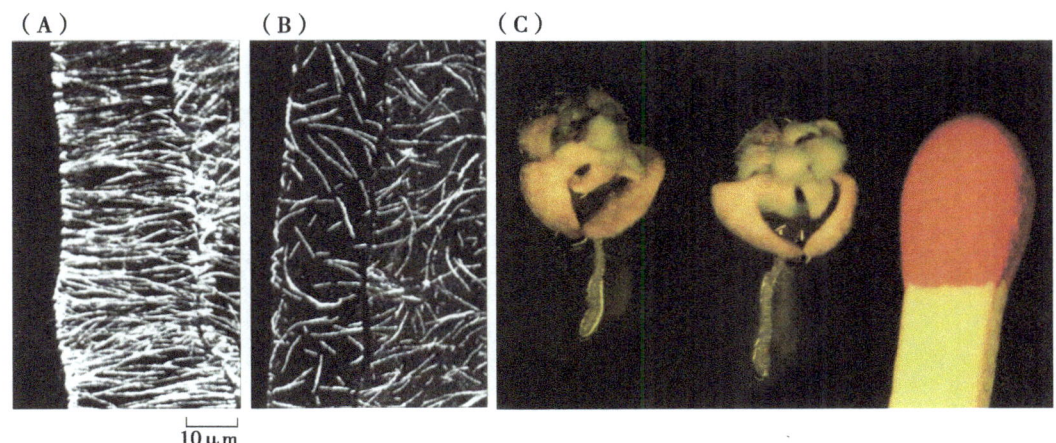

图 3-74　**微管在细胞扩张方向上的作用。**（A）野生型拟南芥子叶表皮细胞中的皮层微管束，处理使微管束有荧光。注意微管的横向排列，与生长方向垂直。（B）*mor 1* 突变体中的子叶表皮细胞，这种突变体缺少微管组织集合的必需蛋白，因此突变体中微管更短，没有方向。（C）*mor 1* 突变体严重生长发育受阻。这里显示了两个植株，并且用火柴头作为参照的大小标准（图 A 和图 B 经 Company Biologists 批准；图 C 由 Whittington 等提供。Nature，411：610-613，2001. 经 Macmillan Publishers Ltd 批准，由 Geoffrey Wateneys 提供）。

　　环境刺激会影响皮层微管的排列方向发生改变，进而改变细胞伸长的方向（图 3-75）。例如，幼苗下胚轴（相当于幼苗的茎）中细胞膨大的方向是受光的影响而调节。在黑暗中生长的幼苗比在光下生长的幼苗更高一些。这种在暗中生长引起幼苗变高的现象被称为"黄化"。黄化现象涉及下胚轴细胞的伸长：在暗条件下，皮层微管束的方向和茎长轴的方向是垂直的。而当黄化苗受到蓝光刺激时，与长轴垂直分布的微管束解聚，与长轴平行分布的微管束重新生成。这样就引导细胞横向膨大而非纵向膨大。

　　植物激素**赤霉素**和**乙烯**也是通过调节微管排列方向来影响细胞的生长方向。对很多种植物的幼苗施加赤霉素后发现，微管排列与细胞长轴垂直分布，这样处理过的幼苗就因为茎的纵向伸长而比未处理过的幼苗更长。相反，乙烯则促进微管的纵向排列，因此细胞发生横向膨大。我们将在第 5 章和第 6 章中对这些植物激素是如何响应环境因子来调节植物生长发育这些问题进行更详细的讨论。

　　在膨大细胞的皮层微管排列中，微管束平行排列成束状。而平行排列的微管之间的距离是恒定的，就像铁轨的轨道之间的距离是恒定的一样。这种恒定距离的维持是因为微管受到微管相关蛋白的调控。从植物中分离出来的微管相关蛋白可以在试管中调控微管蛋白聚集并形成恒定间隔（图 3-76）。皮层微管束的聚集和间隔对其功能是十分重要的。例如，微管相关蛋白 MOR1 稳定微管正确聚集成束。在 *mor 1* 突变体中，细胞等径分裂而非纵向分裂（图 3-74）。

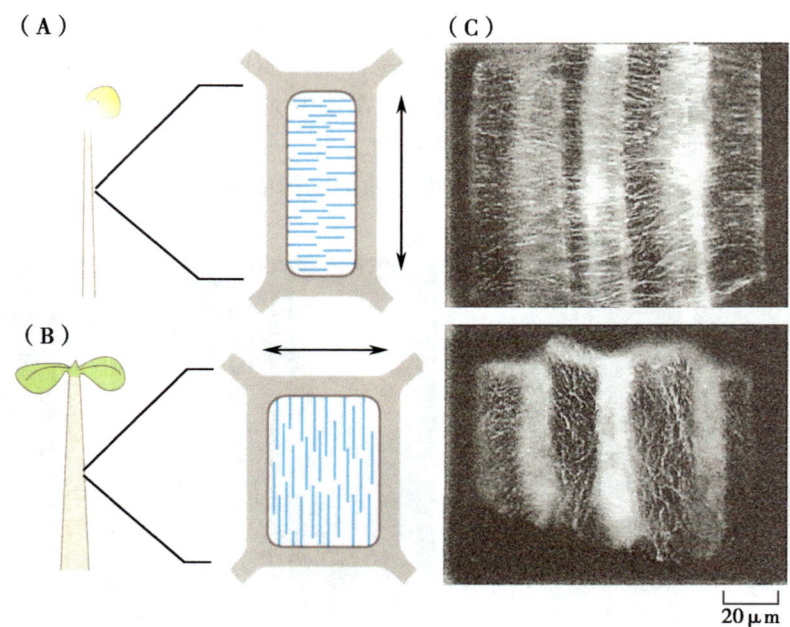

图 3-75　黄化苗下胚轴膨大细胞中微管的方向。(A) 在暗下，幼苗很高，这是因为下胚轴细胞的伸长所致。在细胞中微管是呈横向排列的，这样就促进了幼苗向纵向的膨大。(B) 当黄化苗接受光照时，微管重新排列形成纵向排列，因此幼苗横向膨大而非纵向膨大。幼苗的向上生长得到抑制，下胚轴变粗。(C) 水蕨（*Ceratopteris richardii*）的配子体细胞受到蓝光调控从而改变了微管的排列方向。经过一段时间的黑暗期（上图），在细胞中的微管是横向排列的（微管由于经过处理因而发出荧光）。而当细胞受到一段时间的蓝光刺激之后（下图），微管的排列方向转变为斜向或纵向（图 C 由张慧婷提供）。

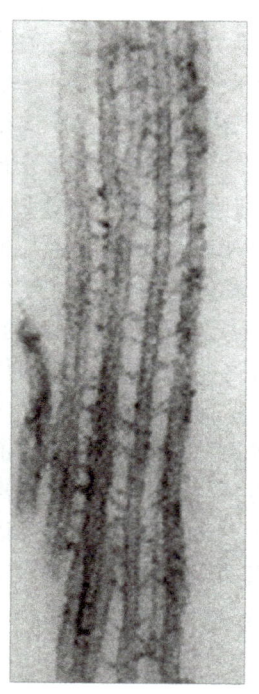

图 3-76　MAP 蛋白使微管积聚成束。把经过纯化的微管相关蛋白（MAP，从胡萝卜中分离获得）加入到含有纯化微管的试管中，微管就能聚集在一起的具有一定间隔的束状。这种间隔（25～30nm）恰好和植物细胞中微管束之间的间隔是一致的。

细胞膨大时肌动蛋白丝引导新物质添加到细胞表面

当细胞膨大时，新的质膜和细胞壁必须添加到细胞表面（特别是膨大的区域）。这种新物质添加到表面的方向是由肌动蛋白丝决定的。所以一个细胞的最终形态就是由肌动蛋白丝的活性和控制细胞膨大方向的微管相互协调来决定的。

研究这些细胞骨架是如何协调作用来决定一个细胞的最终形态的一个很好的模型是表皮毛细胞。正如在 3.1 节中所说的，表皮毛细胞是具有显著分支形态的巨大表皮细胞。因为表皮毛细胞位于植物的表面，所以对于表皮毛细胞的研究相对比较容易。逐渐发育形成表皮毛的表皮细胞会比周围没有表皮毛的细胞大很多，最终表皮毛细胞会在其表面形成伸长的刺状突起。在这个刺状突起上，由于不同区域的细胞壁膨大逐渐形成分支。在这个过程中，微管调控了分支的起始和形成，而肌动蛋白丝则使新物质能够正确地添加到细胞表面的合适区域。

有关微管蛋白对于表皮毛细胞分支的起始和形成的作用主要集中在对具有异常表皮毛突变体的研究上。尽管有一些这样的突变体在核内复制（见 3.1 节）上有缺陷，另一些突变体则是由于调节微管排列的蛋白质有缺陷（图 3-77）。例如，拟南芥突变体 *zwichel* 缺乏驱动蛋白类似微管动力蛋白（也在纺锤体和成膜体中起作用；参见 3.2 节）。这些突变体的表皮毛中分支减少（图 3-77），暗示着突变体中由动力蛋白调节的微管蛋白排列可能对分支的形成是必需的。Karanin 蛋白不仅仅在决定细胞膨大方向起到基础性作用（如前所述），还在表皮毛细胞中的分支形成上起着重要作用。在 *katanin* 突变体中，表皮细胞经历了表皮毛细胞形成的最初阶段——细胞膨胀，但是这之后表皮细胞很少形成刺状突起，而且也不会形成分支。Katanin 蛋白对于微管蛋白的解聚是必需的，而这个解聚过程正是在微管重排中微管解聚—重聚的一个重要组成部分。

肌动蛋白丝通过小泡将新合成的细胞壁物质运送到正在生长的表皮毛细胞表面。肌动蛋白丝存在于正在生长的初期细胞的局部区域，并且在分支中新的生长起始区域中聚集。对正在膨大的表皮毛细胞施加肌动蛋白聚集抑制剂后表皮毛形成受阻，这就证明受到调控的新物质在细胞表面的积累对于细胞形态的决定是十分重要的。但是，也有一些抑制剂对于表皮毛分支没有影响，这就暗示了肌动蛋白并非分支起始所必需。

在根毛细胞和花粉管细胞中，细胞膨大位于细胞顶端

大多数植物细胞在生长时，膨大出现在细胞表面的大部分区域。但在一些特定的细胞类型中，细胞膨大仅限于细胞顶端。这些细胞中就有被子植物中的根毛细胞和花粉管细胞（图 3-78）、苔藓和地钱的假根以及苔藓孢子萌发时形成的长丝。

顶端生长是由于胞质局部区域中的高浓度钙离子含量变化所引起的。在所有的顶端生长细胞中，胞体顶端的钙离子含量比胞体中任何一个其他区域中的钙离子含量都要高（图 3-79A，B）。这些钙离子是从胞外经质膜上的离子通道运送到胞体顶端。钙离子的转运和顶端高钙离子浓度的维持是促进细胞顶端生长的充分必要条件。对正在顶端生长的细胞施加能阻止钙离子运输入胞的药物处理后，细胞顶端生长就会停滞。相反，当人为地在胞体中引入一个钙离子梯度的话，细胞就会在引入钙离子梯度周围的区域中发生顶端生长（图 3-79）。一种拟南芥突变体叫做 *root hair defective 2* （rhd 2），这种突变体的根毛不能生成正是因为它不能在胞体中形成钙离子梯度（图 3-79D）。在表皮细胞上的膨胀突起通常情况下都能形成根毛，但是这和钙离子梯度没有关系，并且这些突起不会进一步发育。

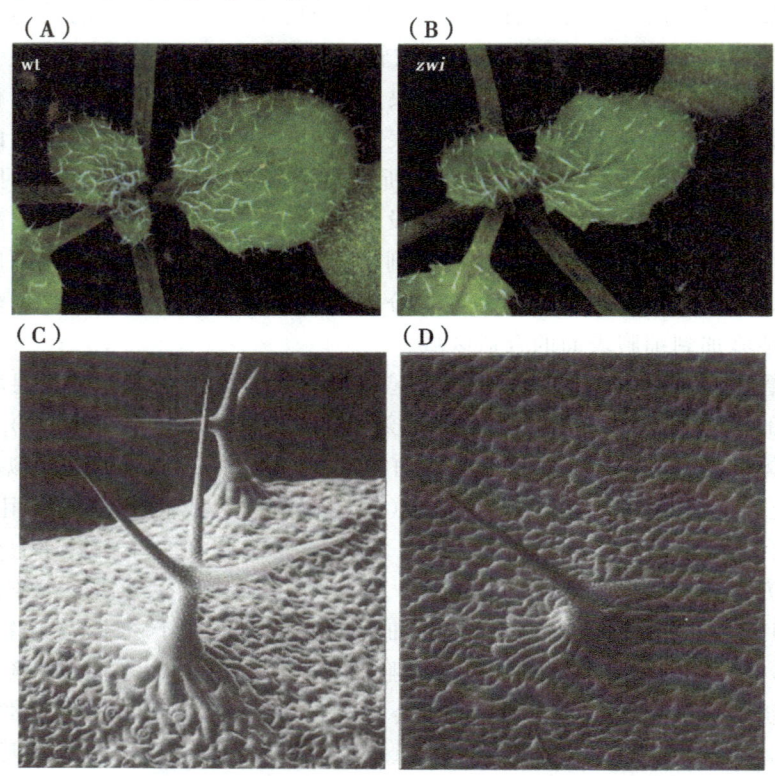

图 3-77　微管蛋白缺陷造成表皮毛发育异常。图（A）和电镜图（C）是野生型拟南芥叶表面。正常的表皮毛有三个分岔。图（B）和电镜图（D）是突变体 Zwichel（zwi）的叶表面。在突变体中，由于微管蛋白的缺陷表皮毛呈现异常——表皮毛细胞的细胞壁异常（图 A 和图 B 由 David Oppenheimer 提供；图 C 和图 D 由 Jordi Chan 和 Clive Lloyd 提供）。

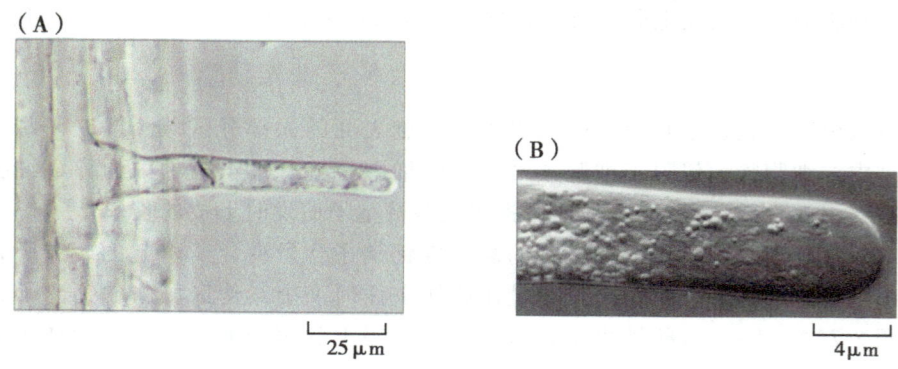

图 3-78　植物中顶端生长的细胞。（A）拟南芥的根毛细胞。靠近顶端的后方的根毛宽度仅 7μm。（B）百合（Lilium longiflorum）的花粉管细胞。这种结构是在花柱头上萌发后的花粉粒所形成的（见第 5 章）。透射电镜照片显示了靠近顶端的后方区域中含有细胞器而顶端没有（图 A 由 Seiji Takeda 提供；图 B 由 N. Moreno 和 J. Feijo 提供）。

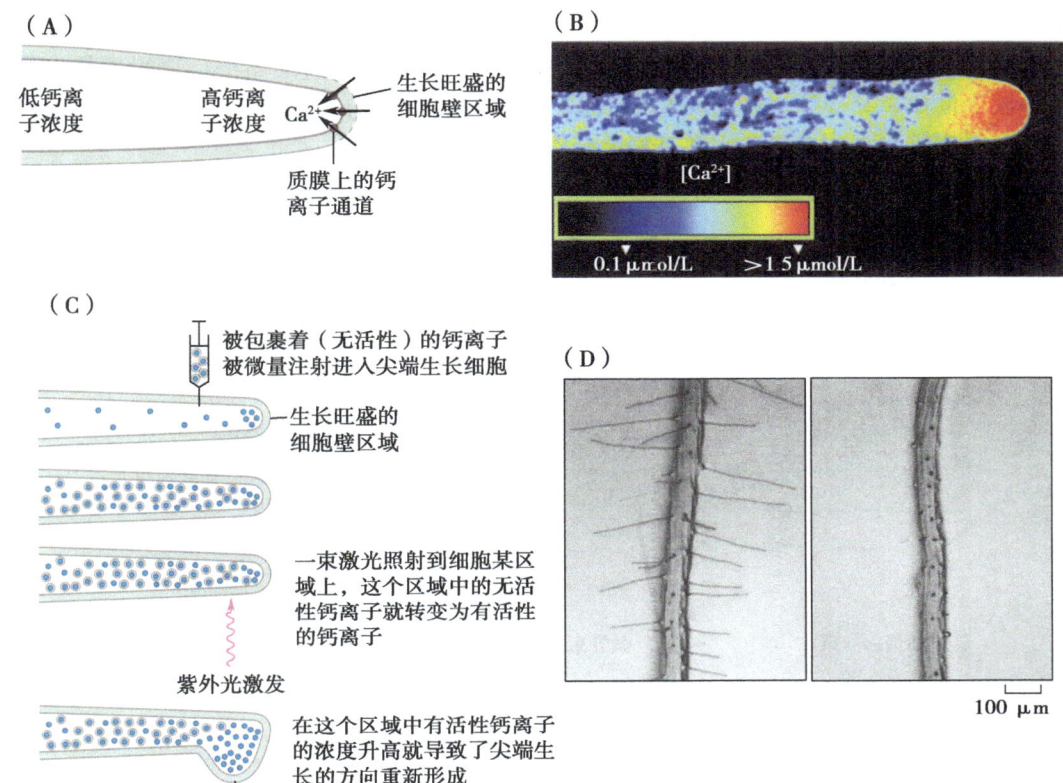

图 3-79 钙离子在顶端生长中的作用。（A）顶端生长与钙离子的运输和钙离子梯度的建立相关。（B）花粉管细胞中钙离子梯度的形成与其顶端生长相关。一种对钙离子敏感的染料被注入到花粉管细胞中。这种染料的颜色从蓝色变为绿色再变为黄色及橘色代表着钙离子浓度的逐渐升高。（C）示意图中所示是在尖端生长细胞中人为引入一个钙离子梯度。钙离子以一种被包裹的形式注射入胞，即钙离子和邻苯 EDTA 形成的复合体；这种形式的钙离子不能促进胞体的顶端生长，而经过紫外线照射后的包裹钙离子就能转变为游离的钙离子，这是因为紫外线造成邻苯 EDTA 钙离子复合物的光解所导致的。如果一束微小的紫外线照到细胞生长尖端后侧的某区域的话，这样在那个区域中就会形成局部钙离子浓度的升高从而在该区域形成顶端生长和细胞壁扩张。（D）野生型拟南芥的根（左图）和 *rhd 2* 突变体的根（右图）。*rhd 2* 根部中的表皮细胞发生肿胀但并不形成根毛（图 B 由 N. Moreno 和 J. Feijo 提供）。

钙离子之所以促进顶端生长的机制可能和钙离子调节细胞骨架的排列有关。例如，钙离子调节抑制蛋白的活性，这种蛋白质是肌动蛋白丝正确组装所必需的。正如下文所述，肌动蛋白丝活性的改变会影响到含有新物质并将其添加到细胞顶端的转运小泡的运输。

顶端生长细胞高度极性化和快速生长（如紫鸭跖草花粉管细胞的生长速度可以达到 0.24mm/s）反映在胞内各种细胞器的分布上。邻近顶端稍后的区域中富含包有细胞壁和膜结构物质的小泡。这些小泡是从顶端后面的高尔基体口生成后再与位于细胞顶端的质膜融合并释放出内含物到细胞壁上。就像细胞板的形成一样（见 3.2 节），肌球蛋白结合在小泡的外侧后将小泡沿着肌动蛋白丝运输至细胞的顶端（图 3-80A）。顶端生长受肌动蛋白丝的抑制剂所抑制，在肌动蛋白丝不正常的突变体中，顶端生长也受到抑制。例如，突变体 *deformed root hairs*（*der 1*）缺乏在野生型中主要的肌动蛋白形式，因而该突变体变得矮小并且根毛膨大（图 3-80B）。

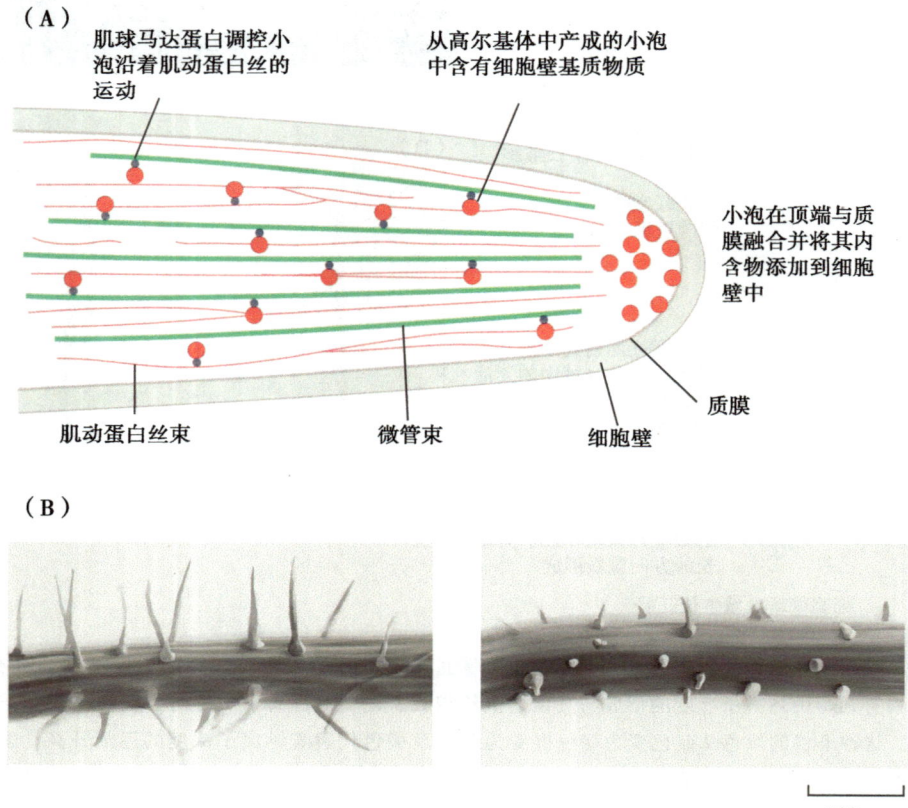

图 3-80　肌动蛋白在顶端生长中的作用。（A）含有细胞壁基质物质的小泡是在内膜系统中合成的，它们沿着肌动蛋白丝向细胞顶端移动，然后在细胞顶端通过与质膜融合向细胞壁中添加内含物。（B）拟南芥突变体 *der 1* 根部缺乏肌动蛋白丝，因而突变体的根毛（右图）比野生型（左图）的更粗短（图 B 由张慧婷提供）。

3.6　次生细胞壁和角质层

正如我们已知的，初生细胞壁在胞质分裂时已在细胞板上形成，并在细胞膨大时加入新的初生细胞壁。而一旦细胞完成膨大，很多细胞就在初生细胞壁的内侧形成次生细胞壁（图 3-81）。在高等植物的很多细胞中，次生细胞壁的形成是细胞分化的一个重要标志。次生细胞壁的性质随着细胞类型的变化而变化，并且赋予细胞特定的性质。次生细胞壁常会加厚并形成多层。次生细胞壁可能含有多种多聚物作为储存物质或充当防水成分,或是含有相互交联的纤维素微纤丝,进一步为细胞提供机械强度和韧度的支持。

在次生细胞壁发育的描述中,我们集中讨论:交联多聚物——**木质素**的合成;在两类细胞(木质部中运输水分的细胞和木材中的细胞)中次生细胞壁对于细胞分化的作用;角质层的形成以及植物地上部分表皮细胞的外表面覆盖物。

次生细胞壁的结构和成分随着细胞类型的改变而改变

当细胞膨大终止后,初生细胞壁的延展性变差,这是因为一些糖蛋白成分的共价相互交联(这种糖蛋白包括延展蛋白)以及连接区域的形成所导致的(见 3.4 节)。之后,次生细胞壁在初生细胞壁内侧形成,这就限制了由质膜包围的胞体的体积膨大。大多数次生细胞壁富含纤维素,而且在一些情况下,如在棉花的纤维中,细胞壁可能几乎全部由纤维素组成。由于细胞基质成分(如果胶)的含量很少(甚至不含),导致了次生细胞壁比初生细胞壁更不易延展。在一些细胞中,次生细胞壁上的纤维素微纤丝是以不同方向相互排列成层的(图 3-81),这就增加了细胞壁的机械强度。

在拟南芥中,合成次生细胞壁纤维素的纤维素合酶复合体与在初生细胞壁中的纤维素合酶复合体有所不同。这种现象可能在其

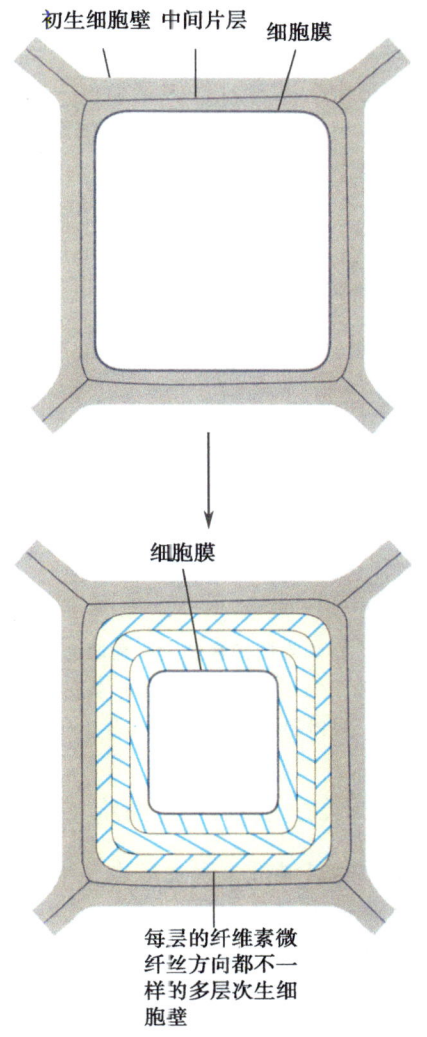

图 3-81 次生细胞壁的形成。次生细胞壁(常为多层)在初生细胞壁内侧形成。

他物种中也会有存在。拟南芥 $rsw1$ 突变体缺少维持所有细胞刃生细胞壁中纤维素正常含量的纤维素合酶,因而突变体幼苗具有小而肿胀的根和下胚轴(图 3-53)。而另一种突变体 $IRREGULAR\ XYLEM\ 3$($IRX\ 3$)中的另一种纤维素合酶发生变异,减少了它的木质导管细胞的次生增厚(如下文讨论),但它的初生细胞壁并不受影响。突变体植株的茎中仅含有野生型植株茎中纤维素含量的 25%,并且在水分运输中产生的负压使得木质导管产生崩塌(图 3-82)。

除了纤维素之外,很多次生细胞壁还含有其他类型的多聚体,它们也能赋予细胞壁特定的属性。例如,在一些种子中次生细胞壁富含作为储备物质的聚糖。在很多物种的次生细胞壁上都会含有**甘露聚糖**,它是由甘露糖聚合而戍的,可能也会含有葡萄糖和半乳糖残基,并且在种子萌发生长过程中降解以提供原料。莴苣种子中胚乳细胞

壁中70%的成分就是甘露聚糖。在一些提取出的豆类种子中的半乳糖甘露糖聚糖具有合适的黏度特性，这在食品工业中经常会用到（图 3-83A，B）。在一些类型的细胞次生细胞壁中含有疏水性多聚糖——**软木脂**（图 3-83D，E），软木脂可以阻止水分进入细胞壁。在植物根部具有一圈控制水分和溶质进出细胞的内皮层细胞，它们含有凯氏带，在凯氏带上就含有软木脂（图 3-83C；另可见 4.10 节）。软木脂还是软木细胞壁中的重要成分，而软木则形成了木本植物的外树皮。

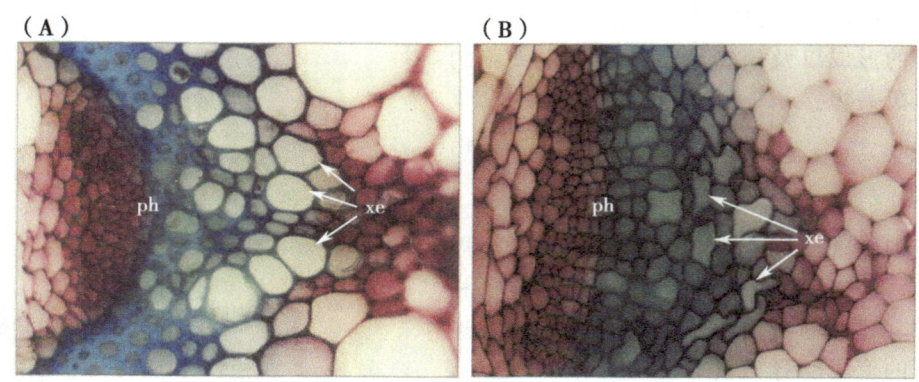

图 3-82　影响木质部导管次生加厚的突变体。（A）野生型拟南芥和（B）$irx3$ 突变体。韧皮部（图中 ph 左侧小的粉红色细胞）是向外的，而木质部细胞是向内的。注意突变体中木质部导管细胞（xe）的坍塌现象（图 A 和图 B 由 Simon Turner 提供）。

木质素是很多次生细胞壁的主要组成成分

木质素是继纤维素之后次生细胞壁中最常见的组成成分（图 3-84），并且是地球上第二大含量丰富的有机物质。木材干重中木质素大约占 30%。在次生细胞壁中，木质素和纤维素微纤丝相互交联，形成了一个坚硬而不通透的结构，这样就为细胞提供了机械强度、化学稳定性和韧性，并有效地阻止了外来害虫和病原体的入侵。可以说，高等植物中具有合成木质素的能力在演化上是重要的一步。低等植物——苔藓不具有合成木质素的能力，因此它们就不具备高等植物中木质化的、有很高机械强度和韧度的细胞壁，也不具备有效的可以长距离运输水分到地上部分的导管，更没有坚强而有韧性的组织组成高的能承载的茎。

木质素是一种复合物，由芳香醇单体（木质素单体）不规则地聚合而成。**木质素单体**（图 3-85）是由芳香氨基酸苯丙氨酸转化而来的（见 4.5 节）。合成的第一步在胞质中进行，接下来的步骤则在内膜系统上进行。木质素单体是从内膜系统经过运输出胞到达细胞壁后，经氧化镁催化，单体合成木质素多聚体。

在木质素多聚体中有三种结构单体：p-羟基苯（H）、愈创木基（G）和芥子（S）基团。这些分别是从三个木质素单体前体——p-香豆醇、松柏醇和芥子醇转变而来，而这三个前体仅在苯环上的甲基化程度上有所不同（图 3-85B）。不同物种间的木质素成分有很大的差异。在蕨类植物和裸子植物中只合成 p-香豆醇和松柏醇，因此木质素仅由 H 和 G 单体组成。而在被子植物中，有芥子醇的合成，但是绝大多数的被子植物

不以 *p*-香豆醇来合成木质素。因此在被子植物的木材中木质素仅由 S 和 G 这两种单体组成。但草类则利用这三种醇来合成木质素，所以在草类中木质素由 H、G 和 S 三种单体组成。即便在同一棵树中，不同区域不同细胞类型的木质素组成也不同。例如，在黑云杉（*Picea mariana*，一种裸子植物）中，运输水分细胞（管胞）的次生细胞壁上的木质素仅由 G 单体组成，而在**中胶层**(间隔相邻细胞的区域) 中的木质素主要含有 H 单体。在桦木（*Betula papyrifera*，一种被子植物）中，木材中纤维细胞的木质素由 G 和 S 单体组成，而木材中运输水分的细胞的木质素则主要由 G 单体组成。

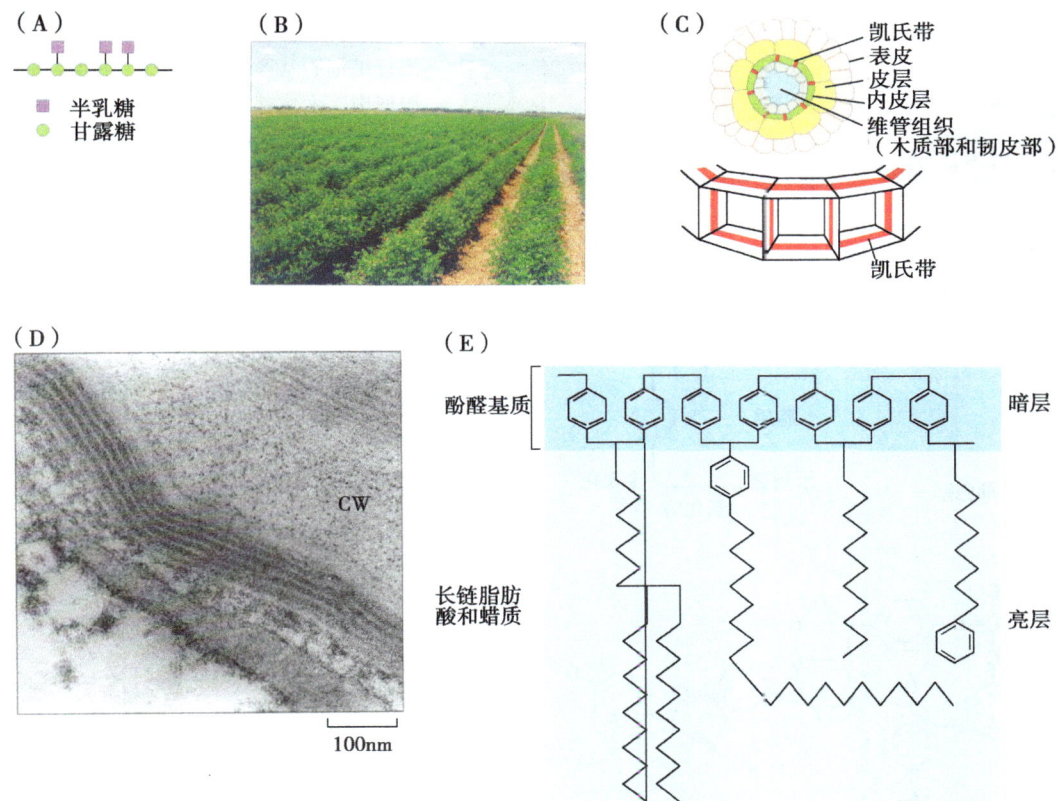

图 3-83　一些次生细胞壁中的多聚体。（A）半乳糖甘露糖聚糖的结构。（B）瓜尔豆（*Cyamopsis tetragonoloba*）田地，瓜尔豆是一种豆类，从它的种子胚乳的细胞壁中可以提取出一种有用的半乳糖甘露糖聚糖橡胶。这种橡胶具有广泛的用途，包括在化妆品中，在冰淇淋和布丁中的增稠剂，以及纸张上的上浆物质。（C）根中内皮层细胞中的凯氏带位置。内皮层细胞将皮层和中柱分隔开来，中柱中含有木质部和韧皮部。水分和矿物质从土壤中吸收并进入运输水分的细胞（木质部细胞），而在韧皮部中的糖类必须要通过内皮层细胞才能运送到皮层和表支细胞中。几乎所有经过内皮层细胞的运输必须经过细胞内部，因为细胞壁上的软木脂使其高度不透（见 4.10 节的内皮层细胞运输的讨论）。（D）电镜照片显示拟南芥两个根细胞之间细胞壁中软木脂的层次结构（CW 代表细胞壁）。（E）细胞壁中软木脂的简单模型。在（D）图中很明显的暗层含有相互交联的酚醛类物质作为基质，就如木质素中的一样（在下文会讨论到）。与这种基质相连的是一种长链的疏水脂肪酸、脂肪醇以及蜡质，这些物质构成了亮层（图 B 由 John Sij 提供；图 D 由 Christiane Nawrath 提供）。

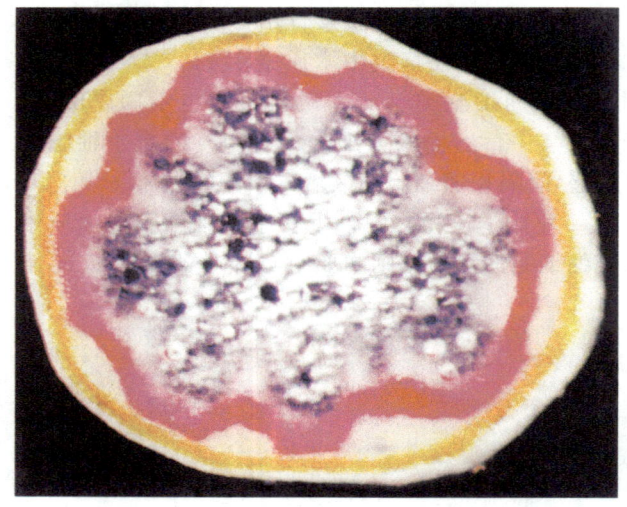

图 3-84　茎中细胞的木质化。拟南芥花序茎的基部横切,显示出木质素(红色)的存在。注意木质素位于一圈纤维细胞(厚壁组织中)的加厚细胞壁中,木质部细胞使茎有强度和韧性(由 Zheng-Hua Ye 提供)。

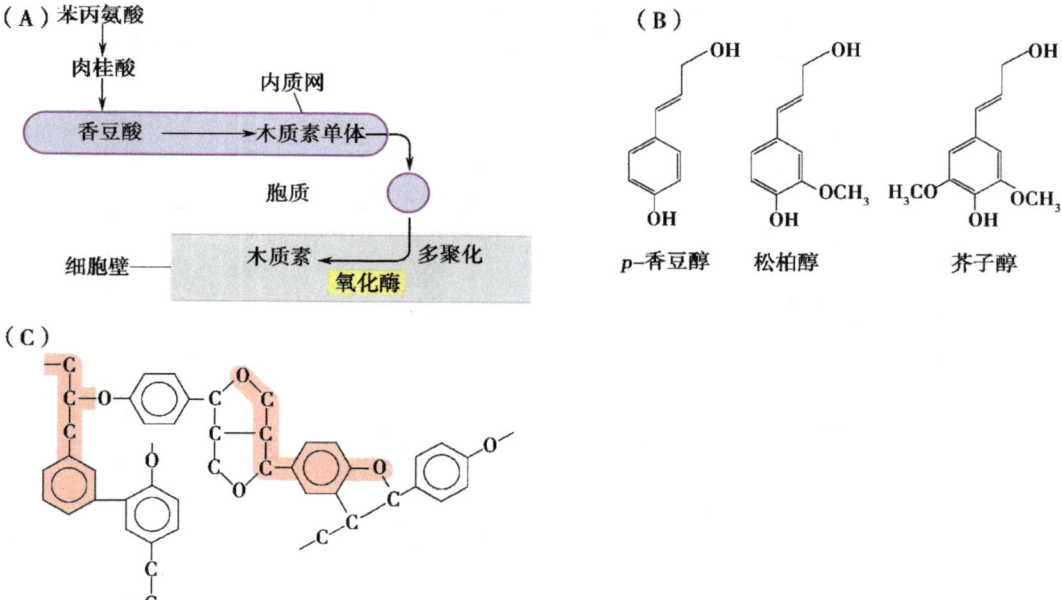

图 3-85　木质素的结构。(A) 木质素单体是由苯丙氨酸为起始原料合成的,合成途径开始于胞质中,然后转到内质网上。木质素单体由小泡转运到细胞壁上,在细胞壁上由单体聚合成木质素,聚合反应是由细胞壁中的氧化酶催化的。(B) 三种木质素单体的一般结构(图 3-86)。三种单体都含有苯环和具有双键的三碳侧链;这个双键在聚合的过程中被氧化。(C) 木质素部分的结构示意图。注意木质素是一个复合的异质多聚体;图中显示的是已发现的部分结构。两个单独的木质素单体在图中用红色表示。

木质素的成分对于细胞壁性质有着很大的影响,这样也就很大程度上影响了某种植物器官对工农业的意义。例如,木质素成分的不同使得一些树木远比另一些树木有利于造纸;因为在造纸过程中,必须通过机械和化学的方法将木质素从木材中除去。

木质素的组成也影响到植物的口感,因此对于某种植物是否能成为农场动物的饲料也有很大的影响。

从苯丙氨酸到木质素单体转变过程中的第一步是由苯丙氨酸氨基裂解酶完成的(图3-86A)。这步的产物是肉桂酸,它不仅是合成木质素单体的前体,也是整个苯基化合物

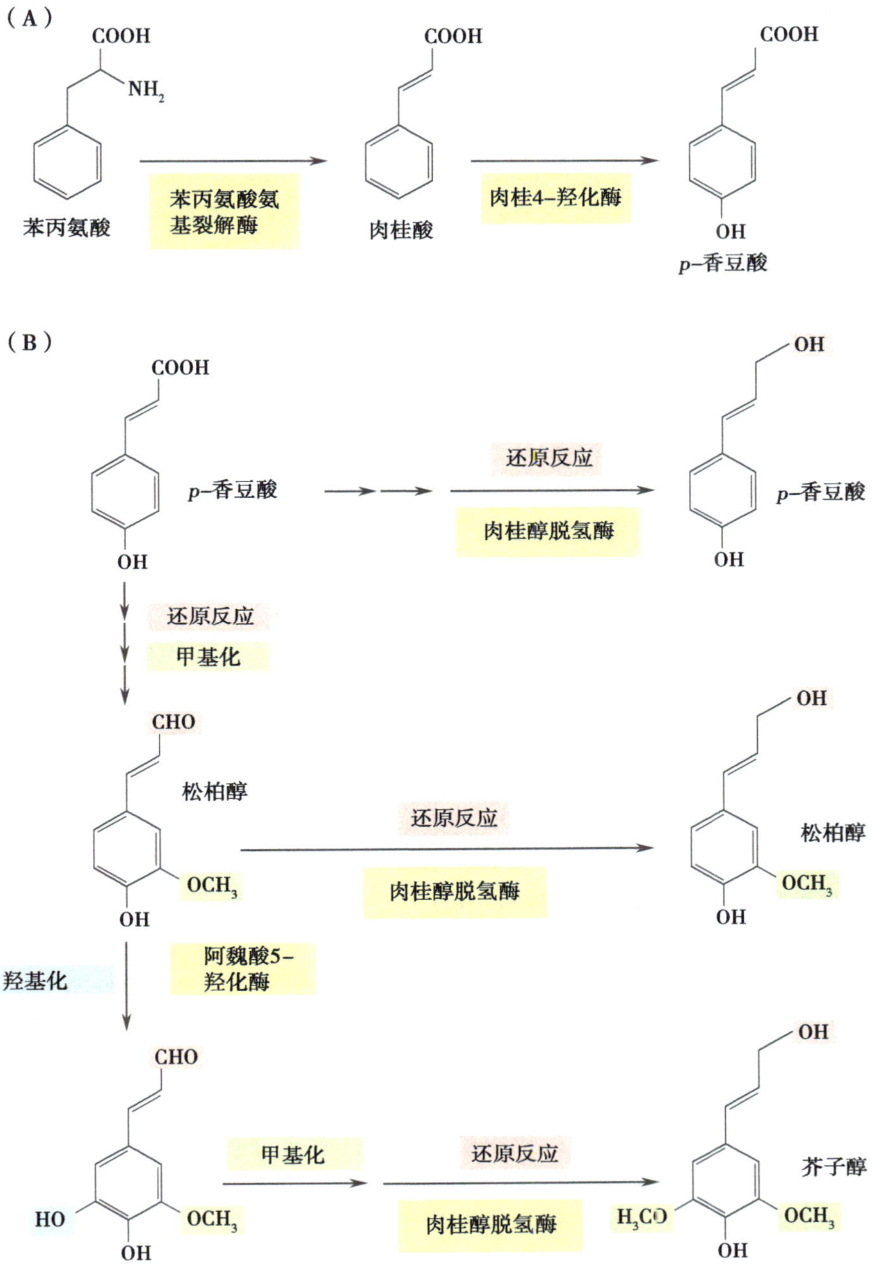

图 3-86 **木质素单体的合成。**(A)苯丙氨酸到香豆酸的转化,这是合成木质素单体的第一步。(B)从香豆酸到其他木质素单体的合成过程。

家族（苯丙烷）的前体。从肉桂酸到 p-香豆醇的转变是由肉桂 4-羟化酶在内质网膜上催化的，并且这一步是合成木质素单体的限速步骤。编码肉桂 4-羟化酶的基因的表达发生改变，则该酶的含量也会发生改变，这样在细胞中该酶的活性也会相应改变，进一步肉桂酸转化为木质素单体的速率也发生改变。

从肉桂酸到木质素单体的生化途径很复杂，但其中涉及三个基本的分子转变反应：芳香环羟基化（加上羟基）、芳香环上特定位点甲基化（加上甲基），以及从羧基变为羟基的还原反应（图 3-86）。

直到生成中间产物松柏醛之前，生成松柏醇和芥子醇的途径完全一样。生成松柏醛后，生化途径才开始不同。生成松柏醇的途径涉及由肉桂醇脱氢酶（CAD，该酶在这个途径中的不同苯丙烷代谢中都催化醛基还原）催化醛基还原的反应。而生成芥子醇的途径则涉及松柏醛在阿魏酸 5-羟化酶的催化下水化，接着新生成的羟基甲基化，最后将醛基还原的过程。

在这些生化途径中已经知道某些关键酶的重要信息，这是通过降低或升高编码这些酶基因表达来实现的。例如，在拟南芥中，缺少阿魏酸 5-羟化酶的突变体植株的木质素中不含 S 单体，并且在烟草、杨树和拟南芥中过量表达该酶的基因导致木质素几乎完全由 S 单体组成。这些发现进一步证明了合成芥子醇的反应是由阿魏酸 5-羟化酶所催化，并且是必需的。同样，肉桂醇脱氢酶基因表达量降低的植株中的一系列表型也说明了该酶对于合成木质素单体的普遍重要性。在肉桂醇脱氢酶基因表达量降低的紫花苜蓿中，细胞壁 S 和 G 的含量下降。这就暗示了该酶可能与松柏醇和芥子醇的合成都有关。而且该酶含量的下降也和由 p-香豆醛还原生成的第三种木质素单体——p-香豆醇含量下降有关。

木质素单体的聚合是在细胞壁的特定区域内进行的。聚合作用涉及木质素单体的氧化形式（含自由基中间物），这很可能涉及利用氧气来催化的细胞壁酶类（如漆酶）和使用过氧化氢来催化的过氧化物酶。这些含自由基的中间产物相互连接在一起形成在化学上稳定的网状结构。含自由基的中间产物的相互结合可以不需要酶或其他蛋白质的催化就能进行；事实上，在试管中木质素单体经过氧化就能自发形成类似木质素的多聚体。但是，在细胞壁中，木质素合成过程中木质素单体之间的连接和在试管中自发形成的连接是不同的。这个发现以及木质素分布于细胞壁上特定的而非均匀的区域的发现共同暗示了细胞壁上的蛋白质可能决定了木质素单体运输进入细胞壁的特定区域，并促进含有自由基中间产物之间的特定键的形成。但是细胞壁中的蛋白质是否有这种功能至今还未得到实验的证实。

木质化是木质导管和管胞细胞的特征

维管植物中木质部是主要的输水组织，木质部将水分和溶解在其中的溶质从根部输送到植物的地上部分。在木质部中有两大类细胞——纤维细胞和运输水分的细胞，它们的特定功能都依赖于次生细胞壁的特定类型。

纤维细胞（**厚壁组织细胞**）是伸长的细胞，它的次生细胞壁木质化并且占据绝大多数的细胞体积。在维管系统中，连续的纤维细胞排列为水分运输细胞和韧皮部细胞（在维管束中另一种运输糖类和其他营养物质的系统）提供了机械支持（见 4.4 节和

4.10节有关韧皮部运输和木质部运输的讨论)。在一些植物中,维管束中的坚韧的纤维细胞排列为纺织业提供了很好的原材料。例如,亚麻和大麻茎中富含纤维素的纤维被用来制造布料(亚麻布是以亚麻纤维作为原材料的)和绳索(图 3-87)。

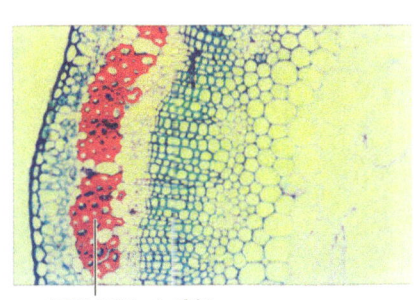

图 3-87 木质部中的纤维细胞(厚壁组织)。亚麻(*Linum usitatissimum*)中茎的横切面显示了厚壁细胞形成的纤维(粉红色),这些纤维可提取出来在纺织业中使用(由 Isabelle His-Mauger 提供)。

在维管系统中运输水分的细胞也连续排列。在双子叶植物中有两种细胞类型:管胞和木质部导管(图 3-88)。当这两种细胞成熟的时候,它们都会经历特殊形式的次生细胞壁发育过程。运输水分细胞可以生成环状、螺旋状、网状,或相对更连续的板状(仅由不具次生细胞壁的纹孔连通),这都因木质部内的细胞种类和位置不同而不同。在次生细胞壁完全形成后,运输水分的细胞死去,只剩下坚硬而有韧性的管道,在这个管道中水分可以相对不受阻碍地通过。在木质部中,细胞壁的强度对于其功能来说是十分重要的,因为这个水分运输系统中经常存在很高的水压(见4.10节),在这样的条件下,环状和板状次生细胞壁可以阻止管道因为承受不住压力而坍塌。

在绝大多数维管植物中都有管胞,并且在裸子植物和其他低等的维管植物中管胞是运输水分的细胞的唯一形式。伸长管胞的锥形尖端的细胞壁上存在纹孔,在那里它与相邻的管胞只有一层薄的初生细胞壁相隔(图 3-88B)。木质导管只有在被子植物中才存在,并且很多木质导管在木质部中位于管胞附近。木质导管通常比管胞更短。它们也排成列,但在这种情况下相邻的木质部导管细胞壁间有既不含初生细胞壁也不含次生细胞壁的穿孔(图 3-88B,C)。

木材由维管组织次生生长形成

双子叶植物和裸子植物茎中的维管束是由一群非成圆柱状的细胞组成的,这些细胞也被称为形成层。形成层是一种分生组织,它可以通过细胞分裂,向外形成木质部,向内形成韧皮部(见5.4节)。维管束的最初的形成被称为**初生生长**。一年生植物和草本植物(在冬季茎会死去的植物)仅有这种生长方式。而在木本植物中,茎内会含有连续的一圈圆柱形的形成层细胞,这样的形成层会在每年生成新的木质部。如此一来,茎的宽度就会增加,在茎中央木质化的组织——木材也会增加,这称为**次生生长**(图3-89)。

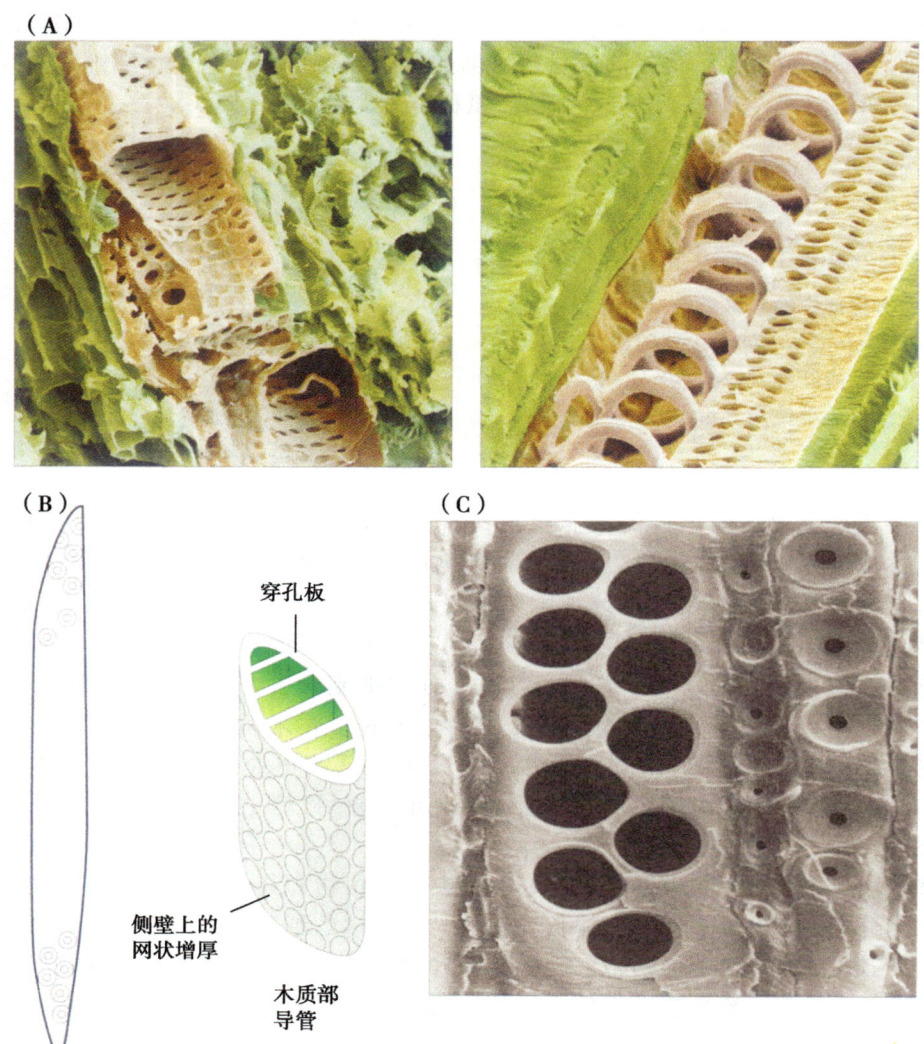

图 3-88 木质部中运输水分的细胞。(A) 位于竹子茎中的木质部导管，伪彩电镜照片显示的是一年生植物细胞壁的增厚（左图）和螺旋状细胞壁的增厚（右图）。(B) 管胞和木质部导管的示意图。注意在管胞锥状末端细胞壁上的纹孔和木质部导管末端细胞壁上的大量穿孔。(C) 木质部导管中穿孔板的电镜照片（正面观）。

次生生长起始于在已形成的维管束中维管形成层的细胞分裂活动的激活。这种细胞分裂活动和位于相邻的薄壁细胞区域（束间形成层）的细胞分裂相协调，这个区域也被称为髓射线，这样，茎中一圈连续的圆柱状维管形成层就形成了（图 3-89）。在维管形成层和束间形成层中有两种不同类型的**原始细胞**（图 3-90A），梭形原始细胞纵向分裂产生的细胞含有很长的纵向长轴。这些细胞向外分化成为次生韧皮部，向内分化成为木质部。木质组织组成茎中次生生长的绝大部分；换句话说，木材主要是由木质部组织组成的。射线原始细胞形成具有长的横轴的射线细胞。这些射线细胞排列成列状，并且在次生维管组织中呈辐射状排列。射线细胞运输水分，溶解次生韧皮部和次生木质部中的气体和有机物质，还储存化合物（如淀粉）（见 4.6 小节）。

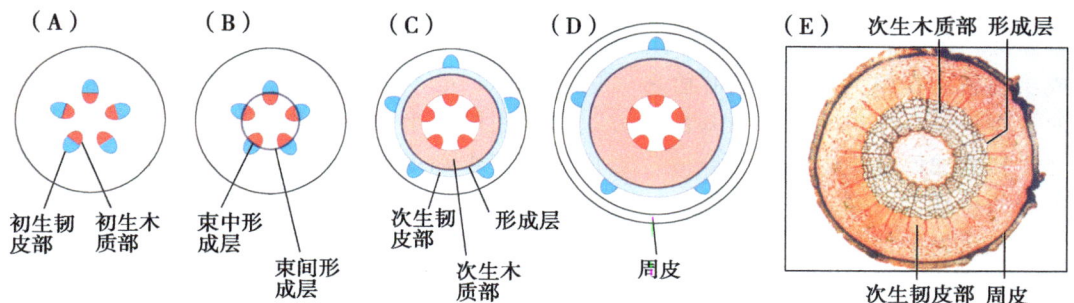

图 3-89　次生生长阶段。(A) 成熟的初生茎。(B) 环状形成层的发育。(C) 次生生长一年后的茎，显示了次生韧皮部和次生木质部的发育。(D) 经过连续几年进一步的发育和次生木质部木质化过程之后，茎中的很大一部分被木质的次生木质部占据了。表皮细胞外层由保护性的周皮代替，周皮中的木栓形成层进行细胞分裂形成了木质茎的树皮。(E) 维吉尼亚爬山虎（Parthenocissus inserta）的茎的横切面，显示的是 (D) 图中的发育阶段。

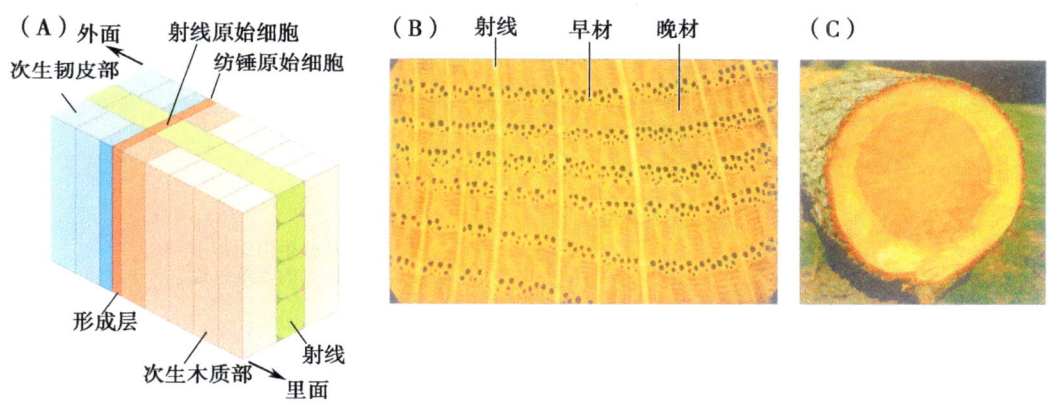

图 3-90　木质茎的形成。(A) 木质茎的示意图（剖面），显示了形成层是如何形成次生韧皮部和次生木质部以及射线细胞的。(B) 橡树木材（次生木质部）的横切面显示了约六年的年轮。每一年的生长（年轮）都是由早期生成的大导管（早材）和晚期生成的小导管（晚材）组成的。(C) 橡树树干的横切面显示了心材（中部色深的木材）和边材（外部色浅的木材）的形状。

在木质植物中的形成层通常会有周期性的活动和周期性的休眠。在春季和夏季，形成层生成较宽、薄壁的管状成分，这种成分也叫**早材**。在晚夏和秋季，形成层生成的细胞则较窄、厚壁，这就是**晚材**。早材和晚材一起就形成了一个**年轮**。在茎和树干的横切面中可以见到年轮的存在，并且可以靠年轮来推断植物的年龄（图 3-90B）。

树木在运输水分方面的寿命并不是无限的。木质茎位于外层较新的部分（**边材**）负责运输水分，而内部较老的部分（**心材**）中管胞和导管不再运输水分，并且木质部细胞死去（图 3-90）。心材被树脂状物质浸润，树脂状物质通常是由多酚（含有芳香环化合物的多聚体）组成，多酚物质包括单宁、染料、树脂和橡胶。心材比边材更耐湿、耐微生物腐蚀，因而在户外建筑工业中具有特殊价值。

单子叶植物与双子叶植物、裸子植物的不同之处在于茎中维管束的分布及茎的增厚方式。在单子叶植物中，维管束分散地分布于薄壁基本组织中。单子叶植物缺少形成层细胞。在绝大多数单子叶植物（包括棕榈）中，茎的加粗方式是从茎顶部开始的。在顶端分生组织和叶原基的下方，初生加厚分生组织的细胞进行不断的细胞分裂。**初生加厚分生组织**的细胞分裂形成了维管束和薄壁基本组织，并且分裂后形成很宽的顶端区。在这个区域以下，没有别的区域能进行增厚加粗，这样就造成了在单子叶植物中随着茎的高度不同而引起的直径不同。在一些类似树状的单子叶植物中（如朱蕉），茎的增厚是由沿着树干方向的真的次生生长造成的。这些物种中，初生加厚组织从茎的两侧一直向下延伸到茎的基部。这些侧生的分生组织（**次生加厚分生组织**）向内形成新的薄壁细胞和维管束细胞，这就造成了在整个树干方向上的茎的增粗（图 3-91）。

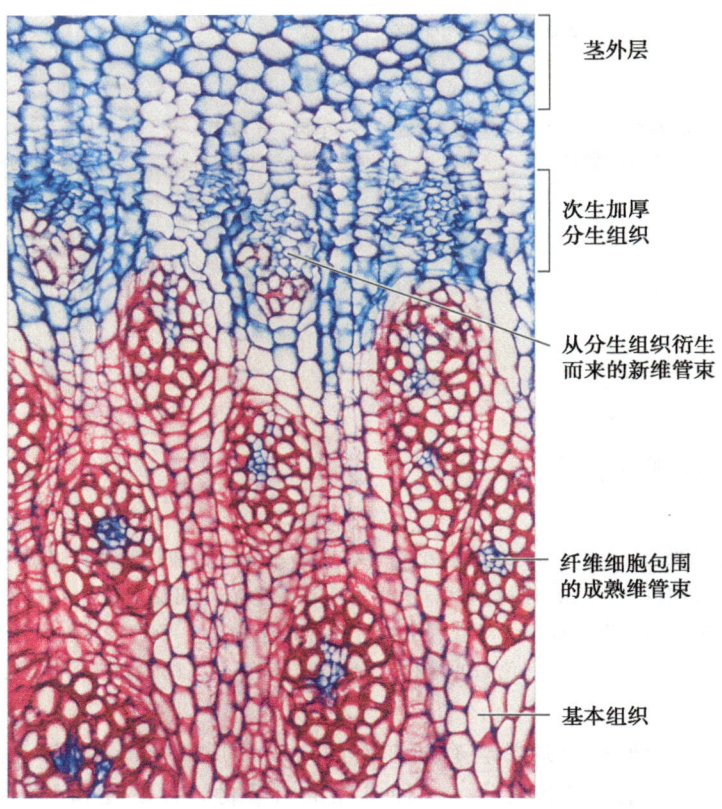

图 3-91 **像树木的木本单子叶植物朱蕉的茎。** 在横切面的外侧（上端），次生加厚分生组织形成新的维管束和基本组织，造成了茎的增厚（由 David T. Webb 提供）。

角质层形成植物地上部分的疏水屏障

陆生植物的地上部分直接暴露在空气中，是由称为角质层的一层多聚物质所覆盖的。角质层阻止水分蒸发到大气中，减少植物表面化学物质的渗透和有害病原菌的入侵，并可能在植物发育过程中阻止器官表面的粘连。角质层的特性以及厚度可以随着植物和器官的不同而出现很大的差异。在拟南芥中角质层只有 80nm 或者更薄，但在抗旱植物中角质层可能比拟南芥中的厚好几倍（图 3-92）（见 7.3 节）。

图 3-92　一种沙漠植物的角质层。 一种沙漠植物十二卷榆（*Haworthia pumila*）的叶片的伪彩电镜横切图。它的角质层（绿色部分）很厚，这样就能有效地阻止水分从植物表面蒸发而丧失。很多其他植物的角质层会薄很多，如拟南芥的角质层只有表皮细胞壁的 5% 那么厚。

角质层主要由两种类型的多聚物组成。第一种多聚物是角质，**角质**是由一种长的、相互交联的**脂肪酸**分子（有关脂肪酸的讨论将在 4.6 节中涉及）所组成的三维网状结构。角质覆盖在细胞壁外侧（图 3-93）。第二种多聚物是**表皮蜡质**，它位于三维网状结构的角质内部以及网状结构的外层表皮上。表皮蜡质是由脂肪酸和长链醇形成的酯。在角质网状结构中，蜡质以一种无定形状态存在，但在外表皮上的蜡质结晶形成板状甚至突起形成复杂的结构。蜡质的存在赋予了角质层高度不透水的特性。一些植物蜡质在商业上具有重要价值。在巴西棕榈表面的棕榈蜡可用来作为地板和汽车的打蜡原料。

角质和蜡质都是很复杂的分子，它们是如何合成的至今还没有完全了解清楚。角质中的脂肪酸单体在表皮细胞的内质网上合成并被进一步运输出胞外，在细胞壁上单体相互交联形成角质。运输出胞和相互交联的机制目前还不清楚。而蜡质则包括变化多样的分子家族，家族中成员也随着不同的植物器官而不同。和角质单体一样，它们也是在内质网上合成并运输出胞外的。含有异常角质层的突变体植株增加了我们对角质层合成以及聚集过程的理解。

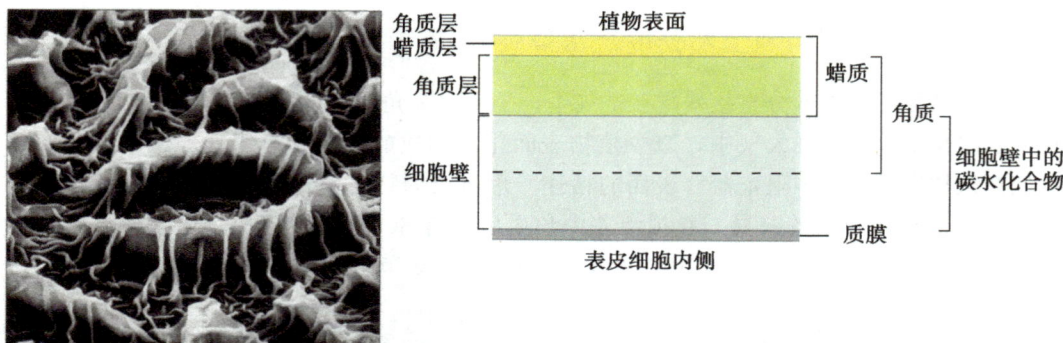

图 3-93　植物地上部分的表层。图中所示的为一个表皮细胞表面的多层结构。电镜照片显示的是一种橡胶树（*Hevea braziliensis*）叶片表面的角质层突起的蜡质。这种蜡质的分布和拟南芥茎表皮上的蜡质分布方式有很大的不同（图 3-94）。

含有异常含量和类型的角质层蜡质的突变体（如 *eceriferum* 突变体，"无蜡质"突变体）很容易被鉴定出来，因为它们的植株表皮的反射特性发生了改变（图 3-94）。在一些物种中很多影响蜡质合成的基因已被鉴定了，如 *Eceriferum* 基因在大麦中超过 80 种，而在拟南芥中超过 20 种。这就暗示了很多不同基因的产物对于角质层蜡质的合成和分泌都是必需的。

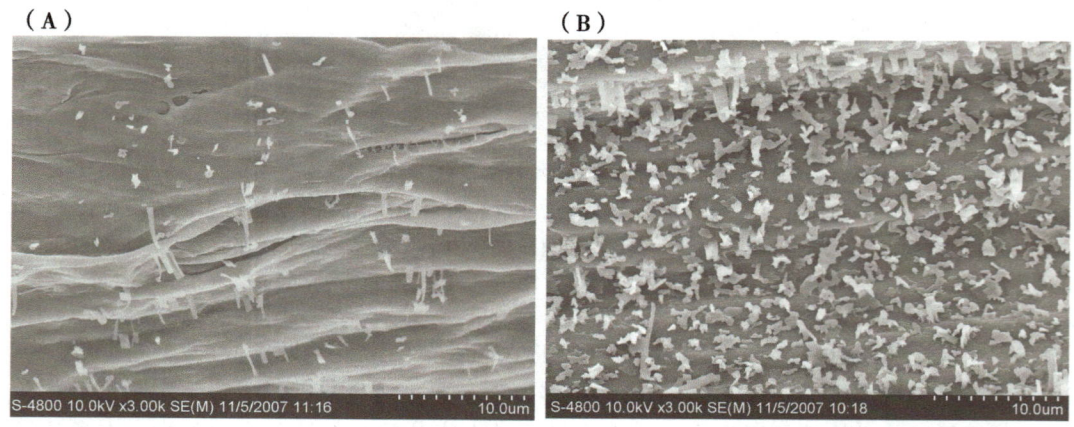

图 3-94　*eceriferum* 突变体和野生型拟南芥花序茎表面。电镜照片显示（A）*cut 1* 突变体（*eceriferum*）表皮无蜡质以及（B）野生型拟南芥。在野生型茎表皮上的片层结构是蜡质结晶。而在 *cut 1* 突变体中无蜡质，这是因为在突变体中蜡质合成中合成长链脂肪酸的一种必需酶的缺失造成（由张慧婷提供）。

一些角质层合成和聚集异常的拟南芥突变体生长模式严重异常并且育性降低，这就暗示了角质层的正常分布对于正常的生长发育来说是必需的。例如，在 *figglehead* 突变体中，早在发育初期，叶和花器官倾向于融合在一起（图 3-95）。尽管 *figglehead* 突变体植株含有角质层，但是其中的脂肪酸异常，这就导致了发育器官表面的"黏滞性"。这个突变体中突变的基因编码一种酶，这种酶涉及脂肪酸延伸。而 *lacerate* 突变体的表型也是器官融合和生长受阻，这种突变体缺乏一种在角质合成途径中修饰脂肪酸的酶。在这些突变体中，器官融合区域的角质层缺失。

小结

在植物细胞中，质膜包围着胞质，胞质中含有各种细胞器（包括细胞核、线粒体、质体、过氧化物酶体、内膜系统和液泡）以及网状的微管和微丝（细胞骨架）；而细胞壁则包围着质膜。胞间连丝形成了相邻两个细胞的连接管道。

细胞周期是一系列有序的过程，包括有丝分裂。有丝分裂使得染色体复制并被平分进入子细胞核，接着细胞膜的建立分隔开两个子细胞。从细胞周期的一个阶段进入到另一个阶段是由复杂的机制所调控的，并受到发育和环境的影响。在子细胞中细胞壁是由成膜体协调作用形成的，成膜体将含有细胞壁组成物质的小泡引导到要形成新细胞壁的位置。很多在分化中的植物细胞会进行核内复制的过程，这使细胞多倍化并且体积增大。减数分裂是一种特殊的细胞分裂方式，它产生单倍体细胞

图 3-95 野生型拟南芥和 *fiddlehead* 突变体的花序。(A) 野生型和 (B) *fiddlehead* 突变体。*fiddlehead* 突变体缺少一种在角质层中合成长链脂肪酸的必需酶，因此突变体中的花器官粘连在一起并且不能正常发育。

（孢子），并增加了遗传多样性；孢子生成单倍体个体并进一步形成配子体。减数分裂和受精作用使后代的基因型不同于双亲。

质体和线粒体在细胞周期和细胞生长分化时是通过二分裂进行复制的。绝大多数的质体和线粒体蛋白是在核内编码并经过蛋白运入复合体和分子伴侣运入细胞器中。内质网系统合成脂质和聚糖并修饰将要运输到细胞壁和液泡中的蛋白质。

初生细胞壁由嵌入在基质中的纤维素微纤丝组成，基质则是由果胶和半纤维素组成。纤维素微纤丝是由纤维素合酶复合体合成。细胞可通过调节膨大来达到最终的大小和形态，这种膨大是通过溶质和水进入细胞、升高膨压、细胞壁松弛、进而新物质添加入壁一系列过程实现的。膨压还维持非木质植物的韧性。溶质和水分进入细胞的运动是由质膜的性质和成分决定的，这包括质膜上的转运体、离子通道和水通道。质子跨膜运输产生电势梯度和质子梯度来驱动了其他转运体的运输。

绝大多数维持细胞膨压的水分都存在于中央液泡中。水分运输入液泡是由液泡中溶质的积累所驱动的，通过转运体，水分进入液泡。液泡也有储存和隔离的功能，液泡中含有色素、保护性物质和降解产物。在保卫细胞中相互协调的离子和水分运输控制了气孔的开合。

当细胞膨大完成后，很多植物细胞会在初生细胞壁内部形成次生细胞壁。次生细胞壁的主要成分是纤维素和木质素。次生细胞壁的形成对于木质部中管状成分以及木材的细胞分化是至关重要的。角质层在植物地上部分起到疏水屏障的作用。

延伸阅读

整章

Alberts B，Johnson A，Lewis J，et al.（2002）*Molecular Biology of the Cell*. New York，NY：Garland Science. 1463 pp.

Jurgens G.（2004）Membrane trafficking in plants. *Annual Review of Cell and Developmental Biology* 20，481-504.

3.1 细胞周期

Dewitte W，Murray JAH（2003）The plant cell cycle. *Annual Review of Plant Biology* 54，235-264.

Cnudde F，Gerats T（2005）Meiosis：inducing variation by reduction. *Plant Biology*，321.

Sugimoto-Shirasu K，Roberts K（2003）"Big it up"：endoreduplication and cell-size control in plants. *Current Opinion in Plant Biology* 6，544.

Stals H and Inzé D（2001）When plant cells decide to divide. *Trends Plant Sci*. 6，359-364.

3.2 细胞分裂

Verma, D. P. S., Hong, Z（Eds.）（2008）Cell Division Control in Plants. *Plant Cell Monographs* VoL 9.

Jurgens，G（2005）Cytokinesis in higher plants. *Annual Review of Plant Biology* 56，281-299.

3.3 细胞器

Kenneth Cline and Carole Dabney-Smith（2008）Plastid protein import and sorting：different paths to the same compartments. *Current Opinion in Plant Biology* 11：585-592.

Cassie Aldridge，Jodi Maple and Simon G. Møller（2005）The molecular biology of plastid division in higher plants. *Journal of Experimental Botany* 56（414）：1061-1077.

3.4 初生细胞壁

Clive Lloyd and Jordi Chan（2008）The parallel lives of microtubules and cellulose microfibrils. *Current Opinion in Plant Biology* 11：641-646.

Olivier Lerouxel，David M Cavalier，Aaron H Liepman and Kenneth Keegstra（2006）Biosynthesis of plant cell wall polysaccharides—a complex process. *Current Opinion in Plant Biology* 9：621-630.

3.5 细胞膨大和细胞形态

Ken-ichiro Shimazaki，Michio Doi，Sarah M. Assmann，and Toshinori Kinoshita（2007）Light Regulation of Stomatal Movement. *Annu. Rev. Plant Biol*. 58：219-247.

Dolan L and Davies J（2004）Cell expansion in roots. *Curr. Opin. Plant Biol*. 7，33-39.

Martin C，Bhatt K and Baumann K（2001）Shaping in plant cells. *Curt. Opin. Plant Biol*. 4，540-549.

3.6 次生细胞壁和角质层

Lacey Samuels, Ljerka Kunst, and Reinhard Jetter (2008) Sealing Plant Surfaces: Cuticular Wax Formation by Epidermal Cells. *Annual Review of Plant Biology* Vol. 59: 683-707.

Laigeng Li; Shanfa Lu; Vincent Chiang (2006) A Genomic and Molecular View of Wood Formation. *Critical Reviews in Plant Sciences* 25, 215-233.

4 新 陈 代 谢

阅读本章后，您应该能够做到：

- 概述区室化在代谢通路调控中的重要性，举例说明在植物细胞各区室中发生的代谢过程。
- 了解原生质膜、质体、线粒体和液泡膜中的转运蛋白在调节新陈代谢过程中所扮演的角色。
- 总结在酶活性水平上对代谢进行调控的途径，能够区分粗调和微调。
- 描述卡尔文循环中光能的俘获、还原力和 ATP 的合成，以及碳的同化等过程，注意碳的同化和能量供给是怎样协调的。
- 总结光呼吸在碳、氮代谢中的作用。
- 概述蔗糖从叶转运至植物非光合作用部位的途径，注意每种方式天端的替换途径。
- 描述蔗糖在非光合作用细胞中是怎样参与代谢，产生还原力、ATP 和生物合成的前体物质。
- 总结 Krebs 循环（三羧酸循环）在新陈代谢中的核心作用。
- 描述植物中碳水化合物的主要储藏形式，了解它们怎样被合成、储藏在何处，以及如何被降解释放能量和提供碳源的。
- 描述脂质的合成和储藏，以及脂质是如何被转化为糖类的。
- 概述无机氮怎样被同化成氨基酸，并了解氮在植物中的储藏形式。
- 概述植物怎样从土壤中吸收磷、硫、铁等元素以及它们在新陈代谢中的作用。
- 描述水和矿物质从土壤转运至叶的途径以及这种转运过程在植物代谢中的作用。

地球上绝大多数有机物都是通过植物吸收和同化环境中的无机碳、无机氮合成的，太阳光为这些物质的合成提供能量。**光合作用**和**氮的同化作用**不仅对植物自身的生存是必需的，同时也保障了几乎所有其他生命形式的存在，包括动物、真菌和多数细菌，这些生物的碳源和氮源仅仅来自于有机化合物，因而它们的营养完全依赖于植物。

植物主要以二氧化碳、水和硝酸盐的形式获取碳、氧、氢、氮等大量元素来进行自我构建。同时植物也吸收和利用许多其他的矿物质和元素，尽管其量要少得多。这种以无机化合物为基础的营养方式被称为自养。而那些仅从有机化合物（往往来自于植物）中获取碳和氮元素的有机生命体的营养方式则称之为异养。

光合作用不仅是动植物营养的基础，同时也是维持大气成分稳定的决定性因素。每年植物同化的碳大约为 1000 亿 t，约相当于大气中二氧化碳总量的 15%。同时植物和异养生物的呼吸作用将有机化合物转化为等量的二氧化碳。在第 1 章中我们已经详细阐述了碳的同化和呼吸作用在历史上对于地球大气的影响和对自养、异养生物之间进化关系的影响。本章我们将着重讲述光合作用这一植物最基本的代谢过程。

在**新陈代谢**方面植物表现出了大规模的遗传变异，这些变异关联的生物化学反应贯穿于植物生命周期的始终。数以万计的有机化合物在植物体内被发现，其中一些是广泛存在的。这些化合物中有的与从环境中吸收营养物质的**代谢途径**有关，有的与能量代谢有关，有的则与产生植物细胞基本组分如蛋白质、质膜和细胞壁的生物合成途径有关。在植物细胞中广泛存在的许多代谢过程同样发生在动物、真菌和细菌的细胞中。例如，蔗糖氧化生成高能磷酸化合物 ATP（**三磷酸腺苷**）的过程在动植物中就大体相同，且许多**代谢物**（与代谢途径有关的化合物）也是一致的。光合作用及相关的一些化合物和代谢途径也存在于某些细菌中，当然其他的则是植物中所特有。然而，绝大多数植物中发现的化合物仅在特定的一些科或属中出现，有的甚至只出现在一个种里。许多这样的代谢物仅在特化的器官或特定类型的细胞中被合成，而且只存在于发育的某些阶段或特异的生长条件下。这些物质对于植物适应多变的环境条件、抵抗疾病和防范动物取食有着不可或缺的作用。

负责同化和利用碳、氮以及其他元素的代谢网络是被高度调控的。这种调控包括代谢过程的整合及协调，同时植物也会对直接影响其代谢的环境变化如温度、光照强度和水分含量作出快速的响应。例如，光合作用（卡尔文循环）中二氧化碳同化作用的酶被大量因子所调控，这些因子可以使同化速率及瞬时产物对环境变化——叶中的二氧化碳含量、光能的供应、植物中的非光合细胞对有机化合物的需求等产生迅速而敏感的响应。

在本章的开始我们先综述植物代谢被调控和整合的方式。讨论中所涉及的原理对于理解本章所描述的整个代谢过程有很大帮助。我们将阐述碳在叶片中的光合同化作用，同化的蔗糖从叶片到植物非光合部位的转运，以及蔗糖作为碳源进行生物合成、能量产生及储存能量的过程。我们将举例说明那些重要结构物质、调控物质和防御物质的生物合成途径，并重点讲述质体在光合及非光合细胞代谢中的核心作用；然后是氮、磷、硫、铁的同化过程以及其对于土壤中物质含量和植物组织的需求量的响应。植物的代谢和发育过程都严格依赖于对土壤中水分的吸收和水分在植物体中的运输，这一部分将在本章的最后提及。

4.1 代谢通路的调控

大体上讲，植物细胞中的代谢过程在两个水平上受到调控：将代谢过程分离到各个**细胞器**中的区室化作用以及调节或阻抑代谢相关酶的分子活性。我们先探讨区室化在提高细胞代谢多样性的潜力方面的重要作用，再探讨通过酶活性的调节来整合和调控代谢过程的机制。

区室化提高了代谢多样性的可能

区室化将植物细胞内部分割为分离的细胞器，创造出明显的内环境差异，从而提高了代谢的灵活性和多样性。首先，它允许对环境条件要求不同的代谢反应得以在同一个细胞中同时进行；其次，同一个细胞中的那些同时在多个区室里进行的代谢通路和反应可以有不同的净通量和反应速率；最后，它使一种代谢物可以被两种不同的代谢途径利用而不存在竞争。**细胞溶胶**、**质体**、**线粒体**、**液泡**和**内膜系统**都是典型的代谢区室（见第 3 章）。在**叶绿体**（一种质体）和线粒体中，内部的膜系统进一步分化出更小的区室（图 4-1）。

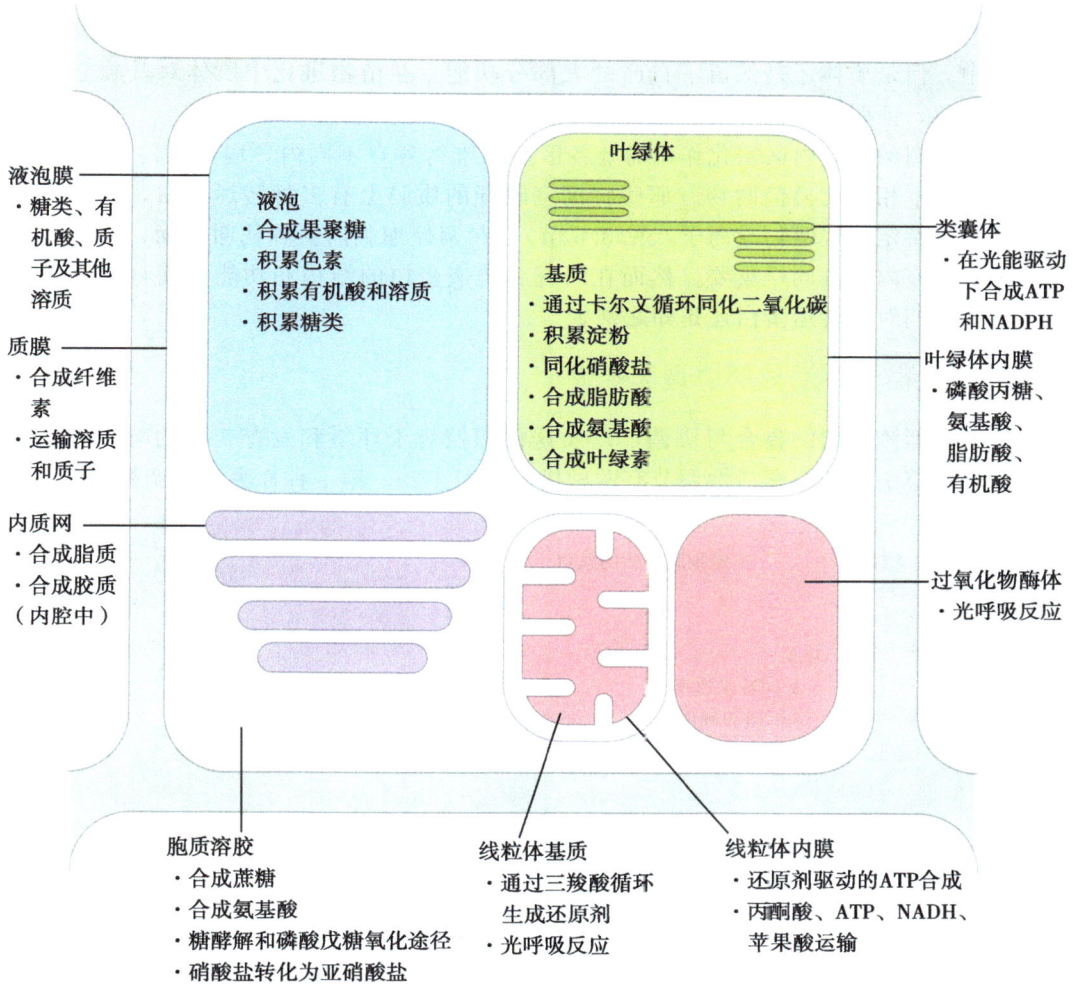

图 4-1 叶片细胞新陈代谢的区室化。每个亚细胞区室中的一些主要代谢过程都展示在图中。许多代谢过程发生在特异的区室中，但其底物可能来自其他区室，而产物也会转运至其他区室。其他反应平行地发生在多个区室中。一些代谢过程发生在区室的液相中，另一些则在特异性的膜上。在协调新陈代谢的过程中，帮助代谢物穿越各区室隔膜的转运蛋白发挥着重要作用。

在亚细胞区室中，代谢过程同样发生在液相和膜上。例如，线粒体和叶绿体的**电子传递链**特异性地在膜上运转，与此同时，卡尔文循环（它利用叶绿体电子传递链的产物）和**三羧酸循环**（为线粒体电子传递链提供电子）则发生在细胞器的液相中。

植物细胞中许多重要的代谢过程仅发生在质体中，这是一种植物独有的细胞器。另一些反应则既可以在质体中发生也可以在胞质溶胶中进行，这些反应可能在两种区室里完全相同，也可能在质体或胞质溶胶中各自不同。光合作用是最显著的特异性的质体反应。其他反应，如脂肪酸、叶绿素等相关色素和淀粉的合成以及亚硝酸盐转化为氨基酸的反应都属于质体内的反应。而同时存在于质体和胞质溶胶中的反应包括一些氨基酸（见 4.8 节）、脂质和类萜（见 4.7 节）的合成。

质体起源于自由生活的光合有机体与非光合作用宿主之间形成的内共生关系（见 1.2 节）。尽管在现代植物的进化过程中，光合有机体中大多数功能基因已经转移到了细胞核中，但是质体还是保留了自己的大部分功能。在植物进化中质体对其独立代谢过程的保留，证明了细胞内区室化作用对植物代谢的重要意义。

新陈代谢的细胞内区室化作用需要各区室在维持各自不同内环境（pH、离子成分等）的条件下相互交换代谢物。那些将区室隔开的质膜上有多种转运蛋白，每种蛋白质负责转运特定的代谢物或离子（见 3.5 节）。在调控细胞内新陈代谢方面，这些转运蛋白和各区室内的酶同样重要。然而在研究膜内嵌蛋白的结构和功能方面存在一些难题，因此我们对于转运蛋白还是知之甚少。

代谢过程受酶活性的协调和控制

细胞中新陈代谢的整合与协调，以及这种调控对于环境和发育变化的响应，都是由酶活性调节引起的。酶活性调节有两种机制（图 4-2）。第一种称为"粗调控"，即决

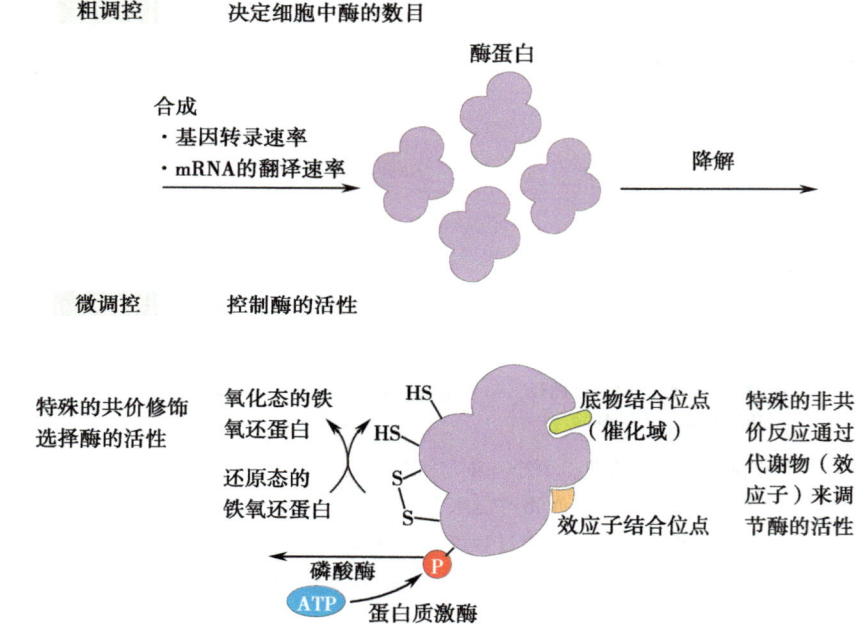

图 4-2　酶活性的粗调和微调。 细胞内所有酶的含量水平和蛋白质一样取决于合成与降解的平衡状态，这就是粗调控。与此相反的是微调控的机制对特定的酶具有特异性。部分酶不能被微调，部分只对一类特异的微调有响应，其他的则受到多种微调控——巯基（—SH）的氧化/还原反应与多种效应代谢物的相互作用有关。效应子可能与酶的连接位点反应，直接影响到底物与酶的连接。效应子也可连接到酶的其他位点（变构位点），此时将导致酶的结构发生改变从而影响到其与底物或其他效应物的连接（图中红色阴影的"P"代表磷酸基团，在本章的其他图中均如此表示）。

定酶蛋白在细胞中的表达量。粗调控是通过改变相关酶蛋白的合成与降解（周转）速率达到调控目的。对于任何蛋白质而言，它的合成速率取决于编码基因的转录速率（转录水平调控）、**信使 RNA**（mRNA）的转移速率，以及 **mRNA 翻译**合成蛋白质（翻译水平调控）的速率。这些调控机制我们在第 2 章已经详细讨论过。粗调控可以说决定了细胞催化特定反应或代谢通路的能力。一般而言，它引起酶含量变化需要的时间是几个小时到几天。

另一种方式——微调控，调节酶活性的反应时间要比粗调控短得多，但是它是在粗调控设定的框架之下进行的。因此，粗调控决定了细胞中有多少酶蛋白分子被表达，而微调控则决定这些分子的活性。通过发育程序规划的代谢改变，以及对主要且持久的环境因素的变化响应的改变，都涉及粗调控。粗调控机制可能作用于整个代谢通路，或者作用于通路上的某些酶或酶的阻遏物。例如，伴随新叶生长并获得光合作用的能力，新的酶蛋白不断被合成，这导致了参与卡尔文循环的全体酶数量的增长，而当叶片衰亡时酶的数量就下降了。光照强度和 CO_2 浓度的变化同样也能导致卡尔文循环酶的数量变化，但是这种作用只对其中一些酶很显著。

微调控的运作方式具有高度的酶专一性，而且并不是所有的酶都可以被这种方式调控。通常在一条代谢通路中某些特定的酶具有微调能力，而有些酶则是受微调控的。一种酶也可能通过不同方式被数种微调机制所调控。这提供了一种灵敏且快速的酶活性调节机制，以便更好地对代谢网络相关区域的微扰作出响应。微调控有两种方式，一种是对蛋白质的某些特定的氨基酸残基进行共价修饰，另一种是通过酶蛋白与特定代谢物的非共价反应。

共价修饰的两种最重要的途径，一个是对特定氨基酸残基（通常为丝氨酸残基）的**磷酸化/去磷酸化**，另一个是对半胱氨酸残基的巯基基团（—SH）的还原/氧化反应（图 4-2）。磷酸化/去磷酸化是由特异的**蛋白激酶**和**蛋白磷酸酶**引发的（激酶是一种能将磷酸基团接到特异的蛋白质或代谢物上的酶；磷酸酶则是一种从蛋白质上移除磷酸基团的酶）。磷酸化的酶和未磷酸化的酶的活性相差很大。例如，**蔗糖磷酸合酶**（见 4.2 节）与**硝酸盐还原酶**（见 4.8 节）的磷酸化主要是抑制了这些酶的活性。通过对巯基基团的氧化，使得蛋白质上不同区域的半胱氨酸残基之间形成二硫键（S—S），造成蛋白质的构象变化，从而改变酶活性。巯基基团的氧化还原反应通常受到**硫氧还蛋白和铁氧还蛋白**的调控。卡尔文循环中的一些酶就是通过这种方式调控的（见 4.2 节）：在白天被还原而激活，在夜晚被氧化而失活。

许多酶活性的改变源于酶蛋白与代谢物的特异性非共价反应。这些代谢物（通常为该代谢通路或相关通路的其他反应步骤的产物）有多种方式可以影响酶的活性，且影响方式殊为复杂。例如，一种代谢物可以改变一种酶的活性与其底物浓度之间的关系，而且也可能影响到其他代谢物改变该酶活性的能力。一种叶绿体酶 ADP-葡萄糖焦磷酸化酶催化葡萄糖 1-磷酸和 ATP 转化为 ADP-葡萄糖，后者是淀粉合成的底物（见 4.6 节）。如上所述，**ADP-葡萄糖焦磷酸化酶**是通过还原二硫键（S—S）被激活的；一旦被激活之后，它的活性还可以通过与代谢物的反应被增强或抑制；它与 3-磷酸甘油酸的反应增加了酶的最大可能活性，且降低了达到最大活性所需要的底物（葡萄糖 1-磷酸和 ATP）浓度。同时，3-磷酸甘油酸也削弱了另一种反应代谢物——**无机磷酸**

盐对酶活性的抑制作用。因此，叶绿体中 3-磷酸甘油酸和无机磷酸盐的相对浓度的变化对 ADP-葡萄糖焦磷酸化酶的活性有重要而复杂的影响。像 3-磷酸甘油酸和无机磷酸盐这样能与酶反应从而影响酶活性的代谢物称为**别构剂**（激活子或抑制子）。其他的例子还有一些受到复杂微调控的酶，如果糖磷酸激酶和焦磷酸-果糖-6-磷酸-1-磷酸转移酶，这两种酶负责催化**糖酵解**的第一步反应（见 4.5 节）。

酶活性的调节有两个目的。首先，酶活性的变化可以改变某个代谢通路的反应速率，即提高或降低经过该通路的通量（上文已述及）；其次，当反应通量改变时，对代谢通路中不同酶活性的调节可以对前者作出响应，由此阻止一些代谢物可能对细胞代谢网络产生的干扰。例如，卡尔文循环中的**磷酸核酮糖激酶**就受到严格的调控，包括巯基基团的氧化和还原、与各种卡尔文循环的相关代谢物的非共价反应等。通过这些方式，该酶的活性就可以对卡尔文循环的反应通量的变化（这可能是 CO_2 含量或代谢通路的能量供应的变化造成的）作出迅速的响应。这种磷酸核酮糖激酶活性与反应通量的相互协调保证了其底物和产物浓度不会因反应通量的变化而剧烈扰动。

代谢通路中通量的调控是该通路中各独立反应步骤相互作用而产生的。在一些通路中，一种单纯酶的含量对于调控该通路中的总反应通量非常重要。因此，这种酶的活性微小变化都会直接表现为反应通量的可观变化；而该通路中其他酶活性的改变则影响甚微（图 4-3）。在许多通路中，并不存在这样对代谢通量有决定性作用的单纯酶，而是依靠许多酶的共同作用。对其中任意一种酶而言，它的活性的剧烈变化都只能引起代谢通量的微扰。一种酶在代谢通量调控中的作用是可以依据一种被称为**代谢调控分析**的理论框架计算出来的。这个理论的一些重要原则见图 4-3。

单个酶对代谢通量调控的贡献是不固定的。这似乎会随着细胞发育和环境变化而改变。因此，在某一环境条件下对代谢通量调控起重要作用的酶，一旦环境改变，其重要性就可能大大降低。

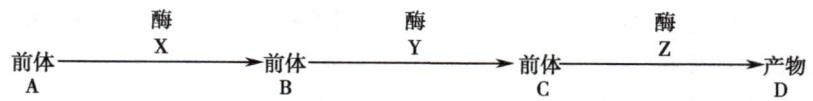

① 对于代谢通路中所有的酶而言，酶的数量与流经该通路的流量呈双曲线关系。

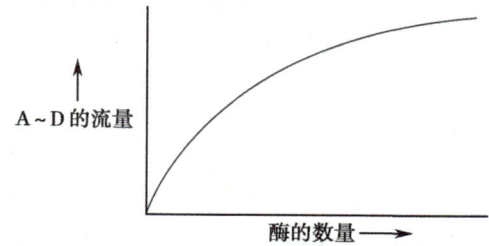

② 大多数酶在细胞中的含量位于曲线较平坦的部分，要使代谢流量发生较大的改变就需要使酶的表达量发生巨大变化。

图 4-3 代谢通路流量的调控。图中的分析以一个简单的、线性的代谢途径为例——在酶 X、Y、Z 的催化下由前体 A 转化为产物 D。该反应发生在亚细胞区室的溶液相中。其他条件下的代谢通路分析更加复杂，如分支代谢通路，或者通路中的酶存在相互作用或镶嵌在膜上。

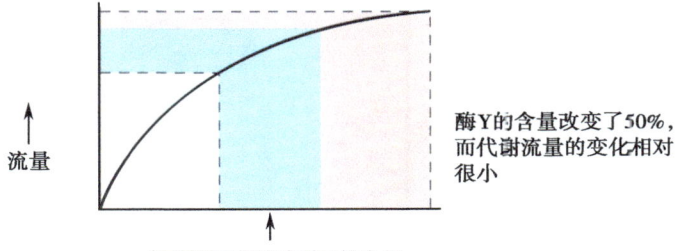

3 少数的酶在细胞中的含量位于曲线较陡的部分，它们的含量改变会引起代谢流可观的变化。

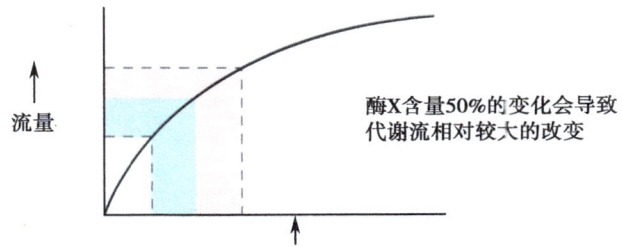

4 曲线的斜率可用于计算酶对代谢流的调控系数（FCC），以此来衡量一种酶对于代谢流调控的重要性。

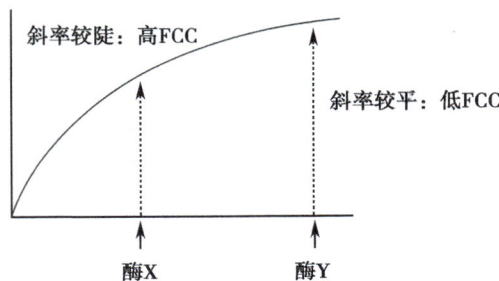

5 在一条代谢通路中，所有酶的FCC之和为1。如果X的FCC为0.8，Y的FCC为0.08，Z的FCC为0.12，那么在这条代谢通路中起主要调控作用的酶就是X、Y和Z相对而言不那么重要。

图 4-3　代谢通路流量的调控（续）。

4.2　碳的同化：光合作用

　　光合作用将大气中的二氧化碳转化为有机物，这些有机物既可以在光合作用组织的生物合成过程中被利用，也可以被转化成小分子糖类（通常是蔗糖）并转运到非光合作用细胞里。CO_2是通过一套发生在叶绿体基质中的循环反应被吸收的。这个过程所需要的能量和还原力来自于一套特化的叶绿体膜——类囊体（图 4-4）上的由光能驱动的反应。在本节中，我们将阐述物理能量（光能）和无机碳（CO_2）是怎样被植物捕获和利用的。

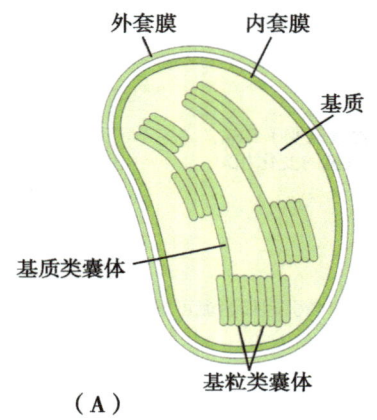

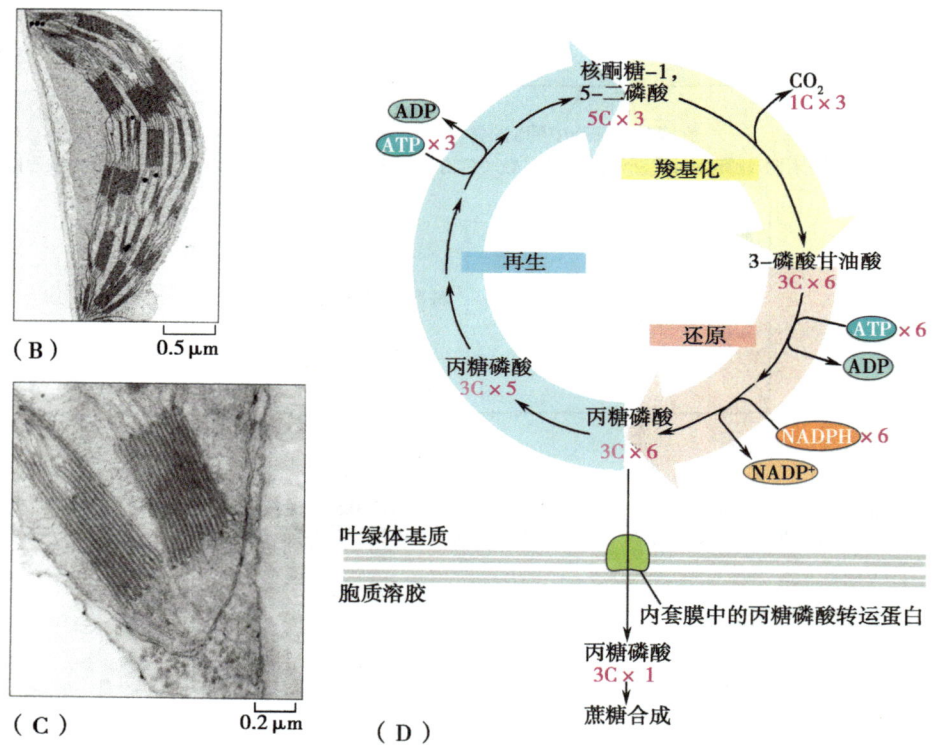

图 4-4　叶绿体与卡尔文循环。(A) 叶绿体由双层膜构成。内膜构成了类囊体，类囊体上存在光驱动的电子传递链，后者是二氧化碳同化所需的能量（ATP）和还原力（NADPH）的来源。同化反应所需的酶来自叶绿体基质。(B) 电镜照片显示一个贴于细胞壁的叶绿体。(C) 叶绿体一端的放大照片，显示类囊体堆叠结构（基粒）。(D) 综述：二氧化碳同化并转化成蔗糖。同化作用发生在叶绿体基质的卡尔文循环中。一开始（羧化阶段），二氧化碳与核酮糖-1,5-二磷酸（一种五碳化合物）反应，生成的 3-磷酸甘油酸（一种三碳化合物）被还原成丙糖磷酸。一些丙糖磷酸通过特异的转运蛋白被运出叶绿体，然后在胞质溶胶中转化为蔗糖。剩下的丙糖磷酸参与卡尔文循环的再生阶段并重新转化为核酮糖-1,5-二磷酸。图中显示了合成一分子丙糖磷酸所需要的二氧化碳、卡尔文循环中间产物、NADPH（还原剂）和 ATP（图 4-7）。

碳通过卡尔文循环被吸收

CO_2是通过一种被称为**还原性戊糖磷酸途径**或**卡尔文循环**（以发现者 Melvin Calvin 的名字命名）的循环反应被吸收同化的。这是植物将无机碳净转化为糖类的唯一途径。这些反应普遍存在于自养有机体中，而且是地球上绝大多数有机物的来源。

这套循环反应受到叶绿体基质中的可溶性酶的催化，并且可以分为三个步骤（图4-4D）：①一分子五碳化合物（CO_2受体）羧基化，产生两分子三碳化合物；②三碳化合物还原生成丙糖磷酸；③丙糖磷酸重新生成五碳化合物（CO_2受体）。

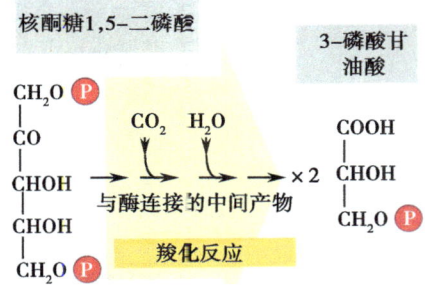

图 4-5　Rubisco 催化羧化反应。1分子核酮糖-1,5-二磷酸与1分子二氧化碳反应生成2分子 3-磷酸甘油酸，这个反应非常复杂，所涉及的几个中间步骤发生在酶蛋白表面。

一开始的羧基化反应受到**核酮糖二磷酸羧化酶**（Rubisco，图4-5）的催化：CO_2与水和核酮糖-1,5-二磷酸反应生成 2 分子的 3-磷酸甘油酸（在 4.3 节我们会更多地提到这种酶）。随后 3-磷酸甘油酸被还原成三碳糖——甘油醛-3-磷酸和磷酸二羟基丙酮（图4-6）。每 3 个 CO_2 分子固定后会产生的丙糖磷酸分子比用来产生 3 个分子的核酮糖-1,5-二磷酸所需的丙糖磷酸分子要多出一个。因此每 5 分子用于维持羧化反应需要的核酮糖-1,5-二磷酸的丙糖磷酸分子就有 1 个可以被转运出叶绿体参与蔗糖的合成（图4-7）。这个循环是"自催化"的，也就是说在合成净量终产物（蔗糖）的过程中，中间产物能够及时移除，使得受体化合物的生成速率不受影响。

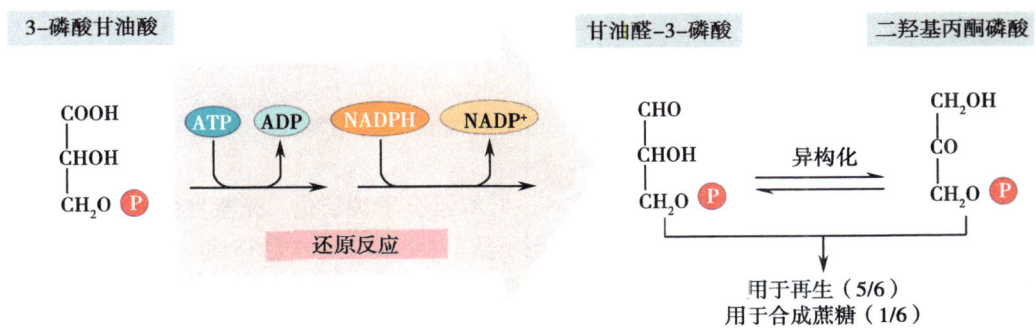

图 4-6　卡尔文循环的还原阶段。3-磷酸甘油酸激酶和甘油醛-3-磷酸脱氢酶利用 ATP 和 NADPH 催化 3-磷酸甘油酸转化为甘油醛-3-磷酸。在丙糖磷酸异构酶的作用下，甘油醛-3-磷酸变构为二羟基丙酮磷酸，该反应在机体内接近平衡状态。生成的丙糖磷酸（甘油醛-3-磷酸和二羟基丙酮磷酸）中的 1/6 转运出叶绿体参与蔗糖合成；剩下的 5/6 进入卡尔文循环的再生过程。

卡尔文循环中碳和能量收支表

再生阶段结束后	3 × 5C 核酮糖-1,5-二磷酸	=15C
羧化作用阶段	3 × 5C + 3 × CO$_2$	=18C
还原反应阶段	6 × 3C 3-磷酸甘油酸 丙糖磷酸	=18C
蔗糖合成中被除去的	1 × 3C 丙糖磷酸	=3C
再生阶段得到	5 × 3C	=15C

需要

再生	3 ATP	—
羧化作用	—	—
还原反应	6 ATP	6 NADPH
反应网络中为获得3C 总共需要	9 ATP	+ 6 NADPH

图 4-7 合成一分子丙糖磷酸的净需求。 图表显示了卡尔文循环每一步中的中间产物、ATP 和 NADPH 的分子数。

卡尔文循环反应需要 ATP 作为能量，NADPH（**烟酰胺腺嘌呤二核苷酸磷酸**，图 4-7）作为还原剂。每 3 分子 CO$_2$ 同化净生成 1 分子丙糖磷酸的过程需要 9 分子 ATP 和 6 分子 NADPH。ATP 和 NADPH 都是在类囊体膜上合成的，类囊体膜上的电子传递链可以捕获和利用光能。

叶绿体类囊体上的光俘获过程为碳的同化提供能量

在 ATP 和 NADPH 的合成过程中，光能的捕获和利用涉及一系列复杂的物理和化学反应。图 4-8 阐明了整个过程。

光子使囊体膜上内嵌的特异性色素——叶绿素分子被活化。**光激发**的能量随后被激发的电子传递至反应中心，在那里，通过将电子从一个叶绿素分子转移到一个受体分子，物理能量被转化为了化学能，同时将叶绿素分子变为氧化态（"氧化"是指失去一个或更多个电子，"还原"则是指得电子）。这种能量从物理态到化学态的转变被称为**初级电荷分离**。

被还原的受体分子将其新接受的电子传递给**电子载体**，后者接受电子并再传递给其他分子。类囊体膜上存在几种不同的电子载体，它们共同作用形成电子传递链，将受体分子的电子传递到反应中心的 NADP$^+$ 并将之还原为 NADPH。电子沿链的传递驱动了质子穿越类囊体膜从基质转运到类囊体内腔中，建立起了跨膜的电化学梯度。质子沿电化学梯度从类囊体腔跨膜转运回基质中，从而驱动了膜结合的 ATP 合成过程（将 ADP 磷酸化为 ATP，图 4-9）。

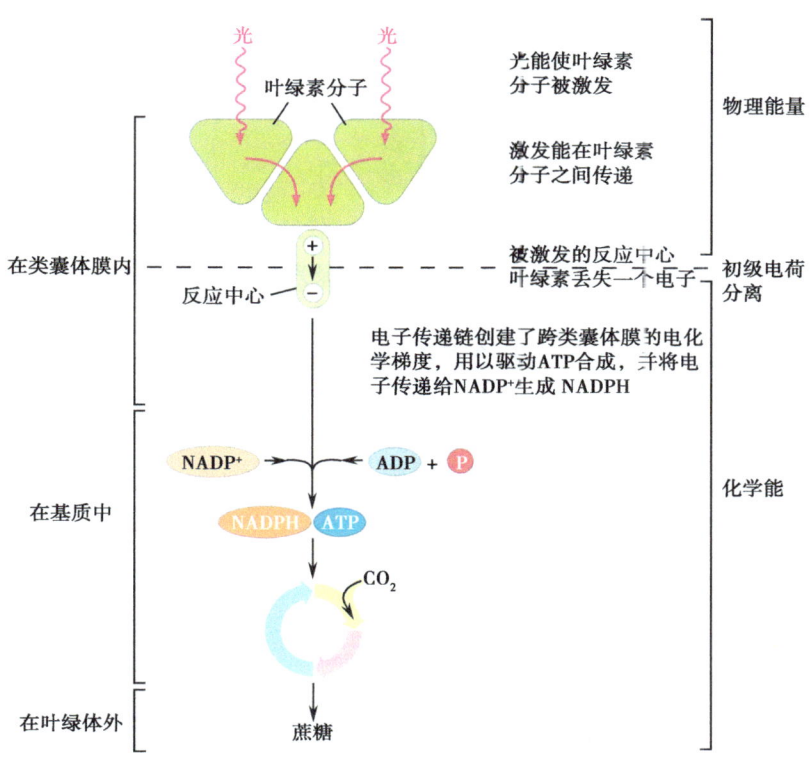

图 4-8 光的物理能量转化为卡尔文循环所需的 ATP 和还原剂（NADPH）形式的化学能。光能激发了类囊体膜上的叶绿素分子。激发能在叶绿素分子之间传递直至反应中心，在那里一个特殊的叶绿素分子被激发，释放一个电子（初级电荷分离）。电子通过电子传递链传递给 NADP⁺ 形成 NADPH。转移过程所产生的能量形成了一个跨类囊体膜的电化学梯度，电化学梯度促使 ADP 和无机磷酸合成 ATP（这里不与其他分子连接的红色的"P"代表无机磷酸，Pi）。ATP 和 NADPH 提供了卡尔文循环所需的能量和还原力。

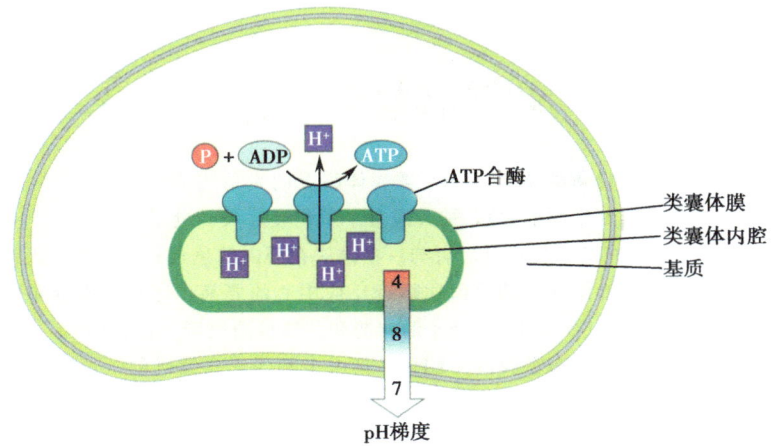

图 4-9 叶绿体中的 ATP 合成。电子通过类囊体膜上的电子传递链由被激发的叶绿素分子传递到反应中心的过程中产生能量，这些能量用来驱动质子从基质转运到类囊体腔中。这就产生了跨类囊体膜的质子梯度（pH）和电势差（电化学梯度）。由于质子的转运，腔中的 pH 可能低至 4，而基质中的 pH 则高达 8（胞质溶胶的 pH 约为 7）。通过膜上镶嵌的 ATP 合酶的作用，质子沿电化学梯度从内腔向基质的移动带动了 ADP 的磷酸化，在基质中生成 ATP。

我们将详细叙述这些过程：光能被捕获并被传输至反应中心；沿电子传递链的电子传递使 $NADP^+$ 被还原并建立了质子（pH）梯度；最后质子梯度驱动 ATP 的合成（见信息框 4-1 光以及植物对光吸收的一些基本属性）。

叶绿素分子捕获光能并将其转移至反应中心

类囊体膜上内嵌的巨大而离散的叶绿素与蛋白质复合体起到了捕获光能的作用。每个离散的复合体组成了一个包含大约 250 个叶绿素分子的光系统。光系统中的大多数叶绿素分子构成了天线。天线分子引导激发能流向剩余的叶绿素分子，后者组成了**核心复合体**（图 4-10A）。反应中心包含在核心复合体之中，而光能就是在这里被转化为化学能的。在天线分子中，叶绿素与蛋白质连接形成"光捕获复合物多肽"（LHCP）；这些色素-蛋白质复合体横跨于类囊体膜上以保证有最大化的能量传递效率。光捕获复合体中有叶绿素 a 和叶绿素 b 两种分子，通常的比例为 3∶1。捕光复合物中还有一种相关的色素分子，被称为**类胡萝卜素**（图 4-10B）。

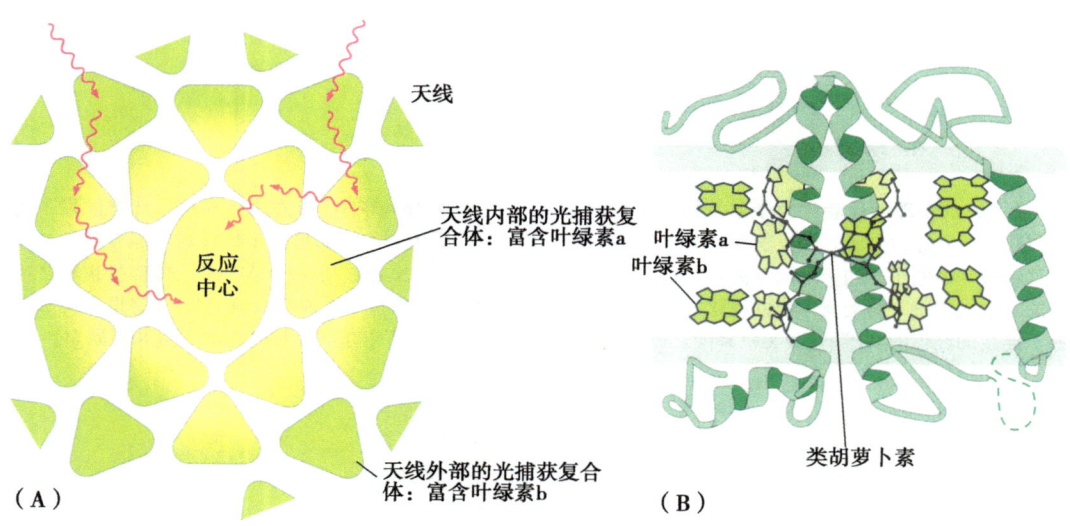

图 4-10 光系统和光捕获复合体的结构。（A）类囊体膜上的光系统结构俯视图。中心复合体包含有反应中心（初级电荷分离发生的地方），被天线分子所包裹。天线分子包含由 3 个光捕获复合体多肽（LHCP）组成的光捕获复合体，且后者与一些镶嵌在膜内的色素分子相连。天线外部的光捕获复合体中，叶绿素 b 相对叶绿素 a 的比值比靠近反应中心的要高，这种色素分布使得叶绿素捕获的激发能传递给反应中心。（B）LHCP 分子的构造和其连接的色素（侧视图）。蛋白质横跨类囊体膜上，叶绿素和类胡萝卜素分布在膜内。LHCP 是由多基因家族编码的，每种 LHCP 与特定比例的叶绿素 a、叶绿素 b 和其他色素分子相连。

当天线分子中的叶绿素吸收一个光子后，能量就被传递给邻近的叶绿素分子，然后逐步传递给光系统中的反应中心。叶绿素 a 和叶绿素 b 有不同的**吸收光谱**：相对于叶绿素 b，叶绿素 a 更容易被低能量的光子（长波）激发，因此叶绿素 a 的能级比叶绿素 b 要低，这意味着激发能通常是从叶绿素 b 传递给叶绿素 a。越靠近反应中心，叶绿素 a 相对叶绿素 b 的比例就越高（图 4-10A），通过这种方式将激发能引导至反应中心。此外，与反应中心相连的叶绿素 a 的激发能比天线分子中的叶绿素 a 更低，这同样诱导了激发能向反应中心的传递。天线分子和反应中心的叶绿素 a 的吸收光谱之所以不同，是由于这两个位置上的叶绿素连接的是不同类型的蛋白质。

反应中心间的电子传递使 $NADP^+$ 被还原并建立了跨类囊体膜的质子梯度

高等植物拥有两套光系统：光系统 I（PS I）和光系统 II（PS II）。这两个系统通过电子传递链相连（图 4-11），并且先后发挥作用。事实上，PS I 的反应中心的初级电荷分离过程使反应中心的叶绿素 a 分子通过电子传递链向 $NADP^+$ 释放电子，从而生成卡尔文循环所需要的 NADPH。随后 PS II 的初级电荷分离产生的电子通过电子传递链转移到 PS I，并将 PS I 反应中心的叶绿素 a 分子重新还原。然后 PS II 反应中心的一部分——**水裂解复合物**将水分子裂解并释放出电子，这部分电子将 PS II 反应中心被氧化的叶绿素 a 分子重新还原。光系统和电子传递链的组成部分都是不对称复合物，这些复合物横跨类囊体膜，在膜上靠近基质的一边发生还原反应（吸收质子），在膜上靠近内腔的一边发生氧化反应（释放出质子）。于是质子从基质跨膜被转运到了内腔（图 4-11），这建立了跨膜的质子梯度和电势差。这个电化学梯度驱动了膜上镶嵌的 ATP 合成复合物合成 ATP。我们先介绍光系统的结构和作用机制，然后再介绍连接两种光系统的电子传递链。

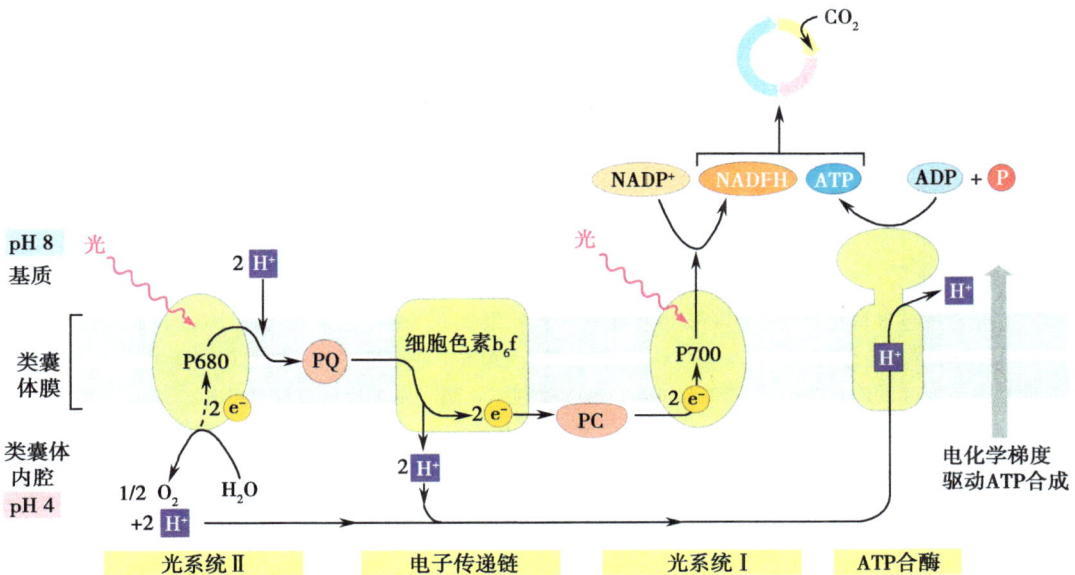

图 4-11　类囊体膜上的光系统之间的电子流动。在光系统 I（PS I）的反应中心，光能激发了叶绿素 a 分子 P700 使之处于激发态且缺失电子（e^-）。电子被传递给 $NADP^+$ 生成 NADPH。光系统 II（PS II）的反应中心的叶绿素 a 分子 P680 被激发给出的电子又将 P700 重新还原。两个光系统之间通过类囊体膜上的一系列电子载体传递电子。P680 自身依靠水被氧化成氧气释放的电子重新还原。在电子传递过程中释放的能量驱动质子从基质转运至类囊体内腔，营造出电化学梯度。质子可通过 ATP 合酶复合体沿电化学梯度返回基质；通过质子的这种运动合成 ATP。光系统的天线分子没有在图中展现。PQ 为质体醌，PC 为质体蓝素。

PS Ⅰ 和 PS Ⅱ 上的叶绿素分别被称为 P700 和 P680。数字代表每种反应中心的叶绿素被激发的最适波长（单位为 nm）。与反应中心相连的天线分子的叶绿素也有最适波长，这些吸收谱与激发反应中心叶绿素所需要的能量是匹配的。总体来说，两种光系统比单一光系统对光能的利用更有效率。信息框 4-1 列出了光系统利用的光谱。

信息框 4-1 光

植物通过两种方式利用光能：作为光合作用的能量来源和作为应对环境中光照变化的信号。这些对光信号有响应的功能如叶绿体的生长、茎的伸长、萌发和定向生长在第 6 章有详细的讨论。

可见光是电磁辐射频谱的一部分（图 B4-1）。人类肉眼可见的光谱与植物光合作用以及作为调控信号的光谱是重叠的。人肉眼可见的光波长范围从 380nm（彩虹的紫色带）到 720nm（彩虹的红色带）。而为光合作用提供能量的光波长也在这一范围之内。作为光信号的光波长范围则包括了近紫外到远红外的部分。

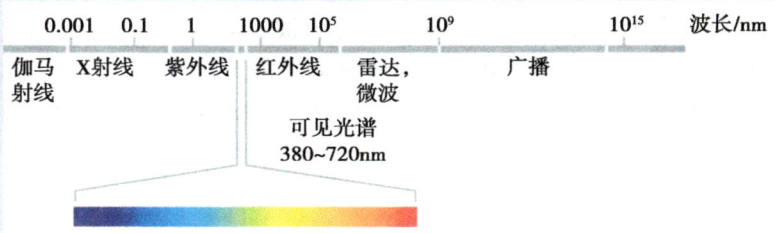

图 B4-1 **电磁辐射频谱。**太阳辐射到地球表面的能量其波长范围从 350nm（紫外波段）～1500nm（红外波段，以热能形式被感知）。其中的可见光部分（380～720nm），为白光。白光由一系列光谱组成，当白光通过棱镜或瀑布时就可以看到彩虹。

光通过色素被植物吸收，主要是叶绿素 a 和叶绿素 b。两种色素都有两个吸收峰，大约在 400～480nm（蓝光带）和 550～700nm（红光带）。光谱中的绿色部分不被利用（图 B4-2A）。这就是为何叶片的颜色为绿色：红光和蓝光被吸收利用，绿光则被反射或穿过叶片。

一些色素利用光作为信号。这些光探测元件中最广为人知的就是植物光敏色素，称为光感受器，它吸收红光和远红外光。光敏色素有两种存在形式，分别有不同的生物活性和吸收光谱（图 B4-2B）。两种形式之间可以相互转化：当一种形式吸收光能之后就会转化为另一种形式。由于两种形式有不同的信号功能，因此植物可以对不同的红光与远红外光比例作出响应。该比值与环境条件息息相关，如充足的光照下红光比例远远高于远红外光，而叶缝间的光线则富含远红外光，因为红光成分多被叶绿素吸收掉了。第 6 章中详细论述了光敏色素系统的重要性。

为了计算某特定植物生长过程所需要的光能，将光视为粒子（光子）要比视为波方便得多。对大多数植物而言，净光合作用需要的光照强度约为 1～20μmol 光子/(m^2·s)。在这个光照强度之下（称为光补偿点），植物因为呼吸作用而净释放二氧化碳（图 B4-3）。适应弱光照条件的植物（如林地地表的植物）的光补偿点往往较低，大约为 1～5μmol 光子/(m^2·s)，而适应强光照条件的植物光补偿点较高。对于绝大多数植物（C3 植物；见 4.3 节）而言，光合作用在光强度达到 500μmol 光子/(m²·s) 时就达到饱和（图 B4-3），这远低于饱和光照的条件 2000μmol 光子/(m²·s)。对一些 C4 植物而言，它们的光合作用需要更强的光照强度（见 4.3 节），因此在饱和光照下其光合作用也不会饱和。

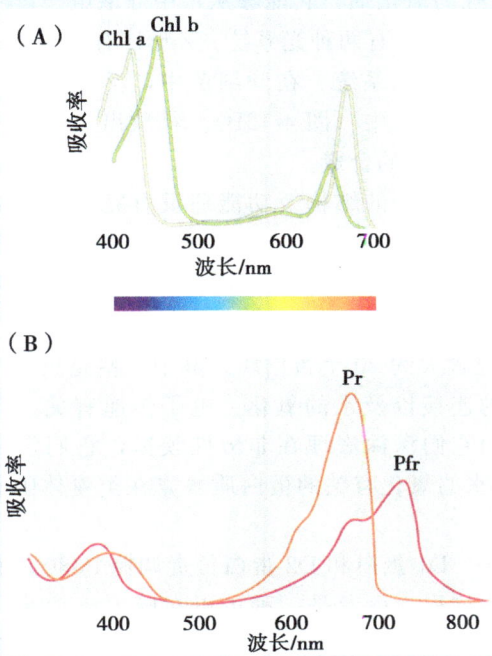

图 B4-2　光被叶绿素和光敏色素吸收。（A）叶绿素 a 和叶绿素 b 吸收特定波长的光，这被称为吸收光谱。需要注意的是，两种色素都会吸收蓝光和红光，但不吸收绿光。（B）光敏色素的两种形式 Pr 和 Pfr 的吸收光谱。

诱发光信号反应的光量子数变化范围极大，在一些植物中与光合作用所需的光照强度相比要小得多。例如，拟南芥种子需要光信号使其达到最大萌发速率，而诱发其萌发的光照强度只需 1nmol 光子/(m²s¹)。

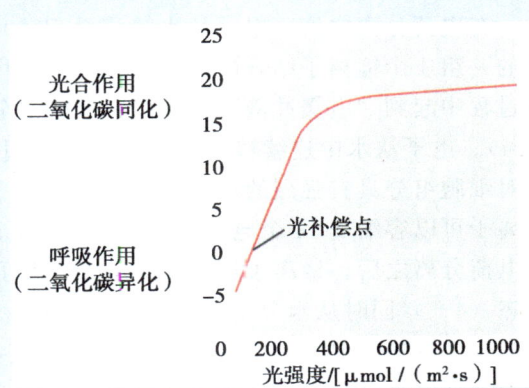

图 B4-3　植物在光照条件下典型的 CO_2 同化曲线。 当光照强度低于光补偿点时，光合作用同化 CO_2 的速率低于植物呼吸作用产生 CO_2 的速率。500μmol 光子/(m²·s) 可以使大多数植物的光合速率达到最大。y 轴代表 CO_2 同化或释放速率，单位为 $\mu mol\ CO_2/(m^2·s)$。

当光系统连续运作产生还原力,正如图 4-12A 所示的时候,整个途径看起来像个"Z"形,因此被称为"Z形图"。在 PSI 中由于电荷分离被激发的叶绿素 P700（P700*）是很强的还原剂,它能够为 $NADP^+$ 的还原提供电子。在 PSII 中由于电荷分离被激发的叶绿素 P680（P680*）是较弱的还原剂,它可以将 PSI 中失去电子被氧化的叶绿素 P700 重还原。而被氧化的叶绿素 P680 是极强的氧化剂,它能够从水中夺取电子产生 O_2。

并非所有的光合有机体都拥有两种光系统。Z形图存在于高等植物、藻类和蓝细菌中,而其他光合细菌只有一个光系统。在紫细菌中,反应中心叶绿素失去的电子通过一套电子传递链又回到了循环之中（图 4-12B）。释放出的能量用于建立跨膜的电化学梯度,从而驱动 ATP 和还原剂的合成。

光系统和反应中心核心部分的结构及功能还没有完全研究清楚。我们现有的大部分知识来自于对紫细菌光系统的研究,这是一种类似于 PSII 的光系统（图 4-12B）。通过对紫细菌中提取并结晶后的光系统成分的分析,研究者们已经可以建立 PSII 核心部分的三维模型。

PSII 的核心复合体包含大约 20 个蛋白质。其中一些是反应中心的组成部分,其他蛋白质则与天线复合体的连接以及水的氧化、电子传递有关。反应中心和天线连接蛋白都是高度疏水的,因而它们深深嵌埋在非极性膜里,它们是由叶绿体基因组的基因编码的（见 2.6 节）。与水的氧化有关的蛋白质暴露在类囊体膜靠内腔的一侧,属于核基因编码。

两种反应中心蛋白——D1 蛋白和 D2 蛋白负责调控 P680 的初级电荷分离过程中释放的电子转移至**质体醌**的过程,后者是一种可以在膜内流动并与蛋白质可逆性结合的分子（图 4-13）。电子从 P680 上传递到一个与 D2 蛋白紧密结合的质体醌分子（Q_A）上,然后再传递至一个与 D1 蛋白结合不紧密的质体醌分子（Q_B）上。当质体醌分子结合了两个电子并从基质中获得两个质子后就会被还原。随后该分子与 D1 蛋白分离并在膜内扩散,在那里它的电子将被传递给电子传递链的其他组分（见图 4-11 及后续介绍）。来自膜内质体醌库的新的氧化态质体醌分子将顶替它原来的位置。D1 蛋白很不稳定且半衰期极短,可能是由于水的氧化过程中产生的高活性态的氧［**活性氧簇**（ROS）］破坏了其分子结构。D1 蛋白中与质体醌的结合位点是几种重要除草剂的作用位点,尤其是在莠去津中,它的主要作用机制就是抑制质体醌与蛋白质结合从而抑制整个光合作用过程。

在电荷分离之后,电子从水转移至 P680 的过程与 PSII 内腔表面上水裂解复合物中的一组 4 个锰离子结合的蛋白质有关。这些锰离子在水氧化为 O_2 及电子传递至 P680 的过程中起到"电缓冲液"的作用。水被完全氧化成 O_2 的过程中会失去 4 个电子（图 4-14）。电子从水中连续转移至 P680,这一过程中产生了活性氧簇——氧自由基,它可能对细胞组分具有强烈的潜在破坏力。锰离子群的存在可以尽量避免这一问题,因为锰离子可以容纳 0~4 个电子（也就是说它可以以 5 种不同的氧化态存在）。每 4 次连续的电荷分离之后,锰离子群都会给出一个电子将 P680 重还原。然后锰离子群的完全氧化态（4+）同时从水分子中夺取 4 个电子,将 2 个水分子转化为氧分子,这一过程中仅产生极少量的 ROS。要注意的是,每氧化一个水分子都会在膜的内腔侧释放出两个质子,这也是电化学梯度形成的条件之一。

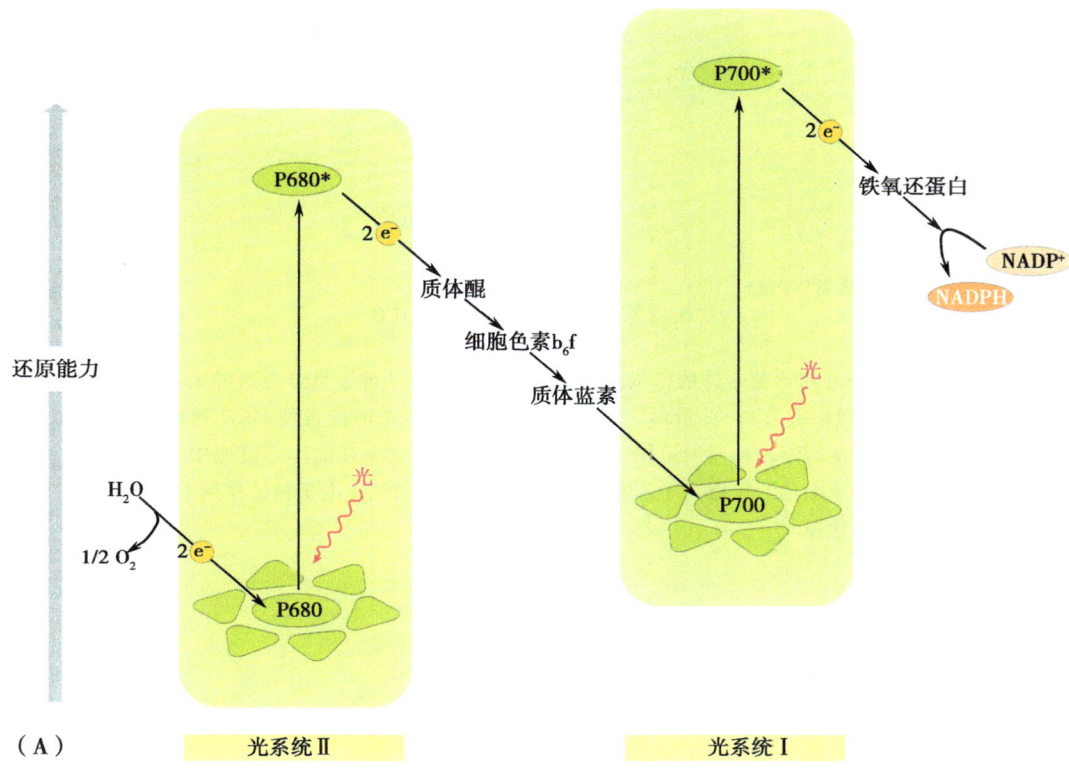

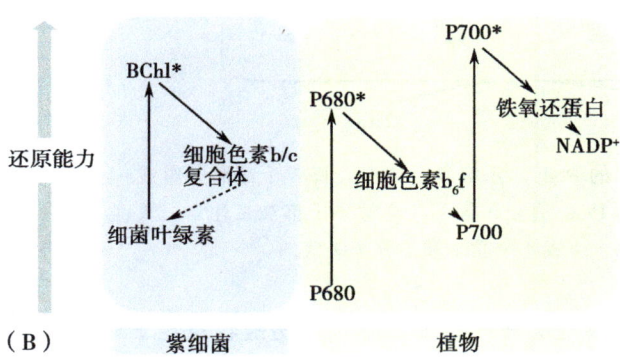

图 4-12 Z 形图，以及紫细菌和植物的光系统的比较。(A) 植物的光系统和相互连接的电子传递链按照还原能力的强弱排列。强还原剂（化合价最低）处于图形的顶部，强氧化剂（化合价最高）处于图形底部。(B) 与植物和蓝细菌不同的是，紫细菌的光系统只有一种。被激发的细菌叶绿素（BChl）丢失的电子通过电子传递链传回给叶绿素并将之重新还原。这种循环式电子传递产生了跨细菌膜的电化学梯度，并驱动了细菌内的 ATP 合成。同时电子传递的能量还用来驱动另一条电子传递链（图中未给出），将电子从被还原的底物（通常为 H_2S）传递给 NAD^+，生成碳同化所需要的 NADH。

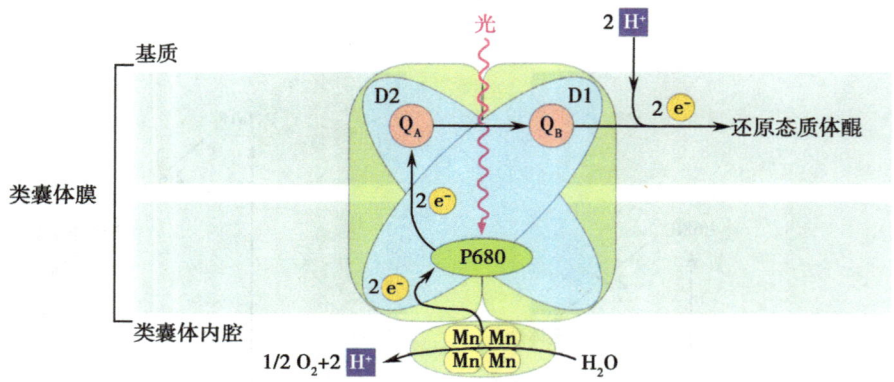

图 4-13　PSⅡ核心复合体的结构。 PSⅡ反应中心的电子传递组分与两种主要蛋白质相连，即 D1 蛋白和 D2 蛋白。天线叶绿素分子传递来的能量使 P680 被激发并给出电子，随即通过相连的质体醌 Q_A 和 Q_B 传递到移动质体醌库。反应中心靠内腔侧的蛋白质上的一簇锰离子从水中得到电子并产生氧气。电子被转移到 P680 使后者被重新还原。

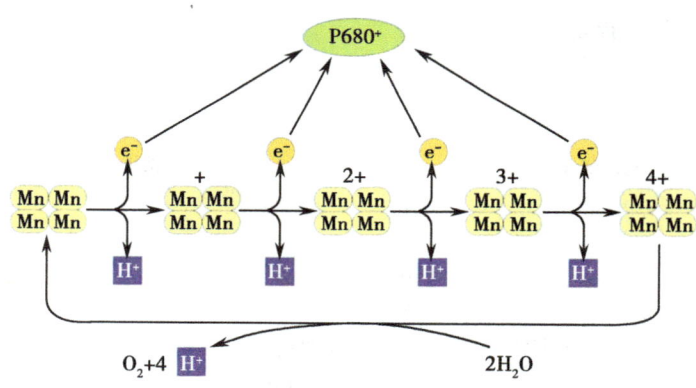

图 4-14　电子从水传递给被氧化的 P680。 水解复合体中，每 4 个锰离子组成一簇，它们将电子传递给被氧化的 P680 直至每簇的 4 个锰离子都被氧化。一簇锰离子被 2 分子水的电子重新还原，生成 4 个质子和 1 分子氧气。

　　PSⅡ的初级电荷分离产生的电子通过类囊体膜上的电子传递链转运至 PSⅠ。这个电子传递链的第二个组分——**细胞色素 b_6f 复合体**，是一个巨大的跨膜蛋白，由叶绿体和核基因联合编码。与此相反的是，电子传递链的第一个组分和最后一个组分，即质体醌和质体蓝素（一种单链小蛋白）都是小分子，而且可以在膜内移动并在细胞色素 b_6f 复合体与光系统之间扩散。被还原的质体醌释放出的电子通过细胞色素 b_6f 复合体的电子传递组分在膜内腔侧传递给质体蓝素。在电子从 P680 转移到 PSⅡ的过程中产生的质子在膜基质侧被质体醌获取并通过质体醌的重氧化过程再释放到内腔中。因此每 2 个电子从 PSⅡ转移至质体蓝素，就有 2 个质子从基质转运至内腔中，由此产生了一部分跨膜电化学梯度。被还原的质体蓝素从细胞色素 b_6f 复合体中移出并将电子传递给氧化态的 P700（图 4-11）。

PSⅠ的核心复合体包含大约15个蛋白质，一部分受核基因编码，一部分则是叶绿体基因编码。其中最大的蛋白质PsaA和PsaB都是叶绿体基因编码并组成了反应中心。其他的蛋白质将光系统和它的天线分子连接起来，并且与电子转移至膜基质侧的水溶性电子载体蛋白——铁氧还蛋白的过程有关。铁氧还蛋白与铁氧还蛋白-NADP还原酶组成一个复合体，以调控电子传递给$NADP^+$的过程（图4-15）。除草剂"百草枯"（联二甲基吡啶）作为铁氧还蛋白竞争性的电子受体，干扰电子传递链的运转，从而影响到整个光合作用过程。

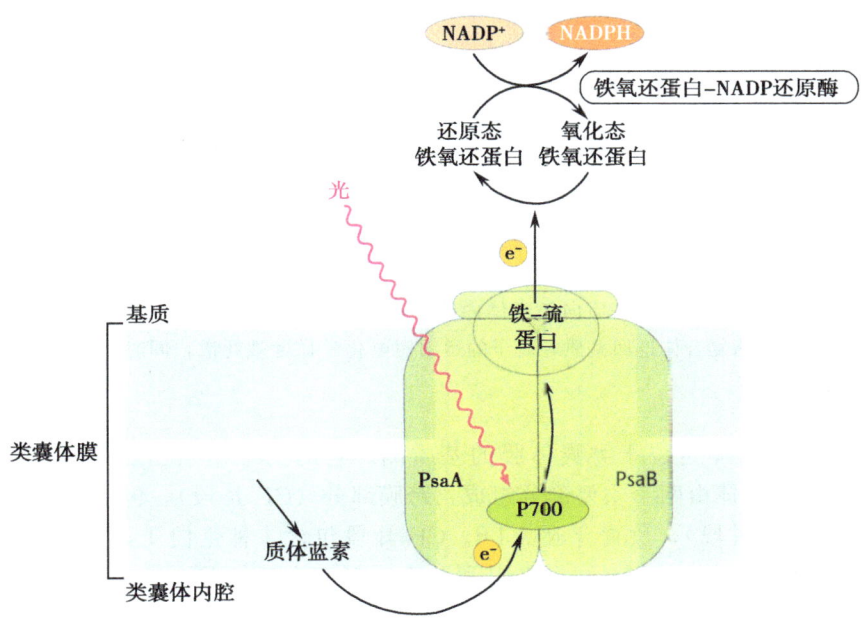

图4-15　PSⅠ核心复合体的结构。P700的反应中心与PsaA和PsaB蛋白相连。天线叶绿素分子传递来的能量使P700被激发并给出电子。电子由基质侧的Psa蛋白及其相关联蛋白上的电子载体（铁硫蛋白）传递给一种水溶性蛋白即铁氧还蛋白。铁氧还蛋白的电子在基质酶-铁氧还蛋白-NADP还原酶的作用下传递给$NADP^+$。可移动质体蓝素给出电子并传递到P700使之被重新还原。

质子梯度通过ATP合酶复合体驱动ATP的合成

20世纪60年代，Peter Mitchell首先阐述了叶绿体和线粒体中电子传递链驱动ATP合成的机制。在他的**化学渗透模型**中，Mitchell认为膜上的电子传递过程会导致质子从膜的一面转运至膜的另一面，这既产生了一个化学梯度（质子浓度梯度），又产生了一个跨膜电势差。Mitchell称之为**质子动势**。质子通过跨膜复合体沿电化学梯度移动使质子动势损耗，其中所释放出的能量被用于驱动ATP的合成。在叶绿体中，这一过程被称为**光合磷酸化**。

在叶绿体中，质子从基质进入类囊体内腔的过程基于电子从水转移至$NADP^+$的两种途径实现（图 4-16）。首先，类囊体膜内腔侧水的氧化释放出质子进入内腔；其次，电子转入转出质体醌的过程使质子从基质进入类囊体内腔。以上两种途径建立起较大的跨膜质子梯度和较小的跨膜电势差。在有利于光合作用的条件下，类囊体内腔和基质的质子浓度可能相差 4 个数量级（4 个 pH 单位）：内腔和基质的 pH 分别为 4 和 8。

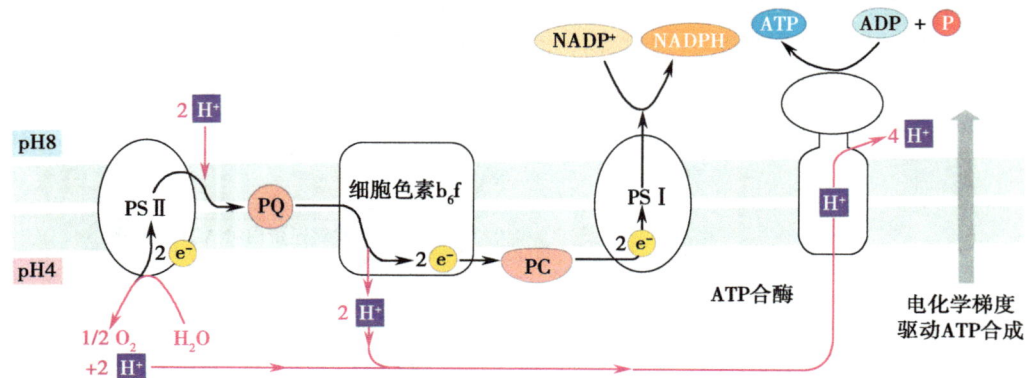

图 4-16　类囊体膜上的质子转移。 在 PSⅡ 中水的氧化和电子从质体醌（PQ）传递给细胞色素 b_6f 复合体的过程驱动质子从基质向类囊体内腔转运。从而建立了跨膜的电化学梯度。质子可沿跨膜的 ATP 合酶复合体返回基质，质子的运动使电化学梯度被耗散，同时促使 ATP 合酶在靠基质侧合成 ATP。

ATP 合酶复合体定位于类囊体膜的基质侧。它的三维结构已经研究得非常清楚（图 4-17）。该复合体由两个主要部分组成：跨膜部分（CF_0 片段），包括质子转移通道；基质内部分（CF_1 片段），负责合成 ATP。CF_0 片段包含 4 种蛋白质，其中 3 种为叶绿体基因编码，1 种为核基因编码；CF_1 片段包含 5 种蛋白质，其中 3 种为叶绿体基因编码，2 种为核基因编码。

依赖于 CF_0 的质子传递过程与依赖于 CF_1 的 ATP 合成过程是怎样耦合在一起的尚未可知。但是人们普遍认为，质子的流动造成了 CF_1 催化位点构象的改变，从而驱动了 ATP 的合成。已知 CF_1 的 3 个催化位点可能存在 3 种不同状态：松弛、紧张和开放（图 4-18）。通过 CF_0 的质子流动造成了 CF_1 的构象改变，从而驱动这 3 种状态不断循环。在松弛状态下，一个位点结合 ATP 合成所需底物 ADP 及无机磷酸盐；松弛状态转化为紧张状态促进了 ATP 的合成；而最后，开放状态下合成的 ATP 被释放。

ATP 合酶复合体受光合跨类囊体膜 pH 梯度的严格调控，因此黑暗时或电子传递速率极低时这个过程都是受抑制的。这种调控十分重要，因为 ATP 合成是可逆过程，也就是说，如果在 pH 梯度缺乏的情况下也可以驱动 ATP 合成，那么机体就可能水解基质中的 ATP 以驱动质子从基质流向内腔（功能类似于 ATP 酶）。当 pH 梯度低于一定水平时，CF_1 的催化位点也会被抑制。它们的活性同时也依赖于 CF_1 一个亚基上的二硫键的还原反应。这个还原反应由被还原的硫氧还蛋白引发，该蛋白质对于电子传递的速率非常敏感：硫氧还蛋白在光照条件下被还原，在黑暗时被氧化，因此 CF_1 只在光照时有活性（关于硫氧还蛋白下文将有更详细的论述）。

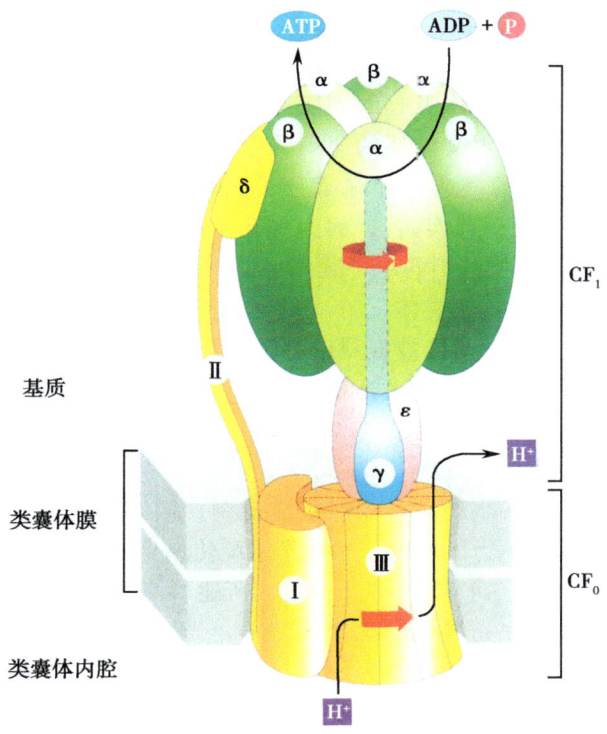

图 4-17　ATP 合酶复合体。 在类囊体膜内，CF_0 片段的蛋白质Ⅲ形成一个通道，通过它质子从内腔移动到基质中并使质子移动势减弱。这使靠基质侧的 CF_1 片段发生变构（见图 4-18 的红色箭头），这个改变促成了 ATP 的合成。CF_0 的组分Ⅰ和Ⅲ是由叶绿体基因编码，而组分Ⅱ是由核基因编码。组分Ⅰ和Ⅱ负责 CF_0 与 CF_1 的连接。在 CF_1 中，α、β、ε 部分由叶绿体基因编码，而 γ 和 δ 部分由核基因编码。

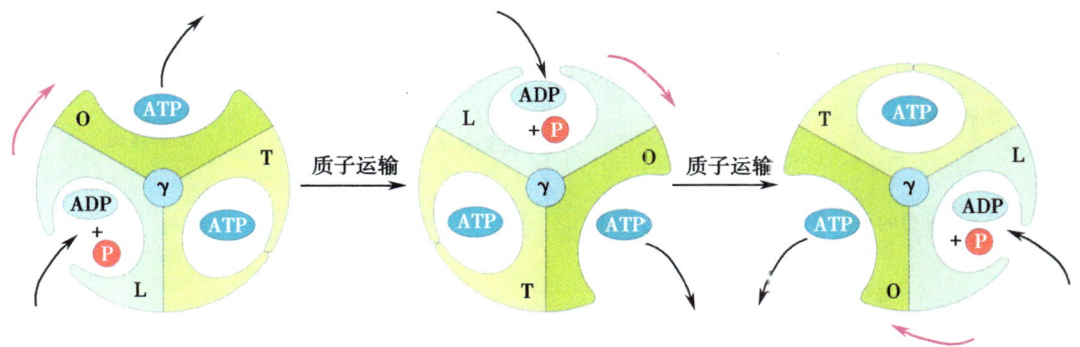

图 4-18　ATP 合酶复合体的 CF_1 上的 ATP 合成。 图示为从基质侧观察的复合体。3 个 α 亚基和 3 个 β 亚基组成了 3 个核苷酸结合位点。将 CF_0 和 CF_1 连接在一起的 γ 亚基的旋转使得 3 个结合位点的状态不断改变。在松弛状态时（L），质子穿过 CF_0 带动 γ 亚基的旋转（红色箭头），核苷酸结合位点与基质中的 ADP 和无机磷酸相结合。在紧张状态下（T），ADP 和 Pi 转化为 ATP。在开放状态下（O），ATP 从复合物上释放出来。

通过调控光捕获过程使过量激发能的耗散达到最大

大多数情况下光捕获复合体吸收的光能远超过卡尔文循环所需要的能量。这通常发生于光照强度很大或者卡尔文循环的速率受限制的情况下，如低温（降低化学反应速率而对物理反应如光能的吸收、叶绿素分子间的能量传递以及初级电荷分离无影响）、环境压力（如营养缺乏和疾病）、因为气孔关闭保水而导致的 CO_2 不足（见第 7 章）。在这些情况下电子传递链中的电子载体可能被强烈还原，NADPH 会被缓慢消耗掉，少量的 $NADP^+$ 会成为电子受体。

当 PSⅠ 和 PSⅡ 中的电子受体被强烈还原后，它们不能再接受 P680 和 P700 在初级电荷分离过程中产生的电子。这造成光系统和天线叶绿素分子激发能增大，从而对光捕获过程造成严重影响（光抑制现象）。7.1 节中论述了防止这种光抑制作用危害的分子机制。

光捕获过程不仅需要一个耗散过剩能量的机制，同时也需要一个调控激发能在两个光系统之间分配的机制。为了使电子通过光系统传递到 $NADP^+$ 的过程效率更高，激发能必须被均衡地分配给 PSⅠ 和 PSⅡ。如上文所述，两种光系统的最大吸收光谱是不同的，因此一旦光照强度和光波长的比例改变了，光系统之间的激发能的分配也随之改变。这可能导致光能的利用率始终处于次佳状态且变化不定，两系统之间的平衡依赖于 PSⅠ 和 PSⅡ 在类囊体上的不同的空间位置的机制。

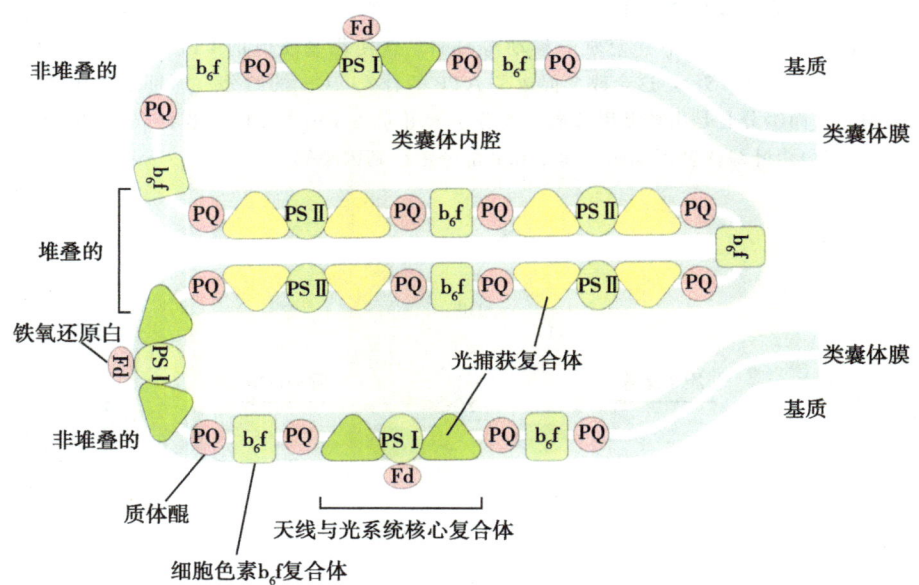

图 4-19　在堆叠态和非堆叠态的类囊体膜上的蛋白复合体的分布。 PSⅡ 存在于膜紧密贴合的基粒中，而 PSⅠ 仅存在于非折叠的膜上。细胞色素 b_6f 复合体、可移动的质体醌库以及质体蓝素在两者上都有发现。绿色和黄色三角形是光捕获复合体。

正如图 4-19 所述，类囊体有堆叠态（**基粒类囊体**）和非堆叠态（**基质类囊体**）两种形态，不同形态对类囊体膜上的复合体的功能有重要影响。那些紧贴于基粒类囊体表面的复合体，包括 PS Ⅱ 在内，都处于疏水环境中，与基质之间的通道相对较少；而基质类囊体上的复合体更多地暴露于亲水的基质环境中，其中就有 PS Ⅰ 复合体，它能将电子传递给基质中的铁氧化蛋白（图 4-19）及 ATP 合酶复合体。连接两种光系统的电子传递链中的组分——细胞色素 b_6f 复合体，在基粒类囊体和基质类囊体中的分布是均等的。我们在前面也曾讨论过，质体醌在膜内的流动性导致 PS Ⅱ 和 PS Ⅰ 之间的电子转移成为可能，因为质体醌是可以在基粒和基质区域内移动的。因此，PS Ⅰ 和 PS Ⅱ 的化学计量之比并不严格，电子是通过一个可移动的电子载体库在光系统之间传递的。事实上，许多植物中 PS Ⅱ 和 PS Ⅰ 复合体的比例大约为 1.5∶1。

基粒类囊体和基质类囊体之间的一些光捕获复合体天线分子的移动导致 PS Ⅱ 的天线分子大小发生变化，这种变化可以调控光系统间激发能的平衡（图 4-20）。当 PS Ⅱ 的激发能高于 PS Ⅰ 时，一种称为 LHC Ⅱ 且与 PS Ⅱ 连接的光捕获复合体发生磷酸化，导致复合体带负电。于是 LHC Ⅱ 复合体之间发生同电荷排斥，这时基粒类囊体的堆叠状态变得不稳定。随即部分 LHC Ⅱ 便从基粒类囊体迁移到基质类囊体，从而减小了 PS Ⅱ 天线的尺寸。

碳的同化和能量供应受到卡尔文循环酶的协调

卡尔文循环中 ATP 和 NADPH 的供应是植物高效而持续地同化 CO_2 所必需的。当能量供应由于环境因素的改变而变化时，特定的卡尔文循环酶的协调调控保证了中间产物维持在一个最佳水平，使得能量供应与碳同化之间平衡的精细调控成为可能。

卡尔文循环中的酶主要通过还原活化接受细胞的能量供应（图 4-21）。当半胱氨酸残基的巯基基团处于还原态时（—SH），某些卡尔文循环酶是激活的，而当这些基团被氧化为二硫键（S—S）时，它们则是非活化的。这些酶的还原状态，即它们的活性水平是受到一个系统调控的，该系统直接受还原态铁氧还蛋白的调控，后者是 PS Ⅰ 中向 $NADP^+$ 传递电子的一种电子载体蛋白。除了还原 $NADP^+$ 之外，还原态的铁氧还蛋白还能通过受到**铁氧还蛋白-硫氧还蛋白还原酶**催化的反应将硫氧还蛋白还原。被还原的硫氧还蛋白反过来将某些卡尔文循环酶的二硫键还原为巯基，从而使它们活化（图 4-21B）。被还原的硫氧还蛋白也可以被 O_2 氧化，其氧化态与还原态之间的平衡取决于铁氧还蛋白的还原状态，也就是说与通过光系统的电子流量有关。硫氧还蛋白在其氧化态时也会氧化巯基基团使卡尔文循环酶受到抑制。通过这种方式，一些酶的活性直接与通过光系统的电子流相关联，即与卡尔文循环能够得到的 NADPH 与 ATP 的量有关。

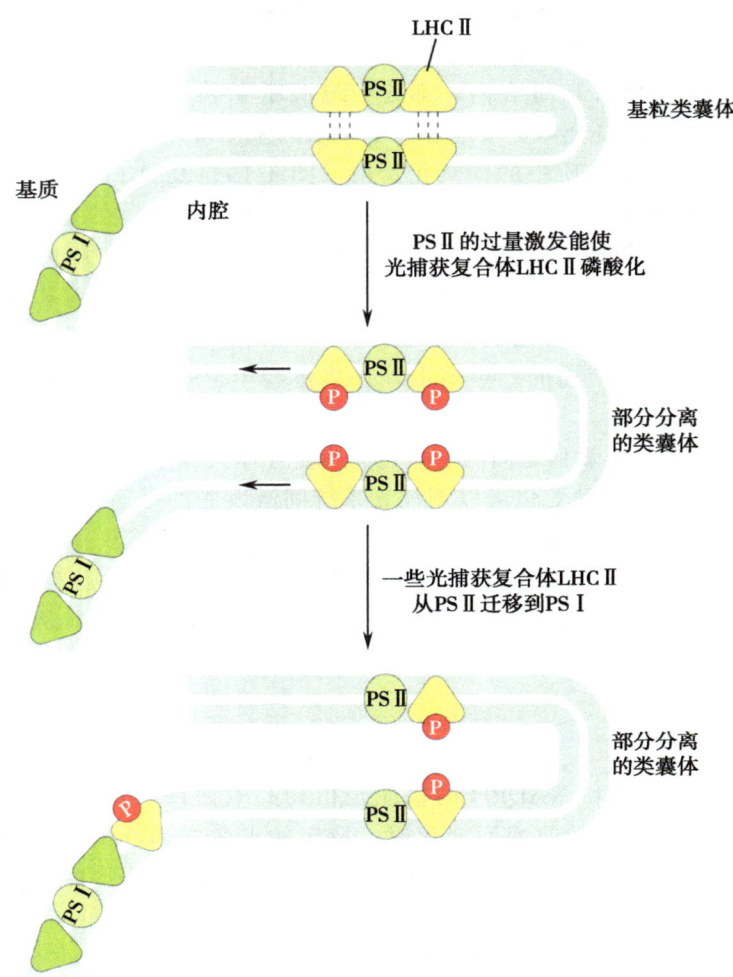

图 4-20　LHC Ⅱ 的磷酸化调控了激发能在两种光系统之间的分配。在未被磷酸化时（图中上部）LHC Ⅱ 与基粒类囊体膜上的 PS Ⅱ 专一性结合。PS Ⅱ 上过剩的激发能使得 LHC Ⅱ 被磷酸化，这使得膜表面带上负电，由于同性相斥作用使部分膜分离，一部分 LHC Ⅱ 向类囊体基质中的 PS Ⅰ 迁移（图下部）。PS Ⅰ 和 PS Ⅱ 的相对大小发生了变化，这纠正了两种光系统之间激发水平的失衡。

　　Rubisco 这种 CO_2 同化酶（图 4-22）的活性水平也与光驱动的反应相关，但却是通过一种 Rubisco 活化酶调控的机制（图 4-23）。Rubisco 活化酶是被 PS Ⅰ 的还原态活化的，可能也是通过类似于卡尔文循环中那样的铁-硫氧还蛋白系统调控的（见图 4-21 B）。Rubisco 活化酶在被激活时会促进 CO_2 连接到 Rubisco 活化位点的某特定赖氨酸残基上，这个活化位点位于该酶的大亚基上。这种**氨甲酰化**反应提高了 Rubisco 的活性。

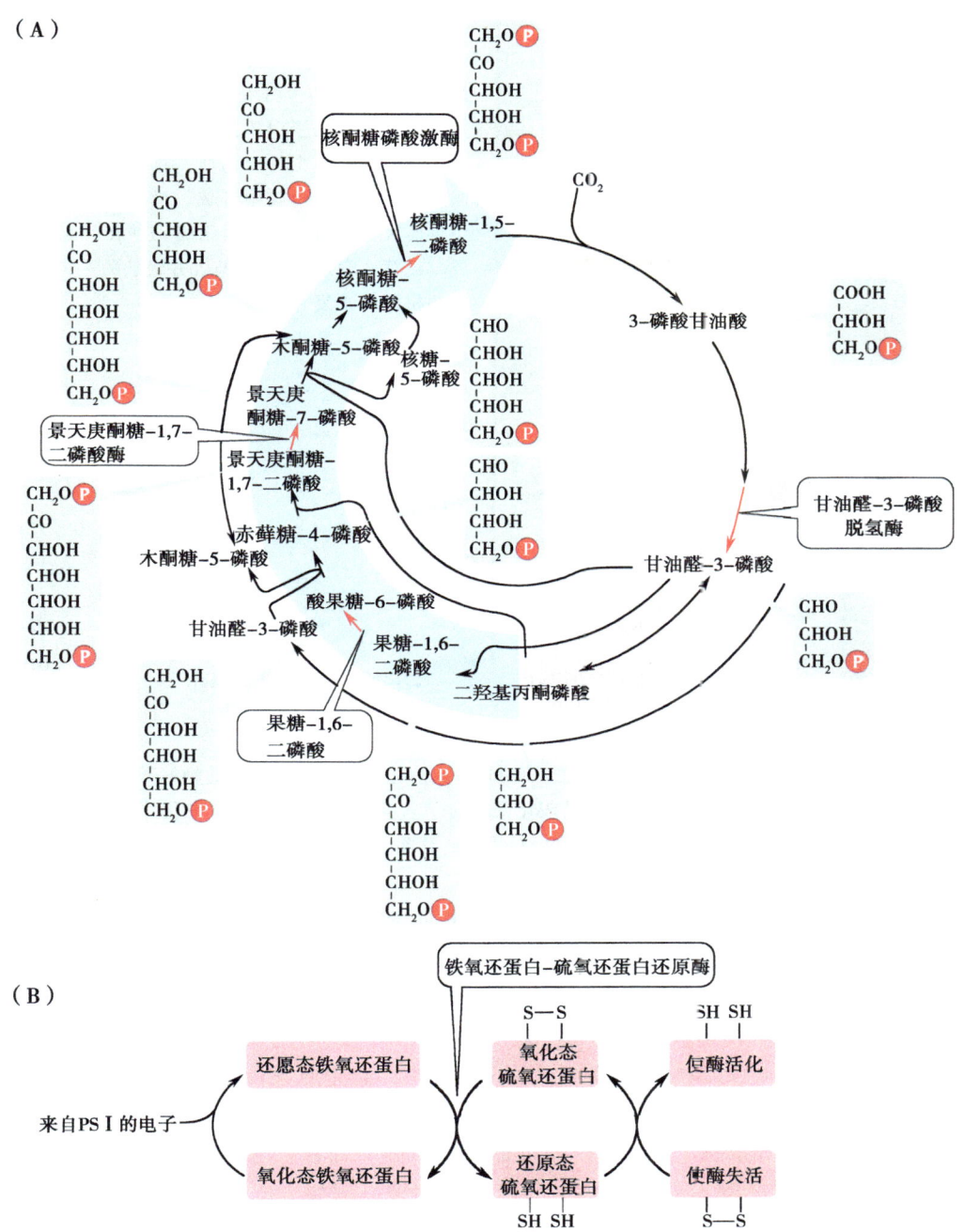

图 4-21 光系统之间的电子流动对卡尔文循环酶的调控。(A) 卡尔文循环中有 4 种酶的特定氨基酸残基被还原时会使酶被激活；反之，当残基被氧化时则酶被抑制。通过协调循环中 4 个调节点的酶活性来响应能量供给的改变，保证了代谢循环的波动并不会伴随代谢中间产物相对含量的改变。(B) 来自 PS I 的电子使一种卡尔文循环酶被活化。当铁氧还蛋白处于还原态时，表明卡尔文循环拥有还原力，它能将小分子可溶性基质蛋白——硫氧还蛋白还原，打断两个半胱氨酸残基之间的二硫键。反过来，硫氧还蛋白又将卡尔文循环酶的二硫键还原使之活化。当铁氧还蛋白处于氧化态，如在黑暗中时，这个铁-硫氧还蛋白通路的其他组分也被氧化，使得卡尔文循环酶被抑制。

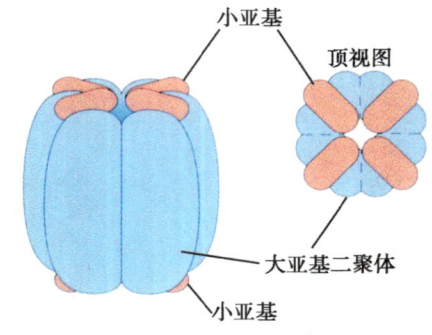

图 4-22 Rubisco 的结构。该酶是由 8 个大亚基和 8 个小亚基构成的巨大的复合体。它组成了叶绿体中大约 50% 的蛋白质,而且人们相信它是地球上含量最丰富的蛋白质。同所有卡尔文循环酶以及大部分叶绿体中的蛋白质一样,小亚基由核基因编码并在胞质溶胶中合成,最后转运至叶绿体中。而大亚基由质体基因组编码并在叶绿体中合成(见第 2 章)。两种亚基合并组装为一个整体蛋白的机制非常复杂。

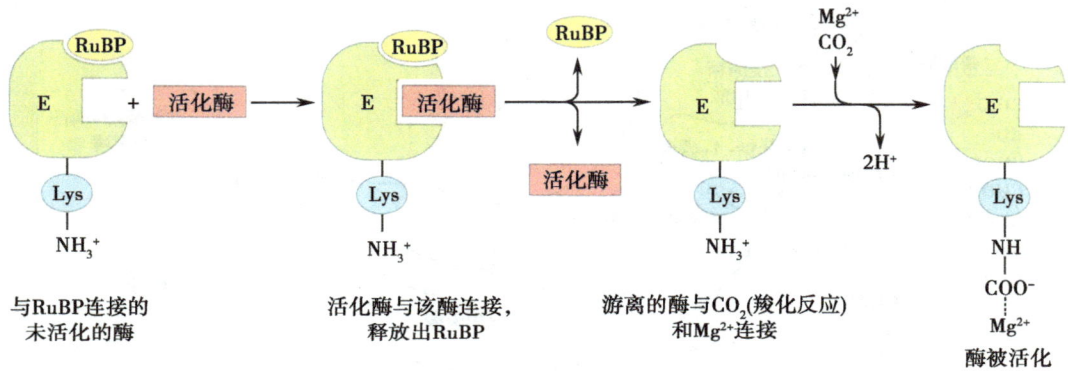

图 4-23 Rubisco 活化酶激活 Rubisco 活性。Rubisco 的活化需要将一个特定的赖氨酸残基在镁的催化下氨甲酰化(连接一个 CO_2 分子,这是羧化反应的一个步骤)。为了使氨甲酰化反应发生,必须将 Rubisco 上连着的底物核酮糖-1,5-二磷酸(RuBP)移除。以上过程是通过活化酶实现的。

广义上讲,光合作用中光驱动的反应同样也调控了卡尔文循环酶的活性。基质(卡尔文循环发生的场所)的 pH 强烈受到类囊体膜中电子传递过程的影响。正如前面所说,驱动 ATP 合成的质子梯度的产生需要从基质中移除质子(增加了基质的 pH)。质子的移动导致了其他阳离子尤其是 Mg^{2+} 从类囊体内腔向基质的移动。因此在夜晚,基质中的 pH 大约是 7,Mg^{2+} 浓度为 1~3mmol/L;而光照条件下有电子传递发生时,pH 为 8,Mg^{2+} 浓度为 3~6mmol/L。更高的 pH 和 Mg^{2+} 浓度提高了一些卡尔文循环酶的活性,包括 Rubisco(以上条件通过促进氨甲酰化而提高了它的活性)。一些卡尔文循环酶的活性还受到卡尔文循环中间产物的调控。例如,Rubisco 就受到它的产物 3-磷酸甘油酸的抑制。

蔗糖的合成受光合作用以及植物非光合部分对碳需求的严格调控

卡尔文循环生成的丙糖磷酸的主要命运是在胞质溶胶中合成蔗糖(图 4-24)。通过一种用二氢丙酮磷酸交换无机磷酸盐的**丙糖磷酸转运蛋白**,丙糖磷酸得以离开叶绿体。在胞质溶胶中,丙糖磷酸被转化为果糖-1,6-二磷酸,然后被果糖-1,6-二磷酸酶催化为果糖 6-磷酸。两种己糖的相互转化产生了葡萄糖-1-磷酸。葡萄糖-1-磷酸与三磷酸尿苷

（UTP，一种与 ATP 类似的高能磷酸化合物）的反应生成糖核苷酸**UDP-葡萄糖**。在**磷酸蔗糖合酶**催化下，UDP-葡萄糖与 6-磷酸果糖被转化为磷酸蔗糖，最后再通过**磷酸蔗糖磷酸酶**转化为蔗糖。

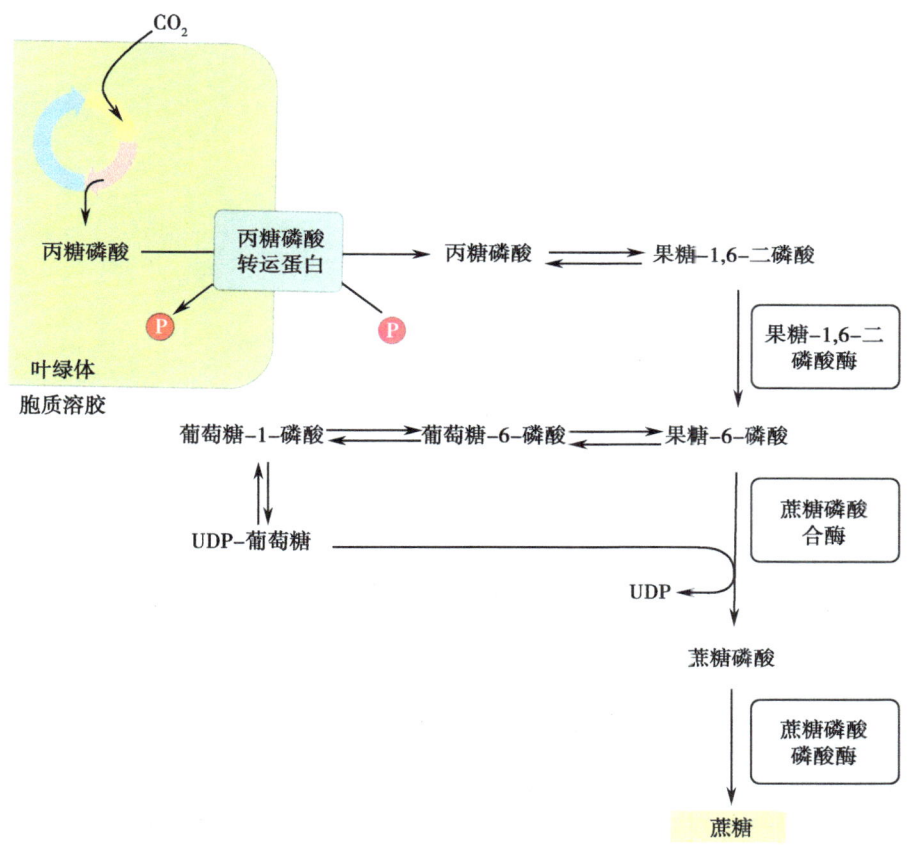

图 4-24 胞质溶胶中蔗糖的合成。卡尔文循环产生的丙糖磷酸转运至胞质溶胶，随后发生一系列转化反应，其中有众多六碳糖——磷酸糖类和核苷酸糖类参与反应，最后与 1 个葡萄糖残基或果糖残基结合生成蔗糖。每 4 分子丙糖磷酸生成 1 分子蔗糖。

如果 CO_2 的同化速率维持在最佳水平，那么蔗糖的合成速率就必须与叶绿体中卡尔文循环的速率相协调（图 4-25）。前面已经讲过卡尔文循环合成的 5/6 的丙糖磷酸都需要用来重新生成核酮糖-1,5-二磷酸（CO_2 受体），只有剩下的 1/6 用于合成蔗糖。如果用于重新合成核酮糖-1,5-二磷酸的丙糖磷酸的比例降低，前者的水平就会逐渐降低，直至最后卡尔文循环崩溃。如果丙糖磷酸全部用于合成核酮糖-1,5-二磷酸，那么卡尔文循环中间产物会积累，叶绿体中无机磷酸盐水平将会降低（因为胞质溶胶不会再用它去交换叶绿体中的丙糖磷酸，详见图 4-26）。叶绿体中无机磷酸盐的减少限制了 ATP 的合成，从而减少了卡尔文循环的 ATP 供应。

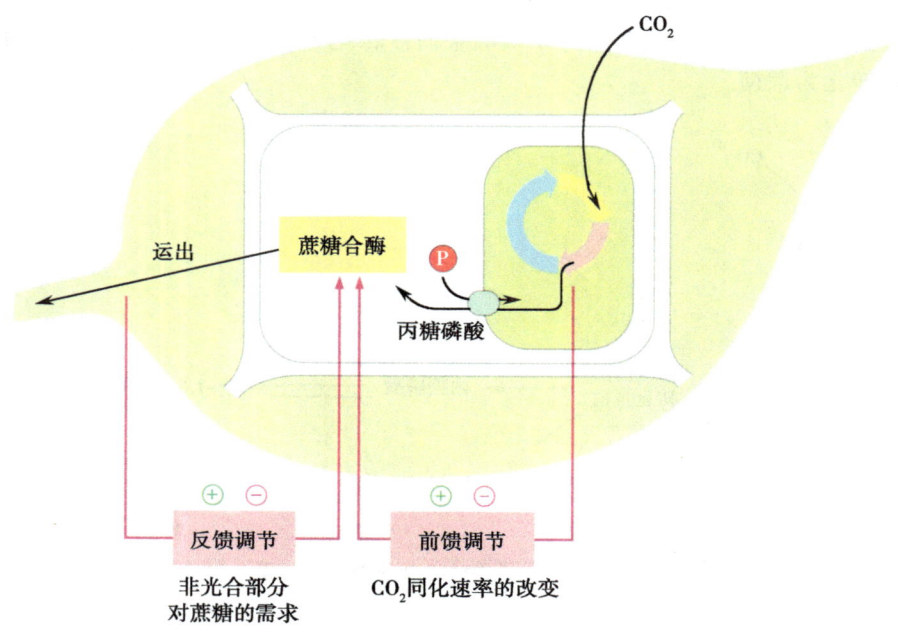

图 4-25 光合细胞中蔗糖合成速率的调控。前馈机制通过叶绿体中 CO_2 的同化速率及丙糖磷酸的合成速率来协调胞质溶胶中的蔗糖合成的速率。在这些机制中，叶绿体外膜上的丙糖磷酸转运蛋白起到了核心作用，它的功能是用叶绿体生成的丙糖磷酸交换蔗糖合成过程中释放的无机磷酸盐。反馈机制则是通过植物的非光合部分对蔗糖的需求量协调蔗糖的合成速率。

胞质溶胶中蔗糖合成的速率也必须与植物的非光合部分对碳的需求量相协调。需求量高时蔗糖的合成速率就高，需求量低时则合成速率自然低。蔗糖的合成必须同时受到前馈机制（受卡尔文循环的碳化合物产量调控）及反馈机制（受植物其他部分对蔗糖的需求量调控）的调控（图 4-25）。

这些复合体以及可能相互冲突的丙糖磷酸和蔗糖的需求量，通过一系列综合机制被调控，这些机制可能存在于叶绿体和胞质溶胶中。这里我们考虑三种主要机制：①调控叶绿体和胞质溶胶之间代谢物的交换过程中丙糖磷酸转运蛋白的核心作用；②胞质溶胶中有关蔗糖合成的两种酶的复合调控；③卡尔文循环生成的碳化合物在叶绿体中合成淀粉而不是在胞质溶胶中合成蔗糖。

叶绿体内膜上的丙糖磷酸转运蛋白在协调卡尔文循环与蔗糖合成方面起到了重要作用。在丙糖磷酸转化为蔗糖的过程中伴随着无机磷酸盐的释放，这表明胞质溶胶中无机磷酸盐的含量近似地反映了蔗糖的合成速率（图 4-26）。因此，叶绿体运出丙糖磷酸以交换无机磷酸盐的速率与蔗糖的合成速率大致相当。相反的，由于 CO_2 的同化速率改变导致的叶绿体内的丙糖磷酸和无机磷酸盐水平的变化，可以通过这些代谢物在胞质溶胶中含量的变化反映出来。胞质溶胶中的调控机制通过调节果糖-1,6-二磷酸酶以及蔗糖磷酸合成酶的活性对这些物质的变化作出响应，从而控制蔗糖合成速率。

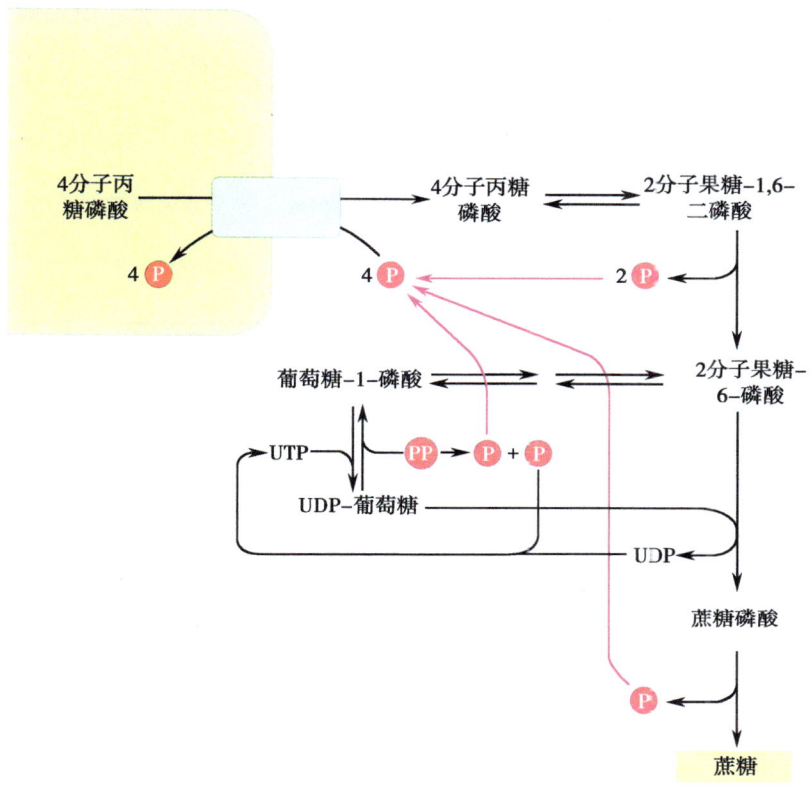

图 4-26　叶绿体中的丙糖磷酸转运出去以交换蔗糖合成过程中释放的丙糖磷酸。丙糖磷酸转运蛋白催化丙糖磷酸与无机磷酸 P_i 一对一的交换。每 4 分子丙糖磷酸中 3 个分子上的磷酸基团以 P_i 的形式释放出来直接参与蔗糖的合成反应,生成 1 分子蔗糖。第 4 个 Pi 起源于无机焦磷酸的代谢（图中红色阴影的"PP"代表 PP_i），后者产生于葡萄糖-1-磷酸转化为 UDP-葡萄糖的反应。焦磷酸代谢见 4.5 节。

胞质溶胶中的果糖-1,6-二磷酸酶负责催化蔗糖合成步骤中的第一步不可逆反应。它的活性主要受到一种强力抑制剂即果糖-2,6-二磷酸的调节（图 4-27）。果糖-2,6-二磷酸是由 6-磷酸果糖通过可逆反应合成的,该过程受到胞质溶胶中的两种特异性酶——果糖-6-磷酸-2-激酶和果糖-2,6-二磷酸磷酸酶的催化。这些酶在胞质溶胶中受丙糖磷酸、无机磷酸盐和 6-磷酸果糖等代谢物的调控。因此,果糖-2,6-二磷酸的含量水平,即果糖-1,6-二磷酸酶的活性水平,对两方面的信号非常敏感：其一是丙糖磷酸的含量（前馈调节）；其二是下游磷酸糖类转化为蔗糖的反应（反馈调节）。

为了说明对胞质溶胶中果糖-1,6-二磷酸的前馈调节,我们不妨设想一下,当光照强度突然增加导致叶绿体中 CO_2 同化速率提高,并使得有更多碳可以参与到蔗糖的合成中时,会发生什么事情？叶绿体中丙糖磷酸的含量会增加,而 ATP 合成旺盛则导致无机磷酸盐含量减少。这两种变化通过丙糖磷酸转运蛋白转嫁到胞质溶胶中：更多的丙糖磷酸被转运至胞质溶胶里,而更多的无机磷酸盐被运进叶绿体中。由于丙糖磷酸能够抑制果糖-6-磷酸-2-激酶的活性,同时无机磷酸盐则会增加该酶活性并抑制果糖-2,

6-二磷酸磷酸酶的活性，这样胞质溶胶中的果糖-2,6-二磷酸由合成转向水解，果糖-2,6-二磷酸的含量下降使得果糖-1,6-二磷酸酶的活性升高，这使参与蔗糖合成的碳流量也升高了。

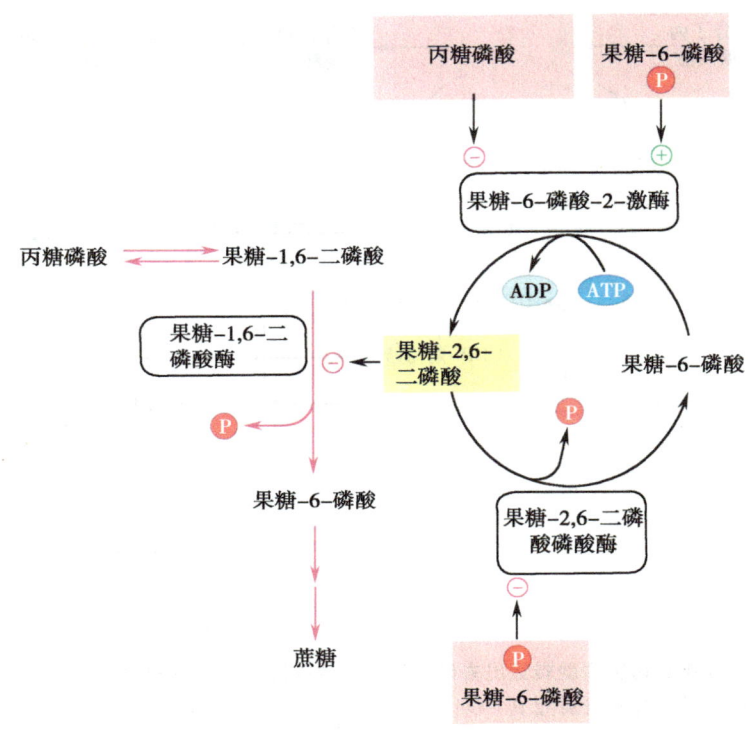

图 4-27　2,6-二磷酸果糖在调控蔗糖合成方面的作用。一个高度受调控的合成-降解循环决定了果糖-2,6-二磷酸的含量水平，而后者是果糖-1,6-二磷酸酶的强抑制剂。催化果糖-2,6-二磷酸合成的激酶受到丙糖磷酸的抑制，果糖-6-磷酸和Pi则使其活化。果糖-6-磷酸和Pi同时还能抑制催化果糖-2,6-二磷酸降解为果糖-6-磷酸的磷酸酶的活性。

同样地，让我们来设想当植物的非光合部分对蔗糖的需求量降低导致蔗糖合成速率大于运出速率所产生的情景吧。叶中的蔗糖含量升高，并抑制了后续的蔗糖合成。己糖磷酸在胞质溶胶中累积，6-磷酸果糖像无机磷酸盐一样激活了果糖-6-磷酸-2-激酶的活性并抑制了果糖-2,6-二磷酸酶活性。由此果糖-6-磷酸的增加促进了果糖-2,6-二磷酸的合成并抑制其水解，后者含量增加使果糖-1,6-二磷酸酶活性被抑制，从而减少了参与合成蔗糖的碳流量，这就是反馈调节。

蔗糖磷酸合酶同样由前馈机制和反馈机制来调节（图4-28）。它的调控也是与果糖-1,6-二磷酸酶相关联，以确保能对光合作用及蔗糖需求产生灵敏而可调控的响应。两种机制的存在确保了蔗糖磷酸合酶对胞质溶胶中葡萄糖-6-磷酸与无机磷酸盐之比值的变化非常敏感。首先，以上两种代谢物直接调控酶的活性：当葡萄糖-6-磷酸相对于无机磷酸盐含量升高时酶的活性被激活；其次，一些受第一种机制调节的酶使得蔗糖磷酸合酶磷酸化或去磷酸化。磷酸化（蛋白质激酶催化）降低了蔗糖磷酸合酶的活性，去磷酸化（蛋白质磷酸酶催化）则会增加其活性。葡萄糖-6-磷酸会抑制激酶活性，而无机磷酸盐将抑制磷酸酶活性。因此，葡萄糖-6-磷酸相对于无机磷酸盐含量的升高将使蔗糖磷酸合酶的磷酸化水平降低，从而激活酶活性。

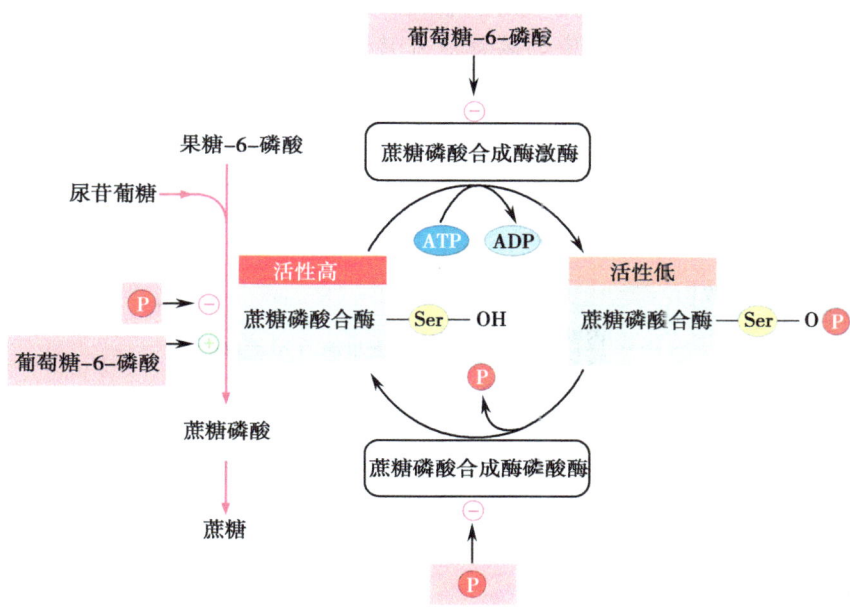

图 4-28　**磷酸化作用调控蔗糖磷酸合酶的活性**。葡萄糖-6-磷酸和无机磷酸的含量水平都能直接或者通过一种蛋白质激酶和一种蛋白质磷酸酶间接调控。这两种酶能调控蔗糖磷酸合酶蛋白质上一个丝氨酸残基的磷酸化和去磷酸化，其中磷酸化使蔗糖磷酸合酶失活。

当光合作用的速率升高时，我们就会发现蔗糖磷酸合酶的前馈调节是多么重要。我们已经叙述过胞质溶胶中丙糖磷酸与无机磷酸盐比值的升高是怎样激活果糖-1,6-二磷酸酶活性的。由此导致 6-磷酸葡萄糖合成速率增加，从而使胞质溶胶中葡萄糖-6-磷酸相对无机磷酸盐比值增大，这激活了蔗糖磷酸合酶的活性，也就是说它的活性是随着1,6-二磷酸果糖酶的活性变化的。蔗糖磷酸合酶的反馈调节还没有研究清楚；叶片中蔗糖含量的变化会导致蔗糖磷酸合酶活性改变，但是分子机制尚未可知。

到目前为止，关于蔗糖磷酸合酶的反馈调节，我们已经展示了蔗糖需求量的变化是怎样通过胞质溶胶中丙糖磷酸的含量，通过果糖-1,6-二磷酸酶及蔗糖磷酸合酶的活性改变了蔗糖的合成速率。这种机制保证了蔗糖的供求平衡，但是却产生了更深层的问题。如果因为需求降低而使蔗糖的合成减缓，但是 CO_2 同化速率依然很高，那么丙糖磷酸从叶绿体向外转运的速率就会受限制，因为胞质溶胶中没有足够的无机磷酸盐供给转运蛋白来交换。这可能会导致叶绿体中无机磷酸盐短缺而磷酸化中间产物大量累积。这种情况下 ATP 合成受阻且会降低 CO_2 的同化速率。在许多植物中，这一问题通过利用叶绿体中的磷酸化中间产物合成淀粉而得到解决。

淀粉的合成使得光合作用在蔗糖合成受限时也能保持在较高水平

当蔗糖合成速率降低、丙糖磷酸运出叶绿体的速率受限时，卡尔文循环的中间产物还可以参与其他物质的合成，即淀粉的合成。碳从基质果糖-6-磷酸至淀粉的转移阻止了卡尔文循环磷酸化中间产物的积累并使得 CO_2 同化速率保持在高水平上（图4-29）。夜晚，淀粉水解，储存在淀粉中的碳释放并转运出叶绿体，用于合成蔗糖（见 4.6 节）。蔗糖随即转运到植物的非光合作用部分以保证夜晚也有充足的碳供应。

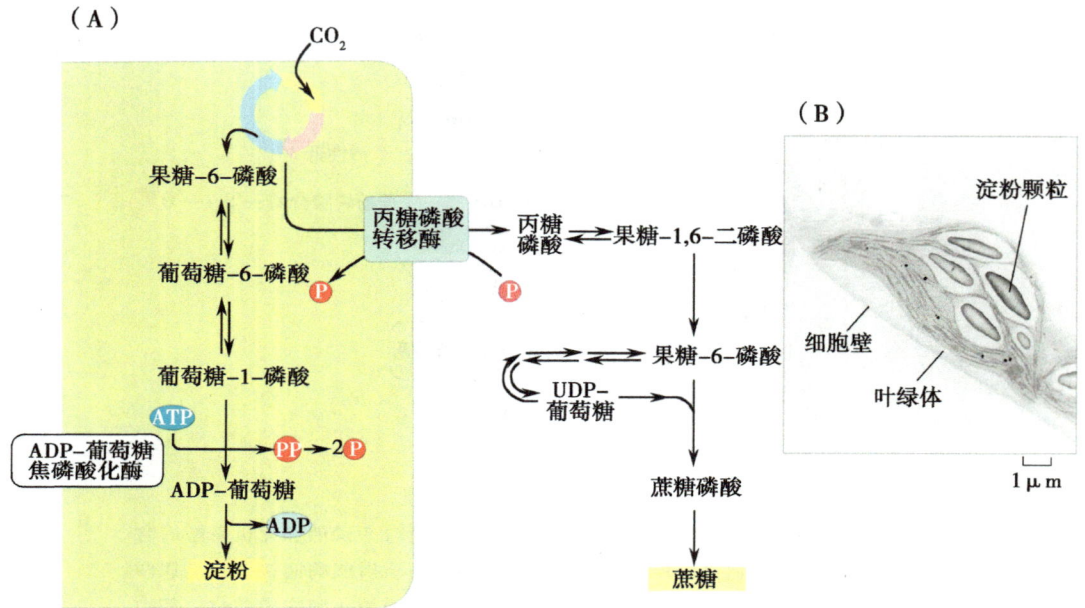

图 4-29　卡尔文循环中间产物参与合成蔗糖或淀粉。(A) 如果蔗糖合成速率太低导致丙糖磷酸转运受限，磷酸化的卡尔文循环中间产物会转而参与淀粉的合成。在卡尔文循环的再生阶段生成的一些果糖-6-磷酸被转化为1-磷酸葡萄糖，后者通过一个消耗 ATP（受 ADP-葡萄糖焦磷酸化酶催化）的反应转化为 ADP-葡萄糖即淀粉合成的底物。(B) 拟南芥叶片中一个包含淀粉颗粒的叶绿体电镜照片（淀粉颗粒周围的空白是电镜样本固定产生的人工迹象）。

淀粉合成所受的调节机制与胞质溶胶中蔗糖合成的速率有关，如低蔗糖合成速率会导致高速率的淀粉合成，反之亦然。换句话说，蔗糖合成对淀粉合成是负调控。磷酸糖类转化为淀粉的主要途径受到葡萄糖-1-磷酸与 ADP-葡萄糖之间相互转化的调控，后者受 ADP-葡萄糖焦磷酸化酶的催化（图4-29）。这个反应是不可逆的，因为反应产生的焦磷酸会立即水解为无机磷酸盐。同上面提到的卡尔文循环酶一样，ADP-葡萄糖焦磷酸酶活性也是通过还原反应调节的。活化的酶受到 3-磷酸甘油酸和无机磷酸盐调控：当 3-磷酸甘油酸相对无机磷酸盐含量升高则酶活性也升高，反之则降低。这些特性都有助于酶的活性对胞质中蔗糖合成的一些变化作出灵敏的响应。

如上所述，如果蔗糖合成速率降低，那么叶绿体中无机磷酸盐水平下降，磷酸化中间产物水平升高。叶绿体中 3-磷酸甘油酸相对无机磷酸盐含量上升，激活了 ADP-葡萄糖焦磷酸化酶，并使卡尔文循环生成的果糖-6-磷酸参与到淀粉合成中去。反过来，如果蔗糖合成水平升高，那么叶绿体中 3-磷酸甘油酸相对无机磷酸盐含量降低，减弱了 ADP-葡萄糖焦磷酸化酶活性，使卡尔文循环固定的碳更多地参与到蔗糖合成中来（图 4-30）。ADP-葡萄糖焦磷酸化酶的还原状态，也就是它的活性水平，与细胞中的蔗糖含量有关，但是相关机制尚不明朗。

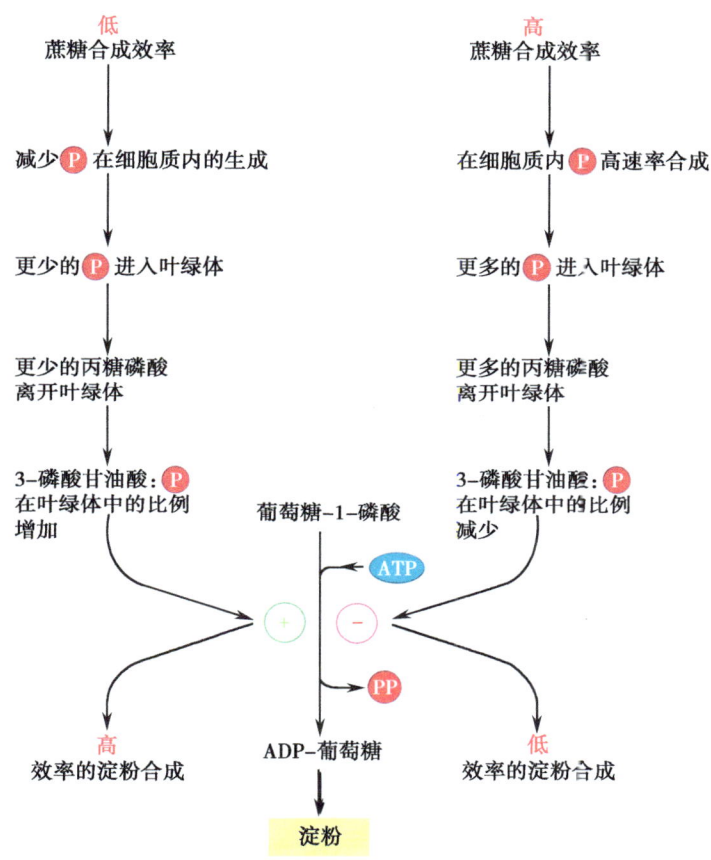

图 4-30　蔗糖合成对淀粉合成的负调控。图表显示了通过调节 ADP-葡萄糖焦磷酸化酶的活性，蔗糖合成速率降低是如何使淀粉合成速率升高的，反过来蔗糖合成速率升高又是怎样减少淀粉的合成。

　　胞质溶胶中的蔗糖合成是怎样调控叶绿体中的淀粉合成呢？相关研究是在突变体和转基因植物中进行的（关于转基因植物的培养和应用见 9.3 节）。在 *Clarkia xantiana* 品系的突变体中，胞质溶胶里的磷酸葡糖异构酶活性较低（该酶催化蔗糖合成通路中果糖-6-磷酸和葡萄糖-6-磷酸的互变）；而在转基因的马铃薯中，丙糖磷酸转运蛋白和果糖-1,6-二磷酸酶的活性都比较低，光合作用中的蔗糖合成速率比野生型植物要低得多。相应的，在这些突变种植物中的淀粉合成速率要高得多。例如，只有 10% 果糖-1,6-二磷酸酶活性的转基因马铃薯叶片，每天可比野生型多合成 3 倍的淀粉。

　　尽管蔗糖合成速率是决定淀粉合成速率的主要因素，但绝非唯一因素。在许多植物中，无论蔗糖合成速率如何，淀粉合成总是在叶绿体中进行着，其基本的速率与光的摄入量有关（光照强度和黑夜长度）。白天时的淀粉合成速率似乎受到一个复杂的代谢通路调控——可能既有粗调也有微调，以此满足植物在夜晚时对碳的需求。值得注意的是，不同种植物淀粉在叶绿体中合成的程度千差万别，特别是在一些种类（如大豆和棉花）中，卡尔文循环同化的碳有超过半数用于合成淀粉，而在其他种（如菠菜和牧草），只有极少数的碳用于合成淀粉，更多的则用于合成蔗糖。

4.3　光呼吸作用

Rubisco 可以用 O_2 代替 CO_2 作为底物

Rubisco 除了能催化核酮糖-1,5-二磷酸的羧化反应外，还能催化其氧化反应（Rubisco 的全称为核酮糖-1,5-二磷酸羧化酶/加氧酶）。该酶的作用不是将 CO_2 的碳加到五碳化合物核酮糖-1,5-二磷酸上以生成两分子的三碳化合物 3-磷酸甘油酸，而是对其加氧生成一分子的 3-磷酸甘油酸和二碳化合物 2-磷酸乙醇酸（图 4-31）。该酶对 O_2 的亲和力远低于对 CO_2 的亲和力，换句话说，要达到相同的反应速率，加氧反应所需的 O_2 浓度要远高于羧化反应需要的 CO_2 浓度。加氧反应要达到最大反应速率的一半所需的 O_2 浓度为 $535\mu mol/L$，而羧化反应所需 CO_2 浓度仅为它的 1/60 即 $9\mu mol/L$。

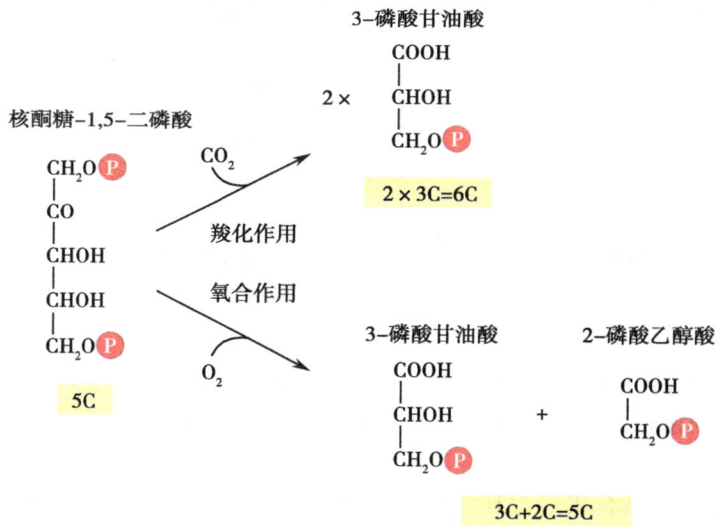

图 4-31　Rubisco 的羧化反应和加氧反应。核酮糖-1,5-二磷酸（五碳）羧化反应生成两分子 3-磷酸甘油酸（三碳），并进入卡尔文循环。核酮糖-1,5-二磷酸的加氧反应生成一分子 3-磷酸甘油酸（三碳）和一分子 2-磷酸乙醇酸（二碳）。

叶绿体中，CO_2 和 O_2 的浓度都远低于达到它们最高反应速率所需的浓度（氧浓度为 $250\mu mol/L$；CO_2 浓度为 $8\mu mol/L$），因此这两种底物会相互竞争酶的活性位点。尽管酶的氧亲和性远低于 CO_2 亲和性，但是叶绿体中 O_2 浓度大大高于 CO_2 浓度，因此加氧反应的速率可达到羧化反应的 25%，也就是说每发生三次羧化反应就会有一次加氧反应发生。

核酮糖-1,5-二磷酸的加氧反应对参与光合作用的叶片的新陈代谢非常重要。氧化反应中生成的 2-磷酸乙醇酸的碳被转换至 3-磷酸甘油酸中，最后返回到卡尔文循环（图 4-32）。以上反应需要一系列复杂的循环反应，该循环需消耗 ATP，且与 3 种亚细胞结构中的至少 10 种酶有关，最重要的是每分子 3-磷酸甘油酸返还到卡尔文循环时就会丢失一分子 CO_2，这一分子 CO_2 的丢失就被称之为**光呼吸作用**，这个循环反应被称为**光呼吸循环**。

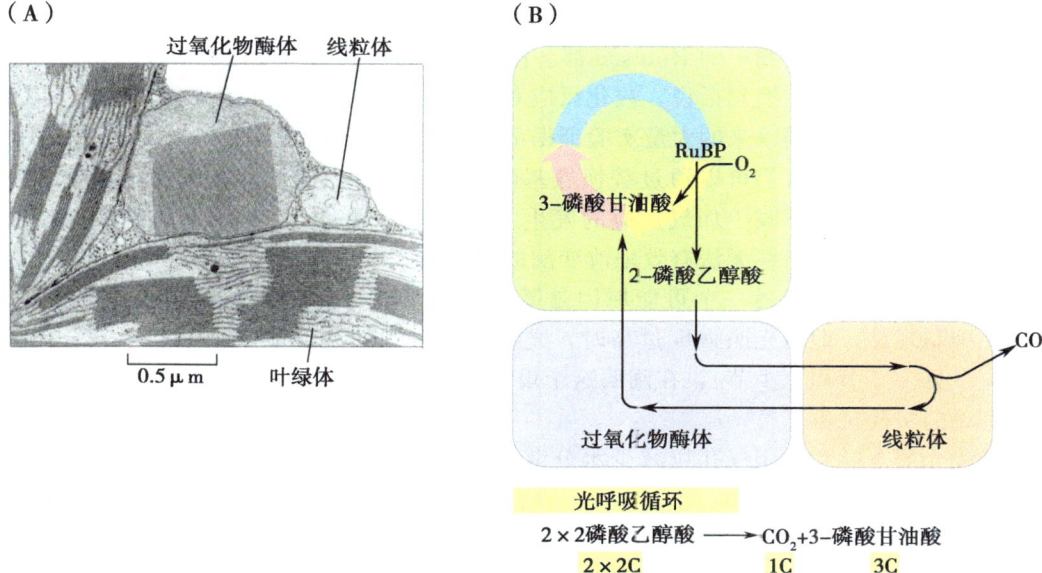

图 4-32 光呼吸循环。（A）叶细胞的一部分电镜照片，显示在 2-磷酸乙醇酸的代谢过程中相关的三个亚细胞区室：叶绿体、过氧化物酶体和线粒体。在光合细胞中，过氧化物酶体和线粒体常与叶绿体紧密相连。过氧化物酶体中的矩形包含物是过氧化氢酶的结晶。（B）光呼吸循环，2-磷酸乙醇酸被转化为 3-磷酸甘油酸；先是乙醇酸（源于 2-磷酸乙醇酸）从叶绿体转运至过氧化物酶体，随后在过氧化物酶体、线粒体、过氧化物酶体中发生一系列反应，最后在叶绿体中生成 3-磷酸甘油酸。总之，2 分子 2-磷酸乙醇酸被转化为 2 分子的 3-磷酸甘油酸，该过程中 3-磷酸甘油酸回到卡尔文循环中，线粒体中有 1 分子 CO_2 生成。因此 2 次加氧反应过程中丢失了 1 分子的 CO_2。RuBP 代表核酮糖-1,5-二磷酸（图 A 由 Eldon Newcomb 和 Department of Botany, University of Wisconsin Madison 提供。原发表于 J. Cell Biol. 43：343-353，1969。由 Rockefeller University Press 授权）。

Rubisco 的加氧酶功能和光呼吸循环这两者的进化起源至今仍是许多植物生理学家讨论的课题。对细菌和植物中的 Rubisco 的序列和结构比对的结果表明，至少 35 亿年前，生物体中已经存在类似 Rubisco 的蛋白质，用于同化 CO_2 供生物体生长。这些生物体生活在缺氧环境中（见第 1 章）。在 15 亿年间，随着那些以水作为电子供体营光合作用的生物体不断产生氧气，大气中的氧气浓度也不断上涨，这样 Rubisco 的加氧酶活性也逐渐增强。

磷酸乙醇酸对光合作用中的 CO_2 同化具有毒害作用，这产生了一定的选择压力，生物体要么选择从磷酸乙醇酸中重新获得碳（就像在光呼吸循环中那样），要么选择阻碍加氧反应发生。Rubisco 的加氧酶与羧化酶活性之比也许是因为酶活性位点的选择性修饰而降低了，相关证据已在对现代厌氧光合细菌的研究中被发现。在这些细菌中的 Rubisco 的加氧酶与羧化酶活性之比较高等植物中要高一些。在进化过程中 Rubisco 酶的性质变化并不大，但是高等植物中的这些酶始终保持着一定的加氧酶活性。对于一般的植物而言，通过加氧酶催化重新产生 2-磷酸乙醇酸的过程是十分必要的。

为什么由 Rubisco 催化的加氧反应代价高昂且浪费能量，却始终被保留下来了呢？首先，也许 Rubisco 酶的活性位点一旦被修饰以移除加氧酶活性，则其羧化酶活性一定会受影响。现代高等植物中的 Rubisco 都会保持最优的加氧酶和羧化酶活性之比，这是长期自然选择的结果。换句话说，羧化反应对酶的结构需求必然导致加氧反应的发生。自 20 世纪 70 年代早期以来的大量实验证据都证明了这一结论。对 Rubisco 酶三维立体结构的研究使得研究者们可以通过替换氨基酸来改变活性位点的结构，希望借此在不影响羧化反应的前提下减少加氧反应的发生。尽管这一研究使我们对酶的作用机制有了更多的认识，但是始终无法有效地改变酶的特性。

加氧反应被保留的另一个可能原因是某些情况下它可以防止光抑制现象的发生。所谓光抑制现象，即当光照强度过高时，光系统中过剩的激发能产生不利于光合作用的效应（见 4.2 节和 7.1 节）。在阐明这个设想背后的原理之后，我们将介绍一些支持这一理论的实验现象。

当强光照下叶片关闭气孔以减少水分散失时，叶片中的 CO_2 浓度因为光合作用而大大下降。由于 CO_2/O_2 值降低，Rubisco 的加氧酶活性相对于羧化酶活性升高，这表明随着 CO_2 同化速率降低，光呼吸作用释放的 CO_2 量将会增多。当光呼吸释放 CO_2 的速率与 CO_2 同化速率相同时将会达到一个平衡点，这时叶片就没有净 CO_2 吸收了（图 4-33），这称为 CO_2 补偿点。

如果加氧反应，也就是光呼吸造成的 CO_2 释放不再发生，理论上讲，在叶片内部越来越低的 CO_2 浓度下植物也能继续同化 CO_2，因此增加了植物在缺水环境下的潜在生产力。但是尽管光呼吸减少了植物的生产力，却有效阻止了光抑制现象的发生。当叶片内部 CO_2 浓度降低时，卡尔文循环消耗 ATP 和 NADPH 的速率也降低了。由于 $NADP^+$ 不能再接受电子而电化学梯度也不再消散（因为没有 ATP 合成），电子传递链中的电子载体可能被强烈还原，这将对光捕获系统造成严重危害，即光抑制作用。光呼吸循环消耗了 ATP 和 NADPH，间接消耗了过剩的激发能，从而阻止了光抑制的发生。在光呼吸中每释放 1 分子 CO_2，就有 2 分子 ATP 和 1 分子 NADPH 被消耗。

通过在光照条件下同时阻碍叶片里 Rubisco 酶的加氧反应和羧化反应，我们充分认识到了光呼吸作用在阻碍光抑制现象方面的重要性。在通常的 CO_2 浓度下，当光照的叶片被置于低氧环境（1%~2%）时，加氧反应即光呼吸循环不会发生，因此观察不到光抑制现象。然而当 CO_2 浓度也同时降低时，光抑制现象马上发生了，同时阻碍了卡尔文循环和光呼吸循环的进行。

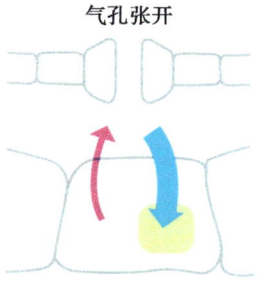
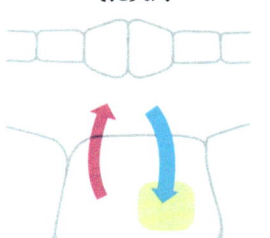

气孔张开
- CO_2自由进入叶片
- 羧化反应效率是加氧反应效率的3倍以上
- CO_2同化量是光呼吸中CO_2消耗量的6倍以上

气孔关闭
- CO_2不能进入叶片
- CO_2同化量降低
- 光呼吸的CO_2消耗量上升

碳同化网的效率严重减弱

到达光补偿点
- CO_2不能进入叶片
- 羧化反应效率是加氧反应效率的一半
- CO_2同化量等于光呼吸中CO_2消耗量

碳同化网消失

图 4-33　**气孔关闭与二氧化碳补偿点。**三幅图片显示了气孔关闭对 Rubisco 同化 CO_2 和 O_2 的影响以及对光呼吸中释放 CO_2 的影响。气孔张开时叶片外大气中的 CO_2 浓度为 0.038%，叶片中的 CO_2 浓度为 0.025%（左图）；气孔关闭时，叶片中 CO_2 浓度大大降低（中图）；最后 CO_2 同化速率与光呼吸产生 CO_2 的速率相等（右图）。此时即 CO_2 补偿点，叶片中的 CO_2 浓度大约为 0.005%。

光呼吸机制在叶片碳和氮利用方面的影响

光呼吸循环很复杂，跟其他的代谢过程关系密切，特别是氮的吸收。经典的生物化学技术发现了反应通路（图 4-34），并且通过分离鉴定缺少这一循环中的组分的突变体（图 4-35）将这一通路进一步证实和完善。

光呼吸作用缺陷的大麦和拟南芥植物在一般的空气中要么是根本不能够生长，要么是生长缓慢。原因是 2-磷酸乙醇酸不能够转变为 3-磷酸甘油酸，所以 2-磷酸乙醇酸的碳不能返回到卡尔文循环中；另外，缺少一种光呼吸循环过程中酶的突变体能够积累光呼吸循环中间产物，导致抑制叶片代谢的其他方面。为了分离出这些光呼吸突变体，诱变处理的种子置于高 CO_2 环境中萌发和生长，Rubisco 反应中的羧化酶作用过饱和而抑制氧化酶的作用。在这样的条件下，没有 2-磷酸乙醇酸生成，突变体就能够正常生长。然后将这些植物置于一般的空气中不能够生长，再移到高 CO_2 条件下能够恢复生长，那么这样的植物就是光呼吸突变体。

在光合作用中，光呼吸循环除了对于碳的利用有重要作用外，还对氮的利用有重要的影响。这一循环包括了一个利用甘氨酸生成氨气的反应。如果叶片释放氨气就会导致氮的丧失；相反，在叶绿体里氨能够再次被吸收生成氨基酸。因此，虽然光呼吸循环涉及快速的含氮化合物的反应，它基本上是一个封闭系统，很少或没有氮的增减（图 4-36 和图 4-37）。

光呼吸循环中甘氨酸的合成发生在**过氧化物酶体**中。在过氧化物酶体中，由 2-磷酸乙醇酸生成的乙醛酸加上丝氨酸和谷氨酸提供的氨基后生成甘氨酸。甘氨酸随后进入线粒体里，2 分子的甘氨酸由**甘氨酸脱羧酶**和**丝氨酸羟甲基转移酶**作用，产生 1 分子丝氨酸、1 分子 CO_2 和 1 分子氨，同时产生 1 分子 NADH（细胞中另外一种重要的还

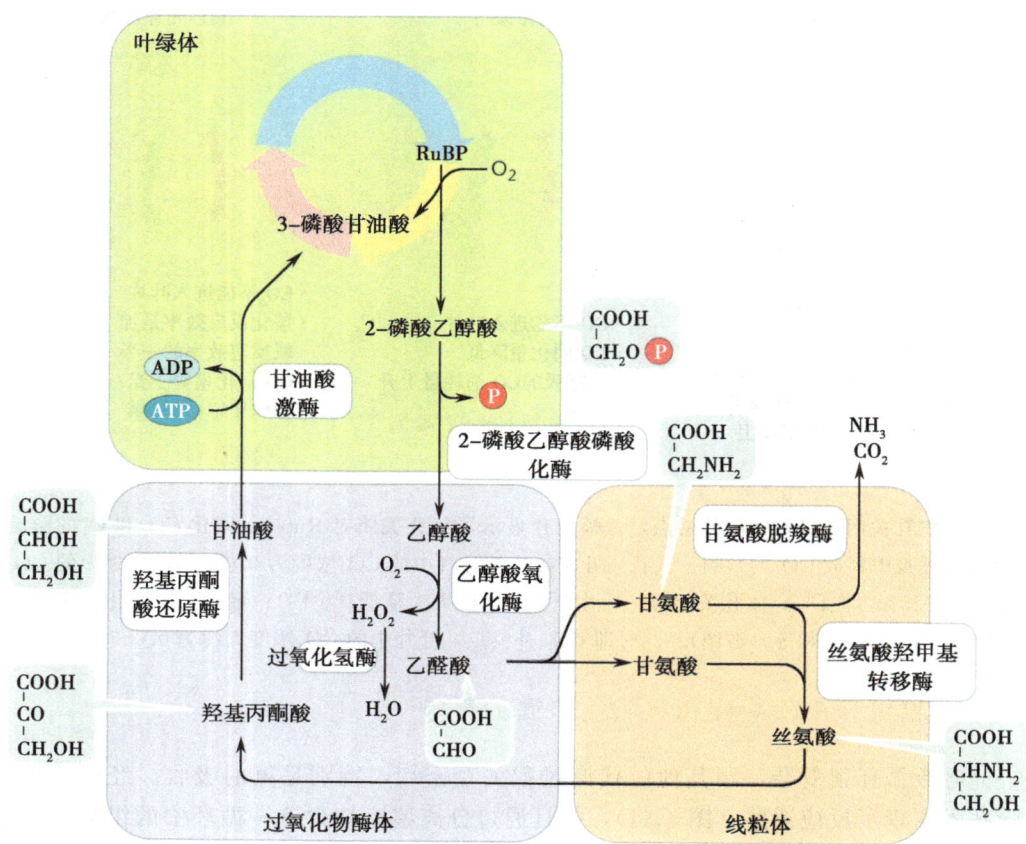

图 4-34　光呼吸循环反应简介。 由 2-磷酸乙醇酸生成的乙醇酸在乙醇酸氧化酶的作用下变成乙醛酸。这一反应产生过氧化氢，它是过氧化物酶体中含量最丰富的过氧化氢酶的反应底物。在这个反应中，乙醛酸由氨基转移酶催化生成甘氨酸。在线粒体中，2 分子的甘氨酸由多亚基的甘氨酸脱羧酶和丝氨酸羟甲基转移酶作用发生复杂的反应。这些反应生成丝氨酸并释放二氧化碳和氨。在过氧化物酶体中，发生一个氨基转移酶反应使丝氨酸变成羟基丙酮酸，羟基丙酮酸又被还原成甘油酸。甘油酸返回到叶绿体再变成 3-磷酸甘油酸，进入卡尔文循环。这一途径的详细步骤参见图 4-36 和图 4-37。

图 4-35　拟南芥光呼吸突变体。 当生长在一般的空气中，一个缺乏甘氨酸脱羧酶的突变体比野生型拟南芥生长缓慢得多，最终死亡。

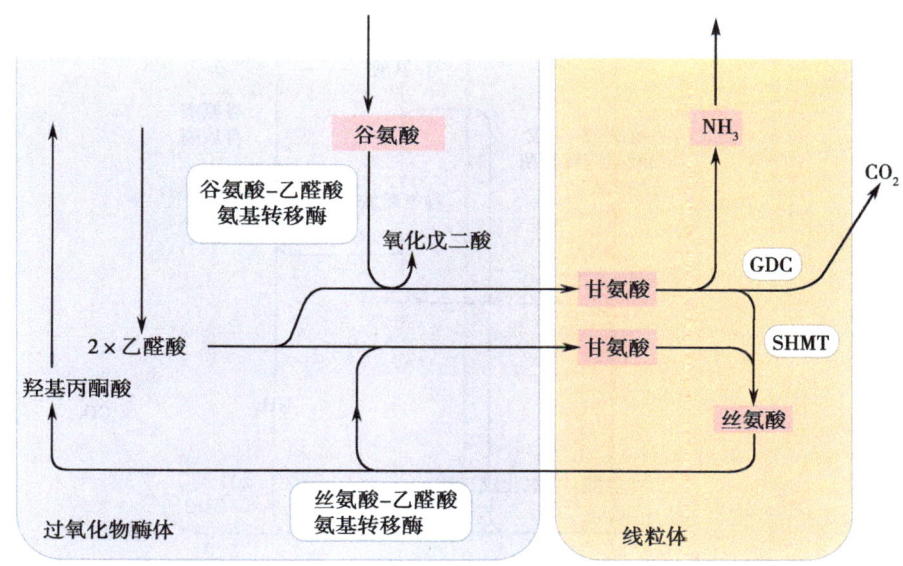

图 4-36 光呼吸循环对氮代谢过程的影响。这一循环包括两个氨基转移酶催化的反应，在甘氨酸脱羧酶（GDC）催化的反应中会释放氨。一个氨基转移酶以谷氨酸作为氨基供体生成甘氨酸；另一个氨基转移酶以丝氨酸为氨基供体生成丝氨酸。SHMT（serine hydroxymethyl transferase）。

原力，见 4.5 节）。甘氨酸脱羧酶是一种大量存在的由 4 种酶组成的蛋白复合体（该酶占叶片线粒体可溶性蛋白的一半）。这些线粒体中的反应是光呼吸循环中的一个重要步骤：它们释放**光呼吸**的产物 CO_2 和氨。

氨的吸收发生在叶绿体中，消耗光合作用中形成的 ATP 和还原力（还原形式的铁氧还蛋白），氨吸收的反应由谷氨酸合成酶和谷氨酸-2-酮戊二酸氨基转移酶催化完成（**谷氨酸合成酶-GOGAT 系统**，见图 4-37）。如 4.8 节所述，这些酶也作用于来自于土壤中的氨以及从土壤中吸收的硝酸根被其他的酶催化产生的氨，统称为**一级氮吸收**。小的多基因家族编码谷氨酸合成酶和谷氨酸-2-酮戊二酸氨基转移酶（GOGAT）。在叶绿体中，该家族的蛋白质参与光呼吸代谢和一级氮同化过程中的氮吸收；而定位于其他组织中的该基因家族蛋白质只参与一级氮的吸收。

谷氨酸合成酶和 GOGAT 反应催化氨生成谷氨酸，谷氨酸可以从线粒体进入过氧化物酶体为甘氨酸的合成提供氨基。丝氨酸也能进入过氧化物酶体，在氨基转移酶的作用下为甘氨酸的合成提供氨基。由丝氨酸产生的甘油酸进入叶绿体转变为 3-磷酸甘油酸，这样就完成了光呼吸循环。

C4 植物通过浓缩 CO_2 来消除光呼吸作用

有些种类的植物称为**C4 植物**，通过给 Rubisco 提供饱和的 CO_2 来避免光呼吸的发生（这些植物被认为有 C4 光合成作用）。这些植物的 Rubisco 基本上和其他的植物一样也有氧化酶的功能，但是由于叶绿体中的 CO_2 浓度很高，使羧化反应以最大速率进行，有效地防止了氧化反应，没有 2-磷酸乙醇酸生成，因此没有光呼吸循环和 CO_2 的释放。

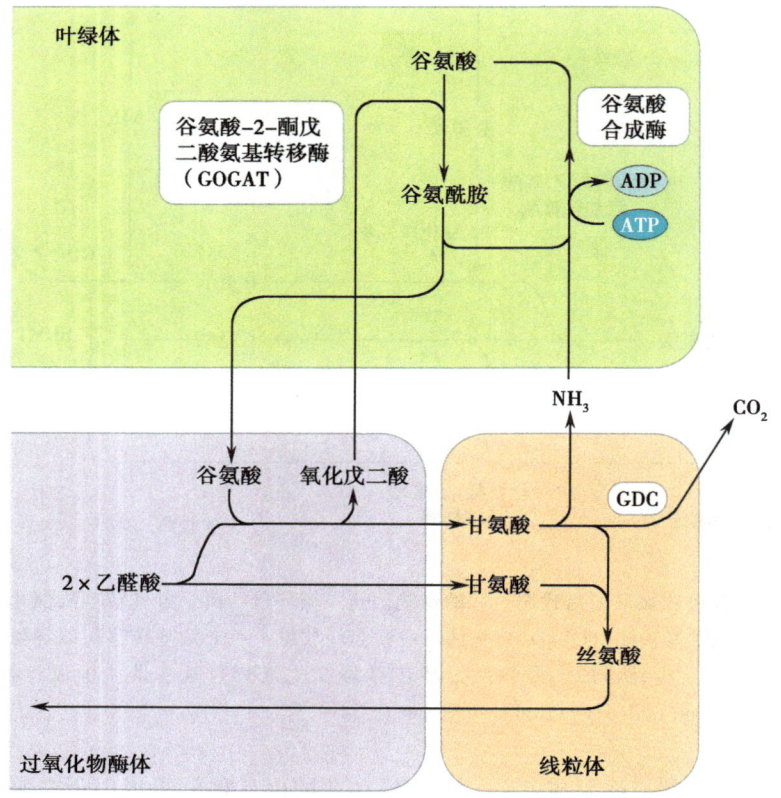

图 4-37 光呼吸释放的氨的再捕获。在线粒体里甘氨酸脱羧酶（GDC）反应产生的氨在叶绿体里能够再次被吸收，吸收氨所发生的反应需要 2-酮戊二酸，生成谷氨酸。由氨基转移酶催化谷氨酸生成 2-酮戊二酸，同时由乙醛酸生成甘氨酸作为 GDC 的反应底物。这样就形成了一个封闭的反应体系，没有氮的得失。谷氨酸从叶绿体中被转运蛋白转运出去同时运进来一个苹果酸，2-酮戊二酸由另一个转运蛋白运进叶绿体同时运出去一个苹果酸（见图 4-93A）。

提高 CO_2 浓度的机制包括 C4 植物叶片中生化反应的适应和叶片组织结构的适应。简单地说（图 4-38），在叶片里靠近空气的外层细胞 CO_2 被对氧气不敏感的羧化酶高效催化产生四碳化合物草酰乙酸（C4 由此得名；而别的植物称为 **C3 植物**，发生 C3 光合作用，因为 CO_2 吸收后的第一个产物是三碳化合物 3-磷酸甘油酸）。由草酰乙酸生成的一个四碳化合物（苹果酸或天冬氨酸）进入含有 Rubisco 的叶绿体的内层细胞，在这里去羧化四碳化合物释放出 CO_2，由此提供给叶绿体高浓度的 CO_2；剩下的三碳化合物再次回到外层细胞在下一轮循环中行使 CO_2 受体功能。这一循环像一个 CO_2 泵，吸收叶片外层空气中低浓度 CO_2，运送到 CO_2 高浓度的叶绿体里。

在 C3 植物叶片里，含有叶绿体的细胞被逐层排布（上层是**栅栏组织**，下层是**海绵组织**）；在 C4 植物的叶片里，含有叶绿体的细胞排布在环绕维管束的两层环状细胞里。后一种排布方式被称为克兰茨结构，来自德语的"花环"（图 4-38B，C）。虽然两层细胞即外层的叶肉细胞和内层的维管束鞘细胞都含有叶绿体，但 Rubisco 仅存在于内层的维管束鞘细胞中。

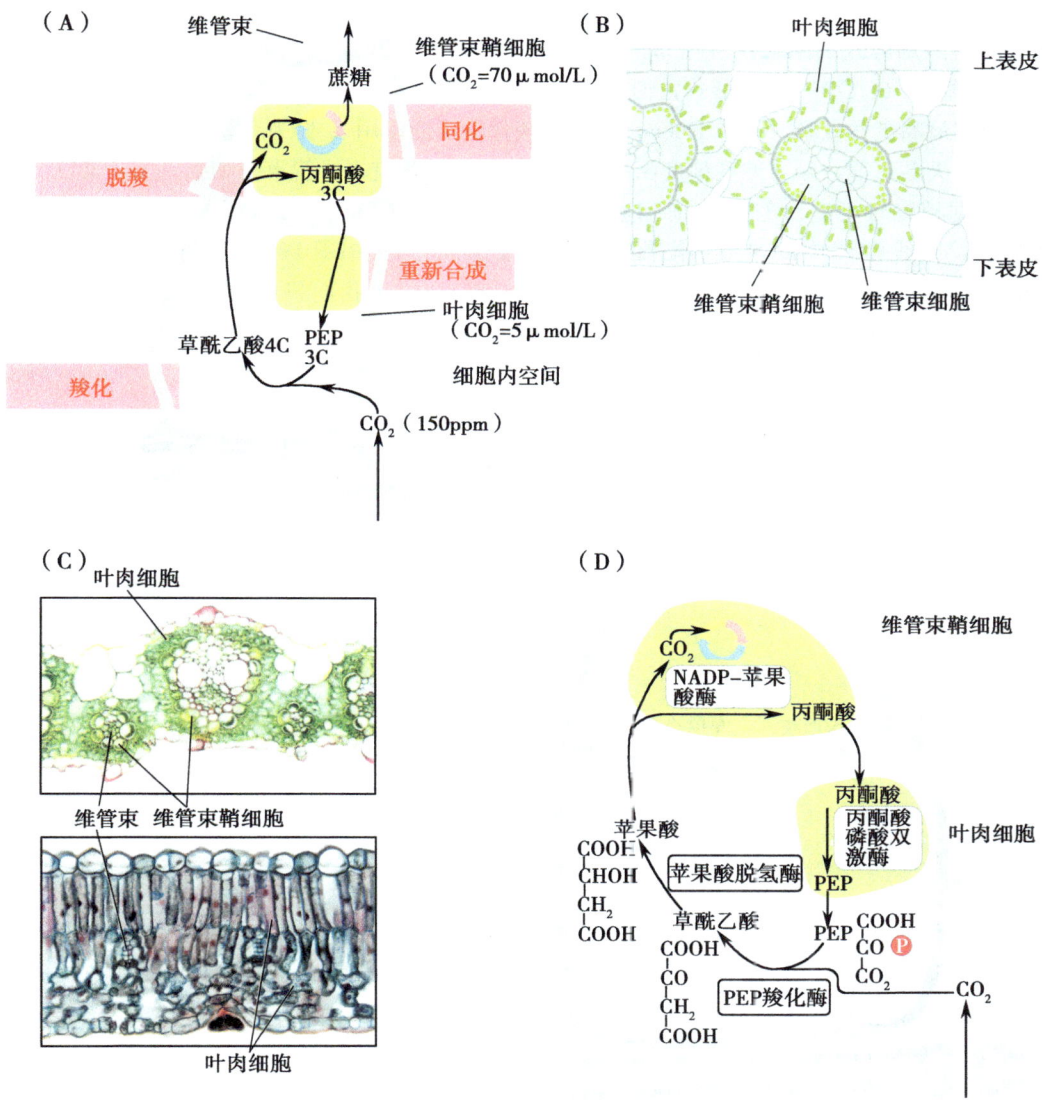

图 4-38 C4 循环和 C4 叶片组织结构。（A）简单地说，C4 光合作用分为 4 个阶段：CO_2 进入细胞，用于外层叶肉细胞的羧化反应；四碳产物进入内层维管束鞘细胞，发生脱羧反应释放 CO_2；CO_2 进入卡尔文循环被同化，卡尔文循环发生在维管束细胞而不是在叶肉细胞；剩下的三碳化合物再次回到外层细胞在下一轮循环中行使 CO_2 受体功能。由于叶肉细胞里的羧化反应对 CO_2 的亲和性很高，所以这一循环像一个 CO_2 泵，在维管束鞘细胞里产生了高浓度的 CO_2。一般来说，维管束鞘细胞里的 CO_2 浓度大约在 $70\mu mol/L$（C3 叶片的叶绿体中浓度只有 $8\mu mol/L$）。（B）C4 叶片的组织结构。维管束鞘细胞形成一个环状围绕在维管束周围。这些细胞的细胞壁很厚，和叶片里的空气不直接接触。它们被一层细胞壁较薄的叶肉细胞包围。这两种细胞都有叶绿体，但只有内部的维管束鞘细胞才有 Rubisco。（C）C4 植物甘蔗叶片和 C3 植物叶片切片的光学显微照片。（D）C4 循环。由 PEP 羧化酶催化的羧化反应发生在叶肉细胞中，PEP 羧化酶将 CO_2（以 HCO_3^- 的形式）和 PEP 催化生成草酰乙酸。草酰乙酸被还原成苹果酸，苹果酸进入维管束脱羧基。在使用 NADP-苹果酸酶的物种当中（如玉米），脱羧反应产生 CO_2 和丙酮酸。丙酮酸进入叶肉细胞的叶绿体中被丙酮磷酸双激酶催化产生 PEP，这是个消耗 ATP 的反应（图 C 由 Ray F. Evert 提供）。

在叶肉细胞中，一种细胞溶胶酶即**磷酸烯醇丙酮酸（PEP）羧化酶**，催化 CO_2 和三碳化合物磷酸烯醇式丙酮酸反应生成四碳的草酰乙酸。PEP 羧化酶对 CO_2 的亲和性非常高[以碳酸氢根（HCO_3^-）的形式，而不是 CO_2]，它能在比叶肉细胞 CO_2 浓度更低的 CO_2 浓度下达到最高工作效率。不像 Rubisco，PEP 羧化酶不能使用 O_2 作为底物。草酰乙酸转变成苹果酸或天冬氨酸，顺着浓度梯度由高到低通过胞间连丝进入维管束鞘细胞（图 4-38D）。

根据植物种类，维管束鞘细胞通过三种途径释放 CO_2：通过叶绿体中的 **NADP-苹果酸酶**，或线粒体中的 **NAD-苹果酸酶**，或细胞质中的 PEP 羧激酶（图 4-39）。使用 **NADP-苹果酸酶**的物种研究得最为详细（如玉米），这里我们将讨论这一通路。

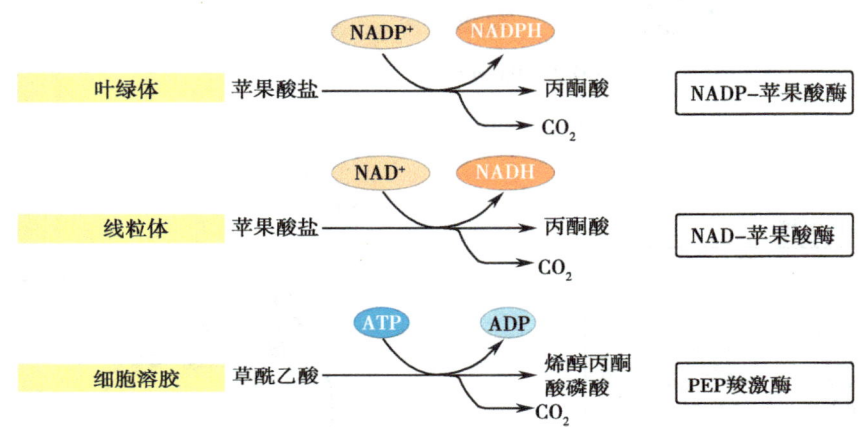

图 4-39　脱羧酶。上图显示的是 C4 植物的维管束鞘细胞中发现的三种脱羧酶的亚细胞定位和它们催化的反应。

进入维管束鞘的苹果酸被运输到叶绿体中，并被 NADP-苹果酸酶脱羧基，由此产生的 CO_2 被 Rubisco 吸收。由脱羧产生的丙酮酸扩散入叶肉细胞并进入叶绿体，在叶绿体中被**丙酮磷酸双激酶**催化生成 PEP。运出至细胞溶胶的 PEP 作为 PEP 羧化酶底物完成了这个循环（图 4-38D）。

除了叶肉细胞和维管束鞘细胞生物化学方面的差异以外，C4 植物还发展出其他的组织结构特征来保证 CO_2 的有效浓度。例如，在一些物种当中，由多层像蜡质一样的木栓质组成维管束鞘外壁使得 CO_2 无法通过（见 3.6 节）。维管束鞘细胞完全被叶肉细胞所包被，不接触叶片中的空气；从维管束鞘细胞壁中散出的 CO_2 必然经过叶肉细胞，在叶肉细胞中会再次被 PEP 羧化酶捕获。叶肉细胞和维管束鞘细胞中间的细胞壁有很多胞间连丝，使得相邻的两个细胞里的 C4 循环中间产物能够高效扩散。

叶肉细胞和维管束鞘细胞的分工除了 C4 循环外还涉及卡尔文循环。虽然维管束鞘细胞里的叶绿体才有 Rubisco，但 Rubisco 的产物 3-磷酸甘油酸在维管束和叶肉细胞的叶绿体中都能转变成丙糖磷酸（卡尔文循环中的还原阶段）。在玉米叶片里，约 50% 的 Rubisco 催化生成的 3-磷酸甘油酸从维管束鞘的叶绿体中出来进入叶肉细胞的叶绿体中，在那里转变成丙糖磷酸。丙糖磷酸随即被运输到细胞溶胶中，约 1/3 用于合成蔗糖，剩下的扩散回维管束鞘细胞的叶绿体里再次进入卡尔文循环（图 4-40A）。

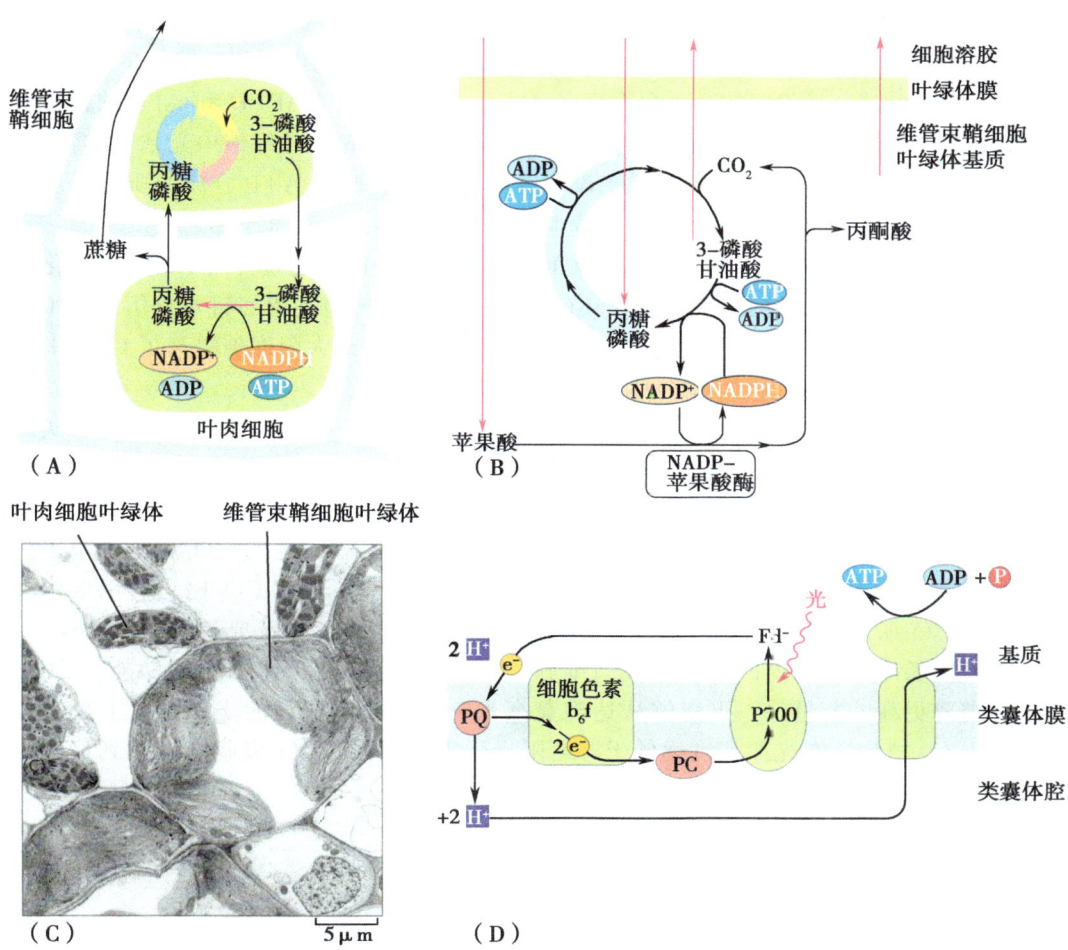

图 4-40 使用 NADP-苹果酸酶的 C4 植物中用于卡尔文循环的还原力的产生。（A）在维管束鞘里由 Rubisco 催化 CO_2 的吸收所生成的 3-磷酸甘油酸的一半进入叶肉细胞的叶绿体转变成丙糖磷酸。一部分丙糖磷酸转变为蔗糖运出叶片，一部分回到维管束鞘细胞，重新进入卡尔文循环。（B）在维管束鞘细胞的叶绿体中，剩下的 3-磷酸甘油酸被还原成丙糖磷酸，参与反应的 NADPH 产生于叶绿体脱羧酶即 NADP-苹果酸酶。因此卡尔文循环不需要光合作用中电子传递产生的 NADPH，而需要光合作用中电子传递过程产生的 ATP。（C）玉米叶片切片的电子显微镜照片，显示的是相邻的维管束鞘和叶肉细胞。使用 NADP-苹果酸酶的 C4 植物的维管束鞘细胞叶绿体不含有光系统 Ⅱ，因此它们的类囊体膜不褶皱成基粒（见 4.2 节）。（D）在不还原 $NADH^+$ 的情况下，光系统 Ⅰ 中的循环电子传递链能形成质子梯度并产生 ATP。激发 P700 叶绿素导致铁氧还蛋白（Fd）的还原。电子从还原态铁氧还蛋白传递给泛素（PQ），然后通过细胞色素 b_6f 复合体，再经质体蓝素（PC）返回到光系统 Ⅰ，再次还原 P700（和非循环电子传递相比较，见图 4-11）。泛素传递电子和跨类囊体膜的质子传递相偶联，形成电化学势推动 ATP 的合成（图 C 由 Ray F. Evert 提供）。

因为在 C4 植物维管束鞘细胞叶绿体里进行的卡尔文循环的还原阶段，3-磷酸甘油酸的流量比 C3 植物中低，所以 C4 植物需要的 NADPH 和 ATP 比率低。脱羧酶即 NADP-苹果酸酶，将苹果酸转变成 CO_2 和丙酮酸所产生的 NADPH 差不多能够满足卡尔文循环对 NADPH 的需要（图 4-40B）。这就意味着基本上不需要光驱动的电子传递链产生的 NADPH，但 ATP 的消耗量仍旧较高。在维管束鞘叶绿体中，所需 NADPH 和 ATP 的比率较特殊，正好与特殊的光吸收和电子传递过程相匹配。维管束鞘的叶绿体中光系统Ⅱ含量极低，光系统Ⅱ所定位的基粒类囊体几乎没有（图 4-40C）。驱动 ATP 合成的质子梯度由光系统Ⅰ的电子循环流动提供，这一过程叫做循环电子传递（图 4-40D）。

卡尔文循环这样复杂的分区是怎么来的？一种可能是能够通过抑制 Rubisco 氧化酶的反应从而提高 C4 循环的效率。非循环的光合作用电子传递链能够将水分解生成 O_2，而在维管束鞘细胞中循环电子传递链不会产生 O_2。这样就最大限度地提高了 CO_2 和 O_2 的比率，有助于抑制氧化反应的发生。

看起来 C4 光合作用比 C3 光合作用受到明显的正选择。C4 植物的产量很高，实际上世界产量最高的农作物都是 C4 植物，如玉米、甘蔗、小米、高粱（图 4-41）。C4 植物在理论上产量比 C3 高，原因是光呼吸反应中没有碳的损失，而且 Rubisco 的羧化酶能够达到 CO_2 饱和量反应，能够以最大速率进行。对于吸收一定的 CO_2 量来说，去掉了光呼吸就减少了 ATP 的需求量。但有一个缺点，C4 循环同化 CO_2 比只利用卡尔文循环同化 CO_2 所需的能量更大，如丙酮酸重新生成 PEP 的过程需要 ATP。另外，C4 机制需要发展出一种辅助的细胞即叶肉细胞具备 C3 光合作用中不必需的功能。C4 光合作用需要更高的能量这一点能够从达到最高光合作用效率所需的光照强度上反映出来。对于 C3 植物，在光照强度远低于普通阳光强度的时候，CO_2 吸收能够达到最高效率，而 C4 植物在很高的光照强度下仍然可以提高效率。

图 4-41　C4 农作物。（A）玉米（*Zea mays*）雌花（silks）。（B）甘蔗（*Saccharum officinarum*），含有蔗糖的茎的细节。（C）高粱（*Sorghum vulgare*）正在成熟的种子（图 B 由 Tobias Kieser 提供）。

我们认为在高温和干旱条件下，去掉光呼吸对于 C4 植物的生长更加有利。气孔为了保水而关闭，C4 植物高效率吸收和浓缩 CO_2 的机制就意味着叶片中、空气里几乎所

有的 CO_2 都能够被吸收。C4 植物叶片的 CO_2 补偿点（不能再继续净吸收 CO_2 的点）低于 5ppm，这和 C3 植物叶片相比较差别很明显，C3 植物叶片的 CO_2 补偿点在 50ppm（图 4-33）。这样，散失每单位量的水所吸收的 CO_2 量 C4 植物比 C3 植物要多，也就是说，C4 植物对于水的利用率更高。

在高温干旱条件下，C4 植物优越于 C3 植物之处在于 C4 植物进化出了能够适应燥热气候的机制。研究 C4 物种的地理分布支持这个观点。例如，在一次研究中发现，在美国-墨西哥国界三个自然生态环境中，60%~80% 的草是 C4 植物；而加拿大中部的两个自然生态环境中 0~12% 的草是 C4 植物。然而事实上并没有这么简单，有很多 C3 植物生长在燥热的生态环境中。虽然在北美洲的燥热地区有很多 C4 植物，但在地球上其他相同环境的地区 C4 植物分布却很少，这意味着 C4 植物只是适应这种气候的诸多机制之一，在这样的环境下 C4 植物并不受到那么大的正选择压力。注意在燥热环境下有一个相关的光合作用类型即景天酸代谢（CAM），受到明显的正选择（关于 C4 和 CAM 将在 7.3 节中详细介绍）。

一些科学家认为，C4 机制受到正选择是由于地球上大气层中含有极低的 CO_2，而不是热和干燥的气候。在白垩纪末期之前（大约 1 亿年前），地球大气层中 CO_2 的浓度很可能比现在高（见第 1 章）。近 1 亿年来，CO_2 浓度急剧下降，有时低到了 200ppm。这么低的浓度会导致由于光呼吸而使植物缺少 CO_2，这样植物就比现在的大气条件下生长得差。浓缩 CO_2 机制的选择压力应该很大，有可能在 CO_2 浓度低的时期里 C4 光合作用发展起来。

无论 C4 光合作用的发展受什么选择压力，人们预测未来 100 年大气层 CO_2 浓度将会翻倍，对于 C4 和 C3 植物的生长将有很大的影响。如果大气层中 CO_2 浓度达到 500~600ppm，C3 植物中的光呼吸会受到强烈抑制，现在 C4 对于 C3 植物的优点就可能会不那么重要。

研究高等植物 C4 光合作用的分化表明这一机制经过几次独立的发展而形成，可以在高等植物 18 个科中找到。所有的这 18 个科都包括 C3 和 C4（图 4-42）。C4 机制的复杂性（包括叶片组织结构和生物化学的很多变化）提出了关于 C4 进化途径的几个有趣问题。人们通过研究 C3-C4 中间植物的一些种类得到一些线索，这些中间种类植物的发现是由于它们的 CO_2 补偿点处于 C3 和 C4 植物之间。像 C4 植物一样，这些中间种类植物在高等植物进化中也经过了几次发展。Moricandia（十字花科）属包括 C3 和 C3-C4 成员，Panicum（禾本科）和 Flaveria（菊科）属包括 C3、C4 和 C3-C4 成员。像 C4 植物一样，C3-C4 植物有能够减少光呼吸中 CO_2 释放的机制，然而这些中间植物大部分没有真正的格兰茨结构、C4 循环、叶绿体功能的分化。相反，补偿点的降低由线粒体的功能分化而完成（图 4-43），这样就提高了光呼吸产生的 CO_2 在从叶片中渗出前被卡尔文循环再利用的效率。

在 C3-C4 中间植物叶片发生光合作用的细胞里，和 C3 植物叶片一样，氧化反应生成的 2-磷酸乙醇酸经过光呼吸循环转变成甘氨酸。只有紧邻着维管束的细胞才能进行下一步反应：由线粒体甘氨酸脱羧酶催化甘氨酸生成丝氨酸。其他光合作用细胞缺乏甘氨酸脱羧酶反应。甘氨酸扩散回维管束周围的细胞进行脱羧反应，而丝氨酸扩散到任意细胞中完成光呼吸循环。这样在 C3-C4 中间植物中只有维管束周围的细胞才释放光呼吸产生的 CO_2，这些细胞的线粒体位于细胞内壁和叶绿体之间，这样光呼吸生成的所有 CO_2 都经过一层叶绿体（图 4-43）。这意味着 C3-C4 植物比 C3 植物更容易再利用光呼吸产生的 CO_2。

图 4-42 碱蓬属的 C3 和 C4 成员。(A) *Suaeda maritima*，一个生长在海边的 C3 物种。(B) *Suaeda moquinii*，美国西南部沙漠的 C4 物种。碱蓬属属于藜科，这个科里 C4 光合作用独立发展了几次（图 B 由 Keir Morse 提供）。

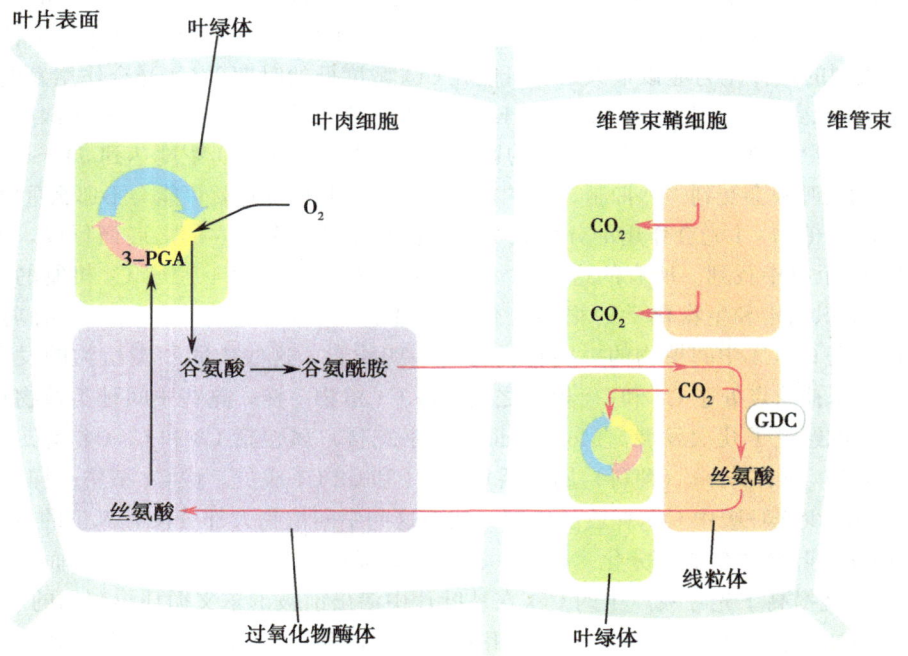

图 4-43 C3-C4 中间物种的新陈代谢和叶片组织结构。在叶肉细胞里光呼吸生成的甘氨酸扩散到维管束鞘细胞，它是唯一的含有甘氨酸脱羧酶（GDC）的叶片细胞。在维管束鞘里，甘氨酸释放的 CO_2 需要通过一层叶绿体，这样提高 CO_2 从叶片渗出之前被再次利用的可能性（3-PGA 即 3-phosphoglycerate）。

4.4 蔗糖的运输

蔗糖通过韧皮部运送到植物非光合作用部位

在光合作用细胞中生成的蔗糖是植物所有其他细胞的碳来源，需要从叶片（**源器官**）运输到植物非光合作用部位（**库器官**）。吸收器官包括根、分生组织、不运出蔗糖的幼叶、花、种子、果实，以及块茎或根茎等营养贮藏器官。

运输蔗糖的维管组织部分——韧皮部有两种细胞：**筛分子**和**伴胞**（图 4-44），这两种细胞是由一个母细胞经过不均等分裂形成的。在筛分子成熟过程中，接近其他筛分子细胞端壁的胞间连丝增宽形成筛板，水溶物和蛋白质通过**筛板**自由流动。同时，筛分子丢失很多亚细胞结构，包括细胞核、液泡、大部分内膜系统和很多核糖体。大量的筛胞专有蛋白质 P-蛋白结合成管状或丝状。如果韧皮部损坏了，它们可以堵住筛板以防蔗糖散失。

成熟的筛分子罗列在一起形成长的、贯穿植物的管道来运输蔗糖（同化物）和其他的水溶物。伴细胞和筛分子通过大量的胞间连丝连接在一起（这些胞间连丝比大部分其他细胞间的胞间连丝能够通透更大的分子）。伴细胞提供糖进入筛分子的路径及筛分子成熟过程中丢失或减少的代谢功能。例如，筛分子的很多蛋白质，包括 P-蛋白，是在伴细胞中合成，然后通过大胞间连丝进入筛分子。

在筛分子当中蔗糖的流动很可能是通过一种称为压流的方式（图 4-44C）。筛分子在叶片里被输入蔗糖，因而其内压很高，而在库器官中糖被输出，因而内压较低。压力梯度是由一个在叶片里发生的韧皮部的装载过程生成的，这是一个需要能量把糖从叶肉细胞里运到韧皮部的过程，导致叶肉细胞质和韧皮部细胞质之间产生很大的蔗糖浓度差异。一般来说，蔗糖浓度在叶肉细胞质中是 $10\sim50$ mmol/L，而在韧皮部中大约为 1mol/L。这样筛分子中的渗透势比周围环境高得多，水从低渗透势的木质部流向高渗透势的韧皮部，以此来升高韧皮部的压力。在库器官中，糖从韧皮部被装载到周围器官，水随之流动。这意味着库器官中韧皮部的压力比叶片韧皮部的压力低得多。

韧皮部的装载可能是质外体装载或共质体装载

蔗糖以自由扩散的方式，通过胞间连丝从糖合成部位叶肉细胞的细胞质流到韧皮部旁边的叶肉细胞里，在韧皮部蔗糖逆浓度梯度装载是消耗能量的过程。现已发现有两种不同的韧皮部装载过程（图 4-45）：质外体装载（就是通过主要由细胞壁组成的细胞膜外部的**质外体**）和共质体装载（通过由胞间连丝相连被细胞膜包裹的**共质体**）。在大多数物种中，二者之一占主要地位。然而在同一个植物里，依时间和部位的不同，两者都可能起作用。

在韧皮部质外体装载过程中，蔗糖从韧皮部旁的叶肉细胞运到质外体，然后由伴细胞或者筛分子细胞膜上存在的需要能量的蔗糖转运蛋白逆浓度梯度运进细胞内。在共质体装载过程中，蔗糖通过胞间连丝从叶肉细胞进入伴细胞，在伴细胞里通过消耗能量的反应转变成大分子质量的糖。一般是寡糖，如棉子糖、水苏糖或毛蕊糖（图 4-45）。筛胞里共质体装载的具体机制尚不清楚，但一种说法是伴细胞生成的大分子质量的糖太大而不能通过胞间连丝进入叶肉细胞，只能运输到韧皮部。

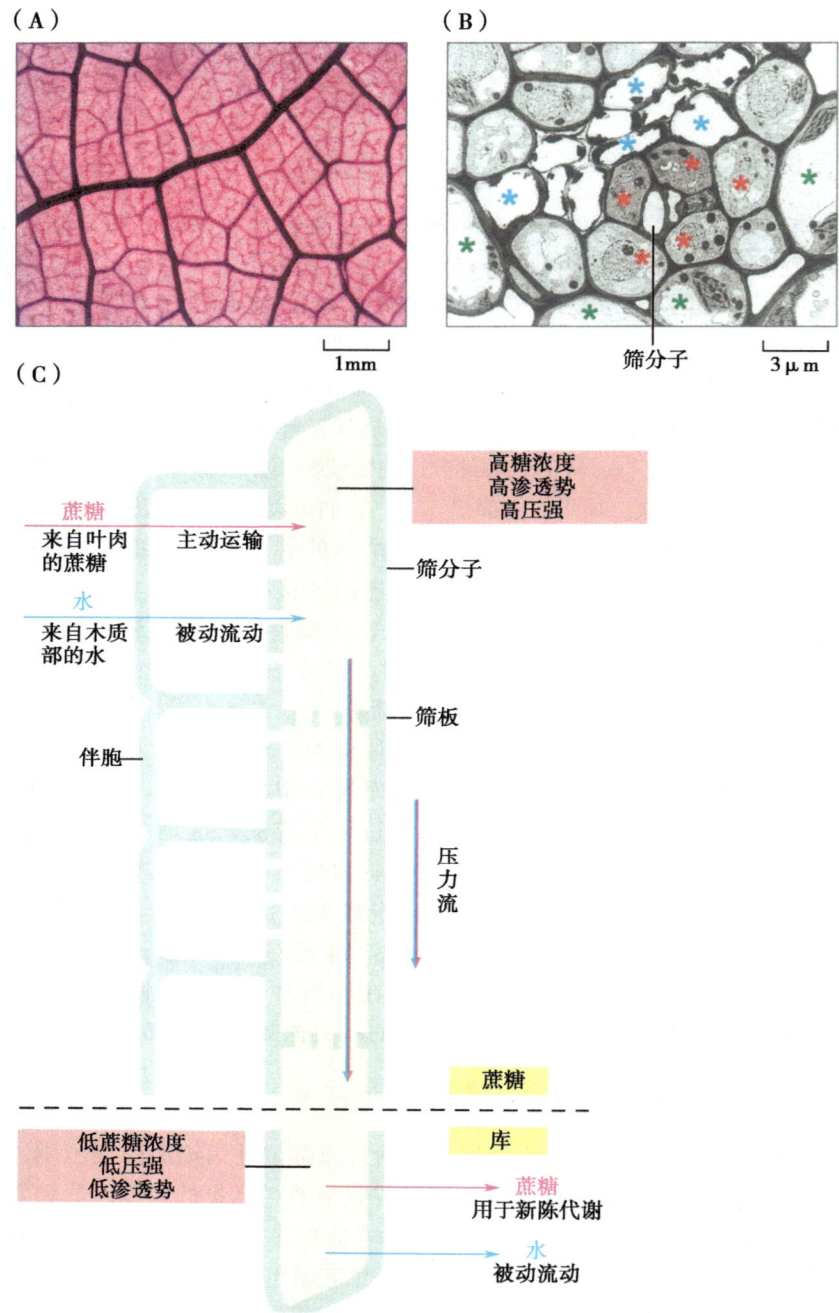

图 4-44　韧皮部中的装载。（A）杨树叶片的一部分，染色显示了木质部和韧皮部的维管束网络。小的维管束是蔗糖由发生光合作用的叶肉细胞向韧皮部装载的通道。（B）爬山虎叶片上小维管束的纵切电子显微照片；星号指示一些伴细胞（红）、木质部细胞（蓝）、叶肉细胞（绿）。（C）韧皮部运输机制。在韧皮部，蔗糖由一个主动的耗能过程被运进筛分子，生成了很高的蔗糖浓度和渗透势；水分被吸入，形成高压。库器官筛分子中蔗糖被运出用于代谢的消耗，伴随着水分的流出，因此压力较低。韧皮部中蔗糖的流动由源端和库端之间的压力差所驱动，称为压流（图 A 由 William A. Russin 提供；图 B 由 Gudrun Hoffmann-Thoma 和 Katrin Ehlers 提供）。

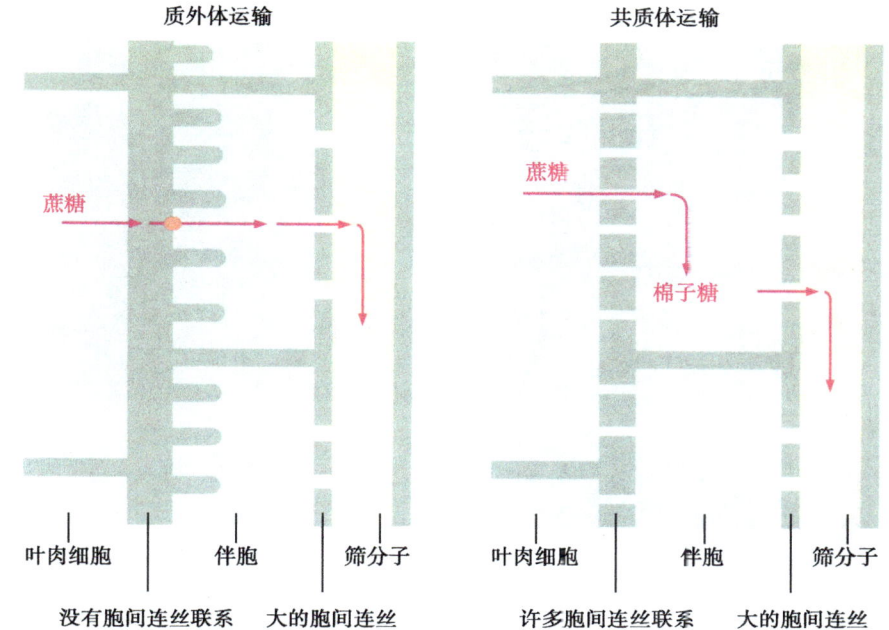

图 4-45　**质外体和共质体的韧皮部装载。** 质外体装载（左图），蔗糖经叶肉细胞到质外体，然后由一个消耗能量的过程通过伴细胞的细胞膜，这样能使筛分子里的蔗糖积累到很高的浓度。伴细胞的内壁一般有很深的褶皱，这样能够加大蔗糖运输的发生面积。在共质体中韧皮部装载（右图），蔗糖通过胞间连丝从叶肉细胞进入伴细胞。在伴细胞里蔗糖转变成大分子质量的糖（如棉子糖，见图 4-49），然后这些糖进入筛分子。因为棉子糖及相关糖类太大而不能通过胞间连丝扩散回到叶肉细胞，所以能够在韧皮部积累到很高浓度。

　　技术上对于判定特定时间内所使用的装载机制非常困难，因为装载只发生于叶片组织的小量细胞中。间接证据比较容易得到，包括装载发生的叶片小维管束的韧皮部组织结构类型。人们认为物种不同的韧皮部之间的明显差异能够反映出韧皮部运输是质外体装载还是共质体装载。在质外体装载的器官中，叶肉细胞和伴细胞之间的胞间连丝很少或没有。相反，靠近叶肉细胞的韧皮部细胞内表层有很深的褶皱，产生了大面积的细胞膜——一种涉及重要转运过程的标志。相对而言，共质体装载的维管组织有很多的胞间连丝，在韧皮部和叶肉细胞相连处没有细胞壁褶皱（图 4-46）。

　　通过研究包含酵母菌基因编码的**蔗糖酶**的转基因烟草，得到了韧皮部外质体装载的直接证据。该酶能将蔗糖水解成两个六碳糖，即葡萄糖和果糖。葡萄糖和果糖都不能被装载到韧皮部。酵母蔗糖酶携带的信号使这个酶不能在叶片细胞里积累，而定位于质外体。如果韧皮部是共质体装载方式，质外体中的蔗糖酶对这一过程就没有影响；如果是质外体装载方式，蔗糖酶会阻碍这个过程，因为这个酶能够水解从叶肉细胞进入质外体的蔗糖，导致六碳糖的积累，进而大量降低进入筛分子的蔗糖量（图 4-47）。转基因植物表现出严重的短根、短茎和光合作用功能下降的表型，这和韧皮部质外体装

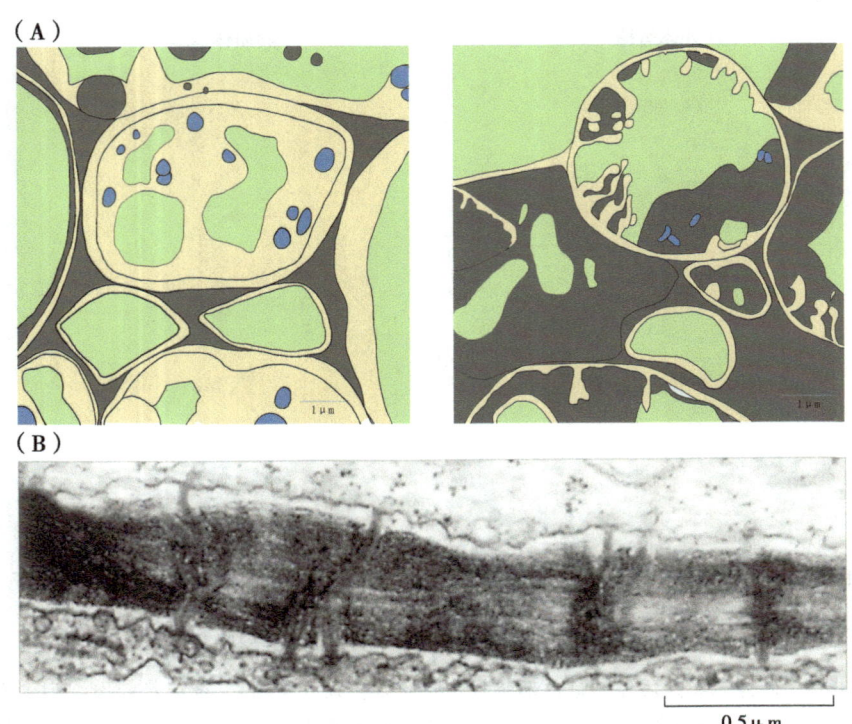

图 4-46 伴胞组织结构的差异可能反映了不同的韧皮部装载方式。（A）表示使用共质体装载方式的物种 *Lythrum salicaria*（左图）和使用质外体装载方式的物种 *Zinnia elegans*（右图）的伴胞。注意，*Zinnia* 伴胞上有许多用来增加表面积的褶皱，能够提高从质外体吸收蔗糖的效率，而 *Lythrum* 伴胞上没有褶皱。（B）使用共质体装载的物种 *Ajuga reptans* 的光合作用细胞（上端）和韧皮部的伴胞（下端）中间的细胞壁。注意，大量的胞间连丝，使蔗糖通过共质体流进伴胞（图 A 由张慧婷提供，图 B 由 Gudrun Hoffmann-Thoma 和 Katrin Ehlers 提供）。

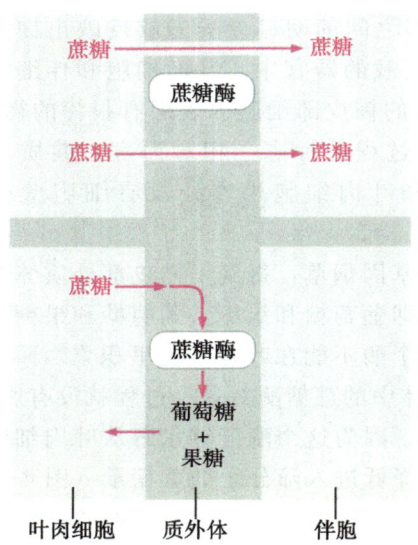

图 4-47 研究转基因烟草来决定韧皮部装载的种类。在烟草叶片的质外体表达酵母蔗糖酶能够揭示韧皮部装载是质外体装载还是共质体装载。如果韧皮部装载是共质体装载（上端），质外体中出现的蔗糖酶不会影响这个过程。如果韧皮部装载是质外体装载（下端），蔗糖酶就会水解从叶肉细胞释放出来的蔗糖。这会阻止韧皮部装载，并且导致六碳糖积累在质外体和叶肉细胞中。

载相一致。生长率的降低表明库器官从叶片中得到的蔗糖量降低了，很可能是质外体中极高含量的葡萄糖和果糖对成熟叶片产生了影响。这些糖会被周围的叶肉细胞吸收，造成渗透压升高和编码光合作用所需元件的基因表达量的降低。

在使用质外体装载方式的植物中，负责把蔗糖从质外体运进韧皮部的是一种转运蛋白，它是"蔗糖-质子协同转运蛋白"的一种，与一个被ATP驱动的**质子泵**——质子-ATP酶协同作用（图4-48）。质子泵使用来自ATP水解的能量将质子从韧皮部外输到质外体，产生跨细胞膜的质子梯度。蔗糖的运输蛋白使质子顺着梯度从质外体扩散进入韧皮部细胞，利用这个质子流来驱动蔗糖的吸收。蔗糖运输蛋白大量缺失的转基因植物表现出韧皮部装载缺陷的表型：缓慢生长和光合作用功能下降。

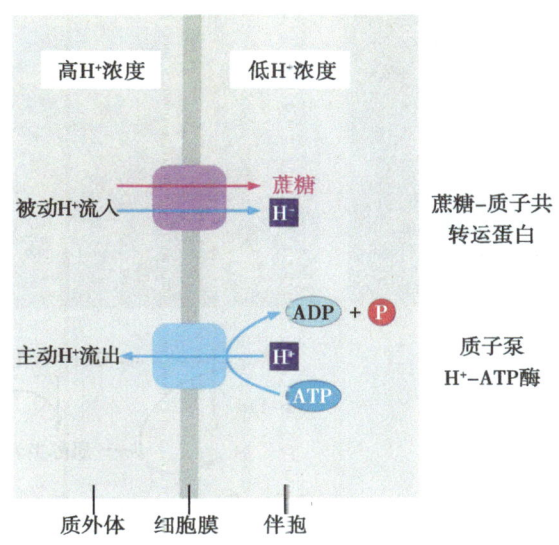

图 4-48　蔗糖运进韧皮部。伴胞细胞膜上消耗ATP的质子泵产生质子梯度，是用于蔗糖-质子共转运蛋白驱动从质外体到伴胞的蔗糖吸收。

在植物中韧皮部质外体装载更常见。只有极少数科的植物韧皮部中运输的是棉子糖、水苏糖、毛蕊糖等糖类，而不是蔗糖，这几种糖的运输在 Lamiaceae（Labiatae）、Scrophulariaceae 和 Cucurbitaceae 的一些种类中是常见的（图4-49）。但并不是说这些科中所有物种都只运输蔗糖外的其他糖，而且还有一些物种可能在不同的发育时期或叶片不同的部位会有质外体及共质体两种装载方式并存。

蔗糖从韧皮部卸载的途径取决于植物器官的种类

蔗糖通过韧皮部运到库器官后必被卸载，这个过程可能发生于共质体或质外体或二者都有，这取决于器官的种类或发育时期。在营养器官，如根、正在生长的幼嫩叶片和分生组织，一般通过共质体卸载蔗糖。在这些细胞里消耗蔗糖产生浓度梯度，蔗糖由胞间连丝从筛分子自由扩散进入周围细胞。

韧皮部中共质体卸载也可能伴随着质外体卸载，如为发育中的甜菜根和土豆块茎提供蔗糖。在质外体卸载过程中，蔗糖通过筛分子的细胞膜或者通过周围已经发生共质体卸载细胞的细胞膜进入质外体。然后质外体中的蔗糖使用与韧皮部蔗糖转运中相同的蔗糖转运蛋白，通过周围细胞的细胞膜被吸收，它也可以先被细胞壁里的蔗糖酶水解成六碳糖；六碳糖由专一的六碳糖转运蛋白运进周围细胞。分析拟南芥基因组发现了六碳糖转运蛋白的一些家族，还有一个由至少6个基因组成的蔗糖转运蛋白家族。这些家族的不同成员在不同的库器官中表达。

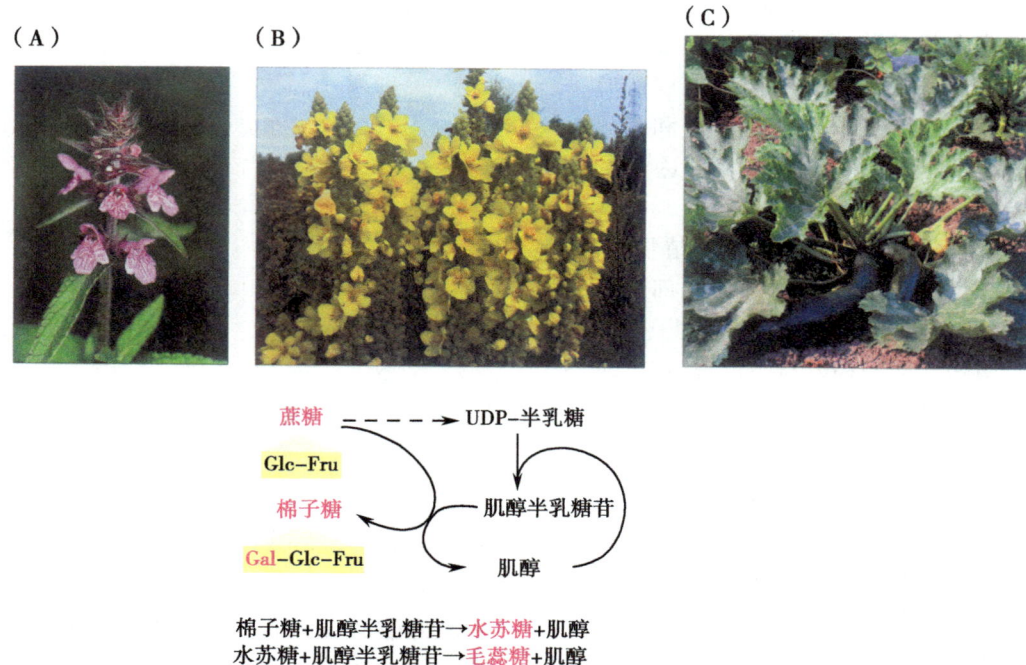

图 4-49　韧皮部共质体装载。这些照片显示了共质体装载常见的科中典型的种类：*Stachys macrantha*（唇形科水苏属物种），根据这个属名命名了水苏糖（A 图）；*Verbascum thapsus*（玄参科毛蕊花），根据这个属名命名了毛蕊糖（B 图）；西葫芦 *Cucurbita pepo*（葫芦科西葫芦）（C 图）。过程图说明了伴细胞里棉子糖和更大分子质量的糖类——水苏糖和毛蕊糖的合成。这个过程起始于从蔗糖合成 UDP-半乳糖的耗能反应。UDP-半乳糖和肌醇是合成肌醇半乳糖苷的底物。肌醇半乳糖苷提供半乳糖基（Gal）给蔗糖形成棉子糖，重新生成一分子的肌醇。同样的，肌醇半乳糖苷提供一分子的半乳糖基给棉子糖生成一分子水苏糖，肌醇半乳糖苷提供一分子的半乳糖基给水苏糖生成一分子毛蕊糖（Glc 为葡萄糖，Fru 为果糖）（由 Tobias Kieser 提供）

在一些特殊情况下，蔗糖完全通过质外体由韧皮部向库器官运送。这种情况发生于种子发育的时候。母体植物和其中发育中的胚乳、胚胎的基因不同，它们之间没有直接的共质体连接。从母本到胚乳、胚胎的蔗糖运输的唯一途径是质外体。在很多双子叶植物正在发育的种子中，蔗糖由种皮上的韧皮部通过共质体装载给其他的种皮细胞。在那些种皮细胞里，蔗糖的运输是通过细胞膜进入质外体的，或者是自由扩散，或者是某些转运蛋白完成的。然后蔗糖被胚胎外层细胞膜上的**转运蛋白**从质外体运进（图 4-50A）。有些情况下，蔗糖的吸收由器官外面专一的转运细胞协助完成。例如，发育中的豆子胚胎的外层细胞在靠近种皮的细胞壁内表面有很深的褶皱，这样就增大了蔗糖从细胞膜运进细胞的表面积（图 4-50B）。

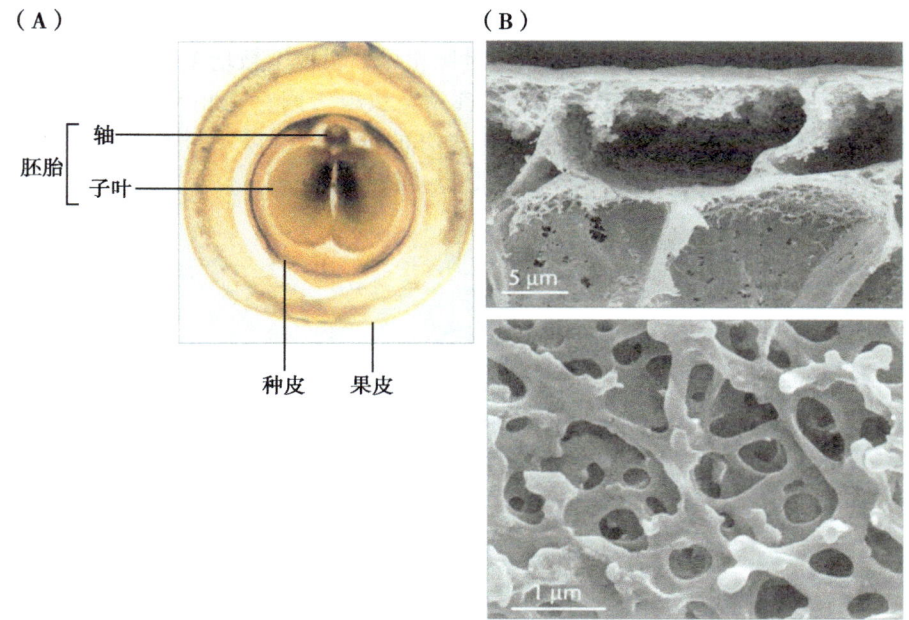

图 4-50　正在发育的豆胚胎（*Vicia faba*）。（A）发育中的豆荚纵切片。豆荚和种皮是母本的一部分——母体的器官。这些器官的细胞通过共质体方式从韧皮部吸收蔗糖。种皮围绕着胚胎而之间没有联系。胚胎吸收种皮内层细胞释放到质外体空间的蔗糖。（B）胚胎外层的转运细胞。一张胚胎切片扫描电镜照片（上图）显示表皮细胞的外层细胞壁上三大的向内生长物（图中的上层细胞）和下一层细胞壁上的一些向内生长物。放大的照片（下图）显示像迷宫一样的细胞壁内层。

叶片提供的吸收物和植物其他地方的需求是一致的

　　吸收物进入韧皮部的命运大部分取决于库器官对碳的需求。可以认为库器官为了得到吸收物而相互竞争，得出库强的概念。需要大量碳的、快速生长中的器官会快速地从韧皮部吸收糖，进入韧皮部的糖较大一部分直接进入那个器官。这样的器官有高库强；相反的，对碳需求量小的、生长较缓慢的器官从韧皮部吸收较少的物质。不同器官的相对库强在植物的一生中是变化的，或者根据环境的改变而改变。例如，在**一年生植物**的生长早期，主要的库器官是营养生长器官，如茎根的顶端分生组织和幼叶。当开花的时候，先是花分生组织，然后花，最后种子成为主要的库器官。对于**植物**和**多年生植物**来说，主要的库器官不只是营养生长器官和生殖器官，还包括营养储存器官，像块根、根、块茎、落叶树木中一些特殊部分，在这些储存器官结构里的物质能够使植物休眠以后继续生长。

　　转基因马铃薯改变块根代谢蔗糖能力的实验表明，库强对于决定库器官吸收物质的量具有重要意义（图 4-51）。在马铃薯块根质外体中表达酵母蔗糖酶提高了蔗糖代谢的能力（同上述转入烟草的蔗糖酶）。蔗糖酶通过快速水解蔗糖，从而升高韧皮部和块根组织之间的蔗糖浓度梯度，提高了块根的库强。表达蔗糖酶的马铃薯比野生型马铃薯块根个数减少了，但每个块根质量增加了。其他实验中通过降低 ADP-葡萄糖焦磷酸化酶的活性（该酶是生成淀粉所必需的）来降低蔗糖代谢的能力（见 4.2 节）。这些转基因植物把蔗糖转变成淀粉的能力比野生型低，导致蔗糖而非淀粉的积累。这降低了块根总体的库强,原因是降低了韧皮部和块根组织之间的蔗糖浓度梯度,所以降低了韧皮部糖卸载的速度。这些植物和野生型对照相比,块根个数增多,质量减少。

这两个实验表明,为了从韧皮部获得蔗糖,块根之间存在相互竞争。在库强比一般情况高的时候,先生成的几个块根消耗所有的蔗糖,所以不再有块根生成。相反,在库强比一般情况低的时候,蔗糖够多,足以生成很多块根。

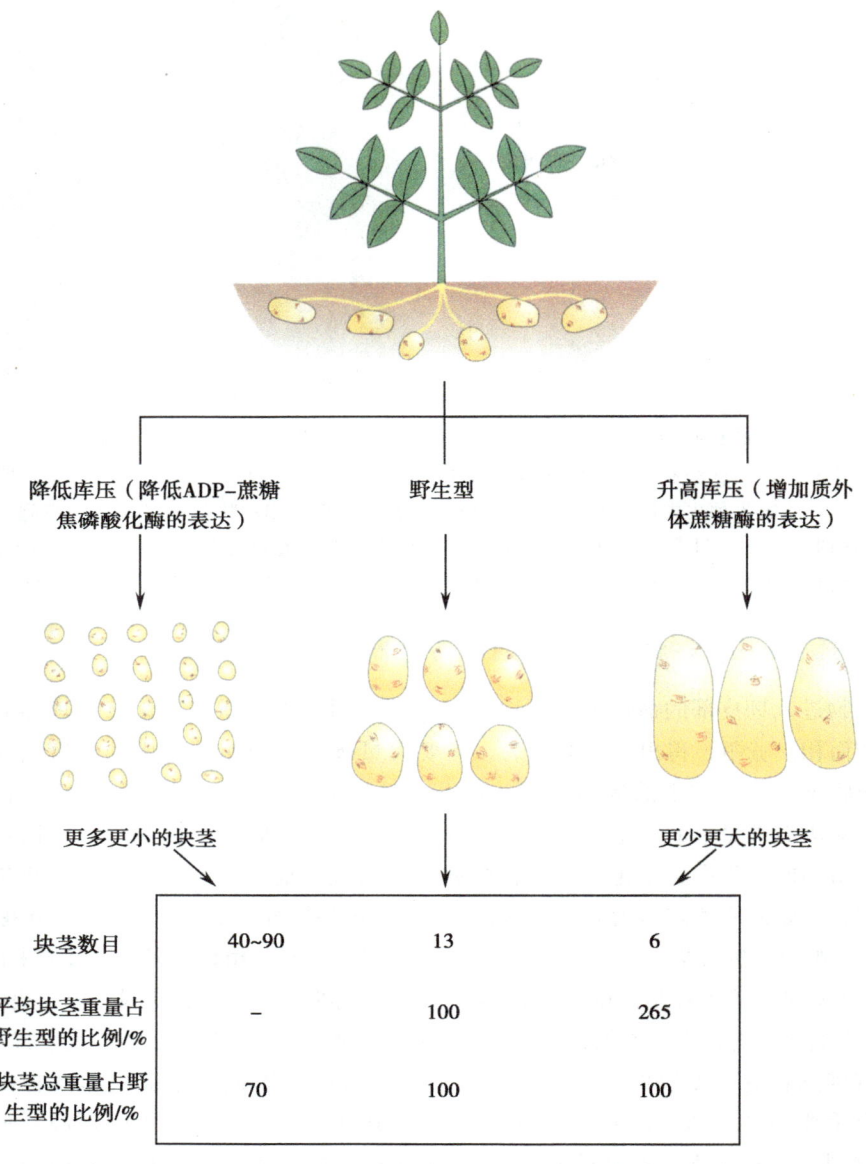

图 4-51 表明库强重要性的实验。改变库强就改变了块根之间的蔗糖分配,但没有改变植物对块根的蔗糖总供给量;库强对决定生成块根的数量是很重要的。在低库强下(左图),生成了很多小的块根。在高库强下(右图),块根之间的高竞争意味着会生成量少个大的块根。库强的变化对于总体上块根的质量没有很大的影响:当库强低的时候,与野生型相比只减少了30%,当库强高的时候没有变化。因此,在这个例子中,源器官比库器官对于决定分配给块根的蔗糖量更加重要。

虽然进入韧皮部的蔗糖的命运取决于库器官的相对库强，从源器官到库器官的总体碳流动可能主要由源器官中的几个因素调控。这个可以从改变了块根库强的转基因马铃薯看出来（图 4-51）。虽然库强的变化很明显地改变了个体库器官之间相互竞争的能力（如马铃薯），但总体上块根的质量没有很大变化。也就是说，增高或降低库强对于源器官到库器官的总体碳流影响较小。叶片中 CO_2 的吸收和蔗糖的合成对于控制源-库碳流比块根的蔗糖消耗率重要。

在提高农作物产量时，源-库的碳流控制是非常重要的因素。大多数农作物收获的部分是库器官（如块根和种子）而不是源器官。为了提高农作物的产量，进入这些器官的碳流必须要提高。物种很可能决定了应该改变源器官还是库器官的代谢来得到最大生产量。在农作物产量的决定因素上，源器官和库器官的相对重要性也有可能受很多发育和环境的作用影响。

4.5 非光合作用的能量和前体的合成

三个基本代谢元素对于细胞的维持和生长所需的大量分子的生物合成是至关重要的（图 4-52）：还原力，通常是 NAD（P）H 的形式；能量，ATP 的形式；前体分子。

在光照下的光合作用细胞里，对于还原力、ATP 和前体分子的需求是由光合作用满足的，在非光合作用的细胞里，这些物质的供给几乎全部是由植物通过韧皮部吸收从叶片运输来的蔗糖所形成的化合物来完成的。进入非光合作用细胞的蔗糖先在细胞质里代谢成己糖磷酸，之后己糖磷酸经过三个相互联系的代谢途径进一步分解，这些途径被认为是细胞的"代谢骨架"：糖酵解、戊糖磷酸氧化途径和三羧酸循环（Krebs cycle，由发现者 Hans Krebs 得名，也称为 tricarboxylic acid cycle 或 citric acid cycle）。这些途径为细胞提供了全部的还原力、ATP 和前体分子（图 4-52）。在这一章里，我们讲述蔗糖的初步代谢途径和三种"代谢骨架"途径，重点说明根据细胞的变化需求，蔗糖在这些途径中的分配方式。

蔗糖和己糖磷酸之间的相互转换灵敏地调节蔗糖代谢

在非光合作用细胞质中有两个蔗糖和己糖磷酸相互转换的途径。这两个途径有不同的能量需求和不同的控制方式，对后来的己糖磷酸的代谢有不同的影响。这种灵活性很可能使蔗糖代谢速度适应于蔗糖的量、细胞对生物合成前体的需要量和细胞的能量状态。蔗糖代谢的复杂性反映了蔗糖作为对细胞内所有代谢过程提供碳源的中心作用。

蔗糖转变成己糖磷酸由蔗糖酶或蔗糖合酶催化（图 4-53）。蔗糖酶催化蔗糖生成葡萄糖和果糖的组分，然后被六碳糖激酶磷酸化并消耗 ATP。蔗糖合酶将蔗糖转变成 UDP-葡萄糖和果糖。UDP-葡萄糖由 UDP-葡糖二磷酸水解酶催化生成葡萄糖-1-磷酸，果糖在己糖激酶的催化下生成果糖-6-磷酸。

研究蔗糖合酶的活性下调而细胞质中的蔗糖酶活性不变的黄豆突变体和转基因马铃薯时可以看出，在催化蔗糖转变成己糖磷酸时蔗糖酶和蔗糖合酶的相对重要性。在发育的黄豆种子和马铃薯块根中己糖磷酸大部分用于合成淀粉。这些突变体的种子（黄豆）和块根（马铃薯）中蔗糖转变为淀粉的效率有明显降低，这表明在合成淀粉的器官中蔗糖合酶对蔗糖转变成己糖磷酸的重要作用。细胞质的蔗糖酶不能够弥补缺失的蔗糖合酶活性。

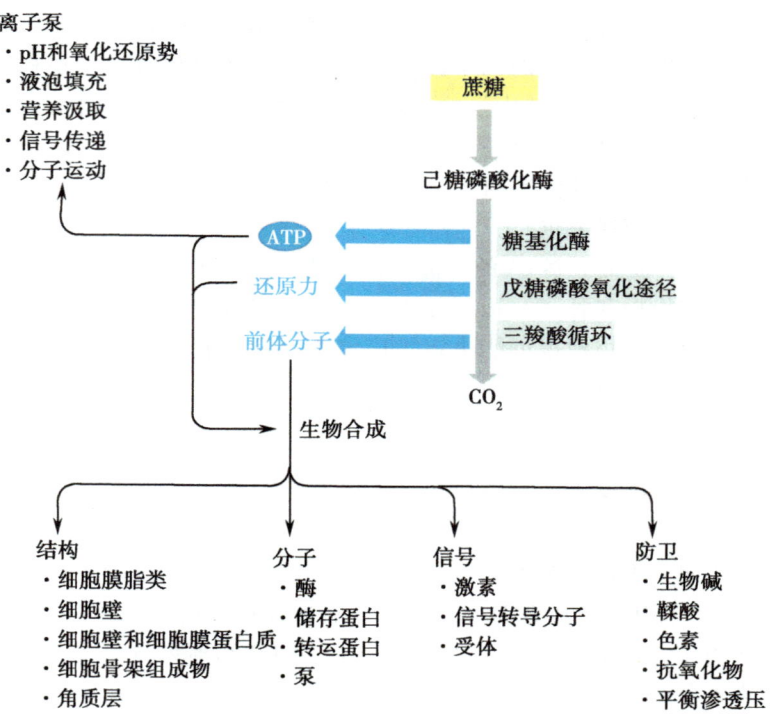

图 4-52 在非光合作用的细胞中蔗糖作为维持细胞生长的碳源。 运进的蔗糖由糖酵解、戊糖磷酸氧化途径和三羧酸循环的代谢提供维持细胞生长所需的还原力、ATP 和前体分子。上图描述了还原力、ATP 和前体分子的主要用途。

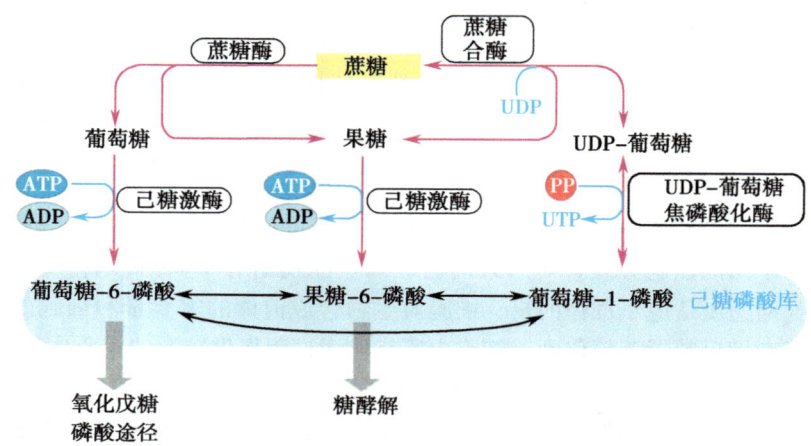

图 4-53 蔗糖作为己糖磷酸的来源。 由蔗糖酶催化的蔗糖转变成己糖磷酸的反应是一个基本上不可逆的反应,代谢一分子蔗糖消耗两分子 ATP。蔗糖合酶催化可逆反应,对能量需求较低。

己糖磷酸可以通过两个途径转变回蔗糖(图 4-54)。第一,蔗糖合酶和 UDP-葡糖焦磷酸化酶催化的反应具备很好的可逆性。虽然反应通常是向消耗蔗糖的方向进行的,但是两种酶都能够催化逆反应的进行,这样能够保持细胞质中的蔗糖和己糖磷酸的平衡。细胞对碳前体需求量的提高使己糖磷酸的量减少,所以反应向消耗蔗糖的方向进行；相反，碳前体的需求量减少会导致己糖磷酸的积累，也就使蔗糖的降解减少。第二，为了合成蔗糖，许多非光合作用细胞的细胞质中含有蔗糖磷酸合酶和蔗糖磷酸水解酶（见4.2节），这两种酶催化由己糖磷酸生成蔗糖的不可逆反应。

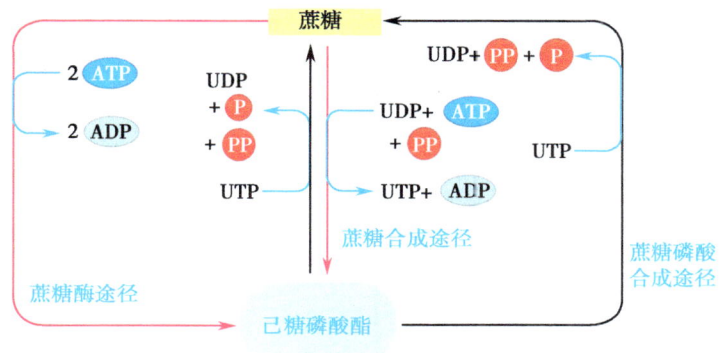

图4-54 蔗糖与磷酸己糖之间的相互转化。己糖磷酸可以通过蔗糖合酶途径（中）和蔗糖磷酸合酶途径（右）转化成蔗糖，涉及蔗糖磷酸合酶和蔗糖磷酸酯酶。后一个途径与光合细胞胞质中进行蔗糖合成的途径相同（见4.2节）。转化酶途径（左）是不可逆的，所以并不是磷酸己糖转化成蔗糖的途径。

总之，这些蔗糖合成和降解的酶产生了蔗糖与己糖磷酸之间很复杂的反应循环体系。这个循环使蔗糖和己糖磷酸之间的净流动随着细胞对碳的供应量和需求量的变化而灵敏变化。

糖酵解和戊糖磷酸氧化途径产生还原力、ATP和生物合成途径前体物质

糖酵解和戊糖磷酸合成途径催化部分己糖磷酸的氧化生成丙酮酸，同时产生还原力、ATP和许多重要的生物合成前体物质（图4-55）。糖酵解在由甘油醛-3-磷酸脱氢酶催化的反应中生成还原力NADH（还原性烟酰胺腺嘌呤二核苷酸）；在糖酵解中3-磷酸甘油酸激酶和丙酮酸激酶催化的反应中产生ATP。注意，在大多数细胞中这些糖酵解产生的ATP只是次要的ATP来源，大部分细胞所需的ATP是由线粒体代谢产生的。戊糖磷酸氧化途径前两步产生生物合成反应中重要的还原力NADPH（见4.2节）。

很多糖酵解和戊糖磷酸氧化途径产生的中间产物是生物合成途径的前体物质。例如，丙酮酸是丙氨酸的合成前体，磷酸烯醇式丙酮酸是天冬氨酸和其他一些由天冬氨酸生成的氨基酸的合成前体，核糖-5-磷酸是组氨酸的合成前体，磷酸烯醇式丙酮酸和赤藓糖-4-磷酸都是苯丙氨酸、酪氨酸、色氨酸的合成前体。后三者是生成木质素、木栓质、植物激素IAA和类黄酮等的前体。戊糖磷酸氧化途径产生的五碳化合物是核酸的前体，二羟丙酮磷酸为脂类的合成提供甘油骨架。

糖酵解和戊糖磷酸合成途径的反应是受到严格调节的，要根据细胞对某种生物合成前体、ATP、NADH、NADPH和己糖磷酸的量来进行反应。每种途径的很多步骤一起来调节反应的量，发育和环境因素决定了每一个步骤在控制反应量上的重要性。反应量的控制更加复杂，因为在每一个途径中大部分的反应由两种不同的酶来催化，一个在细胞质里，一个在质体里。大多数情况下，这两个不同的酶根据合成底物的量、对产物的需求和反应控制的方式不同，很可能是不同的。这种细胞质和质体的分工将在4.7节进一步阐明。

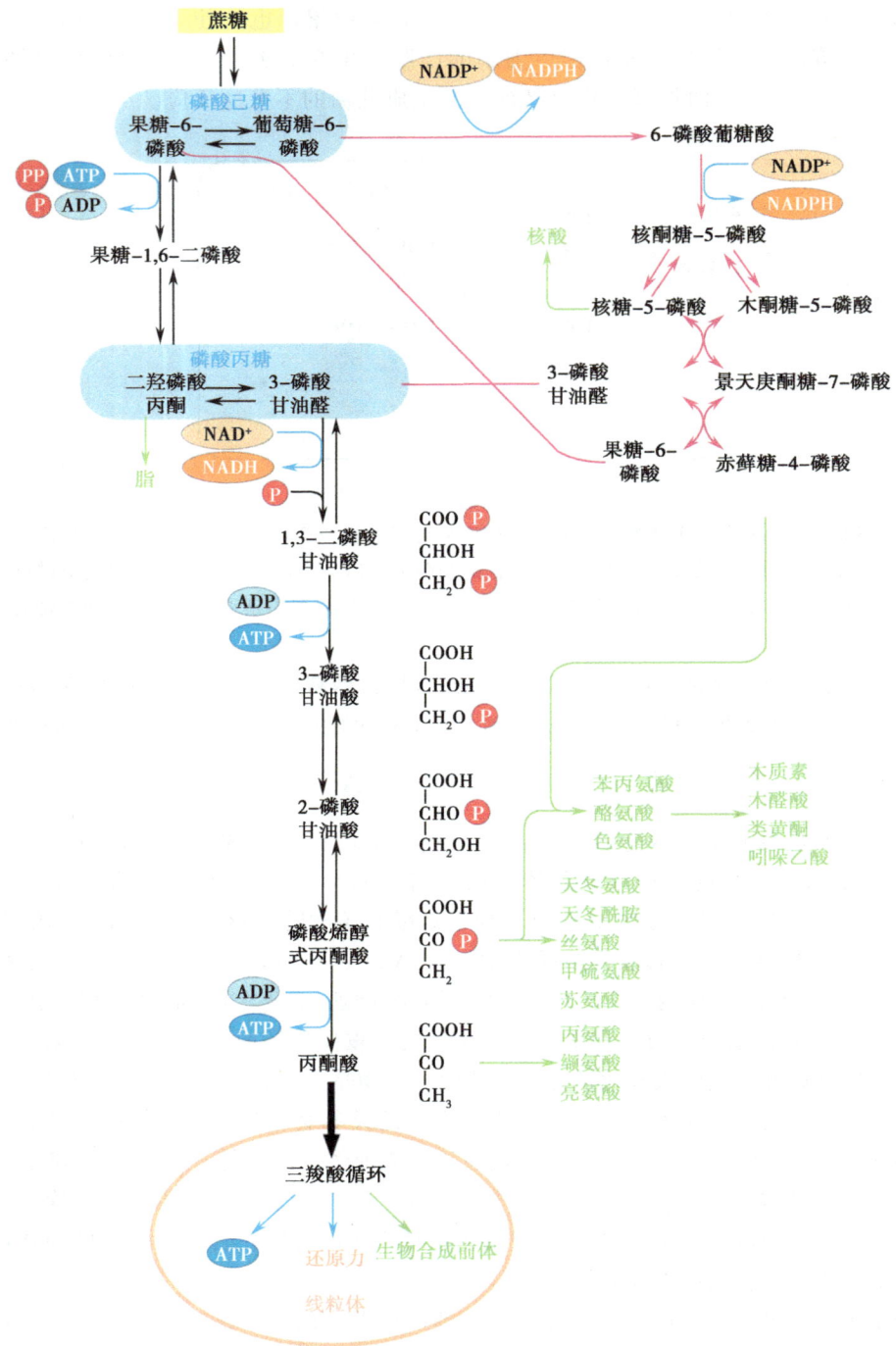

图 4-55 总结生成 ATP、还原力和生物合成前体物质的几个途径。由蔗糖生成的己糖磷酸被糖酵解（黑色箭头）和戊糖磷酸氧化途径（红色箭头）代谢掉（部分氧化作用），产生 ATP、还原力 NADH 和 NADPH、生物合成前体。图中显示一些由糖酵解和戊糖磷酸氧化途径中间产物而生成的重要化合物（绿色）。丙酮酸是糖酵解的产物，进入线粒体，在那由三羧酸循环氧化生成大量 ATP、还原力和其他生物合成前体。

这里我们用糖酵解第一步——果糖-6-磷酸合成果糖-1,6-二磷酸来说明"代谢骨架"调控的复杂性。果糖磷酸激酶和焦磷酸-果糖-6-磷酸-1-磷酸转移酶（PFP）都能催化这个反应，大部分植物细胞质里都有这两个酶（图4-56）。由果糖磷酸激酶催化的反应几乎是不可逆的。糖酵解的一个中间产物——磷酸烯醇式丙酮酸抑制果糖磷酸激酶的活性，而这种抑制效应能被无机磷酸基团减弱。果糖磷酸激酶的活性由此取决于细胞质里磷酸烯醇式丙酮酸和无机磷酸基团的比率，而这个比率又受到细胞对ATP需求量的影响。ATP的需求量影响了三羧酸循环反应的量，因此影响了糖酵解中由磷酸烯醇式丙酮酸生成的丙酮酸的消耗量。ATP的需求量也影响细胞质里的无机磷酸基团的浓度，因为ATP的消耗产生ADP和无机磷酸基团。

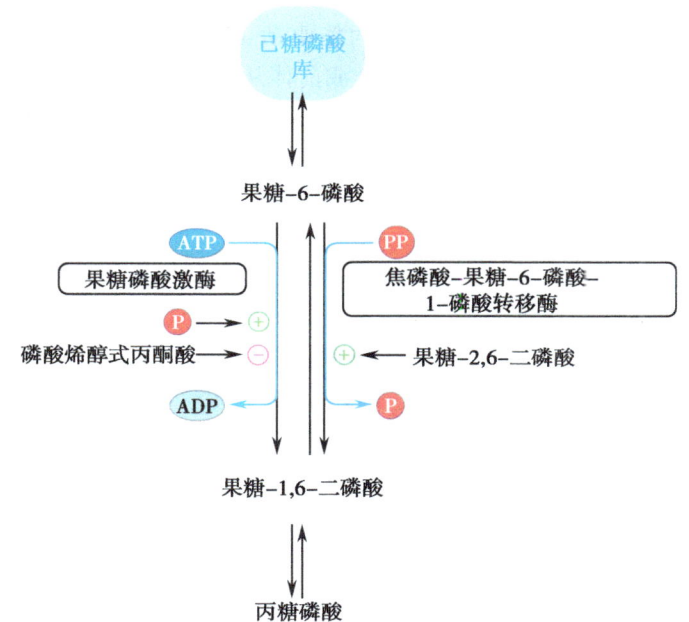

图4-56 果糖-6-磷酸和果糖-1,6-二磷酸的相互转换。果糖磷酸激酶催化果糖-6-磷酸生成果糖-1,6-二磷酸，这是一个不可逆的，消耗ATP的反应，对细胞质中磷酸烯醇式丙酮酸和无机磷酸基的比率很敏感。PFP催化可逆反应，被果糖-2,6-二磷酸激活。这些反应的调节详见正文。

PFP催化双向反应，这样细胞就能够完成果糖-6-磷酸和果糖-1,6-二磷酸之间的转换，这个转换敏感和受控于细胞质中其他的代谢物。PFP使用无机焦磷酸基团（PPi）而非ATP来驱动反应。PFP能够被果糖-2,6-二磷酸激活（蔗糖的调节物，见4.2节），也被无机磷酸基团和焦磷酸基团所调节。

在基本代谢中，调节细胞质里的焦磷酸浓度非常重要。无机焦磷酸参与很多细胞质代谢反应，为一种液泡膜上的质子泵提供能量（见3.5节）。在很多物种中它可以被认为是细胞质反应除ATP外的能量供体。细胞质中使用ATP或者焦磷酸的反应途径有：蔗糖和己糖磷酸转换途径（蔗糖酶或者蔗糖合酶途径）、昊糖-6-磷酸和果糖-1,6-二磷酸转换途径（磷酸果糖激酶或者PFP途径）、保持细胞质和液泡之间的液泡膜上的质子梯度（由ATP或者焦磷酸驱动的质子泵）三种。在ATP的获取量有限的时候，如植物组织中氧气浓度降低而可能抑制线粒体的ATP合成能力，使用焦磷酸而不用ATP的反应可能这时会发生较多（见下面和7.6节）。焦磷酸的重要作用在焦磷酸浓度降低的转基因烟草和马铃薯突变体中可以看到，焦磷酸的减少是由于在细胞质中表达了细菌焦磷酸水解酶。这些突变体的代谢过程发生了复杂变化，大部分的变化是由蔗糖转变成己糖磷酸速率的降低而造成的。

三羧酸循环和线粒体电子传递链是非光合作用细胞的ATP的主要来源

在非光合作用细胞（包括黑暗下的叶片细胞）中，大部分的ATP需求由线粒体的呼吸作用满足（图4-57）。这个过程氧化丙酮酸产生还原力，用来驱动线粒体内膜的电子传递链。电子传递链在线粒体内膜上产生一个电化学梯度，用于驱动ATP合成。理论上，完全氧化1分子丙酮酸生成CO_2大约能驱动12分子ATP的合成。然而实际生成量少于理论值。因为，如下所述，生物合成前体从三羧酸循环中移除，而且ATP产量也受到细胞需求的调节。

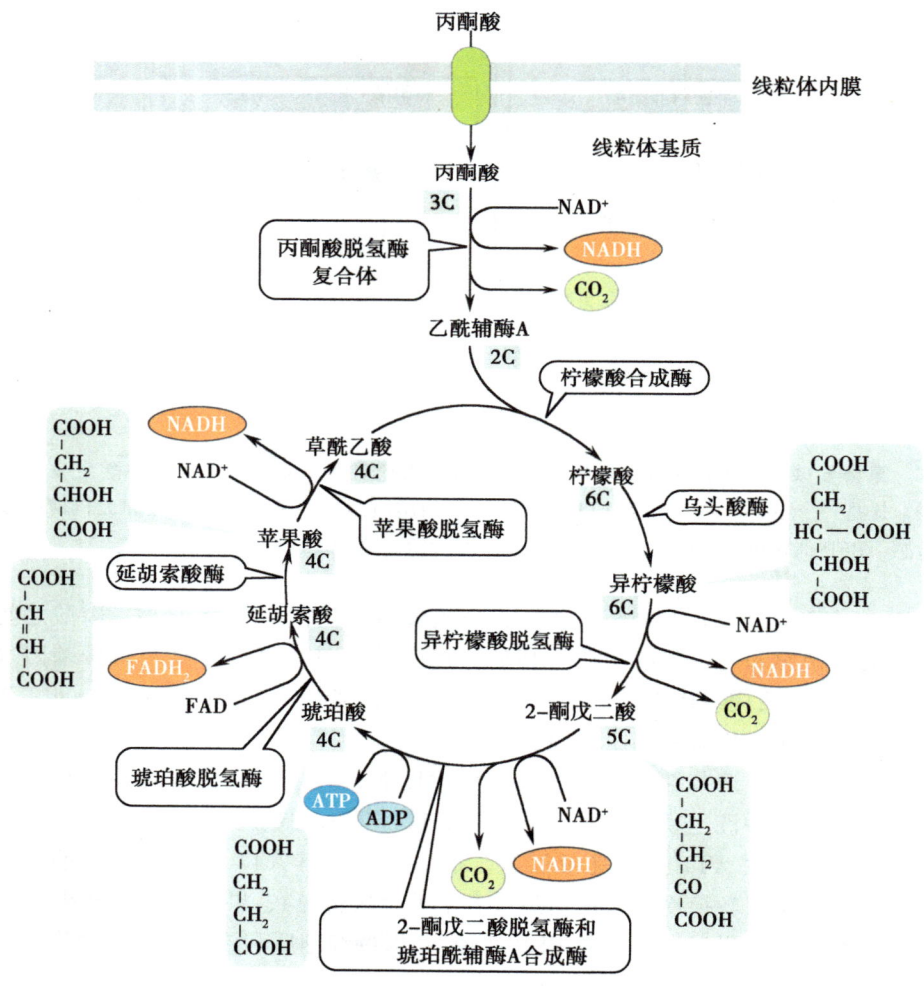

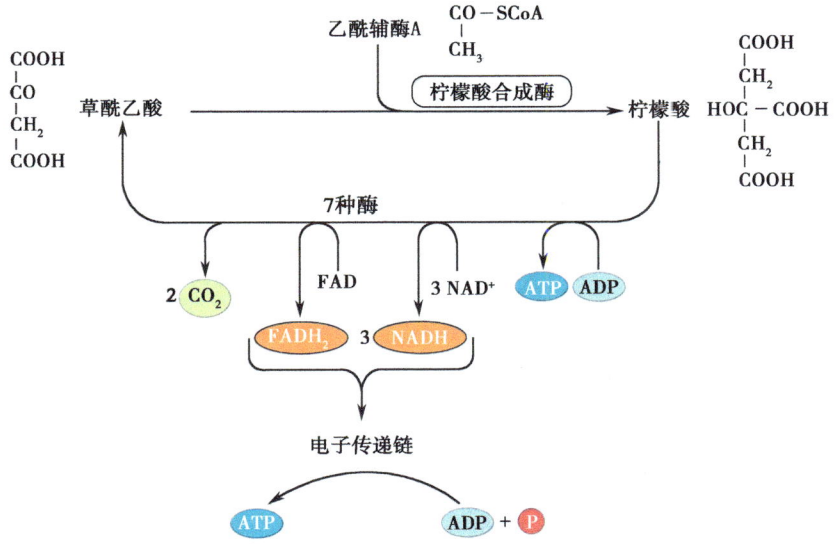

图 4-57 三羧酸循环。 简单来说，由丙酮酸（顶部）生成的一个二碳分子和一个四碳分子相结合；产生的六碳化合物经氧化脱羧反应产生 NADH、$FADH_2$ 和 CO_2，产生的四碳分子再次进入循环。三羧酸循环产物的简介（底部）表明每一个循环产生 1 个 ATP、3 个 NADH 和 1 个 $FADH_2$。NADH 和 $FADH_2$ 给电子传递链提供电子进一步驱动 ATP 的合成。理论上，一个循环能提供合成 12 个 ATP 的还原力，因此每循环是产生 13 个 ATP。

细胞质中糖酵解产生的丙酮酸进入线粒体时要由线粒体内膜上特定**丙酮酸**转运蛋白来运送。一旦进入线粒体基质，丙酮酸就转变为**乙酰辅酶 A**，并产生 NADH。乙酰辅酶 A 进入三羧酸循环在柠檬酸合成酶的作用下和草酰乙酸生成柠檬酸。经过一系列的氧化反应，释放出 CO_2 并产生大量还原力，柠檬酸又转变成草酰乙酸，再次进入三羧酸循环（图 4-57）。

大多以 NADH 形式存在的还原力为 O_2 提供电子生成 H_2O，从而驱动线粒体内膜上的电子传递链。电子载体排列在膜内，驱动质子从膜的一边运到另一边，形成质子和电子梯度（电化学梯度）（图 4-58）。质子顺着电化学梯度流经线粒体膜，驱动膜上的 ATP 合酶把 ADP 和磷酸基合成 ATP，这个过程叫做氧化磷酸化，跟叶绿体中类囊体膜上的光合磷酸化作用中的 ATP 合成类似（见 4.2 节）。

在线粒体内膜上基本的电子传递链——细胞色素途径，有三个电子传递复合体：Ⅰ、Ⅲ 和 Ⅳ（图 4-59）。这三个复合体含有一些不同的蛋白质，一些镶嵌在膜内，一些靠近线粒体基质，一些靠近膜间隙。每个复合体都有细胞核基因组编码的蛋白质和线粒体基因组编码的蛋白质。

复合体Ⅰ中，NADH 脱氢酶从线粒体基质中的 NADH 接受电子，产生 NAD^+。电子被泛醌从复合体Ⅰ转运到复合体Ⅲ，再由细胞色素 c 转运到复合体Ⅳ。在复合体Ⅳ（细胞色素 c 氧化酶）中，电子在线粒体膜靠近基质的一侧被转运给 O_2 形成水。每个复合体转运电子时，提供驱动质子从线粒体内膜的基质侧到膜间隙流动的能量。每氧化 1 个 NADH 就转运大约 10 个电子（图 4-59A）。

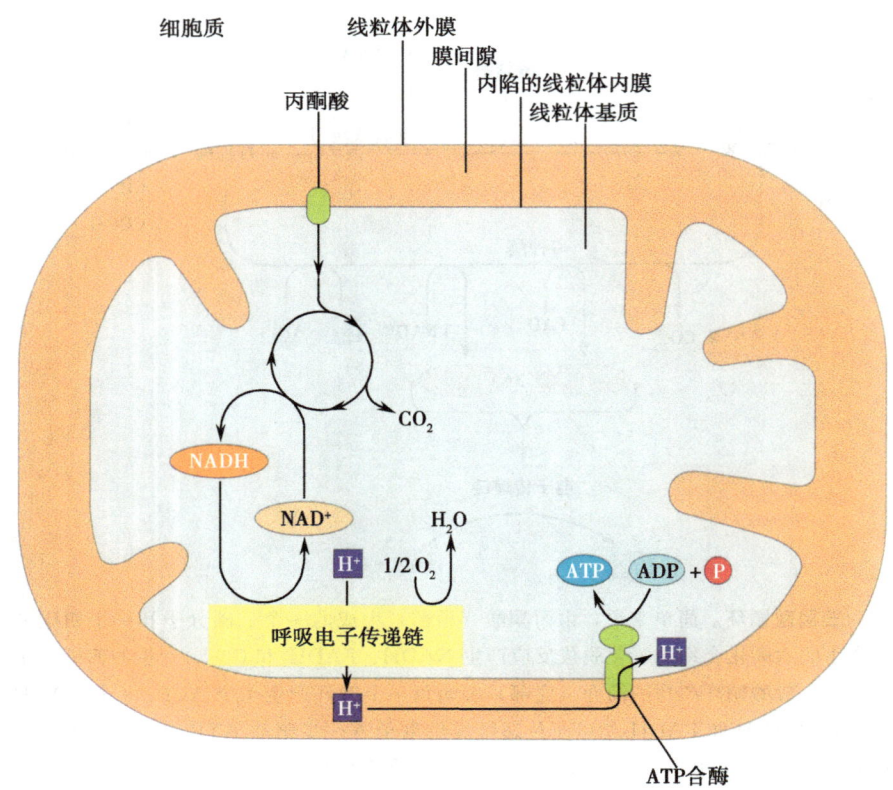

图 4-58　线粒体中 ATP 合成的概观。从三羧酸循环产生的 NADH 为线粒体内膜上的电子传递链提供电子。将电子转运给氧气生成水，驱动质子从线粒体基质进入线粒体膜间隙，形成跨膜的电化学梯度。质子通过 ATP 合酶复合体流回线粒体基质驱动 ATP 的合成。

三羧酸循环中琥珀酸氧化成延胡索酸的过程不产生 NADH。相反，电子被转运给**黄素腺嘌呤二核苷酸**（FAD）辅因子产生 FADH$_2$（辅因子是和酶相互作用的参与催化反应的分子）。FAD 辅因子共价结合在**琥珀酸氧化酶**上，形成部分的膜结合复合体，被认为是复合体 II。泛醌携带电子直接从复合体 II 到复合体 III，跳过了基本电子传递链的复合体 I。通过复合体 II 的电子转运不能提供足够的质子跨膜转运的能量，因此电子从 FADH$_2$ 传递给 O$_2$ 比从 NADH 传递给 O$_2$ 转运更少的质子（图 4-59B）。

跨线粒体内膜的电化学梯度主要是高的电势形成的（约 200mV）。跨膜的质子浓度差异很小，只有 pH 0.2~0.5，叶绿体的类囊体膜约 pH 4（见 4.2 节）。什么原因导致线粒体膜和类囊体膜有梯度的差异？在线粒体上，质子从基质传递到内膜空间，由于质子可以自由扩散通过外膜，所以维持跨内膜的质子浓度梯度比较小。而在叶绿体中，质子传递链传递质子是从叶绿体基质到封闭的类囊体空间，形成了较高的 pH 梯度。

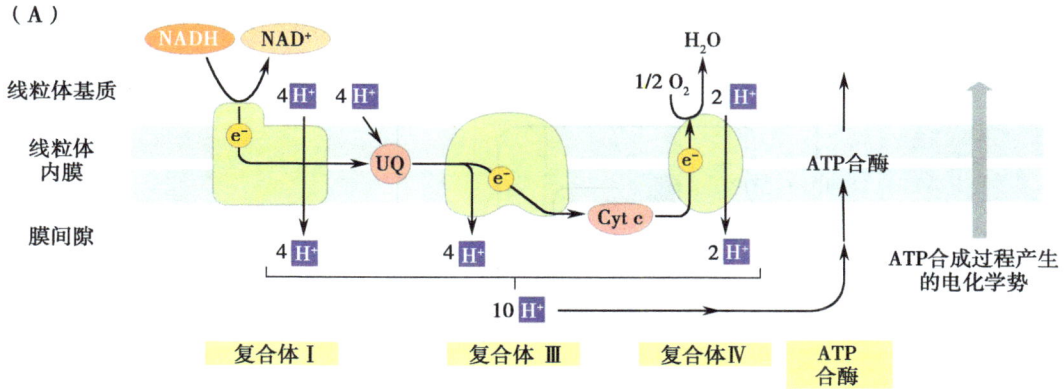

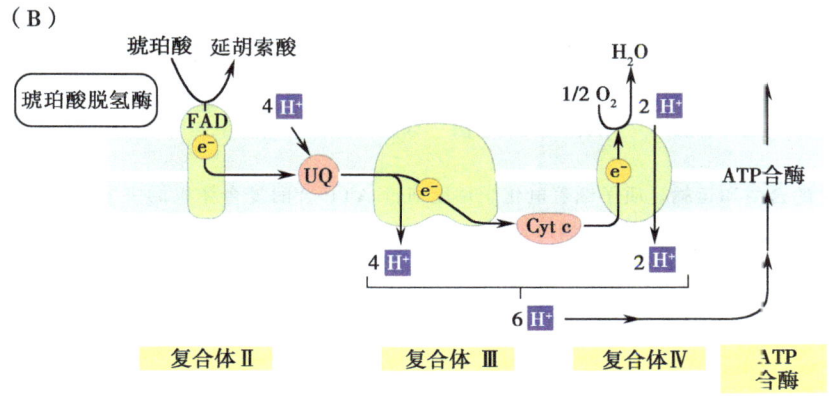

图 4-59 线粒体内膜的电子传递链。(A) 从 NADH 来的电子经由膜上的 3 个复合体传递给 O_2 生成水。这个过程中产生的能量用于驱动跨膜质子运输：每个电子 10 个质子。电化学梯度也就通过跨膜 ATP 合酶复合体产生了跨膜质子流。(B) 在三羧酸循环中由琥珀酸脱氢酶把琥珀酸氧化成延胡索酸还原 FAD 而不是 NAD^+。从 $FADH_2$ 传递电子产生的能量比从 NADH 的少：每个电子能够使 6 个质子跨膜运输而不是 10 个。UQ 为泛醌；Cyt c 为细胞色素 c。

跨线粒体内膜的电化学梯度驱动由 F_1-F_0 ATP 合酶催化的 ATP 合成，该酶镶嵌在膜里并延伸到基质中（图 4-60）。ATP 合成的过程跟类囊体膜中的差不多。质子顺着电化学梯度从内膜空间通过 ATP 合酶复合体里的一个通道流进基质，为 ATP 的合成提供能量。合成 1 分子 ATP 需要约 3 个质子通过 ATP 合酶。

F_1-F_0 ATP 合酶在线粒体基质中产生的 ATP，大部分用于细胞内其他反应。因此，ATP 必须从基质运出，跟细胞中由消耗 ATP 后生成的 ADP 和磷酸基进行交换（图 4-60）。这个交换是通过线粒体内膜中的两个转运蛋白完成的，二者都由电化学梯度驱动。ATP-ADP 转运蛋白催化 ATP 和 ADP 一对一地转换。因为 ATP 的负电荷比 ADP 的大，所以跨膜的电梯度倾向于运出 ATP、运进 ADP。磷酸基被转运蛋白运进线粒体基质，转运蛋白由顺着跨膜的电化学梯度流动的羟基所驱动。

合成 ATP 之外，线粒体的代谢还有助于维持细胞质中适量的还原力以及提供生物合成前体。线粒体有两个途径运送还原力。第一，线粒体内膜有朝向内膜空间的 NAD（P）H 脱氢酶。细胞质里的 NAD（P）H 和 NAD（P）$^+$ 的比率很高的时候，脱氢酶把细胞质的 NAD（P）H 的电子运送给泛醌，然后泛醌通过电子传递链运送给 O_2（图 4-61A）。

第二，还原力会通过代谢产物穿梭机制从线粒体运进或者运出。**穿梭机制**是跨膜交换不同氧化还原势的化合物。一个例子是苹果酸或柠檬酸由一个专一转运蛋白跟草酰乙

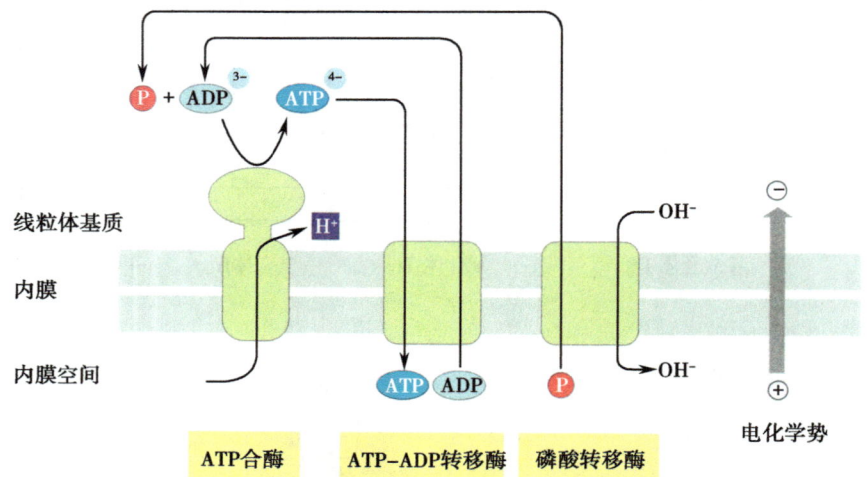

图 4-60　线粒体中 ATP 的合成和运输。 质子顺着电化学梯度通过 ATP 合酶复合体里的一个通道跨线粒体内膜驱动 ATP 合成。ATP 通过一个转运蛋白从线粒体中运出，同时跟细胞中消耗 ATP 生成的 ADP 相交换。ATP 合成所需的磷酸基经磷酸基-羟基转运蛋白运进线粒体。

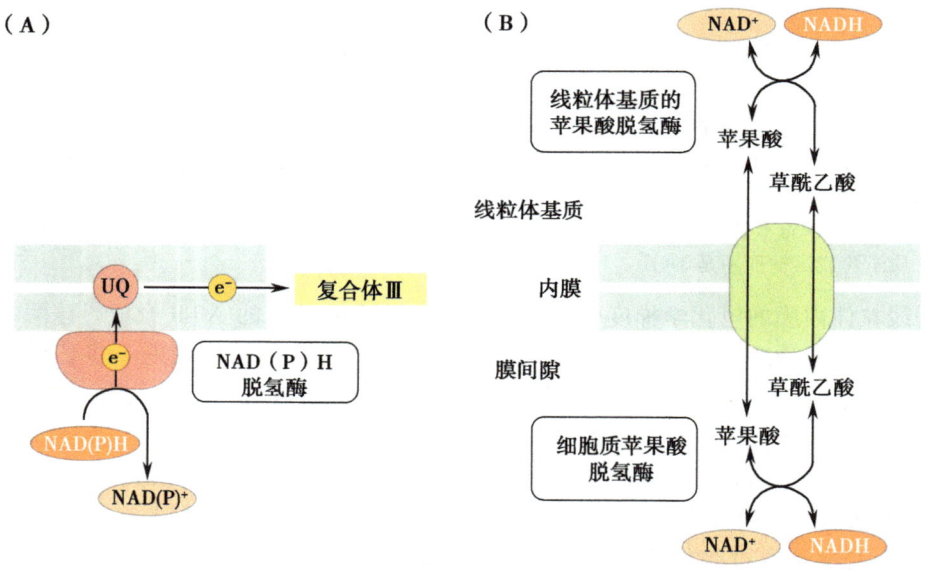

图 4-61　还原力运进和运出线粒体。（A）在线粒体内膜外表面的 NAD（P）H 脱氢酶可以把细胞质中多余的还原力转移给线粒体电子传递链用于合成 ATP。这些脱氢酶将 NAD（P）H 的电子转运给泛醌，泛醌将电子转移给电子传递链复合体Ⅲ（图 4-59）。（B）苹果酸-草酰乙酸转运蛋白跨线粒体内膜交换着两种物质，结果是跨膜交换还原力，因为由苹果酸脱氢酶催化的苹果酸和草酰乙酸的相互转换消耗或产生 NADH，苹果酸脱氢酶在线粒体和细胞基质中都有。因此线粒体基质用草酰乙酸交换苹果酸，然后将苹果酸重新合成草酰乙酸，而细胞质用交换进来的草酰乙酸合成苹果酸，同时在线粒体基质中产生 NADH，在细胞质中消耗 NADH。

酸交换的反应。**苹果酸脱氢酶**催化苹果酸或柠檬酸和草酰乙酸之间的相互转变，苹果酸脱氢酶存在于细胞质和线粒体里，反应产生或消耗还原力（图 4-61B）。这些物质跨膜交换的结果是跨膜运输了还原力。

三羧酸循环的中间产物是一些重要的生物合成途径的前体物质，如 2-酮戊二酸是谷氨酸的合成前体。当三羧酸循环的中间产物转移到其他途径中时，等量的其他中间产物必须加入这个途径，因为三羧酸循环不像卡尔文循环（见 4.2 节），当中间产物被拿走后，它不能维持中间产物的恒定量。如果在一个三羧酸循环中没有中间产物的减少，重新合成的草酰乙酸的分子数量和原来加入反应的柠檬酸的分子数量相等。然而如果中间产物用于其他反应，草酰乙酸的合成量将会少于原来的柠檬酸的量，所以下一次的循环形成的柠檬酸就少。也就是说，通过三羧酸循环的通量会降低。**填补反应**可以解决这个问题，它给三羧酸循环加入苹果酸来弥补用于生物合成的其他中间产物的流失（图 4-62）。苹果酸是在细胞质中用糖酵解的中间产物磷酸烯醇式丙酮酸经过 PEP 羧化酶和苹果酸脱氢酶的催化合成的，然后被运进线粒体。

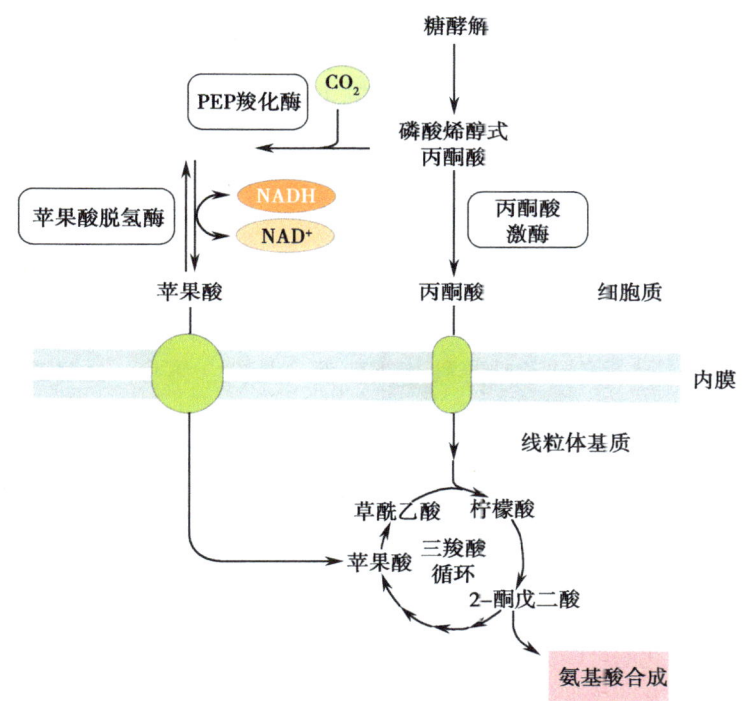

图 4-62　当中间产物作为生物合成前体时，填补反应用来维持三羧酸循环的通量。当三羧酸循环的中间产物用于生物合成时，如 2-酮戊二酸用于氨基酸的合成，需要加入其他的中间产物用于维持循环的通量。这个是由细胞质中 PEP 羧化酶和苹果酸脱氢酶催化合成苹果酸并运进线粒体来完成的。

根据细胞对 ATP、还原力和生物合成前体的需求总量，以及三羧酸循环氧化底物的获取量，线粒体的代谢必须受到严格而灵敏的调控。根据环境和发育的影响，这些因素的相对重要性在不断发生改变。上面所提到的基本的线粒体代射过程会受到几种程度的调节来全面响应这些改变。丙酮酸脱氢酶复合体催化线粒体中丙酮酸转变成乙酰辅酶 A，根据底物的量和三羧酸循环发生的情况进行调控。例如，丙酮酸脱氢酶复合体被一个蛋白激酶磷酸化后其功能就受到抑制，而蛋白激酶又受到高浓度丙酮酸的抑制，这样，在丙酮酸浓度高的时候，丙酮酸脱氢酶复合体具有高活性。这个复合体又被 NADH 和乙酰辅酶 A 抑制，当复合体的催化产物的需求量低的时候，复合体的活性也会降低。

一些三羧酸循环中的酶受到线粒体基质中高比率的 NADH：NAD^+ 的抑制，而高比率意味着 ATP 的需求量低。当细胞对 ATP 的需求量低时，ATP：ADP 的比率就高，抑制 ATP 合酶的活性。这意味着跨线粒体内膜的电化学梯度不会随着通过 ATP 合酶复合体的质子流动而消失，这又抑制了通过电子传递链的质子跨膜运输，因此抑制了整体的电子流动；电子不能被 NADH 接受，因为电子受体仍旧处于还原态，而基质中 NADH：NAD^+ 的值就会升高。

刚刚介绍的调节方式在植物和动物中都存在，但是植物的线粒体有另外两种调节功能，能有效提高线粒体代谢调节的能力和灵活性：一个是为三羧酸循环提供丙酮酸的另一种途径；另一个是细胞色素以外的再氧化 NADH 的另一种途径。

NAD-苹果酸酶在线粒体基质中催化苹果酸到丙酮酸的转变，所以丙酮酸可以用从细胞质运进线粒体基质的苹果酸来合成。这个途径为线粒体基质提供丙酮酸不涉及细胞质中的丙酮酸激酶或丙酮酸转运蛋白，使整个的三羧酸循环可以使用运进的苹果酸来完成运转（图 4-63）。在大部分植物中，用 NAD-苹果酸酶的丙酮酸合成途径和丙酮酸激酶途径并存，但大多数情况下碳经过苹果酸酶的流动比通过丙酮酸激酶要低。经过苹果酸酶催化途径将蔗糖转变成丙酮酸产生的 ATP 比经过丙酮酸激酶产生的少。因此这个苹果酸酶途径在 ATP 需求较低时可能更重要。

除了图 4-59 中阐述的细胞色素途径以外，植物线粒体也具有另外一种途径，即绕过复合体Ⅲ和Ⅳ转运电子。这个途径被认为是选择性氧化酶途径（图 4-64）。电子从复合体Ⅰ运送给泛醌，然后传递给选择性氧化酶而不是复合体Ⅲ。**选择性氧化酶**是定位在线粒体内膜中的细胞核基因编码的。选择性氧化酶再将电子传递给 O_2 生成水，质子只通过复合体Ⅰ跨膜流动。

选择性氧化酶提供了一个让电子从 NADH 流出的途径，这个途径产生的 ATP 比细胞色素途径产生的少，每氧化 1 个 NADH 分子只有 4 个质子跨线粒体内膜运输，而通过细胞色素途径会运输 10 个质子，因此对电化学势梯度的建立及 ATP 的合成所产生的贡献就少得多。在 ATP 需求量低时，选择性氧化酶的作用可能是将还原力以热能形式散失掉，形成少量的 ATP。选择性氧化酶可以被高比率的 NADH：NAD^+ 和高浓度的丙酮酸所激活，这也证实了以上观点。当 ATP 需求低时能够抑制电子传递链中的电流，从而导致这两种状况的发生。

一个替代途径的极端例子是开花植物的产热器官，这些花能够将其表面温度比周围空气温度提高几度。这种情况的常例是 *Arum* 属（图 4-65）的一些物种的肉穗花序，高温是吸引昆虫授粉的一种机制。

在 *Arum* 属植物的肉穗花序中，这种热量产生于糖酵解速率高达 150 倍的增长，通过降解大量的储存性淀粉产生热量。几乎所有的丙酮酸合成都是通过 PEP 羧化酶、苹果酸脱氢酶和 NAD-苹果酸酶途径完成的，而不是丙酮酸激酶和丙酮酸转运蛋白途径。大概所有三羧酸循环产生的 NADH 是经过选择性氧化酶途径而不是细胞色素途径被氧化。由极高的补体氧化途径通量产生的热能能够将肉穗花序温度较周围环境提高近 10℃。使用苹果酸酶和选择性氧化酶途径,而不使用丙酮酸激酶和细胞色素途径意味着 ATP 生成量非常少。这个时期的肉穗花序不需要 ATP,在短暂的产热结束后它就凋谢了(只有几小时)。

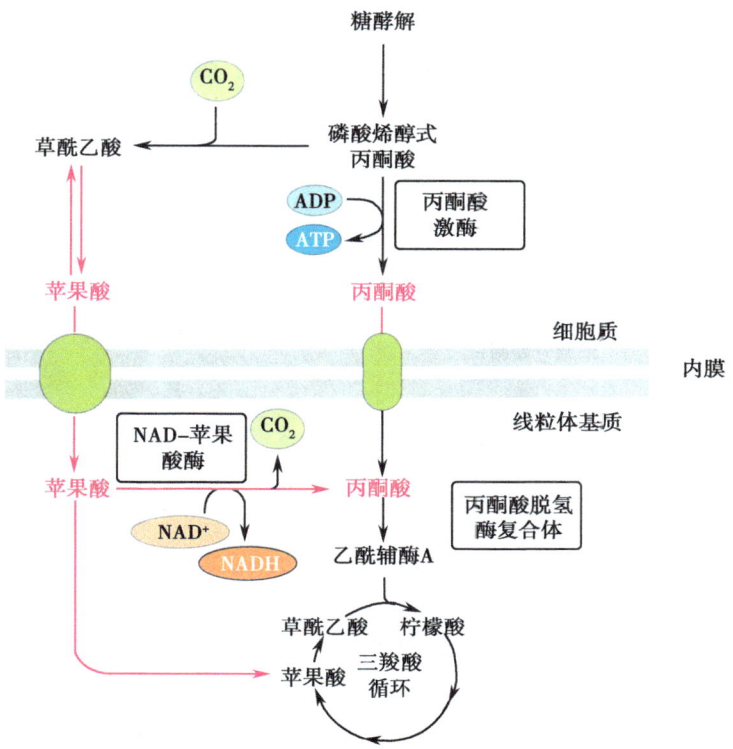

图 4-63 为三羧酸循环提供丙酮酸的另一种途径。从细胞质运进线粒体的苹果酸可以弥补三羧酸循环流失的中间产物(图 4-62),也可以通过 NAD-苹果酸酶作为丙酮酸的来源。这个丙酮酸合成途径绕过丙酮酸激酶和丙酮酸转运蛋白。

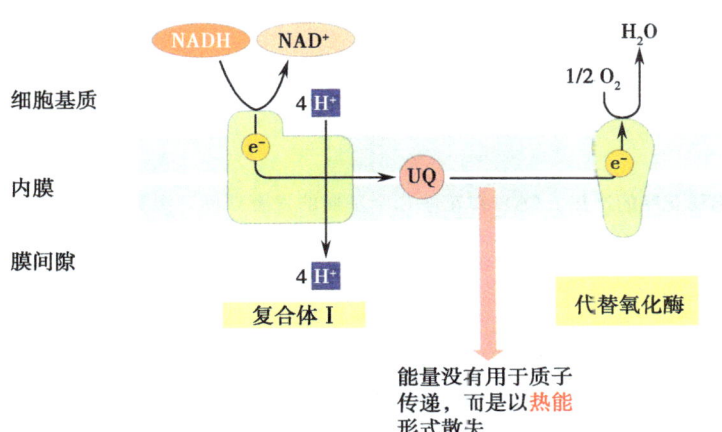

图 4-64 选择性氧化酶途径。电子从 NADH 经泛醌转运给选择性氧化酶,绕过复合体 Ⅲ 和 Ⅳ。这导致每转运 1 个电子只有 4 个质子跨膜转运,因此只能产生低的电化学梯度和氧化每个 NADH 产生少量的 ATP。然而电子传递中合成的能量以热能形式散失。

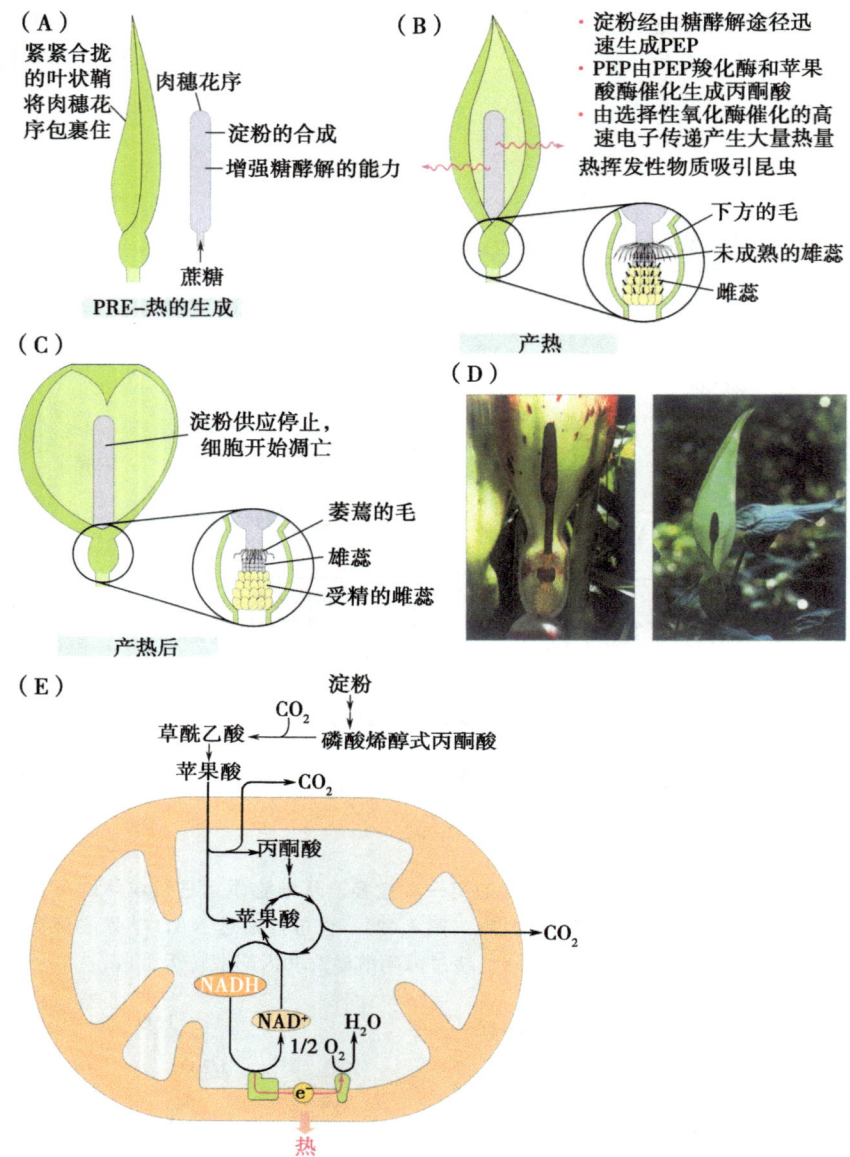

图 4-65　Arum 肉穗花序的产热。（A）在花序几个星期的发育期间，肉穗花序被包裹在叶状的鞘里。蔗糖从叶片运送给肉穗花序，用于合成大量淀粉。同时肉穗花序的糖酵解能力提高到很高的水平，但是通量很低。（B）当花序成熟时，鞘张开露出肉穗花序。在几小时内，所有的淀粉降解成六碳糖，经过糖酵解和三羧酸循环被代谢掉。极高的代谢率和选择性氧化酶途径而非细胞色素途径产生了热能。肉穗的温度可以被提高几度（接触会感觉很热）。热能将肉穗花序合成的胺蒸发出去吸引小昆虫。昆虫爬到鞘的底部，在那被一圈向下的小绒毛捕获。绒毛下面的雌花被昆虫身上沾有的其他 Arum 花粉授粉。（C）产热的第 2 天，绒毛萎蔫后昆虫即可逃走。雄花开始散出花粉，而逃走的昆虫则将这些花粉带到其他花上。（D）Arum maculatum 的成熟花序（左图）纵切图显示被鞘的基部包裹的绒毛、雄花和雌花。右图显示它在阴暗森林中的自然状态。（E）肉穗细胞在产热过程中的代谢。淀粉由糖酵解产生的 PEP 转变成丙酮酸是由 PEP 羧化酶、苹果酸脱氢酶、苹果酸酶催化的。丙酮酸由三羧酸循环氧化，产生的 NADH 提供电子给选择性氧化酶途径，产生热量。在此时期肉穗不需要 ATP 和前体物质，它在淀粉耗尽后就凋谢，几乎所有从淀粉来的碳都转变为 CO_2 和还原力，为了在线粒体中产生热能（图 D 由 Tobias Kieser 提供）。

蔗糖在"代谢骨架"途径中的分配是相当灵活的,与细胞的功能相关

到目前为止我们已经讨论了"代谢骨架"途径的调节特征,这些调节特征使代谢途径中的产物被很多代谢因素调节,这些代谢因素反映了细胞对ATP、还原力和生物合成前体的需求。不同种类和发育时期的细胞对这些物质的需求有极大差别。因此,不同细胞对于代谢骨架途径之间的蔗糖分配也有极大的差别。考虑到细胞骨架和根尖的四种细胞功能之间的关系,我们在此说明代谢骨架的灵活性(图4-66):根尖的顶端分生组织细胞;正在分化的**薄壁组织细胞**的伸长细胞;成熟薄壁组织细胞;分化形成木质部的细胞。

根中的每种细胞都从根尖的顶端分生组织分化而来(见5.3节)。顶端分生组织的细胞快速分裂生长;对合成多种细胞组成成分的前体物的需求量很高,特别是细胞壁、细胞膜、蛋白质以及驱动这些反应的ATP和还原力。糖酵解和三羧酸循环的流通量很高,在很多反应步骤对酶有精细调控,在把中间产物移除充当前体与氧化足量的底物产生ATP满足生物合成需求之间维持一个平衡。进入糖酵解的碳大约有一半用于代谢前体的合成,最终变成细胞的组成物和蛋白组分。另一半由三羧酸循环氧化成CO_2以驱动ATP合成。

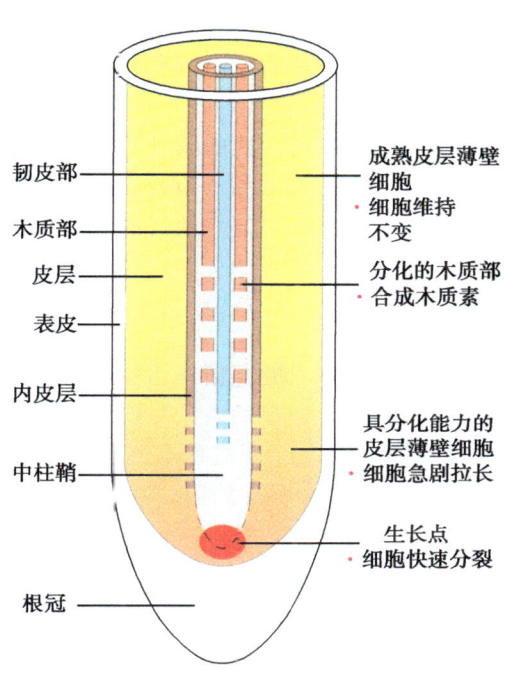

图 4-66 **根尖的细胞种类**。右侧显示的是正文中讲到的四种细胞。根发育的进一步细节请见5.3节。

最后一次分裂之后,细胞经过极大的伸长成为薄壁组织的一部分。细胞体积的巨大增长依赖于发育出一个中央液泡,填满细胞大部分的中间空隙,合成新的细胞膜和细胞壁物质(见3.4节和3.5节)。这些正在生长的细胞对于ATP的需求量很大,ATP用于驱动填充液泡的细胞膜和液泡膜上的质子泵。进入糖酵解的大部分的碳最后氧化成CO_2来满足ATP的需求,氧化每分子的蔗糖产生的ATP几乎达到了理论上的最高值(每分子蔗糖产生60～64个ATP),比分生时期高。同时,用于细胞壁、细胞膜延伸的脂类、纤维素和果胶糖前体的需求必须得到满足。

到了成熟期,薄壁细胞的代谢活性减少,细胞结构和功能恒定:脂类和蛋白质的净含量没有改变,ATP供给离子泵和质子泵维持细胞的离子、pH和水势的平衡。然而对ATP、还原力、生物合成前体和蔗糖消耗的总体需求比早期细胞低得多。

细胞分化形成木质部导管经历大量的细胞壁增厚,是纤维素沉积而成的,细胞壁也变得木质化。纤维素是由蔗糖合酶催化蔗糖产生的UDP-葡萄糖合成的(见3.4节)。PEP(糖酵解中间产物)和4-磷酸赤藓糖(戊糖磷酸氧化途径的中间产物)(图4-55)

是合成苯丙氨酸的底物，苯丙氨酸是合成木质素单体的底物（见 3.6 节），木质素是木质素单体的多聚体。木质素单体的合成需要 NADPH 形式的还原力，NADPH 是在戊糖磷酸氧化途径中形成的。由于对于戊糖磷酸氧化途径特殊的需求，在分化的细胞里进入这个途径的蔗糖的碳比分生组织细胞的多。

在分化成木质部时，代谢骨架途径流量的变化是由酶激活的精细调节和**基因表达**的改变来实现的。例如，提高从蔗糖进入戊糖磷酸氧化途径的碳量伴随着整个途径的容量提高（这就是说途径中所有酶的量提高了，原因是编码这些酶的基因表达量提高）和酶的精细调控的改变。

反映代谢骨架灵活性的其他方面将在下文进行讨论，包括：以蔗糖的形式储存碳和碳再流通的能力（见 4.6 节）；在细胞质和基质中的反应途径（见 4.7 节）；碳的代谢与氮的吸收（见 4.8 节）及其他重要营养物质吸收（见 4.9 节）之间的协调。

4.6 碳的储存

除了把运入体内的蔗糖作为生物合成以及能量产生的来源外，非光合作用的细胞也能够将其转变为储存物质。当糖的输入不能满足生物合成及能量产生的需要时，这些储存的碳将在之后的代谢过程中被动员。运进体内的糖分本身也可以短期储存在很多细胞中，然而要想长期储存的话，就得先转换为淀粉、果聚糖或者脂质形式（图 4-67）。

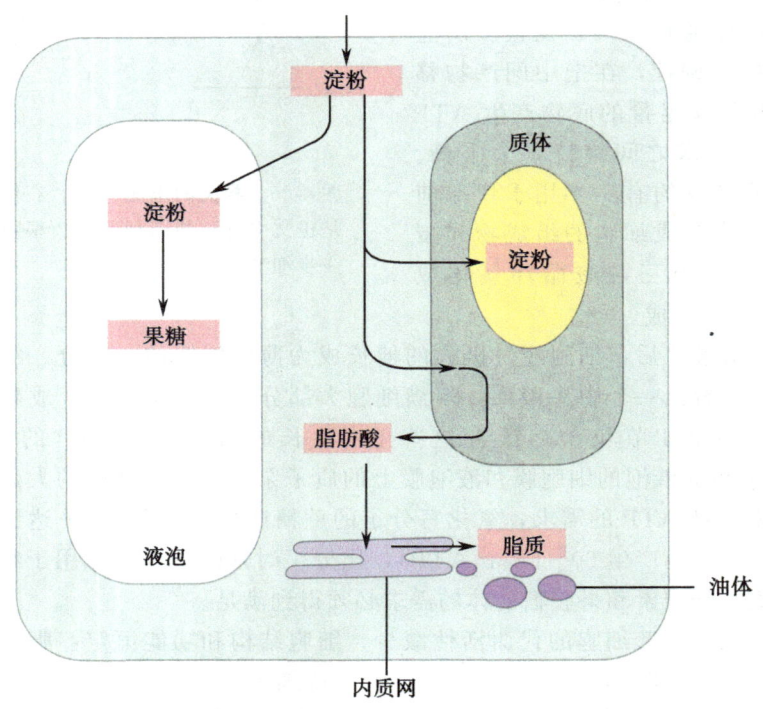

图 4-67 植物细胞中碳的主要储存形式。 进入细胞的蔗糖能够储存在液泡中或者用于液泡中果糖的合成、质体中淀粉颗粒的合成，或者是来自内质网的油体储存脂质的合成。储存脂质的形成需要在质体中合成脂肪酸再转运到内质网中。细胞不会持续不断地积累这些储存形式的混合物；碳的储存形式在不同的细胞中以及不同的生长阶段是不一样的。

碳一般会储存在一些功能比较特异的器官，如种子、块茎以及其他的一些营养**繁殖体中**。当条件适合光合作用时，这些器官几乎从不例外地含有大量储存形式的碳，此时蔗糖对于这些非光合作用器官是直接可用的。当休眠或条件不允许进行光合作用时，或者这些器官与植物分离后，它们一般还可以维持很长一段时间的生存状态。之后，它们就可以分解储存的碳水化合物作为能量来萌发或者发芽，从而产生新的叶片，进一步生长和进行呼吸作用，直到能重新获得光合作用的能力。

例如，马铃薯的块茎就是地下茎（匍匐茎），是在马铃薯植物活跃生长的过程中把运进的糖合成大量的淀粉进而形成的（图 4-68）。植物的地上部分在生长的末季就会死去，然而地下的部分却可以生存越过整个冬天。当春天条件适宜时，储存的淀粉就会分解产生己糖，并生成己糖磷酸，这些糖类物质作为呼吸作用和生长的底物，使得**腋芽**得以发育，最终形成新的光合作用芽。

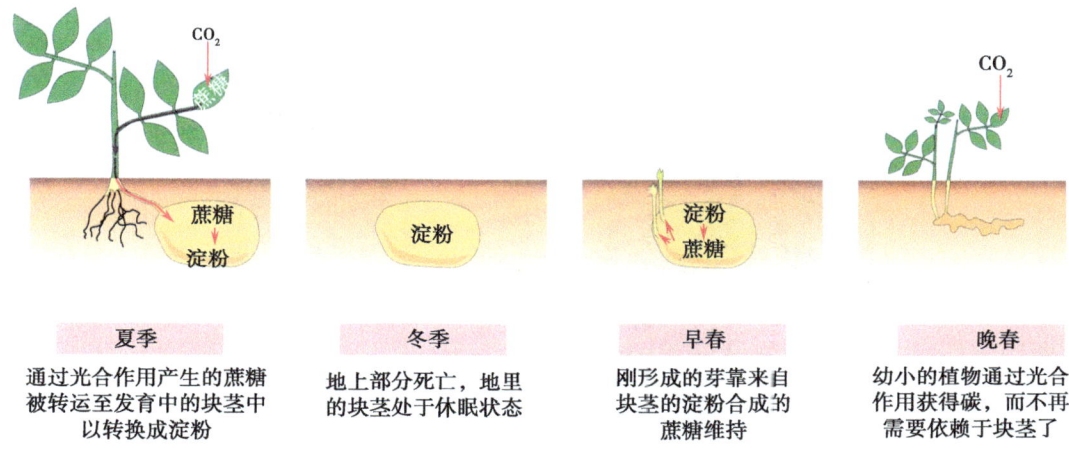

图 4-68 马铃薯一年的生长情况。夏季，碳以淀粉的形式储存在植物特异的储存器官——块茎。到了冬天，经过一个周期的冬眠之后，就以淀粉的形式提供碳源以使其在春天再次生长。

碳的储存并非只能在特定的器官中。许多库器官在它们的生长发育的特定阶段，积累一些碳储存复合物作为一种相对短期的储备。例如，淀粉可以短暂（几天或几个小时）储存在靠近顶端分生组织的细胞中，这些细胞正在发生从分裂到延伸的转变。在这种情况下，储存的复合物就起到"碳缓冲剂"的作用，它能够确保足够的碳供应使细胞能够度过生长发育时期大量变化的代谢需要。在细胞分裂过程中，糖被运进细胞的速率超过了细胞生长和呼吸的需求，多余的糖就转变为淀粉。而随着细胞变大，对于碳源的需求又会超过糖进入细胞的速率，细胞里原来储存的淀粉就可以弥补这种不足。

糖在液泡中的储存

在许多非光合作用细胞中，糖可以储存在液泡中，从而在需要使用时对其含量进行灵活调整，以便和细胞质中的糖量保持一种平衡状态。由于液泡的体积一般比细胞质大得多，细胞中的糖大多数在液泡中。当糖进入细胞的速率与其被用于生长、呼吸的速率出现短时间的不平衡时，就由液泡中的糖分进行缓冲。例如，糖分可以通过液泡到细胞质的运动来使得细胞适应代谢速度的迅速增长（可能是响应外压的结果），因为细胞质里糖的使用会超过糖运进的速率。

除了这种短期的碳缓冲外，一些植物还能够利用蔗糖作为长期的碳源储存。最有名的例子就是在驯化中选择的在茎部或者根部储存大量糖分的作物，如甘蔗的节间细胞、甜菜的根等（图4-69）。在这些物种的野生亲缘植物中，细胞中储存的糖分使得其能够度过不良生长季节，并且在适宜环境下为其生长和呼吸提供碳源，随着液泡中蔗糖的移动，液泡中就会合成一种转化酶，将液泡中的蔗糖水解为己糖，之后通过液泡膜中的己糖转移酶能迅速将碳源转移到细胞质中。

图4-69　**甜菜的根**。蔗糖占根质量的20%。节间中储存的蔗糖见图4-41B。

淀粉颗粒是由一些小家族淀粉合酶和淀粉分支酶合成的半晶状结构

淀粉是目前植物中最为常见的碳源储存形式。大部分的植物细胞在生长时都会在一定程度上含有淀粉。世界上主要作物的收割部分都是储存淀粉的器官：谷类作物的谷粒，如玉米、水稻和小麦等；块茎，如土豆；根，如木薯和甘薯；豆荚，如豌豆和其他豆类等（图4-70）。在这些器官中，淀粉干重占了50%～80%。

淀粉合成一般发生在质体中，但是淀粉合成的前体——ADP-葡萄糖苷的定位在不同的储存器官中是不同的。在大多数的非光合作用器官（图4-71），包括根、块茎，以及豌豆或大豆的种子中，ADP-葡萄糖苷由己糖磷酸在质体中合成，一般来讲，这种己糖磷酸是葡萄糖-6-磷酸，它能够通过特异的转运蛋白进入质体，实现与无机磷酸盐的交换。然而，在谷类储存淀粉的胚乳中，以及其他禾本科种子中，ADP-葡萄糖苷能够在胞质中合成，然后再由特异的转运蛋白运入质体中（图4-71B）。胚乳中含有两种ADP-葡萄糖焦磷酸化酶异构体（由一个基因家族的不同基因编码的蛋白质），一种在质体中，另外一种在细胞质中。

图 4-70 以淀粉为主要储存形式的重要热带植物。（A）加纳妇女收集木薯。（B）一种豆科作物——鹰嘴豆。

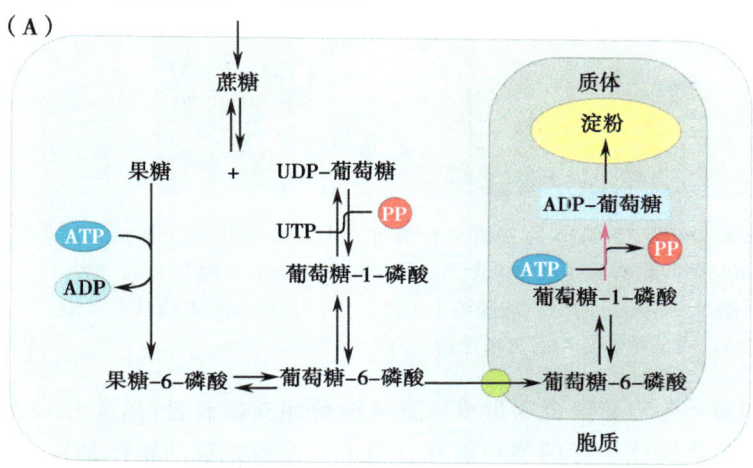

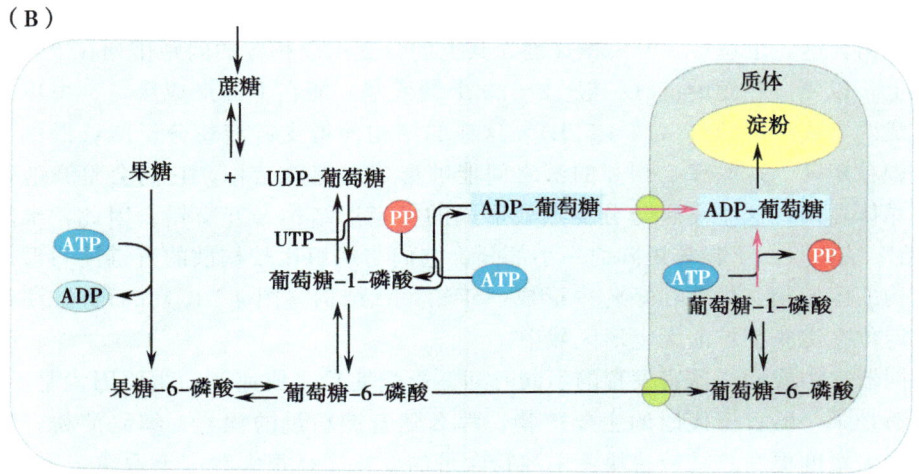

图 4-71 ADP-葡萄糖和淀粉的合成。（A）在大多数物种中，ADP-葡萄糖是在质体中合成的。蔗糖在胞质中代谢为己糖磷酸，同时葡萄糖-6-磷酸能被运至质体（以进一步交换为磷酸盐，图中未标出），并且转换为葡萄糖-1-磷酸。ADP-葡萄糖焦磷酸化酶能将葡萄糖-1-磷酸转化为 ADP-葡萄糖。（B）在谷类植物的胚乳中，ADP-葡萄糖既能在质体中合成，也能在胞质中合成。胞质中的 ADP-葡萄糖焦磷酸化酶合成 ADP-葡萄糖，之后将其运入到质体中。在其他植物中，ADP-葡萄糖也能够通过运入的己糖磷酸在质体中合成（A）。

生长中玉米胚乳的 ADP-葡萄糖苷在胞质中的合成途径和在质体中的合成途径之间的相对重要性可以通过缺少活性的胞质 ADP-葡萄糖焦磷酸化酶的突变体来阐明。*shrunken 2* 突变体和 *brittle* 突变体在编码胞质酶的亚基基因上发生了突变，这两种突变引起种子中的淀粉量降低（图 4-72）。这一发现以及胞质异构体拥有胚乳中 90% 以上的 ADP-葡萄糖焦磷酸化酶活性，说明合成淀粉用的大部分的 ADP-葡萄糖来自胞质而不是质体。

图 4-72　玉米 *brittle 2* 突变体的谷类生长情况。丰满的谷粒中含有正常的 ADP-葡萄糖焦磷酸化酶活性以及包含大量的淀粉（大于干重的 70%）；缩小的玉米颗粒缺少一个组分的酶；这些缩小玉米粒中的淀粉含量大约只有丰满玉米粒的 1/4，而蔗糖却是丰满玉米粒的 10 倍。

淀粉粒由两种类型的葡萄糖聚合物组成：**直链淀粉**和**支链淀粉**（图 4-73）。直链淀粉由一条分支很少的长链线性结构的葡萄糖残基组成。淀粉颗粒的整体结构由支链淀粉组成，大部分淀粉的 70%～80% 都是支链淀粉。支链淀粉分支上的葡萄糖残基既包括 α-1,4-糖苷键，也包括 α-1,6-糖苷键。其上的分支点以相等的间距排列在支链淀粉分子的轴上，以便一些短的链（一般 12～20 个糖残基）能在上面形成簇，又由更长的链连接形成两个或更多的簇（图 4-73B）。这样的结构使得支链淀粉分子能够形成半晶状的淀粉颗粒矩阵。这些簇上相邻的链之间能够形成双螺旋结构，它们会整齐地聚集起来形成晶体片层；这些片层与分支点处形成的无定形结构相互交错。因此，半晶状的"三明治"结构只占了颗粒矩阵的一小部分。它们与组织比较松散的直链淀粉形成的无定形结构的区域相交织，在矩阵中形成"年轮"状结构（图 4-73C）。而直链淀粉可能最初也定位在淀粉颗粒的无定形区域中。

不同器官中或同一器官发育的不同时期，影响淀粉合成速率的主要因素是不同的。如果淀粉是某一器官糖代谢的主要产物，那么随着淀粉量的积累，编码淀粉合酶基因的转录会大幅度提高。马铃薯块茎中淀粉含量的变化途径很大程度上取决于 ADP-葡萄糖焦磷酸酶控制的这一步骤，而在豌豆胚胎中淀粉的合成是受多步骤控制的。

淀粉聚合物是由淀粉合酶和**淀粉分支酶**合成的（图 4-74）。高等植物中有 5 种淀粉合酶和 2 种淀粉分支酶，并且它们在植物中是保守的。淀粉聚合物的大小及分支情况很大程度上取决于这两种酶的不同亚型的相互作用，但是这些聚合物如何聚集起来形成颗粒矩阵还不是很清楚。

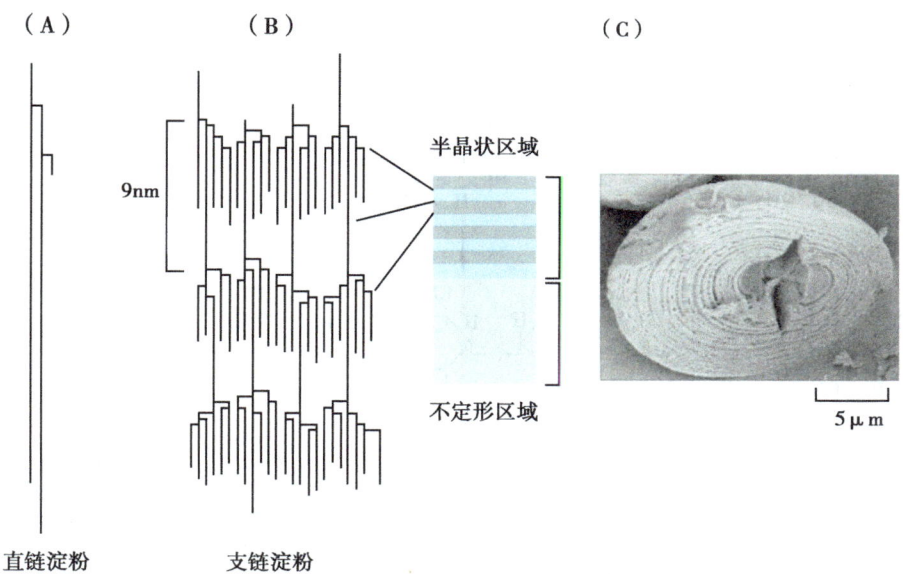

图 4-73 淀粉聚合体以及淀粉颗粒结构。（A）直链淀粉是一个线性聚合物。（B）支链淀粉是高度分支的。因为分支点位置（α-1,6 键连接）和 12~20 葡萄糖单位的分支规则排列在分子轴上，这些丛生群上的链变为了固定的晶状薄片（蓝色区间）和无固定性的薄片——包含分支点处（灰色区间）相互连接的形式。这些半晶状结构区域本身能和不定形区域——分支一般较少被固定的地方（白色部分）相互交换。（C）当淀粉颗粒内部被淀粉酶（优先攻击不固定区域）消化时，这些半晶状和不固定的区域以环状形式出现。图为马铃薯块茎中淀粉颗粒的电镜扫描图，显示了以上描述的情况。

不同亚型的淀粉合酶和淀粉分支酶的构象在淀粉聚合体形成过程中的不同作用是在研究单个亚型酶的突变体及转基因植株时发现的，其中单个亚型的酶活性被减弱或消除。消除不同亚型酶的活性会引起淀粉结构及组成发生根本性变化（图 4-75）。一个惊人的发现就是，支链淀粉是 4 种类型的淀粉合酶和 2 种类型的淀粉分支酶综合作用的产物，而直链淀粉则专由第 5 种亚型的淀粉合酶合成。后面这种亚型的酶作为"颗粒结合型淀粉合酶"，在许多催化性质和定位上都与其他 4 种不同。这种颗粒结合型淀粉合酶专一地分布在淀粉颗粒的支链淀粉矩阵中。缺少这种淀粉合酶的突变体，如玉米中的 *waxy* 突变体，就不能合成直链淀粉了，它们的淀粉就由支链淀粉组成。

第三种酶——**淀粉去分支酶**，称为**异淀粉酶**，也在淀粉合成中扮演着重要的角色。淀粉去分支酶能够切断 α-1,6-糖苷键，使得淀粉分子呈直链。缺少淀粉去分支酶的突变体植株中含有淀粉以及另外一种葡萄糖聚合物——植物糖原。这类突变体中比较著名的是玉米中的 *sugary-1* 突变体，它是满足人类消费的低淀粉，是高糖的甜谷类作物的基础。植物糖原和支链淀粉一样，也是一种由 α-1,4-糖苷键和 α-1,6-糖苷键连接的葡萄糖聚合物，但它拥有更多的分支。它不是聚集成小颗粒状，而是以一种可溶的形式存在于质体中（图 4-76 中所示的另一种缺少异淀粉酶的突变体——*isa 2*）。在正常的淀粉合成中，异淀粉酶是通过什么途径来阻止植物糖原积累的目前还不是很清楚。

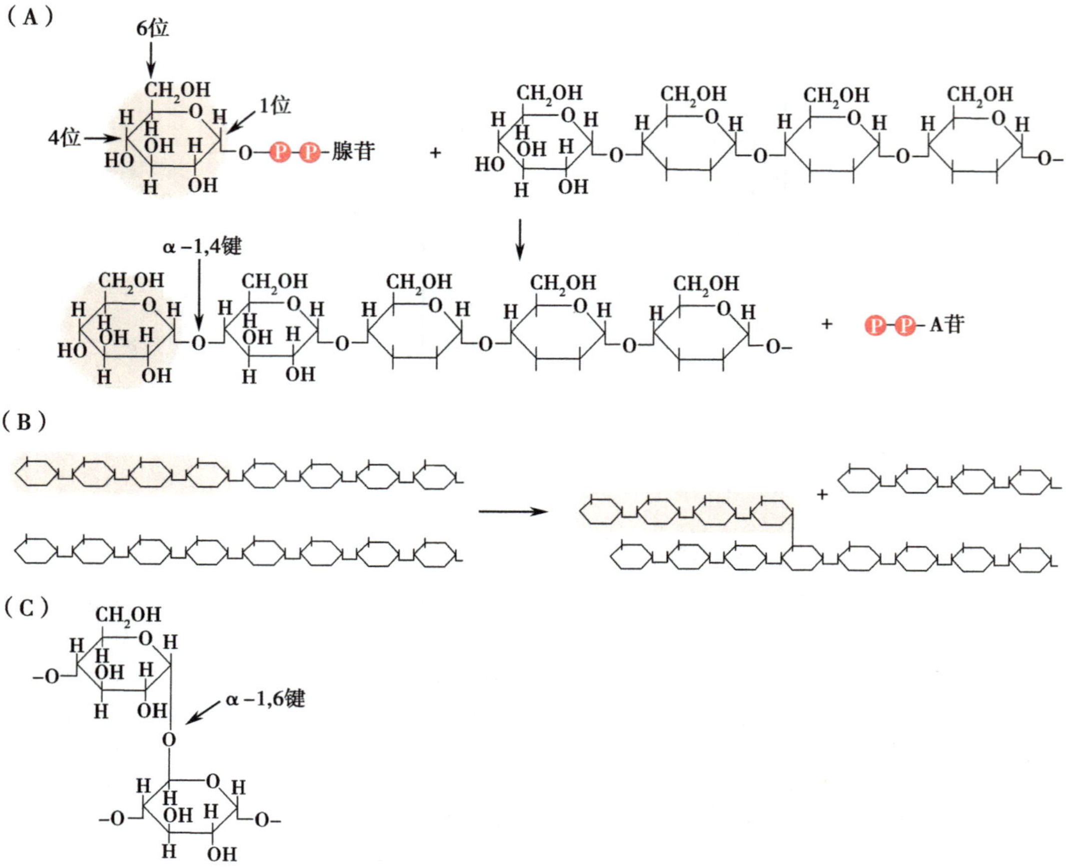

图 4-74 淀粉合酶和淀粉分支酶。(A) 淀粉合酶通过 α-1,4 糖苷键从 ADP-葡萄糖（左上）上加一个葡萄糖单位至葡聚糖的末端（右上），同时释放 ADP。(B) 淀粉分支酶通过 α-1,6-糖苷键将相邻的两条链连接起来。(C) α-1,6-糖苷键的具体结构图。

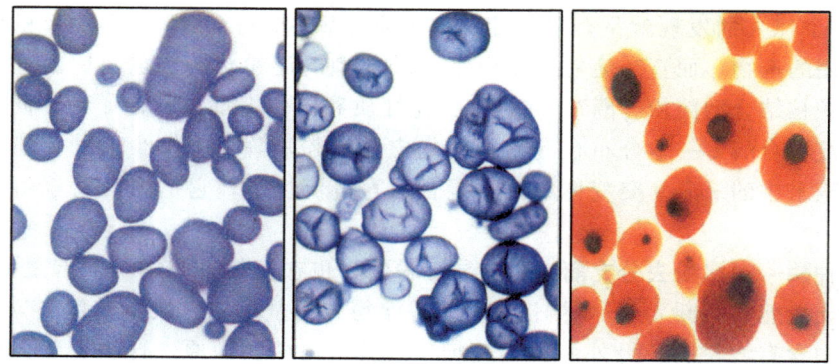

图 4-75 由淀粉合酶减少而引起的马铃薯块茎中淀粉颗粒的改变。图为来自三株不同的马铃薯块茎中的淀粉颗粒被碘染色（碘能与淀粉互作，并使之变色）的情况。在一株正常的块茎中（左），最大的淀粉颗粒大约为 60μm。在一株转基因植物中（中），其中一种构象的淀粉合酶（淀粉合酶Ⅲ）减少。于是支链淀粉的结构被改变，导致淀粉颗粒出现破裂。在另外一株转基因植物中（右），颗粒结合型淀粉合酶的活性减少。直链淀粉含量较低，并且大多数被限制在颗粒中心，因此只在中心部位产生蓝色，而周围的支链淀粉部分则呈现出红色。

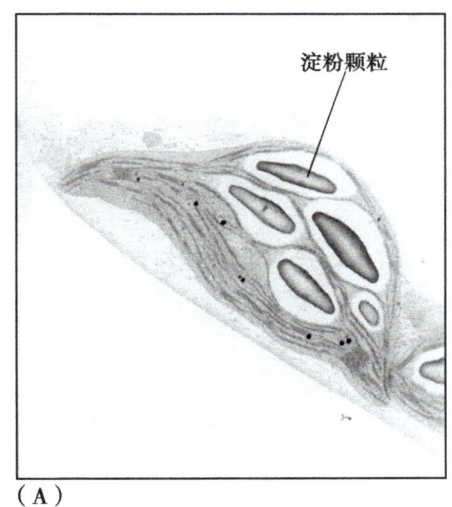
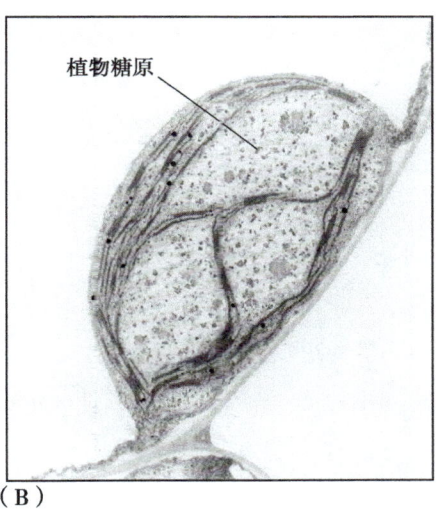

(A)　　　　　　　　　　　　　　　　（B）

图 4-76　在缺少异淀粉酶的拟南芥突变体叶绿体中植物糖原积累情况。（A）包含淀粉颗粒的野生型植株突变体叶绿体。叶绿体中淀粉颗粒直径一般为 2μm。（B）包含残余淀粉以及大部分可溶或半溶植物糖原的 *isa 2* 突变体叶绿体。

淀粉降解的途径取决于植物器官的类型

　　淀粉降解为植物生长和呼吸作用提供碳源，其主要包括两个阶段（图 4-77）：第一阶段，淀粉颗粒由内淀粉酶识别，酶（如 α-淀粉酶）能够水解 α-1,4-糖苷键，从淀粉颗粒中释放可溶的葡聚糖。第二阶段，这些可溶的葡聚糖能够断裂为葡萄糖或者己糖磷酸。在这一阶段，需要用到 4 种酶。去分支酶水解 α-1,6-糖苷键使淀粉变为直链状；然后外淀粉酶（如 β-淀粉酶）能够从这些链的末端以两个葡萄糖为单位（麦芽糖）进行切割；之后麦芽糖酶就会水解麦芽糖成为葡萄糖。除了外淀粉酶外，淀粉磷酸化酶能够作用于直链上，在末端葡萄糖残基上加一个磷酸分子，从而释放出葡萄糖-1-磷酸。

　　外淀粉酶和淀粉磷酸化酶（这两种酶都能作用于淀粉降解较早期释放的链状分子）之间的相对重要性在大多数植物器官中还不是很清楚，并且整个的淀粉降解途径是怎样被调控的也不是很清楚。但是，比较明确的是淀粉降解的途径及调控方式在不同的器官中是不同的。例如，发芽的谷类胚乳中以及夜间的叶片中，淀粉的降解就很不一样。

　　像所有合成淀粉的组织一样，胚乳中淀粉的合成及储藏在质体内进行。然而，当种子成熟时，在胚乳细胞内及外围的细胞膜就消失了；在种子吸水萌发之前，淀粉存在于非活性组织中。淀粉降解由胚来完成，它存在于种子的一端。胚能够分泌**赤霉素**，这就导致**糊粉层**（包围胚乳的一层细胞）能释放内淀粉酶（如 α-淀粉酶）到胚乳内（图 4-78）。糊粉细胞质膜上的受体能够感受到赤霉素，并且将这一信号传至细胞内部，引起了**MYB 家族转录因子**中基因表达的上调。这一类型的转录因子能够结合在编码内淀粉酶基因的**启动子**上，并且激活这些基因的表达。与内淀粉酶不同，外淀粉酶（如 β-淀粉酶）在种子发育过程中在胚乳合成，随着种子成熟，它以一种非活性状态存在于蛋白质存储小体中。成熟种子的吸胀作用能引起酶的释放和激活。由周围细胞中分泌的（内淀粉酶）或者胚乳自身激活的酶（外淀粉酶）所引起的胚乳中淀粉的水解能够产生葡萄糖，并且通过转运蛋白穿过角质鳞片运到胚中，作为新生植物呼吸和生长的底物。

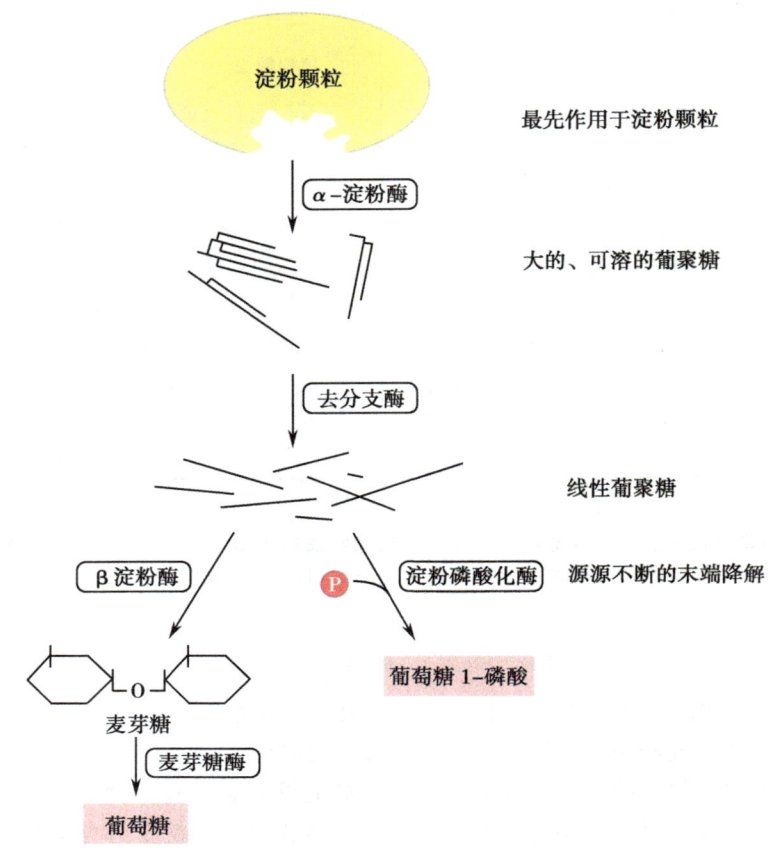

图 4-77 常规淀粉降解情况。首先淀粉被一个内源的淀粉酶（α-淀粉酶）识别，释放出可溶淀的分支葡聚糖，再经过去分支酶作用而变为线性。这些单链的非还原端可被一些酶不断地降解，或者被一种内源的淀粉酶（β-淀粉酶）催化产生麦芽糖，或者被淀粉磷酸化酶催化产生葡萄糖-1-磷酸。

叶片中淀粉的降解发生在叶绿体中，这一过程会被精确地调控。尽管降解途径中的酶在合成淀粉的白天阶段存在于叶绿体中（见 4.2 节），然而在白天却很少发生淀粉的降解。黑暗中这一过程开启，但机制目前还不清楚。很多叶绿体既包含了外淀粉酶又包含了淀粉磷酸化酶，因此既有可能将淀粉降解为麦芽糖，也有可能降解为葡萄糖-1-磷酸（图 4-79）。在拟南芥叶片中，淀粉主要降解为麦芽糖；麦芽糖能够从叶绿体输出，在细胞质中转化为己糖磷酸；然后己糖磷酸就转换为蔗糖而运送到植物不进行光合作用的部分。叶绿体中的葡萄糖-1-磷酸能够转变为丙糖磷酸，通过丙糖磷酸转运蛋白输出用于叶片细胞晚上的呼吸作用及生物合成。

一些植物储存可溶的果糖多聚体而非淀粉

在一些植物中，碳以果聚糖而非淀粉的形式长期或短期储存。果聚糖合成来自蔗糖，而蔗糖一般来自叶片的液泡、草类植物和一些百合目植物的茎（包括葱和芦荟），以及一些菊目植物地下部分的储存器官［包括土木香、菊苣（根）及菊芋等］（图4-80）。

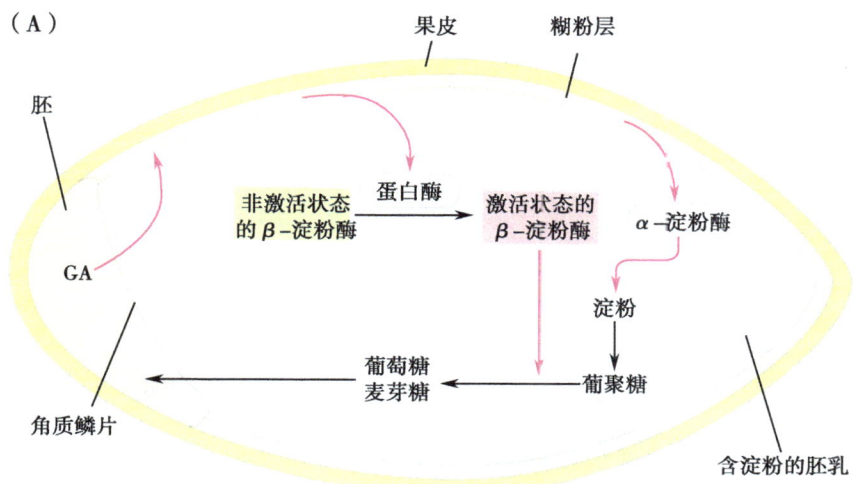

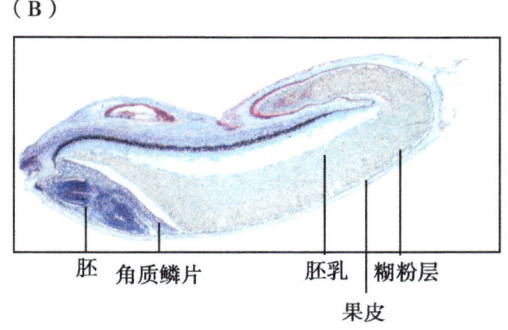

图 4-78 在发芽的谷类胚乳中淀粉降解情况。（A）胚中的赤霉素（GA）引起糊粉层（包围在非活性的胚乳外）产生和分泌 α-淀粉酶。这种内源淀粉酶识别胚乳中的淀粉颗粒。糊粉层还能够分泌一种蛋白酶，其可以释放并激活胚乳中以非活性形式储存的 β-淀粉酶（一种内源酶）。(3) 成熟的小麦横截面的光学显微图（图 B 由 Ray F. Evert 提供）。

果聚糖是一系列复杂的果糖聚合体。这一聚合体的精确结构依赖于其所属的物种类型。在最简单的例子中，这一聚合体是由 α-1,2-糖苷键或者 α-2,6-糖苷键连接果糖残基构成的链状结构。其他类型的果聚糖则同时含有一些不同类型糖苷键，因而可能是分支的。其合成过程就是将蔗糖中的果糖残基转到果聚糖链上（图 4-80），这时根据果聚糖类型需要用到不同类型的果糖转移酶。蔗糖的葡萄糖残基则由液泡运到胞质中，被磷酸化后重新经过循环变为蔗糖。

草本植物叶中果糖的合成发生在当蔗糖合成的速率超过了运出速率时，高浓度的蔗糖导致了编码果聚糖合酶的基因表达。当蔗糖水平降低时，果聚糖经酶解从链的末端释放出果糖。果糖从液泡运出至胞质中，在那里被磷酸化而转变为蔗糖。在不进行光合作用的储存部位，如多年生草本植物的茎、葱头、菊苣的根以及洋姜中，果聚糖在相同的器官中执行着和淀粉一样的职能：在植物旺盛生长过程被合成，在光合作用较低或是无光合作用时被保存，并且能够在条件较好时降解提供碳源使植物继续生长。

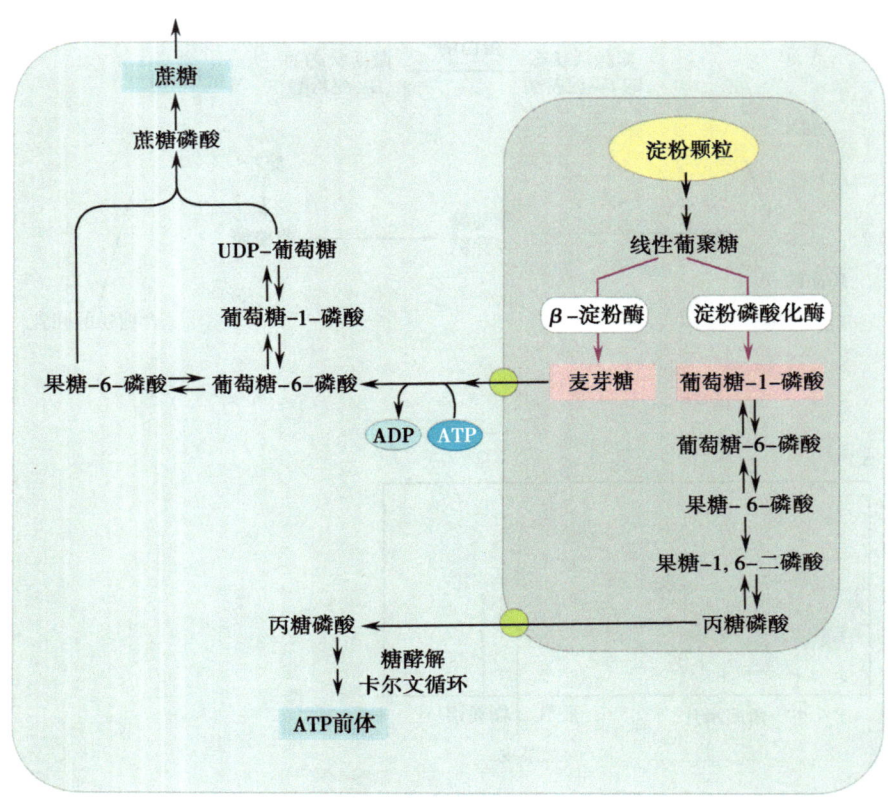

图 4-79　光照下叶片细胞中淀粉降解途径。 白天光合作用积累的淀粉中的碳源在夜间将用于蔗糖合成以维持叶片的运输及细胞生长等。在这一途径中，用于蔗糖合成的碳是通过 β-淀粉酶水解淀粉而提供的，这一过程还伴随葡萄糖运出到胞质中。碳对细胞生长及数量的维持是通过淀粉磷酸化酶的磷酸化降解作用提供的，伴随葡萄糖-1-磷酸转变为丙糖磷酸，并运出到胞质中。这一途径是推测性的，叶绿体中精确的淀粉降解途径还不是很明确。

储存性脂肪由内质网中的脂肪酸合成

许多植物的果实和种子中以脂肪而非淀粉或果聚糖的形式来储存碳源。花生、大豆、油菜、拟南芥、西葫芦、向日葵等植物的种子中都储存着脂肪。在一些物种中，脂肪是种子的主要储存成分。在其他的一些物种中，种子中的某些部位储存了脂肪，另外一些部位则积累淀粉，如谷类种子的胚乳积累淀粉，而胚则包含脂肪。

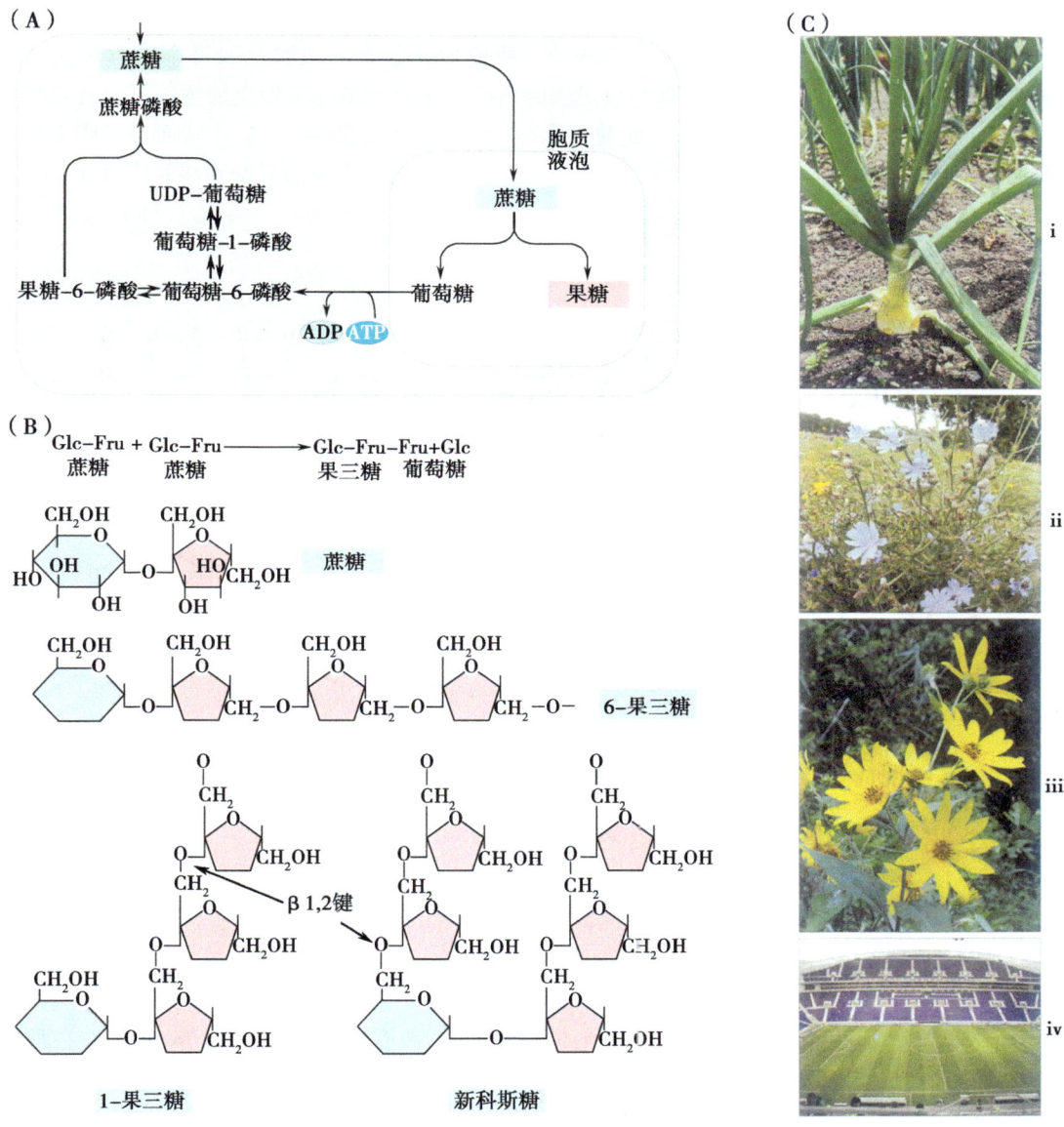

图 4-80　果糖的合成。（A）液泡中使用蔗糖合成果糖，释放葡萄糖，并运出至胞质，可再次循环变为蔗糖。（B）果糖的合成起始于一个果糖单位从一个蔗糖分子转换到另一分子上，同时释放葡萄糖和果三糖。果聚糖中保留一个来自蔗糖接头分子中的葡萄糖单位。果聚糖单位的数量以及果聚糖的连接键在不同的物种及生长阶段是不同的。（C）一些积累了果聚糖的物种。从上到下：洋葱、菊苣的花、洋姜的花（所有的果聚糖豆积累在膨大的根中）、露天场所生长的黑麦草（果聚糖通过光合作用积累在叶片中）（图 Ci 和 Cii 由 Tobias Kieser 提供；图 Ciii 由 David G. Smith 提供；图 Civ 由 Thomas Kramer/Stadionwelt 提供）。

脂肪以三酰甘油的形式储存。**三酰甘油**是一种疏水性很高的分子,包含了连接在甘油骨架上的三条**脂肪酸**链(图 4-81)。这种碳源储存形式能够比淀粉释放更多的能量,因为相较于淀粉、蔗糖等碳水化合物,脂肪是一种更加还原态的碳源(如每个碳单位包含更少的氧),每单位的脂肪代谢能够释放更多的 ATP。脂肪的疏水特性更加增强了这种单位能量释放的不同。淀粉颗粒包含了一定量的水分(大约是其体积的 40%),然而储存脂类的**脂肪体**中却不含水分。但是,与合成淀粉相比,脂肪合成是一个更为复杂和耗能的过程。

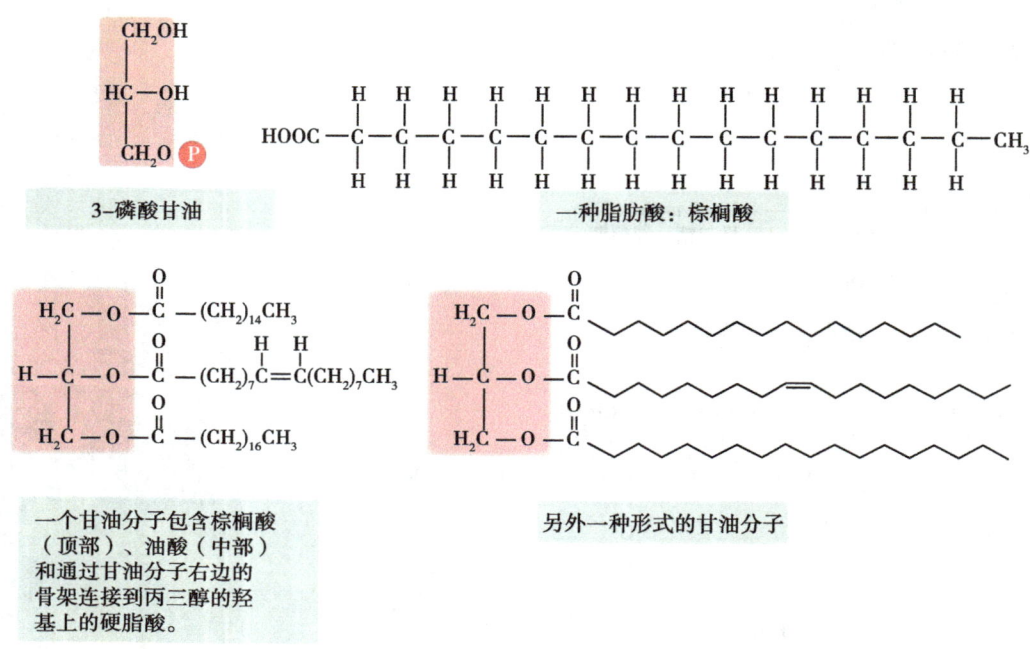

图 4-81　三酰甘油的结构。一个甘油骨架包含三个脂肪酸单位——图中显示的分别为棕榈酸、油酸和硬脂酸。

　　脂肪酸分子包含一条末端含有羧基的碳氢链,含有 16 个或 18 个碳原子,在质体中合成(见 4.7 节)。在转运至胞质作为三酰甘油合成的底物时,脂肪酸转变为乙酰辅酶 A。之后,乙酰辅酶 A 转运至内质网,在那里合成膜及储藏脂肪。在膜脂肪和储存脂肪合成的相应步骤中,脂肪酸从乙酰辅酶 A 酰基转运到甘油-3-磷酸的 1 位,接着第二个脂肪酸转运到 2 位,最后形成磷脂酸(图 4-82,顶部)。这时,膜脂肪和储存脂肪合成途径就分开了。这里我们将介绍储存脂肪的合成,膜脂肪的合成将在 4.7 节中介绍。

　　磷脂酸可以通过两种方式转换为三酰甘油(图 4-82)。第一种方式,磷酸基团从甘油骨架上的 3 位移出(形成二酰甘油),由**二酰甘油酰基转移酶**将第三个脂肪酸加上。第二种方式,二酰甘油和**胞苷二磷酸胆碱**(CDP-胆碱)起作用,形成卵磷脂。这种脂是膜的主要成分,但是其也在**磷脂:二酰基甘油酰基转移酶**的催化下,将卵磷脂中 2 位的脂肪酸转移至二酰甘油的 3 位形成三酰甘油。

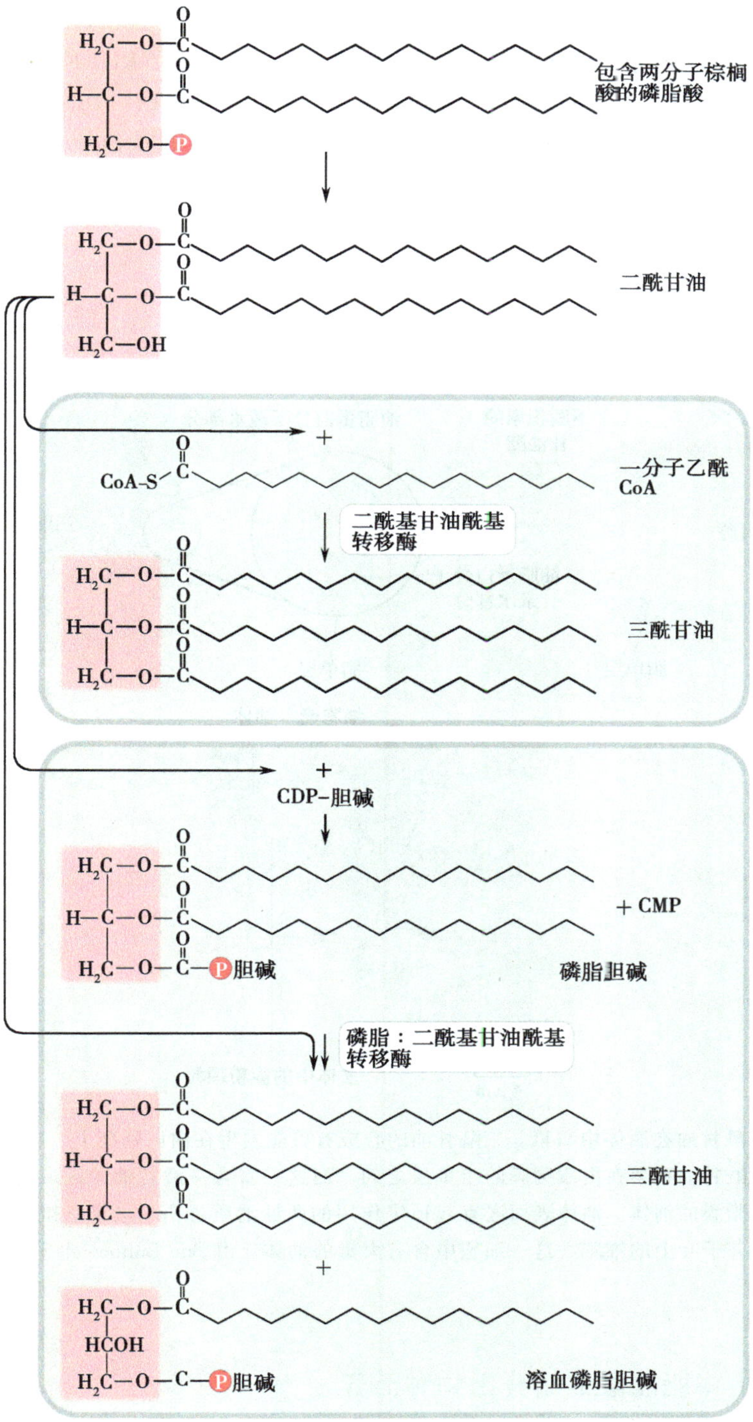

图 4-82 磷脂酸通过两种方式转换为三酰甘油。三酰甘油来自磷脂酸（上）。在一条路线中（上部的灰框），二酰甘油通过二酰甘油酰基转移酶以乙酰辅酶 A（这里显示的是棕榈酰 CoA）的形式连接在第三个脂肪酸上。在另一条路线中（下面的灰框），二酰甘油和 CDP 维生素 B 复合体形成卵磷脂同时释放 CMP。第二个二酰甘油之后就在磷脂：二酰基甘油酰基转移酶作用下与卵磷脂反应，产生三酰甘油和溶血磷脂胆碱。

三酰甘油的合成发生在内质网上的特殊部位。新合成的物质被认为在内质网膜脂类中积累，之后分泌到细胞质中形成油体。油体是一个由单层脂质膜包围的三酰甘油颗粒（图 4-83）。在大多数的油体中，这层膜中还含有**油质蛋白**，在干燥环境（如种子成熟过程）中稳定油体的多种蛋白质。油质蛋白是不常见的蛋白质，中部是疏水区，末端是亲水区。这就意味着油质蛋白中部可以镶嵌到油体的内部，而末端则暴露在外部。

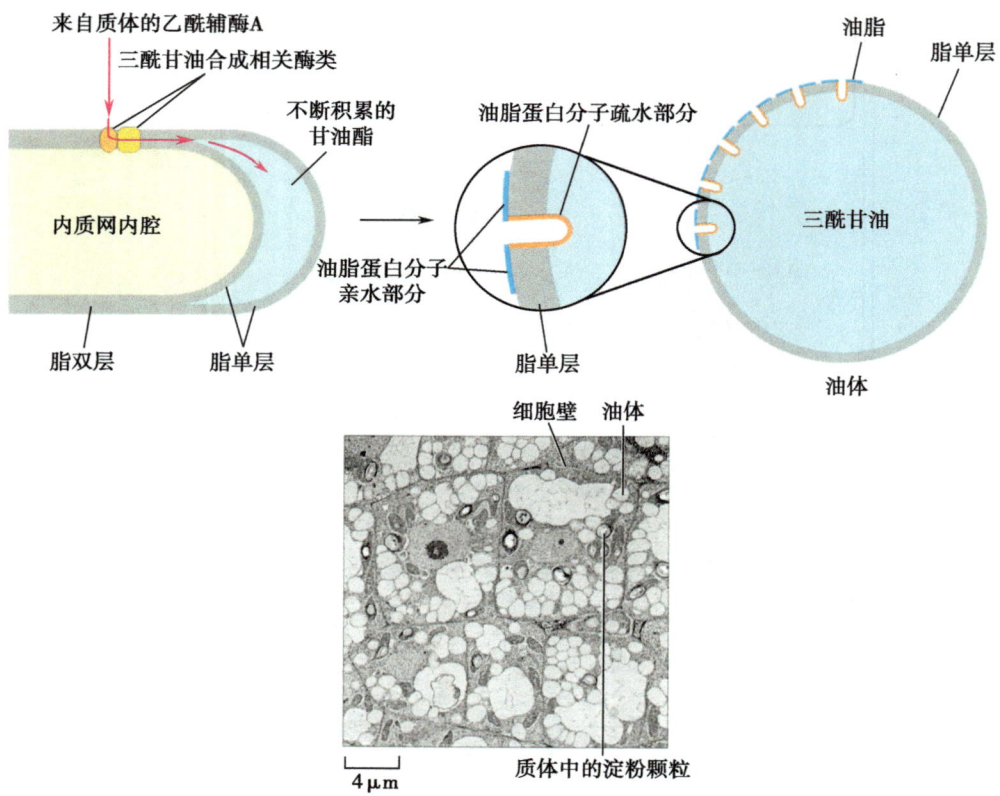

图 4-83　**三酰甘油在油体中积累。**三酰甘油的合成有可能发生在内质网膜上。在这个模型中，新形成的三酰甘油积累在内质网膜的脂单层之间。而这一富含三酰甘油的区域将以出芽的方式形成单层脂膜的油体。油体表面嵌有起稳定作用的两性油质蛋白。电子显微图显示了正在生长的拟南芥子叶上的细胞，这一细胞中含有大量的油体（由 Sue Bunnewell 和 Vasiolos Andriotis 提供）。

储存脂类中脂肪酸的组分因物种而异

不同的物种中附着在三酰甘油骨架上的三种脂肪酸的性质是不同的，主要有以下两方面的原因：第一，最开始合成时的原料在不同物种中是不同的；第二，不同物种中将脂肪酸连接到甘油骨架上的酶具有不同特性。我们先描述一下不同类型的脂肪酸是怎样产生的。

脂肪酸合酶复合体通常释放终产物为 16 个或 18 个碳原子长度的脂肪酸（图 4-84，又见图 4-86），这些脂肪酸的碳原子以单键相连。棕榈酸含有 16 个碳，无双键，被命名为 16：0。与此类似，18 个碳的硬脂酸则命名为 18：0。没有双键的脂肪酸被称为**饱和脂肪酸**。棕榈酸和硬脂酸可以进行两种主要类型的修饰，形成各种在膜、表皮、储存脂质中的脂肪酸，也就是延长和引入双键去饱和。

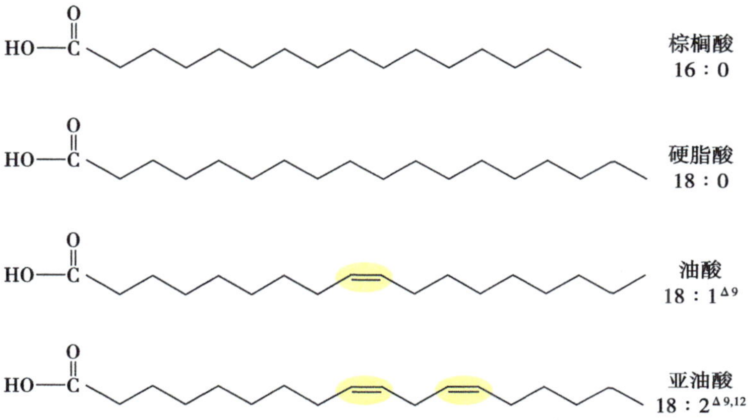

图 4-84　**各种脂肪酸结构。**棕榈酸、硬脂酸以及油酸都是在质体中合成的。内质网上的去饱和酶能够在脂肪酸链特异的位置处键入双键结构。植物中广泛分布着油酸和亚油酸。有 Δ 标记的地方表示双键的位置。

脂肪酸双键的导入由**脂肪酸去饱和酶**家族催化完成。在质体中的一种可溶的去饱和酶（图 4-86），能够将硬脂酸转变为油酸（含有一个双键的 18 碳的脂肪酸，命名为 $18：1^{\Delta 9}$；图 4-84）。其他的去饱和酶结合于内质网膜上。拟南芥至少含有 15 个这种类型的酶，每种酶在叶片和种子脂肪酸的合成中具有不同的作用。所有的去饱和酶能在限定的脂肪酸底物的特定位置上催化双键的形成，每种类型的酶能催化不同的去饱和反应。

这里我们主要以 FAD2 和 FAD3 两种脂肪酸去饱和酶为例进行介绍。FAD2 和 FAD3 都存在于内质网上，而且都是催化卵磷脂脂肪酸的去饱和化（图 4-85）。FAD2 在 18：1 的脂肪酸中的碳 11 和碳 12 之间加上一个双键，而之前存在的双键则在碳 9 和碳 10 之间，因此就把 $18：1^{\Delta 9}$ 的脂肪酸变为了 $18：2^{\Delta 9,12}$ 的脂肪酸（Δ 代表双键的位置）。FAD3 之后就把 $18：2^{\Delta 9,12}$ 转变为 $18：3^{\Delta 9,12,15}$ 的脂肪酸。这些 18：1、18：2、18：3 的脂肪酸（分别是油酸、亚油酸以及 α-亚麻酸）是大多数植物中主要的膜脂质成分，同时也会存在于三酰甘油中。亚油酸以及 α-亚麻酸被称为"必需脂肪酸"，它们不能在人体中合成，但却是我们体内的一些膜脂质和细胞信号分子所必需的前体。人体所需的所有亚油酸和 α-亚麻酸都由食物中来，大部分来自种子或者食叶蔬菜。以下将介绍一些其他植物脂肪酸，它们不是必需脂肪酸，但被认为在疾病治疗和健康方面具有重要作用。

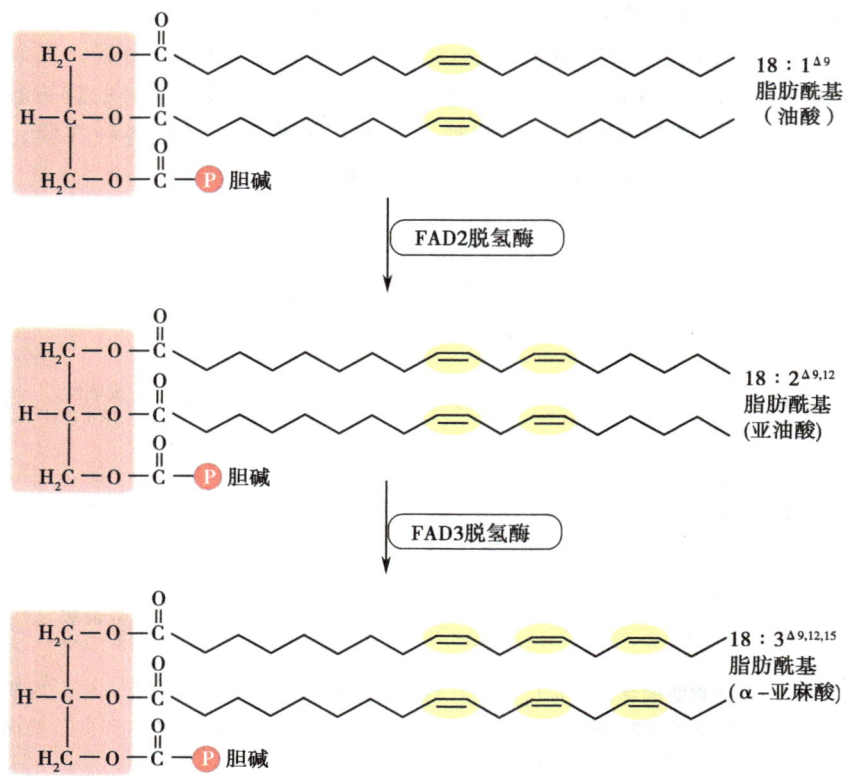

图 4-85 卵磷脂中不饱和的脂肪酰基。FAD2 作用于卵磷脂的油酸，使其去饱和化，并且键入一个双键，FAD3 去饱和酶键入第三个双键。如图 4-82 所示，剩下的亚油酸和 α-亚麻酸酰基能够导入到三酰甘油中。

　　一些植物能够合成非常不常见的物种特异性的去饱和脂肪酸，这是由一些其他的去饱和酶催化形成的，和常见的去饱和反应相比，这些酶催化的反应在脂肪酸链长度、双键位置上具有特殊性。例如，紫草科和夜来香的油中含有丰富的 γ-亚麻酸（$18:3^{\Delta 6,9,12}$），它是一种对人体健康有利的脂肪酸。这些物种含有一个 Δ6 去饱和酶，它与普通的去脂肪酸酶只有很低的相似性，这种酶能在卵磷脂分子的 $18:2^{\Delta 9,12}$ 脂肪酸上加上一个双键。

　　一些物种的三酰甘油，如椰子和棕榈，有着丰富的低于 16 碳原子长度的脂肪酸。这些脂肪酸来自质体中脂肪酸合酶复合体提前释放的脂肪酸链中。脂肪酸合酶催化将二碳单元按顺序加在正在伸长的酰基链上（图 4-86）。在整个链延伸过程中，碳链都附着在一个**酰基转运蛋白**（ACP）上。**ACP 酰基硫酯酶**从 ACP 中释放自由脂肪酸从而终止延伸过程，之后脂肪酸就被转运出质体（更多关于此类脂肪酸合成反应将在 4.7 节中讨论）。ACP 酰基硫酯酶由 FAT 基因家族编码。在大多数物种中，这些酶释放 16 个或 18 个碳原子的脂肪酸。含有较短脂肪酸链的三酰甘油的种子和果实中的质体具有不常见的 FATB 亚类的 ACP 酰基硫酯酶。不同的 FATB 酶能释放 8、10、12 以及 14 碳的脂肪酸。例如，椰子和棕榈含有一种 ACP 酰基硫酯酶，能够特异地释放 12 碳链长度的脂肪酸（月桂酸）。萼距花属中的不同物种中不同的 FATB 酶具有不同的功能：*Cuphea hookeriana* 中的三酰甘油含有丰富的 8∶0 脂肪酸，而 *Cuphea wrightii* 则分别含有 30% 的 10∶0 脂肪酸和 50% 的 12∶0 脂肪酸。植物中短链脂肪酸具有许多工业用途，包括清洁剂、肥皂、油漆和塑料的制造等。

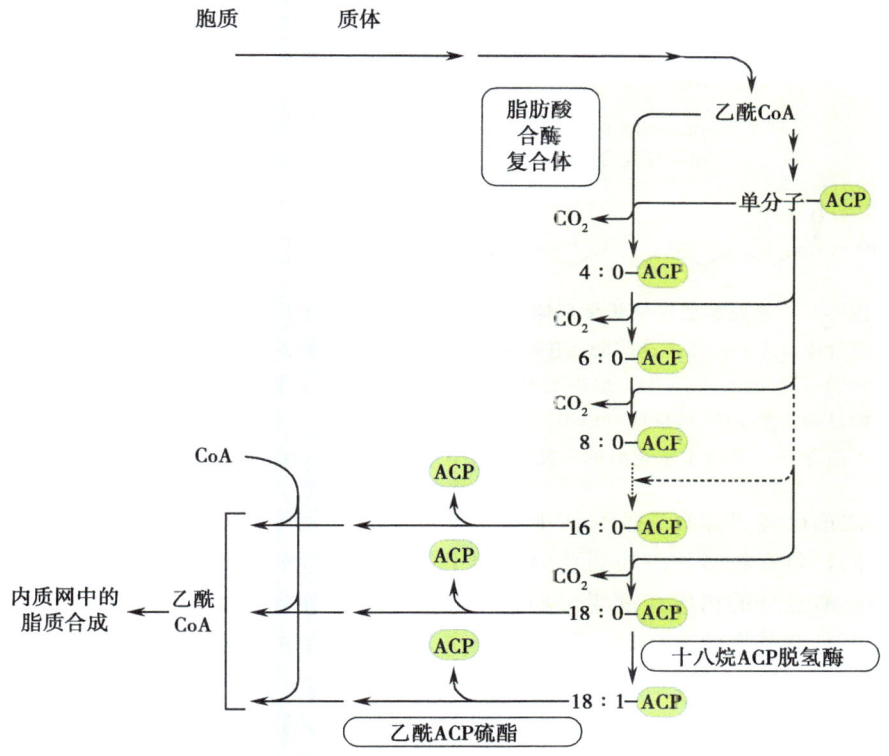

图 4-86 脂肪酸合酶释放不同链长的脂肪酸。脂肪酸合酶复合体将二碳单元加到乙酰链上，并附着在乙酰携带蛋白（ACP）上。如图所示，在大多数物种中，16∶0、18∶0、18∶1 通过乙酰 ACP 硫酯酶（能够移除 ACP）从复合体中释放。游离的脂肪酸转变为乙酰辅酶 A，并且留在质体中。这种结构被用以合成三酰甘油（图 4-82）。不同类型的乙酰 ACP 硫酯酶对不同链长的优先选择性是不同的。一些物种的种子含有比较特别的乙酰 ACP 硫酯酶（FATB 类），其功能作压于少于 16 碳的乙酰 ACP，这样就产生了比较短的脂肪酸链。

　　超过 18 个碳的脂肪酸由附着在内质网上的**延长酶复合体**催化形成（图 4-87）。在至少包含 4 种蛋白质的一系列催化反应中，一个或更多个的二碳单元将被添加到 18 碳的底物上。十字花科植物，如拟南芥，含有非常高比例的超长链脂肪酸。长链脂肪酸也可以在形成植物地上部分的**角质层**的蜡质（见 3.6 节），或者膜中微量的具有信号传递作用的**神经鞘脂**中发现。不同的延长酶复合体由不同基因所编码，从而能够提供不同的脂肪酸实现各种用途。

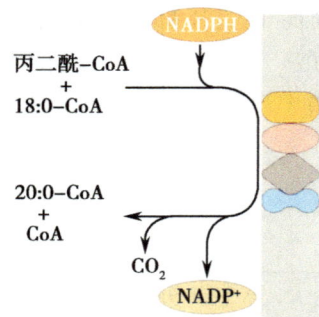

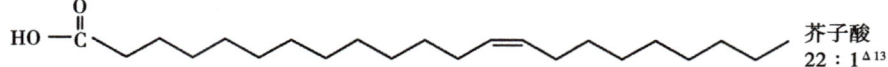

图 4-87 脂肪酸通过延长酶延伸。 20 碳及以上的碳链脂肪酸通过膜上的延长酶复合体（左）产生。这些酶能在链上增加二碳单位到脂肪乙酰辅酶 A 上（这里显示的是硬脂酸，18∶0），以丙二酰辅酶 A 作为底物。这个反应与质体中脂肪酸合酶延长乙酰 ACP 的反应（以丙二酰辅酶 A 作为底物）类似（图 4-86）。22 碳的芥子酸存在于一些十字花科的三酰甘油中，包括油菜等培育的植物中。

我们之前已经讲述到三酰甘油中脂肪酸的组分如何受到不同来源的脂肪酸强烈影响。同样的，负责将脂肪酸加到甘油骨架上的酰基转移酶对其底物的选择性也对三酰甘油中脂肪酸成分的构成有重要影响。将脂肪酸链添加到甘油 1 位的酰基转移酶对脂肪酸的类型具有较低的选择性，因此在三酰甘油 1 位上的脂肪酸的类型很多。而能够作用于甘油 2 位上的转移酶则优先选择不饱和的脂肪酸。这种酶对链长度的偏好性在不同的物种中不同。例如，甘蓝型冬油菜作用在 2 位上的转移酶不接受芥子酸（22∶1），但是作用在 1 位和 3 位上的酰基转移酶就可以。在白芒花种子油中，长链脂肪酸能够在甘油骨架的三个位置上均出现。

尽管合成三酰甘油的酶在决定三酰甘油的组分上具有一定功能，然而大多数的酶能接受的底物类型很宽广。这个论断得到了明确的实验验证，如将编码合成不常见脂肪酸的酶基因转入不会产生这些类型脂肪酸的物种中，或者通过降低一种特殊合酶的表达改变脂肪酸的组分。在甘蓝型冬油菜和大豆中经常会用到这些实验，以此来改变这些商业化油料作物油的质量，以满足人类健康和工业发展的需求。用于这些实验的基因一般来自能积累含有不常见脂肪酸的三酰甘油的物种中（图 4-88）。

改变植物中合成脂肪酸的侧面结构在大多数情况下相当于改变了三酰甘油的组分。例如，下调一个油酸去饱和酶的表达则会使大豆种子中三酰甘油的油酸从低于 10% 的含量上升至超过 85% 的含量。即使甘蓝型冬油菜在自然情况下不包含短的脂肪酸链，当在甘蓝型冬油菜中导入一个能专门合成 12 碳脂肪酸（月桂酸）的 ACP 酰基硫酯酶时，也会使得其中的三酰甘油中含有 50% 以上的月桂酸。

图 4-88 一些能够产生特殊脂肪酸的物种。(A) 棕榈 (*Elaeis guineensis*), 来自果实外部的油包含大约 50% 棕榈酸, 然而来自果实内部的油 (核油) 包含 50% 的月桂酸; (B) 池花籽油 (*Limnanthes douglasii*), 种子中包含大量的 20:1、22:1、22:2 的脂肪酸; (C) 胡荽 (*Coriandrum sativum*), 种子中包含大量的伞形花子油酸, $18:1^{\Delta 6}$ (图 B 由 Tobias Kieser 提供; 图 C 由 A. Fiedler 提供)。

通过 β 氧化和糖异生作用将三酰甘油转变为糖

储存脂质的种子在萌发时能将三酰甘油转变为蔗糖 (图 4-89), 蔗糖能够从存储细胞中运到快速生长的组织中以用作能量来源及生物合成途径的前体。三酰甘油的降解是通过**脂肪酶**的水解作用开始的, 这一过程会释放出脂肪酸。脂肪酸又会通过 β 氧化分解为二碳单元的结构, 这一过程发生在**乙醛酸循环体**——与过氧化物酶体相关的特化细胞器之中。

脂肪酸 β 氧化产生二碳单元的乙酰辅酶 A 是通过一个含有 4 个酶的复合体完成的。两分子的乙酰辅酶 A 通过一个特殊的乙醛酸循环转变为四碳的琥珀酸 (图 4-89)。注意乙醛酸循环和三羧酸循环的一个重要的区别 (图 4-57), 乙醛酸循环和三羧酸循环都能将乙酰辅酶 A 转变为琥珀酸, 但是三羧酸循环包含了两个脱羧反应, 并释放二氧化碳, 而在乙醛酸循环中则没有碳丢失。乙醛酸循环中产生的琥珀酸转移至线粒体中, 在那里通过三羧酸循环进一步转化为草酰乙酸。之后, 通过糖酵解中的一系列相反的反应, 草酰乙酸会被运至胞内转变为蔗糖, 这一过程称为糖异生。

糖酵解中的许多反应都是可逆的, 并且糖异生反应中可以使用糖酵解反应中的一些酶。然而, 草酰乙酸转变为磷酸烯醇式丙酮酸 (图 4-89) 则不能够使用 PEP 羧化酶, 因为这种酶催化的是合成草酰乙酸的不可逆的过程 (图 4-62)。糖异生取而代之引入了脱羧酶 PEP 羧激酶, 这个酶在控制从脂质到糖的转变流动上具有重要作用。

乙醛酸循环不仅在从储存的脂质中调动碳, 而且也在从衰老的叶片膜脂质中重新获得碳中起作用。两种特异的编码糖异生作用的酶——异柠檬酸酶和苹果酸酶的基因都能在储存脂质的种子萌发过程和衰老叶片的结构组分程序性死亡的过程中表达 (见 5.4 节)。

蔗糖可能作为决定碳储存程度的信号

碳的储存和之后的活化受到糖及发育信号在转录水平上的调控 (见 2.3 节)。在本质上, 研究结果暗示蔗糖水平高时激活编码合成储存复合物的酶基因表达, 而葡萄糖能够促进细胞生长、分裂和储存性碳代谢等方面的基因表达。这样的证据来自两个方面: ①蔗糖直接影响一些特殊基因表达的直接证据; ②储存器官中蔗糖水平和储存物质合成与代谢模式间的关联性。

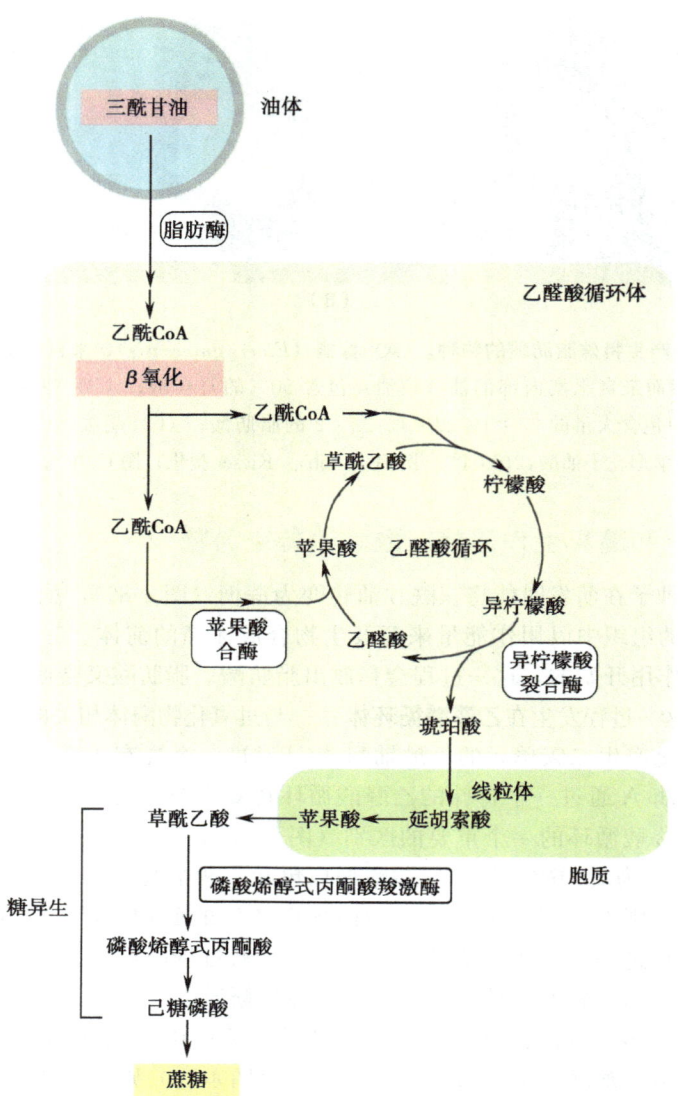

图 4-89 三酰甘油转变为蔗糖。 储存的脂质通过脂肪酶动员产生酰基辅酶 A。β 氧化将酰基辅酶 A 转变为乙酰辅酶 A，这是通过乙醛酸循环体中的乙醛酸循环和线粒体中的卡尔文循环的两步反应转变为草酰乙酸完成的。在胞质中，通过一系列反应，草酰乙酸通过糖异生（糖酵解的逆反应）转变为蔗糖。

已知受蔗糖激活的基因包括许多编码淀粉合成和果聚糖合成的酶基因。例如，在马铃薯中，在提供外源蔗糖的情况下，叶片中编码淀粉合酶、淀粉分支酶以及 ADP-葡萄糖焦磷酸化酶的基因表达量会被上调。在黑麦草叶片中，编码果聚糖合酶的基因表达能随着蔗糖含量的增加而增加。相反地，蔗糖能使编码淀粉去分支酶的基因表达下调，而葡萄糖则能使其上调。

蔗糖影响基因表达的更为详细的信息已经在通过将蔗糖响应基因启动子不同区域和报告基因融合构建转基因植株的分析中得到研究。报告基因是能够发现一个特异启动子表达部位和激活所需条件的研究工具。报告基因编码一些可见蛋白质（如绿色荧光蛋白，第8章），或者在植物中产生一些可见的产物。一种比较常见的报告基因是 GUS 基因，其编码细菌的 β-葡糖苷酸酶（GUS），这种酶能使底物由无色变为蓝色。为了研究糖响应基因，先把 GUS 基因融合到所要研究的基因启动子区的特殊区域，然后在转基因植株中，通过在外源不同量的蔗糖处理来检测包含着启动子区域的基因表达情况，GUS 基因的表达产物能够将无色的 GUS 底物转变为蓝色产物，最后通过检测出蓝色产物的产量来检测基因的表达量（图 4-90）。在这种实验中，短片段的 DNA 序列（DNA 基序）往往具有重要作用，这些 DNA 序列与许多糖响应基因的启动子区相关，并且是控制响应蔗糖基因表达的开关。因此，这些基序很有可能就是与糖响应的转录因子的特异靶标序列（可参见 2.3 节中 Box 2-1 在转录因子基因表达中的作用）。

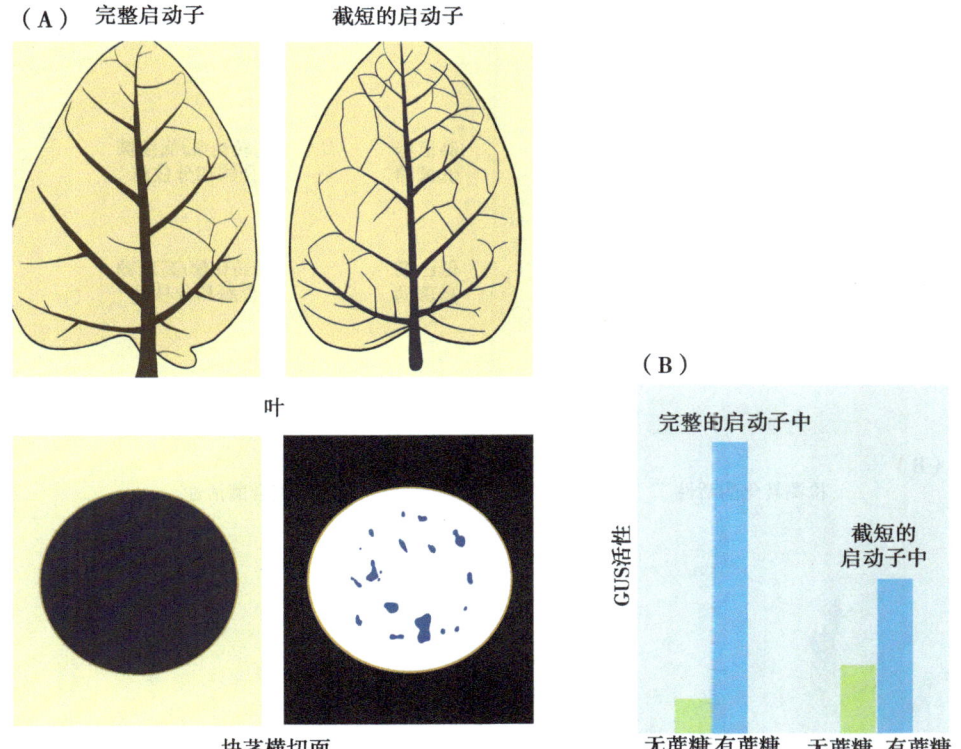

图 4-90 通过 GUS 基因来研究启动子的功能。 这是一个在马铃薯中研究编码蔗糖合酶基因启动子的实验。GUS 报告基因融合在具有完整启动子的蔗糖合酶基因上，或者融合在截短了的启动子的基因上。之后将融合的基因转入马铃薯植物中。（A）将植物组织浸在一种无色的 GUS 酶的底物中，通过观察蓝色产物的量来检查 GUS 基因的活性，也就是启动子的活性。这个实验是在叶片或块茎中完成的。（B）为了检测糖响应的情况，将离体的叶片分别培养在有蔗糖和无蔗糖的培养液中，然后将叶片提取液与无色底物混合，可以通过测定蓝色产物的量来定量分析 GUS 基因的活性。（A）图显示了蔗糖合酶基因完整的启动子在块茎中活性较强，而在叶片中活性较弱（左上图和左下图）；截短了大约一半启动子的基因在叶片中活性较高，而在块茎中较低（右上图和右下图）。（B）图显示了与截短的启动子相比，完整的启动子对蔗糖是高度响应的。综合这个启动子不同长度截短的其他实验结果，人们找到了该启动子负责在不同组织中表达的区域，以及对蔗糖响应的区域（图 A 由张慧婷提供）。

植物体怎样感应蔗糖含量的变化以及这一结果怎样导致特异转录因子表达或激活还不是很清楚。但是最近的研究证据暗示一种己糖激酶的异构形式可以作为葡萄糖的感应器。在酵母中，蔗糖感应器通过涉及特异的蛋白激酶 SNF（非发酵蔗糖）家族的调控机制来控制蔗糖响应的基因表达。植物中含有和酵母中参与蔗糖响应的 SNF 激酶非常相近的蛋白激酶 SnRK1，因此植物的蔗糖响应途径可能需要 SnRK1。

马铃薯块茎发育和蔗糖的相关性可以在一定程度上反映糖信号在存储器官发育中起作用。马铃薯块茎是通过其匍匐枝（地下茎）顶端的侧向膨胀而不断发育的。在块茎发育前，匍匐枝顶端蔗糖的浓度很低而己糖的浓度很高。匍匐枝顶端含有高浓度的转化酶和低浓度的蔗糖合酶。匍匐枝顶端的侧向膨胀和淀粉积累而形成块茎这一过程与糖代谢中的变化是一致的：转化酶使己糖含量降低，蔗糖合酶使糖含量增加（图 4-91）。与其他存储器官的发育过程相似，这些结果表明蔗糖和己糖的比率影响决定将碳用于发育还是储存的基因表达调控。

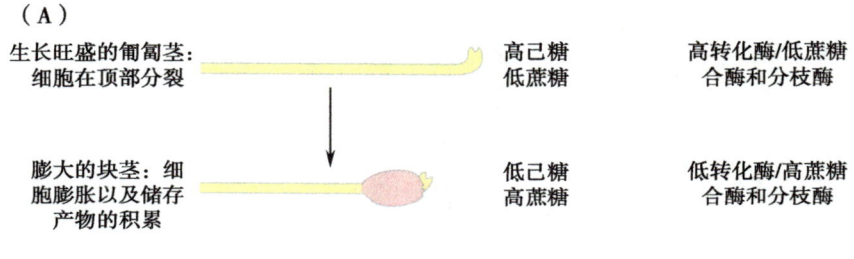

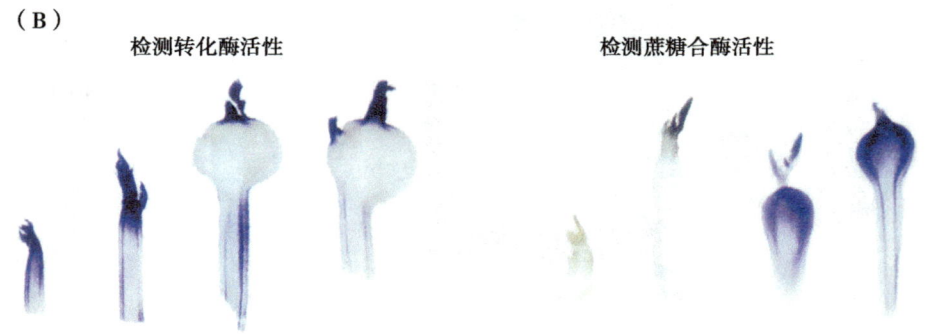

图 4-91　**糖信号。**随着糖信号从提供植物生长作用转变为储存作用时，马铃薯也从活性生长的匍匐枝转变为发育的淀粉储存块茎。(A) 在生长旺盛和细胞分裂时，蔗糖通过转化酶转变为己糖。此时没有淀粉积累。当生长转变为细胞膨大阶段时，伴随着转化酶的丢失，蔗糖：己糖的比率升高以及蔗糖合酶活性的增加，淀粉开始不断积累。(B) 对匍匐枝形成的早期块茎的染色揭示了转化酶的量和定位（左）以及蔗糖合酶的活性（右）。在块茎形成前的匍匐枝中转化酶的活性较高，而在块茎生长阶段，其活性则相对较低。相反的，在匍匐枝中蔗糖合酶的活性较低，而在块茎生长阶段，其活性则相对较高。

其他重要的代谢物也能通过影响基因表达进而影响用于生长还是用于储存碳的平衡。例如，编码合成储存产物的酶基因能够同时受含氮复合物和糖的影响。蔗糖激活和抑制基因表达的机制可能和一些主要的植物激素如生长素所产生的基因表达变化相关。因此植物中从活跃生长所需碳到储存碳的转变受到了很多相互作用因子参与的复杂调控。

4.7 质体代谢

质体中的代谢过程随着细胞类型及生长阶段变化而发生巨大变化。其中最为显著的例子就是光合作用过程。这是目前为止在叶片质体（叶绿体）中最为明显的一个过程，然而在其他类型的质体中，如根中的质体内，不存在这一过程。在一个生命周期中，能进行光合作用的细胞其质体中的主要代谢形式发生显著变化：从大量合成膜、色素以及卡尔文循环酶的幼嫩叶片阶段，到由光捕获和 CO_2 同化作用占主导地位时的叶片发育阶段，再到叶绿素随着叶片衰老而降解的最后阶段等（图 4-92）。在非光合作用的细胞生命周期中，其质体内的代谢过程也可能发生一些深刻改变。例如，油菜和拟南芥的胚中的质体在早期阶段发生一些诸如淀粉合成和降解的主要代谢过程，之后转变为高速率的脂肪酸合成以便向内质网中的脂质合成提供所需要的底物。

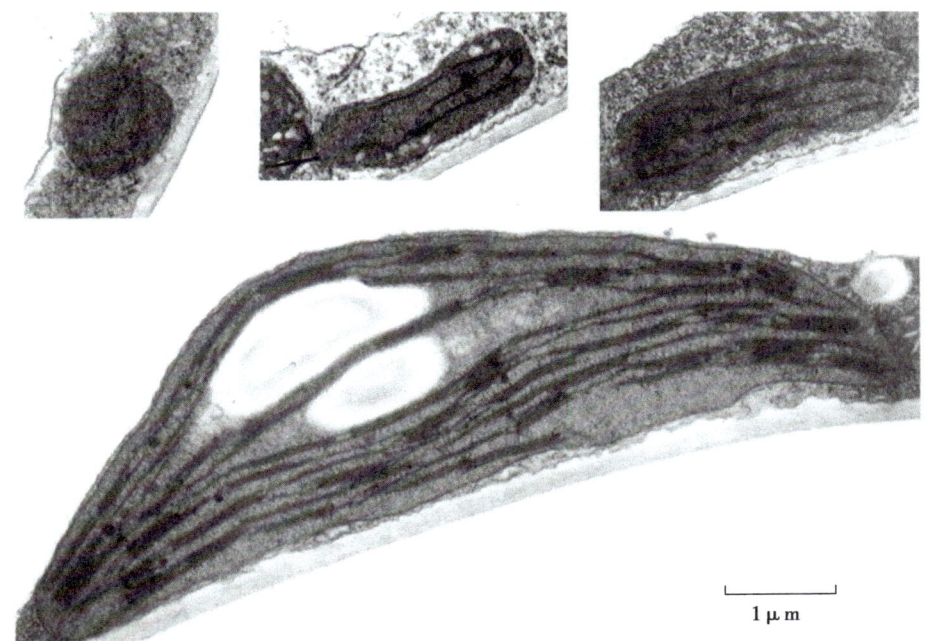

图 4-92 **拟南芥叶片中叶绿体的生长阶段。**这些电子显微图片显示了叶绿体从原生质体发育到成熟叶绿体的过程。在叶片生长的早期，分生组织的细胞包含形状一致的原生质体（左上）。在细胞分裂结束后、叶片开始扩展之时，质体迅速在大小和长度上增长，并且形成类囊体。

在这一节中，首先我们要讲述的是质体内的代谢怎样通过质体膜上的代谢物转运蛋白作用达到和细胞内的整个代谢相一致，以及质体获得代谢中能量和生物合成前体的方式。然后，我们将讲述只在质体中发生的一些代谢过程（如脂肪酸和叶绿素的合成）以及质体内外的一些代谢过程（如膜脂质和类萜的合成）。

质体通过代谢物转运蛋白与细胞质交换特定代谢物

胞质和质体代谢过程的分区化需要两组分之间的连接和协调。像前面我们讨论代谢过程的时候所提及那样，这样的角色是由质体内膜中可以选择性转移某些代谢物的转运蛋白来完成的（图 4-93）。

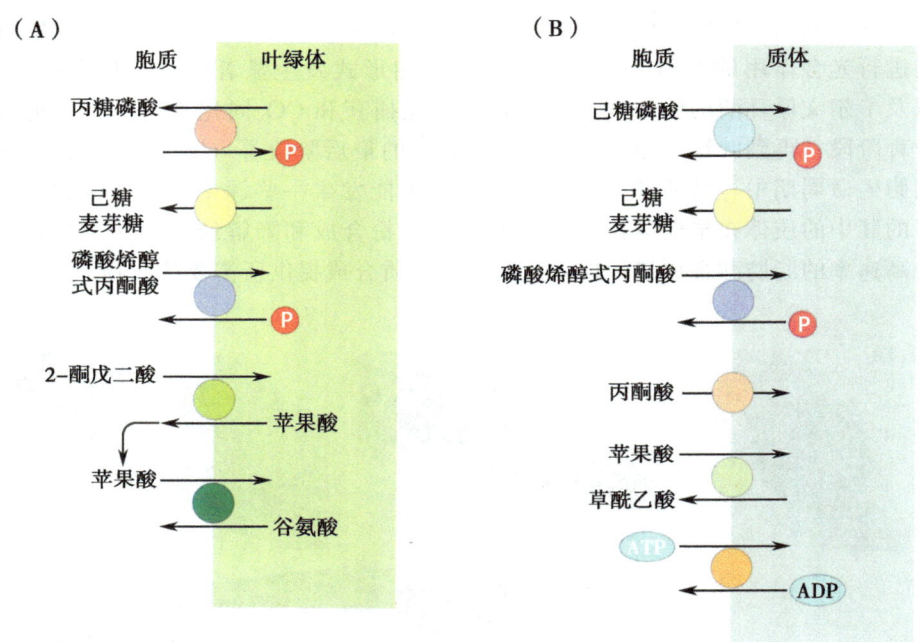

图 4-93　连接胞质和质体代谢的代谢转运蛋白。(A) 在叶绿体中，大多数通过卡尔文循环吸收的碳白天作为丙糖磷酸运出，而夜间则作为麦芽糖或者葡萄糖（己糖）输出（见 4.2 节）（需要说明的是，在这里己糖和麦芽糖出于简化示意的目的是由同一个转运蛋白装载的，事实上己糖和麦芽糖具有各自特定的转运蛋白）。磷酸烯醇式丙酮酸在生化反应中具有重要作用。叶绿体中 2-酮戊二酸、谷氨酸以及苹果酸在叶绿体和胞质之间的交换发生在光呼吸过程（见 4.3 节）以及氮同化作用中（见 4.8 节）。(B) 胞质中来自蔗糖的碳以己糖磷酸、PEP 和丙酮酸的形式运入不能进行光合作用的质体。质体里由淀粉降解产生的碳则以麦芽糖和葡萄糖的形式运出。与线粒体中的循环相似，消耗了的能量则通过苹果酸-草酰乙酸循环补充（图 4-61）。同时，ATP 被运入与质体中产生的 ADP 交换，因为质体代谢需要消耗 ATP。

目前，研究者鉴定出来的大多数代谢转运蛋白都拥有一个共同的结构：由跨膜螺旋形成的一个小孔。大多数的转运蛋白倾向于转运某一类特殊底物，但同时也运输一些相关的复合物。例如，丙糖磷酸转运蛋白也运送 3-磷酸甘油酸，而己糖磷酸转运蛋白可以转运丙糖磷酸。因此，质体内各种代谢物的运入或运出都是由存在于质体内的各种代谢物的运输体相互之间竞争而进行调控的。因此，代谢物从质体类囊体中的转移对影响到质体、胞质这两个区室中代谢物的相应浓度的代谢变化响应。

不能进行光合作用的质体最终通过胞质中的蔗糖获得生物合成的前体物质和能量。这在很大程度上是靠转入有限的胞质中蔗糖衍生物来实现的（图 4-93B）。植物不同部分所转运的代谢物是不一样的，这在很大程度上取决于质体中发生了什么样的代谢过程。所有的非光合作用细胞都能够吸收和代谢葡萄糖-6-磷酸，在很多情况下这是碳进入质体的主要形式。葡萄糖-6-磷酸通过质体中的糖酵解和戊糖磷酸氧化途径来合成一些需要在质体中进行反应的物质，如能量、还原剂、生物合成前体等。这两种初级代谢中的主要途径在胞质和质体中都能发生（两种途径将在 4.5 节讨论）。

质体和胞质中参与糖酵解和戊糖磷酸氧化途径的酶是由不同的基因编码的。一般来说，质体中的酶和细菌中的酶很像，但是胞质中的酶则和其他的真核生物中的酶很像。这就说明质体和细胞其他部分在进化起源上是不同的（见第 1 章内容）。质体中一些参与糖酵解和戊糖磷酸氧化途径的酶与胞质中的很相似，然而参与其他途径的酶差别就比较大。

质体和胞质中代谢途径的重复性随着器官发育阶段的不同而改变。特化的代谢物转运蛋白能够弥补这种差异。例如，随着胚中的淀粉转化为脂质，油类种子胚中的质体进行糖酵解的能力逐渐下降（图 4-94）。随着淀粉的积累，质体能够容纳更多运入的葡萄糖-6-磷酸。大部分这一类的己糖磷酸最后都转变为了淀粉，其中的一些是通过质体中的糖酵解代谢途径来提供脂肪酸合成的前体。在此之后的脂质积累阶段，质体以磷酸烯醇式丙酮酸（PEP）的形式提供大部分的碳，直接作为脂肪酸合成的前体。

非光合作用的质体能够通过糖酵解合成 ATP，同时可以通过转运蛋白使得胞质中的 ATP 与质体中的 ADP 发生交换（图 4-93B）。有研究表明在马铃薯块茎中，ATP 从胞质中输入是维持质体中正常淀粉合成速率的最基本条件：形成 ADP-葡萄糖磷酸化酶反应中需要消耗 ATP，这一反应合成的 ADP-葡萄糖是合成淀粉的底物（见 4.6 节）。在 ATP-ADP 转运蛋白活性降低的转基因植物中，淀粉合成速率要比正常植物中的低。相反的，ATP-ADP 转运蛋白过量表达的转基因植物淀粉合成速率升高。

还原力可以通过质体中糖酵解和戊糖磷酸氧化途径来产生，也可以由代谢物穿梭通过质体膜进行交换。这种穿梭可以使苹果酸转换为草酰乙酸，同样的机制也可以在线粒体内膜中发生（图 4-93B；4.5 节）。

叶绿体和细胞质之间代谢产物主要是通过丙糖磷酸转运蛋白将丙糖磷酸转换为无机磷酸盐（图 4-93，这将在 4.2 节中详细介绍）。其他三种与叶绿体和细胞质代谢过程相关的主要转运蛋白类型是**己糖转运蛋白**、**麦芽糖转运蛋白**以及**草酸转运蛋白**。己糖转运蛋白和麦芽糖转运蛋白可以将夜间淀粉分解产生的糖运出去，以提供胞质中蔗糖合成的底物（见 4.6 节）。草酸转运蛋白的功能主要是重新获取光呼吸作用释放的氨（见 4.3 节）。其中的一种草酸转运蛋白可以将质体中的苹果酸转换为胞质中的 2-酮戊二酸。在质体内，2-酮戊二酸是谷氨酸合成酶（GOGAT）系统的底物，它将氨转变为谷氨酸盐（见 4.8 节）。另外一种草酸转运蛋白就将谷氨酸运出以交换胞质苹果酸。这两种转运蛋白作用的结果是将 2-酮戊二酸转换为谷氨酸（图 4-93A）。

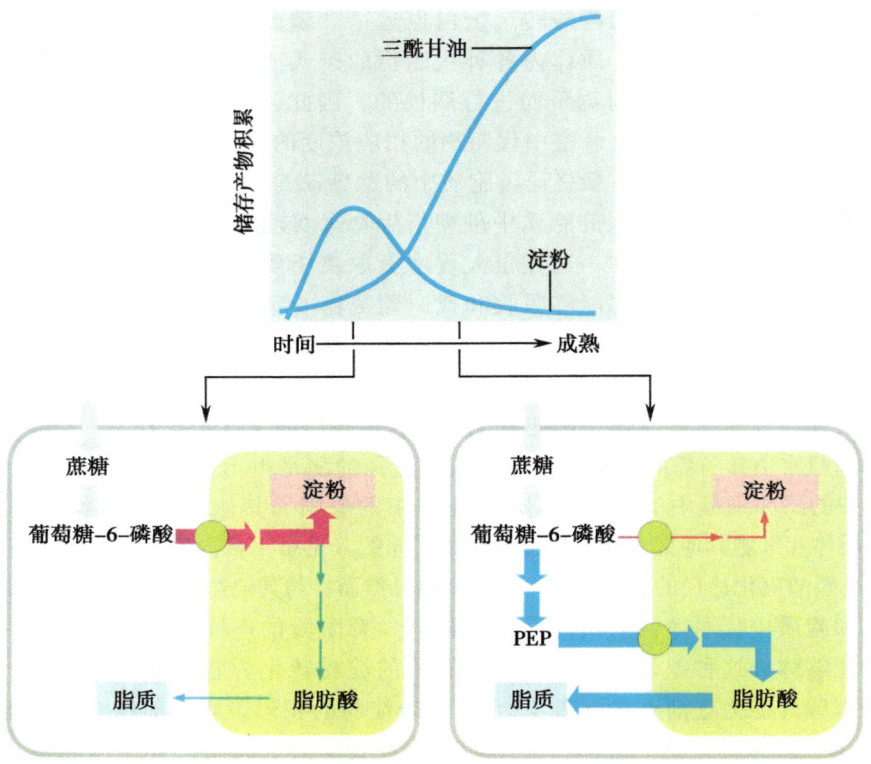

图 4-94　含油种子（油菜）胚乳生长过程中质体代谢的变化。质体代谢的变化一般是在胚发育阶段发生的。在早期阶段，淀粉是主要的储存物质。它是从胞质中运入的己糖磷酸合成的（左下）。一些脂肪酸也是在质体中合成的，己糖磷酸通过糖酵解作用转化为脂肪酸合成的底物。在生长发育后期（右下），淀粉合成速率降低，储存的淀粉开始降解。进入胚的蔗糖一般用于储存形式的脂质（三酰甘油）的合成。一般认为，用于脂肪酸合成的碳会通过 PEP 运输体进入质体。这时，己糖磷酸的运入和质体糖酵解就显得不是那么重要了。

尽管叶绿体可以通过卡尔文循环获得许多生物合成前体，但它并不能仅仅依赖这一方式。例如，与非光合作用质体相似，叶绿体的糖酵解能力非常有限，同时可能缺少一些糖酵解酶。叶绿体生物合成途径中需要用到的一些糖酵解的中介物质是从细胞质运入的，而不是在叶绿体中产生的。在拟南芥中，磷酸烯醇式丙酮酸作为芳香族氨基酸，如酪氨酸、色氨酸以及苯丙氨酸合成的前体运入非光合作用质体和叶绿体中（见 4.8 节）。这种运入方式可以通过利用 PEP 交换无机磷酸盐的转运蛋白（CUE1）实现（图 4-93）。*cue1* 突变体生长缓慢，叶片黄化，由芳香族氨基酸产生的芳香族化合物含量降低，包括一些简单的酚类混合物、类黄酮以及花青素。突变体这些表型的严重程度可以通过补充苯丙氨酸、酪氨酸和色氨酸等而大大减轻。

脂肪酸通过质体中的酶复合体合成

在 4.6 节中我们就已经描述了一些植物怎样以脂质（由脂肪酸合成）为主要的储存碳的形式，以及这些储存脂质和膜脂合成的早期是怎样在质体中发生的，又是怎样共享一个途径的。正如我们所言，脂肪酸是在脂肪酸合酶的作用下，由二碳单位（乙酰基）

组合而成（图 4-95；图 4-86）。在大多数质体中，这种乙酰基单位的来源是乙酰 CoA，而乙酰辅酶 A 又是由类似线粒体中的丙酮酸脱氢酶复合体合成的（见 4.5 节）。其他的脂肪酸合成底物是丙二酰 CoA，它是由乙酰辅酶 A 通过**乙酰辅酶 A 羧化酶**合成的。

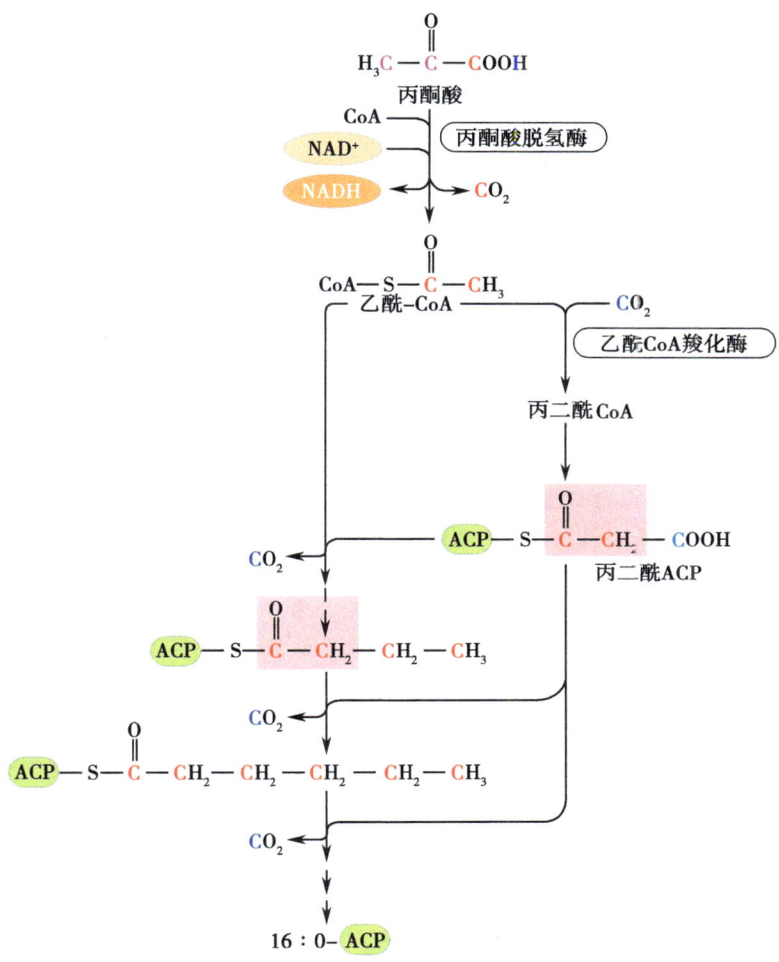

图 4-95　脂肪酸合成的大概路线。 丙酮酸在丙酮酸脱氢酶的作用下形成乙酰辅酶 A，该产物为脂肪酸合酶的作用底物。最开始，乙酰辅酶 A 被羧酸化，并且附着在酰基载体蛋白（ACP）上形成丙二酰 ACP。丙二酰 ACP 和乙酰辅酶 A 通过一系列反应后缩合成为一条和 ACP 相连的四碳链：两个碳来自丙二酰 ACP，两个碳来自乙酰辅酶 A（粉色框）。与 ACP 相连的四碳链又是增加二碳单位的底物，这个二碳单位来自丙二酰 ACP。这样，最终就可以形成 16 或 18 碳长的链了。这些长度的链将会在图 4-97 中进一步叙述。

更为高等的植物中含有质体和胞质形式的乙酰辅酶 A 羧化酶。质体中的酶是一个由 4 种不同的蛋白质构成的复合体（图 4-96），它们一起催化乙酰辅酶 A 的羧化反应产生丙二酰辅酶 A。这种酶在结构上和细菌中的酶是相似的，再次反映了质体进化的起源问题。胞质中存在的乙酰辅酶 A 羧化酶是一种单一蛋白质，它由 4 个不同的结构域分别来行使质体羧化酶复合体的 4 种蛋白质的功能。这种单体酶在动物、真菌中都存在，从而反映了植物细胞中非质体部分的真核起源。植物细胞胞质酶为合成长链的脂肪酸、类黄酮、1,2-二苯乙烯提供丙二酰辅酶 A。

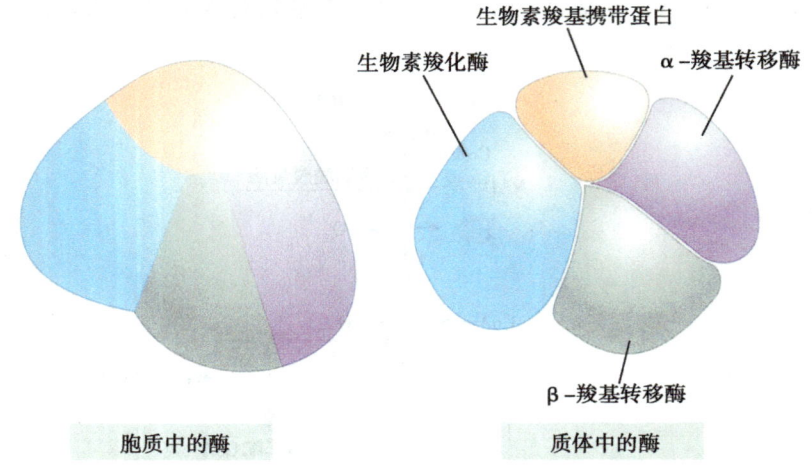

图 4-96 胞质和质体中乙酰辅酶 A 羧化酶的结构。酰辅酶 A 的羧化作用起始于酶上的生物素辅因子的羧化作用（以重碳酸盐作为底物），是一个需要消耗 ATP 的反应。之后羧基就会转移到乙酰辅酶 A 上形成丙二酰辅酶 A。在大多数植物中，质体酶包含 4 个单独的蛋白质（右）：生物素羧基携带蛋白（生物素附着的物质）、生物素羧化酶、两个羧基转移酶亚基（可以将来自生物素的羧基转移至乙酰辅酶 A）。胞质酶（左）和草本植物的质体酶则是一种蛋白质，含有不同的功能区。在脂肪酸合成中不需要使用胞质酶；相反，它为质体外的二碳延伸反应提供了丙二酰辅酶 A。

草本植物是上述情况的重要例外。在草本植物家族中，质体和胞质中存在的乙酰辅酶 A 羧化酶都是单体形式的。质体中单体形式的酶能够被一些合成的复合物抑制，而这些复合物对于其他植物中的多聚体形式的酶却没有作用。根据这一特性，就可以研发出专门阻止草本植物脂肪酸合成的除草剂，而对其他植物没有影响。

脂肪酸合酶是一个包含不同蛋白质的复合体，其中每种蛋白质催化将乙酰基团逐步加到酰基链上的单独的反应（图 4-97）。质体中的脂肪酸合酶与细菌中的相似，而动物和真菌中的合酶则包含一个或两个非常大的、多功能的蛋白质。

脂肪酸的合成起始于从丙二酰辅酶 A 转移一个丙二酰基单位至乙酰基携带蛋白（ACP），与之以硫酯键形成了一个共价键的结构。

每个乙酰基团加到乙酰基的过程共包含 4 个反应（图 4-97）：第一个反应是一个缩合反应，根据已连接到 ACP 上的脂肪酸链的长度，由三种亚型的**酮酯酰 ACP 合酶**中的一种来完成。在缩合反应中，丙二酰基单位三个碳中的两个转移到酰基链上，第三个碳则变为二氧化碳释放。其中一种亚型的酮酯酰 ACP 合酶能够催化丙二酰 ACP 与乙酰辅酶 A 的乙酰单位缩合反应（图 4-95），形成一个附着在 ACP 上的 4 个碳原子的酰基链。另外一种亚型的酶可以催化将四碳链长的乙酰链延伸至 14 碳。第三种亚型的酶则根据不同的植物物种，催化缩合反应的最后产生 16 碳或 18 碳长的链。缩合反应之后，是连续的还原、脱水，以及新产生的二碳单位的进一步还原，产生下一轮缩合反应的底物。

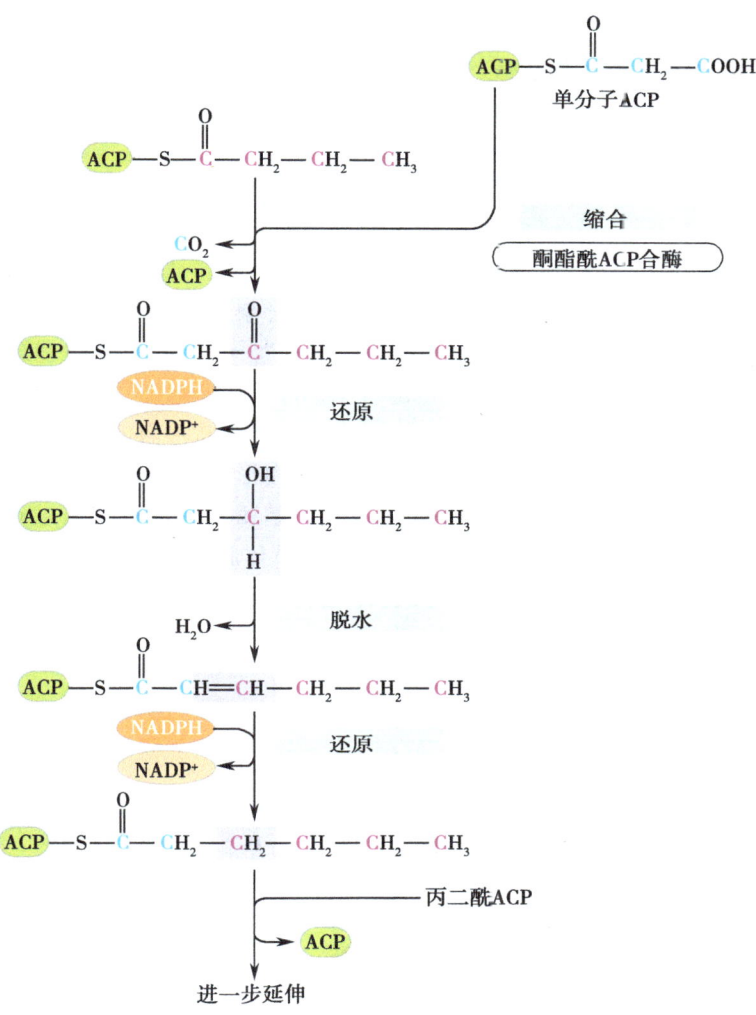

图 4-97　通过脂肪酸合酶延伸脂肪酸链。这里显示的是四碳链的脂肪酸延伸为六碳链的过程。三碳的丙二酰 ACP（蓝色标注的碳）和四碳的酰基 ACP（红色标注的碳）在酮酯酰 ACP 合酶多酚作用下经过缩合反应失去一分子的 CO_2，产生一条六碳链。由三种不同的脂肪酸合酶复合体催化的三个反应导致了这条链的还原、脱水以及第三个碳还原（紫色标注的碳）。剩下的酰基 ACP 可以再次经历以上四步反应产生八碳的酰基 ACP 甚至 16 碳或 18 碳长的链。

在酰基 ACP 硫酯酶的催化下，硫酯键断裂，已合成的 16 碳或 18 碳长的酰基从脂肪酸合酶复合体释放出来（图 4-86）。释放的脂肪酸可以用于质体内膜脂质的合成或者被运出用于合成细胞膜脂质、储存脂质，以及脂类衍生物如细胞其他位置的蜡质，如下所述（见 4.6 节）。

脂肪酸是高度还原化的分子，它们通过乙酰基单位的合成需要消耗大量还原力。每加一个二碳单位到酰基链上需要消耗两分子的 NAD(P)H。叶绿体中通过光合作用可以满足对 NADPH 的需求（见 4.2 节）。在非光合作用质体内，这种需求可以通过苹果酸-草酰乙酸穿梭和葡萄糖-6-磷酸的运入以及接下来在质体中进行戊糖磷酸氧化途径中的代谢产生的还原力而得到满足（见 4.5 节）。在戊糖磷酸氧化途径的第一阶段起催化作用的酶（**葡萄糖-6-磷酸脱氢酶**）能被 NADPH 抑制。这意味着脂肪酸合成时需要消耗大量的 NADPH，因此，基质中低比率的 NADPH：$NADP^+$ 将会激活葡萄糖-6-磷酸脱氢酶，通过戊糖磷酸氧化途径使得 NADPH 再生。

细胞中通过与"真核"途径不同的"原核"途径进行质体内膜脂质的合成

植物膜上的脂质主要成分是**甘油酯**（图 4-98）。就像 4.6 节中描述的存储脂质一样，所有甘油酯都有一个丙三醇骨架，但是它们连接到骨架的化学基团是不同的。它们含有一个亲水的"头部"（极性基团）和疏水的"尾部"。包含有亲水性和疏水性区域的分子称为**两性分子**。疏水部分包含与丙三醇骨架的 1 位和 2 位酯化了的两条脂肪酸链，极性的头部基团则附着在 3 位。这些脂质分子的两性使得它们能够形成**脂双分子层**，即亲水的头部朝外，而疏水的尾部则排列在一起朝内形成双层。除了质体以外的所有细胞膜上主要的甘油酯是**磷脂**。它们含有许多化学基团，每一种都通过磷酸基团与丙三醇骨架的 3 位相连。半乳糖酯占了类囊体和其他质体膜的绝大部分。在这些组分中，半乳糖连接在丙三醇的 3 位上。同时，类囊体包含有硫酯质，在硫酯质上亲水头部是一个携带亚硫酸基团的葡萄糖残基（图 4-131）。

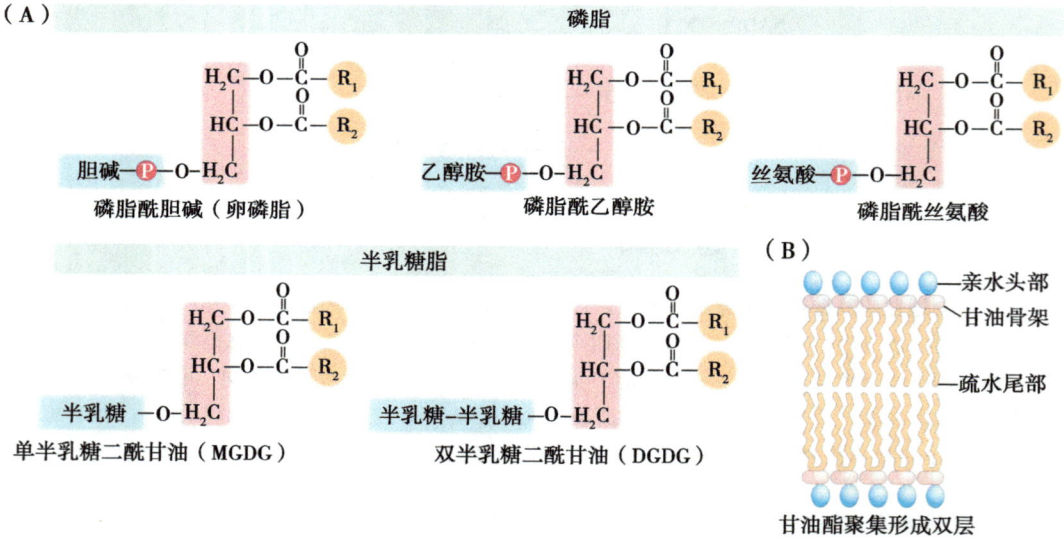

图 4-98　丙三醇脂质。 这是一些以脂质为主要组分的膜。丙三醇包含两条脂肪酸链（R_1 和 R_2），附着在丙三醇骨架的 1 位和 2 位上（粉色框），并且在骨架的 3 位上有一个极性基团（蓝色框）。(A) 在非质体膜里，大量的丙三醇脂质是磷脂。丙三醇 3 位上的极性基团通过磷酸基来附着。图中显示了主要的三种类型的磷脂。在质体膜上，最普通的甘油脂质是两类半乳糖酯：单半乳糖二酰甘油和二半乳糖二酰甘油（分别有着 1 个或 2 个半乳糖基），它们附着在丙三醇的 3 位上。(B) 在膜里，疏水的脂肪酸链（尾部）朝内聚集成双分子膜，亲水的基团（头部）则朝外。

质体和非质体膜脂质中的连接在丙三醇骨架上的脂肪酸是不同的（图 4-99）。这是因为丙三醇的前体磷脂酸在质体和细胞的其他部位里是由不同途径合成的。磷脂酸是一种脂肪酸附着在 1 位和 2 位上以及 3 位上有一个磷酸基团的丙三醇骨架（图 4-82）。根据不同的酰基转移酶底物的特异性，不同的脂肪酸附着在细胞的不同区间。

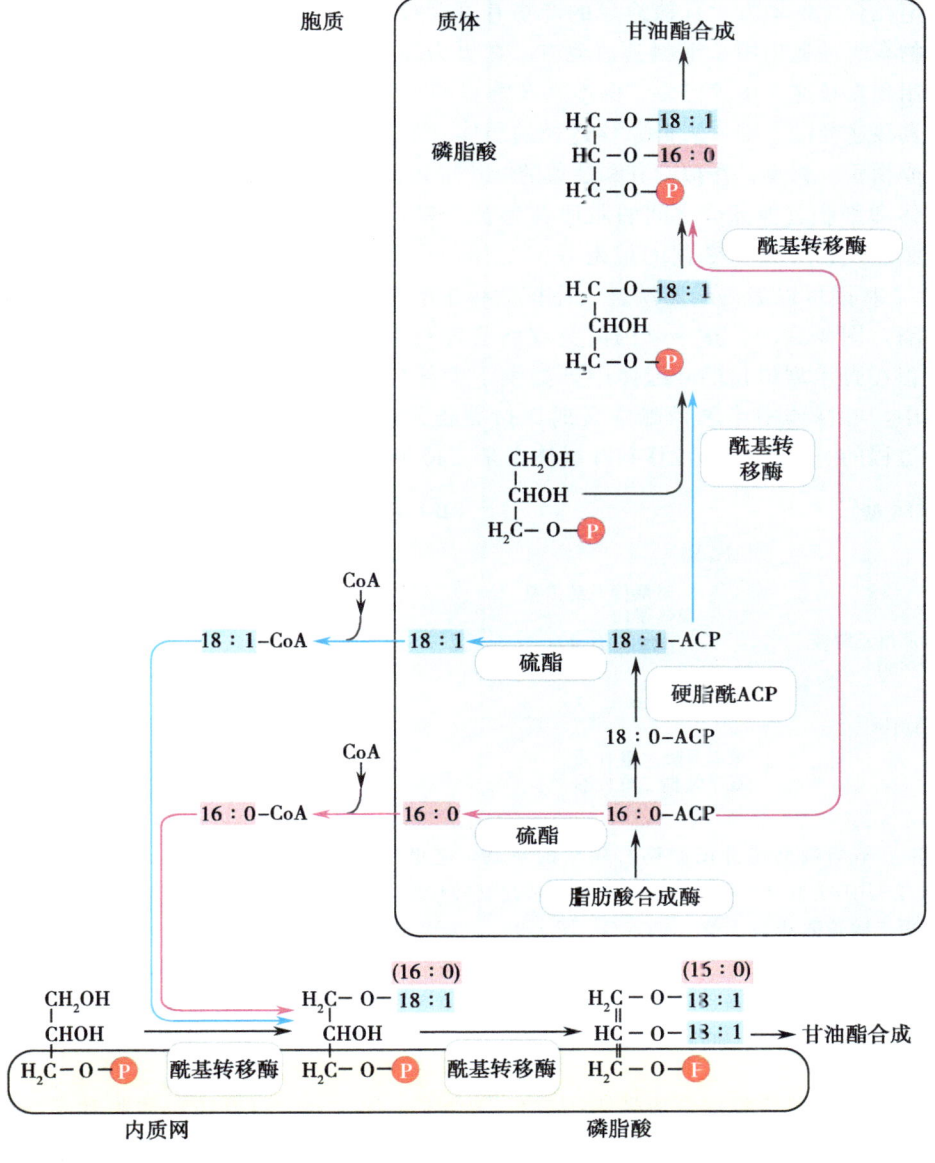

图 4-99　质体磷脂酸和非质体丙三醇脂质合成的来源及脂肪酸组分。质体中脂肪酸合成酶释放的 16∶0 和 18∶1 的脂肪酸链用来合成质体内外的磷脂酸。在质体内（原核途径），脂肪酸链以酰基 ACP 的形式存在。酰基转移酶首先将 18∶1 的链转移至丙三醇磷酸骨架上，然后再将 16∶0 的链转移至 2 位上。在质体外（真核途径），首先 ACP 在硫酯酶的作用下释放脂肪酸链，这些脂肪酸链被转化为酰基辅酶 A 并运出质体。在内质网中，酰基转移酶将 18∶1 或者 16∶0 的链转移至丙三醇磷酸骨架的 1 位上，然后再将 18∶1 的链转移至 2 位上。

内质网上的酰基转移酶可以将 16 碳或 18 碳的脂肪酸结合在 1 位上，但是 18 碳的脂肪酸主要结合在 2 位。质体中的酰基转移酶以酰基 ACP 作为底物。它们将 18 碳的链结合在丙三醇的 1 位，而大多数的 16 碳的饱和链则结合在 2 位。内质网上丙三醇的合成途径有时被称为"真核途径"，而质体中的途径则被称为"原核途径"。

尽管这些原核途径和真核途径分别被限制在质体和内质网里，但是它们的产物并不是只限定在合成的地方。真核途径的产物有可能被运到质体中用于膜脂质合成，原核途径的产物有时被运出用于细胞其他地方。在更为高等的植物中，质体中膜脂质的合成总是会利用到真核途径中的脂质。例如，在豌豆和大麦叶片里，叶绿体膜里的半乳糖酯则是来自真核途径的。唯一来自原核途径的质体甘油酯是**磷脂酰甘油酯**——类囊体的一小部分组成物质。相反，在拟南芥和菠菜的叶片里，大量的质体膜脂质来自原核途径。

质体和细胞其他部分之间的脂质转移被严密协调以满足不同亚细胞组分对脂质的需求。膜脂质组分发生变化的拟南芥突变体可以说明这种情况。例如，野生型拟南芥的 *ACT 1* 基因可以编码磷脂酸合成原核途径中的第一种酶（称为 ACP-3-磷酸丙三醇酰基转移酶，图 4-100）。这个基因的突变将会使得原核途径中的物质流量迅速减少，而这一过程在野生型植物的叶绿体中则提供了大部分的磷脂酸用作丙三醇合成。在 *act 1* 突变体中，叶绿体中半乳糖酯的合成保持着正常速率，因为真核途径的流量会增加，而这一过程的一些产物会转移到叶绿体中来支持半乳糖酯的合成。

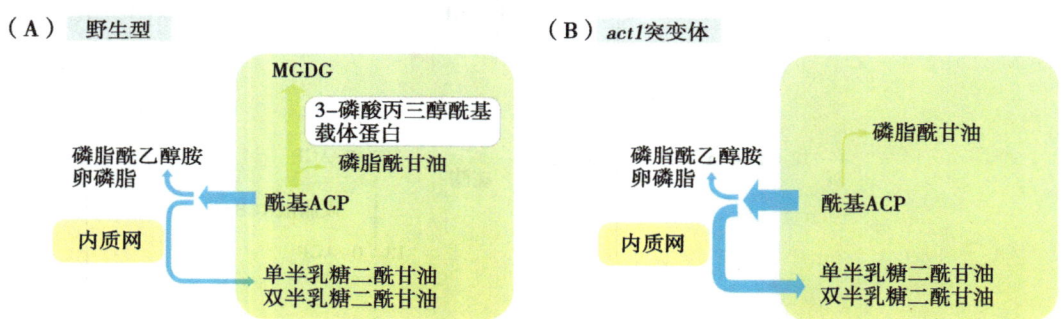

图 4-100　不同细胞组分间膜脂质需求的协调。这里反映了拟南芥突变体 *act 1* 的协调情况。(A) 野生型中的 *ACT 1* 基因能够编码叶绿体酰基转移酶，将一条脂肪酸链以半乳糖酯合成的方式转移至丙三醇磷酸盐的 1 位（MGDG，图 4-98）。大多数叶绿体磷脂的合成是通过原核途径进行的，真核途径也参与其中的一小部分内容（蓝色箭头）。(B) 在 *act 1* 突变体中，由于酰基转移酶的缺失，MGDG 就不能通过原核途径合成了。但是这种缺失可以通过真核途径产生的叶绿体半乳糖酯（MGDG，DGDG）的输入增加而得到补偿。

以磷酸酯为前体物质合成磷脂的过程发生在一些膜上，包括线粒体膜和叶绿体膜。胞苷二磷酸基团（CDP）可以直接加在磷脂酸上，或者加到即将要加到磷脂酸上变为极性头部的化合物上。当 CDP 直接加到磷脂酸上时，CDP-二酰甘油就会和一个极性分子发生反应形成一个磷脂，同时释放 CMP。当 CDP 加到自身的极性复合体上时，产物就会和二酰甘油（由磷脂酸上的磷脂酶反应形成）发生反应形成磷脂，同时释放胞苷酸（CMP）（图 4-101）。叶绿体中半乳糖脂质的合成也要使用由磷脂酸形成的二酰甘油。半乳糖基则从 UDP-半乳糖转移至二酰甘油形成单分子半乳糖-二酰甘油（MGDC）。

随后半乳糖基转移酶就将半乳糖基从一个 MGDC 分子转移至另一个分子，形成甘油二酯基-二酰甘油（DGDG）和二酰甘油。

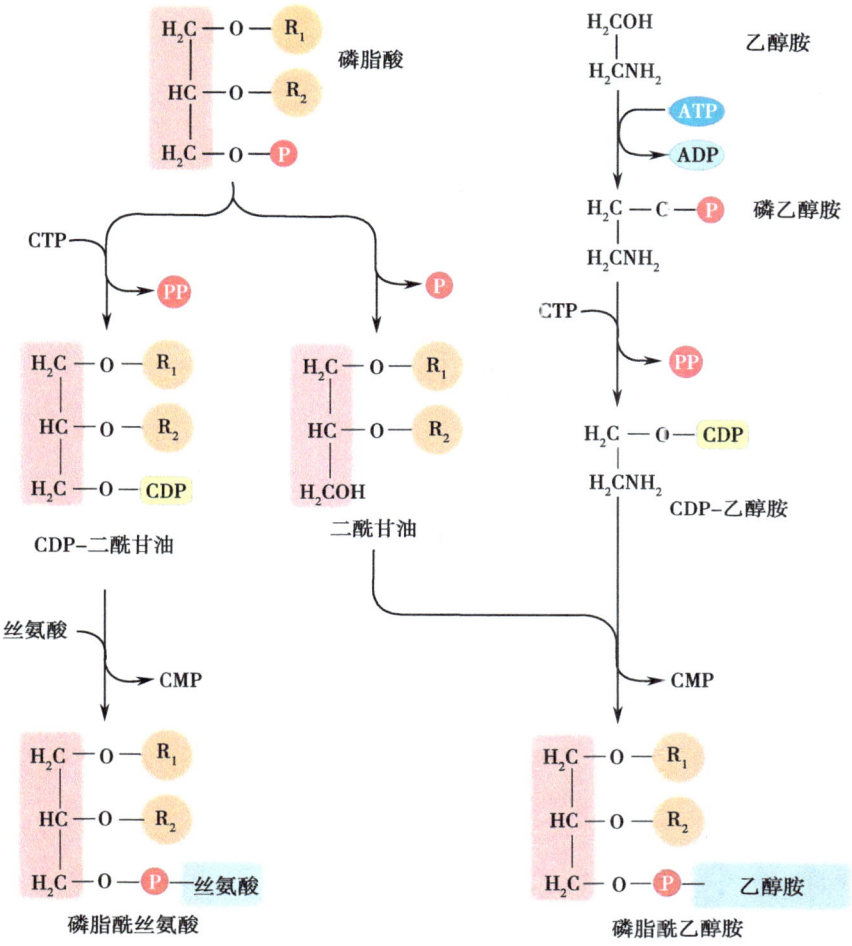

图 4-101　从磷脂酸合成磷脂的两条途径。CDP 能使磷脂酸上的磷酸基团被取代，同时合成磷脂酰丝氨酸。之后 CDP 被磷酸丝氨酸取代，释放 CMP。在磷脂酰乙醇胺合成中（右），CDP 可以取代磷酸丝氨酸的磷酸基，之后这一位置变为了磷脂的极性基团。CDP 胆碱之后就和来自磷脂酸的二酰甘油反应产生磷脂酰乙醇胺，同时释放 CMP。

萜类化合物的合成在质体和胞质内途径不同而产生不同的产物

萜类化合物是另外一种能够在质体内和质体外合成的复合物，其前体是五碳结构的异戊烯二磷酸（图 4-102）。萜类包括构成质体的一些物质，如 β-胡萝卜素、质体醌和辅酶 Q 的一些电子载体，叶绿素里的叶绿醇侧链，以及亚细胞位置的其他一些组分，包括赤霉素、脱落酸等激素，**植物抗毒素**（防御反应中产生）、树脂、表面的蜡质、橡胶、许多具有芳香味的复合物（称为香精油）等（图 4-102）。质体和非质体途径的萜类合成方式从根本上是不一样的，包括前体异戊烯二磷酸的合成方式和萜类产生的类型。正如我们在代谢的其他方面所见一样，比起非质体代谢途径，质体里的途径和细菌中更为相似。

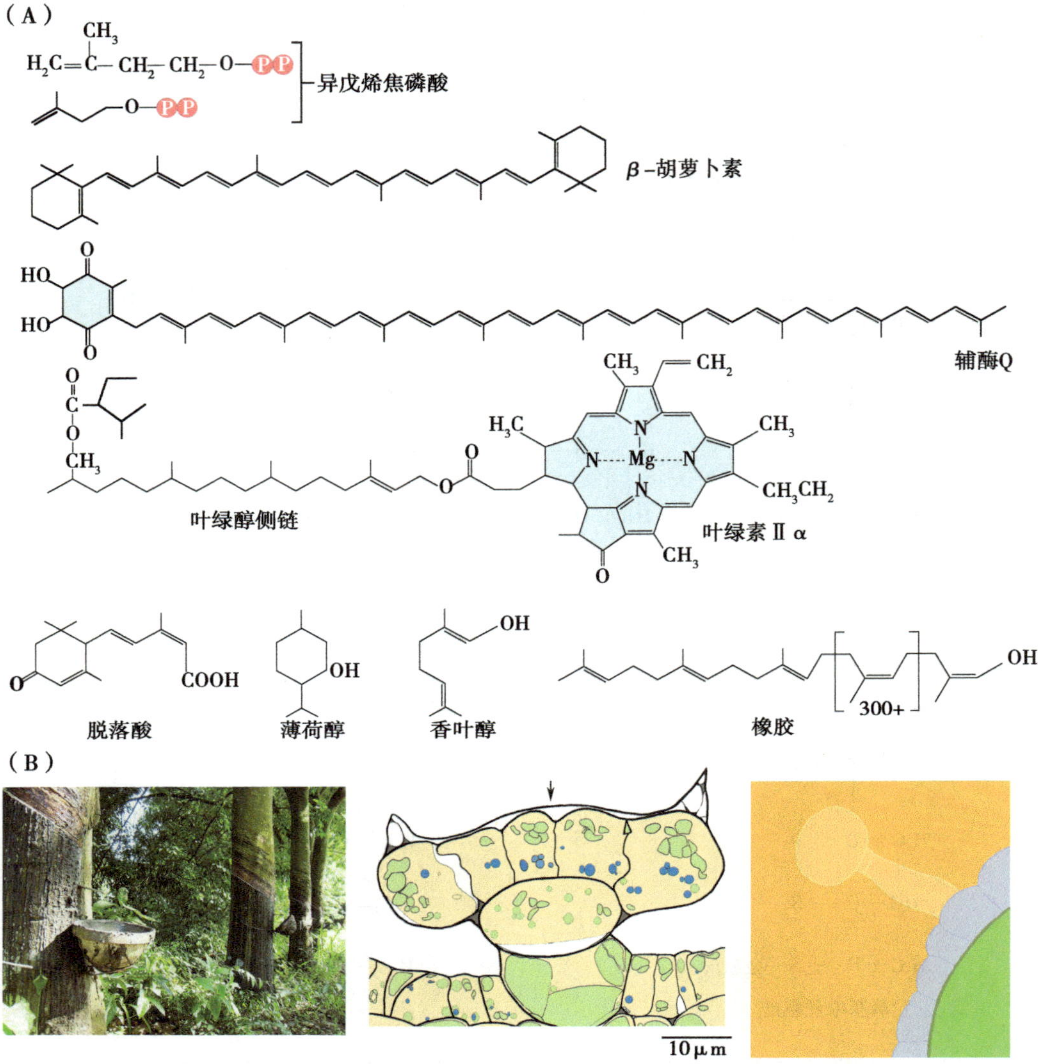

图 4-102　异戊烯二磷酸和以其作为前体物质的类萜复合物。（A）显示了碳碳键的异戊烯二磷酸的整体结构（上）。类萜就是由多个这样的重复单位或者其衍生物构成的。在一些类萜中，这种重复结构是直线状的，也可以通过其他的一些环化作用变为环状。在辅酶 Q 和叶绿素中，只有一小部分的分子来自类萜途径；而剩下的物质（蓝色阴影）合成则是通过一条不同的途径进行的（图 4-107 中叶绿素的合成途径）。胡萝卜素、辅酶 Q 以及叶绿素在能量转换反应中具有重要的作用（见 4.2 节和 4.5 节）。脱落酸是一种重要的植物激素（见第 6 章和第 7 章）。薄荷醇、香叶醇、橡胶被称为次级代谢产物，可在一小部分植物中大量积累，可能起到防御作用（见第 8 章）。（B）图中（左）显示了橡胶树里的胶乳（*Hevea brasiliensis*）。显示了薄荷叶表面的一个腺体，这一腺体是由表皮细胞向外生长和分裂形成的。顶部的细胞可以合成薄荷醇，其积累在可过渡到细胞壁（如箭头所示）的蜡质层下。右边的图片显示的是番茄叶片上的一个腺体。形成腺体头部的细胞产生许多的化学物质（包括类萜），这些化学物质可能起到阻止病原菌侵袭的作用（图 B 由张慧婷提供）。

在质体外，异戊烯二磷酸的合成起始于乙酰辅酶 A（图 4-103）。三个乙酰辅酶 A 分子的缩合反应产生了中间产物 3-羟基-3-甲基戊二酰辅酶 A（HMG-辅酶 A）。之后这一物质转变为甲羟戊酸，然后甲羟戊酸进一步被磷酸化脱羧变为异戊烯二磷酸。合成甲羟戊酸的酶——HMG-辅酶 A 还原酶位于内质网，其对于非质体的萜类化合物合成非常重要。这种还原酶可以从不同的水平进行调节：编码酶的基因能受生长阶段、激素信号、病菌以及损伤等影响；酶还能被蛋白激酶磷酸化而被抑制，同时这种蛋白激酶还能够使蔗糖磷酸合酶和硝酸还原酶磷酸化（这种蛋白激酶将在 4.8 节中加以讨论），因此植物中类萜的合成速率就可以根据植物对类萜的需求以及一些防御信号物质、

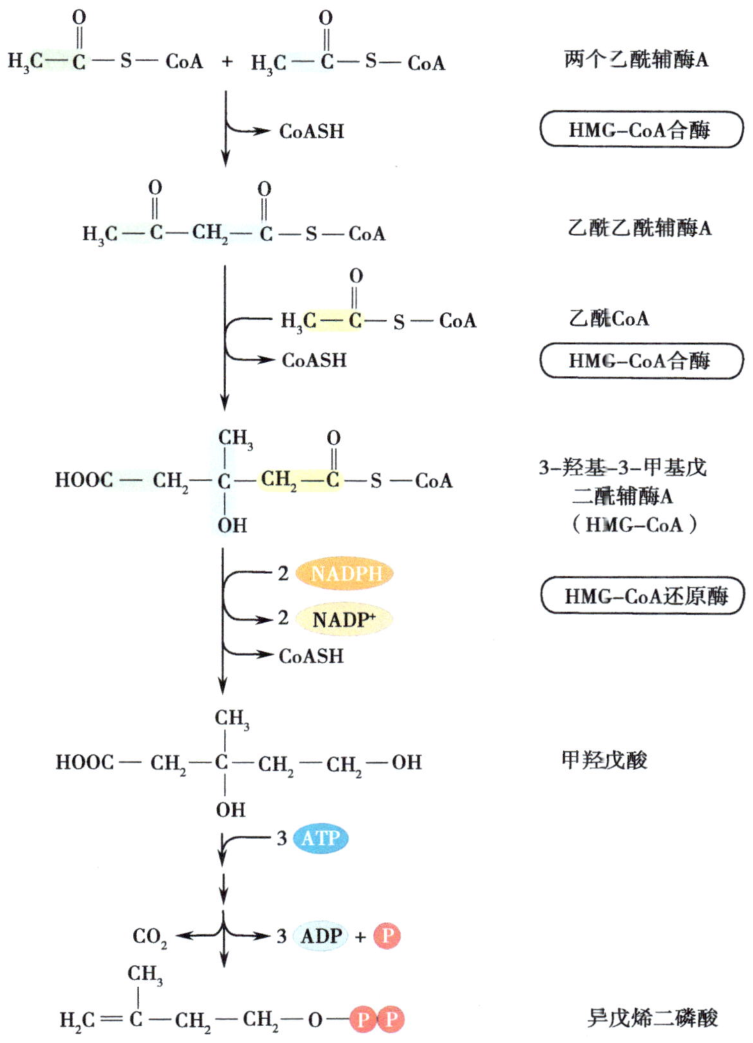

图 4-103　胞质中异戊烯二磷酸的合成。 在 3-羟基-3-甲基戊二酰辅酶 A 合酶（HMG-辅酶 A）的作用下，3 分子的乙酰辅酶 A 经过缩合反应形成了六碳的 HMG-辅酶 A。图中颜色部分显示了 HMG 中二碳单位的命运。HMG-辅酶 A 还原酶产生了甲羟戊酸，同时以 NADPH 作为还原物质。另外 3 个需要消耗 ATP 的反应可以增加磷酸基团，同时使产物脱羧形成五碳的异戊烯二磷酸。

糖的供给量、含氮化合物等综合因素来加以协调控制。在质体内，异戊烯二磷酸的合成起始于丙酮酸和甘油醛-3-磷酸，通过它们分子内的重排，形成 2-甲基赤藻糖醇-4-磷酸（图 4-104）。这种途径是最近新发现的，其具体的调节过程还不是很清楚。

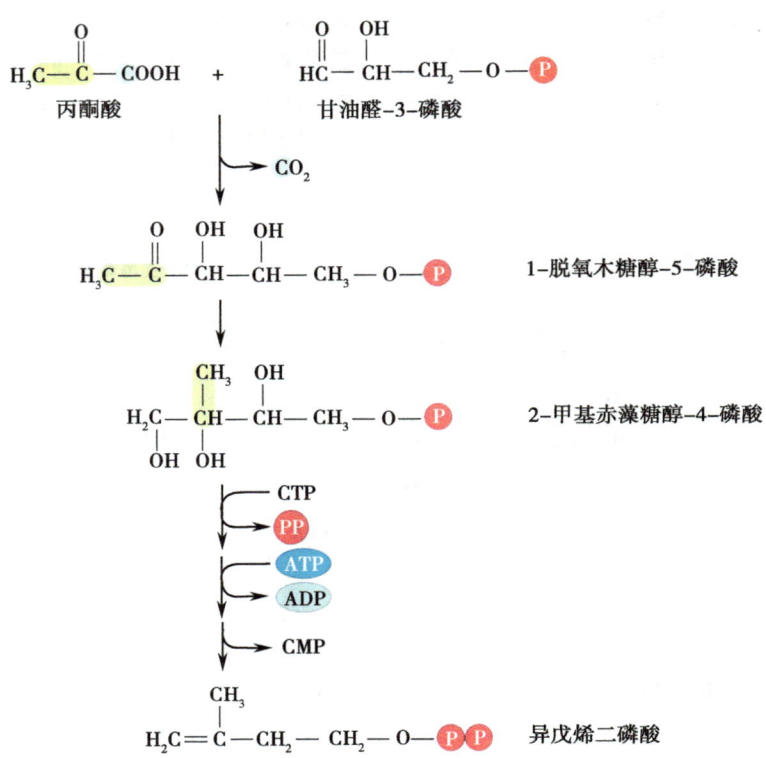

图 4-104　异戊烯二磷酸在质体中的合成。一分子的丙酮酸和一分子的甘油醛-3-磷酸通过缩合反应，并伴随着一个去羧基作用和一个复合体内分子重排作用，产生 2-甲基赤藻糖醇-4-磷酸。有颜色的碳显示了来自丙酮酸中 3 个碳的命运。之后需要 ATP 和 CTP 的反应可产生异戊烯二磷酸。

不同种类的类萜能分别在质体内外合成（图 4-105）。类萜是在**异戊烯转移酶**的作用下，两个或更多个异戊烯二磷酸为单位连接在一起，之后经过修饰（一般是环化）而形成的。2，3，4，6 和 8 个异戊烯二磷酸单位连接后分别能够产生萜类化合物中的单萜、倍半萜、二萜、三萜、四萜。质体中的异戊烯转移酶分别能产生单萜、二萜和四萜，而胞质和内质网中则能产生倍半萜和三萜。异戊烯二磷酸和类萜能在细胞组分之间移动。质体中类萜合成可能使用通过胞质途径或质体途径产生的异戊烯二磷酸，同时线粒体中类萜合成则使用胞质途径的异戊烯二磷酸。此外，类萜的使用和合成地方不一定一样。例如，赤霉素合成于质体中，但却运出到胞质中使用。

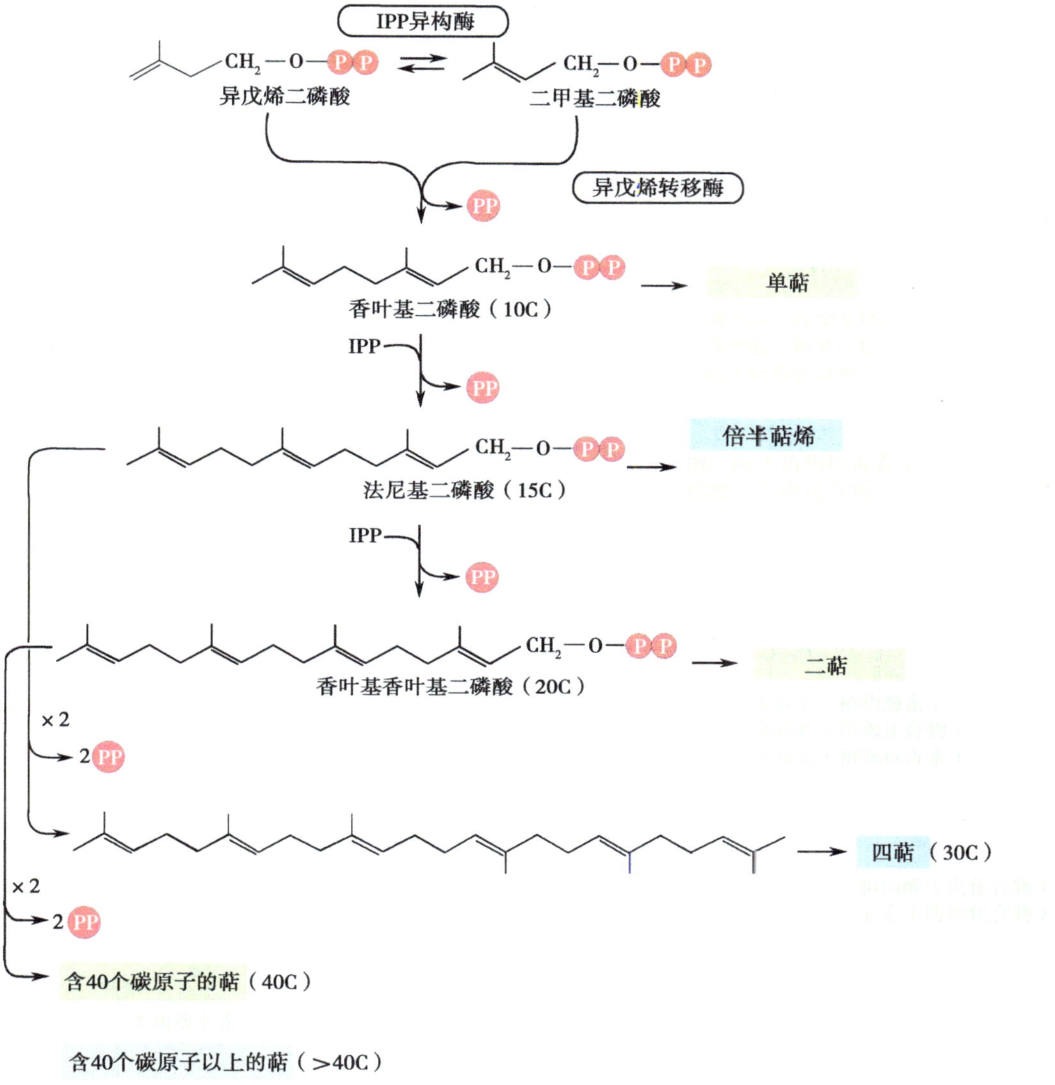

图 4-105　从异戊烯二磷酸合成类萜。 异戊烯二磷酸（IPP）异构化后形成二甲基二磷酸。一个异戊烯转移酶能产生一个 10 碳的香叶基二磷酸，进一步产生单萜。IPP 单位通过异戊烯转移酶加到香叶基二磷酸上产生 15~20 碳的化合物，这些化合物进一步分别产生倍半萜和二萜。每加上 15 碳单位或 20 碳单位就会形成 15 碳、40 碳或以上的类萜。图中列出了大多数类萜混合物（绿色部分），如赤霉素、胆固醇和类胡萝卜素基本在植物中都存在。另外一些，如柠檬油精（柠檬中的成分），只存在于少数物种中。类萜在防御和植物毒素方面的作用将在第 8 章讨论。

类萜在锚定其他类型的分子上还扮演着重要的膜锚定作用。异戊烯转移酶将类萜单位添加到色素以及电子传递链上，如叶绿素、质体醌和辅酶Q，使得这些分子可以可逆地与膜联合。通过特异的异戊烯转移酶作用下的**异戊烯化作用**，也可以将蛋白质锚定在膜上（图4-106）。拟南芥基因组研究发现，许多蛋白质的氨基酸序列可以受到异戊烯化作用，如转录因子、信号蛋白、细胞周期调控因子等。异戊烯化的主要作用可以反映在合成细胞分裂素第一阶段中的酶——腺苷磷酸异戊烯转移酶（IPT3）上。异戊烯化作用可以将IPT3从叶绿体转至核，影响细胞中细胞分裂素的类型，又反过来影响植物的生长发育。

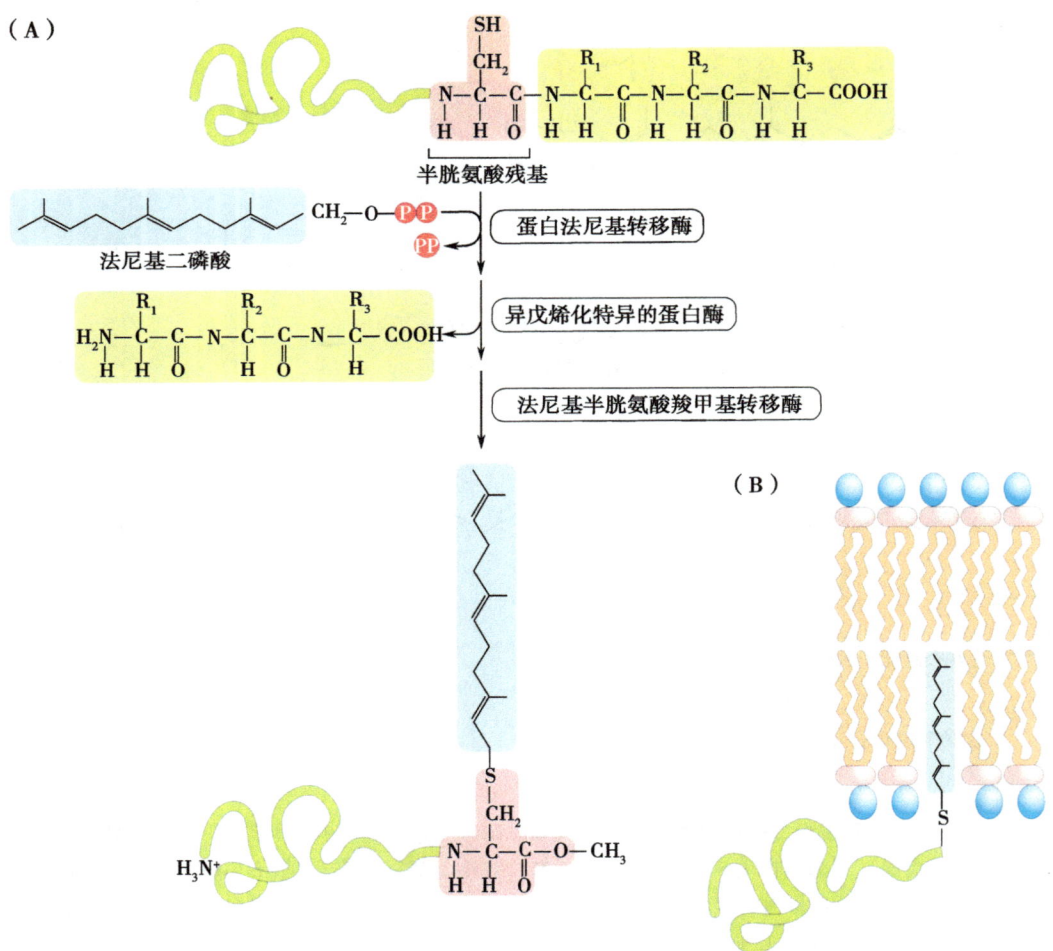

图4-106　**异戊烯化作用产生膜锚定蛋白。**（A）异戊烯化后的蛋白质有一个半胱氨基作为C端的第四个氨基酸。法尼基转移酶可以将一个15碳的类萜从法尼基二磷酸转移到半胱氨基的巯基上。之后，一个异戊烯化特异的蛋白酶就将这三个氨基酸从C端切下来，再通过羧甲基转移酶加上一个甲基。（B）C端的类萜是一个具有疏水作用的锚定物，其被插在了膜上以确保蛋白质能与膜相连。

叶绿素和亚铁血红素的前体——四吡咯是在质体中合成的

四吡咯环和**卟啉环**是一个中心有金属离子的结构复杂的分子。这些环状物质在植物细胞中有不同的功能。叶绿素有一个周围有镁离子的四吡咯环。**血红素**（一个结合了铁离子的四吡咯环）是细胞色素、硝酸还原酶、过氧化物酶（见第7章）、豆血红蛋白（见8.5节）以及其他的一些"血红素蛋白"中调控电子传递的一个辅基。**西罗血红素**是另外一种包含铁离子的四吡咯环，属于亚硫酸盐和亚硝酸还原酶的电子转移基团（见4.8节）。线状四吡咯也具有重要的作用，就像光照下**光敏素**一样（见6.2节和7.1节）。尽管包含各种分子的四吡咯存在于大部分的细胞区间里，环状结构的合成和初始加工则广泛存在于质体中（图4-107）。

四吡咯合成的第一步是谷氨酸转变为5-氨基乙酰丙酸。这是一个极不寻常的反应，因为需要谷氨酰基tRNA作为中间体（图4-107A）；tRNA的功能是进行蛋白质合成。同时，这种机制再次反映了质体的细菌起源：相同的反应发生在蓝细菌而非动物中。5-氨基乙酰丙酸被环化（图4-107B），后经历4个缩合反应形成尿卟啉原，经过进一步的修饰产生原卟啉IX（图4-107C，D）。原卟啉IX有可能保留在叶绿体中用来合成叶绿素和血红素，或者运至胞质以及进入线粒体进行血红素的合成。血红素的合成在叶绿体和线粒体中对于电子传递链中物质的合成来说是必需的。血红素从质体运出用于细胞中其他部位血红蛋白的合成。

四吡咯本身一般不是最终产物，但是它们可以聚集在一起形成其他类型的分子。根据它们合成途径的不同，其具有不同的调节作用。它们的合成受与之结合的相关蛋白质和其他分子的协调。这些结合分子在不同的细胞区间内合成，并且合成速率受发育阶段和生长环境的影响。当这些不同类型的四吡咯合成出现问题而不能成功聚集在一起形成正确的酶或电子转移复合体时，这些复合体的功能就会受到影响。

"自由形式的"四吡咯的积累同样可能对细胞造成伤害，因为自由状态的叶绿素（如未参与形成反应中心）和叶绿素前体分子也能吸收光能。当缺乏受调控的能量转移时，如当叶绿素成为反应中心一部分时，具伤害性的活性氧就可能生成。

不同的四吡咯终产物的生成受到复杂机制的调控，如上文提到的，这是通过合成不同的蛋白质插入四吡咯来协调的（图4-108）。首先，这个途径受到光的强烈调节，5-氨基乙酰丙酸的合成在光下受到激活而在黑暗下受到抑制。由原叶绿素酸酯氧化还原酶催化的原叶绿素酸酯到叶绿素酸酯的转化过程完全依赖于光；其次，5-氨基乙酰丙酸的合成还受到其他途径内部和外部一系列因子的调节，这些因子影响谷胺酰-tRNA合成酶的表达或是其活性。这些因子包括植物激素、节律信号（见第6章）和自由的亚铁血红素；最后，生成四吡咯的两条主要分支——叶绿素和亚铁血红素途径，受两个**螯合酶**水平的调控。这两个酶竞争性结合共同的前体原卟啉IX。这两个酶具有不同的动力学和调控特征，并且在叶绿体中可能存在于不同部位。同时，四吡咯和其插入蛋白合成的协调同样受从叶绿体到细胞核信号的调节，这些信号能够调节核基因的表达。这方面研究最清楚的是关于叶绿素的合成。

阻断叶绿素合成途径会导致叶绿素结合蛋白和其他参与光合作用的蛋白质表达量下调，包括核酮糖二磷酸羧化酶-加氧酶小亚基的核基因表达量下调。在拟南芥中，*gun*

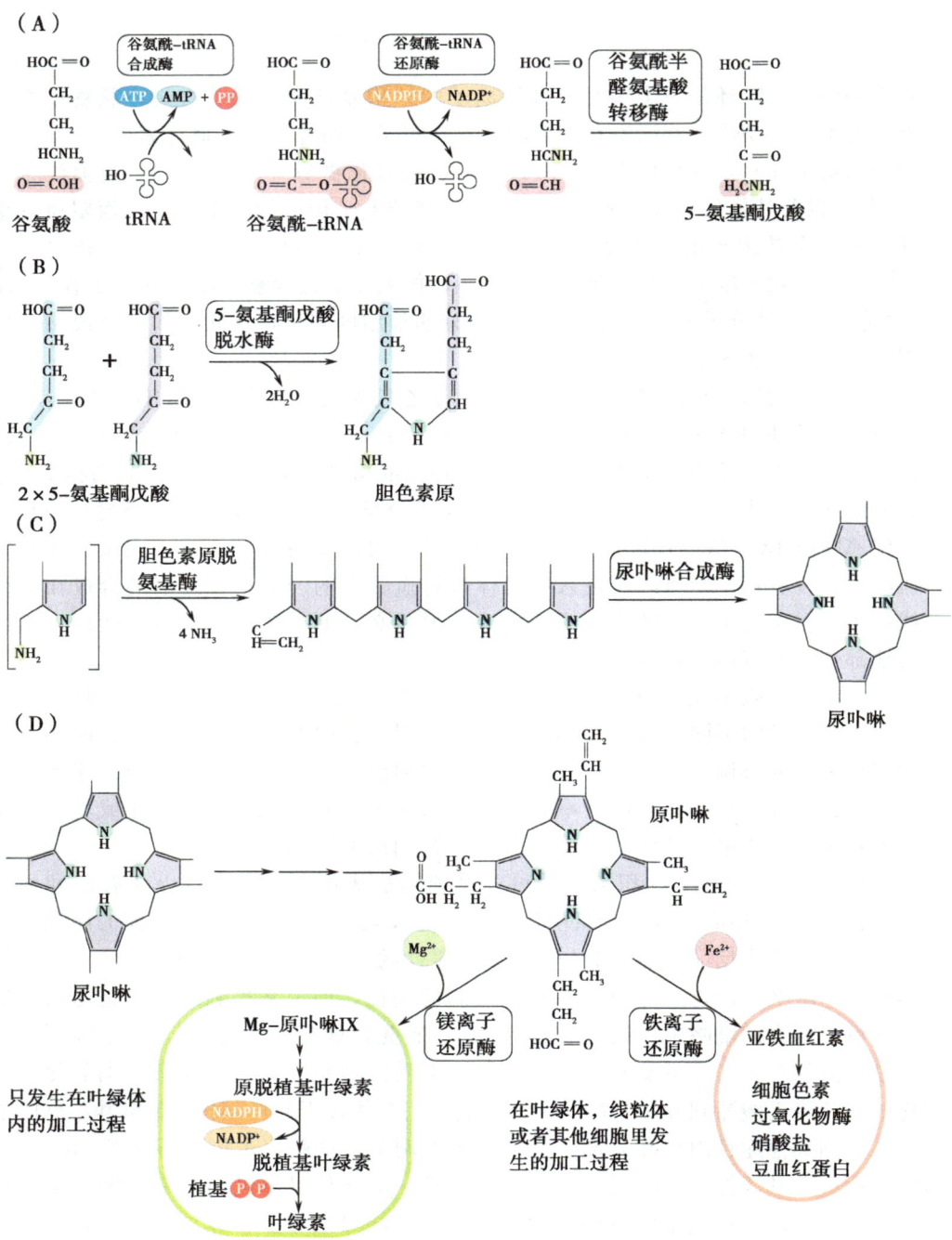

图 4-107 叶绿素和亚铁血红素的合成。(A) 在第一阶段，叶绿体中的谷氨酸以谷氨酰基-tRNA 为中介，从而以一种特殊的途径合成含 5 个碳元素的 5-氨基酮戊酸。(B) 两个 5-氨基酮戊酸凝聚在一起形成-四吡咯环的构件——胆色素原。(C) 四分子胆色素原聚合在一起环化形成四吡咯尿卟啉。(D) 四吡咯环修饰后产生原卟啉 IX，此复合物为叶绿素和亚铁血红素合成的分支点。当镁离子插入到这一复合物时导致叶绿素的合成，而铁离子进入此复合物则导致亚铁血红素的合成。叶绿素合成的最后一步为植基加入形成植醇（类萜）侧链（如图 4-102）。

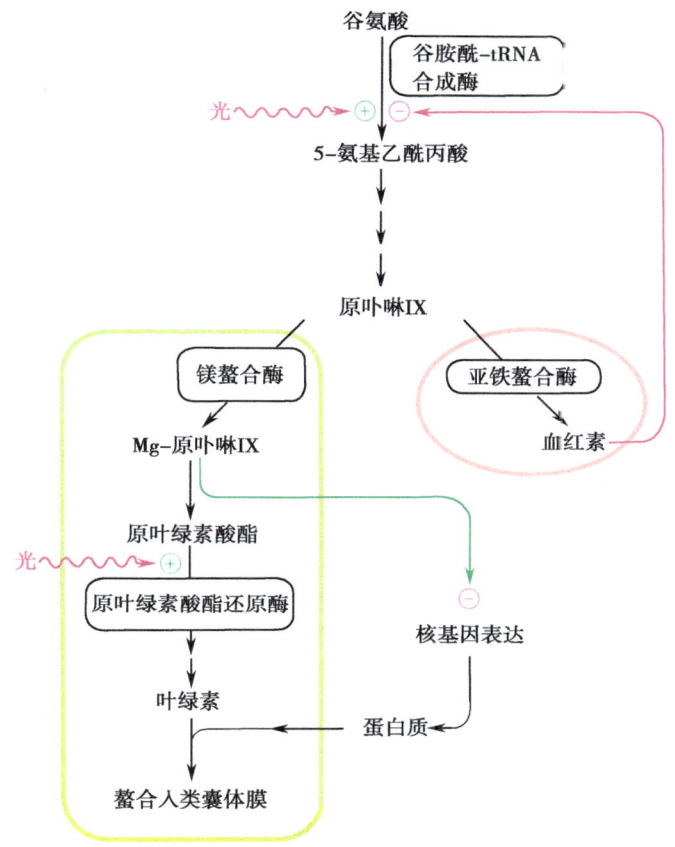

图 4-108　四吡咯合成的复杂调控。由谷氨酰胺-tRNA 合酶、亚铁螯合酶、镁螯合酶、原叶绿素酸酯还原酶催化的步骤和叶绿素分子整合到类囊体膜的过程被认为是两个重要的调节途径。叶绿素合成受到光以及核基因表达的信号的影响，这可能是由于镁-原卟啉 IX 调节叶绿素及其在类囊体膜上结合蛋白的合成速率。减少叶绿素合成速率导致亚铁血红素含量提高，这又反过来抑制四吡咯合成的起始步骤。

(基因组解耦合) 突变体缺少从叶绿体到核的信号途径。当叶绿素合成受到阻断时，促进光合作用蛋白质的核基因表达量没有下调。通过对比 *gun* 突变体和野生型，发现叶绿素合成的一个中间体 Mg-原卟啉 IX 是最初的叶绿体信号，它促进核基因下调。*gun* 突变阻止了这个中间体的合成。四吡咯在整个协调核基因表运和叶绿体组装及发育过程中起着重要作用。

4.8　氮同化

植物中许多种类的分子都含有氮：氨基酸和蛋白质，核苷酸和核酸，还有像叶绿素这样的四吡咯、类黄酮这样的**苯基类丙烷**等许多大分子。氮是植物中继碳、氢、氧之后含量最丰富的元素。氮从无机原料到有机化合物的同化过程是许多植物细胞的一个主要代谢活动。

氮同化是一个受许多不同水平和阶段调节的过程。环境信号整合到植物碳代谢的信号中，从而把土壤中无机氮的可用性和植物对于合成各种含氮化合物的需求联系在一起。同时，可用的生物合成前体、能量和还原剂对于同化途径都是必需的。对于许多植物来说，主要的氮源是土壤中的硝酸盐（NO_3^-）。其他的植物，主要是豆类，则是从与其共生的**固氮菌**中获取氮，我们会在 8.5 节讨论这一过程。在这里我们将主要讨论硝酸根离子怎样从土壤中被吸收，之后如何转化成铵，最后又是如何变成谷氨酸和谷氨酰胺的（图 4-109）。这个途径的后半部分仍然涉及光呼吸（见 4.3 节）过程中释放的氨的再吸收。谷氨酸和谷氨酰胺是植物中几乎所有含氮复合物的直接或间接氮源。我们将会讨论其中的一部分内容，包括其他氨基酸和从它们衍生而来的含氮复合物。

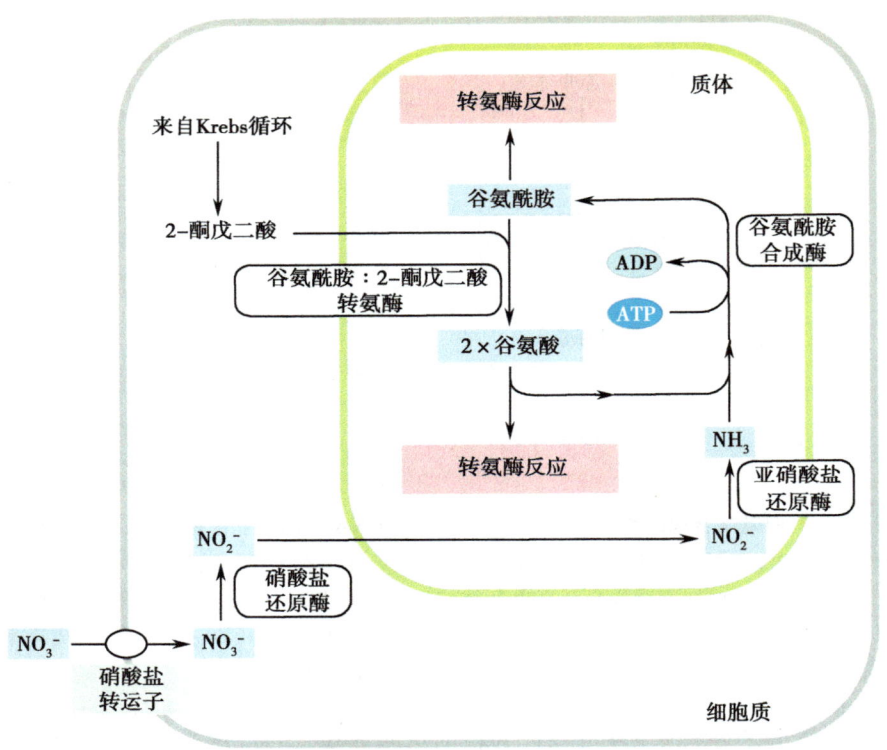

图 4-109　氮同化的总体状况。 硝酸盐通过硝酸盐转运蛋白运输到细胞中，在细胞质中还原为亚硝酸，然后在质体中还原为铵（在此处记作 NH_3）。氮通过谷氨酰胺合成酶整合到氨基酸中（作为—NH_2）和谷氨酰胺：2-酮戊二酸转氨酶（GOGAT），利用来自 Krebs 循环的 2-酮戊二酸作为碳骨架。通过这些反应产生的谷氨酸盐和谷氨酰胺为细胞中其他含氮复合物合成过程提供氮部分，主要是通过转氨酶反应。

植物包含几种类型的硝酸盐转运蛋白，受不同信号的调节

从土壤中进入根表皮和皮层细胞的氮是通过**硝酸盐转运蛋白**来完成的。它接下来的命运取决于它的供给量和植物的种类。在许多植物中，一些硝酸盐是在根细胞中转化为谷氨酸和谷氨酰胺，而在另外一些植物中则是通过木质部转运到叶片中，在叶肉

细胞中代谢为谷氨酸和谷氨酰胺（图 4-110）。大体上说，草本植物主要在叶片中同化硝酸盐，而许多的木本和灌木在根中同化这些硝酸盐。在单一的物种中，硝酸盐同化的位置通常取决于硝酸盐的供给量：当硝酸盐丰富时，叶片是主要的同化部位，但当硝酸盐供应受限时，根成了主要的同化部位。

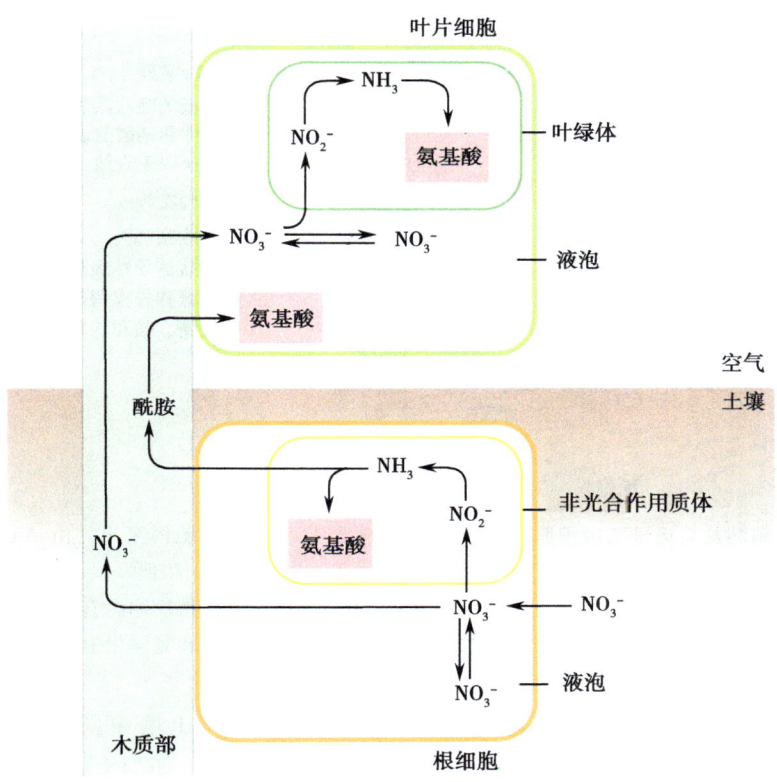

图 4-110　植物中氮同化的定位。 氮以硝酸盐的形式从土壤中进入根细胞，或是在根细胞中被还原为铵进行氨基酸合成和以氨基酸形式输出到茎中或是硝酸盐直接转运到茎中。从根到茎的运输发生在木质部中。在大多数植物中，谷氨酰胺和天冬酰胺是主要的氨基酸运输形式。运输到茎的硝酸盐被转化为铵后在叶绿体中转化为氨基酸。不管是根细胞还是茎细胞，胞质和液泡中的硝酸盐均处于动态平衡中。

　　硝酸盐转运蛋白定位于根细胞和叶细胞的细胞膜上，分为几种不同的类型。所有的单体蛋白都含有 12 个跨膜结构域。这些转运蛋白是硝酸盐-质子共转运蛋白和细胞膜上 ATP 驱动的质子泵偶联（图 4-111A），与蔗糖-质子共转运蛋白是一样的（图 4-48）。NRT1 和 NRT2 是两个家族的硝酸盐转运蛋白，它们对硝酸盐有不同的亲和力：对于硝酸盐，所有的 NRT2 转运蛋白有很高的亲和力，而 NRT1 转运蛋白有或高或低的亲和力（图 4-111B）。

　　这些转运蛋白不仅对硝酸盐的亲和力不同，而且它们在植物中的定位以及对外部信号的响应也是不同的。这些差异使得它们在不同的条件下对硝酸盐吸收具有更敏感的调控。细胞外硝酸盐浓度在 5μmol/L 至 50mmol/L 的宽广范围内，转运蛋白都有很高的吸收效率。编码硝酸盐转运蛋白的某些基因表达受硝酸盐诱导而受铵抑制，而其他的硝酸盐转运蛋白基因则是组成型表达，就是说，即使没有硝酸盐时也表达。是否存在氨基酸合成前体是影响某些硝酸盐转运蛋白基因表达的另一个因素。例如，一些编码转运蛋白的基因只在白天表达，当给植物提供蔗糖或是谷氨酰胺时，它们的表达模式将会发生变化，下面将进行讨论。

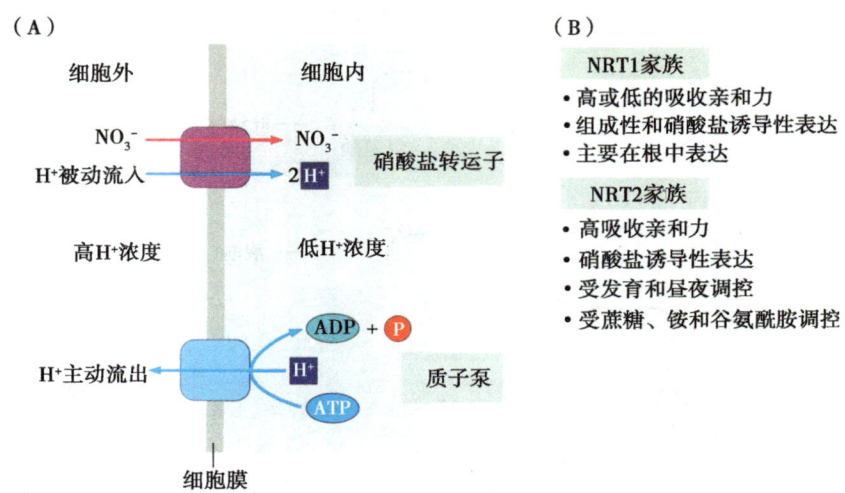

图4-111 硝酸盐转运进植物细胞。（A）一个质子泵把质子从细胞内泵出，由ATP水解驱动。质子通过硝酸盐转运蛋白返回细胞内，这一过程和硝酸盐输入相偶联。（B）在拟南芥基因组中有两个主要编码硝酸盐转运蛋白的基因家族。这两个家族在植物体内有不同的定位和对硝酸盐的亲和性，它们的基因表达性质和范围由硝酸盐、光、蔗糖和氮同化中间产物调节。

尽管硝酸盐是土壤中氮源存在的最主要形式，大多数土壤中同样含有以铵离子（NH_4^+）存在的氮。它们在一些情况下将会成为主要的氮源，如当土壤被水浸没时。几乎所有植物都能像利用硝酸盐一样来利用土壤中的铵。铵转运蛋白和硝酸盐转运蛋白一样，由一个多基因家族编码；不同的转运蛋白对铵的亲和力和表达模式不同。当土壤中硝酸盐的水平低（氮饥饿）的时候，会诱导根中某些铵转运蛋白的表达，而其他铵转运蛋白的表达则在铵存在时被诱导。

硝酸盐还原酶受不同水平的调节

硝酸盐还原酶是一个催化硝酸盐到亚硝酸盐（NO_2^-）还原的细胞质酶。它含有两个相同的亚基，每个亚基都由三个共价结合辅因子组成：FAD、亚铁血红素和钼喋呤（含钼的辅因子；图4-128B）。它们都参与到从NADH或是NADPH到硝酸盐的电子转移。每个辅因子都与酶的一个特定结构域相连（图4-112）。FAD结合到一个类似于光合作用铁氧还原蛋白-NADP还原酶的结构域（见4.2节）。其作用为接受从NADPH来的电子，然后转运到亚铁血红素辅因子（一个类似细胞色素家族的区域）。这样依次把电子转移到钼喋呤，使之结合到酶的第三个结构域，最终它再将电子转移到硝酸盐，把其还原为亚硝酸盐。

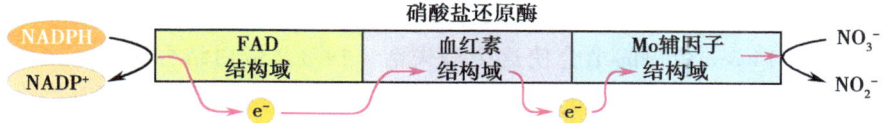

图 4-112 硝酸盐还原酶一个亚基的结构域。 来自 NADPH 的电子通过三个辅因子转移到硝酸盐，这三个共因子都与酶特异的结构域结合。

硝酸盐还原酶水平和活性受到许多与硝酸盐还原能力相关的因子调控，如可用的硝酸盐、氮同化所需的生物合成前体，还有植物对氮同化产物的需求。因此硝酸盐还原酶蛋白的表达受到多种因子影响，如硝酸盐的丰度、光照水平、白昼节律、蔗糖、谷氨酰胺、植物激素**细胞分裂**素浓度（图 4-113）。硝酸盐还原酶基因的表达受到硝酸盐强烈和快速的诱导，同时也受光的诱导。在黑暗情况下，蔗糖诱导基因表达。这个机制把氮同化的能力和可用的蔗糖联系起来提供前体分子。相反地，硝酸盐还原酶受谷氨酰胺的抑制，它是氮同化的主要产物。

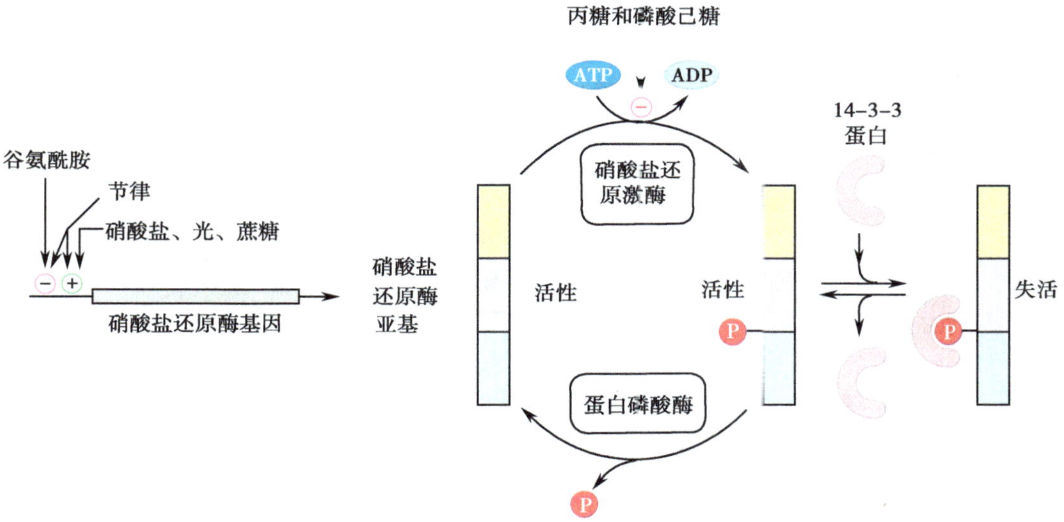

图 4-113 硝酸盐还原酶表达和活性调节。 硝酸盐还原酶基因表达受到光、节律（见第 6 章）、蔗糖、硝酸盐、氮同化中间产物调节。酶通过蛋白激酶/磷酸酶活性磷酸化/去磷酸化行使功能（蛋白激酶，在此处显示的是硝酸盐还原激酶，和磷酸化后调节蔗糖磷酸合酶的酶是同一个酶；图 4-28）。磷酸化使之结合 14-3-3 蛋白，这个蛋白质抑制酶活性。这种失活状态当丙糖磷酸和己糖磷酸含量丰富时被抑制，因此可用的生物合成前体能够促进硝酸盐还原。

合成有功能的硝酸盐还原酶不仅需要硝酸盐还原酶基因的表达，而且需要三个辅因子的插入。这三个辅因子的合成必须受到调节，从而使它们的表达量能与硝酸盐还原酶蛋白协调起来。在拟南芥中，编码这种参与钼喋呤合成最后步骤的酶的表达被硝酸盐诱导，同时诱导硝酸盐还原酶基因的表达。

硝酸盐还原酶活性同样受到几个翻译后加工机制的调节。其中了解最深的是磷酸化作用（图 4-113）。一个蛋白激酶磷酸化硝酸盐还原酶在 FAD 和亚铁血红素结合位点之间的一个丝氨酸残基。磷酸化作用使得这部分蛋白质结合到一个 14-3-3 蛋白。14-3-3

蛋白是一类能够介导关键代谢酶的活性变化从而响应磷酸化作用的蛋白质。磷酸化的硝酸盐还原酶与 14-3-3 蛋白的结合使这个酶失活。14-3-3 蛋白结合而导致酶失活的磷酸化作用受到丙糖和己糖磷酸的抑制，因此硝酸盐还原酶在有足够的氨基酸合成前体时处于活性状态。磷酸化硝酸盐还原酶的蛋白激酶同样磷酸化并且失活蔗糖磷酸合成酶（见图 4-28），从而提供了同时控制碳同化和氮同化之间桥梁。硝酸盐还原酶可以被一个蛋白磷酸酶去磷酸化而阻止与 14-3-3 蛋白结合，从而恢复硝酸盐还原酶的活性。

由硝酸盐还原酶催化生成的亚硝酸盐通过一个质体中的**亚硝酸盐还原酶**催化转变成铵。和硝酸盐还原酶一样，这个酶也含有三个辅因子，它们把电子转移到亚硝酸盐，将其转变为铵（图 4-114）。亚硝酸盐还原酶通常以具有还原作用的铁氧还蛋白作为还原力的来源，但同样也能利用 NADPH。在光下的叶绿体中，还原性的铁氧还蛋白是光合作用电子传递的一个产物（见 4.2 节）。它同样可以通过非光合作用质体中的铁氧还蛋白-NADP 还原酶产生。从还原性铁氧还蛋白来的电子通过一个铁氧还蛋白结合结构域传递到亚硝酸盐，这是一个**铁硫簇**的结构（见 4.9 节），还有一个西罗血红素辅因子，把亚硝酸盐还原为铵。亚硝酸盐对植物细胞有很高的毒害性，植物中存在有几个维持亚硝酸盐还原酶高活性来阻止亚硝酸盐积累的机制。因此，亚硝酸盐还原酶的活性远远高于硝酸盐还原酶，尽管这两种酶受到许多相同因子的诱导。

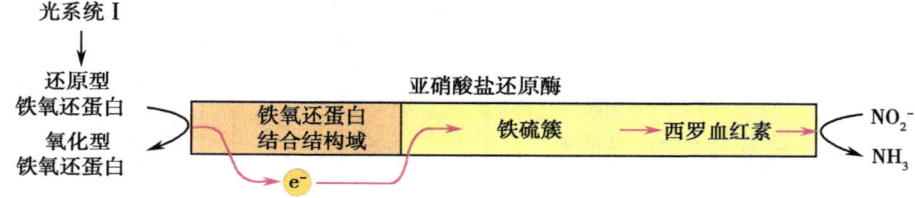

图 4-114　亚硝酸盐还原酶。在光系统 I 中被还原的铁氧还蛋白电子通过和酶结合的三个辅因子转移到亚硝酸盐中。

氮同化合成氨基酸是与植物的需求、硝酸盐以及生物合成前体的多少紧密相连的。由硝酸盐和亚硝酸还原酶催化生成的铵是通过谷氨酰胺合成酶和谷氨酰胺-2-酮戊二酸转氨酶（GOGAT，图 4-115）的作用同化的，光呼吸释放的铵的再吸收（见 4.3 节）以及豆科植物中共生固氮作用产生的铵的同化（见 8.5 节）需要的是同样的酶。需要指出的是，在光下，大部分的植物同化光呼吸释放的铵远远多于硝酸盐吸收后"初级"同化的铵。

植物同时有细胞质和质体形式的谷氨酰胺合成酶。质体形式的酶在叶片中起主导作用，在那它同化由硝酸盐产生的铵和来自光呼吸循环的铵。由硝酸盐产生的铵同样可以被细胞质形式的谷氨酰胺合成酶同化。实际上，在光呼吸受抑制情况下缺失质体形式的谷氨酰胺合成酶的突变体能够正常生长，这表明单独的细胞质形式的酶有足够的能力同化所有从硝酸盐产生的铵。

从谷氨酰胺到谷氨酸盐的转化发生在质体中，在那里有两种形式的 GOGAT：一种形式接受来自 NADPH 的电子，另外一种则接受来自还原性铁氧还蛋白的电子。与铁氧还蛋白相连的 GOGAT 在叶片中起主导作用，与 NADPH 相连的 GOGAT 则主要作用于根中。两者都含有一个铁硫簇，它可以传递来自于一个 2-酮戊二酸和两个谷氨酰胺分子的电子，还原合成两个谷氨酸分子。

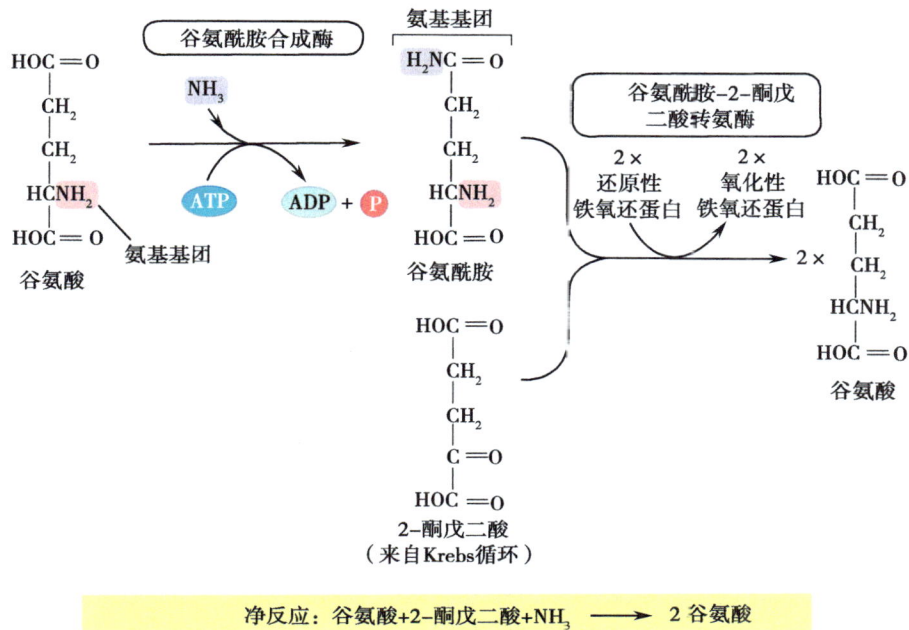

图 4-115 **通过谷氨酰胺合成酶和 GOGAT 同化氮到氨基酸中。** 在亚硝酸还原反应中释放的铵通过谷氨酰胺合成酶转运到谷氨酸中，形成酰胺、谷氨酰胺。由 GOGAT 催化的谷氨酸盐和 2-酮戊二酸之间的转氨反应，产生两分子的谷氨酸。

氮到谷氨酰胺和谷氨酸的同化涉及植物氮碳代谢多个方面的复杂调控网络。当硝酸盐丰富时，许多将其转化为氨基酸必需的酶活性发生了昼夜变化，主要是基因表达的昼夜变化造成的。这种昼夜变化发生在一些硝酸盐转运蛋白、硝酸盐和亚硝酸盐还原酶、谷氨酰胺合成酶和 GOGAT 的活性。产生 2-酮戊二酸（GOGAT 的底物）必需的酶同样显示出昼夜变化，包括细胞质丙酮酸激酶、线粒体柠檬酸合酶，还有 NADP 结合的异柠檬酸脱氢酶。不同酶的活性昼夜变化彼此并不相同，硝酸盐转化成铵在一天中的某一时间有个峰值，而硝酸盐的吸收峰值则在另一个时间，同化氮到氨基酸又是另外一个时间（图 4-116）。这些差异协调了氮同化与叶片中昼夜模式的碳同化和输出及光呼吸作用间的平衡。

硝酸盐的供给量极大地影响许多直接或是间接参与到氮同化和氨基酸合成过程的酶的活性。如上面提到的，它激活编码转运蛋白和参与硝酸盐到谷氨酸和谷氨酰胺途径中酶的基因表达。硝酸盐在根部同样激活编码产生还原力的基因（铁氧还蛋白-NADP 还原酶、葡萄糖-6-磷酸脱氢酶和 6-磷酸葡萄糖酸脱氢酶）表达，从而使硝酸盐转变为铵，同时激活合成 2-酮戊二酸的酶。其他一些参与碳代谢的基因同样受到硝酸盐水平的影响。例如，编码 ADP-葡萄糖焦磷酸化酶的基因表达受到硝酸盐的抑制。总体上，硝酸盐的作用是提高自身输入、还原、转化成氨基酸的能力，同时提高碳的获得性来达到这个目的。

硝酸盐同样是根生长的一个重要信号。高水平的硝酸盐抑制根的生长减少侧根的发生。另外，局部施用硝酸盐到氮饥饿的根部能够促进这一部位侧根的发生（见6.5节）。

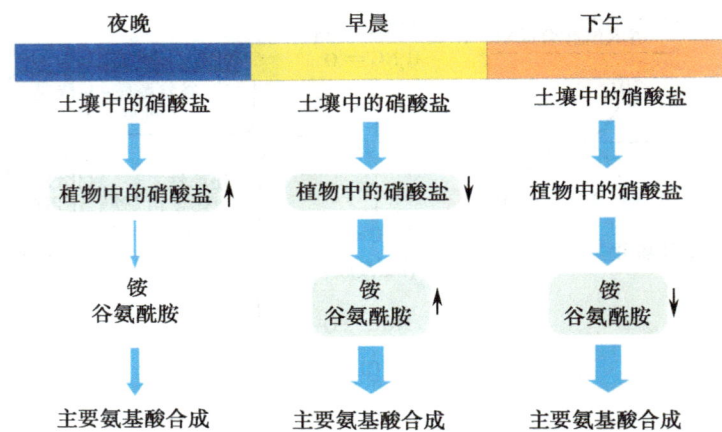

图 4-116 硝酸盐同化的白天模式。夜晚，还原所输入硝酸盐的能力降低，因此植物体内的硝酸盐水平升高。早晨，硝酸盐还原和转化成谷氨酰胺的能力大大加强，因此植物体内的硝酸盐含量降低而铵和谷氨酰胺含量升高。下午，当用谷氨酸盐和谷氨酰胺来进行氨基酸合成需求仍然高时，硝酸盐还原能力却降低了，因此铵和谷氨酰胺含量降低。本图只是一个例子，硝酸盐吸收和同化的白天模式随着物种和生长阶段而改变，同时还受到其他因子如硝酸盐供给量的修饰。

碳和氮代谢过程中的其他中间产物同样作为调节生长和代谢的信号。例如，谷氨酰胺和其他的氨基酸氮的同化作用相反：谷氨酰胺同时抑制硝酸盐的吸收和后续的同化，从而把植物对氨基酸需求和氮同化速率联系起来。高水平的蔗糖同时刺激谷氨酰胺和2-酮戊二酸的合成，当存在大量前体分子时，就可以促进这些前体合成含氮复合物。低水平的糖类强烈地抑制硝酸盐还原酶的表达，当合成氨基酸的前体供应不足时减少氮同化。

氨基酸生物合成部分受到反馈调节

植物体内的细胞需要20种不同的氨基酸来合成蛋白质，同样利用许多氨基酸作为前体来合成其他含氮化合物。大部分的植物细胞都能高度自主地合成所需的氨基酸：它们能够从少量的运入氨基酸（作为氨基基团的来源）和糖类（作为前体分子的来源）合成所需要的氨基酸。在许多植物中，从氮同化位置转运的主要氨基酸是谷氨酰胺（铵同化的主要产物）。谷氨酰胺的高含氮量（图4-115，它同时具有一个氨基和一个酰胺基团）使其成为一个高效的氮转运化合物。在叶片中合成的谷氨酰胺通过韧皮部转移到植物的其他部位，在根中合成的谷氨酰胺则是通过木质部转运。它是许多植物的木质部和韧皮部中含量最高的有机化合物。但是，依据植物种类和生长发育阶段的不同，其他氨基酸同样可以在木质部和韧皮部中进行转运。

从谷氨酸和谷氨酰胺合成的氨基酸根据参与的前体分为几个家族（图4-117）。一些氨基酸直接由谷氨酸而来，但大多数则通过转氨途径，即谷氨酸或谷氨酰胺的氨基或是酰胺基通过一类称为**转氨酶**家族的酶转移到一个前体分子上。一些转氨酶偏好天冬氨酸或是丙氨酸，它们自身通过谷氨酸的转氨酶反应生成。天冬氨酸同时可以作为一个氨基供体和一个其他氨基酸的直接前体。

氨基酸合成必须协调可用的氮供体和前体分子，还有在蛋白质和许多次级产物合成过程中对大量不同氨基酸的需求。氨基酸合成过程的大部分途径并没有弄清楚，但对于其中两种机制研究得比较深入：在合成途径的早期阶段有氨基酸产物的反馈调节，当合成超过需求时将会降解产物。在这里我们用两个例子来说明这一合成和调节过程：第一，合成天冬氨酸家族（图 4-117）和其他来自天冬氨酸的产物（如嘌呤和嘧啶）途径；第二，产生芳香族氨基酸-酪氨酸、色氨酸、苯丙氨酸，还有它们的一些衍生物的途径。

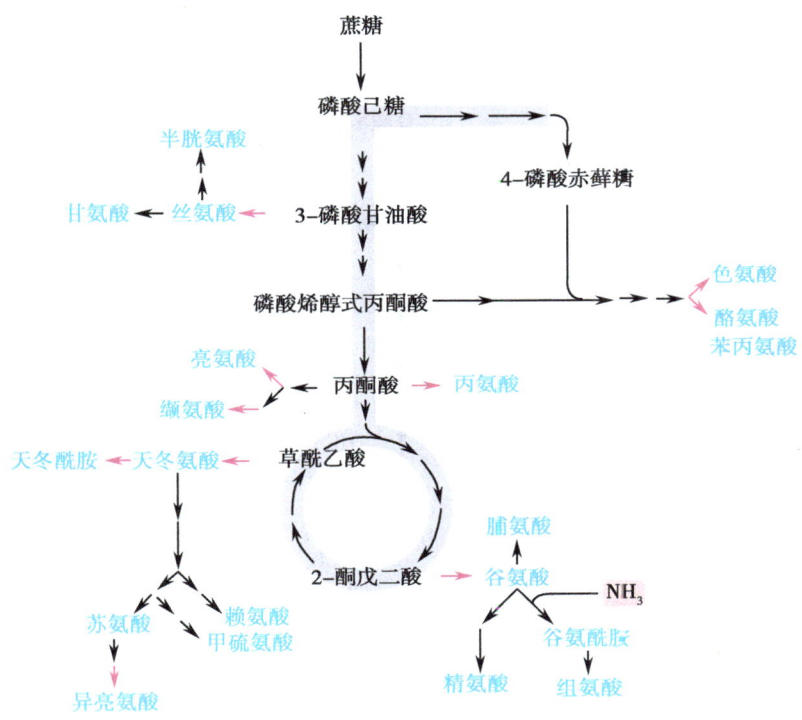

图 4-117 氨基酸合成碳骨架的来源。糖酵解、氧化戊糖磷酸途径和 Krebs 循环（阴影部分）的中间产物是氨基酸合成的起始点。氨基部分直接或间接来自谷氨酸和谷氨酰胺，它们是铵同化的初产物。引进氨基部分通常由转氨酶催化（转氨反应中的重要位置由红箭头指出）。

天冬氨酸是合成其他 5 种氨基酸的起始：苏氨酸、异亮氨酸、赖氨酸、甲硫氨酸和天冬酰胺（图 4-118）。天冬酰胺的合成发生在细胞质中，但其他氨基酸（除了甲硫氨酸合成的最后步骤）合成的大部分步骤都发生在质体中，苏氨酸、异亮氨酸、赖氨酸和甲硫氨酸合成的前两步都是相同的。天冬氨酸被磷酸化后分解为天冬氨酸半醛，这个化合物是两个酶的底物：二氢吡啶二羧酸合成酶参与赖氨酸的合成，而高丝氨酸脱氢酶参与苏氨酸、异亮氨酸和甲硫氨酸的合成。天冬氨酸代谢起始的酶即天冬氨酸激酶以及两个分支点的酶，都受到相应途径的氨基酸产物的抑制。两条分支途径的产物赖氨酸和苏氨酸，还有异亮氨酸代谢中的一个重要产物 **S-腺苷甲硫氨酸**（在甲基化反应中起重要作用；见 2.3 节），都能抑制天冬氨酸激酶的活性。高丝氨酸脱氢酶被苏氨酸抑制，二氢吡啶二羧酸合成酶被赖氨酸抑制。这些反馈机制响应生物体需求来调节氨基酸的合成量：如果产物的浓度升高，通过这个途径的通量将会减少。

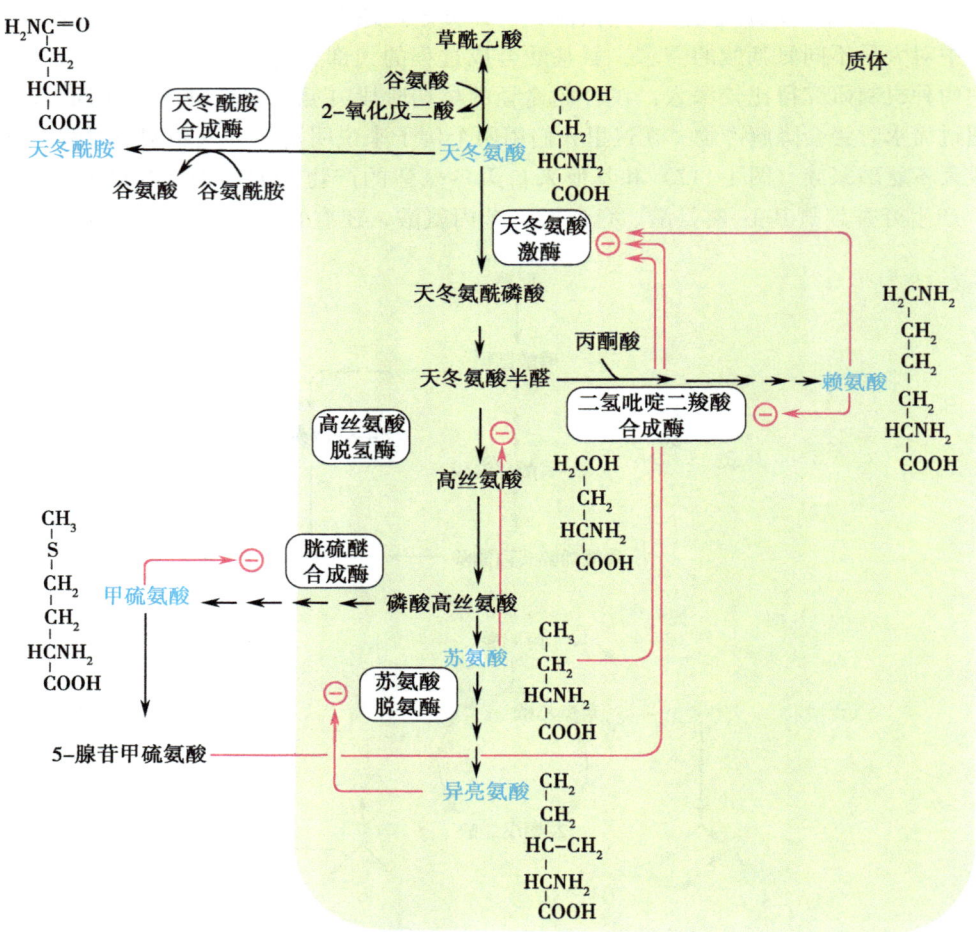

图 4-118 合成天冬氨酸家族氨基酸。 天冬氨酸在质体中由草酰乙酸盐，通过谷氨酸转氨而来。甲硫氨酸、苏氨酸、异亮氨酸和赖氨酸合成的起始点是添加一个磷酸基因，由天冬氨酸激酶催化。这是氨基酸合成过程中的一个重要调节点：天冬氨酸激酶受到赖氨酸、苏氨酸和 S-腺苷甲硫氨酸的反馈抑制，S-腺苷甲硫氨酸是甲硫氨酸的产物，对于生物合成反应中引入甲基起重要作用，并且是植物激素乙烯合成的前体（图 6-21）。赖氨酸、苏氨酸、异亮氨酸和甲硫氨酸同样抑制它们合成途径下游酶的活性。天冬氨酸同样是天冬酰胺合成的起始点，通过转移来自谷氨酰胺的氨基部分到天冬氨酸两个羟基中的一个（形成酰胺）而来，这一过程由胞质中的天冬酰胺合酶催化。

赖氨酸合成调控之所以受到特别的重视，是因为它对人类和其他哺乳动物来讲是一个必需的氨基酸：赖氨酸不能被哺乳动物自身合成，因而它必须从植物性食物中获取。在这我们将会讲述一些植物学家为了培育出含有更高水平赖氨酸的农作物所做出努力，因为这些工作为一些氨基酸水平的调控机制提供了一个很好的解释。

为产生高含量赖氨酸植物而做出的努力主要是通过破坏氨基酸的反馈调节实现的，这样做可以使赖氨酸的积累不会限制其合成速率。其中最成功的策略是对二氢吡啶二羧酸合成酶进行操作，使其对反馈调节不敏感。这通过两种途径实现：第一，从突变群体中筛选对赖氨酸毒性类似物（对野生型植物有毒性，因为其和赖氨酸竞争整合到蛋白质中，而这种蛋白质没有功能）具有抗性的突变体植株。对类似物有抗性的植物能够存活下来是因为其二氢吡啶二羧酸合成酶有突变，而这种突变会对反馈抑制不敏感。结果是高水平的赖氨酸减少了其类似物整合到蛋白质中的概率，这样植物就有足够多的正常蛋白质来维持生存；第二，通过转基因，转入表达编码二氢吡啶二羧酸合成酶的细菌基因。细菌基因产生的酶对赖氨酸抑制的敏感程度比对植物自身产生的酶要小，其结果是在转基因植物中有更高水平的赖氨酸（图 4-119）。

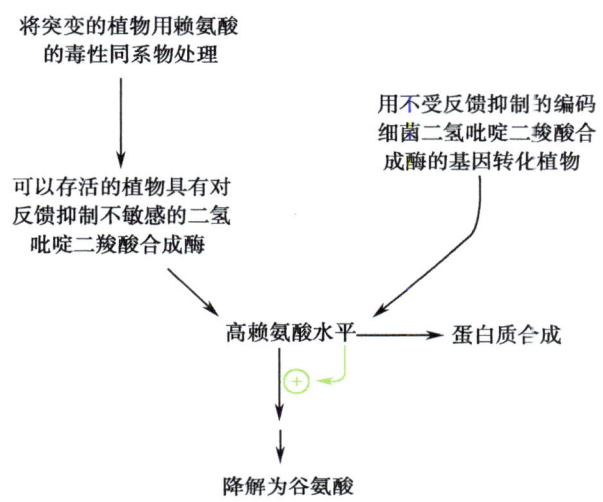

图 4-119　植物中两个提供赖氨酸的策略。两个策略的靶标都是二氢吡啶二羧酸合成酶——位于天冬氨酸到赖氨酸途径中赖氨酸分支上的第一个酶（图 4-118），目的是引进一个对赖氨酸反馈抑制不敏感的二氢吡啶二羧酸合成酶。两个策略都成功地使二氢吡啶二羧酸合成酶对反馈抑制不敏感，从而提高了赖氨酸合成的速率。但是，游离赖氨酸水平的提高（包括含赖氨酸的储存蛋白）没有达到预期效果，因为高水平的赖氨酸会诱导激活一个赖氨酸降解酶。换句话说，赖氨酸正反馈促进自身的降解。

可惜的是，通过减少反馈抑制而提高赖氨酸合成并没有立即达到增强哺乳动物营养的预期效果。只有少部分过量的赖氨酸被整合到稳定的储存蛋白中，而绝大部分被降解为谷氨酸，这条降解途径的第一个酶的表达受到赖氨酸诱导（图 4-119）。解决这个问题需要寻找一种可以阻止赖氨酸降解的办法。这个策略在拟南芥中已经有尝试。同时引入对反馈抑制不敏感的二氢吡啶二羧酸合成酶和一个能够消除降解赖氨酸途径的第一个酶活性的突变，这样在种子中赖氨酸的水平大大提高，高于单独引入对反馈抑制不敏感的二氢吡啶二羧酸合成酶。这个实验说明植物细胞中的赖氨酸水平不仅仅取决于赖氨酸合成和整合进蛋白质的速率，同样决定于赖氨酸的降解速率。其他氨基酸的水平也同样取决于相似的合成、利用和降解间的相互作用。

除了提供上述 5 种氨基酸合成的前体和氨基，天冬氨酸也参与合成嘌呤和嘧啶，它们是合成核酸和核苷酸（如 ATP）的前体。在氨基酸代谢和嘌呤嘧啶合成之间有密切且复杂的关系：在它们的合成途径中，前体分子都是来自核糖-5-磷酸和天冬氨酸，而氮则通过转氨酶反应来自谷氨酰胺的酰胺基。

鸟嘌呤和腺嘌呤的合成是通过天冬氨酸和甘氨酸经过一系列的转氨基反应完成的。乳清酸嘧啶的合成来自二氧化碳、天冬氨酸和谷氨酰胺的酰胺基（图 4-120）。其他的嘧啶，包括尿嘧啶和胞嘧啶，都是通过进一步地修饰乳清酸实现的。所以合成嘧啶的酶都可以在质体中找到，嘌呤合成则在细胞质中进行。

色氨酸、酪氨酸和苯丙氨酸等芳香族氨基酸的合成已经被深入研究，主要有两个原因：第一，它们是很多其他化合物的前体（尤其是含有苯环的化合物）；第二，参与芳香族氨基酸的共同前体分支酸生成的一个酶是商业上非常重要的除草剂草甘膦的靶标（见 9.3 节）。分支酸通过**莽草酸途径**在质体中合成（图 4-121）。这个途径起始于磷酸烯醇式丙酮酸和赤藓糖 4-磷酸的富集，随后环化并且通过莽草酸（经过一系列利用其他 PEP 分子的反应）转化为分支酸。

分支酸是两个酶的底物：分支酸变位酶，它使分支酸通过一个很短的途径转变为苯丙氨酸和酪氨酸，还有邻氨基苯甲酸合酶，它为合成色氨酸提供底物（图4-122）。分支酸变位酶能被苯丙氨酸和酪氨酸抑制，催化合成这两个氨基酸最后不同步骤的酶被它们各自的氨基酸产物所抑制。苯丙氨酸最后的合成酶也能够被酪氨酸激活。一些邻氨基苯甲酸合酶的同工酶受到色氨酸的反馈抑制（图 4-123）。因为有氨基酸合成的其他途径，反馈调节环可以在需求量低时阻止氨基酸的积累，并调节它们的合成。

许多来自于芳香族氨基酸的代谢产物在本书的其他地方有讨论，尤其是在生物和非生物胁迫的章节（第 7 章和第 8 章）。它们包括木质素单体、类黄酮（包括花青苷色素和防御信号分子），以及许多其他的防御信号、味道和气味复合物，如二苯乙烯、香豆素和许多生物碱。这些途径的范围以及特性在不同物种或同一植物的不同器官、不同细胞类型、不同生长环境、不同的发育阶段都是不同的。成千上万来自芳香族氨基酸的代谢物已经被发现，许多只在一个或一些物种的单一器官中存在。许多情况下，它们在植物中的功能和重要性还不清楚。总的来说，代谢途径被认为对基本生长和发育不是必需的，因而统称为**次级代谢**，其中包括许多以芳香族氨基酸作为前体的途径。但是，次级代谢和那些被认为是必需的代谢途径（初级代谢）的分界并不是很明显。深入研究这些次级途径的功能和重要性也许能很好地揭示其中的很多分子对于植物在自然环境下存活的必要性。

来自芳香族氨基酸的代谢流需要芳香族氨基酸作为前体，并根据不同的发育和环境信号做出改变。代谢流经莽草酸途径的通量必须配合这些多样的且不断变化的需求。在需要大量芳香族氨基酸作为前体进行次级代谢的情况下，如创伤或是真菌侵入，通常会诱导莽草酸途径中酶的表达，同时初级代谢中为这个途径提供生物合成的前体和还原力的酶也会被诱导。在莽草酸途径中协调初级和次级代谢之间的平衡的重要性在**转羟乙醛酶**活性降低的转基因番茄中有更详细的描述，这个酶在卡尔文循环中催化产生赤藓糖-4-磷酸（莽草酸途径中的一个前体；图 4-121）。在叶片中减少转羟乙醛酶 50% 的活性，就会对来自莽草酸途径的代谢物积累有巨大而复杂的作用，包括芳香族氨基酸和木质素的水平降低了 50% 或更多。

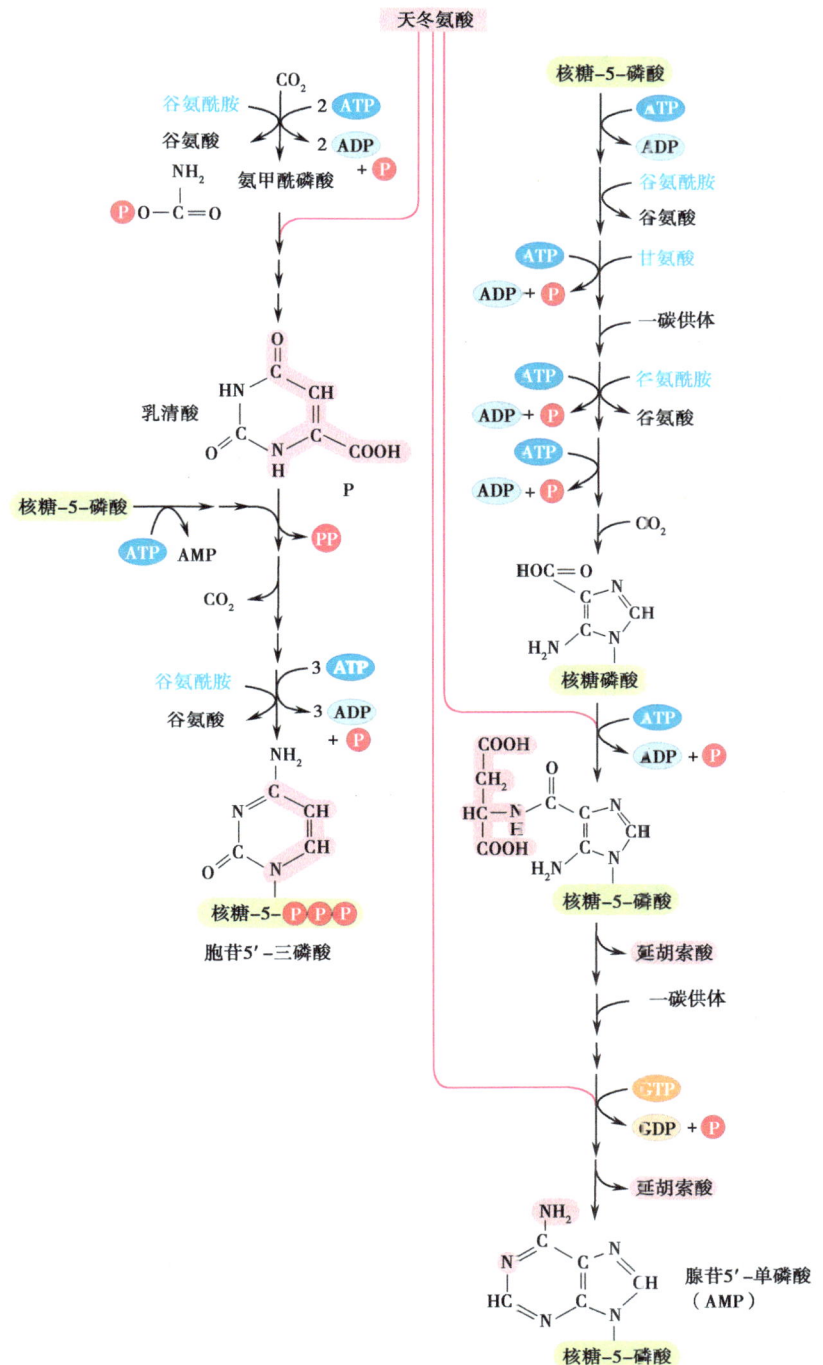

图 4-120 嘧啶和嘌呤的合成。在此途径中涉及天冬氨酸盐的部分被着重标出（粉红色）。在嘧啶合成中（左侧），环状复合物乳清酸来自天冬氨酸盐和一个含碳氮复合物氨基甲酰磷酸。胞苷 5′-三磷酸的合成是加入了一个核糖基，进一步修饰成环状结构。在嘌呤合成中（右侧），来自甘氨酸、二氧化碳——一个含碳单位的碳和来自谷氨酰胺的氮形成核糖-5-磷酸的环状结构。更进一步的修饰涉及加入两个天冬氨酸分子和一个一碳单位，去掉两个延胡索酸盐分子，形成第二个环状结构即腺苷 5′-单磷酸（AMP）。

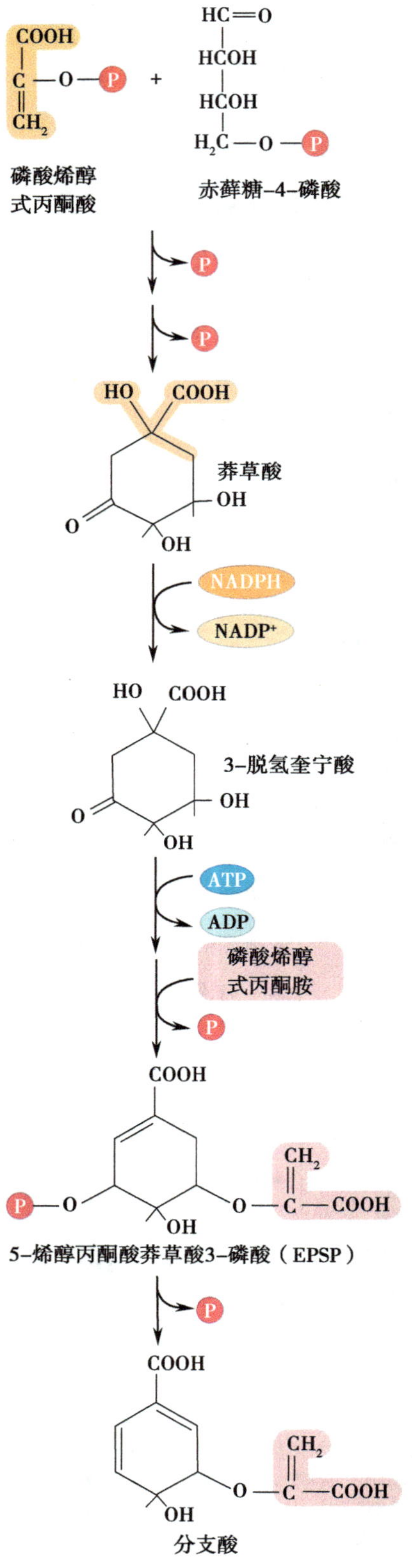

图 4-121 **芳香族氨基酸的合成：莽草酸途径。** 来自糖酵解途径的中间产物磷酸烯醇式丙酮酸与来自氧化戊糖磷酸化途径和卡尔文循环的一个中间产物赤藓糖-4-磷酸合成为环状化合物莽草酸。修饰环状结构并添加一个 PEP 分子产生 5-烯醇式丙酮酸莽草酸 3-磷酸（EPSP）（增加 PEP 的反应由 EPSP 合酶催化，这个酶是商业上广泛使用的除草剂草甘膦的靶标）。从 EPSP 移除磷酸基团生成分支酸，它是酪氨酸、苯丙氨酸和色氨酸合成途径的前体（见图 4-122）。

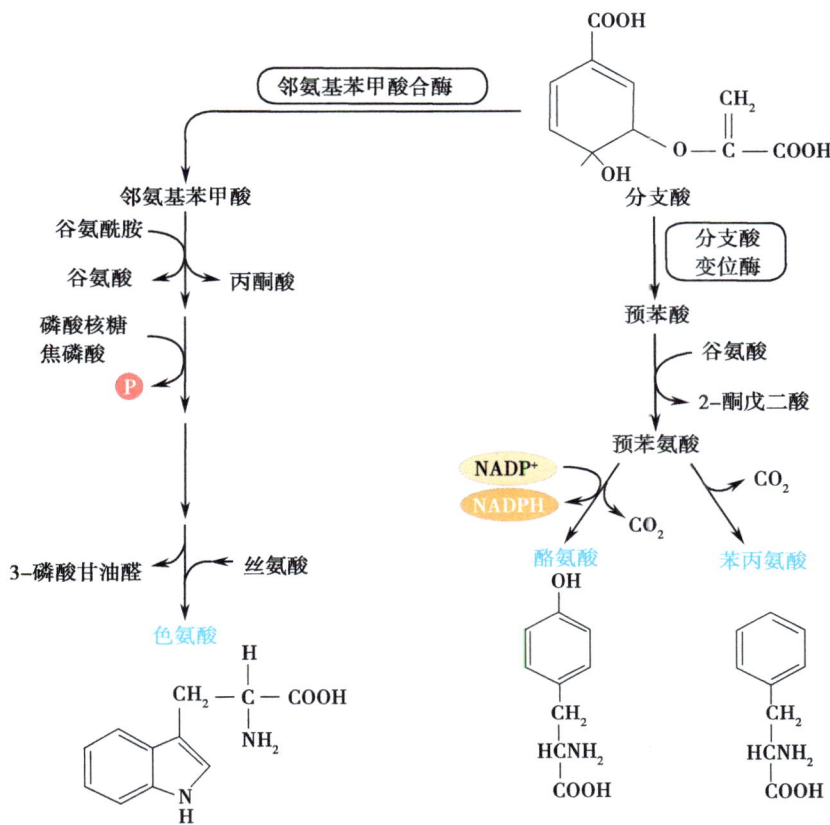

图 4-122 从分支酸合成芳香族氨基酸。分支酸是两个氨基酸合成途径的前体。邻氨基苯甲酸酯合酶反应是添加一个核糖基和丝氨酸这个复杂途径的第一步,这个途径的产物被修饰产生色氨酸。由分支酸变位酶参与的分支酸代谢通过转氨酶反应产生预苯氨酸。对预苯氨酸两种不同的修饰可以产生酪氨酸和苯丙氨酸。

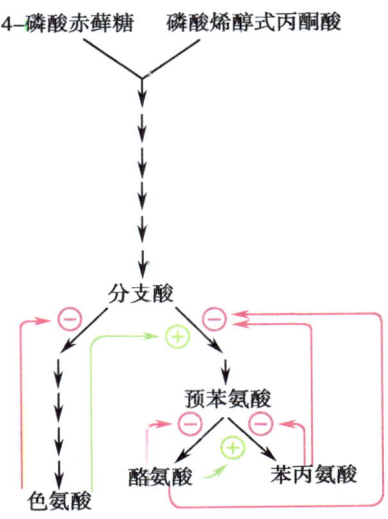

图 4-123 芳香族氨基酸合成途径的反馈调节。参与分支酸和预苯氨酸代谢的酶受到途径终产物的反馈抑制,这些途径把芳香族氨基酸合成速率与利用这些氨基酸用于蛋白质合成和其他生物合成途径速率联系起来。被色氨酸激活的酪氨酸和苯丙氨酸合成及由酪氨酸激活的苯丙氨酸合成,根据各自氨基酸被消耗的速率来调控分支酸的碳分布。

氮以氨基酸和特定储存蛋白的形式被储存

植物对氮的储存分为短期和长期两种模式，短期储存作为缓冲来维持需求和吸收之间的平衡，而长期储存（在种子、根、块茎等储存器官）来为植物新的生长发生时提供生物合成所需的氨基酸（图 4-124）。就短期存储而言，氮以硝酸盐的形式储存在液泡中。在这里，当供应充足时，硝酸盐能够积累到很高的浓度，当环境改变时，这些硝酸盐能够被转运到细胞质中参与代谢。

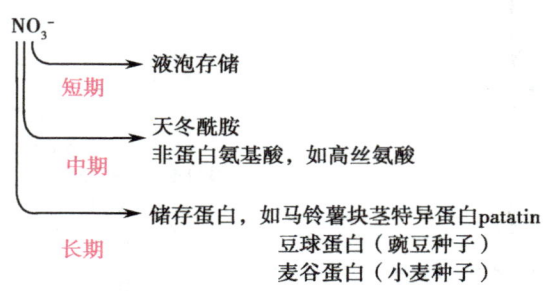

图 4-124 短期-、中期-、长期-氮的储存形式。

氮同样以氨基酸的形式来作为短期到中期的存储媒介。其中最常见的氨基酸储存形式是天冬酰胺，它和谷氨酰胺一样含氮量高。天冬酰胺同样是木质部和韧皮部中常见的氮运输形式：在许多豆科植物中，它是从根瘤中输出的主要的氮同化形式，它由根瘤菌固定空气中的氮而来（见 8.5 节）。天冬酰胺在细胞质中由天冬酰胺合酶催化天冬氨酸而生成。一些形式的**天冬酰胺合酶**特异性地受黑暗诱导而被蔗糖抑制，因此当前体分子和合成氨基酸及其他分子的能量供应达到最低限度时，天冬酰胺被作为氮储分子合成。

许多植物积累一个或是一些稀有的"非蛋白"氨基酸。这些可能会积累到很高的水平，成为一个物种的特征。例如，刀豆氨酸（和精氨酸相似）和高丝氨酸（苏氨酸、异亮氨酸、甲硫氨酸合成的中间物）在豆科作物种子中的积累，还有 5′-羧酸吡咯烷酮（和脯氨酸相似）在铃兰（*Convallaria majalis*）中积累。这些罕见的氨基酸可能作为氮的一种储存形式，但同时也可能作为防止捕食的防御性物质（见 8.4 节）。作为合成蛋白质氨基酸的同系物，许多氨基酸对于动物是有毒的，因为 tRNA 识别并且将它们整合到原来正确氨基酸所在的位置，这样就破坏了蛋白质的合成。

在储存器官中长期储存的氮是以**储存蛋白**的形式存在的。由于具有重要的营养价值，这些蛋白质在豆科作物（其占超过干重的 40%）和谷类作物（占干重的 10%～15%）中已被详细地研究。豆科和谷类作物中的储存蛋白为人类和家养动物的饮食提供了很大比例的氨基酸。它们赋予了来自这些种子的面团的弹性，因此决定了面包、面条、意大利面等的口感、烘焙和烹饪特性。储存蛋白也以很低水平存在于营养储存器官如马铃薯块茎和木薯的根中。

最广泛存在的储存蛋白是**球蛋白**，包括豆科种子中主要的储存蛋白（**豆球蛋白和豌豆球蛋白**）和马铃薯块茎中的特异蛋白**马铃薯块茎储藏蛋白**。谷类种子中主要的储存蛋白是醇溶谷蛋白。**醇溶谷蛋白**有高的分子质量，被称为"HMW-麦谷蛋白"，对于决定小麦是否适合做面包起关键作用。这些形式的蛋白质在一些种类的小麦中大量存在，但在大麦、燕麦和玉米中却没有。醇溶谷蛋白含有串联重复长度大约为 20 的氨基酸序列的区域，由长的重复区间连接起来并且在相邻的两个蛋白质分子之间形成二硫键，赋予 HMW-麦谷蛋白在面粉湿水时形成网络结构（图 4-125）。这些网络结构能够在面包制作过程中捕捉空气，因此生面团长起来就能形成一个质量好的面包（在 9.1 节我们会讨论小麦这些特征的驯化）。

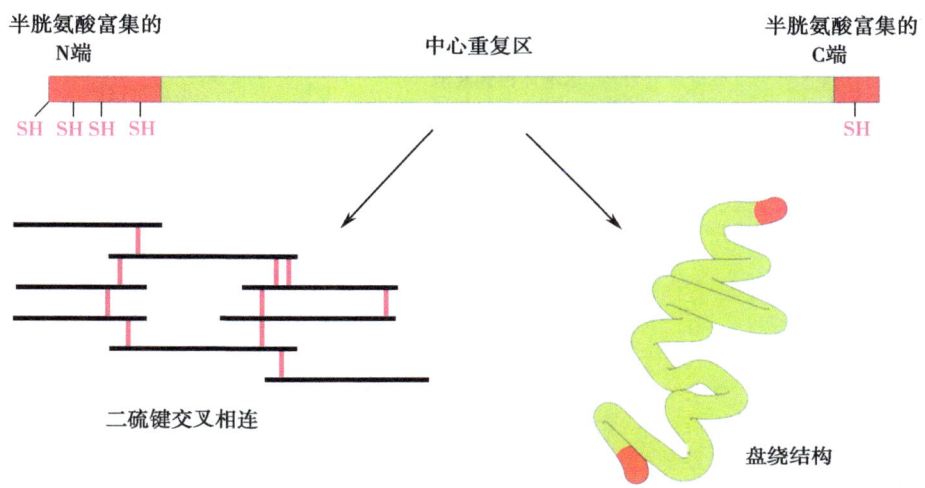

图 4-125　**HMW-麦谷蛋白结构**。N 端和 C 端含有丰富的半胱氨酸残基，在中部区域含有大量的串联重复序列。这两个特征赋予了这个蛋白质在湿的状况下能形成黏弹的网络结构。串联重复序列使得蛋白质氨基酸残基之间形成氢键和其他类型的键，使其形成有弹性的盘卷结构。半胱氨酸残基使蛋白质分子之间形成二硫键，从而形成麦谷蛋白网络。

储存蛋白通常在特异的细胞器中积累，称为**蛋白体**。大部分的储存蛋白在粗面内质网中合成，然后分泌到内质网小泡中（图 4-126）。球蛋白通过高尔基体转运到液泡中，然后液泡又细分形成单独的、包含蛋白质的小泡。含有醇溶谷蛋白的小泡也可以由内质网以出芽的方式形成。从合成蛋白质的位置到蛋白体，许多蛋白质要经过翻译后修饰。例如，在内质网囊泡中最初翻译后的球蛋白产物是三聚体。在达到液泡后，每个这些产物被一个特异性的蛋白酶切割，最后的球蛋白分子是六聚体（图 4-127）。其他的储存蛋白，如豌豆球蛋白，被共价加上一个糖基侧链，通常富含甘露糖和 N-乙酰葡萄糖胺。

储存蛋白有高度特异性的时空表达模式。例如，在发育口的豌豆种子中，编码豌豆球蛋白的不同基因家族通常先于编码豆球蛋白家族基因表达，但每个基因家族中单个成员的表达时间还是不同的。控制这些表达模式的转录因子都有高度保守的功能，这个可以通过这样的实验来说明：编码豆科植物储存蛋白的基因，连同它们自己的启动子，被引入到烟草植物中。在转基因烟草种子中，基因表达遵循与豆科种子中同样的空间和发育模式。根据这些观察，这些来自一系列广泛物种的储存蛋白基因的启动子含有几乎相同的 DNA 基序，转录因子就结合在这些基序上。合成种子中的储存蛋白同样受到硫的供给量的影响，因为需要合成含硫氨基酸。在硫缺乏的环境中，相对于硫供应丰富的情况，豆科和谷类种子含有更多含硫少的储存蛋白（见4.9节）和更少含硫高的氨基酸。转录和转录后机制都介导调节硫供应和合成特定储存蛋白之间的关系。

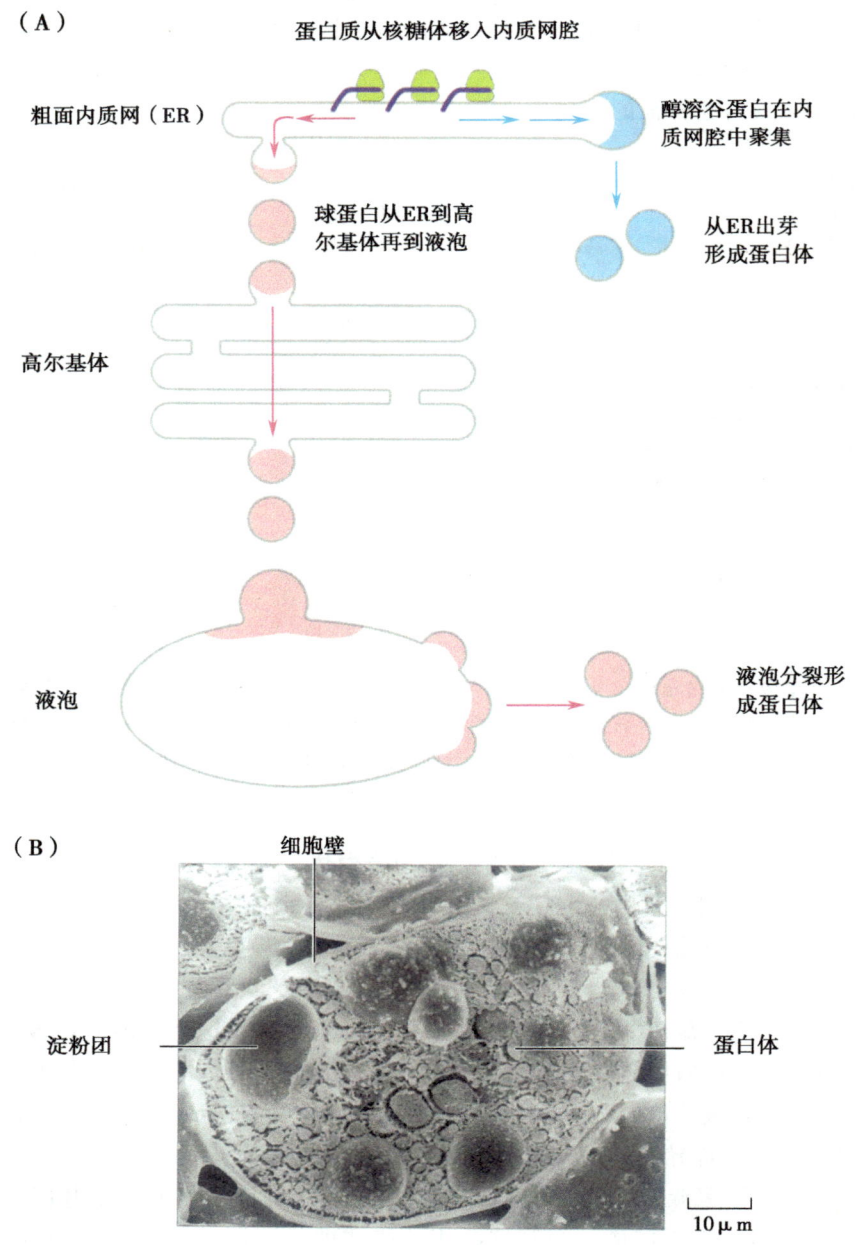

图 4-126　**醇溶谷蛋白和球蛋白合成。**（A）两种类型的储存蛋白都由粗面内质网上的核糖体合成，然后释放到内质网腔。含有醇溶谷蛋白的、从内质网分离出来的小泡成为蛋白体。球蛋白被从内质网分离出的小泡转运到高尔基体然后到达液泡，通常需要经过翻译后修饰的过程。在液泡中球蛋白积累的部分将形成蛋白体。（B）成熟矮刀豆胚胎中一个细胞的扫描电镜图，含有许多蛋白体和更大的淀粉颗粒。

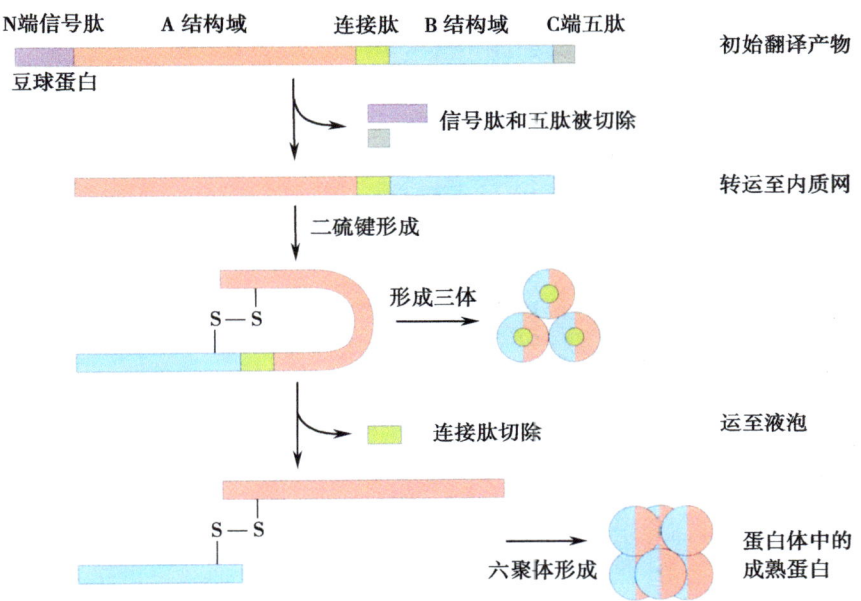

图 4-127　豆球蛋白（一种球蛋白）翻译后修饰。 翻译最初产物的 N 端和 C 端有引导其进入内质网腔的区域，进入后这些区域将被切除掉。在内质网腔内，蛋白质通过二硫键联合形成三聚体。然后内部的多肽被移走，剩下的两段分离的部分由二硫键连起来。在液泡中，这些蛋白质形成六聚体。

4.9　磷、硫和铁的同化

除了碳、氢、氧和氮，植物的生长还需要其他 13 种元素。这些必需元素按照惯例被分为大量营养物（即正常生长中需要相对较多）和微量营养物（即需要的量很小）（表 4-1）。所有的这些营养物质都通过根细胞的细胞膜从土壤中摄取，但它们在植物体内的同化和命运不同。例如，有一些**大量营养素钾**（K^+）和**微量营养素氯**（氯化物，Cl^-）在土壤中是游离状态，通过根细胞细胞膜上的转运蛋白而被吸收。其他如磷和铁，在土壤中主要以不溶于水的复合物存在。几种不同的机制可以提高植物对这些元素的吸收能力，包括与土壤真菌形成共生关系以及植物根的分泌物，这些分泌物能够提高这些元素在土壤中的溶解性。

硫和磷这两种营养物一旦进入植物体内，就被同化到有机化合物中，它们是细胞中许多重要分子的组分。其他的营养物具有各种不同的作用。铁离子作为酶的激活因子和大分子的辅因子参与氧化还原反应（图 4-128）；钾离子和氯离子对于细胞的离子和渗透平衡起关键作用（见 3.5 节）；钙离子是许多信号转导途径中的成分（见第 7 章）；硼对于细胞壁基质的完整性是必需的（见 3.4 节）。尽管对高等植物的生长不是必需的，硅能够加强禾本科植物和木贼等细胞壁的沉积，且是硅藻属植物细胞壁的主要成分（图 4-128E，F）。

表 4-1　植物生长必需的元素及它们的主要功能

	健康植物中的典型含量（mg/g 干重）	在植物中的作用
大量营养物		
氮	15 000	见 4.8 节
钾	10 000	• 维持细胞的渗透和离子平衡 • 许多酶的激活子，特别是在呼吸作用和光合作用中
钙	5000	• 细胞内信号转导的中枢 • 在细胞壁中与果胶形成复合物
镁	2000	• 叶绿素分子的组分 • 许多酶的激活子
磷	2000	见 4.9 节
硫	1000	见 4.9 节
微量营养物		
氯	100	• 维持细胞中渗透和离子平衡
铁	100	• 参与电子传递的酶组分，如细胞色素的亚铁血红素和硝酸盐还原酶
锰	50	• 参与光系统Ⅱ中氧气产生时的电子传递（见 4.2 节） • 许多酶的激活子
硼	20	• 对于保持细胞膜和细胞壁基质的完整性是必需的
锌	20	• 许多酶的激活子 • 锌指结构转录因子的组分
铜	6	• 参与电子传递的蛋白质组分，如质体蓝素
钼	0.1	• 酶的组分，如硝酸盐还原酶（见 4.8 节）
镍	0.005	• 尿素酶的组分，该酶参与精氨酸的降解

　　基于对代谢方面的兴趣，在这一部分中我们主要讨论三种营养物的吸收和命运：大量营养物磷和硫，还有微量营养物——铁。虽然相关的机制看起来非常不同，但在这三个例子中，这些营养物的吸收和代谢都是由两方面因素控制的，即土壤中营养物的局部供给量和植物体内总体的营养物状况。和我们描述的硝酸盐一样（4.8 节），在植物体内有一个巨大的调控网络来协调植物对某种可用营养物的需求，从而保证自身能够正常生长发育。因此某种营养物被从土壤中吸收的程度，不仅受到其在土壤中可获得性的调节，从更复杂的角度讲，还受到植物体内糖类、氮和其他生长必需的大量、微量营养物含量的影响。

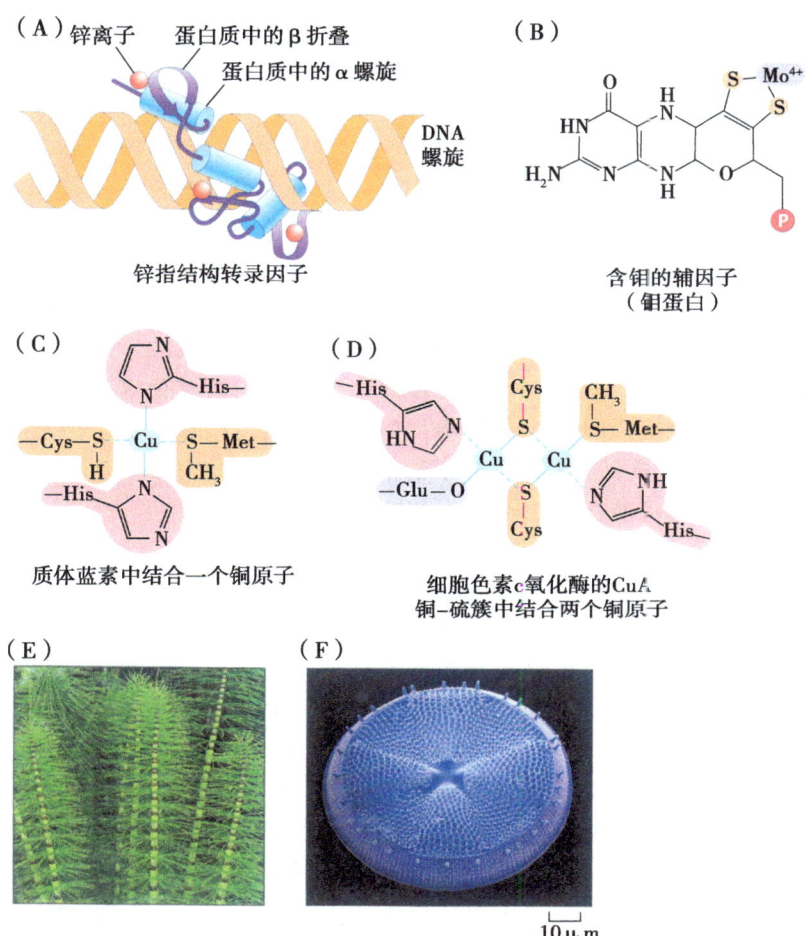

图 4-128　一些微量营养物的功能。（A）许多和 DNA 螺旋结构相互作用的转录因子是具有锌指基序的蛋白质（见表 2-1）。锌被半胱氨酸和组氨酸残基结合（协调）。这样使得蛋白质有个突出（手指）的构象正好能够进入 DNA 分子的大沟中。（B）硝酸盐还原酶的一个辅因子是钼蛋白——一个螯合钼的环状复合物。硝酸盐转变为亚硝酸盐的还原反应中，来自 NAD（P）H 的电子传递使钼蛋白的氧化状态发生改变（从正四价到正六价）（图 4-112）。（C）电子载体质体蓝素氨基酸残基和铜之间的相互作用。铜受到一个半胱氨酸、一个甲硫氨酸、两个组氨酸束缚。电子从光系统Ⅱ到光系统Ⅰ传递过程中，涉及铜离子正一价和正二价之间氧化状态的改变。（D）细胞色素 c 氧化酶的铜-硫簇，在线粒体电子传递链中最后的蛋白复合物（复合物Ⅳ）（见 4.5 节）。铜原子受到两个组氨酸、两个半胱氨酸、一个甲硫氨酸和谷氨酸盐羟基调节，与半胱氨酸的硫原子相连。这个结构转移一个来自细胞色素 c 的电子到复合物Ⅳ的电子载体。硅不是高等植物的重要营养物，但在草本植物、马尾还有硅藻属植物中是必需的。（E）木贼（*Equisetum* spp.）的细胞壁中有高含量的二氧化硅。（F）二氧化硅的扫描电镜图。一种单细胞藻类海硅藻的外壳。硅藻在海洋中大量存在：在美国东北海岸的缅因州的海湾，据估计 1m² 的大海表面约有 70 亿个硅藻存在。在海洋中硅藻是主要的光合作用生物（在海洋中光合作用同化的碳是大陆上的 2.5～3 倍）。硅藻细胞壳，当细胞死亡时沉淀在海底，形成许多含硅的岩石和矿物沉积（图 E 由 Tobias Kieser 提供）。

磷的供给量是植物生长的一个主要限制因素

在植物细胞中，以磷酸盐形式存在的磷对实现一系列功能是必需的，其中有一些我们已经在这一章有所描述。通过光合磷酸化和氧化磷酸化作用，把 ADP 和无机磷酸盐合成为 ATP 是植物细胞中主要的能量消耗形式（在光合作用细胞中利用光能，在非光合作用细胞中使用糖类氧化产生的能量），ATP 水解是细胞中耗能反应主要的驱动力。磷酸化中间物发生在许多代谢途径中，特异性蛋白分子通过磷酸化和去磷酸化调节它们的活性来响应一系列信号。磷酸盐的主要职责是在不同的细胞区间精确地调控磷酸盐水平来协调细胞内各种过程。磷酸盐能够在细胞中以肌醇六磷酸的形式被储存（见下文），在液泡中的磷酸盐作为一个缓冲剂来调节细胞内其他区域磷酸盐水平。在质体膜上磷酸盐可以交换磷酸化的中间物（如通过丙糖磷酸和己糖磷酸转运蛋白；图 4-93）。磷酸盐水平调节重要酶和信号分子的活性，从而提高对磷酸盐含量和代谢之间的偶联敏感度（如蔗糖磷酸合酶活性；见 4.2 节）。

在碳、氧、氢和氮之后，磷是植物中含量最丰富的元素，大约占植物干重的 0.2%。尽管土壤中可用磷的含量非常有限，植物能够在体内有相对高的积累水平；土壤中大部分的磷酸盐都被土壤颗粒强力吸附，因而不溶于土壤溶液。溶解的游离状态的磷通常低至 1μmol/L。许多植物通过两种途径来获取磷酸盐（图 4-129）。第一，在植物根细胞的细胞膜上有高亲磷酸盐的转运蛋白，它们通过交换质子来输入磷酸盐，这由吸收 H^+-ATP 酶产生的质子浓度梯度驱动。当土壤中游离的磷酸盐浓度很低时，植物根细胞分泌有机酸、质子，或是磷酸酶，所有这些都能提高磷酸盐在土壤中的溶解能力。第二，许多植物种类和菌根真菌形成共生关系，形成**菌根**（在 8.5 节有更详细的描述）。这极大地增强了营养物质从土壤到根的运输，因为真菌**菌丝**从根周围一大片区域吸收磷酸盐，把它们转移到位于根皮层细胞内的真菌结构（**丛枝细胞**）。在这里，植物细胞膜上一个特异的磷酸转运蛋白（不同于直接从土壤中吸收磷酸盐的转运蛋白）把位于真菌结构上的磷酸盐转移到皮层细胞的细胞质中。

对土壤中可用磷的响应机制有几种方式。第一，在大部分的植物种类中，直接吸收和依赖于真菌共生关系获取之间的平衡受到土壤中溶解磷酸盐浓度影响。在磷酸盐浓度低的情况下，根受到共生真菌的严重侵染，而细胞膜上直接吸收磷酸盐转运蛋白的表达量很低。在可溶解磷酸盐浓度高时，共生真菌受到抑制而直接吸收磷酸盐的转运蛋白表达量增高［一个例外是芸薹属的植物（包括拟南芥）它们不形成菌根共生］。第二，在外界磷酸盐水平低时，植物分泌的能够提高磷酸盐溶解度的化合物量增加。最后，根的生长受到游离磷酸盐水平的影响：低浓度能够促进根的伸长和侧根产生，还有**根毛**的生成，这样增大了可吸收磷酸盐的土壤范围。这种磷酸盐对根发育的影响与氮的作用相似（见 6.5 节），但磷酸盐信号机制尚不清楚。

许多种子和营养组织储存不溶解形式的磷酸盐即晶体**植酸盐**（图 4-130）。植酸（肌醇六磷酸）在种子发育过程中于内质网内由葡萄糖-6-磷酸（通过肌醇-3-磷酸）合成。植酸的磷酸部分与不同的阳离子结合，尤其是镁离子和钾离子，这样晶体的肌醇六磷酸从内质网中的小泡转移到蛋白体中（见 4.8 节）。在种子萌发的时候，储存在植酸盐中的磷酸部分被植酸酶逐级水解而释放出磷酸盐。

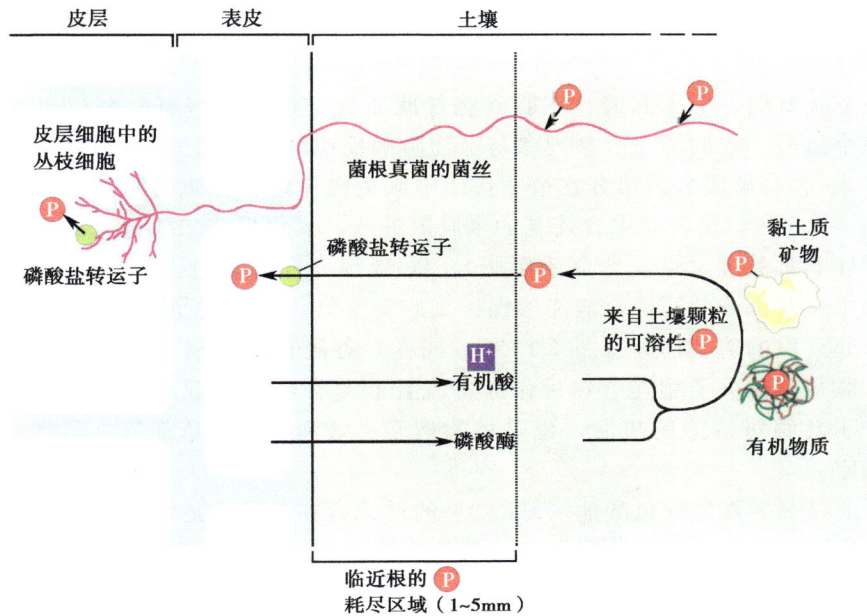

图 4-129　植物根获取磷。 第一个获取磷的路径是直接从土壤中来（图表的下部分），其中的磷结合在黏土颗粒和有机物上。根表皮细胞对磷有高亲和性的转运蛋白从土壤中吸收游离的磷。游离的磷在土壤中扩散非常缓慢，根表面超过 1~5mm 的区域通常没有磷。通过根表皮细胞分泌磷酸酶、有机阴离子（如苹果酸盐和柠檬酸盐）和质子，直接酸化根周围的土壤，能提高磷的可用性，酸化溶解被土壤颗粒束缚的磷酸盐。在自然环境下植物获取磷的更有效的方法是和真菌共生（一种菌根）。真菌侵入根表皮，形成一个伸入细胞膜内的丛枝细胞，从而在菌丝和表皮细胞细胞质直接形成更大的膜面积。真菌丝从根中长进土壤中，吸收磷然后把其转移到丛枝细胞。表皮细胞膜上特异的转运蛋白把磷转移到根细胞中。真菌比单独的植物根系能够利用更多的土壤体积，提高了土壤可用磷的量。真菌从宿主的表皮细胞吸收碳营养物（可能是蔗糖）。

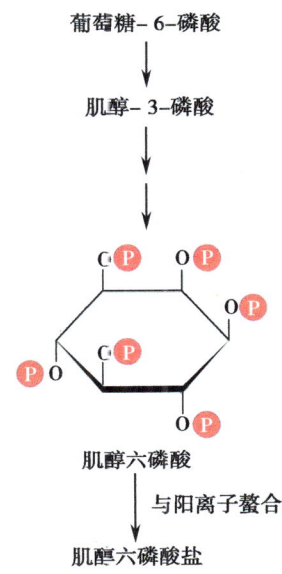

图 4-130　磷以植酸盐的形式储存。 植酸盐是从葡萄糖-6-磷酸合成而来的，是有大量聚集的六碳和六磷酸分子与阳离子螯合形成的复合物。谷物和大豆种子中大约 60%~80% 的磷都是以植酸盐的形式存在的。

硫以硫酸盐的形式被吸收，然后还原为硫化物同化到半胱氨酸中

硫是半胱氨酸、甲硫氨酸、三肽**谷胱甘肽**还有其他从这些氨基酸衍生而来的化合物的一个组分。它同样是一系列参与植物防御反应的代谢物的成分（图 4-131A 是一个例子）。含有硫成分的组分在植物代谢中起关键作用：含硫的脂类是类囊体膜的组分（图 4-131B）；蛋白质中含巯基的半胱氨酸残基氧化形成二硫键对决定许多酶的构象和活性非常关键（见 4.2 节的例子）；铁-硫簇介导许多电子反应（图 4-131C）。谷胱甘肽中巯基部分的还原反应能够保护细胞免受氧化胁迫的危害（见 7.7 节）。谷胱甘肽中起反应的硫基部分（图 4-131D）同样是**谷胱甘肽-S-转移酶**的底物，这个酶把谷胱甘肽与其他分子相连，然后作为谷胱甘肽复合物转移到液泡中。这是花色素和其他分子转移进液泡的机制，也是植物解毒、液泡沉淀除草剂等有毒物质的机制（图 4-131E）。

硫在土壤中主要是以硫酸盐（SO_4^{2-}）的形式存在，这也是它们被植物吸收的形式。硫酸盐转运蛋白通过交换质子把硫酸盐摄取到根细胞中（和磷酸盐的吸收一样，由细胞膜上的 H^+-ATP 酶形成的质子梯度驱动）。拟南芥至少有 7 种类型的硫酸盐转运蛋白。

硫酸盐同化（图 4-132 和图 4-133）的主要原则与硝酸盐的相似：经过亚硫酸盐（SO_3^{2-}）还原到硫化物（S^{2-}），加上一个氨基酸骨架形成半胱氨酸。大多数根吸收的硫酸盐都是通过木质部运输到叶片中，尽管也有一些在根中被同化。硫酸盐首先进入质体中，在**ATP 硫酸化酶**催化下，它和 ATP 反应形成腺苷 5′-磷酰硫酸（图 4-133）。硫酸根基团得到来自谷胱甘肽的两个电子而还原，释放出游离的亚硫酸根和 AMP。**亚硫酸盐还原酶**催化下，来自铁氧还蛋白的 6 个电子转移到亚硫酸根上，使其被还原为硫化物。最后硫化物被加到 O-乙酰丝氨酸上形成半胱氨酸，同时释放出乙酸酯。半胱氨酸是许多生物合成途径的起始点，包括含硫化合物的合成。在叶片中同化的硫酸盐以谷胱甘肽的形式通过韧皮部转运到植物的其他器官。

一些生物合成途径并不从硫化物起始，而是来自同化途径的第一个中间产物——腺苷 5′-磷酰硫酸（图 4-133）。在**腺苷 5′-磷酰硫酸激酶**催化下添加一个磷酸基团产生腺苷 3′-磷酸-5′-磷酰硫酸。在合成芥子油苷、硫酸脂类和含硫多糖时，这个化合物是硫酰基的供体（图 4-131B）。

硫酸盐吸收和代谢调控反映出植物对这种营养物的需求，一方面是为了氨基酸和蛋白质合成以及谷胱甘肽的合成，另外还需要许多保护细胞抵抗氧化胁迫的复合物的合成。在土壤中当硫酸盐含量低时，编码硫酸盐转运蛋白基因的表达被强烈上调，而它们的表达又受到植物体内谷胱甘肽或半胱氨酸积累的抑制。硫酸盐还原和同化的代谢物如硫化物、O-乙酰丝氨酸、半胱氨酸和谷胱甘肽，参与调节这些过程中蛋白质的活性和硫酸盐的吸收。例如，O-乙酰丝氨酸通过作用于丝氨酸乙酰转移酶和 O-乙酰丝氨酸硫醇裂合酶抑制它自己的合成，并激活硫酸盐的还原。硫化物的作用模式相反，它激活 O-乙酰丝氨酸合成并抑制硫酸盐还原（图 4-134）。

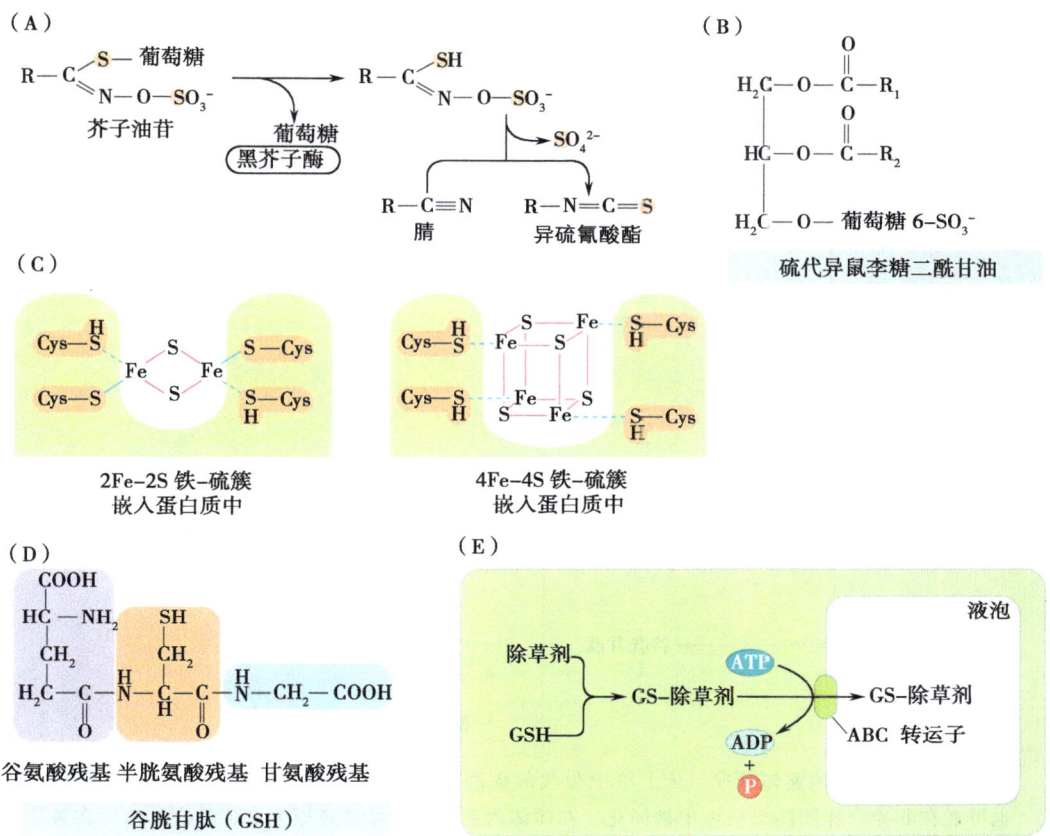

图 4-131 含硫复合物的功能。（A）芥子油苷是芸薹属（十字花科）植物中重要的含硫代谢物，包括甘蓝和其近种（*Brassica* spp.）、拟南芥。芥子油苷被认为是主要的防御复合物。当组织遭到伤害时，储存的芥子油苷将会和黑芥子酶接触，这种酶将会催化形成对昆虫有毒性或使食物变得味道不好的复合物。如这个例子所示，黑芥子酶移除一个葡萄糖残基形成不稳定的中间产物，衰变成反应活性很强的复合物：腈和异硫腈酸酯（R = 短的烃链或环状复合物）。（B）硫代异鼠李糖二酰甘油是类囊体膜甘油酯的一个成分。（C）铁-硫簇与半胱氨酸残基的结合发生在特异的电子传递蛋白质中。在这里显示的是在 Rieske 蛋白中发现的 2Fe-2S 簇（左），它在类囊体膜上的细胞色素复合物腔内电子转运中起作用；在硝酸还原酶中发现的 4Fe-4S 簇（右）（图 4-114）。（D）谷胱甘肽在植物细胞中有重要的功能。它在细胞质和质体之间的氧化还原平衡中和去除活性氧的物种中起主要作用（见第 7 章）。在生物体内它以还原形式的复合体（GSH，在此处显示）和氧化形式（GSSG）存在，在氧化形式中，两个谷胱甘肽分子通过它们半胱氨酸残基之间形成的二硫键连接起来。谷胱甘肽同样介导硫的储存和长距离运输，以植物螯合肽的形式和有毒的重金属结合，并与一系列的化合物结合转运到液泡，例如，花色素（花青素），在叶片衰老过程中叶绿素降解产生的产物，生长素和一些特定类型除草剂的有毒（异质的，有生物学活性的）化合物。结合并移到液泡的生长素和除草剂没有生物学活性，这一机制可以控制细胞内有活性的生长素水平和对除草剂进行解毒。谷胱甘肽轭合物由特异类型转运蛋白转运过液泡膜（ABC，或是 ATP-结合盒，转运蛋白）。转运所需的能量是由转运蛋白水解 ATP 提供的。

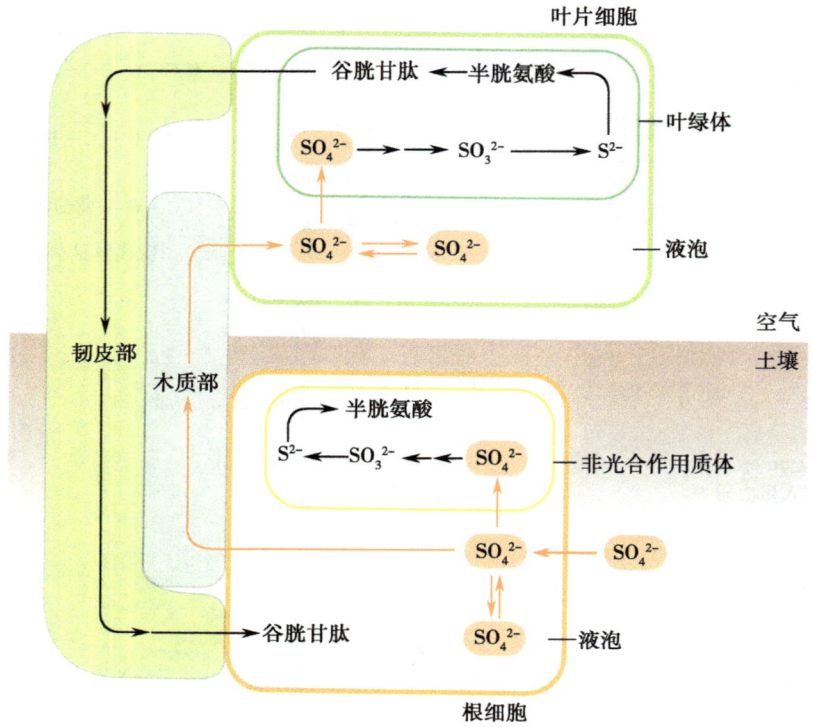

图 4-132　硫同化的整体状况。 从土壤中吸收的硫酸盐被转运到叶片中在叶绿体中被同化，也可能在非光合作用的根质体中被同化。在质体内部，硫酸盐被还原为亚硫酸盐，然后在被同化成半胱氨酸之前变成硫化物。这是细胞中许多含硫复合物合成的起始点。同化的硫通常以谷胱甘肽的形式从叶片（同化发生的主要部位）转运至植物体的其他部位。

氨基酸合成中对还原性硫化物的需求也可以从协调硫酸盐和硝酸盐之间的同化得到反映，参与硫酸盐转运和还原过程的蛋白质表达都受到氮和硫元素可供给量的调控。硝酸盐本身可以诱导这些基因的表达，氮水平同样可以影响的 *O*-乙酰**丝**氨酸的水平，从而影响硫酸盐还原和同化。蔗糖水平提高可以同时提高编码硝酸盐和硫酸盐还原过程中酶的表达量，而总体可获得的生化合成前体物质使得这两个途径相关联。

铁吸收需要特别的机制来提高其在土壤中的溶解性

铁和磷一样，在土壤中的主要存在形式不能直接被植物利用。在许多土壤类型中，许多铁是以不溶于水的三价铁水合物和三价铁（Fe^{3+}）的有机复合物而存在。可溶的无机铁主要是以二价铁离子（Fe^{2+}）形式存在，而且浓度极小，为 0.01~1mol/L。在植物的根细胞膜上有专门转运 Fe^{2+} 的转运蛋白，但土壤中如此低浓度的铁远远不能满足维持植物正常生长的需要。有两种机制能够使植物吸收足够的可用铁（图 4-135）。在草本植物中，根分泌一种对三价铁有很高亲和力的化合物，被称为**植物铁载体**。这种化合物螯合的铁给根的吸收提供了可溶性的铁元素。双子叶植物和非草本单子叶植物以获取土壤中的可溶性螯合三价铁作为铁的来源。

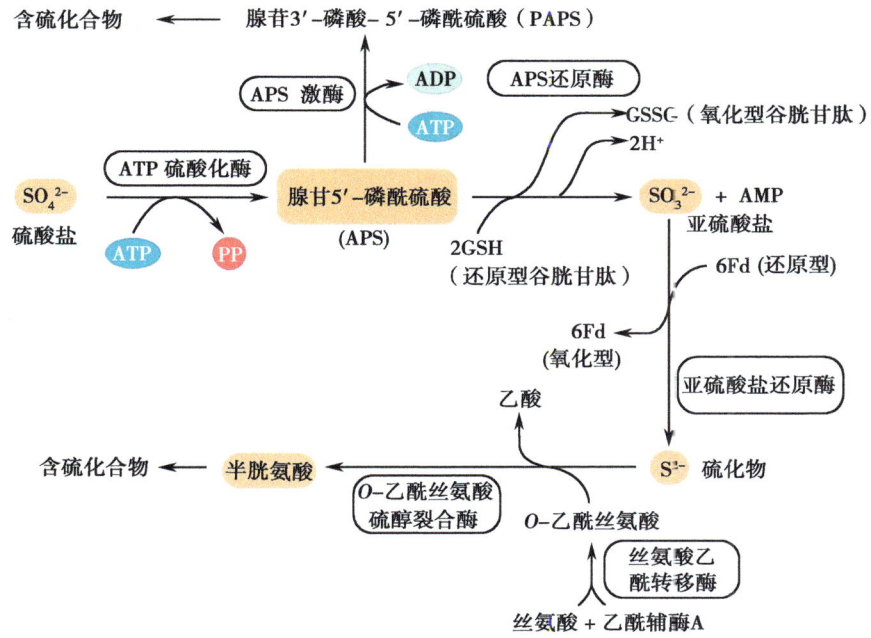

图 4-133　硫同化途径的反应。 硫酸盐和 ATP 结合,由硫酸化酶催化形成腺苷 5′-磷酰硫酸(APS)。APS 被 APS 还原酶催化还原,还原剂是还原型谷胱甘肽(GSH)。这个反应生成质子、氧化型谷胱甘肽(GSSG)、AMP 和亚硫酸盐。亚硫酸盐在由亚硫酸盐还原酶催化的反应中还原为硫化物,此酶含有 4Fe-4S 簇,类似于亚硝酸盐还原酶。6 个还原型的铁氧还原蛋白(Fd)使一分子的亚硫酸盐转变为硫化物。硫化物通过和 O-乙酰丝氨酸反应形成半胱氨酸,从而整合到有机化合物中。半胱氨酸既是蛋白质氨基酸,也是许多含硫复合物的前体和硫源,包括甲硫氨酸、S-腺苷甲硫氨酸和谷胱甘肽。一些含硫的复合物可能有不同的硫来源(图表的上部分):它们来自于磷酸化形式的 APS、腺苷 3′-磷酸-5′-磷酰硫酸(PAPS)。

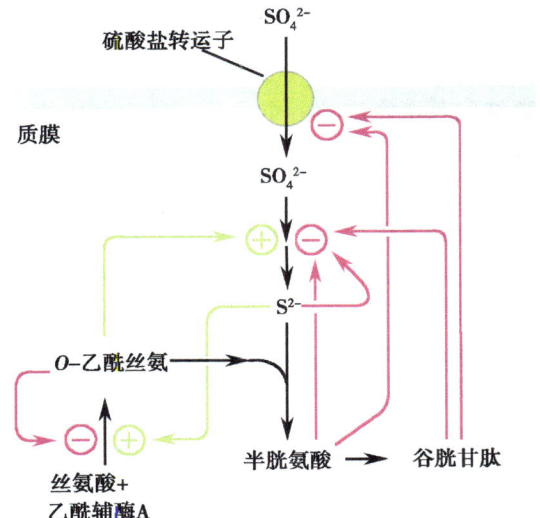

图 4-134　硫吸收、还原和同化的调节。 硫酸盐还原和同化的产物——硫化物、半胱氨酸和谷胱甘肽,在硫酸盐吸收和还原过程中起反馈抑制的作用。硫化物的存在促进 O-乙酰丝氨酸(对同化来说是必要的)的合成,这一复合物反过来促进硫化物的合成而抑制自身合成。

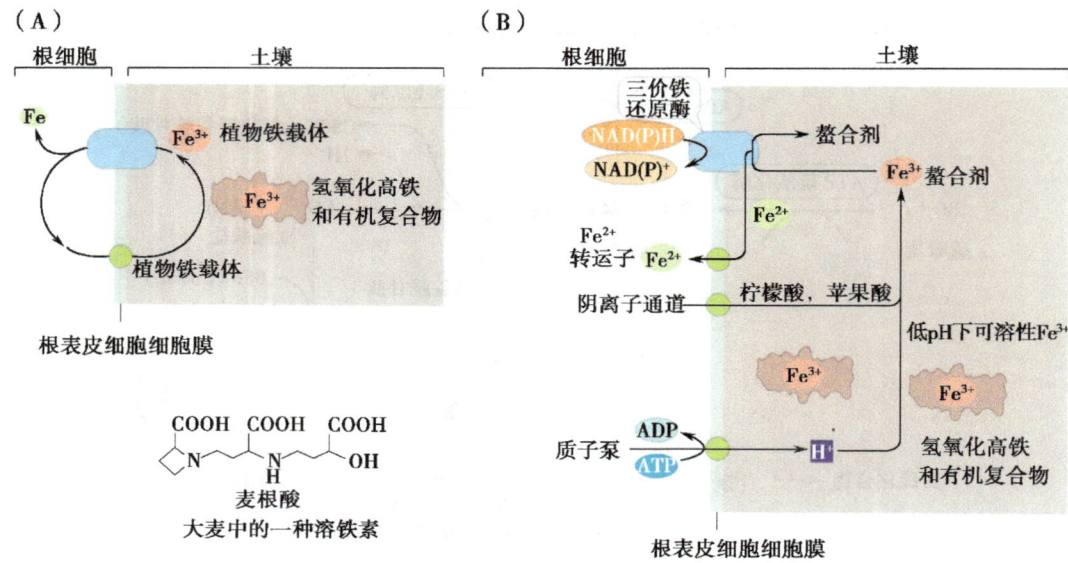

图 4-135 根吸收铁的机制。（A）在草本植物中,三价铁高效螯合剂（植物铁载体）被合成,然后分泌到土壤中。这一螯合剂和三价铁结合（螯合）,它们被根细胞中特异的转运蛋白转运到细胞中。（B）其他种类的植物,在土壤中的三价铁以两种途径被利用。第一,分泌质子导致根附近（根际）的土壤酸化,增加三价铁的溶解。第二,分泌有机酸如柠檬酸和苹果酸作为螯合剂溶解三价铁。分布于根细胞膜的三价铁还原酶利用 NAD(P)H 还原螯合状态的三价铁。产生的二价铁被特异的二价铁转运蛋白吸收进入细胞。

关于植物铁载体很少被报道。在燕麦和大麦中,主要的复合物分别是非蛋白质氨基酸阿凡酸（avenic acid）和麦根酸（mugenic acid）（图 4-135A）,它们从甲硫氨酸合成而来,土壤中的铁可用性减少时,介导它们合成的酶活性提高。植物铁载体是三价铁非常高效的螯合剂。草本植物根细胞膜上的铁转运蛋白识别这个三价铁-植物铁载体复合物,并把它们完整地从细胞膜一边转运到另一边。

在双子叶植物和其他非草本单子叶植物中,有两种细胞膜蛋白介导铁的吸收（图 4-135B）。一种**三价铁还原酶**还原处于溶解状态的螯合三价铁离子。三价铁还原酶是**黄素细胞色素**家族的一个成员,这个家族的蛋白质跨膜转运电子：它把细胞内来自 NAD(P)H 的电子转运到胞外,使三价铁离子还原。这个反应从螯合物中释放出二价铁离子,它可以被**二价铁离子转运蛋白**吸收。三价铁还原酶和二价铁离子转运蛋白浓度及活性受到土壤中局部铁的可获得性和植物茎中自身铁离子状态的严格调控。对拟南芥的研究发现,当对缺铁的植物施加铁时,编码三价铁还原酶的 *FRO 2* 基因和编码二价铁转运蛋白的 *IRT 1* 基因被诱导。对铁缺乏的响应来自茎的信号调控：当茎中有足够的铁时,这两种蛋白质的表达都会受到抑制。*FRO 2* 和 *IRT 1* 基因表达同样受到含氮复合物和糖类水平的影响,这又一次向我们展示了植物体内营养同化与营养状况和需求之间的关系。

植物中的铁主要用来合成亚铁血红素（见 4.7 节）和铁-硫簇（图 4-131C）。游离的、非螯合态铁离子对细胞是有害的,因为它们与氧作用能够产生超氧化物。使游离态铁保持在低水平主要通过两种机制：第一，和氨基酸或是有机酸螯合；第二，和特异的蛋白质络合。其中植物中一个游离铁的主要螯合剂是非蛋白质氨基酸烟酰胺（它也是草本植物植物铁载体合成途径中的一个中间物）。植物铁蛋白主要是铁-蛋白质复合物（图 4-136）。植物铁蛋白复合物含有形成一个空心管的 24 个蛋白质亚基，含有以三氧化二铁-磷酸盐形式存在的 6000 个铁原子。植物铁蛋白由一个小的多基因家族编码，不同的成员响应不同的发育和环境信号。在拟南芥中，表达 4 个基因中的 3 个能够提高植物对铁水平增高的响应。表达其中的一个基因同样可以提高其对过氧化氢处理的响应；这种处理能增强氧化胁迫，在这种状况下游离态、非螯合的铁离子对细胞的伤害尤其大。第四个植物铁蛋白基因编码一个种子中的植物铁蛋白，它在种子中形成一个铁储存库。控制铁从植物铁蛋白动员的机制尚不清楚。

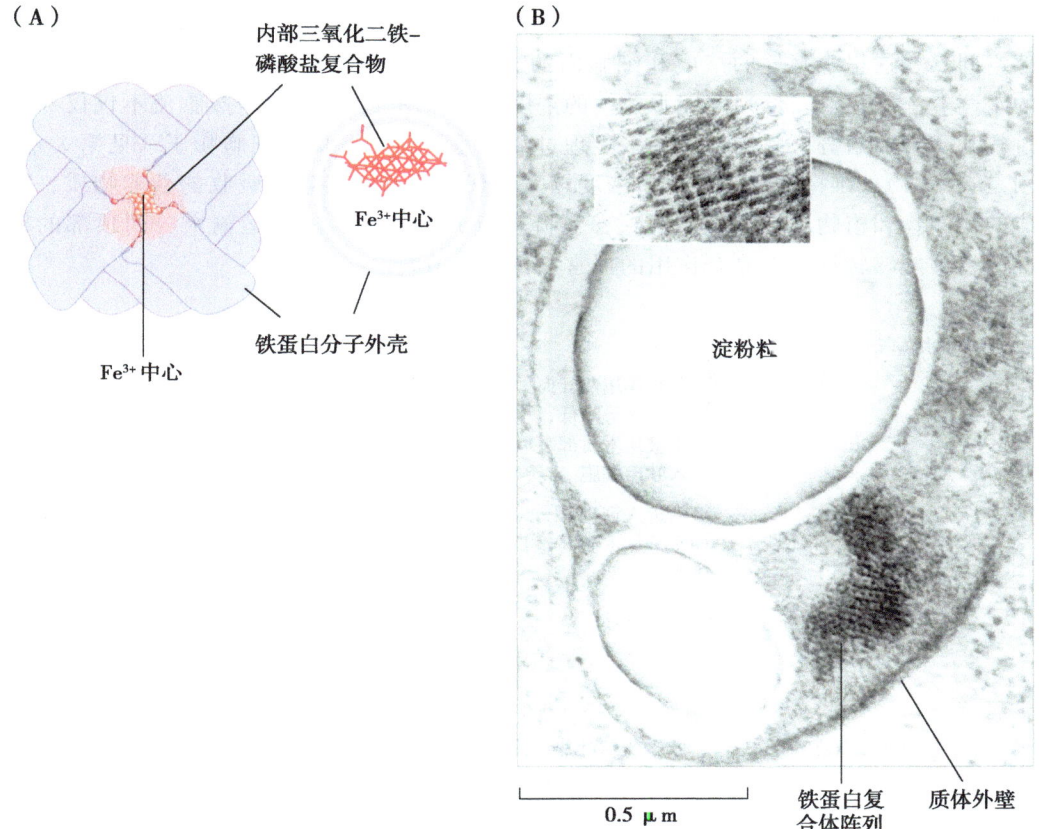

图 4-136　**植物铁蛋白复合物。**（A）这个复合物是一个球体，由 24 个铁蛋白分子组成了外壳，内部中心是一个氧化铁-磷酸复合物（结合了三价铁离子）。从上面（左）和纵切面（右）看。（B）组织培养的一个悬铃木细胞质体中植物铁蛋白的电子显微图像。突出的部分是更高放大倍数下复合物的图像（图 B 由 Keith Roberts 提供）。

4.10 水分和矿物质的运输

在植物中一直有持续不断的水流，不仅携带水分，而且含有矿物质等溶质，贯通整个植物体。我们将在此讨论水流的机制及其与韧皮部中移动的营养物质之间的密切关系。

水从土壤中转移到叶片，在此处以蒸腾作用形式散失

水分进入根，通过木质部到达叶片，通过蒸发释放到大气中（图 4-137A）。水分在木质部导管中形成一股持续水流，通过根的吸收表面连通土壤中的水分，到达叶片的蒸腾表面后与空气相连。这股通过整个植物体的水流称为**蒸腾流**。对于在温带气候中生长的 C3 植物来说，通过光合作用同化，1mol 的二氧化碳需要从叶片处蒸腾掉 700～1300mol 的水分子。这股水流是光合作用过程不可避免的结果。随着巨大的、捕光的叶片表面上的气孔打开来使二氧化碳进入植物体，许多水分损失到大气中，降低了叶片内部空间（在这里水蒸气的浓度和细胞内的水分处于一种平衡状态）和大气（通常此处的水蒸气浓度相对较低）之间水蒸气的浓度梯度（图 4-137B）。但蒸腾流不仅仅补充通过气孔丧失的水分，它同样对许多生理过程有重要作用：保持细胞膨压（见第 3 章，特别是 3.5 节）；维持细胞质的溶质浓度以完成代谢活动；转运根吸收的营养物质、根合成的代谢物和植物激素到茎；通过蒸腾降低叶片的温度；通过运输水分到顶部的韧皮部使糖类能够转移到非光合作用的器官（见 4.4 节）。

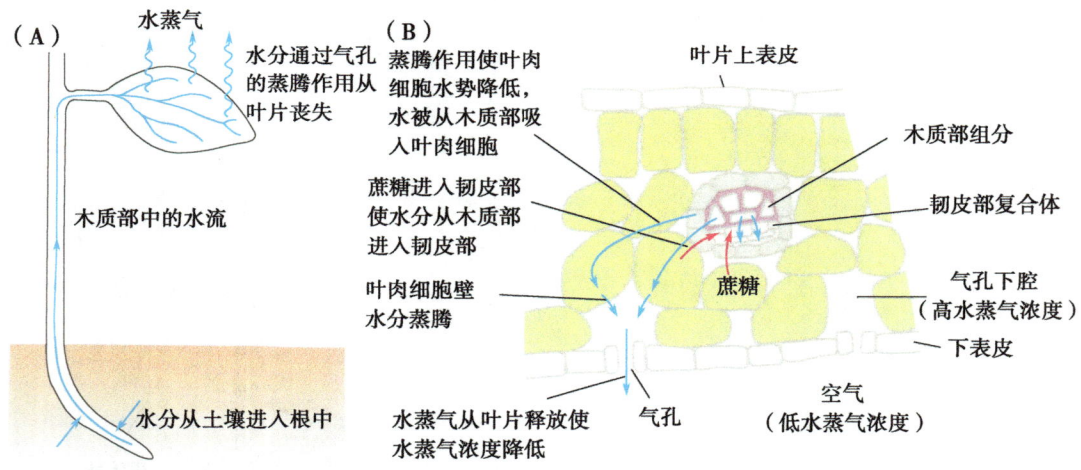

图 4-137 水分从土壤中转移到大气中。（A）蒸腾流。叶片上的水分通过气孔蒸发而流失（蒸腾作用过程），从根处吸水通过木质部到达叶片。（B）水分在叶片中移动。有两股力量使水分从木质部中输出。第一，叶片水蒸气的损失降低了叶片内部和大气之间的水蒸气梯度，导致水分从叶肉细胞中蒸发掉。这减少了叶肉细胞的水分含量，驱使水分从木质部中输出进入这些细胞。虽然水分主要是通过张开的气孔损失，但是在大多物种中叶片表面覆盖的蜡层对水分还是可渗透的。因此，即使气孔是关闭的，表皮细胞还是可以通过蜡质层损失水蒸气。第二，韧皮部活跃地装载蔗糖使筛胞产生一个非常高的细胞液浓度，驱使水分从木质部中输出进入韧皮部。其结果是高处韧皮部的高压通过压流驱使蔗糖移动到库器官（见 4.4 节）。

控制气孔开放的机制反映出对二氧化碳的复杂而潜在的矛盾需求,维持正常的生理过程需要保持一股贯通植物体的水流,但是又要节约水分,因为土壤能提供的水分往往是有限的(见 4.3 节和第 7 章)。气孔的孔径受到许多环境因子的调节,包括光强和光质、叶片中二氧化碳的浓度、水蒸气的浓度,同时还受到节律的调控(见第 3、6、7 章)。

水分从根到叶片是通过液压的机制达到的

使水分贯通整个植物体的驱动力是叶片处水分的蒸发。蒸发降低叶片细胞的水势,促使水分从叶片的木质部导管流出,这就在木质部中产生压力,从而在整个从根开始的木质部中向上提拉水。这个提拉的高度在最高的树中可以达到 100m(图 4-138)。这种一个连续的竖直管道中长距离的往上运输水的不同寻常的现象,是由顶部的负压产生的,这可归功于水的内聚和附着的特性。由于水分子之间(内聚力)和与所附着的固体表面之间(附着力)有很强的相互吸引力,在一定的负压下一股很细的水流也不容易断裂(水有很高的抗张强度)。这种对植物体中水分移动所做出的液压解释被称为**内聚力-张力学说**。尽管也有其他的解释被提出,但此学说是目前被广泛接受的。

主要是根顶端的区域负责从土壤中吸收水分,在此处由于根毛的存在使得根的表面积大大地增加(图 5-29)。水从土壤中进入到根木质部导管的机制还没有完全弄清楚,可能有三种机制存在(图 4-139A),而且它们相对的重要性会随着节律和发育阶段及环境情况而改变。第一种途径水分从土壤到木质部主要是通过质外体途径即进入细胞壁内。水进入这层质外体的阻力很大,因为**内皮层**的细胞壁含有一段区域的木栓素,这是一种含有类脂大分子和复杂长链脂肪酸的疏水复合物(见 3.6 节),连到细胞壁。在内皮层中辐射状的木栓素称为**凯氏带**。水分通过质外体途

图 4-138 在加州生长的巨杉。许多这种最古老(2500~3000 年)的树都高过 80m。世界上最高的树是与之非常近源的北美红杉,发现于美国加利福尼亚州海岸。15 株这种树超过 110m(由 Mike Murphy 提供)。

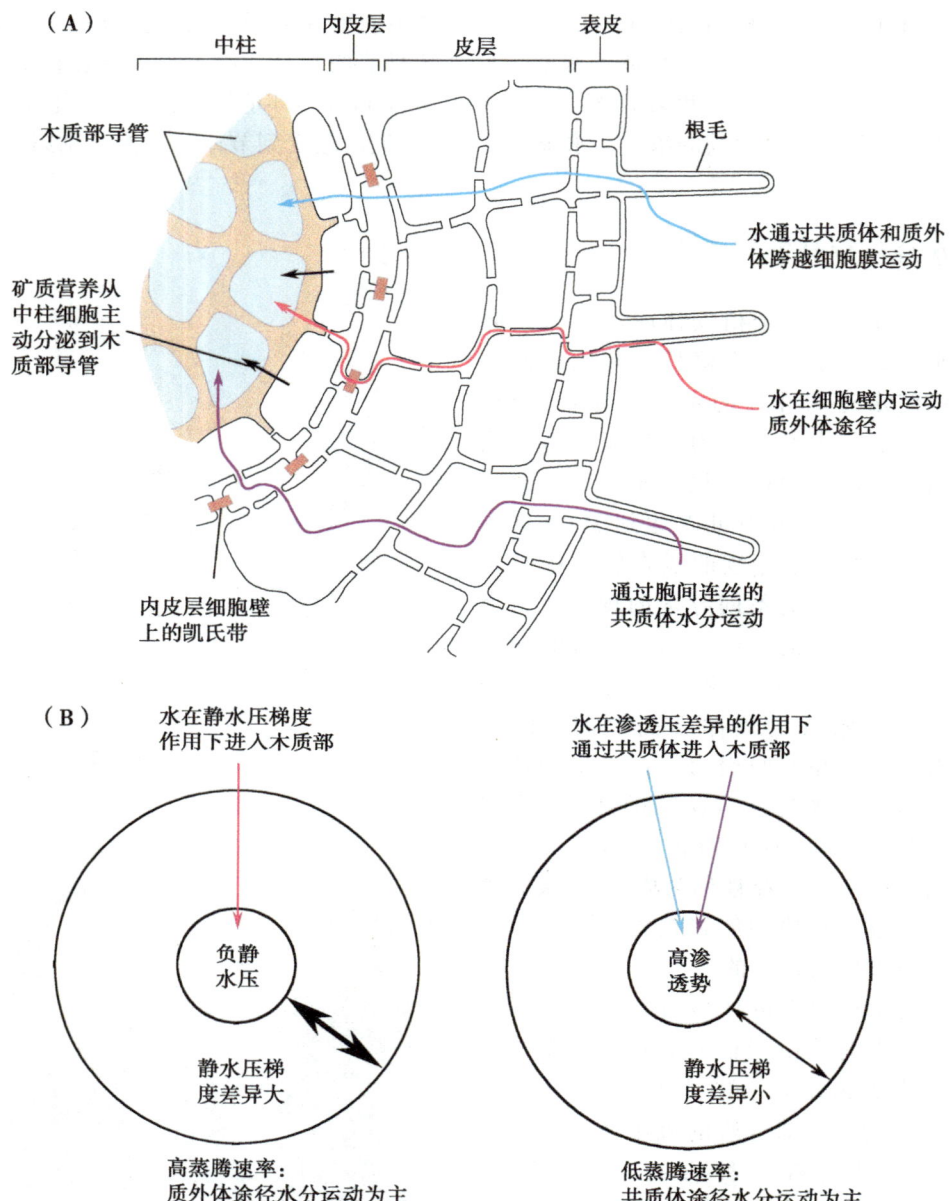

图 4-139　水从土壤中移动到木质部。（A）水分能够通过三种方式移动：专门地通过质外体（在细胞壁内）、专门通过共质体（通过胞间连丝），或是通过共质体和质外体（跨膜和细胞壁）。质外体途径水运输是由木质部中的负静水压驱动的。这一途径对水的移动有极强的阻力，因为在内皮层细胞处有水不能渗透的壁层（凯氏带）。共质体途径水运输是由在木质部导管、周围细胞，还有土壤之间不同的细胞质浓度驱动的。这些细胞质浓度的不同是由于中柱细胞共质体处分泌矿物质营养到木质部导管造成的。（B）不同情况下对共质体和质外体的偏好不同，但蒸腾速率很高、在木质部导管中有很强的负静水压（很强的拉力）时，偏好质外体途径。在这种情况下，水以很高的速率在质外体中从土壤到达木质部。当蒸腾速率低时，在土壤和木质部之间只有很小的静水压，偏好共质体途径。在这种状况下，从共质体分泌的矿物质营养进入木质部导致木质部比周围的细胞、土壤有更高的渗透势，驱使水分从共质体转移到木质部。

径从土壤到木质部是静水压驱动的，如上所述，这个水压的产生来源于在木质部导管中水的不断被向上提拉。

在第二种途径中，水可能是被吸收到根毛、表皮和皮层细胞内的共质体中，通过细胞和细胞之间的胞间连丝进入到**中柱**内，在那里，水从细胞移出进入木质部导管。第三个途径同时涉及共质体和质外体：水分通过细胞膜上的孔从一个细胞移动到另一个细胞。水分可以扩散通过脂质双分子，但其在细胞膜上的扩散速度能够被一个称为**水孔蛋白**的蛋白质家族（见 3.5 节）形成的孔大大提高。水跨膜移动的能力能够通过改变膜上水孔蛋白的数量和它们通道的活性来改变。水孔蛋白家族不同成员的基因表达响应不同的环境刺激，而蛋白通道活性响应水分胁迫通过磷酸化/去磷酸化来调节。在这两种涉及共质体水分运输的途径中，水分移动受到渗透压和静水压梯度的影响。渗透压梯度能在根中存在，是因为从土壤来的矿物质营养进入到根细胞共质体中能被从中柱细胞主动分泌（通过细胞膜上的转运蛋白）到木质部导管中。这导致了木质部比土壤和根细胞有更高浓度的溶质和更高的渗透压。

存在不同跨越根的水分运输途径使得**根传导率**（根对水的渗透率，就是水从土壤进入木质部的难易程度）随着茎对水分的需求而改变（图 4-139B）。当蒸腾速率高时，在木质部中的水处于拉紧的状态，在根木质部中存在很强的负静水压（强的"拉"力）；在土壤中处于游离状态的水主要是通过质外体的途径，这时根的传导率相对较高。当蒸腾没有发生时，如晚上或对水分缺失响应而气孔关闭时，在木质部中的水分受到很小的压力（很弱的"拉"力），这样跨越根的静水压最小。通过高阻力的质外体进入的水是非常有限的。在低蒸腾情况下大多数水分是通过细胞到细胞（共质体）的途径，根的传导率低。植物在干旱条件下，蒸腾速率会降低，进而根传导率降低，这种响应对植物在干旱条件下保存水分非常重要。这在 7.3 节有更进一步的描述。

当蒸腾作用最小而在土壤中水分较多时，在根的木质部导管中将会形成一个正压。这是因为在木质部中的水分处于最小的拉伸状态，如上所述，因此分泌到木质部导管中的矿物质营养不能通过蒸腾流被快速带走。这样会形成局部高浓度的细胞溶液，驱使周围的水分进入到木质部中，这种现象称为**根压**，一般发生在晚上植物含充足水分和空气湿度较高时（就是在叶片内部和大气之间没有水蒸气浓度差）。在根木质部导管中的正压导致水大量流入木质部（相似于在韧皮部中的大量水流；见 4.4 节），这样可能会导致木质部水流从叶片边缘被称为**出水孔**的特殊结构排出。夜间所见的在叶片顶端的露珠就是这样形成的，这一排出过程称为**"吐水"**（图 4-140）。

植物中矿物质营养物的运输同时涉及木质部和韧皮部

大部分营养物的吸收发生在活跃生长和扩增的根顶部及邻近的根毛区。向前生长的顶端区域允许细胞寻找土壤中新的营养物源，因为营养物在邻近根衰老部位的**根际**（土壤中根能影响到的区域）几乎是耗尽的。根毛为营养物的吸收提供了非常大的表面积。

图 4-140　斗篷草（羽衣草属）叶片边缘的吐水现象。

营养物通过细胞膜上特异的转运蛋白被吸收进入表皮和中柱细胞（见 3.5 节和 4.9 节）。内皮层中的凯氏带对大多数营养物都是不渗透的，因此营养物进入木质部邻近的中柱细胞是通过共质体的途径进行的。对于大多数营养物，从中柱共质体中输出营养物到木质部是由木质部邻近细胞的细胞膜上特异的转运蛋白运输的。例如，在这些中柱细胞膜上的钾离子通道不同于在表皮细胞中发现的通道；钾离子通道基因家族不同的成员分别在这两种细胞类型中表达。在中柱细胞中主要的钾离子通道倾向于输出（从中柱细胞到木质部），而表皮和皮层细胞倾向于输入（从质外体到共质体）（图 4-141）。

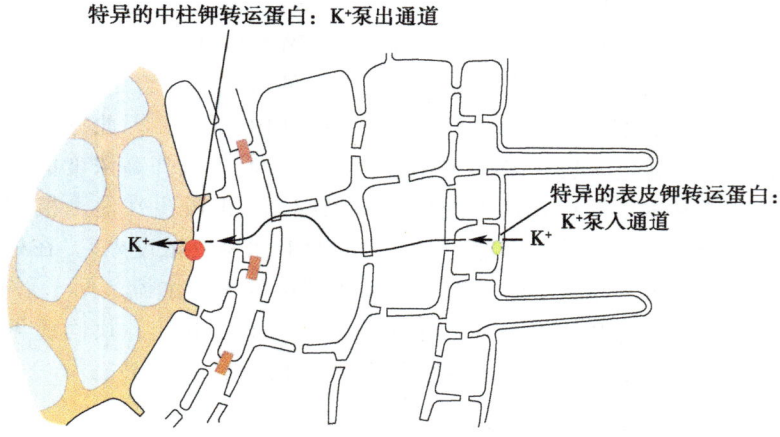

图 4-141　钾从土壤转移到木质部的两个转运步骤。转运蛋白形成一个"向内"的钾离子通道，特异性地将钾离子从土壤中运入表皮细胞。从吸收的起点到位于木质部临近的中柱细胞的运输是通过共质体途径进行的。转运蛋白形成一个"向外"的钾离子通道，特异性地将钾离子从细胞中分泌到木质部导管中。

进入根部木质部的营养物通过蒸腾流带到叶片。在叶片处它们通过转运蛋白被吸收进入到位于木质部导管周围的共质体细胞。一些营养物通过共质体的递减浓度梯度到达其他叶片细胞，以满足生长和代谢需要。剩下的部分被转运到韧皮部，其位于叶片尾端小叶脉处接近木质部导管的地方。进入韧皮部的营养物连同糖类一起被运输出叶片到库器官（图 4-142）。韧皮部，而不是木质部，是许多库器官主要的营养物提供者。像营养顶端分生组织和发育中的果实对矿物质营养物需求很高，因为它们有很少的气孔，这些器官的蒸腾速率远远小于叶片，因此从木质部处而来的水分和营养物相当有限，韧皮部提供了所需的绝大部分或是全部的矿物质营养物。

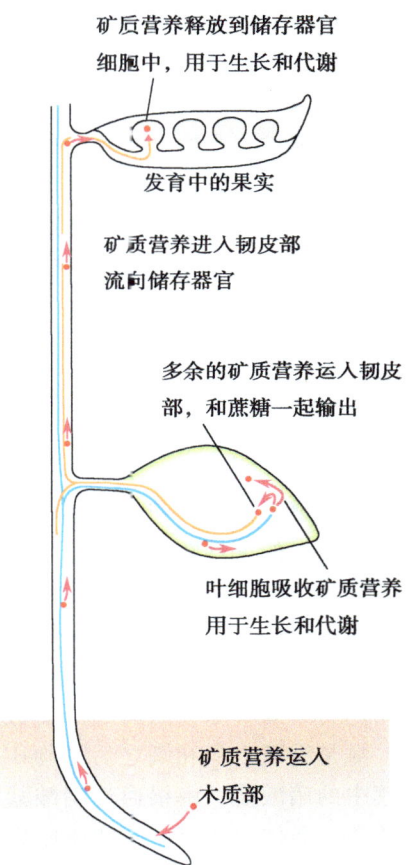

图 4-142 **营养物质转移到库器官。**许多储存器官有很少或是没有气孔，因此通过蒸腾流运输为生长提供的矿物质营养的能力非常有限。作为替代，矿物质可以通过韧皮部到达这些器官。通过木质部从根部到达叶片的营养物，被转移到邻近的韧皮部，然后连同在叶片细胞中合成的蔗糖被转移到库器官。

小结

植物摄取大量元素来构成植物体（如碳、氧、氢、氮），主要以二氧化碳、水和硝酸盐的形式获取。从这些无机物而来的有机物不仅仅对植物自身，同时对几乎所有的直接或是间接以植物为食物的生命都是非常重要的。植物代谢产生了一系列不同的有机化合物。

代谢途径主要在两个水平受到调控。一个是区室化-胞质溶胶、质体、线粒体、液泡、内膜系统和其他的细胞器，在区室中处于溶解和膜包围的状态，它能够提高代谢活动的多样性。另外一个解释是协调控制酶的活性。"粗调"调节细胞中酶分子的数量；"微调"决定这些分子的活性。微调通过共价修饰酶蛋白（磷酸化/去磷酸化）或是通过非共价的酶和特异性代谢物之间的相互作用来达到调节酶活性的目的。酶活性的改变决定一个通路的流通和协调不同通路的活性。

光合作用中，二氧化碳通过叶绿体基质中的卡尔文循环得到同化，利用类囊体光反应提供的能量（ATP）和还原力（NADPH）。捕光过程包括叶绿素吸收光，以及电子载体释放激发态电子。电子传递链上的电子转移还原 $NADP^+$ 并形成跨类囊体膜的电化学梯度，从而驱动 ATP 合酶磷酸化 ADP。CO_2 同化的初始步骤是由 Rubisco 催化的受体分子（核酮糖-1,5-二磷酸）的羧化过程。这个循环是"自催化"的，通常用于净合成产物（蔗糖）的中间产物的移除以及 CO_2 受体的再生。碳同化以及能量的供应是由卡尔文循环中的酶通过复杂调控来协调的。蔗糖的合成是由光合作用速率以及植物非光合作用部位对于碳的需求所决定的。

Rubisco 能催化氧合作用并释放 CO_2（光呼吸）并对植物的碳氮供应有着深刻影响。C4 植物在结构和生化功能方面对消除光呼吸发生了适应性变化。

蔗糖通过韧皮部被从叶片（源器官）转运到植物非光合作用的部分（库器官）。韧皮部的装载和卸载可能是非原生质体或是共质体形式的。在非光合作用细胞里，输入的蔗糖用来提供生物合成的前体、ATP 和还原力。蔗糖被代谢成为己糖磷酸，己糖磷酸进一步被糖酵解、氧化戊糖磷酸化途径和 Krebs 循环所分解，最终提供 NAD(P)H、ATP 和前体化合物。大多数的 ATP 在线粒体中合成，产生还原力驱使细胞膜内的呼吸电子传递链。产生的细胞膜两侧的电化学梯度驱使 ATP 合成。非光合作用细胞同样可以把输入的蔗糖转化成储存化合物，包括淀粉和脂类。

在质体内进行的代谢过程随着细胞类型和发育阶段而改变。脂肪酸、淀粉和叶绿素的合成特异地发生在质体中。膜脂的合成发生在质体（原核生物途径）和细胞中的其他部位（真核生物途径）。在质体和细胞质中萜类物质的合成有不同的途径，形成不同的产物，如叶绿素的前体四吡咯在质体中合成。

氮是继碳、氢和氧之后植物中最广泛存在的元素。对于大多数植物，氮源主要是土壤中的硝酸盐，由根通过硝酸盐转运蛋白吸收，还原成铵（通过细胞质中的硝酸盐还原酶和质体中的亚硝酸盐还原酶），之后被同化到谷氨酸盐和谷氨酰胺中。这两种氨基酸几乎是所有含氮复合物的氮源。氮以氨基酸和特定的储存蛋白的形式储存。

除了碳、氢、氧和氮，植物还需要其他的 13 种元素来保证其正常生长：大量元素（如磷和硫）和微量元素（如铁），主要是从土壤中吸收而来。对一种元素的吸收和代谢能力，由其在局部土壤中的可获得性和植物体本身大体的营养状况决定。

在木质部中的蒸腾流携带水分和溶解的物质，包括矿物质，通过液压机制流经整个植物体，这个液压是由叶片表面细胞水分的蒸发和气孔水分的流失来维持的。这一股水流和韧皮部中蔗糖和营养物质的移动密切相关。

延伸阅读

整章

Heldt HW (2005) Plant Biochemistry, 3rd ed. Amsterdam: Elsevier Academic Press.

Plaxton WC & McManus MT (eds) (2006) Control of Primary Metabolism in Plants. Annual Plant Reviews, vol. 22. Oxford: Blackwell Publishing.

4.1 代谢通路的调控

ap Rees T & Hill SA (1994) Metabolic control analysis of plant metabolism. *Plant Cell Environ.* 17, 587-599.

Lunn JE (2007) Compartmentation in plant metabolism. *J. Exp. Bot.* 58, 35-47.

4.2 碳的同化：光合作用

Long SP, Ainsworth EA, Rogers A & Oft DR (2004) Rising atmospheric carbon dioxide: plants FACE the future. *Annu. Rev. Plant Biol.* 55, 591-628.

Nelson N & Yocum CF (2006) Structure and function of Photosystems I and II. *Annu. Rev. Plant Biol.* 57, 521-565.

Raines CA (2004) The Calvin cycle revisited. *Photosynth. Res.* 75, 1-10.

4.3 光呼吸作用

Reumann S & Weber APM (2006) Plant peroxisomes respire in the light: some gaps of the photorespiratory C_2 cycle have become filled—others remain. *Biochim. Biophys. Acta Mol. Cell Res.* 1763, 1496-1510.

Sage RF (2004) The evolution of C4 photosynthesis. *New Phytol.* 161, 341-370.

4.4 蔗糖的运输

Holbrook NM & Zwieniecki MA (eds) (2005) Vascular Transport in Plants. Amsterdam: Elsevier Academic Press.

Kehr J (2006) Phloem sap proteins: their identities and potential roles in the interaction between plants and phloem feeding insects. *J. Exp. Bot.* 57, 767-774.

4.5 非光合作用的能量和前体的合成

Fernie AR, Carrari F & Sweetlove SJ (2004) Respiratory metabolism: glycolysis, the TCA cycle and mitochondrial electron transport. *Curr. Opin. Plant Biol.* 7, 254-261.

Kruger NJ & von Schaewen A (2003) The oxidative pentose phosphate pathway: structure and function. *Curr. Opin. Plant Biol.* 6, 236-246.

4.6 碳的储存

Goepfert S & Poirier Y (2007) β-Oxidation in fatty acid degradation and beyond. *Curr. Opin. Plant Biol.* 10, 245-251.

Napier JA (2007) The production of unusual fatty acids in transgenic plants. *Annu. Rev. Plant Biol.* 58, 295-319.

Smith AM, Zeeman SC & Smith SM (2005) Starch degradation. *Annu. Rev. Plant Biol.* 56, 73-98.

4.7 质体代谢

D'Auria JC & Gershenzon J (2005) The secondary metabolism of *Arabidopsis thaliana*: growing like a weed. *Curr. Opin. Plant Biol.* 8, 308-316.

Dormann P & Benning C (2002) Galactolipids rule in seed plants. *Trends Plant Sci.* 7, 112-118.

Tanaka T & Tanaka A (2007) Tetrapyrrole biosynthesis in higher plants. *Annu. Rev. Plant Biol.* 58，321-346.

Weber APM，Schneidereit J & Voll LM (2004) Using mutants to probe the *in vivo* function of plastid envelope membrane metabolite transporters. *J. Exp. Bot.* 55，1231-1244.

4.8 氮同化

Halkier BA & Gershenzon J (2006) Biology and biochemistry of glucosinolates. *Annu. Rev. Plant Biol.* 57，303-333.

Lillo C，Meyer C，Lea US et al. (2004) Mechanism and importance of post-translational regulation of nitrate reductase. *J. Exp. Bot.* 55，1275-1282.

Stitt M，Muller C，Matt P et al. (2002) Steps towards an integrated view of nitrogen metabolism. *J. Exp. Bot.* 53，959-970.

4.9 磷、硫和铁的同化

Briat JF，Curie C & Gaymard F (2007) Iron utilization and metabolism in plants. *Curr. Opin. Plant Biol.* 10，276-282.

Hesse H，Nikiforova V，Gakière B & Hoefgen R (2004) Molecular analysis and control of cysteine biosynthesis：integration of nitrogen and sulphur metabolism. *J. Exp. Bot.* 55，1283-1292.

Karandashov V & Bucher M (2005) Symbiotic phosphate transport in arbuscular mycorrhizas. *Trends Plant Sci.* 10，22-29.

4.10 水分和矿物质的运输

Holbrook NM & Zwieniecki MA (eds) (2005) Vascular Transport in Plants. Amsterdam：Elsevier Academic Press.

5 发 育

> **阅读本章后,您应该能够做到:**
> - 列出高等植物发育的共有特征,并且标注出它们与动物发育的不同之处。
> - 解释在植物胚胎发育过程中顶端-基部对称轴和辐射向对称轴是如何建立的。
> - 对照比较茎尖分生组织与根尖分生组织的建立、组织形式以及活性。
> - 解释分生组织的活动如何产生植物的各种组织和器官的式样。
> - 描述在植物发育过程中细胞间信号是如何调控细胞行为的。
> - 描述在根与茎器官的发育过程中,参与调控的基因如何引导不同细胞类型和组织的形成。
> - 概述是什么变化引起花分生组织和花序分生组织的产生,它们是如何调控的;概述花器官特征以及其他基因在花发育中的作用。
> - 描述被子植物雌、雄配子体的发育过程。
> - 概述被子植物中,从花粉粒到达柱头开始直到受精完成这一系列过程中的主要事件。

在第 3 章中我们了解了植物细胞的结构、发育以及生活周期:从细胞分裂产生新细胞,经历了扩张与生长,到在植物体中获得特化的功能。在本章中,我们将植物体的发育看成一个整体过程——从受精卵到具有生殖能力的成熟植株。

在多细胞生物的发育过程中,单个细胞并不只是进行简单的增殖——它们在生长的生物体中会分化出不同的作用(或命运)。这是一种劳动分工:多细胞生物中细胞类型的多样性反映的是个体细胞所承担的特定的角色/任务。细胞生长和分裂彼此协调作用,形成具有特定形状和功能的器官,进而发育成整个生物体;而特化的细胞和组织是在特定的位置以特定的排列方式出现的。细胞间通过通讯与相互作用来调控细胞的命运,同时,植物体作为一个整体感知周围的环境并作出反应。这些群体利用不同的分子和结构来协调特化细胞的发育,反映了在动植物之间多细胞性产生的事件是相互独立的。然而,动物发育与植物发育存在有一些显著的相似性,而且这将是一个贯穿本章的主题。但是,很多植物发育的特征是植物所持有的。在本章的开头我们将强调植物发育的关键概念。我们将通过一段对植物发育特点的综述来开始本章的讨论;随后是介绍从胚胎发育到成熟的开花植物以及进行后代繁殖,完成从种子到下一代种子的生活周期。

5.1 植物发育综述

植物发育的特征之一是在植物生活周期中形成的新器官总是在生长顶点产生;植物

总体的形状在不断变化。在成熟胚胎中并不是所有组成植物的部分都可以看见；根、分枝、叶、花在植物的生活周期中不断地产生，并且它们也不断响应着周围环境的信号。在植物**胚胎发生**的最后阶段有两类截然不同的细胞（分生组织），整个植物体随后就由它们发育而来。**茎顶端分生组织**产生茎而**根分生组织**产生根（图 5-1）。与此不同的是，在哺乳动物的成熟胚胎中已经出现所有的身体组成部分。

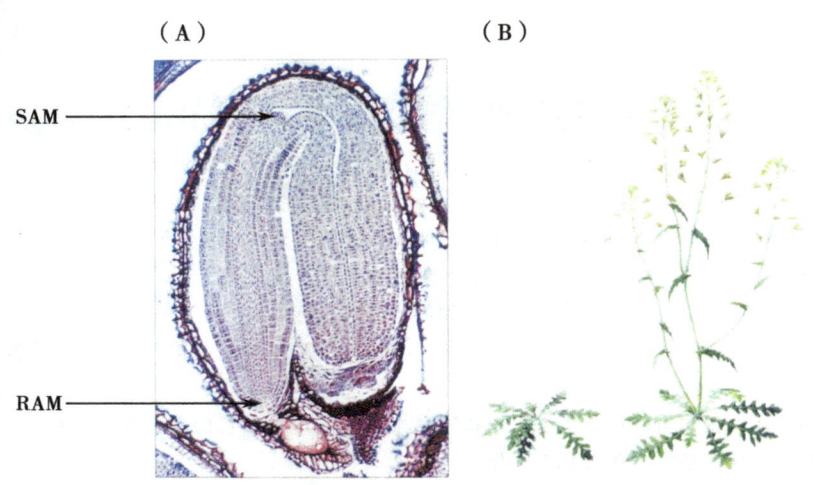

图 5-1 荠菜（*Capsellabursa pastoris*）的胚胎以及成熟植株。（A）成熟胚胎的纵切面，图中指示出了茎顶端分生组织（SAM）和根顶端分生组织（RAM）的位置。（B）成熟植株的茎（全部由茎顶端分生组织分化而来）（图 A 由 Judy Jernstedt 友情提供）。

分生组织反复产生新器官，形成由重复的结构单元（或模块）组成的茎和根（图 5-2）。例如，一个茎模块包括一片**叶**、一个**侧生分生组织**和**节间**。这些模块的发育方式是由每个植物特异的遗传程序决定的，但是环境对植物的生长以及分生组织产生新类型模块的时间有着很强的影响（例如，什么时候植物开始产生花芽而非继续产生新叶，这一点会在本章后面的内容中作具体介绍）。

尽管植物不能移动以寻找更好的生存环境，但持续的生长发育以及它对外界因素的敏感性使它们能够适应环境的变化，如光线变化和营养元素的可利用性（图 5-3）。举一个简单的例子，生长在低氮土壤中的植物侧根很少，但是如果土壤的氮含量增加，大量侧根便在氮源附近产生。同样地，当森林中的树冠层出现空隙时，茎上会生出侧枝来填补可用空间。从这两个例子可以看出，植物的生长是有模式的，即通过产生新模块来填补空隙而非拉伸旧的模块。

重复单元的不断增加促使植物生长，而且这种生长对植物的繁殖也有影响。植株的离体部分往往可以存活，而且继续成长成新的、遗传信息相同的植株。例如，土豆的储藏器官——块茎，在植株的其他部分死亡后仍然可以存活。在下一个生长季，存活的块茎可以发育成与之前植株在遗传上完全相同的植株。体现植物再生能力的一个极端例子是分化细胞脱分化并重新形成完整植株。在**组织培养**基中，可由少量叶片细胞重新生长成整个植株。

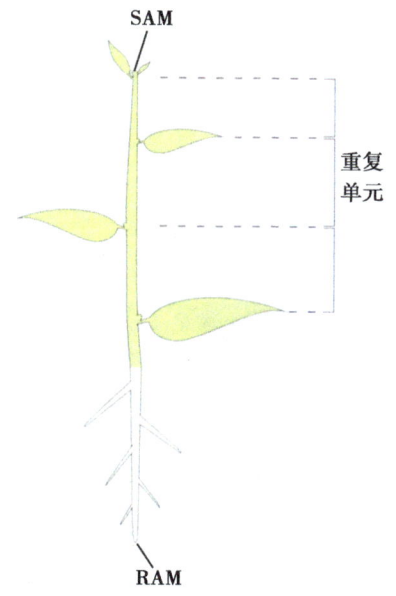
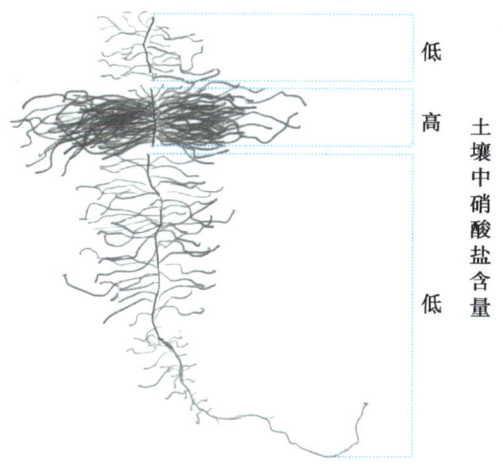

图 5-2 来源于茎顶端分生组织（SAM）和根顶端分生组织（RAM）的重复单元。

图 5-3 根发育对营养物质供给变化的响应。在含有高浓度硝酸盐的土壤中，大麦的根会发育出更多的侧根（张慧婷提供）。

植物能够从离体部分产生新植株，部分原因是植物中细胞命运方向比在动物中更易改变。这种可变性包括最终产生配子体的细胞。高等动物发育的早期，一小部分细胞分化为**生殖细胞系**，与形成动物个体的其他体细胞是分开的。这种发育模式在植物中是不存在的。在植物成熟胚胎中，组成植株个体的所有细胞并没有都成型，也没特定的细胞分化形成生殖细胞系。

在动物中，生殖细胞系细胞最终经过**减数分裂**形成**配子**。另一个动、植物发育的主要区别体现在减数分裂产生的**单倍体细胞**的命运。在植物中，减数分裂在**孢子体**中进行，减数分裂形成的单倍体产物——孢子发育成独特的、产生配子的器官**配子体**。因此，植物的生活周期在**二倍体**的孢子体世代和单倍体的配子体世代间交替进行（图 5-4，也可见图 5-86）。在**被子植物**、**裸子植物**以及蕨类植物中，孢子体就是我们平时看到的植物体，而配子体却小得多；在种子植物中，配子体在孢子体的生殖结构中生长；然而在苔藓植物中，配子体却更显著，孢子体则依赖于配子体而生存。

植物单倍体的短暂存在有着重要的遗传意义。植物的单倍体细胞要比动物的配子发挥更多的功能，如细胞分裂和特定类型的生长等必要功能。完成这些功能所需要的一些基因也会在孢子体中发挥作用。因为这些基因在配子体中以单拷贝来起作用，隐性突变在单倍体中可以显现出来。这就像一个过滤器能够防止隐性的有害突变积累，但这同时也减少了这些位点遗传多样性的积累。高等植物进化中这种单倍体的筛选将会减少遗传上有缺陷的群体。

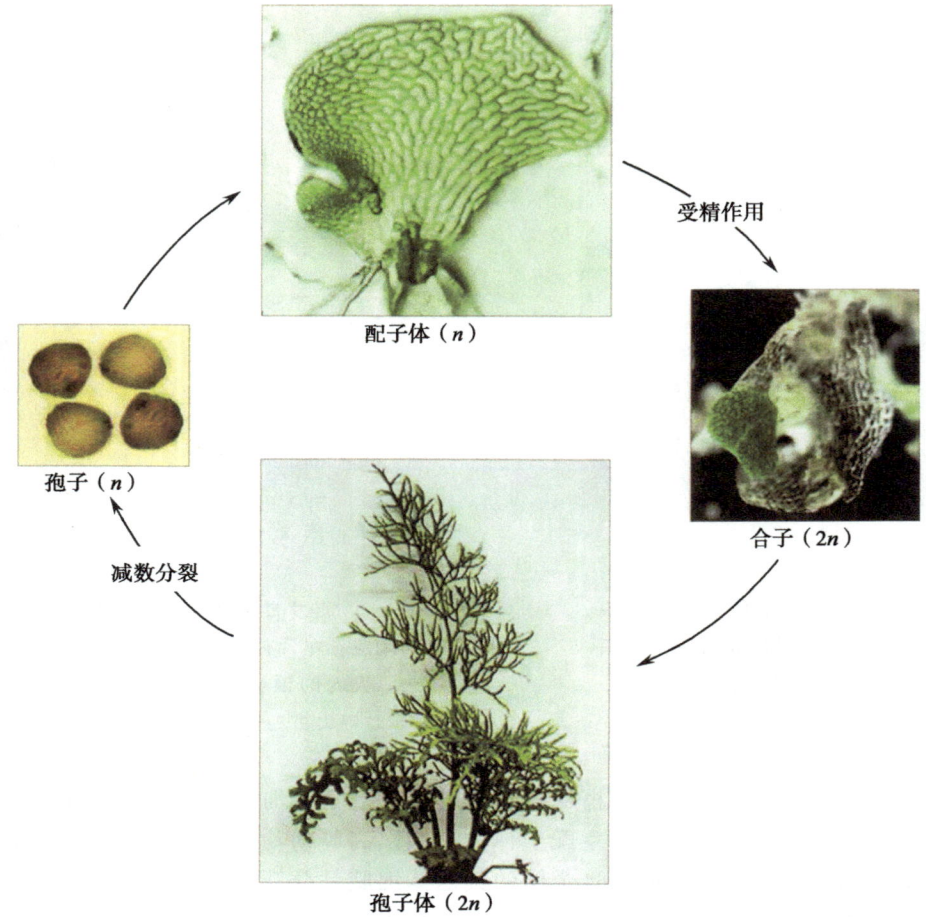

图 5-4 蕨类植物水蕨（*Ceratopteris richardii*）的世代交替。二倍孢子体通过减数分裂产生孢子。每个孢子可以发育成单倍（n）的有机体——配子体，配子体通过有丝分裂产生配子。配子体融合（受精）产生二倍体合子，合子可以发育为新的二倍（2n）孢子体。

动物和植物中多细胞性是独立演化的

正如前面提到的，多细胞生物不是相同细胞的简单组合，而是有许多不同的细胞类型。这些不同类型的细胞执行的功能也不同。例如，**木质部**细胞运输水而**保卫细胞**调节二氧化碳的吸收。一旦细胞不再是孤立的，通信网络就在调控其发育方面起着非常重要的作用。动、植物的最近共同祖先是单细胞生物；尽管多细胞性在动物和植物中是分别起源的，但这两界却进化出了相似的胞间交流机制。例如，植物细胞由**胞间连丝**相连，胞质通道允许小分子在细胞间运输；而动物细胞则具有**间隙连接**，它虽然与胞间连丝的结构不同，但却有着相似的功能。

虽然我们不能重建多细胞性的演化过程，但是通过一些例子，我们可以推断出单细胞祖先是如何演化成为复杂生命体的。团藻（一种绿藻）就是其中之一。它从单细胞有机体逐渐形成细胞群，最终形成多细胞生物，其中的细胞彼此依赖，不能独立生存。

团藻是一种简单的系统,可以用于研究多细胞性的遗传基础

团藻(*Volvox carteri*)从自由漂浮的单细胞发育成一个多细胞中空球体,其中的细胞嵌在一团胶质中(图 5-5)。游离团藻细胞重复分裂,形成由相同细胞组成的细胞团块,随着细胞分化成两种不同的细胞类型,就形成了一个多细胞生物体。在团藻发育中期,不对称细胞分裂形成的较小细胞发育为不育细胞(体细胞),较大的细胞发育为生殖细胞,即**性原细胞**。性原细胞聚集在球状体的一端,进行无性繁殖。带鞭毛的体细胞形成单层细胞,由细胞质桥连接。鞭毛能够同步地摆动,使球状细胞团向光源方向运动。一旦进行了细胞分化,体细胞就不能再分裂。因此,在团藻的生殖中,两种类型的细胞是必要的:鞭毛状体细胞主管运动,性原细胞主管生殖。这两种细胞相互依赖,不能独立生存。

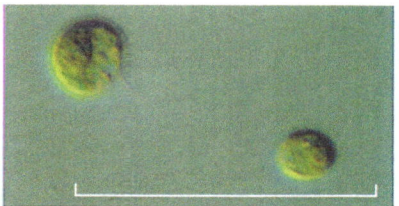
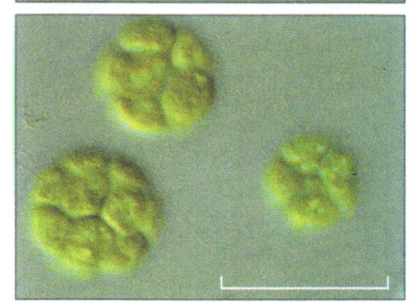
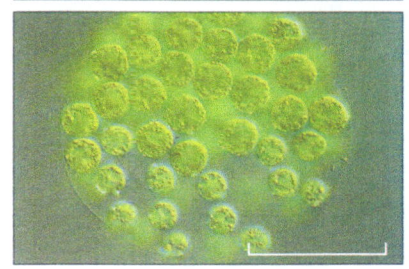

在团藻中,细胞大小是决定其命运的关键因素:在发育的团藻球体中,如果大细胞的数目由于基因突变而改变,那么性原细胞的数目也会发生变化。通常,一个成熟的团藻球状体由 3000 个小的体细胞和 16 个大的性原细胞组成。在 *gonidialess* 突变体中,不发生不对称细胞分裂,所以球体不能形成性原细胞,也就不能进行生殖。在不对称分裂的细胞中,野生型的 GONIDIALESS 蛋白与有丝分裂纺锤体结合,可能参与纺锤体的不对称定位。转录抑制剂 SOMATIC REGENERATOR 在小的体细胞中发挥作用,抑制生殖发育所需的基因转录;还有一个蛋白质 LATE GONIDIA,在大的生殖细胞中抑制体细胞性质的发育。

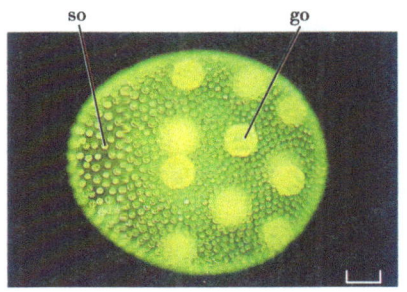

图 5-5 团藻(*Volvox carteri*)。光学显微镜下观察到的由单细胞到多细胞球状体的发育过程(自上而下)。成熟团藻上的字符标示了较小的体细胞(so)和较大的性原细胞(go)。标尺长度:10μm(David Kirk 友情提供)。

对团藻从单细胞到多细胞生物的演化发育进行研究,可以为藻类多细胞性的遗传基础提供一些线索——细胞是如何通过不对称分裂来使细胞发生特化并使细胞特性得以维持的。那么,这些信息对于我们研究团藻如何从单细胞祖先进化而来有什么帮助呢?

在团藻细胞发生特化之前,它们的外观与单细胞绿藻——衣藻(*Chlamydomonas*)相似(图 5-6A)。在衣藻生活周期的早期,细胞有鞭毛而且可以运动。在这个早期阶段,一个与 SOMATIC REGENERATOR 相似的转录抑制子抑制了其生殖发育。之后,

细胞失去鞭毛，而且集合到一起。细胞分裂随后产生新的自由漂浮的衣藻细胞；在这个发育的时间点上，认为有某个基因（如 *LATE GONIDIA*）阻止了其进一步发育为体细胞。

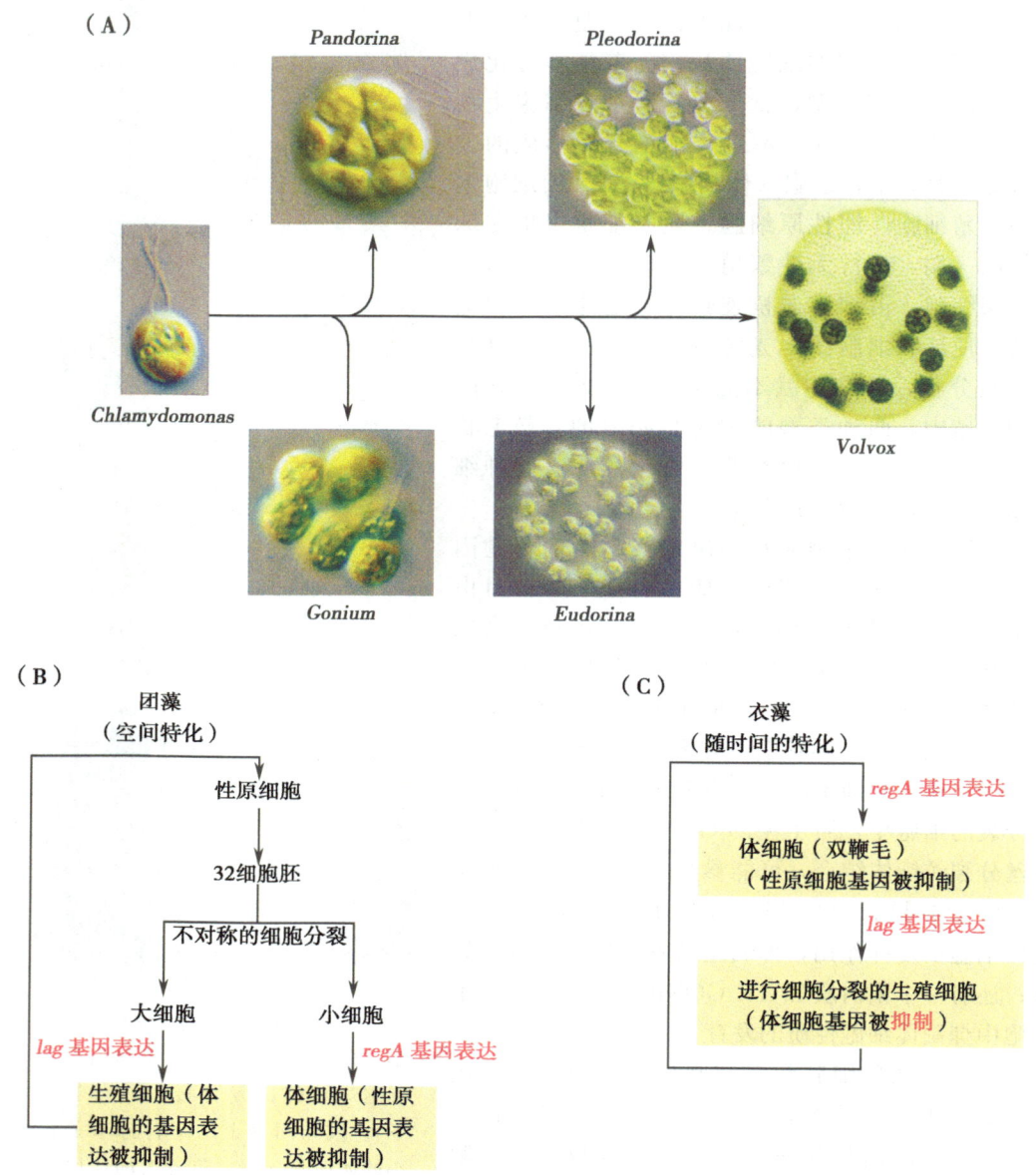

图 5-6 多细胞和单细胞藻类：时间与空间的细胞特化。(A) 团藻科（Volvocaceae）家族的藻类显示了不同程度的多细胞发育，从浮游的单细胞衣藻（*Chlamydomonas*），经过形成集群生物体（*Pondorina*, *Gonium*, *Eudorina*, *Pleodorina*）到含有多种细胞类型的多细胞机体团藻（*Volvox*）。(B) 在团藻中，空间的特化是由调控基因如 LATE GONIDIA（*lag*）和 SOMATIC REGENERATOR（*regA*）在同一机体的不同细胞中的表达引起的。(C) 在衣藻中，类似的调控基因相继发挥作用来使细胞在生命周期中的不同时期发生特化（图 A 由 David Kirk 友情提供）。

尽管在团藻与衣藻的发育过程中有类似的调控基因参与，但是这些调控基因的表达在多细胞和单细胞系统之间的主要差异是：在团藻中，这些调控基因在不同的特化细胞中同步表达；而在衣藻中，它们则在同一个细胞中依次表达。因此，存在一种可能性，即从衣藻样的单细胞祖先到多细胞团藻的演化，有可能是由于调控基因的表达程序发生了从单一细胞中的连续表达向不同类型细胞中的同步表达的这种转变而造成的（图5-6）。就像前面指出的，在团藻中，形成不同类型细胞的能力取决于细胞发生不对称分裂的能力。因此在团藻中，多细胞性演化的关键因素是细胞的不对称分裂，以及调控基因表达模式的变化。

团藻和衣藻的例子阐明了从单细胞祖先演化成为多细胞植物体的可能途径。然而，团藻并不是陆地植物的祖先；多细胞性不仅在动物和植物中是独立起源的，而且很可能在植物界内部也发生了很多次演化。但是，由团藻和衣藻阐明的演化原则，可能在所有植物的多细胞性演化中都是很重要的。一个明显的先决条件是，细胞分裂后仍然能保持彼此依附的能力。单细胞祖先连续产生特化细胞的能力也十分重要。然后，不对称的细胞分裂可能使同一生物体中的不同细胞获得了交替的特化命运。

5.2 胚胎和种子的发育

在高等植物中，成熟胚胎的两端有两种细胞群体——茎顶端分生组织以及根分生组织，它们将在植物以后的生长过程中为茎和根提供新的细胞。细胞在胚胎中的位置决定它的命运。例如，在拟南芥中，顶端的细胞发育成子叶和茎顶端分生组织，而基部的细胞则发育成根。同样地，在褐藻 *Fucus* 中，合子不对称分裂形成一个大的顶细胞，它之后分裂发育为藻类的叶状部分，以及一个小的基细胞，它会形成**假根**。假根随后分裂发育为**固着器**，使植物能够固着在岩砾基质中。

在这两种生物体中，胚胎是有极性的，即胚胎的两端是不同的，贯穿两极的轴称为顶端-基部对称轴。在高等以及低等植物中，顶端-基部对称轴的极性在发育早期便表现出来（图5-7）。*Fucus* 是研究胚胎早期形成的热门模式系统；我们将从顶端-基部对称轴的形成开始本章的介绍。

在 *Fucus* 胚胎中顶端-基部对称轴建立的外源信号

未受精的 *Fucus* 卵细胞没有细胞壁，但是受精后在受精卵周围很快会形成均匀的细胞壁，之后受精卵以一种可预知的模式进行一系列的细胞分裂，从而形成成熟的藻体。第一次分裂是不对称的，形成一个大的顶细胞和一个小的基细胞。顶细胞经历一系列的纵向和横向分裂形成**叶状体**和**叶柄**（分别类似于高等植物的叶片和茎）；小的基细胞伸长形成假根，假根分裂形成多细胞固着器（类似于根）。

受精6～12h后，第一次分裂还未发生，受精卵的极性就形成了（图5-7A）。就像多细胞胚胎的极性产生是因为顶部和基部是不同的，单细胞受精卵的极性是因为细胞的某些组分只在细胞的一端积聚。因此，顶端-基部对称轴在胚胎发育的很早时期便建成，并且在以后的发育过程中一直维持着。

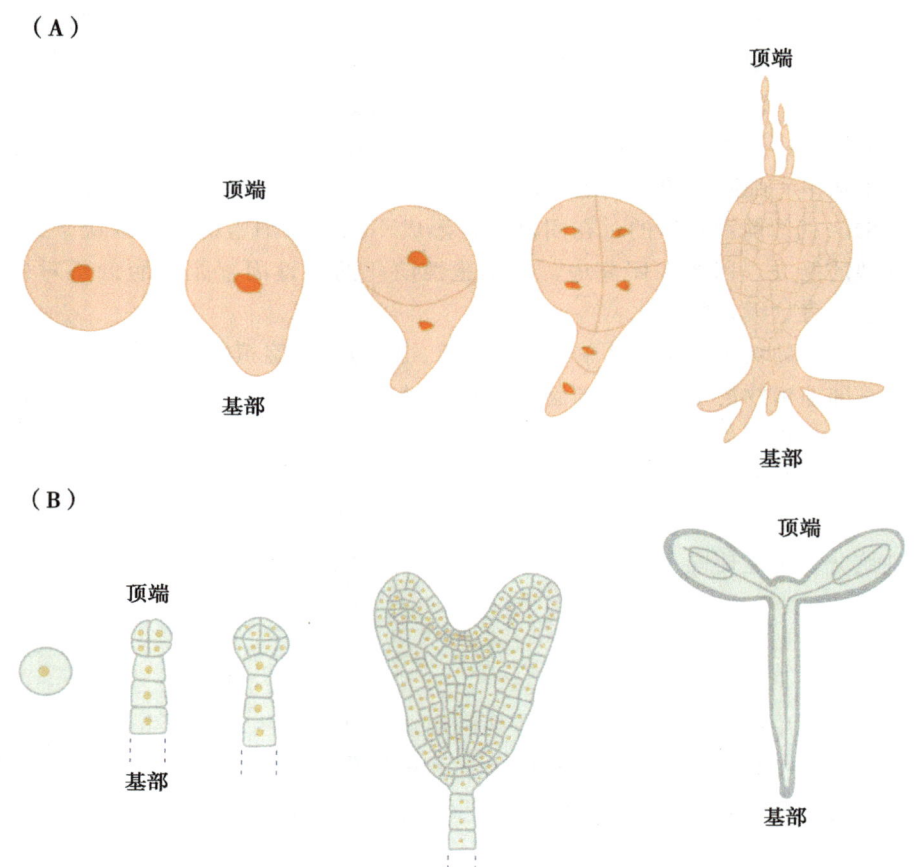

图 5-7　早期胚胎发育过程中顶端-基部对称轴的形成。(A) 褐藻 *Fucus*。(B) 被子植物拟南芥。注意：在褐藻中，顶端与基部之间的差异早在单细胞阶段就已经出现了（图 A 由张慧婷提供）。

在顶端-基部对称轴的形成过程中，合子的极性受到环境信号的影响。当受精卵受单向光处理，Ca^{2+} 在非光照的一边积聚，这也标志着这一区域将最终发育为假根（图 5-8）。产生这种现象的部分原因是质膜 Ca^{2+} 通道的局部激活允许 Ca^{2+} 流入细胞。如果人为地破坏 Ca^{2+} 的梯度，如增加或者去除细胞质中的 Ca^{2+}，就会造成受精卵失去了极性。胚胎由极性的受精卵发育而来，背光的一端发育为根状而有光照的一端发育为叶片形态的叶状体。如果极性的受精卵再次受到来自不同方向的光照，顶端-基部对称轴也会跟着改变方向。而随之产生的根状体和叶状体会沿新的轴向呈线性生长，暗示着受精卵的极性是可变的。

受精后约 12h，顶端-基部对称轴就会稳定下来，不再随光照方向的改变而逆转（图 5-8C）。在轴向的固定过程中，位于基部假根一侧的 Ca^{2+} 浓度一直保持着局部增加。此外，肌动蛋白网络在基部聚集形成。实验去除这个网络可以使胚胎极性消失。很可能在形成假根的一极，从**高尔基体**到细胞表面的膜泡运输需要微丝。硫化多糖等分子在这些囊泡中运出（见第 3 章），而且只在基部一侧参与构成细胞壁。这种定向的分泌方式是维持极性所必需的。细胞壁是建立和维持顶端-基部对称轴的必要信号来源：从已经极性化胚胎制备的原生质体（去掉细胞壁的细胞）会失去极性。

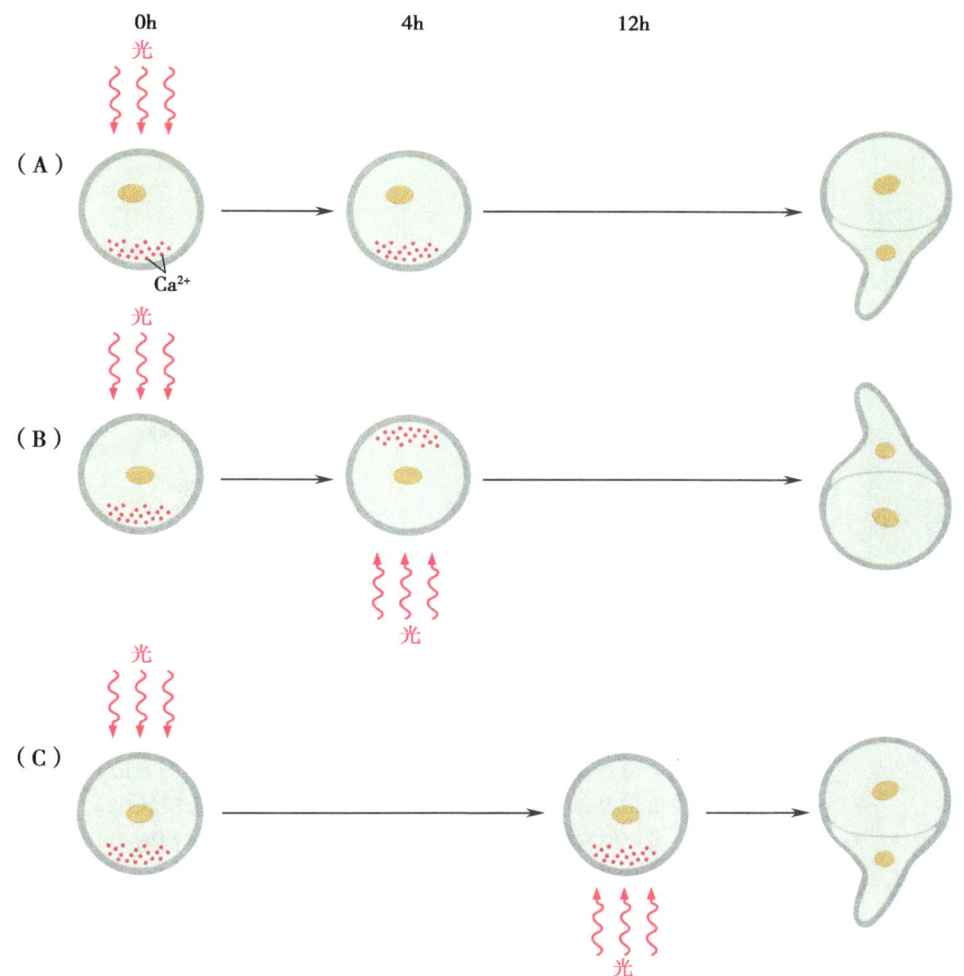

图 5-8 光与钙离子在褐藻 Fucus 顶端-基部极性的建立中所发挥的作用。（A）受精后最初的 4h 内，Ca^{2+} 在非光照的一面聚集。高 Ca^{2+} 浓度的区域形成基部并最终发育为假根。（B）如果在这段时间内光的方向发生变化，Ca^{2+} 分布会相应发生变化，从而基部也随之发生变化。（C）但是到受精后 12h，Ca^{2+} 分布不再随光照改变而改变，基部已经被固定了。

在 Fucus 的胚胎中细胞壁对细胞命运的决定有指向作用

细胞壁至少含有细胞分化所需要的部分信号。就像前面提到的 Fucus 的胚胎，这些信号在细胞壁中的分布是不均匀的。这种不均匀的信号分布对于邻近细胞的发育是非常重要的。顶细胞壁中的信号因子决定顶细胞的命运，基细胞壁中也有不同的信号因子决定基细胞的命运。

利用激光束可以杀死胚胎中的特定细胞（称为**切除**）。激光切除毁坏了细胞内含物，但是在原处残留了细胞壁碎片，这些碎片占据的空间随后由邻近细胞分裂填充。对这个过程的研究揭示了细胞壁对新细胞命运的影响（图 5-9）。这种类型的实验表明，与基细胞细胞壁的接触会使得即将形成的顶细胞改变命运，转而发育成基细胞。如果这个顶细胞分裂时不接触基细胞的细胞壁，它将仍然发育为顶细胞。相反地，如果把一个顶细胞切除，而它的细胞壁与新形成的基细胞接触，那么这个细胞将变成顶细胞。这些实验说明，在胚胎相应区域中，顶细胞以及基细胞细胞壁中的因子会决定细胞的"身份"。

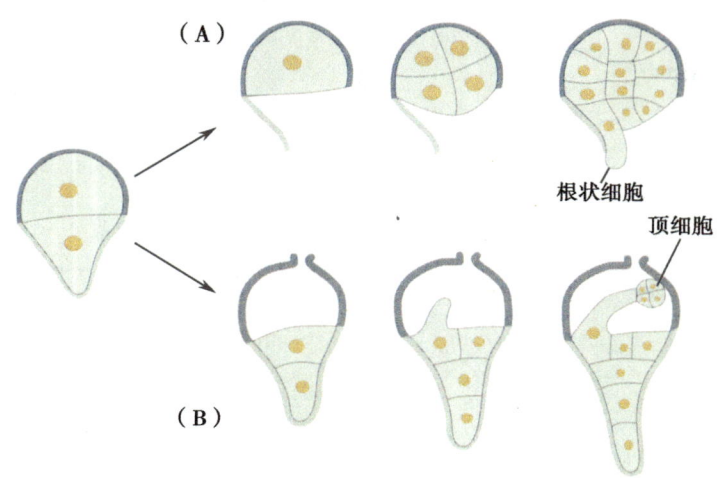

图 5-9　在褐藻 *Fucus* 中，细胞壁携带有顶端-基部对称轴的极性信息。（A）在两细胞时期，当基细胞被激光束（融化）破坏后，如果顶细胞的一个后代接触了残留的基细胞细胞壁，这个细胞将最终发育为根状细胞。（B）相反地，当顶细胞被破坏，如果基细胞的后代接触了顶细胞残留的细胞壁，它将走向顶细胞的命运（经 AAAS 允许，引自 F. Berger et al., Science, 263: 1421-1423, 1994）。

现在我们通过模式植物拟南芥来关注一下种子植物的胚胎发生过程。

高等植物中的胚胎发育发生在种子内部

与褐藻 *Fucus* 的受精卵不同，被子植物和裸子植物的受精卵在种子内部发育。简单地讲，我们可以将种子的发育描述为三个主要的过程。第一是胚胎发生，单细胞受精卵经过细胞分裂、分化以及组织生长形成最原始的植株（胚胎）。第二，在胚胎发生的同时，胚胎周围的营养储存及保护层等组织特化形成。第三个种子发育的重要时期是为干种子能够在以后一个较长的代谢休眠期中存活下来作准备。这里我们主要关注这些过程中的第一个阶段——胚胎发生。

前面提到过，在胚胎发生的最后时期，胚胎的两端建立起两种类型的细胞群——茎顶端分生组织和根分生组织。在种子萌发后大部分的根、茎组织都是由它们发育而来的。不同的植物通过不同的途径到达这个发育阶段；胚胎发生在不同的物种中区别很大，而且最终胚胎的外观也存在物种特异性。我们在此描述拟南芥的胚胎发生过程，包括了形态的改变以及已知的决定细胞分化的因素。

拟南芥受精卵的第一次分裂是不对称的：在受精卵分裂产生一个小的顶细胞和一个大的基细胞的时候，顶端-基部对称轴就已经明显建立了。顶细胞将形成胚体的绝大部分；基细胞将形成一种纤细的结构，称为**胚柄**。顶细胞经历横向和纵向分裂的一系列组合分裂过程形成**球形胚**(大约受精后 60h；图 5-10)。球形胚有一层很明显的外层细胞层，也可称为**原表皮层**。进一步的细胞分裂产生区别鲜明的基本组织和中柱，胚胎的维管系统在中柱中发育。一小群即将形成子叶的细胞（称为原基）的出现标志着球形胚时期的结束以及典型的心型胚时期的到来；也就是从这个时期开始，可以看得到发育中的根分生组织和茎顶端分生组织。等到受精后 96h，到达胚胎发育的**鱼雷期**，下胚轴（请见下文）应清晰可见。大约 10 天后胚胎完全发育成熟。之后种子经历脱水期和休眠期，一直到萌发后再开始启动生长。

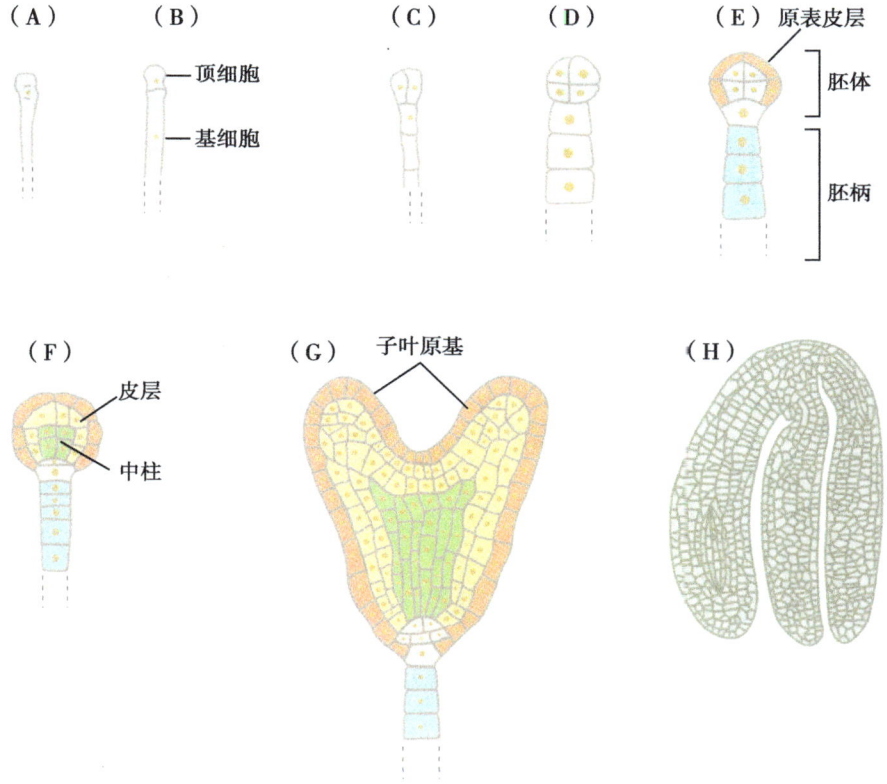

图 5-10 拟南芥胚胎发育过程。（A）受精卵。（B）单细胞时期。受精卵首次分裂产生两个细胞，较小细胞为顶细胞，将发育为胚体；较大的基细胞将发育为胚柄。（C）两细胞时期，顶细胞经过了一次纵分裂。（D）8 细胞时期。（E）早球形胚（16 细胞）时期。（F）晚球形胚时期。（G）心形胚时期。（H）成熟胚（经 Biologists 公司允许，由 Gerd Jurgens 友情提供）。

胚胎细胞的位置决定它们的命运

在发育的拟南芥胚胎中，细胞不断地从周围环境中获取能够指引自己细胞命运的信号；这意味着在细胞分裂停止以及细胞在胚胎中的位置固定之前，细胞的命运仍是可变的。细胞分裂以及定向的规律通常是可以预测的，但在不同的发育胚胎个体中并不完全相同。存在于不同胚胎个体中的这种微小区别表明，拟南芥中细胞分裂的模式（世系）对细胞命运的决定并不重要。

一种称为纯系分析（信息框 5-1）的技术表明，植物中细胞的最终定位将决定细胞的分化。从本质上讲，在胚胎发生早期，细胞就被"遗传标签"所标记，而且这个"遗传标签"会通过后续的细胞分裂与发育过程标记到这个细胞的后代细胞上。这项技术显示胚胎中细胞的命运不是由其早期定位及其祖先决定的。例如，拟南芥成熟胚胎中，处于顶端和基部分生组织之间的细胞发育成为**下胚轴**，从而形成幼苗中根和茎的分界区域。纯系分析证明，胚胎中组成下胚轴的细胞既可以起源于顶细胞，也可以起源于基细胞，再一次证明植物中细胞命运的分配是可变的。

信息框 5-1　纯系分析

纯系分析是一种技术，用来追踪一个特异细胞或者细胞群的后代如何影响这个生物体后来的发育过程。举例说明，正如 5.4 节所述，被子植物的分生组织由同中心的 L1、L2 和 L3 三层构成，有时某层细胞会含有白化的突变。由于含有白化突变的细胞后代会产生白化的组织，我们可以利用这一点来观察这个特殊分生组织层的后代如何参与叶片的生成（图 B5-1）。

图 B5-1　*Ficus*（无花果属）的斑叶。这些叶片是由一棵植株产生的，它的分生组织 L1 层含有不能产生叶绿体的细胞（白化突变细胞）。叶片绿色部分是由 L2 和 L3 层分生组织产生的叶肉细胞组成的。叶边缘的白化是因为在这个区域由 L1 层的分生组织来产生叶肉细胞。这种白化的程度每个叶片都不同；有些叶片有大片的白化部分（箭头），这是由于在叶原基中 L1 层细胞的后代在早期对 L2 层细胞的"入侵"而造成的。

纯系分析也可利用转座子切除产生的不稳定变异来进行（请见第2章）。在这种情况下，一个由于转座子插入引起的等位基因突变破坏了基因的功能，而且对组织的表型有显而易见的影响（例如，这个基因是产生某种色素所必需的）。当这个转座子切除后，不仅这个切除了转座子的细胞变得与周围细胞不同，而且由这个细胞的后代构成的组织也被标记上了（图2-9）。

转座是随机产生的，因此无法控制标记的细胞及发育时期。控制转座发生时间的一种方法是将一个**外源基因**转入植物体中，这个外源基因表达一个受到可诱导启动子调控的**转座酶**。另一种方法是基于序列特异的**重组酶**（如起源于噬菌体的Cre重组酶）的可诱导表达（图B5-2）。重组酶可以催化切除由特异的短DNA序列包围的外源基因——对Cre酶来说是 *loxP* 序列。就像转座子切除一样，随着重组酶切除外源基因，激活了原来由于外源基因插入而遭到破坏的基因。

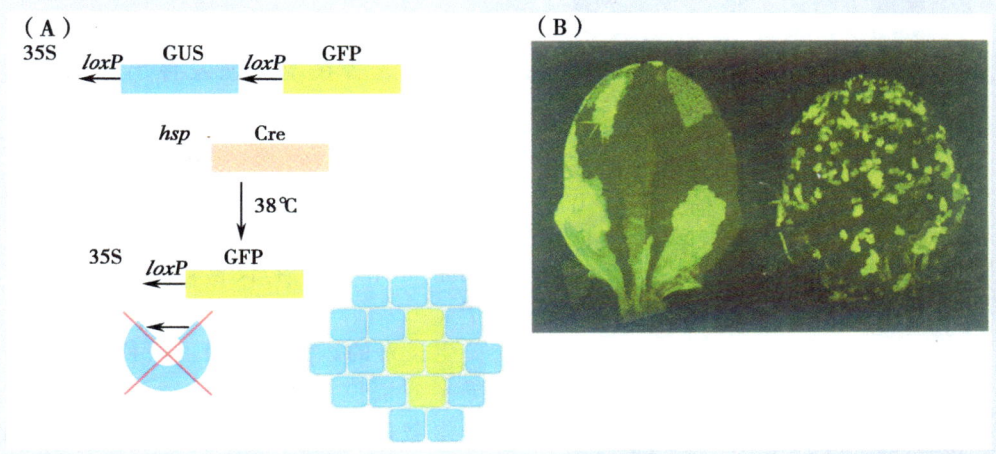

图 B5-2 用 Cre-loxP 系统进行克隆分析。（A）植株含有两个外源基因。其中一个采用了在植物大多数组织中都起作用的启动子（35S启动子）来启动GUS报告基因的表达（β-葡萄糖苷酶基因，见4.6节），这个GUS报告基因前后被 *loxP* 序列包围，而且后面接着一个未激活的GFP（绿色荧光蛋白）报告基因。在第二个外源基因中，一个热击诱导的启动子（hsp）引导Cre重组酶的表达。将植物暴露到38℃高温会诱导 *Cre* 的表达，重组酶催化 *GUS* 基因的切除；这时GFP受35S启动子的控制。如果有足够的 *Cre* 重组酶被诱导，*GUS* 基因的切除可以在所有细胞中发生；如果热处理是短暂的，*GUS* 基因则只在随机的某些细胞中被切除。这些细胞以及它们的后代表达GFP而非GUS。（B）利用（A）的系统，在拟南芥叶片中诱导产生的GFP被部分激活的荧光观察图片，分别代表的是叶片发育的早期（左）以及晚期（右）。注意，早期诱导可以产生更大的GFP表达区域，因为带有荧光标记的细胞的后代有更多的时间来进行增殖（Samantha Fox友情提供）。

纯系分析为研究如何调控细胞分裂来构建植物不同的部分提供了重要信息，并且对细胞命运究竟是依赖于细胞世系还是其在组织中的位置的问题作出了回答——答案就是细胞所处的位置。

生长素运输蛋白的不断极化参与介导胚胎中基极的形成

生长素是一种参与长距离信号转导的可移动信号分子。在植物的胚胎和其他生长的组织中,生长素在传递位置信息方面起着重要的作用。生长素在靠近茎尖的地方合成,运输到根部。它的长距离效应早已得到证实,例如,茎顶端产生的信号可以抑制侧生分生组织的生长。然而近几年我们认识到,生长素运输也能提供参与组织和器官成形的短距离信号。其中研究得最清楚的例子是生长素在早期胚胎形态建成中的调控作用。

图 5-11 野生型拟南芥以及 monopteros 突变体。monopteros 突变体(插入的小图)的幼苗与野生型幼苗对比。突变体的生长素信号转导有缺陷,不能形成根与下胚轴(Gerd Jurgens 友情提供)。

从胚胎发育的早期开始,生长素的极性运输就是必须的。当用生长素运输抑制剂处理拟南芥发育中的胚胎时,基细胞一极的发育发生缺陷,导致形成的胚胎不能发育出根,或者在本应该发育出根和下胚轴的地方形成钉状结构。生长素信号转导缺陷的突变体,如 *monopteros*,也有相似的表型,在本应该长根的地方形成钉状结构(图 5-11)。正常的 *MONOPTEROS* 基因编码了一个参与生长素响应途径的**转录因子**。

生长素的运输由质膜上两种类型的载体介导:分别位于生长素从细胞中运出位置的运出载体以及位于细胞获取生长素的位置的运入载体。普遍认为 PIN1 蛋白是负责将生长素从胚胎和茎细胞向外运的(图 5-12)。在胚胎发育的球形期,除了紧邻原表皮层(表面)的细胞外壁的地方,PIN1 蛋白定位在胚胎所有的质膜上。这暗示着,在这个发育阶段,生长素在细胞间的运输可能在所有方向都是均等的。但是随着胚胎的继续发育,PIN1 蛋白的定位渐渐地局限于大部分细胞的基部膜上,暗示着生长素的运输方式变成极性的,从胚胎的顶部到基部运输。当这种运输受到抑制时,胚胎基部一端的发育将会停止。

PIN1 蛋白在胚胎中的极性定位以及生长素极性运输的建立过程中,需要囊泡的定向融合。拟南芥中的 *GNOM* 基因编码一种与酵母 SEC60 蛋白家族相似的蛋白质。这个蛋白家族的成员在高尔基体起源的囊泡向质膜的靶向过程中是必需的。*gnom* 纯合突变体的胚胎会在基部端产生钉状结构。这种表型与 *monopteros* 的纯合突变体以及经过生长素运输抑制剂处理后的胚胎的表型相似,因此 GNOM 蛋白可能在胚胎形成过程中是调控生长素运输所必需的。GNOM 蛋白的作用可能是将含有 PIN1 的囊泡运输到质膜上。通过观察 *gnom* 突变体胚胎中 PIN1 蛋白的定位来确定 GNOM 蛋白与 PIN1 蛋白定位的关系。在野生型胚胎中，PIN1 蛋白的分布是逐渐极性化的，但是在 *gnom* 纯合突变体中 PIN1 蛋白的分布一直是非极性化的。因此，PIN1 蛋白的极性分布需要 GNOM 蛋白，而 PIN1 蛋白的极性分布对于形成胚胎顶端-基部对称轴所必需的生长素的极性运输也是必要的。

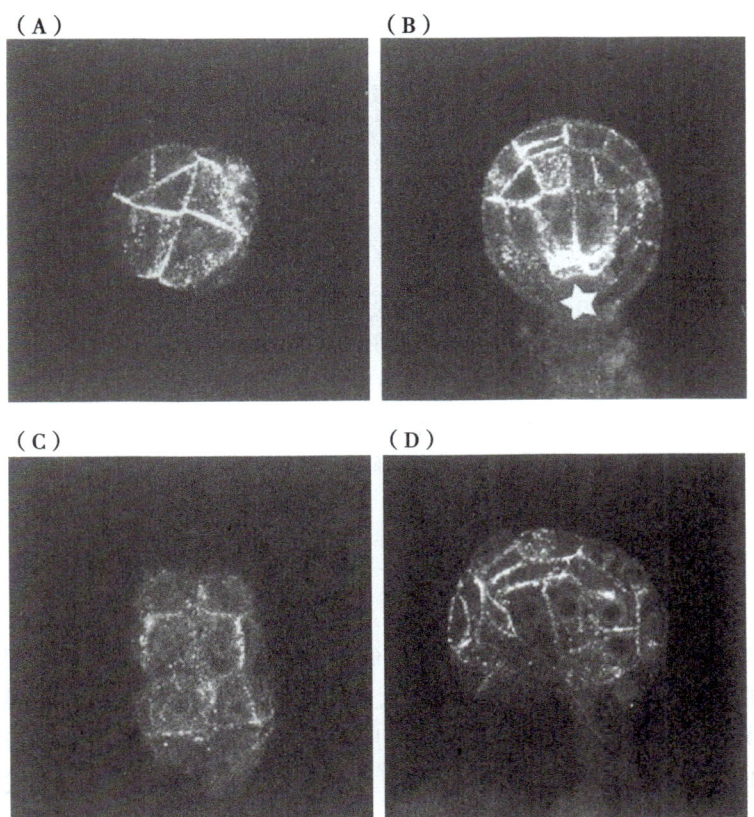

图 5-12　PIN1 蛋白在野生型拟南芥与 *gnom* 突变体胚胎中的免疫荧光定位。(A) 在野生型的早球形胚中，PIN1 蛋白存在于质膜上，但并没有定位于胚胎的基部方向。(B) 球形胚晚期，PIN1 在细胞中面向基部区域（星号所指处）的一边聚集。(C，D) *gnom* 突变体，在从球形胚早期（C）向晚期（D）转变的过程中 PIN1 蛋白都没有向着基部区域聚集；同时突变体胚胎的形状也有异常 [经 AAAS 允许，引自 T. Steinmann et al., Science, 286 (5438) 316-318, 1999]。

胚根与下胚轴中的径向细胞模式由 SCARECROW 和 SHOOT ROOT 转录因子决定

除了刚才提到的发育中胚胎的顶端-基部对称轴的形成外，胚胎细胞在径向的排列模式也是很独特的。对根与下胚轴发育有缺陷的突变体的研究，为这种径向结构模式的发生方式提供了信息。

下胚轴中组织的径向构成与根几乎是相同的。下胚轴由外表皮层（原表皮）以及三层基本组织（两层皮层以及一层更内部的内皮层）组成，基本组织包围着将会发育为维管系统的两列圆柱形细胞（图 5-13）。根的原表皮层包括了围绕**表皮**的侧生**根冠层**。根中的基本组织包含单层**皮层和内胚层**，同样也围绕在**二原型**中柱周围。在根与下胚轴的发育过程中，这种径向构成从球形胚时期原表皮层形成时开始可见。随着进一步的发育，会形成包含内皮层和皮层的基本组织。

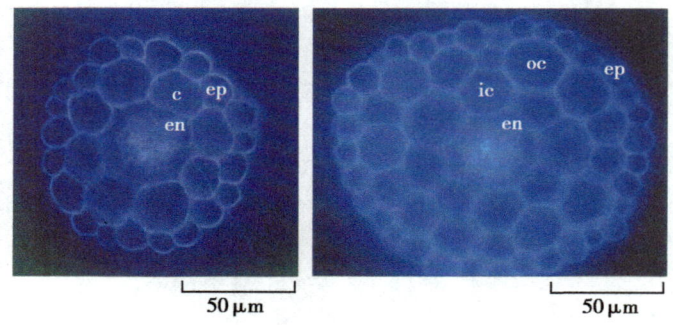

图 5-13 拟南芥根与下胚轴的横切面。根（左侧）与下胚轴（右侧）在组成上都有相似的同心圆组织（en 表示内皮层；c 表示皮层；ic 表示皮层内层；oc 表示皮层外层；ep 表示表皮）（经 Biologists 公司与作者的允许，由 John Schiefelbein 友情提供）。

由于根和下胚轴的径向组成模式是相似的，所以调节根中的细胞层排列模式的基因在下胚轴中同样起作用就不足为奇了。SHORT ROOT 和 SCARECROW 属于同一个蛋白家族，有可能作为转录因子起作用，它们对于胚胎发育中以及胚胎发生之后根的发育中的基本组织的形成是必须的。在根中，*scarecrow*（*scr*）或者 *short root* 的功能缺失纯合突变体的基本组织发育为单层细胞而非正常的双层细胞，而在下胚轴中，这两个突变体的基本组织则发育为双层结构而非正常的三层细胞（图 5-14）。突变体中的细胞无法像野生型中的正常细胞那样进行纵向分裂形成皮层和内皮层。在根中，SCARECROW 在分裂形成双层结构的细胞中表达，暗示着 SCARECROW 在启动细胞不对称分裂从而形成皮层和内皮层的活动中起作用。这个基因也在由格式化分裂产生的内皮层中表达，因此这个基因很可能对维持内皮层特性也有一定作用。

SHORT ROOT 在中柱组织中表达，也就是说，在形成胚胎基本组织过程中，它并不会在进行不对称分裂的细胞中表达。这意味着 SHORT ROOT 的作用只在有邻近表达 SHORT ROOT 基因的细胞中才能体现。在像这样的工作模式中，这种基因的功能称为"非细胞自主性"，暗示着有信号从表达这个基因的细胞运送到其发挥作用的细胞。在 SHORT ROOT 这个例子中，信号是 SHORT ROOT 蛋白本身，它从合成的细胞转移到周围邻近的基本组织前体细胞中,并在那里控制**基因表达**(图5-15)。

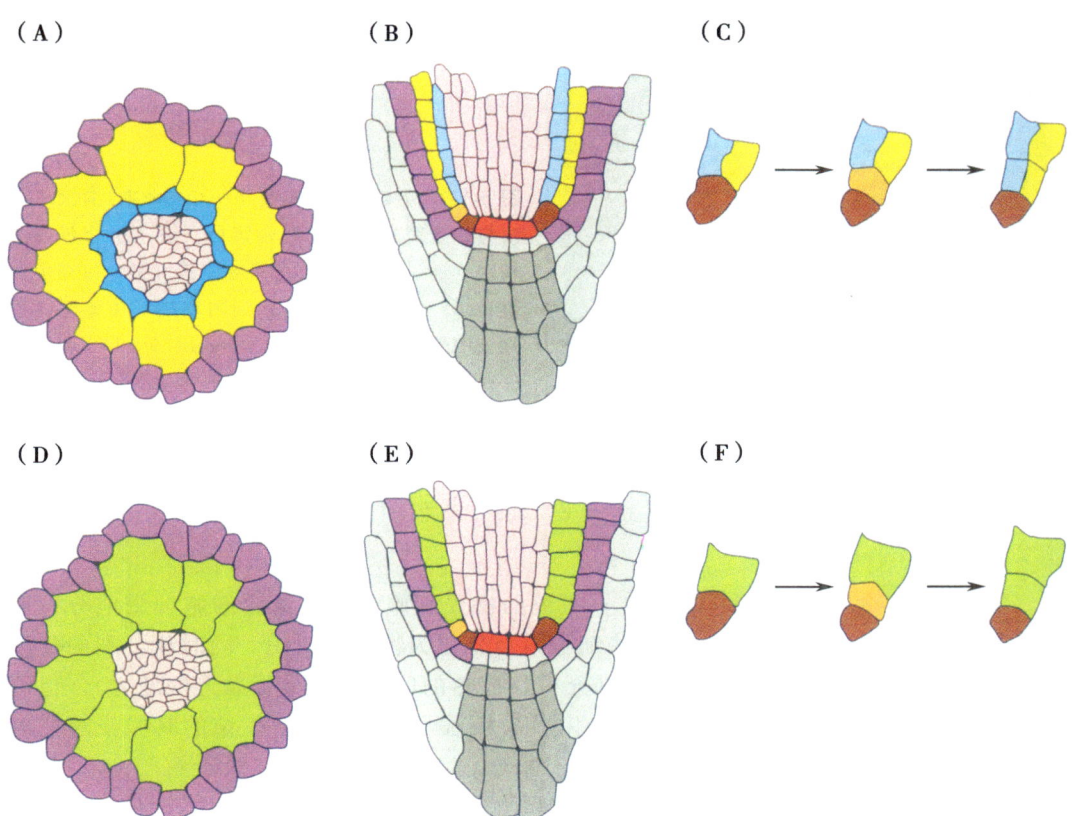

图 5-14 野生型拟南芥与 scarecrow (scr) 突变体初生根的根尖截面图。野生型横向(A)以及纵向(B)截面,显示了不同的组织和细胞类型:表皮(紫色)、皮层(黄色)、内皮层(蓝色)、中柱(粉色)、侧面根冠(浅灰)、子柱(深灰)、静止中心(红色)、原始基本组织(褐色)以及原始皮层/内皮层(橙色)。(C)原始皮层/内皮层(橙色)如何由原始基本组织(褐色)的横向分裂而来,然后纵向分裂形成皮层细胞(黄色)和内皮层细胞(蓝色)。scr 突变体根的横向(D)以及纵向(E)截面图;值得注意的是,它的皮层与内皮层被具有复杂特性的单细胞层(绿色)取代。(F) scr 突变体如何由于原始皮层/内皮层纵向分裂的失败而形成单层基本组织(图 A~F, 经 Macmillan Publishers Ltd 允许,引自 K. Nakajima et al., Nature, 413: 307-311, 2001)。

已经介绍了顶端-基部对称轴的建立以及胚胎的径向不对称性,现在我们来对分生组织是如何建立的给予一个简要的描述。分生组织如何在植物的生活周期中起作用,将在本章后面的内容中进行更为详细的讨论。

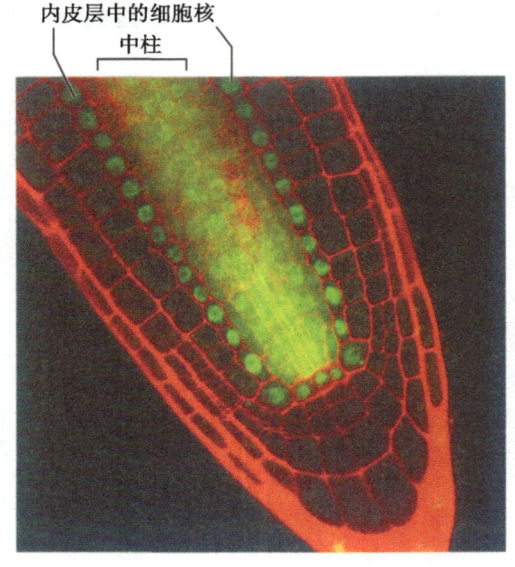

图 5-15 拟南芥根尖表达了一个 SHORT ROOT 蛋白与绿色荧光蛋白的融合蛋白。表达融合蛋白的基因（通过其 GFP 荧光标签使其可见）只在中柱中转录。融合蛋白被运输到内皮层，在那里的细胞核中聚集（经 Macmillan Publishers Ltd 和作者的允许，引自 K. Nakajima et al., Nature, 413: 307-311, 2001）。

胚胎中建立顶端-基部对称轴以及径向模式所需的信号分子同样也用于根分生组织的定位

发育完全的根分生组织包含所有根组织的祖先细胞。这些**原始细胞**频繁地分裂形成规则的细胞列（整齐的柱状），这些细胞列会分化为特异的组织，同时新分裂的细胞形成新的分生组织。这些细胞既可以补充根较成熟的区域（离茎更靠近的地方），也可以补充根尖细胞。聚集在根尖的细胞分化形成根冠，根在土壤中生长的时候根冠能够保护根分生组织。

根分生组织的原始细胞包围着一组分裂缓慢的细胞群，称为**静止中心**（QC）。人们认为静止中心可以产生信号，防止原始细胞过早分化，在本章后文中将会详细介绍。静止中心的细胞与其周围的细胞是从早期胚胎中的不同部分起源的。大部分的这些原始细胞由球形胚的基细胞发育而来。静止中心与根冠原始细胞从胚柄里最顶端的细胞发育而来，它们将在胚胎发育到心形胚时期并入发育的胚胎中。

因为原始细胞不能离开静止中心而维持，所以静止中心的建立在根分生组织的发育中处于中心地位。尽管静止中心与大部分原始细胞的起源不一样，但是决定哪些细胞成为静止中心的机制不是基于它们的起源，而是基于细胞在发育胚胎中的位置。静止中心的位置由胚胎中决定顶端-基部对称轴以及径向结构模式的信号共同决定。正如前面提到的，生长素是运输到胚胎的基部区域的。基部端的高生长素浓度激活调控基因 *PLETHORA*（*PLT*），这个基因是静止中心发育的必要但不充分条件。静止中心由部分基细胞组成，除了 *PLT* 基因外也表达 *SCARECROW* 基因，这个基因正是前面提到的参与了胚胎径向结构模式建立的基因。因此，决定顶端-基部对称轴以及径向结构模式的因素共同联合决定静止中心的位置，进而决定根分生组织（图 5-16）。

图 5-16 顶端-基部对称轴以及径向排列模式结合起来决定根分生组织的位置。*SHORT ROOT* 和 *SCARECROW* 基因（标记为蓝色的细胞）决定根的径向排列模式。顶端-基部纵对称轴的模式是由生长素控制的，其中生长素由茎向根尖运输（红色箭头）；根尖聚集了高浓度的生长素并且激活 *PLETHORA* 基因（标记为黄色的细胞）。*PLETHORA*、*SHORT ROOT* 和 *SCARECROW* 基因的共同作用特化决定了静止中心（用红色勾勒出来的细胞），根分生组织是围绕静止中心构成的。

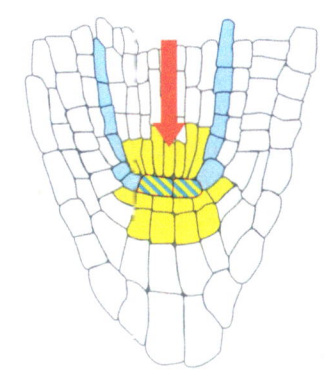

茎顶端分生组织的建立是循序渐进的，而且不依赖于根分生组织

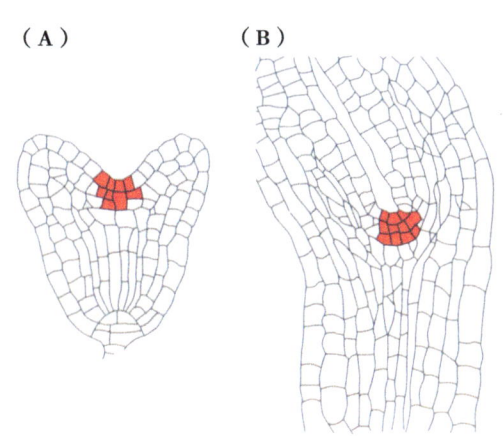

图 5-17 胚胎发生过程中茎顶端分生组织的建立。拟南芥鱼雷期早期（A）以及鱼雷期晚期（B）的胚胎的截面图。胚胎的茎端分生组织被标记为红色（图 A 和图 B 经允许引自 Biologists 公司）。

茎顶端分生组织由两片形成中的子叶之间的细胞发育而来。后期的球形胚在将要形成下胚轴维管系统的细胞群外形成了一个**表皮层**和一个**下皮层**，之后下皮层分裂形成双层。在鱼雷胚时期，胚胎中的茎顶端分生组织由表皮、下皮层的上层以及下皮层的下层细胞发育而来（图 5-17）。频繁的分裂使发育中的茎顶端分生组织在形态上与周围区域有明显区别。下皮层的下层分别在平行于细胞层的方向（平周分裂）以及垂直于细胞层的方向进行分裂（垂周分裂），但下皮层的上层和表皮层只进行垂周分裂。这种细胞分裂的模式在幼苗分生组织中是保守的，使茎顶端分生组织形成特征性的同心圆结构。

通过筛选拟南芥分生组织有缺陷的突变体可以找出参与茎顶端分生组织发育的基因。*SHOOT MERISTEMLESS* 基因就是其中的一个。*shoot meristemless*（*stm*）纯合突变体萌发时缺少茎顶端分生组织，并且在胚胎中没有早期分生组织发育的征兆。在 *stm* 突变体中根分生组织正常发育，证明根分生组织与茎顶端分生组织的发育的调控是彼此独立的。

野生型 *SHOOT MERISTEMLESS*（*STM*）基因编码一个 DNA 结合蛋白；这个发现再结合突变体的表型，说明 SHOOT MERISTEMLESS 很可能与茎顶端分生组织形成中相关基因的转录激活有关。在分生组织有形态变化之前，分生组织调控基因就已经被激活。例如，*SHOOT MERISTEMLESS* 最早是在将来要形成分生组织的区域中的一小群细胞中表达（图 5-18）。随着胚胎发育继续进行，其他的调控基因也加入进来，它们在分生组织发育过程中发挥特定的功能，如控制分生组织大小的 CLAVATA（CLV）基因以及标记分生组织产生的新器官的边界的 CUP-SHAPED COTYLEDONS（CUC）基因。这种类型的基因将在 5.4 节中进行讨论；在此处提到，是为了证明在分生组织建立的过程中，基因的表达是逐渐趋于精细的。

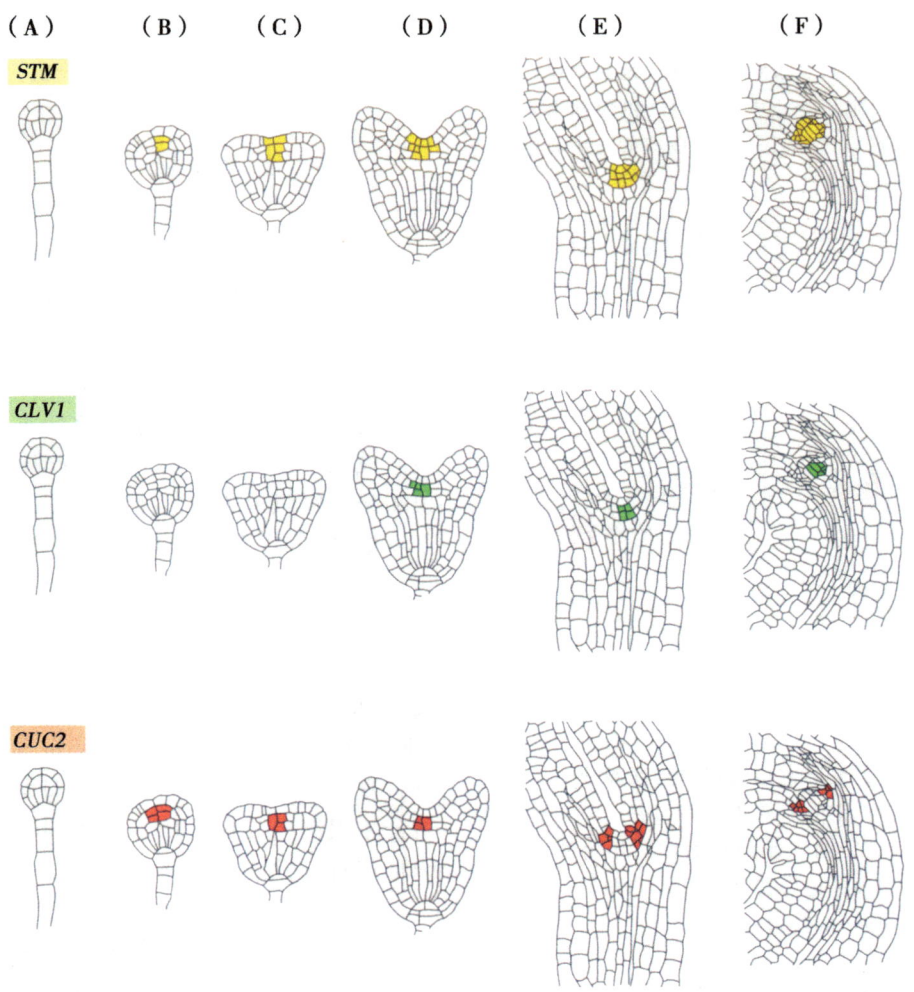

图 5-18　拟南芥茎端分生组织中调控基因的表达。调控基因早在胚胎发生中就开始表达了，并且随着分生组织的发育其表达部位逐渐精细。这幅图显示了 SHOOT MERIS-TEMLESS（STM）、CLAVATA（CLV1）以及 CUP-SHAPED COTYLEDONS 2（CUC2）基因在胚胎发生不同时期的表达模式。(A) 球形胚早期；(B) 球形胚晚期；(C) 心形胚时期；(D) 鱼雷胚早期；(E) 鱼雷期晚期以及 (F) 成熟胚胎期，显示了包含茎端分生组织的具体区域（图 A~F 经允许引自 Biologists 公司）。

胚乳发育与胚胎发育同步进行

胚胎的发育不是孤立进行的。被子植物经历双受精，形成一个二倍体胚以及一个**三倍体**胚乳（图 5-97）。之后胚发育与胚乳发育同时进行。胚乳与胚结构的发育有很大差别，胚乳自身的发育也有较大差异，特别是在**单子叶植物**和**双子叶植物**之间。从某种程度上讲，这种差异依赖于胚乳在种子发育中的相对重要性。例如，在玉米与椰子的种子萌发中，胚乳是首要的营养供应源，但是在包含拟南芥的有些物种中，胚乳只是短暂出现的结构，作为首要营养储备的是其他组织。

胚乳也是源自细胞核融合，这与形成受精卵的融合是同时发生的。这个过程将在后面详细介绍（5.6节）。简单地讲，**花粉粒**携带有两个精细胞，当**花粉管**到达胚珠时，其中一个精核与卵细胞融合形成受精卵。另一个精核与雌配子体中的另外两个单倍体细胞融合形成初级胚乳核。这个三倍体核经过几轮核分裂但不伴随有胞质分裂，即复制的染色体分离（**核分裂**）但不形成细胞板。核继续进行分裂直到发育的胚胎为**多核体**所包围，这些核共同处于同一个连续的细胞质中（图 5-19）。

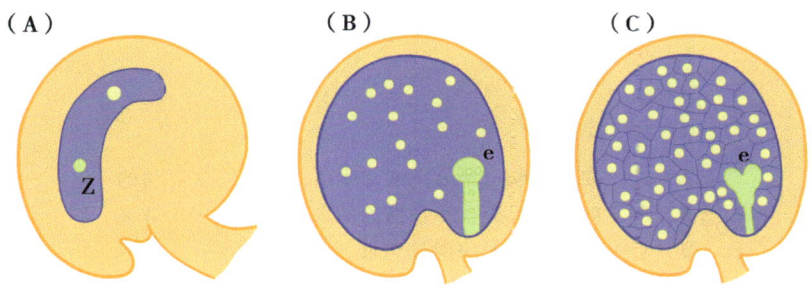

图 5-19　拟南芥中胚乳的发育。（A）刚刚受精后，初级胚乳核（黄色）和受精卵核（绿色，Z）是可见的。（B）在四细胞时期，多核本胚乳核包围在胚（e）的周围。（C）细胞化的胚乳包围心形期的胚胎（e）。图中蓝色部分为胚囊（图由张慧婷提供）。

在胚乳发育的早期，核分裂是同步的，即所有的细胞核同时分裂。随着发育继续进行，胚乳不同区域的核分裂不再同步。在胚胎发育的球形期，这些游离核被质膜和细胞壁包围形成只有单核的独立细胞。这个细胞化过程从胚乳的合点端开始一直进行到反足细胞一端。在拟南芥中，胚乳之后会降解，形成的内容物被发育的胚吸收。在玉米、大麦、小麦等物种中，胚乳继续积累营养，最终占据种子的大部分体积。

产生胚乳的细胞分裂在受精之前一直受到抑制

在拟南芥中，雌配子体中的两个单倍体核早早地融合形成**中央细胞核**，它们最终与花粉管释放的一个精核结合发育成胚乳。遗传分析表明，中央核的分裂在受精前一直受到抑制，直到这种抑制解除后，初级胚乳核才开始分裂。

目前，已经鉴定出三个蛋白质，它们很可能形成一个复合体结合到**染色体**上，从而抑制胚乳细胞分裂以及发育所需基因的表达。这三种蛋白质是通过对胚乳发育异常的突变体 medea（mea）、fertilization independent seed 2（fis2）以及 fertilization independent endosperm 1（fie1）的受精过程进行分析而鉴定出来的。在这三种突变体中，中央细胞在未受精的情况下发育为两倍体胚乳而非野生型的三倍体胚乳。当用野生型的花粉对 mea 突变体进行授粉时，它的胚乳在发育晚期出现缺陷（图 5-20），暗示 MEDEA（MEA）蛋白在胚乳发育的整个过程中都是必需的。

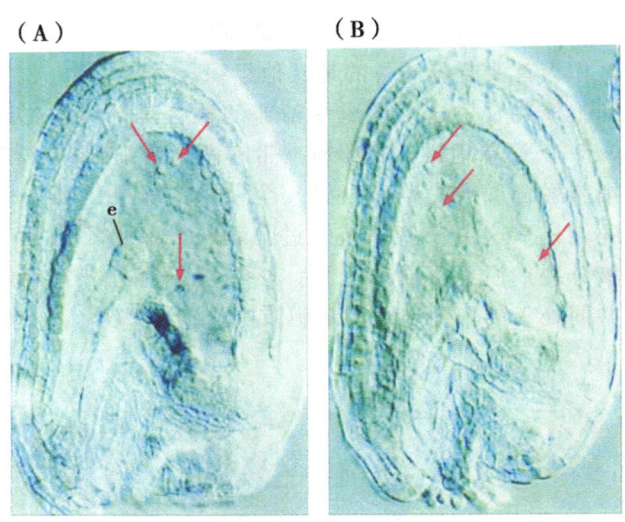

图 5-20 在 medea（mea）突变体中，胚乳在未受精的情况下发育。（A）野生型拟南芥的发育中的种子，被多核（箭头）胚乳包围的四细胞胚（e）。（B）未受精的 mea 突变体的种子，有多核（箭头）胚乳但是并没有胚（图 A 和图 B 由 Bob Fischer 友情提供）。

MEA 蛋白与 FIE 蛋白在动物中是保守的。在果蝇中，一对与 MEA、FIE 相关的蛋白质相互作用形成一个蛋白复合体（Polycomb 复合体），它能在染色体重建的过程中抑制基因的活性（见 2.3 节）。在拟南芥胚胎中，很可能有一个相似的机制作用来控制细胞在受精后再开始分裂。

在胚与胚乳发育成熟之后，种子往往进入休眠期

在种子发育基本完成时，胚胎往往进入休眠期，特征性的表现包括储存物质的积累以及种子干燥。在种子中，胚胎能在没有水的情况下长时间存活，并且利用储存的营养来维持萌发的早期阶段所需，对种子植物在陆地环境的建群定居是至关重要的。

胚胎的成熟过程至少部分受到 ABA 信号的控制，这种 ABA 信号分子来自于种子中的其他部分。在很多物种中，把未成熟的胚胎从种子中取出来进行体外培养，它们能够萌发且变成幼苗。因此休眠过程也许是施加于胚胎的一个过程，而非其发育的一个必要阶段。不同物种的胚胎进入休眠的时期也不同，这一点同样可以证明上面的观点。其中最极端的一个例子是兰花，兰花胚胎可以早在球形胚时期就进入休眠过程。

在拟南芥中，当胚胎中的根分生组织与茎顶端分生组织建立起来但是还没有产生叶原基的时候，开始进入休眠期。禾本科植物的胚胎进入休眠期很晚，要等到已经有部分叶原基从茎顶端分生组织产生的时候才会休眠。

胚胎发育过程中休眠的起始以及种子萌发过程中休眠的解除，这两个过程都受到两种生长调节剂（或者称为植物激素）的控制：赤霉素（GA）和脱落酸（ABA），这两者的作用是相互拮抗的。ABA 促进种子成熟并且防止种子过早萌发。ABA 的重要性在对拟南芥和番茄 ABA 缺乏突变体以及缺少 ABA 合成中关键酶的玉米突变体的研究中得到证实。拟南芥和番茄 ABA 缺乏突变体不能完成种子成熟以及休眠的相关过程，而在玉米突变体中，穗上的玉米粒还未成熟就过早萌发（图 5-21）。玉米 *Vp1* 基因编码了一个参与 ABA 信号转导过程的转录因子（Vp1）。在缺乏 Vp1 的突变体中，也有胎萌（过早萌发）现象，与 ABA 不足的表型一致。Vp1（以及 ABI3，Vp1 在拟南芥基中的同源基因）调控种子成熟过程中 ABA 可诱导基因的表达。

图 5-21　玉米 *Vp 1* 突变体的胎生芽。种子仍依附在玉米穗轴上但是已经萌发（箭头）。

ABA 是抑制萌发的，而**赤霉素**则可以启动萌发。当种子有干燥耐受能力时，种子便发育成熟，随之而来的是自身的脱水干燥。通过**吸胀作用**，种子吸水然后重新复水，它便可以开始萌发了。种子萌发的首个明显的表现是**胚根**（胚胎的根）生长穿透**种皮**（种子的外皮）以及种子外膜（**透明膜**和糊粉层）。*ga1* 编码参与拟南芥中早期赤霉素生物合成的一种酶。*ga1-3* 突变体中的赤霉素含量很低，如果不外源施加赤霉素就不能正常萌发。但是把这些赤霉素缺陷的胚胎从外种皮以及种子外膜的糊粉层中分离出来后，却是可以萌发的（图 5-22）。因此赤霉素对种子克服种皮以及外膜的抑制萌发成幼苗是必需的。

正如实验所见，赤霉素与 ABA 水平之间的平衡是调节种子萌发的重要因素。在拟南芥与玉米中，已经构建了低 ABA 以及低赤霉素水平的双突变体。在这种情况下，种子仍可以萌发，证明 ABA 在赤霉素缺陷的突变体（如 *ga1-3*）中负责种子的休眠。这说明 ABA 与赤霉素在野生型植株中的作用是相反的，因此对很多物种来说，这两种生长因子之间的平衡对调节植物萌发是至关重要的（图 5-23）。

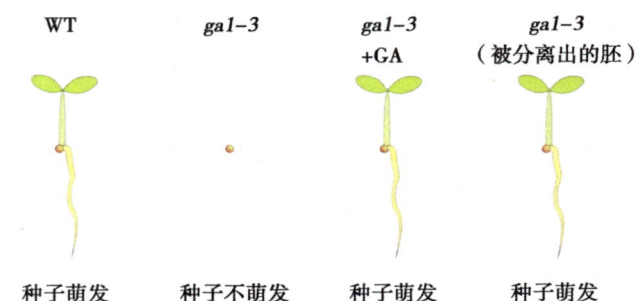

图 5-22　赤霉素缺陷的拟南芥突变体。*ga 1-3* 种子不能萌发（即不能克服种皮包膜带来的阻力），除非外源施加赤霉素（GA）或者去除种子的种皮或者包膜（WT，野生型）。

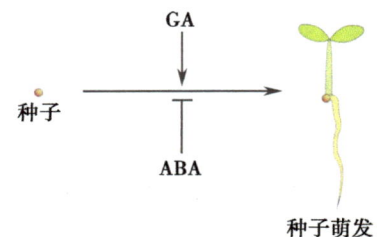

图 5-23　赤霉素（GA）促进种子萌发，而脱落酸（ABA）抑制种子的萌发。

赤霉素调控种子萌发另外体现在谷粒萌发过程中胚乳储藏物质的调动上。在谷粒中，糊粉层细胞形成了围绕胚乳的特化细胞层。在萌发的过程中，胚胎中的赤霉素激发了各种水解酶的产生，其中包括糊粉层中的 α-淀粉酶。这些酶类分泌到胚乳中，在那里水解储藏物质，而且使这些物质能够为生长的幼苗所利用。

赤霉素很可能与糊粉层细胞膜上向外的受体相互作用。细胞感受到赤霉素后，信号转导链引起编码 α-淀粉酶的基因的转录调控（将在 5.4 节中详细描述）。α-淀粉酶基因的**启动子**包含 GA 盒，它是一段短的 DNA 序列，能够受到赤霉素诱导而转录。在大麦中，鉴定出来一个与 GA 盒结合的可能转录因子（GAMyb，属于 **MYB 家族**）；GAMyb 调控 α-淀粉酶基因的转录，其自身表达受赤霉素的诱导。然而，GAMyb 基因不是 α-淀粉酶基因转录调控中专有的，它在调控胚乳的发育中也起作用。

5.3　根的发育

本章之后的内容将关注在高等植物胚胎发生之后根是如何发育的，即茎顶端分生组织与根分生组织如何发育形成植物地上以及地下部分。尽管根与茎的发育有些相似的特征，如它们都是由顶端活跃的、未分化的细胞发育而来的，但是我们将分开介绍它们的发育，原因是：它们有不同的演化起源、不同的结构；它们的发育也受不同基因的调控。在本节中，我们将从根的演化以及发育讲起。

植物的根至少独立演化了两次

根是植物吸收水分以及营养的主要器官，在大多数陆生植物中，根也是植物与土壤真菌以及细菌的共生部位（见 8.5 节）。根将植物固定在地面上，提高植物的稳定性。根在所有的维管陆生植物中都存在，并且至少独立演化了两次（图 5-24）。在距今

3.5亿年的水韭属（*Isoetes*）化石中，发现了从肥大的茎上生长出的根状器官；人们认为水韭属中的成员是从无根植物如 *Asteroxylon* 演变而来的。这些远古植物的根状结构中，有由基本组织包围的单个维管（包括木质部和韧皮部），以及有根毛的表皮。水韭属植物的根很可能是修饰过的小型叶，即这类植物中发育的小叶片。然而我们并不认为水韭属是蕨类植物以及种子植物的祖先。大约3.5亿年前，这些植物的祖先的根至少又演化了一次。蕨类植物与种子植物的根与水韭属的根相比有更复杂的维管系统，而且可能由修饰过的茎结构演化而来。

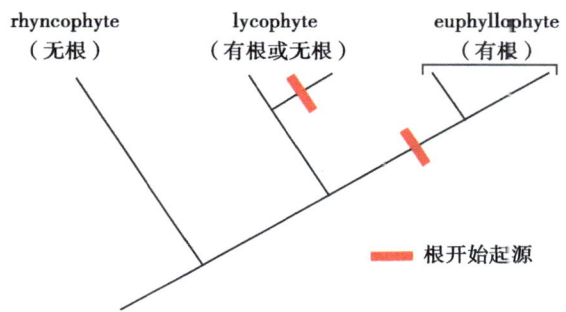

图 5-24 **维管植物中根的演化**。根至少独立演化了两次。化石档案显示根在石松类植物（lycophyte）（如水韭属）和蕨类植物以及种子植物（euphyllophyte）的祖先中是分别起源的。

蕨类植物中有两种类型的根。在第一种类型中，所有的根细胞都是从一个原始细胞衍生来的；细胞分裂模式是规律的，且衔接精确。这种类型的发育是在水生浮游蕨类植物 *Azolla* 中发现的。在蕨类植物第二种类型的根中，根细胞不能追溯到同一祖先。松科和有花植物的根的细胞类型，说明高等植物的根是起源于多个细胞的，这与蕨类植物第二种类型的根相似。在一些世系的演化中根丢掉了。其中最典型的例子是 *Psilotum*。尽管它没有根，但是基因序列比对说明它是真的蕨类植物。很多寄生的植物也失去了形成根的能力，这表明了寄生植物演化过程中，形态上的特化可能造成器官的缺失。

根中的几个区域含有处于连续分化阶段的细胞

初生根，或者说胚根，是在胚胎中形成的，它们一直处于休眠状态直到种子萌发时才出现。在有些物种中胚根形成主根，其他的根由主根产生侧根而形成。在另外一些物种中，**初生根**对根系并没有很大作用，取而代之的是**不定根**（图 5-25）。不严格地来讲，不定根是茎起源的根，一个例子是玉米的支撑根，它们是从玉米茎上低处叶片的结点发育而来的，作用是支持生长的植物体。缺乏支撑根的玉米突变体是不稳固、易倒伏的。

图 5-25 **不定根。**（A）不定根从玉米茎的结点产生。（B）玉米突变体，不能产生不定根而易于倒伏（图 A 和图 B 由 Frank Hochholdinger 友情提供）。

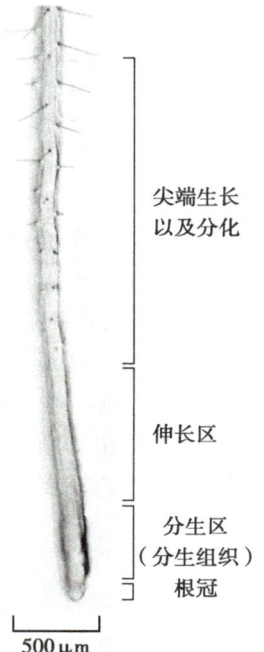

图 5-26 **根的四个生长区域。** 根尖被根冠保护，而且由含有不同发育时期细胞的几个区域构成（Seiji Takeda 友情提供）。

胚根从下到上由四个区域组成（图 5-26）。底部是根冠，它们包围保护分生组织，覆盖根的最尖端，保护其免受机械损伤。根冠上部是分生组织，是**细胞分裂带**。再往上是伸长区，一旦细胞停止分裂，它们将在**伸长区**迅速生长延伸。最上面的区域是**分生区**，细胞停止伸长，形成它们最终的形状和形式（除了根冠细胞，它们从这个阶段才开始生长）。次生的组织如木质，在根冠开始生长之后一段时间开始发育，它们由称为**形成层**的侧生分生组织形成。由形成层内侧产生的细胞分化成木质部，外侧形成的细胞发育为**韧皮部**。就这样，就像我们在树木中见到的一样，木质部的坚硬核心能够形成木质根。

拟南芥的根细胞组成简单

拟南芥初生根是研究根发育的一个便利的模式系统，因为它的细胞组成简单，而且细胞的分裂模式是可以预知的。拟南芥根的直径小于 $100\,\mu m$，由放射状排列的细胞组成。具体的细胞组成见图 5-14。尖端的最外层是根冠，它们包围着一个单细胞表皮层。当细胞进入伸长区，根冠便分解。四个保留的细胞层是表皮、皮层、内皮层以及中柱（维管）组织。

横向来看，通常有 16~21 个细胞组成拟南芥根表皮的圆周，在这个圆周内侧是两个由 8 细胞组成的环——皮层和内皮层。拟南芥的根很少且数量恒定；其他植物物种有更多细胞层，而且在有些情况下，同一品种的根也差异很大。拟南芥根皮层与内皮层恒定的细胞数目，表明细胞分裂模式在根发育过程中是受到严格控制的。细胞列在根尖部位会聚成为同心圆状的原始细胞，每列的新细胞都从此处产生。纯系分析表明，原始细胞的一个子细胞经历一系列可预测的分裂（图 5-14），而另一个子细胞成为新的原始细胞。因此原始细胞在自我复制的同时，不断地为分化的组织贡献新细胞；这种再生活力是**干细胞**的一个特性（信息框 5-2）。根尖部位的原始细胞包围着一小部分分裂缓慢的细胞。这些细胞组成静止中心（见 5.2 节）。通常认为，静止中心的细胞向原始细胞发送信号以防止其分化；原因是切除静止中心细胞会引起邻近中柱原始细胞发生过早分化。但是这种信号的本质目前还未知。

信息框 5-2　动、植物中的干细胞

干细胞由于其在医学领域的应用前景以及与之相关的胚胎干细胞研究引起的伦理争辩，已经引起了人们广泛的注意。然而干细胞具有更广泛的生物学意义，因为它们在多细胞生物体的发育中具有核心地位，其中当然也包括植物。

干细胞通常定义为能为多种分化细胞类型提供前体细胞而且同时维持其自身不发生分化的一类细胞。由此定义可以看出，干细胞在植物的发育中有重要的作用：分生组织中特异的细胞群是新细胞的来源，用来恢复器官并在植物的生长周期中维持生长。在根与茎顶端分生组织中，存在一个细胞间的信号使干细胞维持在未分化的增殖状态。在根中，这个信号来自静止中心（见 5.2 节）。在茎尖中，干细胞存在于分生组织的中心区域，维持信号是由下面的一小群细胞产生的，在拟南芥中这群细胞表达 *wushel* 基因（见 5.4 节）。

由细胞间信号产生一个特定的环境来维持细胞的不分化，是干细胞的一个普通特征，这个特定的微环境称为"干细胞巢"。在动物中，干细胞通过相似的方式起作用。例如，在骨髓中，由特殊类型的造骨细胞产生的信号来维持一小部分具有长期造血功能的干细胞。在果蝇卵巢中，生殖细胞系的干细胞只能由特定细胞产生的一类细胞间信号维持，这类细胞称为"帽细胞"。

在动、植物中干细胞发挥作用的相似之处，很可能是在相似的多细胞发育限制因素下独立演化而来的。这些限制因素包括：动、植物都需要维持一部分未分化细胞来更换那些特化功能后无法自我更新的细胞；动、植物都需要加强对这些增殖细胞位置和数目的外部控制。

根中细胞的命运由它的位置决定

随着植物的发育，细胞不断地对位置信号作出反应，其特性反映了它们在植物中的位置。激光切除细胞实验证明，拟南芥根细胞根据它们的位置进行分化。

在一项研究中，研究员切除皮层原始细胞来创造空间，诱导邻近的内皮层细胞分裂。其中一个分裂的产物填充了切除细胞留下的空间。新分裂的细胞由其位置控制分化为皮层细胞，而不是像预期的那样形成内皮层细胞（图 5-27）。

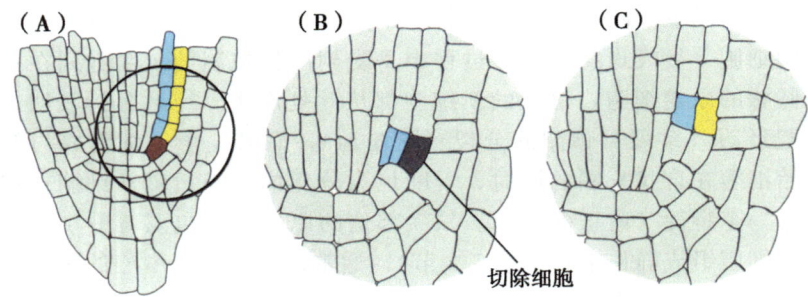

图 5-27 在根的皮层与内皮层中细胞的命运依赖于细胞的位置。（A）皮层（黄色）与内皮层（蓝色）都起源于根分生组织中单层细胞（褐色）的不对称分裂。（B）如果皮层原始细胞被切除（黑色），邻近的内皮层原始细胞发生纵向分裂。（C）当内皮层后代的一个细胞占据了切除后留下的空间，它会变成皮层细胞（黄色）。简单起见，（B）中只有内皮层细胞的两个子细胞在本图中有颜色标示。注意，这些细胞已经从不断产生新的皮层原始细胞和内皮层原始细胞的分生组织中脱离开来。

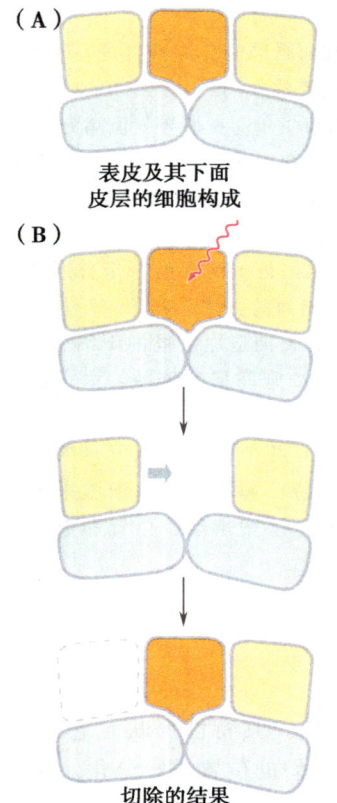

图 5-28 在根的表皮中细胞的命运依赖于细胞的位置。（A）表皮与皮层横截面的示意图。非毛细胞（米色）围在一个处于两个皮层细胞（灰色）结合处上方的毛细胞（橙色）的侧翼。（B）当用激光切除这个毛细胞之后，如果一个非毛细胞移至两个皮层细胞的结合处上方，那么这个细胞将变成毛细胞。

根的表皮由两种细胞组成：**毛细胞**和**非毛细胞**。在拟南芥中，这些细胞相对于其下面的皮层细胞的位置决定它们的命运：与两个皮层细胞相接的表皮细胞形成毛细胞，与单个皮层细胞相接的表皮细胞形成非毛细胞（图 5-28）。分别切除两种表皮细胞来观察其邻近细胞及其衍生出的细胞的命运：如果邻近细胞或者其衍生细胞填充了切除造成的空间，填充的新细胞就会继承原来切除细胞的命运。例如，如果一个非毛细胞填充了一个毛细胞留下的空间，它就会分化为毛细胞。因此，细胞的命运与其新位置特性有关。决定细胞命运的因素很可能存在于表皮与皮层之间的细胞壁中。

遗传分析进一步确认了细胞位置决定细胞类型的推断

拟南芥根细胞组成很简单，这使调节表皮细胞发育基因的突变很容易鉴定出来。在野生型植株中，形成表皮毛细胞的前体细胞称为**生毛细胞**，形成非表皮毛细胞的前体细胞称为非毛细胞。其中一类突变体有"多毛"的表型，在非毛细胞位置的细胞发育为根毛（图 5-29）。另一类突变体表现出无毛或者少毛的表型。

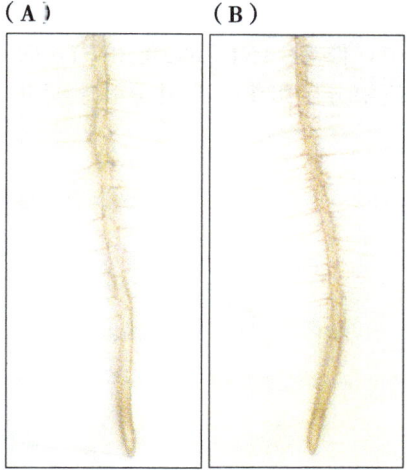

图 5-29 **拟南芥根毛**。野生型（A）以及 *werewolf* 突变体（B）。注意：突变体有更多的根毛（图 A 和图 B 由 John Schiefelbein 友情提供）。

已经鉴定到了三个可以产生多毛表型的突变。*glabra 2* 隐性纯合突变体的每一个细胞都形成根毛。*GLABRA 2*（*Gl 2*）编码一个调节转录的 DNA 结合蛋白，并在非毛细胞中表达，但在生毛细胞中不表达。因此，GLABRA2 很可能在与非毛细胞发育相关的基因转录中起作用。其他两个引起多毛表型的突变影响了 *GLABRA 2* 的调控基因：*WEREWOLF*（*WER*）和 *TTG 1* 编码两个通过相互作用来调控 *GLABRA 2* 表达的，这种调控很可能是通过与 *GLABRA 2* 的启动子结合而进行的。

与这些"多毛"的突变体相反，*caprice* 纯合突变体根毛很少。尽管 *CAPRICE*（*CPC*）促进根毛的发育，但它们是在邻近的非毛细胞中表达。因此，*CAPRICE* 是另一个具有非细胞自主功能的基因。与 SHORT ROOT 类似（见 5.2 节），CAPRICE 蛋白移动到邻近细胞来调控基因的表达。CAPRICE 蛋白是一个不含转录激活结构域的 DNA 结合蛋白，因此它很可能扮演着转录抑制子的角色。特别是人们认为 CAPRICE 蛋白可以抑制 *GLABRA 2* 的表达，阻止细胞发育为非毛细胞（图 5-30）。

CAPRICE 受 *WEREWOLF* 激活。*WEREWOLF* 通过激活 *GLABRA 2*，引导细胞发育为非毛细胞，同时它通过 CAPRICE 向周围细胞传输信号，指引它们不要沿袭同样的命运。前面提到过，毛细胞是从表皮与皮层之间的细胞壁上发育出来的；因此，很可能存在有另外一个发源于表皮下面细胞的信号来决定，哪个表皮细胞表达 WEREWOLF 蛋白从而抑制邻近细胞发育为无毛细胞。

侧根的发育需要生长素

拟南芥在胚胎发育过程中只有一个根分生组织，因此大部分成熟的根系都是由侧根的增殖产生的。普遍认为根系是侧根的许多复制单元，每个侧根都有自己的分生组织，并且有能力继续产生侧根。

拟南芥侧根是由靠近木质部的中柱鞘细胞衍生而来的，这些细胞增殖形成新的根分生组织（图 5-31）。第一次分裂形成细胞质浓密的双层细胞，它们继续分裂，形成含有所有组织层的侧根原基（根冠、表皮、皮层、内皮、中柱鞘和中柱）。很多在胚胎初生根分生组织形成过程中表达的基因，在侧根的分生组织中也有表达（如 *SCARE-*

CROW 和 SHORT ROOT），这表明胚根与侧根形成有相似的调控机制。在原基形成的过程中，像 SCARECROW 和 SHORT ROOT 这些基因的表达起始于不同的时期，这表明侧根分生组织的形成是循序渐进的过程。

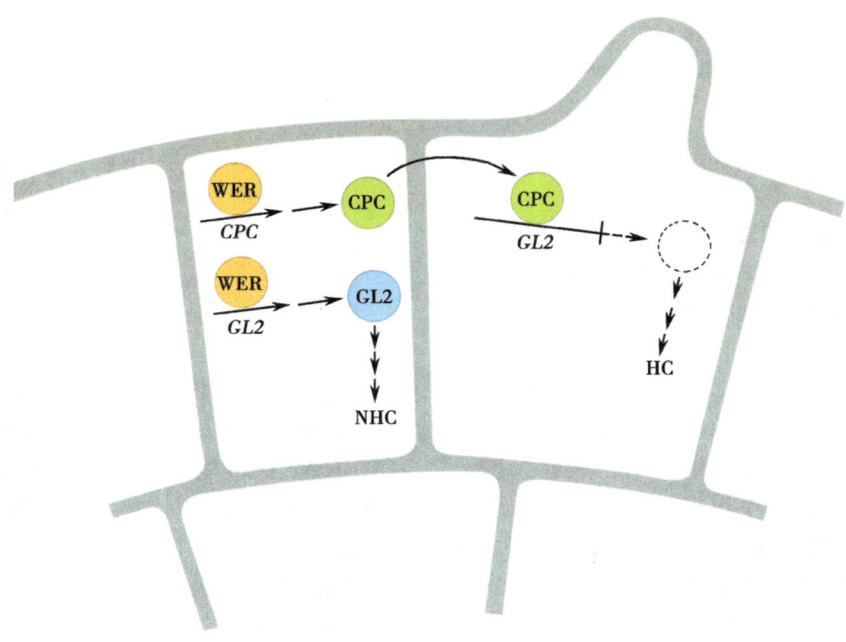

图 5-30 根表皮发育过程中 WEREWOLF、CAPRICE 以及 GLABRA2 之间的相互作用模型。非毛细胞（NHC）表达 WEREWOLF 蛋白（WER；橙色），它能激活 CPC 和 GL2 基因。GLABRA2 蛋白（GL2；蓝色）促进细胞分化为非毛细胞。CAPRICE 蛋白（CPC；绿色）被运输到邻近的细胞，并在那里抑制 GL2 的表达。在没有 GL2 蛋白的情况下，细胞分化为毛细胞（HC）（实心直箭头：激活基因；钝形线：抑制基因；虚线箭头/线：未知激活作用；弯曲箭头：CPC 蛋白的移动）。

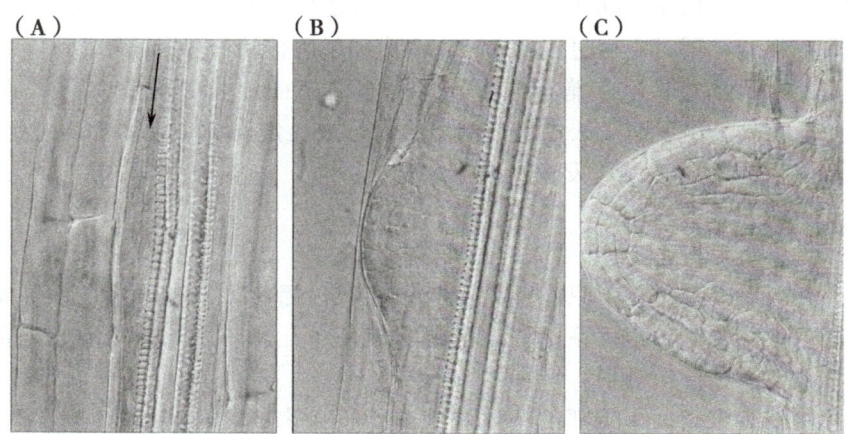

图 5-31 拟南芥侧根的起源。（A）中柱鞘细胞（箭头）的纵向分裂是侧根（二级根）发育的最初标志。（B）这个中柱鞘细胞的后代分裂形成根原基。（C）侧根穿过其所在根的表皮开始生长（图 A～C 经允许引自 Biologists 公司）。

生长素控制侧根的发育。根中有两条生长素流：一条是通过维管组织从顶部到底部，另一条是通过表皮和基本组织从底部到顶部。对发育中的根系施用生长素运输抑制剂，表明新侧根原始细胞的形成需要的是向下的生长素流。积累高浓度生长素的突变体同样揭示了生长素在根发育中的作用。例如，拟南芥生长素积累突变体 *rooty* 比野生型发育出更多的侧根；对野生型施加生长素，也可以造成侧根的增殖。侧根数量减少的突变体 *auxin resistant 3*（*axr 3*）在生长素介导的信号转导中有缺陷；*auxin resistant 1*（*axr 1*）则在生长素运输中有缺陷。

5.4 茎的发育

茎是由茎顶端分生组织产生的。茎顶端分生组织出现于胚胎发生时期，植物体几乎所有的地上部分都由其产生。相对于茎其他部位的细胞，分生组织里的细胞分裂更频繁，但快速增加的新细胞中，有很大一部分后来形成了茎和侧生器官（如叶片）。所以，即使当分生组织正在快速产生出新的植物组织时，它的大小也能够始终保持相对稳定。

除了提供用来构建植物体所需的新的未分化细胞外，分生组织还建成了植物体在几何学上的一些基本特征，如叶片的排列以及分枝模式。叶片最初是由叶原基（图 5-32）产生的，所谓叶原基，就是形成于分生组织侧面的一些小型细胞团。叶片间的相对排列取决于新原基发生的位置和时间，而位置和时间等参数又受到一些机制的调控，这些调控机制在分生组织的不同细胞类型和区域之间起作用。新的分枝可能是顶端分生组织分出的侧生分生组织产生的，也可能是由新的侧生分生组织产生的。分生组织有规律地生成新器官和新分枝，同时能够维持其自身的状态。为了理解这一点，我们

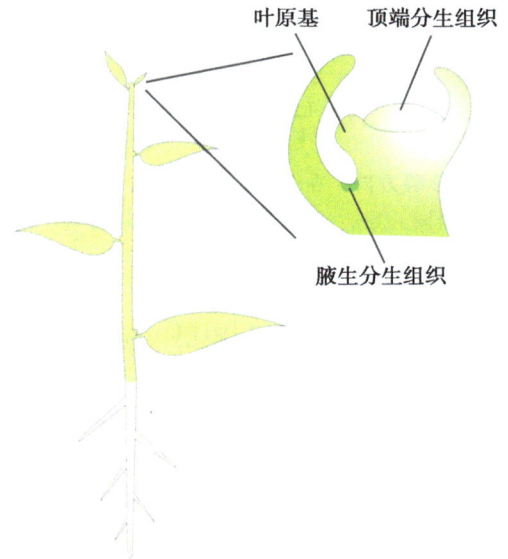
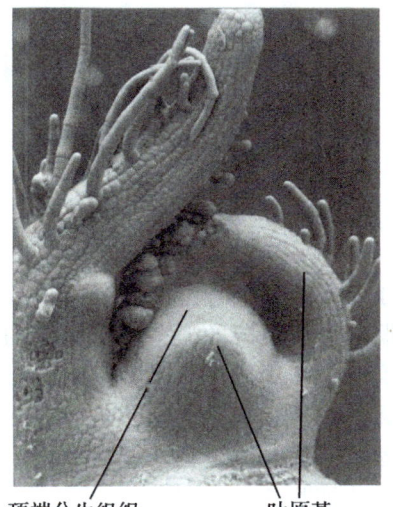

图 5-32　叶原基。 叶片以原基的形式在茎顶端分生组织的侧翼产生。随后，腋生分生组织在叶与茎的连接处形成。这幅扫描电镜图片显示的是番茄的分生组织及叶原基。

必须详细解读它的结构。绝大多数关于分生组织结构和功能的研究都是在高等植物中进行的。我们首先来关注这些植物的茎顶端分生组织，然后再着重了解一些植物界中分生组织结构的多样性。我们依照以下顺序来阐述茎干的发育：叶片、茎、分枝。

茎顶端分生组织的细胞在径向区域和同心层内的排列是有序的

典型的种子植物茎顶端分生组织是径向对称的，为 100～250μm，包含几百个细胞。通过对细胞特征的观察，是能够将分生组织与其相邻组织区分开来的。分生组织细胞由于分裂速率高，细胞小而壁薄；由于不含有大液泡，胞质较浓厚。除了大小上有些细微差别，所有的分生组织细胞在外观上都十分相似。

然而，进一步的观察表明，分生组织并不是一团相同细胞的集合。通过观察细胞分裂的方向，可以区分出不同的区域（图 5-33）。在分生组织的外层（**原套**）中，分裂方向平行于分生组织表面（即平周分裂）。新细胞壁在垂直于细胞表面的平面（垂周）上形成。这些细胞排列起来形成不同的细胞层。层的数目取决于植物的种类，从 1 层到 8 层不等。拟南芥的分生组织有两个原套层，即 L1 和 L2。靠近分生组织中心的细胞为原套层所包围，朝各个方向进行分裂（在拟南芥中，这个细胞群称为 L3）。对于大多数细胞，这种分工贯穿于成熟器官和茎干发育的全过程：来自分生组织外层的细胞通常产生表皮，而那些内层的细胞生成内部组织。

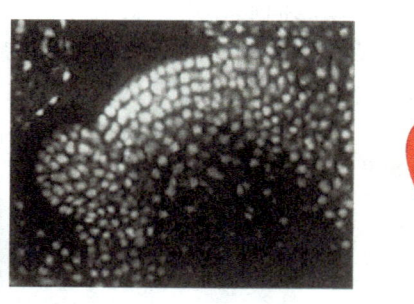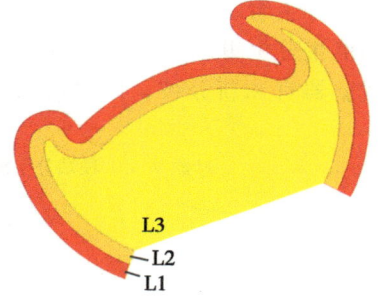

图 5-33 拟南芥茎顶端分生组织中细胞的分裂方向。在分生组织的纵向切面图中，细胞核用荧光染料染色，显示出细胞以同心层方式排列。右侧的示意图中，显示了细胞的层次：L1 和 L2 是两个原套层；L3 是被原套所环绕的细胞群。

于是，不同类型的细胞分裂形成了分生组织中特征性的细胞层。我们不知道这种将细胞隔离成各层的形式对于植物的发育是否必须，但研究人员已经将这种认识应用到了实验中，用以证明分生组织的细胞通过彼此间的通讯来协调其生长和分化。例如，通过将二倍体和四倍体的曼陀罗（*Datura stramonium*，一种茄科植物）相嫁接，研究者构建出了**嵌合体**植物，它的分生组织由二倍体和四倍体细胞混合构成，其中二倍体和四倍体细胞的大小有显著差异。在这样的混合分生组织中，较小的二倍体细胞和较大的四倍体细胞存在于不同的层中，而分生组织的整体结构则与野生型植株相同（图 5-34）。每层中细胞生长和分裂的速率必须进行调整，以适应不同层之间细胞大小的差别，从而维持分生组织的形状。

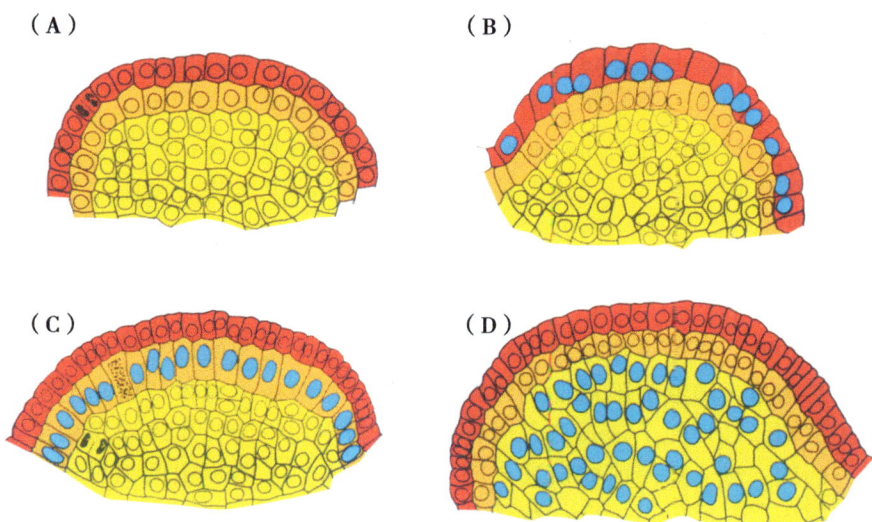

图 5-34 嵌合的曼陀罗植株的混合分生组织。纵向切面示意图，显示了具有不同倍数染色体的细胞层次。注意：四倍体细胞（蓝色胞核）要大于二倍体细胞（细胞核未标记）。分生组织各层的着色和图 5-33 相同：L1，红色；L2，橙色；L3，黄色。（A）所有的细胞均为二倍体。（B）L1 层细胞为四倍体。（C）L2 层细胞为四倍体。（D）L3 层细胞为四倍体。

除了细胞分裂方向的不同外，分生组织的不同部分还具有不同的细胞分裂速率。位于分生组织中心以及顶点（称为**中心区**，图 5-35）的细胞分裂较慢。**外周区**则具有更高的分裂速率，是形成新器官原基的区域。在裸子植物中，中心区的细胞明显较大，但是在大多数的被子植物中，中心区和外周区在组织学上的差异并不明显。但是，通过测量分生组织中**有丝分裂事件**发生的分布情况，可以弄清楚细胞分裂速率的差别；测量方法包括观察连续切片，或者用标记的 DNA 前体显示单个细胞中新 DNA 的合成情况。

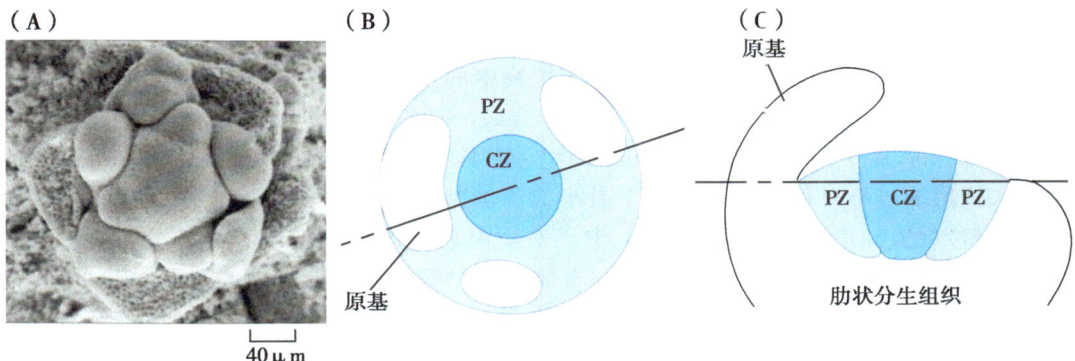

图 5-35 拟南芥茎顶端分生组织的中央区和外周区。（A）扫描电镜图片（分生组织顶部视图）。（B）示意图，展示中央区（CZ）和外周区（PZ）。（C）纵轴向示意图，切面见（B）中的斜线。

新叶产生于分生组织外周区的细胞群，随后外周区自身的细胞分裂以及来自中心区的细胞分裂都会用来填补外周区细胞的损耗。中心区还为分生组织基部的区域（称为**肋状分生组织**，图 5-35）提供细胞，这部分区域将会产生茎。为了维持分生组织的结构和大小，分生组织区细胞和正在分化的组织中的细胞之间的平衡必须通过精准的控制来维持。特定的基因参与了这个控制过程。相关研究分析了分生组织中表达特异基因的细胞，发现分生组织不同区域的特化程度要高于通过细胞分裂的方向以及速率所显示的差异。新器官原基能够以可预知的模式反复生成，支持这一机制的基础就是区域化的基因活动。

在 5.3 节中我们描述过根组织中细胞命运的决定，细胞的区域性的特化是根据其位置，而不是谱系。随着细胞被替换到新的区域，它们必须获得新的功能（图 5-36）。利用嵌合体植株已经证明了这一点。嵌合体植株当中，不同分生组织层中的细胞在遗传学上是不同的，这一点与前面描述过的曼陀罗类似。虽然标记的细胞通常与其祖先细胞停留在同一层，但偶尔也有细胞被替换到相邻的层中。因为具有遗传标记，这种"入侵"细胞的后代很容易追踪。例如，如果它们带有一个叶绿素成熟有缺陷的白化突变，绿色的组织上就会产生白斑（参见信息框 5-1）。入侵的细胞获得与其新层相应的命运。例如，从 L1 置换到 L2 的细胞的后代就分化为叶肉细胞，而不是表皮细胞。

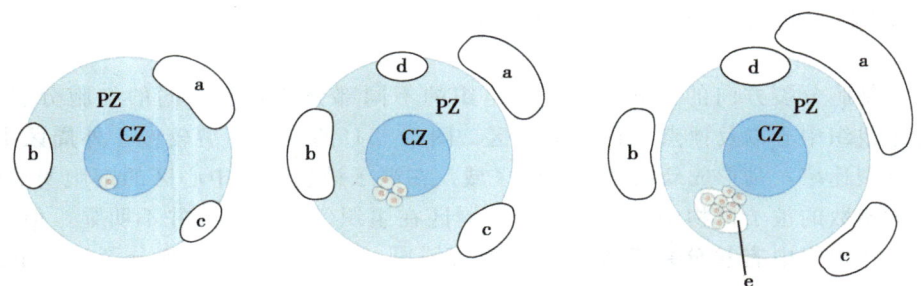

图 5-36 茎干细胞的特化依赖于其所在位置而非其谱系。在分生组织生长的过程中，茎顶端分生组织中央区域（CZ）的某一个细胞的后代能转移到外周分生组织（PZ），并最终被招募到叶原基中。a～e 的标记表明了叶原基的发育顺序。

以上对茎顶端分生组织的描述是被子植物中的典型情况。低等维管植物（主要是苔藓和蕨类）中则有显著不同（图 5-37）。例如，石松属植物（*Lycopodium*）或者蕨类［如分株紫萁（*Osmunda cinnamomea*）］，都具有典型的由增大的细胞构成的表面层；表面层通过不对称分裂不断产生更小的子细胞，构成内分生组织层。在苔藓［如小立碗藓（*Physcomitrella patens*）］中，一个单独的顶端细胞沿着交替的平面分裂，为内层提供新细胞。低等维管植物中，表面分生组织层的功能可能与种子植物的中心区相似：二者都提供新细胞，对分生组织中新器官起始并开始分化的区域进行补充。种子植物和低等维管植物之间的形态差别是否反映了分生组织构成上的基础差异？这些差异是否掩盖了控制分生组织功能的基因间的相似性？这些疑点至今还未研究清楚。但是，随着人们发现越来越多的高等植物分生组织相关的基因，并找出它们在低等植物中的对应基因，这些问题将会更容易得到解答。

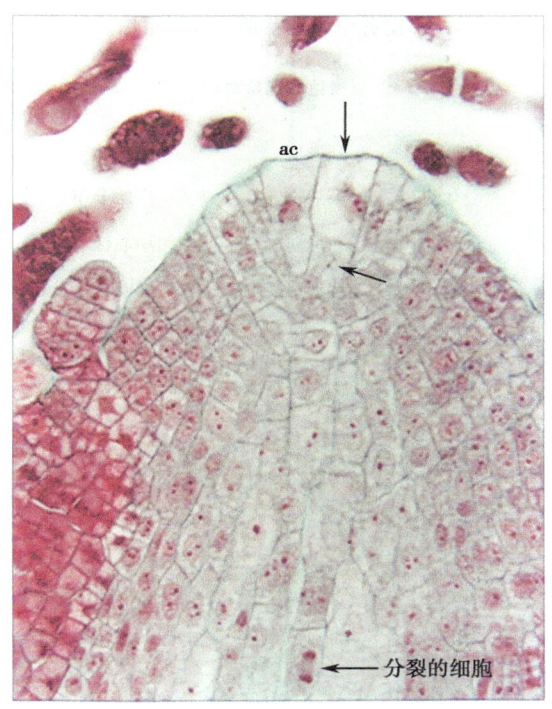

图 5-37 蕨类植物肾蕨（*Nephrolepis*）的顶端分生组织的切面图。这个纵向切面中，显示了一个大的顶端细胞（ac）；一个由顶端细胞垂周分裂产生的子细胞（竖直箭头所示）；子细胞平轴分裂产生的细胞（斜向箭头所示）；以及一个位于顶端分生组织下方的正在进行分裂的细胞（分裂核）（下部，水平向箭头）（James Mauseth 友情提供）。

分生组织新增的细胞数目始终与形成新器官的细胞数目相平衡

分生组织中的细胞种群是可变的，但是分生组织自身的结构却保持恒定（图 5-36）。虽然在整个发育过程中，顶端分生组织都处在茎的顶端，但一些构成原始分生组织的细胞分离并分化形成新的器官；而其他细胞则响应位置信号，仍然停留在分生组织中行使相应功能。因此，尽管分生组织是植物的一个永久性特征——即使在树龄约 3000 岁的刺果松（bristlecone）中，分生组织仍然处于活动状态，但是构成分生组织的细胞却处于不断更新之中。

有这样一组基因，它们引导分生组织的细胞停留在未分化的状态，并继续分裂（表 5-1）。两种类型的突变用来表明这些基因的作用：①第一种类型的突变造成分生组织消失或者尺寸缩减；②第二种类型的突变则使得分生组织逐渐增加。这两种突变类型在拟南芥中都得到了相应的研究（图 5-38）。

表 5-1　拟南芥中调控茎顶端分生组织的基因

基因	产物	表达的起始时期	表达的部位	突变体对于茎顶端分生组织的影响
CLAVATA 1（CLV 1）	受体激酶	心形期	中心区	变大
CLAVATA 2（CLV 2）	类受体蛋白	未知	广泛分布	变大
CLAVATA 3（CLV 3）	推测的受体	心形期	中心区	变大
SHOOT MERISTEMLESS（STM）	转录因子	球形期晚期	遍布整个分生组织	缺失
WUSCHEL（WUS）	转录因子	16 细胞期	中心区下部	重复终止和重新启动

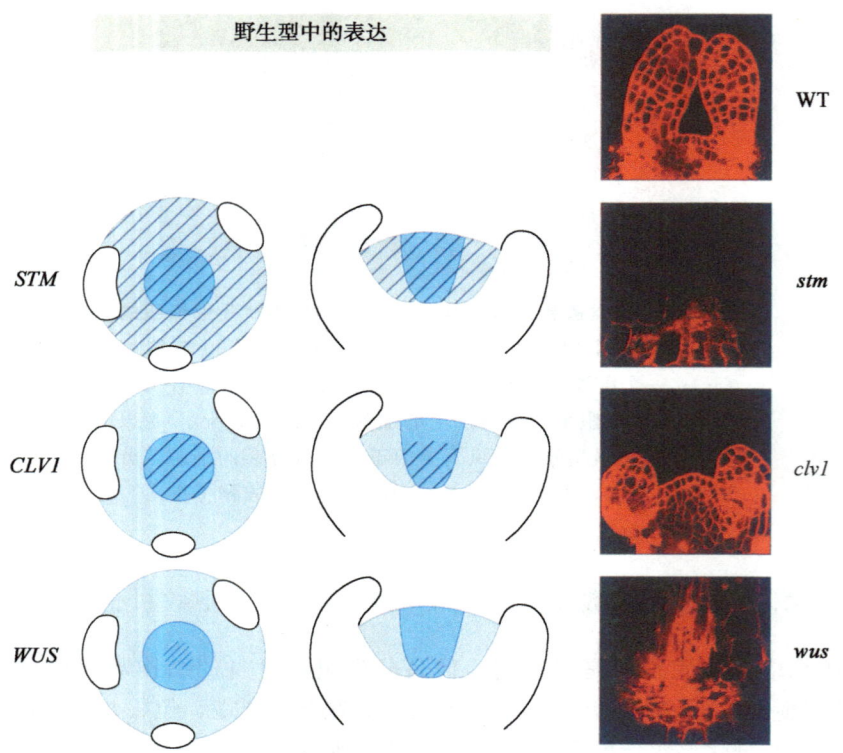

图 5-38　拟南芥分生组织中调控基因的表达模式及其突变体中的相应缺陷。这张示意图展示了分生组织的各区域——顶部视图（左栏）和侧面视图（中间栏）。其中，STM、CLV 1 和 WUS 基因均正常表达。图 5-35（B）中展示了中央区、外周区以及器官原基。显微图片（利用激光共聚焦扫描显微镜拍摄）（右栏）是野生型（WT）、stm、clv 1 以及 wus 突变体幼苗的茎顶端的纵向切片。注意：stm 没有分生组织或器官原基；clv 1 有增大的分生组织；wus 形成了叶原基，但是分生组织不复存在。

引起分生组织缺失的突变对应了一些在胚胎发生期间就开始行使功能从而建立茎顶端分生组织的基因，而且这些基因在整个植物生活周期中对于维持分生组织都是必需的。这些基因包括 SHOOT MERISTEMLESS，它不仅对于胚胎中茎顶端分生组织的建立是必需的（如前所述），而且后来在维持细胞分裂以及延迟分生组织细胞的分化中也是不可缺少的。

另一个在分生组织的维持中起核心作用的基因称为 WUSCHEL（WUS），在 wuschel 突变体中，茎顶端分生组织被少数叶原基快速消耗（图 5-38）。新的分生组织在叶腋中重新建成，其结果只能是过早地停止功能。分生组织的起始和终止循环往复，结果生成叶片无序排列的植物。进一步检查 wuschel 的分生组织，发现它们无法维持中心区，导致中心区最终将停止向外周区供应细胞；而外周区正是原基产生的地方。所以，WUSCHEL 对于维持茎顶端分生组织中的干细胞群是必需的（信息框 5-2）。

WUSCHEL 编码一个转录因子，在野生型植株的中心区下方表达。在突变体植株中，受到影响的分生组织区域并不是这个基因表达所在的区域，所以表达 WUSCHEL 的细胞必须与其上方的细胞之间进行信号转导，才能作为中心区起作用。这又一次强调了分生组织不同区域的细胞是如何进行通讯以及协调来维持整体结构的。

在 clavata 突变体中，增大的分生组织产生比野生型植株更多的器官（如叶片和花器官）（图 5-38）。存在着三个不同的 CLAVATA 基因，其中任何一个发生突变，都产生相似的效果。其中两个基因（CLAVATA 1 和 CLAVATA 2）编码一个受体的组分，第三个基因（CLAVATA 3）编码一个可能与受体结合的胞外配体。CLAVATA 为 WUSCHEL 所激活，同时相当于一个"制动闸"，限制了 WUSCHEL 的表达。如果 WUSCHEL 的活性过高，中心区就会增大，但 CLAVATA 的活性也随之升高，抑制 WUSCHEL 的表达，使分生组织的大小回到平衡状态（图 5-39）。CLAVATA 途径说明了分生组织内部的细胞之间是如何通过通讯来估测和控制分生组织的生长。

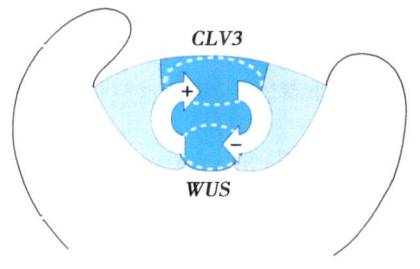

图 5-39 调控环路（包含 WUSCHEL 和 CLAVATA 3 基因）维持茎端分生组织的大小。WUSCHEL 和 CLAVATA 3 在分生组织中央区（用白色虚线表示）内不同的区域表达。表达 WUS 的细胞产生一种未知信号，能扩散到分生组织的上层，激活 CLV 3（用带正号的箭头表示）；CLV 3 也会反过来产生一种肽链信号，扩散回到分生组织的内层细胞，抑制 WUS（用带负号的箭头表示）的表达。过量的 WUS 活性很快会导致其自身表达受到抑制；而 WUS 水平降低则会削弱 CLV 3 的表达，从而使 WUS 的表达得到恢复。所以 WUS 和 CLV 3 之间的相互作用使得 WUS 的水平稳定化，进而促进了分生组织的活性。

分生组织发育的遗传学分析在拟南芥中研究得最充分，但是在与其亲缘关系较远的植物中，也存在着具有相似的分生组织缺陷的突变体。例如，SHOOT MERISTEMLESS 在玉米中的同源基因 knotted 1（kn 1），它对于分生组织的发育是必需的（尽管在不同遗传背景的玉米植株中，分生组织缺失表型的严重程度并不一致）。kn 1 突变体最初是在基因调控序列发生改变的突变体中发现的，这种序列改变能够引起表达位置的变化。正常情况下不应处于激活状态的基因发生表达，这种情况称为异位基因表达。kn 1 的异位表达导致生成畸形叶片（所以这个基因被称为 knots），这主要是细胞分裂增多引起的。这表明，当 kn 1 异位表达时，至少能够激活分生组织的一些特征（图 5-40）。

图 5-40　玉米 knotted 突变体叶片上的节瘤。(A) 野生型的玉米叶片（左）与 knotted 突变体的叶片（右）对比。(B) knotted 的叶片的顶部视图。"节瘤"是由靠近叶脉的细胞过度分裂形成的（图 A 和图 B 由 Sarah Hake 友情提供）。

诸如 SHOOT MERISTEMLESS 和 WUSCHEL 之类的基因能够维持分生组织细胞的分裂，并阻止其发生分化，但其确切的作用机制仍然不甚清楚。已知的一种机制是通过产生植物激素来起作用的。细胞分裂素能够维持茎顶端分生组织中的细胞分裂。以水稻突变体 lonely guy 为例，它就是由于细胞分裂素合成基因的突变而造成茎顶端分生组织缺失的一例突变体。在拟南芥中，SHOOT MERISTEMLESS 激活参与细胞分裂素合成的基因，这表明，分生组织的调控基因与细胞分裂素的功能之间存在着直接联系。

器官原基是以一种重复的模式从分生组织的侧翼发生的

茎顶端分生组织的功能之一就是引发附属物（如叶片或花）在特定的位置、以特定的时间间隔形成。这些附属物最先以原基的形式出现在分生组织的边缘（图 5-32）。其后陆续发生的原基的所在位置及发生时间，决定了茎周围的叶片的排列方式（叶序）。叶序具有种属特异性（图 5-41）。原基的发生模式是演化多样性的来源之一，并且在植株的生命周期里还可以发生变化。例如，原本生成叶片的分生组织转而生成花。为了理解植物这些基本构造特征的建立过程，我们需要先对那些使原基在分生组织侧翼的特定位置上发生的因素有所了解。

原基最常见的排列类型就是螺旋形叶序（图 5-42，也见图 5-41B）。在这种排列方式中，原基、分生组织中心以及下一个新出现原基之间的夹角接近 137°。这个角度有一个特性：整个圆周与较大扇形部分之间的比例等于较大扇形部分与较小扇形部分之间的比例。数学模型表明，对于那些每次增加一片叶且叶总数不固定的植物（叶片的总数与其生长环境有关，而并非遗传上先天决定的）来说，螺旋叶序是一种最优化的叶片分布模式，它能使叶片均匀地围绕在顶端周围。这种优化的分布方式，能够将叶片间对于光的竞争减至最小化。

图 5-41 两种类型的叶序。(A) 景天 (*Crassula arborescens*) 的对生叶序。(B) *Aeonium lindleyi* 的螺旋叶序。

较老的原基会抑制其周围幼嫩原基的发生和生长。距离这些已有的原基越近，抑制效应就越强。这种抑制作用还取决于原基的年龄：原基越老，对于新原基形成的影响就越小。所以，新原基在分生组织中发生的区域，也就是已有原基对其综合抑制作用最小的区域（图 5-43）。每当一个新的原基发生，抑制作用最小的点的位置就会发生变化。我们关于原基发生的可预测模式的认知大多来源于早期的实验；在那些实验中，原基从分生组织上切离，原基与原基之间的通讯渠道发生阻塞，于是新的原基就会在旧的原基附近生成——这是不正常的，正常情况下，新原基应该与老原基是分隔的。

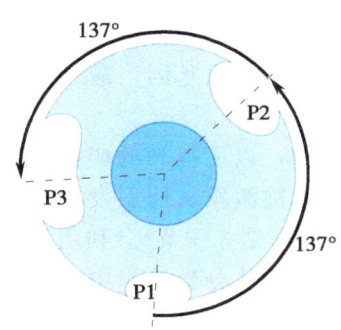

图 5-42 螺旋叶序的发育。每个新的叶原基的产生与上一个原基会形成大约 137°的角度。"P" 代表原基的发育阶段：随发育进程，有 P1、P2、P3 等阶段。

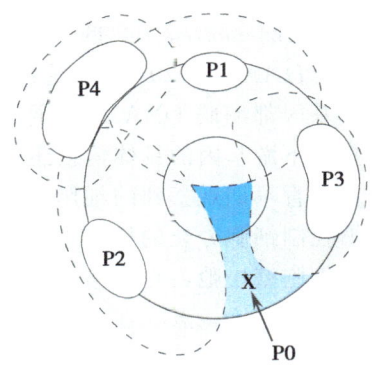

图 5-43 叶原基抑制新的原基在其附近产生。随着原基变老，抑制的范围也有所减少。所有原基的综合抑制效应决定了下一个原基产生的位点（P0）。随着原基变老，抑制区域（本图中，为每个原基周围的虚线内部的灰色区域）也减少。

我们还不知道叶原基是如何抑制新的原基在其周围发生的。这种效应可能是受到生长素运输变化的调控。假如通过化学方法或突变的方法抑制了生长素运输，那么原基就无法形成。假如对生长素运输已经受到抑制的分生组织区域外源施加少量生长素，原基就会再次诱导发生。此外，在分生组织中，负责将生长素泵出胞外的蛋白质的定位方向是朝向叶原基的，这样生长素就能朝着叶原基的方向泵出（见5.2节）。综合以上证据可以推断出一种可能性，即叶原基在生长素水平较高的分生组织区域形成，并且原基会将生长素从其周围的分生组织区域中移除出去。每个新原基的发生都会使分生组织内部生长素的分布发生改变，并且改变生长素充分积累的点，以引发下一个原基生成。

一旦新叶片的位置确定下来，一个特定的细胞群就形成原基。这个细胞群中的细胞数目随物种不同而不同：在玉米和烟草中为 100～200 个，而在分生组织较小的植物（如拟南芥）中，细胞数目就较少。在分生组织中，这个数目并不占一个特定的比例，这一点已经在分生组织大小有变化的突变体中得到证实。例如，*clavata* 突变体具有比野生型更大的分生组织，也具有更多的原基，但其每个原基的大小并没有发生变化。相反地，在逐渐变小的分生组织中（如 *wuschel* 突变体），原基仍然具有特征性的细胞数目，直到分生组织被消耗殆尽。

基因表达的改变早于原基出现

在一群细胞受到招募形成原基之后，分生组织中的这个特定区域的细胞就发生了变化，导致它们以不同的方式分裂和生长。在细胞分裂的模式中，叶原基出现的第一个征兆是表皮下几个细胞层的细胞平周（新细胞壁平行于分生组织表面）分裂速率增加。在原基发生的位点也有基因表达的改变，这种改变在可见的生长之前就已经开始了。举例来说，建立分生组织所需要的基因（如拟南芥中的 *SHOOT MERISTEM-LESS* 和玉米中的 *knotted 1*）的表达被关闭了，叶片发育中的重要基因开始表达（如金鱼草中的 *PHANTASTICA* 以及拟南芥中的 *YABBY*，在本章稍后还会提到它们）。所有这些基因都编码 DNA 结合蛋白，并且有可能控制其他基因，最终修饰生长模式。但是这些下游基因的具体信息还没有弄清楚。

在原基发育早期观察到的细胞分裂模式的改变表明，以上提到的调控基因在某种程度上能够控制细胞分裂的机制。然而，另一个有可能被激发从而引发原基生长的过程是局部的细胞壁松弛，它能够使细胞受到膨压而扩张（见3.5节）。利用细胞壁松弛蛋白的实验验证了这一点。在番茄的分生组织中，叶原基从分生组织中有细胞壁松弛蛋白表达的区域里生长出来。假如由于细胞壁松弛而使得原基从分生组织膨胀出去，那么加速的细胞生长会使细胞分裂的方向和速率发生变化：如果细胞分裂发生在细胞达到特定大小的时候，那么由于生长的局部增长会最终导致细胞分裂速率的局部增长。究竟细胞生长和分裂在多大程度上充当植物发育的控制点呢？这仍是目前的研究热点之一。

在叶片发育的过程中，复叶的发育与分生组织的表达有关联

在叶原基中，对分生组织调控基因的表达抑制是很广泛的，但并不是普遍的——具有复叶的植物就是一个例外。复叶的叶片划分为较小的单元，称为小叶。小叶的外

形看上去经常与其所属的较大复叶很相似。典型例子包括番茄、豌豆、含羞草等的叶片（图 5-44）。

图 5-44　**单叶和复叶**。(A) 香蕉，单叶；(B) 含羞草（*Mimosa pudica*），复叶（图 A 和图 B 由 Tobias Kieser 友情提供）。

正如在拟南芥和玉米中的那样，番茄中 *KONOTTED 1* 和 *SHOOT MERISTEM-LESS* 的同源基因也在整个分生组织表达。然而，与玉米和拟南芥中不一样的是，番茄中 *KONOTTED 1* 的同源基因在幼嫩的叶原基细胞中仍然有活性。叶原基中 *KONOTTED 1* 的表达水平决定了叶片进一步细分的程度。番茄叶片发育过程中，降低 *KONOTTED 1* 表达水平的突变会简化叶片分级；而过量表达 *KONOTTED 1* 的转基因番茄植株，其复叶分级程度则比野生型更为复杂。

在裸子植物和被子植物中，叶原基内分生组织基因的表达与复叶发育之间的关联是广泛存在的。大多数情况下，原基中表达的基因与 *KONOTTED 1* 和 *SHOOT MERISTEMLESS* 有关。如果 *KONOTTED 1* 类似基因的确使叶原基保留了一些分生组织的活性，那么这些基因能够促进复叶发育的原因就能得到解释——复叶的小叶可以看成是从在初生叶原基边缘发育出来的更小的原基衍生出来的。

叶片的成型依赖于有序的细胞分裂以及之后的细胞扩张和分化

生长模式的改变使得叶原基从分生组织中发生，但这只是漫长发育道路上的第一步。我们现在来讨论另一个话题：形成原基的一小群细胞是如何发育成大型复叶的。

典型的叶是扁平的侧生器官，其主要功能是进行**光合作用**。和分生组织不同，叶片的生长潜能是有限的，也就是说，它是一个有限器官。然而，叶在形式和功能上的多样性是惊人的：仙人掌的刺，藤本植物的卷须，洋葱的鳞片，还有猪笼草（*Nepenthes*）的罐状捕虫叶（图 5-45）。在植物的生命周期中，叶的类型还可以发生改变；甚至花也是由和叶片有很多共同之处的器官构成的。这些器官在遗传上是先天决定的，但是，在漫长的演化过程中，究竟是哪些基因和过程发生修饰，从而产生出如此丰富的多样性呢？这一点我们还知之甚少。

图 5-45 变态叶。(A) 仙人掌的针刺。(B) 猪笼草（*Nepenthes*）的捕虫叶。(C) 王莲（*Victoria amazonica*）的大型漂浮叶（图 A~C 由 Tobias Kieser 友情提供）。

在多种多样的叶片类型中，这里我们只关注两个例子：双子叶的拟南芥和单子叶的玉米。典型的双子叶植物的叶发生于分生组织，最初是一个挂钩状的原基，之后形成柄状的**叶柄**和**叶片**，叶片上分布着网状**叶脉**（图 5-46）。典型的单子叶植物的叶通过**叶鞘**与主茎相连，其最初发生时是一个环绕分生组织的环圈状的原基。单子叶植物的叶脉通常是平行脉。

在发育早期，叶原基的不同区域获得不同的命运

叶片的最早期发育始于从分生组织外周区招募得到的一群细胞。叶片的大小和形状是在遗传上预先编程决定好的。叶片的发育是从三个方向来展开的：**侧轴向**（宽度）；**近端-远端轴向**（长度）；**近轴-远轴轴向**（厚度）（图 5-47）。每个轴向的生长都源于细胞分裂和延伸的综合结果，这一点下面会加以解释。与此同时，随着叶片的生长，在叶片的特定位置开始形成特化的组织和细胞类型。在细胞特化的征兆还未开

始的极早期,这些区域化的差异就已经通过一些调控基因标记生长轴上的不同区域而形成了。

图 5-46 叶脉。(A) 典型的双子叶植物的网状叶脉,狗尾红(*Acalypha hispida*)。(B) 典型的单子叶植物的平行叶脉,棕榈(*Sabal minor*)。

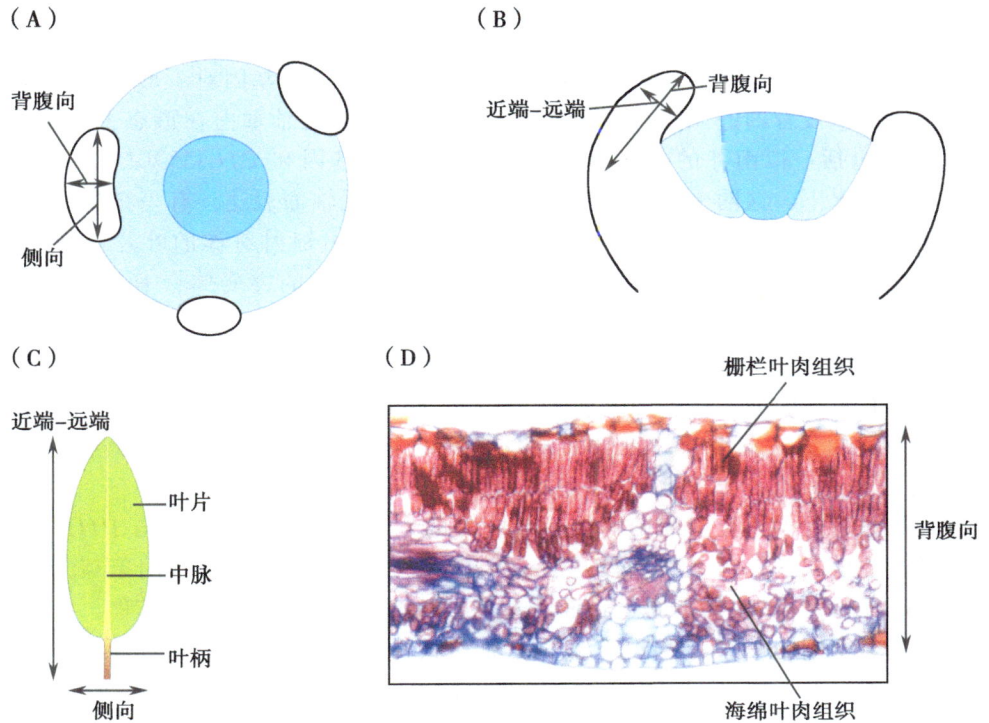

图 5-47 发育中的叶片沿背腹轴向、侧轴向以及近端-远端轴向的各区域之间的差别。(A) 茎顶端的顶部视图,侧轴向和背腹轴向标示在叶原基上。(B) 侧轴向视图,显示出近端-远端轴向和背腹轴向。(C) 成熟叶,显示出侧轴向和近端-远端轴向。(D) 成熟叶的纵切面,展示出背腹轴向(图 D 由 David T. Webb 友情提供)。

了解最清楚的是叶的背腹轴的建立方式。成熟叶片朝向光的一面称为"近轴"面（邻近茎轴向）；远离分生组织的一面成为成熟叶片的背阴面，称为"远轴"面（远离茎轴向）。在许多植物中（**C3 植物**，见第 4 章），光合叶肉细胞在近轴面密集堆叠成**栅栏叶肉组织**；在远轴面，细胞松散排列，形成**海绵叶肉组织**，有利于气体在组织中的扩散。另外的区别是，远轴面表皮层上气孔较多。近轴-远轴面的差异在叶发育早期就已经建立起来，成熟叶片中更加明显。

叶原基中近轴向的特化可能需要来自分生组织的信号。如果将非常幼嫩的叶原基从分生组织上垂直割离，那么原基将发育成辐射对称的器官，并且所有的细胞都表现出远轴向的特征，也就是说，该叶片中不再有近轴面和远轴面之分。对这种现象的另一个解释是：在原基从分生组织分离之前，构成原基的近轴和远轴部分的细胞已经产生了差异，切割只是特异地移除了或者干扰了那些即将形成近轴面的细胞（图 5-48）。如果在切除后，只有参与形成某个特定特征的细胞存活下来，那么也不会发育出近轴-远轴的不对称性，结果导致叶片成为辐射对称。

特定的基因调控叶片两面的差异

另一个研究叶片如何发育出近-远轴的方法，就是去找出导致叶片发育成辐射器官的突变（如上所描述的切割实验），并确定突变的基因。在许多物种中都发现了辐射对称叶片的突变体，包括金鱼草、拟南芥、烟草等。所有的这些突变都是影响了调控基因——多数是转录因子。例如，金鱼草的 *PHANTASTICA* 基因对于形成近轴面是必需的，它在原基发育的起始阶段就发挥作用，那时远轴-近轴轴向在形态上还不明显。其他例子还包括：拟南芥的 *PHABULOSA*（*PHB*）基因和 *PHAVOLUTA*（*PHA*）基因，正常情况下，这两个基因只在发育中的叶片的近轴面表达。有一个显性突变引起 *PHB* 或者 *PHV* 在整个叶原基表达，这会导致发育出辐射对称的叶片，其中只有近轴类型的细胞。理论上，丢失了 *PHB* 或者 *PHV* 表达的突变体会有相反的效应，即只形成远轴类型的细胞。然而，这种情况在实际中并没有发生，因为这些基因在分生组织的更早期发育中起作用。如同前面所述的 *stm* 突变体（见 5.2 节），*PHB* 或者 *PHV* 功能缺失的突变体不能形成分生组织，所以也不能产生叶原基。稍后我们还会再讨论分生组织发育和叶片近轴面发育之间的关系，并将其与侧生分生组织的发育联系起来。

然而，只有远轴面类型细胞的辐射状叶片的发现表明，还存在着与 *PHB*、*PHY* 的功能及表达模式互补的其他调控基因。其中一个例子是 *YABBY* 基因家族。在拟南芥中，*YABBY 3* 仅在叶原基的远轴面表达（图 5-49）；假如通过基因工程，使正在发育的叶片的每个细胞中都表达 *YABBY 3*，那么植株就会形成只含有远轴面类型细胞的辐射对称的器官。在携带有 *YABBY 3* 突变或者另一个基因 *FILAMENTOUS FLOWER*（也是一个 *YABBY* 基因）突变的植物中，花器官的发育则具有相反的缺陷：基本上所有细胞都是近轴面类型。这一点很重要，因为花器官实质上是变态的叶，这一点我们将在 5.5 节中进一步详细讨论。在叶片本身，*yabby 3* 和 *filamentous flower* 突变的影响则要弱得多，可能是其缺失的功能可以为其他 *YABBY* 基因所补偿。这些结果表明，*YABBY* 基因与远轴面特性的确立有关。

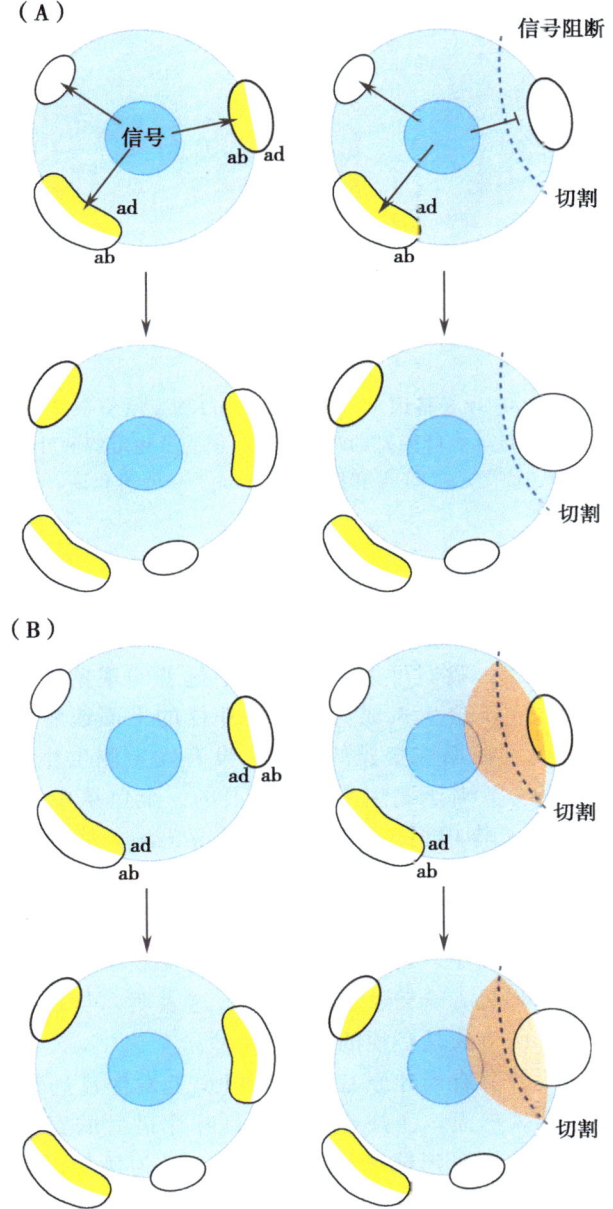

图 5-48 对于切割实验（分生组织的切口导致叶原基辐射对称发育）的两种解释。(A) 叶原基响应来自分生组织中心（左栏）的信号，进行不对称发育。切割使这种信号无法到达原基（右栏），从而进行辐射对称的发育（ab＝abaxial，背轴向；ad＝adaxial，腹轴向）。(B) 原基之所以不对称，是因为它们是由从分生组织不同区域招募的细胞形成的（左栏）。切割损伤去除了正常情况下形成叶片腹面的细胞（右栏），导致原基剩余部分的发育不再具有背腹轴的区分（即辐射对称）。

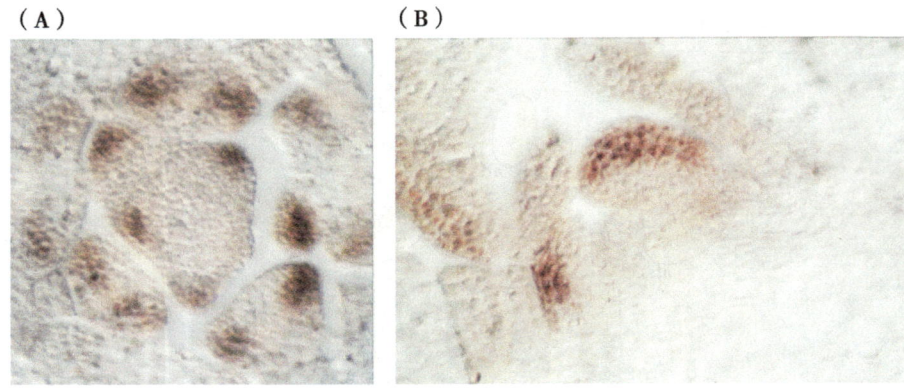

图 5-49 拟南芥的 *YABBY 3* 基因。*YABBY 3* 的 mRNA 原位杂交结果（染成棕色的细胞）显示，*YABBY 3* 在叶原基的背面表达。图为分生组织和叶原基的（A）横向切面。(B) 纵向切面图示（图 A 和图 B 经 Biologists 公司允许，由 John Bowman 友情提供）。

侧生生长需要叶片的背面和腹面之间的分界

由以上的实验和突变体，我们可以观察到一个显著的现象：当器官发育只具有远轴面或近轴面的特性时，它不会生长成典型叶片那样的平面或者片状结构，而是一个圆柱形的器官。也就是说，在那些变异的叶中，没有发生侧生生长。这表明，远轴面细胞和近轴面细胞之间的分界对于侧生生长是必要的。金鱼草中 *phantastica* 突变体的工作，很好地支持了这个工作模型。野生型的 *phantastica* 基因对于近轴发育是必需的，所以这个基因突变会使得近轴面特征转化为远轴面特征。然而，突变体叶片受到影响的程度也不一样：在严重的情况中，叶片变成辐射器官，仅有远轴向特征；但在影响较小的叶片中，只有一些小块区域的近轴面细胞变成了远轴面特性。在近轴面细胞与远轴面细胞区域的交界处，会产生新的叶片。这表明，与远轴向和近轴向特性的组织之间的接触对于侧生的生长是必须的（图 5-50）。

以上描述的例子表明，只有当叶原基从分生组织上发生且远轴-近轴分界已经建立的时候，叶片才开始发育。然而，在某些情况下，叶片最后的宽度还取决于早期的事件，那时分生组织细胞受到招募形成叶原基。在以玉米为例的禾本科植物中，叶原基从分生组织发生时，已经具有叶片状的外观，叶片最后的宽度会受到招募到叶原基边缘的细胞数目的影响。在玉米的 *narrow sheath* 突变体中，围绕分生组织的原基不能伸展到和野生型一样的程度，所以成熟叶片的边缘就缺失了。如上所讨论，原基最开始发育的信号之一，就是分生组织特性相关基因的下调，如玉米中的 *knotted 1*（*kn 1*）。在 *narrow sheath* 突变体中，*knotted 1* 未表达的区域也变得更窄；这表明原基无法招募进足够的细胞，可能是下调 *kn1* 基因表达的能力减弱所导致的。

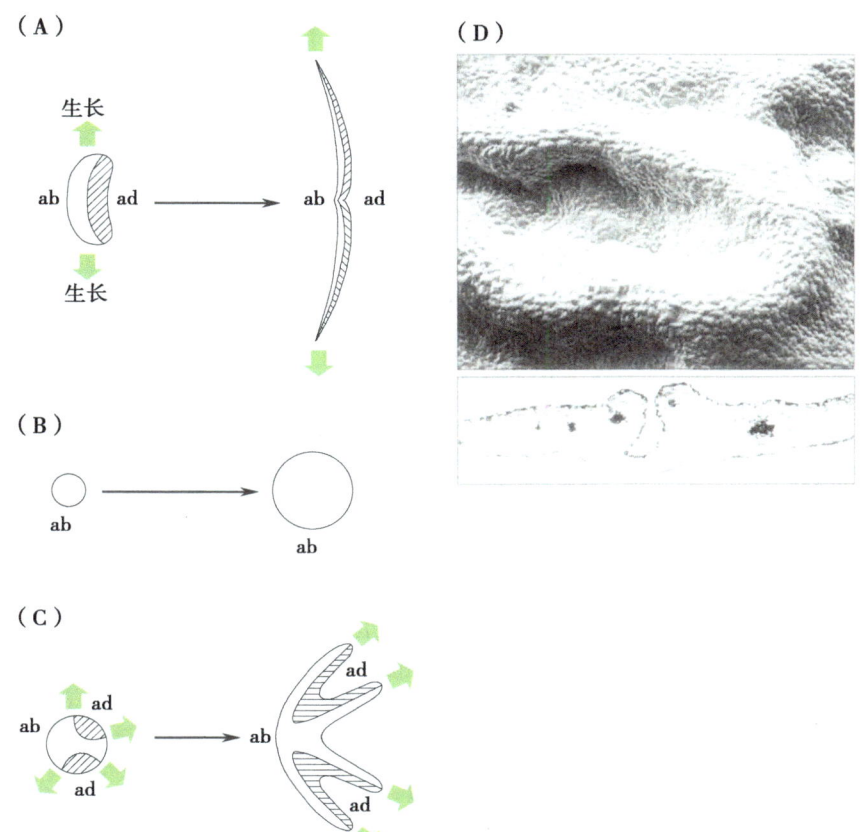

图 5-50　叶片沿轴向的生长是由叶原基近轴面和远轴面之间的界线来决定的。(A) 在正常的叶片发育中，近轴面 (ad) 和远轴面 (ab) 之间的分界线是连续的，它们确定了叶片的两个边缘。(B) 丢失了近轴面特征的突变体，如 *phantastica*，没有近轴-远轴面分界线和叶边缘，叶片也不再生长。(C) 在 *phantastica* 突变体的一些叶片中，只出现一些具有远轴面特征的斑状细胞区域，周围是保留了近轴面特性的区域。每个斑块会产生一个新的近轴-远轴面分界线和叶的边缘，从而使得生长出额外的叶片。(D) 扫描电镜图片（上方）显示了在叶表面的斑状区域（具有近轴面和远轴面的特征）之间的交界线上形成的脊，如图 C 所示。能发育成叶边缘的脊的纵切图示（底部）（图 D 经 Biologists 公司允许，由 Andrew Hudson 友情提供）。

叶片通过调控细胞分裂和细胞扩展来达到其最终的形状和大小

在叶发育的早期，细胞分裂存在于整个生长中的器官。在某些点上，细胞分裂停止，而细胞扩展成为叶发育的主要因素。细胞分裂的终止最开始出现在叶片远端的最顶端，并朝着叶片基部的方向（近端）发展。利用遗传标记叶片早期发育的细胞，就可以表明这一点。利用能诱发突变的辐射，可以在原基上随机产生白化细胞。因为这种缺陷是可遗传的，所以随着叶片生长，那些受到辐射的细胞的后代会形成白斑，白斑的大小与辐射后细胞分裂的次数多少成正比。一般说来，叶片底部的白斑块要比顶

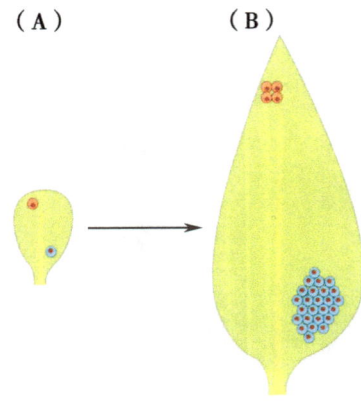

图 5-51 **发育中叶片的细胞分裂。** 细胞分裂首先在靠近叶尖端的位置停止。如果在叶发育早期，细胞被标记（如白化细胞）（A图），那么当叶成熟时（B图），在叶基部被标记细胞的增殖要超过在叶尖端被标记的细胞。

部的更大，说明叶顶端的细胞分裂结束得比基部要早（图 5-51）。而且，假如辐射发生在叶发育的后期，白斑就只在基部形成，表明顶部的细胞分裂已经停止。

细胞分裂停止之后，细胞扩展持续一段时间后也会停止，次序仍然是叶顶端先停止，然后逐渐向基部停止。分裂停止后，仍在继续进行的细胞扩展与叶片最终的大小是相关的。

细胞什么时候停止分裂而只通过扩展来进行生长，这在叶的不同层是不一样的。这种差异形成了细胞组织上的差别，如栅栏叶肉细胞是紧密排列的，而海绵叶肉细胞之间则充满空气。发育成海绵叶肉细胞的细胞层先停止生长，然后叶片的后续生长将细胞拉开并在其间产生空隙。

在成熟的时候，叶片形成的最终大小和形状是受到遗传先天决定的。细胞分裂和扩展究竟如何控制叶片的形状，至今还知之甚少。然而，有遗传证据表明，在叶片的横向和纵向上，对细胞扩展的调控是相对独立的（图 5-52）。在拟南芥中，*ROTUNDIFOLIA 3* 基因的突变使得叶片变短，而宽度并不改变，因为每个细胞扩展程度的减少只特异地发生在近端-远端轴向上。另外，拟南芥的 *angustifolia* 突变体形成长度正常但宽度变窄的叶片，这是由于细胞扩展在叶片侧向上的减少造成的。

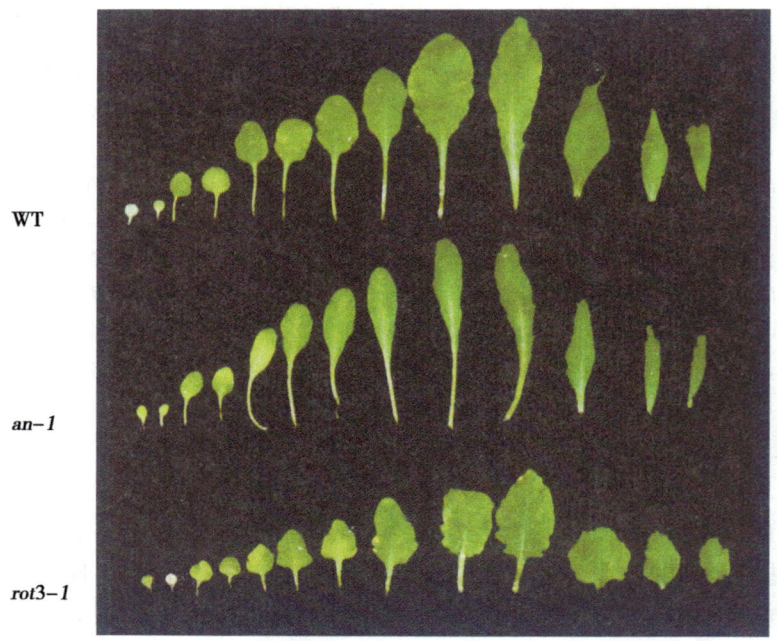

图 5-52 **拟南芥突变体 *angustifolia* 和 *rotundifolia 3* 的叶片。** 野生型（WT）的叶片与 *angustifolia* 以及 *rotundifolia 3* 的叶片的比较。*angustifolia* 的叶片比野生型更窄，但是长度相同。*rotundifolia 3* 的叶片比野生型更短，但是宽度相同（经 Biologists 公司允许，由 Tomohiko Tsuge 友情提供）。

叶片的生长伴随有日趋复杂、精细的维管系统的发育，这个过程受到生长素运输的控制

叶片的叶脉模式多种多样。在植物分类学中，叶的脉络是一条经典的准则。在成熟的时候，叶脉含有木质部导管（典型情况下是最靠近叶片的近轴面），韧皮细胞（通常靠近远轴面），以及加厚的木质化细胞（图 5-53）。维管发育中，最早的形态标志是出现伸长的细胞。相比原基中的周围细胞，它们的液泡化程度较低，并且以束状排列（**原维管束**；图 5-54），最终发育成成熟叶脉。这些早期的形态变化伴随着基因表达的改变。例如，原维管束表达一些特定基因，它们编码**同源异型域**转录因子（表 2-1），如拟南芥中的 *ATHB8* 和水稻中的 *Oshox1*。

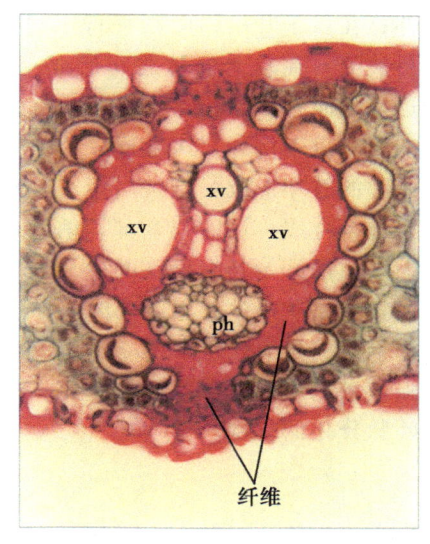

图 5-53　甘蔗叶片中成熟脉的切面。切片显示了木质部导管（xv）、韧皮部（ph）以及为叶脉提供机械支持的纤维（James Mauseth 友情提供）。

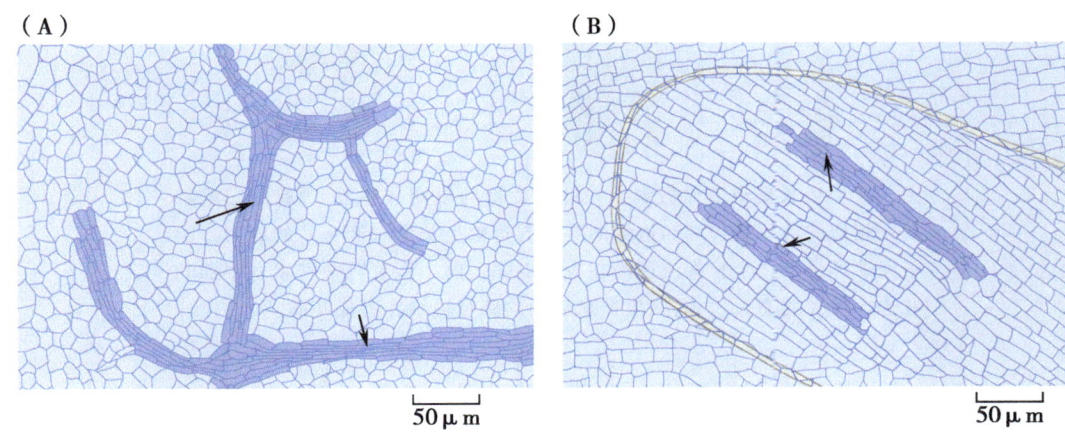

图 5-54　**原维管束**。发育中的叶片的切片显示出原维管束（箭头）。(A) 拟南芥（双子叶植物）。(B) 玉米（单子叶植物）（图 A 和图 B 由张慧婷提供）。

发育中的叶片上，最先出现的原维管束后来发育成为**中脉**。在双子叶植物中，这条脉束是从叶原基下方的深处开始发生的，是形成茎的原维管束的分支之一。叶片和茎的维管系统之间的关联称为**叶迹**。在叶的形成中，叶迹的发育是非常早期的事件，甚至早于分生组织中相应原基的发生。在单子叶植物中，叶迹也很早就开始形成，但

并不是茎中原维管束的一个分枝。单子叶植物的叶迹出现在茎和叶原基之间，并继续向两个方向伸展。

在单子叶植物和真双子叶植物中，初生维管束逐渐伸展，进入发育中的原基，并朝其顶端发展。稍后，二级维管束从初生脉中伸展出来，在双子叶植物中朝叶边缘方向延伸；在单子叶植物中则平行于初生脉。随着叶的生长，还会有更低级别的脉（也逐渐更狭窄）在较老的脉之间形成。叶的发育首先在顶端完成，然后朝向基部发展。这种进行方向存在于几个过程中——如前面提到过的，细胞分裂和细胞扩张的停止。维管的发育也不例外，次脉形成的顺序也是从顶部到基部。

叶脉的有序形成可能是由**生长素渠道化**所介导的。根据这个模型，生长素在叶片顶端和边缘合成，运输到基部，诱导细胞成为更有效的生长素的运输载体。因为这个正反馈环，最开始具有稍高的生长素流的细胞便成为越来越好的载体，从周围细胞中汲取生长素，使得生长素运输的差异进一步拉大（图 5-55）。这一点很像把洪水泛滥的田野抽干时的景象：退却的水形成一些溪流，随着流量进一步增加，这种状况也进一步加强，最终形成汇合的溪流网络。根据渠道化模型，发育叶片中的生长素运输流奠定了叶脉分化的基础。

图 5-55　**生长素渠道化假说**。在叶片发育的早期（左），所有的细胞都具有相似的从原基顶端和边缘向其底部运输生长素（箭头）的能力。而正反馈环会导致生长素流逐渐在少数更强大的"溪流"中富集（中部和右边，较大的箭头）。这些生长素运输的路径最终发育成叶脉。

生长素渠道化模型是经过后面的实验才提出的。实验表明，嫁接的豌豆茎中，以极性方式（从茎顶端到根部）运输通过组织的信号，能够引导新生的维管系统的方向。此外，新形成的叶脉倾向于向老叶脉的方向生长，这表明较老的叶脉能够更有效地运输诱导信号，并将其从周围组织中移除。最关键的是，研究者发现，外部施加的生长素能够代替来自茎顶端的信号。

渠道化模型能够解释叶脉形成的主要特征，但是还不能解释不同物种间叶脉模式的区别，并且还有一些难以解释的维管发育的特征。例如，一些拟南芥突变体（*scarface*、*cotyledon vein patterning* 和 *vascular network*）发育出中断的叶脉，其中在本应形成正常叶脉的路径上，排列着几段分离的叶脉（图 5-56）。这种分离的叶脉片段的发育似乎并不符合生长素渠道化模型：这些孤立隔离的叶脉就好像一条断续的河流。为了解释这些突变体中的叶脉中断现象，可以这样设想：叶脉发育的路径在起初是连续的，但是细胞却陆续地无法继续沿那条路径分化形成叶脉。或者，可以将这些突变体作为证据，说明叶脉的路径建立并不一定是连续的。为了对叶脉模式有更充分的理解，还需要找到这个过程中所参与的分子和基因。

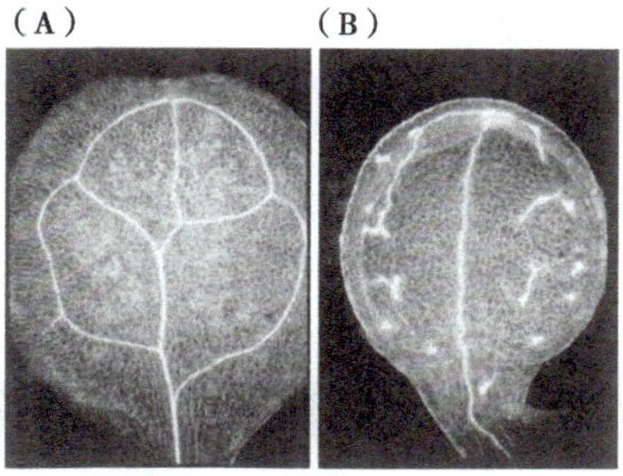

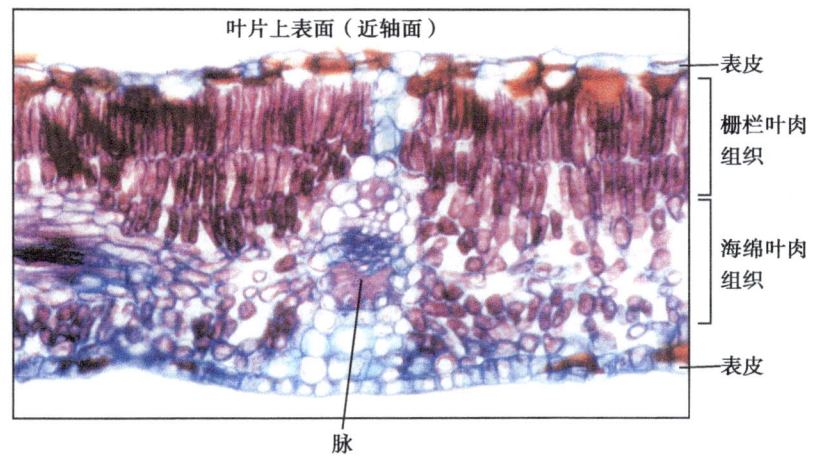

图 5-56　**中断叶脉**。（A）野生型拟南芥子叶中的连续叶脉模式。（B）*scarface* 突变体子叶中的中断叶脉。这些图像由微分干涉显微镜拍摄（图 A 和图 B 经 Biologist 公司允许使用）。

细胞间的通信以及定向的细胞分裂控制了叶片中特化细胞类型所处的位置

在成熟的叶中，大约有 10 种不同的细胞类型，可以根据它们不同的形态来加以辨认，包括维管细胞、光合叶肉细胞、特化的表皮细胞（如表皮毛和保卫细胞）（图 5-57）。然而，形态上存在显著区别的细胞类型的数目较少，掩盖了其较高的生化特化程度。大多数情况下，我们并不知道叶片细胞是如何分化并获得其特化功能的。

图 5-57　**典型的双子叶植物叶片的纵切面**。图中显示了不同组织中的多种细胞类型（David T. Webb. 友情提供）。

有功能的叶的发育不仅需要不同的细胞类型，还需要特定的细胞分布模式。关于表皮中细胞命运的分化和分布，研究最深入的例子就是表皮毛。表皮毛是表皮上伸出的毛发状结构，可以作为一个很好的研究模型，原因如下：它们具有很典型的形状，意味着其突变体容易辨认——已经发现了一些发育途径中有缺陷的突变体；它们在表皮上的分布相对简单，是一个二维模式的形成；由于表皮毛对于在实验室条件下的生存并不重要，所以大多数突变体能够存活并得到进一步分析。

表皮毛可以是多细胞的（如在烟草中），也可以仅包括了一个大细胞（如在拟南芥中）（图 5-58）。在 3.1 节中，我们更加详细地描述了参与表皮毛形成的细胞过程。在拟南芥中，表皮毛形成的关键阶段有如下几个：一是核的增大，因为细胞分裂停止后 DNA 仍保持复制（这个过程称为**核内再复制**）；二是细胞体积增大形成钉状突起；三是分支的形成。

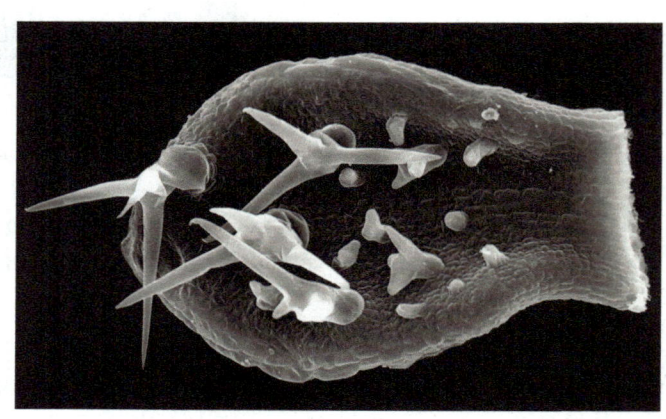

图 5-58　表皮毛处于不同发育时期的幼嫩拟南芥叶片（张慧婷提供）。

表皮毛在叶片上是等距排列的，这个机制与根毛细胞在根表皮上的排列机制是相似的（见 5.3 节）。参与这两个过程的有一些基因或者相同，或者紧密相关。在这两种情况下，这种排列机制使得调控基因 GLABRA 2 只在表皮层的一些细胞中激活。在叶片中，表达 GLABRA 2 的细胞发育成表皮毛，而在根中，GLABRA 2 则引导非毛细胞的发育。叶片和根中的 GLABRA 2 的调控基因也是相似的：WEREWOLF 和 GLABROUS 1 编码紧密相关的 MYB 转录因子，它们分别激活根和叶中的 GLABRA 2，并且二者都在含有相同的 TTG 蛋白以及 bHLH 蛋白（GL3 和 EGL3）的复合体中起作用。另一个相似之处是，这些复合体不仅激活 GLABRA 2 的表达，还激活一个转录抑制子的表达，这个转录抑制子通过细胞间的运输来阻止相邻的细胞获得相同的命运。在根中，运输的这个抑制因子是 CAPRICE（图 5-30），而在叶中则是其同源蛋白 TRYPTICHON。如 5.3 节中所描述，在 caprice 突变体中，在本应该生成根毛的地方生成了非毛细胞，导致形成了根毛很少的根。相似地，在 tryptichon 突变体中，在相邻细胞中不能抑制表皮毛的命运，导致本应形成单个表皮毛的地方生成了成簇的表皮毛。叶和根中调控 GLABRA2 空间表达机制的相似之处表明：即使实际形成的细胞类型非常不同（在根中是非毛状的细胞，在叶中则是表皮毛），使细胞类型模式产生规则间隔的同一种机制也能在不同的发育背景下起作用。

然而，在叶中，有不同的机制来调控表皮上的气孔分布。**气孔**由一对特化的细胞（保卫细胞）组成，保卫细胞能够控制气孔的开度，从而调控叶片与环境之间的气体交换。每对保卫细胞通常为非气孔细胞所包围（图 5-59）。对拟南芥的研究表明，定向的细胞分裂导致了这种模式的形成。气孔及其周围细胞源自一系列不对称的细胞分裂

（图 5-60）。在这些分裂之后，较大的子细胞成为一个**副卫细胞**（非气孔细胞）。较小的细胞可能会重复一次不对称分裂；也可能发生对称分裂，产生形成气孔的一对保卫细胞。当一个正在发生不对称分裂的细胞靠近一个正在发育的保卫细胞时，细胞的定向分裂将会使较小的子细胞远离侧翼的保卫细胞，结果就是每对气孔之间至少有一个副卫细胞。有些突变体（如 *too many mouths*、*stomatal density* 和 *distribution 1*）不能对已存在的保卫细胞产生响应而调整细胞分裂的方向，其结果就是形成保卫细胞簇。*TOO MANY MOUTHS* 编码一个位于膜上的受体，与 *CLAVATA 1* 相似（前面描述过它在控制分生组织大小中的作用），这表明 *TOO MANY MOUTHS* 参与细胞间的信号转导，从而调整细胞分裂的方向并建立气孔的空间分布模式。

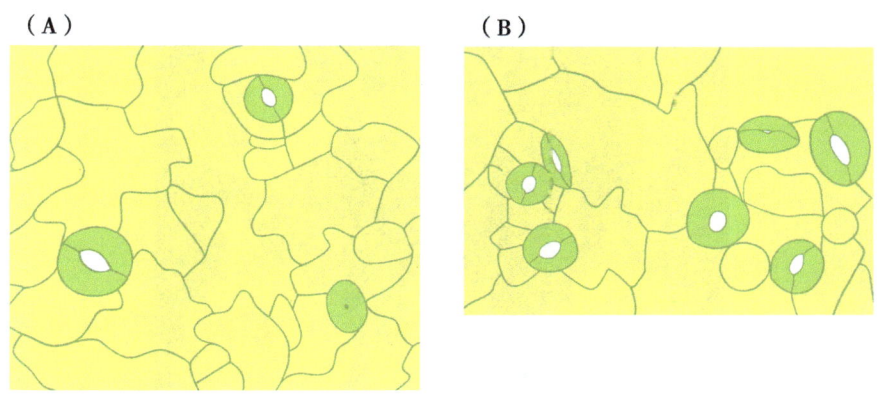

图 5-59　**气孔**。（A）野生型拟南芥中均匀间隔分布的气孔，以及（B）*too many mouths* 突变体中成簇分布的气孔（图 A 和图 B 由张慧婷提供）。

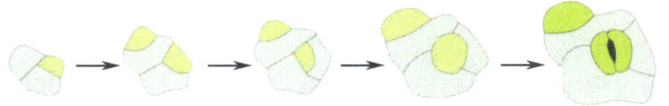

图 5-60　**形成气孔的细胞分裂**。定向的细胞分裂保证了气孔之间至少由一个副卫细胞隔开。细胞发生一次不对称分裂，形成一个较小的气孔前体（浅绿色）以及一个较大的非气孔细胞（灰色）。定向分裂避免了气孔前体细胞之间的相互紧贴，使得保卫细胞对（深绿色）呈均匀间隔分布。

叶的衰老是一个活跃的过程：能够在叶片的生命末期从叶片中回收养分

形成一个叶片需要能量和营养的输入，直到叶片获得足够的光合能力而最终成为一个为植物体的其他部分提供营养与能量的输出者。然而随着时间流逝，由于环境破坏，植物进一步生长的遮蔽或者到达植物遗传上的生命极限，叶片的光合能力就会逐渐减弱。当达到这个阶段时，叶片的衰老就会激活。

老的叶片并不是简单地脱落或死亡。叶片的衰老是一个受到精细调控的过程，其中营养元素从叶片中回收而运送到植物的其余部分（图 5-61）。一些在衰老的叶片中激活的基因编码的蛋白质包括：半胱氨酸蛋白酶、碱性肽链内切酶、泛素、核酸酶等酶类，以及参与破坏老叶片的组分并对其中的碳和氮进行再循环的一些其他蛋白质。与此同时，一些在衰老中活跃的其他基因（如编码金属硫蛋白、病原相关蛋白以及过氧化物酶等的一些基因）也参与辅助细胞对抗胁迫（如伤害或者病原攻击）的过程。这些基因的激活可以在营养元素回收的过程中帮助延长衰老叶片的寿命，或者防止衰弱的老叶片受到病菌侵染。

图 5-61　叶的衰老过程中，叶绿素逐渐丢失。请注意，最后失去绿色的区域是靠近叶脉的部分。这反映了在营养外运中，靠近叶脉的细胞需要保持活性。

　　在养分回收的过程中，细胞和组织还能够得以维持，这一点可能是叶片衰老与其他形式的遗传性的程序化死亡之间的差别。在动物的发育中，**细胞凋亡**是**程序性细胞死亡**的一个显著形式，在这个过程中，一些进化上保守的**蛋白酶**（caspase）和**核酸酶**得到激活，降解细胞组分。相似的过程也在植物中发生，如对病原菌入侵的响应。然而，凋亡中的一些典型特征并不在衰老的植物细胞中表现出来，如早期 DNA 断裂或者 caspases 的激活。这种差异的原因可能是：在叶片衰老过程中，由于营养元素要得到回收利用，需要在较长时间里维持即将死亡的细胞和组织的完整性；而在凋亡的细胞中，完整性维持的时间则较短。

　　糖分损耗和暗处理能够加速叶片的衰老，二者都与光合产率降低有关。乙烯也能控制衰老的时间点。这一点从拟南芥中响应乙烯能力降低的 *ethylene response 1*（*etr 1*）突变体中可以看出；在氨基环丙烷羧酸氧化酶（催化乙烯生成的最后一步的酶，见 6.3 节）水平降低的转基因番茄中也可以看出。在这些植物中，叶片的衰老尽管没有破坏，但是发生了延迟。

　　细胞分裂素（生长调节物）的水平升高，也会延缓衰老。这一点在利用衰老激活基因驱动表达 IPT 基因（编码异戊基转移酶）的转基因烟草中得到证实。异戊基转移酶是根瘤土壤农杆菌（*Agrobacterium tumefaciens*）产生的一种酶，可以合成细胞分裂素。在这种方式下，多余的细胞分裂素只在叶片开始启动衰老程序的时候才会合成。增长的细胞分裂素水平能够阻碍转基因植株的衰老。转基因植物中这种阻碍衰老的能力能够应用到实际中。衰老是在野生自然界里植物自由竞争的条件下演化而成的；但在农业上，却可能减少作物产量。在过量产生细胞分裂素的烟草植株中，生物量和种子的产量增加了50%。但是，这种效应是否能够用来增加农业产量，还需要进一步验证。

叶片的衰老经常（但并不总是）伴随着**脱落**（掉落）。和衰老一样，脱落也是一个活跃的过程。脱落区的细胞并不是依靠简单的死亡而引起叶片断开。反之，这个区域发育出特殊的细胞。在脱落过程中，细胞壁的中层溶解，导致细胞间的组织断裂（图5-62）。留在仍然与植物相连表面的细胞的细胞壁中填充了**木栓质**（多酚聚合物，构成树皮和一些不透水的内皮层细胞；见3.6节），进一步完成这个过程。脱落区的细胞也产生酶类（如多聚半乳糖醛酸酶和**纤维素酶**），消化细胞壁组分。另一个特异地在脱落区表达的基因则编码了一个与CLAVATA1类似的跨膜受体激酶，暗示着细胞间的通信对于脱落也是不可或缺的。

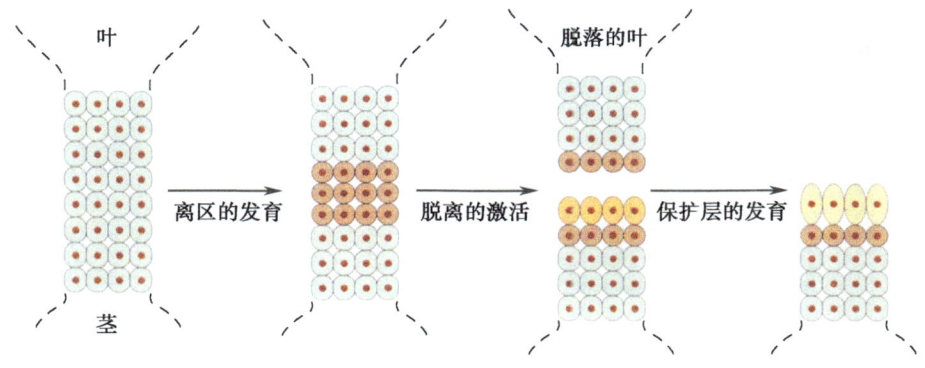

图5-62 脱落叶片的分离过程。分离发生在脱落区的特化组织里。暴露在茎外部的细胞层形成一层不可渗透的保护层。

分枝起源于侧生分生组织，而侧生分生组织的生长受到顶端分生组织的影响

除了叶片的排列，茎干构造的另一个主要参数就是分枝模式。在低等植物（蕨类、苔藓）中，枝条起源于茎顶端的分枝。然而在高等植物中，枝条通常起源于叶腋处（叶和茎之间）的侧生分生组织。大多数情况下，侧生分生组织并不立即形成分枝，而是暂时保持失活。这种失活效应称为**顶端优势**，是由来自顶端分生组织的信号产生的。所以分枝模式不仅由侧生分生组织形成的位置决定，还受到其生成时间及生长速率的影响。

侧生分生组织至少能够以两种不同的方式进行发育。例如，在番茄中，它们源自叶原基，以及从顶端分生组织分离出来的分生性细胞。在这个物种中，叶原基和

侧生分生组织的发育在遗传上可以是分离的。番茄中的 *lateral suppressor* 突变体在营养生长期间缺少侧芽,因为叶原基离开顶端时,其基部没有分生性的细胞群(图5-63)。在拟南芥中,侧生分生组织的形成是不同的。发育中叶的基部细胞开始分化,然后在原基从顶端分生组织分离后,又恢复成分生性的细胞。拟南芥中,叶原基和侧生分生组织是具有共同起源的,这一点可以通过克隆分析来证实(参见信息框5-1)。研究发现,形成侧生分生组织的细胞与形成原基的中央区域的细胞,属于同一个细胞群。

图 5-63 番茄的 *lateral suppressor* 突变体。(A) *lateral suppressor* 突变体。(B) 野生型的叶腋的近距离视图(图 A 和图 B 由 Dorte Miiller and Klaus Theres 友情提供)。

无论侧生分生组织是从顶端分生组织的残余部分发育而来,还是在叶腋中重新诱发,它们都特异地位于叶的近轴面。正如前面所描述,在叶极性发生变化的突变体中,侧生分生组织与近轴面之间的联系仍然可以保持。在拟南芥 *phabulosa-1 d* 突变体中,整片叶都表现出近轴的特性,叶的基部被侧生分生组织完全包围。相反地,*YABBY* 基因在整个原基中的表达,不仅仅导致产生只有远轴面细胞类型的原基,还使得侧生分生组织也不再存在。侧生分生组织和叶片近轴面之间的联系,可能与叶片中一些控制近轴面特征的基因也控制分生组织的发育有关。例如,如前所述,*PHABULOSA* 不仅仅赋予了近轴面特征,而且在最初形成茎顶端分生组织的时候也是必需的(同时还需要一小群紧密相关的其他基因)。

尽管大多数叶片都具有相关联的侧生分生组织,但并不是所有的叶都从其叶腋处产生新的分枝。这是因为在侧生分生组织建立后不久,通常其生长就受到了阻滞。这种阻滞是由顶端分生组织产生的信号引发的，一般认为是生长素。如果去除茎的顶端，侧生分生组织在几分钟到数小时之间就会激活。这就使得在顶端遭到破坏（如动物啃草或者修剪花木）后，植物可以重新启动生长。侧生分生组织生长的释放时间对植株的最终形状有很大影响。在玉米的驯化过程中，就有这样一个基因起到了核心的作用。玉米的野生祖先是墨西哥类蜀黍（teosinte），它是一种高度分枝的植物（见 9.1 节）；而在现代玉米中，侧芽受到抑制，所有的资源都集中于主茎（图 5-64）。这种差异主要是 *teosinte branched 1*（*TB 1*）基因的表达改变所造成的。当侧生分生组织建立后，*TB 1* 就发挥作用来抑制其生长。*TB 1* 编码的蛋白质属于植物特有的一个转录因子家族，其中还包含另外一些调节器官生长的基因，如金鱼草中的 *CYCLOIDEA* 等（见 5.5 节）。

图 5-64　**墨西哥类蜀黍（toesinte）和玉米。**（A）墨西哥类蜀黍是玉米的祖先，它是高度分支的。（B）玉米只有一个单独的主茎。（C）玉米突变体 *toesinte branched 1* 具有高复分支的茎，与墨西哥类蜀黍相似。

节间的生长通过细胞分裂和细胞伸长来完成，而且受到赤霉素的控制

到目前为止，我们主要讨论了分生组织活性所引起的生长。但是大多数植物生长需要在分生组织以外的部分得以完成，如之前提到过的，控制叶片最终形状和大小的细胞分裂及生长。另一个生长模式是节间的伸长。植物茎的长度大部分来自分生组织下面区域中的节间的扩张。节间的大部分细胞是由已经位于节间的细胞分裂直接衍生出来的，而不是从分生组织中产生的。

在茎的分生组织下面区域中，控制生长的主要物质是生长调节物质赤霉素。引起赤霉素水平降低的突变导致产生矮化的植物，因为节间的细胞分裂和细胞扩展都减弱。这种矮化的突变体在很多种植物中都存在，包括拟南芥、玉米、水稻和豌豆（见 9.2 节）。虽然这些突变体的生长受到阻碍，但是它们的茎都具有和野生型植物同样数目的节间（图 5-65）。所以，这些突变体的节间伸长有缺陷，但是节间的发生却是正常的。

赤霉素有可能以相似的方式调控其他植物器官的生长，如叶片；赤霉素缺陷型突变体的叶片比野生型植株更小。

矮化突变的一个例子是豌豆的 *Le* 基因受到了影响，它编码一个羟化酶，能将赤霉素前体转化成具有生物学活性的赤霉素。突变基因（*le*）编码的酶没有功能，导致有活性的赤霉素水平下降。向 *le* 突变体的幼嫩节间施加外源赤霉素，对节间的生长或是分生组织的结构和维持都没有作用，但是，向较老的节间施加赤霉素时，细胞的大小和数目都得以增加，植物恢复正常的生长。当节间的发育超越了对赤霉素有响应的阶段，赤霉素就不再对矮化突变体中的节间大小起作用了。

节间的赤霉素水平本身受到茎端顶端分生组织的影响，这种影响是通过生长素的极性运输起作用。把豌豆的顶芽去除，节间的伸长就显著减少，*Le* 的表达发生下调，伸长的节间中的活性赤霉素的水平降低。施加生长素能够逆转这些效应，表明生长素是从顶芽运输到伸长的节间中的。生长素上调 *Le* 的表达，使活性赤霉素的水平增加，从而促进节间的伸长（图 5-66）。

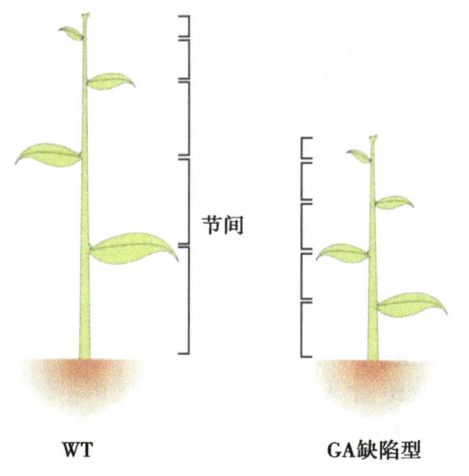

图 5-65　**赤霉素对节间的影响**。赤霉素（GA）缺陷型突变体比野生型更小，因为它的节间更短，但是节间的数目与野生型相同。

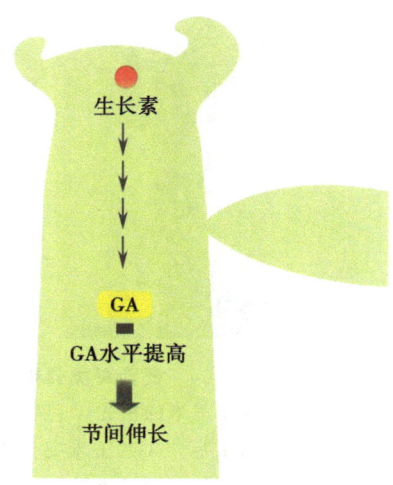

图 5-66　**生长素对节间的影响**。在茎顶端产生的生长素通过增加赤霉素（GA）活性，从而控制节间的伸长。

有一些矮化突变体看似是赤霉素缺陷型（如 *le* 突变体），实际上并不是。通过对它们的分析，我们了解了赤霉素是如何控制节间生长的。例如，拟南芥 *gai* 突变体是一个暗绿色的矮化突变体，与赤霉素突变体十分相似。但是与赤霉素缺陷型突变体不同，*gai* 不能对赤霉素处理发生响应。这表明，GAI 并不编码参与赤霉素生物合成的酶，而是在某些点上参与赤霉素的识别或者信号转导（图 5-67）。事实上，*GAI* 编码了一个核转录因子（GAI），GAI 很可能是赤霉素信号转导链的一部分。

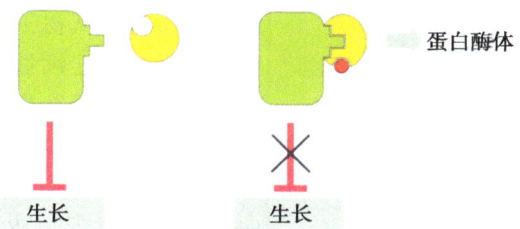

图 5-67　DELLA 蛋白（如 GAI）在赤霉素信号转导途径中的可能作用。DELLA 蛋白是植物生长的核抑制因子。在赤霉素（红色）存在的情况下，赤霉素核受体 GID1（黄色）与 GAI 或者其他 DELLA 蛋白（绿色）结合。这个复合体以 DELLA 蛋白作为靶标，使其被蛋白酶体所降解，从而去除了 DELLA 介导的生长抑制作用。

　　GAI 属于 DELLA 蛋白家族。DELLA 蛋白家族的名字是取自其中的一段保守氨基酸序列（**DELLA 结构域**），"DELLA" 是这些蛋白质中的氨基酸残基的单字母缩写。DELLA 蛋白抑制植物生长，而赤霉素能够抵消这些蛋白质的抑制作用，从而促进植物生长。赤霉素以 DELLA 蛋白作为靶标，并通过蛋白酶体将其破坏。所以赤霉素将 DELLA 从核中移除，从而消除了 DELLA 蛋白的抑制生长的效应。类似于 *gai* 的突变导致 DELLA 蛋白可以抵抗赤霉素诱导的蛋白质降解。这就解释了为什么这些突变体的生长不能通过赤霉素处理得以恢复。

　　与 *gai* 相似的突变对植物的繁殖十分重要。特别是与 *gai* 类似的突变影响了谷物中的 DELLA 蛋白，从而导致生成较矮小且更高种子产量的植株。在 20 世纪后期，人们利用这一点，使得世界粮食生产大大增加，称为 "绿色革命"（见 9.2 节）。

　　蛋白酶体是一个多亚基酶类复合体，在其内部对特异靶标的蛋白质进行降解。靶标蛋白会连接其上的由泛素单体组成的长链所标记（这些蛋白质称为 **"多泛素化"**）。真核细胞含有一系列的酶类和酶复合体，能响应信号从而使特定蛋白多泛素化。对于 DELLA 蛋白，赤霉素通过一个赤霉素受体来激活能特异多泛素化 DELLA 蛋白的酶类，从而使得 DELLA 蛋白降解。这种依赖于蛋白酶体的蛋白质降解，在几种植物激素的信号转导中都是必需的，包括乙烯（见第 6 章）和生长素。现在已知，生长素受体是一个包括多亚基的多泛素化复合体中的一个组分，这个复合体以特定的生长素信号转导蛋白为靶标，在其响应生长素时可以介导这些靶标蛋白为蛋白酶体所降解。

一层分生组织细胞产生维管组织，并引起茎的次生加厚

　　到此为止，我们描述了植物是如何在根和茎顶端生长的，以及新形成的细胞是如何扩张并分化成特化的组织的。草本植物（如拟南芥）中的大多数生长过程都属于这种类型。然而，在自然界的植物群体中，有很大一部分是木本植物。多年生植物中，粗壮的木质茎主要由另一种分生组织——形成层形成（图 5-68）。在茎中，形成层位于木质部和韧皮部之间（形成层在木质根部中也是活跃的，见 5.3 节）。

　　和顶端分生组织类似，形成层由活跃分裂的小细胞组成。反复产生新组织的同时

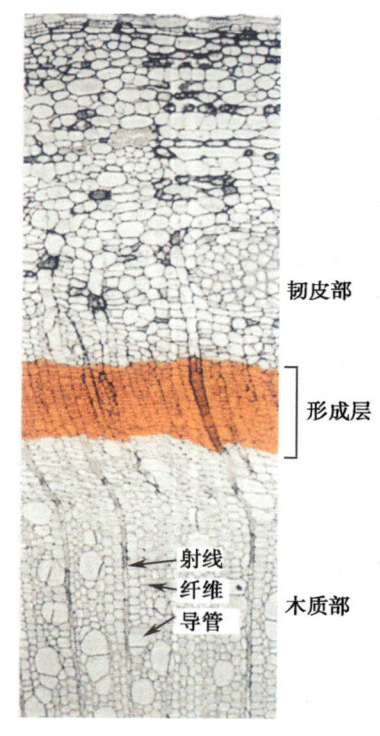

图 5-68　杨树茎的横向切片，示形成层。形成层产生新的韧皮部细胞（朝向茎的表皮方向）和新的木质部（朝向茎的中心方向）。

维持其自身。从树干横切面的年轮可以看出形成层活性的连续性和重复性。维管组织增加新的层次可以产生年轮，随后在冬季或者干燥季节里形成层的活性会减弱。

形成层产生的新细胞分化成维管组织：向外（茎中靠近表皮的方向）产生韧皮部，向内产生木质部（图 5-68）。两种类型的运输组织中都具有多种细胞类型。例如，木质部含有导管分子、**薄壁细胞**和**射线细胞**（见 3.6 节）。导管分子是传输水分的长管，它起源于程序性死亡后且细胞壁具有木质素加厚的细胞。薄壁细胞也有木质化的细胞壁，但是这些细胞是活的，并且储藏淀粉或脂肪。射线细胞促进水分和糖分在茎的径向切面的运输。在茎的横切面上，能够观察到这些细胞类型的分化：靠近细胞扩张层的形成层，沉积有次生细胞壁和木质素的成熟区，还有形成导管分子的程序性细胞死亡的区域。

我们都知道木材资源的丰富及其巨大的经济价值，但是比起其他类型的植物生长来，关于形成层发育的遗传基础，以及维管组织中细胞分化和程序性死亡的遗传基础，我们都还知道的很少。生长素在形成层中起主要作用，这一点与其在维管组织分化中的作用是相一致的。生长素运输抑制剂能够阻碍形成层的生长。对松树的不同细胞层进行的直接测量表明，形成层周围存在明显的生长素梯度：形成层中最高，随着跨过木质部和韧皮部的细胞扩展区，生长素水平逐渐降低。在维管系统的分化发育中，这种呈辐射状的生长素梯度可能会提供位置信息。对杨树的研究表明，在正在分化的维管系统中，距形成层远近不同的地方，分别有不同的 IAA 基因（编码对生长素响应的转录调节因子）表达。

5.5　从营养生长到生殖生长

从营养生长到生殖生长的转变是植物发育过程中的一个重大变化。在许多植物中，当植物向生殖发育转变时，分生组织的结构会发生改变：分生组织扩大，其细胞表现出代谢活性增加的迹象（如核仁增大）。在拟南芥中，人们详细观察记录了这些改变：相对扁平的营养分生组织变成圆顶形，而且分生组织的层次变得更明显。在向开花时期转变时，小分子通过胞间连丝从成熟组织到分生组织的运输受到暂时的限制。这些变化的功能重要性目前还不清楚，但是在响应启动生殖发育的信号时，它们是最早可以检测到的改变。

被子植物的生殖结构是由花和花序分生组织产生的

在被子植物的生殖期，可以辨认出两种类型的分生组织：花分生组织和花序分生组织。花分生组织产生花器官并形成单朵花，通常在产生固定数目的器官原基后停止活动，也就是说，花分生组织是有限的（图 5-69）。花序分生组织产生成簇的花，或称花序。花序分生组织侧翼产生的小群细胞发育成新的分生组织，通常是花分生组织。在许多植物中，花序分生组织是无限的——在产生固定数目的花芽后，其活性并没有丧失；另一些植物则具有有限花序。

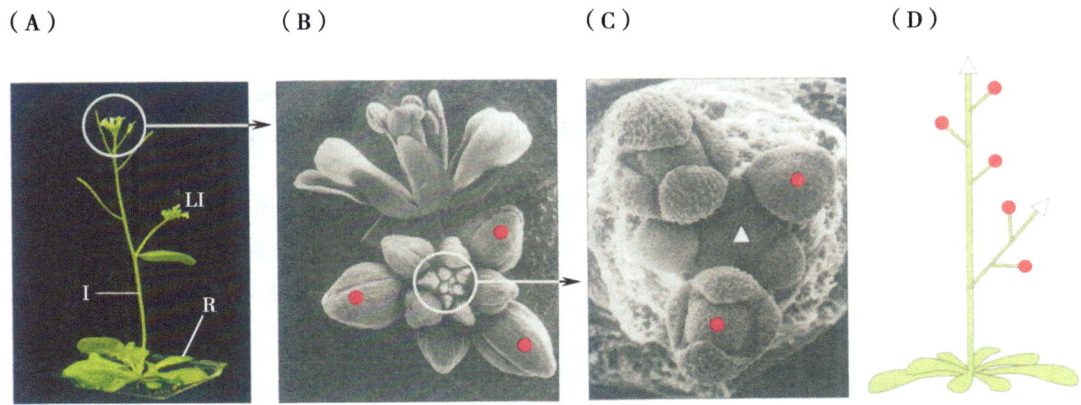

图 5-69 花分生组织。在生殖阶段，顶端和腋生的茎分生组织变成花序分生组织，产生花分生组织。(A) 生殖阶段，拟南芥的侧面视图，图中分别展示出莲座叶 (R)、花序 (I) 及侧生花序 (LI)。(B) 拟南芥花序顶端的顶部视图；新的花苞（用实心红色圆圈标记）围绕顶端分生组织，以螺旋模式产生。(C) 花序分生组织（白色三角）和幼嫩花苞的放大图，可见花分生组织（红色圆圈）。(D) 对应 (A) 图的拟南芥花序的侧面示意图；白色三角和红色圆圈分别代表花序分生组织和花分生组织（图 C 由 Leonardo Alves Jr. 友情提供）。

在那些不能从花序分生组织转化为花分生组织的植物中，这两者之间的区别得到很好的阐释。在拟南芥中，两个紧密相关的基因 *APETALA 1*（*AP 1*）和 *CAULIFLOWER* 的双突变植株，可以很好地说明这一点。在这两个基因的双突变体中，花序分生组织侧翼的小群细胞变成了新的花序分生组织，而不是花分生组织。这些新的花序分生组织又以相同的方式进行发育，最后顶端完全被一团花序分生组织所占据，而无法形成花。同样的遗传缺陷是人工培育花椰菜的基础，其可食部分就是成百上千个花序分生组织的聚积（见 9.1 节和图 9-10）。

在形成多个顶端花的植物里，生殖发育中最简单的步骤，就是营养分生组织转变成花序分生组织。这个转变的产生需要对环境信号的响应，如日照的长度。这些环境信号以及调节其效应的基因将在第 6 章中进一步讨论。下面，我们来关注花序分生组织如何产生花分生组织，以及这一切是如何产生花的。

花分生组织的发育是由一个保守的调控基因来启动的

在一个高度保守的基因的作用下，花序分生组织侧翼生成的原基转化成花分生组织。在拟南芥中这个基因是 *LEAFY*，在其他植物也有它的同源基因。*LEAFY* 编码一个转录调节因子，它在花分生组织的形成中起作用。这一点已经通过比较野生型、突变体以及遗传转化的拟南芥植株得到了证明。

在野生型中，*LEAFY* 的表达是最早的信号，表明顶端分生组织的一小群细胞将会发育成一朵花。在 *leafy* 突变体中，正常情况下本应该形成花分生组织的细胞形成了新的茎顶端。相反地，在组成性表达 *LEAFY* 基因的转基因植株中，茎顶端分生组织转变成一朵单独的花——但只有当植物已经从营养生长转变为生殖生长时，这种情况才会发生。所以，在生殖发育阶段，将分生组织细胞用来形成花的过程中，*LEAFY* 的表达是必要且是充分的。*LEAFY* 行使这项功能时还需要协调其他一些调节基因的转录，包括 *APETALA 1* 和 *CAULIFLOWER*，以及介导各类型花器官发育的基因（下面将讲到这一点）。

在多个物种中都找出了与 *LEAFY* 在序列和功能上相似的基因，这表明，在有花植物中，向花发育转变的机制是保守的（图 5-70）。实际上，*LEAFY* 类的基因在生殖方面的功能可能可以扩展到有花植物以外：在裸子植物发育中的生殖结构中，*LEAFY* 的同源基因的表达也有增加。

图 5-70　**金鱼草的 *LEAFY* 类基因**。*FLORICAULA* 基因是拟南芥的 *LEAFY* 基因在金鱼草中的同源基因。和拟南芥中的 *leafy*（*lfy*）突变体类似，*floricaula* 突变体（左）也在本应产生花的地方发育出新的茎顶端。右侧是相应的野生型对照。

LEAFY 类的表达模式决定了花序的构造

花序有有限和无限之分。有限花序产生确定数目的花芽，之后花序分生组织就转变为一个单独的花分生组织。有限花序的典型例子是花梗顶端的单花以及**聚伞花序**。聚伞花序在每个分支的顶端都有一朵顶生花。在无限花序中，顶端分生组织不会转变成顶生花，而是在植物的整个生命周期中都保持活性（只要环境适宜）。这种典型的无限花序会产生数目不定的花沿花梗生长。拟南芥和金鱼草中都是这种结构（图 5-71）。人们认为无限花序是从祖先的有限花序经过几次独立的演化发展而来的。

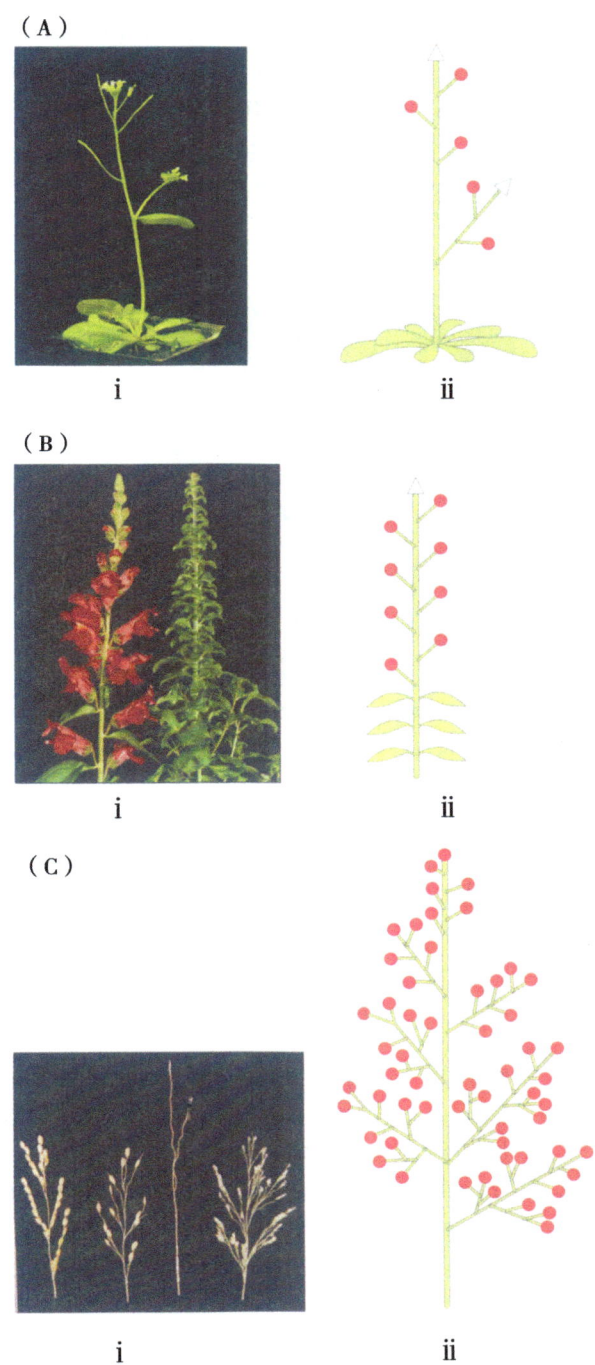

图 5-71 **无限花序和有限花序**。图片展示了（A）拟南芥和（B）金鱼草的无限花序；（C）几个水稻品种的有限花序。示意图标示出了花序分生组织（白色三角）的位置和花分生组织（红色圆圈）（图 B 由 Enrico Cohen 友情提供；图 C 由 Junko Kyozuka 友情提供）。

在有限花序中，顶端分生组织向顶生花的转变，可能是由于 *LEAFY* 类基因的作用。这些基因的表达在无限花序的生长顶端受到抑制。在拟南芥中，*LEAFY* 受到 *TERMINAL FLOWER*（*TFL 1*）基因的抑制。在 *tfl 1* 突变体中，*LEAFY* 在花序顶端的表达不再受到抑制，所以在形成一朵单花后，花序就过早地终止（图 5-72）。在组成性持续表达 *LEAFY* 基因的植物中，可以观察到相似的结果。在持续表达 *TFL* 的转基因植株中，*LEAFY* 的表达在所有地方都受到抑制，植株的表型和 *leafy* 突变体相似。在 *tfl 1*：*leafy* 双突变体中，花序产生分支而不形成单花，这也能显现出 *TFL 1* 在调控 *LEAFY* 表达中的作用：假如 *LEAFY* 没有功能，*TFL 1* 就不起任何作用。*TFL 1* 编码一个蛋白质，其在动物中的同源蛋白与激酶存在相互作用。这一点表明，*TFL 1* 是使 *LEAFY* 失活的**信号级联反应**中的一部分。

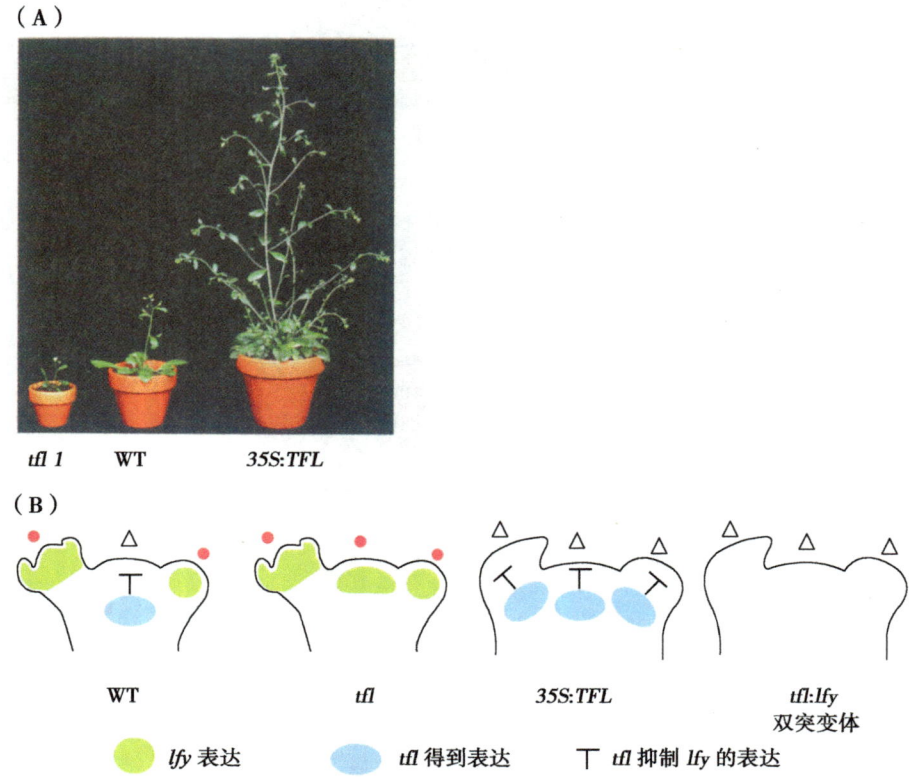

图 5-72 拟南芥中，*LEAFY* 基因在由顶端分生组织向末端花的转变中的作用。(A) *tfl 1* 突变体、野生型（WT）以及 35 S：*TFL* 转基因植株（其中 *TFL* 具有组成性的表达）的表型。(B) 花序顶端的示意图，展示出 *TFL*/*tfl* 以及 *LFY*/*lfy* 在野生型、*tfl* 突变体、35 S：*TFL* 转基因植株，以及 *tfl*：*lfy* 双突变体中的表达模式。*TFL* 抑制 *LFY* 的表达，引导花分生组织（红色圆圈）的发育。不表达 *LFY* 的分生组织就变成花序分生组织（白色三角）（经 Biologists 公司允许，由 Desmond Bradley 友情提供）。

在其他植物中，*TFL 1* 同源基因的功能也是相似的。如在金鱼草中，*TFL* 的直系同源基因（*CENTRORADIALIS*）能够抑制 *LEAFY* 直系同源基因（*FLORICAULA*）的表达，从而维持花序分生组织的活性。在番茄中，*TFL* 直系同源基因（*SELF-PRUNING*）的突变会使得花序分生组织在产生相对于野生型较少数目的花后就提前终止活性（图 5-73）。含有这种突变的植物在商业上具有重要价值，因为它们缩小的生长规模更有利于机械收获。但是，在番茄花序分生组织中，*LEAFY* 的直系同源基因和 *SELF-PRUNING* 同时表达；这表明，*SELF-PRUNING* 虽然有可能拮抗 *LEAFY* 直系同源基因的功能，但并不抑制它在番茄中的表达。

图 5-73 番茄的 *self-pruning* 突变体。（A）野生型番茄。这个示意图展示了无限生长的情况，它交替产生茎干和有限花序分支（花分生组织用红色圆圈代表），但是能够维持一个无限的顶端分生组织（白色三角）。（B）在 *self-pruning* 突变体中，花序分生组织在成熟之前就转变成了末端花分生组织（图 A i 和 B i 经 Biologists 公司允许，由 Eliezer Lifschitz 友情提供）。

花在外观上差异很大，但其基本结构是由高度保守的基因来控制形成的

花的形状和形式多种多样，但是所有不同类型的花都是由相同的组件构成的。在一朵典型的花中，雌性生殖器官（**心皮**，联合起来形成**雌蕊**群）占据中央位置，周围环绕着雄性器官（**雄蕊**）。外层的非育性器官（**花被**）保护着这些生殖器官，并且在双子叶植物中，花被还经常具有吸引传粉者的一些特征（图 5-74）。在双子叶植物的花中，花被通常由**花瓣**和**萼片**构成。禾本科的花也有花被器官，但其中相当于花瓣的器官要小得多。

虽然花的外观多种多样，但是花器官的发育却受到一套高度保守的基因的控制。这些基因是通过研究同源异型突变体发现的。在**同源异型突变体**中，一种类型的花器官为另一种类型所取代（因此，相应的基因也称为**花器官特征基因**）。例如，在一种叫做"双花"的突变体中，生殖器官为一层额外的花被器官所取代——在植物育种中，经常利用这种突变，在多个物种中形成更美丽的花朵（图 5-75）。很多差异很大的植物物种中都能出现同源异型突变，说明花器官特征的遗传基础在演化上是保守的。同时，对拟南芥和金鱼草中同源异型突变体的研究也表明：在这两个物种中，表型相似的突

变体（图 5-76）是由同源基因的突变造成的。这些研究联合起来形成了一个模型，这个模型阐述了花器官特征在遗传学上是如何受到控制的。下面我们将会讲到这一点。

图 5-74 **吸引传粉者**。有花植物，演化出了许多吸引传粉者的特征。（A）在郁金香（*Tulipa*）中，绚丽的花瓣是吸引传粉者的主要特征。（B）在西番莲属（*Passiflora*）中，变态雄蕊是具有吸引力的彩色器官。（C）兰科植物 *Ophrys insectifera* 的花朵很像雌性蜜蜂，可以吸引试图来与花朵交配的雄性蜜蜂（图 A~C 由 Tobias Kieser 友情提供）。

图 5-75 **双花**。欧洲夹竹桃的野生型花（A）和突变体花（B）。突变体花有额外的花瓣（图 A 和图 B 由 Tobias Kieser 友情提供）。

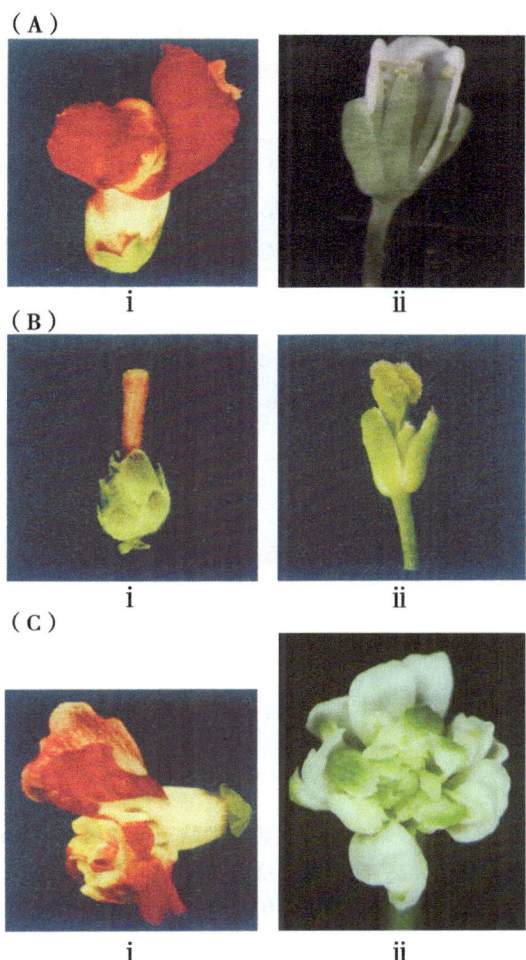

图 5-76　金鱼草和拟南芥中的相似的同源异型突变体。(A) 金鱼草（左）和拟南芥（右）的野生型花。(B) 花瓣变成萼片以及雄蕊变成心皮的突变体：金鱼草（左）的 *deficiens* 突变体和拟南芥（右）的 *apetala 3* 突变体。(C) 具有生殖器官转变为萼片和花瓣的突变体：金鱼草（左）的 *plena* 突变体和拟南芥（右）的 *agamous* 突变体（图 A ⅰ ~ C ⅰ，引自 E. Coen, EMBO J. 15 (24): 6777-6788, 1996, 经 Macmillan Publishers Ltd 允许，由 Enrico Cohen 友情提供；C ⅱ 由复旦大学马红教授提供）。

在花器官特征的 ABC 模型中，每种类型的器官都由一种特定的同源异型基因的组合决定

通常情况下，双子叶植物中的花器官的组织方式是四个同心圆（类似于戒指的排列方式），从外层到内层，依次由花萼、花瓣、雄蕊、心皮构成。每个器官类型都起源于幼嫩花芽的某一个特定区域（图 5-77）。

形成每种器官的细胞的命运是由花器官特征基因控制的，这些基因都编码转录因子，多数情况下都包含有一个 MADS 结构域（见第 2 章）。决定花器官四轮基本特征的这些基因分为三类：A 类、B 类和 C 类。每一类基因并不总是对应一个单独的基因。例如，两个拟南芥的 B 类基因编码了仅在一个多蛋白复合体中共同作用的蛋白质。图 5-78 显示了每类基因在野生型花中表达所处的区域。这些基因的活性区域有部分重叠，所以每一轮花器官中都包含了这些具有活性的特征基因的独特组合。在第一轮中，仅需 A 类基因来形成萼片；在第二轮中，需要 A 类和 B 类基因共同作用形成花瓣；在第三轮中，形成雄蕊则需要 B 类和 C 类基因；心皮的形成则只需要 C 类基因。A 类和 C 类基因是相互排斥的，缺少二者中任一个，另一个就会在整个花中表达。这些规则合

在一起，形成了 ABC 模型的核心思想。

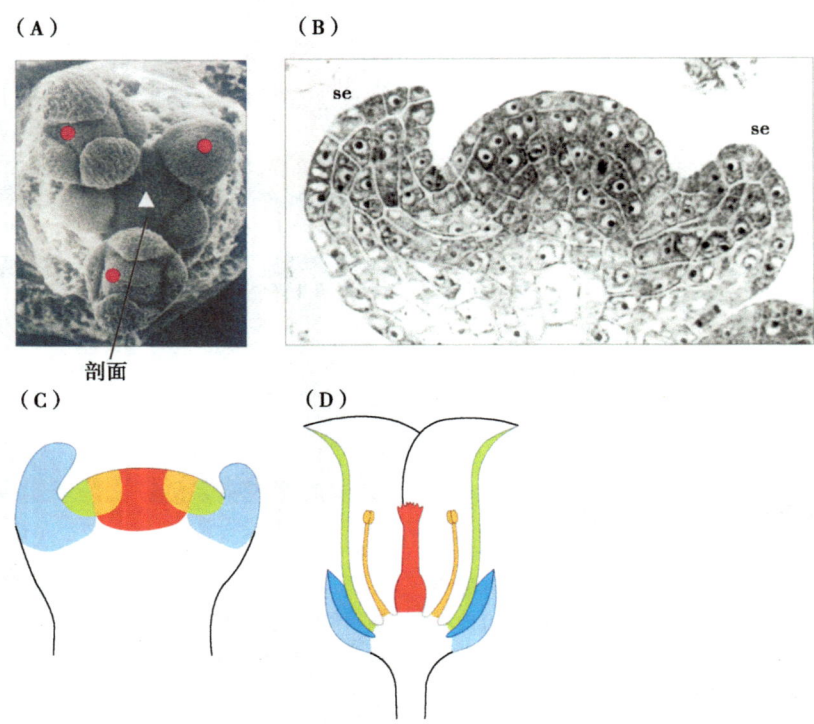

图 5-77　来自花分生组织的特定区域的花器官的起源。（A）拟南芥花序顶端的顶部视图，幼嫩花苞（红色圆圈）环绕着花序分生组织（白色三角）。（B）沿（A）中所示的平面进行的花分生组织的切片；分生组织已经在其侧翼产生了萼片原基（se）。（C）示意图，显示了幼嫩花苞中将生成萼片（蓝色）、花瓣（绿色）、雄蕊（橙色）以及心皮（红色）的区域。（D）成熟的花（图 A 由 Leonardo Alves Jr. 友情提供；图 B 由 Elizabeth Lord 友情提供）。

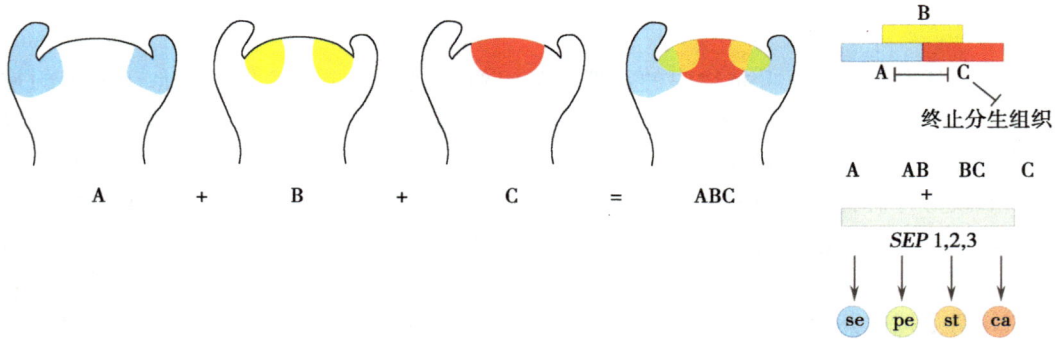

图 5-78　ABC 模型。A 类、B 类、C 类基因在花分生组织的不同区域发挥作用。A 类和 C 类基因的功能是相互排斥的（A 抑制 C；C 抑制 A），用 ⊢——⊣（右上）表示。B 类基因行使功能的区域与 A 和 C 行使功能的区域相重叠。A、B、C 活性的不同组合，决定了从分生组织各区域发生的器官的特性（se：萼片；pe：花瓣；st：雄蕊；ca：心皮）。只有当与 *SEPALLATA* (*SEP*) 基因相结合的时候，ABC 基因才能指导花器官的形成；*SEPALLATA* (*SEP*) 在整个花中表达（但是并不在花外）。

ABC 模型可以用以预测当花器官特征基因的表达发生改变时植物会出现怎样的表型。将突变体和器官特征基因的人工表达结合在一起，可以在任何位置形成任意类型的花器官（图 5-79）。如果同一株植物中 A、B、C 三类基因都发生突变，那么形成的花器官就类似于叶。这也表明，花器官和叶是同种基本类型的器官的不同变异。影响叶发育的突变对花器官的发育也有相似的影响，这一点也表明了花器官和叶片之间的相似性。例如，在金鱼草中，*phantastica* 突变（在 5.4 节中已有过描述）会影响叶的腹背性；而这一突变也会引起花器官发育成只有背轴向细胞类型的辐射对称的器官。

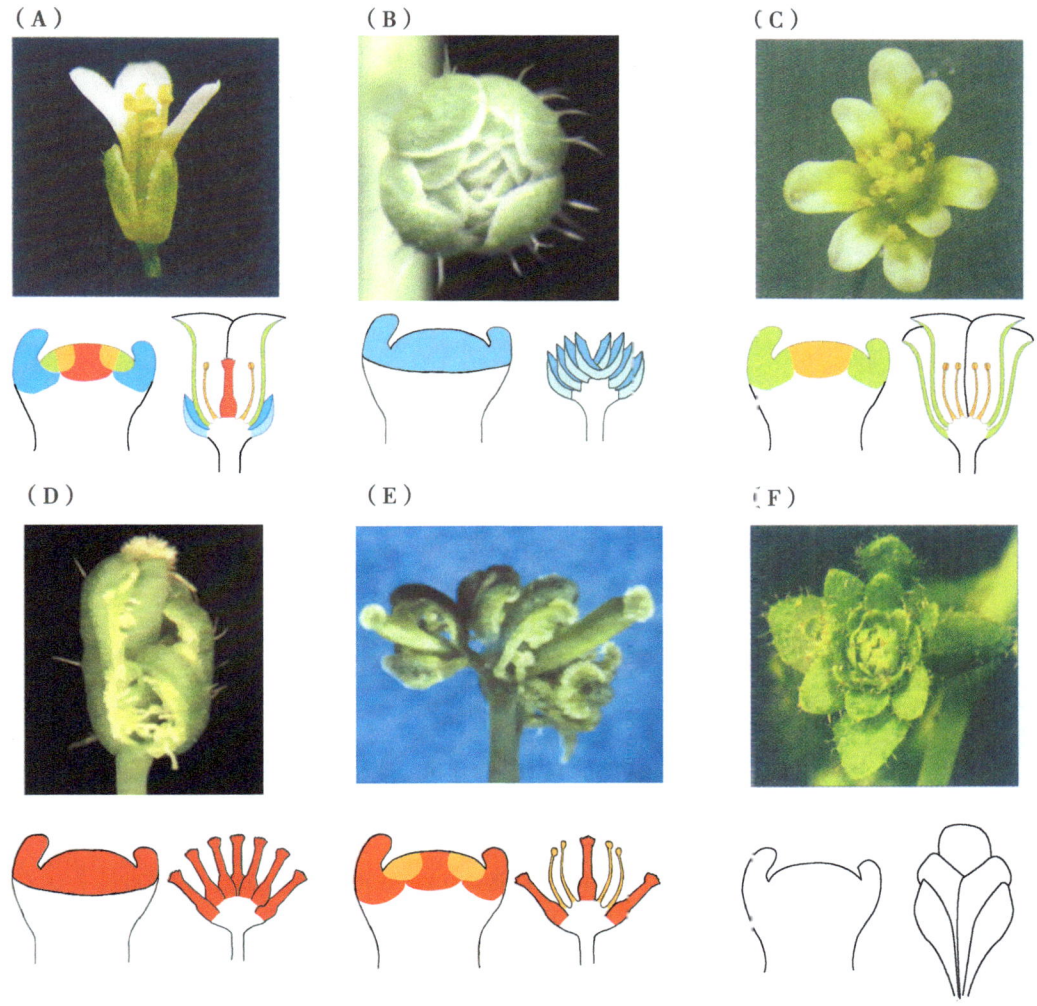

图 5-79 通过操纵 ABC 基因的表达，改变拟南芥中花器官的特征。(A) 具有正常 ABC 基因表达模式的野生型的花。(B) 双突变体，B 和 C 基因发生了突变（功能缺失，B⁻，C⁻）；所有的器官只表达 A 基因，因而发育成萼片。(C) 野生型，但是人为地使 B 基因在所有部位表达；器官原基发育成花瓣（A 和 B 基因的活性相结合导致）和雄蕊（B 和 C 基因的活性相结合导致）。(D) 突变体花，其中人为地使 C 基因在所有部位表达（抑制 A 基因），而 B 基因则发生了突变；所有的器官只表达 C 基因，因而形成心皮。(E) 突变体花，其中 A 基因发生突变，C 基因在整个花都表达；第二和第三轮的器官发育成雄蕊（BC 组合导致）。(F) 三突变体（A、B 和 C 基因发生突变）；花器官被类似叶的器官所取代。

虽然对 ABC 基因的操纵能够改变花内部的花器官特性，但在花之外，它们单独作用并不能将叶片转化成花器官。在花中表达的其他基因对于 ABC 基因的作用也是必需的。在拟南芥中，这些基因是 *SEPALLATA 1* 到 *SEPALLATA 3*（图 5-78），它们和 ABC 基因一样，编码 MADS 结构域蛋白。联合表达 SEPALLATA 蛋白和 ABC 蛋白，能将叶片转化成花器官，而具体的花器官特性取决于所使用的 ABC 蛋白的特定组合。

SEPALLATA 蛋白与不同的 ABC 蛋白之间存在物理性的直接结合。每个多蛋白复合体都由 SEPALLATA 蛋白和不同组合的 ABC 蛋白构成，控制特定类型的花器官发育所需的基因的转录（图 5-80）。

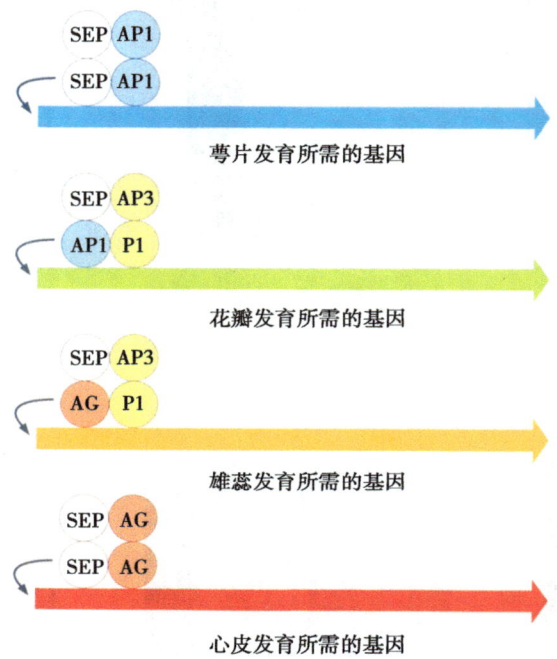

图 5-80　ABC 和 SEPALLATA 蛋白的联合作用。每种多蛋白复合体被认为控制了形成每类花器官所需基因的转录。ABC 基因编码的蛋白质是 AP3（APETALA3）、PI（PISTILLATA）、AP1（APETALA1），以及 AG（AGAMOUS）。SEP 蛋白则可能是 SEP1（SEPALLATA1）、SEP2（SEPALLATA2）或者 SEP3（SEPALLATA3）。

除了在控制花器官特征方面的功能，一些 ABC 基因在花的发育中还有其他作用。如我们前面提到过的，花分生组织通常是有限的，产生固定数目的器官原基。但在影响 C 类基因的突变体中，花分生组织变成无限的，会继续产生花器官，多于通常的四轮花器官（参见图 5-76C 中的双层花）。C 类基因限制花分生组织的生长，部分原因是关闭 *WUSCHEL* 基因的表达，而 *WUSCHEL* 基因对于维持分生组织中心的未分化细胞是必需的（见 5.4 节）。

在被子植物中，花器官特征基因是保守的

继从拟南芥和金鱼草中分离出花器官特征基因后，在许多其他物种中也分离出了同源的基因。在大多数观察过的物种中，B类和C类基因的同源基因的表达模式及功能都是相似的（表5-2），而A类基因的同源基因的功能则是可变的。虽然在细节上有一些差异，但ABC模型的核心内容在整个被子植物界都是可以通用的：一套相似的基因通过保守的组合模式起作用，进而控制花器官特性的形成。

表 5-2 B类和C类花特征基因在模式植物物种中的同系物

物种	B类基因	C类基因
Arabidopsis thaliana（拟南芥）	APETALA 3、PISTILLATA	AGAMOUS
Antirrhinum majus（金鱼草）	DEFICIENS、GLOBOSA	PLENA、FARINELLI
Petunia hybrida（矮牵牛）	PMADS 1、FBP 1	FBP 6、PMADS 3
Oryza sativa（水稻）	OsMADS 16、OsMADS 2	OsMADS 3
Zea mays（玉米）	SILKY?	ZAG 1、ZMM 2

注：每一栏中，这些基因的序列、表达模式以及突变体表型都是相似的。在一些物种中，C类基因受到一个以上基因的调控。

甚至在那些看上去并不"典型"的花（如禾本科植物）中，花同源异型基因的基本表达模式和功能也与上述类似。在禾本科植物中，在花瓣的位置形成了更小的器官，称为**浆片**；而**内稃**和**外稃**也与萼片有几分相似。和在双子叶植物的花中一样，玉米中 APETALA 3 的同源基因 SILKY 发生突变，会使得雄蕊转变为心皮，浆片转变为类似于内稃、外稃的器官（图5-81）。

当在远缘物种中表达这些同源异型基因时，它们依然行使相似的功能，这一点也证明了这些基因的保守性。例如，在一个拟南芥B类基因的突变体（*apetala 3*）中，表达金鱼草中的B类基因 DEFICIENS，花瓣和雄蕊的发育就能得到重建，表明 DEFICIENS 和 APETALA 3 在功能上是等同的。

尽管器官特征受到保守基因的控制，最终形成的花的外形还是多种多样的。这种变异可能与花器官特征的特化重叠发生（如花的对称性），也可能出现于器官特征确定后的某些步骤（如花瓣的颜色）。现在

图 5-81 玉米中的同源异型基因突变。（A）野生型玉米的雄性小花，显示出雄蕊（st）、内稃（pa）和浆片（lo）。（B）*silky 1* 突变体的雄性小花。雄蕊（tst）和浆片（tlo）都转变成了类似于心皮和内稃/外稃的器官（图 A 由 C. Whipplen 和 R. Schmidt 友情提供）。

我们来讨论花的这些多样化的特征。

花器官的不对称生长产生两侧对称的花

花的形状不仅仅是由器官特征所决定的，在同一轮中的花器官的形状也可能不同。如果每种器官类型的形状都相同，生成的就是辐射对称的花（如木兰花）。在其他花中（如金鱼草和兰花），腹面和背面的花瓣及萼片形状不同，生成两侧对称的花（图5-82）。在被子植物中，两侧对称可能是由辐射对称经过许多次独立的演化而来的。

图 5-82 两侧对称的花。（A）兜兰（*Paphiopedilum orchid*）。（B）野生三色堇（*Viola tricolor*）。（C）铁线莲（*Clematis jackmanii*）的辐射对称花，与B图形成对比（图A~C由Tobias Kieser友情提供）。

在金鱼草中，已经找出了建立两侧对称机制的基因。这些花中，背面花瓣（最靠近花序分生组织产生的）和腹面花瓣之间有明显的差别（图 5-83）。*CYCLOIDEA* 和 *DICHOTOMA* 是编码可能的转录因子的基因，在金鱼草的花沿腹-背轴的不对称生长中，二者都是必需的：无论哪个基因发生突变，背面器官都看上去像是腹面器官。在 *cycloidea*：*dichotoma* 双突变体中，生成的器官都是相同的，花为辐射对称——植物只具有腹面类型的器官。

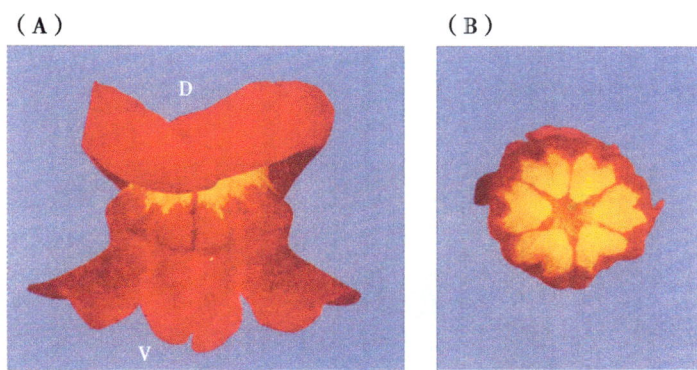

图 5-83　金鱼草中的花的不对称性。（A）野生型金鱼草花的前视图，标示了腹面（V）和背面（D）。（B）*cycloidea*：*dichotoma* 双突变体的辐射对称花，其中所有的器官都与野生型的腹面器官相似（图 A 和图 B 引自 E. Coen, EMBO J. 15（24）：6777-6788，1996. 经 Macmilla Publishers Ltd 允许，由 Enrico Coen 友情提供）。

在发育中的花里，*CYCLODIEA* 和 *DICHOTOMA* 基因都是很早期就在背面部分表达，抑制背面区域里的器官原基的生长，导致背面的花瓣比腹面的更小。在后期阶段，*CYCLOIDEA* 和 *DICHTOMA* 对器官生长的影响取决于器官特征，这说明它们与花同源异型基因控制的过程之间存在相互作用。

另外的一些调控基因控制花器官发育的晚期阶段

器官特征的特化并不局限于花器官发育的最早期；花器官特征基因会继续行使功能，直到晚期阶段。利用拟南芥中 B 类基因 *APETALA 3* 的一个温度敏感型突变体可以证明这一点。选择在不同的时间点将突变体植株从 *APETALA 3* 有活性的温度转换到其功能丧失的温度，实验结果表明，即便功能缺失发生在晚期阶段，也能阻止有功能雄蕊的形成。所以在花发育的所有时期，花器官特征基因都参与调控花器官的发育。对于同源异型基因所控制的这些过程以及其中的基因活性，目前还知之甚少。

然而，已经鉴定出了控制花器官特定部分发育的基因。例如，在拟南芥中，两个这类基因——*SHATTERPROOF 1* 和 *SHATTERPROOF 2*，对于心皮的特定组织的发育是必需的，它们最终能产生使角果开裂并释放种子的结构。*SHATTERPROOF* 基因和 *AGAMOUS* 是紧密相关的，*AGAMOUS* 是心皮发育的一个主要调控因子。*SHATTERPROOF* 基因在心皮发育的特定方面的作用阐释了在演化过程中，调控基因如何能够复制并获得更加特化的功能。

另一个在花器官特征基因的下游起作用的基因是金鱼草中的基因 *Mixta*，它对于花瓣中特定表皮细胞形状的发育是必需的（图 5-84）。在野生型花瓣的背面，表皮细胞是圆锥状的，这种形状能够将光线折射到细胞中液泡（含有色素）的方向，使花瓣更具光泽度。在 *mixta* 突变体中，细胞是扁平的，所以花瓣的颜色较暗淡。*Mixta* 编码了一个 MYB 家族的转录因子，和前文提到的 *GLABRA 1* 和 *WEREWOLF* 相同（它们控制其他类型的表皮细胞的分化）。

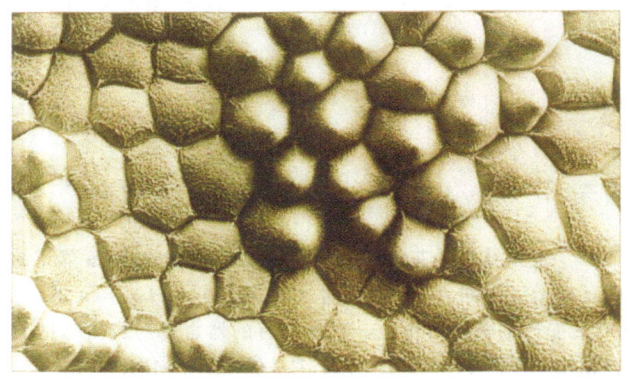

图 5-84　金鱼草花瓣表皮的扫描电镜图片，显示出外观扁平的 *mixta* 突变体细胞，这些细胞围绕着一片锥形的野生型细胞。因为 *mixta* 突变是由一个转座子引起的，这个转座子在发育过程中能够被切除；所以导致在某一个区域的细胞中，野生型的基因恢复功能，同时这个区域的细胞也发育成野生型细胞（对转座子的解释见第 2 章）。

5.6　从孢子体到配子体

在有花植物的生命周期中，发育中的雄蕊和心皮是减数分裂发生的位点。在我们对于植物发育的概述（5.1 节）中提到过，植物的一个特征就是：减数分裂的单倍体产物并不是配子，而是孢子（因为这一点，所以二倍体的植物称为"孢子体"）。和配子不同，孢子分裂并发育成雄性或者雌性的单倍体多细胞个体。在这个新的个体——"配子体"中，一些细胞分化成配子（图 5-85）。在本节中，我们主要讨论被子植物配子体的发育：花粉粒（雄配子体）以及胚囊（雌配子体）。

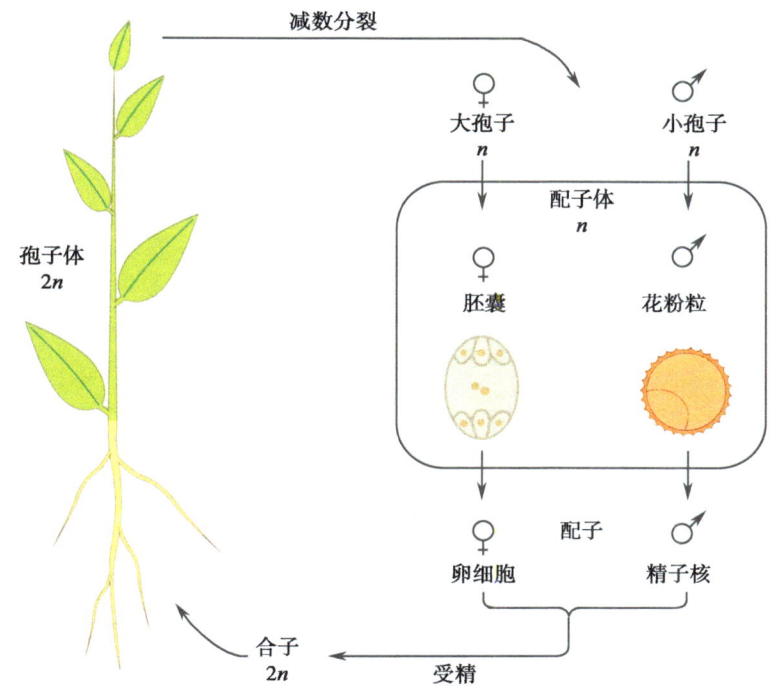

图 5-85 被子植物的世代交替。在有花植物中，处于显著地位的个体是二倍（$2n$）的孢子体；减数分裂在花中进行。生成的单倍体细胞（大、小孢子）会生成雌性和雄性配子体（分别是胚囊和花粉粒）。它们发育成小的单倍体个体，包埋在孢子体中，并且通过有丝分裂产生单倍的配子。受精产生二倍的合子，合子又将产生新的孢子体。

雄配子体是花粉粒，它具有一个营养细胞、雄性配子和一层坚硬的细胞壁

在被子植物中，花粉粒是一个高度简化的雄性个体，只由两个或者三个细胞组成：一个营养细胞，以及一个或两个类似于种系细胞的细胞（图 5-86）。然而，一些种子植物的花粉要更复杂一些（在一些针叶树中，由多达 40 个细胞组成），这是花粉粒与低等植物中更复杂的配子体之间关系的提示。

花粉发育开始于幼嫩**花药**中，伴随着表皮下细胞（**孢原细胞**）开始分裂（图 5-87）。表皮下细胞源自分生组织中的 L2 层（见 5.4 节），所以来自 L2 层的雄性种系的起源可以追溯到最初由 L2 层产生的细胞。孢原细胞分裂所产生的细胞中，有一个会最终形成**绒毡层**，绒毡层分泌的物质能够辅助花粉形成（参见以下内容）；其他的细胞则生成**小孢子体**（也称为**花粉母细胞**）。小孢子体是由二倍体向单倍体阶段的过渡形式。这种过渡也可在遗传学上精确定位。在拟南芥中，*SPOROCYTELESS*（*SPL*）基因（也称为 *NOZZLE*）特异地阻止了小孢子体向减数分裂的进程；在雌性孢子体中也会产生相同的缺陷（参见下文）。

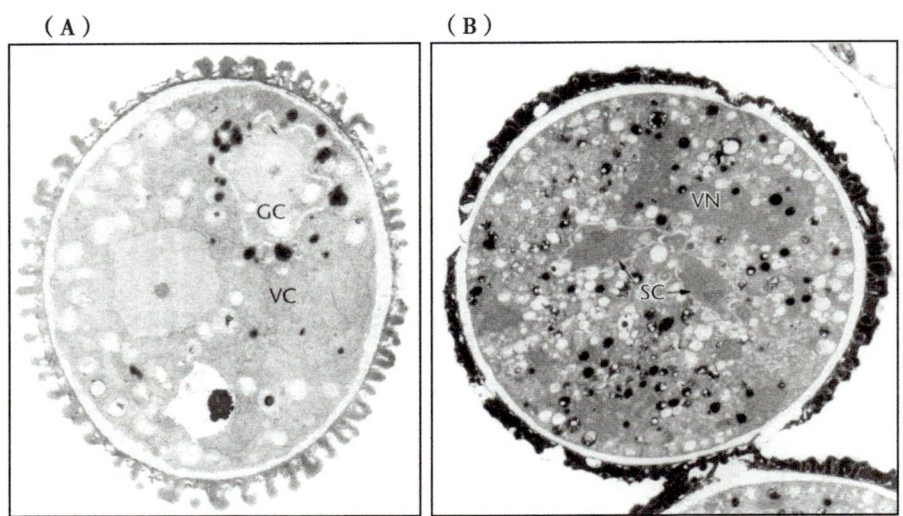

图 5-86 拟南芥花粉粒的内部结构。(A) 未成熟花粉粒电镜图片，显示出营养细胞（VC）和生殖细胞（GC）。(B) 成熟花粉，显示出精细胞（SC）核以及营养细胞核（VN）。

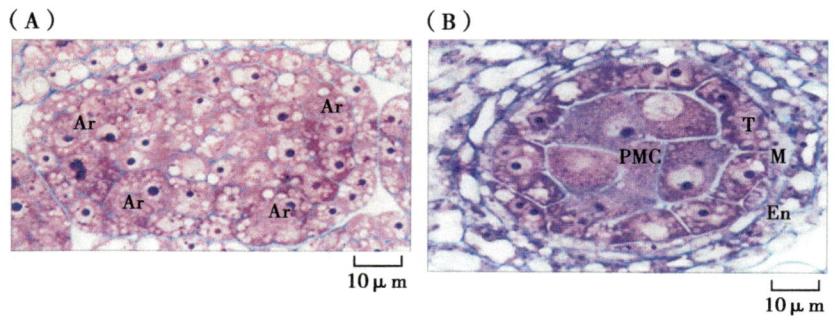

图 5-87 孢原细胞。(A) 拟南芥发育中的雄蕊的切片，图中显示出胞原细胞（Ar）。(B) 在雄蕊发育的较晚阶段，孢原细胞的后代分化形成花粉母细胞（PMC）、绒毡层（T）以及围绕绒毡层的组织［中层（M）和内皮层（En）］。

许多在配子体（雄配子体和雌配子体）发育中的关键基因都在减数分裂中起作用。例如，*SYNAPSIS/DETERMINATE INFERTILE 1* 基因编码一个与粘连蛋白相似的蛋白质，**粘连蛋白**对于所有的真核生物减数分裂的同源染色体配对都是必需的。另一个例子是 *AtSPO 11*，它编码一个**拓扑异构酶**，这个酶对减数分裂重组的起始十分重要。与酵母和哺乳动物相同，拟南芥的减数分裂过程中的重组事件也是同源染色体配对和正确分离的关键部分（见 3.2 节，查看有关减数分裂和重组的讨论）。

当减数分裂成功完成后，形成四个单倍体细胞。在二倍体和单倍体世代交替的周期中，这些细胞所起的作用，相当于苔藓和蕨类中对其传播起关键作用的单倍体孢子。但是在种子植物中，单倍体细胞在二倍体植物内部形成配子体。对于雄配子体，达到这一点只需要两次有丝分裂。第一次分裂是不等分裂，产生一个较大的**营养细胞**和一个较小的**生殖细胞**(图 5-86)。生殖细胞的核仁具有浓缩的染色质，在转录上没有营养细胞的核仁那么活跃。例如，大多数在花粉表达的基因都是特异地在营养细胞中有活性。营养细胞对于花粉内壁的形成有作用，并且能够帮助花粉粒萌发后的花粉管生长（参见以下）。

将营养细胞和生殖细胞分开的不对称分裂，对于建立生殖细胞的命运是必需的。假如不对称分裂受到抑制［例如，用秋水仙碱（一种干扰**微管**的药物）处理紫鸭跖草(*Tradescantia*) 的花粉］，只能发育出一个营养细胞。在拟南芥 *GEMINI POLLEN* (*GEM*) 突变体中，小孢子在可变的平面上分裂，当分裂是对称的时候，两个细胞都发育成营养细胞。所以，未来是发育成营养细胞还是生殖细胞，取决于小孢子细胞中一个因子的分布。与特定细胞命运相关联的不对称细胞分裂，在植物和动物的发育中都存在。

从营养细胞分离后，生殖细胞再次分裂，形成两个**精子**核，参与种子植物典型的双受精（见 5.2 节中关于胚乳发育的讨论）。成熟花粉粒中，营养细胞和精细胞都包被在有两层细胞壁组成的包被内。内壁主要由胼胝质和纤维素构成。当花粉粒萌发的时候，内壁随着花粉管的延伸而延展。花粉粒还被一层坚硬的**外壁**所包围，它富含酚类化合物。外壁上有孔隙，花粉管萌发时可以从其中穿过。外壁的外表面常有以复杂模式排列的脊状和钉状突起，它们是遗传上先天决定的，可以用来确定产生该花粉的物种。

周围的孢子体组织可以辅助花粉的发育

花粉发育的完成不仅仅依赖于其内部的基因活性，还与周围的孢子体组织紧密相关。孢子体细胞的一个特化层——绒毡层，对于花粉发育的完成是必需的。绒毡层从孢原细胞的姐妹细胞发育而来（上面描述过这一点），将花粉粒发育所在的小室包围起来。绒毡层细胞产生蛋白质和其他物质（如**黄酮醇**)，形成花粉粒的外壁。绒毡层细胞对花粉粒发育的支持作用，在其"自杀"过程中达到顶峰：在花粉发育的末期，绒毡层细胞经历程序性细胞死亡，释放出蛋白质，这些蛋白质将融合进发育的花粉外壁中。

许多雄性不育的突变都主要是影响绒毡层，这说明绒毡层细胞在花粉发育中具有十分重要的作用。在许多作物中，雄性不育具有很高的经济价值，因为自交受阻碍，就方便了不同品种之间的杂交，从而产生更具优势的种子（见 9.2 节关于**杂种优势**的详细讨论）。具有最高经济价值的绒毡层受影响的雄性不育突变体是不同寻常的，其不同之处在于：它们携带的突变不是在核 DNA 中，而是在**线粒体 DNA** 中（所以它们称为"胞质突变"，而不是核突变）。所以这种突变的遗传不遵循孟德尔遗传定律；其后代的表型由母本（向子细胞提供线粒体）决定。虽然这些突变引起的缺陷存在于所有细胞的线粒体中，但似乎只有绒毡层细胞受到影响。这表明，绒毡层的发育对线粒体功能减弱尤其敏感。

将**胞质雄性不育**（CMS）突变和显性核突变联合起来，可以用来产生杂交种子。在有缺陷的线粒体存在的情况下，核突变可用于育性的恢复。一个例子就是玉米的

CMS-T 突变（图 5-88）。通常情况下，CMS-T 植株是雄性不育的，但当有核突变 *Restorer of fertility 1* 和 *Restorer of fertility 2*（*Rf 1* 和 *Rf 2*）的时候，植株就恢复了育性。用 *Rf 1* 和 *Rf 2* 纯合植株的花粉向 CMS-T 植株授粉，产生的杂交后代可育且能够自交并结实——虽然这些植株都从雌性 CMS-T 亲本那里遗传了突变的线粒体。CMS-T 植株的突变线粒体产生未知活性的异常肽链（URF13）。*Rf 2* 基因编码一个乙醛脱氢酶，暗示了 *Rf 2* 能够防止 CMS-T 植株的缺陷线粒体产生的有毒乙醛积累。

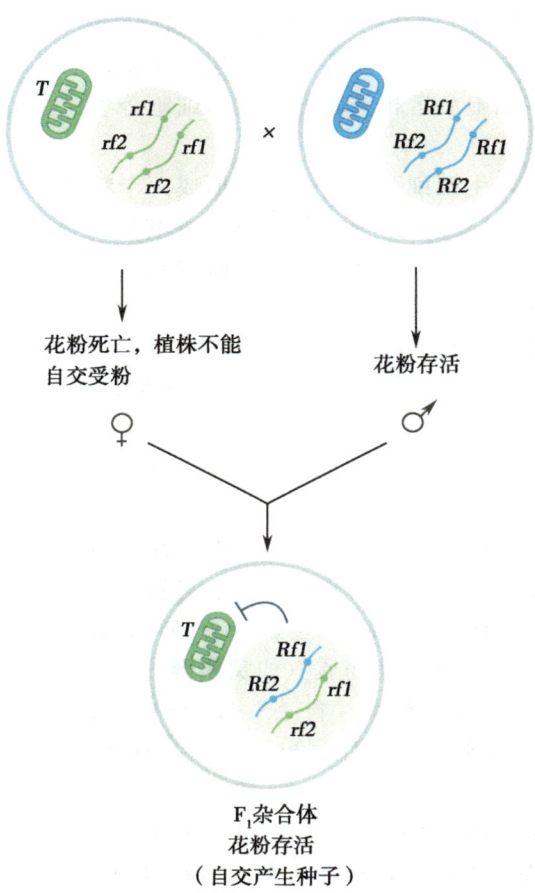

图 5-88 玉米中的细胞质雄性不育。携带具有突变基因 T 的线粒体的植株不能产生花粉，所以只能作为母本。但是，T 的效应能够被显性的 *Rf 1* 和 *Rf 2* 的联合作用所抑制。在将带有 T-线粒体的植株与 *Rf 1* 和 *Rf 2* 纯合的雄性植株杂交后，尽管所有的 F_1 代都从母本中遗传到了 T-线粒体，但它们都能够产生花粉，并且自交产生种子。在商业上，CMS 被用于生产高活力的 F_1 代杂交种子（见第 9 章）。

雌配子体在胚珠中发育，为双受精提供配子，从而形成合子和胚乳

种子植物的雌配子体包含在胚珠中。胚珠是一个混合结构，由孢子体（二倍体）和配子体（单倍体）组织共同构成（图 5-89）。和雄配子体相似，雌配子体也是一个高度简化的单倍体个体。在大多数种子植物中，雌配子体由 8 个细胞组成，形成胚囊。胚囊并不完全包围配子体，而是留下一个开口（珠孔），花粉管能够穿过珠孔来传递精细胞。

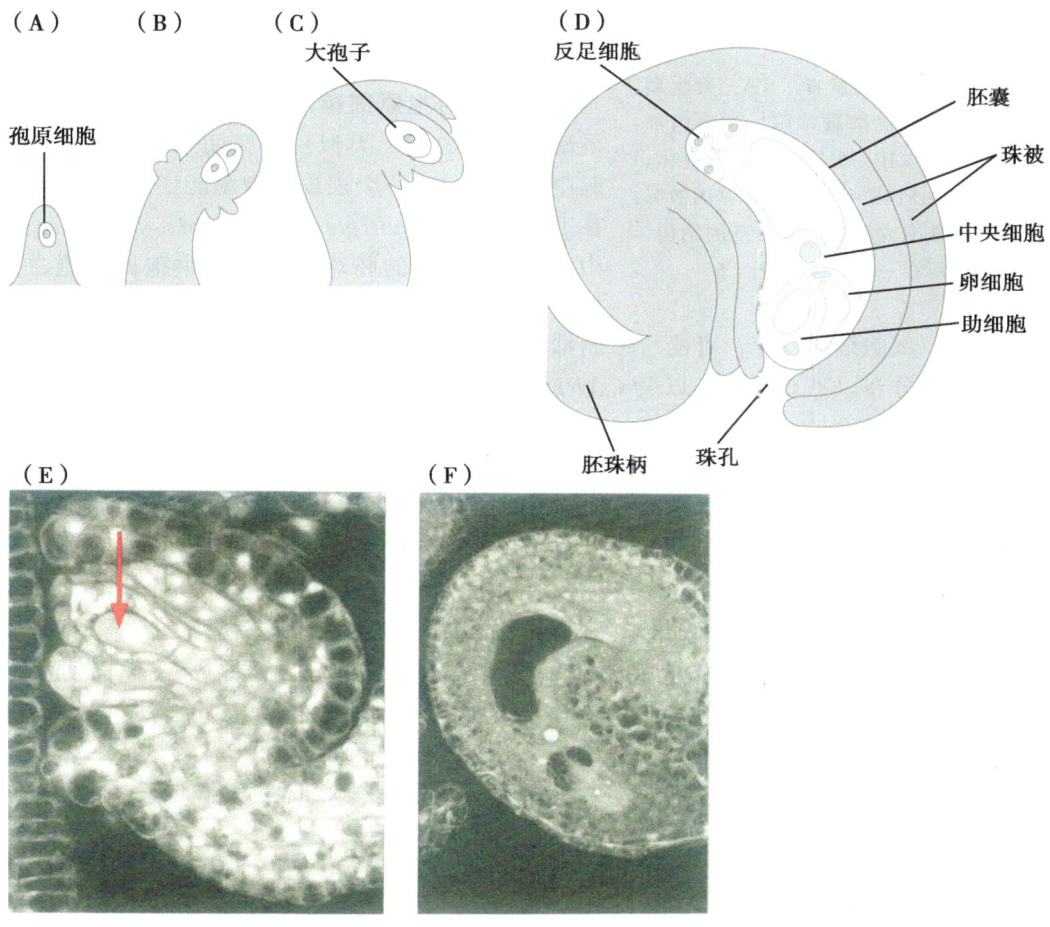

图 5-89 被子植物中胚珠的发育。（A，B）胚珠原基中的孢原细胞经历减数分裂 I。这时它被两层保护性的珠被所包围。（C）进行减数分裂 II 后，4 个单倍体细胞中有 3 个发生降解，剩下的 1 个形成大孢子。（D）在成熟胚珠中，大孢子经历了 3 轮有丝分裂，产生单倍体胚囊，其中含有卵细胞、中央细胞、助细胞以及反足细胞。孢子体来源的二倍体珠被包裹着胚囊，只留下一个小的开口（珠孔）。珠柄将胚珠与孢子体的其余部分连接起来。（E）拟南芥的胚珠原基（处于 C 图中的阶段）的显微图片，大孢子用红色箭头指示。（F）成熟拟南芥胚珠的切片，与 D 图对应。胚囊内的可见白点分别为中央细胞、卵细胞以及两个助细胞（图 A~D 由张慧婷提供，图 E 和 F 由 Gary Drews 友情提供）。

被子植物的胚珠是从心皮内部上的一个突起开始发育的。决定这些突起所在的位置或指导其发育的因素还不确定。在矮牵牛中，有证据表明，MADS 结构域蛋白（这里是 FBP7 和 FBP11）也参与在这个过程中。在这些基因活性减弱的植物中，这些突起物并不发育成胚珠，而是发育成类似心皮的结构（图 5-90）。在其他器官（如萼片和花瓣）中，FBP7 和 FBP11 的表达也能够引发胚珠组织的发育。

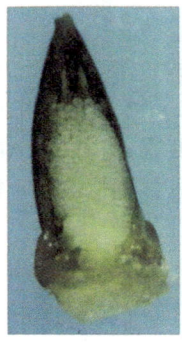 

图 5-90　**胚珠的发育**。(A) 野生型矮牵牛；心皮壁被移除，露出内部的胚珠。(B) 矮牵牛植株突变体，其中产生 FBP7 和 FBP11 的基因被沉默，胚珠变成类似缩微心皮的结构，彼此挤压在一起，像一团面条。

在最终形成胚珠的突起物的顶端，雌配子体是从一个称为**孢原细胞**的表皮下细胞（这一点与雄配子体中的情况类似）发育而来的。在每个突起中，通常只有一个表皮下细胞能变成孢原细胞。在玉米突变体 *multiple archesporial cell 1*（*mac 1*）中，每个发育中的胚珠都含有多个孢原细胞，这样的胚珠可能发育出多个雌配子体。*MAC 1* 只能使一个孢原细胞继续发育，可能与一侧抑制机制有关。之前，在讨论 *TRYPTICHON* 在表皮毛的分布（见 5.4 节）以及 *CAPRICE* 在根毛发育中的作用（见 5.3 节）的时候，我们已经讨论过一侧抑制机制的过程。

孢原细胞经过减数分裂，产生 4 个单倍体细胞。其中 3 个经过程序性细胞死亡，剩下的细胞增殖形成配子体（胚囊，图 5-89D）。这 3 轮有丝分裂产生 8 个核，形成典型的被子植物雌配子体。生成的核最初形成一个多核体（多个细胞核共用同一个胞质），但最终胚囊会发生细胞化。其中 3 个细胞核停留在胚囊的中心，1 个发育成卵细胞，其余 2 个融合形成中央细胞核。在受精过程中，卵细胞与花粉管中的一个精细胞融合，形成二倍体胚胎；中央细胞核则与第二个精细胞核融合，形成三倍体的胚乳。雌配子体中的其余细胞核分别迁移到两极，然后发生细胞化。在花粉管进入的一端，其中两个核形成**助细胞**。助细胞能够吸引花粉管向胚珠延伸；而花粉管进入后，助细胞则会发生降解。在胚囊的另外一端，其余 3 个细胞核形成反足细胞，它们在受精后可能经历程序性细胞死亡（如拟南芥）或者增殖（如玉米）。

雌配子体的发育是与胚珠中孢子体组织的发育协调一致的

当孢原细胞在胚珠原基顶端形成时，原基的基部产生两个环状的突起。它们进一步生长，形成两层孢子体来源的珠被，将发育中的配子体包裹起来。在珠被起始点的下方，胚珠原基的其余细胞会形成珠柄，将成熟胚珠和心皮胎座连接起来。

和花粉的发育一样，雌配子体不仅被包围在孢子体中，还需要周围孢子体组织中发挥功能的基因来帮助其完成发育。在拟南芥中，干扰珠被发育的突变也会影响胚囊的发育。*INNER NO OUTER*（*INO*）和 *AINTEGUMENTA*（*ANT*）基因就是这类基因的两个例子：*ino* 突变体不能形成外层珠被，而在 *ant* 突变体中，两层珠被都是有缺陷的。在这两个突变体中，胚囊均不能正常发育。因为 *INO* 和 *ANT* 都在发育的珠被中表达,而不在形成胚囊的细胞中表达,因此这些突变体的配子体不能完成发育,一定是珠被缺陷所导致的间接后果。

花粉粒在柱头上萌发,形成花粉管并将精细胞核向珠珠运输

在完成发育后,半干的花粉粒从花药中释放出来,这个过程叫做"花药开裂"。根据每种植物的生殖策略不同,花粉或者直接释放到同一朵花的雌蕊上,或者由风、昆虫或其他传粉者带到另一朵花上。雌蕊具有特化的表面,叫做**柱头**,外来的花粉可以黏附在上面。一些情况下,柱头分泌的黏性物质能够促进花粉的黏附。另外一些植物具有较"干"的柱头,没有黏性分泌物,拟南芥就属于这一类。虽然没有黏性分泌物,但是拟南芥的柱头细胞能够快速且紧密地结合外来花粉(假如扩展到 0.1~0.5m² 的表面上,黏附力足以举起 100kg 的重量)。这种黏附是受花粉外壁介导的,具有选择性:其他物种的花粉在拟南芥柱头上的结合能力就很弱。

在与柱头结合后,花粉粒吸水。这个过程也可以有种属选择性,并且需要花粉外被上的脂类物质参与。在缺少这些脂类物质的拟南芥突变体(*cer*)中,花粉不能够吸水,因而是不育的。复水后,花粉管从花粉粒上的一个萌发孔伸出。花粉管顶端携带有营养核和生殖核,快速向胚珠生长,有时能通过一段很长的距离(在一些百合科的植物中,可以达到 10cm)。

花粉管的生长在功能上相当于细胞迁移。花粉细胞保持在生长顶端,而每隔一段距离,胼胝质塞就会把后面留下的空管道封上。花粉管壁的组成很特殊,主要是胼胝质和果胶。通过在顶端增添新的原料,花粉管得以不断生长;这一点很像根毛、菌丝以及神经元轴突的生长。相应地,花粉管顶端具有高密度的囊泡,这些囊泡参与向胞外分泌形成新细胞壁的原料(图 5-91)。

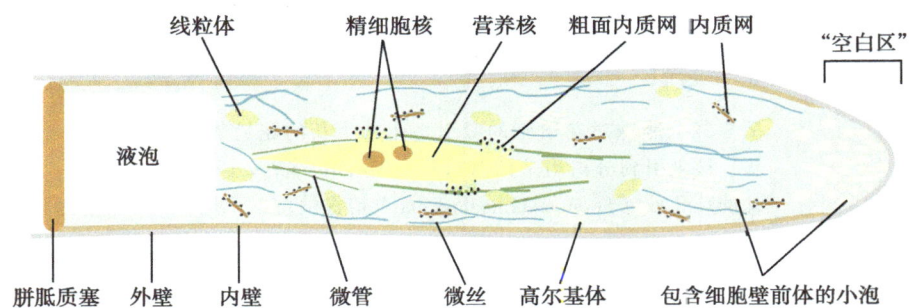

图 5-91 生长中的花粉管顶端的亚细胞结构示意图。顶端有高密度的分泌囊泡和胼胝质塞,后者将顶端与花粉管的较老部分分隔开(张慧婷提供)。

花粉管的生长导向受到来自心皮组织的长距离信号以及胚珠的短距离信号的影响

囊泡向花粉管壁的定点运输可能决定了花粉管的生长方向。这个过程可能包含了胞外信号分子、花粉粒上的受体,以及一个控制囊泡靶向的信号转导通路。然而,在

这个预测的活动链中，目前只确定了少数几个组分，其中包括一个小的**Rho-类型的GTP酶**(在酵母和动物中，这些GTP酶将信号从细胞表面转导到肌动蛋白细胞骨架上，细胞骨架也参与了囊泡的运输)。

引导花粉管生长的一个可能的信号是心皮内部的胞外基质（ECM）。这种类型的引导机制与动物发育中的神经元轴突的引导方式类似：一个顶端生长的细胞由一个由特定 ECM 分子标记的路径引导到其靶标位置。在百合中，一个果胶多聚糖和一个小的 ECM 蛋白参与了花粉管引导。

当花粉管靠近胚珠时，其他的短距离引导信号也相继到达（图 5-92）。这些信号来自于雌配子体。影响雌配子体发育的突变能够阻断花粉管引导的最后阶段；如果没有一个正常的胚囊，花粉管能够沿心皮向下延伸，但是不能转向胚珠。这种短距离信号的特定来源可能是助细胞。关于这一点，最好的证据来自于花粉管的体外引导实验，在这个实验里，花粉管在体外被引向分离出来的蓝猪耳（*Torenia fournieri*）胚囊。如果利用激光切割将助细胞去除，胚囊对花粉管的引导效应就会丧失；而如果去除了中央细胞或者卵细胞，胚囊却仍然能够引导花粉管。

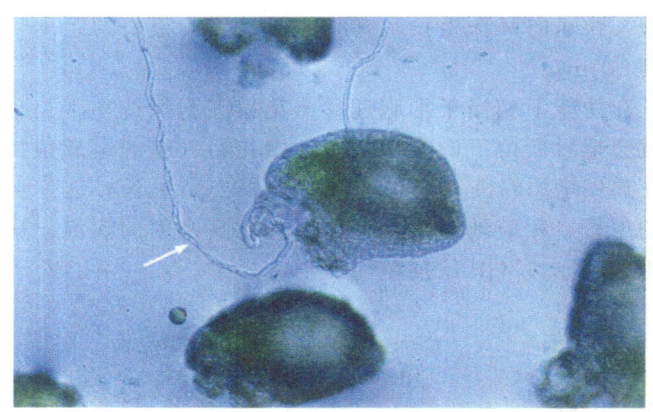

图 5-92　胚珠对花粉管的吸引。体外生长的花粉管（箭头）被吸引到分离出来的蓝猪耳（*Torenia fournieri*）胚珠的珠孔处（Tetsuya Higashiyama 友情提供）。

花粉管的生长一旦通过珠孔并到达雌配子体，胚珠就丧失了引导花粉管的活性。这样有助于防止**多精入卵**，即来自多个花粉管的精细胞进入卵细胞内受精。

植物的某些机制只允许携带特定基因的花粉管生长

落在柱头上的花粉粒并不总能够通过心皮生长。其他物种的花粉的受精行为（可能形成不能成活的后代）是可以阻止的，因为外源花粉不能萌发，或者不能识别引导花粉管进入胚珠的信号。与受粉植物在遗传学上太接近的花粉也可能是劣势的：自交可能导致"近交衰退"（是杂种优势的对立面，见 9.2 节）。许多植物种类能够避免自交，有可能是花的形态或者花药开裂的时机不同使得花粉无法落在同一朵花的柱头上。

另一些情况下，即使花发生了自交受粉，自身的花粉也可以为心皮特异地识别，使其不能生长，这种效应称为**自交不亲和**。

关于自交不亲和，研究最多的是一个在心皮中表达的蛋白质，它能够识别花粉粒中的一个蛋白质从而抑制花粉生长。编码这些花粉和心皮蛋白的基因是紧密连锁、共同遗传的（在同一个单独的位点上，称为 S-位点）。S-位点上的基因是高度多态化的：心皮和花粉蛋白有许多变异，同一个 S-位点等位基因的蛋白质能够彼此识别；而其他等位基因所产生的蛋白质则不能被识别。因为相同个体的花粉和心皮表达的蛋白质是相互匹配的，所以自花受粉能够引发自交不亲和反应。不同个体的花粉具有不同组合的花粉和心皮表达基因，所以不能被识别，其生长也就不会受到阻碍（图 5-93）。

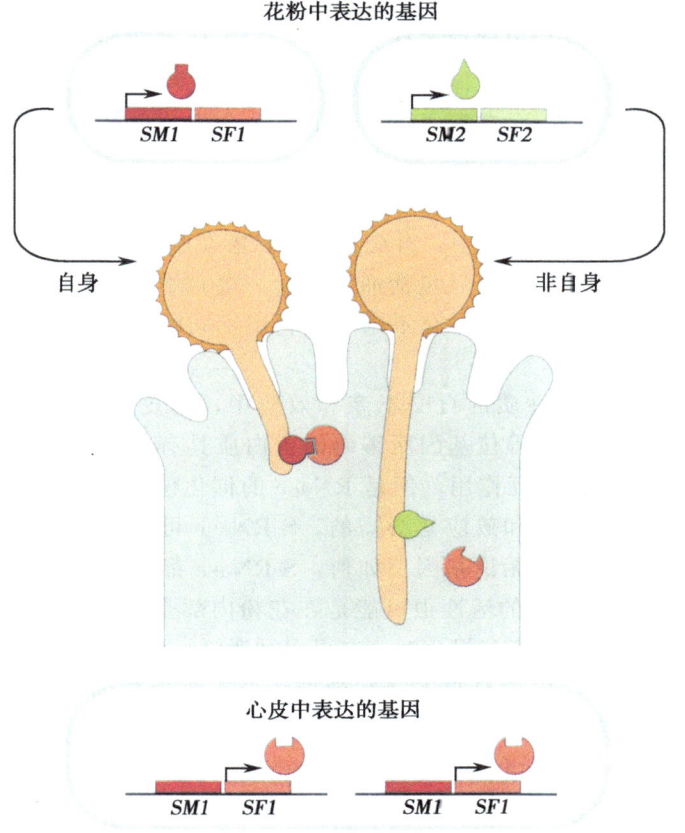

图 5-93 自交不亲和的分子基础。 同一株植物的花粉和心皮（左）含有 SI 基因的相同等位基因，SM1 和 SF1（SM＝雄性表达的 SI 基因；SF＝雌性表达的 SI 基因）。花粉中的 SI 蛋白（红色液滴形）被心皮（橙色液滴形）中的 SI 蛋白所识别，抑制了花粉管的生长。来自不同植株［右，带有一个不同的 SI 等位基因（SM2，SF2）］的花粉携带一个不能被心皮蛋白识别的蛋白质（绿色液滴形），因此花粉管的生长不会被抑制。

这些自交不亲和的系统可以防止自花受粉的发生，但相匹配的心皮和花粉成分必须作为一个整体单位来进行遗传。之所以会产生这种现象，是因为匹配的自交不亲和基因区域内的重组在减数分裂时是受到抑制的。重组如何在 S-位点受到抑制，至今还不甚清楚。另一个悬而未决的有趣问题是：等位基因的高度多样化是如何在 S-位点上发生演化的，而与此同时仍然能够保证每对心皮和花粉组分的配对。

自交不亲和性可能是配子体或者孢子体性质的，这一点取决于被识别的花粉蛋白的来源

基于遗传类型，有两种类型的自交不亲和。这种差别的来源是（前面提到过），花粉粒中的一些蛋白源自亲本孢子体（绒毡层分泌），另一些则由单倍的配子体提供。这也包含了那些被心皮识别的花粉蛋白。所以，自交不亲和可能是孢子体或者配子体性质的，这一点取决于心皮是识别孢子体来源还是配子体来源的花粉组分。遗传上，这一点是非常重要的区别：在孢子体性质的不亲和中，花粉粒的不亲和由二倍孢子体中的两个等位基因共同决定；而在配子体性质的不亲和中，只有单倍体中的单个等位基因与此相关（图 5-94）。

配子体性质的自交不亲和现象在茄科植物中十分普遍（虽然在这个科的很多栽培作物，如番茄、马铃薯和矮牵牛中，自交不亲和现象在驯化过程中已经丧失）。孢子体性质的自交不亲和现象在芸薹属（包括油菜和卷心菜）中研究得最深入。除了以上提到过的遗传差异，这两种类型的自交不亲和性利用不同的生化机制来抑制自身花粉的生长。

在茄科植物的配子体性质的自交不亲和效应中，心皮产生的组分是一个核酸酶（RNase）。不同的 *S-RNase* 等位基因所编码的蛋白质具有不同的氨基酸序列，能够与相配对的花粉表达的组分相互作用，但是 RNase 的催化位点是不可变的。定向突变表明，催化位点对于自交不亲和效应是必需的，S-RNase 可以降解自身花粉中的 RNA，从而使花粉管的生长停止。无论基因型如何，S-RNase 都可以进入它们在体内或体外生长的花粉管，所以 RNase 的活性很可能是在花粉内部受到抑制的。但是当 S-RNase 识别配对花粉表达的自交不亲和组分时，它可以被激活（图 5-95）。

在芸薹属的孢子体性质的自交不亲和效应中，花粉生长的停止发生在早期阶段。心皮蛋白是一个有激酶活性的受体（S-receptor kinase，SRK），它在柱头的表皮细胞中表达。花粉组分是一个小的富含半胱氨酸的蛋白质（S-cysterine-rich，SCR），存在于花粉外被上。当花粉接触柱头细胞时，SRK 识别花粉外匹配的 SCR 蛋白，引发信号转导级联放大反应，抑制了花粉粒的持续萌发。但是，花粉萌发受到阻碍的具体机制现在还不清楚。

被子植物有双受精现象

当花粉管到达胚珠时，它就进入珠孔并爆裂，将精细胞释放进入胚囊。其中一个精子核与卵细胞融合，生成二倍体的合子，另一个精子核则与两个极核融合，生成三倍体胚乳（图 5-96）。这种双受精现象是被子植物的一个特征。在非有花的种子植物中（如针叶类），种子中为胚囊提供营养的组织是单倍体，来自雌配子体。

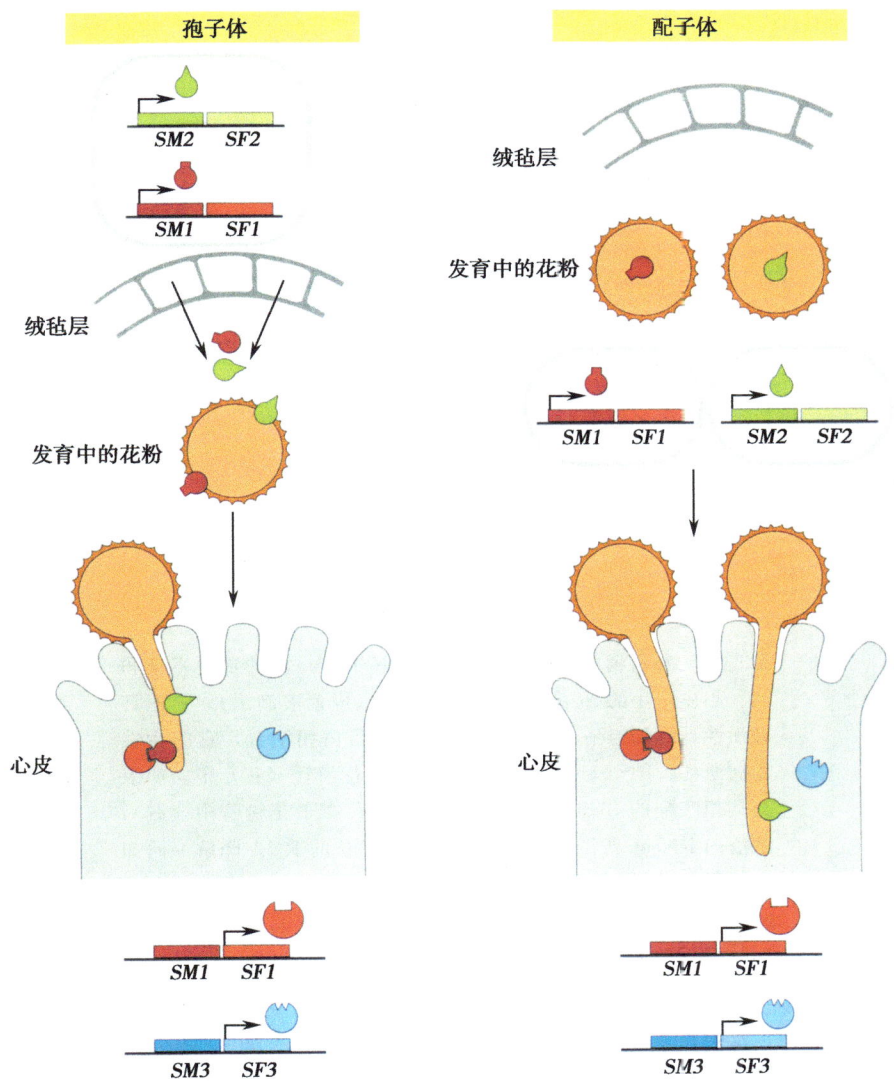

图 5-94 **孢子体性质和配子体性质的自交不亲和性**。在孢子体性质的自交不亲和（左）中，花粉 SI 蛋白（红色和绿色液滴形）由二倍孢子体产生（在绒毡层中），并储存在发育的花粉粒中。所以每个花粉粒都被绒毡层细胞（二倍孢子体性质）的两个 *SI* 等位基因所标记（*SM* 和 *SF* 的解释见图 5-93）。假如这两个等位基因中任一个与接受花粉的心皮（橙色和蓝色）中的 SI 蛋白相匹配，花粉管生长就受到抑制。

在配子体性质的自交不亲和中，花粉 SI 蛋白是由单倍体花粉细胞产生的。每个花粉粒都只被父本孢子体中两个 *SI* 等位基因中的一个所标记。只有那些携带的 SI 蛋白能识别心皮 SI 蛋白的花粉，其生长才会受到抑制。

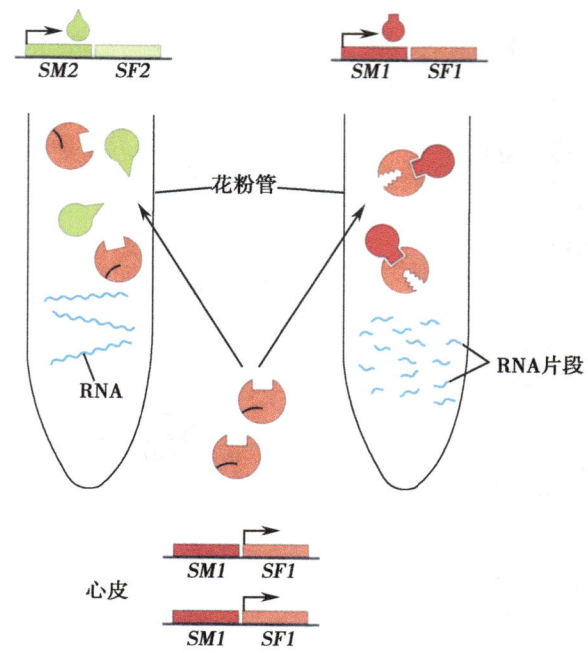

图 5-95　茄科植物（Solanaceae）中基于 RNase 的自交不亲和性。心皮产生的 SI 蛋白是一个 RNase（橙色液滴形），它不具有活性，直到与一个相匹配的花粉 SI 蛋白相结合，它的活性才被激活。RNase 被运输进入生长中的花粉管（右）中。如果与其相匹配的 SI 蛋白（红色液滴形）存在于花粉管中（右），激活的 RNase 就将细胞中维持花粉管生长的 RNA 降解。而如果花粉管中的 SI 蛋白（绿色液滴形）与其并不匹配（左），RNA 则仍维持功能（*SM* 和 *SF* 的解释见图 5-93）。

关于被子植物双受精的起源，有两种假说。一种认为双受精最初产生两个胚胎，其中一个在演化中获得了提供营养的作用。假如这是正确的，那么双受精事件最初形成二倍体细胞，胚乳则是后来经过修饰变成三倍体的。与这种假说相符合的事实有：在一些较低等的被子植物中，胚乳是二倍体。另一种假说认为胚乳是从与非有花种子植物中的营养组织类似的组织演化而来的。这种情况下，第二次受精事件的起源与形成合子的受精事件是相对独立的。目前这两种假设都没有决定性的优势。

来自雌、雄配子的基因在受精后的表达并不是等同的

受精后不久，虽然每个基因都有来自单方面亲本的拷贝，但是雌配子和雄配子贡献的基因的作用是不一样的。合子中，雌、雄配子来源的基因的表达差异称为**基因组印记**，类似情况在动物中也存在。在植物中，这种现象已经表明在胚乳中有发生。例如，在玉米和其他禾本科植物中，研究表明，只有含有两套母本染色体的胚乳才能正常发育。含有两套父本基因组、四套母本基因组（2∶4）的六倍体胚乳的发育与正常的三倍体胚乳（1∶2）类似，而含有四套父本基因组、两套母本基因组（4∶2）的六

倍体胚乳则不能存活。这就很好地阐释了印迹效应：虽然两种类型的六倍体都有相同的染色体数目，但是正常的发育依赖于染色体的来源，即来自父本还是母本。

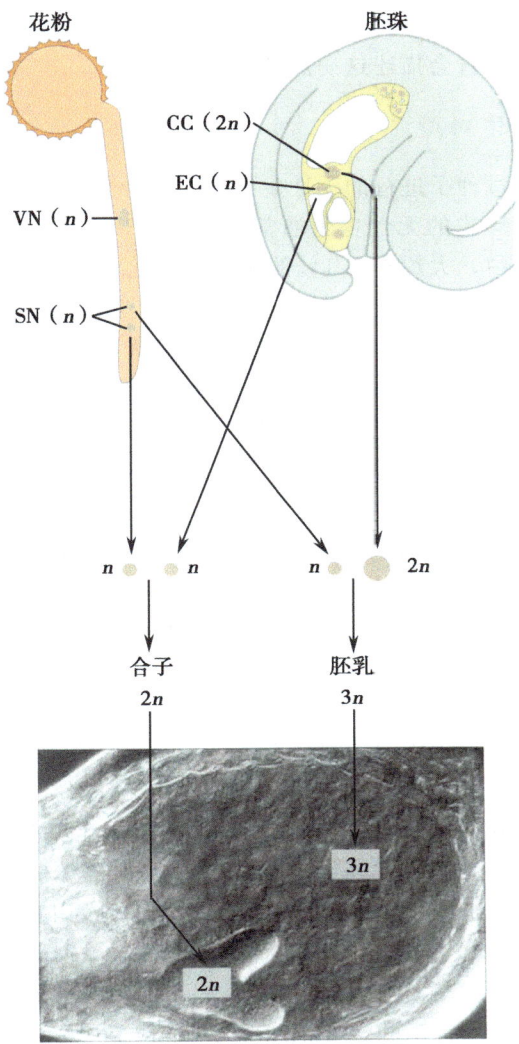

图 5-96　被子植物中的双受精。花粉管中的两个精子核（SN）中的一个与卵细胞（EC）结合，生成二倍体（$2n$）合子。另一个精子则与胚珠中的中央细胞（CC）融合。中央细胞是由雌配子体的两个细胞核融合形成的二倍体细胞。第二次受精产生三倍体核，形成胚乳（VN：营养核）。

在拟南芥中，印记效应发生在 MEDEA（MEA）基因上（在早先关于胚乳发育的讨论中曾提及，见 5.2 节）。在雌、雄配子体中，MEA 最初通过 **DNA 甲基化** 发生沉默，但是在中央细胞中又被特异地去甲基化（见 2.3 节，关于 DNA 沉默）。MEA 在中央细胞而非在雄配子中的去甲基化，导致了只有母系遗传的 MEA 在胚乳的发育中表达。MEA 在中央细胞中的表达，能够防止这个细胞在未受精的时候就起始胚乳的发育。

未受精的种子的发育（如 mea 突变体，以及不能使 MEA 在中央细胞去甲基化的突变体），通常会导致不育。然而，有些情况下，不依赖受精的种子发育也是营养繁殖的一部分策略。下面我们将会描述这一点。

一些植物未受精也可产生种子

无融合生殖是指通过种子进行的无性生殖。这些种子中的胚胎是亲本植物的克隆，而非起源于受精。这种形式的无性生殖通常是兼性的——同一株植物也可以产生有性生殖的种子。被子植物中，大约有 0.1% 的物种发生无融合生殖，常见的例子包括蒲公英、柑橘类、芒果和黑莓。无融合生殖引起关注的主要原因是经济因素。在主要作物（如玉米）中，产量最高的基因型是 F_1 代杂种（见 9.2 节）。每一代为了生产杂交种子，需要付出额外的费用和精力，将两种不同的亲本株系杂交，而 F_1 代的高产率表明这种付出是值得的。这些作物的无融合生殖，是人们急切想要得到的，因为杂种中优良的基因型虽然可以带来高产，但却是高度杂合的（在有性生殖的重组过程中会变得混乱），而无融合生殖能够使这种基因型容易得到保持和扩繁。

有性生殖的种子中，双受精是胚囊和胚乳发生所必需的；与有性生殖一样，无融合生殖也需要胚和胚乳的共同发育。因为无融合生殖在许多不同的植物家族中都存在，因此它很可能在演化的过程中经历了很多次的独立起源。相应地，无融合生殖的种子的胚和胚乳也能够以多种方式起源。

为了绕过双受精，胚胎必须起源于一个二倍体细胞。在一些植物中，这是通过二倍体雌配子体中形成一个二倍体卵细胞（"配子体"类型的无融合生殖）来实现的。为了形成二倍体胚囊，生成大孢子的**减数分裂**有时被一次有丝分裂所替代。还有一些情况下，尽管发生了减数分裂，但是大孢子降解并被一个相邻的孢子体细胞所替代，这个细胞然后分裂形成二倍体胚囊。而在其他情况下，单倍体胚囊已经形成，但是之后一个周围二倍体孢子体组织产生的胚"侵入"其中。这个过程称为**不定胚生殖**（如柑橘类中的无融合生殖）。

在无融合生殖的大多数情况下，虽然形成合子的受精过程没有发生，但是形成胚乳的受精过程仍然会发生（种子的产生仍然需要授粉）。少数情况下，第二次受精事件没有发生，所以父本对胚乳的生成没有任何贡献，种子不需受粉即可生成。

无融合生殖的遗传基础目前还不清楚。有性生殖发育中，几个关键步骤的修饰（胚囊的形成不经减数分裂；不经受精的胚胎发生；形成胚乳的受精可能保留也可能不发生）导致了无融合生殖。人们可能会认为无融合生殖的遗传基础是很复杂的。但令人惊奇的是，无融合生殖以及非无融合生殖植物之间的杂交表明，无融合生殖只能在一个或两个基因位点上分离，表明无融合生殖的建立只需要少量遗传上的改变。

小结

植物的发育和生长贯穿整个生命周期，期间通过分生组织形成新的器官。分生组织反复产生新的器官，导致茎和根部都由重复的单元组成。在强烈的环境影响下（如营养生长到生殖生长的转换点），每株植物特有的遗传程序决定了这些单元的发育方式。植物和动物独立地各自演化成多细胞生物，所以植物演化出其自身的机制来协调发育中的细胞行为，并根据细胞在机体中所在的位置，赋予其相应特化的功能。细胞的命运由其在植物中的位置决定，位置信息是通过细胞间的信号（如生长素）来传输的。

顶端-基部轴和辐射轴是在植物发育早期建立起来的。在茎和根顶端分生组织的建立中，顶端和基部极之间的差异达到顶峰。在其后，在胚胎发生中建立分生组织的基因会继续发挥作用，维持分生组织的功能。胚胎发生与胚乳的发育是协调一致的。种子的发育包括了一个遗传程序，使胚胎休眠，存活过干燥期。

根发生过不止一次的演化。在被子植物的根的生长顶端有一组能够自我更新的细胞，紧接着的是一系列处于不同生长和发育阶段的细胞。来自中柱鞘的细胞发育出新的根分生组织，产生侧根。在根中，不同细胞类型间的排列方式是由细胞间的通信来建立的。

在茎顶端分生组织中心，有一些具有自我更新能力的干细胞。当新的叶原基以重复模式出现在分生组织的外围时（在部分程度上，此过程是由定向的生长素运输来组织的），这些干细胞能够得以维持。原基出现的同时，参与分生组织发育的基因表达下调，控制叶片不同区域（如近轴和远轴区域）发育的基因也得到激活。

叶片最初是通过细胞分裂来生长的，之后便是细胞扩展。细胞间通信和不对称的细胞分裂能够组织叶片中特化细胞类型的模式。叶脉的位置也是通过基于生长素运输的机制建立起来的。叶的衰老是一个活跃的过程：在叶片的生命末期，营养元素从叶片中重新回收。

分枝起源于侧生分生组织，在顶端分生组织的影响下形成。对矮化突变体的研究表明，节间通过细胞分裂和细胞延伸来生长，这个过程是由赤霉素控制的。形成层是木质部和韧皮部之间的分生组织，使茎干发生次生加厚，并产生多年生植物的木质茎。

在从营养生长向生殖生长的转变中，被子植物的茎顶端分生组织转化成花序分生组织，并在其侧翼产生花分生组织。从营养生长向生殖生长的转变受到一套保守的调控基因的控制。花器官的发育受到花器官特征基因的控制，这些基因根据一套保守的组合机制来发挥作用。

在植物中，减数分裂产生的细胞发育成单倍的配子体，配子体之后通过有丝分裂产生配子。雄配子体就是花粉粒，在花药中形成。雌配子体是胚囊，在胚珠中形成。花粉粒在柱头上萌发，形成的花粉管将两个精细胞向胚珠运输。花粉管的定向生长受到长距离和短距离信号的影响。在胚囊中，一个精细胞核与卵细胞融合，形成二倍体合子；另一个核则与两个极核结合，形成三倍体胚乳。这就是双受精过程。在自交不亲和的植物中，心皮能够识别来自同一个个体的花粉，并使其失去活力，从而避免了自交。在无融合生殖中，植物发生无性生殖，其产生的种子中的胚胎是亲本植物的一个复制品。

延伸阅读

整章

Leyser O & Day S (2003) Mechanisms in Plant Development. Oxford: Blackwell Publishing.

Steeves TA & Sussex IM (1989) Patterns in Plant Development. Cambridge: Cambridge University Press.

5.1 植物发育综述

David LK (2005) A twelve-step program for evolving multicellularity and a division of labor. *BioEssays* 27, 299-310.

Kirk DL (1997) The genetic program for germ-soma differentiation in *Volvox*. *Annu. Rev. Genet.* 31, 359-380.

Meyerowitz EM (2002) Plants compared to animals: the broadest comparative study of development. *Science* 295, 1482-1485.

Walbot V & Evans MMS (2003) Unique features of the plant life cycle and their consequences. *Nat. Rev. Genet.* 4, 369-379.

5.2 胚胎和种子的发育

Berger F, Taylor A & Brownlee C (1994) Cell fate determination by the cell wall in early *Fucus* development. *Science* 263, 1421-1423.

Friml J, Vieten A, Sauer M et al. (2003) Efflux-dependent auxin gradients establish the apical-basal axis of Arabidopsis. *Nature* 426, 147-153.

Gehring M, Choi Y & Fischer RL (2004) Imprinting and seed development. *Plant Cell* 16, S203-S213.

Hadfi K, Speth V & Neuhaus G (1998) Auxin-induced developmental patterns in *Brassica juncea* embryos. *Development* 125, 879-887.

Kaplan DR & Cooke TJ (1997) Fundamental concepts in the embryogenesis of dicotyledons: a morphological interpretation of embryo mutants. *Plant Cell* 9, 1903-1919.

Long JA & Barton MK (1998) The development of apical embryonic pattern in Arabidopsis. *Development* 125, 3027-3035.

Lovegrove A & Hooley R (2000) Gibberellin and abscisic acid signalling in aleurone. *Trends Plant Sci.* 5, 102-110.

McCarty DR (1995) Genetic control and integration of maturation and germination pathways in seed development. *Annu. Rev. Plant Physiol. Plant Mol. Biol.* 46, 71-93.

Steinmann T, Geldner N, Grebe M et al. (1999) Coordinated polar localization of auxin efflux carrier PIN1 by GNOM ARF GEE. *Science* 286, 316-318.

5.3 根的发育

Berger F, Haseloff J, Schiefelbein J & Dolan L (1998) Positional information in root epidermis is defined during embryogenesis and acts in domains with strict boundaries. *Curr. Biol.* 8, 421-430.

Dolan L, Janmaat K, Willemsen V et al. (1993) Cellular organisation of the *Arabidopsis thaliana* root. *Development* 119, 71-84.

Jiang K & Feldman LJ (2005) Regulation of root apical meristem development. *Annu. Rev. Cell Dev. Biol.* 21, 485-509.

Nakajima K, Sena G, Nawy T & Benfey P (2001) Intercellular movement of the putative transcription factor SHR in root patterning. *Nature* 413, 307-311.

Schiefelbein J (2003) Cell-fate specification in the epidermis: a common patterning mechanism in the root and shoot. *Curr. Opin. Plant Biol.* 6, 74-78.

van den Berg C, Willemsen V, Hendriks G et al. (1997) Shortrange control of cell differentiation in the Arabidopsis root meristem. *Nature* 390, 287-289.

Vogler H & Kuhlemeier C (2003) Simple hormones but complex signalling. *Curr. Opin. Plant Biol.* 6, 51-56.

5.4 茎的发育

Carles CC & Fletcher JC (2003) Shoot apical meristem maintenance: the art of a dynamic balance. *Trends Plant Sci.* 8, 394-401.

Doebley J, Stec A & Hubbard L (1997) The evolution of apical dominance in maize. *Nature* 386, 485-488.

Eshed Y, Baum SF, Perea JV & Bowman JL (2001) Establishment of polarity in lateral organs of plants. *Curr. Biol.* 11, 1251-1260.

Gan S & Amasino RM (1995) Inhibition of leaf senescence by autoregulated production of cytokinin. *Science* 270, 1986-1988.

McConnell JR & Barton MK (1998) Leaf polarity and meristem formation in Arabidopsis. *Development* 125, 2935-2942.

Nadeau JA & Sack FD (2002) Control of stomatal distribution on the Arabidopsis leaf surface. *Science* 296, 1697-1700.

Nelson T & Dengler N (1997) Leaf vascular pattern formation. *Plant Cell* 9, 1121-1135.

Peng J, Richards DE, Hartley NM et al. (1999) "Green revolution" genes encode mutant gibberellin response modulators. *Nature* 400, 256-261.

Ouirino BF, Noh YS, Himelblau E & Amasino RM (2000) Molecular aspects of leaf senescence. *Trends Plant Sci.* 5, 278-282.

Reinhardt D, Pesce E, Stieger P et al. (2003) Regulation of phyllotaxis by polar auxin transport. *Nature* 426, 255-260.

Sablowski R (2007) The dynamic plant stem cell niches. *Curr. Opin. Plant Biol.* 10, 639-644.

Satina S, Blakeslee AF & Avery AG (1940) Demonstration of the three germ layers in the shoot apex of Datura by means of induced polyploidy in periclinal chimeras. *Am. J. Bot.* 27, 895-905.

Schmitz G & Theres K (1999) Genetic control of branching in Arabidopsis and tomato. *Curr. Opin. Plant Biol.* 2, 51-55.

Sinha N (1999) Leaf development in angiosperms. *Annu. Rev. Plant Physiol. Plant Mol. Biol.* 50, 419-446.

Szymkowiak EJ & Sussex IM (1996) What chimeras tell us about plant development. *Annu. Rev. Plant Physiol. Plant Mol. Biol.* 47, 351-376.

Tooke F & Battey N (2003) Models of shoot apical meristem function. *New Phytol.* 159, 37-52.

Tsuge T, Tsukaya H & Uchimiya H (1996) Two independent and polarized processes of cell elongation regulate leaf blade expansion in *Arabidopsis thaliana* (L.) Heynh. *Development* 122, 1589-1600.

Uggla C, Moritz T, Sandberg G & Sundberg B (1996) Auxin as a positional signal in pattern formation in plants. *Proc. Natl. Acad. Sci. USA* 93, 9282-9286.

Vollbrecht E, Veit B, Sinha N & Hake S (1991) The developmental gene Knotted-1 is a member of a maize homeobox gene family. *Nature* 350, 241-243.

Waites R & Hudson A (1995) Phantastica--a gene required for dorsoventrality of leaves in *Antirrhinum majus*. *Development* 121, 2143-2154.

5.5 从营养生长到生殖生长

Jack T (2001) Relearning our ABCs: new twists on an old model. *Trends Plant Scl.* 6, 310-316.

Kempin SA, Savidge B & Yanofsky MF (1995) Molecular basis of the cauliflower phenotype in Arabidopsis. *Science* 267, 522-525.

Krizek BA & Fletcher JC (2005) Molecular mechanisms of flower development: an armchair guide. *Nat. Rev. Genet.* 6, 688-698.

Noda K, Glover BJ, Linstead P & Martin C (1994) Flower colour intensity depends on specialized cell shape controlled by a Mybrelated transcription factor. *Nature* 369, 661-664.

Smyth DR (2005) Morphogenesis of flowers—our evolving view. *Plant Cell* 17, 330-341.

5.6 从孢子体到配子体

Colombo L, Franken J, Koetje E et al. (1995) The petunia MADS box gene FBP 11 determines ovule identity. *Plant Cell* 7, 1859-1868.

Higashiyama T, Yabe S, Sasaki N et al. (2001) Pollen tube attraction by the synergid cell. *Science* 293, 1480-1483.

Holdaway-Clarke TL & Hepler PK (2003) Control of pollen tube growth: role of ion gradients and fluxes. *New Phytol.* 159, 539-563.

Koltunow AM & Grossniklaus U (2003) Apomixis: a developmental perspective. *Annu. Rev. Plant Biol.* 54, 547-574.

Levings CS III (1993) Thoughts on cytoplasmic male sterility in cms-T maize. *Plant Cell* 5, 1285-1290.

Ma H (2005) Molecular genetic analyses of microsporogenesis and microgametogenesis in flowering plants. *Annu. Rev. Plant Biol.* 56, 393-434.

McCormick S (2004) Control of male gametophyte development. *Plant Cell* 16, S142-S153.

Nasrallah JB (2002) Recognition and rejection of self in plant reproduction. *Science* 296, 305-308.

Sheridan WF, Avalkina NA, Shamrov II et al. (1996) The macl gene: controlling the commitment to the meiotic pathway in maize. *Genetics* 142, 1009-1020.

Yadegari R & Drews GN (2004) Female gametophyte development. *Plant Cell* 16, S133-S141.

Zinkl GM, Zwiebel BI, Grier DG & Preuss D (1999) Pollen-stigma adhesion in Arabidopsis: a species-specific interaction mediated by lipophilic molecules in the pollen exine. *Development* 126, 5431-5440.

6 环境信号

阅读本章后，您应该能够做到：

- 总结环境因子对于种子萌发和幼苗发育的影响，尤其是生长调节剂在这些过程中发挥的作用。
- 区分暗形态建成和光形态建成，并总结它们在植物发育过程中的作用。
- 描述拟南芥中5种光敏色素的结构、功能以及它们的作用机理。
- 定义"向光性"，并概述光受体在植物响应光信号过程中的作用。
- 列举乙烯作为生长调节剂的作用，并概述它的信号途径。
- 描述油菜素类固醇在植物发育中的作用，并概述它的信号途径。
- 定义"光周期"，区分短日照植物和长日照植物，并描述植物是如何探测和响应影响开花的环境条件。
- 解释昼夜节律的概念，以及它们如何控制一些植物基因的表达。
- 定义"春化作用"，并概述它在植物发育中的作用。
- 总结重力是如何影响植物发育的，以及下胚轴、茎和根的向重力性机制。

植物不断监控它们的外部环境，并且积极、持续地响应这些指示环境变化的信号，同时在植物的整个生活周期中，调整自身的生长模式、形态和发育使其与当前的环境相适应。像我们在第5章中写到的那样，植物在萌发之后通过**分生组织**（meristem）的活动来发育形成它们所有的器官。事实上，分生组织在植物的整个生命过程中一直保持活性。例如，在拟南芥和其他真双子叶植物中，**茎端分生组织**（shoot apical meristem）以重复方式形成包含一部分茎节以及一个或多个叶片或花的模块，来产生所有的地上部分器官。正因为这种贯穿植物整个生命周期的生长发育模式，植物才能够不断地变换其形态来适应环境的变化。

植物发育过程中响应的刺激包括温度、日照长度、光线、重力，以及水和养分，本章中我们将讨论的涉及以上所有内容。需要注意的是，尽管我们分别讨论每一种刺激，但是植物并不会单独响应某种刺激，而是会把这些刺激作为一个整体来响应。这些信号可以改变茎的生长或是侧生器官形成的类型，所以成熟植物体的形成取决于内在发育模式和环境信号的互相作用。因此，植物所处的本地环境对于成熟植物体的形态建成会有显著影响。例如，生长在树荫下的植物会通过改变它们的生长轴来朝向阳光生长。类似地，植物从营养生长向生殖生长转变是对合适环境条件的响应，这个发生在茎生长过程中的转换对于成熟植物体的形态产生了巨大影响。像这样的环境响应是植物固定生活周期中很重要的一个部分。它们在农业中的应用也至关重要，培育农作物使其适应栽培它们的环境，从而可以保证高产。

第 7 章将要讨论的内容是在极端环境条件下以及在环境因素有可能限制生长发育的情况下，植物会如何应对。本章的重点是描述环境信号作为正常发育中的一个必要方面时，是如何影响植物生长的。

第 5 章中我们描述了植物发育是如何在整体上相互协调而形成一个独特形式的。环境响应也被协调：器官之间的信号转导意味着在植物体一个部位感知到的刺激能在另一个部位引起变化。例如，在叶片中产生的信号能够引起茎端分生组织中花的发育。接下来，我们的讨论集中在植物如何感知它的周围环境，并且这个信号是如何被传导来产生响应的。产生的响应可能是发育模式中的一个变化，如开花的诱导，或生长方向、速度的改变。在许多例子中，这些响应是通过一些被称为**生长调节剂**（growth regulator）[或**植物激素**（phytohormone）]的小信号分子来调节的。目前，生长调节剂通常被分为八大类：生长素、细胞分裂素、油菜素内酯、赤霉素、乙烯、脱落酸、茉莉酸和水杨酸。它们都能在细胞间的一定范围内移动，有一些能在植物器官之间移动很长距离，如生长素和茉莉酸。在本章，我们将描述部分生长调节剂的影响，其他的在第 7 章和第 8 章中提到。

限定环境参数的对照实验，对于研究特定环境刺激对发育的影响是必需的。几乎所有的实验条件都要保持恒定，从而只测量一种环境变量对于发育的影响。这种手段能让研究人员研究单个响应过程和控制它们的遗传途径，并能确定那些特定的响应过程所需要的蛋白质或者生长调节剂。然而这种方法可能过于简单。在现实中，这些途径并不会独立运作，而是会有更多的途径参与到同一个响应过程中。同样地，单独一个生长调节剂可能控制多个不同的反应过程。真实的情况就像是一幅复杂交错的信息传递网络图。目前研究比较透彻的相互作用的例子是**乙烯**（ethylene），我们将会详细讨论它。例如，遗传分析已经发现了乙烯在黑暗下幼苗发育中的很多作用，这仅仅是乙烯信号转导作用的一个方面。乙烯信号转导和其他激素途径之间有着广泛的相互作用，乙烯信号转导途径在抗病方面也有重要的作用。

本章从新生植物的生长开始，即种子**萌发**（germination）。接下来我们会探讨植物对光的探测和响应的机理，以及对于光、温度、重力和养分供给的响应是如何影响幼苗发育、开花以及茎与根的生长。

6.1 种子萌发

种子（seed）既能够休眠也能萌发（见第 5 章中有关种子形成和休眠的内容）。种子成熟通常要经过脱水过程，种子萌发需要复水，而已经复水的种子也能继续保持休眠。**休眠**（dormancy）可能是一种种子的适应特性，它能够保证种子在适合植株后续生长的环境中萌发。因此，种子休眠广泛存在于那些野外生长的植物中，而在很多培育物种里就不存在了（见下）。

种子休眠在许多物种中会被光照打断，但并不是在所有的物种中都会这样。例如，某些品种的莴苣种子休眠只有在受到光照之后才被打断。其他一些种子则需要经过特定的日照长度或间断给予光照才能萌发。一般来说，对于那些需要光照来刺激萌发的种子而言，休眠过程是**种皮**（seed coat）赋予的。当种皮被去除之后，即使不给予光照，**胚胎**（embryo）也会萌发。总的来讲，需要光照来打破休眠的种子在形态上相对偏小。那些不需要光照的种子则较大，因而有更多的能量储存，即使缺乏**光合作用**（photosynthesis），幼苗也可以暂时在黑暗中生长（如在地下）。这些依赖光照的种子对于周边成熟植物带来的遮蔽很敏感。穿过其他植被（如森林冠层）的阳光相对富含远红光（只是光谱的一小部分，后面会详细讨论）。由于植物认为富含远红光的光线是阴影的指示物，因此在很多情况中，这样的环境被认为不适合萌发。于是对于很多依赖光照的物种，富含远红光的光线被认为能够抑制其种子萌发，这也许就形成了"避阴反应"的一部分（见 6.2 节）。

另一个能解除种子休眠的因素是低温。很多种子只有在复水后再经历一段时间的低温（0~10℃）才能萌发，这个情况使得只有冬天过去以后种子才能萌发，从而使存活率能达到最大。一个常用的栽培技巧就是在种植之前先将种子进行冷处理，从而打破休眠，并且减少种子萌发前在土壤中的时间。

尽管休眠对于很多野生植物是有利的，但是在大约 1 万年前开始的农作物驯化中这个性状并不受欢迎。对于农民来说，如果一种农作物的所有种子能同时萌发，就能增加同时成熟的概率并减少收割时间，劳作也就更容易一些（关于这方面以及农作物驯化的其他方面可见 9.1 节）。

有些时候，环境对种子萌发的控制对于这个植物所在的生态环境是高度特异的。例如，火产生的热量和烟雾能引发一些物种的种子萌发。这一适应性使得种子能够快速萌发并利用大火灰烬产生的新生环境（因此这一适应性有时被称为"火焰跟随"）。有一些种子特异地只响应火产生的热量，还有一些种子则响应烟雾。例如，最近的研究发现是烟雾而非热量引起了黄幡铃（*Emmenanthe penduliflora*）的萌发，这是一种生长在加利福尼亚州查帕拉尔群落的**一年生植物**（annual plant）（图 6-1）。烟雾中含有许多成分，但是其中的一种即二氧化氮（NO_2），能有效地引起种子萌发。

图 6-1 黄幡铃（*Emmenanthe penduliflora*）的花。这种一年生植物在森林大火之后能迅速萌发和生长（Barbara J. Collins 友情提供）。

寄生植物的种子萌发通常依赖其寄主植物的信号。**专性寄生物**（obligate parasite），如独脚金（*Striga*），在萌发的几天内必须依附寄主，否则它们不能存活。这些植物可以识别寄主植物根部释放的特异分子来作为其种子萌发的信号，并以此来探测可能的寄主。例如，*Striga* 的玉米或高粱寄主的根部可释放 4 种修饰的**氢醌**（hydroquinone），而使其种子萌发（图 6-2）。这些成分比较不稳定，易被氧化成无生物活性的形式，并且只能在邻近它们来源的土壤中找到。因此，只有当萌发的幼苗距离适合的寄主根部足够近时，*Striga* 种子才会萌发（见 8.2 节）。

 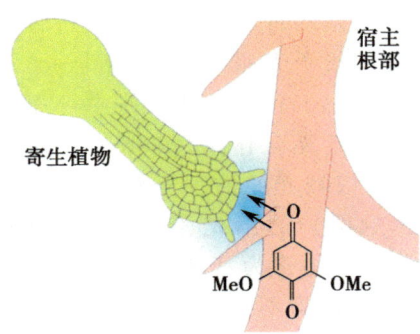

图 6-2 独脚金生长在它的一种宿主——玉米上。图形显示了来自宿主根部的氢醌信号（Me＝甲基基团）（Zeyaur R. Khan友情提供）。

如上所述，对一些种子来说，光线是萌发的主要环境因素。光线的重要性反映了**自养**（autotrophic）生物对于能提供碳固定所需能量的光照依赖。如同本章中自始至终描述的那样，一旦种子开始萌发，苗破土而出，光照就会在调节植物发育的很多方面扮演着重要角色。在下一节中我们将开始讨论光照如何控制植物的有序发育，以及植物如何检测光信号并将这个信号转化为合适的生长反应。

6.2　光和光受体

光照质量和数量调节着植物生长和发育的很多方面，因为植物要确保光合作用的部位能够最优化地接受光线，从而使**碳同化**（carbon assimilation）率达到最高。因此，植物对于光在数量（辐照度）、质量（波长）和方向上的改变都很敏感，同时也会响应这些改变而调节生长。同样的，开花和休眠等发育过程的发生时机也依赖一个探测并响应日照长度变化的系统。

高等植物的幼苗在黑暗下与光下生长后的外观是完全不同的。然而，并不仅仅是光的有或无会影响植物发育，植物受到光照的光的波长和总量也同样会影响。例如，叶片结构会因为它们是直接受到光照还是被其他叶片遮挡而发生变化。植物感知光靠的是**光受体**（photoreceptor）对光的吸收，这一过程将光的物理能量转换为化学能量。植物有一系列的光受体系统来感知光的质量、数量、持续时间和方向。在这一节中我们将从早期的光信号转导到最终植物体的响应这些方面，来探究这些光受体如何被发现，并阐述光的已经为人所知的作用。

在光照和黑暗条件下，植物的发育会通过两种不同模式进行

高等植物幼苗的发育可以依照一或两种发育途径来进行，而到底采用哪一种是由光的存在与否来决定的（图 6-3）。在黑暗下生长时，幼苗会进行**暗形态建成**（skotomorphogenesis）而呈现黄化。**黄化**（etiolation）具有很多显著特点：胚胎的茎［**双子叶植物**（eudicot）中的**下胚轴**（hypocotyl），**单子叶植物**（monocot）的**上胚轴**（epicotyl）］变得很细长，而且由于**叶绿体**（chloroplast）的形成和**叶绿素**（chlorophyll）的生物合成需要光照，幼苗会呈现浅黄色或白色。在某些真双子叶植物中，**顶钩**（apical hook）（下

胚轴形成的弯曲，被认为用来保护顶端分生组织不会在穿破土壤时受到损伤）在黄化中始终保持不变，**子叶**（cotyledon）并不展开，且顶端分生组织（地上植物的大部分起源于此）的活性被抑制。相反地，生长在光下的幼苗显现出**光形态建成**（photomorphogenesis）：它们有较短的胚胎的茎，失去顶钩，发育出展开的绿色子叶，并且茎端分生组织很快地开始**叶片**（leaf）和**节间**（internode）的发育。

幼苗破土而出受到光照以后，它的发育方式从暗形态建成转换为光形态建成，这一过程称为**去黄化**（de-etiolation）。受到光照以后，正常的光下生长的幼苗开始发育，主要特征包括：幼苗开始变绿，下胚轴的细胞停止扩张，顶端分生组织起始叶片的生长。暗形态建成和光形态建成的区别是由特异基因的表达变化产生的。光的存在与否决定了某些**基因表达**（gene expression）的激活或抑制。尽管产生这一区别的一整套**基因**（gene）尚未被研究清楚，但是我们已经知道很多基因**转录**（transcription）是受光诱导的。例如，远红光下的去黄化会引起拟南芥中大约 10% 的基因表达上调。已知的受到光调控的基因包括那些参与光合能力发育的基因，如编码 Rubisco（1,5-二磷酸核酮糖羧化酶/加氧酶）的小亚基和**捕光色素复合体**（light-harvesting complex）的叶绿素 a/b 结合蛋白的核基因

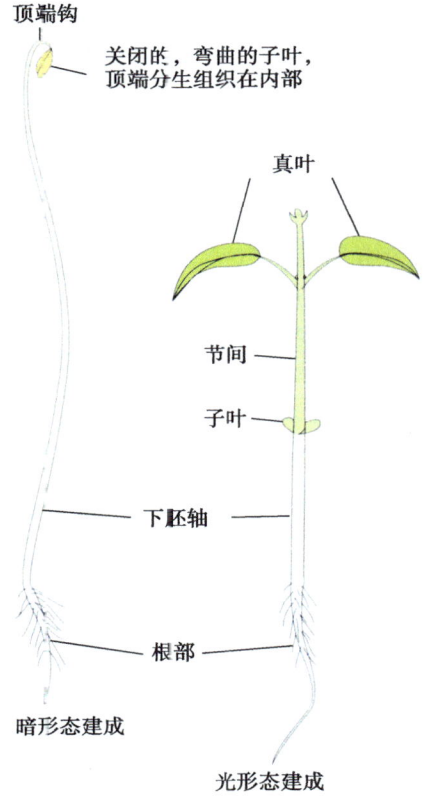

图 6-3 "暗下生长"（暗形态建成）和"光下生长"（光形态建成）植物的形态比较。请注意：暗形态建成植物中伸长的下胚轴和抑制的分生组织程序（节间和真叶的发育）。

（见 4.2 节）。这两种发育模式（暗形态建成和光形态建成）的明显差别为我们研究光信号转导的过程提供了有效途径。科学家们已经鉴定到了去黄化过程受损以及在光感应或光信号转导过程中有缺陷的突变体。特别是对于生长在光下却有"暗下生长"表型的突变体，或是暗培养下有"光下生长"表型的突变体的研究增强了我们对于光形态建成和暗形态建成发育途径的理解。

生长中的幼苗所处的环境会显著地影响植物的发育。黄化的植物对于光很敏感，即使给予极小量的光照，它们也会从暗形态建成转换为光形态建成。在很多情况下，每天只给予几分钟的光照就足以诱导光形态建成的发育。暗形态建成似乎是植物一种寻找光的适应性反应。例如，双子叶植物典型的暗形态建成是下胚轴伸长，它能够推动茎顶端向上穿出土壤而接受光照。

探测不同波长光的光受体

植物拥有多种光受体，它们是随着光能量的吸收进行结构、能量或构象变化的光

敏分子（图 6-4）。光受体的功能是探测光的存在，并通过一个相关联的信号转导级联反应来启动合适的发育应答。植物中存在着几种不同的光受体家族，它们凭借各自不同的分子结构对于不同波长的光敏感。例如，植物的生长发育尤其受到光谱中的远红光、红光、蓝光、UV-A 和 UV-B 区域的影响。红光对光形态建成产生的影响最强烈。**植物光敏色素**（phytochrome）广泛存在于植物体中，它们是一类已知的特异应答红光和远红光的一个光受体家族。**隐花色素**（cryptochrome）可以探测并介导对光谱中蓝光和紫外光区域的响应。另一个蓝光激发的光受体家族是**向光素**（phototropin），它们负责蓝光激发的向光性（下面会有详细讨论）并且介导**保卫细胞**（guard cell）对蓝光的感应，从而控制蓝光诱导的**气孔**（stomata）开放。还有另一个蓝光受体 FKF1，它可以介导开花的光周期调控。这些光受体的功能会在下面的内容中详述。

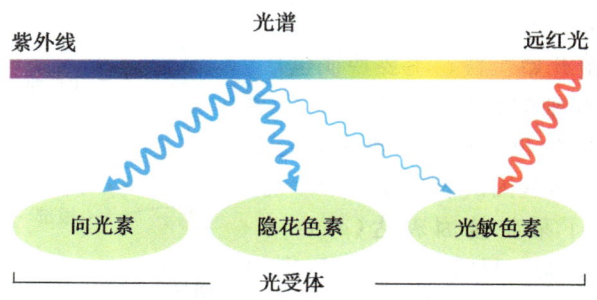

图 6-4 光和光受体。图中显示了激活三个家族的光受体所需的光波长。

照射红光能使无活性的光敏色素转变为有活性的形式

高等植物的光敏色素是同源二聚体蛋白质，包括了两个相同的多肽链 [**脱辅基蛋白**（apoprotein）]，每条链上都连有一个**生色团**（chromophore）。生色团捕获光信号且经过异构化后，会造成蛋白质构象上的变化。随后，这个蛋白质开始改变植物体中那些能引起适当生长应答的基因表达。拟南芥中有 5 种不同的光敏色素脱辅基蛋白（PHYA、PHYB、PHYC、PHYD 和 PHYE），分别由从 *PHYA* 基因到 *PHYE* 基因编码。当我们提到"光敏色素"这个词时，指的是脱辅基蛋白的二聚体以及连在其上的生色团，这才是光敏色素感知光线并引起适当生长应答的形式。而当我们提到"PHY"这个词时，则是指 *PHY* 基因编码的脱辅基蛋白产物。

光敏色素的生色团是藻蓝胆素，它一种**四吡咯环**（tetrapyrrole）（见 4.7 节），连接在脱辅基蛋白单体的一个特定的半胱氨酸残基上。我们对于光敏色素的理解大部分来自于对光敏色素功能受损植物的研究。例如，通过筛选那些下胚轴伸长有改变的植物，可以分离出光敏色素突变体，在光下生长的突变体的下胚轴比野生型的更长，类似于黄化植物（暗下生长）。用这种筛选分离出来的突变体全部被称为 *hy* 突变体（表 6-1）。拟南芥的野生型基因 *HY1* 和 *HY2* 编码参与藻蓝胆素合成的酶（图 6-5）。这些 *hy1* 和 *hy2* 突变体由于缺乏生色团和相应的植物光敏色素而对于光的感应能力受损，导致会发育出异常长的下胚轴。

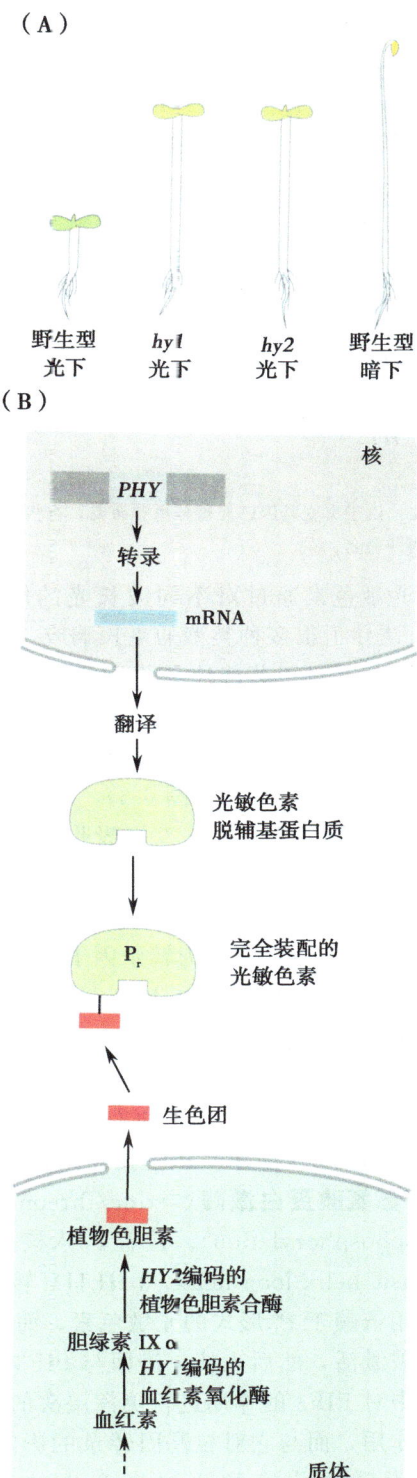

图 6-5 从脱辅基蛋白质和植物藻蓝胆素到有活性的光敏色素的组装。$HY1$ 和 $HY2$ 基因编码了在生色团生物合成中起作用的酶。(A) 这些基因最初是由于它们的功能缺失突变体 $hy1$ 和 $hy2$ 的发现而被鉴定出来的,这两个突变体能够在光下产生伸长的下胚轴。请注意:光下生长的 $hy1$ 和 $hy2$ 突变体比光下生长的野生型(WT)植株有更长的下胚轴,接近那些暗下生长的野生型植物下胚轴的长度。光下 $hy1$ 和 $hy2$ 突变体中下胚轴的伸长是由于光敏色素功能的减弱造成的。(B) 有活性的光敏色素形成的关键步骤。随着 PHY 基因的转录和 mRNA 从核运出之后,光敏色素脱辅基蛋白由在细胞质中的 mRNA 翻译而成。同时,生色团、植物藻蓝胆素在质体中由血红素通过被 $HY1$ 和 $HY2$ 编码的酶催化合成。脱辅基蛋白和生色团在细胞质中的共价连接使得光敏色素单体形成(P_r;见正文和图 6-6)。在 $hy1$ 和 $hy2$ 功能缺失突变体中,由血红素到植物藻蓝胆素的途径被削弱,造成生色团水平的降低,有功能的光敏色素的水平也随之下降,从而产生了光下生长的 $hy1$ 和 $hy2$ 突变体所特有的伸长的下胚轴。

表 6-1 长下胚轴（hy）突变体

突变体基因名称（野生型基因名称）	另外的突变体基因名称（野生型基因名称）	野生型基因产物	功能
hy1 (HY1)		HEME OXYGENASE	生色团合成
hy2 (HY2)		PHYTOCHROMOBILIN SYNTHASE	生色团合成
hy3 (HY3)	phyB (PHYB)	PHYTOCHROME B	编码光敏色素 B 脱辅基蛋白
hy4 (HY4)	cy1 (CRY1)	CRYPTOCHROME	编码隐花色素 1 脱辅基蛋白
hy5 (HY5)			碱性亮氨酸拉链（bZIP）转录因子

注：由于突变基因已经被分离和研究，有些 hy 突变体有新名称，与野生型基因的功能相符合，在这里我们给出了两种命名。

光敏色素通过对不同波长光的敏感性来控制植物发育的转变：红光（650～680nm）诱导了很多种类型的生长响应，然而远红光（710～740nm）则相应地抑制这些响应。例如，对于莴苣种子萌发的控制，红光刺激萌发，远红光抑制萌发。交替照射红光和远红光时，最后的照射刺激决定了是否萌发（如红光、远红光、红光则造成萌发；红光、远红光、红光、远红光则抑制萌发）。对于这种现象的解释是光敏色素存在两种可以相互转换的形式（图 6-6），P_r 吸收红光；P_{fr} 吸收远红光。光敏色素以 P_r 形式合成，吸收红光之后能转换为 P_{fr}；吸收远红光后 P_{fr} 被转变回 P_r。由于很多光响应被红光激发，所以 P_{fr} 通常被认为是光敏色素的活性形式。

光敏色素的具体作用机制依旧未知。例如，光敏色素可能作为光调控的**蛋白激酶**（protein kinase）或作为转录因子来行使功能，或者两者都有可能。光敏色素的蛋白激酶活性对红光和远红光的反应是有差别而且可逆的。然而，这种激酶活性的重要性仍然不清楚，因为光敏色素蛋白的 N 端（缺乏激酶域）能完全互补缺乏光敏色素的**突变**（mutation）。最终，当被光激活后，光敏色素 A 和 B 会移动进入核中。光敏色素家族的其他成员也可能以这样的方式工作，但是这种猜测尚未被证实。光敏色素作用的一条通路如图 6-7 所示。P_r 吸收红光后转变为 P_{fr}，这一过程被认为能激活光敏色素的**丝氨酸/苏氨酸蛋白激酶**（serine/threonine protein kinase）活性和光敏色素的**自磷酸化**（autophosphorylation）。接着 P_{fr} 入核并与 PIF3 相互作用，PIF3 是一种**碱性螺旋-环-螺旋**（basic helix-loop-helix，bHLH）转录调节因子。体外实验说明 PIF3-光敏色素的相互作用依赖于 P_{fr} 形式的光敏色素，而不是 P_r 形式。总之通过吸收光，光敏色素在细胞质中被激活，然后入核，进而与 PIF3 相互作用来改变基因转录调控。我们将在本章下一节中对 PIF3 的作用进行更深层次的讨论。光敏色素可能作为细胞质中的一种信号来发挥作用，而与它对核基因转录的影响无关。这种细胞质中的信号通路可能由通过光敏色素磷酸化底物蛋白来产生的，如 PKS1（PHYTOCHROME KINASE SUBSTRATE 1）。

光敏色素并不仅仅局限于高等植物中，在低等植物、藻类、蓝细菌和细菌中也发

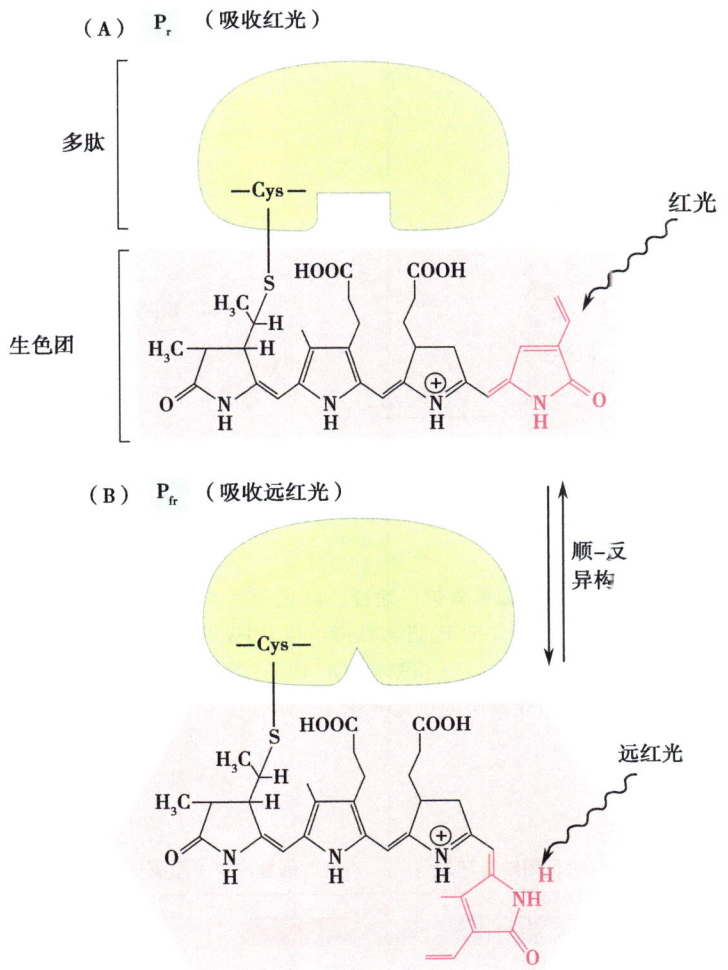

图 6-6 光敏色素的 P_r 和 P_{fr} 形式的相互转化。(A) 光敏色素的 P_r（吸收红光）形式由光敏色素脱辅基蛋白和四吡咯生色团的共价连接组成。(B) 生色团对红光的吸收造成了生色团结构的（顺反）异构以及脱辅基蛋白的构象改变，产生了 P_{fr} 形式。P_{fr} 对远红光的吸收会使光敏色素恢复到 P_r 形式。

现了类光敏色素蛋白。实际上，很可能所有的光合自养生物体中都含有光敏色素。在非光合细菌（如 *Deinococcus radiodurans* 和 *Pseudomonas aeruginosa*）中也发现了类光敏色素蛋白。通过对光敏色素的氨基酸序列和 DNA 序列的比较，以及对它们在这些生物体中的基因的比较，揭示了所有被研究的光敏色素在两个关键区域存在相似性（图 6-8）：第一，高等植物光敏色素序列带有 C 端**丝氨酸/苏氨酸激酶**域，而细菌光敏色素带有 C 端**组氨酸激酶**(histidine kinase) 域。第二，在这些蛋白质的近 N 端处，高等植物光敏色素带有一个生色团结合域，而细菌光敏色素则含有一个不同却类似的生色团结合位点。

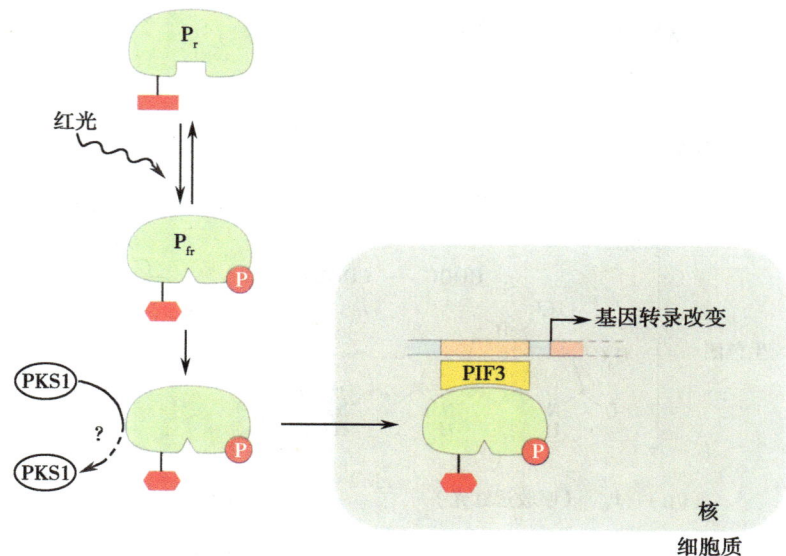

图 6-7 PIF3 参与的光敏色素信号途径。红光激活光敏色素。有活性的 P_{fr} 发生自磷酸化；磷酸化的 P_{fr} 进入核内，与 PIF3 等转录因子结合，调节特定基因的转录。此外，P_{fr} 和胞质中的 PKS1 等底物发生的相互作用可能引起细胞生理对光响应的快速变化。

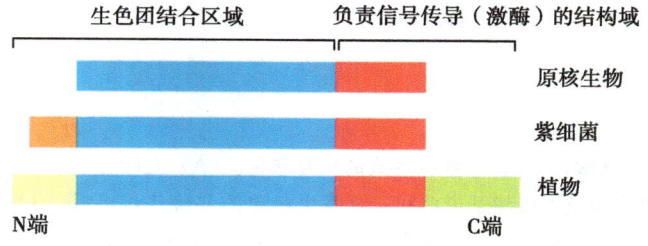

图 6-8 一系列生物体内的光敏色素的相关结构域。C 端的信号区域在植物光敏色素中是**丝氨酸/苏氨酸激酶结构域**，在细菌光敏色素中是组氨酸激酶结构域。在植物体和细菌中的生色团结合结构域是类似的。

不同形式的光敏色素发挥不同的功能

如上所述，拟南芥中含有 5 种不同的光敏色素：A、B、C、D 和 E（图 6-9）。光敏色素 A 与其他 4 种不同，它会在黑暗下培养的黄化植物中大量聚集。光敏色素 A 的水平在光下培养的拟南芥和其他植物中会因为三种反应机制而下降：*PHYA* 转录被抑制（仅在单子叶植物中观察到）；*PHYA* 的**信使核糖核酸**（messenger RNA，mRNA）被降解；P_{fr} 形式的光敏色素 A 被泛素化（通过一个泛素连接酶），并被**蛋白酶体**（proteasome）降解（见5.4节）。在光下培养和黑暗下培养的植物中，光敏色素B、C、D和E的表达量较低但是保持相对稳定，它们的基因转录水平和蛋白质稳定性并不受光照的影响。在黑暗下培养的单子叶植物中，光敏色素A的高水平使这些植物成为研究确定光敏色素结构和功能的理想对象。在所有光下培养的植物中，这5种光敏色素表达量都较低，含量相当。光敏色素A的特性与它在从暗形态建成到光形态建成转化中的重要作用一致：一旦黑暗下培养的植物受到光照，与光敏色素A的快速分解相关联的信号会激发光形态建成的发育。

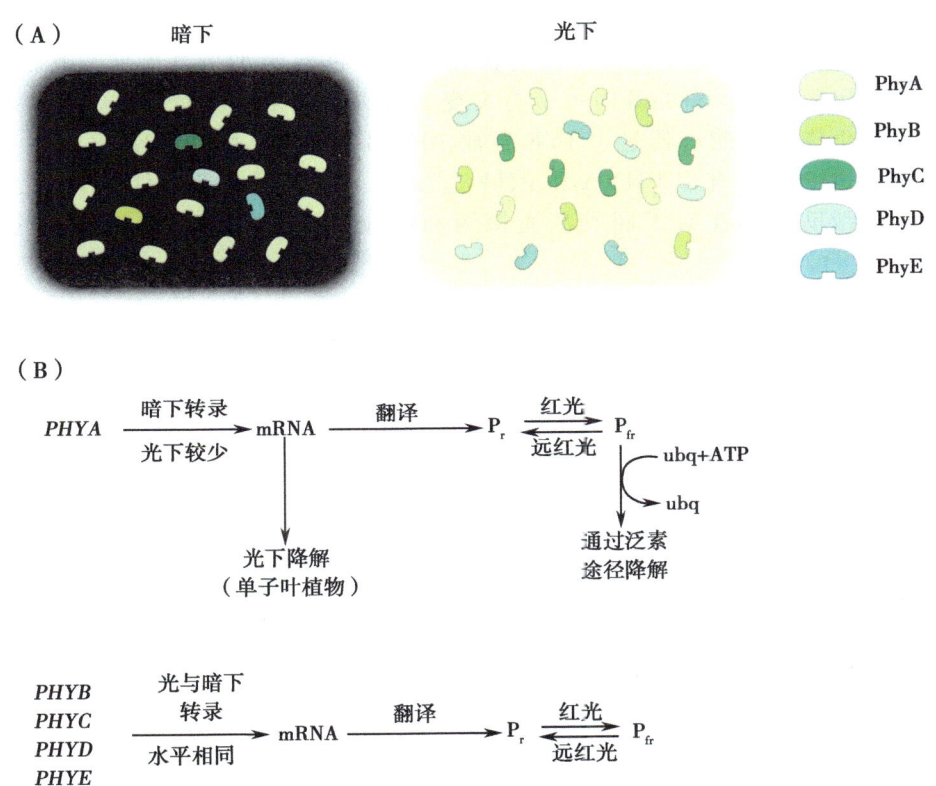

图 6-9 光敏色素基因的表达调控。（A）光敏色素A在暗下生长的植物中积累水平较高。在光下生长的植物中，光敏色素A、B、C、D和E的水平更为相似。（B）小结了光敏色素编码的mRNA水平和蛋白质水平在光调节下的差别，对比了光敏色素A和光敏色素B、C、D和E之间的区别（ubq＝泛素）。

通过结合以下两种途径，我们对于植物光敏色素蛋白的相对复杂性，以及不同光敏色素间有时重叠、有时分离的功能理解已经相当深入。首先，编码光敏色素脱辅基蛋白的基因家族已经从拟南芥中分离出来。在这个物种中，对于光敏色素家族不同成员的结构和表达谱的分析帮助我们理解了不同的家庭成员是如何进化以及扮演各自专门的角色。其次，对于缺乏光响应的拟南芥突变体的详细生理学研究，加上对于突变基因的鉴定分析，可以帮助我们弄清楚野生型植物中单个光敏色素的特定功能。

PHYA、PHYB 和 PHYC 的预测氨基酸序列各不相同，大约只有 50% 的同源性。编码这三种蛋白质的基因可能通过**基因重复**(gene duplication) 起源于同一个祖先（见 2.4 节），这种分离被认为产生在开花植物出现的时期（在白垩纪，大约 1.3×10^8 年前；见第 1 章）。PHYD 和 PHYE 之间以及它们和 PHYB 之间更为相似，据推测，它们可能近期起源于 PHYB（同样也是因为基因重复）。

如上所述，植物的下胚轴生长异常表型（如拟南芥的 hy 突变体）为筛选与野生型相比对光响应更不敏感的植物提供了一个有力的遗传筛选方法。例如，在白光下培养，$hy1$ 和 $hy2$ 突变体会长出伸长的下胚轴，这是由于它们缺乏藻蓝胆素生色团，由于可用的生色团水平减少，产生的有活性的光敏色素的水平也更低。其他的 hy 突变体在编码脱辅基蛋白的基因中带有突变。所以，如果一个植物在 $PHYA$ 中带有突变，它也许仍然能够通过 PHYE 合成 PHYB；如果植物的 $PHYB$ 发生突变，它也能够通过 PHYE 合成 PHYA 和 PHYC。因此，在不同光照条件下分析这些突变体，能够帮助我们在对不同类型光探测和响应方面区分不同光敏色素的作用（图 6-10）。

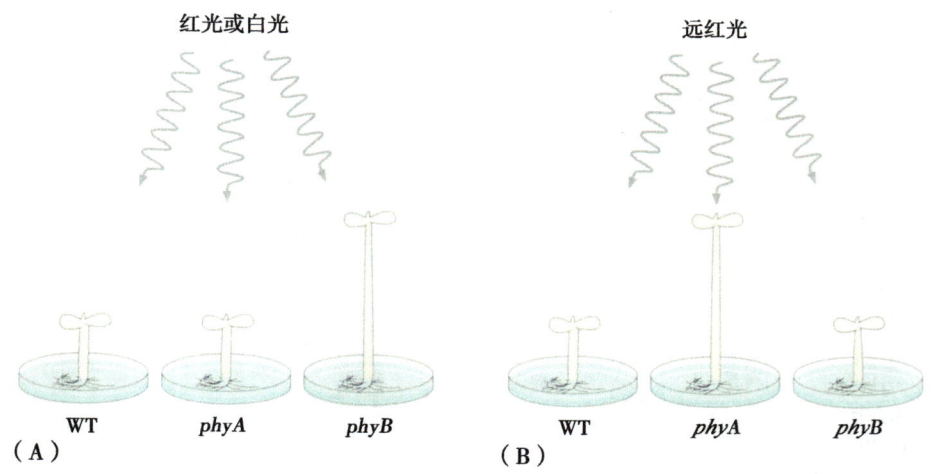

图 6-10　缺乏光敏色素 A 或 B 的突变体中的光响应。(A) 在红光或白光下，$phyA$ 突变体（缺乏光敏色素 A）有短下胚轴（类似野生型），而 $phyB$ 突变体（缺乏光敏色素 B）则具有伸长的下胚轴。(B) 在远红光下，$phyA$ 突变体有长下胚轴，而野生型和 $phyB$ 突变体则相反（进一步的解释参见文章中的相关内容）。

基于对远红光的不敏感性，拟南芥 $phyA$ 突变体是在持续的远红光条件下被筛选出来的。$phyB$ 突变体对于红光也有类似的不敏感性。在这些例子中，突变体的下胚轴比同样培养环境下的野生型的下胚轴要更长。光敏色素 A 负责探测和响应远红光（对于处在其他植物遮阴里的种子萌发，远红光的探测变得尤其重要，这是因为上层遮蔽叶片中的叶绿体会滤掉大部分红光），光敏色素 B 负责探测和响应红光。在去黄化后，光敏色素 B 则趋向于接替光敏色素 A，因为光敏色素 A 是光不稳定的，而光敏色素 B

是光稳定的。

尽管光敏色素 A 和 B 的作用总是相互抗衡的,但有时它们也会有重叠(图 6-11)。例如,光敏色素 B 在响应红光脉冲而诱导 CAB mRNA 产生中起主导作用。然而,光敏色素 A 也在这个响应中起作用(这种 CAB 基因应答会在下文讨论)。但是光敏色素 A 的参与仅在光敏色素 B 不存在时表现出来(如在光敏色素 B 缺陷的突变体中),在这种突变体中红光响应仍然可以被观察到,尽管水平很低。在光敏色素 A 和 B 都缺乏的双突变体中,这些响应进一步减弱(图 6-11)。这两种光敏色素也在其他光响应中起协同作用。对红光脉冲的响应中,较大范围的基因表达模式发生了改变;光敏色素 A 和 B 参与调节这些响应,当二者都存在时的响应比仅有其中之一时更强烈。在其他光响应中,光敏色素 A 和 B 看起来起相反作用。例如,在远红光中光敏色素 A 促进萌发,而光敏色素 B 则抑制萌发;光敏色素 A 可以促进长日照对开花的诱导,而光敏色素 B 则抑制开花,而且这种抑制与日照无关。我们在上文讲到过光敏色素如何通过与 PIF3 相互作用来调节基因转录。然而依赖 PIF3 的信号转导只是光敏色素信号转导的一种途径。光敏色素 A 和 B 的不同功能可能反映了它们分别使用的信号转导系统的区别。在某些条件下,这些信号转导途径会引发相同的生长应答反应,而在其他条件下,它们则会产生相反的响应。正是这两种活性光敏色素(P_{fr} 形式)水平间的平衡决定了植物对光的响应。

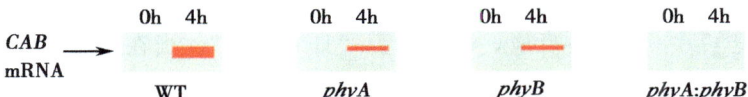

图 6-11 光敏色素 A 和 B 的重叠功能。 暗下生长的野生型幼苗中,CAB mRNA(编码叶绿素 a/b 结合蛋白)随着红光脉冲被诱导到可检测的水平(脉冲后 4h 的 CAB mRNA 水平,用红色的条代表)。光对 CAB mRNA 表达的诱导在 phyA 或 phyB 突变体(分别缺乏光敏色素 A 或光敏色素 B)中减弱,而在 phyA:phyB 双突变体(同时缺乏两种光敏色素)中则被进一步减弱。

光敏色素在避阴反应中发挥作用

很多植物("阳生植物")有可以探测从其他植物投射的阴影的能力,并通过投入更多的资源使茎伸长而投入更少的资源使叶片展开,从而改变它们的生长(图 6-12)。这种"避阴反应"能够确保植物走出阴影并在阳光直射下生长,从而增加光合作用捕获的能量。由于叶绿体吸收红光,但是相应地对远红光的透过性较大,所以被植物滤过的光中相应地含有较高比例的远红光,从邻近植物反射的光也是这样。在避阴反应中,几种不同的光敏色素会通过探测富含远红光的光,然后向细胞核内移动并直接影响基因表达来行使功能。光敏色素 B,以及与它近源的光敏色素 D 和 E,在已知植物的避阴反应中起到了主要作用。

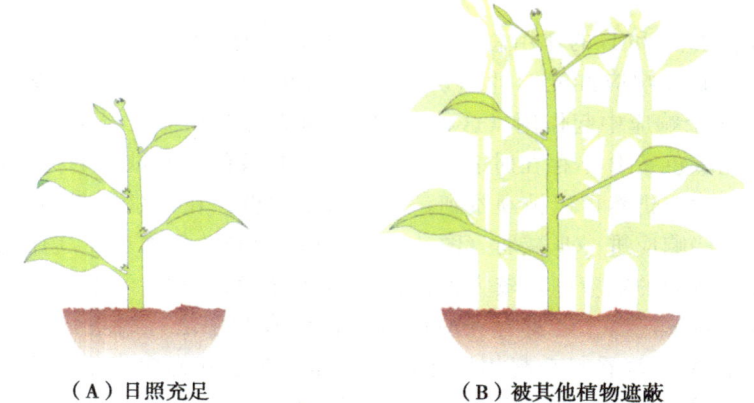

（A）日照充足　　　　　　　（B）被其他植物遮蔽

图 6-12　避阴反应。（A）生长在充足日照下的植物具有短的节间和叶柄。（B）被其他植物遮蔽的植物则显示出典型的避阴反应：伸长的节间和叶柄。

通过研究带有突变 $PHYB$ 基因的拟南芥，研究者们可以推断出光敏色素 B 在野生型植物中的作用。当 $phyB$ 突变体（缺乏有功能的光敏色素 B）在白光下生长时，它们会长出更长的叶柄（petiole）（将叶连接在茎上的干），并且比野生型更早开花。这些表型与避阴反应中的野生型植物的响应类似，说明光敏色素 B 通常在白光下起作用来抑制对阴影的响应。当一天快要结束时，伴随着光线中的远红光含量增高，在未被遮蔽的植物中发现了另一种应答反应，通常称为"日末响应"。当在实验室中模拟避阴条件或是日末条件时，与野生型相比，$phyB$ 突变体的响应性显著降低，这暗示着植物光敏色素 B 是调节阴影躲避和日末响应（远红光/红光的比例较高）的主要光敏色素，这也阐述了各个光敏色素在植物的不同部位和不同发育阶段有着不同的作用。之前我们讨论过光敏色素 A 是如何响应富含远红光的光线来抑制下胚轴伸长的。现在，我们发现光敏色素 B 参与介导了富含远红光的光线对叶片和茎生长的影响。

日末响应和避阴反应已经在遗传水平上被研究清楚了，当然主要是在拟南芥中展开的。尽管在其他植物中还研究得较少，但是很可能光敏色素 B（有可能是同与拟南芥中的 D 和 E 紧密相关的光敏色素共同起作用）在很多其他植物中也介导了避阴反应。由于 PHYB、PHYD 和 PHYE 三者之间比它们与 PHYC 或 PHYA 之间更为接近，所以这三个光敏色素的演化很可能与植物在树荫环境下的适应性生长有关。

隐花色素是具有特定和重叠功能的蓝光受体

蓝光响应鉴定起来要比光敏色素介导的响应更简单。因为它们只是简单地发生在蓝光条件下的响应——它们没有那种类似于红光-远红光的可逆性。通常植物对蓝光的响应也结合着其他波长的光。例如，下胚轴伸长的抑制，从营养生长向生殖生长的转换（开花）和**生物钟**（circadian clock）输出（在 6.4 节中讨论），都是包含了蓝光、红光和远红光的响应。然而有时植物的响应只受蓝光调控，如**向光性**（phototropism）（向光源生长）和气孔张开。有两类光受体，包括隐花色素和向光素，来协同响应蓝光。

隐花色素是第一类被研究的蓝光受体。它们在拟南芥中被鉴定出来，随后又在很多生物体中被发现，这些生物体从蓝细菌、蕨类和藻类，到果蝇、小鼠和人。隐花色素在动物的生物钟中有重要作用，在植物中它们与生物钟输出相关（见 6.4 节），也与光诱导基因表达的激活和光对下胚轴伸长的抑制相关。所有已经鉴定出的隐花色素都与**光解酶**（photolyase）有同源性（图 6-13），光解酶最初是细菌中鉴定出的光受体，并且可以调节光依赖的 DNA 修复（见 7.1 节）。基于序列的相似性，隐花色素可以被分为三类：植物隐花色素、动物隐花色素和隐花色素-DASH 蛋白（CRY-DASH，如此命名是因为它们是在 *Drosophila*、*Arabidopsis*、*Synechocystis* 和 *Homo sapiens* 中被发现）。CRY-DASH 在蓝细菌中的存在意味着这些光受体在原核生物和真核生物分化之前就已经演化出来了。与之对应的，动物隐花色素与在植物和动物中发现的一个光解酶家族最相似，而植物隐花色素（CRY1 和 CRY2；见下）与这个光解酶家族关系则较远（图 6-14），意味着植物和动物隐花色素是在动、植物分开后才独立演化出来的。

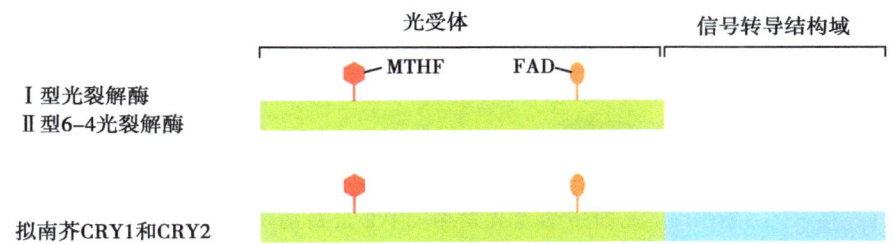

图 6-13 拟南芥光裂解酶和隐花色素的比较。光裂解酶是用来修复 DNA 中的嘧啶二聚体的酶。它的修复活性被蓝光或 UV-A 光线的照射而激活。结合到光裂解酶蛋白上的蝶呤甲基四氢叶酸（MTHF）和黄素腺嘌呤二核苷酸（FAD）参与了对蓝光的吸收。CRYPTO-CHROME1（CRY1）和 CRYTOCHROME2（CRY2）的 N 端结构域（绿色）与光裂解酶具有相关性，并且它们会与同样的生色团结合。然而，隐花色素光受体也包含了 C 端结构域（蓝色），该结构域被认为可能参与光信号转导。

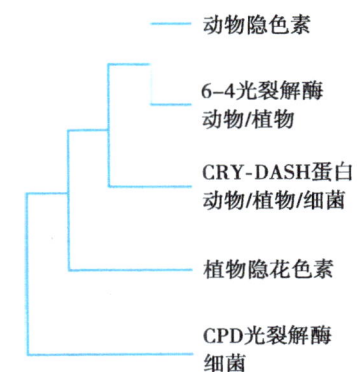

图 6-14 光裂解酶和隐花色素之间的系统发生关系。这个蛋白超家族被分为四组。动物隐花色素和 6-4 光裂解酶在第一组；其他组分别包括植物隐花色素、CRY-DASH 蛋白和 CPD 光裂解酶。

隐花色素和植物光敏色素类似，也是由脱辅基蛋白和吸收光线的生色团组成的。然而，隐花色素的生色团与脱辅基蛋白是非共价连接的，而光敏色素则是共价连接。尽管与光解酶在序列上相似，隐花色素并没有光解酶的活性。它们与光解酶都能结合同样的生色团，而且可能通过相关的机制来吸收蓝光。

拟南芥的隐花色素家族有三个成员：CRY1、CRY2 和 CRY3（CRY-DASH）。编码 CRY1 的基因是通过筛选蓝光处理下下胚轴伸长的抑制效应减弱的植物表型（下胚轴伸长是由上面提到的 hy 类突变造成的）而从拟南芥突变体库中被分离出来的；在蓝光下萌发后 $cry\,1$ 突变体有伸长的下胚轴。$CRY\,2$ 在拟南芥基因组序列中被鉴定出来，是因为它与 $CRY\,1$ 的序列很相似（至少在编码 N 端的生色团结合区域的部分）。编码 CRY3 的基因较晚被鉴定出来，它与 CRY1 和 CRY2 的相关性稍差，并且它的功能还未知。CRY1 和 CRY2 在调节蓝光响应的功能方面有重叠，但并不完全一样。例如，暴露于蓝光下的黄化幼苗中 CRY2 会迅速降解，而 CRY1 则是光稳定的，说明 CRY1 更可能参与对高辐照度光的响应（图 6-15）。这两个蛋白质的单独作用会在后面详细介绍。

图 6-15 光照下的黄化苗中 CRY2 蛋白的不稳定性。 CRY2 蛋白在黄化苗中发生积累，但是在从黑暗向白光或蓝光转移后的 1h 内，就不再能检测到蛋白质（蛋白质水平由紫色条代表）。相反，CRY1 蛋白在同样的条件下则相对稳定。底部的条代表了从暗向光下转变，以及光照后的时间。

隐花色素和光解酶的生色团是**黄素腺嘌呤二核苷酸**（flavin adenine dinucleotide，FAD）和蝶呤甲基四氢叶酸（MTHF）。我们在一定程度上已经了解蓝光诱导光解酶活性的机理（图 6-16），而且隐花色素可能以类似的方式起作用。MTHF 吸收蓝光并将激发能传输给 FAD。从 FAD 到信号伴侣蛋白或隐花色素蛋白中的氨基酸残基的电子传递，接下来可能激活信号转导。当植物受到蓝光照射时，CRY1 和 CRY2 都会被磷酸化。而且当受到蓝光照射时，在昆虫细胞中人为表达的 CRY1 也会在体外被磷酸化，说明磷酸化是被蓝光激发并受 CRY1 自身调节的。这些结果暗示了磷酸化可能对植物的隐花色素发挥功能或调控非常重要。植物隐花色素的信号转导可能发生在细胞核中，因为两个 CRY 蛋白都在拟南芥的细胞核中被发现。植物体隐花色素的主要功能是通过抑制泛素连接酶 CONSTITUTIVE PHOTOMORPHO-GENESIS 1（COP1）的活性来实现对光诱导基因的表达调控，这会在 6.3 节中详细介绍。

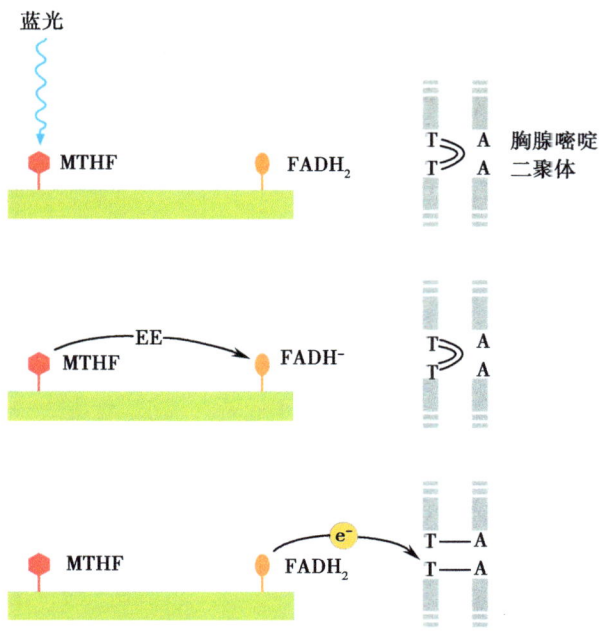

图 6-16 光裂解酶对 DNA 中的胸腺嘧啶二聚体的修复。光裂解酶中的蝶呤甲基四氢叶酸（MTHF）吸收蓝光，引起的激发能（EE）被传递到黄素腺嘌呤二核苷酸（以它的还原形式——$FADH_2$）。激发的黄素会向嘧啶二聚体传递一个电子，从而使 DNA 被修复。

单个隐花色素光受体功能受损的拟南芥突变体被用来研究 CRY 蛋白的单独作用。CRY1 光受体促进了**花青素**（anthocyanin）聚集和对下胚轴伸长的抑制，并使生物钟和昼夜循环同步（见 6.4 节）。CRY2 在蓝光下对下胚轴伸长的抑制功能相对较弱，并且只有在相当低强度蓝光即需要最大的光受体敏感性时，它才是重要的。然而，CRY2 在促进营养生长向开花转变中有重要的作用，CRY2 功能减弱的突变体会表现出晚花。

除了它们在蓝光下的作用之外，CRY1 和 CRY2 还激发了对更短波长 UV-A 光线的响应。比野生型植物含有更多 CRY1 的**转基因植物**（transgenic plant）对蓝光和 UV-A 光线相比野生型更为敏感，说明 CRY1 是光谱中这两个区段的光受体。CRY1 的突变体只是轻微地减弱了对下胚轴伸长的抑制，而这通常发生在 UV-A 处理过程中，但是如果 CRY1 和 CRY2 都被失活了，就会出现对下胚轴伸长的强烈影响。这表明 CRY1 和 CRY2 在调节对 UV-A 光线的响应中功能上有重叠。

向光素是参与向光性、气孔张开和叶绿体迁移的蓝光受体

向光性是指植物朝向某一光源的方向性生长。这个生长模式增加了对光捕获的机会，因而也增加了叶片中的光合作用。在大多数植物物种中，向光性是由蓝光激发的。在实验室中，最常用黄化幼苗来研究向光性，黄化幼苗会弯向单侧光源来生

长。这是一种便利的方法来鉴定向光性减弱的拟南芥突变体。向光响应减弱的植物被称为 *nonphototropic hypocotyl* 突变体（*nph*）。植物根部则表现出相反的响应，会背离单侧光源而生长。在给予低强度蓝光照射时，*NPH 1* 基因突变的拟南芥突变体表现出向光性的减弱，而对于高强度的蓝光突变体则能够正常响应，但是它们的根部并不背离光源生长。相反，*cry 1* 和 *cry 2* 突变体的向光性并没有发生变化（图6-17）。

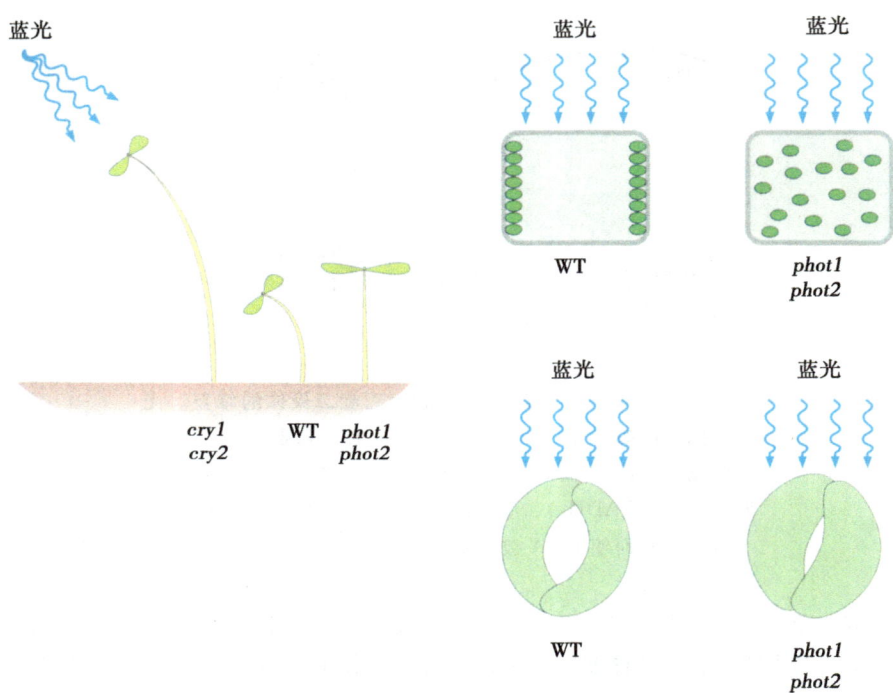

图 6-17　蓝光响应中向光素的作用。野生型（WT）幼苗表现出向光性反应，会朝着单向光源生长。*cry 1*：*cry 2* 双突变体表现出正常的向光性反应，但是它的下胚轴较长，这是由于蓝光对下胚轴伸长的抑制需要有功能的 CRY 蛋白。*phot 1*：*phot 2* 双突变体没有向光性反应，与野生型一样，下胚轴伸长被抑制。此外，*phot 1*：*phot 2* 中的叶绿体没有背离强光的运动（右上），气孔保卫细胞对光响应时也不会张开（右下）。

　　NPH 1 编码蓝光受体向光素 1（phot1），因此这个基因被重命名为 *PHOT 1*。这个蛋白质在 C 端包含了一个丝氨酸/苏氨酸激酶域，而 N 端则包含了两个均约有 100 个氨基酸长度的重复区域。从细菌到哺乳动物体内的蛋白质中都可以发现这样的结构域，因为包含它们的蛋白质受到光、氧气和电位差的调节，所以被命名为"LOV 结构域"。如同对隐花色素的描述，phot1 也是黄素蛋白，但是对 phot1 而言生色团是**黄素单核苷酸**（flavin mononucleotide，FMN），一分子的 FMN 可以与单个 LOV 结构域相结合。

拟南芥中的第二个向光素基因编码另一个蛋白质，即向光素2（phot2），它含有两个LOV结构域和一个激酶域。遗传实验表明phot2和phot1功能相关，因为 *phot 1*：*phot 2* 双突变体对低强度和高强度蓝光的照射都缺乏向光性响应（图6-17），而 *phot 1* 突变体保留了对高强度蓝光的响应。

phot 1：*phot 2* 双突变体对蓝光的其他响应也减弱了。叶绿体通常感应光强度的变化而迁移。在低光强度下，叶绿体分布在细胞中以使得可以最大限度地接受光照射，但是在高光强度下它们的定位则很集中以使得光照射最小，从而可以减少**光损伤**（photodamage）。但 *phot 1*：*phot 2* 双突变体中的叶绿体并不会响应低或高强度光而移动。暴露在光下通常会诱导气孔张开，使得可以更好地摄取光合作用所需的二氧化碳。在蓝光下 *phot 1*：*phot 2* 双突变体中也没有气孔张开，这些现象说明向光素在这个响应中同样是必不可少的（图6-17）。

向光素信号转导的第一步可能包含了自磷酸化。很长一段时间以来，膜蛋白的磷酸化就已知在向光性响应的早期起作用，黄化苗受到光照后生长的区域能检测到膜蛋白的磷酸化也表明了这一点。而且，这种磷酸化在 *phot 1* 突变体中严重减弱。昆虫细胞中人工表达的PHOT1蛋白在光照响应下会发生自磷酸化，说明在PHOT1的信号转导机制中自磷酸化是较早的一个环节。

向光素激活的信号转导链的本质仍然未知。研究这个机制的一种方法是筛选拟南芥中更多的 *nph* 突变体，并且研究那些编码向光素的基因中没有突变的突变体。通过这些突变或许可以找出那些对于向光素信号转导所必需的蛋白质。其中一个突变影响了 *NPH 3* 基因，它编码一个在体外测定中能够与向光素有直接相互作用的膜结合蛋白。因而NPH3蛋白和向光素可能在体内以复合体的形式存在，并与质膜结合。与 *NPH 3* 序列紧密相关的一个基因的突变阻断了根部的向光性，说明这一蛋白质家族中不同的成员可能参与了向光素信号转导的不同方面。发生在向光性中的下胚轴弯曲是由于**生长素**（auxin）在下胚轴的一侧高度聚集，就像在向重力性中那样（见6.5节）。生长素浓度在下胚轴远离光照的那一侧要更高，因此那一侧的下胚轴会更长。*PIN 3* 基因编码生长素输出载体的一个元件，与PIN1和PIN2有关（见6.5节），*PIN 3* 基因的突变使得拟南芥幼苗的向光性降低，暗示着PIN3蛋白分布的改变可能造成了向光性中生长素在不同部位的积累有差别。而向光素如何改变PIN3的分布仍然未知。

一些光受体会响应红光和蓝光

到目前为止，我们已经讨论了植物光敏色素，它们控制着植物对红光和远红光的响应，还讨论了隐花色素和向光素，它们控制着植物对蓝光和UV-A光线的响应。然而，有一些光受体似乎在红/远红光和蓝光下都可以调控植物的响应。例如，光敏色素除了能够对红光和远红光响应外，它们也能在控制特定条件对蓝光产生响应，这点在不能产生完全有功能的光敏色素A的突变体中已经得到证明。低辐照度蓝光对下胚轴伸长的抑制并不会在 *phyA* 突变体中出现，并且 *phyA* 突变体的下胚轴会比野生型幼苗的下胚轴显著增长。

另一个被认为控制对蓝光和红光/远红光响应的光受体的例子是PHY3，它是一个

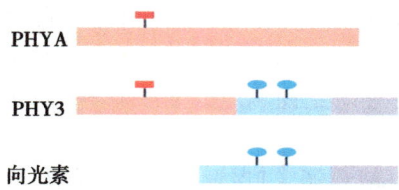

图6-18 **铁线蕨的光受体同时具有光敏色素和向光素的特性。** 蕨类植物铁线蕨的PHY3光受体的N端与光敏色素有同源性（粉色表示），而C端则与向光素具有同源性（蓝色和紫色表示）。同源区域含有光敏色素的生色团结合位点（架高的红色长方形），以及向光素生色团结合的LOV结构域（架高的蓝色椭圆形）。向光素的激酶结构域也同样保守（紫色长方形）。为了便于比较，拟南芥中的光敏色素A（PHYA）和向光素以及同它们连接的生色团在图中也被标示了出来。

在蕨类植物——铁线蕨中发现的蛋白质。PHY3是一个混合光受体：它的N端氨基酸与光敏色素的生色团结合区域具有同源性（图6-18）。在大肠杆菌中表达PHY3蛋白后与**藻蓝胆素**（phycocyanobilin）生色团重建形成重组蛋白，表现出光敏色素的红光/远红光可逆特性。蛋白质的剩余部分与向光素很类似，包含了生色团结合域和激酶域。因此这个蛋白质同时具有红光/远红光受体和蓝光受体的特性，也许能够控制对光谱中这两个区域的光的响应。这与在铁线蕨中观察到的红光和蓝光在向光性中协同作用的现象是相符合的；相反，在拟南芥中，向光性只被蓝光调控并通过向光素介导。

生物化学和遗传学的研究可以提供光敏色素信号转导途径中组分的信息

光受体负责最初的光感知，但是信号转导仍需要其他的分子。我们已经简要地介绍了光敏色素A和B、隐花色素，以及向光素的信号转导中哪些是我们已经知道的。这里我们要更加详细地介绍为了解这些信号转导途径提供了信息的关键性的生物化学和遗传学研究，并主要集中在光敏色素上，这是一个研究得最为清楚的系统。我们同样也要讨论这些研究对弄清楚光受体的信号转导下游给予了哪些启示。

研究光受体下游的信号转导元件的一种方法是筛选那些与缺乏某个光受体的突变体表型相似的突变体。例如，*phyA*突变体在远红光下有伸长的下胚轴，而在红光或白光下则没有这样的表型。具有有功能的光敏色素A但是光敏色素A相关的信号转导机制受损的植物表现出和*phyA*突变体相似的表型。对这些突变体的分析有助于鉴定信号转导的元件。有几个不同的基因特异地影响光敏色素A的信号转导，找到这些基因的突变体产生的不同表型可以帮助勾勒出这个信号转导网络。类似地，*PHYB*基因功能完整但是表型却和*phyB*突变体类似的那些突变体能帮助我们鉴定PHYB感应红光和进而改变下游基因表达之间的信号转导元件。

通过比较这两种方法的结果，研究人员们鉴定了一些对光敏色素A或B特异的基因，还有一些这两条途径共用的基因（在表6-2中总结）。有可能只能通过一种手段分离出来的基因代表了光敏色素信号转导的早期步骤，而两种方法都能够分离出来的基因则代表了共同的步骤，也就是说，这两个途径可以汇聚在一起。

表 6-2 光敏色素信号转导途径的基因

基因名称	基因产物和功能	受影响的光敏色素转导途径
FHY1	增强 PHYA 信号的核蛋白	A
FHY3	WD 40 蛋白	A
SPA1	WD 40 蛋白	A
FAR1	核蛋白	A
PAT1	GRAS 信号转导蛋白家族的胞质组分	A
FIN 219 *	GH3 蛋白家族的胞质组分	A
RED1		B
PEF2		B
PEF3		A&B
PEF1		A&B
PSI2		A&B
PIF3		A&B
PKS1		A&B
NDPK2	与光敏色素相互作用的激酶	A&B

* 可能说明了 PHYA 和生长素在生长调节中的联系。

正如表 6-2 显示，许多参与光敏色素 A 或 B 信号转导的蛋白质仍然功能未知。也有一些蛋白质的功能已经被充分研究，其中有几个可能在光敏色素 A 和 B 途径中是共同使用的。已知的与光敏色素 A 和 B 有相互作用的三个蛋白质分别是：PIF3，一个核定位的**bHLH 转录因子**(transcription factor)；PKS1，一个新的胞质蛋白，可以被光敏色素磷酸化；二磷酸核苷激酶 2，它的活性受到光敏色素的调节。这些蛋白质在结构或功能上并不相关，而且它们分别与不同的光敏色素结构域相互作用，因此它们并不是通过相同机制受光敏色素的调节。光敏色素的光调控激酶活性的底物在核和细胞质区室中都有定位，而且被红光激活后光敏色素能从细胞质向核内移动，这两点暗示了光敏色素能在多种亚细胞定位情况下磷酸化很多底物。这开始可以解释光敏色素是如何调节植物发育中的一系列发育过程的。

正如前面所说，光敏色素信号转导中理解得最清楚的分支包括核转录因子 PIF3（图 6-19）。这个蛋白质最初是通过它能在酵母中与光敏色素结合而被鉴定出来的。光敏色素与 PIF3 的相互作用是光依赖的：红光诱导光敏色素（P_{fr}）与 PIF3 的快速结合，而远红光则会造成这个复合体解离。PIF3 与一段称为 **G-box 基序**(G-box motif) 的序列（CACGTG）结合，这个序列在很多受光调控的基因**启动子**(promoter) 中存在。这些基因中的一些参与了叶绿体发育和光合作用，与野生型相比，光对它们表达的诱导能力在 *pif 3* 突变体中减弱。因此，光敏色素可能通过与 PIF3 相互作用并且激活 PIF3 来调控这些基因的表达。实际上，PIF3 只是 PIF3 相关转录因子家族中的一员，其中有一些是光敏色素信号转导中的激活子，而有一些则是抑制子。

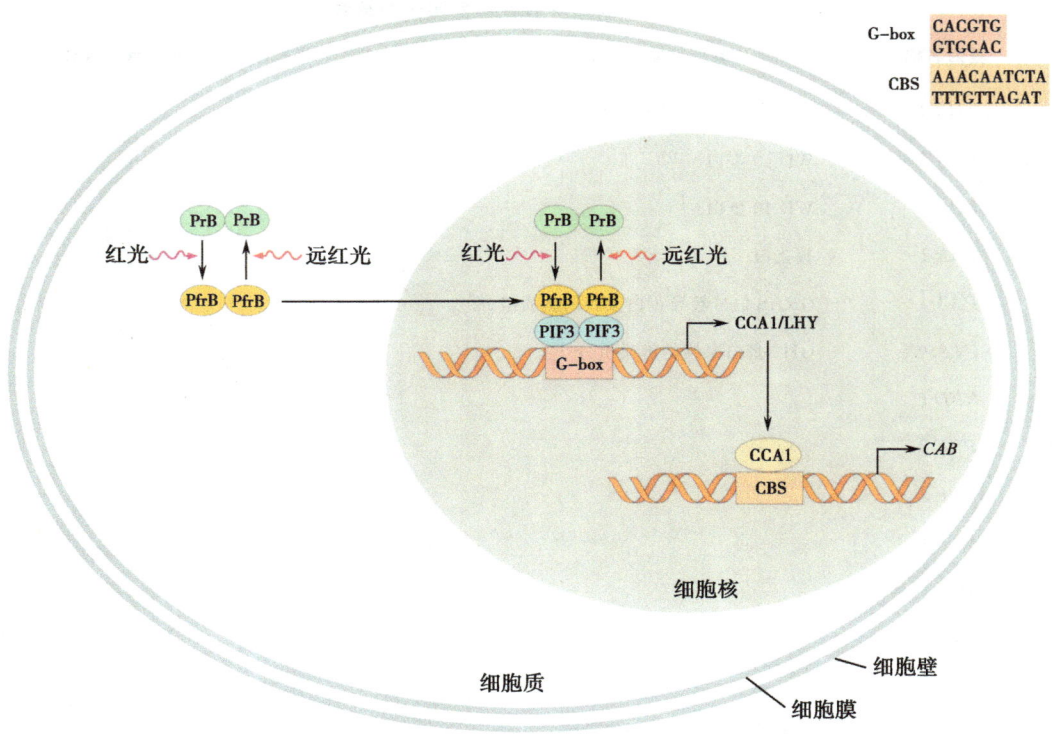

图 6-19　光敏色素 B 对 *CAB* 基因转录的激活。 由于对红光的响应,P_{fr} 形式的光敏色素 B（PfrB）在胞质中形成,然后向核内移动。在核内,PfrB 与转录因子 PIF3 发生相互作用,然后复合体结合在 *CCA1* 基因启动子区域的 G 盒结合,激活它的转录。CCA1 转录因子（或 LHY；见 6.4 节）进而结合在 *CAB* 启动子上（CBS）的 CCA1 结合位点上,并激活它的转录。

受光调控的基因中,研究的最多的是 *CAB*（*LHCB*）基因,它们编码了光合作用所需的捕光色素复合体中叶绿素 a/b 的结合蛋白（见 4.2 节）。拟南芥包含三个这样的基因,它们的表达被广泛研究。这些基因的转录能够被活化的光敏色素迅速诱导（图 6-19）,而且在红光照射约 3h 后就能检测到高丰度的 *CAB* mRNA。通过克隆这些基因上游区域的逐渐截短的片段并将它们与一个**标记基因**（marker gene）融合,如 β-葡萄糖醛酸酶或者萤光素酶基因（对萤光素酶基因的更多介绍见 6.4 节）,已经证明一段包括了 78 个碱基的片段足以能够激发标记基因对光响应的表达。这说明了参与调控或者激活 *CAB* 基因表达的蛋白质能够识别并和这个片段中的 DNA 序列结合。

将从植物中提取出的蛋白质提取物与含有放射性标记的启动子区的 DNA 片段共结合的实验发现了一个能够结合这些序列的蛋白复合体（蛋白质与 DNA 的结合能够通过蛋白质-DNA 复合物与未结合的 DNA 在**聚丙烯酰胺凝胶**（polyacrylamide gel）中的移动性的改变而鉴定出来）。为了检测这个蛋白复合体的结合对于这个启动子的光诱导是否必需,在启动子中引入了一系列可以阻止蛋白复合物结合的突变,并且将突变的启动子插入在一个标记基因（β-葡萄糖醛酸酶）的上游。这些突变确实破坏了启动子对红光的响应。与这个蛋白复合体一样,CIRCADIAN CLOCK ASSOCIATED1（CCA1）

蛋白随后被发现可以结合同样的 DNA 序列，因此可能是这个复合体的一部分。*CCA 1* 基因自身的转录响应红光，尽管机理还未知，但可能与前面提到的 PIF3 对光诱导基因的激活有关（图 6-19）。光敏色素诱导 *CAB* 表达所需要的 CCA1 结合位点的鉴定可能确定了一个从光敏色素延伸出的短信号转导链的终点。尽管单个 CCA1 结合位点看起来对于红光诱导的 *CAB* 表达是必不可少的，但是这并不是常见情况。单个转录因子总是结合一个启动子区域内的多个位点，这种冗余意味着必须将这些位点中的每一个都改变后才能够检测到基因表达的减少。

6.3 幼苗发育

很多幼苗在黑暗的地下开始它们的生长。在黑暗下的生长可能是由正调控和负调控形成的平衡来控制的。也就是说，在光线不足的条件下，一些相关的基因被激活，而其他的基因（那些参与光形态建成生长的基因）则被抑制。同样，在光形态建成中，黄化生长所必需的基因被抑制，而光形态建成响应所必需的基因则被激活。光形态建成或暗形态建成都不是发育中的默认途径，植物的发育究竟选择哪一种命运，依赖于植物感知和响应的环境因素。

地下生长的幼苗会遇到来自土壤的物理障碍。在遇到障碍时，它们会产生气体性质的生长因子——乙烯。乙烯的信号转导途径是植物中研究得最为深入的途径之一，在这一节中我们将介绍乙烯在植物生长中的作用，以及它的作用是如何通过实验来被确定的。然而需要强调的是，乙烯同样也在其他发育过程中起着重要作用，如果实成熟的调控、种子萌发、脱落、衰老和对病原体侵袭的响应。乙烯（像其他生长调节剂一样）并不是孤立地起作用。例如，乙烯和赤霉素通过相互作用来调控深水水稻的节间伸长；乙烯和**脱落酸**（abscisic acid）通过相互作用来调节种子萌发；乙烯还能和生长素相互作用来调节**三重反应**（triple response）的生长响应。

三重反应很可能保护了植物的精细结构，如保护茎端分生组织，防止它们在穿过土壤的时候受到伤害。三重反应具体指的是：下胚轴变得更短、更粗；根部变得更短、更粗；以及顶端钩变得更大。这些都是与在物理阻碍很少的培养基中生长的植物来比较的。三重反应能通过用外源乙烯处理幼苗来模拟（图 6-20），结合分析乙烯的处理和乙烯响应有缺陷的突变体植株，阐释了从植物感知物理阻碍到改变生长响应的乙烯信号转导途径。

乙烯由甲硫氨酸合成而来，其合成途径受到一个基因家族控制

乙烯是由甲硫氨酸通过氨基环丙烷羧酸（ACC）的合成来产生的，这个过程被 ACC 合酶催化。然后 ACC 被 ACC 氧化酶

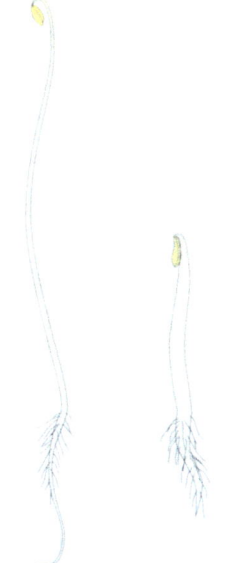

无乙烯　　乙烯处理

图 6-20　乙烯对暗下生长幼苗的调节。未处理的幼苗有长且细的下胚轴，伸长的根和关闭的顶端钩。乙烯处理后幼苗的顶端钩增大，根和下胚轴则缩短。

氧化（图 6-21）。不同的发育时期（包括暗中生长期）以及对不同环境的响应（如发生在病原体侵染、脱落和衰老时的胁迫）产生的对乙烯的诱导，都包括了 ACC 合酶基因家族中的独立成员的受控表达。例如，在番茄中含有 6 种 ACC 合酶的**同工酶**（isozyme），但只有 2 个 ACC 合酶的编码基因在果实成熟时期表达上升。

不是植物组织中所有的 ACC 能被转化为乙烯，它也能被转化为非挥发性的缀合物形式。ACC 缀合物的储存被认为在乙烯生产的控制中有重要作用（就是说，乙烯生产并不仅仅受到生物合成酶的活性控制）。ACC 自身也可以被用作**厌氧**（anaerobic）[或**缺氧**（anoxia）]条件下的信号（见 7.6 节）。

利用遗传分析鉴定乙烯信号转导途径中的组分

三重反应是研究植物乙烯响应的遗传基础。这方面的工作主要是在拟南芥中进行的。诱变处理的幼苗被用来筛选乙烯响应被破坏的突变体。基本上，利用这样一种筛选方式可以预期筛到两种类型的突变体（图 6-22）。第一类包括那些当施加乙烯时不能表现出三重反应的突变体。在含有乙烯的环境中，这些乙烯不敏感突变体有长的下胚轴和根，不同于野生型在相同条件下表现出的短下胚轴和根。突变体在乙烯信号的感知或者信号转导方面存在缺陷。*etr 1* 就是这类突变体中的一个例子。第二类包括组成型表现三重反应的突变体，即使在没有乙烯的条件下也会表现出三重反应。也就是说，这些突变体中的乙烯信号途径是处于组成型激活状态。此类突变体有这样的表型，有可能是由于突变体幼苗比野生型产生更多的乙烯，也有可能是因为乙烯信号途径能在乙烯缺乏的情况下被激活，如 *ctr 1* 突变体。

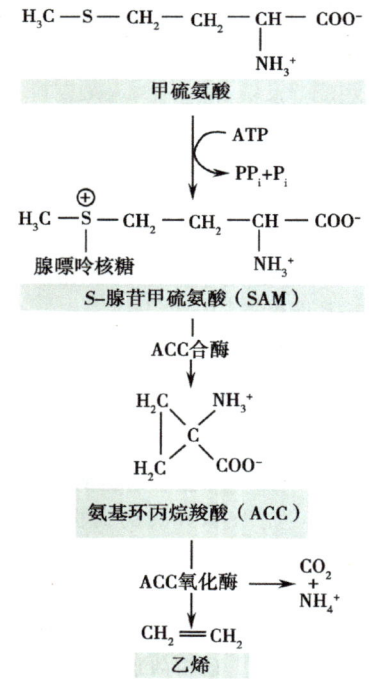

图 6-21 从甲硫氨酸到乙烯的生物合成途径

图 6-22 野生型植物和乙烯三重反应突变体的比较。（A）当用乙烯处理时，野生型（WT）植物展现出标准的三重反应（短根部、短下胚轴、增大的顶端钩），而 *etr 1* 突变体的生长则对乙烯的存在没有响应。（B）没有乙烯时，*ctr 1* 突变体表现出组成型的三重反应。

乙烯受体被发现包括 N 端乙烯结合的结构域和一个组氨酸蛋白激酶样结构域。它们与细菌中发现的一组"两组分组氨酸激酶受体"类似。两组分调节通常包含：①一个传感器分子，带有一个组氨酸激酶结构域，能响应环境刺激而发生自磷酸化；②一个响应调节分子，带有一个含天冬氨酸残基的接收结构域，天冬氨酸残基能够接受从传感器分子的组氨酸上传递来的磷酸基团而被磷酸化（图 6-23）。拟南芥和番茄的乙烯受体家族都含有 5 个成员，在很多其他植物中都含有其**同源蛋白**(homolog)。藻表菌 *Synechocystis* 的基因组也包含了一个乙烯受体的同源基因，它编码的蛋白质能够结合乙烯，说明乙烯受体最初可能是从细菌中演化而来的。

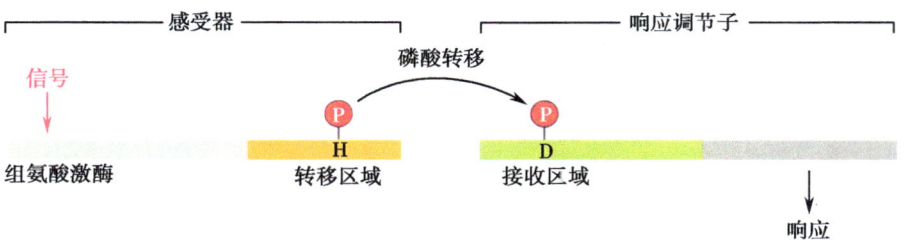

图 6-23　细菌的双元调节。信号引起感受器的自磷酸化；一个磷酸基团（磷酸转移）从感受器中的组氨酸残基（H）转移到响应调节子的天冬氨酸残基（D）上，造成了响应调节子的磷酸化（文中有详细介绍）。

拟南芥中的 5 个乙烯受体是 ETR1 和 ETR2（ETHYLENE RECEPTOR 1 和 2）、ERS1 和 ERS2（ETHYLENE RESPONSE SENSOR 1 和 2），以及 EIN4（ETHYLENE INSENSITIVE 4）（图 6-24）。只缺失任何一个受体对植物表型没有明显影响，说明单个受体的功能在拟南芥中有重叠，如果受体有缺失，一个可以取代另一个。当然，这个水平的功能冗余可能只适用于参与三重反应的乙烯受体，单个受体可能在植物的整个生命周期中有略微不同的作用。例如，番茄中的 5 个乙烯受体基因在整个发育过程中具有不同的表达模式，暗示了每个受体可能在乙烯信号转导过程中的作用具有组织和时期特异性。一些受体基因的表达是可诱导的，如通过水浸或成熟过程。

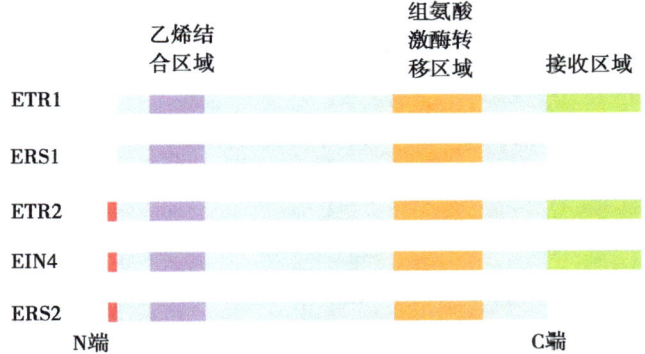

图 6-24　拟南芥中的乙烯受体家族。ETR1、ETR2 和 EIN4 都同时含有感受器和响应调节子分子的特性，而 ERS1 和 ERS2 缺乏接收区域。ERS1 和 ERS2 可能会招募 ETR1、ETR2 或 EIN4 的接收区域，也可能利用了其他响应调节子。

ETR 1 是第一个通过筛选乙烯不敏感突变体被鉴定的基因。*etr 1* 突变体是显性遗传的，除了幼苗的三重反应被破坏外，它们也丧失了成熟植物对内源产生的乙烯的响应。这些突变是显性的，是因为它们使得突变的受体对乙烯不敏感，因而，在乙烯存在的情况下，突变体受体仍然持续发出信号（不同于野生型受体，见下文）。ETR1 和其他乙烯受体是以二聚体形式跨越了膜的**脂双层**（lipid bilayer）而存在的（图 6-25）。ETR1 蛋白的 N 端跨膜域包含了乙烯结合位点；组氨酸激酶域在细胞质中；接收域也在胞质中，靠近 C 端。乙烯结合位点是嵌在质膜中的一个疏水口袋，结合需要铜离子的存在，可能由 *RESPONSIVE TO ANTAGONIST 1*（*RAN 1*）基因编码的 RAN1 蛋白来提供的，这个蛋白质是酵母和人类体内的铜转运**ATP 酶**（ATPase）的同源蛋白。

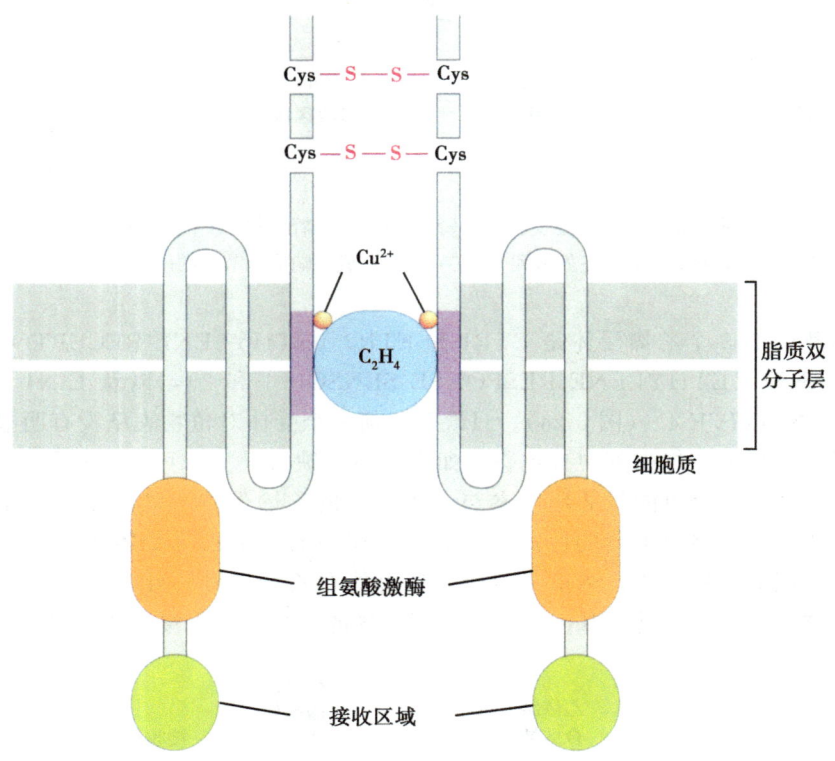

图 6-25　ETR1 的结构域。 ETR1 跨越了质膜的脂质双分子层结构。乙烯通过 ETR1 在质膜内形成的一个疏水口袋与其发生结合，这个结合需要铜离子（Cu^{2+}）的参与。

　　除了突变体表型提供的证据之外，也有实验证据支持 ETR1 是乙烯受体的观点。*etr 1* 突变体叶片对乙烯的结合能力严重下降——只有野生型对照的 20%。

　　同样，在酵母中表达 ETR1 后，它能以高的亲和性与乙烯结合，但是当突变的 *ETR 1* 基因（如使得植物对乙烯不敏感的基因）在酵母中表达时，则不能结合乙烯。

乙烯与受体的结合负调控乙烯响应

正如我们前面提到的，乙烯受体家族的很多成员在功能上有重叠（至少在三重反应中）。就是说，编码 ETR1 及其相关受体的基因有单突变或双突变时，大部分拟南芥突变体仍然可以与野生型一样有三重反应。拟南芥中乙烯受体的三突变体或四突变体就会有组成型三重反应的表型（图 6-26）。在这些突变体中，它们不能感知乙烯但是下游信号途径却是处于组成型激活状态的。这意味着在野生型植物中，乙烯受体通常抑制乙烯响应；直至乙烯与这些受体结合时，抑制作用才会停止，信号转导才能正常进行。乙烯信号的负调控是一个重要的概念：在这些实验之前，曾有人认为乙烯信号途径是受到正调控的。

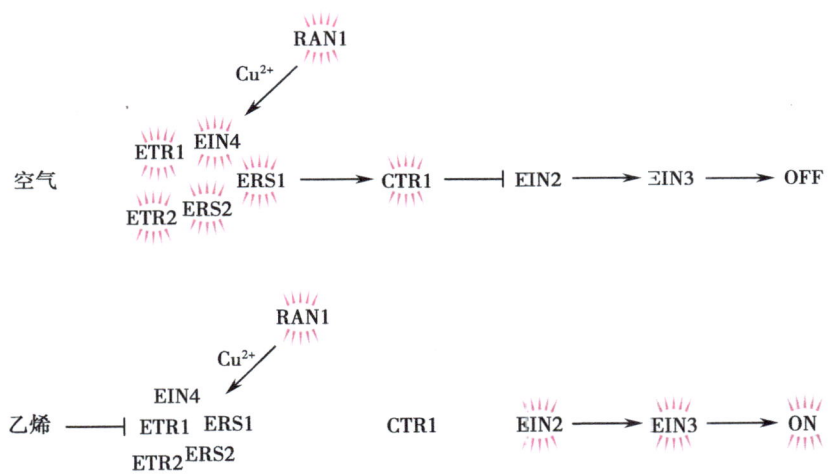

图 6-26　乙烯信号转导的负调控。在没有乙烯的时候，ETR1 和相关的乙烯受体是有活性的，并作为乙烯响应的负调控因子。CTR1、EIN2 和 EIN3 在乙烯信号转导途径中处于乙烯受体的下游（如文中讨论）。乙烯存在时，有活性的组分（红色尖状符号标示）和没有活性的组分（未用红色尖状符号标示）导致了乙烯响应的激活（ON）或抑制（OFF）。

活性的 ETR1（乙烯不存在时的 ETR1）可以激活 CTR1（CONSTITUTIVE TRIPLE RESPONSE 1），CTR1 是一种与哺乳动物 Raf 蛋白激酶家族相关的一种激酶，该家族可以在体外与 ETR1 在胞质内的部分相互作用。Raf 激酶是丝氨酸/苏氨酸蛋白激酶，它们被一种小的 GTP 结合蛋白——Ras 激活，然后来调控**促分裂原活化蛋白激酶级联反应**[mitogen-activated protein kinase（MAPK）cascade]。MAPK 也是丝氨酸/苏氨酸蛋白激酶，可以调节哺乳动物细胞对胞外刺激（有丝分裂原）的响应（包括基因表达、有丝分裂和分化）。外界的刺激对 MAPK 的激活是通过包括 MAP 激酶（MAPK）、MAP 激酶激酶（MAP2K）和 MAP 激酶激酶激酶（MAP3K）的信号级联来实现的。因此，CTR1 很可能（尚未被证明）是通过激活 MAPK 级联反应来扮演乙烯信号转导途径的负调控因子。

CTR1 的失活可以使乙烯信号链的下游组分被激活

除了 CTR1 的失活，我们对最终引起乙烯响应的信号转导途径的理解还并不完整。对双突变体的分析揭示了乙烯信号途径中基因起作用的上、下游顺序。这个顺序暗示了至少有两个基因的产物，即 EIN2 和 EIN3（在后面详述；也可以见图 6-26）在 *CTR 1* 基因产物的下游起作用。

拟南芥 EIN2 是一个膜内嵌蛋白（它是质膜的蛋白质组分），它的 N 端跨膜部分与哺乳动物中的称为"NRAMP"金属离子转运蛋白的一类转运蛋白家族具有同源性。然而，EIN2 没有检测到离子转运活性，因此它在乙烯信号转导中的生化功能仍未知。

CTR1 下游的其他组分是 EIN3 和 ERF1，它们是可以与乙烯诱导基因的启动子结合并激活它们转录的转录因子（图 6-27）。EIN3 是乙烯响应中的一个重要调节因子：在没有乙烯的时候，EIN3 与特异的 E3 泛素连接酶相互作用而被降解（通过泛素-蛋白酶体系统）。在乙烯存在的情况下，EIN3 二聚体与乙烯诱导基因 *ERF 1* 启动子中确定的目标序列结合。ERF1 蛋白属于一个称为"AP2 类似"蛋白的 DNA 结合蛋白家族，该家族与 AP2（APETALA2）转录因子家族（该家族的其他成员参与对干旱、盐和冷胁迫的转录响应；参见第 7 章）在序列上有相似性。ERF1 可以与 GCC-盒结合，这是一个在几个乙烯响应基因的启动子中发现的基序，这些基因也包括了一些参与抗病性的基因。从 EIN3 到 ERF1 转录因子的级联反应将病原体侵袭诱导的乙烯产生与防御相关基因的诱导表达联系了起来。

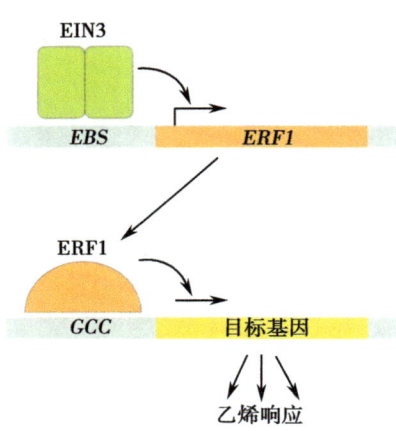

图 6-27　EIN3 到 ERF1 转录因子的信号级联。 乙烯通过抑制 CTR1，造成 EIN3 二聚体水平的上升。EIN3 结合在 *ERF 1* 基因启动子中的 *EBS* 位点，并激活它的转录。ERF1 转录因子水平的上升激活启动子上带有 GCC 盒元件的目标基因，引起乙烯响应。

乙烯与其他信号途径的相互作用

乙烯在三重反应中并不是独立起作用的。有大量的证据表明生长素和脱落酸也参与了三重反应及乙烯的其他响应。例如，拟南芥中的生长素不敏感突变体 *axr 1* 的根部和顶端钩对乙烯的敏感性都有减弱，而生长素极性运输受到影响的 *aux 1* 和 *eir 1* 突变体在根的生长过程中则表现出对乙烯的不敏感性。此外，外源添加乙烯可以抑制生长素的极性运输。很多乙烯信号转导突变体的幼苗对脱落酸的响应也发生了改变，而且 DELLA 蛋白（通常认为与赤霉素作用相关；见 5.4 节）也参与调节了三重反应。

在植物的其他响应过程中，乙烯可以与其他生长调节因子相互作用。我们之前已经简要地介绍了（8.4 节会有更为详细的介绍）它在植物抗病中的作用。在这些响应中，乙烯有时与防御信号协同作用来增强响应，有时又与信号（如茉莉酮酸）相互拮抗来精细调控对特异捕食者的响应。

幼苗的光响应在暗下被抑制

幼苗保留了进入光形态建成或者暗形态建成发育途径的能力，光的存在与否分别决定了幼苗会按照哪种模式发育。正如前文提到的，即使给予光照，很多对光的响应受损的突变体也会表现出暗形态建成发育的表型。这些植物有可能是光受体没有功能或者某些蛋白质发生了改变使得通常的光信号转导途径受阻。在暗形态建成的过程中，光形态建成被抑制，有很多调节蛋白会阻碍暗中的光形态建成。这些蛋白质最初是由筛选出的突变体在暗中生长却表现出光形态建成发育特征（图 6-28）而被分离出来的。这些特征包括短的下胚轴、扩张的子叶、部分的叶片发育、部分的叶绿体分化和光调节基因的上调表达，如编码捕光叶绿素 a/b 结合蛋白的 *CAB*（*LHCB*）基因家族，以及编码查耳酮合酶的基因（这个酶参与了花青素的合成）。目前已经发现了很多带有这种表型的突变体，这些突变体可以被分为 *de-etiolated*（*det*）、*constitutive photomorphogenic*（*cop*），或 *fusca*（*fus*）突变体。

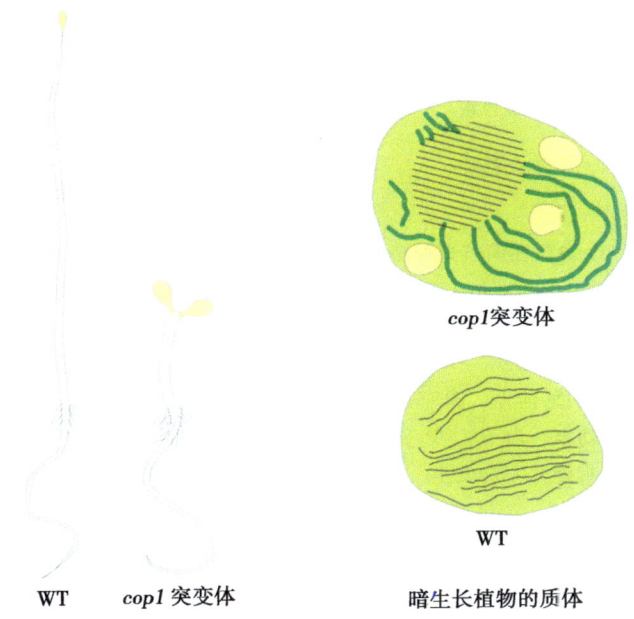

图 6-28 **暗下生长的野生型和 *cop 1* 突变体幼苗的比较**。暗下生长的野生型（WT）幼苗表现出暗形态建成发育所特有的伸长的下胚轴和关闭的子叶。相反，暗下生长的 *cop 1* 突变体有较短的下胚轴和打开的子叶，就像光下培养的野生型一样具有光形态建成发育的特点。暗下生长的野生型植物的质体含有原片层体（不规则的膜形成的聚集体），并缺乏类囊体膜（右下）。然而在暗下生长的 *cop 1* 突变体中质体表现出叶绿体发育的征兆：没有前叶体，而且也形成了平行的类囊体膜（右上）。

Det、*cop* 和 *fus* 的突变是隐性的，所以在这些基因纯合突变的植物体中其基因是没有活性的。这说明在暗下生长的野生型植株中，*DET*、*COP* 和 *FUS* 基因的作用是抑制光形态建成。如果将 *cop 1* 或 *det 1* 突变与那些光感应受损的突变（如 *phyB*、*phyA* 或

cry1）结合起来，形成的双突变体也会表现出与 cop/det/fus 单突变体相关的光形态建成表型。因为光感应在这些植物中是受损的，所以 cop/det/fus 突变体可以在缺乏光受体信号的情况下进行光形态建成生长。这点很有力地说明正常的 COP/DET/FUS 基因负调控光形态建成，并且在被光敏色素和隐花色素控制的信号转导途径中起作用（图 6-29）。

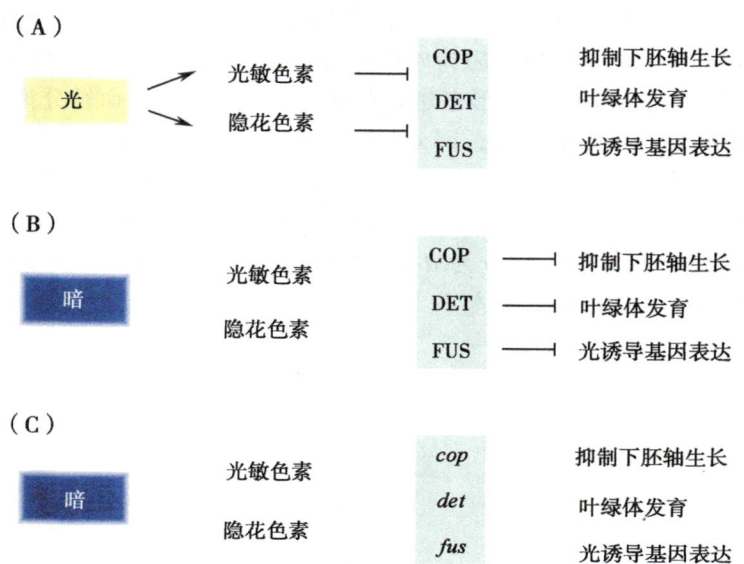

图 6-29　COP/DET/FUS 蛋白在调节光形态建成中的作用。（A）光下生长的野生型幼苗。光形态建成发育包括叶绿体发育、光诱导的基因表达和下胚轴生长的抑制。对幼苗进行光照可以激活光敏色素和隐花色素光受体，进而会抑制 COP/DET/FUS 蛋白的活性。（B）暗下生长的野生型幼苗。暗形态建成需要 COP/DET/FUS 蛋白对光形态建成发育的抑制。光受体不被激活，不能抑制 COP/DET/FUS 蛋白的活性，因而这些蛋白质会抑制光形态建成发育。（C）暗下生长的 cop、det 和 fus 突变体幼苗。由于 COP/DET/FUS 系统的一个组分不存在，因而在（B）中呈现的对光形态建成发育的抑制并不会发生。尽管没有光，光形态建成生长仍然发生。

除了作为暗下光形态建成的负调控因子，COP/DET/FUS 基因在植物发育中也有其他重要的作用。例如，在光下，这些基因所有的突变体都会有严重的植物生长缺陷。det1 或 cop1 的强突变体（缺失蛋白质功能）是致死的，而光下生长的 det1 或 cop1 较弱突变体则表现出株高降低且育性下降。此外，有些 det1 或 cop1 突变体在光下生长时会引起一些特殊细胞类型分化缺陷。例如，叶绿体在根部细胞中分化，查耳酮合酶（仅局限在野生型植株的表皮中表达）在叶肉细胞中表达。因此 COP1 和 DET1 基因并不仅仅抑制暗下的光形态建成，对于光下生长的植物的正常发育以及受光调控的基因在空间上的正确分布表达也很重要。

COP1 和 COP9 信号转导体通过使光形态建成必需的蛋白质脱稳定来发挥功能

在暗下，COP1 蛋白通过结合一些光形态建成必需的蛋白质并使它们被降解来抑制光形态建成。COP1 带有 4 个 WD40 重复结构域（一个由 β 蛋白折叠组成的结构域，在很多真核蛋白中参与蛋白质-蛋白质相互作用）；这些结构域对于抑制光形态建成很重要，它们能直接结合一些蛋白质，包括 HY5——一个**碱性亮氨酸拉链**（basic leucine zipper，bZIP）转录因子。HY5 与一个相关联蛋白——HYH 形成异源二聚体，然后结合到受光激活的基因的启动子上（*hy5* 突变体的光形态建成受损，表现在白光下下胚轴伸长；*hy* 基因的命名法可见表 6-1）。

在野生型拟南芥幼苗中，黑暗下培养的幼苗中的 HY5 表达量比光下培养的幼苗少 15 倍，这个区别是由蛋白质稳定性而不是 *HY5* 的转录来调节的。此外，在 *cop1* 突变体中光下培养和暗下培养的幼苗体内的 HY5 积累程度一样，证明 CCP1 是暗下 HY5 蛋白水平减少所必需的。利用蛋白酶体活性的抑制剂可以阻止 HY5 在暗下的降解，因此 COP1 可能通过催化 HY5 的多泛素化来介导它被蛋白酶体的降解（图 6-30），从而使 HY5 蛋白不稳定。

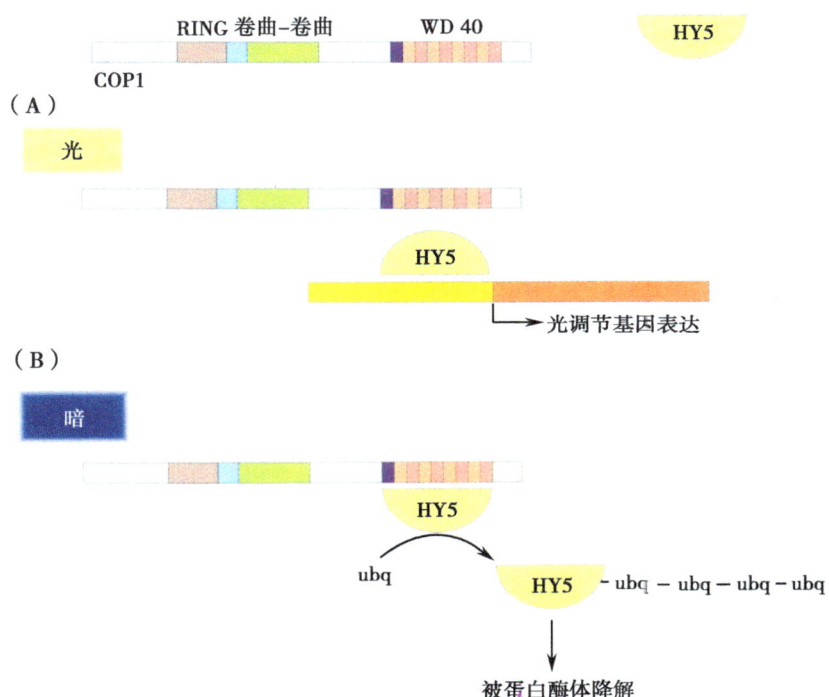

图 6-30 在暗下而非光下，COP1 催化 HY5 转录因子的泛素化。COP1 蛋白中的 RING 指、卷曲-卷曲和 WD 40 重复结构的结构域如图所示。(A) 光下，HY5 蛋白（bZIP 类转录因子）积累并激活目标基因的表达。(B) 暗下，HY5 与 COP1 的 WD 40 结构域结合。然后 COP1 催化泛素链分子（ubq）和 HY5 的连接。泛素化的 HY5 会被蛋白酶体降解。

有两种机制来确定是暗下而不是光照条件下，COP1 引起了 HY5 的降解。第一种包括了 COP1 蛋白在亚细胞区域的定位模式。暗下生长的植物中 COP1 定位于核内，而光下培养的植物中它定位于胞质内（图 6-31），HY5 定位在核内。因此两种蛋白质只有在黑暗条件下才能同时存在于同一个细胞区室中，也才会有可能发生相互作用。COP1 存在于光下培养的植物的胞质中暗示着它在细胞内的定位是受光调节的，这种调节进而调控了 HY5 对光响应的稳定性。第二种机制是指光下 COP1 蛋白活性的降低是由于它受到了隐花色素和 6.2 节中描述的蓝光受体的抑制。高表达 CRY1 或 CRY2

C 端部分的转基因植株表现出和 cop 1 突变体相似的表型。特别是在暗下生长时它们表现出光下培养植物的特征，如短的下胚轴。在酵母细胞中 CRY1 的 C 端部分与 COP1 蛋白也存在物理上的相互作用，而在植物细胞中 COP1 和 CRY1 在光下和暗下都存在物理上的相互作用。这些观察说明 CRY1 能够结合 COP1，当植物暴露在蓝光下时，CRY1 经历构象变化，从而导致了对 COP1 的抑制。COP1 的抑制使 HY5 和其他参与光形态建成的蛋白质在光下累积，然后光形态建成得以正常进行。

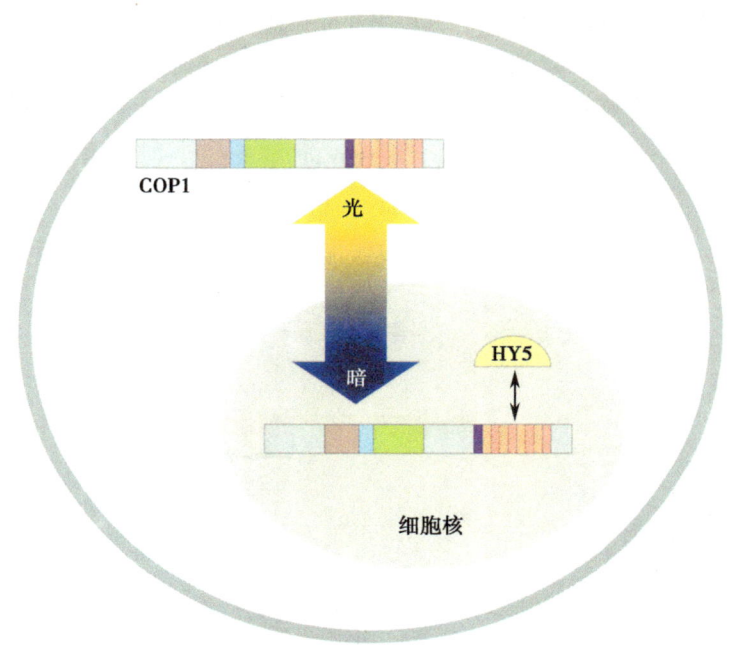

图 6-31　植物接受光照后 COP1 蛋白的亚细胞定位改变。暗下，COP1 蛋白在核中积累，在核中 COP1 靶定 HY5 并将其降解。在光下生长的植物中，COP1 被发现存在于细胞质中。

　　COP 1 基因是 11 个 *COP*、*DET* 和 *FUS* 基因中的一个，已表明（通过突变体分析）它们对暗下抑制光形态建成是必需的。有很多其他基因编码的蛋白质形成一个大的蛋白复合体——COP9 **信号转导体**（signalosome）。*COP 9* 是这些基因中的一个。在 *cop 9* 突变体中，COP9 信号转导体并不能形成。COP9 信号转导体中至少还有 8 种其他蛋白质，由于带有任意一个其他 *COP/DET/FUS* 基因的突变都会使得这个复合体无法聚集，所以这些基因可能也编码了这个复合体中的组分。由于 HY5 在暗下培养的 *cop 9* 突变体中也产生了积累，因此 COP9 信号转导体被认为能激活 COP1 的活性。在哺乳动物和裂殖酵母中也发现了一个包含非常相似亚基的蛋白复合体，因此 COP9 信号转导体的功能可能在很多物种中都是保守的。

油菜素类固醇对于暗下光形态建成的抑制以及植物发育中其他重要功能是必需的

　　油菜素类固醇是另一种阻止黄化苗的光形态建成所必需的生长调节因子。它们的重要性在研究脱黄化突变体时已经得到证明。如上所述，COP1 和 COP9 信号转导体使光形态建成必需的蛋白质脱稳定。然而，*COP/DET/FUS* 基因突变会产生不同的影响，表明这些基因的产物可能通过独立的机制来起作用。例如，尽管暗下培养的 *det 1* 和 *cop 1* 突变体会含有部分分化的叶绿体，在暗下生长的 *det 2* 突变体的质体仍然是**黄化质体**(etioplast)。同样的，与 *det 1* 和 *cop 1* 突变不同，光下培养时 *det 2* 突变并不会改变受光调控基因在空间的表达分布模式。这些结果暗示 COP1 和 DET2 通过不同的机制独立地发挥作用来维持黄化并抑制光形态建成。DET2 功能的鉴定证明了油菜素类固醇在抑制光形态建成中的重要性。

DET2 编码了一个参与**油菜素内酯**(brassinolide) 生物合成的酶，油菜素内酯是促进植物生长的油菜素类固醇中活性最高的（图 6-32）。*det 2* 突变体中油菜素内酯的水平低于野生型中的 10%，而且其突变表型（暗下的光形态建成生长）能被外源施加的油菜素内酯恢复正常。几个和 *det 2* 表型类似的突变体已经被分离出来，其表型也同样可以被外源施加的油菜素内酯恢复。这些突变体对应的基因都参与了油菜素类固醇的生物合成，所有这些突变除了会造成暗下培养植物的脱黄化外，对于光下培养的植物也有明显的影响。光下培养的突变体植株非常矮小，节间很短、叶片异常卷曲且呈现暗绿色，育性下降以及**顶端优势**(apical dominance) 也减弱。这些发现暗示了油菜素类固醇抑制了暗下的光形态建成，并参与了光下植物发育的很多方面。

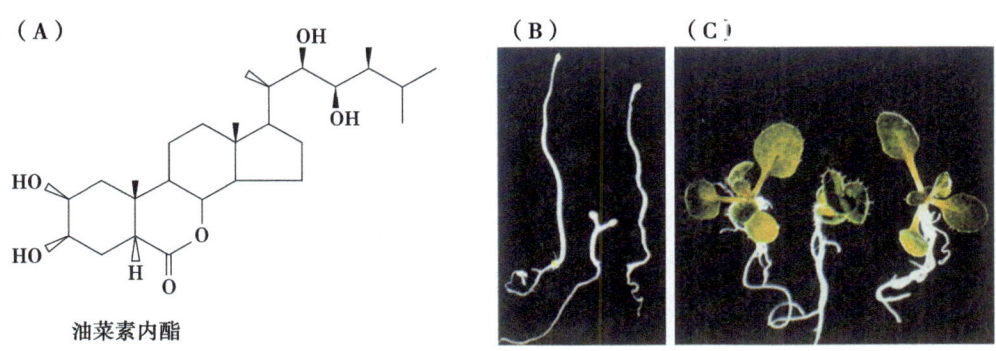

图 6-32 油菜素内酯以及它对拟南芥幼苗的影响。(A) 油菜素内酯的结构。(B) 暗下培养 10d 时，野生型和 *de-etiolated 2* 突变体幼苗的比较。野生型幼苗发生黄化（左侧），而 *de-etiolated 2* 突变体幼苗（中间）表现出光形态建成发育所特有的下胚轴较短和子叶张开的特性。对 *de-etiolated 2* 突变体外源施加油菜素内酯可以恢复突变体的表型（右侧）。(C) 与 (B) 图基因型相同的幼苗，但是在光下培养 12d。外源施加油菜素内酯恢复了 *de-etiolated 2* 突变体中观察到的叶片和叶柄的矮化表型（图 B 和图 C 来自 J. Li et al. Science，272：398-401，1996. 经 AAAS 允许，由 Jianming Li 友情提供）。

拟南芥中，油菜素内酯是通过一个叉状途径（图 6-33）由菜油甾醇合成，菜油甾醇是质膜中的一个固醇成分。菜油甾醇经由三个反应步骤可转换为菜油甾烷醇，而 *DET 2* 编码的 5α-还原酶催化了这些步骤中的第二步。这个途径在菜油甾烷醇之后产生分支，两个分支最后都能形成油菜素内酯。在其中一支上，C-6 的氧化发生在途径的早期，而在另一支上这一步则发生得较晚。这两支在菜油甾烷醇和油菜素内酯之间都有 7 个中间产物。

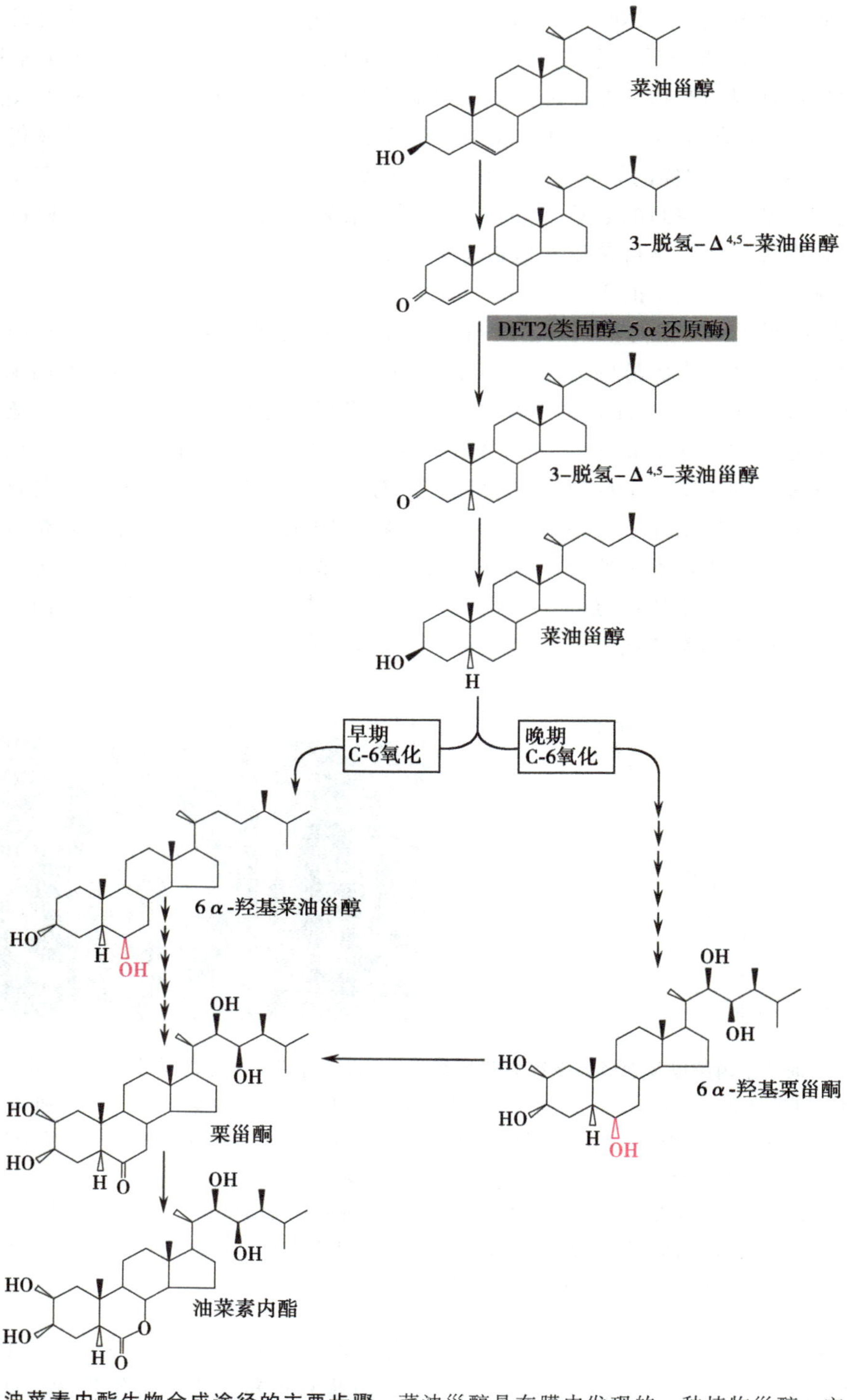

图 6-33 油菜素内酯生物合成途径的主要步骤。 菜油甾醇是在膜内发现的一种植物甾醇，它是通过一种甾醇特有的途径形成的。在菜油甾醇之后的步骤代表了油菜素内酯特有的途径。被 DE-ETIOLATED2（DET2）酶催化的反应是油菜素内酯合成所特有的早期步骤之一。如图所示，主要的分支为进入早期和晚期 C-6 氧化途径。

尽管介绍的大部分油菜素内酯突变体都是拟南芥中的，油菜素内酯合成发生改变的矮化突变体在番茄和豌豆中也有介绍，对这些突变体的分析揭示了同样的叉状生物合成途径，但是在番茄中 C-6 氧化发生较晚的途径似乎占主要地位。

所有油菜素类固醇生物合成受损的突变体都可以通过外源施加油菜素内酯来将其恢复为野生型。对第二类有相似表型但是不能被外源油菜素内酯恢复的突变体的分析鉴定出了油菜素类固醇信号转导所必需的蛋白质。在存在外源油菜素内酯时，野生型植株的根部生长被削弱，*brassinosteroid insensitive*（*bri*）突变体是第一个被鉴定出来对于油菜素内酯作用不敏感的突变体。在第二种方法中，研究者分离出了与油菜素类固醇生物合成减弱的植株有相似表型的突变体，然后分离出这些突变体中不能被外源施加的油菜素内酯恢复表型的个体。很多独立的 *BRASSINOSTEROID INSENSITIVE 1*（*BRI 1*）基因的突变体等位基因都是通过这些方法被鉴定出来的。在 *bri 1* 突变体中，油菜素内酯积累的水平比野生型要高，而一个参与油菜素内酯生物合成的酶——CPD 的表达也有所升高。这些观察暗示了油菜素内酯通过**反馈抑制**（feedback inhibition）来抑制它自己的合成，而这种反馈抑制需要 *BRI 1*。维持激素**动态平衡**（homeostasis）的类似机制在其他植物激素中已经介绍过，如赤霉素。

BRI 1 编码了一个跨质膜的**富亮氨酸重复**（leucine-rich repeat，LRR）的受体激酶（图 6-34）。BRI1 的胞外域包含 25 个 LRR，与那些抗病性蛋白（见 8.4 节）和 CLAVATA1 蛋白中（见 5.4 节）的结构域相似；还有一个 70 个氨基酸组成的特殊结构域，称为"岛状域"，插在第 21 和 22 个 LRR 之间。BRI1 的胞内（胞质）结构域是一个丝氨酸/苏氨酸蛋白激酶。BRI1 活性下降的突变主要集中在岛状域和胞内激酶域，体现了这些区域对于 BRI1 活性的重要性。野生型植株的质膜结合油菜素内酯，这种结合在 BRI1 拷贝更多的植株中会增加，暗示了 BRI1 能够直接与油菜素内酯结合。此外，在大肠杆菌中表达出的截短的 BRI1 蛋白（包含岛状域和相邻的一个 LRR 结构域）可以结合油菜素内酯。而且在油菜素内酯存在的情况下，BRI1 可以发生自磷酸化。这些观察暗示了 BRI1 可能是油菜素内酯的一个膜结合受体，会在油菜素内酯结合到胞外岛状域的时候发生自磷酸化。BAK1 是一个与 BRI1 相关的蛋白质，它包含了 5 个胞外的 LRR 和一个胞内的激酶域，可能与 BRI1 一起在膜结合受体复合体中发挥功能。BRI1 和 BAK1 蛋白存在相互作用，这两个蛋白质还可以互相磷酸化。然而，BAK1 的突变对油菜素内酯信号转导的阻碍程度较弱，而且并不影响 BRI1 和油菜素内酯的结合。因此 BRI1 的自磷酸化和 BAK1 的转磷酸作用很可能共同起始了油菜素内酯激活的胞内信号转导链。

油菜素内酯对 BRI1 的激活导致了超过 400 个基因的转录上调和大约 300 个基因的转录下调。这些转录变化所需要的信号转导途径中的组分（图 6-35）是通过分离削弱或激活这个途径的突变体来确定的。BRASSINOSTEROID INSENSITIVE 2（BIN2）是一个丝氨酸/苏氨酸蛋白激酶，它是油菜素内酯信号的负调空因子。缺乏油菜素内酯时，BIN2 磷酸化两个转录因子即 BES1 和 BZR1，这两个转录因子的磷酸化形式会被泛素化进而被蛋白酶体降解。然而，当油菜素内酯存在时，BIN2 的活性被 BRI1 抑制，从而使得 BES1 和 BZR1 积累。然后 BES1 激活了油菜素内酯响应基因的表达，而 BZR1 抑制了一些被油菜素内酯抑制的基因的表达，如编码酶 CPD 的基因。因此油菜素内酯通过与胞外的 BRI1 结合，起始了使得关键转录因子稳定的蛋白磷酸化的信号通路，进而改变基因的表达模式。

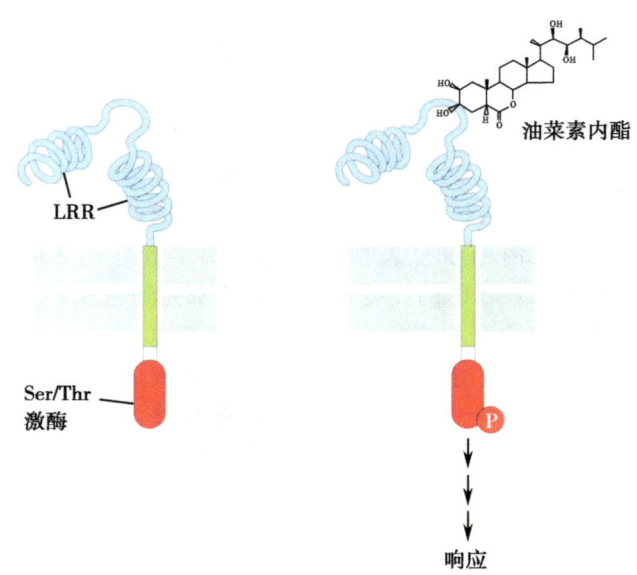

图 6-34　BRASSINOSTEROID INSENSITIVE 1（BRI1）蛋白的结构。BRI1 定位在质膜上。N 端的胞外结构域包含了 25 个富亮氨酸重复（LRR；如图中卷曲所示）及一个位于 LRR21 和 22 之间的"岛状域"（70 个氨基酸）。C 端的胞内结构域包括一个丝氨酸/苏氨酸蛋白激酶。油菜素内酯存在的时候，BRI1 会发生自磷酸化，进而起始信号转导链。

6.4　开花

开花是植物从营养生长到生殖生长的过渡，同时也是被子植物有性生殖的第一步，最终的结果是形成种子。这个过渡发生的时间是受到严格控制的，以确保能够产生尽可能多的种子，而且还要确保种子的发育过程在适宜的环境条件下成功完成。发育中的种子作为强大的**库器官**，需要通过韧皮部从叶片中来转移糖分（详见 4.4 节）。为确保种子的发育成功，在花发育开始之前植株需要维持一段时间的营养生长，在此期间形成叶片并积累**光合产物**。如果向开花阶段的过渡发生在还没有足够的叶片来产生光合产物之前，那么种子产量就会减少。

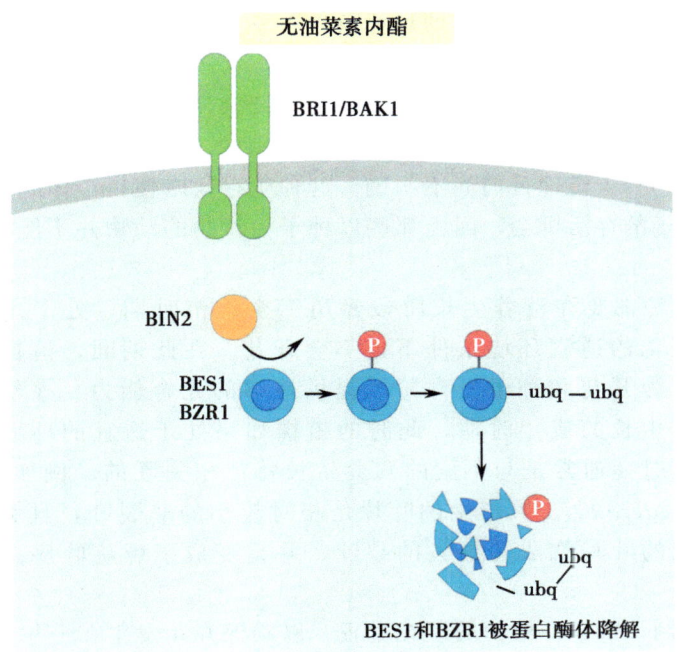

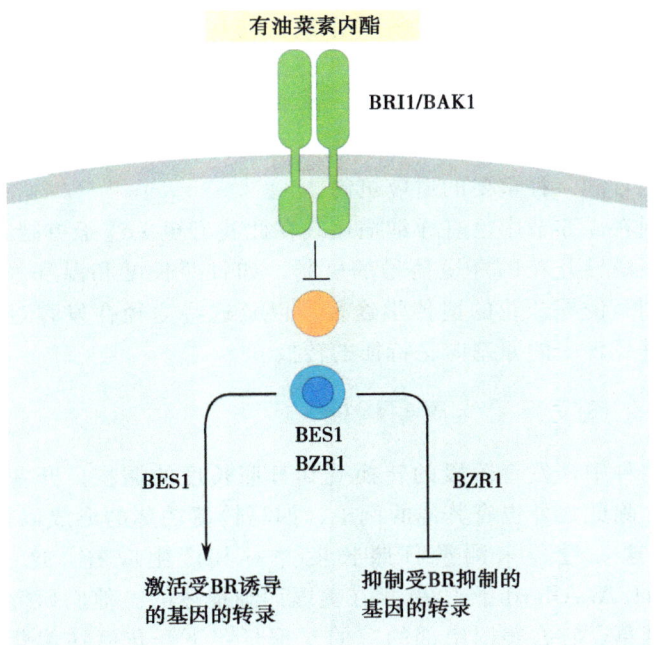

图 6-35 油菜素内酯引起的信号转导途径。 油菜素内酯不存在时（上），BIN2 蛋白激酶是有活性的，而且会磷酸化转录因子 BES1 和 BZR1。这些磷酸化的转录因子会被连接上泛素，进而被蛋白酶体降解。油菜素内酯存在时（下），BRI1/BAK1 受体复合体被激活并抑制 BIN2 蛋白激酶活性。BIN2 的失活使 BES1/BZR1 转录因子保持稳定。BES1 会激活油菜素内酯响应（BR-激活）基因，而 BZR1 则会抑制那些表达受油菜素内酯抑制的基因的转录。

相似地，开花必须要在最适宜的环境条件下发生以保证种子发育的正常进行。严格控制开花过程不但能确保植株在最合适的温度、水分和光线的条件下来产生种子，而且也能确保一个植株群体同步开花。东南亚热带森林里的大量开花的树林就是一个典型的例子。许多龙脑香科的树开花间隔是不规则的，平均四年一次。引发生殖生长开始的环境因素和分子机理目前尚不明确。这种生存策略使得个体间杂交成为可能的同时也增加了种子的存活机会，因为那些以种子为食物的动物并不能将植株产生的大量种子都吃完。

很多植物物种都要在营养生长阶段经历一个幼苗时期，处于这个时期的植株即使在能诱导开花的适宜环境条件下也不会开花。在此期间，植物会产生足够数量的营养性叶片为开花和种子发育阶段提供足够的光合能力。在幼苗期之后，植株发育进入营养生长的成年时期，此时的植株如果处于适宜的环境条件下就会开花。幼苗和成年时期通常是与不同的营养生长特征相关联的。例如，在幼苗时期，英国常春藤（*Hedera helix*）产生的叶片是相对较小的非裂叶，且为互生叶序；然而到了成年时期的叶片就成为更大的裂叶，并且变成了螺旋叶序。而花只会在成年时期形成。

季节信号控制了很多种植物的开花过程，以确保开花发生在一年中最有利的环境条件下。例如，日照时间变长或者长时间暴露在冬季低温环境下之后，开花就可能会发生。这些应答反应会确保开花发生在春季或者初夏，那么种子的发育就会在下一个冬季开始之前完成。在不同物种中，引起开花的环境信号不同，而同一物种的不同品种对环境刺激的开花应答反应也各不相同。各种品种的不同的开花应答反应源自于植物在不同纬度或者海拔的定位，这暗示着通过改变开花应答反应来适应环境条件是植物对于不同生存位置的一种重要的适应机制。

花发育的机制在 5.5 节中已有详细描述，在此我们更关注于控制开花的早期阶段，即植物检测和应答诱导开花的环境信号的机制，如日照长度和温度。以下将阐述拟南芥中的不同环境刺激诱导开花的遗传学途径，以及这些途径在发育过程中是如何激活已知的基因来促进发育中的原基向花特征的转换。

许多植物的生殖发育受光周期调控

在很多植物物种中，发育阶段的转换受到日照长度的调控。开花起始是这些应答响应中最广泛的，除此之外也有其他的例子，如马铃薯块茎的形成以及树木芽的休眠。植物通过光周期这一过程来测量日照长度并对其产生应答，这一现象首先是由 W. W. Garner 和 H. A. Allard 于 1920 年在美国详细描述的。他们研究的对象是烟草的一个品种即美洲烟草，它在美国南部的短的夏季日照下开花而在偏北部的长日照下则不开花。但是，美洲烟草如果在下午被放进一个黑暗的建筑物里以减少日照持续时间，它也会在北方开花。后来，Garner 和 Allard 描述了许多种植物对日照长度应答的特征，把所有的植物大致分为三种光周期应答类型：长日照植物、短日照植物和日照中性植物（图 6-36）。

图 6-36 光周期植物 Lolium temulentum 和 Xanthium strumarium 的开花过程。(A) 长日照植物 Lolium 的营养生长顶端。(B) 长日照下 15d 之后长日照植物的顶端形成了许多小花和花药原基。(C) 长日照下 40d 后种子开始成熟。(D) 短日照植物 Xanthium 形成花芽 (图 A~C 由 Rod King 友情提供;图 D 由 Jim Lewis 和 Lucy Rubino 友情提供)。

当日照时间短于某一临界长度时，**短日照植物**会开花。以 *Xanthium strumarium*（一种常见的苍耳属植物）为例说明，若日照时间为 16h，它保持营养生长；若日照时间小于 15h 它就会开花，这说明这些植物的临界日长为 15～16h。**长日照植物**表现出相反的应答反应，只有在日照长度超过临界长度时才会开花。*Lolium temulentum*（一种裸麦草）是一种典型的长日植物，它的临界日长是 14h，当日照时间超过 14h 即会开花。不同物种的植物临界日长差别很大，相同物种不同品种的临界日长也会各不相同。有些植物对光周期有严格的要求，在非诱导条件下会一直保持营养生长。还有一些植物表现出兼性的光周期响应，在任何日照长度下都能开花，但是非诱导条件下开花时间会迟很多。**日照中性植物**对日照长度没有开花应答反应。

除了长日照植物、短日照植物和日照中性植物以外，还有一些其他的光周期应答类型。有些植物既需要长日照又需要短日照，而且对暴露于长日照和短日照的次序有严格要求。例如，长-短日照植物只有先暴露于长日照下再暴露于短日照下才会开花，而短-长日照植物一定要先暴露于短日照再暴露于长日照条件下才会开花。其他的光周期应答类型被描述为**中日照植物**，这些植物的开花条件要求日照长度不太长也不太短。

对于了解光周期现象潜在的机制还有一个重大的问题是，确定究竟是持续的光还是持续的暗在起决定性作用。短日照植物是测量黑暗的持续时间，但是长日植物的情况尚不明确。确定是光期还是暗期作为决定性因子的检测方法就是把植物种在长于或者短于 24h 的光-暗交替周期环境下，以使得光期和暗期的长度分别独立地改变。用这个方法已经证明了短日照植物 *X. strumarium* 感受的是暗期的长度（图 6-37）。如前所述，*X. strumarium* 的临界日长是在 15～16h，当日照长度缩短至 15h 该植物会开花。从另外一个角度来说，当黑夜的长度达到 9h 后 *X. strumarium* 就开花。实验证明，这种植物的确是在检测暗持续的长度。例如，用 5min 光照时间来中断持续的暗期（一种被称作"暗期间断"的处理）足以阻止开花，用长暗期和长日照结合起来可以使得开花，因此短日植物更宜于被称为长夜植物。

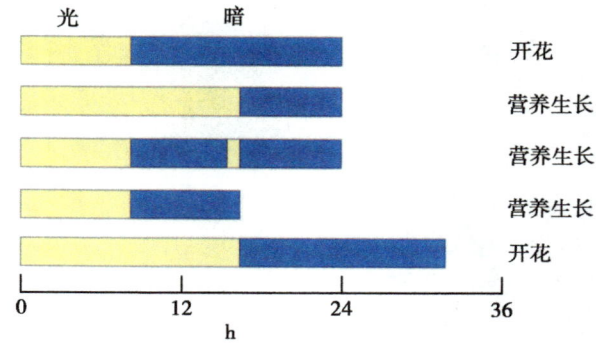

图 6-37　*Xanthium strumarium* 应答于暗期长度的开花反应。在短日照和长黑暗条件下 *X. strumarium* 会开花（上）。在以下几种情况下它的开花会被抑制（植物会一直保持营养生长）：日照变长而暗期变短；短日照/长暗期条件下，在暗期中做 5min 的光照处理；把植物的每日生活周期缩短至 16h 而同时缩短日照和暗期长度（第 2～4 组）。当把植物的每日生活周期延长至 32h 而同时延长日照和暗期的长度时，植物依然会开花（下）。

尽管短日照植物对于暗期间断处理非常敏感，而长日照植物则通常没有那么敏感。一些长日植物在 30～60min 的暗期间断处理下后，在短日照下会开花，这表明长暗期抑制其开花。而对于其他的长日照植物而言，长夜的抑制效应并不清楚，只是知道似乎需要暴露于长日照下才能开花。总而言之，与短日照植物相比，长日照植物是在检测光持续还是暗持续的长度仍然并不清楚。

在光周期控制开花的过程中，光敏色素和隐花色素作为光受体来行使功能

通过日照长度来调控开花过程需要光受体来区别昼夜循环中的光期和暗期。光敏色素和隐花色素是光周期现象中所需要的光受体，这二者在不同物种中的相对重要性有所不同。短日照植物的开花会被暗期间断抑制，这种现象为区分出究竟是哪种波长的光和哪些光受体参与了开花的光周期调控提供了一种实验方法。用红光（波长 600～660nm）来进行短暂的暗期间断会抑制短日植物 X. strumarium（苍耳属植物）和 Glycine max（大豆）开花。如果红光阻断之后立即进行远红光（700～760nm）照射，植株还是会开花的，表明红光对开花的抑制是能够被远红光逆转的。这些现象暗示着光敏色素参与了探测抑制短日照植物开花的暗期间断过程。

找出参与光周期现象光受体的另外一种可选方法是检测缺失特定光受体的突变体植株的开花过程对光周期的响应。在长日照植物豌豆中曾经用过这种检测方法。研究发现，编码光敏色素 A 的基因失活的突变体，在长日照和短日照下的开花时间相同而且对光周期不敏感。由此得出结论，光敏色素 A 在长日照植物的光周期中发挥了重要作用，它是植株区分长/短日照所必需的。

相对于豌豆突变体而言，另外一种长日照植物拟南芥的光敏色素 A 功能减弱的突变体植株对于光周期的影响要相对弱一些：在长日照下，光敏色素 A 的突变体的开花时间只是比野生型植株稍微晚一些。但是，一些能够刺激野生型植株开花的人为的长日照条件却不能引起 phyA 突变体开花。例如，8h 白光照射之后再照射 8h 低强度远红光的人为昼夜循环能够促进拟南芥野生型植株开花，但对 phyA 突变体却没有作用。这些现象表明光敏色素 A 在拟南芥的光周期现象中发挥作用，但是它的作用在白光下并不明显。这是因为还有其他的光受体也参与了拟南芥的光周期现象。其中就包括了蓝光受体隐花色素 2（CRY2）：拟南芥 cry2 突变体对光周期的响应减弱，它们在长日照下的开花要迟于野生型。蓝光能够促进许多十字花科的植物开花，对于拟南芥而言，这种促进作用比其他长日照植物更加明显。因此，十字花科植物对光周期的响应过程中 CRY2 和 PHYA 发挥了主要作用，而在包括豌豆在内的其他长日照植物中则是 PHYA 起主要作用。

昼夜节律可以控制植物许多基因表达并影响光周期对开花的控制

许多生理和发育过程都有**昼夜节律**。第一个被公认的节律性现象是含羞草的叶片运动，它们每天会在特定的时间打开和关闭。完成一个循环再回到出发点的时间长度称为节律的"周期"。这个节律被称为"昼夜节律"，因为其同期大约是一天（circa 意为"大约"；dia 意为"一天"）。尽管昼夜节律首先在植物中被发现，但是后来在一些

原核生物、真菌、昆虫和哺乳动物包括人在内也都发现了这种现象。受到昼夜节律调控的植物生理过程除了叶片的运动之外，还包括下胚轴伸长、气孔张开和基因表达（图 6-38）。

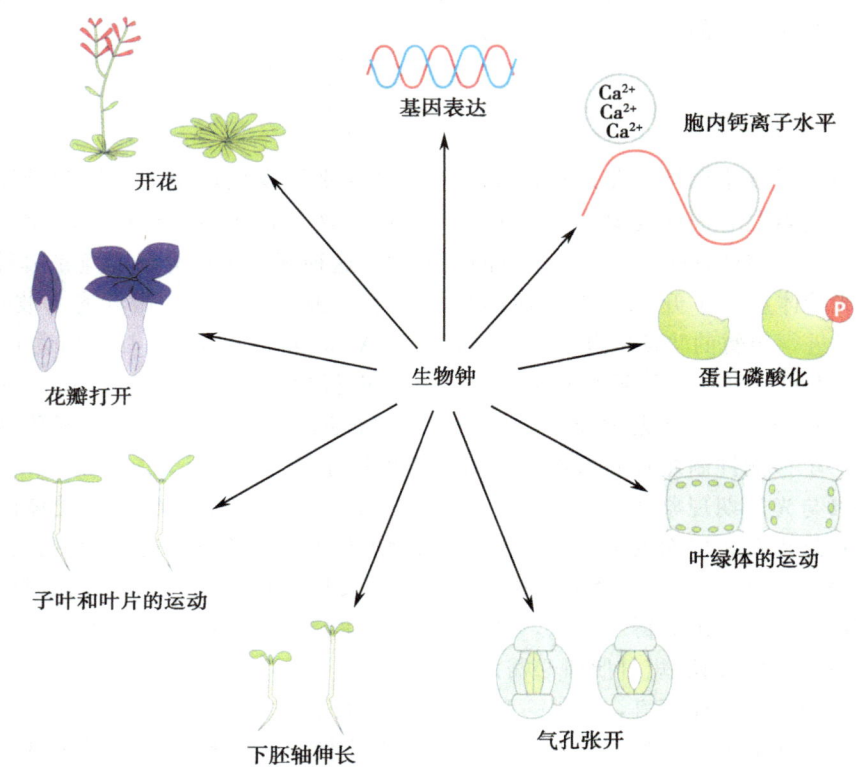

图 6-38　生物钟对植物发育过程的控制。植物昼夜节律过程包括：日照长度对开花过程的控制以及下胚轴伸长、花瓣打开、子叶或者叶片的运动、气孔张开和胞内叶绿体运动中的日常节律。受生物钟控制的生化过程包括基因表达的日常节律、特定蛋白质的磷酸化以及胞质中钙离子的浓度。

昼夜节律的一个重要特征是，如果把植物从日常的光-暗循环条件下转移到持续的黑暗或者持续的光照环境中时节律依然存在（图 6-39）。能够在恒定的条件下持续进行的节律被称为"自由运转节律"，这说明昼夜节律并非是一种简单的对环境中日常变化的直接响应。植物必须有一种能够测量 24h 的时间间隔而形成生物节律的内在体系，这种体系被称为"生物钟"或者**昼夜节律振荡**。

对拟南芥全基因的表达节律进行的分析结果证明了植物中昼夜节律的调控程度。对于超过 8000 个 mRNA 进行 24h 的周期性监控结果揭示了其中约有 6% 会表现出昼夜节律。正如比较基因表达的波峰和波谷所显示的，植物昼夜节律的一个重要特征是昼夜节律有可能在一天中的任何时刻显现峰值。一些 mRNA 在黎明时丰度很高，而另外一些 mRNA 的峰值则可出现在一天中的中午或晚上。

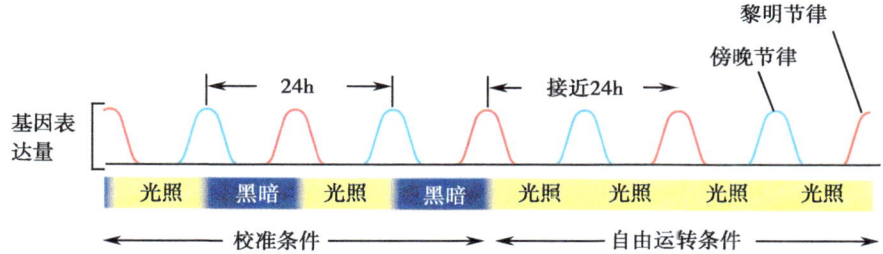

图 6-39 昼夜节律的特征。 图中红色和蓝色表示两种昼夜节律，它们的波峰出现在不同时相。在白天和黑夜的日常循环（校准条件）条件下，其中一个节律（红）的活性峰值（代表基因表达的活性）出现在黎明，另外一个（蓝）节律的峰值出现在黄昏。在校准条件下，每一个循环严格控制在 24h 并以此作为节律周期；在持续的光照或者黑暗条件下（自由运转条件），节律在相同的时相存在而且周期接近 24h。

基因表达的昼夜节律会在一天中最需要该基因编码的蛋白质之前出现典型的峰值。因此，生物节律可以预测基因激活所需要的环境条件，这或许能够解释节律是如何赋予选择性优势的。例如，超过 20 个编码参与苯基丙烷的生物合成的酶基因的活力峰值出现在黎明前大约 4h。苯基丙烷是一大类**次级代谢产物**，其中有一些能够保护植物免受紫外线的伤害（详见 7.1 节）。这些基因表达的昼夜节律性能够使得所有必需的酶同时存在，这样苯基丙烷的合成过程可以在黎明开始前进行。

正是由于植物按照昼夜节律的定时来协调每天的叶片运动，因此它们会在光周期控制开花的过程中利用这种节律来测量日照长度（图 6-40）。将短日照植物在夜间暴露于光下会抑制其开花，但是在夜晚的某些时间里对植物进行光照处理比在其他一些时间里做同样的处理所产生的这种抑制效应更明显。例如，红藜（*Chenopodium rubrum*）能够被连续 72h 的暗处理诱导开花。为了检测在这 72h 的黑暗中，植株在哪个时期对暗期间断最为敏感，在 72h 黑暗处理的不同时间点分别给予植株 4min 的红光照射处理来观察其影响。在昼夜节律中，植株对暗期间断的敏感程度并不相同。如果在暗处理开始后 5~10h 或者 35~40h 对植物进行短期的光照处理会使得开花基本上被完全抑制；但是如果在暗处理开始后的 20~25h 进行短暂的光照处理，则基本观察不到对开花的影响。根据这些实验结果可以得出结论：在光周期现象中，昼夜节律调控开花过程，而且这种节律在循环周期中的某个时期对光敏感。短日照植物若在这一时期被暴露在光下则会抑制其开花。因此，光照处理与节律中的特定时相是否相符决定了开花的时间，因而被称为**开花的光周期外部重合模型**。对光敏感的节律常被称为**光周期应答节律**。长日照植物也有光周期应答节律，但是在这类植物中，特定时段的光与节律的一致性通常表现为促进而非抑制开花。

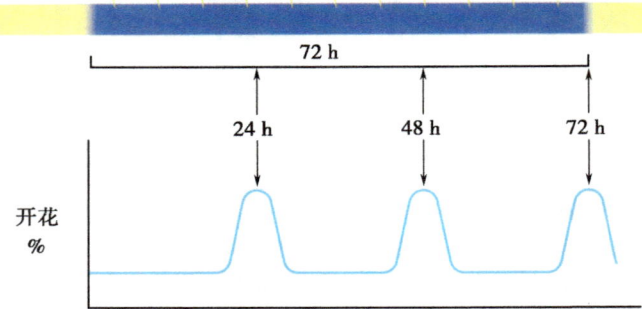

图 6-40 昼夜节律控制开花对光周期的响应。（A）*Chenopodium rubrum* 中的光周期应答节律的示例。该种植物在短日照下开花，长日照会抑制其开花。在实验室条件下，如果将植物种植在连续光照下并在期间给予一次持续 72h 的黑暗处理，植物会开花。可以通过在连续 72h 暗处理过程中的不同时间里给予植物 4min 的红光照射处理来检测光照对开花的影响。当在连续暗处理开始后的大约 24h、48h 和 72h 进行光照时，植物会开花；在其他时间做光照处理则会抑制开花。这个实验证明，开花并不仅仅被持续的黑暗所激发，而是由昼夜节律和光照处理之间的相互作用来控制的。（B）研究光周期现象生理学的模式物种 *C. rubrum* 的开花（由 Tobias Kieser 友情提供）。

植物的昼夜节律来源于输入的环境信号、中央振荡器以及输出的节律性应答

植物以及其他有机体产生昼夜节律的系统常常在概念上被分为三部分（图 6-41）。第一部分由输入途径组成，这部分能够把环境产生的信号传送到生物钟。这些输入途径能够使得生物钟与每天的白天-黑夜周期保持一致。第二部分是中央部分，它可以形成节律，称为生物钟或者振荡器。第三部分包括了一个大范围的节律输出，如参与光合作用或者苯丙烷生物合成的基因表达，这一部分受到生物钟的调控，但并不是形成节律所必需的。

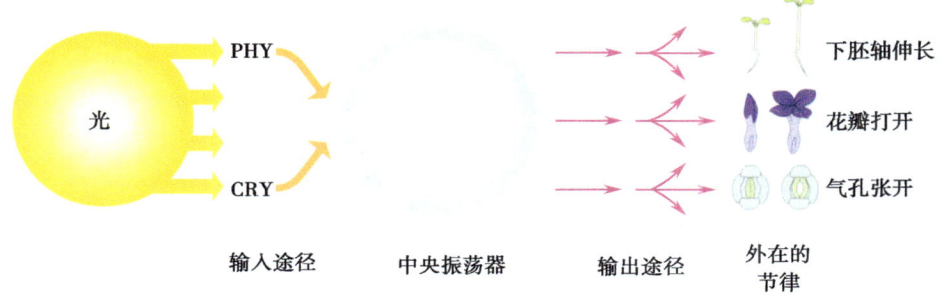

图 6-41　昼夜节律系统的构成。 昼夜节律系统可以被划分为三个部分。输入途径调节振荡器与每日的白天-黑夜循环保持同步。植物中光是主要的输入信号，而且会通过光敏色素（PHY）和隐花色素（CRY）来调整振荡器。温度也能校准昼夜节律振荡器（图中未显示）。中央振荡器是昼夜节律系统的核心部分，也是产生 24h 周期的分子机制。输出途径受到中央振荡器的控制，是受生物钟控制的个体生物学过程，如下胚轴的伸长、花瓣打开以及气孔张开。

昼夜节律被光受体和输入途径校准到与每天的白天-黑夜循环保持同步。利用这种方式，所有的节律都被校准到与黎明或者黄昏保持一致，以确保节律的峰值会出现在白天-黑夜循环中的恰当时期。在自然的白天-夜晚循环周期中，节律被调整成 24h 为一个周期。然而，在持续性光照或是持续性黑暗的这种自由运转的条件下，一个昼夜节律的周期不是 24h，而是介于 19~29h。所以，在每一个白天-黑夜循环中，生物钟分别通过黄昏时期的由光到暗或者黎明时期的由暗到光的转变被调整到每个循环为 24h，因此当季节改变时，昼夜节律对白天长度的改变是有响应的。所以说，输入途径的重要性就在于它们能够使得昼夜振荡与每日的白天-黑夜保持一致，从而确保输出的节律发生在每天循环中的某一特定时期，同时也确保在季节改变白天和黑夜持续时间发生相对改变时输出的节律仍然能与每天的循环保持关联性。

光照和温度是调节昼夜节律与每日周期相一致的两个主要的环境信号。调节校准过程中所需要的光受体已经通过对于相关突变体的研究得到了检验，这种突变削弱了光受体在调控融合基因 *CAB：LUC* 的节律性表达方面的功能（具体构建方法是将编码叶绿素 a/b 结合蛋白基因的启动子与标记基因荧光素酶融合在一起）（图 6-42）。荧光素酶是一种在萤火虫体内发现的酶，它能够催化底物荧光素进行 ATP 依

赖的脱羧反应而发光。带有 CAB：LUC 基因的植物在用荧光素和 ATP 处理时会发光，这种光可以用相机检测到。所以，通过在一个 24h 周期或者自由运转条件下的更长时间内观察幼苗的发光情况，可以监控表达 CAB：LUC 的转基因植株中的昼夜节律。

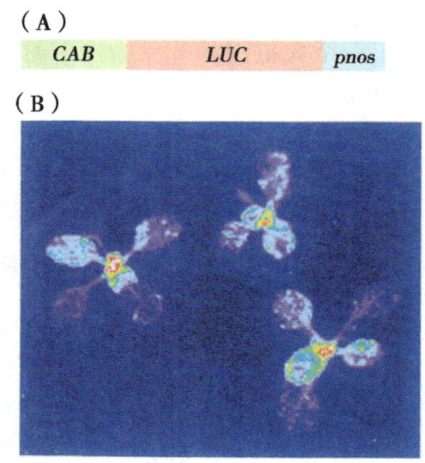

图 6-42　在转基因植物中直观显示昼夜节律。(A) 将 CHLOROPHYLL A/B BINDING PROTEIN (CAB) 基因的启动子与编码萤光素酶 (LUC) 的可读框融合。在可读框的末端加上了从 Agrobacterium tumefaciens Ti 质粒上 T-DNA 内的 NOPALINE SYNTHASE (NOS) 基因中分离出的多聚腺苷酸 (pnos) 序列以保证该 mRNA 能够在转基因植物中被正确加工。CAB 基因的转录是受到昼夜节律控制的，CAB 基因的启动子会使得萤光素酶的表达调控呈现昼夜节律性。萤光素酶的存在使得植物能够发出可用照相机检测到的光，这样就可以示踪昼夜节律的活性。(B) 拟南芥幼苗由于表达了萤光素酶而发光。

如果把野生型植株进行持续性暗培养，CAB：LUC 基因昼夜节律性的表达周期会比把同样的植物进行持续性光照处理时更长。损伤光下生长植物的光受体可以模拟暗处理带来的延长生物钟周期的效应。这种方法用来证明红光下 PHYA 和 PHYB 都可以校准生物钟，但是 PHYB 仅在高辐照度的红光照射下发挥作用，而 PHYA 则仅在低辐照度的红光照射之下才会发挥这种作用（图 6-43）。蓝光照射时，隐花色素和 PHYA 来校准生物钟，CRY1 在任何强度的蓝光照射下都能发挥作用，PHYA 仅在辐照度较低的蓝光下发挥作用，CRY2 发挥的作用很弱。因此，生物钟的周期长度是受到多种光受体调控的，这些光受体共同起作用来监控不同质量和不同强度的光。

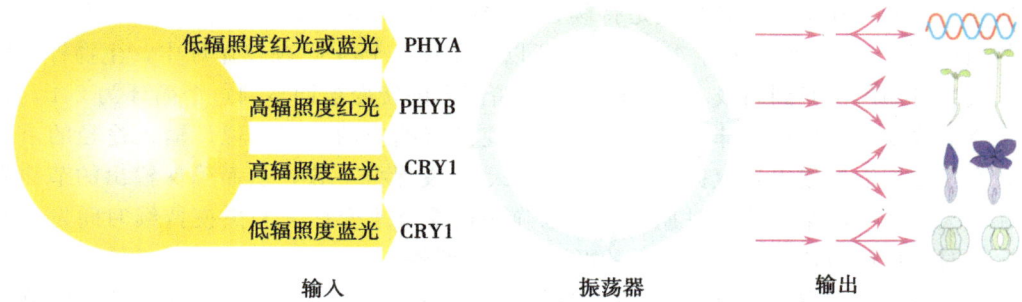

图 6-43　在不同的光照条件下校准生物钟的各种光受体。调节生物钟与光信号一致的过程涉及了由几种光敏色素（PHYA、PHYB）和隐花色素（CRY1）激活的输入途径。这些光受体会分别被不同波长和不同强度的光激活，从而确保生物钟能在大多数环境中的光照条件下得到校准。

植物不同组织中的昼夜系统似乎各自独立，而且它们可以被分别校准。例如，如果把一个植株的不同叶片分别暴露在不同的光-暗循环中，这些被处理的组织中的昼夜节律会校准为不同的时相。这与哺乳动物的情况完全不同，哺乳动物的昼夜节律系统是受一个中央起搏器来控制的，光是通过眼睛和被称为"视交叉上核"的大脑区域来校准这个系统的。

中央振荡器是昼夜节律形成的中心部分，很可能与哺乳动物和果蝇的振荡器的工作原理类似，哺乳动物和果蝇振荡器的工作原理已经在分子水平上有详细的描述。在这三个系统中，在振荡器中起作用的蛋白质会反馈抑制自己的活性或者抑制它们自己的 mRNA 的转录（图 6-44）。合成然后抑制蛋白质活性形成一个循环，紧接着再合成，这样持续 24h 形成了昼夜节律的时相。这样一个循环被称为"自动调控"负反馈环。这个负反馈环的主要特征是它能把一个 24h 的延迟并入这个循环，这似乎主要是通过控制蛋白质入核以及控制蛋白质在核内被降解的速率来引起的。

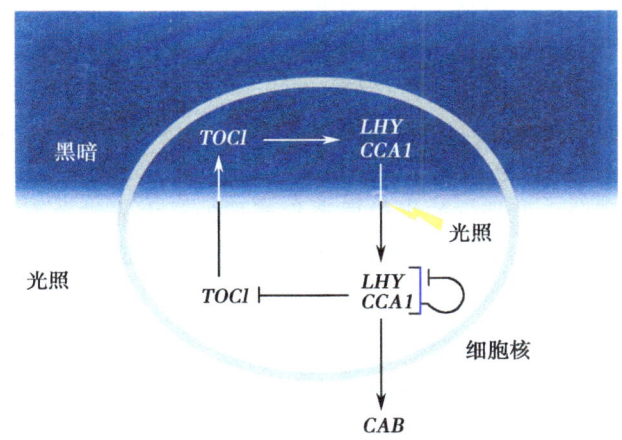

图 6-44 拟南芥中昼夜节律振荡器被认为是一种自调控反馈环。编码转录因子 LHY 和 CCA1 的基因的表达呈现昼夜节律性，因此它们的 mRNA 水平在早上得到积累。LHY 和 CCA 1 基因的转录除了受到生物钟的调控外还会被黎明时的光激活。LHY 和 CCA1 蛋白会抑制自身以及 TOC 1 基因的转录，后者编码了一种伪应答调控因子。在白天，当 LHY 和 CCA1 蛋白水平降低时，TOC 1 的 mRNA 水平上升而且在白天结束时达到峰值。TOC 1 蛋白激活 LHY 和 CCA 1 的表达，一个新的循环又开始了。一个循环大约持续 24h。LHY 和 CCA1 也被认为能够激活其他受生物钟控制的基因的表达，如 CAB。

植物昼夜振荡器的元件中只有一部分已经被鉴定出来，其中一个是 TIMING OF CAB1（TOC1）。当用光或者温度循环来校准振荡器时，TOC1 活性减弱的突变体中的 CAB：LUC 表达的节律周期缩短。TOC 1 的 mRNA 的丰度也表现出了昼夜节律性，这个 mRNA 编码了一种核蛋白，它的序列结构与在细菌中常见的两组分信号转导系统（如上所述）很相似。

另外两个可能的振荡器蛋白是核中的 MYB 相关转录因子 LHY 和 CCA1（图 6-

44)。这二者是密切相关的蛋白质，并且其丰度也具有昼夜节律性。如果用异源的启动子来一直驱动这些基因表达，那么所有检测的昼夜节律都会被破坏，这说明这些基因的节律性表达是生物钟发挥功能所必需的。此外，CCA1 或 LHY 功能减弱的突变体会导致昼夜节律的循环周期缩短，而这两个基因的同时失活会使得昼夜节律在持续性光照的自由运转条件下提前停止。

关于 LHY 和 CCA1 与 TOC1 相互作用而形成的自动调节负反馈环已经有模型提出（图 6-44）。LHY 和 CCA1 mRNA 的表达大致在黎明时期开始。随后，这些转录因子会抑制 TOC1 的表达，最终当这些蛋白质积累时会抑制它们自己的表达。当 LHY 和 CCA1 的蛋白质水平降低以后，TOC1 的 mRNA 表达水平就会升高，表达的峰值会在一天的最后时刻出现。然后，TOC1 蛋白会激活 LHY 和 CCA1 基因的表达，由此开始另外一个周期的循环。

除了受到自我调控之外，昼夜振荡器还能调控那些不属于振荡器内的基因表达。其中很多基因都是在昼夜节律系统的第三部分发挥作用：涉及生化或发育过程的输出途径。这种输出途径的例子包括了那些对苯丙烷的生物合成和光合作用过程所必需基因的表达控制。在单个输出途径中提高或者降低这些基因的表达并不能影响其他途径的昼夜节律，只是会改变该受影响途径的活性。振荡器也会反馈调节输入途径的表达。例如，PHYB 是一个生物钟控制的基因，它的产物会在输入途径到振荡器过程中作为光受体。与此类似，EARLY FLOWERING 3 基因也是一个受生物钟调控的基因，而且是输出途径的一部分，但是它的蛋白质产物调控的是由光敏色素 B 激活的输入途径（图 6-45）。因此，输入和输出途径二者之间并不能很严格地区分清楚。

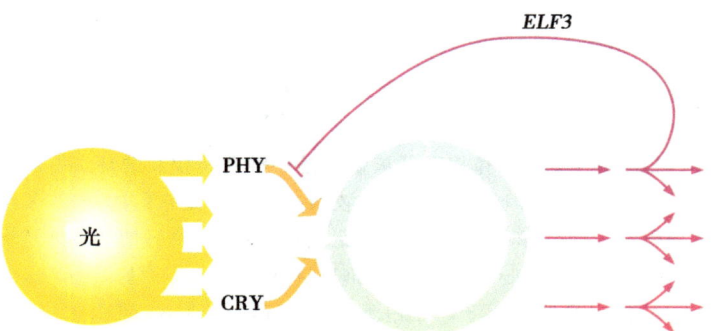

图 6-45 一些受生物钟控制的基因可以反馈调节输入途径。EARLY FLOWER-ING 3（ELF 3）基因受生物钟的控制，而且它的蛋白质产物表达呈现昼夜节律性，这说明它是昼夜节律输出途径的一部分。但是，ELF3 又会反馈调控光敏色素 B（PHY）激活的输入途径。

叶片产生的物质会促进或者抑制开花

植物处于适当的日照长度下会触发顶端的花发育。由此，新的问题被提出：日照长度是由顶端直接检测的，还是被其他器官检测然后再把信号传到顶端来触发开花的。

从诸多物种的研究中得到的答案是,日照长度的感受器官是叶,从叶中发出信号会引发顶端开花,这一点可由嫁接实验来证明。实验中,将一片暴露在一个光周期下的叶片与一个暴露在另外一个光周期下的茎秆嫁接在一起(图 6-46)。曾在短日照植物 *Perilla* 中做过此类实验。将一片在短日照条件下生长的植物的叶片嫁接在一株长日照下生长的植物的茎上是足以诱导开花的。一种被称为**开花刺激物**或者说是**成花素**的物质作为信号在韧皮部中被运输。在这些实验中,叶片用来运输开花刺激物的时间是可以被测量的。如果把在短日照条件下生长的 *Perilla* 的叶片嫁接到在长日照下生长的植物上,24h 之后足以诱导 50% 的受体植株开花。所以,在这些植物中,从叶片中转移出足够的用来诱导开花的开花刺激物所需的时间超过 24h。

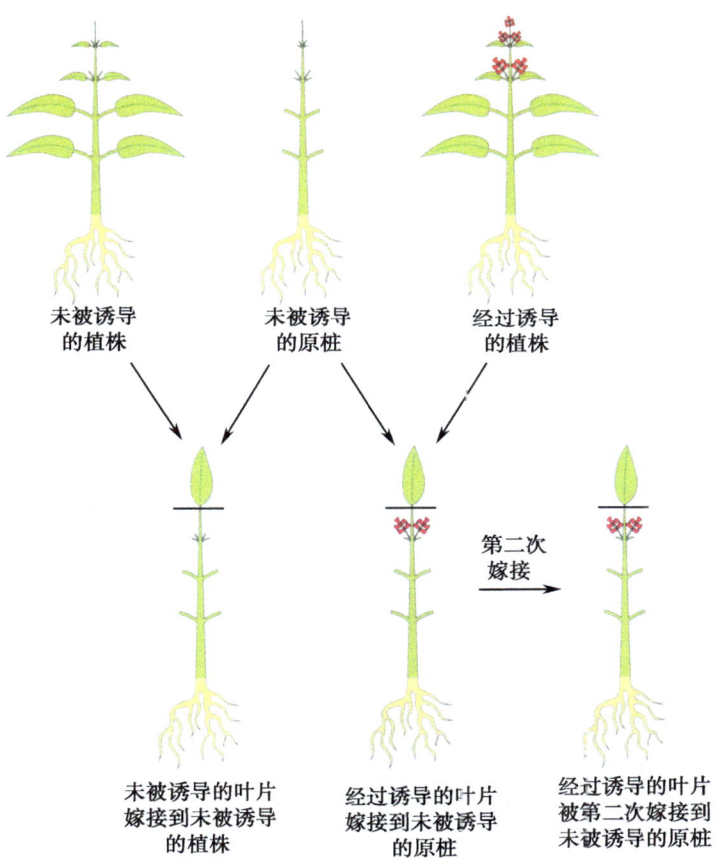

图 6-46 在 *Perilla* 的叶片中应答诱导开花的光周期而产生的一种可嫁接转移的开花刺激物。生长在长日照条件下的 *Perilla* 植株并不开花(左上图)。去除这株植物的叶片形成一个未受诱导的原桩(中上图)来作为叶片嫁接的受体。生长在短日照条件下的 *Perilla* 植株在叶腋处形成花(右上图)。从一个未受诱导的植株取下叶片嫁接到另一个未受诱导的原桩上并不能开花(左下图)。但是,从一个诱导过的植株取下叶片嫁接到未受诱导的原桩上,植株则能够开花(中下图)。因此,诱导过的叶片会产生一种物质来使未受诱导的原桩开花。如果再把这片叶片嫁接到另外一个原桩上,也足以第二次诱导植株开花(左下图)。这个过程最多能够被重复 7 次。

在玉米中发现有一种可以诱导开花的可转移的信号。玉米开花时诱导"雄花穗"和"穗"的发育，前者是植株顶端形成的雄性生殖结构，后者是在叶腋处形成的雌性生殖结构（图 6-47）。*Indeterminate*（*id*）突变体的开花时间严重推迟。*id* 突变体最终会形成雄花穗和穗，但是会比野生型植株晚很多，而且其雄花穗是有缺陷的。*ID* 基因是利用**转座子标签法**（详见 2.5 节）分离出的，它编码的蛋白质包含了与转录因子相关的**锌指结构**，暗示 *ID* 基因编码了一种调控蛋白。虽然 *id* 突变体在开花时间和雄花穗的形态建成方面有显著影响，但是它并不在茎端分生组织中表达而是在幼嫩的叶片中表达。此外，*id* 突变体叶片中的小部分 *ID* 基因活性就足以促进开花。叶片中 *ID* 基因的表达对茎顶端的开花行为的影响是非细胞自主性的，暗示了该基因的产物可能参与了可转移信号的合成或者运输过程。

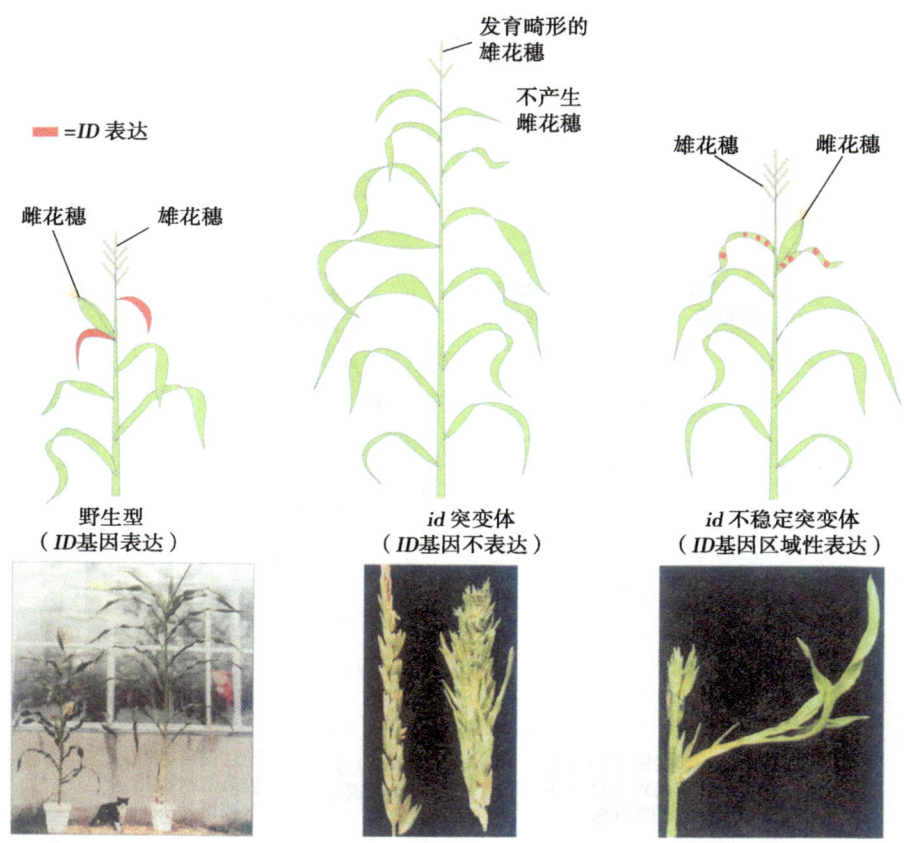

图 6-47　叶片中的 *INDETERMINATE* 基因表达会诱导玉米植株开花。 在野生型玉米植株（左上）中，*INDETERMINATE*（*ID*）基因在幼叶（红色标记）中表达，而且能够诱导在茎顶端分生组织和叶腋分生组织处起始花的发育，茎顶端分生组织处形成雄花（雄花穗）而叶腋分生组织处形成雌花（雌花穗）。*id* 突变体（中上）的开花时间延迟，在开花前形成了更多的叶片，雌花穗不发育且雄花穗发育畸形。一些不稳定的 *id* 突变体是由转座子插入形成的（右上图），在叶片的部分区域剪切去除转座子足以恢复雌花穗和雄花穗的发育，也能促进植株开花使之早于稳定 *id* 突变体。照片所示，左图，将野生型玉米植株（左）与 *id* 突变体（右）比较；中间图，将野生型的雄花穗（左）与 *id* 突变体中发育畸形的雄花穗（右）相比较；右图，在 *id* 突变体中雄花穗的发育改变，在穗上产生茎的发育。

叶片中形成的成花素可诱导顶端开花，但很难通过生物化学的方法分离出来，因此人们推测它可能是一些物质的复杂混合物。遗传学方法也许可以为分离出这些物质提供一些信息（如下文所述）。从长日照植物豌豆中已经鉴定出很多促进或者延迟开花的突变位点或是自然形成的等位基因。各种各样的植物品种被用于嫁接实验，来验证这些突变体是否会影响叶片中形成的可转移物质的合成、运输或者应答反应。豌豆嫁接实验为成花素和可转移的开花抑制物质提供存在的证据（图 5-48）。

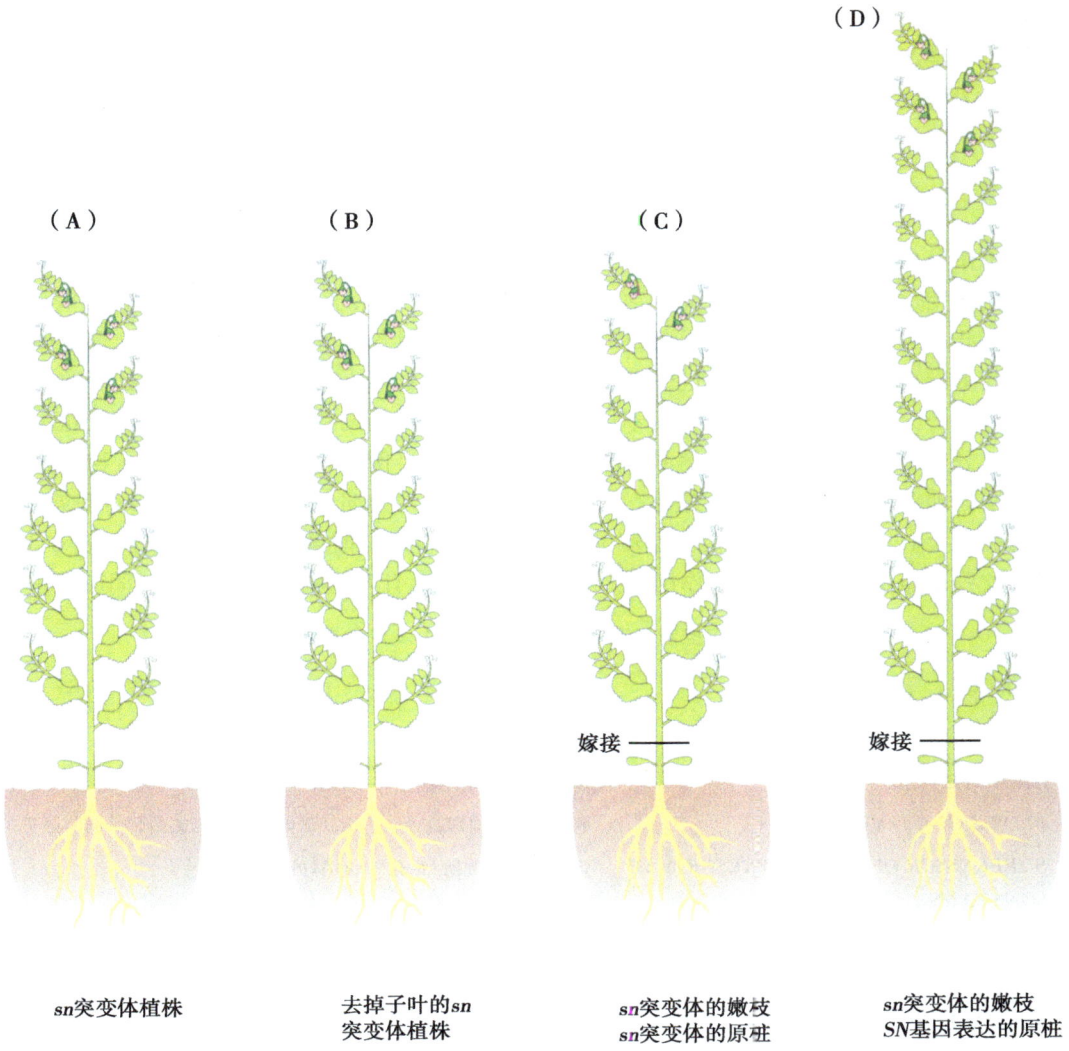

图 6-48　豌豆 SN 基因控制一种可嫁接转移的开花抑制因子。A 图是一株开花的 sn 突变体。去除 sn 突变体的子叶对开花没有影响（B 图），将 sn 突变体的嫩枝嫁接到另一 sn 突变体带有子叶的低矮原桩上也不会影响开花（C 图）。然而，将 sn 突变体的嫩枝嫁接到有 SN 基因活性的植株原桩上则会延迟开花，且开花前嫩枝上会产生更多的营养生长节点（D 图）。这表明 SN 植株能产生一种会抑制开花的、可通过嫁接转移的物质。

豌豆的 *STERILE NODES*（*SN*）和 *DIE NEUTRALIS*（*DNE*）两个基因是开花抑制物形成所需要的。例如，*dne* 突变体在短日照下比野生型开花早很多。嫁接实验证明，长日照条件下生长的野生型植物如果嫁接到短日照条件下生长的野生型植株的原桩（根和茎的基部）上后，开花延迟，这说明短日照下生长的原桩中已经形成了开花抑制物。在 *dne* 突变体中，这种影响被解除了，这与 *DNE* 基因参与开花抑制子的合成的观点是一致的。

类似实验表明，豌豆的 *GIGANTEA* 基因是成花素合成所必需的。相反，*LATE FLOWERING* 基因则会延迟开花，但这种影响并不会发生从原桩到茎的嫁接转移，这说明它可能是茎感受开花刺激因子时或之后才发挥作用的。从豌豆中分离出的这些基因应该可以为研究这些影响开花的可转移物质的特性以及茎顶端应答这些物质所需的蛋白质提供信息。

在拟南芥和水稻中也存在类似的基因参与光周期对开花的控制

拟南芥中调控开花时间的基因已经得到广泛研究。这种模式生物的开花受到光周期和**春化作用**这样的环境信号的调控。拟南芥在长日照（16h 光照）下比在短日照（8h 光照）下开花早很多。拟南芥种子萌发后不久就通过模拟冬天的条件延长低温处理的时间来对其进行春化处理，能够促进开花。控制对环境信号应答的基因最初是通过研究改变开花时间的突变体或分析开花时间不同的自然形成的品种的遗传差异来找到的。这种方法已经分离出了应答不同环境信号所需要的几类基因。例如，有一类基因在植物受到长光周期处理后能够特异地促进开花，另外有一类则与光周期无关而是与春化作用应答反应有关。我们将要详细阐述这些基因是如何构成控制开花时间的调节途径的（表 6-3），以及这些通路之间是如何相互作用的。我们也将讨论短日照植物水稻中存在的同源系统。

表 6-3　在控制开花时间的调控途径中发挥作用的基因

基因名称	缩写	开花途径	所编码蛋白质的可能功能
CONSTANS	*CO*	光周期途径	转录激活子
GIGANTEA	*GI*	光周期途径	未知
FLOWERING LOCUS T	*FT*	光周期途径	Raf 激酶抑制子相关的转录调节因子
SUPPRESSOR OF OVEREXPRESSION OF CONSTANS 1	*SOC 1*	光周期/春化途径	MADS-box 转录因子
FLOWERING LOCUS C	*FLC*	春化途径	MADS-box 转录因子
FRIGIDA	*FRI*	春化途径	未知
VERNALIZATION INSENSITIVE 3	*VIN 3*	春化途径	与组蛋白脱乙酰作用相关
VERNALIZATION 1	*VRN 1*	春化途径	未知
VERNALIZATION 2	*VRN 2*	春化途径	与组蛋白甲基化相关
FLD	*FLD*	自主途径	与组蛋白脱乙酰作用相关
FVE	*FVE*	自主途径	与组蛋白脱乙酰作用相关
FY	*FY*	自主途径	mRNA 的多聚腺苷酸化
FCA	*FCA*	自主途径	结合 RNA

拟南芥中的光周期应答反应减弱的突变体是通过它们在长日照下延迟开花但短日照下并没有影响而被分离出来的（图6-49）。通过这些突变体而分离出来的基因是野生型植株特异地在长日照下促进开花所必需的，其中包括了 GIGANTEA (GI)、CONSTANS (CO) 和 FLOWERING LOCUS T (FT)。

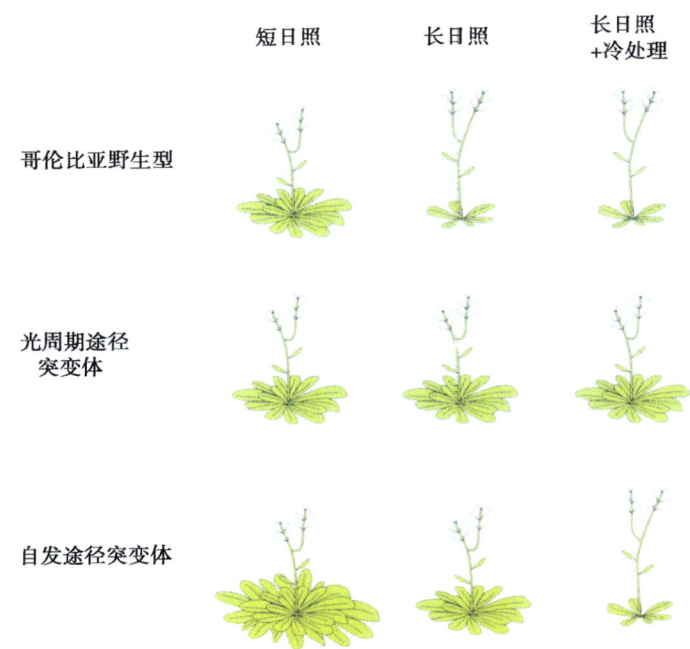

图 6-49　环境条件对野生型和突变体拟南芥开花响应的影响。在有冬季特点的短日照条件下生长时，广泛用于实验室研究的夏季一年生哥伦比亚变种（上）会在形成许多营养叶片后才开花。在有冬季特点的长日照条件下生长时，哥伦比亚野生型则会早花，并且模拟冬季环境的冷处理（春化）并不会促进其开花。已经分离获得了一些改变哥伦比亚拟南芥开花行为的突变体，光周期途径受损的突变体（中）在短日照下与野生型植株同时开花，但是在长日照下则开花晚于野生型植株，而且这种在长日照下晚开花的表型并不能被春化处理所恢复。自主途径受损（下）的突变体在长日照和短日照下开花均晚于野生型植株，但是当给予春化处理时则会提早开花。

CO 是一个受生物钟控制的基因，它编码了一种核蛋白，其中包括了参与蛋白质-蛋白质相互作用的锌指结构域，以及一个植物特异的、与酵母 HAP2 蛋白的 DNA 结合域存在序列相似性的结构域。GI 基因的突变会使得 CO mRNA 的丰度降低，暗示着 gi 突变体是通过降低 CO 的表达来延迟开花的，但是 GI 蛋白调控 CO 基因转录的机理尚不明确，而且 GI 蛋白的生化功能也仍不清楚。反过来，CONSTANS 蛋白（CO）会激活 FT 基因表达，FT 基因编码了一种与动物中的 Raf 激酶抑制蛋白以及拟南芥中 TERMINAL FLOWER 蛋白相关的小蛋白（FT）。这些观察结果明确了在光周期响应中基因起功能的层次顺序，同时也确定了一条控制开花的生物钟输出途径。

CO mRNA 表达的详细模式暗示着，与之前描述过的类似，其蛋白质可以确定一种光周期应答节律（图6-50）。在一天中比较晚的时候，CO mRNA 的水平会表现出一个受生物钟控制的峰值，而且这也与植物暴露在长光照周期中的光照相一致。相反，短光照周期下的植物中 CO mRNA 的峰值仅仅出现在暗期。如果 CO mRNA 的表达与光照之间存在一致性的话，那么将植物暴露在光下可以稳定 CO 蛋白，而且这个蛋白质因此会激活 FT 的表达，从而仅在长日照下促进开花。之前证明过蓝光和远红光会促进拟南芥开花，而将植物暴露在蓝光和远红光下能稳定 CO 蛋白，这暗示着光的质量对开花的影响至少部分是因为 CO 蛋白的稳定性。所以，CO 蛋白的调控可以用一种外部巧合模型来解释，在这个模型中，光作为一种外界的信号必须与 CO 表达的昼夜节律的峰值同时存在。

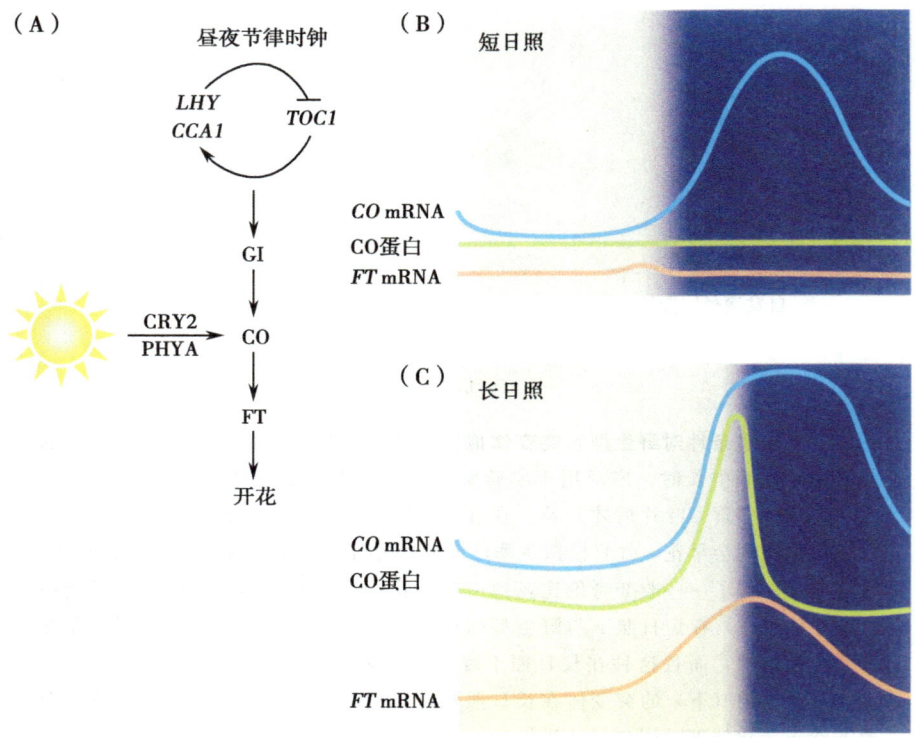

图 6-50 拟南芥光周期开花途径的调控。（A）途径中基因起作用的层次架构。昼夜节律时钟（图6-44）控制 GI、CO 和 FT 的转录。GIGANTEA 蛋白（GI）能增加 CO 的转录，而 CONSTANS 蛋白（CO）则激活 FT 的转录。光受体 CRY2 和 PHYA 的活动可以稳定 CO 蛋白。（B）和（C）通过日照长度调节该途径。在短日照下，CO mRNA 水平在夜间上升。在暗下，CO 蛋白会被泛素化进而被降解，因此 FT 转录不能被激活。相反，在长日照下，CO mRNA 的表达与植株被暴露与光下的时间一致。通过 CRY2 和 PHYA 光受体的作用使得 CO 蛋白得以稳定。CO 蛋白积累然后激活 FT 的转录。FT 蛋白进而促进开花。

开花应答光周期所需的分子途径的发现暗示了从叶片传送到茎顶端的系统信号由这个通路中的基因来编码。CO 在韧皮部的**伴胞**中表达（详见 4.4 节），而且 CO 蛋白能激活这些细胞中的 FT 的转录。此外，由韧皮部的伴胞特异的启动子控制的 CO 或 FT 基因的表达可以互补 constans 突变体，FT 基因的表达则可以互补 ft 的突变。因此，韧皮部的可传递信号必定是在 FT 基因转录的下游表达。基于此，我们提出了一个可能的猜想：或许 FT 基因的产物——FT mRNA 或者 FT 蛋白质，就是这个信号（图 6-51）。与这个猜想相吻合的是，我们已经在韧皮部中检测到 FT 蛋白的存在，而且在韧皮部伴胞中表达的 FT 蛋白和绿色荧光蛋白（GFP）形成的融合蛋白会沿着韧皮部移动到茎干顶端。除此以外，还有别的证据被发现，尽管只能在叶片中检测到 FT 启动子的活性，但是在茎端分生组织中它通过与一个 bZIP 类的转录因子 FD 蛋白相互作用来激活花分生组织特性基因 APETALA 1（AP 1）的转录，且很可能也激活了促进开花的基因的转录，如 SUPPRESSOR OF OVEREXPRESSION OF CONSTANS 1（SOC 1）。这些观察结果很好地支持了在开花诱导过程中 FT 蛋白被从叶片运输到茎顶端这一可能的模型。

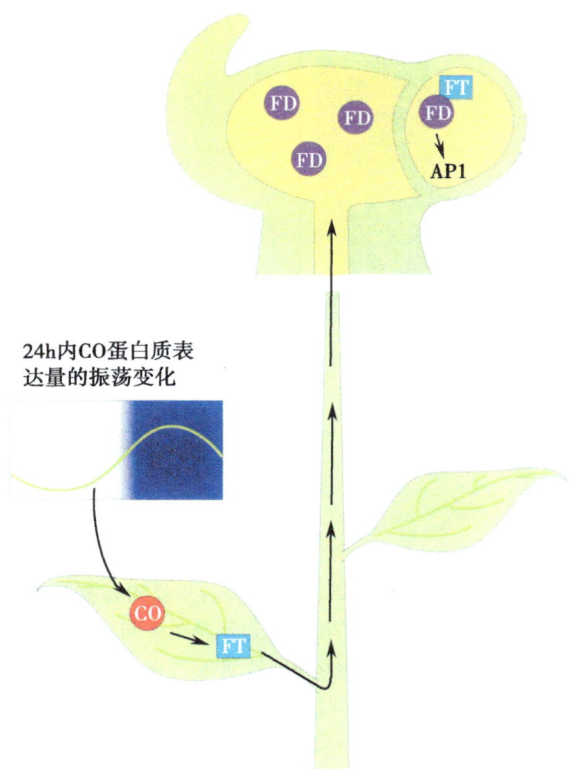

图 6-51 通过 FT 蛋白的移动来诱导开花。 CO 蛋白在叶片的韧皮部系统激活 FT 的转录。FT 蛋白通过韧皮部移动到分生组织处。在分生组织中，FT 结合 bZIP 类转录因子 FD。FD/FT 复合物可以结合在花分生组织特性基因 AP 1 的启动子上从而激活其转录。FD/FT 复合物很可能也会激活分生组织中开花时间基因的表达。

在短日照植物水稻中发现，*CO* 和 *FT* 基因的同源基因应答短日照条件来促进开花，这暗示着在水稻和拟南芥中是相同的基因来分别参与短日照和长日照的应答反应。水稻中 *CO* 和 *FT* 的同源基因分别是 *HEADING DATE 1*（*Hd1*）和 *HEADING DATE 3a*（*Hd3a*）。这些发现暗示了在水稻和拟南芥中是相同的蛋白质控制光周期的开花过程，但是在这两个物种中的具体应答反应却是不同的。

在拟南芥和水稻中分别调控 *FT* 和 *Hd3a* 转录的机制各不相同。拟南芥中 *FT* 的转录过程是在长日照而非短日照条件下被激活的。在水稻中情况是相反的：*Hd3a* 的 mRNA 则是在短日照而非长日照下表达（图 6-52）。似乎是 CONSTANS 和 HD1 的生化功能的差异导致了 *FT* 和 *Hd3a* 调控过程的差异性。在水稻中，长日照时 HD1 抑制 *Hd3a* 的转录因而延迟开花。长日照条件下，水稻中 HD1 是 *Hd3a* 的抑制子，而在拟南芥中，长日照条件下 CO 会激活 *FT* 的转录。此外，短日照时，水稻中 HD1 通过激活 *Hd3a* 的转录而促进开花，而 CO 在短日照下却不能调控拟南芥开花。总的来说，水稻中的 HD1 有双重作用：短日照时它能激活 *Hd3a* 的转录，而在长日照时则抑制 *Hd3a* 的转录。HD1 的这些功能通过确保 *Hd3a* 只在短日照下表达来使得水稻能响应短日照而开花。

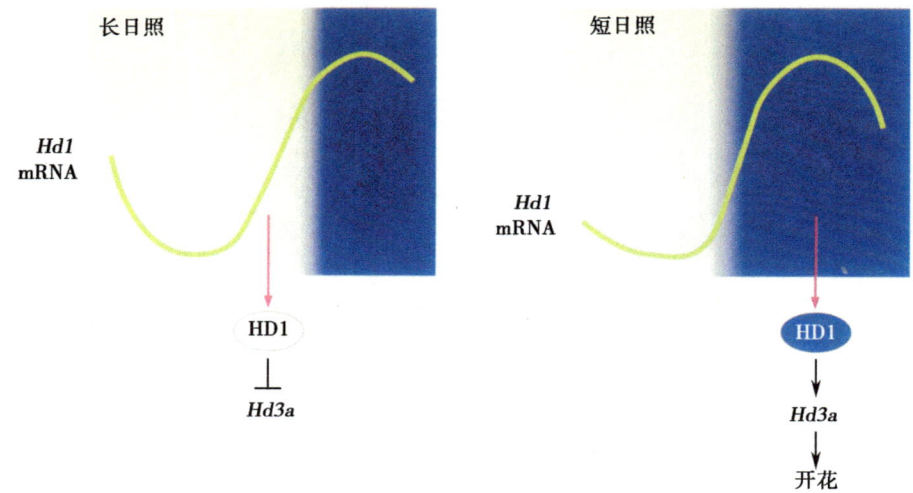

图 6-52　水稻中光周期对开花的调控。*Hd1* 的转录受到昼夜节律时钟的控制。在长日照下，*Hd1* mRNA 水平在一天结束时上升并在夜间达到峰值。当 HD1 蛋白形成于长日照条件的光下时，它是 *Hd3a* 转录的抑制子，因而抑制开花。相反，当 HD1 蛋白形成于短日照条件的暗下时，它能激活 *Hd3a* 的转录从而促进开花。

水稻 HD1 的双重作用的机制尚不明确，但是我们提出了一个类似于拟南芥的外部巧合模型。依照这个模型，如果 *Hd1* 基因的表达与光的处理是相一致的，那么 HD1 蛋白会被光敏色素信号通路修饰而成为一个转录抑制子。然而，短日照条件下如果该基因在暗中表达，HD1 则会作为转录激活子来发挥作用。

在许多植物中，春化是由顶端感受进而控制开花时间的

很多植物在开花之前都需要春化作用。这种低温对开花的促进作用一般是在 1~7℃ 的温度下进行的。需要春化作用的植株会在冬季被置于低温环境中，然后在接下来的春天开花。这样做能够保证植物在经过冬季的温度处理之后才会开花，而不会在夏末或者秋季过早地开花。

冬小麦的广泛种植就是春化作用在农业上的重要性的一个很好例子。冬小麦的品种是在秋天播种的，而且都需要春化作用来促进开花。营养生长的时间越长，这些品种的小麦产量就会比春小麦产量高越多，春小麦在春天播种而且不需要春化作用。一些植物对于春化作用的需求是兼性的。例如，拟南芥中需要春化的变种如果不受到春化处理最终也会开花，但是如果萌发后再给予春化处理则会使开花快很多。还有一些植物，如 *Hyocyamus niger*（黑莨菪），必须进行春化处理，否则不会开花。

春化作用一般是要低温处理 1~3 个月。在这段时期内，春化作用会产生量的积累响应，也就是说，尽管短时间的春化处理也能够促进开花，但是更长时间的春化会更有利于促进开花。例如，如果对一种需要春化作用的拟南芥品种（冬季一年生）不进行春化处理，那么它们开花会延迟至长出大约 40 片叶片之后，然而，相应的不需要春化处理的夏季一年生品种开花时间较早，大约始于长出 12 片叶子之后（图 6-53）。冬季一年生品种春化处理 5 周之后，开花会提早至长出大约 12 片叶片之后。由于春化作用的效果依赖于冷处理持续的时间，所以春化处理 2 周的植物的开花时间介于不春化和完全春化的两种植株开花所需的时间之间。从这方面来讲，光周期诱导开花不同于春化作用，光周期诱导一般需要用可诱导的日照长度处理一到几天即可促使提早开花；而春化作用则通常需要冷处理数周。

春化作用的效果是可以通过细胞分裂（有丝分裂）来稳定遗传。从处理 *H. niger* 的实验中可以清楚地看出春化作用在这方面的影响。*H. niger* 开花需要春化和长日照的双重处理。具体操作如下：先将 *H. niger* 植株进行春化处理，然后将其置于不同日照长度的短日照下，最后做长日照处理，研究者们发现春化作用的效果能够保持 300d 左右，这个时候所有春化处理时就存在的叶片和叶原基已经衰老并脱落。因此，所有的原基和叶片都是在处理之后形成的，而且春化作用是通过许多的细胞有丝分裂而被稳定遗传下来的。

这个结论后来又在 *Lunaria*（缎花，或金钱草）或者 *Thlaspi arvense*（败酱草）的春化处理实验中得到进一步的证实。实验中，先将植株春化处理，然后取下植株的叶片用来在体外再生植物。再生形成的植株表现得与已经春化过的植株一样，这说明春化的效果通过再生过程被稳定保留下来了。但是，春化的效应不会通过**减数分裂**传递下去，因而春化过的植株的后代还是需要低温处理来促进开花。

春化是由完整植株的茎顶端来感受的。这一点可用局部加热或者冷却芹菜的茎顶端的实验来证明。冷处理芹菜的顶端并以此进行春化作用，而与此同时将芹菜的其他部分置于室温，最终植株表现得与已经春化过的植株一样。反之，将植物顶端保温，但是其他部位都做冷处理，结果植物在开花方面表现得与未春化的植株一样。

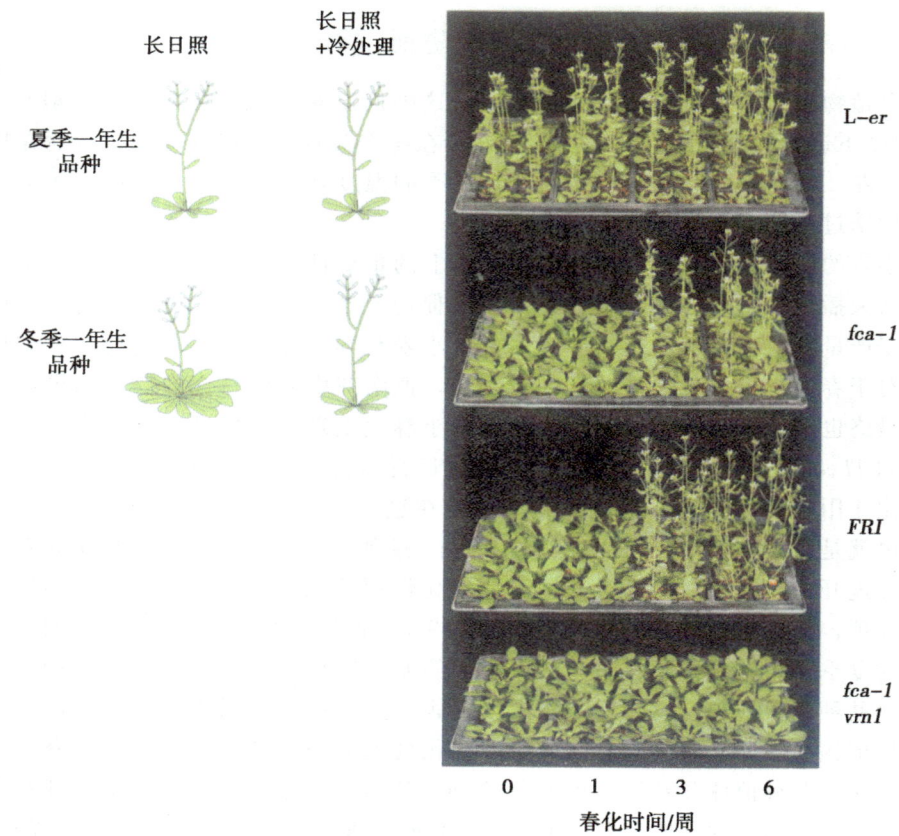

图 6-53 **春化响应**。春化作用会诱导拟南芥冬季一年生变种和带有自主途径受损突变的夏季一年生变种早花。当处于在夏季特点的长日照条件下时,夏季一年生变种很快开花;当把这些植物置于冬季特点的低温条件下 8~12 周时(春化处理),对开花时间几乎没有影响(上图)。相反,如果生长在长日照条件下时,冬季一年生变种数月都不开花(它们进行营养生长);可是,当给予春化处理时,它们就会很快开花(下图)。这表明冬季一年生变种需要春化处理来促进开花。照片显示的是对不同基因型的植株给予春化处理 0、1 周、3 周或 6 周。夏季一年生变种 Landsberg erecta(L-er)在所有条件下的开花时间都相同。春化 3 周或 6 周可以促进自主途径的突变体 fca-1 开花。春化 3 周或 6 周会促进带有活性 FRIGIDA(FRI)基因的冬季一年生植株开花。一个携带 vrn1 突变的 fca-1 突变体对春化作用没有响应,证明春化响应需要 VRN 1 的表达(经 Annual Review of Genetics 允许,由 Caroline Dean 和 Josh Mylne 友情提供)。

H. niger 的嫁接实验也为茎顶端是感受春化的部位这一观点提供了证据。如果将春化后的植株的顶端嫁接到未被春化植株的原桩上,那么被嫁接的组织会提前开花如同被春化过一样。如果将未被春化的植株顶端嫁接到已春化植株的原桩上,结果是春化过的植株也不会提前开花。

控制植物开花的遗传变异对于植物适应不同环境或许是很重要的

同一物种的不同品种植物的开花反应对环境信号的应答也会有所不同，而且这种应答反应经常是依赖于该品种生长的地理位置，暗示着对开花时间的遗传控制的变异是其适应当地环境条件的重要体现（不同地理条件下收集到的不同品种被称为**生态型**或者是**品系**）。日照长度和温度对植物开花反应的控制使其生活周期与每年的季节变化保持同步。例如，需要春化的植物经常是越冬一年生植物，它们在夏季末萌发，然后经过冬季的低温后在来年的春季开花。类似的，一些短日照植物会在春季响应短日照而开花，而其他的一些则会在日照长度低于临界日长时的夏末或者秋季才开花。对于很多植物物种而言，不同开花反应的遗传变异受到不同地理位置的隔离。

光周期是季节变化的稳定指示器。然而，日照长度随着纬度的变化而不同，高纬度地区的季节性差别更加明显（如靠近两极地区）。分布于较广纬度范围的植物物种的光周期反应也随其分布而不同。通过分析分布在北美不同地区的 40 多种 X. strumarium 的开花反应正好证明了这一点，它们的分布横跨从北纬 20.4°的墨西哥到北纬 45.5°加拿大的魁北克，这是一个短日照的植物，当夏末的日照长度低于临界日长时，它们会开花。比较分析它们的开花应答反应可以发现北方品种和南方品种的临界日长之间存在一种趋势（图 6-54）。

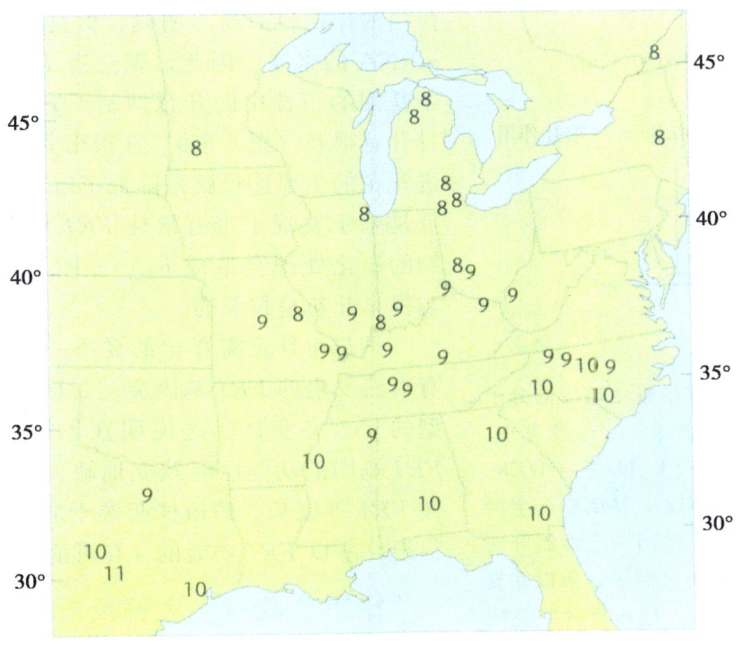

图 6-54 具有不同光周期响应的各种 *Xanthium strumarium* 变种的地理分布。*Xanthium strumarium* 是一种短日照植物，它生长在美国的许多地方（边上的刻度表示北纬度，地图上的数字表示夜长的小时数）。在最北方发现的种类在夜晚长度相对较短时（8h）就会被诱导开花，然而那些在南方发现的种类则需要更长的夜晚长度来诱导其开花（10～11h）。因此北方的种类会在盛夏开花，以确保在冬天到来之前种子能够发育完全。

分布在南部的植物开花所需要的日照长度要比靠北的植物短。对分布在北部的植物品种的开花而言，所需的日照时间更长说明它们会在夏至日后很快开花，这就增加了在冬季低温来临之前种子发育完整的可能性。分布在南部的植物会在夏末日照时间变短时开花，但是由于在南部纬度地区冬季低温也会来的比较迟，所以植物的种子也不会被低温损伤。其他物种也存在相似的变异，这说明光周期反应对于植物适应其地理位置是非常重要的。

春化反应对于植物适应环境条件可能也是非常重要的。一个物种的植物对春化的需求经常存在差异，以至于一些品种在开花前需要春化而其他的则不需要。例如，从自然环境中采集到的一些拟南芥野生隔离群，以 Stockholm 种为例，如果不春化它们会很晚才开花，一旦春化则迅速开花。这与一些早花的拟南芥品种形成鲜明对比，以 Landsberg *erecta* 为例，它们不需要春化，无论春化与否它们都会迅速开花。

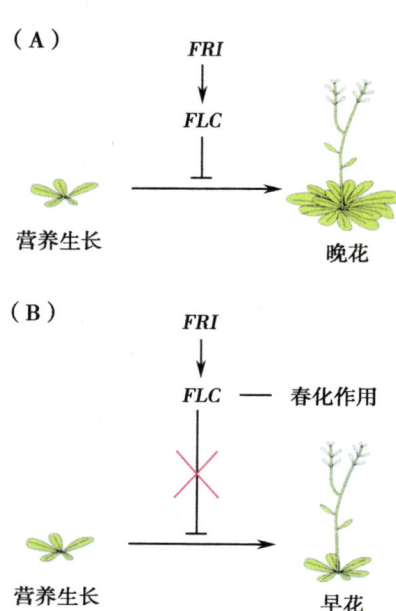

图 6-55 拟南芥中春化响应的分子控制。（A）在冬季一年生变种中，FRIGIDA（FRI）和 FLOWERING LOCUS（FLC）基因会产生会春化响应。FLC 编码一个抑制开花的 MADS box 转录因子，所以在夏季长日照条件下，这些变种晚花或者维持不确定的营养生长。（B）春化处理时，FLC 表达受抑制，这种抑制去除了开花抑制子，从而使得开花可以发生。

如果把需要春化的品种与不需要春化的品种杂交，它们的后代都需要春化才能开花。冬季一年生需要春化的品种需要激活两个基因即 FRIGIDA（FRI）和 FLOWERING LOCUS C（FLC）；而夏季一年生的无需春化的品种则要抑制 FRI 和 FLC 中的一个或者两个。FLC 基因编码了一个抑制开花的 MADS box 转录因子。FRI 蛋白的作用目前尚不明确，但是它能够增加 FLC mRNA 的丰度。因此，表达有 FRI 和 FLC 这两个基因的植株中的开花抑制子 FLC 高水平表达，且开花很晚（图 6-55）。在拟南芥中，春化作用促进开花的主要途径就是降低 FLC 的转录。这个观点是基于发现了带有活性 FRI 和 FLC 基因的植物的春化处理会造成 FLC mRNA 的减少，而这与提早开花是相关的。

早花而且无需春化的夏季一年生品种通常带有自然发生的 FRI 基因突变。已经发现了不同类型的 *fri* 突变体，这说明在不同的早花品种中 FRI 基因的功能已经独立地缺失了。很多带有活性 FRI 等位基因的植株起源于北欧，那里的夏季很短，所以 FRI 功能的存在可能具有选择优势。

拟南芥的春化应答反应包括了 FLC 基因的组蛋白修饰，FLC 基因也受到了自主开花途径的调控

首先大致总结一下春化作用的特点：需要长期（1~3个月）的低温处理来诱导春化作用；春

化作用效果能通过有丝分裂稳定下来，但减数分裂会重置程序；拟南芥的春化作用需要 FLC 基因的转录抑制，该基因编码一种开花抑制因子。这些特征都能够通过拟南芥的春化作用会导致 FLC 基因所在的部分**染色质**的**组蛋白**发生改变来解释（图 6-56）。（关于组蛋白及其在基因调控方面作用的描述详见 2.2 节和 2.3 节）

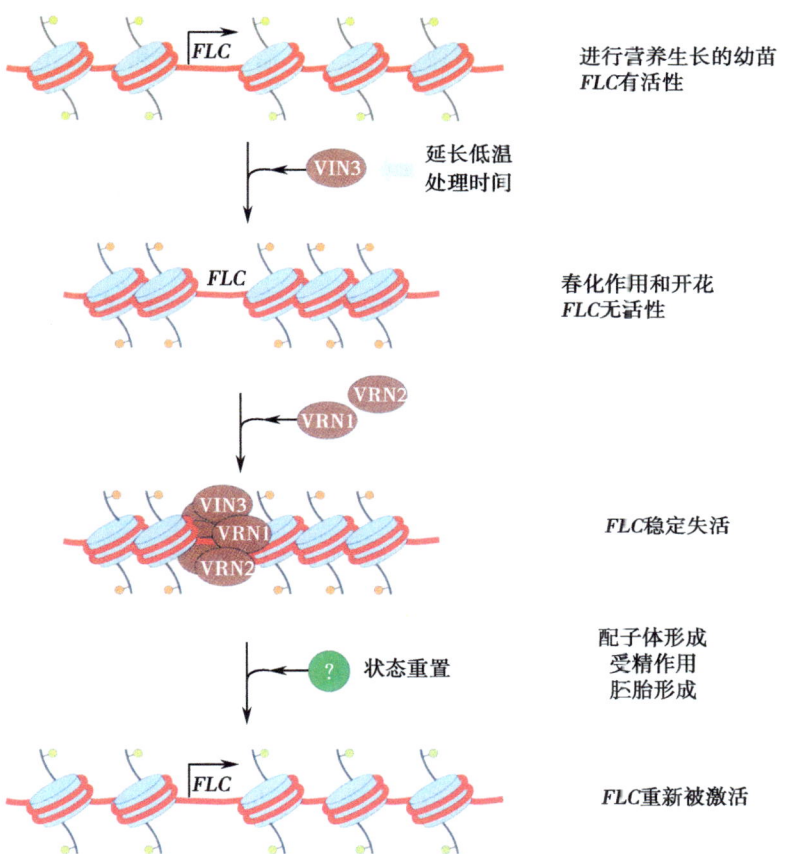

图 6-56 春化作用通过组蛋白修饰来抑制 FLC 的表达。在春化作用前（上），FLC 能够表达从而抑制开花。FLC 的染色质处于开放结构；在 FLC 基因上存在着与活跃转录相关联的组蛋白 H3 的修饰，如 Lys9 和 Lys14 的乙酰化。在春化过程中，VIN 3 表达 VIN3 蛋白有助于 FLC 上组蛋白 H3 的去乙酰化；FLC 染色质结构关闭进而 FLC 的转录受到抑制。这种受抑制的状态是由 VRN1 和 VRN2 蛋白来维持的，并且这种状态与组蛋白 H3 中 Lys27 和 Lys9 的甲基化相关联。当春化作用后植物回到正常生长温度时，VRN1 和 VRN2 抑制 FLC 的转录。在配子体发育过程中，FLC 的表达被重置（通过一种未知的机制），且 FLC 染色质又回到开放状态，因而在下一代幼苗中 FLC 又得以表达。在每一个图中，蓝色圆盘代表组蛋白，红线代表 DNA，彩色的圈代表位于组蛋白 H3 的 N 端的不同修饰。

组蛋白修饰在春化应答反应中的重要性是在发现拟南芥中不能发生春化应答的突变体之后才逐渐清晰的。春化之后迅速开花的植株，如那些带有活性的 FLC 和 FRI 等位基因（FLC：FRI）的植株，经过诱变处理后，筛选到了经过春化处理也并不能迅速

开花的 *vernalization insensitive*（*vin*）或 *vernalization*（*vrn*）突变体（图 6-53，图 6-57）。*vin*/*vrn* 突变体的鉴定和 *VIN*/*VRN* 基因的分离为我们了解控制春化作用的分子机制提供了信息。在 *FLC*：*FRI* 的植物中，*FLC* 的 mRNA 水平在春化作用过程中逐渐下降，这也使得开花能够发生。*FLC* 基因表达量的下降是与 *FLC* 基因上组蛋白的变化相关联的。组蛋白 N 端附近的特定氨基酸在体内能够被甲基化、乙酰化、磷酸化或泛素化所修饰，这些修饰是与基因表达的特异性变化相关联的。例如，在组蛋白 H3 中，Lys27 的甲基化是与其基因表达的抑制相关的，然而 Lys9 的乙酰化却是与基因转录相关的（图 6-56）。在春化作用中，*FLC* 基因所在染色质上的组蛋白的修饰经历了一系列的特征性变化。乙酰基从组蛋白 H3 的 Lys9 和 Lys14 上被移走，然后将两个甲基连在其 Lys27 和 Lys9 上。*vin*/*vrn* 突变能阻止春化作用并且改变这些修饰，因此这些组蛋白的修饰很可能在春化作用中起着至关重要的作用。

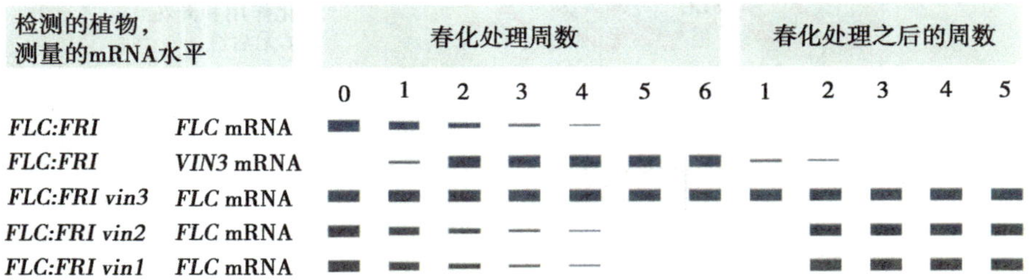

检测的植物，测量的mRNA水平		春化处理周数							春化处理之后的周数				
		0	1	2	3	4	5	6	1	2	3	4	5
FLC:FRI	*FLC* mRNA												
FLC:FRI	*VIN3* mRNA												
FLC:FRI vin3	*FLC* mRNA												
FLC:FRI vin2	*FLC* mRNA												
FLC:FRI vin1	*FLC* mRNA												

图 6-57 在不同基因型的植株中检测的春化过程中及春化后的 *FLC* 和 *VIN 3* 的 mRNA 水平。春化过程中及春化后的 *FLC* 和 *VIN 3* 的 mRNA 的丰度由条形符号的厚度来表示。在携带 *FLC*：*FRI* 等位基因的植株中，春化期间 *FLC* mRNA 水平下降并且在春化作用后维持低水平。在春化期间，*VIN 3* mRNA 水平上升。在 *vin 3* 突变体中，*FLC* mRNA 水平在春化期间并不下降。在 *vrn 2* 或 *vrn 1* 突变体中，*FLC* mRNA 水平在春化期间下降，但并没有维持在一个低的水平，而是在春化作用后又再次升高。

在 *FLC*：*FRI* 植株中，*vin3* 突变会阻止春化过程中 *FLC* 基因 mRNA 水平的下降，并且还会改变在 *FLC* 染色质上观察到的组蛋白修饰的模式。在 *vin3* 突变体中，春化过程中 *FLC* 上组蛋白 H3 中 Lys9 和 Lys14 的去乙酰化以及 Lys9 和 Lys27 的去甲基化并不会发生。这暗示了 VIN3 的作用是在春化过程中起始 *FLC* 上组蛋白的修饰。与这个推测相符合的是，VIN3 蛋白包含一个植物的**同源异型结构域**，这个结构域在其他蛋白质中已知与起始染色质结构的变化有关。而且，春化过程中 *VIN3* mRNA 的丰度在开始冷处理后的 1～2 周内上升，这表明 VIN3 可能在介导春化响应的早期就发挥作用。

VERNALIZATION 1（*VRN 1*）和 *VERNALIZATION 2*（*VRN 2*）基因的突变也会影响 *FLC* 染色质，但与 *vin 3* 突变的影响不同（图 6-57）。*vrn 1* 和 *vrn 2* 的突变体与野生型植株一样，其 *FLC* 表达量会被春化处理降低，但是当已春化的植株从低温中返回到正常生长温度中后，*FLC* 的表达量又会再次上升。因此 VRN 1 和 VRN 2 是维持 *FLC* 的表达处于受抑制状态所需要的，但与启动 *FLC* 表达减少无关。与这个结论相一致的是，在春化过程中 *vrn 1* 和 *vrn 2* 突变体中的 *FLC* 位点上会发生 H3 中 Lys 残基的去乙酰化。但是，Lys9 和 Lys27 位点并没有发生去甲基化。

VRN 2 编码的蛋白质与果蝇中 Zeste12 或 Su(z)12 的蛋白抑制子有同源性。Su(z)12 作为多梳复合体的一部分在胚胎发生过程中起到稳定地抑制基因表达的作用。多梳系统也能够甲基化组蛋白 H3 的 Lys 残基。VRN 1 编码一种植物特有的 DNA 结合蛋白，这个蛋白质对 FLC 的表达和组蛋白的修饰的影响与 VRN2 相似。因此，VRN1 和 VRN2 的作用是在春化后稳定地抑制 FLC 的表达，并且确保当植株回到正常生长温度后 FLC 的表达不会再增加。

组蛋白修饰被发现是春化应答反应的基础这一结果解释了已春化状态在有丝分裂中是稳定存在的这一现象，因为在细胞分裂的过程中组蛋白修饰是能够稳定遗传的。而且，组蛋白修饰在减数分裂过程中会被重置，这就解释了为什么已春化状态是不能遗传到后代的。

除了在春化响应中起作用外，FLC 的表达对拟南芥的自主开花途径也是很重要的。减弱该途径活性的突变可以增加 FLC 的表达，从而推迟开花。在长或短日照条件下，自主开花途径突变体的开花要晚于野生型植株。然而，如果植株经过春化处理，晚开花的表型就能够得到恢复。这些突变体的光周期响应没有被减弱，因为它们像野生型植株一样在短日照下比在长日照下开花晚。

参与到拟南芥自主开花途径中的所有蛋白质的共同特征就是它们在早开花植物品种中是调控并且保持 FLC 基因的低水平表达所必需的。自主途径中的两个基因即 FLD 和 FVE，它们编码的蛋白质与 FLC 上组蛋白的去乙酰化有关。在 fid 和 fve 突变体中，FLC 位点上的组蛋白是被高度乙酰化的，FLC mRNA 高水平表达，开花被延迟。相反，同样参与自主开花途径的 FCA 和 FY 蛋白则与 RNA 加工有关。FCA 含有 RNA 结合基序，能够与 FY 蛋白结合，在酵母中经验证得知，FY 蛋白与 RNA 多聚腺苷酸化（加上 poly-A 尾）所需的一个蛋白有关。因此，FCA-FY 复合物可能参与 FLC mRNA 的加工，并且能够维持它处于低水平。归纳起来，自主开花途径中的基因涉及不同的生化过程，这些过程维持 FLC mRNA 处于低水平。因为 FLC mRNA 水平升高会抑制开花，所以这些基因的突变会导致开花推迟。

拟南芥中的光周期和春化途径共同调控一小组开花整合基因的转录

除之前描述的途径外，拟南芥中的开花也被**赤霉素类**调控：它们能加速开花，而且赤霉素合成严重降低的突变体会延迟开花。这类突变体在短日照条件下的影响最强烈。在短日照下，经由赤霉素途径起始的开花可能是野生型植株最终起始开花的原因。

光周期、自主途径和赤霉素途径都能独立地促进开花。但是，最终它们都是增加同一组基因的表达量，这些基因包括在原基上能赋予花器官特性的 LEAFY（LFY）和 APETALA 1（AP 1）（图 6-58；参见 5.5 节）。这些不同的开花途径最终都必须汇集到一起来共同调控同一组基因的表达。赤霉素和光周期途径通过启动子上的不同元件来促进 LFY 基因的表达，这说明这些调控开花时间的途径的汇集发生在 LFY 的启动子上。与之类似，SOC 1 和 FT 基因表达也是被光周期和赤霉素途径激活，而被 FLC 抑制。这些观察结果表明，光周期、赤霉素和春化途径最终都集中在调节 FT、SOC 和 LFY 基因的转录上。正是由于这些基因的调节能把不同开花途径的信息整合在一起，因此它们被称为开花整合基因。

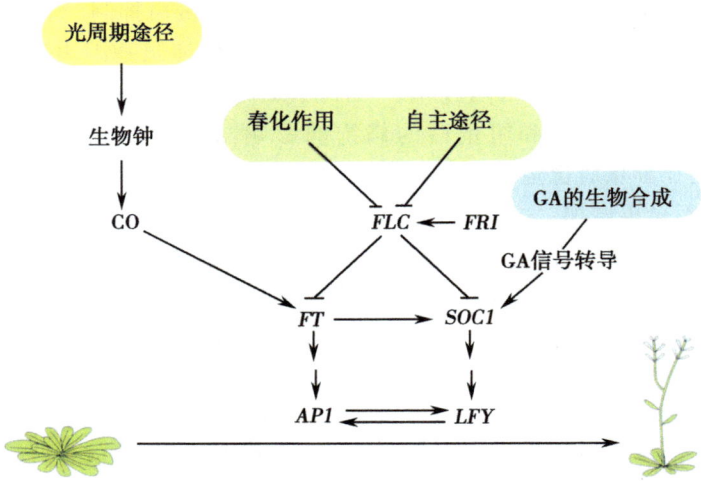

图 6-58 拟南芥中多种开花途径共同调节开花时间以及花分生组织特性基因的表达。光周期途径、春化作用途径、自主途径和赤霉素（GA）途径促使拟南芥开花。所有这些途径汇集于花期相关基因 *FT* 和 *SOC 1* 的表达。反过来，这些基因对于 *AP-ETALA 1*（*AP 1*）和 *LEAFY*（*LFY*）基因的表达是需要的，AP1 和 LFY 在花原基中赋予花分生组织特性。

6.5 根和茎的生长

目前为止，本章节的内容主要是围绕环境中光的存在与否对植物生长发育的各种调节方式来展开的。然而，还有很多其他环境变量也会影响植物的生长。在这一部分中我们将阐述一些已经被研究透彻的例子。

植物生长受重力刺激的影响

与一些来自环境的其他刺激不同，重力在强度和方向上都是恒定不变的。重力是一种矢量刺激，植物会由于向重力性而定向自身的生长。大体上讲，茎向上生长，背离土壤朝向太阳（负向重力性），而根则向下生长，深深扎入土中（正向重力性）以增加植物的固着力及增强对土壤中提供的养分和水分的吸收。

然而，生长的方向性并非是由简单的正或负的向重力性来决定的。例如，侧根的生长方向与重力方向有一定的角度，而不是像初生根那样表现出完全的正向重力性。目前，许多关于植物如何应答重力信号的研究进展也都是来自于分析一些影响根或者茎的简单的正或负向重力性的突变体。目前已经确定了**平衡石**（一种特殊的**造粉体**，一种包含淀粉的质体；详见 3.3 节）在重力感应、**小柱**（根冠细胞）在根以及茎**内皮层**细胞感应重力方面的重要性（详见第 5 章中对根和茎结构的描述）。这些进展也揭示了生长调节因子-生长素在调节根的向重力性反应中的重要作用。

平衡石是茎、下胚轴和根的重力感应的关键

根和茎的生长都会应答于重力。正在伸长的茎秆的所有部分，都能单独地应答于重力的刺激，所以植物茎秆的重力应答并非只由一个单独的感应重力的位点来控制。相反，重力感应是沿茎伸长的方向发生的。

如前所述，包含淀粉的平衡石是植物感应重力过程中的中枢。淀粉的密度比细胞质的大，结果使得平衡石由于重力而易于沉积，它们会集中在细胞中较低的一边（图6-59）。当细胞的定位发生改变时，平衡石则会重新沉积而且集中在新形成的较低的一边。细胞能够检测到平衡石沉积的变化，植物则利用这些信息来改变器官生长区中的细胞的相对生长速率，从而重新使重力感受细胞应答于重力矢量而恢复到正确的方位。

细胞检测平衡石沉积的变化的精确机制目前尚不清楚，但是有一些实验证据支持平衡石在感应重力中起作用。例如，拟南芥的葡糖磷酸变位酶（*pgm*）突变体缺乏合成淀粉的能力（葡糖磷酸变位酶是淀粉合成途径中的一种酶）。这些突变体的茎、下胚轴和根对重力的感应都减弱了。然而，这些淀粉缺陷型突变体也并非完全失去了重力感应，这暗示了尽管平衡石对于植物感受重力很重要，但是植物很可能还有其他的机制来检测与应答重力矢量。

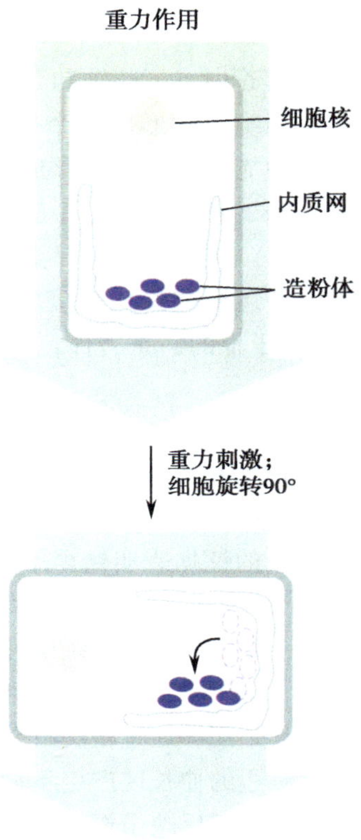

根冠的柱细胞是正在生长的根感应重力的部位

尽管根、下胚轴和茎都能感受重力，这种重力感应主要是由平衡石（造粉体）沉积的改变引起的，但是这些器官在感受重力的机制方面还是有很大差异的。

很多实验，包括一些外科和激光消融方面的研究都表明，根感受重力的主要部位是根冠（根冠发育的起源和功能详见第5章）。根冠有一组中央柱细胞，这些细胞通过根尖分生组织中的柱原始细胞的分裂而被持续地替换。柱细胞是高度特化的，这种细胞中组成细胞骨架（详见第3章）的微管和微丝相对而言是废弃的，它们很少有液泡，但包含造粉体。简化的细胞骨架使得柱细胞中的造粉体（平衡石）能够在响应重力的矢量改变时快速地重新沉积。

柱细胞在感受重力中的重要作用是很清楚的，但是还会有其他的因子也参与了重力感应的过程。例如，用激光消融术去掉拟南芥植株的整个根冠并不会完全破坏根对重力的感应。与对照植株相比，尽管重力感应能力有所降低，但是仍然残留的感应能力说明根一定还有其他的感应重力刺激的机制。

图6-59 平衡石（造粉体）在重力句性中的作用。 当含有平衡石的细胞的方位由于重力作用而产生改变时，平衡石会重新沉积到细胞的（新的）底部表面。平衡石的重新沉积会引起生长素流改道以及生长弯曲（详见正文讨论部分）。

在柱细胞最先感受到重力刺激之后，会有一种信号从感应位点传递到根的"生长区域"（伸长区，参见 5.3 节）。这个信号使得生长区的另一边的细胞产生生长差异，而且会使得柱细胞（和根的其他部位）根据重力矢量来重新定位。这个信号的本质我们并不完全清楚，但有大量证据表明它与生长素有关。

内胚层细胞是生长中的茎和下胚轴的重力感应位点

拟南芥中，下胚轴和茎秆的重力感应位置是内胚层，这一单层细胞包含了平衡石，而且会围绕中柱形成一个圆柱体。*SCARECROW*（*SCR*）和 *SHORT ROOT*（*SHR*）基因的功能缺失会造成形成的根、下胚轴和茎都没有内胚层。缺少内胚层的突变体植株的茎和下胚轴缺乏重力应答反应，但是他们有正常的根冠柱细胞和正常的根的重力应答反应。与根中的情况类似，感应重力的内胚层细胞也一定会产生一种信号，这种信号会传递给那些能改变茎的生长的细胞（覆盖在内胚层上面的皮层细胞和表皮细胞）。对于根的向重力性，如下所述，有证据表明生长素是参与到这个过程中的。

生长素信号转导途径和运输途径的相关突变会造成根的向重力性的缺陷

生理学和遗传学的证据清楚地表明，生长素参与了将信息从重力感应部位向生长应答位点的传递过程，而且生长素可能介导了根应答于重力刺激而产生的生理学信号。也有间接的证据表明钙离子梯度和电流也参与了这个过程。

生长素是通过处于根中央部位的中柱细胞被运送到根尖的。一旦到达根尖，生长素被认为会重新分配到围绕中柱的组织中且自上往下（远离根的方向）地被运送到根的伸长区。在这里，生长素调节细胞的伸长。根据一个经典的理论（Cholodny-Went 假说），重力刺激是能够通过根尖附近生长素浓度梯度的建立来解释的（图 6-60），这会导致在根的相反一边的伸长区产生不同的生长素浓度，从而使得在不同程度上抑制细胞伸长。产生的差异生长反映了根中的生长素浓度梯度，而且也引起了根生长方向的改变。

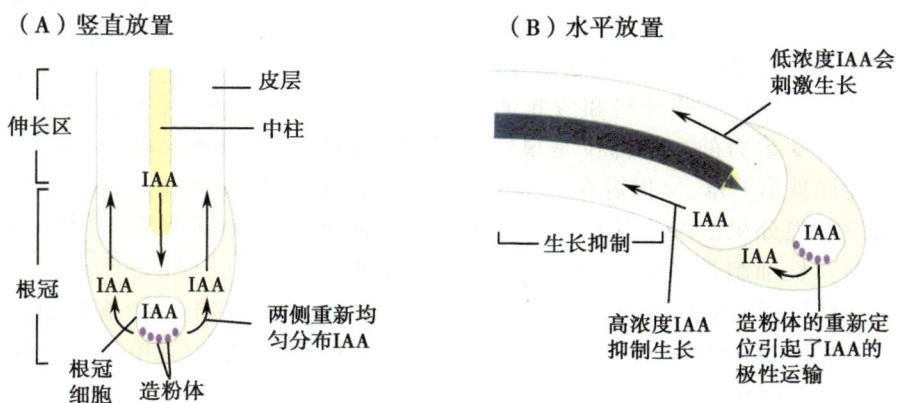

图 6-60 Cholodny-Went 假说。（A）当根处于竖直位置时，根两侧存在的等量生长素（IAA）流可以维持根的生长方向。（B）当将根移动至水平位置时，平衡石（造粉体）重新沉积，导致在根的（新的）底侧形成高的生长素水平。这种局部的高生长素水平会导致根底侧部分的生长受抑制，从而形成一个向下的弯曲度。

生长素在感应重力信号转导途径中的作用是有生理学和遗传学研究的证据来支持的。用很低浓度的不会影响植物生长的生长素极性运输的抑制子会阻碍植株的重力应答反应。而且，重力的刺激会导致放射性标记的生长素围绕根尖重新分布，同时生长素会在真正意义（物理上的）的根底部积累。

有很牢固的遗传学证据支持生长素参与了根的向重力性反应。增加外源的生长素会相应成比例地抑制根的生长。这为筛选对外源生长素不敏感的突变体植株提供了理论基础。通常情况下植物根的生长会被生长素所抑制，但当用生长素处理之后这种突变体植株的根比野生型植株的要长。很多编码了参与生长素信号转导途径蛋白的基因都是通过这种方法被鉴定出来的，而且其中许多基因的产物都影响植物对重力的应答反应。

例如，拟南芥的 *AUX 1* 基因编码了一种与氨基酸转运蛋白相关的跨膜蛋白，同时它似乎也在生长素流入细胞的过程（详见 5.2 节的关于生长素流入和流出细胞载体的介绍）中发挥作用。*AUX 1* 突变会造成根的生长对 IAA 和 2,4-D 不敏感，但对另外一种形式的生长素 1-NAA 却仍是敏感的。IAA 和 2,4-D 进入植物细胞都需要生长素的输入载体，而 1-NAA 则是可以自由渗透进入植物细胞的。*AUX 1* 基因的功能是向重力性所必需的，因为缺乏这种功能的突变体植株失去向重力性。这些突变体植株能够通过外源施加 1-NAA 而恢复正常的向重力性，暗示了尽管 *AUX 1* 的功能是向重力性所必需的，但它并不会参与决定造成向重力性生长的生长素浓度梯度。

除了调控生长素内流（流入量）的跨膜蛋白之外，植物细胞还有参与将生长素运出细胞的流出载体。拟南芥的 *PIN 2* 基因是根的向重力性所必需的。*PIN 2* 编码一种跨膜蛋白，在结构上与细菌的转运蛋白以及拟南芥 *PIN 1* 基因的产物（PIN1，一种生长素外向通量的参与者）是相关联的。PIN2 似乎也是一种生长素流出载体，或者是像 PIN1 一样是一种与流出载体密切相关的蛋白质。PIN2 可能参与了与根的向重力性形成相关的生长素浓度梯度的建立。

因此，有牢固的实验证据支持认为生长素参与了根的向重力性，而且对多种流入载体和流出载体的需求与 Cholodny-Went 假说中的生长素浓度梯度发挥的作用是一致的。然而，也可能是，尽管生长素对于向重力性是必需的，但它本身并不能够提供信号来使得细胞发生不同程度的伸长以产生根向重力性反应的方向特征方面的改变。

侧根伸长的程度与土壤中的养分水平相关

植物响应环境信号的可塑性的一个最典型的例子是根系的形状和形成。内部遗传调控为根的分枝（详见 5.3 节）的形成设定了基本参数，但根系的最终形式是要受到自然界中它所生长的土壤的巨大影响的。例如，许多植物物种的根系在很大程度上都会受到土壤中的养分（如硝酸盐、铵盐和磷酸盐；详见第 4 章）变化的影响。如果土壤肥沃，那么根系就会相应地增殖产生许多侧根以增强对养分的同化作用（图 6-61）。

根检测和应答土壤中的硝酸盐水平的信号转导途径目前乃在研究中。在拟南芥中已经分离出一种可能的信号转导系统中的组分（图 6-62）。*ANR 1* 基因是由于它能够被硝酸盐诱导表达而被分离出来的。*ANR 1* mRNA 特异地只在根中被发现，在硝酸盐饥饿的根中并不能检测到它，但是将硝酸盐饥饿的根用硝酸盐处理之后它的表达则被迅速诱导。*ANR 1* 的表达是硝酸盐特异的，而且不受钾和磷酸盐等其他营养成分的影响。*ANR 1* 编码了一个属于核转录因子中的 MADS-box 家族的成员（ANR1），但是其作用的下游基因尚不明确。*ANR 1* 转录下调的植株的根系在硝酸盐丰富的区域中的应答反应或者完全消失，或者显著降低。因此，ANR1 参与了由可利用的硝酸盐介导的对根发育可塑性的调控。

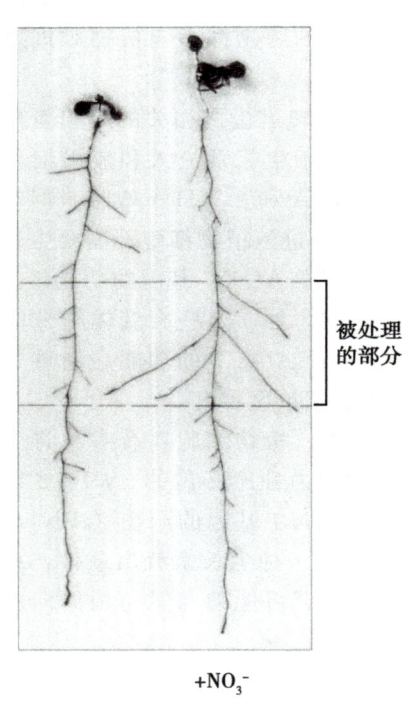

图 6-61 **硝酸盐对根生长的影响**。在吸收硝酸盐的区域（NO_3^-；处理部位）（右）侧根生长得到促进，而在其他未处理的区域则没有影响，左图是对照植物（来自 H. Zhang 和 B. G. Forde，Science，279：407-409，1998. 经过 AAAS 允许，由 Brian G. forde 友情提供）。

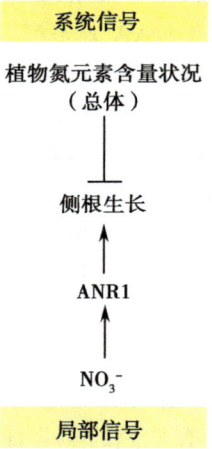

图 6-62 **硝酸盐 NO_3^- 调控侧根产生的模型**。植物总氮元素含量状况（未知性质）的系统信号会抑制侧根的生长。在侧根根尖处对 NO_3^- 局部浓度的灵敏探测会通过一种依赖于 ANR1 的信号转导途径来促进侧根生长。

ANR1 是如何发挥这种功能的呢？拟南芥主根的生长并不受硝酸盐浓度的影响。如果植物生长在硝酸盐均匀分布且丰富的土壤中，根的分枝会受到抑制。只有当根生长在部分土壤中硝酸盐含量丰富的土地上，其侧根增殖才会发生，尤其是在硝酸盐含量丰富的区域其侧根增殖得更多。硝酸盐影响的是侧根的伸长而不是它的发生。这些观察结果可概括成一个硝酸盐定向根的生长的模型：侧根根尖通过硝酸盐受体来感受硝酸盐；信号通过包含 ANR1 在内的信号转导链来被传递；信号链的激活则会促进侧根的生长。但是，如果植物总体的氮的状况没有限制其生长，就会有来自茎的信号抑制侧根的生长而不再考虑硝酸盐的信号了。

硝酸盐是土壤中流动性最强的养分之一（与磷酸盐相反，大多数植物是通过与真菌的共生关系来同化吸收磷酸盐；参见 8.5 节）。考虑到硝酸盐的流动性，在硝酸盐丰富的土壤中，局部的根的增殖能力的选择优势尚不明确。然而，在自然界不肥沃的土壤中，有机质的分解是土壤硝酸盐的主要来源。在有氧条件下，有机质既能释放流动性很强的硝酸根离子，也能释放相对不动的铵离子。在这种情况下，硝酸盐通过土壤溶液扩散得更快，成为由附近的根吸收的第一种营养元素。因此，能够通过局部根的繁殖来响应硝酸盐的植物，也能够利用另外的移动性较弱的营养元素（可能位于硝酸盐的源头）。

小结

一个成熟植株的形成取决于内在发育程序和环境信号的相互作用，包括：温度、日照长度、光、重力，以及可利用的水分和养分。植物能够协调对环境刺激的应答反应，因此植株的某一部位感受到刺激时，能够在另一部位产生变化。许多这些应答反应是由生长调节物（植物激素）所介导的。

在许多植物中，种子的休眠被光和（或）低温打断。在黑暗和光照条件下，幼苗的茎表现出两种截然不同的生长方式：当茎破土而出的时候，发育从暗形态建成（黄化的）转变为光形态建成。这两种类型的生长很可能由一个基因协调的正向和反向调控的平衡所控制的。

光受体系统能够通过连锁的信号转导途径感受光的质量、数量、持续时间和方向，并起始发育响应过程。光敏色素响应红光和远红光（如避阴反应）；隐花色素和向光素响应蓝光（如向光性和气孔开放过程）。暴露于红光下时，光敏色素从没有活性的形式转变为有活性的形式，这种转换起着一个发育开关的作用：红光诱导生长反应，远红光则抑制生长。光敏色素可以作为光控的蛋白激酶和（或）转录调节物来发挥作用。

乙烯在种子萌发和幼苗生长以及许多其他植物应答反应中起重要作用。它会与其他植物激素一起共同作用，如在幼苗的三重反应过程中，它是与脱落酸和生长素共同起作用的。在发育的不同时期和响应不同的环境信号时，乙烯的诱导涉及一个家族的基因的可控表达。

从营养生长向生殖生长（开花）转变的时间是受到季节性信号的严格调控的。植物通过它们的光受体和信号转导系统来测量并且响应日照长度。植物主要分为长日照、短日照或日中性植物。短日照植物测量的是黑暗的持续时间而非光照的时间；而对于长日照植物而言，其中的机制则并没有短日照植物那么清晰。昼夜节律控制植物中的许多基因表达，并且影响光周期对于开花和其他响应的控制。昼夜节律是由确保生物钟与昼夜循环相同步的环境信号的输入、昼夜节律振荡器的产生以及有节律的应答反应的输出（如与光合作用有关的基因表达）来产生的。

在许多植物物种中，在叶片部位感受日照长短，然后在植株茎的顶端诱导开花反应，这个信号是通过韧皮部来传递的。在茎顶端被检测到的春化作用同样也在许多植物中控制开花。拟南芥中，光周期和春化途径汇集在一起来调节花整合基因的转录。

控制开花的遗传变异可能对植物适应不同的环境是很重要的。

许多其他的环境变量也会影响植物生长。根（由平衡石和柱细胞感受重力）和茎（由内皮层感受重力）对重力的感应会导致生长素介导的重力向性反应。侧根的伸长受到土壤中营养元素水平的调控，如硝酸盐。

延伸阅读

整章

Abeles FB, Morgan PW & Saltveit ME (1992) Ethylene in Plant Biology. San Diego, CA: Academic Press.

Hall AJW & McWatters HG (2005) Endogenous Plant Rhythms. Oxford: Blackwell Publishing.

Schäfer E & Nagy F (2006) Photomorphogenesis in Plants and Bacteria. Dordrecht, The Netherlands: Springer.

Thomas B & Vince-Prue D (1997) Photoperiodism in Plants. San Diego, CA: Academic Press.

Weigel D & Jurgens G (2002) Stem cells that make stems. *Nature* 415, 751-754.

6.1 种子萌发

Bewley JD (1997) Seed germination and dormancy. *Plant Cell* 9, 1055-1066.

Joel DM, Steffens JC & Matthews DE (1995) Germination of weedy root parasites. In Seed Development and Germination (J Kigel, G Galili eds), pp 567-599. New York: G. Marcel Dekker.

Keeley JE & Fotheringham CJ (1997) Trace gas emissions and smoke-induced seed germination. *Science* 276, 1248-1250.

Penfield S, Gilday AD, Halliday KJ et al. (2006) DELLA-mediated cotyledon expansion breaks coat-imposed seed dormancy. *Curr. Biol.* 16, 2366-2370.

Peng J & Harberd NP (2002) The role of GA-mediated signalling in the control of seed germination. *Curr. Opin. Plant Biol.* 5, 376-381.

6.2 光和光受体

Ahmad M & Cashmore AR (1993) Hy4 gene of *A. thaliana* encodes a protein with characteristics of a blue-light photoreceptot. *Nature* 366, 162-166.

Briggs WR & Christie JM (2002) Phototropins 1 and 2: versatile plant blue-light receptors. *Trends Plant Sci.* 7, 204-210.

Briggs WR & Olney MA (2001) Photoreceptors in plant photomorphogenesis to date: five phytochromes, two cryptochromes, one phototropin, and one superchrome. *Plant Physiol.* 125, 85-88.

Kohchi T, Mukougawa K, Frankenberg N et al. (2001) The Arabidopsis *HY2* gene encodes phytochromobilin synthase, a ferredoxin-dependent biliverdin reductase. *Plant Cell* 13, 425-436.

Lin C, Yang H, Guo H et al. (1998) Enhancement of blue-light sensitivity of Arabidopsis seedlings by a blue light receptor cryptochrome 2. *Proc. Natl. Acad. Sci. USA* 95, 2686-2690.

Martinez-Garcia JF, Huq E & Quail PH (2000) Direct targeting of light signals to a promoter element-bound transcription factor. *Science* 288, 859-863.

Muramoto T, Kohchi T, Yokota A et al. (1999) The Arabidopsis photomorphogenic mutant *hy1* is deficient in phytochrome chromophore biosynthesis as a result of a mutation in a plastid heime oxygenase. *Plant Cell* 11, 335-348.

Quail PH (2002) Phytochrome photosensory signalling networks. *Nat. Rez Mol. Cell Biol.* 3, 85-93.

Reed JW, Nagpal P, Poole DS et al. (1993) Mutations in the gene for the red/far-red light receptor phytochrome B alter cell elongation and physiological responses throughout Arabidopsis development. *Plant Cell* 5, 147-157.

Shalitin D, Yang HY, Mockler TC et al. (2002) Regulation of Arabidopsis cryptochrome 2 by blue-light-dependent phosphorylation. *Nature* 417, 763-767.

Whitelam GC, Johnson E, Peng J et al. (1993) Phytochrome A null mutants of Arabidopsis display a wild-type phenotype in white light. *Plant Cell* 5, 757-768.

6.3 幼苗发育

Chang C, Kwok SF, Bleecker AB et al. (1993) *Arabidopsis* ethylene-response gene *ETR1*: similarity of product to twocomponent regulators. *Science* 262, 539-544.

Chory J, Peto C, Feinbaum R et al. (1989) *Arabidopsis thaliana* mutant that develops as a light-grown plant in the absence of light. *Cell* 58, 991-999.

Deng XW, Matsui M, Wei N et al. (1992) COP1, an Arabidopsis regulatory gene, encodes a protein with both a zinc-binding motif and a G-beta homologous domain. *Cell* 71, 791-801.

Guo H & Ecker JR (2004) The ethylene signaling pathway: new insights. *Curr. Opin. Plant Biol.* 7, 40-49.

Kieber JJ, Rothenberg M, Roman G et al. (1993) *CTR1*, a negative regulator of the ethylene response pathway in *Arabidopsis*, encodes a member of the raf family of protein kinases. *Cell* 72, 427-441.

Osterlund MT, Hardtke CS, Wei N & Deng XW (2000) Targeted destabilization of HY5 during light-regulated development of Arabidopsis. *Nature* 405, 462-466.

Potuschak T, Lechner E, Parmentier Y et al. (2003) EIN3-dependent regulation of plant ethylene hormone signaling by two *Arabidopsis* F-box proteins: EBF1 and EBF2. *Cell* 115, 679-689.

Serino G & Deng XW (2003) The COP9 signalosome: regulating plant development through the control of proteolysis. *Annu. Rev. Plant Biol.* 54, 165-182.

Vert G, Nemhauser JL, Geldner N et al. (2005) Molecular mechanisms of steroid hormone signaling in plants. *Annu. Rev. Cell Dev. Biol.* 21, 177-201.

Wang HY, Ma LG, Li JM et al. (2001) Direct interaction of Arabidopsis cryptochromes with COP1 in light control development. *Science* 294, 154-158.

6.4 开花

Bäurle I & Dean C (2006) The timing of developmental transitions in plants. *Cell* 125, 655-664.

Colasanti J, Yuan Z & Sundaresan V (1998) The indeterminate gene encodes a zinc finger protein and regulates a leaf-generated signal required for the transition to flowering in maize. *Cell* 93, 593-603.

Corbesier L, Vincent C, Jang S et al. (2007) FT protein movement contributes to long-distance signaling in floral induction of Arabidopsis. *Science* 316, 1030-1033.

Harmer SL, Hogenesch JB, Straume M et al. (2000) Orchestrated transcription of key pathways in Arabidopsis by the circadian clock. *Science* 290, 2110-2113.

Harmer SL, Panda S & Kay SA (2001) Molecular bases of circadian rhythms. *Annu. Rev. Cell Dev. Biol.* 17, 215-253.

Hayama R & Coupland G (2004) The molecular basis of diversity in the photoperiodic flowering responses of Arabidopsis and rice. *Plant Physiol.* 135, 677-684.

Henderson IR & Dean C (2004) Control of Arabidopsis flowering: the chill before the bloom. *Development* 131, 3829-3838.

Ishikawa R, Tamaki S, Yokoi S et al. (2005) Suppression of the floral activator Hd3a is the principal cause of the night break effect in rice. *Plant Cell* 17, 3326-3336.

Johanson U, West J, Lister C et al. (2000) Molecular analysis of FRIGIDA, a major determinant of natural variation in Arabidopsis flowering time. *Science* 290, 344-347.

Michaels SD & Amasino RM (2000) Memories of winter: vernalization and the competence to flower. *Plant Cell Environ.* 23, 1145-1153.

Reid JB, Murfet IC, Singer SR & Weller JL (1996) Physiologicalgenetics of flowering in Pisum. *Semin. Cell Dev. Biol.* 7, 455-463.

Zeevaart JAD (1976) Physiology of flower formation. *Annu. Rev. Plant Physiol.* 27, 321-348.

6.5 根和茎的生长

Morita MT & Tasaka M (2004) Gravity sensing and signaling. *Curr. Opin. Plant Biol.* 7, 712-718.

Muller A, Guan C, Galweiler L et al. (1998) *AtPIN 2* defines a locus of *Arabidopsis* for root gravitropism control. *EMBO J.* 17, 6903-6911.

Zhang H & Forde BG (1998) An Arabidopsis MADS box gene that controls nutrient-induced changes in root architecture. *Science* 279, 407-409.

7 环境胁迫

阅读本章后，您应该能够做到：
- 概述植物如何受光照过强或光照不足的环境影响，以及如何适应这种环境。
- 概述过量紫外线对植物造成的损伤类型，以及植物防止和修复紫外损伤的机制。
- 描述植物如何适应高于或低于最佳生长发育的温度。
- 概述植物如何感知及适应水分和盐分的变化。
- 描述植物如何感知氧气的短时变化并对其做出反应。
- 解释什么是"氧化胁迫"并描述植物应对氧化损伤的机制。
- 解释植物长期在极端环境下生存与短时间胁迫处理相比的响应差异。
- 举例说明植物适应极端的光照、温度、盐分、水分以及氧气等环境条件的方式。

植物物种分布于一个极其广泛的环境中。它们有的可以在极端温度下生存（如低至 $-40℃$ 或高至 $50℃$），有的可以生长于毫无水分的土壤，有的可以在长期水涝和缺氧的环境中存活，也有的可以在高盐环境下生长。在这些不同的环境条件下，植物体在适应极端环境的同时仍可以通过光合作用来同化碳源，并维持基本的细胞代谢过程。它们有的进化出特殊的机制或形态以利于光照、水分、氧气的摄取，从而进行各种重要的生理过程；也有的具有特殊的生命周期，即当环境有利于植物生长时充分利用并进行生长，当环境较恶劣时则通过不同**休眠**形式来存活。

只有极少数植物才能在极端环境下良好地生长和繁殖（图 7-1）。由于植物不能移动，所有的植物都必须具备适应短时的环境变化的能力。这种对短时胁迫的耐受能力依赖于一系列生理应答反应，从而使植物的生长、发育和新陈代谢可以适应不利环境。事实上，许多的植物在生育周期的某段时间内都曾遭受过某些形式的环境胁迫。在这一章里我们将探索植物如何改变前面章节中所讲的植物基本代谢和发育过程来适应光照、辐射、水分、盐分和温度等方面的短时极端变化。我们这里所说的"胁迫环境"是指植物最佳生长环境以外的其他任何环境。

植物能够适应不断变化的环境条件，这为我们理解一些植物如何能在极端环境下生存提供了良好的基础。通常适应与组成型的调控胁迫反应相关。然而，大多数植物在有效地抵御长时间的极端环境过程中也利用其他的代谢或发育上的变化来促进生长。我们将讲到植物如何适应短时的环境变化，并将这些适应过程与那些能在极端环境下长期生长的植物的适应过程相比较。

在自然界中，来自环境的胁迫植物的因素绝不仅仅只有一种。例如，高盐土壤会造成高离子毒性和水分缺乏双重的胁迫。低温通常伴随着过多光照的胁迫，因为在低温下，光能超出了植物光合作用的需求。低温会导致土壤中的水结冰，造成植物组织缺水，这也是低温带来的另一问题。因此，单一物种在特定环境下生长通常是多种适应过程的共同作用。在本章中我们把主要的环境因子如光照，温度、水分、盐分和氧气的胁迫作为单独的胁迫，但我们会强调植物对不同胁迫反应时共有的组分。

（A）

（B）

图 7-1　栖息在极端环境中的植物。(A) 生长在美国犹他州布赖斯峡谷国家公园炎热干燥环境下的狐尾松（*Pinus aristata*）。(B) 生长在塞浦路斯拉腊海岸炎热干燥和盐碱环境下的海百合（*Pancratium maritinum*）（图 A 和图 B 由 Tobias Kieser 提供）。

植物要对环境胁迫做出应答，首先要感知胁迫，然后通过信号转导引起相应的代谢和发育两方面的反应。植物对各种环境胁迫的反应都是按照相同的次序来进行的，即感知胁迫、信号转导和应答反应。

7.1 光胁迫

植物需要光照进行光合作用。在光照有限的生境下，植物必须拥有最利于其获取和利用光能的发育、代谢和生命周期的形式。然而，过多的光照也会损伤植物体。首先，我们介绍一下强光胁迫的影响以及植物进化出的保护性机制，然后再讨论植物对光照不足的适应。最后我们介绍紫外线（UV）造成植物损伤的机制以及植物如何抵御这些损伤。

光系统Ⅱ对过量光照高度敏感

叶绿体对光胁迫十分敏感，尤其对于光系统Ⅱ（PSⅡ），它能催化光合能量转化过程中的水裂解反应。PSⅡ反应中心系统中的光捕获色素复合体能吸收光能，激发叶绿素。在正常的光合条件下，这种能量会传递给反应中心的一个叶绿素分子，并由此驱动光合作用中的光化学反应。如果入射光太强，激发叶绿素产生的能量会超过光合作用消耗的能量。这个问题在强光和低温时尤为明显，此时光激发速率高，但光合作用的化学反应发生缓慢。详细的光合作用机制已经在第 4 章（见 4.2 节）介绍过，这里不再赘述。

强光诱导的非光化学猝灭是一种防止光氧化的短期保护机制

适宜条件的光照有时也会成为胁迫。例如，在天气由多云转变为阳光普照时，保护植物免受损伤的反应需要迅速地诱导产生。过多的光照会导致叶绿体中聚集过量的电子，为防止**光氧化损伤**，这些电子所提供的能量必须予以驱散。对强光（发生在数秒至数分钟内）最迅速的应答反应是由过量电子引起的**类囊体**腔中 pH 下降，这会导致跨类囊体膜两侧 pH 梯度的升高。

如果光化学反应中电子流的流入超过了流出，则电子传递链中过量的电子会通过光系统Ⅰ（PSⅠ）传递给氧气而消耗掉，而不是传递给 NADP（图 7-2）。氧气被还原生成超氧阴离子自由基（表 7-1）。**超氧自由基**被超氧化物歧化酶（SOD）分解产生过氧化氢，过氧化氢在抗坏血酸过氧化物酶的催化下与抗坏血酸反应被还原成水。被氧化的抗坏血酸被来自电子传递链的两个电子还原（再循环）成抗坏血酸。因为这个过程与在 PSⅡ中发生的水氧化是逆反应（图 4-12），所以这种消耗过量电子的机制称为**水-水循环**。

水-水循环使得电子流即使在光胁迫下也能持续进行，反过来电子的流动又促进跨类囊体膜的 pH 梯度的建立（见 4.2 节）。pH 梯度通过电子传递链减慢了电子传递的整体速率，并且引出了一条在光胁迫下几分钟内消散能量的特殊途径，即通过**叶黄素循环**激活叶黄素合成（图 7-3）。

叶黄素是类胡萝卜素的一种。叶黄素循环是三种叶黄素的相互转变：玉米黄质、环氧玉米黄质和紫黄质。在弱光或者有限光照下，玉米黄质环氧酶将玉米黄质转化为中间产物——环氧玉米黄质，并最终转化为紫黄质。在强光照下，紫黄质脱环氧酶可将紫黄质重新转化成环氧玉米黄质,最后转化为玉米黄质。这三种叶黄素中的两种可消除由叶绿体产生的过量激发能。玉米黄质和环氧玉米黄质可有效地转移激发叶绿素产生的能量,使叶绿素回到基态;因为这两种叶黄素的最低激发能态等于或低于激发后的叶绿素,因此能量按这个梯度流动(图7-4),最终当色素返回基态时以热量的形式消耗掉。这个过程称为**非光化学猝灭**。

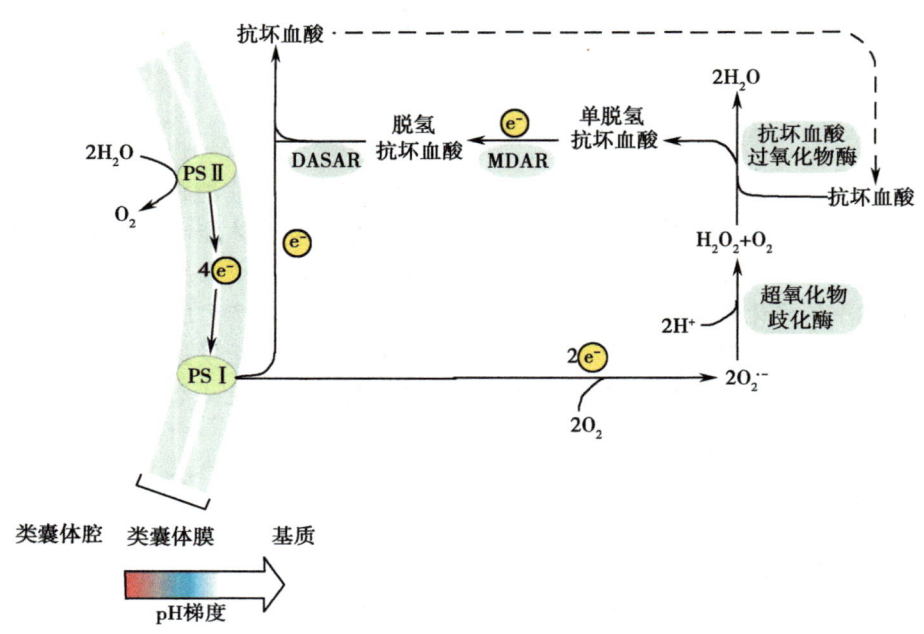

图 7-2 水-水循环。如果电子(e^-)从光系统Ⅱ(PSⅡ)到光系统Ⅰ(PSⅠ)流入光化学反应,并超过通过铁氧化还原蛋白流出的电子(图4-12),氧气在叶绿体基质中还原成超氧化物($O_2^{\cdot -}$)。超氧化物歧化酶、抗坏血酸过氧化物酶、单脱氢抗坏血酸还原酶(MDAR)和脱氢抗坏血酸还原酶(DASAR)的作用是去除超氧化物并进一步消除电子。净输出形成的跨类囊体膜pH梯度诱导能量消散的另外的途径。

表 7-1 活性氧的主要类型

活性组分	符号	37℃时的半衰期/s
氧自由基	·O—O·	>100
单线态氧	O—O:	1×10^{-6}
超氧自由基	·O—O:	1×10^{-6}
过氧化氢	H:O—:H	
羟基	H:O·	1×10^{-9}

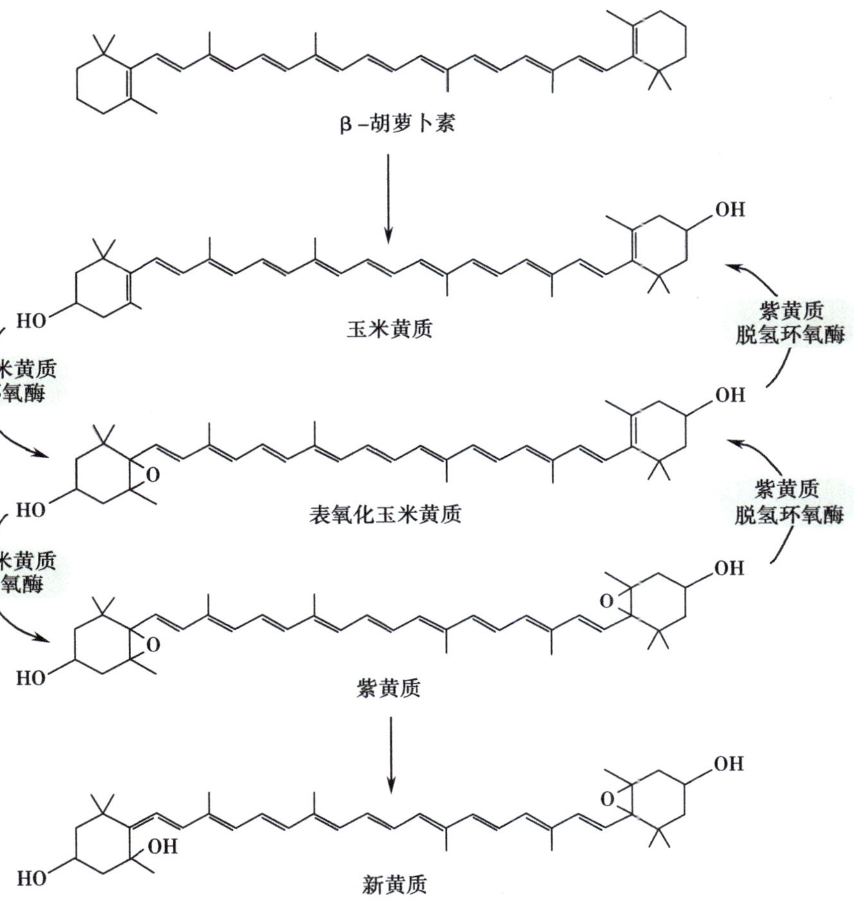

图 7-3　**叶黄素循环**。此循环为植物中类胡萝卜素生物合成中 β-胡萝卜素分支的一部分。

因为紫黄质的最低激发能态比叶绿素高，所以这一类叶黄素不能消耗从叶绿素产生的过量能量；相反，它可作为辅助光捕获色素来起作用。在强光条件下，跨类囊体膜两侧较大的 pH 梯度诱导产生紫黄质脱环氧化酶，将紫黄质转换为消耗能量的玉米黄质（图 7-5），因此为 PSⅡ 提供了更多的光保护。紫黄质脱环氧化酶位于类囊体腔中，然而叶黄素却与光系统天线中的**光捕获复合体**（LHC）相连接。当类囊体腔变为酸性，紫黄质脱环氧化酶与类囊体膜相连，其叶黄素底物就位于其中。抗坏血酸作为辅因子与紫黄质脱环氧化酶的亲和力（见 7.7 节）在低 pH 下也大大升高。

紫黄质脱环氧化酶发生突变的植株对光胁迫的增加的敏感性，表明光胁迫下叶黄素循环的重要性。缺乏另一种类胡萝卜素即黄体素也会增加植株对强光的敏感性，紫黄质脱环氧化酶和番茄红素-ε-环化酶（合成黄体素的酶）的双突变体在高光强度下发生光氧化褪色，并过早地衰老（图 7-6）。

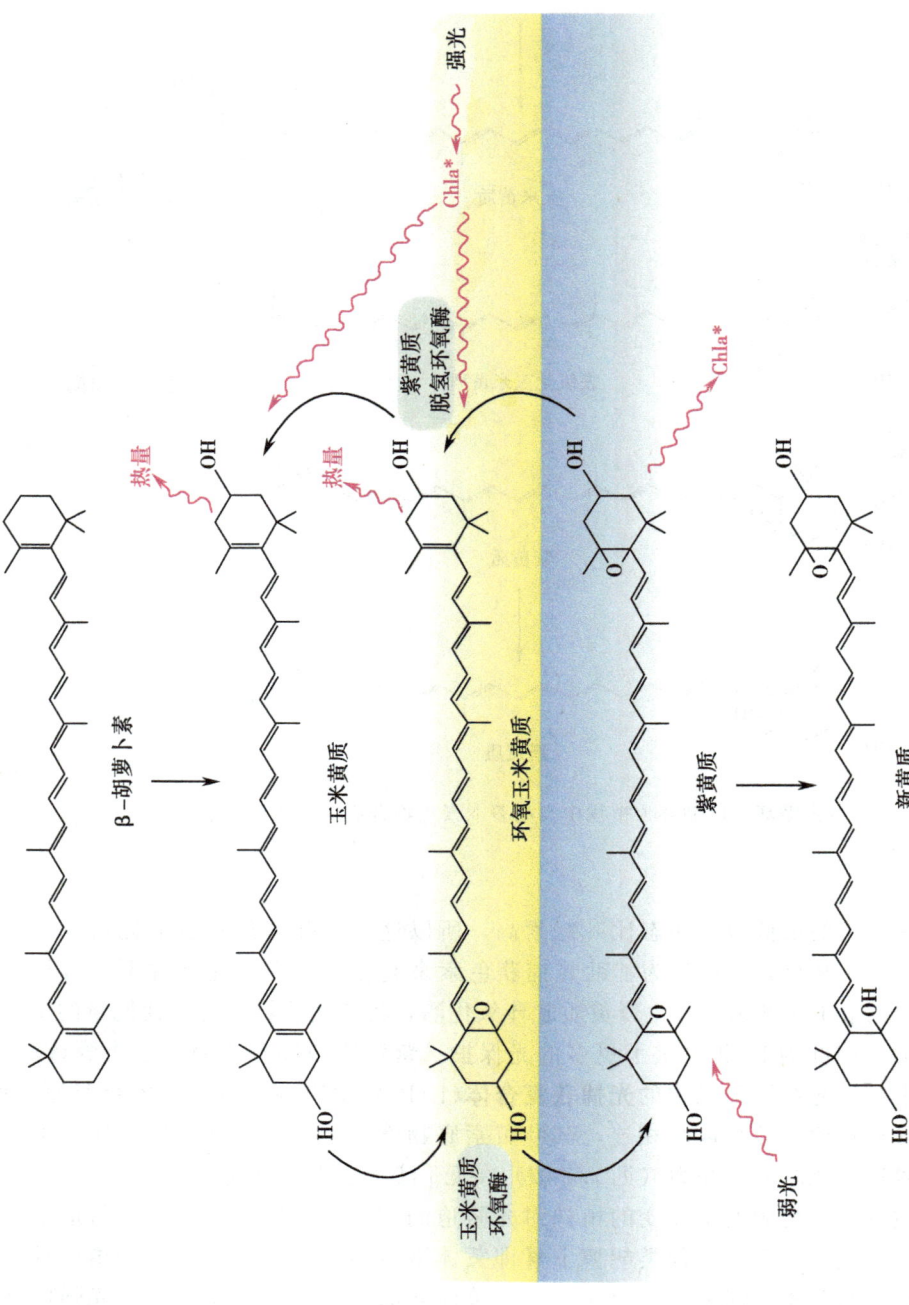

图 7-4 强光和弱光环境下叶绿素循环的输出变化。在弱光下,紫黄质作为光捕获辅助色素吸收光能并将其传递给叶绿素(Chla)。在强光下,紫黄质脱氢环氧酶的活性被诱导并将紫黄质转化为去氧化玉米黄质和玉米黄质。这两种物质能够非主叶绿体中叶晶激发的能量并以热量的形式消散((Chla* 表示被激发的叶绿素)。

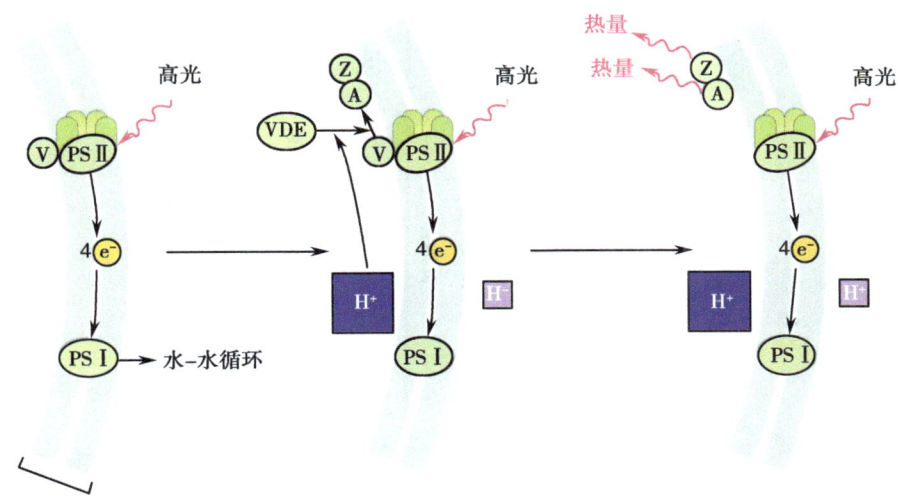

图 7-5 紫黄质脱氢环氧酶在非光化学猝灭中的作用。 在强光条件下，过量激发电子的能量被水-水循环（左边）消散并形成跨类囊体膜的 pH 梯度（图 7-2）。紫黄质（V）与类囊体膜的内腔一侧相连。这个 pH 梯度引起紫黄质脱氢环氧酶（VDE）移动到膜上（中间），在膜上与其底物（紫黄质）相遇并将其转化为表氧化玉米黄质（A）和玉米黄质（Z）。表氧化玉米黄质和玉米黄质从叶绿体吸收过量激发的能量并通过非光化学猝灭将其以热量（右边）的形式消散来保护光合作用体系。

在不同物种间，各种光合保护猝灭机制的相对重要性也不尽相同。例如，在拟南芥中，玉米黄质能实现 85% 植物非光化学猝灭，而在衣藻中仅能实现 25%。

维生素 E 类抗氧化剂也能在光胁迫下保护 PSⅡ

生育酚是一种能猝灭单态氧即高活性氧的维生素 E 类的强抗氧化剂。它们通过**类异戊二烯**和**莽草酸途径**在质体中合成（见 4.7 节和 4.8 节）。当植物受到强光胁迫时，它们的含量升高。

生育酚是脂溶性两性分子，有一个疏水的尾部和一个亲水的（极性的）头部，位于质体中。在叶绿体中，疏水的尾部嵌入类囊体膜中。这种定位使其能保护膜免受光氧化的损伤，如脂质过氧化等，从而在光胁迫过程中维持了膜的稳定性，并相应地升高跨类囊体膜的 pH 梯度，进一步促进其他非光化学猝灭机制如水-水循环和紫黄质脱环氧化酶的活性。

生育酚在体内一直存在，并与**质体醌**（光合作用电子传递链的成分）的水平相当，且两者结构相似（图 7-7B）。这种结构上的相似性表明生育酚可能也在光合作用电子传递链中起作用。在体外，单态氧生育酚猝灭的产物生育酚醌能有效氧化连接 PSⅡ 和 PSⅠ 中的**细胞色素 b_6f** 复合物的细胞色素成分，使循环电子传递和能量消散得以进行。

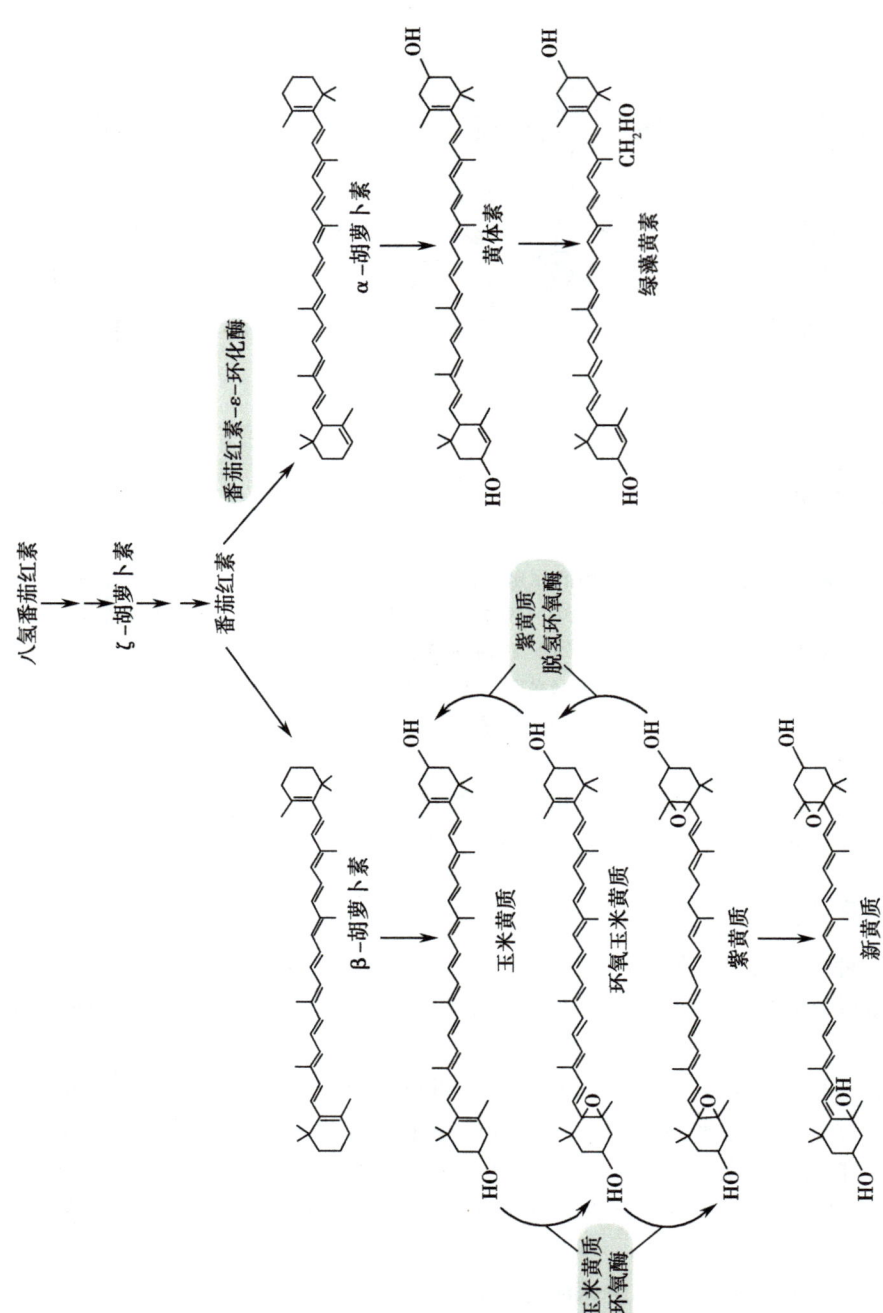

图 7-6 黄体素生物合成和类胡萝卜素生物合成中叶黄素循环之间的关系。

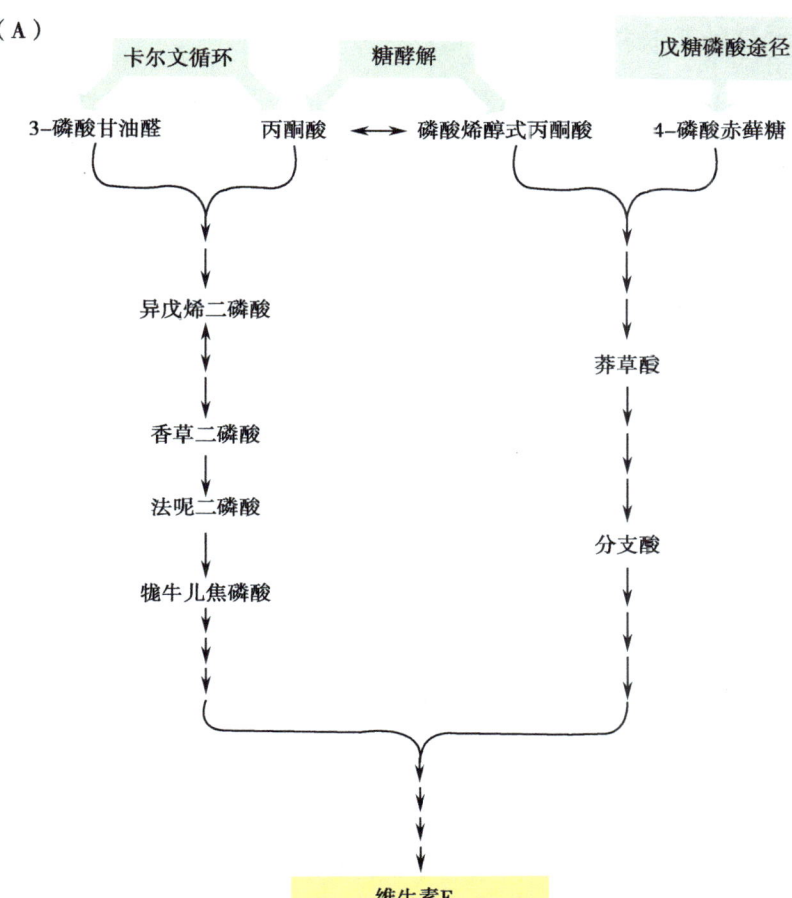

图 7-7 生育酚的合成。（A）植物中生育酚（维生素 E）合成的生物化学途径：类异戊二烯（左）和莽草酸（右）途径。（B）生育酚和质体醌结构上的相似性。

光胁迫耐受的植物能快速修复光系统Ⅱ的光损伤

在所有的植物中，PSⅡ反应中心都有一种关键的多肽即 D1 蛋白（图 4-13），这种蛋白质可受强光破坏，使植物光合作用中断、生长受限。那些能够相对快速地更新受损 D1 的植物往往能在高光强度下生存。D1 蛋白通常有较高的更新速率（比其他膜结合的光合蛋白高 50~80 倍），在许多的植物中（豌豆是一个很好的例子），强光会促进更新。叶绿体基因组中的 $psbA$ 基因编码 D1 蛋白，该蛋白质含有与 PSⅡ 中的叶绿素分子（包括初级电子供体 P680）和电子受体（如质体醌）的结合位点。当 D1 被强光引起植物形成的单态氧破坏时，它就成了蛋白质降解的底物。在高辐照耐受的植物中，新的 D1 快速地合成并且与其他 PSⅡ 多肽集合，从而恢复光合功能。

受损 D1 的水解可分为两个步骤：①丝氨酸/苏氨酸蛋白酶参与的细胞内蛋白水解，需要 GTP；②另一种依赖 ATO 的蛋白酶将其进一步降解。D1 蛋白在激发能过量的条件下受到损伤，其更新需要增强 D1 蛋白的合成和运输，即将它转移到非紧贴（非堆叠）的类囊体膜上。人们认为 D1 的合成是对光胁迫后质体醌氧化状态的响应，可作为信号诱导 $psbA$ 和其他质体编码的反应中心蛋白基因的转录。质体中的铁氧化还原蛋白——硫氧化还原蛋白系统调控质体的氧化还原状态，而 $psbA$ 的 mRNA 翻译为 D1 蛋白的过程受到它的调控。PSⅡ 中其他组分围绕 D1 重新组装，并且整个复合物迁移到 PSⅡ 集中的紧贴型类囊体膜的叶绿体基粒中。

在全日照生长良好的植物（阳生植物）中，受损 D1 蛋白的替换和 PSⅡ 的修复在减少光抑制过程中非常重要，已有证据表明阳生植物中存在的 D1 蛋白前体库是实现快速修复的主要原因。然而，一些通常在背阴环境中生长的植物（阴生植物），如紫露草（*Tradescantia albiflora*），尽管在高辐射下受到高水平的光抑制，但却能像在背阴处 [$50\mu mol/(m^2 \cdot s)$] 一样在更高强度的光照 [大于 $300\mu mol/(m^2 \cdot s)$] 下生长。紫露草具有一个缓慢的 PSⅡ 修复循环。与此相似，阴生植物酢浆草（*Oxalis argona*）在光抑制后不会出现 D1 的降解。它的光抑制的 PSⅡ 反应中心仍保持物理上的完整性，在紧贴型类囊体中保留有受损的 D1 蛋白，并且通过降低激发能更好地防止过量光照造成受损副产物的产生。

冬季常青树等植物具有对光胁迫的长期保护机制

非光化学猝灭是一种对强光胁迫的快速保护反应，但是许多植物还会利用较缓慢的诱导机制以提供长期的保护。例如，一类称为"早期光诱导蛋白"（ELIP）的蛋白质受强光诱导表达。它们由核基因编码，与光合作用中捕光色素（如叶绿素）所结合的光捕获复合体蛋白属于同一家族（图 7-8）。目前认为 ELIP 能在强光条件下通过某些未知的机制消除能量。ELIP 和 LHC 蛋白在进化过程中可能是由一个相同的祖先蛋白分化而来的。早期植物遭遇的环境胁迫中强光比弱光更频繁。由于植物的种类和数量不断上升，背阴变得更加普遍，于是一些分化的 ELIP 可能向捕获光的功能演化。

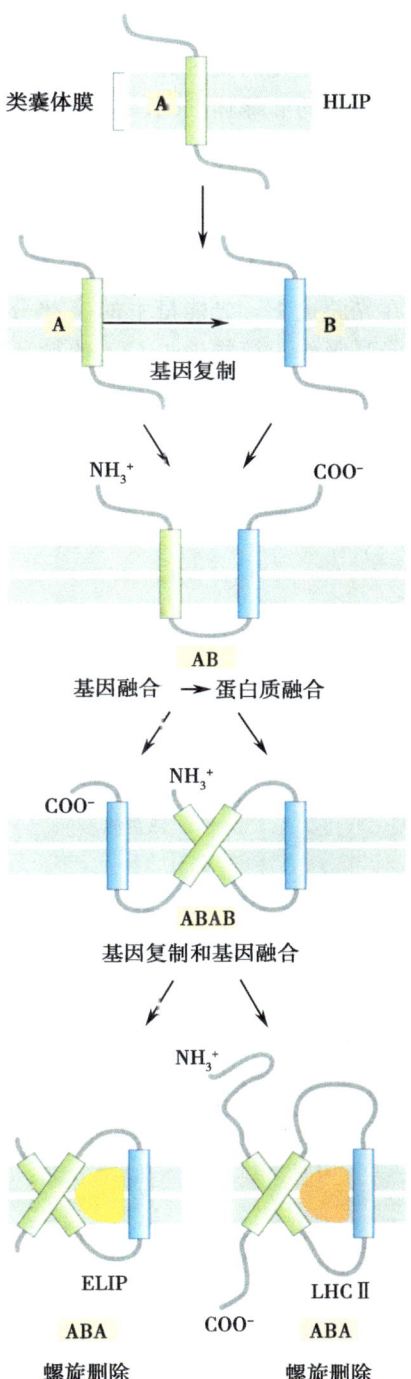

图 7-8 光合系统相关蛋白质演变的图解。原始祖先蛋白（high light-induced protein，HLIP）受高光强度诱导。编码跨膜区域的基因序列 A 可能通过重复形成 B。进一步基因的融合形成了由多肽亲水区域连接的融合蛋白 ABAB。此后，编码螺旋结果的序列删除产生了含有 ABA 顺序的三个螺旋结构域的蛋白，它演化成具有高光下消散能量功能的蛋白（early light-induced protein，ELIP）或在低光下作为有利于光捕获的辅助蛋白（光捕获蛋白复合体，LHC）。

在其他常绿植物中还有很多对光胁迫存在更长期适应的例子，它们保留叶片并且可以在高光强环境下越冬，因而在季节温度较低时对光胁迫会特别敏感。在冬季的月份中，LHC 蛋白和叶绿素的合成下降，因而降低了这些植物捕获光能的能力，同时避免了超负荷。这种生理现象常常在高山环境的松柏类植物中见到，在冬季，这些植物往往变得萎黄（有黄色的叶片）。相反的，能消除能量的色素如玉米黄质在常绿植物中积累。这种变化的发生并不是由跨类囊体膜的 pH 梯度的升高引起的，而是与稳定的、能消除能量的叶绿体-玉米黄质-蛋白质复合物的形成有关。

在光胁迫下产生的过量活性氧（ROS）（表 7-1）能引起使植物衰弱的光氧化损伤。植物抵御这种损伤的机制包括可诱导的 ROS-清除系统，如超氧化物歧化酶、抗坏血酸过氧化物酶、谷胱甘肽-S-转移酶及过氧化氢酶（见 7.7 节）。在光胁迫下叶绿体是 ROS 产生的最初位置，所以位于质体中的清除系统在光保护过程中尤为重要。

在光胁迫下，光能量中的一部分（5%～50%）仍然在质体中的光化学过程中传递。光呼吸作为植物失去 CO_2 的循环反应（见 4.3 节），也起到一些能量接收的作用。在抵御光氧化时，光呼吸的保护能从实验上证明。如果过量表达质体中的谷氨酸合成酶，光呼吸的能力增加，光保护也增强。如果抑制谷氨酸合成酶活性，光呼吸减弱，植物也变得对光胁迫更敏感。光呼吸可能通过降低进入质体消除途径的 ROS 水平，从而提供了一定程度的抵御光胁迫的长期保护，尤其是在低二氧化碳利用率的条件下（图 7-9）。

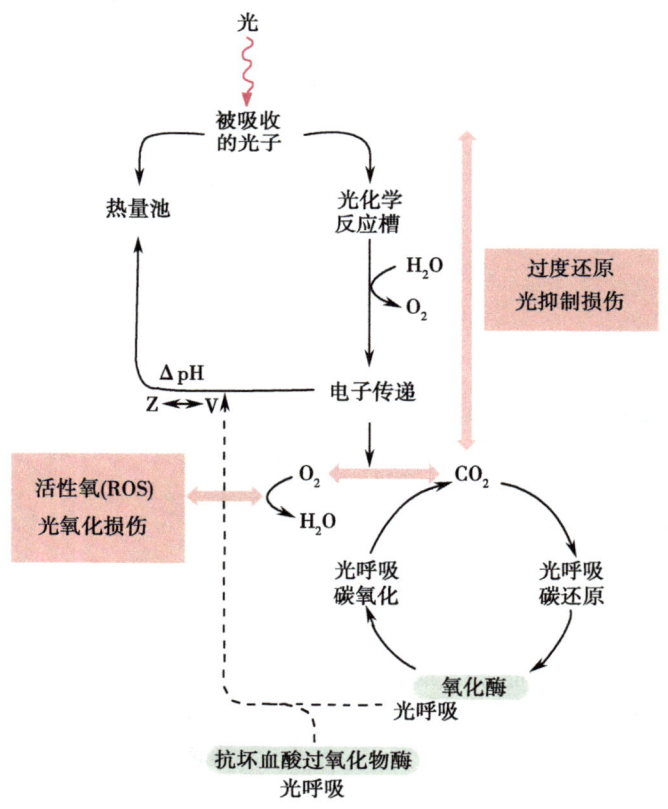

图 7-9　光合作用和光呼吸中所吸收光子的命运。光呼吸中一系列的反应通过去除活性氧（ROS）来抑制光氧化。在高光下，增强的电子流用于固定在光合作用碳同化反应中通过光呼吸产生的二氧化碳。这能减少可能产生其他 ROS 和造成光氧化损伤的额外电子（Z 为玉米黄质；V 为紫黄质）。

叶片形态也会发生了一些改变以响应变化的辐射水平。例如，在阴生植物紫露草中，强光比弱光更能促进叶绿素含量少30%的厚叶片生长。这种增厚是**栅栏细胞**和**栅栏组织**附加层拉长后引起的。这些植物在高光强度下有3~5层栅栏组织层，但是在弱光下仅有2~4层。生长在强光下的叶片的栅栏细胞比那些生长在背阴处的更厚。紫露草在光胁迫的环境下叶绿体的结构和排列也发生改变（图7-10），类囊体膜面积大大减少，从而降低了叶绿体基粒的形成。叶绿体从靠近栅栏细胞表面的地方开始移动，沿垂直壁排列，从而使光吸收能力降低10%。叶绿体的重新排列是由向光性蓝光受体的信号来转导的（见6.2节）。当植物暴露在强光下时，这些适应性机制提供了一种重要的光保护作用。

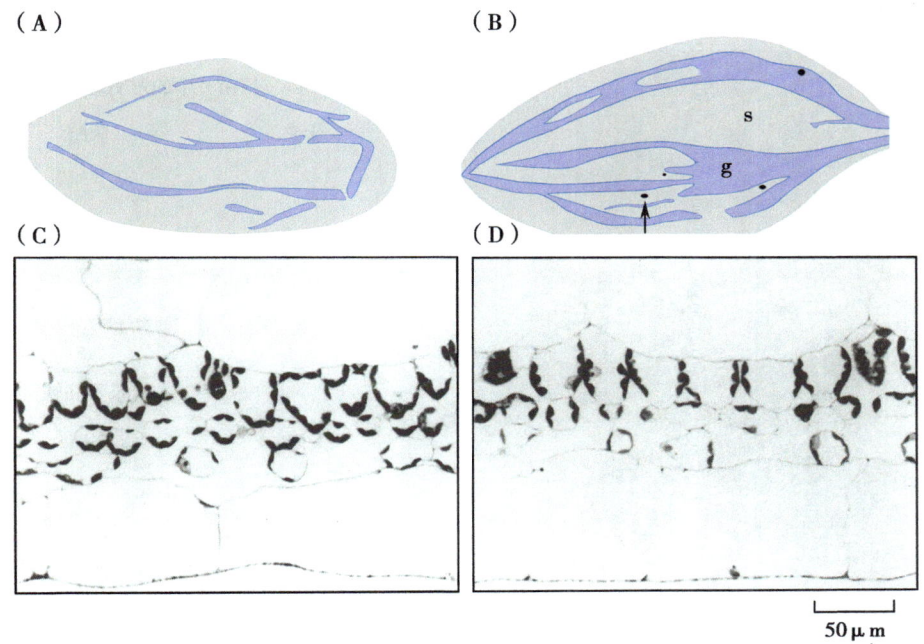

图7-10 光对叶绿体发育的影响。（A）在高光下（100%辐射）和（B）阴暗下（12.5%的辐射）生长的紫露草的叶绿体。在遮阴条件下形成的叶绿体有更多基粒发育，因此提高了光捕获的效率（g为类囊体基粒；s为淀粉粒；箭头表示的为嗜锇小体）。光学显微图片（下排）显示的是（C）在低光和（D）高光下生长的紫露草叶片的横切部分。在强光下叶绿体排列在栅栏细胞的垂直边缘以降低光的吸收和光氧化损伤（图A和图B由张慧婷提供）。

对于无油樟（*Amborella trichopoda*）等许多喜阴被子植物，充足的太阳光诱导叶片方向的变化。它们沿着叶中脉折叠以降低光的截获（图7-12）。

弱光使植物的叶片构造、叶绿体结构和排列方向以及生命周期发生改变

背阴环境下许多植物的生长模式都发生了改变。通常茎的生长更快并且开花提前（图7-12）。这两种反应都增加了存活的机会：第一种是通过快速生长超过竞争的遮阳植物；第二种可是使种子更早产生，当生态环境改善时就会保存下来。背阴的特征是

远红光与红光比值较高，这是因叶冠中叶绿体吸收红光导致的。远红光的强度是由邻近的植物和种群密度决定。植物通过一种已知的光受体即**光敏色素**（见6.2节）感知远红光和红光的比值。在具有莲座的植物拟南芥中，从生态学来讲，**避阴反应**最重要的结果是早抽薹（茎快速地伸长）和加速开花。在主要与禾本科植物竞争的白三叶草（*Trifolium repens*）中，对背阴最初的反应是叶柄伸长，这样能使其叶片伸出并超过遮阳植物，从而保证捕获更多光照（图7-12B）。不同植物对远红光的敏感性不同，这往往由它们自然的栖息地决定的。在森林的树种演替过程中，作为早期存在的典型物种往往比那些较晚演替的物种对远红光有更强烈的反应，因此这些较晚演替的物种在避阴反应激活之前要忍受更多的背阴。

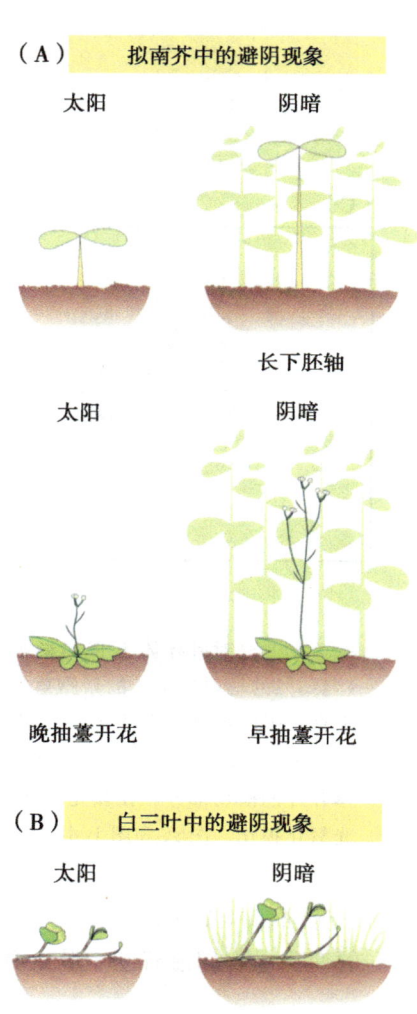

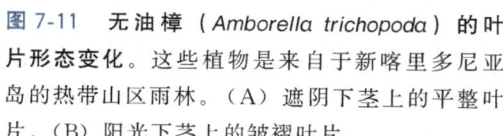

图7-11 无油樟（*Amborella trichopoda*）的叶片形态变化。这些植物是来自于新喀里多尼亚岛的热带山区雨林。（A）遮阴下茎上的平整叶片。（B）阳光下茎上的皱褶叶片。

图7-12 避阴反应的不同组分。（A）拟南芥中下胚轴伸长并且提早开花。（B）白三叶（*Trifolium repens*）中叶柄伸长。

从高辐射到低辐射的变化会引起叶绿体定位和光合作用光捕获体系的变化。在弱光下，阳生植物和阴生植物中的叶绿体都能垂直于入射光方向排列，植物的光吸收量增加了10%。在拟南芥中，叶绿体的再定位信号是日光向素这种光受体传导的（光向素也是一种受蓝光激活的光受体；见6.2节）。在向日葵和其他阳生植物中，当植物受遮阳时类囊体的体积会增加。非紧贴的类囊体是扩大体积的第一步，然后与紧贴的类囊体共同作用以使类囊体堆积（叶绿体基粒）变宽。在弱光条件下，LHC蛋白对光合系统的额外补充也可增强对光的捕获，同时参与二氧化碳固定的蛋白质减少。弱光会诱导LHC基因的表达，虽然这个信号转导途径的分子机制还不清楚，但一些证据表明这个诱导的信号可能是氧化还原态的质体醌。

某些阴生植物具有特殊的叶片形态。例如，无油樟通常在背阴的环境下生长，它的叶片平展，并且以能够增加受光面积的非重叠形式排列在悬垂茎上（图7-11）。无油樟作为一种典型的阴生植物，其叶片的叶肉中并没有明显的栅栏组织，这与前面所描述的适应光照的植物中所产生的伸长的栅栏细胞恰恰相反。无油樟叶片的海绵状细胞的形状是不规则的，这促进了内部光的散射，从而有利于散射光和富集的远红光的吸收。

光照同时也会影响阴生植物发育的其他方面，如从未成熟阶段到成熟阶段的营养生长的转变，这在木本攀缘植物中尤为显著。这些植物刚开始生长时处在树林下层的叶层中，但最终能够到达树冠的顶端，因此在它们成熟的阶段可以获得较高的辐射。从幼年到成熟阶段叶片形态学上的变化包括叶片解剖结构、形状和大小、节间长度、叶序（环绕茎的排列）、蜡质含量以及毛状体（叶片和茎上的毛）构造。

在木本攀缘植物鹰爪花属的鹰爪花中，最先出现的花芽是像棘刺一样的侧芽，较晚出现的花芽则产生叶状分枝或叶状花序分枝。低辐射促进棘刺的形成，当相同的芽受到高辐射照射时则产生叶状分枝（图7-13）。在低光强度下产生的棘刺便于其攀爬到森林树冠层的上层面，在那里叶状分枝（带勾的）有利于捕获更多的光。此外，棘刺还能帮助植物底部抵御食草的捕食者。

一些热带雨林的植物物种，如榕半枝莲（*Ficus barbata*）、白粉藤（*Cissus discolor*）、秋海棠（*Begonia* spp.）和火鹤花（*Anthurium* spp.）等在叶片近轴面（上表面）具有特

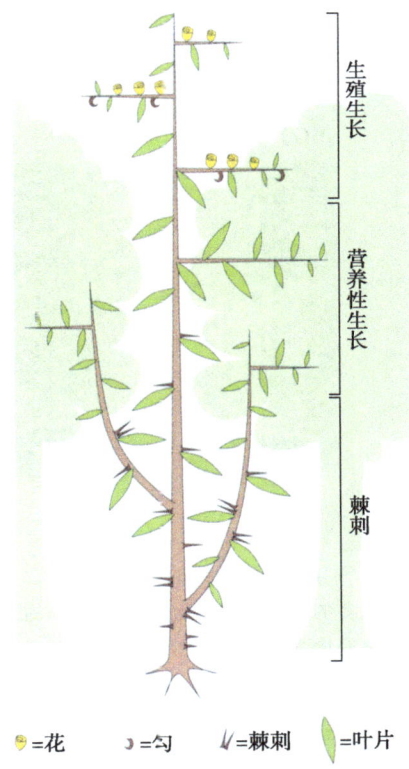

图7-13 成熟鹰爪花（*Artabotrys hexapetalus*）的结构。三种主要的形态学形式与在遮盖中的位置相关。在最低层最阴暗的区域，叶腋下的芽生长成为棘刺；在中间区域，叶腋下的分枝生长形成营养枝；在最顶层光照最充足的区域，叶腋下的分枝生长形成带勾的生殖枝条。

化的锥形表皮细胞。这些细胞凸出的外壁能反射入射光到下层叶肉细胞中的光合细胞上（图 7-14）。一些物种如山毛榉（*Fagus sylvatica*）在阳光和背阴环境下都生长有圆锥形的表皮细胞。反射的程度因高度、锥形面的陡度以及细胞壁折射率不同而不同，尤其在背阴叶片的表皮细胞中更为明显。

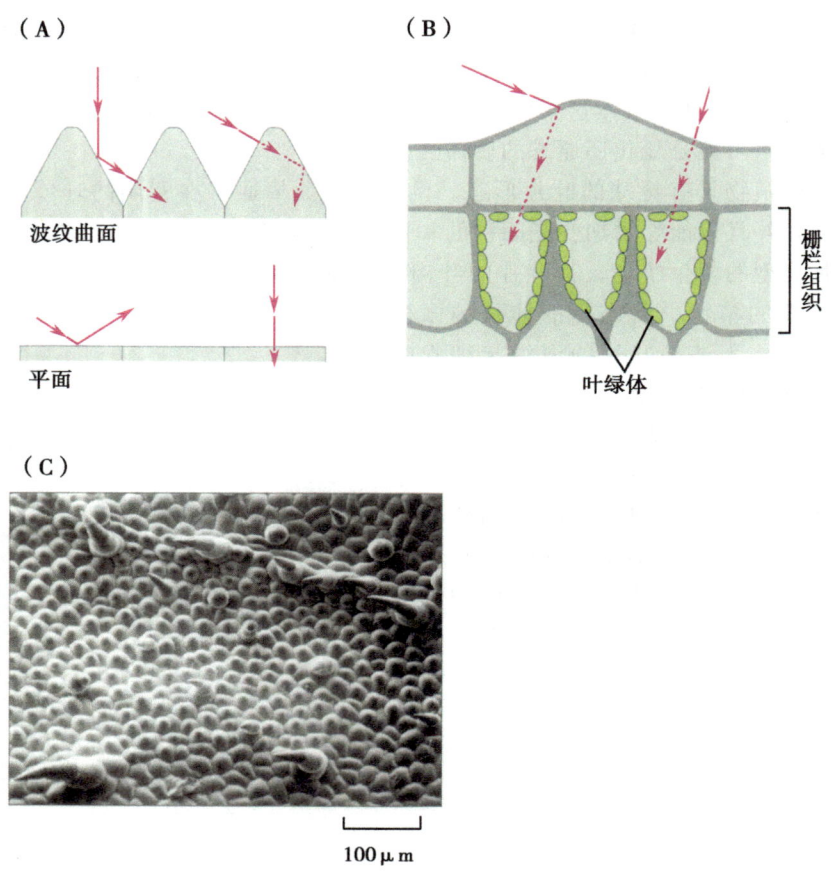

图 7-14　圆锥细胞的光线聚焦图。（A）波纹曲面和平面的光线反射及投射的比较。更多的光线，尤其是入射角较小的光线，在波纹曲面中反射并进入组织。（B）波纹叶表面增强的光捕获效应可使叶黄素细胞中叶绿体接受更多的光照。（C）彩叶草（*Coleus hybridus*）叶片的圆锥细胞扫描电子显微图片。

一些植物虽然主要在低辐射条件下生长，但它们也能利用有限的高辐射时段。这在落叶林的地表植物群中普遍存在，如银莲花属的黑水银莲花（*Anemone nemorosa*）和欧洲蓝钟（*Endymion nonscriptus*）。这些植物在春天生长迅速，营养生长得到加强，并且在位于其上方的大树叶片发育前开花。在这个快速生长的阶段，它们合成碳水化合物并储存于地下器官如鳞茎中。在夏季月份全阴的条件下，植物处于休眠状态。落叶林中一些专性阴生植物，如酢浆草（*Oxalis acetosella*）和堇菜属的赤松（*Viola sylvestris*），它们可能在秋天出现第二个旺盛的生长阶段（由于林冠上方的叶片掉落而使光照增加），并且在整个冬季都能旺盛地生长。

紫外辐射损伤 DNA 和蛋白质

除了高光强胁迫外，植物也受到入射的紫外线辐射胁迫。太阳光辐射中的紫外线有三个组成部分：UV-A（315～400nm）、UV-B（280～315nm）和 UV-C（200～280nm）（图 7-15）。UV-C 是最可能造成伤害的成分，但是它不会抵达地球表面，因为它在**平流层**就已经被臭氧过滤掉了。因此对有机生物体的绝大部分损伤都是由占太阳射线 1%～5% 的 UV-B 引起的。入射的紫外线中 UV-B 的比例因大气路径长度（由纬度决定）、高度、云量、地面反射、平流层臭氧层的厚度以及其他因子的不同而不同。UV-B 在低纬度高、海拔地区达到最高水平。然而覆盖在极地冰帽上的臭氧层的快速消耗使得更多的 UV-B 射线到达这些地区。UV-A 一般占太阳光入射辐射的 6% 左右，它产生的损害比 UV-B 小得多。

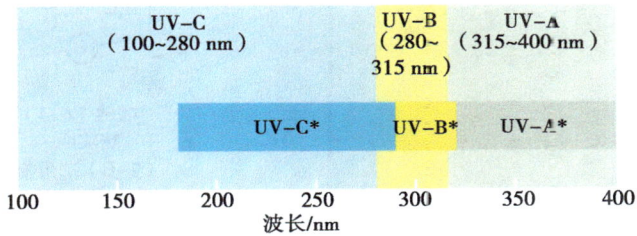

图 7-15 太阳光中紫外线的成分。在这三种类型中，UV-B 在生物系统中造成最大的损伤。基于其生物学效应分类形成的这三种类型紫外光的波长略微扩大到更长的波长范围。

* 基于生物学效应上的定义。

紫外辐射能损伤 DNA 和蛋白质，因此植物运用恢复和修复两种机制来应对这种胁迫。UV 对 DNA 的损伤是引起相邻嘧啶残基形成**嘧啶二聚体**，这种嘧啶二聚体会阻断 DNA 的合成和**转录**（图 7-16）。所有的有机体似乎都有修复这种损伤的机制：主要是删除这些突变的碱基，然后修复由此产生的间隙；细菌和植物具有另一种额外的机制，即"光复活"，这种机制能通过回复突变来还原突变的核苷酸。在有光复活能力的机体中，这种机制往往是纠正 UV 对 DNA 损伤的主要机制。

光复活是由**光裂解酶**催化的，这种酶能吸收来自可见光的能量并用它断裂嘧啶二聚体中嘧啶残基之间的碳-碳键（图 7-17）；它能识别并且与二聚体特异性结合。光裂解酶有两个辅助因子：一个可以瞬间供给一个能破坏嘧啶二聚体双键的电子，另一个则起到天线蛋白的作用，该蛋白质能捕获波长为 360～420nm 的光，并由此激发电子供体。光裂解酶是保护性修复酶的一个古老家族，在所有生物界中都可以找到，它可以为从 UV-A 到蓝光范围内的所有光激活。编码光裂解酶的基因受这个范围的光诱导，但通常不受红光和 UV-B 诱导。植物拥有光裂解酶蛋白超家族中的三个亚类，其中两个亚类能修复不同种类的嘧啶二聚体，拟南芥中这两个亚类的缺失突变体对紫外光更为敏感，这就说明了紫外光胁迫下某些光裂解酶能起到保护的作用。第三个亚类的光裂解酶不参与 DNA 的修复，但起到了蓝光受体（隐花色素家族，见 6.2 节）的作用，这表明蓝光受体和 DNA 修复光裂解酶具有进化关系。

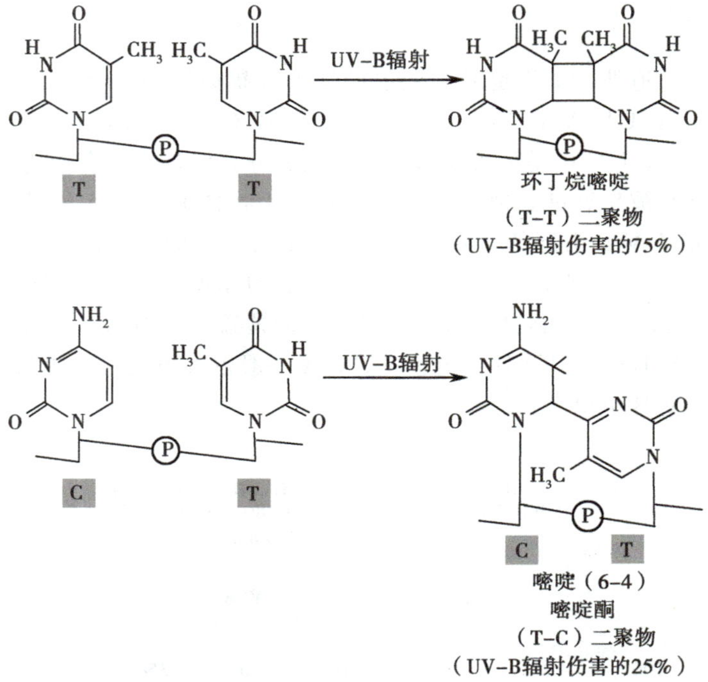

图 7-16 紫外线辐射在 DNA 中诱导形成两种形式的嘧啶二聚体。T 为胸腺嘧啶；C 为胞嘧啶。

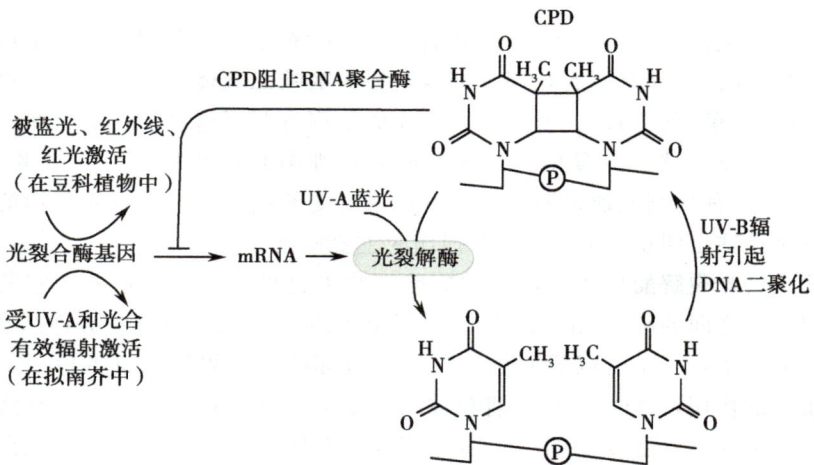

图 7-17 环丁烷嘧啶二聚体（CPD）的形成引起的 DNA 损伤的光复活作用调节。光裂解酶催化的光复活作用能修复嘧啶残基。除 UV-B 外，所有波长的光均能诱导编码光裂解酶的基因转录。光裂解酶的活性需要蓝光或 UV-A 辐射。

一些植物在光缺乏时能通过核苷酸切补修复来矫正 DNA 损伤。受损的 DNA 链在损伤位点的 5′端和 3′端形成缺口，去除受损的寡聚核苷酸，而没有受损的 DNA 链则作为模板修复受损的链（图 7-18）。

紫外线辐射也能损伤植物的蛋白质，尤其是那些参与光合作用的蛋白质。**二磷酸核酮糖羧化酶**（Rubisco）、紫黄质脱环氧化酶，以及 PSⅠ和 PSⅡ反应中心都很容易受到损伤。UV-B 能通过上文描述的机制诱导 PSⅡ中受损的 D1 蛋白更快地修复。消除和替换光损伤的 D1 可能成为一种高辐射下的保护机制。

不仅蛋白质损伤会对光合能力产生不利影响，正如我们下面将讲到的，为了响应 UV 辐射的胁迫而引起的形态变化也会降低光合能力（除了减少 UV 光的捕获以外）。

抵御 UV 光包括产生特殊的植物代谢物和形态变化

即便是低水平的紫外辐射也能激活**苯丙素类物质**的合成（见 4.8 节），如类黄酮和芥子酰酯。这些**次生代谢**产物起到了特效防晒霜的作用（吸收波长为 280～340nm 的 UV 辐射，从而减少超过 90%进入植物体内的 UV），但是并不降低植物对光合有效辐射的吸收。许多植物在 UV-B 的作用下会导致**类黄酮**积累。拟南芥在 UV 辐射作用下，**芥子酰酯**（sinapoyl ester）和类黄酮会在表皮层积累，而光合作用中所需波长的光可穿过表皮。

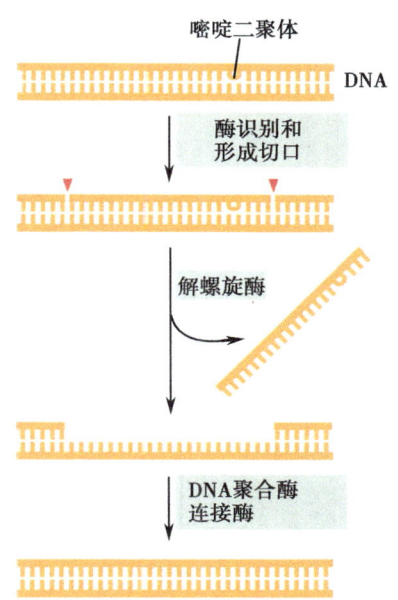

图 7-18 核苷酸的切补和修复。损坏的 DNA 以含有 23～32 个寡核苷酸的寡聚核苷酸链被切除；这需要外切酶和解螺旋酶的作用。外切区域在 DNA 聚合酶和连接酶的作用下利用破坏链的 3′端作为引物、未破坏链作为模板来进行修复。

目前认为有一种在 290nm 处有最大吸收值的 UV-B 特异的受体。UV-B 诱导某些苯丙素类物质的合成，同时诱导编码其生物合成酶基因的表达（图 7-19）。为响应 UV-B，这些基因的转录抑制子下调，说明基因表达的去抑制作用是 UV-B 信号转导途径的一个重要部分。转录激活子在调节基因诱导的顺序中也具有重要的作用（见 2.3 节和信息框 2-1 中有关转录因子的内容）。类黄酮的生物合成是由类似 MYB 和**碱性螺旋-环-螺旋**（bHLH）转录因子协同作用所诱导的。这些转录激活子的表达是由光诱导的，也很有可能受 UV-B 诱导。在许多植物物种中，类黄酮的积累和 UV-B 辐射之间有着非常密切的联系；类黄酮在生长于背阴处的植物中水平很低，而生长在高海拔的同种物种（不同生态型）中却有较高水平。

在一些物种中，其他的次生代谢物如多胺和生物碱是可选择的其他防止 UV 的物质。这些保护性的次级代谢产物还具有抗氧化的作用，为抵御胁迫提供了进一步的保护（见 7.7 节）。

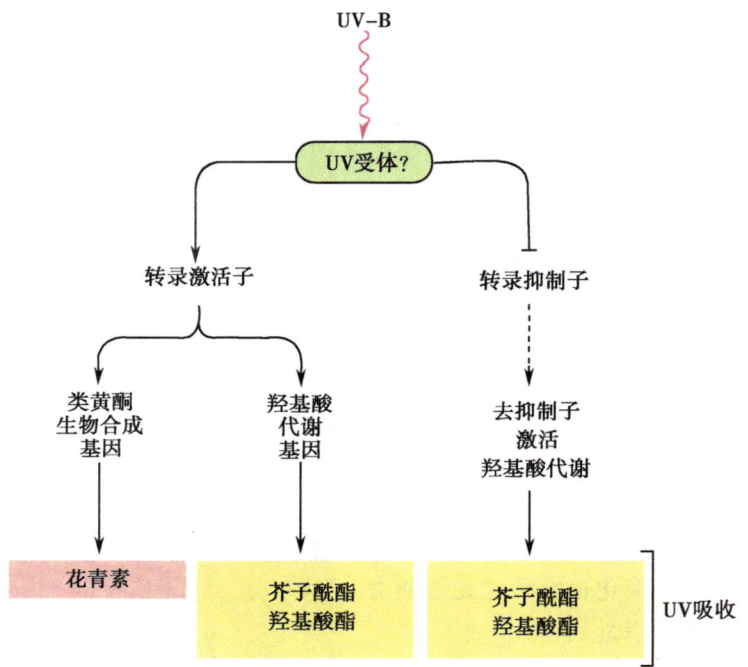

图 7-19 对拟南芥中 UV-B 诱导的类苯丙醇代谢变化的转录反应。
通过转录激活子和抑制子发生的反应。结果导致作为吸收 UV-B 的遮光剂的类苯丙醇的积累（芥子酰酯、羟基酸酯、花青素）。

紫外线还能诱导形态上的变化反应。将植物放在 UV 光下能引起叶片加厚，从而减弱了 UV 对于光合细胞的穿透力。该反应与应对高光照的反应相似。另一种 UV 诱导的变化是叶绿体朝远离细胞近轴面的方向重新分布，从而减少了损伤。这些形态学上的变化可能是由依赖于 UV 的植物激素**生长素**的活性调节导致的（见第 5 章和第 6 章）。UV 光诱导了过氧化物酶的活性，从而促进生长素的降解而调节它对叶片发育的作用。在一些物种如特氏粉叶草（*Dudleya*）中，叶片上特异的蜡质能反射 UV-B，而对光合有效辐射的影响很小。但是拟南芥蜡质产生缺陷突变体在 UV 耐受性上没有表现出变化，因此这些**表皮蜡质**（见 3.6 节）在 UV 保护中的贡献可因物种的不同而不同。

叶片大小和卷曲程度的减弱也降低了光合能力（除降低入射的 UV 照射外）。近几年人们开始关注植物光合效率的潜在降低，这可能是由于平流层臭氧层的消耗加剧以及 UV 辐射增强导致的。然而到目前为止，据估计臭氧层的破坏仅对粮食作物的光合产量有轻微影响。

7.2 高温

大部分生长中的植物都不能在超过 45℃ 的环境中生存，而超过 30℃ 的温度通常对植物构成胁迫。但某些地中海植物能在高达 48～55℃ 的高温中生存，热带植物能在

45～55℃环境中生存，亚热带木本植物（如棕榈树）能在50～60℃的高温环境中存活（图7-20）。然而，即使是生活在气候较热地区的植物，当环境温度超过30℃时也会受到温度胁迫。叶片温度可比环境温度高出5～10℃，尤其是当水分缺乏而引起气孔关闭的时候。脱水的细胞和组织，如种子和**花粉粒**，能比植物体忍受更高的温度胁迫。例如，干燥的紫花苜蓿种子在120℃的高温下仍保持活性，红松的花粉能在70℃的高温中存活。

图7-20　**耐热植物。**（A）紫松果菊（*Rudbeckia purpurea*），一种多年生耐热性植物。（B）琉璃草（*Cynoglossum magellense*），紫草科家族中的一员。这种植物生长在欧洲炎热干燥的地区，它的银蓝色叶片能反射光，并能降低叶片的热负荷。（C）野橄榄（*Olea europaea*），生长在塞浦路斯。叶毛赋予叶片银色表面。叶毛反射光照并降低热负荷（图A～C由Tobias Kieser提供）。

高温胁迫经常伴随不同时期的水分缺乏，适应高温环境的植物普遍能生存于高温胁迫和缺水胁迫同时存在的环境中。我们会在7.3节中详细讨论水分胁迫；在这里我们关注的是高温胁迫。植物体内碳的净获取量对高温环境尤为敏感：周围环境温度上升，光合作用固碳速率的增加比光呼吸碳消耗速率的增加缓慢，因此随着温度升高，碳的净得率逐渐减少。当光合作用中同化的碳等于光呼吸中消耗的碳时，称为**光补偿点**（见4.3节）。如果高温下碳的净获取量接近或者低于光补偿点，植物生长就会变慢或者停止。

光合作用本身对高温也很敏感。光合蛋白复合体分布于类囊体膜堆叠（紧贴）和非堆叠（非紧贴）区域之间。膜的有组织的结构在高温下会受到破坏，阻止有效的电子传递，使反应中心与天线色素分离，**光合磷酸化**解偶联（ATP的生物合成过程；见4.2节）。

高温诱导的热激蛋白的保护

原核生物和真核生物在高温胁迫下普遍表现出一种生理反应：某些蛋白质的合成减少，同时另一类新蛋白，即**热激蛋白**（HSP）的合成增加。比常温更高但尚未致死的温度会诱导HSP的产生，这类蛋白质会保护有机体免受严重的伤害，使生物体耐受的温度提高，并使得细胞和代谢活动适应高温环境。45～55℃是大部分植物能忍受的临界温度。各个物种激活**热激反应**的温度是由其最适生长温度决定的。例如，热带谷类植物中，激活热激蛋白的反应发生在45℃（如高粱和粟），而温带植物中这类反应发生在35℃（如黑麦）。

各种有机体中的热激蛋白按照分子质量的大小可划分为五大类（按千道尔顿，kDa）：HSP100、HSP90、HSP70、HSP60和小HSP。所有的热激蛋白都是**分子伴侣**，它们识别并结合不稳定或无活性状态的蛋白质。高温的主要后果是使蛋白质**变性**，即失去维持其活性必须的三维空间结构。热激蛋白稳定并控制蛋白质的重新折叠，并防止无活性和错误折叠蛋白的产生。研究表明大部分的植物如果之前曾处于略高的温度中一段时间，则它们能够在低于致死温度的高温下生存。这种预处理诱导了热激蛋白的合成，赋予了植物体所需的耐热性。虽然这类蛋白质称为热激蛋白，但它们同样为其他环境胁迫如冷胁迫、干旱胁迫所诱导，并且植物在高温胁迫下所具备的耐热性常赋予植物抵抗其他环境胁迫的交叉保护，这是由于热激蛋白可以稳定蛋白质的结构。

分子伴侣确保蛋白质在任何环境下都能正确折叠

分子伴侣无论是在胁迫还是非胁迫环境下，在细胞里都扮演着很重要的角色。它们防止新合成蛋白质的非正确折叠，在各类生物中HSP90、HSP70和HSP60这几类分子伴侣在常温下就可行使功能。分子伴侣普遍包含两个与腺嘌呤核苷（ATP和ADP）结合的结构域，ATP转换为ADP这一水解过程对分子伴侣的活性十分重要。对HSP70和HSP100这两个家族成员的特征描述可作为阐述分子伴侣一般特征的很好的范例（图7-21）。HSP70具有一个与ATPase区域邻近的肽结合域；此外，它们与称为"共同分子伴侣"的蛋白质相互作用，促进HSP保持靶蛋白自身构象的活性。

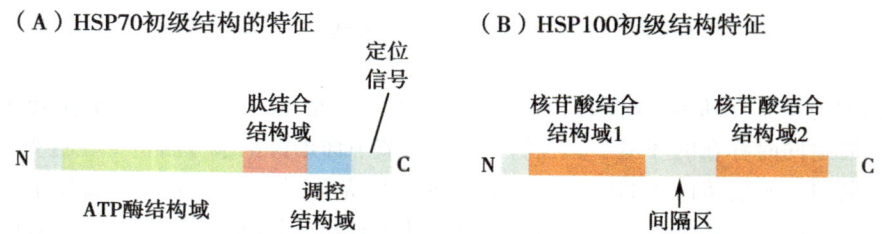

图7-21 热激蛋白的典型蛋白质结构域。（A）HSP70，ATP酶结构域后连接一个肽结合结构域。（B）HSP100含有核苷酸结合结构域。

在**核糖体**新合成的多肽链中，超过 50% 都与分子伴侣结合。这就推迟了初生蛋白的折叠，直到它达到合适的大小再开始折叠，使其能够形成正确的自身构象。定位于不同亚细胞结构的蛋白质必须跨越细胞器膜才能完成蛋白质定位，分子伴侣就参与了这个过程。

各个热激蛋白家族在不同物种的高温胁迫应答中起不同作用

虽然各种生物都携带有编码 5 类热激蛋白的基因，但不同物种在发生热激反应或耐热性时 HSP 家族各成员的重要性存在差异。在拟南芥中，HSP100 家族在耐热性产生过程中尤为重要。这一结论通过分析 HSP100 编码基因突变的拟南芥突变体得到了验证。野生型拟南芥植株如果经 38℃ 预处理后能在 45℃ 的温度下良好地生长。然而，突变体在经 38℃ 预处理后在 45℃ 下不能正常生长。如果野生型中编码 HSP100 的基因在转基因拟南芥中过量表达，则会增强耐热性。拟南芥中其他已发现的 HSP 可能在更高温下维持生长起作用，而不在获得性耐热性相关的适应中起作用。

在其他植物中，小 HSP 对植物的耐热性发挥着巨大的作用。例如，不同小麦品种的耐热性存在差异，而其小 HSP 的积累和耐热性之间有很好的相关性。在转基因胡萝卜和烟草的细胞中，编码小 HSP 的基因过量表达同样使其耐热性提高。

热激蛋白的合成受转录水平调控

高温胁迫反应主要是通过对 HSP 基因转录调控来调节 HSP 的产生，这一调控的分子机制在所有的真核生物中是相似的。HSP 基因的启动子包含多个拷贝的调控序列单元，即**热激元件**（HSE）。**热激因子**（HSF）是一种转录激活子，以三聚体的形式与靶基因启动子结合，因此至少需要启动子上有三个 HSE 有效地与之结合（图 7-22）。在植物界中，有一个大的基因家族编码 HSF 家族的成员（拟南芥有 21 种 HSF），而其他真核生物只有单基因（酵母中）或者一个很小的基因家族（脊椎动物有 4 个基因）编码 HSF。植物 HSF 蛋白都具有一个保守的 DNA 结合结构域和相邻的疏水结构域，其中疏水区与蛋白质单体通过卷曲螺旋区域相结合的寡聚化过程有关。按蛋白质的结构分，植物 HSF 可分成三个亚类——HSFA、HSFB 和 HSFC。HSFA 蛋白

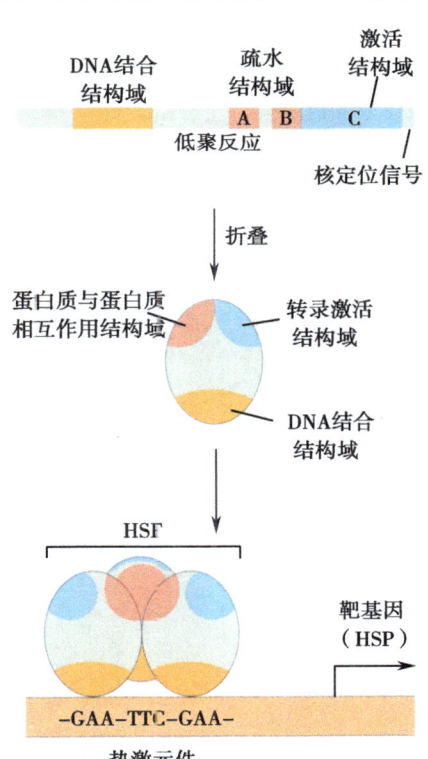

图 7-22 植物热激蛋白（HSF）的普遍结构。 HSF 多肽通过疏水结构域（粉色部分）形成三聚体。三聚体通过 DNA 结合结构域（橙色部分）与编码热激蛋白（HSP）基因的启动子的热激元件结合。转录激活需要激活结构域（蓝色部分）。

包含一个转录激活结构域，与其他真核生物的 HSF 蛋白一样，它能够诱导 *HSP* 基因的表达。HSFB 和 HSFC 这两种蛋白质的功能还不是很清楚，但是它们可能通过与 HSFA 蛋白形成复合体的形式发挥共激活子或共抑制子的功能。

在非胁迫条件下，HSFA 的表达诱导了 HSP 的表达并提高了植物体的耐热性。热激反应中对 HSF 活性的调控是多方面的（图 7-23）。HSFA 蛋白 C 端结构域能提高转录激活的活性。在正常非胁迫的环境下，这个结构域促进转录活性的能力是受到抑制的。同样，HSF 三聚体在正常环境下也受负调控，这就抑制了它与热激元件的高亲和性。与分子伴侣家族 HSP70 的结合进一步负调控 HSF。在热激条件下，对分子伴侣需求会迅速增加，随着 HSP 的消耗，与 HSF 结合的 HSP70 会逐渐减少。游离的 HSF 会自身多聚化并与 HSE 结合，以此激活 *HSP* 基因的转录。HSF 自身的多聚化或与 HSP70 的相互作用可能是温度胁迫的初级传感器。此外，高温胁迫还诱导 HSF 入核，这就使温度在另一个层面上调控了 HSP 转录。

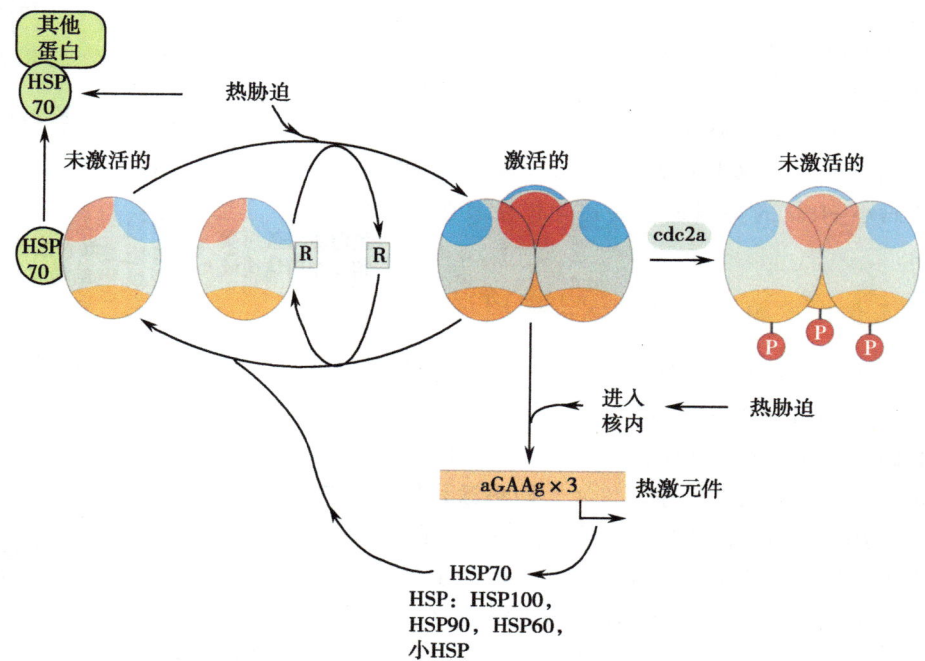

图 7-23 响应热激的 HSF 调控 HSP 转录的模型。热胁迫导致负调控分子（R）与热激因子（HSF）多肽分离，使 HSF 低聚（形成三聚体）并且结合在热激元件上，进而诱导热激蛋白（HSP）的产生。HSF 受磷酸化作用负调控，而磷酸化作用可能是由细胞周期中周期依赖蛋白激酶 2（CDC2A）催化的（见 3.1 节）。HSP70 的诱导也负调控 HSF。在热激过程中，HSP70 蛋白与其他蛋白质连接来稳定它们的结构，因此 HSP70 很少可与 HSF 连接。热激后，HSP70 积累并且与 HSF 相互作用以抑制低聚反应，从而负调控其自身的合成。

某些植物对高温胁迫具有发育上的适应性

热带生活的植物对高温胁迫具有发育上的适应性，其中很多适应对水胁迫也是有益的（见 7.3 节）。然而其中一种降低叶片温度、保护机体免受高温损伤的机制却是提高蒸腾作用速率，利用水分蒸发散发热量。这个应答方式在干旱环境中并不适合，因此它仅在那些有充足水分供应的热带植物中发现，而在同样经历高温胁迫却处于干旱环境的植物中不存在。叶片过热也可以通过改变叶片朝向而与入射光形成陡角来降低温度，这样能使叶片温度比其与太阳光成直角的情况下降低 3～5℃。这个特征在适应炎热干旱的地中海夏季气候的植物中是很普遍的（图7-24）。

叶片的热负荷也可由白色叶表面和表皮毛反射入射光来降低。在橄榄（*Olea europaea*；图 7-20C）等物种中，要证明表皮毛对减少叶片热负荷的重要性是很简单的，只要刮去表皮毛就可观察到叶片耐热性减弱的现象。炎热干旱气候中的某些植物拥有厚厚的软木皮层（图 7-25），它能减少热吸收并防止韧皮部和形成层的水分流失。

图 7-24　生长于新喀里多尼亚 Riviere Bleue 保护区的黄花树（*Xanthostemon aurantiacum*）。有角度的叶片可以减少热负荷（由 Pete Lowry 提供）。

图 7-25　珊瑚树（*Erythrina latissima*）的厚软木皮层。厚树皮层可以帮助植物减少炎热干旱气候中水分的流失。(A) 为一棵被部分剥去软木皮层的树木的特写。(B) 剥去树皮的软木橡树的树干及其下方区域（由 Arthur Gibson 提供）。

7.3 水分缺乏

干旱、盐碱和低温会导致水分缺乏

水是生命之源。植物受到的最普遍的环境胁迫就是水分供应不足，或者是因为环境中可利用的水分供应不足（如在干旱或者冰冻环境），抑或是外部水势较低（在盐碱环境），这些都限制了水分进入植物中。干旱、盐碱和低温胁迫对植物的影响都因与水分供应相关而相互联系，植物对这些胁迫的应答在信号转导机制及生化和代谢反应中表现出许多的相似性。细胞水分缺乏会使植物停止生长，并且能导致蛋白质变性、细胞膜损伤、膨压丧失和溶质浓度的变化。植物体通过应答反应来缓解这些生化变化，并通过限制通过蒸腾作用造成的水分流失以阻止进一步的损伤。

植物利用脱落酸作为信号诱导植物对水分缺乏的应答

植物应答胁迫反应的第一步是识别来自环境的信号。在外部水势较低时，早期的信号识别可能涉及细胞内的水分流失，但目前还不清楚植物如何感知这种变化。可能的机制包括植物对细胞膨压丧失、膜面积改变、膜延展性变化、细胞水势变化和细胞壁质膜间质改变等变化的反应（更多细胞特征的细节见 3.5 节）。

酵母对缺水信号的感知已经研究得很清楚，相关的信号识别和信号转导途径可能也存在于植物中。酵母有两条途径感知外界的渗透条件（图 7-26）。第一条途径在正常渗透条件下组成性存在，受外界高渗透压（低水条件）抑制；第二条途径当外部渗透压的升高时激活。这两条途径都调控相同的磷酸化级联反应，即"HOG（高渗透性丙三醇）途径"，该途径调控酵母对渗透压胁迫的应答（合成丙三醇）。

组成性途径由一个跨膜的**组氨酸激酶**复合体（Sln1p 激酶）、一个信号传感器和一个反应调节子组成。组氨酸激酶通过信号传感器将一个磷转移给反应调控蛋白。反应调节子的磷酸化作用抑制其激活 HOG 途径。当外界渗透压升高时，Sln1p 组氨酸激酶失活，反应调控子去磷酸化后能激活 HOG 途径。在另一个可替代途径中，另一种膜蛋白即 Sho1p，与 HOG 途径的一个正调控元件相互作用并使它激活。这两种任一激活 HOG 途径的机制均诱导适应高渗胁迫所需的基因的转录，如参与丙三醇合成的基因。与酵母 Sln1p 组氨酸激酶的功能相似的同源基因已在植物中发现，这说明植物也可能利用相似的机制感应水分缺乏。

另一种可能被植物用来探测水分缺乏的机制是细胞膨压丧失引起的细胞骨架张力的变化。植物中某些受水分胁迫诱导的基因同样可受机械刺激（接触）诱导，尽管这些基因的功能仍不清楚，但却能说明两者拥有一个共有的诱导机制。这种应答相似性表明细胞骨架张力的变化可为植物感受触摸和水分不足提供一种共有机制。

植物在水分缺乏的应答中所激活的信号转导途径已有较好的研究，这为解释信号转导的复杂性和环境胁迫引起的生理反应提供了很好的例子。我们详细地描述这些过程就是为其他胁迫应答提供一个模型。

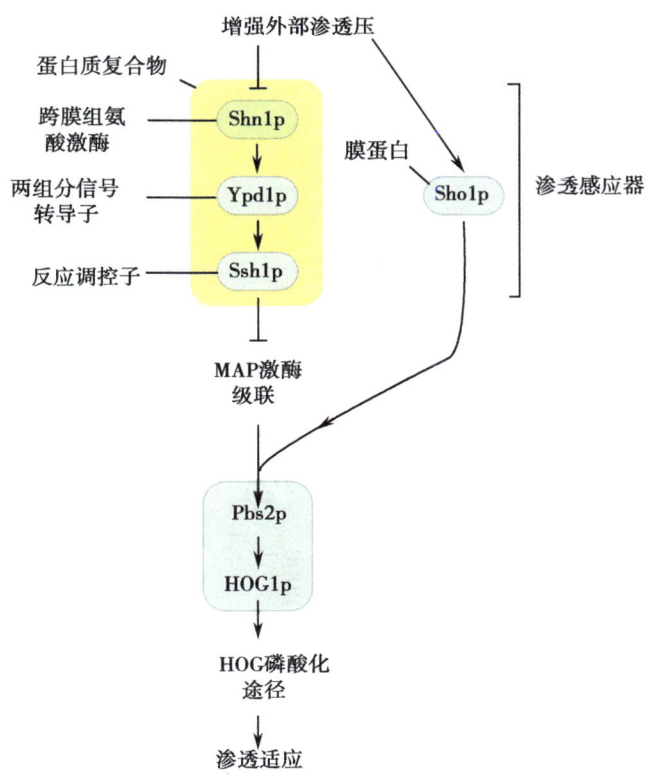

图 7-26 酵母中两种渗透感应途径。 Sln1p 途径负调控 HOG（高渗透性丙三醇）途径，并且被外界升高的盐浓度所抑制。Sln1p、Ypd1p 和 Ssh1p 在蛋白复合体中共同作用来负调控能激活 HOG 途径的 MAP 激酶级联途径。Sho1p 途径受外界升高的盐浓度激活并激活 HOG 途径。

感知水分缺失会引起许多植物体内**脱落酸**（ABA）浓度的升高。ABA 通常称为"胁迫激素"，可为多种不同类型的环境胁迫所诱导，如干旱、盐碱、冰冻、寒冷、损伤和低氧等。它还调控涉及植物组织脱水的发育进程，如种子的成熟，在这个过程中细胞将失去多达 90% 原来所含的水分。

水分胁迫的环境下，ABA 通过**萜类化合物**途径从头合成（图 7-27）。人们认为这个途径发生在根中，因为根通常是最早感知水分不足的器官。大部分编码 ABA 生物合成酶的基因都受水分不足所诱导。尤其是 9-顺式-环氧类胡萝卜素双加氧酶（NCED），它的活性影响 ABA 的合成，在拟南芥中 *AtNCED 3* 基因的表达受水分不足诱导。ABA 的分解对 ABA 的活性也十分重要，ABA 8-羟化酶是一种 P450 酶，该酶的活性会受脱水后的复水过程快速诱导，从而降低了 ABA 的水平。

ABA 的信号是从根到其他组织的。ABA 的增加通过信号转导途径转化为基因表达的变化。目前已经鉴定出多个 ABA 受体，包括 RNA 结合蛋白 FCA（参与调控开花时间），Mg^{2+} 螯合酶的 H 亚族（一种参与叶绿素合成的酶），以及拟南芥中富含**亮氨酸重复**（LRR）类受体蛋白激酶（RPK1）。在这其中，已有遗传学证据表明 Mg^{2+} 螯合酶和 RPK1 通过在 ABA 信号感知的早期阶段的作用来调节种子的萌发、萌发后生长以及气孔的运动。信号转导途径似乎还涉及有钙参与的**蛋白激酶/磷酸酶级联反应**。

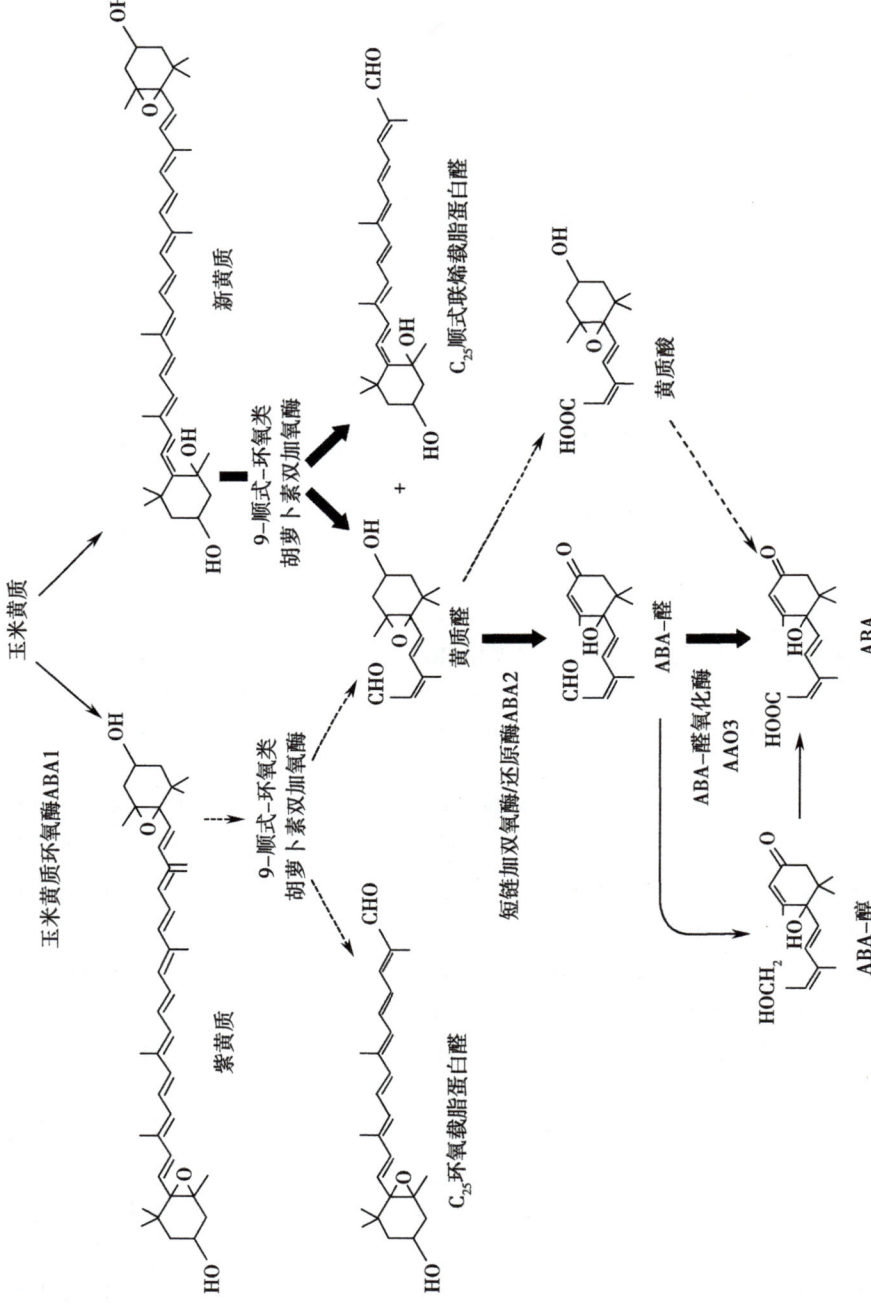

图 7-27 从叶黄素生物合成 ABA。图中包括拟南芥中已知的编码酶的基因名。这里展示的是主要途径（粗箭头）、次要途径（细箭头）和假设途径（虚线箭头）。

在拟南芥中数个编码信号转导途径组分的基因已知道：*ABI 1* 和 *ABI 2* 编码丝氨酸/苏氨酸磷酸酶，表明他们通过去磷酸化调控靶蛋白。ABI1 和 ABI2 磷酸酶都参与气孔关闭过程，并且其表达量在水分缺乏应答反应中发生变化。第三个基因——*ERA*1，编码法尼基转移酶。将法尼基团（由三个异戊二烯单元组成的线性基团）转移到一个蛋白质上一般会使该蛋白质具有膜定位能力。*ERA 1* 基因的突变体植株表现出对 ABA 更强的应答反应，因此 ERA1 可能参与 ABA 敏感性负调控因子的法尼基化。候选调控子包括需要定位在膜上的一个受体或者信号转导途径的一个组分。

水分缺乏时脱落酸的信号转导会引起水分缺乏应答基因表达量的变化。依赖 ABA 信号转导的应答反应有两种类型：需要新的蛋白质合成和不需要新的蛋白质合成（图7-28）。不需要诱导蛋白质合成而响应 ABA 的基因包括那些在启动子中有 ABA 反应元件（ABRE）的基因。许多具有 ABRE 的基因首先是在正在成熟的种子（自然水分缺乏条件）中鉴定得到的，包括小麦的 *Em 1* 和水稻的 *rab* 基因。其他包含 ABRE 的基因受干旱胁迫所诱导，如拟南芥中的 *rd 29 A* 和 *rd 29 B*。某些编码**晚期胚胎大量蛋白（LEA）**的基因在它们的启动子区域也带有 ABRE 并在成熟的种子中诱导。**碱性亮氨酸拉链**（bZIP）转录因子家族（如小麦中 EMBP-1）的转录因子也与 ABRE 相结合，并且许多 ABA-响应基因的启动子中都包含有另外的元件，这些元件很可能是其他转录因子的结合位点。

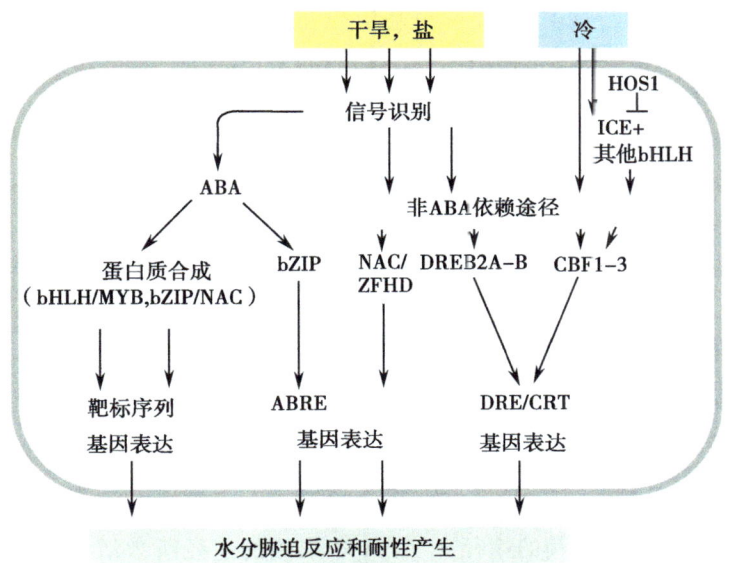

图 7-28　水分胁迫感知和基因表达变化间的信号转导途径。水分胁迫是由干旱、高盐或低温引起的。至少有 4 个信号转导途径控制，有的是 ABA 依赖途径，有的是非 ABA 依赖途径。这些信号途径与低温响应途径的关系也在图中表示。MYB、bHLH、bZIP 和 ZFHD 都是转录因子家族，其成员响应水分胁迫诱导的信号并且调控基因表达（见 2.3 节和信息框 2-1 中的转录因子）。DREB2A-B 和 CBF1-3 属于 AP2 转录因子家族。HOS1 和 ICE 是参与低温反应的转录因子（见 7.5 节）（ABRE＝ABA 响应元件；DRE/CRT＝干旱响应元件）。

脱落酸也诱导那些需要蛋白质合成途径的基因表达量变化。拟南芥中 rd 22 基因编码一种结构类似于种子储藏蛋白的蛋白质，它受水分缺乏和 ABA 诱导上调，但是它的启动子不含 ABRE。在拟南芥中，转录因子 AtMYC2/rd22BP1 和 AtMYB2 分别属于 bHLH 和 MYB 家族（见 2.3 节），它们均能结合到 rd 22 基因的启动子上。这两个转录因子家族均受水分缺乏（脱水胁迫或者盐碱胁迫）诱导，并且 AtMYB2 的合成受 ABA 诱导。ArMYC2/rd22BP1 和 AtMYB2 在响应水分胁迫反应中受 ABA 依赖途径的一个信号诱导合成，然后再共同作用诱导其他 ABA 诱导基因如 rd 22 的表达。AtMYC2/rd22BP1 也对一些防御生物胁迫的**茉莉酸**应答转录反应起到负调控作用（见 8.4 节）。植物对非生物胁迫和生物胁迫应答的交叉反应可能是通过调节共同调节子的活性来实现的。

RD26 是一个拟南芥中具有 NAC 结构域的转录因子，可受干旱胁迫和 ABA 诱导产生。RD26 表达量下降使拟南芥对 ABA 不敏感，表明 RD26 可能调节在水分缺乏中响应 ABA 的基因表达。

植物也利用 ABA 非依赖的信号途径响应干旱

一些由干旱诱导的基因的表达不需要 ABA；这些基因也已鉴定出来，因为它们在 ABA 合成或识别的缺陷突变体中仍然响应水分胁迫而诱导表达。这说明，除了上述的 ABA 依赖的信号途径外，ABA 非依赖的信号途径在植物遭受水分胁迫时也能诱导响应基因的表达（图 7-28）。这其中的一些基因也可受盐胁迫或低温胁迫诱导。许多在 ABA 非依赖的途径中激活的基因编码未知功能的蛋白质。例如，KIN 2 基因编码的蛋白质产物的功能还不确定，但这个蛋白质在某些结构上与动物的抗冻蛋白相似，并可能参与在水分缺乏时保护胞质蛋白免受损害。

干旱响应元件（DRE）是一段保守序列，它存在于许多响应水分胁迫和低温胁迫而上调的基因启动子区。DRE 可为植物特异的 AP2（APETALA2）转录因子家族蛋白所结合。已有研究表明三个 AP2 家族成员 CBF1、CBF2、CBF3 与 DRE 结合并增强冷诱导基因的表达（见 7.5 节）。其他的 AP2 转录因子，DREB2A 和 DREB2B，通过 DRE 来响应水分胁迫时激活基因的转录。

ABA 依赖和 ABA 非依赖的途径可能在调控水分缺乏响应基因表达的信号途径上有交叉。所观察到的遗传证据表明响应水分胁迫或者低温胁迫的一些基因受 ABA 非依赖的途径调控，但也同样受 ABA 依赖的信号途径激活。一种交叉方式是识别 ABRE 和识别 DRE 的转录因子通过相互作用来调节基因的表达。例如，rd 29 A（编码一种未知功能的蛋白质）受 ABA 依赖的途径和 ABA 非依赖的途径所激活，在它的启动子区同时包含 DRE 和 ABRE 两个元件。因此，rd 29 A 的蛋白产物很可能在两个信号途径交汇后的共有途径中起作用。

一些基因在响应水分胁迫时激活，但并不响应冷处理和 ABA 信号。这些基因可能为第四条即专门响应水分胁迫的信号途径所调控。在拟南芥中，来自 NAC 结构域（ANAC019、ANAC055 和 ANAC072）家族和锌指同源域（ZFHD1）家族的转录因子可能参与调控只响应水分胁迫的基因表达。许多这种类别的靶基因（如拟南芥中的 rd 19 、rd 21 和 erd 1）编码蛋白酶或者蛋白酶的调控亚基。响应干旱胁迫时蛋白酶的诱导可增强受伤害蛋白质的降解并为新蛋白质的合成提供氨基酸。

脱落酸通过调控气孔开放控制水分流失

在水胁迫的过程中，气孔响应 ABA 信号而关闭，从而减少了蒸腾作用所散失的水分（见 3.5 节气孔开关的详细机制）。气孔运动取决于保卫细胞膨压的变化，这种变化是由 K^+ 进出细胞的离子流所控制的，这些 K^+ 以苹果酸盐或氯离子为对应的阴离子。K^+ 流又是由位于保卫细胞的质膜和液泡膜上的 K^+ 通道蛋白控制的，一般是一个质膜通道蛋白将 K^+ 运进细胞质（K^+ 内流通道），另一个通道蛋白将 K^+ 运出（K^+ 外流通道）。在保卫细胞外部能够检测到 ABA，它可能位于保卫细胞质膜上，在其内部也可能有 ABA 存在。在拟南芥中，它的受体可能是 LRR 类受体蛋白激酶——RPK1。ABA 的信号识别会引起细胞质内 Ca^{2+} 浓度的升高，这主要是通过释放胞内储存的 Ca^{2+}，以及液泡中 Ca^{2+} 移动到细胞质中实现的。升高的 Ca^{2+} 浓度会抑制 K^+ 的内流通道并激活 K^+ 外流通道（通过质膜的去极化和对质膜 H^+-ATPase 的抑制）。这就导致了保卫细胞中 K^+ 的净输出、细胞膨压降低以及气孔关闭（图 7-29）。

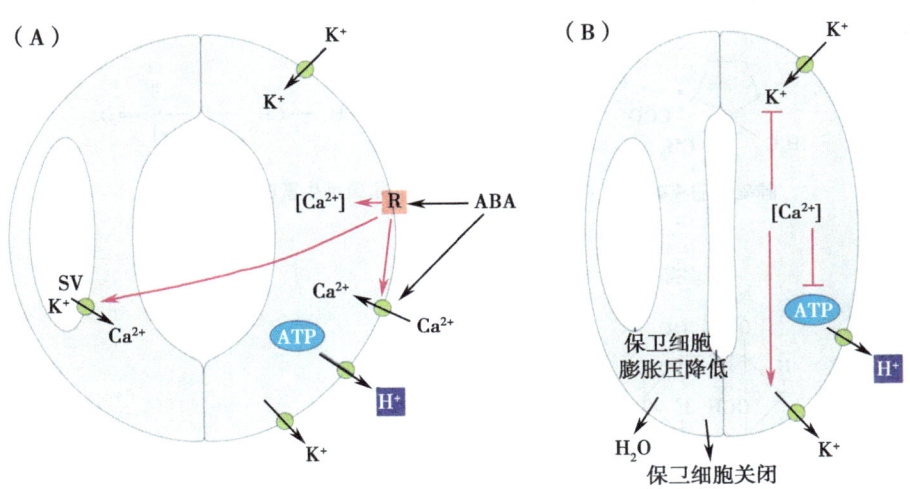

图 7-29 ABA 信号中的保卫细胞反应模型。（A）保卫细胞受体（R）感知脱落酸（ABA）来诱导钙离子（Ca^{2+}）由液泡通过慢液泡通道（SV）输出，并且使钙离子通过质膜上的钙渗透离子通道进入细胞。（B）升高的细胞质钙离子水平，钙离子抑制钾离子（K^+）通过质膜流入并且促进 K^+ 从细胞外流。升高的细胞质 Ca^{2+} 也抑制质膜上的 H^+-ATP 酶，因此能使质膜去极化。这些变化导致保卫细胞膨压降低并且气孔关闭。

干旱诱导的蛋白质能够合成和运输渗透物质

对无论是由干旱还是高盐引起的水胁迫最广泛的一种应答是调节**渗透物质**的合成（具有渗透活性的代谢产物），如**多元醇**(多羟基醇或者糖)、脯氨酸和**甜菜碱**(季铵化合物或者鎓类化合物)（表 7-2）。这些溶质可以共存，因为它们不会影响细胞的结构和功能。在受胁迫细胞中，这些有机溶质的积累可以降低细胞的水势，从而吸收更多的水分。

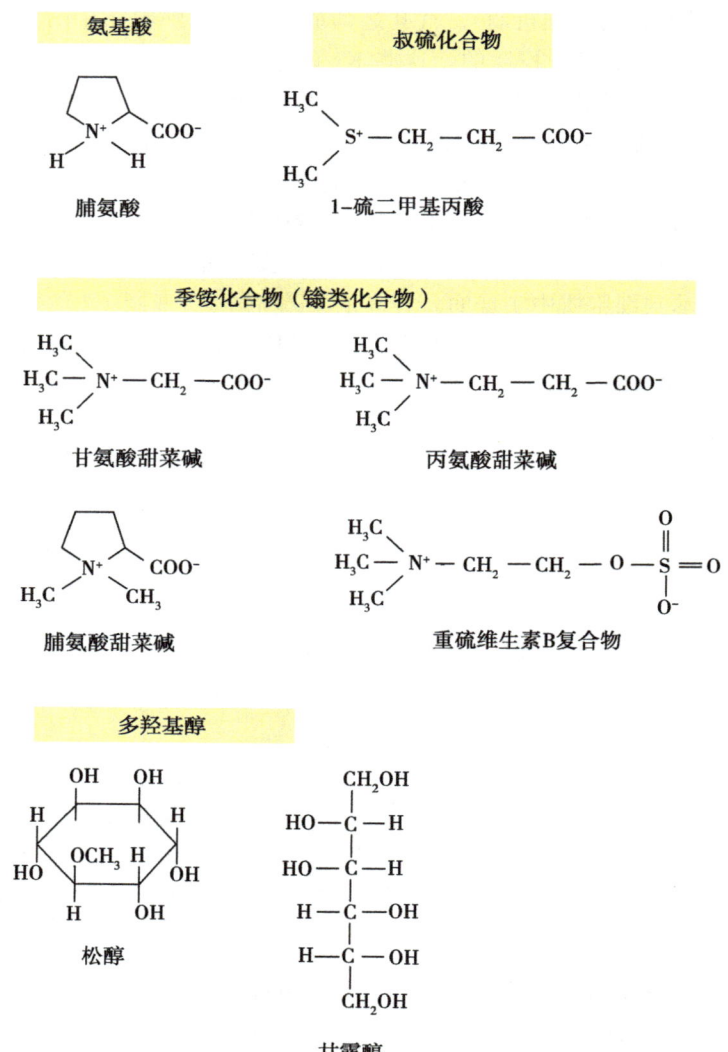

表 7-2　植物中的渗透保护复合物

渗透物质可能还通过另外的作用增强细胞对水分胁迫的耐受性。例如，当水胁迫时，转基因植物细胞质内渗透物质水平升高，即使其升高的浓度不足以造成**渗透压**变化（渗透调节），但转基因植物对水分胁迫的耐受性仍然有一定的增强。升高的渗透物质水平可能有多种**渗透保护**效果：稳定蛋白质和膜的结构，清除自由基以保护植物免受氧化损伤，提供细胞的碳、氮储备并且在胁迫解除时降低新陈代谢的强度。

图 7-30 说明了在水分胁迫中糖（多元醇）作为渗透物质稳定蛋白质的可能机制。

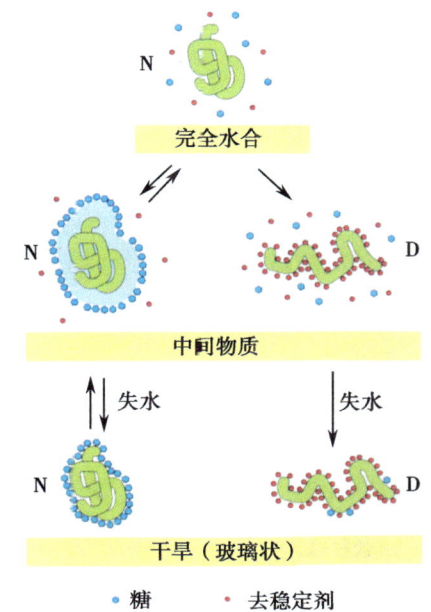

图 7-30 在失水的不同阶段糖对稳定蛋白质起到的可能作用的图示。N 是蛋白质的天然折叠形式；D 是变性非折叠形式。失水过程中的分子拥挤现象增加了溶质与蛋白质表面的相互作用。在带有亲和溶质如糖的耐水胁迫的细胞中，除了不稳定溶质和维持蛋白质结构的溶质外，其他溶质能优先地与蛋白质表面发生作用。在没有这个亲和溶质的细胞中，不稳定溶质会与蛋白质表面发生相互作用，引起蛋白质的变性。在含水量低的细胞中，糖分子代替水分子通过氢键环绕在蛋白质周围，并将蛋白质稳定在干燥（玻璃体）状态。除了糖之外的亲和溶质不能将蛋白质稳定在干燥状态。变性和复性的可逆过程在图中用箭头表示。

包括拟南芥在内的许多植物都能积累渗透调节物质脯氨酸以响应水分缺乏。脯氨酸是由谷氨酸经 Δ^1-吡咯-5-羧酸合酶（一种同时有激酶和脱氢酶活性的酶）催化的环化反应，以及 Δ^1-吡咯-5-羧酸合酶还原酶催化的还原反应产生的（图 7-31）。羧酸盐合成酶的表达受水分胁迫强烈诱导并促进脯氨酸合成的速率。同时，**线粒体**中脯氨酸脱氢酶降解脯氨酸的速率减慢；这种酶的活性依赖于呼吸作用电子传递和 ATP 的产生，而这两种作用在水分胁迫的条件下均会减弱。因此脯氨酸水平的升高是同时在增加合成和减少降解两个方面实现的。

脯氨酸的水平也会随着脯氨酸转运效率的提高而升高。一些植物感知水分缺乏的结果是上调编码脯氨酸转运蛋白基因的表达。已有研究证明拟南芥的脯氨酸转运蛋白促进从源组织装运脯氨酸到韧皮部，再卸载到库组织（见 4.4 节）。其中一个编码脯氨酸转运蛋白的基因 *ProT 2*，在响应水分短缺和盐胁迫时具有不同的表达量。在响应干旱胁迫时它的诱导会经历一段很长的时间，但在响应盐胁迫时却是快速地诱导。因此它的主要作用可能是在盐胁迫过程中对渗透物质进行重新分配。

除了上述列出的渗透物质外，LEA 蛋白同样在受到水分胁迫的细胞中积累。LEA 蛋白是亲水的球蛋白，其特点是在种子成熟和干燥过程中积累。一些 LEA 蛋白受水分胁迫后会在植物营养组织中积累，在转基因植物中已证明这些蛋白质的保护作用。转有大麦 LEA 蛋白合成基因（*hval*）的基因工程水稻能在胁迫环境中比对照植株生长更快。

LEA 蛋白有多种不同的类型，其中许多都定位在细胞质中。这些高亲水性蛋白往往富含丙氨酸和甘氨酸，但缺乏半胱氨酸和色氨酸残基。大量的极性氨基酸的存在表明 LEA 蛋白带着一层水分子保护层包裹着胞内大分子。经过进一步脱水，它们可能形成一个羟基化的氨基酸残基层，这个残基层会像"替代水"一样与其他蛋白质的表面基团发生相互作用。其他 LEA 蛋白可能通过自身带电氨基酸与其他带电蛋白形成盐桥（位于两性分子 **α 螺旋**的区域），因此在水分短缺环境下稳定和保护这些蛋白质。

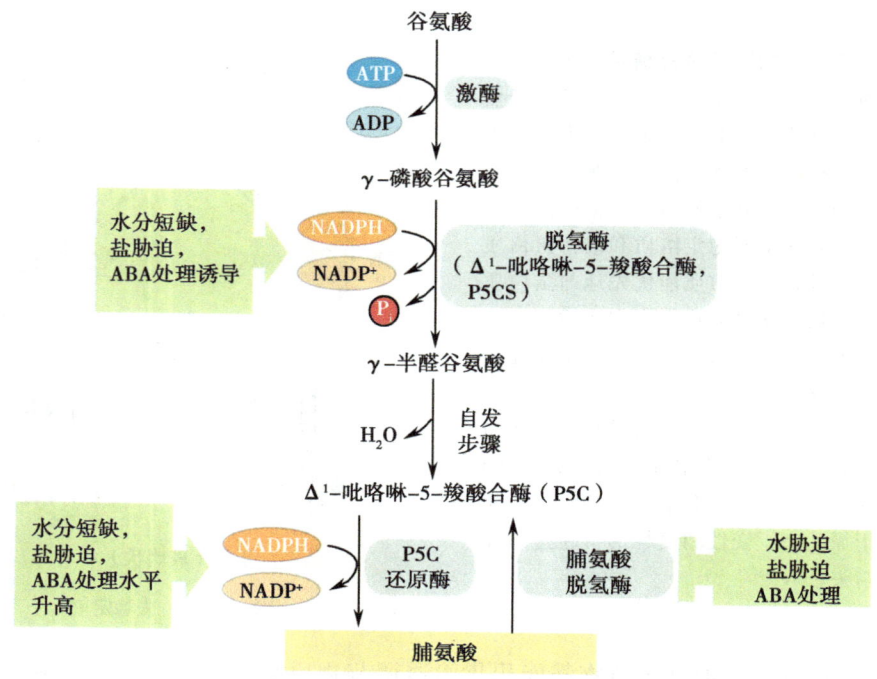

图 7-31 脯氨酸生物合成和降解途径。 脯氨酸由谷氨酸经三种酶催化合成的。它被脯氨酸脱氢酶降解成 Δ^1-吡咯啉-5-羧酸 (P5C)（ABA 为脱落酸）。

离子通道和水通道蛋白在响应水分胁迫时受到调控

　　干旱和高盐都能诱导响应水分缺乏的基因表达，如编码离子通道和水通道的基因。受盐胁迫诱导的细胞，其质膜上 K^+ 通道能够提高对 Na^+ 的吸收，从而加强渗透调节。在同时处于干旱胁迫和盐胁迫的植物中，一些编码**水通道蛋白**（图 7-32）的特殊基因也受诱导表达。这些水通道有利于水分进出细胞（也有利于水分在液泡和细胞质之间交换，见 3.5 节和 4.10 节）。水通道蛋白的水分运输活性是受磷酸化和蛋白寡聚化调节的。一些水通道蛋白在水分胁迫时磷酸化作用减弱，这种机制可以降低特定水通道蛋白的活性以减少水分的流失。

许多植物在干旱胁迫下会采用专有的新陈代谢

　　无论是干旱还是盐分引起的水分胁迫，都会对维持碳固定造成相同的问题。如果气孔关闭来降低蒸腾速率，二氧化碳的供应也会减少，从而减低了植物的生长和生产。在许多耐干旱或者耐盐碱的植物中均发现一种特殊的代谢机制，即**景天酸代谢**（CAM）。**景天酸代谢植物**能在夜晚将二氧化碳固定为无机酸。这就可以令受水分胁迫的植物只在夜晚打开气孔，减少了蒸腾水分的流失。CAM 是在 C3 光合途径基础上改进的一种代谢方式。它在某些方面和 C4 途径相似，如抑制光呼吸（见 4.3 节对 C3 和 C4 光合作用的讨论），但是它们之间也有很大的不同。在 C4 植物中，光合作用和碳固定过程是由特化的解剖结构在空间上隔开进行的；而在 CAM 植物中，两个反应是从时间上隔开的（图 7-33）。

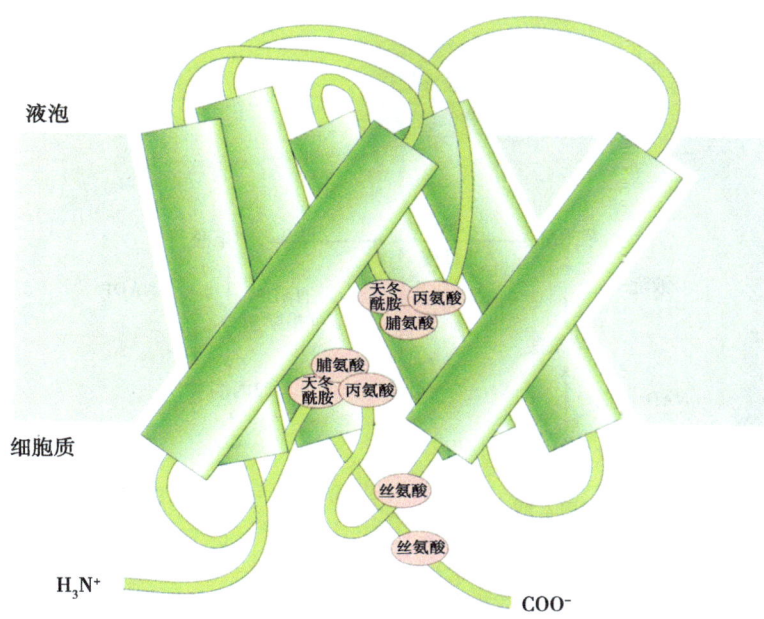

图 7-32 **水通道蛋白的一般结构**。第一个胞质环和第三个额外的胞质环都包含了一个保守的可能浸入液泡膜中的天冬酰胺-脯氨酸-丙氨酸序列,共同形成 7 个跨膜结构。水分能从中间穿过。保守的丝氨酸残基可被磷酸化以调节水分运输的活性。

在 CAM 植物中,气孔在夜晚打开,二氧化碳被细胞质中的**磷酸烯醇式丙酮酸 (PEP) 羧化酶**捕获,并与 PEP 反应形成草酰乙酸。草酰乙酸还原成苹果酸储存在液泡中。气孔在黎明时关闭,储存的苹果酸会从液泡转运到细胞质中并进行脱羧作用,Rubisco 固定所释放的 CO_2 形成 3-磷酸甘油酸(3PGA),3PGA 通过卡尔文循环进一步代谢。PEP 羧化酶的活性在白天受到抑制而在夜晚激活,以此避免羧化作用和脱羧作用的无效循环。如同 C4 代谢一样,CAM 可能是在植物面临有限的大气 CO_2 供应时演化而形成。

一些植物利用 CAM 是专性的,无论水分供应如何,只在夜间进行净二氧化碳固定,同时有机酸每日都发生波动。其他植物是兼性的,只有在水分胁迫的环境下才诱导 CAM 途径。如寒带植物松叶菊属冰叶日中花(*Mesembryanthemum crystallinum*)(图 7-34),超过 5 周大的植株在盐或者干旱胁迫下,会诱导一个编码 CAM 特异的 PEP 羧化酶异构体的基因大量表达。植物的根部可能感知水分胁迫,并将信号转导至叶片,使 C3 光合途径向 CAM 途径转换。一些植物既不是专性也不是兼性的 CAM 植物,而是表现出较弱的 CAM,即有机酸的波动每日发生,但夜间却没有净二氧化碳固定,这一过程称为**CAM 循环**。CAM 循环使植物能在向环境无净碳流失的情况下生存。出现 CAM 循环的植物往往生活在日间水供应量多变的环境中。一般情况下,CAM 植物能在长期没有自由水的环境中比其他植物更好地存活。CAM 中碳的固定受到能在液泡中储存的苹果酸的量的限制。在环境中存在一些可利用自由水的条件下,C4 光合作用比 CAM 具有更高效的新陈代谢策略。

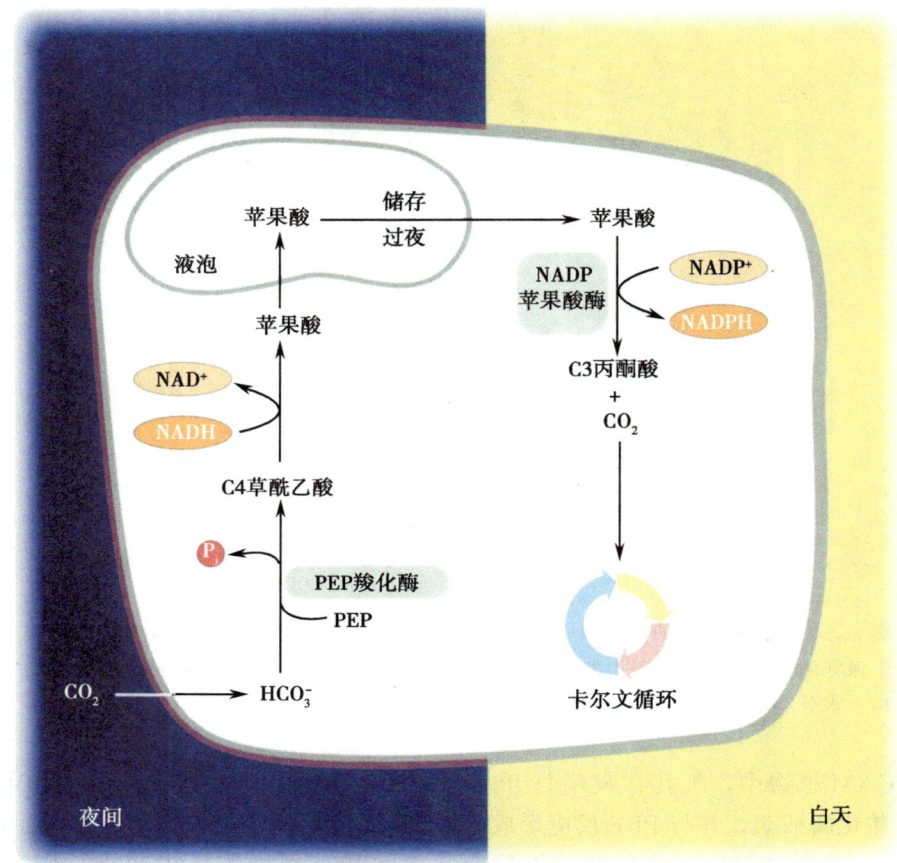

图 7-33 CAM 植物中光合作用和二氧化碳固定的分离。在夜间，气孔开放，CO_2 进入叶片并被 PEP（磷酸烯醇或丙酮酸）羧化酶固定。这样形成的草酰乙酸转化为能转运到液泡的苹果酸（四碳）。在白天，苹果酸由液泡移出并在苹果酸酶作用下释放出 CO_2 形成丙酮酸（三碳）。随后 CO_2 被卡尔文循环再次同化。

PEP 羧化酶和有机酸脱羧酶（催化相反的新陈代谢反应）均位于细胞质中，但在每天不同的时间起作用。PEP 羧化酶的调节是控制 CAM 活性的一个重要因素（图 7-35）。PEP 羧化酶在不同水平上受调控。首先是转录水平，CAM 特异的 PEP 羧化酶异构体的表达在干旱或者水分胁迫过程中迅速增加。已发现在编码 CAM 酶的基因启动子区具体能够识别 MYB 类转录因子的元件，该元件对盐胁迫应答中 CAM 酶表达的诱导十分重要。其次，PEP 羧化酶受到苹果酸的**变构抑制**。这样，在光照下当苹果酸从液泡中释放出来时该酶的活性降低。最后，PEP 羧化酶对苹果酸的敏感性受磷酸化作用调节。PEP 羧化酶的"夜间形式"是被磷酸化的，受苹果酸抑制的敏感性较低，而其"白天形式"是去磷酸化的，对苹果酸有更高（约 10 倍）的敏感性。这种调控放大了 PEP 羧化酶的激活—非激活形式的循环。

图 7-34　冰叶日中花（*Mesembryanthemum crystallinum*），CAM 植物（由 Tobias Kieser 提供）。

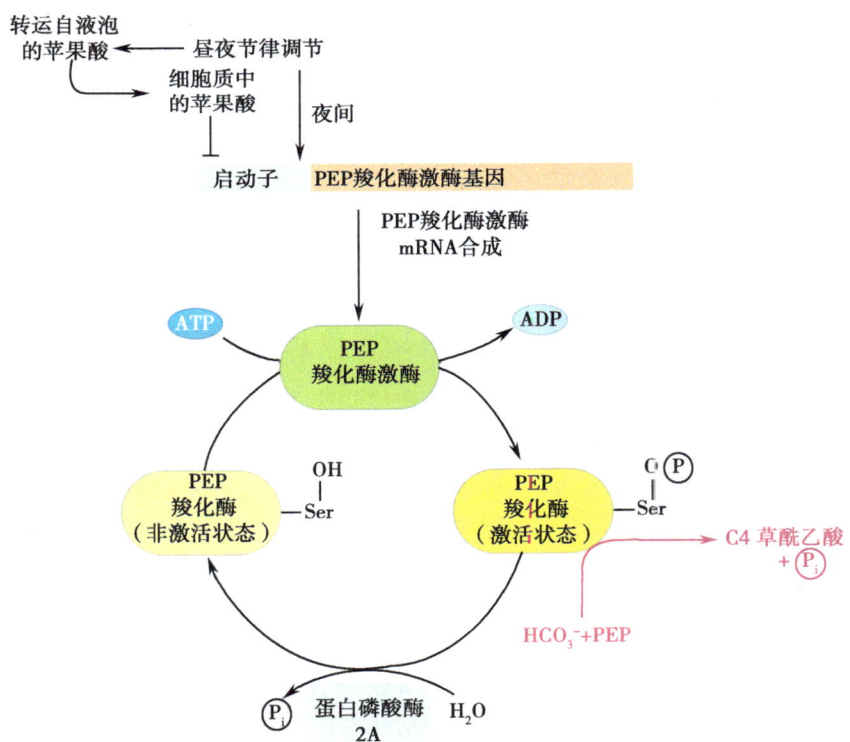

图 7-35　CAM 植物中与昼夜循环相关的 PEP 羧化酶活性调控的模型。在晚上，苹果酸从细胞质中转运进入液泡并且 PEP 羧化酶激酶的表达被激活。PEP 羧化酶激酶通过磷酸化激活 PEP 羧化酶，也促进 CO_2 固定形成随后可转化为苹果酸的草酰乙酸。当苹果酸积累时，PEP 羧化酶激酶表达被抑制，从而关闭 PEP 羧化酶的活性。

在高凉菜属中发现一种磷酸酶可以将 PEP 羧化酶脱磷酸，但是这种酶的活性不表现昼夜的波动性。而相比之下，PEP 羧化酶激酶的活性却表现出明显的昼夜周期：在夜间活性很高，但在白天活性可忽略不计。激酶活性的调控主要是转录水平的调控，夜间该基因的表达量很高，但在中午的时候却检测不到。PEP 羧化酶激酶基因表达的昼夜节律调节似乎是 CAM 高效运转的基础。在松叶菊属的冰叶日中花中，PEP 羧化酶激酶的表达还受盐胁迫诱导。

编码 PEP 羧化酶激酶基因的表达调控可能通过苹果酸的抑制起作用。于是在一天开始的时候苹果酸从液泡运出，开始调控 PEP 羧化酶激酶基因的表达并降低其活性。结果 PEP 羧化酶达到去磷酸化净值并变得对苹果酸抑制更敏感。直到苹果酸外流进入细胞质后 PEP 羧化酶的活性才停止降低，而后 PEP 羧化酶激酶的活性升高，PEP 羧化酶的活性也随之升高。在这种方式中，苹果酸跨液泡膜的转运可能是调控 CAM 昼夜节律振荡的主要目标。

为了 CAM 途径能在受水胁迫的植物中高效运转，并在减弱的蒸腾作用下进行碳的固定，气孔行为也必须与受正常节律调控的普通 C3 和 C4 植物相反。从兼性 CAM 植物如松叶菊属的冰叶日中花所得到的证据表明 CAM 途径起始抑制蓝光和红光受体控制的气孔开放。气孔开放可能转由 ABA 或者二氧化碳浓度变化来控制。

耐受极端干旱的植物具有改良的糖代谢

一些植物能忍耐严重的干旱，其中许多属于低等植物，包括苔藓、地衣及蕨类植物。苔藓中的玉米藓（*Tortula ruralis*）能在 1～2h 内脱水，但能在 90s 内完全恢复水合状态。一些被子植物能干到含水量只有正常的 2%～5%，但是也能迅速恢复至水合状态。例如，复苏植物车前状垂头菊（*Craterostigma plantagineum*）在缓慢并有控制地失水数天后能完成水分吸收，并在 12～15h 内从干枯状态恢复（图 7-36）。

哪些特别的要素使车前状垂头菊能耐受极端干旱还不能精确地知道。干旱会使植物体通过 ABA 依赖和 ABA 非依赖的信号途径引起基因表达的巨大变化，导致许多水分胁迫响应蛋白的从头合成。LEA 蛋白和水通道蛋白水平升高，同时升高的还有参与糖代谢的许多蛋白质。所有的这些蛋白质对车前状垂头菊

（A）

未处理

（B）

干旱

（C）

再水合

图 7-36 一种复苏植物（*Craterostigma plantagineum*）的自然状态（未处理）、干旱和再水合的形式（图 B 由 Dorothea Bartels 提供）。

的耐旱性都起到一定的作用。另外，完全水合的植物中有多达50%的叶片干重是由一种罕有的八碳糖——2-辛酮糖组成的。在干旱胁迫下，2-辛酮糖可迅速地转化为蔗糖。受到水分胁迫的植物中蔗糖的积累通常起到初级保护的作用，并且在水合的车前状垂头菊中当受到水分胁迫时，其体内高水平的2-辛酮糖可能比在其他植物中更快地向蔗糖转化。

糖通过形成"玻璃态"来保护细胞成分免受脱水的损害。在这种状态下，分子扩散和化学反应的速率大大地降低。这种"玻璃态"能防止细胞破裂，使细胞质看起来像固体的易碎物质，但却保持着液体的无序和物理特质。糖的组成和浓度影响玻璃态的形成，其中蔗糖特别适合玻璃态的形成。其他的糖类，如海藻糖，被认为是稳定和保护细胞膜的结构。

复水对植物的伤害往往比脱水作用更严重。水分代替了细胞膜表面的糖类，细胞成分从细胞膜重新分配到细胞质中。这就导致了离子的泄露和膜的破坏。在那些可从干旱状态快速恢复的物种如玉米薛中，这些反应对膜的影响是瞬时的，一系列的生化修饰能在复水过程中缓冲并保护细胞膜，一批新基因也开始表达。在对复水作用耐受性较差的植物中，复水伴随的吸胀（吸收外部水分）往往是致命的。

复苏植物控制复水作用的生理机制是其耐受干旱胁迫的重要决定因素。在车前状垂头菊中，所有新基因的诱导表达都发生在干旱阶段，包括许多保护蛋白的合成。这些发生在复水过程中的事件只对新陈代谢的恢复起作用。

许多适应干旱环境的植物具有特殊的形态

生长在干旱环境中的植物称为旱生植物（xerophyte），是采自希腊语，意思是"喜欢干旱环境"。在干旱环境中，主要的植被是具有耐旱能力的**多年生植物**。这些带有特化形态的植物主要有两种主要类型：肉质植物和非肉质多年生植物。

肉质植物（图7-37）通过储存水分耐受由干旱或者盐胁迫引起的水分短缺。肉质部分可存在于植物根（如福桂花科属）、茎（如仙人掌和大戟）或叶（如龙舌兰、芦荟、冰叶日中花、韭菜和景天）中。许多肉质植物将水分储存在具有大液泡的薄壁细胞中。较低的蒸腾速率及厚厚的角质层会进一步降低水分的流失。景天酸代谢在肉质植物中是普遍存在的。

仙人掌具有浅短的根系，它们在这方面与许多其他的旱生植物不同，这些旱生植物具有有利于吸收储存较深的水分的延伸根系（如豆科灌木的根可能有65英尺[①]或者20m甚至更长）。仙人掌的浅短根系允许其利用土壤表面短暂存在的水分，而这种水资源不为其他的沙漠多年生植物所利用。一些物种的根会发生**干旱脱落**，即干旱时支根掉落（脱离），随后在下雨时又迅速地重新长出。

非肉质多年生植物针对干旱环境也表现出特定的形态适应性（图7-38）。这些适应性包括降低水分流失的厚角质层，陷于沟槽或者凹陷处的气孔，丰富的表皮毛和缩小的叶片表面积。

---

① 1英尺=30.48cm，后同。

图 7-37　**多汁植物**。(A) 马尾辫棕榈（*Nolina recurvata*），具有多汁根。(B) 烛台树（*Euphorbia candelabrum*），具有多汁根。(C) 生石花（*Lithops gesincoe*），具有多汁叶（图 A～C 由 Tobias Kieser 提供）。

变厚的角质层不仅能降低蒸腾作用中水分的流失，而且也能防止萎蔫时叶片的损伤和破裂。一些植物具有反光的角质层，能反射和降低叶片的热负荷。数量增多的表皮毛可通过利用靠近叶表面的静止空气层保持水分。这种空气利用功能可能对表皮毛集中于凹陷气孔处的物种有更重要的意义（如夹竹桃）。排列于凹陷气孔上方的表皮毛能从保卫细胞的微气候中捕获潮湿空气，当气孔开放吸收二氧化碳时减少了蒸腾作用的水分流失。表皮毛的重要性还在于它们能反射光，因而能降低叶片的温度和蒸腾速率。

许多生活在干旱环境中的非肉质多年生植物的叶片的表面积大大地减小了，这减少了通过叶表面流失的水分。许多旱生植物没有叶片，通过茎或叶柄固碳。芦笋具有退化的叶（鳞叶），从中长出光合叶状分支。在水分短缺的环境下茎或叶柄的水分利用效率比扁平的叶状结构更高。植物组织通常通过厚壁组织细胞来加固，它们能使组织对收缩有更强的抵抗能力，这在植物受萎蔫威胁时十分重要。棘刺也普遍存在于旱生植物中，在金雀花（乌乐树，*Ulex europaeus*）等旱生植物中棘刺的密度可能与可利用的水量有关：当水分短缺时有较多的棘刺形成，当可利用的水量较多时则有较多的营养叶形成。

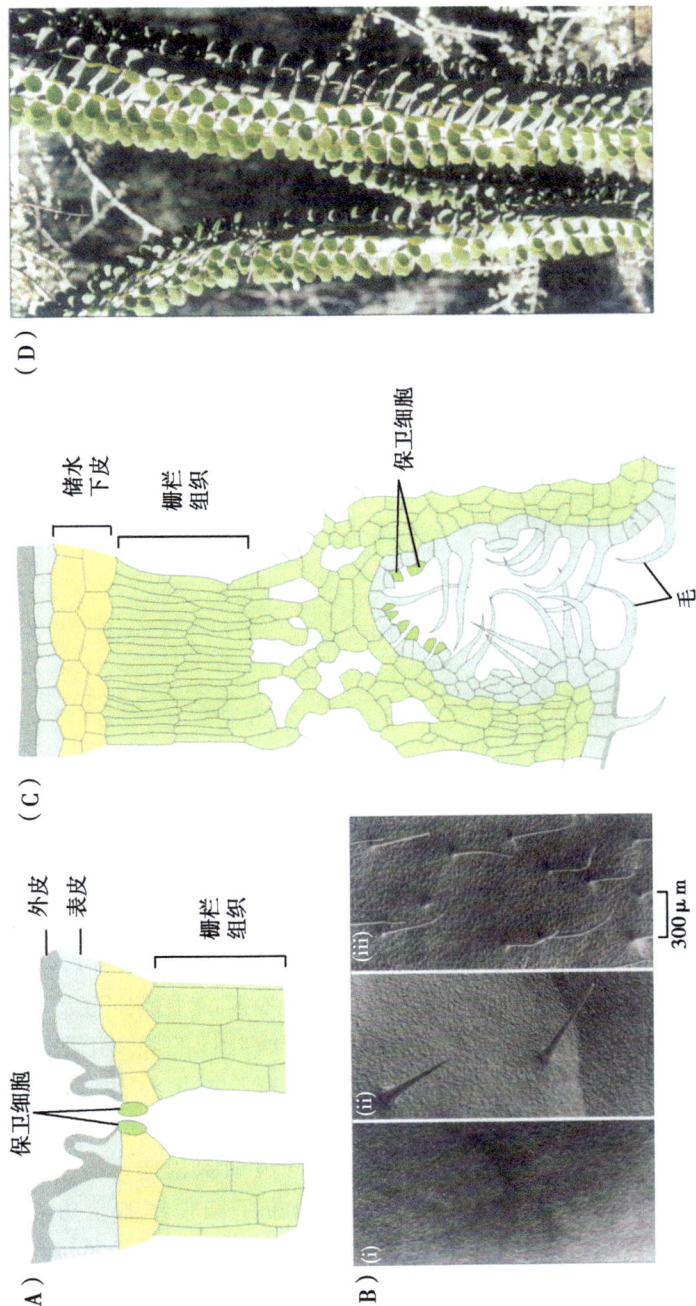

图 7-38 对干旱的形态学适应。(A)龙舌兰属植物(*Agave americana*)叶片的切面,展示了厚的外皮和凹陷的气孔。(B)显微图象显示野生种芸薹(*Brassica incana*)(iii)叶片下表面与 B. rapa(i)杂交(*B. rapa* × *B. incana*),杂交后代(ii)叶毛数目增加。干旱耐性更高的变种在它们的较老叶片上有更多的叶毛,这些叶毛能降低水分的流失。(C)夹竹桃(*Nerium oleander*)叶片的切面,显示出厚外皮以及排列有叶毛的局限在凹陷处的气孔。(D)照片所示是马达加斯加森林中刺鈔椤(*Alluaudia procera*)的小叶片(图 B 由 Ruth MacCormack 提供;图 D 由 Guenther Eichhorn 提供)。

许多的沙漠植物是干旱落叶的，在干旱环境中失去它们的叶片。例如，黑贤哲（*Salvia mellifera*）在水胁迫时90%的叶片会脱落。未脱落的叶片比脱落的叶片要小，未脱落的叶片会旋转从而使它们白色的下表面显露出来。同样，叶片白色的下表面会反射阳光，从而降低了植物的温度并保留了水分。一些物种在干旱环境下会脱落所有的叶片。例如，福贵花科的芨芨草（*Fouquieria splendens*），它们生长于美国西南部和墨西哥的沙漠中，一年中大部分时间都没有叶片。位于叶基之间的木栓层下方的茎组织含有叶绿体，它们能固定二氧化碳。净值的碳固定只发生在雨后叶片重新迅速生长出来的时间。茎中叶绿体的主要功能很可能是重新固定在呼吸作用中丧失的二氧化碳。

一些沙漠植物在干旱胁迫时仍保留它们的叶片，但是叶片的形状和方向发生了改变。许多沙漠豆科和草本植物通过叶片折叠来减小叶片的表面积。例如，在草地早熟禾（*Poa pratensis*）中，叶片纵向的沟纹含有高含水量的膨大细胞（图7-39）。当水分流失时，叶片失去其膨胀度，沟纹下陷，叶片折叠。其他的浅根系的草类在干旱季节完全干枯，这个过程称为"夏眠"。叶片凋零但未脱离，枯叶形成覆盖层保护着土壤表面的嫩芽。

图7-39　大叶烟类早熟禾叶片的折叠（早熟禾属草地早熟禾）。当小沟中的细胞失去膨压时叶片折叠。

一些在干旱环境中生长的物种可以利用叶片像根一样吸收水分。空气型凤梨科植物如在秘鲁的阿塔卡马沙漠和厄瓜多尔发现的陆花凤梨（*Tillandsia landbeckii*），它们生长的区域没有降水，但是从海上来的潮湿空气遇到高处干旱沙漠的干燥空气后会形成非常稠密的雾。这些植物没有根，它们通过其叶片上特化的鳞叶样的表皮毛吸收雾气中的水分。松萝（西班牙苔藓）是一种附生植物，也通过稠密、特化的表皮毛吸收空气中的水分。这些表皮毛呈钉状，包括一个带有保护层的扁平死细胞的多细胞柄（图7-40）。两个"足细胞"位于柄基部表皮的深处，直接与叶肉细胞相连，一个圆顶细胞位于柄的顶部。大气中的水分穿过保护层的死细胞，由位于圆顶细胞上方小室（与细胞质相隔离）中的多糖吸收。水分通过顶细胞和柄细胞渗透运输并通过足细胞分配到叶肉细胞。柄细胞的细胞壁高度栓化约束水分向共质体（细胞质膜包裹的细胞内部分，通过细胞间的胞间连丝相互连接）流入，大量的胞间连丝有利于共质体在表皮毛细胞和叶肉细胞间的流动。

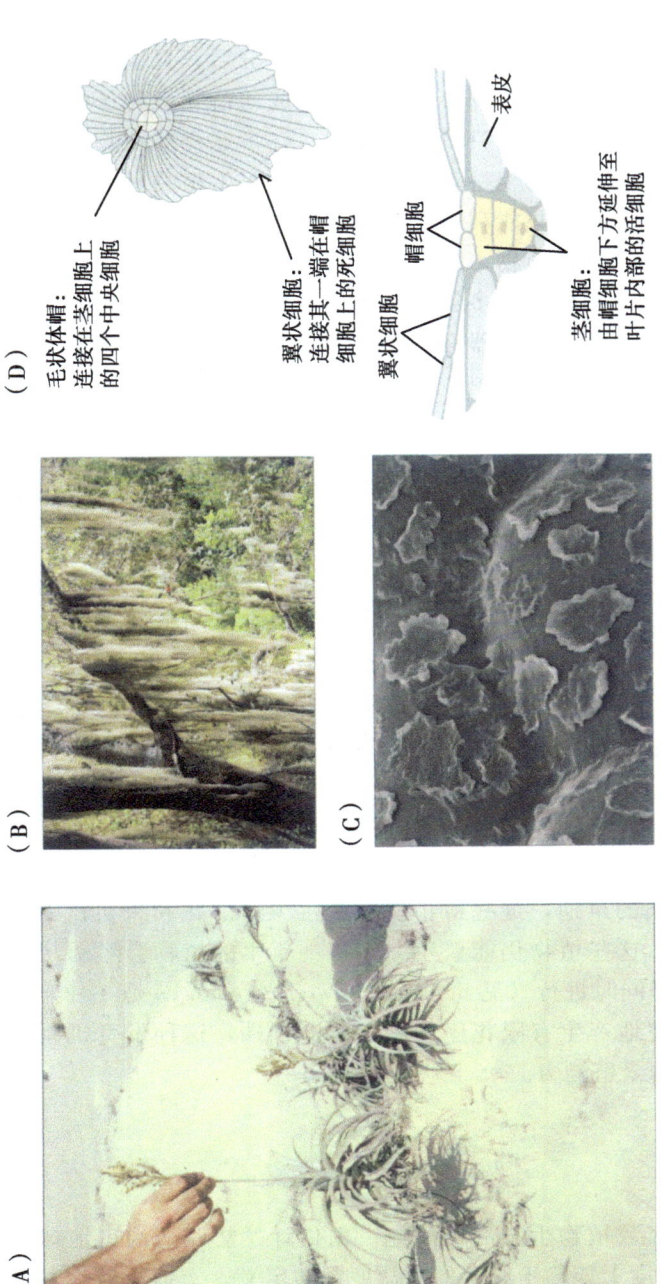

图 7-40 无根植物。这种植物能从雾气中获取水分。(A) 紫铁兰 (*Tillandsia usneoides*)。(C) 紫铁兰吸水叶毛的显微图片。(D) 紫铁兰叶片鳞状吸水物图解 (图 A 由 Michael O. Dillon 提供;图 C 由 Julian Collins 和 H. A. Sadayat 提供)。

生活在干旱环境的植物普遍具有在不缺水时快速的生命周期

图 7-41　百岁兰属千岁兰（*Welwitschia mirabilis*）。生长于纳米比亚沙漠（Dierk Wanke 提供）。

在不时有较高降雨量的干旱地区，生活着大量能迅速完成生活周期的小的**植物群落**。它们往往只在雨季多次连续吸收水分后，且温度最适宜萌发时才发芽。种子萌发成幼苗到新种子形成的时间可能只需几个星期；许多这样的植物只在开花前产生一对叶子。这些一年生植物具有浅短根系，只能利用地表的水分。一些能在干旱时期存活的植物，它们存活的方式并不像种子那样，而是像地下多年生植物（从一个季节存活到另一个季节）的器官一样（如在纳米比亚沙漠中发现的千岁兰，图 7-41）存活下来。正如种子植物，这些储藏器官在回到休眠状态之前，在有水分供应的时期只产生两片叶子。

在美国西南部和墨西哥西北部的温暖沙漠中，许多一年生植物在寒冷和湿润的冬天完成它们的生活周期。它们在 9~12 月萌发，它们的营养叶片趋于形成莲座叶。这种丛生方式形成了一种比地面空气（在冬季月份中可能 0~10℃）更温暖和潮湿的微环境。当春季温度上升时，茎抽薹（延长）并产生茎生叶（长在花序上的叶片）。当莲座叶死掉后，光合作用由绿色的茎和茎生叶维持。

在干旱环境中生存的许多植物的繁殖周期也能对气候的变化做出迅速的反应。例如，羽扇豆属（*Lupinus*）和野荞麦属（*Eriogonum*）的物种在有利的环境中进入长时间的营养生长期。甚至在营养生长的早期，这些植物就能产生少量的花和果实；因此即便这些有利条件不能持续很久，这些植物仍能繁殖。许多一年生的植物会经历从营养生长到生殖生长的转变，而不是同时进行（见 5.5 节）。*Perityle emoryi* 是一种兼性的一年生植物，在有利条件下交替地产生有限花序和侧生营养顶端，这种发育机制能在极端但易变的环境中增强植物的繁殖能力。

7.4　盐胁迫

地球上很多土地是不适合大多数植物生长的盐碱地。据估计，盐碱地约占地球表面积的 6%，虽然这一数字很大程度上依赖于所用的"盐度"的定义。土地盐碱性对一些地区的农业有着严重影响：澳大利亚多达 30% 的土地为盐碱地，而在巴基斯坦，有 26% 的耕地受盐碱的影响。水稻是人类饮食中碳水化合物和蛋白质的首要来源，而盐碱对水稻生长的影响是最严重的。现代农业实践中，开垦荒地、缺乏灌溉、缺少排水设施等往往会增加土壤盐碱度。因此预计到 2050 年，在全球范围内具有盐碱问题的土地将会增加到所有可耕地面积的50%。

盐碱限制了土地的农业生产潜力，几乎所有的现代农作物都是来自于缺乏耐盐遗传基础的植物。很清楚，理解植物对盐胁迫的反应过程以及盐耐受物种（**盐生植物**）的适应机制以遏制耕地的减少，并利用贫瘠土地增加粮食产量是一个重要的目标。

盐胁迫干扰了水势和离子分布的稳态

在高浓度下，盐分会造成缺水问题，植物对高盐的应答与对水分缺乏的反应相似。这些应答包括：在7.3节中提到的相容性渗透物质（有机溶质；表7-2）、LEA蛋白和水通道蛋白的合成。高盐还使一些敏感的植物受到离子胁迫。大部分植物不像动物那样需要Na^+，而K^+对植物来说却是重要的营养成分，特异的钾离子转运蛋白使细胞内能够保持较高的K^+浓度。Na^+和K^+的离子半径及水合能极其相似，当外界盐浓度较高时，两种离子相互竞争并通过转运蛋白吸收。高Na^+：K^+比例会抑制植物生长，最终产生毒性。许多耐高盐（超过300mmol/L）的植物可以通过将Na^+隔离在液泡中而使细胞质的K^+：Na^+比例保持一个高水平（图7-42）。

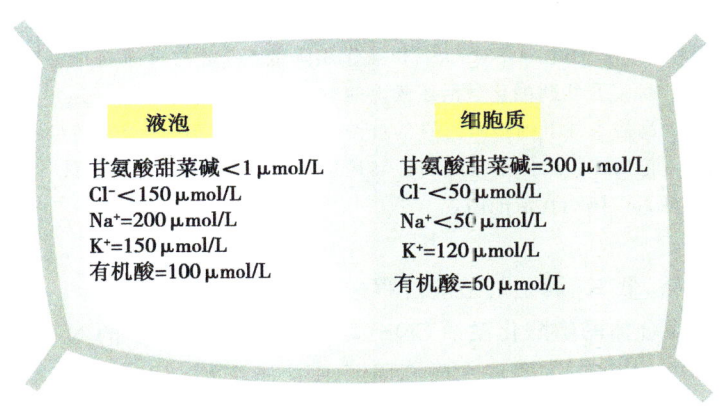

图7-42 盐胁迫下植物细胞的液泡和细胞质中有机溶质和无机离子的相对浓度。

盐胁迫通过ABA依赖和ABA不依赖两种途径来传递信号

当植物受到偶然或周期性的盐胁迫时，会发生大量的基因表达变化和一系列生理过程以将盐离子阻止于细胞之外。植物对盐胁迫的应答与对干旱的应答类似，包括ABA依赖和ABA不依赖两种信号转导途径。

植物对盐胁迫信号的感知可能与感知水分胁迫信号的机制相同。通过对盐超敏感的拟南芥突变体（*sos*突变体）的研究（图7-43）阐明了控制离子稳态的信号转导途径。植物对盐胁迫的早期应答是通过增加细胞内的Ca^{2+}浓度来实现的。*SOS 3*是此信号转导途径中的第一个基因，它编码了一个与动物钙感受器类似的钙结合蛋白。SOS3与Ca^{2+}结合后发生构象改变，使其能够与另一个**丝/苏氨酸蛋白激酶**SOS2结合。SOS2具有一个负调控结构域，但与SOS3的相互作用可使其摆脱自抑制状态并诱导产生激酶活性。虽然很多激酶都可以参与渗透压改变、冷胁迫或其他各种胁迫的应答过程，但

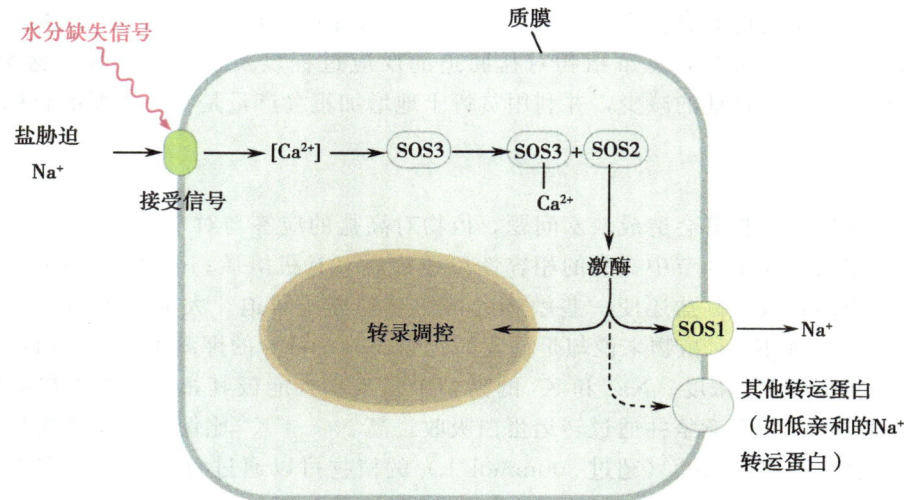

图 7-43　拟南芥盐胁迫应答的信号转导途径。高盐导致的水分缺失会诱导细胞内 Ca^{2+} 浓度的增加。钙离子与钙离子结合蛋白 SOS3 结合，发生构象改变以适合与激酶 SOS2 发生相互作用。SOS3-SOS2 相互作用降低 SOS2 的自抑制并诱导其激酶活性。SOS3-SOS2 复合物磷酸化激活质膜上的 Na^+/H^+ 逆向转运蛋白 SOS1。SOS1 活性增加会减少高盐条件下细胞质内的 Na^+ 浓度。SOS3-SOS2 复合物还可能激活其他的转运蛋白，包括质膜上低亲和的 Na^+ 转运蛋白和液泡膜上的 Na^+/H^+ 逆向转运蛋白，它负责将 Na^+ 隔离在液泡内。

唯独 SOS2 在高 Na^+ 低 K^+ 胁迫的适应过程中起重要作用。

SOS3-SOS2 复合体的磷酸化激活 SOS1，SOS1 作为质膜上的 Na^+/H^+ 逆向转运蛋白将 Na^+ 运出胞外。SOS1 主要在木质部周围细胞中表达，说明它可能在植物受到盐胁迫时将 Na^+ 转运到木质部的长距离运输过程中起作用。SOS3-SOS2 复合体还能够激活质膜上一个低亲和的 Na^+ 转运蛋白来辅助 Na^+ 的外流，以及激活液泡膜上的 Na^+/H^+ 逆向转运蛋白来帮助 Na^+ 进入液泡从而予以隔离。

拟南芥 sos 突变体说明了在植物受到盐胁迫时离子稳态的重要性，特别是 SOS1 的作用。这一简短的钙依赖的信号转导途径与动物和酵母中控制离子稳态的信号途径相类似，不过有一些细节是植物特异的。相似的信号转导途径可能也将其他形式环境胁迫（如水分缺乏或低温）与它们的细胞应答过程联系起来。拟南芥具有大量编码 SOS2 和 SOS3 同源蛋白的基因，它们有可能在其他形式的胁迫的信号转导中起作用。

适应盐胁迫主要通过盐的内部隔离来实现

世界上有 5000～6000 种盐生植物，它们能适应高盐环境的生长。大部分其他的植物是缺少抗盐遗传背景的**淡土植物**。耐盐性独立地进化了许多次：盐生植物从现存的大约一半的高等植物中演化而来的。尽管具有起源的多样性，但所演化出的耐盐机制却是十分相似的。

植物能够从低水势的盐渍土壤中吸收水分是通过将其他离子（如 Cl^-）平衡的 Na^+ 受控制的净吸收进入液泡中而实现的。这可驱使水分吸收进入细胞。盐生植物茎的总体渗透压保持在外界土壤溶液渗透压的 2~3 倍。尽管有如此高水平的 Na^+（通常还有 Cl^-）在细胞质中流动，盐生植物胞质内的离子浓度仍然可以保持在正常水平，不会产生毒性。这是因为在液泡膜上存在 Na^+/Cl^- 转运体，它们能将盐离子限制在液泡里（图 7-44）。为了抵消液泡中增加的渗透压，有机溶质会在细胞质中积累（图 7-42）。人们认为这些溶质的作用是自由基清除剂、渗透保护剂以及蛋白质和膜的稳定剂。

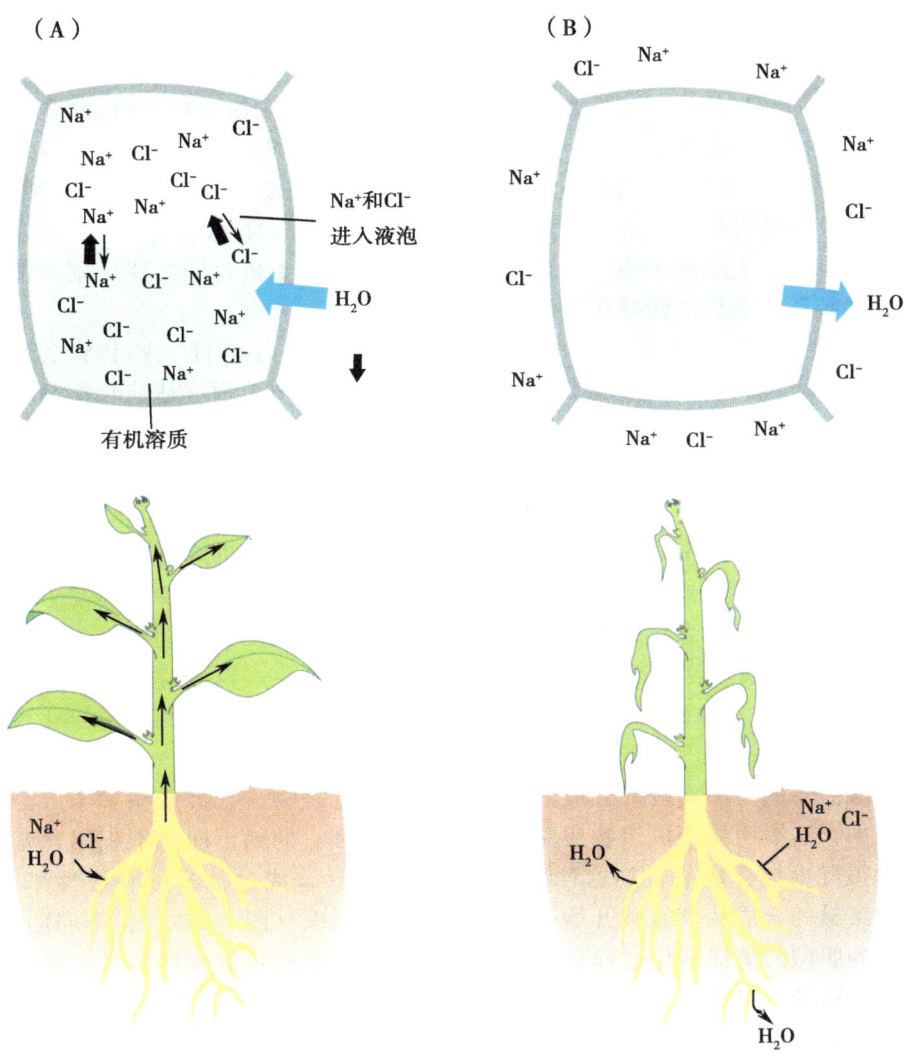

图 7-44 植物中离子移动及随后的水分移动。这些图比较了盐生植物（A）和淡土植物（B）对盐胁迫的应答。

盐生植物细胞可通过多种机制跨质膜吸收 Na^+ 进入细胞内。虽然 Na^+ 和 Cl^- 主要通过离子通道吸收，但是紧随胞饮作用（通过质膜内陷吸收）后的囊泡运输也起到一定补充吸收作用。Na^+ 还可以通过低亲和的 K^+ 逆向转运蛋白进入细胞。进入细胞质后，Na^+ 通过液泡膜上的 Na^+/H^+ 逆向转运蛋白主动运输进入液泡。这一过程是由液泡膜上的 H^+-ATP 酶及 H^+-焦磷酸酶提供驱动力的。Cl^- 可能通过液泡膜上特异的单向转运通道被动地跟随 Na^+ 进入液泡。一些盐生植物组成型地表达 Na^+/H^+ 逆向转运系统，而在一些耐盐的淡土植物中这一系统是受外界高盐浓度诱导的。这种诱导相当迅速并且可能需要激活先前存在的逆向转运蛋白。盐生植物具有特化的液泡膜，能够承受液泡中的高盐浓度而不渗漏盐离子进入胞质。阳离子通道一般处于关闭状态，以防止盐离子渗漏。在一些如碱蓬蔓（*Suaeda maritima*）的盐生植物中，液泡膜含有大量的**饱和脂肪酸**，从而减小了 NaCl 的渗透性。

液泡膜逆向转运体系对于抗盐植物的重要性在过表达 Na^+/H^+ 逆向转运蛋白的拟南芥（淡土植物）中得到了证明。高水平的逆向转运蛋白使得拟南芥可以在 200mmol/L 的 NaCl 培养基上正常生长，同时 Na^+ 在液泡中积累。相反，在野生型拟南芥中逆向转运蛋白不受含盐条件诱导，Na^+ 积累较少，在 200mmol/L NaCl 培养基上的生长在很大程度上被抑制。以上结果表明，盐生植物与盐敏感的淡土植物的主要区别可能是控制逆向转运系统活性的信号转导途径不同。

盐生植物还可以通过质膜上的 Na^+/H^+ 逆向转运蛋白和 H^+-ATP 酶系统将胞质中的 Na^+ 和 Cl^- 外排。这一抗盐机制是用来响应短时盐胁迫而非适应长期高盐的方式（因为它的运行方式与促进盐在液泡中隔离的过程是相反的）。因为盐生植物胞质中的阴离子和阳离子的浓度并不特别高，因此它们的胞质酶和胞质蛋白对高盐也不特别耐受。

盐生植物及抗盐淡土植物的另一个特征是用细胞质中有机溶剂的积累来响应液泡中盐分积累。能积累有机溶剂的植物和不能积累的植物直接的主要区别在于植物能合成这些溶质的水平以及合成是否响应水分缺乏而诱导。如之前提到的，非毒性、相容性的渗压物质的积累也会在处于干旱条件下的植物中产生，以保持渗透平衡并保护细胞质成分（7.3 节）。渗透保护化合物可分为三类：季铵（络合阳离子的）化合物、氨基酸以及多元醇/糖类（表 7-2）。

甘氨酸甜菜碱是一类最常合成的络合阳离子的化合物。它大量积累于广泛种类的植物类群中，这表明能合成该物质是植物的普遍特征。的确，即使不积累甘氨酸甜菜碱的植物类群也会合成痕量的这种化合物，说明这一合成途径是所有植物都具有的。甘氨酸甜菜碱的合成从丝氨酸开始，中间产物包括胆碱（图 7-45）。在不同的物种中，从丝氨酸到胆碱的酶促转化过程是不同的，但是从胆碱到甘氨酸甜菜碱的合成过程都遵循同一条路径：以甜菜醛作为中间产物经两步氧化反应而合成。甘氨酸甜菜碱具有渗透保护剂和防冻剂的作用，因为与盐不同，它不影响大分子溶剂的相互作用就可以降低渗透势。

其他的甜菜碱只在一些植物受到盐胁迫时才会积累，如补血草属（*Limonium*）的植物可以由 β-丙氨酸合成 β-丙氨酸甜菜碱。双花蟛蜞菊（*Wedelia biflora*）可以由甲硫氨酸合成三硫化合物（如 β-二甲基硫基丙酸，DMSP），并在细胞质中积累。一些盐生植物能够积累多种渗透保护剂，但积累何种保护剂则要看它们的营养状态。例如，金雀花属（*Spartina*）的植物可以在高盐环境中积累 DMSP，但当营养水平，特别是氮素水平很高时，会倾向于积累甘氨酸甜菜碱。

并非所有的盐生植物类群都在高盐胁迫时积累季胺化合物。一些抗冻植物（如冰叶日中花）积累多元醇，如甲基化的肌醇即松醇和叶含芒柄花醇。它们在松叶菊属（*Mesembryanthemum*）植物中的合成既受盐胁迫诱导，也受到低温诱导。其他的植物，如拟南芥，可积累脯氨酸（7.3 节）。

虽然在盐胁迫应答过程中合成并积累有机溶质是盐生植物和抗盐淡土植物的共同特征，但是通过遗传工程手段在盐敏感的淡土植物中增加这些溶质并不能极大地提高其抗盐能力。这说明缺少渗透物质的积累并不是限制淡土植物抗盐能力的主要瓶颈。

盐生植物促进水分吸收的机制还包括调控水通道蛋白的表达。研究人员比较了盐生植物（松叶菊属植物）和淡土植物（拟南芥）在盐胁迫下水通道蛋白的表达。当拟南芥受到盐胁迫时，编码质膜水通道蛋白的基因会立即诱导表达。而在松叶菊属植物中，盐胁迫时水通道蛋白的转录物水平首先下降，当叶片重新获得膨压，胞内松醇水平增加时，水通道蛋白的表达量才升高。这种区别说明在盐生植物细胞中水的渗透性是受紧密调控的，两种植物对盐胁迫信号的识别或处理是不同的。

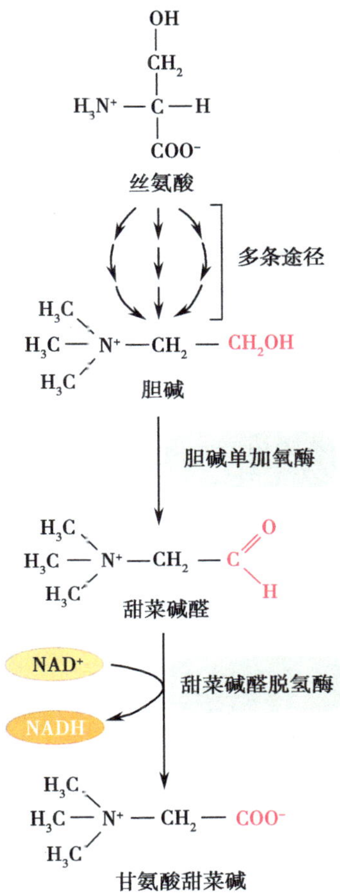

图 7-45　植物中从丝氨酸到甘氨酸甜菜碱的生物合成。所有植物都有从胆碱到甘氨酸甜菜碱的一般途径。

对盐胁迫的生理性适应包括保卫细胞功能的调节

盐生植物要积累盐分，但很多盐生植物都不具有明显的形态适应来应对这一额外的负担。盐在茎中积累，而叶片的蒸腾速率影响这种积累进程。高蒸腾速率可能造成盐的质外体积累（如发生在质膜外区域，主要是细胞壁区），这可能造成细胞脱水或裂解。因而减小蒸腾和水分丧失的速率可促进盐在茎中细胞液泡中积累，这使盐胁迫对植物造成较小的损伤。一些盐生植物根据盐分条件来调节气孔应答，反过来影响蒸腾速率。在淡土植物中，Na^+ 刺激气孔打开，而在盐生植物中 Na^+ 促进气孔关闭。

通过比较密切相关的淡土植物及盐生植物的保卫细胞，发现相似的质膜离子通道，特别是调控气孔大小的内向和外向整流型 K^+ 通道（3.5 节）。盐生植物保卫细胞长时间在 Na^+ 作用下会抑制内向整流型 K^+ 通道，从而促进了气孔关闭。盐生植物和淡土植物对 Na^+ 反应不同是由它们在 Na^+ 和内向整流型 K^+ 通道间的信号转导过程的不同造成的。这一信号转导途径可能涉及胞质 Ca^{2+} 的增加，从而抑制了 K^+ 内流，这与 ABA 在水分缺乏应答中调控气孔关闭的过程很相似（7.3 节）。

适应盐胁迫的形态包括分泌盐的毛状体和囊状物

一些植物具有能够有利于它们在高盐环境，特别是在高盐土壤中生存的形态特征。许多盐生植物属于肉质植物，叶片形态有利于水分的储存。当缺水的时候，这些储存的水可以用来维持细胞的形态和代谢，尤其是光合作用细胞，它们需要吸水来维持碳的固定。在一些肉质盐生植物如刺沙蓬（Salsola kali；图 7-46）和碱蓬（Suaeda maritima）的叶片中，大部分的叶组织由用来储存水分的位于中央的大薄壁细胞组成。进行光合作用的叶肉细胞就排列在这些含水组织的周围。

图 7-46　刺沙蓬（Salsola kali）。生长在法国 Gironde 的沙丘地带（由 Erick Dronnet 提供）。

在银藜（Obione portulacoides）中，除了上述的叶片中央储水细胞外，还具有改良的表皮毛，它们膨大形成囊状物（图 7-47）。

当干旱或外界盐浓度非常高时，光合作用细胞从中央储水组织及表皮囊状细胞中吸收水分，囊状细胞收缩。当水供给增加或外界盐浓度下降时，囊状细胞充满水重新形成蓄水池。一些植物如耐盐的芦笋只有在高盐条件下才发育成肉质组织。

盐生植物还可以通过一种特化的称为盐腺的分泌性毛来分泌盐分，从而适应高盐环境。这些腺体分泌盐分的机制多种多样：盐可以通过毛孔直接排出，或者进入腺体细胞的液泡内。盐腺在包括黑皮红树（Avicennia germinans）的红树植物中普遍存在，但在盐生植物中并非很普遍，如美国红树，它虽然抗盐但没有盐腺。

在滨藜（*Atriplex*）中，多细胞毛（1～3个细胞）发育为盐腺（图 7-48）。末端细胞形成囊状细胞，盐离子以主动运输进入发育形成的大液泡。这些囊状细胞由 1 或 2 个支持细胞支撑。这些支持细胞所具有的厚厚的角质化的细胞壁可以防止水分进入，这些细胞不含有液泡，因而可以使水分和盐离子定向流动。盐分可通过 Cl^- 的主动运输得以在基部表皮细胞的液泡中积累。在基部表皮细胞中盐分进入囊泡，囊泡穿过支持细胞最终与囊状细胞的液泡融合。

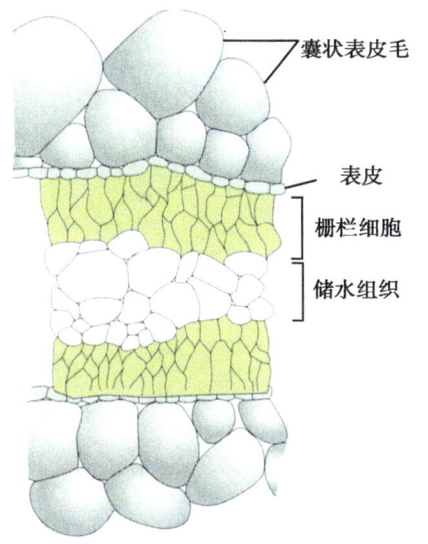

图 7-47　银藜（*Obione portulacoides*）的囊状细胞。图中所示是这种盐生植物叶片的剖面图。囊状细胞提供了储水的空间。

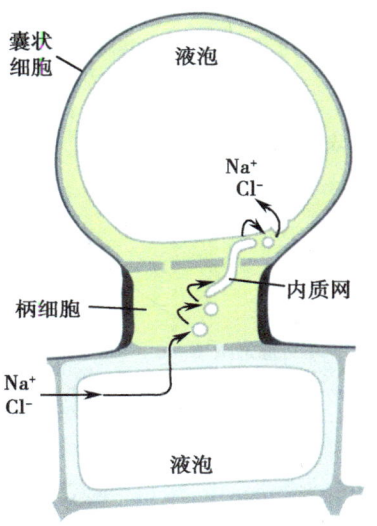

图 7-48　含盐灌木滨藜（*Atriplex lentiformis*）的盐腺。Cl^- 和相伴的 Na^+ 通过膜运输和囊泡运输进入囊状细胞的液泡。

其他类型的盐腺可直接将盐分泌到体外。盐生禾本科植物的盐腺结构十分简单：由一个基细胞和一个冠细胞组成（图 7-49）。覆盖在冠细胞上面的外皮层逐渐与冠细胞壁分离，形成一个空腔。基部细胞增大后被限制在一个叶表面略微凸起的颈部结构中并支持着冠细胞。颈部区域的细胞壁加厚并且高度木质化，使水和盐都无法透过。邻近冠细胞表面的基部细胞质膜是高度内陷并折叠的。基部细胞通过大量的胞间连丝与相邻的叶肉细胞和表皮细胞连接。水和盐从周围细胞进入基部细胞的胞质是从质外体通过质膜的一系列主动吸收过程实现的。进一步穿过盐腺的质外体流为颈部区域加厚的细胞壁所阻止。盐溶液通过扩散流进冠细胞的细胞质中，然后主动泵入外皮层与细胞壁间的空腔（收集腔）。盐溶液在收集腔中的积累所产生的玉力驱动盐溶液通过表皮孔流出。

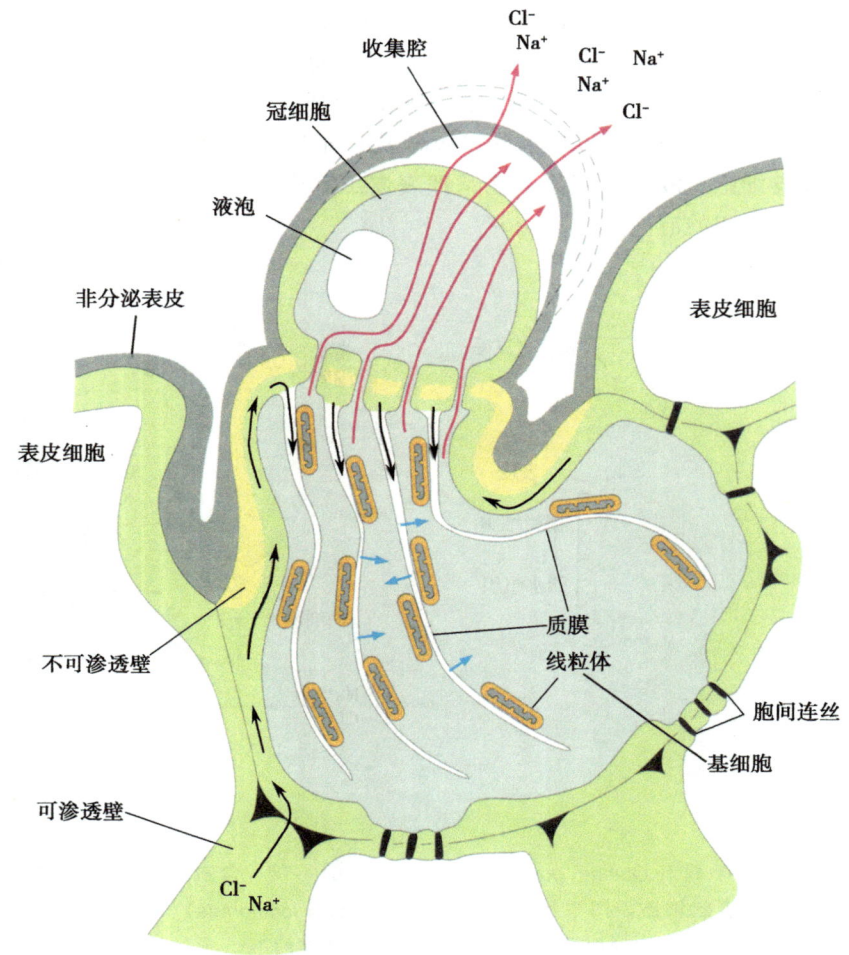

图 7-49 **百慕大草**（*Cynodon dactylon*）**的盐腺**。图中所示是盐离子从基细胞向冠细胞的移动过程。基细胞通过质外体流收集盐离子。盐离子需要通过周围叶肉细胞的胞间连丝进入基细胞。Cl⁻ 和 Na⁺ 被动运输穿过质外体（黑色箭头）到达基细胞的隔膜，再通过耗能的跨膜运输进入基细胞的胞质（蓝色箭头）。盐离子被动运输穿过共质体（红色箭头）进入冠细胞。最后，在压力作用下从收集腔排出。

在盐生真双子叶植物中，盐腺往往具有更复杂的多细胞结构。红树（*Avicennia* spp.；图 7-50）的盐腺由 2～4 个收集细胞或基部细胞组成，它们支持着一个圆盘状柄细胞，上方是 8～12 个辐射排列的分泌细胞。盐腺顶部的分泌细胞外围的表皮充满了小孔。柄细胞侧壁高度角质化，而与基部细胞相连的横切壁则含有许多胞间连丝。盐在叶的基部细胞中积累，然后从木质部向着浓度梯度流动。从基部细胞开始，盐离子通过柄细胞的共质体运输，质外体流（及回流）受到柄细胞壁厚厚表皮的阻挡。盐离子是从分泌细胞通过主动分泌进入表皮下的空腔。空腔内含物主要是果胶，它作为水流通道，吸收从分泌细胞的胞质中排出的盐离子，并引导其通过表皮孔渗出。

在一些盐生植物如补血草（*Statice*）中，盐离子通过排水器渗出（4.10节）。排水器是在叶边缘的一种特化的器官，常位于主叶脉末端，在叶发育早期形成，以排出多余的水分，这些水分可能会对在芽苞的湿润环境中生长的幼嫩叶片造成伤害。在一些盐生植物中，这一水分渗出机制也同时用来排出多余的盐分。

并非所有的盐生植物都具有盐腺，但在具有盐腺的植物中，盐腺的密度、Na$^+$ 的排放速率与耐盐能力是密切相关的。在这些物种中，盐分泌还具有一些次要的适应性功能，如沙漠盐生植物叶和茎表面的盐可以反射光，以降低植物体的温度。

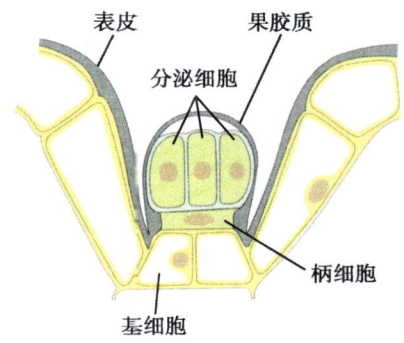

图 7-50　白骨壤（*Avicennia marina*）的盐腺。基细胞吸收盐离子，随共质体沿运输，穿过柄细胞进入分泌细胞。在表皮和分泌细胞间是致密的果胶质，可作为盐溶液流出的通道。

渗透压能促进一些盐生植物的生殖过程

植物在含盐土壤中生长往往会将活性生长期限制在盐度最小的那个时期。在雨季，雨水稀释了盐浓度，冲走盐分（假设有适当的排水设施），减小了由盐胁迫造成的有效水分缺乏。当一年生盐生植物如 *Lasthenia glabrata* 在渗透胁迫增大（如干旱）时，会激活生殖活动。植物受到渗透胁迫几周后，造成激素水平发生改变，生长活动的重点从营养生长转向生殖生长。

对大多数植物来说，萌发过程受到外部培养基的高盐浓度或低渗透势的抑制。这可能是组织干枯造成种子休眠的结果。盐生植物的种子萌发往往发生在环境盐浓度最小的时期，如大量降雨的时期。另一种克服高盐环境下萌发困难的机制是胎萌，即幼苗在果实脱落前萌发。因此，新生的植物在幼苗期就将遇到盐性土壤（图 7-51）。这一机制还克服了生长在高含水量的湿润地区的植物遇到的问题，如美洲红树（*Rhizophora mangle*）等红树灌木，它们生长在盐水中（海水盐浓度一般为 350mmol/L）。

（A）

（B）

图 7-51　大红树（*Rhizophora mangle*）的胎生苗。（A）从果实中伸出的胚根依附在母树上。（B）成熟的幼苗（图 A 和图 B 由 Gavin W. Maneveldt 提供）。

7.5 冷胁迫

低温是一种与水分缺失相似的环境胁迫

对身处热带地区以外的植物来说，低温会带来一个现实的问题，即造成冰冻。结冰开始于细胞间隙，因为胞外液的溶质含量要比胞内低。细胞液结冰就造成胞外水势的下降，促使未结冰的水外流。在 $-10^\circ C$ 时，超过 90% 的具有渗透活性的水分渗出植物细胞。因此，低温所导致的冰冻给植物带来的主要挑战就是水分缺失。植物在低温时为维持生存所进行的很多自身生理调节与适应盐或干旱胁迫十分类似，这一过程已在 7.3 节和 7.4 节讨论过了。适应低温而诱导的很多基因也同样受到干旱或盐胁迫诱导。

用低温前处理进行驯化可使温带植物对冰冻伤害具有抗性

许多温带植物能够在低温下（冰点以下）生存是因为先前它们处于一个较低的但不冰冻的温度下，这一过程称为冷驯化。例如，未经冷驯化的冬黑麦 50% 植株死亡的温度（LT_{50}）为 $-6^\circ C$，经冷驯化的冬黑麦为 $-21^\circ C$。菠菜则从 $-6^\circ C$ 降低到 $-10^\circ C$。冰冻前在 $4^\circ C$ 冷驯化两天的拟南芥则从未经冷驯化的 $-3^\circ C$ 降低到了 $-10^\circ C$。

冷驯化可使植物在冷和更冷的条件下存活更久，这是一个累积性的过程，可以中止、逆转或重新启动。如起始谷物冷驯化的最高温度为 $10^\circ C$，最佳温度为 $3^\circ C$，当温度降至 $10^\circ C$ 以下，驯化效率会有所增加。一个植株的不同部位接受驯化可能是相对独立的。一旦驯化完成，只要温度保持低于冰点，植物也会保持抗冻能力。然而一旦温度超过 $10^\circ C$，抗冻能力快速丧失。这就是为什么夏季霜冻会对植物造成很大的伤害，即使抗冻物种也无济于事。

未经冷驯化的植物在低温中受到伤害的原因是膜损伤。冷驯化涉及一系列的生理变化，这些变化对保护细胞膜不受到冰冻伤害有一种累加效应。造成膜损伤的原因包括：冰冻融化时细胞膜扩张引起的裂解，细胞膜的相变（细胞膜的物理性质的剧烈变化，包括流动性和渗透性），以及渗透反应的丧失。典型的质膜包含高比例的**磷脂**（卵磷脂和磷脂酰丝氨酸）、**固醇**（自由及糖基化形式）和**脑苷脂**（由神经酰胺及一个单糖残基组成的脂类）。当冷驯化时，质膜中的磷脂含量上升，同时脑苷脂含量下降。这些质膜成分上的改变降低了细胞膜扩张引起的裂解发生率，也减小了膜脂融合重排形成膜孔的可能性。这些改变还增强了膜的水合作用，减少了单层膜的弯曲。这些变化的积累减小了冰冻引起的膜损伤和细胞损伤或凋亡发生的可能性。

一些冷驯化诱导的蛋白质很可能作为相变的成核点来稳定膜系统（如叶绿体内膜）而降低相变的发生率。一些在蔗糖及其他单糖合成途径中起作用的酶的水平升高，所引起的糖含量升高能够保护细胞膜免受冰冻伤害。此外，一些特殊的亲水蛋白及 LEA 蛋白受冷驯化诱导表达，并保护细胞膜及细胞内蛋白不受水分缺乏的影响，这与它们抗干旱及盐胁迫的作用一致。尤其是这些蛋白质能够减少在低温下的一般蛋白质变性的可能性，这种变性作用与蛋白质在高温时稳定稳定性降低的原因是相似的。在冷驯化时伴侣蛋白（一种典型的分子伴侣，7.2 节）的诱导表达同样可以减少细胞内蛋白质变性和功能丧失。

渗透物质在冷驯化时合成，这一应答方式在功能上与干旱及盐胁迫时合成渗透物质是一样的（7.3 和 7.4 节）。拟南芥在低温时合成并积累脯氨酸。拟南芥 *eskimo* 突变体是组成型的冰冻耐受（不需要驯化）突变体，它积累更高水平的脯氨酸（7.3 节），这说明渗压物质的诱导表达对冷驯化起作用的一种机制。其他的物种响应低温胁迫时积累不同的渗压物质，包括甘氨酸甜菜碱（见 7.4 节）以及可溶性糖类（表 7-2）。

低温会诱导冷调控基因（*COR*）的表达

冷驯化会诱导一系列基因的表达，这些基因统称为冷调控基因（*COR*），其中很多基因也可受其他形式的水分缺乏所诱导。很可能每个 *COR* 基因都对抗冻有小的贡献。一些 *COR* 基因可受除低温或水分缺乏以外的其他胁迫（如涉及花青素合成的一些胁迫）所诱导，这些基因很可能对抗冷胁迫的过程中起着间接作用。

一些 *COR* 基因编码蛋白的功能在生化上还没有研究出来，但根据预测很多是高亲水蛋白。它们很可能与 LEA 蛋白具有相似的功能。亲水的 COR 蛋白在电解质渗漏过程中的效应表明它们可稳定质膜以防止冰冻伤害。一些 COR 蛋白在响应水分缺乏的过程中诱导表达，可能以相似的方式来减少细胞损伤。在转基因烟草中过量表达一个 LEA 蛋白和一个来自菠菜的亲水 COR 蛋白可以减慢冰冻导致细胞损伤的速率。一种称为"抗冻蛋白"的蛋白质也在冷驯化时合成，这些蛋白质分泌进入质外体，防止冰晶凝结或在冻融后重新形成冰晶。一般地，抗寒能力与抗冻蛋白的积累水平具有良好的相关性，尽管只靠抗冻蛋白的积累未必能决定植物存活的低温极限。

拟南芥 *COR15a* 基因在促进植物抗冻中起着直接作用。转基因植株中组成型表达的 *COR15a* 基因增强了未驯化植株的抗冻能力，使其能够承受的低温降低了 2℃，达到 $-4 \sim -8$℃。*COR15a* 基因定位于叶绿体，研究表明它很可能降低了低温下叶绿体内膜发生相变的速率。

一些 *COR* 基因编码分子伴侣（伴侣蛋白），如 HSP90 和 HSP70-12，可以在低温时防止蛋白质变性（见 7.2 节）。其他的 *COR* 基因还可能编码低温信号转导途径中的蛋白质，如 MAP 激酶（MAPK）、MAP 激酶的激酶的激酶（MAP3K）（见 6.3 节）、钙调素相关蛋白以及一系列属于 DNA 结合蛋白 AP2 家族的转录因子。研究表明这些转录因子在诱导冷胁迫时的 *COR* 基因表达起着核心作用。过量表达这些转录因子能够诱导 *COR* 基因的表达，并增强未驯化拟南芥植株的抗冻能力。

CBF1 转录激活子的表达可诱导 *COR* 基因的表达并实现抗冻

已有研究表明拟南芥中三个转录因子可诱导 *COR* 基因的表达。CBF1 是一个属于植物特有的 AP2 转录因子家族的 DNA 结合蛋白。它可以结合在许多在冷或干旱条件下诱导表达的基因上游启动子区的 GCC 基序（CRT/DRE 结构域，图 7-52）上，并行使转录激活子的功能。另外两个结构相似的拟南芥蛋白——CBF2 和 CBF3 也识别相同的基序。这三个基因的表达都受低温诱导。

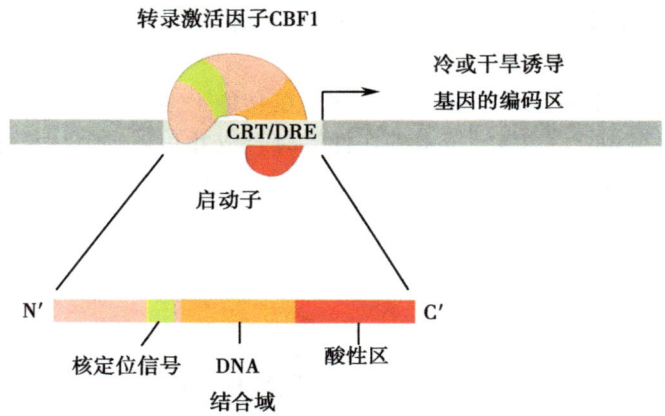

图 7-52 拟南芥 CBF1 转录激活因子的功能示意图。 图中所示的是 CBF1 的主要结构，以及 CBF1 是如何结合 cor 基因启动子上的 CRT/DRE（GCC）基序以激活 cor 基因的表达。

在拟南芥中过表达 *CBF 1* 会导致一些 *COR* 基因的组成型表达，包括 *COR 6.6*、*COR 15a*、*COR 47* 和 *COR 78*。在未驯化的植株中过量表达 *CBF 1* 表现出抗冻能力增强（在 7～10d 的时间内所能耐受的最低温度降低了 3.3℃）。过量表达 *CBF 2* 和 *CBF 3* 也可得到类似的结果。过量表达 CBF1 的植株对干旱也具有更强的抗性，这可能是因为 CBF1 所诱导的很多 *COR* 基因在干旱引起的水分缺乏条件下对植物起到保护作用。当植物处于低温环境时，会快速诱导 *CBF 1*、*CBF 2* 和 *CBF 3*。冷处理 15min 后可以检测到其转录水平的增加。研究表明 *CBF* 基因的诱导发生在转录水平，受包括 ICE（CBF 表达诱导因子，inducer of CBF expression）在内的其他转录激活因子调控。ICE 属于 bHLH 家族的转录因子，可激活 *CBF 3* 的表达，而有证据表明其他 bHLH 家族蛋白可激活其他的 *CBF* 基因表达。过量表达 *ICE* 引起 *CBF 3* 表达量增加，但这只在低温环境下才能发生，说明 ICE 在低温应答过程中受到响应低温的转录后调控。低温应答过程中 *CBF* 基因的诱导表达受到 HOS1 的负调控。*HOS 1* 编码一个 RING 指状蛋白，可能与依赖蛋白酶体的靶蛋白降解有关。HOS1 调控的靶标最有可能是 ICE 本身。在正常条件下 *HOS 1* 为组成型表达，低温条件下其表达快速关闭，因此它很可能在低温应答过程中在转录后水平调控 ICE 活性。

虽然过量表达 *CBF* 能产生抗冻和抗旱两种表型，但 CBF 通常不受干旱诱导。似乎有一类相关的 AP2 转录因子，包括 DREB2A 和 DREB2B（7.3 节），来介导对干旱的反应。它们只在干旱应答过程中受特异的诱导，且也结合 GCC（CRT/DRE）结构域，从而在响应水分缺乏时诱导 *COR* 基因表达。因此，在低温或干旱应答过程中，信号通过下游相关的转录因子进行传递，诱导一系列在水分缺乏时起保护细胞作用的基因表达（图 7-53）。

低温的信号转导引起细胞内钙离子浓度增加

响应低温的信号转导途径还没有完全阐明，但在低温响应时胞质钙离子浓度的快速增加已经证明主要是因为钙离子从细胞外大量流入造成的。胞质钙离子的增加对诱导 *COR* 基因和耐冻能力是必要的。

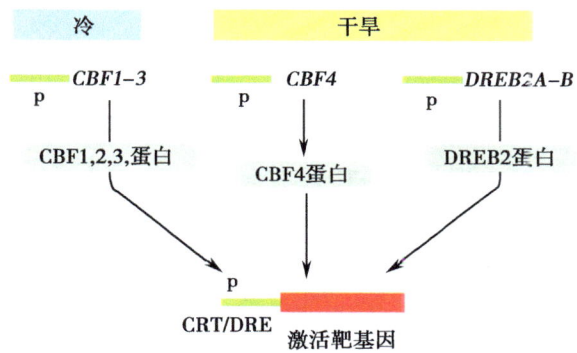

图 7-53 冷和干旱应答中转录因子的作用示意图。 图中所示的是冷和干旱信号的关系以及激活冷和干旱应答基因的转录因子。"p"指的是冷或干旱应答基因的启动子区域。

胞质自由钙离子的增加会导致蛋白磷酸化的改变，从而诱导冷驯化反应。一些 MAP 激酶在低温下特异性地激活，表明 MAPK 级联放大系统是冷驯化信号转导途径中的一部分。

冷反应中的 ABA 依赖和 ABA 不依赖的信号途径

CBF 信号转导途径不依赖于 ABA，但是在很多物种中，响应低温时 ABA 水平会有所增加，这说明与其他形式的水分缺乏的应答一样，在低温条件下也有一条 ABA 依赖的信号途径引起基因表达变化。对植物施加 ABA 会增强其抗冻能力。在拟南芥中，ABA 合成或吸收的突变体会降低植物对冷的适应。然而，ABA 在冷驯化过程中的作用可能是间接的。当植物处于低温环境时，体内 ABA 水平瞬时增加，而驯化过程则要维持较长的时间。对植物施加 ABA 会引起水分缺乏应答基因的表达，它们能够保护植物免受低温伤害。虽然低温时一些 COR 基因的表达依赖于 ABA，但这些基因往往在低温时被微弱诱导，而在缺水时被强烈诱导。总的说来，ABA 在低温应答中的作用并不像在干旱或盐胁迫应答中那么重要。

温暖气候中的植物对冷更为敏感

温带植物会面临温度降至冰点以下的挑战。然而很多温带植物却常常受较低但略高于冰点的温度伤害（0～12℃）。这些植物包括起源于热带的农作物，如玉米、番茄、黄瓜和大豆，它们中的许多现在都在温带种植。这些农作物对冷的敏感性严重影响产量。这些对冷敏感的植物在低温时光合作用所固定的碳是很有限的，部分是因为低温降低了固定二氧化碳的反应速率，这限制了从光反应中吸收激发能量的效率。快速可逆地下调光系统效率可以保护光合作用系统免受光氧化的损伤，即防止叶黄素氧化和形成跨类囊体膜的电化学势差（7.1 节，图 7-54）。这些现象存在于光下生长的种植于低温环境的玉米和番茄。额外吸收的光能以热量的方式释放，限制了光合作用的碳固定。糖类代谢过程本来就对低温十分敏感，番茄类的作物在 C～10℃时光合作用的碳固定受到限制的主要原因是两个卡尔文循环中的关键酶的活性降低，它们是位于叶绿体基质的景天庚酮糖 1,7-二磷酸酶和果糖 1,6-二磷酸酶（4.2 节）。

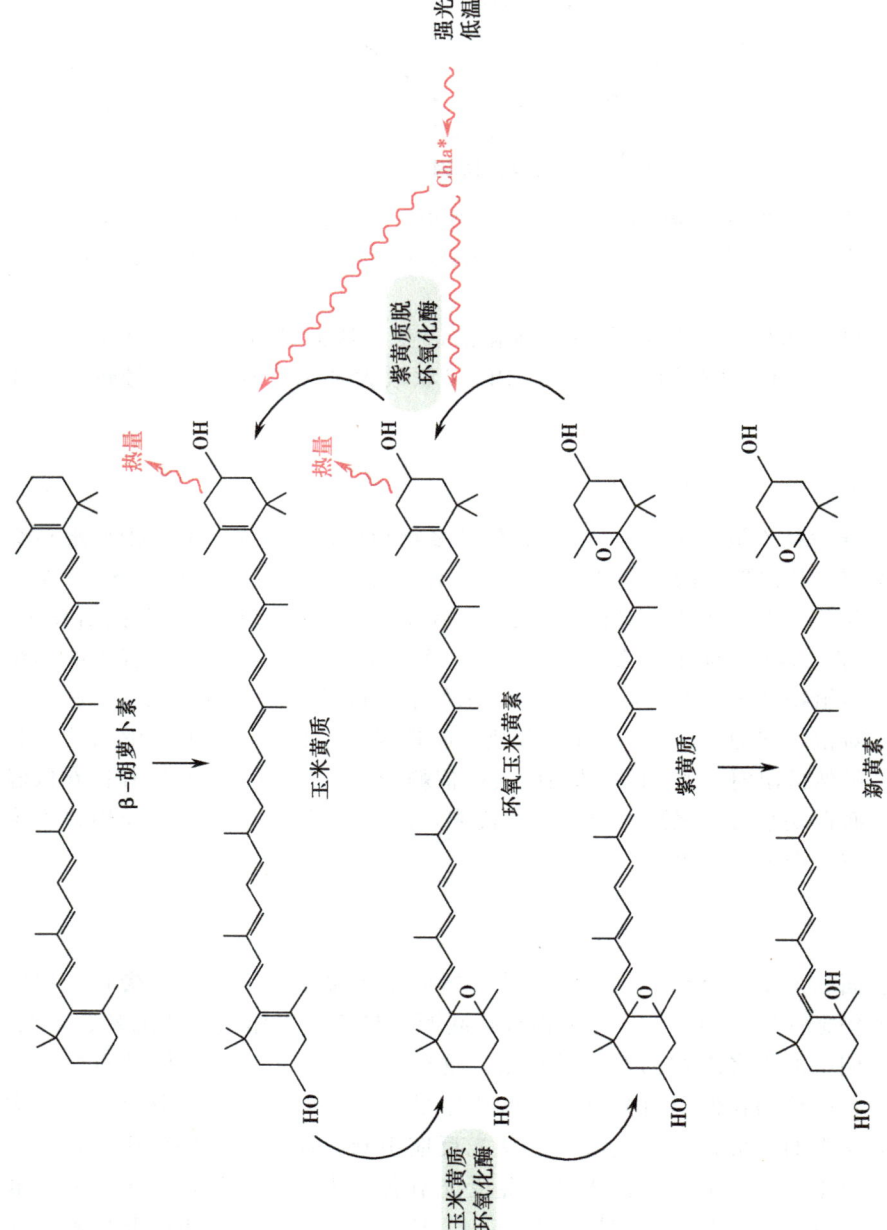

图 7-54 叶黄素循环通过非光化学猝灭保护植物不受光氧化损伤。Chla* 指的是激活态的叶绿素。

春化和冷驯化在小麦及其他谷类作物中是紧密相连的过程

一些植物通过对春化的需要在低温下适应生长一段时间，这对植物以后的开花及生殖都十分必要（6.4节）。春化提供了一种机制来保证温带植物在合适的时间开花。这对植物来说十分重要，因为开花对低温损伤是尤其敏感的。

春化对于小麦的生长十分重要。冬小麦必须要在低温中生长一段时间才能开花。春小麦不需要春化，它的开花过程与其早期的生长条件无关。春化由基因 $VRN\ 1$ 调控，它位于小麦染色体 5A 上。这部分小麦基因组还控制植物对低温的反应，这说明春化和冷驯化过程在功能上是相关的。确实，诱导冷驯化和春化的温度范围相似。许多控制冷驯化性状的基因定位在相同的染色体区域，这些性状包括抗冻蛋白的积累、糖的积累、响应低温的 ABA 增加、不饱和磷脂的合成、匍匐生长习性以及开花时间等。

小麦在低温中生长的时间过长最终会导致"春化饱和"，较长的冷处理时间不会对开花有进一步的促进作用。冬小麦在低温中生长的时间过长甚至会丧失抗冻能力。这也说明小麦的抗寒能力与春化的完成有着直接的联系。植物对低温的抵抗能力可能是由 COR 基因表达的程度和持续时间决定的，而春化基因决定了 COR 基因表达的持续。

7.6 缺氧胁迫

太多的水分会使陆生植物受到氧气缺乏的环境胁迫。湿地占到地球陆地面积的 6%，非常潮湿的土壤存在于世界的大部分地区。缺氧胁迫对洪涝平原的农业、林业来说，与自然植物种群一样，都是个问题。水稻是热带和亚热带地区最重要的作物，主要在水淹的缺氧土壤中种植。在北纬地区，冬季水涝是很常见的，而冰冻层使氧气不易扩散，则土壤中的氧气含量变得更低，如冻土地带。在温带也同样存在氧气缺乏的问题，这些地区土壤微生物的高呼吸速率可更快地造成缺氧环境。永久性的水涝在泥塘或沼泽是常见的，如佐治亚州的奥克佛诺基沼泽、路易斯安那的宝石州、佛罗里达的桧木林以及弗吉尼亚和北卡罗来纳州的大迪斯默尔沼泽（图 7-55）。在这些地区生长着占优势的木本植物，如落羽松和很少的**草本植物**。这一节我们主要介绍植物是怎样应对土壤中瞬时或持久的氧气缺乏的。

（A）　　　　　　　　　（B）

图 7-55　沼泽。（A）佐治亚州的奥克佛诺基沼泽。（B）北卡罗来纳州的大迪斯默尔沼泽（图 A 由 John A. Lawrence 提供；图 B 由 Brian Thomas 提供）。

水涝是引起植物缺氧或无氧胁迫的一种原因

当土壤发生洪涝时，土壤失去了充满空气的空间。当土壤中气态氧分压低于 50mmol/m³ 时植物会感到缺氧。一般当洪涝开始后（从浸没开始）1h，土壤中供氧量下降 60%，一天后下降 95%，当然其精确比例还受到土壤类型和当时温度的影响。土壤中的气态氧由于溶解度低、在水中扩散速率慢而被置换出来，而土壤微生物会消耗掉仅存的一点氧气。虽然所有的植物都是专性需氧的（不能在没有氧气的条件下存活），但是少数物种可以利用接近无氧条件下仅有的一点氧气存活甚至生长出一些或全部的器官。大部分植物可以忍耐短时缺氧。对植物进行缺氧预处理或驯化可以产生对持续缺氧更强的耐受能力，但并不能耐受无氧条件。

缺氧信号是由可诱导 ROS 瞬时产生的 Rop 介导的信号转导途径来传递的

氧气供应量低时，缺氧信号通过 Rop（植物 RHO）G 蛋白来传递的。Rop G 蛋白与 GTP 结合时处于激活态，与 GDP 结合时处于失活状态。这与哺乳动物中 Rho-GTP 依赖的途径（Rho-GTPase）相似。尽管缺氧是由氧气供氧量减少引起的，但 Rop 信号途径的输出可能会使活性氧短暂增加，这可能是由于线粒体呼吸受抑制的结果。ROS 的短暂增加对乙醇脱氢酶（ADH）的诱导表达是必要的。缺氧条件下活性氮也会引起信号传递。

无氧条件诱导初级代谢转变

当植物面临短期无氧状态时，主要的问题是呼吸作用最后一步的氧化步骤受阻，此外，电子不能与氧气结合生产水。这就限制了 ATP 的产生以及中间产物 NAD/NADP 的循环再利用，从而限制植物生长（4.5节）。在这种条件下，植物通过将呼吸作用转变为**发酵作用**来产生 ATP 并回收利用 NAD。发酵主要有三种产物：乳酸、乙醇和丙氨酸（图 7-56），它们都是由糖酵解的终产物丙酮酸产生的。所有这三种产物的生成都需要 NADH（直接或间接），也需回收 NAD。

丙酮酸在乳酸脱氢酶的作用下生成乳酸。乳酸在体内的积累具有潜在的毒性，因为其可以使细胞质酸化。因而**乳酸发酵**通常是对无氧胁迫的早期反应，很快为乙醇的生成所取代。确实，在一些物种中，乳酸积累造成的胞液酸化会诱导乙醇合成途径中的第一个酶——**丙酮酸脱羧酶**的表达，同时降低乳酸脱氢酶的活性。乙醇是植物在无氧胁迫时主要的发酵产物。它可以轻易地穿过细胞膜，从细胞内排出并进入土壤，减小了对细胞的毒性。乙醇的合成需要两步反应：首先，丙酮酸在丙酮酸脱羧酶的作用下转变成乙醛，之后在乙醇脱氢酶作用下乙醛还原生成乙醇，同时伴随着 NAD 的再生。第三种发酵产物丙氨酸是由丙酮酸和谷氨酸合成，这一反应由丙氨酸氨基转移酶催化合成。植物处于低氧条件时会积累丙氨酸，但不能达到乙醇的相同量。

植物对短期洪涝的主要代谢调节方式是诱导乙醇发酵途径。虽然一些物种以乳酸作为信号启动乙醇发酵，但另一些物种中两种发酵途径是相互独立的。另一种替代的启动乙醇发酵的方式取决于组织内丙酮酸的浓度。丙酮酸脱羧酶（乙醇合成途径的第一个酶）与丙酮酸的亲和力低于丙酮酸脱氢酶（正常有氧条件下运送丙酮酸进入

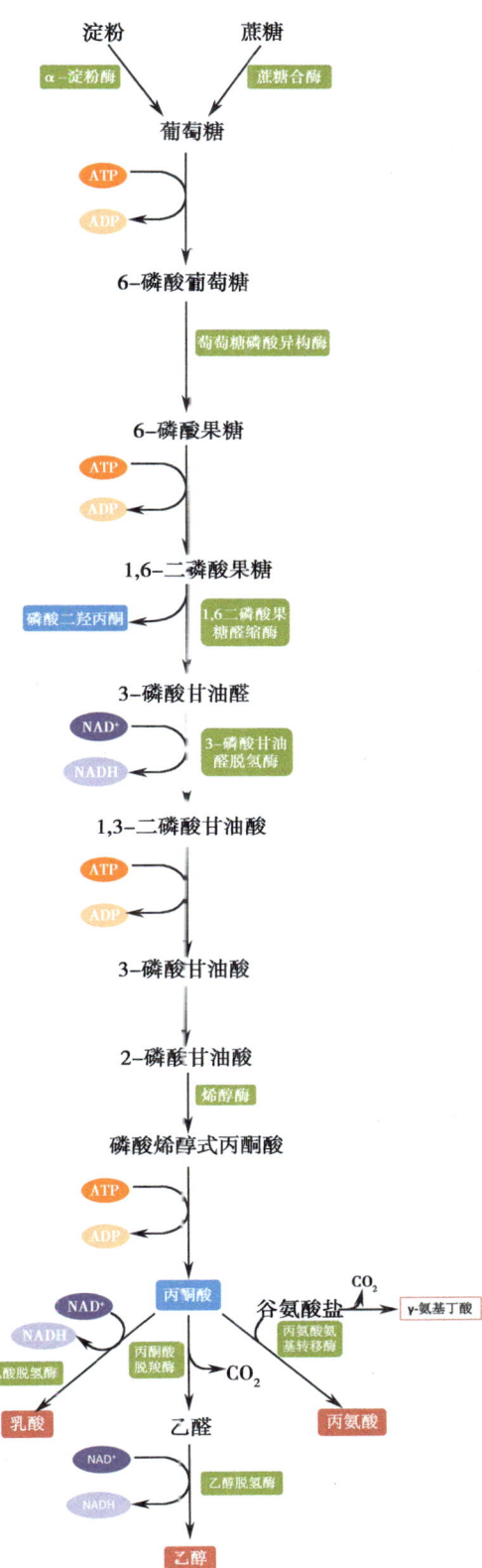

图 7-56 植物在短期无氧或缺氧条件下的代谢途径。糖酵解产生的丙酮酸进行发酵反应，NAD 在反应中被循环使用。三种主要的发酵产物是乙醇、乳酸和丙氨酸。乙醇是无氧胁迫下的主要产物。SS, sucrose synthase, 蔗糖合酶；GPI, glucose phosphate isomerase, 葡萄糖磷酸异构酶；F1,6P ALD, fructose 1,6-bisphosphate aldolase, 果糖1,6-二磷酸醛缩酶；GAPDH, glyceraldehyde 3-phosphate dehydrogenase, 甘油醛-3-磷酸脱氢酶；LDH, lactate dehydrogenase, 乳酸脱氢酶；PDC, pyruvate decarboxylase, 丙酮酸脱羧酶；ADH, alcohol dehydrogenase, 乙醇脱氢酶；AlaAT, alanineaminotransferase, 丙氨酸氨基转移酶（张慧婷提供）。

三羧酸循环；4.5节）与丙酮酸的亲和力。因此在有氧条件下，丙酮酸脱羧酶与丙酮酸的亲和力过低，乙醇发酵反应率很低。当缺氧时三羧酸循环受到抑制，丙酮酸浓度增加，丙酮酸脱羧酶活性加强，启动糖酵解生成乙醇。水稻的丙酮酸本底水平较高，因此可以快速激活丙酮酸脱羧酶，从而启动乙醇发酵途径。

乙醇发酵的两步酶促反应中，普遍认为丙酮酸脱羧酶催化的反应是限速反应。人们进行了多种尝试来通过提高丙酮酸脱羧酶的活性以加强农作物对无氧环境的耐受能力。很多已知的抗涝物种都组成型地高表达发酵途径的酶。然而，在烟草中过表达丙酮酸脱羧酶不能增强其在缺氧胁迫下存活的能力，这可能是因为缺氧时烟草根部这种酶的水平已相当高了。相反的是，在水稻根部过表达这种酶会显著促进乙醇合成，提高植物淹没后的存活率。这些数据表明乙醇发酵在提高缺氧耐受性的策略中起到了重要作用，至少在一些物种中是这样的。

在拟南芥中，组织缺氧可以诱导发酵途径中数个基因的表达，而发酵对于无氧条件下植物存活的重要性也已经由突变体分析得以证实。编码乙醇脱氢酶（ADH1）的基因在无氧条件下受诱导，而它的突变会大大降低植物对无氧环境的耐受能力。这充分显示乙醇发酵途径对植物在缺氧或无氧条件下存活的重要性。缺氧胁迫时，乙醇脱氢酶基因突变的拟南芥株系，其根部不能适应低氧胁迫，但是茎部却可以适应。这说明茎部对低氧胁迫的适应机制是不依赖于乙醇发酵途径的，但茎部这一不基于乙醇的环境适应机制在正常条件下的生理意义还不清楚。

拟南芥中有两个编码丙酮酸脱羧酶的基因：$PDC\ 1$ 和 $PDC\ 2$。其中 $PDC\ 1$ 在根部大量表达且受缺氧条件的诱导，$PDC\ 2$ 在叶片和根部低水平表达，不为缺氧所诱导。其他发酵途径中的基因也可受低氧胁迫诱导：编码乳酸脱氢酶的基因表达量的增加会使乳酸的合成上调，编码丙氨酸氨基转移酶的基因表达量的增加可使丙氨酸的生物合成上调。

拟南芥 ADH 基因的启动子区含有一个称为**缺氧应答元件**（ARE）的基序，它控制着该基因对低氧胁迫的转录应答。这一元件可能参与了普遍的胁迫反应，因为它可能还调控植物对冷和干旱的应答。玉米 $ADH\ 1$ 基因的启动子区含有一个与 ARE 密切相关的基序，称为 **G-box**，它也参与诱导缺氧应答过程中的基因表达。结合 G-box 的蛋白与缺氧胁迫有关，而 G-box 结合因子基因（$GBF\ 1$）在 $ADH\ 1$ 诱导前表达。GBF1 的活性很可能反过来又受磷酸化调控。在缺氧或无氧应答中诱导基因表达的信号还不清楚，但是钙信号可能参与了此过程。例如，钙离子流可诱导信号转导通路中使调节 $ADH\ 1$ 基因表达的转录因子磷酸化的组分发生改变。

大部分水稻品种对于完全浸没不具有耐受能力，一周的无氧条件便使其死亡。但是一些籼稻品种因为有一个主效数量性状基因性——$Submergence\ 1$（$Sub\ 1$）而对完全浸没更有耐受性。三个编码 AP2 类转录因子的基因（$Sub\ 1A$、$Sub\ 1B$、$Sub\ 1C$）位于 $Sub\ 1$ 基因位点上。当植物受到浸没时强烈诱导 $Sub\ 1A$ 的表达，它的多态性与不同品种是否耐受浸没有着密切的联系。Sub 1A 诱导 ADH 的表达并且增强植物对浸没的耐受。有证据显示印度和斯里兰卡洪水多发区的浸没耐受品种对增强 $Sub\ 1A$ 基因活性的选择是独立的。

缺氧胁迫并非只诱导表达发酵途径中的酶。玉米中大约有 20 个不同的基因受缺氧胁迫诱导，这些基因编码缺氧胁迫时植物所合成的约70%的新蛋白质。这些蛋白质主要是糖酵解以及糖磷酸代谢中的酶。其中，蔗糖合酶受到无氧环境的强烈诱导，而葡萄糖是蔗糖合酶剪切蔗糖后生成的（图7-57），葡萄糖的大量积累则间接地激活了糖酵解途径（产生ATP的效率是有氧呼吸的1/8）。

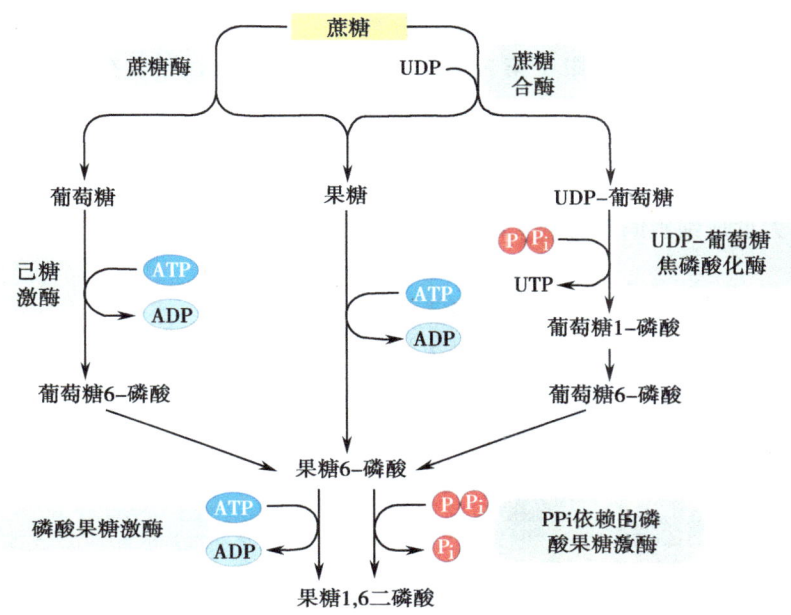

图 7-57　正常和缺氧条件下的蔗糖代谢途径。图中所显是蔗糖代谢和己糖激活（磷酸化）的过程。缺氧条件下在蔗糖代谢中起重要作用的是蔗糖合酶、UDP-葡萄糖焦磷酸化酶以及焦磷酸（PPi）依赖的磷酸果糖激酶。在这一途径中每分解一个葡萄糖分子所净得的ATP要多于利用蔗糖酶分解蔗糖所净得的过程。

在无氧组织中蔗糖主要受蔗糖合酶剪切生成**UDP-葡萄糖**和果糖，而不是在**转化酶**作用下生成葡萄糖和果糖。葡萄糖1-磷酸是UDP-葡萄糖和**无机焦磷酸**在UDP-葡萄糖焦磷酸化酶的催化下合成的。此外，焦磷酸可以取代ATP，通过焦磷酸依赖的磷酸果糖激酶的作用将果糖6-磷酸转化成果糖1,6-二磷酸。细胞利用蔗糖合酶、UDP-葡萄糖焦磷酸化酶和焦磷酸依赖的磷酸果糖激酶这三种酶分解葡萄糖，与利用转化酶、己糖激酶和磷酸果糖激酶的糖酵解代谢相比，每分解1个葡萄糖分子可多获得4个ATP。在玉米和水稻中都存在无氧条件下代谢途径向蔗糖合酶/焦磷酸依赖的糖酵解转化的证据。

在洪涝耐受植物中通气组织有利于长距离的氧气运输

植物对长期无氧环境的耐受经过了独特的发育上的调整。这种调整在大部分无氧不耐受的植物中没有发生过。这些调整中的主要变化是形成内部长距离气体运输途径。这种长距离气体运输途径是由充满气体的皮层组织形成的，称为通气组织。许多适应湿地环境的物种都在根部、叶片和茎中组成型地形成通气组织。其他的物种如玉米，可以在通气较差时诱导形成通气组织。通气组织是由位于组织内部的细胞外充满气体的空间组成的。它是通过细胞分离或者选择性的细胞死亡而形成的。此外，还形成防止质外体水分进入通气组织的屏障如防渗的外皮层、通气组织周围加厚的细胞以及增厚的**内皮层**。

通气组织是通过两种不同的方式形成的（图7-58），即"裂生"和"溶生"。裂生通气组织是由受到调控的细胞延伸和细胞分离造成的细胞间空隙而形成的，这种结构可以在淹没的水生植物篦齿眼子菜（*Potamogeton pectinatus*）中看到。这种调控细胞生长和分离的机制目前还不清楚。裂生通气组织通常在湿地物种中组成型的形成，但是缺氧可促进它的形成。溶生通气组织是由受控的、在一定空间上的细胞死亡所形成的组织内空隙构成的。如在玉米和水稻中，缺氧环境诱导根中的皮层细胞死亡和裂解，并辐射状扩大形成细胞间具有连接的细胞间空隙。

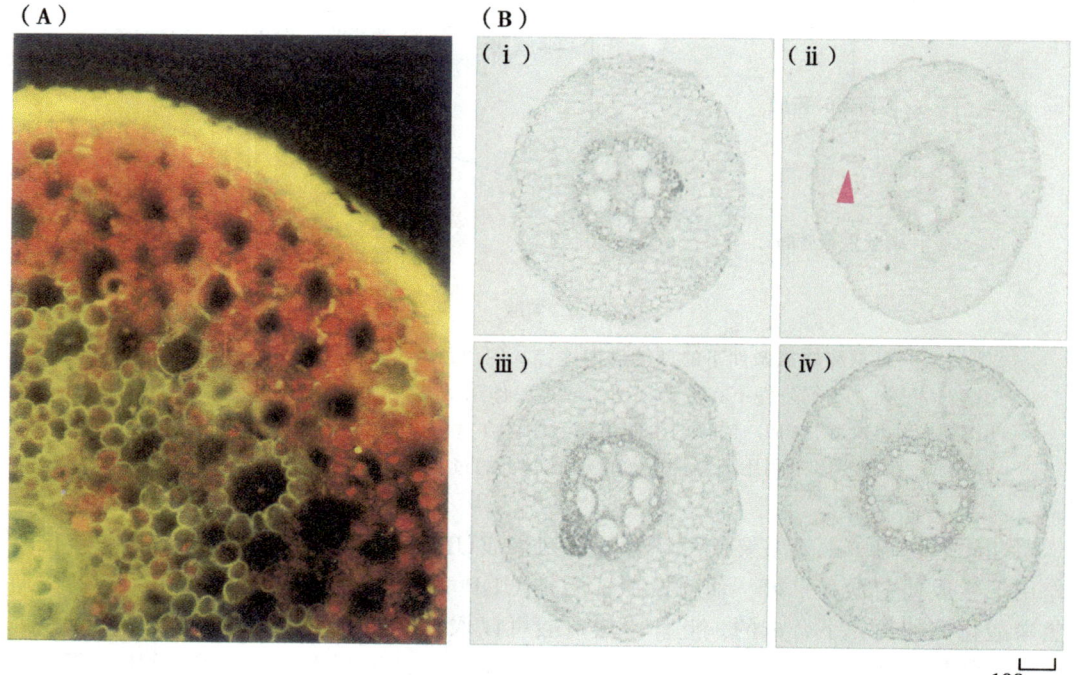

图 7-58　通气组织的结构和发育。（A）菖蒲（*Acorus calamus*）根部的裂生通气组织。（B）玉米根部溶生通气组织的发育过程：（i）氧分压21%的环境中0.5d的根；（ii）氧分压3%的环境中0.5d的根（红色箭头指示的是正在发育的通气组织）；（iii）氧分压21%的环境中成熟的根；（iv）氧分压3%的环境中具有通气组织的成熟根（图A由Jean Armstrong提供）。

溶生通气组织形成时发生的细胞死亡是程序性的，以早期的细胞变化为标志，包括质膜内陷和收缩。随后，在正死亡的细胞中观察到染色质浓缩和DNA缺刻，此时细胞器的膜仍是完整的。最后细胞壁降解，形成空气腔。细胞壁的降解与羧甲基纤维素酶和木葡聚糖内糖基转移酶活性的增加相关。虽然这些细胞内变化与动物的细胞凋亡（apoptosis）有一些相似之处，但是这些事件发生的顺序说明溶生通气组织由一个新的细胞死亡过程形成，部分与细胞凋亡相似，部分与动物的胞质死亡相似（图 7-59）。控制一些细胞死亡，另一些细胞存活的信号还不清楚，但其结果是在组织中形成一个细胞和空隙有序排列的结构。

通气组织的发育使得根部具有更高的氧气浓度，可以延伸到更深的土壤中去。氧气沿着浓度梯度向下到达根部。通气组织可能首先在根部发生，一般会延伸到茎部和叶片中，形成一个充满气体的连续结构。次生生长一般地会抑制通气组织的功能，因此通气组织基本限制在草本植物中。然而一些木本植物使次生皮层能够适应并变成通气组织，如豆科的皂角叶树

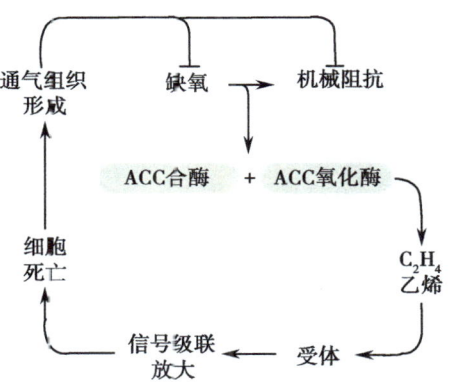

图 7-59 溶生通气组织形成过程中细胞死亡的诱导。这种植物细胞的死亡过程与乙烯的信号转导途径有关。

（*Aeschynomene aspera*）的次生木质部经改变后形成通气组织。而不具有通气组织的许多湿地木本植物具有庞大的根系，使得树根能够到达土壤中氧气更充足的区域。

溶生通气组织的形成受乙烯的诱导（图 7-59）。洪水浸没后植物体内乙烯浓度升高，至少有三个方面的原因：乙烯无法从根部扩散出去，氧气匮乏激活乙烯合成途径基因的表达，积水土壤中非生物的乙烯合成增加。S-腺苷甲硫氨酸在两种酶的作用下产生乙烯：ACC（1-氨基环丙烷-1-羧酸）合酶和 ACC 氧化酶。其中 ACC 氧化酶需要氧气才具有活性，所以无氧环境会抑制乙烯合成。然而在缺氧条件下，ACC 氧化酶却具有活性，所以乙烯的水平提高。

淹水与其他能够提高植物存活力的适应性发育过程有关

湿地植物的根状茎一般保持在休眠状态，使在漫长冬季里处于无氧条件下的植物得以存活。这些根状茎储有大量的淀粉、**果聚糖**或游离糖、蛋白质和氨基酸。大量的糖和氨基酸储备为在春季植物快速生长的复苏提供了碳氮的来源。在淹水条件下积累的有毒气体也会要解毒：氨气被固定为氨基酸储存在植物体内，硫化氢中的硫得到吸收，以谷胱甘肽的形式储存。谷胱甘肽的积累为促进春季植物生长的快速启动提供了抗氧化剂。水淹耐受的植物还会积累超氧化物歧化酶，防止植物重新生长时受到自由基损伤（7.7 节）。通过将两种对淹水具有不同耐受的鸢尾花进行比较（图 7-60）发现，对淹水耐受的菖蒲鸢尾（*Iris pseudacorus*）在厌氧条件下合成 SOD，而对淹水敏感的德国鸢尾（*Iris germanica*）则不能合成，随之发生的是再次通气时德国鸢尾的细胞膜会受到明显的自由基伤害。

许多耐受缺氧的物种对轻微的氧胁迫的响应是茎快速延伸，这一性状与自然界中可鉴定的物种的浸没耐受性差异是相关的。乙烯是促进植物茎延伸的主要刺激因子。在淹水植物中乙烯扩散减少，对缺氧反应后乙烯合成增加，从而使乙烯在植物体内增加。乙烯通过激活木糖葡聚糖转葡糖苷酶以及纤维素酶的活性促进细胞壁松弛，通过促进质子外排引起细胞壁扩张。在水稻幼苗中快速延伸生长限制在**胚芽鞘**，而其他器官在无氧环境下生长则受到抑制。乙烯可能与其他植物激素，特别是赤霉素来共同作用促进茎的伸长。

图 7-60 对洪涝有不同耐受能力的鸢尾种。（A）菖蒲鸢尾（*Iris pseudacorus*），抗洪涝。（B）德国鸢尾（*Iris germanica*），不抗洪涝（图 A 和图 B 由 Tobias Kieser 提供）。

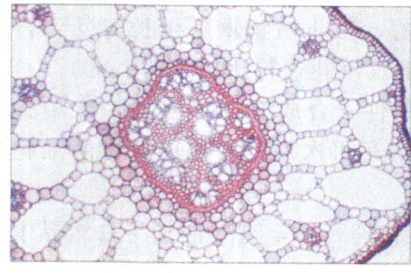

图 7-61 篦齿眼子菜（*Potamogeton pectinatus*）。（A）叶片。（B）根的横切面及通气组织（图 A 由 Petr Krase 提供；图 B 由 David T. Webb 提供）。

缺氧引起的茎伸长的最极端的例子是茴香叶状水草篦齿眼子菜（*Potamogeton pectinatus*）（图 7-61）。块茎中充满的淀粉分解出的糖为茎的伸长提供能量。6d 之内伸长的长度可达到 120mm，伸长方式包括细胞伸长和细胞分裂。除了乙烯，生长素也可能参与了这一生长反应。呼吸作用产生的二氧化碳使得环境酸化，进一步促进了茎的伸长生长。

许多植物在无氧应答中形成**不定根**（图 7-62A、图 7-62B）。有些物种的不定根是在先前存在的原基长出形成的，在其他物种中，是从新的原基长出的。这些增加的根取代了受无氧环境损伤的根，它们运输养分的效率更高，因为不定根中形成了通气组织，且一般都生长在氧气更充足的表层土壤中。不定根还提供了抵抗洪水压力的机械支撑。在玉米和柳树中，水淹促进了先前存在的原基发生，乙烯促进了这些不定根的最终形成。而向日葵的不定根则是由生长素促进新的原基发生而形成的。

(A)

(B)

(C)

图 7-62 对洪涝的形态适应。(A) 柳树 (*Salix europaea*) 的不定根。(B) 大红树 (*Rhizophora mangle*) 的不定根。(C) 黑皮红树 (*Avicennia germinans*) 的呼吸根 (图 B 和图 C 由 Wayne Armstrong 提供)。

在永久水淹条件下生长的物种如黑红树（Avicennia spp.），具有从根部延伸出的"呼吸根"，垂直伸长至突出水面（图 7-62C）。呼吸根允许氧气进入，通过其内部空腔扩散到氧气浓度较低的根部。柏树（T. distichum），如生长在奥克弗诺基或大迪斯莫尔沼泽的那些种类也具有长出水面外的根，就是熟知的"柏树膝盖"。还不知道是否这些结构是增强氧气扩散的位置。一些适应水淹的植物，如柳树和赤杨，通过树干上称为皮孔的狭缝扩散使氧气向根部输送的能力增强。

限制茎和叶的生长及新陈代谢有助于植物在无氧环境下生存。如洪水常会诱导茎部气孔关闭，因为缺氧损伤的根吸收水分的能力降低。在淹水条件下的气孔关闭可能是由 ABA 促进的。ABA 通过韧皮部的外运减少，可能导致在叶片中 ABA 水平增加。茄科植物（茄属）的叶片向下卷曲（一天中会变化）（图 7-63），叶片伸长较慢，叶片衰老加速。这些变化减小了在淹水条件下的蒸腾作用的速率，这样就增加了存活率。由于组织损伤引起水在根中的传导率下降，因而蒸腾速率过高不利于植物存活。在茎部合成的乙烯诱导了这些发育上的变化。在缺氧的根中，ACC 合酶受诱导表达，导致 ACC 合成增加，但 ACC 氧化酶的活性受到氧气浓度的限制，所以乙烯合成受阻。额外合成的 ACC 从根部运送到茎部，作为缺氧的信号发挥作用（图 7-63）。ACC 一旦进入氧气充足的茎部，立刻被 ACC 氧化酶氧化为乙烯，乙烯则促进叶片运动、伸长和衰老。

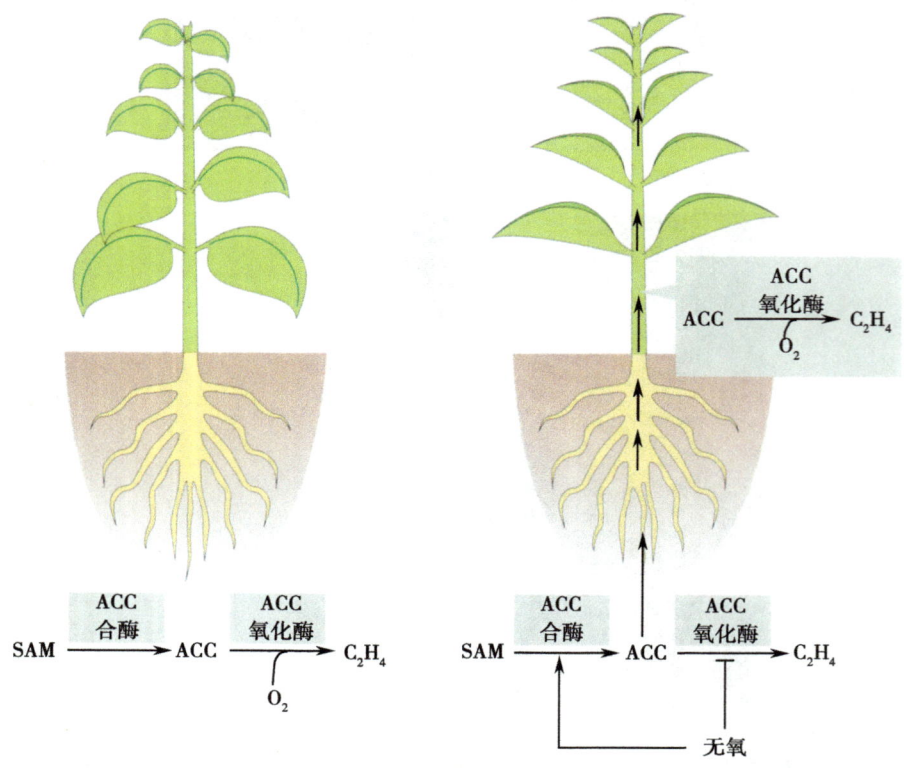

图 7-63　**地上组织对洪涝的发育响应**。包括叶片上偏性运动的这些应答受乙烯调控，乙烯由 1-氨基环丙烷-1-羧酸（ACC）产生（SAM＝S-腺苷甲硫氨酸）。

在缺氧条件下植物合成氧结合蛋白

所有的植物都能合成血红蛋白样蛋白，其功能主要是调节氧气供给。很著名的是豆科植物根瘤中的豆血红蛋白在结合氧气并扩散到固氮共生体中的作用（见8.5节）。这种豆血红蛋白与氧的结合是可逆的，但植物也会合成非共生的血红蛋白来维持稳定的氧气结合，它们不可能作为氧气运输载体。非共生的豆血红蛋白可以作为一氧化氮清道夫，可以催化NO向硝酸盐的转化反应，此反应是NAD（P）H依赖的。然而，我们还不清楚在缺氧时非共生的豆血红蛋白是通过去除活性氮自由基（过氧亚硝基，$ONOO^-$）还是抑制NO信号转导通路来增强植物耐受能力的。当线粒体呼吸所提供的能量不能满足细胞的能量需求时，非共生的豆血红蛋白与氧的结合还可能维持细胞的能量状态。

编码非共生血红蛋白的基因一般都为缺氧胁迫所诱导，其中一些还受其他胁迫诱导，如渗透胁迫。另外一些编码非共生血红蛋白的基因受低温等胁迫诱导，却不受缺氧条件诱导。这说明非共生血红蛋白除了在对缺氧的耐受中起到更加特定的作用外，在抗胁迫中还起到普遍的作用。

7.7 氧化胁迫

活性氧在正常代谢中产生，但也在多种环境胁迫条件下积累

活性氧参与有氧代谢的所有重要过程。虽然活性氧是在呼吸作用和光合作用的电子传递过程中形成的，但它对植物是有毒的。这是因为活性氧可启动一个级联反应，导致对植物有严重破坏性的物质如羟自由基和脂质过氧化物的产生。因此在植物体内存在有效的抗氧化剂系统来防止这一级联反应的启动。

大部分胁迫会导致ROS的产生或积累，尤其是高光强度和低温会产生高水平的ROS。这是由于光驱动的光合作用反应中心的活性增强，而碳固定能量消耗却降低，它们之间的不平衡造成了高水平ROS积累的结果。其他胁迫，包括干旱、盐分、过多的UV照射也会导致电子传递链的中断（可能通过膜损伤）以及ROS的产生。植物暴露在强氧化剂如臭氧中会直接产生ROS。

氧分子还原会产生活性氧，这一反应包括三步（图7-64）：第一步产生短暂的相对难扩散的氢过氧自由基（$HO_2^{\cdot}$）以及超氧自由基（$O_2^{\cdot -}$）。超氧自由基极易发生化学反应，氧化氨基酸（组氨酸、甲硫氨酸和色氨酸）和脂类，造成蛋白质和膜损伤。第二步还原超氧化物产生过氧化氢（H_2O_2）。这种相对稳定的物质特别性的氧化巯基基团。第三步还原产生最具毒性的物质——羟自由基（$HO^{\cdot}$）。虽然其半衰期较短，但是具有超强的氧化能力。它对所有的生物分子都具有很高的亲和力。这些自由基一旦形成，它们的活力将没有任何生物分子可以控制，从而造成严重的细胞损伤。

氧气还原三步反应	产物	与分子氧相比的相对能量	细胞靶位点
1 $O_2 + e^- \longrightarrow O_2^-$	超氧化物	+7.6	特殊的酶，叶绿素
2 $O_2^- + e^- + 2H^+ \longrightarrow H_2O_2$	过氧化氢	−21.7	特殊的酶，叶绿素，不饱和脂肪酸
3 $H_2O_2 + e^- + H^+ \longrightarrow HO^{\cdot} + H_2O$	羟自由基和水	−8.8	DNA，所有的蛋白质和脂类

图 7-64　**活性氧（ROS）的产生**。氧气的还原分三步，生成超氧化物、过氧化氢和羟自由基。每一种 ROS 的主要细胞靶位点如图所示。

羟自由基的形成受到超氧化物歧化酶的抑制（图 7-65），它能够清除羟自由基的超氧化物前体。植物能够产生几种不同的 SOD 的异构型，它们以不同的二价阳离子为辅因子。不同异构型的 SOD 在植物发育的不同阶段及不同的环境胁迫下起作用。然而，SOD 的活性只能将一个高活性物质（超氧化物）转化成一个低活性但是更稳定的物质（过氧化氢）。过氧化氢会被其他的酶分解：过氧化氢酶和过氧化物酶。过氧化氢酶定位于**乙醛酸循环体**和**过氧化物酶体**，清除大部分的过氧化氢。而抗坏血酸过氧化物酶在其他的亚细胞结构特别是叶绿体中分解过氧化氢。

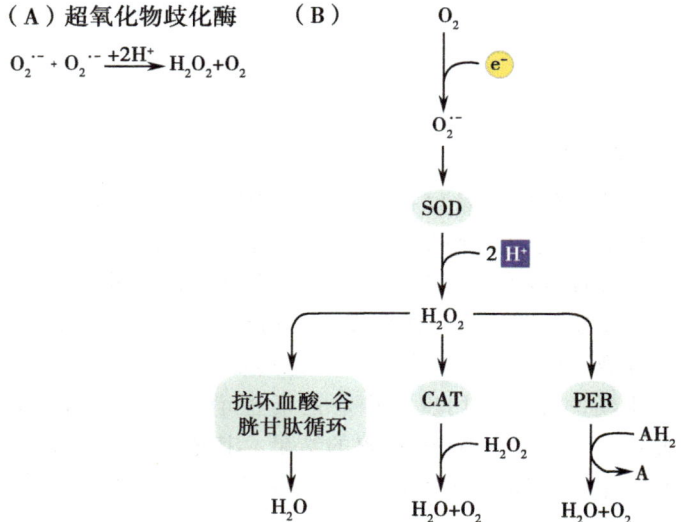

图 7-65　**通过超氧化物歧化酶清除超氧化物**。（A）超氧化物歧化酶（SOD）将超氧化物转变成过氧化氢和氧分子。（B）中所示是 SOD 清除活性氧的过程，此过程通过三种途径，即抗坏血酸-谷胱甘肽循环、过氧化氢酶（CAT）和过氧化物酶（PER）来去除 SOD 的产物过氧化氢。

抗坏血酸代谢在清除活性氧中起核心作用

过氧化氢在抗坏血酸过氧化物酶的作用下从质体中清除，而抗坏血酸转化为单脱氢抗坏血酸和水，单脱氢抗坏血酸在单脱氢抗坏血酸还原酶作用下进一步还原成脱氢抗坏血酸，最后在脱氢抗坏血酸还原酶的催化下生成抗坏血酸，这些反应利用还原性谷胱甘肽（GSH）提供还原力。这些反应还会产生氧化态谷胱甘肽（GSSG），在谷胱甘肽还原酶作用下还原为还原性谷胱甘肽（GSH）。以上这些反应组成了**抗坏血酸-谷胱甘肽循环**（图 7-66），以消除过多的过氧化氢，循环产生抗氧化小分子谷胱甘肽和抗坏血酸。

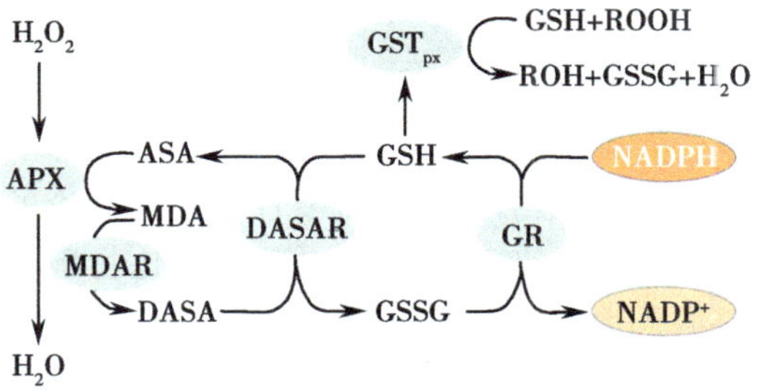

图 7-66　**抗坏血酸-谷胱甘肽循环**。该循环将质体中的过氧化氢转化成水，从而消除了过氧化氢。中间产物：ASA，抗坏血酸；MDA，单脱氢抗坏血酸；DASA，脱氢抗坏血酸；GSH，还原型谷胱甘肽；GSSG，氧化型谷胱甘肽。酶：APX，抗坏血酸过氧化物酶；MDAR，单脱氢抗坏血酸还原酶；DASAR，脱氢抗坏血酸还原酶；GR，谷胱甘肽还原酶；GST_{px}，过氧化物酶体谷胱甘肽-S-转移酶。

抗坏血酸是植物体内主要的抗氧化剂，在消除过氧化氢的过程中起到核心作用。它可与羟自由基、超氧化物自由基以及单线态氧直接作用并解除它们的毒性。抗坏血酸在叶绿体及其他亚细胞结构中大量（毫摩尔浓度）存在。除了在抗坏血酸-谷胱甘肽循环中作为直接的抗氧化剂外，抗坏血酸还能够还原氧化态的 α-生育酚（在非水结构如膜中的一种重要的抗氧化剂；7.1 节），以维持体内维生素 E 类抗氧化剂的水平。抗坏血酸在质外体中也大量存在，并在该位置作为抗氧化剂对直接的氧化胁迫应答如对臭氧环境的应答中起到重要作用。

抗坏血酸-谷胱甘肽循环在限制 ROS 积累中的重要性已在过量表达谷胱甘肽还原酶的转基因植物中得到证实，它增强了这些植物对氧化胁迫的耐受能力。通过**基因沉默**降低谷胱甘肽还原酶活性可降低转基因植物对氧化胁迫的耐受能力。

在消除 ROS 的过程中最核心的是抗坏血酸过氧化物酶（APX）的活性。拟南芥中编码 APX 的基因表达受一种具有锌指结构的转录因子 ZAT12 的诱导。过量表达 ZAT12 会增强氧化和光胁迫应答基因的表达，从而加强植物对光、冷和氧化胁迫的耐受能力。反过来 ZAT12 的表达又受到热激因子（HSF）的正调控，热激因子激活 ZAT12 转录的活性对氧化还原平衡状态非常敏感。

过氧化氢是氧化胁迫的信号

细胞内过氧化氢的水平是活性氧过量积累的信号。这在 I 类过氧化氢酶（可以消除叶肉栅栏细胞内的活性氧）活性降低的基因工程植物中已得到证实。这些植物都具有高水平的过氧化氢，表现出组成型表达胁迫相关基因，如编码热激蛋白和病原菌相关蛋白的基因。如果在环境胁迫下过氧化氢水平升高，它将传递信号诱导 ROS 清除酶（超氧化物歧化酶、抗坏血酸过氧化物酶、其他超氧化物酶和过氧化氢酶），以及其他的保护蛋白的表达。过氧化氢的信号在一个与水杨酸协同作用的自我增强的环路中起作用,并与茉莉酸(图8.4)及乙烯信号转导途径(见6.3节)相互作用。过氧化氢导致基因表达发生改变的详细机制却还未阐明。现有的一些发现可能会将过氧化氢的分子应答与超氧化物的分子应答区分开来,这说明超氧化物或其他的 ROS 也可能作为氧化胁迫的信号起作用。

抗坏血酸代谢是氧化胁迫应答的核心

植物对 ROS 增加及氧化胁迫应答的相对重要性是一些争论的焦点。植物受到氧化胁迫后,清除酶(包括 SOD、过氧化氢酶、抗坏血酸过氧化物酶、单脱氢抗坏血酸、脱氢抗坏血酸还原酶、谷胱甘肽还原酶以及谷胱甘肽过氧化物酶)的活性增加。当这些酶在转基因植物中高水平表达时,对 ROS 耐受能力的改善通常相对微小。这说明在决定植物对氧化胁迫耐受能力的因素中,关键的抗氧化剂分子的获得比 ROS 清除酶的活性更重要。

植物的两种主要抗氧化剂为还原性谷胱甘肽和抗坏血酸,其中抗坏血酸的数量更多,也更重要。当植物受到氧化胁迫时,诱导合成谷胱甘肽,谷胱甘肽库的规模随之增加。在已适应胁迫条件的植物中,谷胱甘肽库一直维持在高水平。在转基因植物中过量表达谷胱甘肽还原酶可导致叶片中产生高水平的抗坏血酸(通过抗坏血酸-谷胱甘肽循环),从而提高了对氧化胁迫的耐受能力。

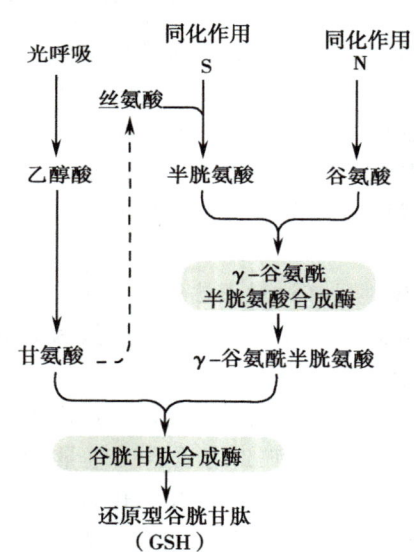

图 7-67 从氨基酸前体到还原型谷胱甘肽的生物合成。

还原性谷胱甘肽(GSH)是在两种酶包括 γ-谷氨酰半胱氨酸合成酶和谷胱甘肽合成酶的作用下由三种氨基酸(谷氨酸、半胱氨酸和甘氨酸)合成的(图 7-67)。氧化胁迫会通过代谢去抑制和转录诱导的共同作用来使这一生物合成途径的活性增强。第一步反应由 γ-谷氨酰半胱氨酸合成酶催化,受 GSH 抑制。当植物处于氧化胁迫时,GSH 的水平迅速降低,从而消除这种抑制作用,增加了产物合成。在应答氧化胁迫时,编码 γ-谷氨酰半胱氨酸合成酶以及谷胱甘肽合成酶的基因表达量增加。

抗坏血酸的生物合成途径还未完全阐明,但通过利用放射性标记底物以及对突变体和转基因植物的分析很好地证明了抗坏血酸是经 GDP-甘露糖与葡萄糖合成的(图 7-68)。GDP-甘露糖焦磷酸化酶活性降低的突变体植物与野生型相比抗坏血酸水平较低(大约 30%)。突变体植物明显比野生型对暴露在臭氧中造成的氧化胁迫更敏感。在受伤或受胁迫的植物中,抗坏血酸合成途径得到诱导,其合成增加。这一途径的最后一个酶——半乳糖 1,4-内酯脱氢酶,受胁迫后表达量增加。

总之,保护植物免受氧化胁迫伤害的最有效的方式是通过 ROS 的信号转导诱导小分子抗氧化剂的合成,即合成谷胱甘肽和抗坏血酸。诱导抗氧化剂的合成可能是很多不同类型环境胁迫的应答所共有的过程,也是对直接氧化胁迫本身应答时的过程。

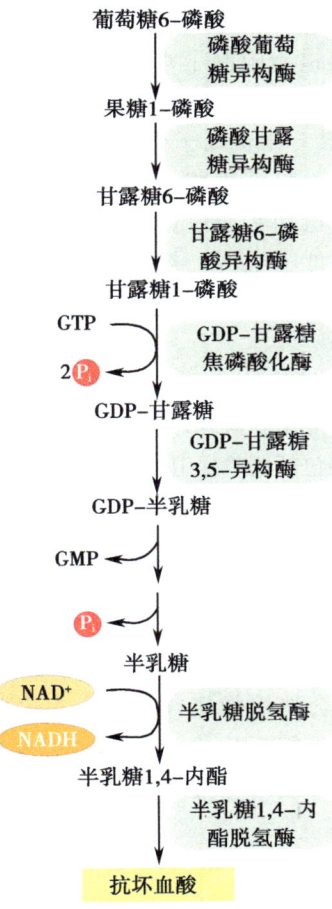

图 7-68 高等植物中从己糖磷酸到抗坏血酸的生物合成。

小结

所有植物都具有各种方法通过生理应答反应改进自身生长、发育和代谢来适应环境胁迫。胁迫感知、信号转导和反应诱导构成了植物对所有类型环境胁迫的适应基础。与之相比，有些植物还能适应极端环境。

虽然植物的生长需要光照，但光也会成为严重的胁迫。强光激发的电子会产生过量的能量，这些能量必须及时消耗，否则会对植物造成光氧化损伤。消耗过量能量的方式包括水循环、叶黄素循环以及光呼吸的加强。植物对强光胁迫会产生形态适应。而在另一个极端即光强度较低时，光敏色素会感知信号，并改变植物形态、生长过程和生命周期。紫外线照射会对 DNA 和蛋白质造成损伤，尤其是 UV-B。损伤的 DNA 可以通过光修复酶等催化的光复活反应得到修复。抗 UV 损伤则需要一些特殊的植物代谢物作为遮光剂（如类黄酮和芥子酰酯）以及形态适应。

高温诱导热激蛋白的表达。热激蛋白作为分子伴侣可以使变性蛋白质的重新正确折叠。植物对高温环境下的生长在发育上的适应包括叶片伸展方向和形态的改变。

对植物来说最普遍的环境胁迫是限制了水分供给的胁迫，如干旱、盐和低温。植物对这些胁迫的应答具有相似的信号转导机制和代谢反应。虽然存在 ABA 不依赖的信号转导途径，但是 ABA 在信号转导中仍处于核心地位。对水分胁迫的应答包括调节气孔关闭以及渗透物质的合成，从而降低细胞内水势、稳定蛋白和膜结构、保护细胞免受氧化损伤。水分胁迫时离子通道和水通道蛋白也受到调控。有些植物会采用景天酸代谢来提供在白天关闭气孔的条件下维持二氧化碳固定的机制。植物适应干旱环境会产生一系列的形态适应（如肉质组织中储存水分，非肉质植物发生特殊的形态和生理反应）。

高盐土壤会既造成水分胁迫（植物的应答是合成渗透剂和水通道蛋白）也造成离子胁迫。盐生植物的适应主要包括盐分隔离和盐分外排。渗透保护化合物包括甜菜碱、氨基酸和多元醇。植物对高盐环境的应答还包括调节保卫细胞的功能和在生命周期中的变化。

生长在热带地区以外的植物都会受到由低温造成的冷冻胁迫，造成细胞膜损伤，同时因为缺水导致缺水胁迫。植物对这种缺水胁迫的生理适应与对干旱和盐胁迫造成的缺水的适应是相似的，冷胁迫所诱导的很多基因同样受到干旱和盐胁迫的诱导。包括渗透物质的合成在内的冷适应增强了植物冰冻损伤的抗性。冷调控基因的产物能够稳定质膜，防止蛋白质变性。

过多的水分（洪涝或水淹）会使植物氧气缺乏。在短期的无氧状态下，呼吸的最后一步受到抑制，植物代谢转向发酵反应。在洪水耐受植物中，其通气组织能够进行长距离的氧气运输。其他对缺氧环境的适应还包括乙烯诱导的茎的快速伸长以及不定根和"呼吸根"的形成。

在许多环境胁迫中植物会产生高水平的活性氧（ROS）。高水平的 ROS，尤其是羟自由基和过氧化氢会对植物细胞造成严重伤害。ROS 在一系列的胁迫中积累：强光、低温、干旱、盐、过量 UV 照射或者在臭氧下受到的氧化胁迫等。植物的应答反应包括诱导 ROS 清除酶（超氧化物歧化酶、过氧化物酶和过氧化氢酶）的表达和谷胱甘肽-抗坏血酸循环，从而消除超量的过氧化氢。

延伸阅读

整章

Buchanan B, Gruissem W & Jones RL (eds) (2000) Biochemistry and Molecular Biology of Plants. Somerset, NJ: American Society of Plant Biologists (*especially chapters* 17, 22, & 24).

Encyclopedia of Life Sciences. Chichester, UK: John Wiley & Sons. www.els.net/

Fritsch FE & Salisbury EJ (1946) Plant Form and Function. London: G. Bell and Sons.

Hallahan DL, Gray JC & Callow JA (eds) (2000) Plant trichomes. In Advances in Botanical Research, vol. 31. New York: Academic Press.

7.1 光胁迫

Gutschick VP (1999) Biotic and abiotic consequences of differences in leaf structure. *New Phytol*. 143, 3-18.

Jansen MAK, Gaba V & Greenberg BM (1998) Higher plants and UV-B radiation: balancing damage, repair and acclimation. *Trends Plant Sci.* 3, 131-135.

Niyogi KK, Grossman AR & Bjorkman O (1998) Arabidopsis mutants define a central role for the xanthophyll cycle in the regulation of photosynthetic energy conversion. *Plant Cell* 10, 1121-1134.

Sultan SE (2000) Phenotypic plasticity for plant development, function and life history. *Trends Plant Sci.* 5, 537-542.

7.2 高温

Wang WX, Vinocur B, Shoseyov O & Altman A (2004) Role of plant heat-shock proteins and molecular chaperones in the abiotic stress response. *Trends Plant Sci.* 9, 244-252.

7.3 水分缺乏

Hoekstra FA, Golovina EA & Buitink J (2001) Mechanisms of plant desiccation tolerance. *Trends Plant Sci.* 6, 431-438.

Mulroy TW & Rundel PW (1977) Annual plants: adaptations to desert environments. *Bioscience* 27, 109-114.

Nimmo HG (2000) The regulation of phosphoenolpyruvate carboxylase in CAM plants. *Trends Plant Sci.* 5, 75-80.

7.4 盐胁迫

Glenn EP, Brown JJ & Blumwald E (1999) Salt tolerance and crop potential of halophytes. *Crit. Rev. Plant Sci.* 18, 227-255.

Zhu JK (2002) Salt and drought stress signal transduction in plants. *Annu. Rev. Plant Biol.* 53, 247-273.

7.5 冷胁迫

Chinnusamy V, Zhu J & Zhu J-K (2006) Gene regulation during cold acclimation in plants. *Physiol Plantarum* 126, 52-61.

van Buskirk HA & Thomashow MF (2006) Arabidopsis transcription factors regulating cold acclimation. *Physiol. Plantarum* 126, 72-80.

Yamaguchi-Shinozaki K & Shinozaki K (2006) Transcriptional regulatory networks in cellular responses and tolerance to dehydration and cold stresses. *Annu. Rev. Plant Biol.* 57, 781-803.

7.6 缺氧胁迫

Dolferus R, Klok EJ, Delessert C et al. (2003) Enhancing the anaerobic response. *Ann. Bot.* 9, 111-117.

Drew MC, He C-J & Morgan PW (2000) Programmed cell death and aerenchyma formation in roots. *Trends Plant Sci.* 5, 123-127.

Xu K, Xu X, Fukao T et al. (2006) Sub1A is an ethylene-responsefactor-like gene that confers submergence tolerance to rice. *Nature* 442, 705-708.

7.7 氧化胁迫

Foyer CH & Noctor G (2005) Redox homeostasis and antioxidant signaling: a metabolic interface between stress perception and physiological responses. *Plant Cell* 17, 1866-1875.

Noctor G & Foyer CH (1998) Ascorbate and glutathione: keeping active oxygen under control. *Annu. Rev Plant Physiol. Plant Mol. Biol.* 49, 249-279.

8 与其他生物的相互作用

阅读本章后，您应该能够做到：

- 利用植物-病原和植物-传粉昆虫之间相互作用的例子来解释"协同进化"。
- 利用特定的例子解释为什么单一种植的作物更易感染流行病。
- 总结出植物病原以及植物对病原的防御在进化上的选择压力。
- 能够区分活体营养型病原和死体营养型病原，概述病原入侵植物的途径，并描述在感染过程中效应分子的作用。
- 总结出土壤农杆菌如何将其 T-DNA 转入植物细胞以及这个系统如何在生物技术中进行应用。
- 概述植物-病原相互作用的基因对基因模型，包括 *avr* 基因的作用。
- 总结真菌病原和卵菌病原的类型。
- 总结昆虫作为害虫和作为病毒病原的载体的作用。
- 概述植物病毒，描述其主要的四个家族，并且解释 RNA 沉默在植物抵抗病毒感染过程中的作用。
- 描述植物的基础和组成型防御机制。
- 描述病原分子被植物识别并引起防御激活的两条主要途径。
- 定义"共生"的概念，给出植物根部根瘤和菌根形成、植物类型、细菌和涉及的真菌的详细情况，以及如何从共生中获益。
- 描述 R 蛋白的主要类型以及它们在植物防御中所起的作用，总结植物中两种主要类型的系统抗性。

在第 6 章和第 7 章中，我们主要讲述了植物与环境的物理方面或者说是非生物方面的相互作用，包括光、氧气、水和矿物质等。但是，如果不了解植物与生物环境以及与其他有机体的相互作用，我们就无法充分了解植物的生长、发育和多样性。植物是地球上几乎所有非光合作用有机体的有机碳的来源，也就是食物。植物与其他有机体之间的大部分相互作用是对植物有害的，因为这会造成植物组织的大片去除或者植物疾病。在本章中，我们主要研究植物与人类之外的生物之间的相互作用，包括：细菌、卵菌、真菌、昆虫和其他食草动物、病毒甚至和其他的植物，我们首先从有害相互作用开始，大部分有机体会引起植物疾病和损伤。通常情况下，能引起微生物疾病的有机体称为病原，以蔬菜组织和种子为食的食草昆虫、哺乳动物和鸟类称为害虫。

在植物驯化成为作物之前很久，大多数植物病原和许多害虫就与他们的宿主植物协同进化。然而，10 000 年前农业的开始给驯化植物和它们的病原及害虫的关系带来了动态而重要的改变。在驯化和农业机械化过程中，作物的数量、密度以及遗传一致

图 8-1 一种有重要经济作用的植物病原。由马铃薯晚疫病菌（*Phytophthora infestans*）引起的感染有马铃薯晚疫病的马铃薯叶片。环绕在坏死区周围的是白色绒毛孢囊柄（带有孢子囊的分支）（由 Willmer Perez 提供）。

性都增加了。如今，我们星球上的大片土地都为遗传物质相同的**单一种植**的作物所占据。在这种情况下，为了将植物变成食物，自然选择会有利于那些能克服植物防御机制的病原和害虫的遗传变异体。如果这种由**基因突变**或**基因重组**所造成的遗传变异体增加，它会迅速复制而可能造成作物的大量损失。

这种由病原引起的植物流行病造成的损失足以影响人类的历史发展。1845～1848年，爱尔兰的马铃薯饥荒是由一种**卵菌**马铃薯晚疫病菌引起的马铃薯晚疫病所引起的（图 8-1），这次事件所造成的饥荒和移民使爱尔兰人口锐减，在 3 年间由 800 万变成 500 万。对于生活在发展中国家的数百万人，疾病和虫害造成的作物损失会使饥荒恶化。在食物充足的发达国家，作物的病害对于经济的影响仍相当重要。在英国，用于晚疫病防治上的花费大约是每年每公顷 400 美元，整个国家合计花费达 5500 万美元。在全球范围内，每年因害虫、杂草和病原损失的作物占所有作物的 40%～50%。植物病原和害虫也会在果实和蔬菜上造成瘢痕来影响作物的价值，这会严重降低作物的市场价值。病原和害虫还会在作物收获后的运输和储存过程中破坏植物组织，造成收获后损失。

病原与它们的宿主植物之间的关系可以用四个阶段来表示，反映了宿主-病原关系在进化上的一系列事件，见图 8-2 的"之"字形图。我们总结这几个阶段和进化中的**选择压力**如下。

（1）大多数微生物有机体都有一些表面分子（通常是细胞壁的成分），这些分子可以被植物细胞上的受体识别，激活称为基础防御机制的植物防御。这些防御可作为植物免疫的一种形式。它们也称为 **PAMP 激活的免疫**（PAMP 是病原相关的分子模式）。

（2）植物的基础防御机制给潜在的病原的遗传变异体造成选择压力，这些变异体可以产生能干扰或抑制这些机制的蛋白质或其他化合物（效应分子），从而使病原可以侵染植物。这种现象是熟知的效应分子激活的感病性。

（3）使病原成功侵染的效应分子的存在给植物群体中的遗传变异体也造成选择压力，这些变异体识别病原效应分子和通过激活更进一步的防御机制来对效应分子进行反应。这些变异的植物都有效应分子的相应受体，由熟知的**抗性基因**（R）编码。这种防御就是已知的 R 基因介导的防御或效应分子激活的免疫（ETI）。这种防御常常会涉及比 PAMP 激活的免疫更强烈的防御机制的激活。

（4）R 蛋白的存在给潜在的病原的遗传变异体造成选择压力，使其不再产生为受体所识别的效应分子。这些变异的病原不会激活 R 基因介导的防御机制，因而可以侵染和利用植物。

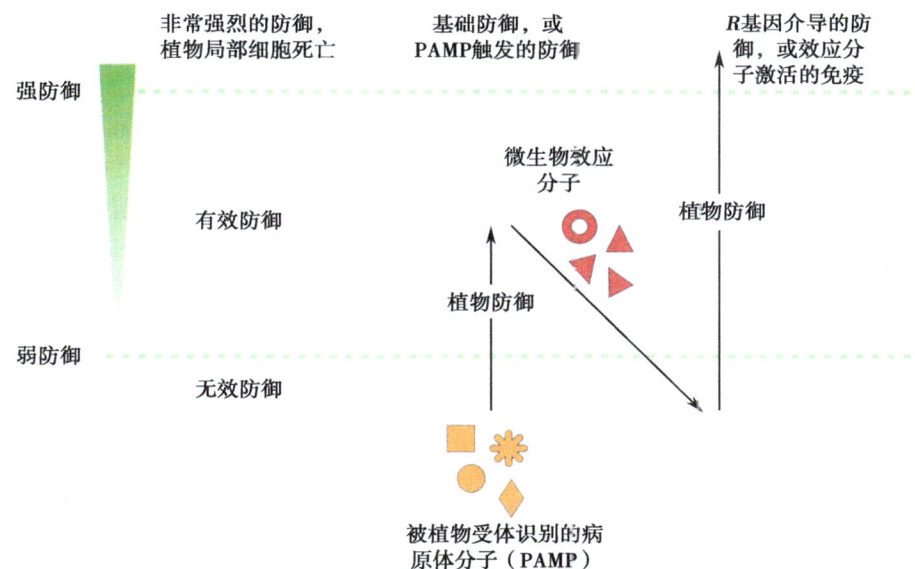

图 8-2 宿主植物与其病原共进化中各种事件的"之"字形解释。图中所示是在响应微生物病原（右）入侵时不同水平的植物防御（左）。当病原与潜在的宿主接触时，病原表面的分子被植物上的受体识别并激活防御反应。这些基础防御，也被称为 PAMP 激活的免疫，有利于从病原的遗传变异体中选择能产生克服植物防御的效应分子的病原。反过来，效应分子的进化有利于从宿主植物的遗传变异体中选择能激活更进一步防御机制的效应分子的宿主植物。这称为 R 基因介导的防御或效应分子激活的免疫；这种防御是一种比 PAMP 激活的免疫更强的防御形式。R 基因介导的防御的进化给病原带来选择压力，使产生不再被防御系统识别的修饰的效应分子。这个原理将在 8.4 节中进一步探讨。

因此，植物与其病原之间的协同进化有着复杂的模式。能够成功克服植物基础防御机制的病原给植物的变异体造成选择压力，这些变异体可以识别病原的效应分子并通过 R 蛋白来抵御病原。能够识别大量病原效应分子的 R 蛋白给病原的变异体造成选择压力，这些变异体可以避免识别从而避免激活防御机制。这是一个重要的概念，我们会在本章中多次提及。

并不是与其他生物体的所有相互作用都对植物有害。有些相互作用是对双方有利的，称为共生关系。例如，有些昆虫以花蜜为食的同时也有利于传播花粉到其他花朵上。能将氮气转化成氨的细菌与植物形成共生关系。细菌从植物中获取有机碳源作为能量，同时为植物提供氨作为氨基酸合成的原料。以植物果实为食的动物可帮助种子传播到适宜萌发的地方。

在这一章中，我们从植物与其他生物体之间的一系列的相互作用中选取一些例子进行仔细分析。我们集中描述那些用生化和遗传方法已阐明的相互作用。我们首先讨论各种病原侵染和利用植物作为食物的机制，然后描述植物识别和对抗侵染的一系列机制。最后我们仔细分析植物和其他生物体间的一些共生关系。

8.1 微生物病原

许多病原特化成在特定植物物种上繁殖，不能再侵染其他物种。而其他病原可以侵染许多往往是不相关的植物物种。为了利用一个特定物种作为食物，病原必须设法克服物种的防御机制。许多植物物种对大多数病原有抗性。正如我们前面所述，病原产生的能抑制植物防御而不使 R 蛋白识别的效应分子对病原成功侵染是十分重要的。在本节中我们描述微生物（病毒）侵染和利用宿主植物的机制；其他类型的生物的攻击和利用将在 8.2 节中描述，病毒相关的更多细节见 8.3 节。我们将在 8.4 节中讨论植物识别和对抗攻击的机制。

大多数病原可以归类为活体营养或死体营养

病原一旦进入宿主植物，或者杀死植物细胞并以死掉的组织作为食物（死体营养），或者与活体组织一起生长直到它们繁殖（活体营养）。死体营养通过产生化学毒素和破坏植物细胞壁聚合物的酶来杀死植物组织，许多死体营养病原可以利用广泛的植物物种。例如，腐生真菌灰霉菌能感染至少 1000 个植物物种；死体营养细菌欧文氏菌属可以使大量水果和蔬菜引起腐烂（图 8-3A，B）。相反，活体营养病原常在一个特定宿主植物上生长而高度特化，并且受感染细胞必须保持活体来使活体营养病原完成正常的生命周期。例如，白粉病菌（*Blumeria graminis*）在遗传上有不同的形式，称为物种的形式（*formae specialis*；f. sp.），它们感染大麦或小麦，但不同时感染。活体营养病原的感染常对宿主植物代谢和发育有很大的影响，这既由于代谢物从宿主流失到病原中，也由于涉及生长发育的**植物激素**水平的改变。这些影响可包括叶片感染区衰老的延迟（见 5.4 节）、生长抑制以及异常的生长模式（图 8-3C，D）。活体营养病原包括霉菌、锈病真菌、病毒和线虫。

有些病原在植物感染初期是作为活体营养，然后随着感染的进行会变成死体营养。马铃薯晚疫病菌（*Phytophthora infestans*，图 8-1）是一个例子。在感染起始阶段马铃薯叶片仍保持活性，但是随着感染的进行，组织被卵菌（图 8-8）杀死并侵占。许多假单胞菌属的细菌也有一个侵染宿主植物的细胞间隙的起始阶段，此时邻近的叶片细胞仍是活体的。在马铃薯晚疫病中，随着感染的进行会发生叶片细胞破裂和死斑（损伤）。这种类型的病原是熟知的半活养生物。

病原通过多种不同途径进入植物

病原进入植物有三种主要途径：通过完整表面直接侵入，通过天然开口侵入（如气孔），或通过伤口适时侵入（图 8-4）。真菌可通过所有三种途径进入植物；有的物种只用一种途径，其他的用超过一种的方法进入植物。细菌很少通过直接侵入的方法进入植物。如果植物表面覆盖一层水，细菌可以简单地从开口处游入。有些细菌依靠昆虫进入植物。这主要是感染维管组织（**韧皮部**、**木质部**和相关细胞类型）的细菌。当昆虫在取食时口器穿透韧皮部时，黏在口器上的细菌会侵染这个区域。病毒和类病毒（类病毒是很小的环状的单链 ssRNA，见 8.3 节）倾向于通过由昆虫取食时造成的伤口或帮助其传播（它们的"载体"）的线虫或通过植物的机械损伤来进入植物。

图 8-3　在宿主植物中活体病原和死体营养型病原的实例。（A）死体营养型真菌灰霉菌（*Botrytis cinerea*）使葡萄发霉。葡萄表面的灰色是由一团产孢子（形成孢子）真菌菌丝引起的。（B）死体营养型细菌欧文氏菌（*Pectobacterium*）造成马铃薯腐烂，图为对马铃薯块茎切片的观察。（C）活体营养型锈菌（*Puccinia sorghi*）感染的玉米叶片延迟衰老。绿色区域（"绿岛"）是真菌存在的位置，岛中间的黑色区域是叶表面的真菌孢子。（D）烟草花叶病毒（*Tobacco mosaic virus*）感染的烟草叶片歪曲有色斑（图 A 由 M. Schuster 提供；图 B 由 Allan Collmer 提供；图 C 由 Tony Pryor 提供；图 D 由 Michael Shintaku 和 Rick Nelson 提供）。

大部分微生物病原只攻击植物的特定部位。感染根部的真菌和细菌在土壤中保持休眠状态，直到它们探测到植物根部分泌的化合物（如糖、氨基酸或其他只有特定物种植物才能产生的化学物质）。微生物孢子或休眠体萌发后，微生物可以从伤口进入，或者从主根中生出侧根的部位进入（图 8-4），或者直接穿过细胞壁从根的**表皮细胞**侵入。感染植物地上部分的真菌和细菌可以通过天然的开口进入植物，如气孔、排水器（从叶片边缘渗出水的结构，见 4.10 节）和**花蜜管**或者通过伤口，或者通过表皮细胞壁直接侵入。与根部的表皮不同，植物地上部分的表皮为一层蜡质的角质层所覆盖（见 3.6 节）；通过直接侵入方式侵入的病原必须要能进入这一层和细胞壁本身。

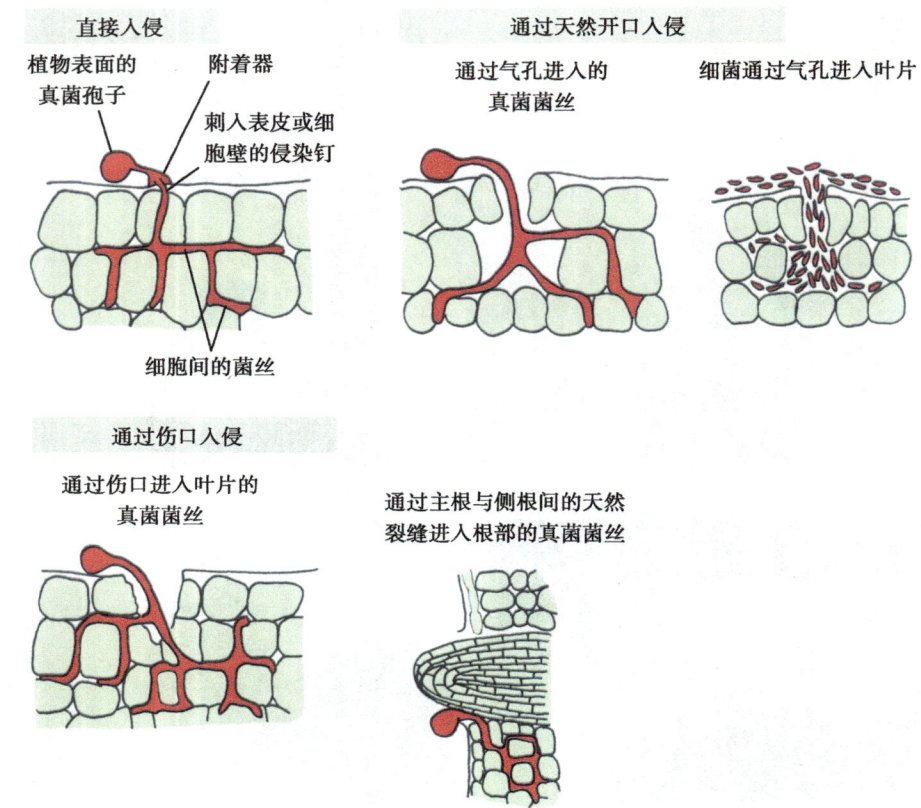

图 8-4 真菌和细菌入侵植物器官的方法。有些真菌具有通过植物表皮和细胞壁直接入侵的机制。其他种类的真菌和病原细菌通过天然开口或通过植物表面已存在的伤口或裂缝进入植物。

黄枝孢霉（*Cladosporium fulvum*）是通过天然开口进入宿主植物的病原中一个例子（图 8-5）。这种活体营养的真菌可以引起温室番茄的叶霉病。通过无性生殖产生的孢子（分生孢子）在叶表面生长，露出的**菌丝**长满整个叶表面后通过气孔进入植物。真菌利用周围植物细胞渗透出的营养物作为食物的来源。在叶片中生长 10~14d 后，菌丝特化产生的分生孢子柄从气孔中伸出，释放分生孢子来继续生命周期（图 8-22）。分生孢子柄会阻碍气孔的关闭，因此阻止了植物对水分流失的控制并引起疾病的发生。

稻瘟病菌（*Magnaporthe grisea*）是稻瘟病的致病菌，它是一种通过直接侵入进入宿主的半活体营养的真菌。当稻瘟病菌的菌丝在叶表面生长时，会产生短菌丝（芽管），它可以分化成称为附着器的结构。附着器是一种扁平的灯泡状的结构，它通过渗出黏附蛋白（疏水蛋白）和黏液黏附到叶的表皮（图 8-4，图 8-6B、C、D）。附着器会产生一种比大多数菌丝都窄的侵染钉。侵染钉的生长点像一根针一样穿透表皮和细胞壁。侵染钉的一些特点对于侵染的发生很重要。

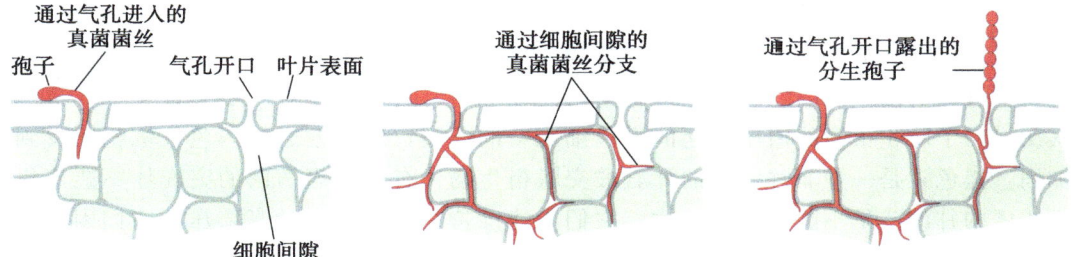

图 8-5 黄枝孢霉（*Cladosporium fulvum*）在番茄中的生命周期。孢子在叶片表面萌发后，菌丝在叶表面延伸直至遇到气孔，通过气孔开口菌丝进入叶片的细胞间隙。大约在感染后 14d，孢子生成结构通过气孔开口产生分生孢子。

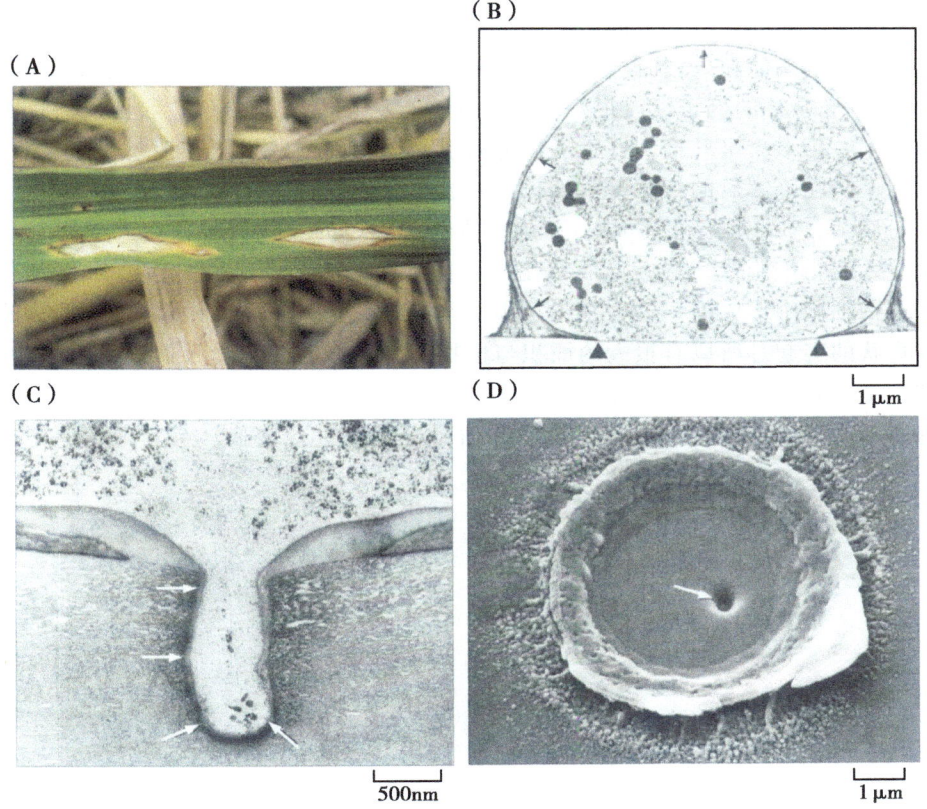

图 8-6 稻瘟病菌（*Magnaporthe grisea*）感染的水稻叶片。(A) *M. grisea* 感染的水稻叶片表现出由真菌引起的细胞死亡区。(B) 透射电子显微镜照片显示 *M. grisea* 附着器垂直切入基质。细胞周围环绕着黑色素层（箭头所示），除了与基质相接触的区域，基质中包含产生侵染钉的附着器孢子（底部，箭头之间）。(C) 侵染钉能侵入人造基质玻璃纸。侵染钉的细胞壁（箭头所示）是孢子细胞壁的延伸部分。(D) 在人造基质上留下的侵染钉的印记。圆形凹痕代表附着器的位置；箭头显示的是侵染钉进入基质的位置（图 A 由 Nick Talbot 提供；图 B～D 来自于 Arnu. Rev. Microbiol. 50：491-512，1996，由 Richard J. Howard 提供）。

首先，真菌细胞的内部保持高**膨压**(或是静水压力)使其结构坚硬。膨压是由分生孢子里的脂类和淀粉样的称为糖原的葡萄糖聚合物分解生成甘油而形成的。甘油的聚集使水进入真菌，升高了抗真菌细胞壁的向外压力(对膨压的进一步解释见3.5节)。其次，为了防止很高的内压引起的真菌细胞壁的破裂，细胞壁通过黑色素沉积而得到加固，黑色素是一种非常坚韧的酪氨酸交联衍生物。有些稻瘟病菌的突变体不能聚集高浓度的甘油或是不能合成黑色素，它们不能维持在侵染钉里的高膨压，它们因侵入细胞表面不成功而减少致病性。最后，侵染钉的进入也与降解植物细胞壁的真菌酶的产生和分泌有关。真菌细胞壁与植物细胞壁的结构不同，它含有一种名为壳多糖的多聚体，所以真菌产生的可以降解植物细胞壁的酶(如果胶酶和纤维素酶)不会降解自身的细胞壁。

在进入之后，稻瘟病菌的菌丝在整个叶片上分支，紧接着进入一个简短的活体营养阶段，真菌会杀死感染部位的植物细胞，引起病斑。

死体营养的病原在入侵时会导致细胞壁的快速降解，蚕豆赤斑病菌(*Botrytis fabae*)感染豆类叶片的例子可以很好地证明这一点。在酶辅助的角质层侵入后，蚕豆赤斑病菌分泌一种多聚半乳糖，这是一种可以引起周围细胞壁扩展和菌丝快速生长的酶。真菌实际上是在降解后的细胞壁内生长，通过水解必需的果胶成分来杀死细胞。

白粉病菌(*Blumeria graminis*)是活体营养病原的一个例子，它产生附着器和侵染钉来侵入植物细胞壁，然后形成特化的吸食结构称为吸器(图8-7)。吸器是菌丝延伸进入植物细胞中形成的，这为病原吸收营养提供了很大的表面积。白粉病菌的吸器有很多指状的突起，所以有很大的面积与植物细胞质接触。尽管吸器进入了植物细胞，真菌和宿主细胞的质膜仍保持完整。宿主和真菌细胞的质膜之间有由细胞壁材料组成的细胞间基质，通过这些基质营养物质和信号分子可进行交换。与其他病原不同，白

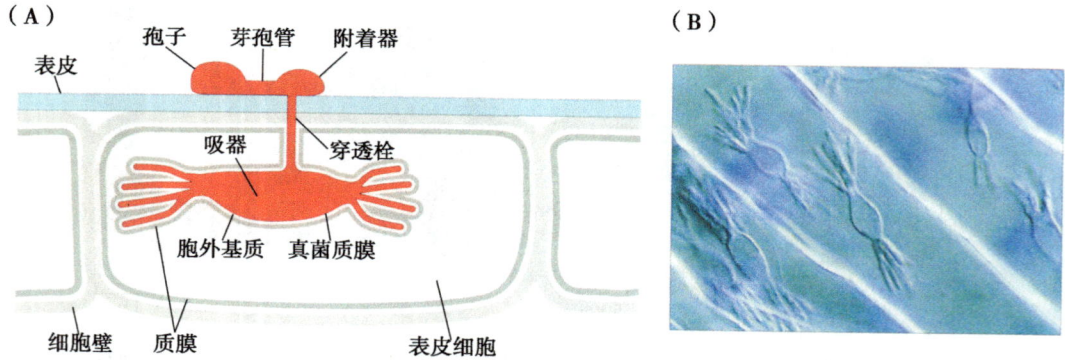

图 8-7　活体营养型真菌在植物细胞中形成吸器。(A) 白粉病菌(*Blumeria graminis*)感染的谷类植物叶片表皮细胞。在真菌孢子萌发后，在叶表面形成萌发管和附着器。然后侵染钉穿透表皮和细胞壁。这些过程与已描述过的稻瘟病菌(*Magnaporthe grisea*)类似(图8-6)。然而，在这种情况下，结果不是使植物细胞死亡，而是产生一个能使白粉病菌从活体的植物细胞中摄取营养的结构，即吸器。注意吸器仍然位于细胞质膜之外。吸器的手指状突起被植物质膜围绕，产生很大的接触面，有利于营养传递到真菌中。(B) 白粉病菌感染的谷类植物叶片表面。叶片经处理后显示出表皮细胞中的真菌吸器(图B，显微照片来自于George Barron制作的MycoAlbum CD)。

粉病菌只感染表皮细胞。有许多关系较远的真菌病原和卵菌病原都能产生吸器，人们认为它们是独立进化几次形成的。请注意卵菌不是真菌，比起真菌它实际上更接近褐藻（Phaeophyceae）和疟原虫（*Plasmodium*），甚至是植物（图 8-8）。

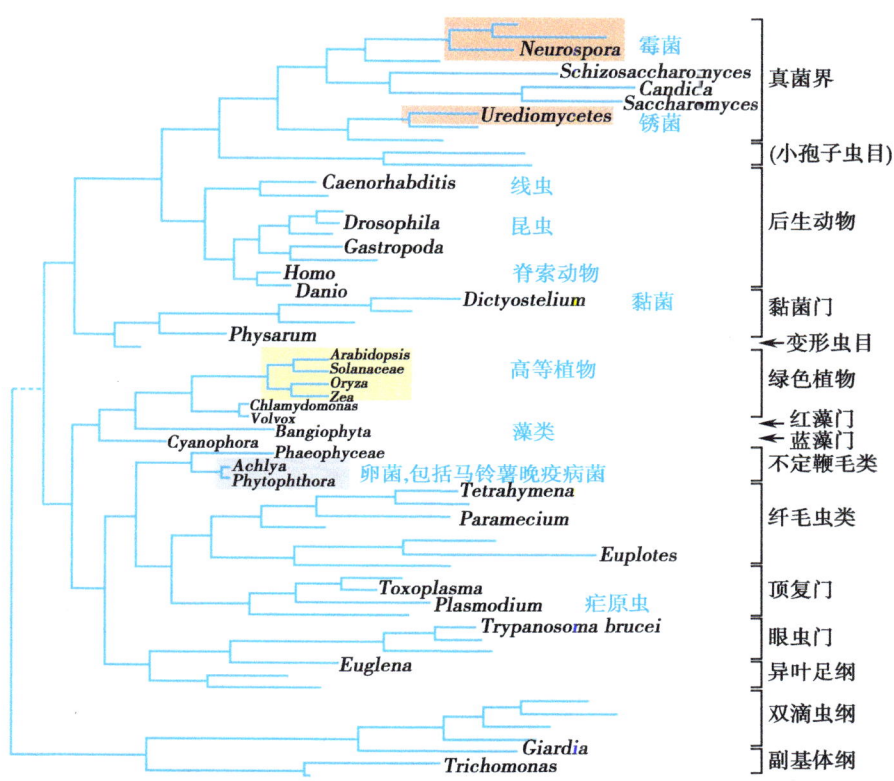

图 8-8　显示能产生吸器的生物间进化关系的真核生物系统发育树。形成吸器的真菌（霉菌和锈菌；红色底色显示）与产生吸器的卵菌病原菌（蓝色底色显示）在完全不同的分枝上。尽管卵菌与某些真菌有类似的外观，但是它们属于不同的真菌分类。比起真菌，卵菌更接近于高等植物（黄色底色显示），而相对于卵菌，真菌更接近于人类（人属）。

病原侵染会导致一系列的病症

病原会造成感染的植物产生各种各样的病症。这些病症有时候是专门由某种病原引起的，这使我们能够仅通过病症就鉴定出相应的病原。但是不同的病原有时会引发相同的病症（图 8-9）。有些活体营养型的病原能够在侵入宿主植物后很长一段时间里并不引发任何明显的病症。疾病的命名通常是依据其病症而不是引发病症的病原，例如，细菌、真菌和卵菌会引起一种叫做枯萎病的疾病，这种病的特征是受到感染的部位发生快速的褐变和死亡（图 8-1）。细菌和真菌可以引起**维管萎蔫病**，原因是病原占据并堵塞了木质部，结果降低了水向叶片的运输。细菌、真菌、昆虫和线虫可以引起宿主发育的重编程，例如，能够改变植物激素的水平形成**瘿瘤**（此处细胞激增不受调控）、根结、包囊，如"女巫"的扫帚样结构（带有大量向上的小分枝）或叶片的卷曲（图 8-10A、B）。十字花科植物的根肿病是由甘蓝根肿菌（*Plasmodiophora brassicae*）引起的，会造成根部膨大（图 8-10C）。

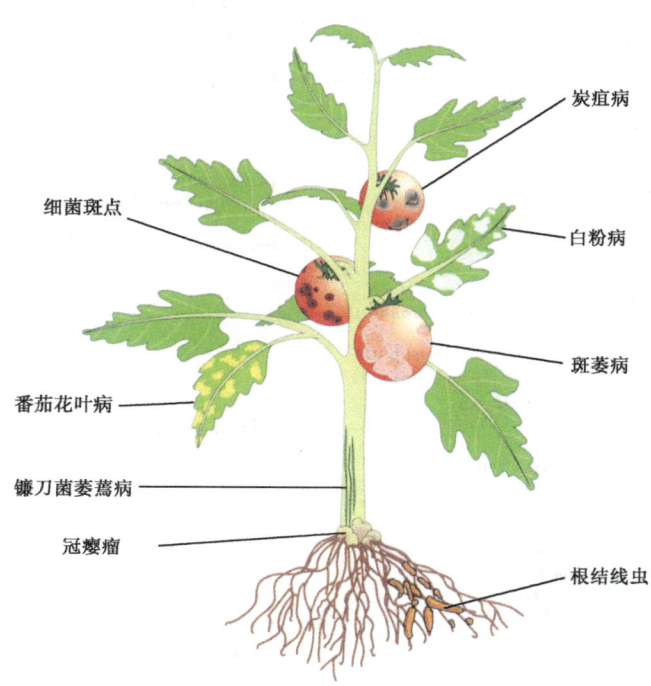

图 8-9 不同种病原引发的番茄疾病。 该图说明了由细菌（细菌斑点病、斑萎病和冠瘿瘤）、真菌（镰刀菌萎蔫病、白粉病和炭疽病）以及病毒（番茄花叶病）和线虫（根结线虫）造成的病症。

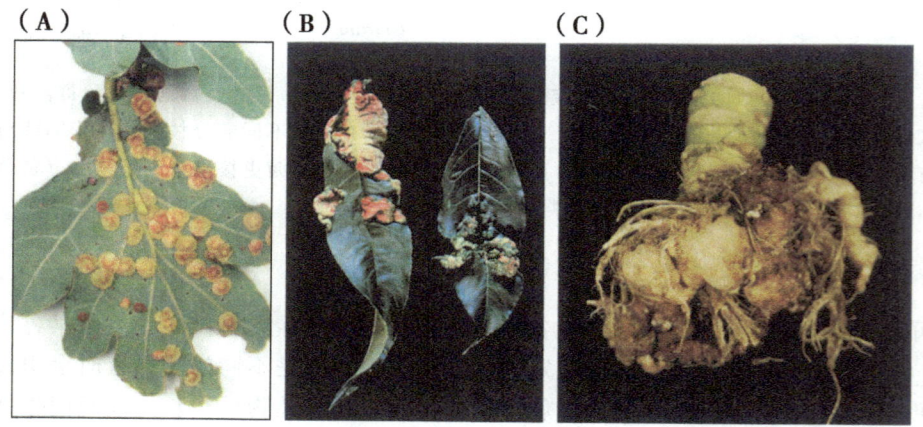

图 8-10 引起宿主植物中植物激素水平紊乱的病症例子。（A）由瘿蚊（*Cecidomyia poculum*）引起的橡树叶片上的闪光的瘿瘤。成年瘿蚊在叶片组织上产卵，这造成叶片上的激素紊乱，使细胞大量增殖并在叶片表面形成瘿瘤，幼虫在瘿瘤中生长并取食。（B）由桃缩叶病菌真菌（*Taphrina deformans*）感染造成桃子叶片卷曲、增厚和色素沉积。（C）由单细胞生物十字花科根瘤菌（*Plasmodiphora brassicae*）感染造成十字花科植物（芸薹）根部大量扩增和歪曲，被称为根肿病（图 B 由 J. Pscheidt 提供；图 C 由 Marc Cubeta 提供）。

许多病原产生影响它们与宿主植物间相互关系的效应分子

植物病原可以合成一系列的分子来增强其从宿主植物中摄取营养的能力和繁殖能力。我们用"效应分子"一词来概括所有由病原产生的用来增强其在宿主植物中侵入、生长和繁殖的分子。效应分子有时称为"相容性因子",因为能导致病害的相互作用而称为"相容的";不能导致病害的相互作用称为"不相容的"。许多效应分子的功能可能是阻止由病原感染所激活的基础防御机制(克服了 PAMP 激活的免疫,见图8-2)。将效应分子分离出来并进行鉴定有利于探索病原是如何侵入和生长的。这些分子的产生只有在一个潜在的宿主植物存在时才发生。我们现在讲三种主要的效应分子的分类:酶、毒素和生长调节物质。其他效应分子的分类见8.2节和8.3节。

真菌和细菌病原能分泌酶来降解植物细胞壁的成分,例如,角质酶、纤维素酶、木聚糖酶、果胶酶和多聚半乳糖醛酸酶。果胶酶可以水解覆盖在植物地上部分的角质层,而其他酶可以水解细胞壁的主要成分:**纤维素**、**半纤维素**和**果胶**(见第 3 章)。这些酶使植物细胞壁变弱,可能使细胞分离,打开了病原进入植物侵占植物的大门。许多病原能产生许多不同的细胞壁降解酶,这可以使植物细胞壁变弱。不能产生这些酶中的任意一种的突变体对于病原的总体生长(如在它们的致病性上)并没有太大的影响,但是这些酶的共同作用对致病性有重要的作用。

有些细菌病原,如软腐病菌(*Erwinia carotovora*),只有当在植物上的细菌种群达到一定密度后才会产生分解细胞壁的酶。这种对细菌种群密度的感应称为**群体感应**,这种机制是在研究发光海洋细菌费氏弧菌(*Vibrio fischeri*)和海洋动物(如某些鱿鱼和鱼类)之间的共生关系时首次发现的。费氏弧菌会在宿主动物的特定的发光器官处聚集(图 8-11)。当细菌数量达到足够多时,细胞就会发出荧光。

在软腐病菌中,只有当群体数量达到使入侵成功率最大时,群体感应才使降解细胞壁的酶产生。如果在群体数量较少的时候就分泌这种酶,会引起宿主植物的防御机制(见 8.4 节),这时群体的数量就不足以抵抗植物的防御。软腐病菌和费氏弧菌的群体感应都是由酰基高丝氨酸内酯介导的,这是细菌细胞向周围基质分泌的一种小分子(图 8-12)。当细菌密度较高时,酰基高丝氨酸内酯的浓度才足以使费氏弧菌中荧光蛋白的基因及软腐病菌中的降解细胞壁的基因进行表达。

图 8-11 短尾鱿鱼(*Euprymna berryi*)。它的发光器官被细菌费氏弧菌(*Vibrio fischeri*)所掩盖(来自 Scubazoo/Science 照片库)。

某些真菌病原分泌酶来去除抑制真菌生长的宿主-植物分子的毒性。这在 8.4 节中讨论过,当时我们考虑的是宿主植物的防御机制。

病原可以产生许多种类的**毒素**,这些化学物质要么对植物有普遍的毒害,或只对特定的植物种类有毒害。不管这些毒素具有普遍毒性还是特异毒性,它们往往是通过抑制宿主植物中特定蛋白质的功能来起作用的。我们将讲到三个由重要真菌和细菌病原菌产生的毒素。已有例子证明很多种类型的宿主蛋白都可能成为毒素的作用靶点：如用于组成染色质的核蛋白、质膜上的质子泵及用于氮的同化作用的酶等。

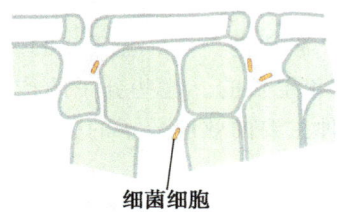
细菌通过气孔开口进入叶片，细菌数量低，酰基高丝氨酸内酯浓度低

细菌细胞

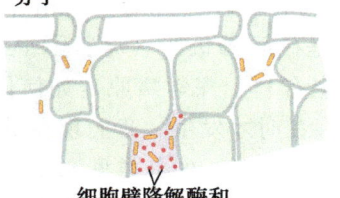
细菌群体密度增加，酰基高丝氨酸内酯浓度上升，引起细菌产生细胞壁降解酶和其他效应分子

细胞壁降解酶和其他效应分子

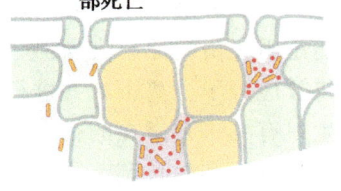
高细菌群体密度，细胞壁降解酶和其他效应分子产生多，植物细胞局部死亡

图 8-12 病原细菌在叶片细胞间隙生长时的**群体感应**。细菌通过气孔孔隙进入叶片。侵入初期，叶片中的细菌密度较少，并且酰基高丝氨酸内酯浓度低。随着细菌群体密度上升，提高的酰基高丝氨酸内酯浓度引起细胞壁降解酶表达。高浓度酶的产生和其他效应分子一起造成植物细胞死亡。

引起玉米大斑病的真菌玉米圆斑病菌（*Cochliobolus carbonum*）可以产生一种称为"HC 毒素"的毒素。和许多其他真菌毒素一样，HC 毒素是一个环肽（图 8-13B）。这种毒素可以抑制玉米类植物中**组蛋白**去乙酰化酶的功能。组蛋白在核内与 DNA 一起组成**染色质**，它的去乙酰化会影响基因表达（见 2.3 节）。在玉米类植物中，当 HC 毒素抑制组蛋白去乙酰化而使基因表达改变时，植物对玉米圆斑病菌的防御性减弱。研究发现 HC 毒素生物合成受损的突变体没有致病性，这可以说明 HC 毒素对于玉米圆斑病菌致病性的重要性。玉米类植物中有一种 *Hm1* 基因，它编码一种可以代谢去除 HC 毒素的酶（图 8-13C）。这使植物对叶斑病有抗性。在美国，叶斑病多发于适宜玉米圆斑病菌传播的气候潮湿地区。一般情况下，这种病只能造成少量损失，但是，如果将干旱气候下选育的玉米作为亲本，所产生的品种在潮湿气候下种植，这种病就会成为一个大问题。已经证明这些新的品种对叶斑病很敏感。已发现在来自干旱气候的亲本携带突变的 *Hm1* 基因，因而不能代谢 HC 毒素。这种突变会传到新一代品种中。

非特异性的毒素的一个例子是壳梭孢素，由真菌扁桃壳梭菌（*Fusicoccum amygdali*）产生。壳梭孢素组成型地激活质膜上的 **H^+-ATP 酶**（质子泵）。H^+-ATP 酶的功能是决定跨膜电位的决定因子（见第 4 章）。这种电位的调节对于气孔保卫细胞尤其重要，在保卫细胞中电位值的改变会改变细胞膨压，从而改变气孔的孔隙（见 3.4 节、3.5 节和 7.3 节）。壳梭孢素的存在使保卫细胞中质子进出质膜的速率不受调节。从而使细胞不再对那些通常使膨压丧失而引起气孔关闭的环境信号起反应。气孔不可逆地开放使水分大量流失，植物枯萎，最终使植物死亡。尽管在植物中气孔长期开放会造成明显的病理特征，但还不知道这是否会直接对真菌有利。由壳梭孢素刺激后的 H^+-ATP 酶可能在其他类型的植物细胞中引起氮的释放，这会促进病原的生长和繁殖。

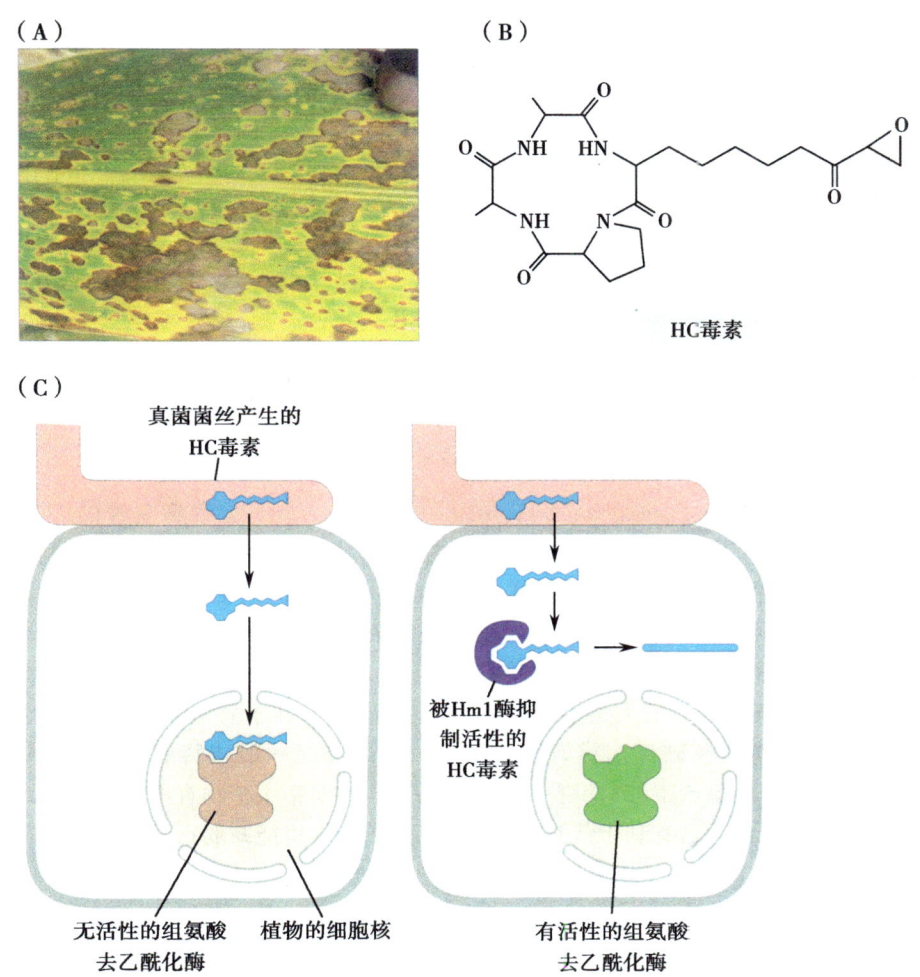

图 8-13 感染玉米圆斑病菌（Cochliobolus carbonum）的玉米植物。（A）由玉米圆斑病菌引起的玉米大斑病。（B）HC 毒素的结构，由玉米圆斑病菌产生的一个环状肽。（C）在敏感植物中（左），真菌菌丝产生的 HC 毒素进入细胞核并抑制组蛋白去乙酰化酶，阻止对抗真菌所需的基因的表达。抗性植物（右）可以产生一种 NADPH 依赖的氧化还原酶 Hm1 蛋白，它可以修饰 HC 毒素的结构并使毒素不能抑制组蛋白去乙酰化酶（由 Guri Johal 提供）。

有些真菌病原产生的毒素（**真菌毒素**）会对以感染的植物为食的人和家畜造成严重健康问题。中世纪欧洲一种名为"圣安东尼之火"的疾病是由麦角菌（Claviceps purpurea）引起的，这种菌感染禾本科植物包括谷类作物（图 8-14）。由真菌产生的毒素，包括与致幻剂麦角酰二乙胺（LSD）相关的化合物污染了黑麦面粉，进而污染了由面粉做成的面包。黄曲菌（Aspergillus flavus）可以感染花生，它产生的类毒素对人类来说是致癌物质。镰刀菌和曲霉属的真菌使小麦麦穗和玉米棒染病，也可以感染储存的潮湿的谷物，产生几种危险的毒素。例如，镰刀菌属的真菌产生玉米赤霉烯酮（能引起猪的睾丸女性化的类固醇类似物）和伏马菌素（与人类食管癌高发率相关）。与麦角菌和曲霉产生的毒素不同，玉米赤霉烯酮对真菌致病性有重要作用。

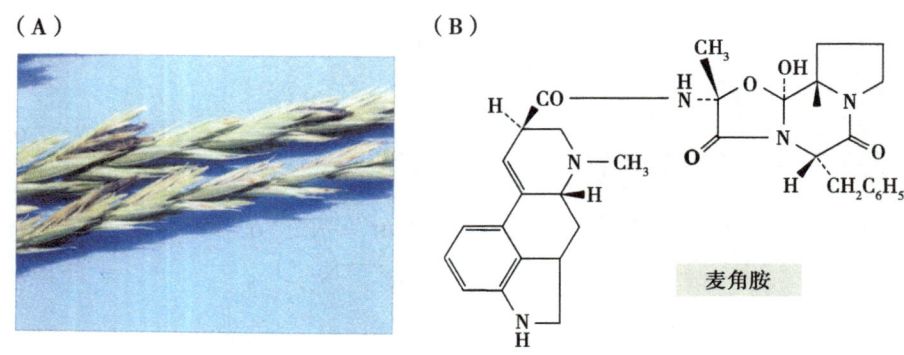

图 8-14 麦角菌（*Claviceps purpurea*）的感染。（A）麦角菌感染的禾本科植物匍匐冰草（*Agropyron repens*）的穗；大黑粒中含有真菌孢子。（B）由麦角菌产生的麦角胺毒素的结构，对人类有害。

细菌丁香假单胞菌（*Pseudomonas syringae* pv. *tabaci*，pv. 是**致病变种**的缩写）产生野火病菌毒素。野火病菌毒素是种二肽，是苏氨酸与非蛋白氨基酸野火菌毒因的复合物（图 8-15A）。野火菌毒素本身对宿主细胞不产生毒害作用。植物中的肽酶切断野火菌毒素的肽键，释放苏氨酸和野火菌毒因。野火菌毒因是**谷氨酰胺合成酶**的潜在抑制物，谷氨酰胺合成酶是植物中氨基酸经同化形成有机分子的重要酶。谷氨酰胺合成酶在叶片中参与同化在**光呼吸循环**中释放的大量游离的氨（见 4.3 节）。在丁香假单胞菌感染的叶片中该酶受抑制，**叶绿素**受到破坏，感染组织黄化，在病斑周围形成特有晕圈（图 8-15B）。其他丁香假单胞菌致病型产生毒素丁香霉素和丁香肽。这对宿主植物有不同的作用：它们在宿主的质膜上形成孔洞，这有利于营养物质向细菌的外流，也能减弱宿主的防御反应。

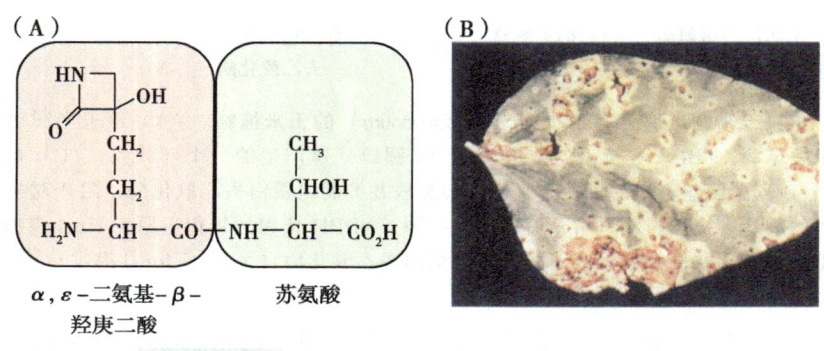

图 8-15 野火菌毒素及其在丁香假单胞杆菌（*Pseudomonas syringae*）感染的植物中的作用。（A）野火菌毒素的结构，显示了 α, ε-二氨基-β-羟庚二酸部分和苏氨酸部分。当两个氨基酸间的肽键被植物肽酶切割时释放出有毒物质 α, ε-二氨基-β-羟庚二酸。（B）烟草丁香假单胞菌（*P. syringae* pv. *tabaci*）感染的大豆叶片，照片所示是典型的灰色光环，其周围的叶绿素 Ⅱ 被破坏（图 B 由 George N. Agrios 提供．来自 *Plant Pathology*．5th ed，p. 328，by George Agrios. © 2005 Elsevier Ltd. Reprinted 授权使用）。

第三类效应分子包括那些能够控制植物生长的分子。这些效应分子要么本身作为生长调节剂（激素），要么抑制寄主植物体内激素的产生和作用。这种类型的效应分子可能会导致受感染植物不正常生长。例如，受水稻恶苗病菌（*Gibberella fujikuroi*）真菌感染的水稻，茎的生长速度远远超过那些没有感病的水稻（图 8-16）。这种疾病的日本名翻译为"笨苗"病。对感染的水稻植株的分析表明，真菌可以产生一种分子来加速植物生长；这种分子因其真菌名字而命名为赤霉素。后来的研究表明，植物自身也会产生**赤霉素**。这类激素是控制植物正常生长机制的一个非常重要部分（见第5章）。病原细菌调节植物生长的研究中最好的例子是土壤农杆菌，这种菌在许多双子叶植物的物种中导致冠瘿瘤和毛状根的病害。我们将在下面详细描述这种相互作用。

图 8-16　水稻恶苗病菌（*Gibberella fujikuroi*）通过感染水稻造成"疯长"病症。高的苍白色幼苗（箭头所示）是被病原菌感染的（由 Yuji Kamiya 提供）。

农杆菌将其DNA（T-DNA）转入植物细胞来调节植物生长并为己所用，这种转化系统已在生物技术中得到应用

冠瘿瘤及毛状根病害是由于与其密切相关的土壤农杆菌（*Agrobacterium tumefaciens*）和发根农杆菌（*Agrobacterium rhizogenes*）引起的，这些细菌与植物细胞有着独特而复杂的活体营养型相互作用。细菌感染的受伤植物组织会出现冠瘿瘤。由农杆菌引起的冠瘿瘤有利于入侵细菌的生长；冠瘿瘤的开放裂缝结构有利于细菌繁殖（图 8-17A）。发根农杆菌感染植物根部，形成能使根部生长的瘤（图 8-17B）。冠瘿细胞中会形成由氨基酸和糖组成的复合物冠瘿碱，冠瘿碱可以为农杆菌所用，为之提供能量，但却不能为植物细胞或者其他细菌代谢所利用。

农杆菌感染的不寻常的特点是，细菌会促进植物形成有助于细菌侵占和生长的分子，而本身不产生效应分子。农杆菌通过将其部分DNA转入植物细胞来实现（图 8-18）。接收了细菌DNA的植物细胞称为"被转化"的细胞。细菌转化的DNA（T-DNA）可编码授予转化细胞两个主要性能的蛋白质。首先，细胞受到刺激后会更迅速地分化；T-DNA上的基因可编码合成植物**生长素**和**细胞分裂素**的酶，这些激素促进细胞分裂。第二，转化细胞产生冠瘿碱；另外，T-DNA上的基因可编码形成冠瘿碱所需的酶。没有转化的植物不形成冠瘿碱；植物基因组没有编码冠瘿碱合成所需的酶。

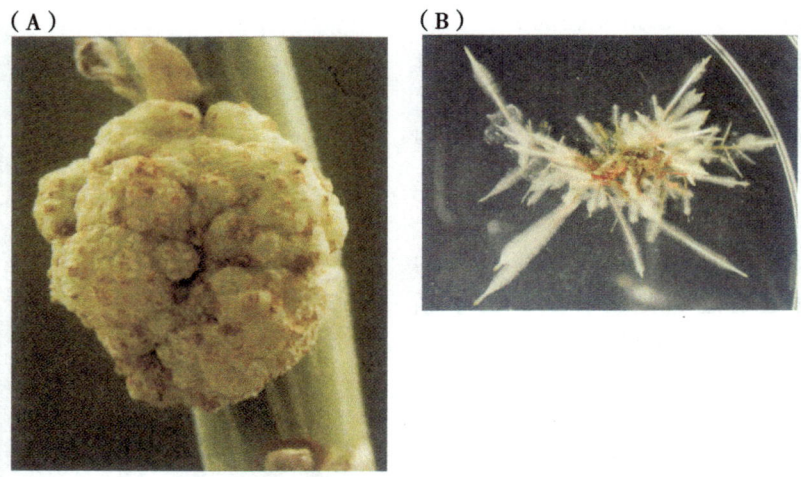

图 8-17　土壤农杆菌属感染的植物特征。（A）土壤农杆菌感染后，天竺葵植物（*Pelargonium*）茎上产生的冠瘿瘤。（B）杨树（*Populus tremuloides*）幼苗下胚轴被发根农杆菌（*A. rhizogenes*）感染后产生"毛状根"（图 A 由 Halvor Aarnes 提供）。

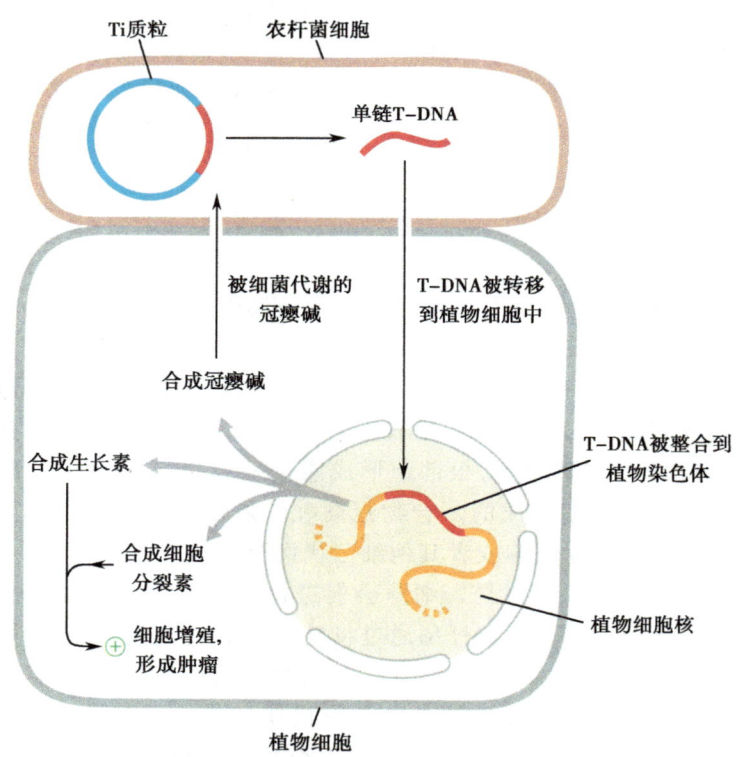

图 8-18　土壤农杆菌介导转化植物细胞的主要过程。在细菌中，Ti 质粒上带有 T-DNA。Ti 质粒上其他基因的表达可以介导 T-DNA 转移到植物细胞中这一过程。在植物细胞中，T-DNA 被整合到染色体中。T-DNA 的表达引起植物细胞中植物激素产生异常，使细胞增殖产生冠瘿瘤，并合成可被细菌摄取和代谢的冠瘿碱。冠瘿碱是细菌在冠瘿瘤中生存的碳源和氮源的主要来源。

细菌 T-DNA 将转移到宿主细胞中，需要转移的基因存在于这个从细菌基因组中分离出的环状 T-DNA 质粒中。在土壤农杆菌中这个质粒称为"产瘤质粒"（tumor-inducing plasmid）或 **Ti 质粒**（图 8-19）；在发根农杆菌中它称为"产根质粒"（root-inducing plasmid）或 **Ri 质粒**。Ti 质粒和 Ri 质粒在结构上类似，编码合成不同植物激素的酶。植物细胞中 Ti 质粒表达后产生的激素变化导致冠瘿瘤的形成，而由 Ri 质粒表达产生的激素变化会导致根的增生。这些功能是可以互换的：如果 Ti 和 Ri 质粒在农杆菌之间交换，那么病症也会互换。

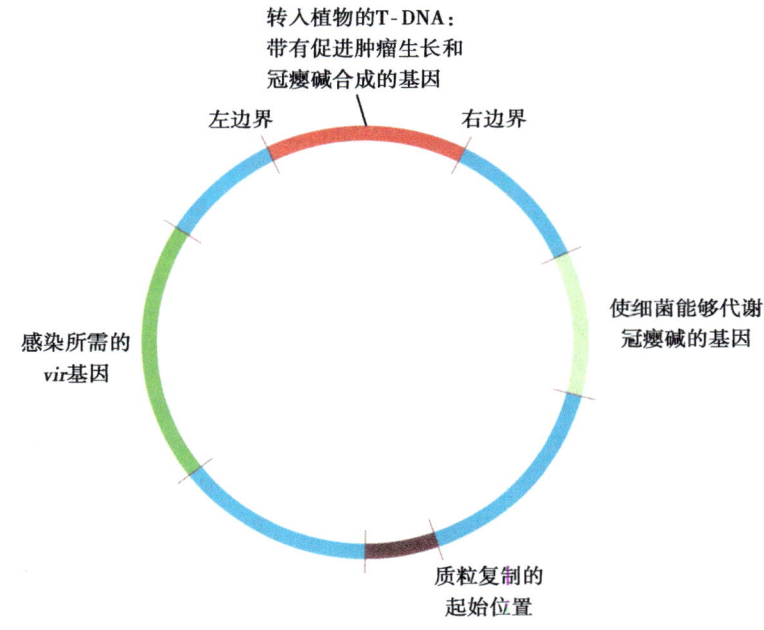

图 8-19　Ti 质粒的结构。 农杆菌 Ti 质粒是一个带有成功侵染植物所必需的基因的环状 DNA。vir 基因是促进 T-DNA 进入植物细胞核并整合到植物染色体上所必需的。T-DNA 是由左右边界界定的。T-DNA 整合到染色体上是从右边界开始的，到左边界终止。Ti 质粒还带有编码代谢感染植物所产生的冠瘿碱的酶，这为细菌提供了碳源和氮源。

Ti 和 Ri 质粒上的毒性基因（vir）可编码产生蛋白质来介导 T-DNA 从细菌转移到植物细胞核中。这些基因形成 7 个组，或称**操纵子**，从 virA 到 virG。T-DNA 边界有 24bp 的 DNA 序列，直接在 T-DNA 的左右边界上形成重复（图 8-19）。这些 DNA 序列是这一机制将其整合到到植物染色体上的目标 DNA。

农杆菌通常只在伤口部位侵入植物而造成病害。受伤的植物分泌一系列酚类化合物，包括诱导农杆菌感染植物细胞所需基因的乙酰丁香酮（图 8-20）。细菌通过 virA 和 virG 编码的蛋白质来发现乙酰丁香酮。VirA 蛋白可以结合乙酰丁香酮。当结合发生时，VirA 激活 VirG 编码的转录因子。然后 VirG 可激活 VirB、VirC、VirD、VirE 和 VirF 蛋白的表达，这些蛋白质将 T-DNA 从 Ti 质粒上转入植物细胞并将 DNA 整合到植物基因组中。

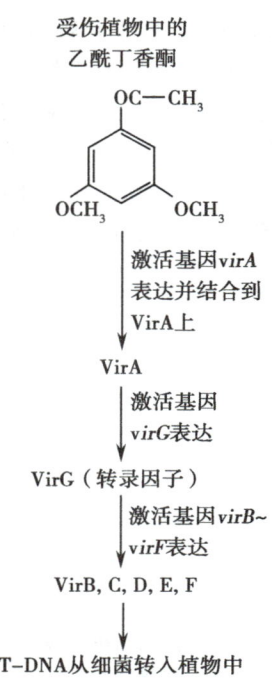

图 8-20 乙酰丁香酮在农杆菌感染中的作用。乙酰丁香酮从受伤的植物细胞中释放并引起农杆菌中 vir 基因的表达，从而起始 T-DNA 转移。乙酰丁香酮结合到 VirA 蛋白上，激活转录因子 VirG。这反过来激活 vir 基因表达（从 virB 到 virF），这些基因编码的蛋白质使 T-DNA 能够进入植物细胞并整合到植物染色体上。

T-DNA 的转移过程与在细菌表面形成纤毛相关。T-DNA 从这些纤毛处离开细菌进入植物细胞。一旦进入细胞，T-DNA 会在宿主染色体的随机位置上整合进宿主 DNA 中。农杆菌将 T-DNA 从细菌转移到宿主植物基因组的机制是从细菌接合演化来的，细菌接合是细菌将质粒 DNA 从一个细菌转移到另一个细菌的过程。T-DNA 的转移过程启动是在细菌中，由 virD 基因编码的蛋白质在一条链上切割 24bp 边界序列，释放出一个单链 T-DNA 分子。这种分子结合到特定的 VirD 和 VirE 蛋白上，然后通过微孔复合体进入植物细胞。在植物细胞中，T-DNA 由结合的 VirD 和 VirE 蛋白带入细胞核中，这两种蛋白质带有入核装置可识别的氨基酸序列，入核装置把蛋白质运送入核。T-DNA 和植物 DNA 间很短的同源区域可以促进 T-DNA 整合到宿主染色体中。

DNA 从农杆菌到植物的自然转移使农杆菌成为具有"天然遗传工程师"称号的生物。这个天然过程通过生物技术方法研究后发展成一个系统，该系统可将 DNA 的任意新片段转移到植物细胞中而不致瘤，这个过程称为**植物转化**（见第 9 章）。这个系统将 Ti 质粒中的 vir 基因和 T-DNA 分别放到两个可以在相同细菌细胞中存在的不同的质粒中，形成**双元载体系统**（图 8-21）。编码形成冠瘿碱和植物激素生物合成的酶的基因被删除了。

带有 T-DNA 的质粒可在农杆菌和大肠杆菌中复制。利用大肠杆菌可在实验室中进行 DNA 的操作和复制。T-DNA 保留其左、右边界（LB 和 RB），并在它们之间插入选择性的"**标记基因**"，该基因可编码蛋白质来抵抗那些对植物细胞来说是致命的抗生素或其他化合物。这个标记可以是研究人员特异性地筛选出成功转化的植物细胞：成功转化的细胞能够在含有有毒化合物的培养基上生长，但是未转化细胞会被杀死。另外的基因或其他 DNA 序列可以克隆到的 T-DNA 区左、右边界之间的选择标记基因的旁边。双元载体系统中的第二个质粒是缺乏 T-DNA 区域但仍然带有 vir 基因的 Ti 质粒。

双元载体系统是在含有带 *vir* 基因的 Ti 质粒衍生物但没有本身 T-DNA 的农杆菌菌株中装配而成的，这种农杆菌可以感染植物细胞。在这种农杆菌的两个质粒中，其中一个所携带的 *vir* 基因使得另一质粒上带有选择标记和外源基因的 T-DNA 能转化到植物细胞中并整合到其基因组中。在含有适当的有毒化合物的培养基上筛选生长，接着转化的细胞再分化成整株植物，这样就可以研究外源基因的表达对植物生长的影响。这项技术已在生物技术（见 9.3 节）和好奇心驱动的研究（见 2.5 节）中广泛运用。

带有双元载体系统的农杆菌菌株也可以渗入到叶片中，引起在叶片渗入的区域产生 T-DNA 上带有的基因的瞬时转移和表达。这为基因作用提供了快速检测方法，而不需要**转基因植物**的再生。例如，如下面所描述的，瞬时表达可用来表明细菌效应蛋白在植物细胞中是可以被识别的。

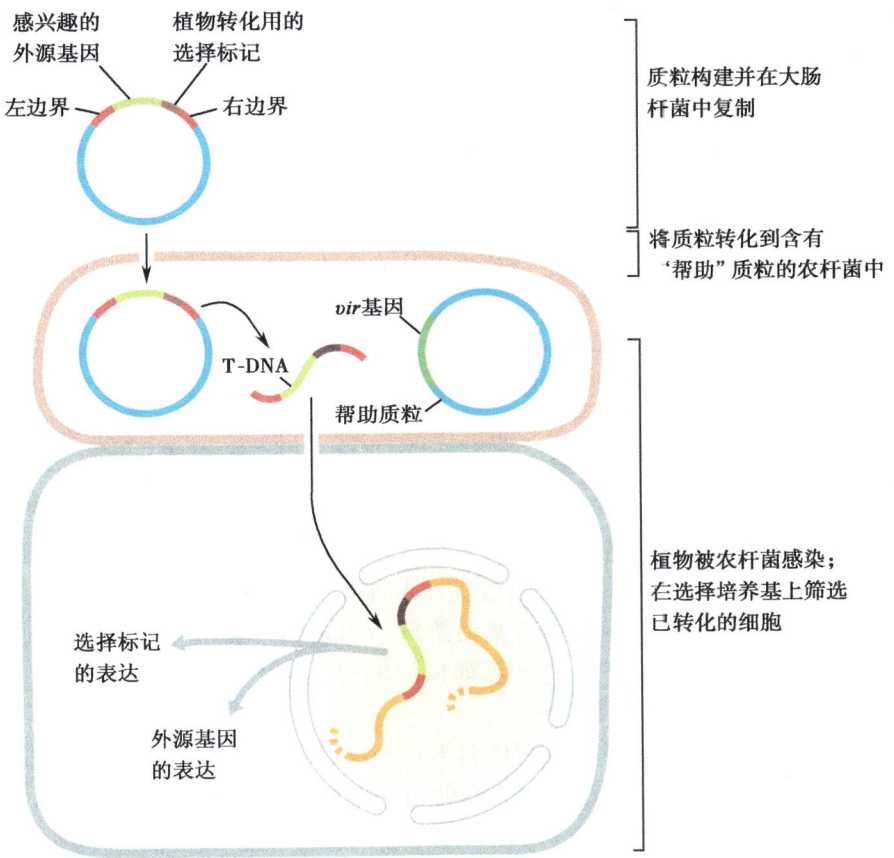

图 8-21 双元载体系统在植物转化中的应用。 利用 DNA 操作的标准技术，研究人员将带有感兴趣的外源基因、选择标记基因以及整合所需的左右边界的 T-DNA 整合到植物染色体中。选择标记基因能够编码一种蛋白质，可以除去对植物细胞有毒害作用的化合物的毒性（例如，一种常用的选择标记基因是能够修饰和解除抗生素卡那霉素毒性的基因）。含有改造的 T-DNA 质粒被转入含有第二个带有 T-DNA 转化必需的 *vir* 基因的"帮助"质粒的农杆菌中。将感染后的组织放到选择培养基中生长，也就是含有能够被 T-DNA 上选择标记基因编码的蛋白解毒的有毒物质（如卡那霉素）的培养基上。没被感染的细胞被培养基中的有毒物质杀死。成功转化农杆菌并含有感兴趣外源基因的细胞能够解毒有毒物质并能够生长。能表达外源基因的转化植物可从这些细胞中再分化获得。

植物可识别一些病原效应分子并激活防御机制

我们已经描述过病原是如何产生多种多样的效应分子来增强它们的致病性。迄今为止关注的效应分子都是通过化学和生化方法研究患病的植物而发现的。其他效应分子通过遗传学研究首次发现，这揭示了植物有赋予其对特定病原具有抗性的单个基因，即 R（抗性）基因的存在。在一个特定的物种中，带有特定 R 基因的植物能够识别由病原产生的一种特定的效应分子。这种识别激活了阻碍病原生长的防御反应（效应分子激活免疫，图 8-2）。缺乏这种 R 基因的植物不能识别效应分子，因而不能启动防御反应，从而引起它们患病。相反，因为病原不会激活防御反应，所以不产生植物识别的效应分子的病原可以感染带有该特定 R 基因的植物。这种情况可用基因对基因模型来描述。

这种基因对基因模型，最初是在 20 世纪 40 年代由哈罗尔·弗洛（Harold Flor）提出的。他研究了亚麻锈病菌（*Melampsora lini*）中的某些种（遗传变种）克服亚麻（*Linum usitatissimum*）中由 R 基因介导的防御机制进而致病的遗传基础。弗洛发现，毒性小种可以克服 R 基因介导的抗性，造成感染，而且这种毒性在遗传上是隐性的。他推断毒性小种缺乏功能基因，这种基因存在于不对亚麻植物造成疾病的锈病真菌小种中。对带有特定 R 基因的植物不造成疾病的小种为"无毒小种"，造成真菌无毒的功能基因，也就是有毒小种中没有的，称为"无毒基因"，或是 *avr* 基因（图 8-22）。

通过将带有无毒菌株中染色体片段的质粒转入一些有毒小种中的方法确定了许多细菌 *avr* 基因。在产生的细菌中进行筛选找出无毒的，也就是不能感染那些带有适当 R 基因的宿主植物。这些细菌必定是携带了来自无毒菌株的 *avr* 基因（图 8-23）。对转化后 DNA 进行进一步分析即可确定 *avr* 基因。

自从 60 年前首次提出后，基因对基因模型仍然是理解许多植物与病原相互作用的有用的基础。该模型提供了存在一系列效应分子的第一条线索，那些由带有 *avr* 基因的病原产生的效应分子，其功能是通过克服基础防御机制提高病原成功侵染的能力，但同时这些效应分子也成为植物用以激活防御所识别的可能信号。我们下面讨论这些效应分子，在 8.4 节我们会解释 R 基因如何使植物能够识别效应分子并激活对抗产生效应分子微生物的防御。

基因对基因模型可以解释许多活体营养型或半活体营养型病原与植物间的相互作用。例如，锈病真菌与玉米、小麦、亚麻的相互作用；烟草花叶病毒（*Tobacco mosaic virus*）与烟草；马铃薯 X 病毒（*Potato virus X*）与马铃薯；白粉病与大麦和小麦；霜霉病（*Brassica*）与芸薹属植物；马铃薯晚疫病与马铃薯；假单胞菌（*Pseudomonas*）和黄单胞菌（*Xanthomonas*）与谷物和豆科植物；线虫与番茄和马铃薯。这些例子中的每一个，宿主植物中必须存在 R 基因，病原中必须存在相应的 *avr* 基因时抗性才能产生。重要的是，如果宿主植物中不存在相应的 R 基因，那么病原中 *avr* 基因编码的效应分子将有助于病原增殖成功。带有功能 *avr* 基因的病原小种常常比没有的小种有更强的致病性。

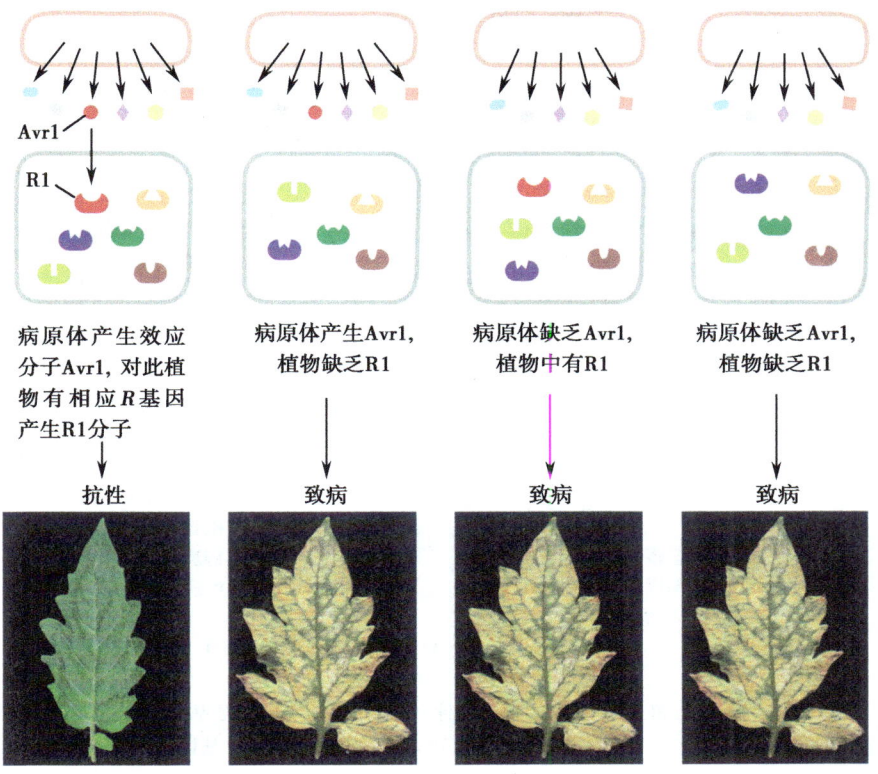

图 8-22 基因对基因模型的图解。 四种病原小种（上排）分别产生不同类型的效应分子。其中两种带有 $avr1$ 基因，所以能产生效应分子 Avr1（红色）。四种基因型的宿主植物分别带有不同的 R 基因，其中两个含 $R1$ 基因编码的 R1 蛋白，这使植物能够识别病原中的 Avr1。只有当带有 $avr1$ 基因的病原感染带有 $R1$ 基因的植物时，植物才能激活 R 基因介导的防御机制并产生抗性（左）。其他情况下，植物不能识别病原菌，因此对感染和疾病敏感。图中所示为番茄叶霉菌（$Cladosporium\ fulvum$）与番茄叶片间抗性和感病的关系。

一些细菌 avr 基因产物可在植物细胞中起作用

Avr 蛋白可以在宿主植物细胞中起作用的早期证据是通过使用农杆菌在辣椒属（$Capsicum$）植物叶片中瞬时表达黄单胞菌（$Xanthomonas$）中编码 Avr 蛋白的基因 $AvrBs3$ 来获得的。这项技术可以保证 Avr 蛋白在植物细胞内表达。该蛋白质可以在带有相应 R 基因的植物中激活防御反应，而在缺乏 R 基因的植物中不产生防御反应。这些结果表明在黄单胞菌无毒菌株（如表达 $avrBs3$ 的菌株）与带有相应 R 基因的植物间相互作用过程中，宿主细胞识别 AvrBs3 蛋白是在植物细胞中发生的，而不是在细菌繁殖的细胞间发生的。

许多细菌的 avr 基因现在已得到了鉴定，大多数编码与其他蛋白质无明显同源性的亲水性蛋白质，但有些编码的蛋白质有已知的功能。例如，有的编码**蛋白酶**，其他的编码促进宿主蛋白磷酸化的酶，或从宿主蛋白中去除磷酸基团。蛋白质的**磷酸化/去磷酸化**对于调节蛋白质活性有重要意义（见 4.1 节）。

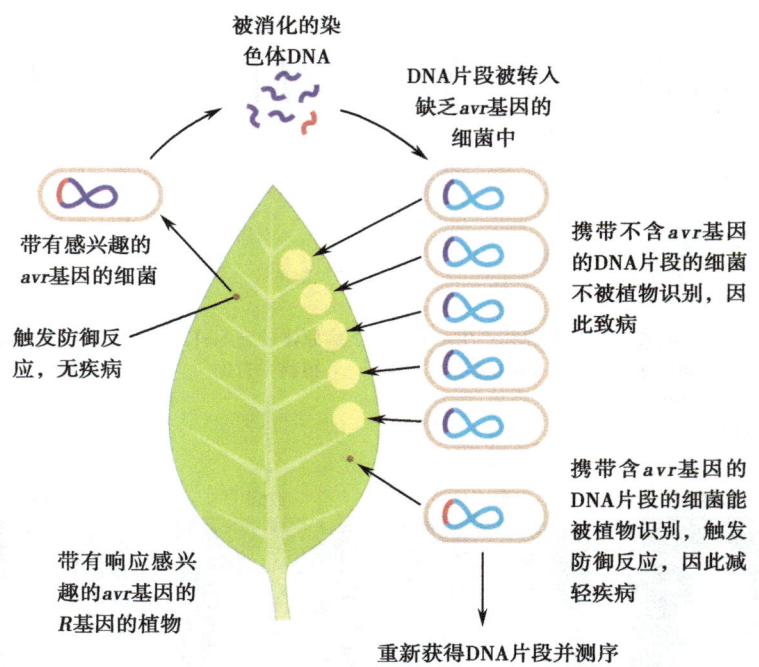

图 8-23 细菌 avr 基因的确定。使用这种方法来确定细菌 avr 基因是基于带有该基因的菌株不能使特定植物基因型致病（如带有 R 基因的植物）。含有感兴趣 avr 基因的细菌 DNA 经酶切产生不同片段。不同的片段转移到能使带有 R 基因的植物致病的缺乏 avr 基因的细菌中。这样产生一系列带有原细菌中 DNA 片段的菌株。其中大部分片段不含感兴趣的 avr 基因，仍能够使带有 R 基因的植物致病。然而，含有感兴趣 avr 基因的片段的菌株能被植物识别，因此致病。从这些菌株中可以重新获得 DNA 片段，并通过测序揭示 avr 基因的性质。

植物致病细菌常将 10～30 个不同类型的效应分子传送到宿主细胞中。尽管不能精确地知道这些效应分子是如何辅助细菌感染的，它们最有可能阻止了那些可使宿主细胞识别 PAMP 并做出反应的信号途径。有的 Avr 蛋白位于宿主细胞的质膜上；其他的定位在核中，人们认为它们是结合到 DNA 上并改变宿主的基因**转录**。黄单胞菌的 AvrBs3 蛋白就是用这种方法发挥作用的。

我们已经描述了细菌 Avr 蛋白是如何在植物细胞中发挥作用，它既作为效应分子又出乎意料地作为激活子激活带有适当 R 基因的宿主植物对它们的存在产生防御反应。但它们是如何进入植物细胞的呢？植物致病细菌通过一个特殊机制，即Ⅲ型分泌系统来传送效应分子。这种机制也为许多动物细菌病原所使用。许多我们前面所述的细菌效应分子，如酶、毒素和植物激素，分泌到宿主植物的胞外空间，但是Ⅲ型分泌系统传送特定的效应蛋白到宿主细胞的胞质中。

Ⅲ型分泌系统包括同时横跨细菌内外膜的一个蛋白质复合体和一个刺入宿主细胞的突起，即纤毛（图 8-24）。在植物致病细菌中，这些结构由过敏反应和致病性基因（hypersensitive response and pathogenicity，hrp）编码的。带有 hrp 突变体的细菌无法向植物细胞传送包括 Avr 蛋白在内的效应分子。这既导致致病性丧失，也导致启动带有适当 R 基因的宿主植物的防御反应的能力丧失。

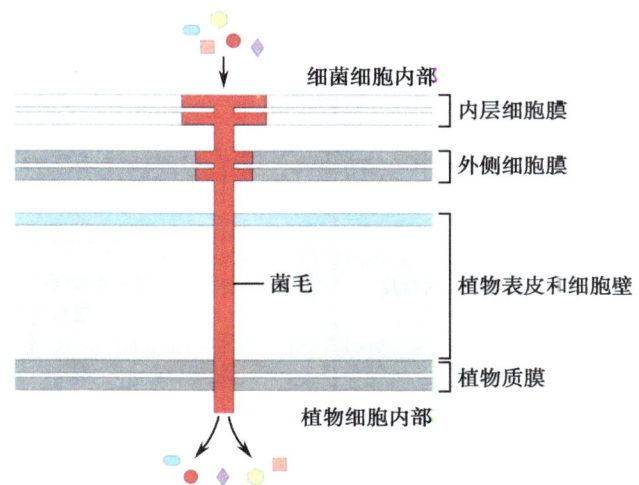

图 8-24 效应蛋白通过Ⅲ型分泌系统从病原细菌转移到植物细胞中。 Ⅲ型分泌系统会形成一个从细菌细胞内部穿过两层细菌细胞膜、植物表皮、细胞壁和质膜，最后进入植物细胞内部的管道。该管道由跨越细菌细胞膜内部和外部的蛋白复合体以及深入植物细胞中的菌毛构成。各种细菌效应分子可通过这个结构进入植物细胞。

Ⅲ型分泌系统中的结构蛋白与细菌运动所用的鞭毛组织的组分有同源性，并且它们的装配机制可能是从鞭毛装配途径演化而来的。这两种机制都是以一种有序途径从细菌细胞中运出蛋白来形成复合结构（鞭毛或纤毛），这些结构是从细胞膜伸出，穿过细胞壁到达细胞外。目前还不清楚究竟纤毛如何刺入植物细胞壁和质膜并向植物细胞质传送细菌效应分子的。

真菌和卵菌效应分子的功能知之甚少

鉴定真菌和卵菌病原中 *Avr* 基因和效应分子比细菌中的困难，这是由于大多数这些生物很难转入外源 DNA，而且不能离开它们的宿主植物在实验室条件下生长。然而，有些真菌 *Avr* 基因已经确定。烟枝孢菌（*Cladosporium fulvum*）中的 Avr 蛋白分泌到感染的叶片细胞间隙。通过用水渗入细胞间隙然后用低速离心机回收液体的方法可分离获得这些蛋白质（图 8-25）。尽管用这种方法回收的许多 Avr 蛋白的功能还不知道，但有些蛋白质的功能已阐明。例如，Avr4 是一个几丁质结合蛋白，在菌丝尖端覆盖在真菌细胞壁的几丁质上，防止植物对病原的识别和反应。Avr2 是植物蛋白酶抑制剂，与一种在番茄叶片的细胞间隙中发现的 Rcr3 蛋白酶有高亲和结合活性并可抑制该蛋白酶。番茄 *Cf-2* 抗性基因赋予植物对抗带有 *Avr 2* 的烟枝孢菌的抗性。抗性还需要 Rcr3 的存在，Rcr3 的表达通常能诱导植物对烟枝孢菌感染的反应。带有 *Cf-2* 基因但不表达 Rcr3 的植物对带有 *Avr 2* 基因的烟枝孢菌没有抗性。这样看来似乎是当 Rcr3 被 Avr2 抑制时，*Cf-2* 基因的产物可以使宿主识别并激活防御反应（效应分子激活的免疫反应，图 8-2）。

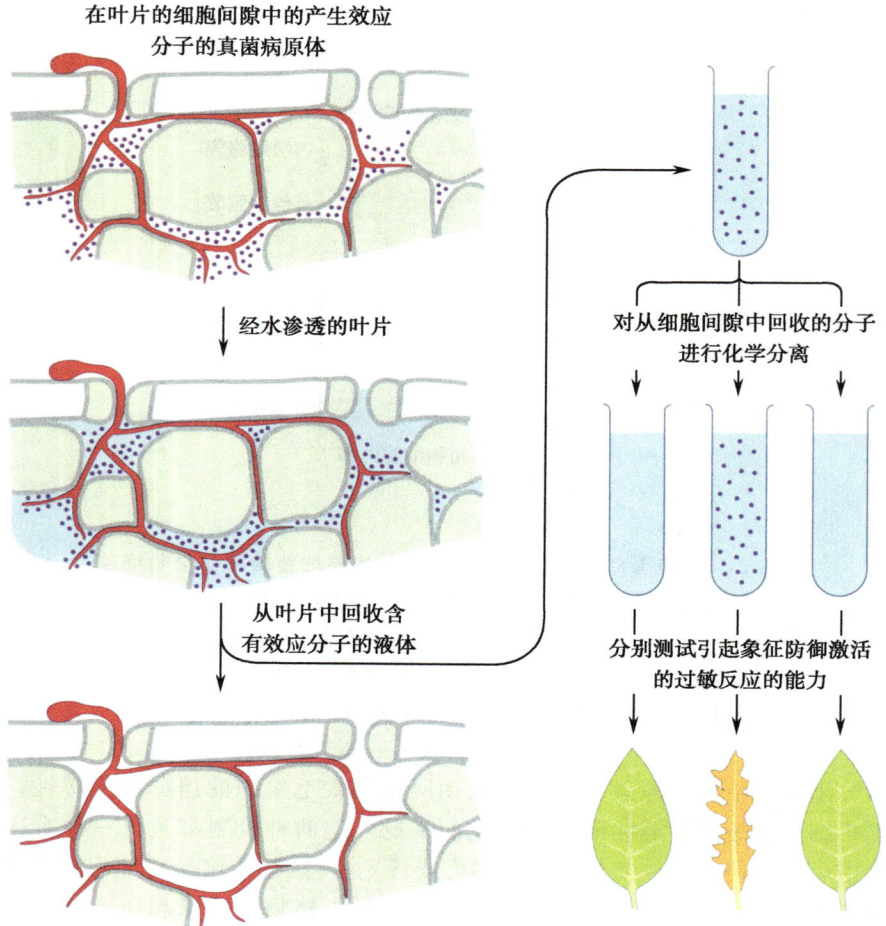

图 8-25 真菌 Avr 蛋白的鉴定。 由真菌菌丝分泌并进入感染叶片细胞间隙的分子可以通过先将细胞间隙充满液体然后缓慢离心获取细胞间化合物溶液的方法进行回收。通过对液体用化学方法（如液相色谱）进行分离并分别检测每种分子在缺乏 R 基因的植物中激活防御反应（过敏反应，见 8.4 节）并引起病症的能力来对每种效应分子进行鉴定。

除了这些直接从感染叶片中鉴定蛋白的方法外，遗传和基因组方法也开始提供真菌和卵菌效应蛋白的信息。在细菌中，遗传研究可用来鉴定那些可被宿主植物识别的 Avr 基因编码的产物。一旦这样的基因已知，对病原基因组的搜索可确定可能编码其他效应分子的相关基因。我们在此描述几个用这些途径确定的效应蛋白的例子。

白粉病菌（B. graminis f. sp. hordei）中的 Bgh 基因编码 Avr 蛋白，在 Mla 位点带有特定等位基因的大麦植物中，该蛋白质可激活抗性反应。这些 Avr 基因的功能未知。它们如何从真菌中进入宿主细胞质中也不清楚，因为它们不带有运出真菌细胞的**信号肽**。特定宿主 R 基因所识别的卵菌病原的效应分子也已鉴定出来，这些病原包括造成马铃薯枯萎病的马铃薯晚疫病菌（Phytophthora infestans）。所有目前已确定的效应分子都是带有从病原运出并进入植物细胞的信号肽的小蛋白，这些蛋白质还具有从吸器和植物细胞间隙吸收养分所需的小的氨基酸保守序列，或称基序，包含精氨酸（Arg）和亮氨酸（Leu）（Arg-X-Leu-Arg，X是指任一氨基酸）。有人在疟疾病原疟原虫（*Plasmodium falciparum*）所分泌的效应分子中也发现了一个与其相关的基序（Arg-X-Leu），该基序是将效应分子摄取到人红细胞中所必需的。那么很明显这一机制在卵菌和它们的原生动物近亲如恶性疟原虫中是保守（图 8-3）。卵菌病原的基因组DNA序列表明其具有成百上千的编码可能作为效应分子的分泌信号肽和 Arg-X-Leu-Arg 基序的小蛋白的基因。

大多数真菌和卵菌病原的效应分子都可能是蛋白质。然而，水稻稻瘟病菌（*Magnaporthe grisea*）的 *Avr* 基因产物——Ace1，与多聚酮合成的蛋白质相似，多聚酮是一类包含多种重要抗生素的化合物。Ace1 蛋白似乎可能合成一种毒素来作为效应分子。

真菌没有与细菌Ⅲ型分泌系统相当的系统，而且效应蛋白必须分泌到宿主植物的细胞间隙，然后吸收到宿主细胞。此外，有些真菌病原具有特定的细胞膜转运蛋白来帮助非蛋白的毒素分泌到宿主植物的细胞间隙中。例如，在水稻稻瘟病菌中，宿主植物产生的抗真菌化合物诱导编码 ATP 依赖的细胞膜转运蛋白（ABC 转运蛋白；见 3.5 节）的基因表达（见 8.4 节）。转运蛋白可能是起着将作为效应分子的毒素运出细胞的作用：不能产生 ABC 转运蛋白重要组分的稻瘟病菌的致病性大大减弱。

8.2　害虫和寄生虫

寄生线虫与寄主植物形成亲密关系

线虫的许多不同属以植物为食并引起疾病。取食时通过一个空心螯针刺入植物细胞壁。一些线虫是体外寄生虫，它们在根的表面取食。它们在土壤中可以移动，也可以从一株植物移动到另一株植物。其他线虫类型是**体内寄生虫**，侵入根组织并在根内取食。它们寄生在活体宿主植物中来完成它们的生命周期，也就是说，它们是活体营养型。有两种体内寄生线虫是造成大量作物损害的来源：胞囊线虫（*Heterodera* spp. 和 *Globodera* spp.）和根结线虫（*Meloidogyne* spp.）（图 8-26）。

成熟的体内寄生线虫在土壤中产卵。这些卵保持休眠状态直到其探测到由潜在的宿主植物根部分泌的、可刺激孵化的特定分子。幼虫可以移动。它们游到植物根部并穿入进去然后迁移到维管组织中，在那里它们开始取食并很少移动（图 8-27）。

图 8-26　**根结线虫（*Meloidogyne*）引起的番茄根部疾病。** 有些线虫能侵入根系统并造成根部细胞增大分裂。由此引发的根部扭曲和肿胀会减弱根系吸收水分和营养的能力。

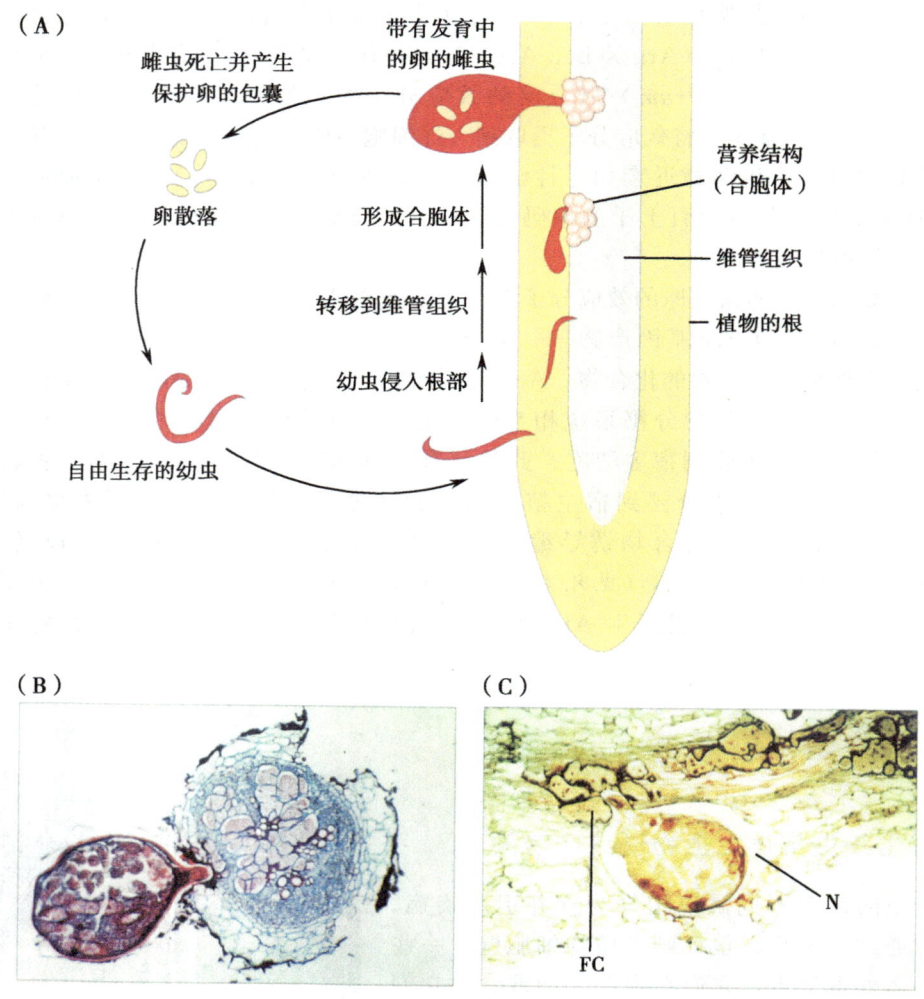

图 8-27 感染根部的线虫的生命周期。（A）自由生存的幼体线虫被植物根部分泌物吸引（未展示）。它侵入根部并开始从维管细胞中取食。取食促进感染部位的解剖结构改变形成"取食结构"。包囊线虫取食诱导包含成百上千植物细胞组成的合胞体形成。根结线虫取食诱导 DNA 核内复制并造成巨大细胞的形成。雌线虫在根内产卵、膨大并从根表面凸出来。然后雌虫死亡，产生有包囊保护卵直到卵散落。（B）一种包囊线虫（*Heterodera trifolii*）的成熟雌虫横切面，已产卵并从苜蓿植物根表面凸出。雌虫一般为 0.5mm 左右长。（C）一种根结线虫（*Meloidogyne incognita*）（N）的横切面，在烟草根部以宿主维管组织形成的巨大细胞为食（FC=取食细胞）。

　　幼年期胞囊线虫，包括那些异皮线虫属（*Heterodera*），产生一个能刺入植物细胞壁但不能刺透质膜的螯针。螯针释放的化学物质和酶对植物感染部位的解剖结构有深远的影响。受感染细胞和邻近细胞间的**共质体**链接变得更紧密，甚至导致细胞融合。多达数百个植物细胞可能来形成具有充分结合共质体的取食结构（**合胞体**）。这些取食的线虫继而生长直到产生和释放卵（图 8-27B）。根结线虫使用不同的取食策略。幼年期线虫的存在诱导宿主细胞的复制，并与细胞分裂解偶联（内复制；见 3.1 节），这造成了不正常生长和巨大细胞的形成（图 8-27C）。

胞囊线虫诱导的合胞取食结构和根结线虫诱导的巨大细胞都与宿主韧皮部有密切关联。**转运细胞**在取食结构和韧皮部之间形成，具有大量的细胞壁内陷，这些内陷为转运营养物增加了表面积（见 4.4 节）。这使得处于取食期的线虫可以从宿主植物中转移大量的糖和氨基酸来供自己的生长和繁殖，结果造成植物产量的大量损失。

线虫可产生大量效应分子来改变宿主植物的生长和代谢。与微生物病原一样，有些效应分子可以为宿主植物所探测到并产生防御反应。例如，已证明胞囊线虫和它的马铃薯宿主之间存在基因对基因关系。如果马铃薯有 R 基因 $H1$，我们就可推测到带有特定的 Avr 基因的线虫并产生防御反应。有几个对特定线虫小种具有抗性的植物 R 基因已经克隆获得。有趣的是，所有这些基因所编码的蛋白质都与细菌病原抗性相关的 R 基因产物属于同一类。这些 R 基因产物的讨论见 8.4 节。

昆虫通过直接取食或辅助传染病原造成农作物大量损失

许多昆虫为了完成它的生活周期而以植物为食或作为保护。它们可造成作物的巨大毁坏。通过大量取食植物组织而损伤作物的咀嚼类昆虫包括蝗虫、科罗拉多马铃薯甲虫、欧洲玉米螟和棉铃象鼻虫（图 8-28）。吸食汁液的昆虫，如蚜虫、粉虱、叶蝉和

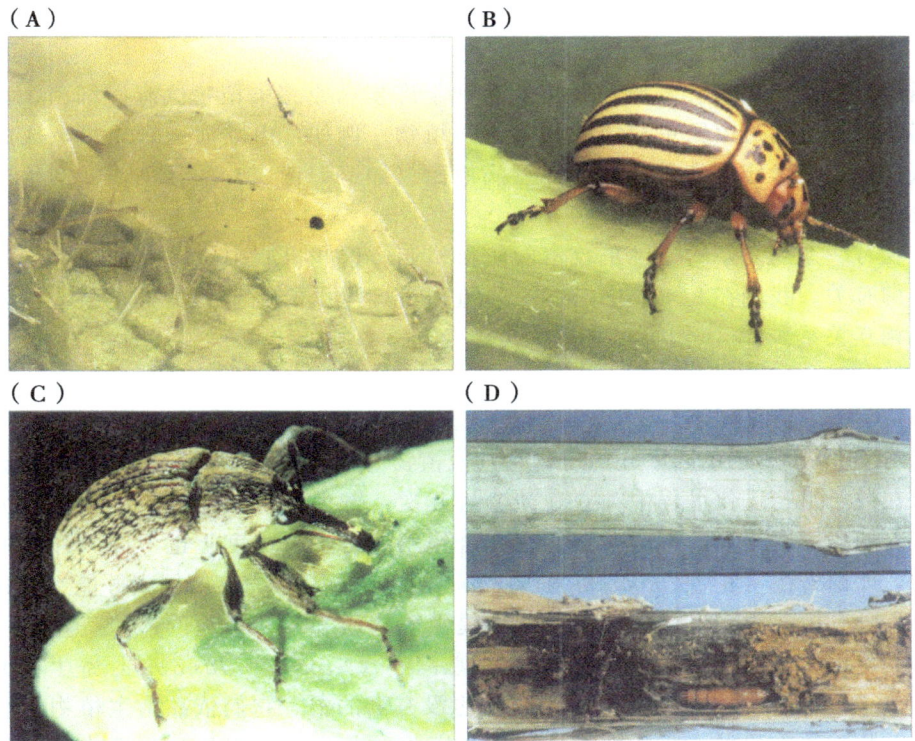

图 8-28　**咀嚼和吸食汁液的昆虫。**（A）在大豆叶片上的大豆蚜虫。（B）在马铃薯茎上的科罗拉多甲虫。（C）棉铃象鼻虫（D）没有害虫的玉米茎纵切面（上）和带有欧洲玉米螟蛹的玉米茎纵切面（下）（图 A 由 Bob O'Neill 提供）。

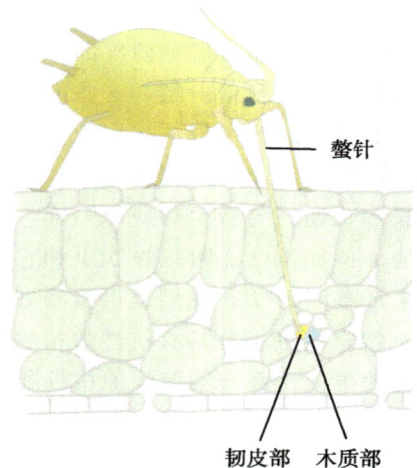

图 8-29　以叶片韧皮部为食的蚜虫。 螯针穿透叶片细胞层并进入富含高浓度蔗糖（蚜虫的食物）的韧皮部筛管部分。

牧草虫将特殊的口器（螯针）深入宿主植物的韧皮部并吸食韧皮部内含物作为食物（图 8-29）。尽管严重群袭会造成大量产量损失，但这些刺吸式昆虫对作物造成的损伤没有像咀嚼类昆虫那样在短时间内就很明显。

有些昆虫，特别是吸食树液的种类，因为可以将植物病毒从一个宿主传到另一个宿主，它们也可间接造成植物病害。这些昆虫是病毒的载体。昆虫传播的病毒是由口器携带（用特殊方式黏附在昆虫口器上），或存在于昆虫的分泌液中（**循环性病毒**）。当昆虫吸食循环性病毒后，病毒穿过肠壁通过血液系统（血腔）进入唾液腺，然后在取食时植物再传播给其他植物。有些循环性病毒在特定的昆虫载体内部存在并复制，这些可作为对植物适应的昆虫病毒。这种病毒-昆虫相互作用是高度特化的；事实上，许多病毒适应某一特定的昆虫但仍能感染大批的植物。载体昆虫将病毒传播到表皮、**叶肉细胞**或直接到宿主植物的维管系统中。进入韧皮部的病毒可在植物中迅速扩散。

咀嚼类昆虫造成的机械损伤间接地有利于许多病原感染植物。有些细菌、真菌和病毒病原最初是通过由昆虫造成的伤口进入植物。例如，由欧洲玉米螟虫造成的玉米的机械损伤使玉米棒更容易受到死体型病原菌（如镰刀菌属）的侵染，并产生更多的真菌毒素。

植物有一系列复杂的抗昆虫攻击的防御机制。这些机制中许多都与微生物病原激活的防御有关。我们在 8.4 节中描述一些植物对抗昆虫的机制和昆虫克服这些防御的特殊的相互关系。

一些植物是植物的病原

大约 4000 个属于不同家族的植物是其他植物的活体营养型病原。寄生于其他植物的能力在被子植物进化过程中独立地演变过几次。寄生植物在他们依赖的宿主植物中吸取营养的程度有很大的不同。它们在**光合作用能力**丧失程度上也不同。许多植物寄生植物，如槲寄生（*Arceuthobium* 和 *Viscum*；图 8-30A），含有叶绿素并能进行光合作用，但是没有根。它们仅仅依靠宿主植物提供矿物质和水。其他的，如菟丝子（*Cuscuta* spp.，也称为扼杀杂草；图 8-30B）和燕窝兰（*Neottia nidus-avis*）寄生在山毛榉（*Fagus sylvatica*）上，不能进行光合作用也没有真的根。它们依靠宿主植物获取有机碳和氮以及矿物质和水。有些寄生植物（如寄生的菟丝子）附到宿主植物的茎上，而其他的附在根上；后者包括燕窝兰和阿诺尔特大花草（*Rafflesia arnoldii*），它是在东南亚丛林中发现的寄生植物，具有世界上最大的花之一（图 8-30C）。

(A)  (B)  (C)

图 8-30　寄生植物。(A) 欧洲槲寄生（*Viscum album*）。(B) 在美国西部，沙漠菟丝子（*Cuscuta denticulata*）正在吞没一丛白刺果豚草（*Ambrosia dumosa*）。(C) 大花蕙（*Rafflesia arnoldii*）的花（唯一的地上结构）。这种花直径可能长达 100cm，重达 10kg（图 C 由 Troy Davies 提供）。

最具破坏性的寄生植物是独脚金（*Striga* spp.；图 8-31A），它从一大批植物物种的根部中摄取水和矿物质。它在热带非洲的影响是毁灭性的并非常难以控制。独角金的种子感应到根部分泌的化学物质后在宿主根部附近萌发，萌发后幼苗的根感应化学物质的浓度梯度朝向宿主生长。接触到宿主根部后，独脚金根部膨大变成吸器迅速寄生在宿主根部（图 8-31B）。非洲撒哈拉 7300 万 hm^2 耕田中超过 2/3 布满独脚金，极端情况下会造成玉米、高粱、小米和豆类作物的完全毁坏。每株独脚金植物可以产生 50 万个种子，这使其在适宜条件下能够快速蔓延。

寄生植物的吸器是将寄生物黏附到宿主、侵入宿主组织以及在宿主与寄生物之间形成连续维管以使寄生物获得水和营养的多功能器官。在缺少寄生植物作为材料的实验室环境下研究吸器的发育过程有着很大的帮助。独脚金种子的根能够对宿主植物根部的分泌物做出快速反应。局部膨大的独脚金根尖在几小时内迅速形成吸器，这最初是由细胞膨大，随后通过皮层细胞分裂而引起的。同时在膨胀区表面增殖产生根毛（图 8-31C）。这些根毛与典型的根毛不同，它们表面有一层半纤维素丰富的突起（乳突）。乳突促进根毛间接触，促进吸器吸附到宿主细胞表面。

尽管独脚金吸器可以吸附到非宿主物种根部表面，但只有在宿主物种中才能成功侵入。附着在非宿主植物根部的吸器会引发与微生物病原类似的防御反应（见 8.4 节）。在宿主植物中，位于寄生物-宿主接触面的吸器细胞伸长并分裂，穿过宿主根部的**表皮**和**表层**。当把独脚金种子放到高粱幼苗根部时，它们会在两到三天内穿过表皮（图 8-31D）。

一旦吸器穿入到达**中柱**，前面的细胞通过木质部外壁上的凹点进入宿主木质部导管（见 3.6 节）。位于顶部的吸器细胞失去它们的细胞壁，与邻近的皮层细胞在寄生植物根部分化形成连续的水的传导系统，这个系统将宿主木质部与寄生物根部的维管系统相连（图 8-31E）。

8.3　病毒和类病毒

病毒和类病毒是一类多样化的复杂寄生物

病毒和类病毒是造成植物病害的主要原因。病毒颗粒通常是由周围称为衣壳的蛋

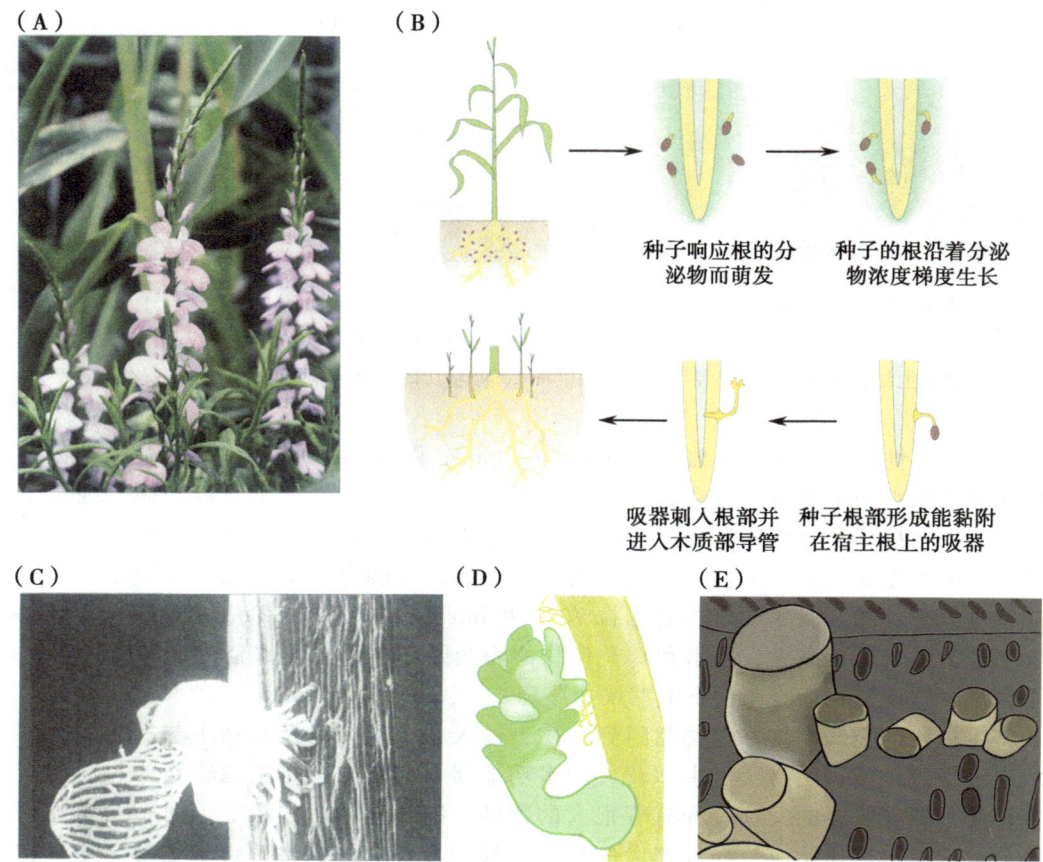

图 8-31 独角金（*Striga* spp.），一种毁灭性的寄生杂草。（A）独角金植物在它们寄生的玉米类植物基部开花。（B）独角金植物的发育。种子靠近宿主植物根部萌发。独角金根部朝向宿主根表面生长，并在那里产生吸器。吸器细胞伸入根部并刺入木质部导管。成熟的独角金植物从木质部摄取水和矿物质，大量减少宿主植物的产量。（C～E）扫描电镜显示独角金感染和发育过程。（C）独角金种子（具有网状表面的结构）在萌发后黏附到宿主植物根部。种子的根在宿主植物根表面形成吸器，吸器被根毛环绕，因此增加了对根表面的黏附性。（D）独角金发育后期。幼苗开始发育并且连接到宿主根部的木质部。（E）宿主植物根部木质部导管内表面，显示出独角金植物刺入细胞形成了像管子一样导水的导管（吸盘）（图 D 和图 E 由张慧婷提供）。

白质外壳包裹着**核酸**组成；类病毒是短的环状单链 RNA 分子。因为它们都只能在活体细胞中复制，所以两者都是专性活体营养型。植物病毒和类病毒利用宿主植物细胞的成分来完成它的复制，但在很多情况下，它们中断细胞过程并造成疾病病症的机制并不清楚。病毒和类病毒很少杀死宿主，但会使植物衰弱，减缓生长和降低种子产量。由植物病毒造成的病症常包含在病毒名字中，如烟草环斑病毒、马铃薯卷叶病毒、甜菜曲顶病毒、烟草花叶病毒和番茄丛矮病毒。病毒可以通过各种其他生物从一株植物传播到另一植物，包括昆虫、线虫甚至真菌。这对通过扦插繁殖和营养繁殖而不是种子繁殖的作物尤成问题，如香蕉和马铃薯。病毒有时通过植物的有性繁殖传到下一代种子中，例如，豌豆种传花叶病毒，但这种情况并不常见。

植物病毒基因组编码的少数的蛋白质,这些蛋白质使病毒复制,促进病毒在细胞间扩散,以及抑制宿主防御反应。所有病毒(除双生病毒和矮缩病毒)都编码在宿主细胞中复制病毒基因组的**复制酶**(RNA 或 DNA 聚合酶)。它们还编码形成衣壳的鞘蛋白,从而确定了病毒的形状。许多病毒还编码一种和更多的称为**运动蛋白**的蛋白质。在所有情况下运动蛋白都改变植物细胞间作为通道的**胞间连丝**的结构和(或)功能。这种改变是很必要的,因为通常情况下胞间连丝不允许像病毒颗粒或病毒核苷酸这么大的分子通过。结构的改变可发生在新的管状(如麦秆形状)结构的形成中,这些结构可使病毒颗粒通过,或者以更不明显的方式改变胞间连丝使运动蛋白与病毒核苷酸结合形成复合物能够通过。许多病毒还编码宿主 RNA 沉默机制的抑制物(见 8.4 节)。由昆虫、真菌或线虫传播的病毒的基因组常编码"辅助蛋白"来促进病毒颗粒和载体间的相互作用。有的病毒基因组可以编码蛋白酶来对病毒核酸**翻译**产物进行翻译后加工(见下文)。所有这些病毒编码的蛋白质都可认为是与那些微生物病原相类似的效应分子。

与病毒紧密的组织结构相关,有两种机制可以使衣壳中的单个核酸分子编码产生多种蛋白质。有些病毒 RNA 可以指导单个大蛋白(多聚蛋白)的合成,然后再由病毒编码的蛋白酶处理产生多种具有不同功能的蛋白质。其他病毒 RNA 可以在宿主细胞中复制产生一个或多个单独的、更小的 RNA。这些**亚基因组 RNA** 可以指导一系列病毒蛋白的翻译。

病毒分类是基于一系列的因素,包括病毒颗粒的大小和形状、病毒基因组的性质以及病毒复制和蛋白质合成的不同策略。植物病毒最常见的是球形(等面体的),或是具有直的或波状外观的杆状。植物病毒的核酸可以是 RNA 或 DNA,它可能是单链(ss)或双链(ds),这取决于病毒的类型。大多数(约 70%)植物病毒的基因组是有编码可能的(+,有义正链)ssRNA;含有互补链(−,负链)RNA 的病毒颗粒也会发生。在本节中,我们描述三个主要病毒群体:单链(+)RNA 病毒,典型例子是烟草花叶病毒和马铃薯 Y 病毒;双链 DNA 病毒,典型例子是花椰菜花叶病毒;单链 DNA 病毒,典型例子是双生病毒。我们讨论它们的结构特征和复制机制,以及病毒如何导致疾病的症状。植物对病毒的防御将在 8.4 节中描述。

不同类型的植物病毒有不同的结构和复制机制

烟草花叶病毒组中的典型成员是烟草花叶病毒(TMV)。这是一个简单的单链(+)RNA 的直的杆状病毒(图 8-32A),它是通过机械传播而不是通过载体传播的。病毒的繁殖可分几个步骤(图 8-32B)。在进入细胞后,病毒必须在 RNA 翻译以前脱去外壳。对于 TMV 而言,这个过程还偶联了翻译的第一步如核糖体连到 RNA 的 5′端,在读取 RNA 时脱去外壳蛋白。第一个产生的蛋白质是 RNA 聚合酶,将病毒 RNA 分子作为模板来合成互补(−)RNA。这个过程从 RNA 的 3′端开始。由 RNA 聚合酶产生的(−)链有两个目的。第一,部分(−)链再次由 RNA 聚合酶复制,但只是在内部位点开始来产生小的亚基因组(+)RNA 分子,每个分子编码一系列病毒蛋白。这些亚基因组 RNA 依次翻译产生特定的病毒蛋白。第二,整条链(−)由 RNA 聚合酶作为模板来产生新的完整链(+)。这些分子与亚基因组病毒 RNA 翻译出的蛋白质外壳一起形成新的病毒颗粒。

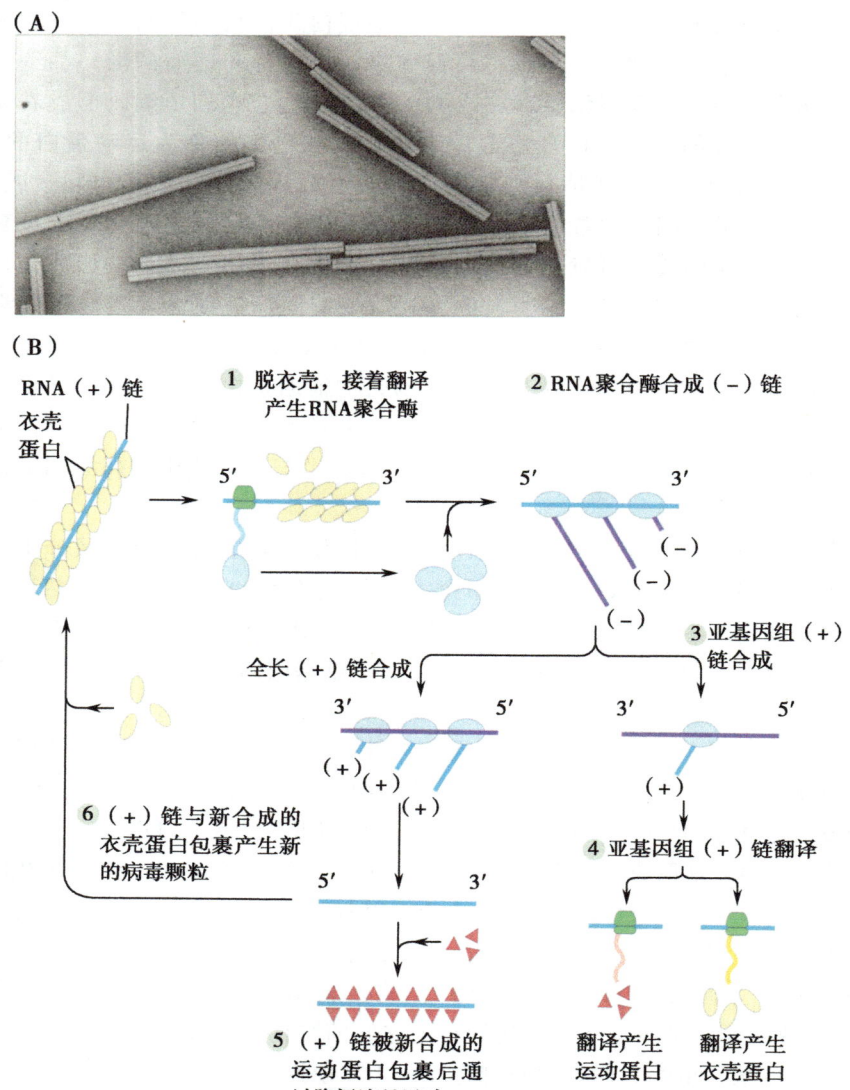

图 8-32 烟草花叶病毒（*Tobacco mosaic virus*）的结构和复制。（A）烟草花叶病毒颗粒的电子显微镜照片。每个杆状颗粒的直径为 18nm。（B）在宿主植物细胞内合成新病毒颗粒的周期图。①病毒 RNA 链（＋）脱壳并转入植物细胞核糖体（绿色小块）来产生 RNA 依赖的 RNA 聚合酶（蓝色椭圆）。②RNA 聚合酶利用病毒 RNA 作为模板合成互补（－）链（紫色）。③互补（－）链进行部分复制，从链中的启动子开始复制，产生较短的亚基因组（＋）链（蓝色）。全长（＋）链也在产生。④亚基因链在植物核糖体上翻译产生病毒衣壳蛋白和运动蛋白。⑤全长（＋）链被运动蛋白包裹后通过胞间连丝移动到其他植物细胞中。⑥其他全长（＋）链被病毒衣壳蛋白包裹产生新的病毒颗粒。

TMV 基因组只编码四种蛋白质：两个较大的（126kDa 和 183kDa）是 RNA 聚合酶的组成部分；其他两个是外壳蛋白（18kDa）和运动蛋白（30kDa）。运动蛋白会改变胞间连丝的大小限制（见 3.4 节）来允许更大颗粒的通过，有助于 TMV RNA-运动蛋白复合物在宿主植物细胞间运动。因为病毒编码如此少的蛋白质，它在复制的许多方面都需要依靠宿主细胞中的组分。

马铃薯 Y 病毒类型中马铃薯病毒 Y（PVY）是典型成员。这种病毒颗粒是弯曲的杆状，像 TMV 一样有一个单链（+）RNA 基因组。马铃薯 Y 病毒类型比烟草花叶病毒类型复杂得多。另外的复杂性包括以下两点。马铃薯 Y 病毒类型编码比 TMV 更多的蛋白质，还有它们的 RNA 翻译产生可切割成有活性的病毒蛋白的大的多聚蛋白，例如，约 10kb 的 PVY RNA 翻译成一条约 360kDa 的单一的多聚蛋白，它可以在特定位点切割最终产生约 10 个蛋白质，每个蛋白质有独立的多种功能。除了病毒 RNA 聚合酶的组成成分、外壳蛋白和运动蛋白外，马铃薯 Y 病毒属还编码蛋白酶（8.4 节中讲过其中一种蛋白酶是用来抑制宿主植物防御反应的）、一种蚜虫传播因子和连接到 RNA 分子末端的复制起始所需要的蛋白质 VPg。尽管马铃薯 Y 病毒类型的 RNA 复制基本原理与烟草花叶病毒类型的相似，但马铃薯 Y 病毒类型不产生亚基因组 RNA，因而不同的翻译策略的需要也不同。

花椰菜花叶病毒家族的典型成员是花椰菜花叶病毒（CaMV）。这种病毒是球形的，具有环状 dsDNA 的基因组的花椰菜花叶病毒家族属于大的香蕉条纹病毒家族，这个家族的不寻常之处在于 dsDNA 基因组在一个逆转录的过程中通过一个病毒 RNA 的中间体来复制。当 CaMV 颗粒进入植物细胞，去除外壳蛋白后，dsDNA 进入宿主细胞核（图 8-33）。

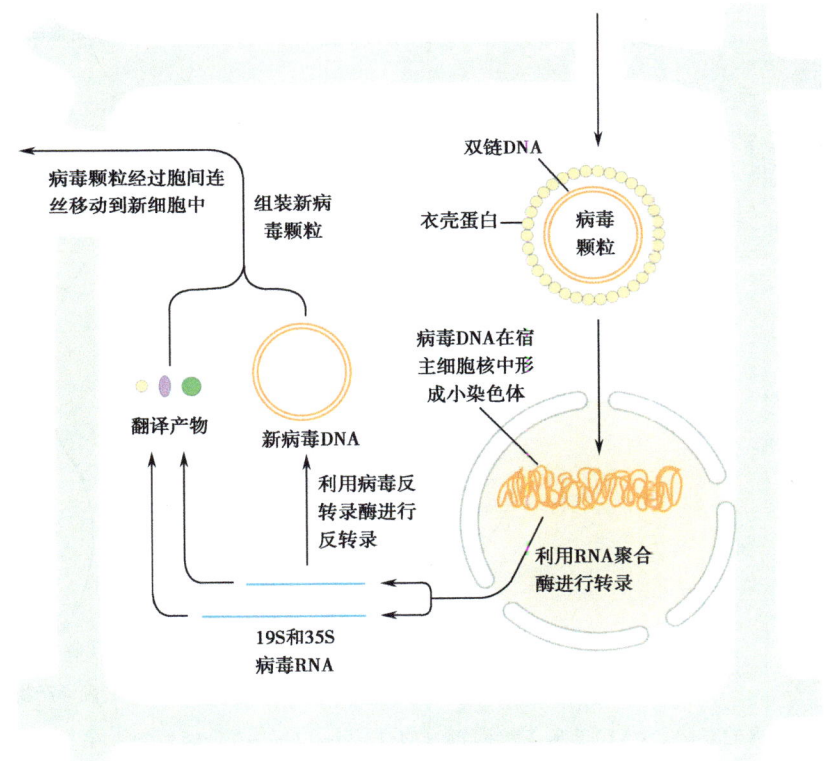

图 8-33　花椰菜花叶病毒（Cauliflower mosaic virus）的复制。 当病毒颗粒进入植物细胞（右上），衣壳蛋白移除，双链 DNA 进入核内形成小染色体。转录可以产生 19S RNA 和 35S RNA。RNA 翻译产生新蛋白（如上文所述），包括细胞间移动的运动蛋白和新病毒颗粒组装必需的衣壳蛋白。从病毒 RNA 中可以逆转录产生完整的 DNA 链，然后转变为双链 DNA 用于组装新的病毒颗粒。

DNA 卷曲形成一个环状的小染色体。通过宿主细胞 RNA 聚合酶转录成两个不同长度的 ssRNA——35S RNA 和 19S RNA，两者均转移到植物细胞质中并进行翻译。35S RNA 编码 5 种蛋白质：衣壳蛋白、运动蛋白、辅助蚜虫传播病毒的蛋白质、辅助病毒在细胞内运动和昆虫传播的核衣壳蛋白、**逆转录酶**。较小的 19S RNA 可翻译成可激活 35S RNA 翻译的蛋白质。细胞质中的病毒 RNA 也作为模板逆转录形成病毒 DNA。CaMV 逆转录酶可复制 DNA 和 RNA。因此，它先从 RNA 中合成一条完整 DNA 链，这条链成为模板来产生 ds-DNA。dsDNA 与衣壳蛋白一起形成新的病毒颗粒。CaMV 的 35S RNA 的 DNA 启动子广泛地用于植物转化实验。它可驱动外源基因在许多不同植物物种和器官中进行高水平地表达。

双生病毒（viruses）是病毒的一个大家族，它们有小的在 2.7～5.4kb 的环状 ssDNA 基因组。在这个家族中有多个不同的亚类，这些亚类在组成完整的病毒感染颗粒的 DNA 单元（约 2.7kb）的数量上存在不同之处。双生病毒的英文名字中"gemini"在拉丁语中是"孪生"之意，这里是指病毒颗粒的表面，其由两个融合的部分轴对称的亚颗粒组成（图 8-34A）。已有证据表明这些成对的颗粒只包含一个单元大小 DNA 分子。更小的和更大的双生病毒总的功能是相似的，而更小的病毒进化出一个具有多功能蛋白的更加紧密的组织结构。

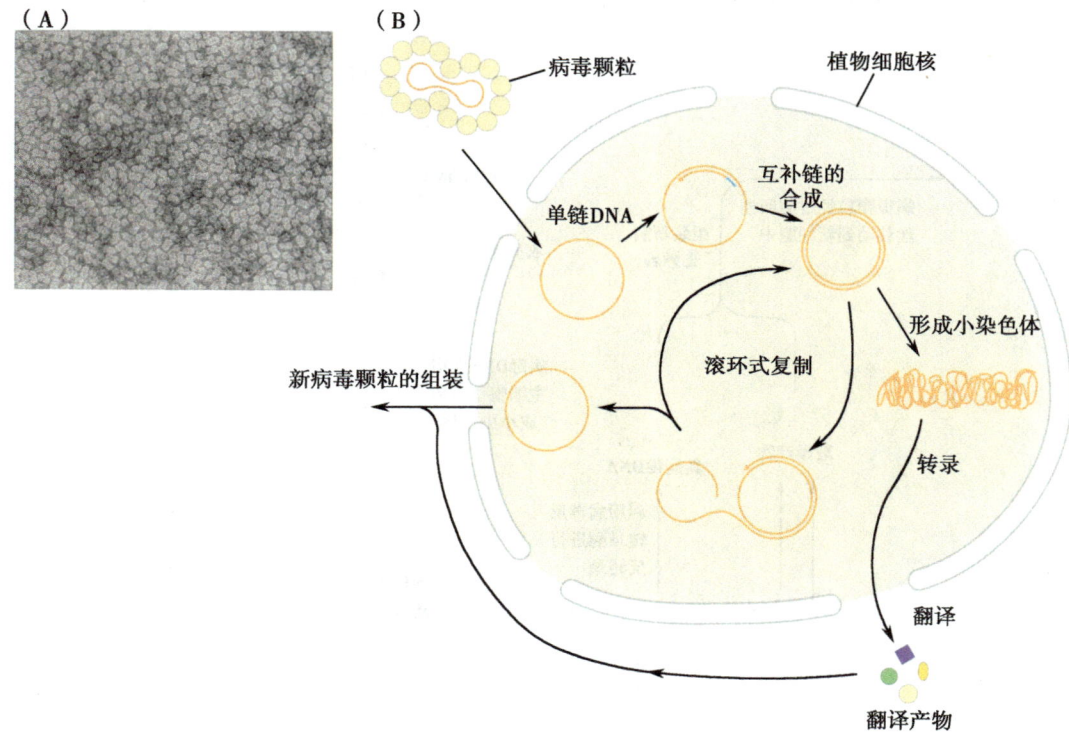

图 8-34 **双生病毒的复制。**（A）玉米条纹病毒（*Maize streak virus*）颗粒的电子显微镜照片。值得注意的是，每个颗粒由两个相连的、不完整的二十面体组成，所以称为"双生病毒"。（B）单链病毒 DNA 进入植物细胞核中，并合成完整 DNA 链。这形成一个小染色体，可以转录和翻译产生病毒 DNA 复制并合成新病毒颗粒必需的蛋白质。病毒的环状的双链 DNA 通过"滚环"复制方式进行复制。这个过程能成功产生新的单链 DNA 环，被衣壳蛋白包裹后形成新病毒颗粒。尽管病毒能编码滚环 DNA 复制必需的蛋白质，但 DNA 聚合酶是植物来源的（图 A 由 Margaret Boulton 提供）。

双生病毒编码启动它们 ssDNA 基因组复制所需的因子，但是，与上面描述的病毒不同，它们不编码复制酶（核酸聚合酶）。它们依赖宿主植物核 DNA 聚合酶来复制基因组。然而分化的不分裂的细胞常常缺乏 DNA 聚合酶和复制所需的相关因子，因此双生病毒为了复制会诱导表达宿主的这些因子。这种诱寻通过抑制**视网膜母细胞瘤蛋白**（RBR）来实现，RBR 是一个细胞周期的负调节子（见 3.1 节）。抑制 RBR 功能可以使转录因子表达，诱导分化的细胞重新进入细胞周期。这样通过诱导宿主植物中的 DNA 复制系统使得病毒基因组可以复制，这种方式与动物肿瘤病毒是相似的。

当双生病毒 DNA 进入细胞，ssDNA 在核里变成 dsDNA（图 8-34B）。dsDNA 用来作转录的模板，通过滚环复制机制进行 DNA 复制产生更多 ssDNA 基因组用来包装成病毒颗粒。DNA 两条链都编码蛋白质，因此转录必须是双向的，以产生所有编码蛋白质的 RNA。

双生病毒多在较温暖的气候中发现，可能是由于传播它们的叶蝉和粉虱昆虫载体的分布受到地理限制。某些例子如小麦矮化病毒（*Wheat dwarf virus*）和玉米条纹病毒（*Maize streak virus*，图 8-34A）都是由叶蝉传播的；番茄黄化曲叶病毒（*Tomato yellow leaf curl virus*）是一种由粉虱传播的可以引起番茄作物严重疾病的病毒；还有粉虱传播的非洲木薯花叶病毒（*African cassava mosaic virus*）可以引起木薯毁灭性的损失。

在感染植物中病毒感染症状的基础是什么呢？造成产量损失的部分原因是病毒颗粒的形成会减少植物中糖特别是氨基酸的供应。烟草花叶病毒颗粒可以在一片受感染的烟草叶子上聚集到高达 1g/kg 鲜重的量。然而，这些影响还不能充分解释大多数病毒感染症状。症状也可能是由于对宿主生理的微小的干扰。例如，许多病毒编码在宿主植物中抑制基因沉默的蛋白质。**基因沉默**是一个复杂现象，涉及植物的防御机制（**RNA 沉默**；见 8.4 节）和正常植物生长发育过程中的基因表达调控。基因沉默的病毒抑制子可能使宿主的防御机制不能工作并干扰宿主植物发育的调控。有些感染引起的症状很像植物中 RNA 沉默机制突变体引起的发育表型上的改变。

8.4 防御

病原和害虫通过多种的机制来攻击并取食植物。但不寻常的是，大多数植物对大部分植物病原都具有抗性。本节的主题是植物抗病性的本质。

一种病原可能由于多种不同原因，无法使某一特定植物致病。非宿主植物的细胞壁结构可以提供一种物理屏障来防止病原的成功侵染。非宿主植物可能对死体营养型病原产生的毒素不敏感，也可能通过代谢该毒素使其失去毒性。一些植物具有某些化学物质，可以防止病原和害虫侵害，或在它们取食时将其毒死。其中一些阻止病原对非宿主物种侵染的一般或"非宿主"的机制是**组成型**的：无论植物是否受到伤害，它们始终在植物体内表达。许多其他抗性机制则是**诱导型**的：只有当植物受到伤害时它们才表达。诱导型防御机制包括基础防御机制和 R 基因介导的防御机制，后者在本章引言和 8.1 节已经阐述。例如，一种真菌病原在侵染非宿主植物时可能被阻止，部分原因是非宿主植物的细胞壁抵抗了入侵（一种组成型防御机制），但也因为新的细胞壁成分合成并在病原欲侵入的部位沉积（一种诱导型的防御机制）。

当一种病原侵入一种潜在宿主植物时，植物的基础防御机制将会激活（图 8-2）。这些基础防御机制受多种病原分子诱导，这些病原分子是多种病原所共有的，包括壳多糖和其他组成真菌细胞壁的**葡聚糖**、组成细菌鞭毛的**鞭毛蛋白**和细菌核糖体组分、延伸因子-Tu（EF-Tu）等。这些分子合称为 PAMP（病原相关分子模式）。它们诱发的基础防御包括植物新的细胞壁物质的沉积、毒性分子的产生，以及有时受到病原侵染后的植物细胞死亡。正如我们在本章引言中讨论效应物-激活的免疫时所阐述的那样，一些病原产生特异的效应分子，这些分子可以减弱或克服植物的各种基础防御，从而促进病原成功的侵染。效应分子本身可能是植物另一种防御机制，即 R 基因介导的防御机制的激发子（图 8.2 和 8.1 节）。

在此我们描述植物用来抵抗病原侵染的三种防御机制，即组成型、基础型和 R 基因介导的机制。我们首先讨论植物如何识别病原的存在，以及这种识别过程如何激活信号转导通路，产生各种防御反应。然后，我们介绍植物防御机制的四种类型：对病原毒性产物的去毒化、抗菌物质的产生、通过细胞死亡对病原入侵的限制作用（**超敏反应**，HR）和系统抗性。最后，我们进一步给出两个针对特定病原的防御机制的例子：对食草动物的反应和对病毒感染的反应。

基础防御机制是由病原相关分子模式（PAMP）激活的

植物基础防御反应由微生物产生的保守的刺激因子分子激活，即 PAMP，是抵御病原的"第一道防线"。下面我们阐述植物是如何感受 PAMP 以及下游信号转导事件是如何导致防御反应发生的。

发现植物中一系列导致由感染的微生物启动的植物防御反应的事件是困难的，因为并不是所有细胞同时遭遇病原，所以事件在不同类型的细胞中可能以不同的速度和水平发生。研究者已在这个领域的几种方法上取得了进展：利用化学纯化得到的 PAMP 溶液而非整个微生物去诱导反应；寻找用 PAMP 不能诱导防御反应的突变体植株；利用悬浮培养细胞而非完整植株或植物器官；以及最近所用的利用基因组信息研究诱导应答时基因转录水平的变化。

图 8-35 概括了这些事件的顺序。微生物激发子通常由定位于植物细胞质膜上的受体蛋白识别。这种识别可引发钙离子（Ca^{2+}）流入细胞，以及具有抗菌作用同时也作为信号转导分子的**活性氧**（ROS）、超氧化物（O_2^-）和过氧化氢（H_2O_2）的产生。这些早期的事件激活一条包含一系列蛋白激酶的信号通路，进而激活导致防御应答的基因表达。

通过寻找缺乏对 PAMP 应答能力的突变体植株，研究者已经鉴定到一些可识别激发子并引发一系列级联事件进而导致防御反应的植物受体。细菌鞭毛蛋白是一种研究得特别详细的 PAMP。它的功能由一段 22 个氨基酸长度的 FLG22 序列行使；该蛋白质的这部分序列在细菌中是高度保守的。用 FLG22 处理植株时发现那些未表现出防御反应的拟南芥突变体内 $fls2$ 基因发生突变。$fls2$ 基因编码一个质膜的跨膜蛋白，其外部

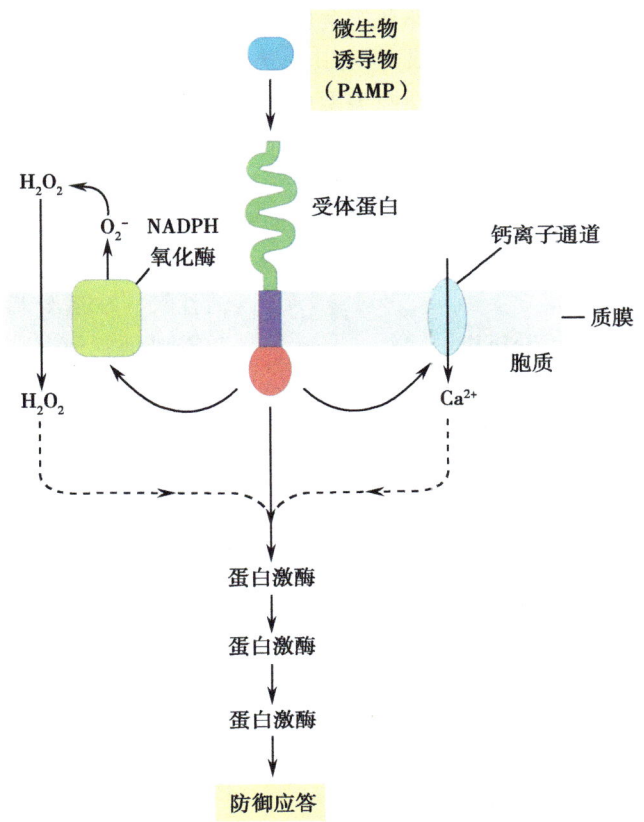

图 8-35 **植物细胞识别微生物诱导物（PAMP）相关事件。** 诱导物被受体蛋白激酶（红色表示胞质蛋白激酶结构域）胞外结构域（绿色）识别。识别作用激活蛋白激酶信号级联和 NADPH 氧化酶，同时也激活钙离子通道，使得 Ca^{2+} 流入细胞。质膜上的 NADPH 氧化酶催化产生超氧化物（O_2^-），进而转化为过氧化氢（H_2O_2）。受体蛋白的蛋白激酶结构域、高水平的钙离子、超氧化物和过氧化氢，共同激活由蛋白激酶构成的信号通路，最终激活针对微生物的防御。

（质膜的外侧）由短的富含亮氨酸残基的重复氨基酸序列组成（图 8-36）。这种结构域称为**富含亮氨酸重复序列**（LRR），常见于植物和动物体内参与病原防御的蛋白质中（如下面讨论的）。LRR 结构域可识别 FLG22 氨基酸序列。在质膜内侧，FLS2 蛋白质具有一个参与信号转导通路的蛋白激酶结构域。当外面的 LRR 结构域结合 FLG22 时，蛋白激酶结构域会激活下游的事件。

利用细胞悬浮培养和纯化的 PAMP 产生同步性防御应答的方法，我们可以对信号转导通路的最初的事件进行详细的研究。早期的这类研究用的是西芹（*Petroselinum*）培养细胞悬浮液和

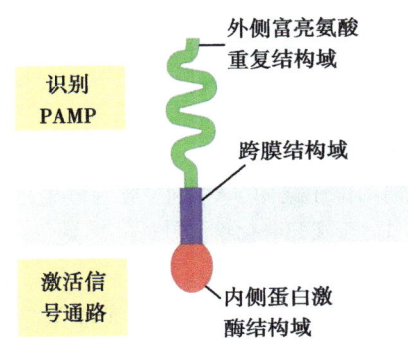

图 8-36 **FLS2 蛋白结构。** 外侧富亮氨酸重复（LRR）结构域与细菌鞭毛蛋白（未展示）FLG22 氨基酸序列结合。这种结合激活内侧蛋白激酶结构域，从而诱导信号转导通路，最终激活防御应答。

PEP13,后者作为一种 PAMP,是卵菌纲病原疫霉根腐病菌(*Phytophthora megasperma*)谷氨酰胺转氨酶的一部分。近期利用其他类型的细胞悬浮液和激发子系统进行的更多研究表明在不同种类的植物和不同类型的 PAMP 中许多早期事件是保守的。在西芹培养细胞中加入 PEP13,离子通道在 1~2min 后即被激活,从而导致 Ca^{2+} 流入细胞。当加入钙离子螯合剂(一种能结合钙离子、可从溶液中清除钙离子的物质),培养细胞的防御反应即终止,这说明了钙离子流的重要性。加入 PEP13 5min 内,细胞开始产生具有抗菌作用并作为次级信号分子而激活随后防御反应的超氧化物和过氧化氢等活性氧。在诱导后活性氧的迅速产生需要消耗氧气(O_2)的现象称之为"呼吸暴发"。

还原型烟酰胺腺嘌呤二核苷酸磷酸氧化酶(NADPH oxidase)在 ROS 合成中发挥着重要作用。它将还原型烟酰胺腺嘌呤二核苷酸磷酸的一个电子跨膜传递给细胞外侧的氧气(O_2),并使之转化为超氧化物(O_2^-)(图 8-35、图 8-37)。超氧化物通常自发地或在**超氧化物歧化酶**作用下,很快转化为过氧化氢(H_2O_2)。拟南芥基因组中含有 8 个编码还原型烟酰胺腺嘌呤二核苷酸磷酸氧化酶的基因(*atrboh* 基因:*A. thaliana* respiratory burst oxidase homologs)。其中 2 个基因对于 Flg22 应答后 ROS 的产生以及寄生霜霉(*Hyaloperonospora parasitica*)和丁香假单胞杆菌(*Pseudomonas syringae*)不容性的相互作用(不会造成病害的宿主和病原间的相互作用,见下文)是必需的。

至少有两类蛋白激酶在诱导后迅速激活:**促分裂原激活蛋白(MAP)激酶**和**钙依赖型蛋白激酶**(CDKP)。MAP 激酶在所有的真核生物中参与

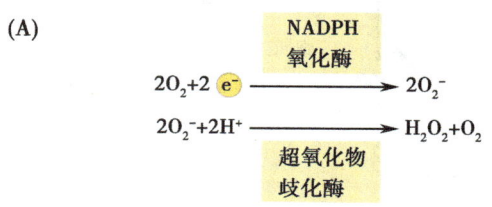

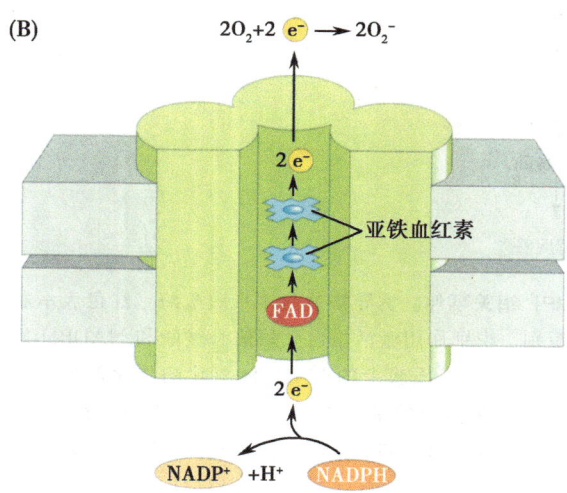

图 8-37 应答 PAMP 过程中,活性氧的产生。(A)在质膜 NADPH 氧化酶和胞质超氧化物歧化酶催化下,氧气生成超氧化物和过氧化氢。(B)NADPH 氧化酶的活性。由 NADPH 释放的电子,经过跨膜酶的电子载体 FAD 和亚铁血红素传递给胞外的氧气,形成超氧化物。

信号转导通路,而 CDKP 则特异存在于植物中。它们都参与引起 PAMP 应答反应中基因表达大量诱导时的级联事件(图 8-35、图 8-38)。一些基因会迅速诱导表达(15~30min),并且这种诱导不依赖于 ROS 产生。这些迅速诱导表达的基因通常编码一些调控和信号转导蛋白,如蛋白激酶和转录因子。这些蛋白质使得信号转导级联更加复杂,同时导致依赖于 ROS 产生的新的一批基因的诱导表达。新诱导表达的基因编码一些催化合成植物防御组分(如一些防止病原伤害的毒素)的酶类和小的信号分子(如水杨

酸、乙烯、茉莉酸等），后者通过其他的信号转导通路进一步加强植物防御机制（这两种次级过程下面会有讨论）。晚期表达的基因也编码一些降解相关的蛋白质，它们负责标记其他蛋白质通过蛋白酶体进行降解（关于蛋白酶体-泛素系统的阐述见 5.4 节）。蛋白质的周转对于信号转导通路的正确功能起到重要的作用。通过级联信号的蛋白激酶磷酸化激活的蛋白质或作为信号组分而新合成的蛋白质在起始信号应答一旦顺利完成后都必须失活。失活常通过向蛋白质连接泛素分子（泛素化）实现的，泛素化的蛋白质在蛋白酶体的作用下发生特异性的降解。

上面所描述的事件构成了基础防御机制的感受和信号转导通路。它们似乎在不同种类的植物以及在对不同的 PAMP 应答中都是保守的。植物可能含有大量不同的针对病原产生的 PAMP 的受体，这些受体引发的信号转导事件形成一个复杂的网络。

在 R 基因介导的防御反应中，一系列相似的防御应答被激活：病原产生的效应分子为受体蛋白所识别，激活与基础防御应答类似的信号转导网络。尽管它们在感受和信号转导通路方面相似，但是 R 基因介导的下游防御机制通常要比基础防御反应的更强烈。R 基因介导

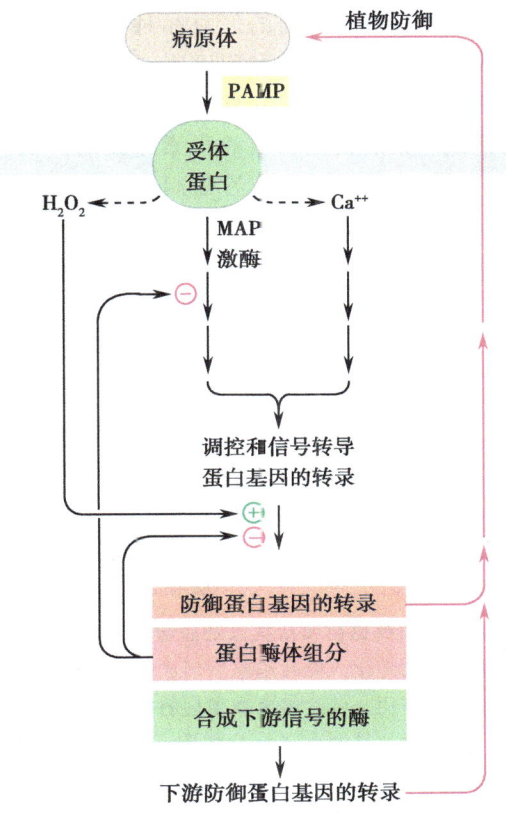

图 8-38 微生物诱导物激活的防御应答的下游事件。MAP 激酶信号转导级联和钙依赖型蛋白激酶激活第一批编码调控和信号转导蛋白基因的表达。这些蛋白质进而激活第二批基因的表达。这些基因编码一些防御蛋白，用来阻止微生物伤害；蛋白酶体组分（泛素连接酶）负责降解信号转导途径中的组分；一些合成下游信号分子的蛋白负责强化防御应答。

的防御不仅使植物对病原产生更高水平的抗性，同时也导致一些包括细胞选择性死亡在内的更极端的后果（见图 8-2 和下面进一步的讨论）。

对植物专性活体营养型真菌豇豆锈斑菌（*Uromyces phaseoli* var. *vignae*）的防御方面的研究是说明这两种类型的应答反应在强度上存在差异的例子（图 8-39）。真菌孢子接种到通常不受锈斑菌感染的植物（非宿主）以及抗病和感病的豇豆品种的叶片上。在感病品种中，锈斑菌穿过气孔后产生胞间菌丝，同时刺入叶肉细胞后产生吸器。对于一些非宿主植物，如豌豆，当穿过气孔后，真菌的生长则受到限制，这说明在受到感染前植物体内就已存在抗真菌物质（见下文）。在大多数其他的非宿主植物中，如蚕豆和菜豆，真菌不能够刺入叶肉细胞。吸器不能形成与真菌试图刺入部位的植物细胞壁内侧乳突状物质的快速积累有关（这类防御机制更进一步的例子见图 8-40）。在具有

R 基因介导的抗锈斑菌的豇豆品种中，基于细胞壁的防御未能发挥作用，真菌吸器开始形成，但是被刺入的细胞迅速破裂和死亡（一种超敏反应，稍后在本章讨论）。在这种相互作用中，活体营养型锈斑菌在处于超敏反应状态的细胞内死亡，这可能由单纯的饥饿或感染后抗菌物质的积累导致的。从这些实验中我们可获得一个重要的一般性原理，那就是基础防御应答限制真菌生长，常常是通过抗菌物质或植物细胞壁侵入部位高度改变或通过两者一起来实现的。相比之下，*R* 基因介导的防御反应通常与侵入部位的宿主细胞死亡以及随后发生的真菌死亡相关。

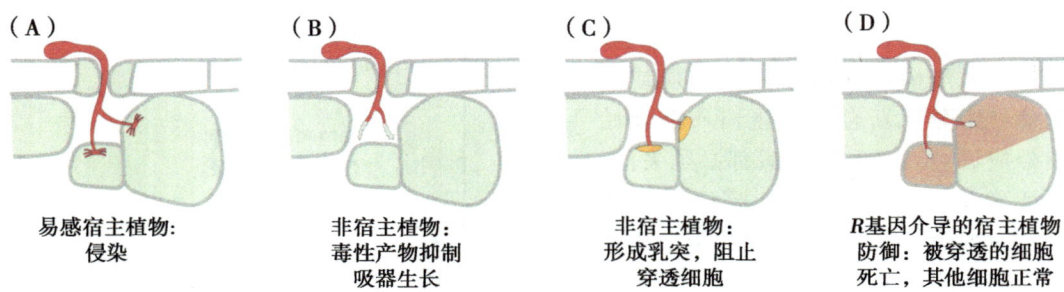

(A) 易感宿主植物：侵染
(B) 非宿主植物：毒性产物抑制吸器生长
(C) 非宿主植物：形成乳突，阻止穿透细胞
(D) *R* 基因介导的宿主植物防御：被穿透的细胞死亡，其他细胞正常

图 8-39　豇豆锈斑菌和宿主以及非宿主植物之间的相互作用。(A) 和易感宿主植物的相互作用，真菌吸器成功地侵入叶片细胞后形成吸器，使得真菌进一步扩展并最终成熟产孢。(B) 和非宿主植物的相互作用，叶片组成型表达的抗菌物质抑制了真菌的扩散。(C) 和其他非宿主植物的相互作用，真菌菌丝试图刺入叶片细胞，诱导新细胞壁物质（乳突）在受攻击位点细胞壁内侧堆积，从而阻止菌丝侵入。(D) 和携带相应 *R* 基因的宿主植物的相互作用，真菌侵入叶片细胞，受攻击细胞死亡，真菌无法得到营养供给，在叶片中的扩散受到阻止。

12 μm

图 8-40　拟南芥对大麦白粉病菌（*Blumeria graminis* f. sp. *hordei*）的细胞壁抗性。拟南芥不是这种真菌的宿主。真菌孢子在叶片表面的萌发，会激活基础性防御机制，使得新的细胞壁物质迅速在受攻击部位堆积。参与此应答反应的基因包括 *PEN 1*、*PEN 2* 和 *PEN 3*。*PEN 1* 编码突触融合蛋白，是物质分泌到细胞壁所必需的；*PEN 2* 编码一种催化叶片内葡糖异硫氰酸生成抗菌物质吲哚的酶（在本章后面部分有相关阐述）。*PEN 3* 编码质膜转运载体，负责将吲哚转运至细胞外。图片显示的是，拟南芥在应答真菌诱导物（图 8-35）时，萌发管攻击部位活性氧物质（染色显示为棕色）的产生。

下面我们将更加详细地阐述参与 PAMP 激活以及 R 基因介导的防御应答的感受及信号转导通路中的一些主要成分的性质和功能。然后，我们会讨论下游防御机制，包括抗菌物质的合成和超敏反应的激活。

参与防御的 R 蛋白和许多其他植物蛋白富含亮氨酸重复序列

许多参与植物防御的蛋白质，包括许多 R 蛋白，其功能依赖于对其他分子的识别，特别是对其他蛋白质的识别。这些相互作用是必要的，例如，对诱发植物防御应答的病原分子的识别以及通过直接结合对植物有害的病原蛋白进行抑制。这种识别功能往往是由一种特定的蛋白结构域即富含亮氨酸重复来完成。含有 LRR 的蛋白包括：FLS2，识别细菌 PAMP 鞭毛蛋白（如上所述）；多聚半乳糖醛酸酶抑制蛋白（PGIP），它们在植物防御激活时诱导表达，从而抑制那些降解植物细胞壁成分的微生物酶类；以及那些识别病原效应分子的 R 蛋白。LRR 蛋白在植物生长发育的其他方面也起到重要作用。例如，维持茎顶端分生组织所必需的拟南芥蛋白 CLAVATA1（见 5.4 节）和油菜素内酯感受所必需的 BRI1（见 6.3 节），都含有 LRR 结构域。

LRR 结构域通常含有多个富含亮氨酸的重复序列，这些重复序列的长度为 23～29 个残基。在部分重复序列中，亮氨酸残基每隔一个或两个位置出现一次：X-Leu-X-X-Leu-X-Leu-X，这里的 X 代表另一种的氨基酸。这部分重复序列在蛋白中形成一种称为**平行 β 折叠**的结构，亮氨酸残基位于蛋白内部，而 X 残基暴露于外部，形成与其他蛋白相互作用的表面（图 8-41）。这种结构允许非常特异的相互作用以及单个氨基酸改变引起的不同相互作用表面的产生。这种特异性在对豆科植物 PGIP 的研究中已阐明。在对真菌攻击的应答反应中，豆科植物的细胞分泌两种不同的 PGIP。它们均含有 10 个 LRR 和一些短的侧翼序列。只有 8 个不同的氨基酸将这两种蛋白区分开：其中 5 个在 LRR 结构中，2 个与 LRR 相邻。尽管这两种蛋白质序列具有很高的相似性，但它们对多聚半乳糖醛酸酶的识别却不同。PGIP-1 可与来自真菌黑曲霉（*Aspergillus niger*）的多聚半乳糖醛酸酶相互作用并抑制其活性，而与来自念珠镰刀菌（*Fusarium moniliforme*）的多聚半乳

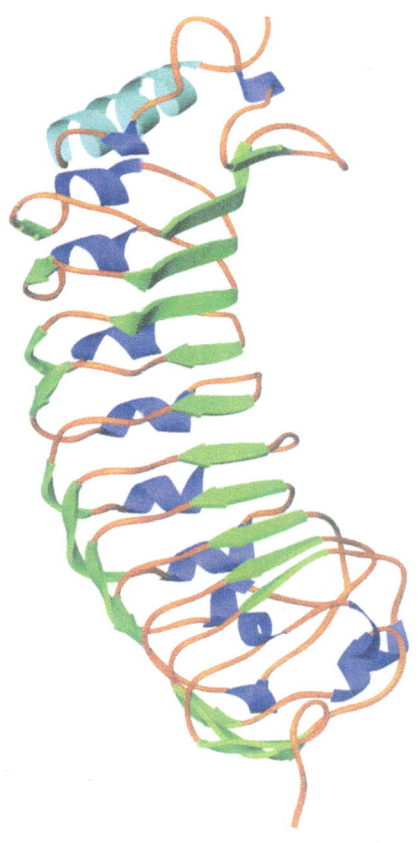

图 8-41 **R 蛋白中 LRR 结构域的结构。** 含有 23～29 个氨基酸残基富亮氨酸重复，在蛋白质中折叠成平行 β 折叠。折叠的内侧（朝向蛋白分子内部）由亮氨酸组成；外侧负责识别结合其他蛋白。外侧单个氨基酸的变化能够严重影响 LRR 结构域与靶标蛋白的结合。图片显示的是菜豆聚半乳糖醛酸酶抑制蛋白的结构。

糖醛酸酶没有相互作用，然而 PGIP-2 却可以与这两种蛋白质相互作用并抑制其活性。下面我们讨论 LRR 的变异性和特异性在植物防御应答发育演化过程中的重要性。

R 基因编码参与识别和信号转导的蛋白质家族

一种 R 基因产物（一种 R 蛋白）的作用是识别病原效应分子，然后激活信号转导通路并导致防御反应的激活。R 基因可以激活对非常广泛的病原的防御反应，包括细菌、真菌、卵菌、病毒和线虫等。尽管所针对的病原多种多样，但是 R 基因编码的蛋白质仅具有少数结构类型并在很多植物科类中是保守的。这种保守性暗示了 R 蛋白负责的对不相关病原的识别过程在机制上是高度保守的，而且很可能激活相对少数的防御途径。图 8-42 所示是一些主要类型 R 蛋白的例子。我们在这里和后面描述一些例子来阐明这些蛋白质的重要特征。

许多 R 蛋白含有 LRR 结构域（图 8-42）。例如，番茄 Cf 蛋白的胞外 LRR 结构域负责对病原的识别作用。这类蛋白质赋予植物对带有相应的 Avr 基因的叶霉菌（Cladosporium fulvum）小种的抗性。这些 Avr 基因编码一些小的、具有多个二硫桥的分泌性富含半胱氨酸的质外体多肽。例如，番茄基因 Cf-4 负责对含有 Avr 4 的叶霉菌的识别和抵抗作用，Cf-9 负责对含有 Avr 9 的叶霉菌的识别功能。Cf-4 和 Cf-9 编码非常相似（一致性 90%）的蛋白质，在其 LRR 结构域里的一些微小不同决定了它们是对 Avr9 还是对 Avr4 具有识别作用。Cf 蛋白只具有一些小的胞内结构域。目前尚不知道胞外 LRR 结构域介导的病原识别作用是如何诱发细胞内的信号转导通路的。

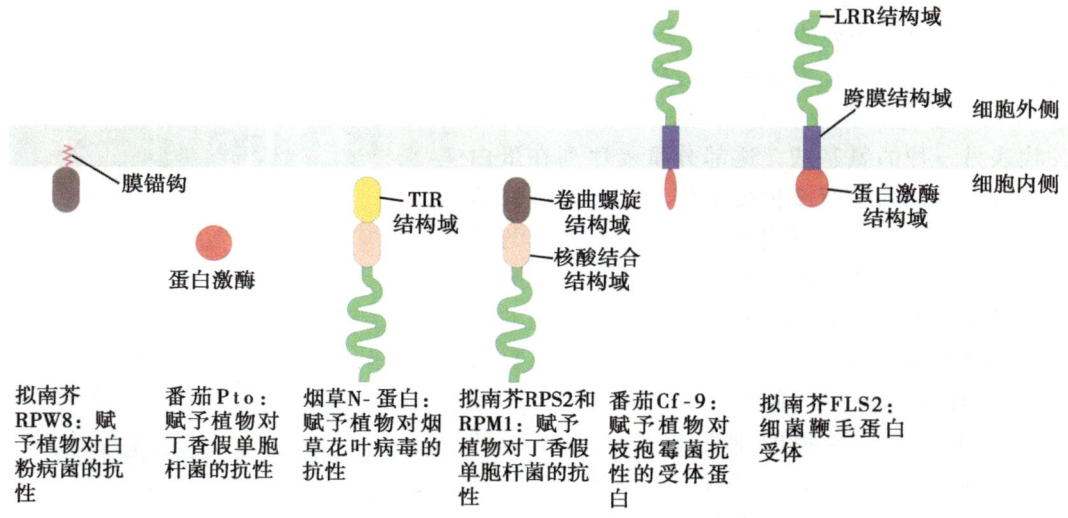

图 8-42　一些主要类型 R 蛋白的例子。（自左到右）拟南芥 RPW8 蛋白属于信号锚定卷曲螺旋（SA：CC）类型蛋白，含有一个负责介导与其他蛋白质的相互作用的卷曲螺旋结构域（棕色）和一个将蛋白质锚定在膜上的锚钩。番茄 Pto 蛋白是一个胞内丝氨酸/苏氨酸蛋白激酶。烟草 N-蛋白与拟南芥 RPS2 和 RPM1，属于核苷酸结合（NB）LRR 类型蛋白；它们是含有 LRR 结构域（绿色）和核苷酸结合结构域（粉红色）的细胞内蛋白，同时也可能含有介导与其他蛋白相互作用的结构域（TIR 或卷曲螺旋结构域）。番茄 Cf-9 蛋白和拟南芥 FLS2 蛋白（也见图 8-36）是跨膜蛋白，具有胞外 LRR 结构域。FLS2 具有胞内蛋白激酶结构域；Cf-9 具有一个小的胞内结构域，其功能未知。

最大的一类含有 LRR 结构域的 R 蛋白是由胞内蛋白而非那些定位于质膜的蛋白质组成的，尽管胞内蛋白也可能与质膜内侧相连。这种类型的 R 蛋白抵抗那些在细胞内发挥作用的病原效应分子。它们由一个直接或间接对那些进入细胞内的病原效应分子识别的 LRR 结构域和另一个负责结合核苷酸（如 ATP）以及激活信号转导通路的结构域组成。

除了 LRR 结构域，一些 R 蛋白也含有某些参与蛋白质-蛋白质相互作用的基序，包括卷曲螺旋和 TIR 基序。TIR 基序也存在于动物 LRR 受体蛋白，即 Toll 样受体中。该受体参与识别病原相关分子包括鞭毛蛋白和细菌细胞壁成分，以及诱发免疫应答反应。动物中固有性免疫应答的受体与植物中 PAMP 和效应分子激活的免疫反应受体的相似性暗示了这些蛋白质在演化上是很古老的，很可能发生在动物和植物分开之前（见第 1 章）。

一些 R 蛋白不含有 LRR 结构域（图 8-42）。例如，番茄 *Pto* 基因编码一个胞内**丝氨酸/苏氨酸蛋白激酶**。它赋予植物对含有 *avrPto* 基因的丁香假单胞菌（*P. syringae*）小种的抗性。*RPW 8* 是拟南芥的一个 *R* 基因，赋予植物对白粉病的抗性，它编码一个含有卷曲螺旋结构域而不含有 LRR 结构域的质膜蛋白。

大部分 R 蛋白不会直接识别病原效应分子

一个最简单的解释 R 蛋白诱发的防御应答机制的假说，就是 R 蛋白直接结合病原产生的效应分子，这种结合进而激活信号通路。然而越来越多的证据表明在大多数情况下这一解释并不正确。大多数 R 蛋白识别的反而是受病原效应分子修饰后的植物分子。如上所述，植物通过基础防御机制的激活对病原侵入做出应答，一些病原可通过产生效应分子修饰植物的应答（从而降低其强度）来克服这些防御。已确信大多数 R 蛋白识别和应答的是这些修饰，而非效应分子本身。这样每种 R 蛋白可视为一个基础防御途径中的特定组分的"守卫"。如果这种组分为病原效应分子所修饰，那么修饰产物就会为 R 蛋白所识别，然后 R 基因介导的防御应答就会激活。

R 蛋白行使功能的这种模型的证据来自于拟南芥 R 基因介导抗性的遗传分析。丁香假单胞菌（*P. syringae*）对拟南芥的感染通过一条 RIN4 或 RIN4 相关蛋白参与的途径来激活植物基础防御机制（图 8-43）。能够克服这种基础防御的丁香假单胞菌的小种是通过产生使 RIN4 失活并进而抑制基础防御及造成感染的效应分子来实现的。这些效应分子由 *avrB*、*avrRpml* 或 *avrRpt 2* 基因来编码。Avr 蛋白通过丁香假单胞菌Ⅲ型分泌系统分泌到植物细胞内（见 8.1 节）。AvrB 和 AvrRpml 蛋白使 RIN4 产生磷酸化；AvrRpt2 是一种蛋白酶，它负责降解 RIN4。含有 R 基因 *RPM 1* 的拟南芥对含有 *avr-Rpml* 或 *avrB* 基因的丁香假单胞菌具有抗性，因为 RPM1 可以识别磷酸化的 RIN4。当 RIN4 发生磷酸化后，RPM1 激活一条导致防御应答的信号转导途径，从而抑制丁香假单胞菌的感染。与此相似，含有 R 基因 *RPS 2* 的拟南芥可以抵抗含有 *AvrRpt 2* 基因的丁香假单胞的感染。RPS2 通常与 RIN4 存在于同一种复合体中。RIN4 被 AvrRpt2 蛋白酶降解后，RPS2 释放出来并激活防御应答。所以，RIN4 受到两种 R 基因产物的"看守"，这两种 R 基因产物通过监视 RIN4 的状态来激活进一步的防御机制并对特异类型的效应物介导的损害做出应答。

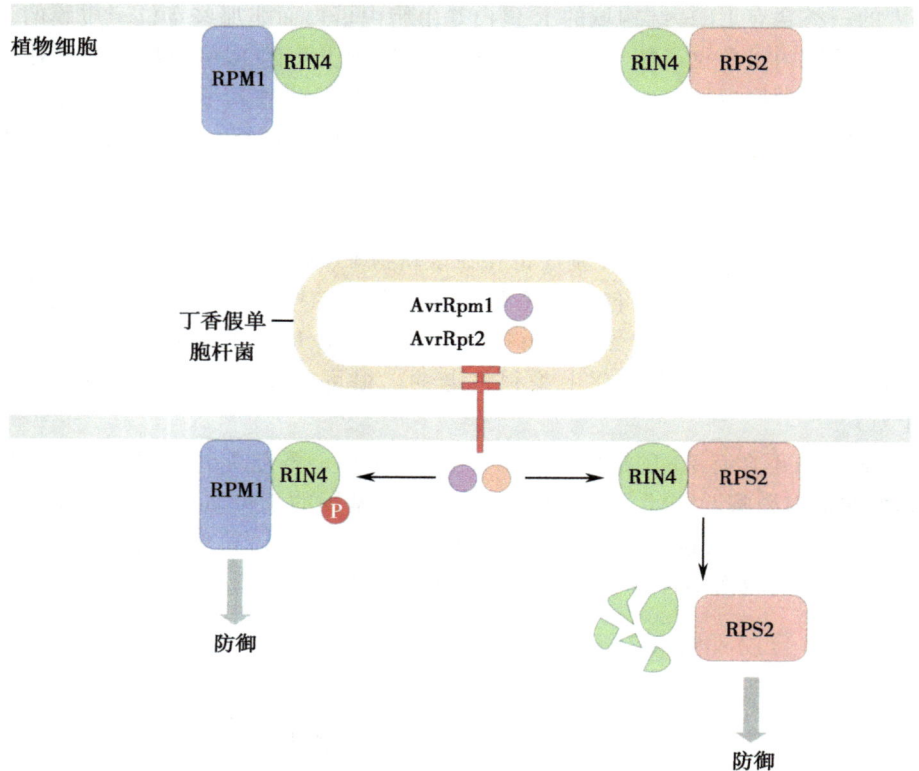

图 8-43　拟南芥 R 蛋白防御丁香假单胞杆菌（*P. syringae*）的模型。 在无丁香假单胞杆菌时，RIN4 蛋白被 R 蛋白 RPM1 和 RPS2（上面）"看守"。细菌效应物修饰 RIN4 蛋白，从而改变 RIN4 和 R 蛋白之间的相互作用，使得 R 蛋白激活防御应答（下面）。如果细菌将蛋白质 AvrRpm1 分泌到植物细胞内，该蛋白质会使 RIN4 发生磷酸化。RPM1 能够识别这种磷酸化产物，进而激活防御应答。如果细菌分泌 AvrRpt2 到植物细胞，该蛋白质会降解 RIN4，从而释放 RPS2，进而激活防御应答。

　　番茄 R 基因 *Cf-2* 的作用模型是另一个例子，上文已阐述。*Cf-2* 基因使得植物能够识别番茄叶霉病菌（*C. fulvum*）的 Avr2 蛋白酶抑制剂结合植物胞内蛋白酶 Rcr3，从而激活防御反应。

　　尽管许多 R 蛋白很可能间接地识别效应分子作用的产物，而非效应分子本身，但也已发现一些 R 蛋白可以与病原效应分子发生直接相互作用。这些蛋白质包括番茄 *Pto* 基因编码的蛋白激酶，Pto 蛋白可以直接结合丁香假单胞菌的 *avrPto* 基因的产物。这种直接的识别作用可进一步激发 R 基因介导的防御，该防御的类型在上面介绍 RIN4 系统时已做阐述。Pto 和 AvrPto 的相互作用为 R 蛋白 Prf 所识别，进而激活防御反应（图 8-44）。

　　对 R 基因激活的信号转导途径理解的进展是通过筛选突变体而获得的，在这些突变体中防御反应不能激发，即使有合适的 R 基因和效应分子都存在亦是如此。这些研究表明在多种情况下几种不同的 R 基因参与一条共同的信号通路。例如，在拟南芥中，基因 *NDR1* 的突变对 RPM1 和 RPS2 激活防御反应都起到抑制的作用，这两种 R 蛋白负责"监视"参与抵御丁香假单胞菌的基础防御机制的 RIN4 组分。NDR1 蛋白跨膜并与 RIN4 发生相互作用，但是对于它如何从 R 蛋白接受信号并把它们传给信号途径的机制还不清楚。

与此相似，拟南芥 *EDS 1* (*ENHANCED DISEASE SENSITIVITY 1*) 基因的突变也阻止一类 R 蛋白对防御反应的激活作用，这类蛋白质包括赋予植物对霜霉病的抗性的 RPP1。*eds 1* 突变体对那些通常感染芸薹属植物 (*Brassica*) 而不感染拟南芥的霜霉表现敏感性。这表明 RPP1 促进拟南芥对感染芸薹属植物的霜霉病菌小种的抗性。

EDS1 是一类蛋白家族中的成员，它们之间发生相互作用，并参与基础型和 R 基因介导的防御，以抵御活体营养型病原。当

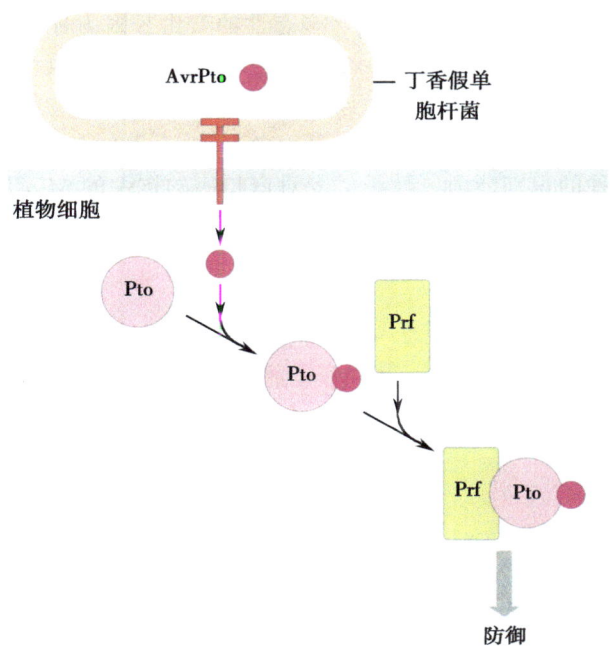

图 8-44 番茄 Pto 蛋白作用模型。丁香假单胞杆菌分泌到植物细胞中的 AvrPto 效应物蛋白会与番茄 Pto 蛋白结合。Pto-AvrPto 复合物被番茄 Prf 蛋白识别并结合，从而激活番茄细胞内防御应答。

缺失这类蛋白家族中 PAD4 和 SAG101 成员的突变体对病原表现的敏感性，表明了此类蛋白的重要性。拟南芥通常对大麦白粉病菌 (*Blumeria graminis* f. sp. *hordei*) 不敏感，因为几乎没有真菌菌丝可以穿透细胞壁（图 8-40），那些穿透细胞壁的少数菌丝进一步生长也受到细胞内的防御反应的阻止。而在 *pad 4 /sag 101* 突变体中，穿透作用的发生率未增加，但是那些穿透并进入细胞内的菌丝却可以进一步生长。如果 *pad 4 /sag 101* 突变体的细胞壁防御也降低，例如，引入抑制植物细胞分泌抗真菌物质的 *pen 2* 突变，拟南芥植株会变成大麦白粉病的完全宿主，使菌丝分枝和真菌孢子得以形成。

R 基因的多态性在自然种群中限制了病害

在病原的选择压下 R 基因变异的速率非常快。只要病原种群中有新的 *avr* 基因出现，新的可以识别 Avr 蛋白并激活防御应答的 R 基因便会从宿主种群中选择出来。曾相信一种特有的专门机制在 R 基因位点发挥作用从而高速产生新的序列，以此作为选择压下快速演化的基础。但是，这样的机制还没有发现。似乎更有可能存在一种针对 R 位点高度多态性的选择——换句话说，某一 R 基因在特定的植物种群中维持着许多变异型。自然植物种群极少遭受病原毒性小种引起的流行病。这很可能是因为多态性增加了种群中个体植株具有不同 R 基因型的可能性。为了理解这种高度的多态性是如何发生的，我们需要看看 R 位点的结构。

根据多态性形成的方式，R 位点可分为简单型和复杂型（图 8-45）。"简单型 R 位

点"由单个 R 基因组成,多态性的产生是因为种群中该基因存在许多不同的等位基因。尽管在二倍体物种的一个居群中单个植物个体最多只有两个不同的等位基因,但在作为一个整体整个居群中该 R 基因可能含有大量的等位基因。例如,亚麻的 L 位点赋予其对锈菌的抗性,该位点至少含有 10 个等位基因,每个等位基因赋予植物对不同锈菌小种的识别能力。赋予大麦对白粉病的抗性的 Mla 位点已确定有约 30 个等位基因。

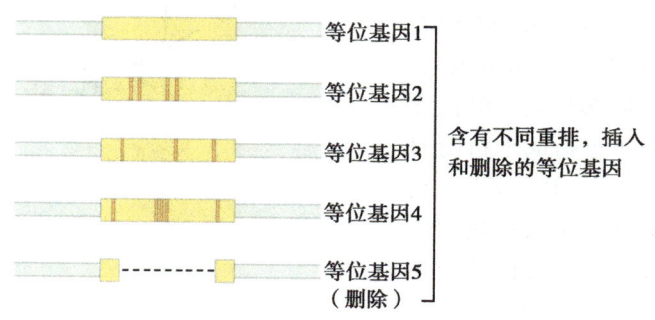

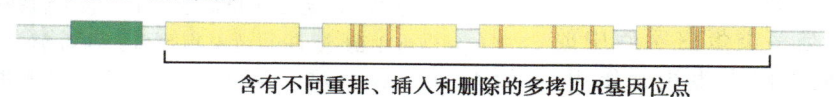

图 8-45　简单型和复杂型 R 基因位点。(A) 一个简单型 R 基因位点含有单个拷贝的 R 基因。尽管单个二倍体个体含有一个或两个不同的 R 基因的等位基因,但作为一个整体的整个居群含有许多不同的等位基因,从而形成多态性。一些等位基因可能影响一个或多个氨基酸残基;其他的等位基因可能含有大片段删除,从而阻止蛋白质的表达。(B) 一个复杂的 R 基因位点由许多不同的 R 基因拷贝组成,它们在染色体上相邻排列。在这种情况下,单个二倍体植物可能含有 R 基因家族的许多不同的拷贝。

"复杂型 R 位点"由组成多基因家族的 R 基因簇组成。紧密相关的基因在染色体上相邻排列。在单个植物个体中,某一 R 基因可能含有许多略有不同的拷贝。位点的发生来自于**基因复制**、**点突变**和**重组**。R 基因家族的序列比对表明在演化过程中相邻家族成员间发生了序列的交换。但是,利用标记方法对家族成员之间的不同进行研究,结果表明序列重组的概率并不高。

编码含有 LRR 结构域蛋白的 R 基因,其多态性主要发生在编码 LLR 结构域的序列中,特别是影响那些形成相互作用表面的非亮氨酸残基。等位基因或家族成员之间在核酸序列上的许多差异导致了它们所编码蛋白的 LRR 结构域中氨基酸序列的差异(这些差异称为"非同义"核苷酸改变)。高频率的氨基酸替代表明这些基因处于连续的选择压下从而使得它们获得识别不同病原的效应分子的能力。这种情况与观察到的许多其他类型的蛋白质不同。例如,对于一种酶或转录因子,氨基酸序列上的改变很可能会导致其功能缺陷或丧失。这时选择压不利于非同义核苷酸改变。编码此类蛋白质的基因中的多态性通常是“同义”核苷酸改变，这种改变不影响它们编码的氨基酸序列（图 8-46）。

密码子	特异性氨基酸	单核苷酸改变	特异性氨基酸
GCC	丙氨酸	GCU	丙氨酸
		GCG	丙氨酸
		GAC	天冬氨酸
		GUC	缬氨酸
AUU	异亮氨酸	AUC	异亮氨酸
		AUA	异亮氨酸
		ACU	苏氨酸
		AGU	丝氨酸

图 8-46 **核酸序列的同义和非同义改变。**以编码丙氨酸和异亮氨酸的密码子为例来说明核苷酸的这两类改变。在这两种情况中，某些单核苷酸的改变（同义改变；绿色背景）并不影响该密码子特异的对应氨基酸：GCC、GCU 和 GCG 都特异的对应于丙氨酸；AUU、AUC 和 AUA 都特异的对应于异亮氨酸。其他的单核苷酸改变（非同义改变；红色）则会使该密码子特异对应的氨基酸发生改变：当 GCC 变为 GUC 时，密码子特异对应的氨基酸由丙氨酸变为缬氨酸；当 AUU 变为 AGU 时，密码子特异对应的氨基酸由异亮氨酸变为丝氨酸。

与自然居群不同，现代农作物是单一基因型的单一栽培模式，可以依靠一种 *R* 基因的单个等位基因赋予其对某一病原的抗性。这样选择压就是针对那些因 *avr* 基因产物突变而不能为农作物所识别的病原上。但是，尽管 *avr* 基因的突变可能使病原能够感染原先的抗性农作物，但是病原也可能要付出演化上的代价。许多 *avr* 基因编码一些对感染过程起重要作用的蛋白质，如一些可以结合宿主 DNA 或可以与宿主基础防御机制中的成分发生相互作用的蛋白质。一种能防止 Avr 蛋白被某种宿主 *R* 基因识别的突变也有可能改变 Avr 蛋白功能或完全抑制其合成。Avr 蛋白的丧失可能降低病原的活性（一种“毒性代价”）。这时它可能不如那些携带不同 *avr* 基因的病原小种，宿主植物对这些病原小种没有抗性，同时它感染不具有相应 *R* 基因抗性的植物的能力可能会受到影响。这使得病原承受“蛇和梯子”的演化压力：一种突变可以更适合一种宿主基因型，但可能会不适合另一种宿主基因型。

R 基因在最早期的作物育种中受到选择

大约在 10 000 年前的植物驯化之初农民就开始进行作物的抗病筛选了。早期的农民很可能从他们的田地里选择那些最不易感病植株的种子来播种。在 20 世纪早期，植物育种者开始意识到作物对许多重要病害的抗性来自于一些单个的显性基因——*R* 基因。这种认识导致寻找新的 *R* 基因并杂交到农作物中来提高其抗病性。驯化的植物通常在其起源地和最初驯化所处的地区中具有遗传多样性（见第 9 章），所以抗病品种的挖掘通常集中在这些地区。这些地区也常常是这些植物病原遗传多样性的集中地。

用新的 *R* 基因有意地进行作物育种造成了其自身问题。在大规模引入携带某一新 *R* 基因的作物品种后的几年里，相应的致病病原将会出现。新的病原的无毒基因（*avr*）常常含有隐性突变。新 *R* 基因在一定时期内造成所谓的“繁荣和萧条”的循环：在“繁荣”阶段，新的 *R* 基因赋予植物高效抗性，继而迎来的便是“萧条”阶段，*R* 基因介导的抗性被新的病原小种克服。这种循环给作物育种者造成连续不断的挑战，他们目前小心谨慎地推广仅基于一个新 *R* 基因的品种。

一些 *R* 基因证明是持久耐用的，如番茄 *Cf-9* 基因，它赋予番茄对携带 *Avr 9* 基因的叶霉菌（C. fulvum）的抗性。对植物育种者来说，持久耐用的 R 基因非常宝贵。它们持久性的基础尚不太清楚，但是好像与 avr 基因产物的识别有关，当通过突变使 avr 基因产物丧失或修饰会导致病原毒性的下降。

育种者面对快速的病原演化必须在"植物育种者的跑步机"上奋力奔跑以保证农作物产量。这种状况通过集约型农业对植物所施加的选择压力是异常的。在自然状态下选择压是很不同的。野生居群需要不断地、高频率地产生抗病性的新的遗传变异来适应病原的演化好像不可能。快速复制的病原的演化速度通常比宿主的要快。正如我们上面已讨论的，在自然居群中 R 基因位点的广泛多态性（多基因家族和等位基因多样性）在减少由特定病原的特异小种导致的危害中发挥主要作用。植物流行病通常只在农业中由无数遗传背景相同的植株生长形成的单一种植的特定情况下发生。

一种使植物育种者"跳下跑步机"的办法可能是利用含有不同 R 基因的农作物进行混合种植（图 8-47）。这种多基因型的混合种植可能比单一遗传背景的农作物种植更少感病的原因有下列几条。首先，为一种病原的任何致病小种克服的携带一种 R 基因的植株只占居群的一小部分，所以流行病不大可能影响所有农作物。其次，如上所述，能使一种病原致病小种在一种 R 基因存在情况下生长的突变位点由于使其效应分子丧失或改变而很可能不适合另一种不同的 R 基因。最后，在混合种植状态下，每个植株不断地受到无毒病原小种的感染，这会激发通常使得植物对疾病更不敏感的**系统获得性抗性**（SAR）。

图 8-47 **携带不同 R 基因农作物混合耕作的优点。**当所有的农作物携带相同的 R 基因（左），有利于病原的并能够克服这种单一抗性的选择压发生的可能性会很高。一旦这些发生，整个农作物就会被病原吞噬。当每株作物含有五种不同类型的 R 基因（右）的其中一种时，有利于病原的并能够克服所有类型抗性的选择压发生的可能性与只存在一种 R 基因时相比会低很多。这时，病原只能使部分农作物致病（如只能使红色的植株致病）。

植物对毒素不敏感在抵抗死体营养型病原中起重要作用

许多死体营养型病原产生一些对它们的宿主植物细胞有毒性的物质，对这些毒素的抗性是抵抗这种病原的植物防御机制中的一个重要组分。抗性可以是通过去毒化机制将毒素转化为低毒物质，或者由于毒素的目标分子或过程得到修饰，使得植物对毒素不敏感。我们在 8.1 节讨论过去毒化机制的一个例子：玉米的一些变体能够代谢真菌 HC 毒素而生成无毒物质，从而抵御玉米圆斑病菌（Cochliobolus carbonum）的感染。在这里我们描述关于一个在农业上重要的通过宿主机制阻止毒素的毒害效应的抵抗真菌的例子。

一个由病原毒素造成植物疾病的最突出的例子是 20 世纪 70 年代美国南方玉米叶枯病的流行。由一种机理还不清楚的称为**杂种优势**或**杂交优势**现象可使杂交作物产量通常高于亲本。为了得到杂交种子，植物育种者采用了**细胞质雄性不育**（CMS）系植株（见 9.2 节关于育种机制的讨论）。60 年代末玉米育种者利用的是携带称为"T 型"**线粒体基因组**的 CMS 系（见 2.6 节），在 70 年代含有 T 型线粒体基因型的杂交玉米品种占美国玉米种植面积的 85%。

导致南方玉米枯叶病的一种玉米小斑病菌（*Cochliobolus heterostrophus*）可以产生 T-毒素复合物，该毒素对含有 T 型线粒体基因组的细胞具有致命的毒害作用。T-毒素是一种由长链（35~45 碳）线性的聚酮化合物组成的复合物（图 8-48）。它可以和 T 型线粒体基因组特异编码的一种蛋白质发生直接的相互作用（见 9.2 节）。T-毒素使得负责线粒体内膜通透性的蛋白质构象发生改变，导致内膜渗漏，从而阻止 ATP 合成并最终造成细胞死亡。南方玉米枯叶病本来并不是一个重大疾病，直到 20 世纪 70 年代携带 T-型线粒体基因组的杂交玉米得以广泛种植，这样合成 T-毒素的玉米小斑病菌小种在整个美国的玉米种植带上传播。直到育种者转而利用不同的 CMS 品系时枯叶病才得以控制（图 8-49）。

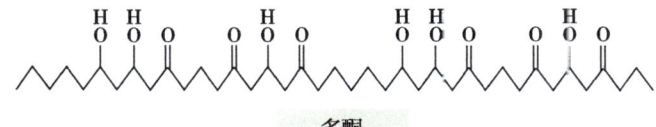

图 8-48 玉米小斑病菌（*C. heterostrophus*，又名异旋孢腔菌）毒素。真菌异旋孢腔菌产生 T-毒素中所含的一种多酮类化合物的结构。

植物合成抗生素物质以防御微生物和食草动物

植物合成一系列抗生素物质来防御害虫或病原。一些抗生素是组成性合成的，而其他的则是在植物受到微生物或食草动物伤害后才被诱导或提高合成量的。组成性合成的物质可能在任何时间都处于生物活性状态或者以非活性前体储存，当受到病原伤害时转变为活性状态。我们首先讨论一些主要类型的组成性合成的抗生素的例子，然后讲述那些在受到害虫或病原伤害时特异合成的化合物。

许多抗生素物质是**萜类化合物**（图 8-50；4.7 节阐述了这些物质的合成过程）。一些植物合成 10-碳**单萜**或**单萜酯类**，这些物质可以杀死或驱赶进攻的昆虫。发现于菊科植物中称为拟除虫菊酯

图 8-49 玉米小斑病症状。含有 T-型线粒体基因组的玉米（右）对异旋孢腔菌病害敏感。不含有 T-型线粒体基因组的植株（左）对该病具有抗性（由 Jim Holland 提供）。

的单萜酯类具有杀虫作用，同时由于它们对哺乳类的毒性极低，所以人们将它们从植物中提取出来用于家庭和花园的昆虫防治。在松柏类植物中，单萜物质如 β-蒎烯和月桂烯对许多类型的昆虫都有毒害作用。驱虫类单萜也包括**薄荷醇**，它是一种薄荷叶片表面有腺体的毛刺产生的香精油。

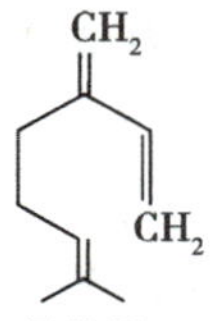

单萜（10碳）衍生物质
月桂烯　薄荷醇

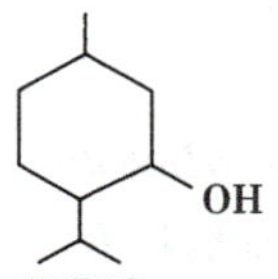

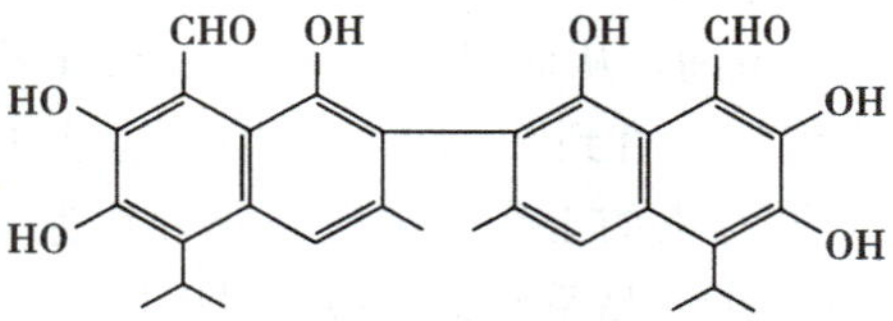

棉籽酚，由两分子倍半萜（15碳）生成的二聚体

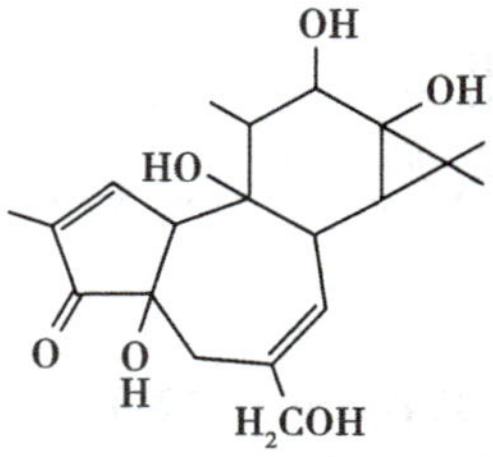

佛波酯，二萜（20碳）衍生物

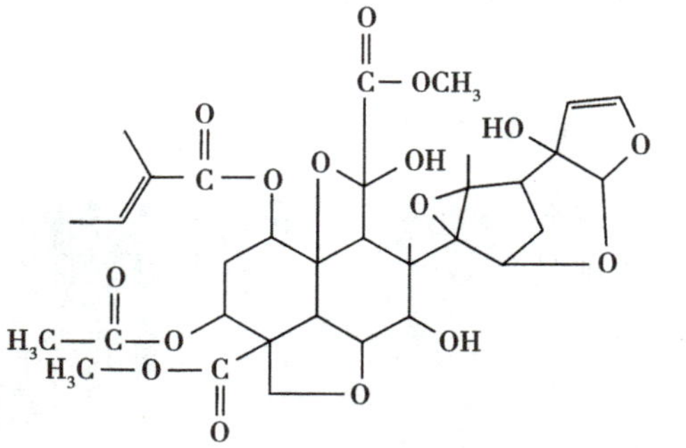

印楝素A，鲨烯（30碳）衍生物

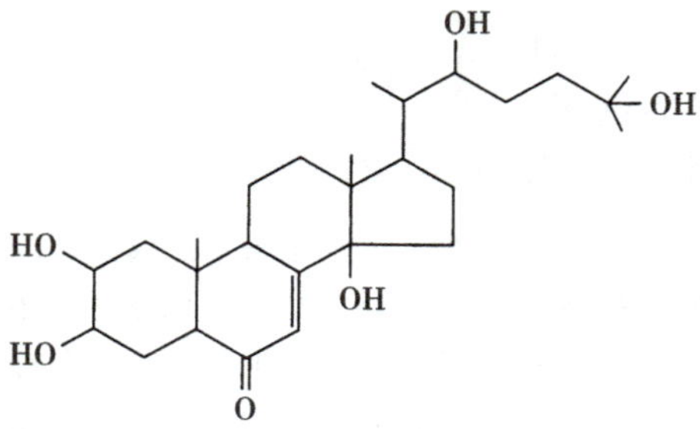

α-蜕皮激素，鲨烯衍生物

图 8-50　植物产生的一些萜类抗生物质。

15-碳**倍半萜烯衍生物**也与植物防御害虫和病原有关。例如，棉籽酚是一种棉花倍半萜烯的衍生物，它使得植物对多种昆虫具有抗性，从而抑制昆虫取食。其他的驱虫剂包括一种发现于大戟科植物乳胶中的 20-碳二萜衍生物**佛波醇**，以及由一种 30-碳的三萜鲨烯合成的**类固醇**和**固醇**。印楝素是一种来自于印楝树（*Azadirachta indica*）的鲨烯衍生物，是一种最强有力的已知的防止昆虫取食的驱虫剂之一。一些植物把鲨烯转化为类似昆虫蜕皮激素的物质，这些"植物昆虫蜕皮激素"干扰了幼虫期取食昆虫的蜕皮行为。

针对植物产生的抗生素物质，一些病原和食草动物具有特异的去毒化或抗性机制。这类生物常常特异地取食产生这些抗生素的植物。例如，树皮甲虫能够代谢和忍耐松柏类树皮中的大多数单萜物质，而这些物质都可以驱赶其他昆虫的侵袭。王斑蝶的毛毛虫专一取食乳草属植物（*Asclepias* spp.），它们把乳草植物叶片中可能有毒的三萜糖苷储存在体内，使得鸟类和其他捕食者对其失去胃口。燕麦（*Avena* spp.）根组成性合成燕麦根皂苷，它是一种有毒的三萜糖苷，能够阻止许多真菌的侵害（图 8-51）。

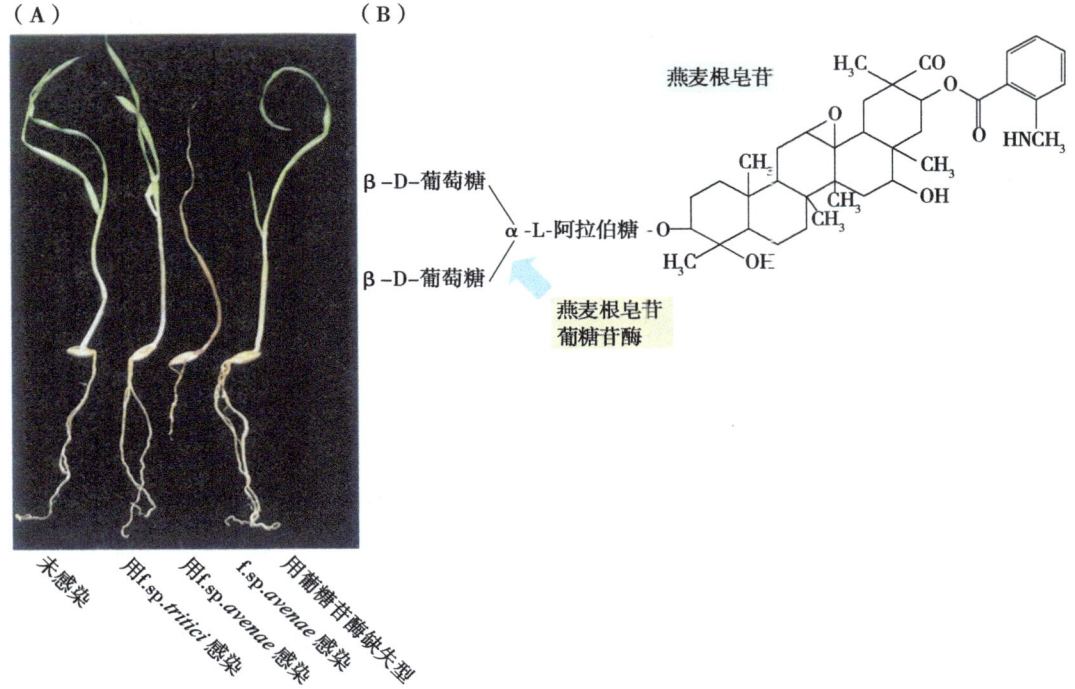

图 8-51 燕麦抗生素燕麦根皂苷的作用。（A）禾顶囊壳菌（*Gaeumannomyces graminis*）对燕麦幼苗的感染：（从左向右）未感染幼苗；用小麦全蚀病菌处理的幼苗，小麦全蚀病菌能够导致小麦整株感病，但可被燕麦根部产生的燕麦根皂苷杀死；用燕麦禾顶囊壳菌（*G. graminis* f. sp. *avenae*）处理的幼苗，它能够感染并杀死燕麦，因为它能产生燕麦根皂苷葡糖苷酶，从而使燕麦根皂苷去毒化；用真菌体内的燕麦根皂苷葡糖苷酶失活的燕麦禾顶囊壳菌株处理的幼苗。（B）燕麦根皂苷葡糖苷酶结构，图中所示为燕麦根皂苷葡糖苷酶的作用位点（图 A 由 Anne Osbourn 提供）。

病原真菌小麦禾顶囊壳菌（*Gaeumannomyces graminis* f. sp. *tritici*）能够造成小麦全蚀病，但是不能感染燕麦根部。另一种不同形式的真菌燕麦禾顶囊壳菌（*G. graminis* f. sp. *avenae*）却可以感染燕麦，因为它能够产生燕麦根皂苷葡糖苷酶，从而消除了燕麦根皂苷的毒性。如果真菌体内编码该酶的基因发生突变，燕麦禾顶囊壳菌就不能在燕麦根中生长。当把这个基因转入小麦禾顶囊壳菌时，这种形式的真菌的宿主范围扩大到燕麦，证明真菌葡糖苷酶是燕麦致病所必需的。番茄产生与燕麦根皂苷密切相关的复合物番茄素。只有当致病型真菌番茄壳针孢菌（*Septoria lycopersici*）所具有的葡糖苷酶代谢并使番茄素去毒化后，它们才能使番茄致病。

植物可以产生许多种对害虫和病原有毒的含氮物质，包括生物碱、生氰葡糖苷和葡糖异硫氰酸盐，以及一些非蛋白氨基酸。**生物碱**通过复杂的生物合成途径生成，它主要来源于天冬氨酸、赖氨酸、鸟氨酸、酪氨酸或苯丙氨酸。植物生成的生物碱的种类纷繁多样。许多生物碱对动物有强烈作用，但是尚未应用在防御微生物方面。可卡因、咖啡因、吗啡和尼古丁都是非常著名的植物生物碱，由于它们对人类活动的影响而显得非常重要。但是许多其他的生物碱同样也具有很高的经济价值。例如，金鸡纳树（*Cinchona*）树皮中的奎宁是一种最早的抗疟药物，它对造成疟疾的顶复门寄生虫（*Plasmodium*）有毒害作用。许多生物碱因为它们对农场动物具有负作用而显得重要。当食草动物吃了牧场中含生物碱的植物后便会中毒，如千里光（*Senecio* spp.，含有生物碱千里光宁；图 8-52）和羽扇豆（*Lupinus* spp.，含有生物碱羽扇豆宁）。

生氰葡糖苷和**葡糖异硫氰酸盐**本身不具有毒性，当生成它们的植物受到破坏时，它们便分解成挥发性有毒物质。生氰葡糖苷释放氢氰酸（HCN），葡糖异硫氰酸盐释放异硫氰酸盐和腈类化合物。这两组物质都含有与一个碳原子相连的腈基（—C≡N），同时该碳原子与一个烷基和一个糖相连。生氰葡糖苷和催化其产生氰化物的酶在植物体内是分开储存的，所以当植物受到机械破坏时，这两种不同成分便混合在一起使氰化物得以释放。例如，高粱产生的生氰葡糖苷蜀黍氰苷（图 8-53A），它储存于叶片表皮细胞的液泡内，而水解酶存在于叶肉细胞中，所以只有当植物组织受到破坏时，这两种细胞内含物混合在一起后氰化物才得以释放。生

图 8-52 千里光（*Senecio jacobea*）是一种有毒植物。（A）千里光宁的结构，它由千里光属植物产生。在含有此类植物的农场中，动物可能会受到这类多酮物质的毒害。（B）一种千里光属植物。

氰葡糖苷降解的第一步反应是在糖苷酶的作用下分解产生糖（图 8-53B）。水解产物（α-醇腈）可能自然降解或在醇腈酶的作用下分解生成氰化物。除非这些食用植物在食用前经过合适的处理，否则这些植物体内的生氰葡糖苷对人类可能有毒害作用。例如，含有淀粉的木薯的根需要经过彻底的清洗和蒸煮以防止氰化物的毒害作用。

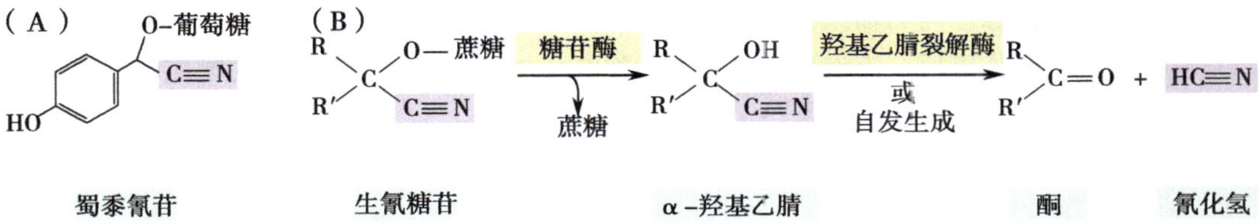

图 8-53　生氰糖苷的代谢。（A）蜀黍氰苷的结构。它是由禾谷类植物高粱表皮细胞产生的一种生氰糖苷。（B）当含有生氰糖苷的植物器官受到伤害时，这些物质与酶接触，催化生成有毒物质。在糖苷酶作用下，蔗糖基团移除，生成的 α-羟基乙腈在羟基乙腈裂解酶作用下或自发地生成酮和氰化氢。

芥子油苷主要在十字花科植物中存在，引起卷心菜、花椰菜、小萝卜和芥末的气味和口味的产生。在这些成分中，中心碳原子通过一个硫原子和一个糖相连，并非像生氰葡糖苷中那样，通过一个氧原子相连（图 8-54A）。如同生氰葡糖苷，在植物体内芥子油苷和其水解酶是分开储存的。当植物受到机械破坏时，芥子油苷发生降解并生成对食草动物有毒的或驱赶性的物质。硫葡糖苷酶，也称黑芥子酶，在切割糖硫键后其产物随即重排生成有毒性的异硫氰酸酯和腈（图 8-54B）。能够忍耐芥子油苷的降解产物的食草动物常积极地找出那些产生芥子油苷的植物并加以利用。例如，卷心菜白蝶受芥子油苷吸引并在芸薹属（*Brassica*）植物的叶片上产卵。

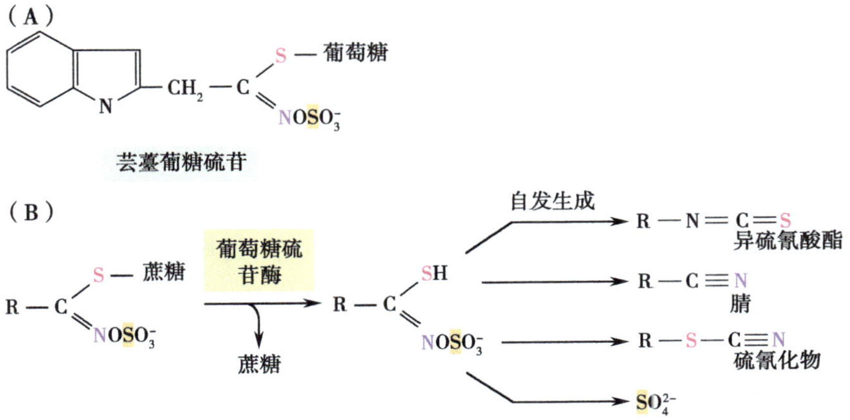

图 8-54　硫代葡萄糖苷的代谢。（A）硫代葡萄糖苷中芸薹葡糖硫苷的结构。注意两个硫原子，一个与中心碳原子相连，另一个存在于亚硫酸根（SO_3^-）中。（B）当含有硫代葡萄糖苷的植物器官受到伤害时，这类物质会与葡萄糖硫苷酶接触，在酶作用下，蔗糖-硫键断裂，蔗糖得以释放。产物自发生成硫酸根（SO_4^{2-}）、有毒的异硫氰酸酯、腈和硫氰化物等。

玉米、小麦和黑麦中合成一类含氮物质——苯并恶嗪乙缩醛 D-糖苷，该物质与它们对欧洲玉米蛀虫（就玉米来说）和其他昆虫类害虫的抗性密切相关。苯并恶嗪类物质 DIBOA 和 DIMBOA 的生物合成途径在玉米中已阐明。吲哚在叶绿体内合成后输出至细胞质中并通过位于内质网的细胞色素 P450 酶进行进一步代谢。生成的苯并恶嗪类物质利用从 **UDP-葡萄糖**转移的葡萄糖发生糖基化产生储存于液泡中的葡糖苷（图 8-55）。葡糖苷本身不具有毒性，但是叶绿体内的葡糖苷酶能够分解它们生成对昆虫有毒性的苯并恶嗪类物质。所以只有当细胞受到伤害后，液泡和线粒体内含物混合才使这些对昆虫有毒的物质得以积累。

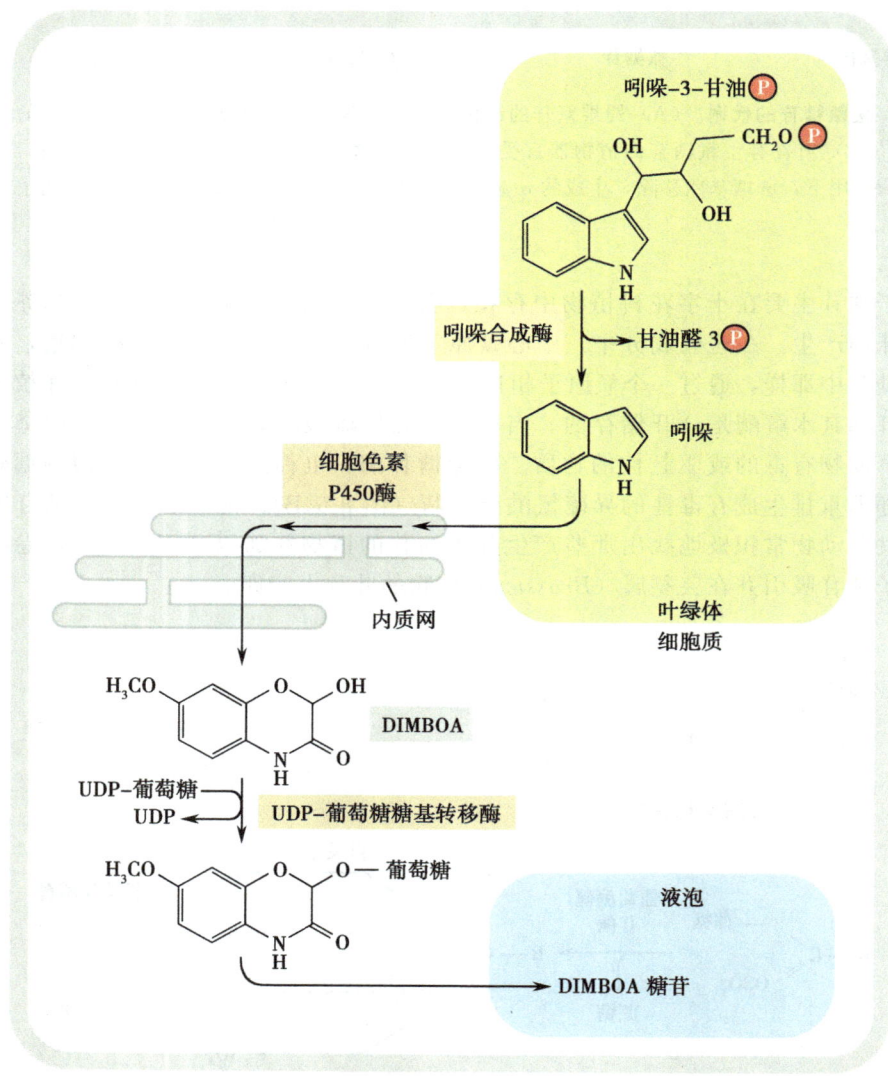

图 8-55 玉米叶片中 DIMBOA 合成和储存的在细胞内的分区。在叶绿体中，吲哚由吲哚-3-甘油磷酸生成，它是色氨酸合成途径中的中间产物；催化该反应的酶是吲哚合成酶。吲哚被输出到细胞质，并在三种内质网相关的酶的催化下进行一系列反应。生成的苯并恶嗪酮 DIMBOA，在一种胞质酶 UDP-葡萄糖糖基转移酶催化下，发生糖基化。DIMBOA 糖苷储存在液泡中。

一些植物积累高水平的某类非蛋白氨基酸来保护自己免受食草动物取食。其中一些物质和蛋白的氨基酸很相似，并且动物 tRNA 合成酶［负责携带正确氨基酸的**转运RNA**（tRNA）的酶，为蛋白质合成做准备］不能把它们与正常的氨基酸区分开来。当食草动物取食这些含有非蛋白氨基酸植物后，其 tRNA 上载有这些物质而不是正确的氨基酸，这样就导致蛋白合成受阻或生成不稳定的蛋白。刀豆（*Canavallia*）的种子中积累大量一种非蛋白氨基酸刀豆氨酸（图 8-56）。它与精氨酸非常相似，动物的精氨酰-tRNA 合成酶将其误认为是精氨酸。但是刀豆的精氨酰-tRNA 合成酶能够区分精氨酸和刀豆氨酸，所以植物毒素不会毒害其自身。

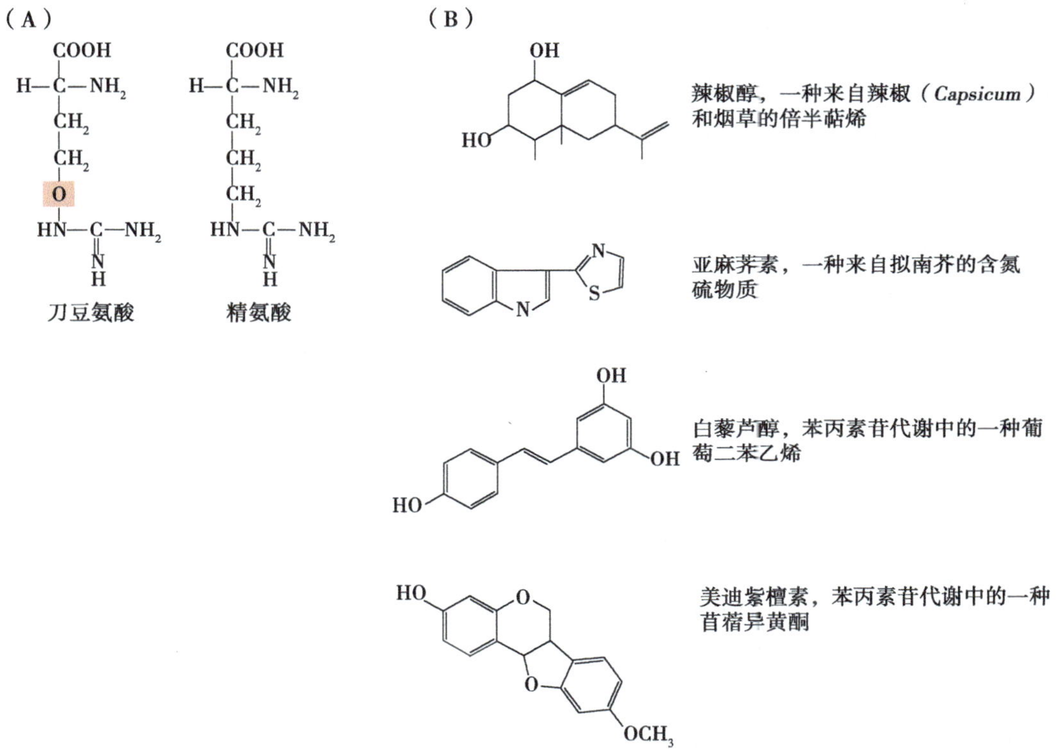

图 8-56 非蛋白氨基酸和植保素。（A）刀豆中合成的一种非蛋白氨基酸——刀豆氨酸；与之相比的是一种蛋白氨基酸——精氨酸。（B）一些植保素。

当受到微生物侵袭时，植物合成一些称为植物抗毒素（图 8-56B）的抗菌物质。很多情况下，微生物伤害诱导了合成植物抗毒素所需酶的基因表达。例如，当烟草和马铃薯受到病原侵害时，编码合成辣椒醇和日齐素（倍半萜烯类植物抗毒素）所需酶的基因迅速诱导表达。不同植物产生不同的植物抗毒素；除了倍半萜烯类外，还包括**类苯基丙烷衍生物**、**类黄酮**和**异黄酮**，以及聚酮化合物。

关于宿主植物抗性和植物抗毒素积累之间的相互关系已有很多报道，一些植物抗毒素已显示具有抗菌剂的作用。例如，将合成葡萄藤的植物抗毒素白藜芦醇所需的基因转入烟草内，所得到的转基因植物对真菌葡萄孢属（*Botrytis*）的感染有更强的抗性。然而，相当少的具有遗传学证据的例子表明某一特定的植物抗毒素使植物对感染的抗性有显著的不同。一个这样的例子是美迪紫檀素——一种异黄酮植物抗毒素（图 8-56B），它是豆科苜蓿属植物在受到真菌苜蓿茎点霉菌（*Phoma medicaginis*，导致叶片斑点病）感染后产生的物质。转基因苜蓿属植物中美迪紫檀素的表达量升高，与表达正常量的美迪紫檀素植物相比，转基因植物对苜蓿茎点霉菌表现更强的抗性。

植物抗毒素在抗病性中的重要作用的进一步遗传学证据是来自植物抗毒素合成突变体植物的鉴定工作。植物抗毒素可通过生物化学技术检测，如**薄层色谱**（TLC）和**高效液相色谱**。TLC 技术已经用于鉴定拟南芥植物抗毒素缺陷 *pad*（*phytoalexin-deficient*）突变体。在应答微生物伤害时，拟南芥合成的主要植物抗毒素是亚麻荠素（camalexin，图 8-56B），它是一种荧光物质，在 TLC 板上经紫外线照射便可以看到。*pad* 突变体不能合成亚麻荠素，对一些病原变得更加敏感，如真菌甘蓝链格孢菌（*Alternaria brassicicola*），而对于其他病原的敏感型无变化，如细菌丁香假单胞菌。

抗病性通常与植物细胞的局域化死亡相关

在植物-病原相互作用过程中，植物启动 R 基因介导的抗性（一种不相容的相互作用），通常一系列 R 基因介导的防御机制在植物细胞或受攻击位点周围的细胞中激活。在多种情况下这种防御在超敏反应中快速达到顶点（一天内）：受感染细胞死亡或这个区域内的细胞死亡，而这个区域周围的细胞依旧正常。局域化细胞死亡通过几种方式阻止了病原的入侵并保护了宿主植物。首先，细胞死亡阻止了活体营养型病原的入侵，因为这种病原需要寄生在活细胞内。其次，死亡的细胞通常含有高浓度的抗菌物质。在对病原的应答过程中，随后死亡的细胞和周围存活的细胞会迅速合成这些抗菌物质。最后，细胞死亡阻止了在入侵位点病原产生的毒素或其他效应分子通过共质体的扩散。

在超敏反应中导致细胞死亡的机制了解得还不完全。细胞死亡可能是防御反应的其他方面或周围细胞反应的一个结果，如产生一些可能对植物自身有毒害作用的抗菌物质；或者，细胞死亡可能是一个单独的防御反应，而非其他防御应答的不可避免的结果。植物中所谓的**程序性细胞死亡**也发生在其他情况下，如配子的形成、木质部的分化以及**通气组织**的形成。通气组织是植物地下器官在对无氧应答中形成的通气管道（见 7.6 节）。在动物中，程序性细胞死亡称为**细胞凋亡**，发生在器官的形成过程中。它是一个受到严密调控的、涉及产生一些称为**半胱天冬蛋白酶**的特异性蛋白酶的过程。迄今为止，很少有证据表明植物程序性细胞死亡的发生有着与其相同的机制。

超敏反应必须受到严格的调控以保证植物以最低的细胞损失阻止病原的入侵。有关该过程调控的一些重要信息已从不受病原侵害就可以产生超敏反应的相关植物突变体的发现中获得。这些突变体称为"疾病伤害模拟突变体"（disease lesion mimic mutant）（图 8-57）。它们的叶片具有与那些由不相容性病原导致的病斑相似的、小的、由死亡细胞组成的斑块。大部分疾病伤害模拟突变体与正常的植株相比对某些病原具有更强的抗性。例如，大麦疾病伤害模拟突变体 *mlo* 对白粉菌具有抗性，而含有 Mlo 蛋白的野生型植物没有抗性（图 8-57A）。拟南芥 *LESIONS SIMULATING DISEASE*

RESISTANCE (*LSD*) 和 *ENHANCED DISEASE RESISTANCE 1* (*EDR 1*) 基因的突变导致植物自发性的细胞死亡和疾病防御的增强。总之，这些突变体表明植物具有抑制程序性细胞死亡的机制，从而保证它只能由一系列高度特异的信号激活。当缺乏抑制机制时，程序性细胞死亡就会为更加广泛的信号所激活。尽管这会使抗病性增强，但是在无病原情况下的细胞死亡可能对植物有害，因为用在防御方面的资源不能为植物生长所用。

图 8-57　**类病变突变体。**(A) 正常的大麦植株对白粉病菌的侵染是敏感的（左）；叶片上的白色区域是产孢真菌的菌丝。Mlo 蛋白缺陷突变体对该病原具有抗性（右）。Mlo 蛋白参与控制超敏反应。即使在没有病原存在时，*mlo* 突变体也能够自发产生区域化细胞死亡（未显示）。(B) 在无病原存在时，拟南芥类病变突变体 *lsd4* 的叶片，呈现区域化的细胞死亡（图 B 由 Jeff Dangl 提供）。

在系统抗性中，导致细胞死亡的生物攻击可以使植物"免疫"

在许多宿主-病原相互作用中，防御反应的激活并不局限在那些可能遭受侵害的宿主细胞中。编码防御相关蛋白的基因在周围细胞中激活并限制病原的生长。也有一些防御基因在整个植物中激活（系统性的）。防御基因的系统性激活赋予植物在非感染部位对病原的广谱抗性（称为系统性抗性），这可以作为"植物免疫"的一种形式。

根据参与应答的信号分子类型，已认识到有两类主要的系统防御存在（图 8-58）。植物系统获得性抗性（SAR）是由病原最初侵染后由超敏反应导致的细胞死亡而激活。SAR 的建立需要在原初感染位点及其附近或远处非感染组织中产生信号分子水杨酸并以一系列特异**病原相关蛋白**（PR）的积累为特征。另一种类型的系统抗性由机械损伤和昆虫伤害诱发。这类抗性的获得不需要水杨酸，而是依赖信号分子**茉莉酸**和**乙烯**的产生。

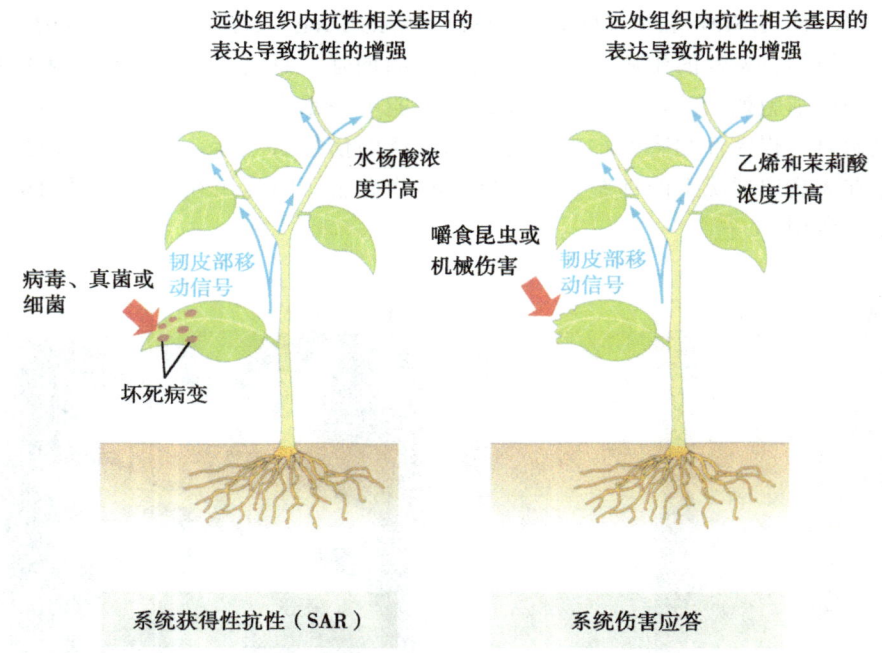

图 8-58 两种类型的系统性抗性。在系统获得性抗性（SAR）（左）中，病原侵入所诱发的超敏反应导致信号分子产生，信号分子通过韧皮部从感染叶片转移到植物的其他部位，从而诱导远处植物组织中抗性相关蛋白的表达，最终导致抗性的增强。SAR 需要信号分子水杨酸的产生，但是它并不是在韧皮部中移动的信号。在系统伤害应答（右）中，腐生营养型病原和食草动物所造成的细胞损伤和死亡同样导致韧皮部移动信号的产生，移动信号激活远处植物组织的防御应答。在这种情况下，防御应答需要信号分子乙烯和茉莉酸的产生（下文中进行讨论）。

一个典型的 SAR 的例子是用烟草花叶病毒无毒小种接种烟草后植物所表现出的应答反应。超敏反应在用 TMV 接种成熟叶片时发生。感染位点周围的细胞死亡阻止了病毒的扩展并且在叶片上产生病斑。接着用相同或不同的 TMV 小种接种其他叶片时同样会导致细胞死亡，但是病斑比第一次接种的叶片上的小了很多。这表明防御应答已变得更加有效，并可以更及时地阻止病毒的感染（图 8-59）。所以第一片受感染的叶片中必然释放一种信号到其他叶片，并激活更强的抗性来抵抗病毒的感染。具有 TMV 激活的 SAR 的烟草植株对其他疾病如烟草霜霉病（*Peronospora tabacina*）也表现抗性上的增强。

水杨酸是一种和阿司匹林（乙酰水杨酸）结构相似的物质，它在感染位点周围的防御应答和 SAR 的建立中发挥着核心作用。两类研究已证明了这一点，即向植物中转入编码一种能够降解水杨酸的酶（图 8-60A）的细菌的基因（*nahG*）；研究编码水杨酸合成必需酶基因的突变体植物。在这两种情况下疾病抗性都变弱并且 SAR 不能建立。例如，在烟草中表达细菌 *nahG* 基因，TMV 接种导致更大的、不能控制病毒的病斑。病毒在整个植株中扩增，由于弱化的超敏反应重复激活而导致坏死的扩展。

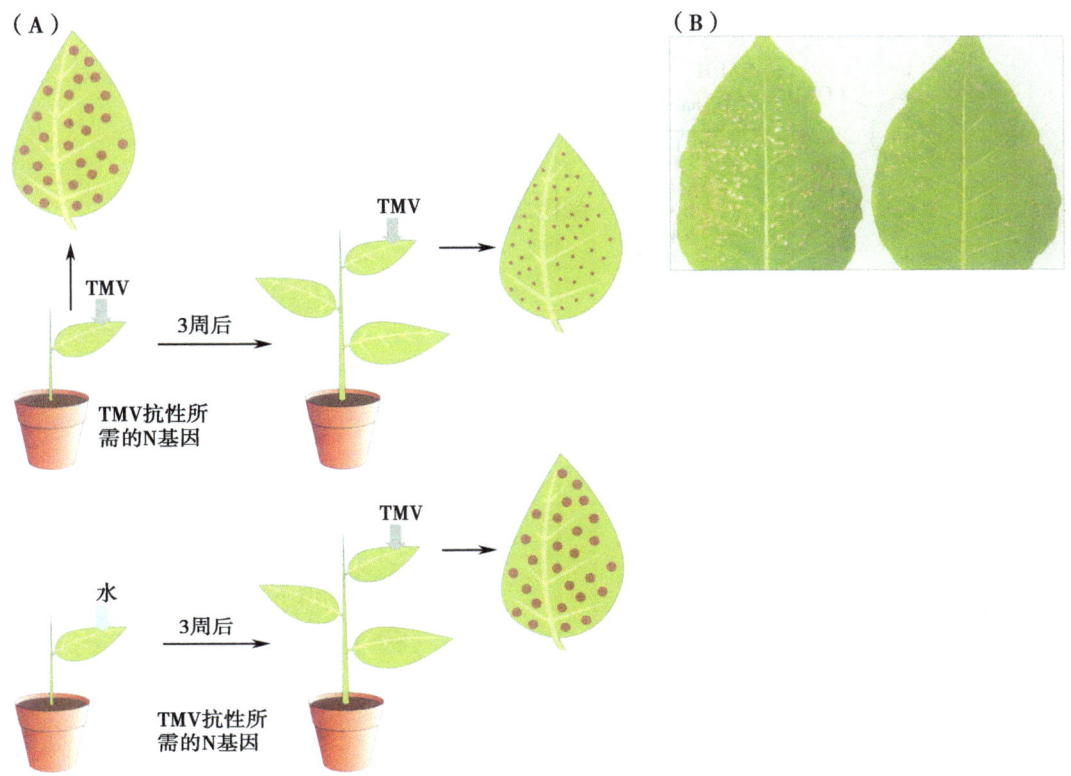

图 8-59 烟草植株对烟草花叶病毒的系统获得性抗性。（A）当含有 N 基因（赋予植物对 TMV 的抗性）的植株接种 TMV 无毒生理小种时，接种叶片（上部）发生超敏反应，从而激活 SAR。3 周后接种不同的叶片会产生更强的防御应答，并且与上次相比出现较少的细胞死亡。在对照实验中，如果第一次接种用的是水而非病毒（下部），SAR 并不能被激活；3 周后在不同的叶片上接种病毒，防御应答不会改变。（B）用 TMV 感染先前未感染过（左）或感染过（右）该病毒的烟草叶片。SAR 只在先前感染过该病毒的植株（右）中激活；注意叶片上较小的病斑（图 B 由 Sabg-Wook Park 和 Dan Klessig 提供）。

尽管水杨酸是 SAR 必需的，但是它并非由最初感染的组织释放并扩散到植物其他部分而激活 SAR 的信号分子。这已通过嫁接实验获得证明。该实验将正常烟草的茎的幼嫩部分（上部）嫁接到表达有 *nahG* 基因的烟草的较老部分上（这样就不能积累水杨酸）；或者反过来，利用正常烟草茎的较老部分嫁接到带有 *nanG* 基因的烟草的幼嫩部分，这样导致水杨酸缺乏（图 8-60B）。用 TMV 接种嫁接植物的老叶片，7 天后再去接种幼嫩叶片来检测 SAR 的发展。在那些老叶片中缺失水杨酸而幼嫩叶片中仍存在水杨酸的嫁接植株中，SAR 可以正常形成，即幼嫩叶片对 TMV 有很强的抗性。在那些幼嫩叶片中缺失水杨酸而老叶片中仍存在水杨酸的嫁接植株中，SAR 不能受诱导，即幼嫩叶片对 TMV 无抗性。这个巧妙的实验证明水杨酸是远离最初感染部位的组织中 SAR 启动所必需的，但也同时表明不能产生水杨酸的叶片也能产生一种信号来诱发植物其他部位的 SAR。这种可以从植物的感染部位转移到非感染部位的信号分子是水杨酸甲酯，在较远的叶片中，水杨酸甲酯经一种特异性的酯酶作用转变为水杨酸。

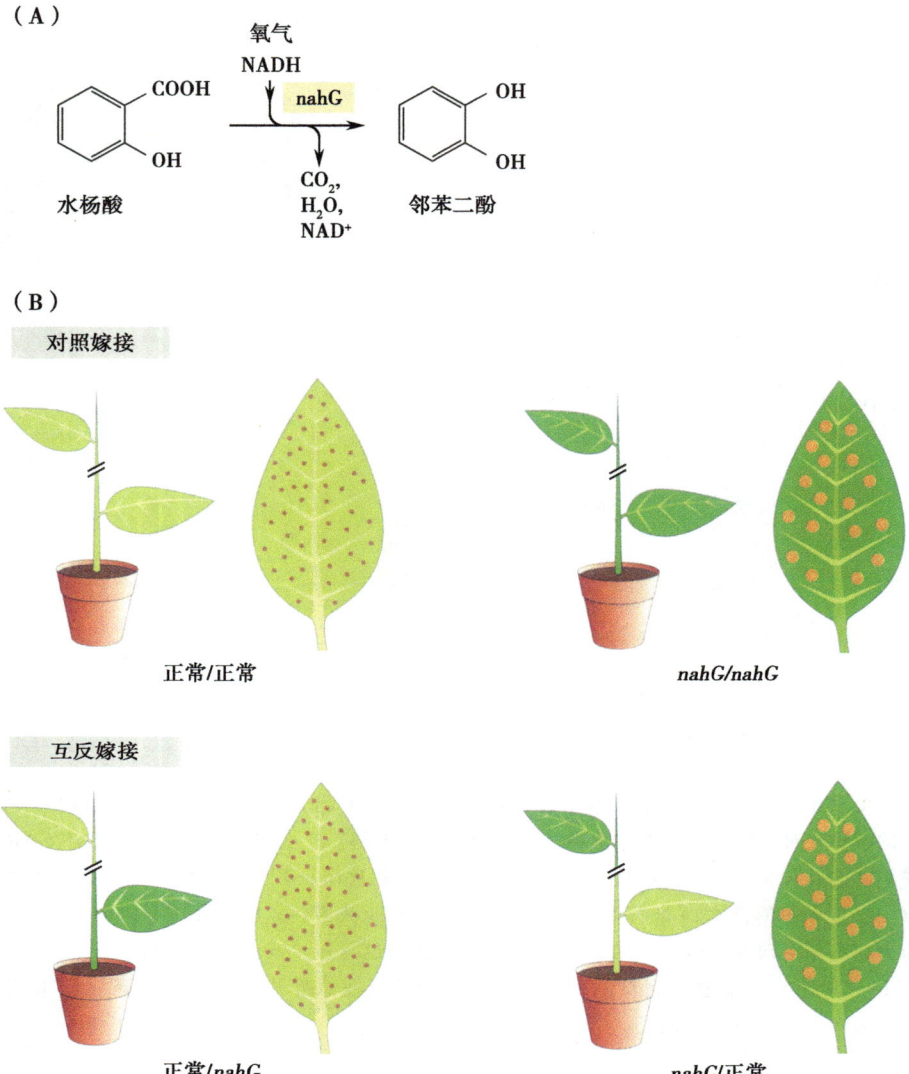

图 8-60 水杨酸在系统获得性抗性中的作用。（A）细菌基因 *nahG* 编码的酶的作用。水杨酸被降解为邻苯二酚、CO_2 和水。（B）通过嫁接实验在发生强烈超敏反应的正常烟草植株（含有病斑的浅绿色叶片）和表达 *nahG* 的转基因植株（超敏反应减弱，因为水杨酸的水平较低；含有较大病斑的深绿色叶片）中，检测水杨酸是否是激活 SAR 的韧皮部转导信号。经过嫁接（文中已阐述）后，在植株下部叶片中接种 TMV，7d 后，接种上部叶片并检测 SAR 的发生。下部叶片中水杨酸合成缺陷的嫁接植株（左下）中，上部叶片的 SAR 能够正常形成。而下部叶片正常而上部叶片水杨酸合成缺陷的植株（右下）中，上部叶片中 SAR 不能够发生。这表明原初感染的叶片中合成的水杨酸不是某种 SAR 信号扩散所必需的，但是水杨酸却是某种移动信号激活植物远处部分的 SAR 所必需的。含有对照嫁接的等效实验，即植株上下部分都是正常的（上左），或者都是水杨酸合成缺陷的（上右），表明嫁接操作本身并不影响 SAR 的发生。

在 SAR 发生诱导的组织中一系列特异的病原相关基因会进行表达。PR 蛋白在细胞间质（它们是由细胞分泌出来的）和液泡中都有发现。有些 PR 蛋白是一些可能具有抗菌作用的酶，如**几丁质酶**和**葡聚糖酶**；其他的 PR 蛋白的功能尚不明确。在对机械损伤和食草动物的系统性应答反应中，植物也会产生小部分 PR 蛋白，但是这些蛋白质与 SAR 中的蛋白质是不同的。

伤害和昆虫取食诱导复杂的植物防御机制

对于大多数植物，伤害是不可避免的事情。大型动物的踩踏和取食会撕破、压碎叶片及茎秆。所产生的受伤或死亡的细胞与正常细胞更容易受到微生物的侵害，在没有厚的表皮细胞和角质层的保护的情况下，它们为微生物进入植物体提供了入口。

植物对这种类型的伤害应答可概括如下。伤害可激活伤口附近存活的细胞产生活性氧，这些活性氧转而诱发一系列防御应答（注意这些事件的顺序与上面所讲的对微生物应答的相似性）。这些应答包括合成**木质素**和其他疏水性多聚体所需基因的表达，这些物质能够封闭伤口以阻止病原入侵。受伤细胞产生的**多酚**为植物提供了进一步的保护。当细胞暴露于有氧环境中，多酚氧化酶会合成一些交联状酚类物质——多酚。它是植物器官切割后切面变为棕褐色的原因，如苹果和马铃薯。除了这些局部的防御反应，伤害也诱导一些系统性伤害应答，使得植物的其他部分对食草动物攻击产生更强的抗性（图 8-58），例如，通过产生一些蛋白酶抑制剂，使得植物不易为昆虫的蛋白酶所消化。

无脊椎动物的食草作用具有引起一系列比单纯的伤害更复杂的防御应答的特点。一些昆虫如牧草虫和蜘蛛螨具有刺吸式口器，它们能够刺入植物细胞并吸取细胞内含物。这些昆虫会对细胞造成相当大的机械伤害并可以诱导与较大食草动物相似的伤害应答。然而，其他一些昆虫是专业的取食者，它们只对植物造成微小的机械伤害和伤害应答。这些昆虫包括粉虱、蚜虫、粉蚧和叶蝉等。它们具有口针，能够刺入韧皮部并从中吸取汁液。植物可以通过 R 基因介导的信号转导途径对这类食草动物进行防御，这可能会导致针刺接触部点的植物细胞局域化死亡。

这里我们描述已深入阐明的番茄对食草动物和机械所造成的伤害的应答（图 8-61）。在番茄中机械和取食伤害在植物受伤害的叶片和其他未受伤叶片中都诱导防御应答反应（可能是阻止食草动物取食）。例如，一种**丝氨酸蛋白酶抑制剂** InhI 蛋白在伤害处附近以及距离伤害处许多厘米的地方都有积累。所以伤害处产生的信号必然要转移到植物的其他部分并在那里启动防御应答。

番茄中具有的一种重要的系统信号是一种称为系统素的含 18 个氨基酸的小蛋白。系统素能够在极低的浓度（每植株几毫微微摩尔，10^{-15} mol）下启动防御应答。它是由伤害处的含 200 残基的前体蛋白系统素原经切割生成 C 端而合成的。系统素可以在 0.5h 内扩散到整个受伤叶片，并在 1~2h 通过韧皮部到达受伤叶片上方的叶片。其他系统信号也可以在远离受伤部位的地方启动防御应答。例如，在受到伤害时植物会产生一些小的细胞壁多糖（寡聚半乳糖醛酸）片段，它们同样可以发挥作用并启动系统性应答反应。

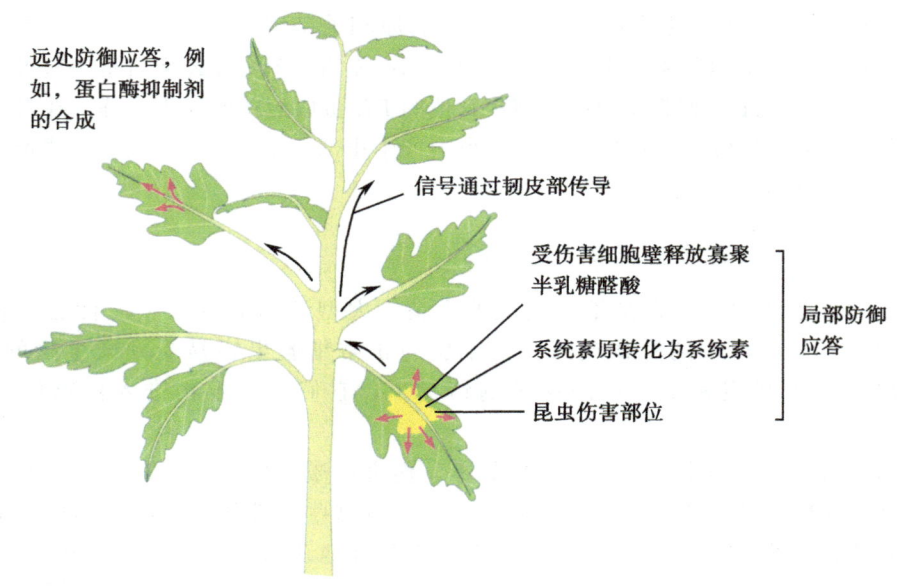

图 8-61　番茄植株对昆虫伤害的系统性应答。食草性昆虫的伤害导致局部防御应答和移动信号的产生。这些应答包括植物在响应伤害时由前体蛋白产生的系统素和受伤细胞产生的一些小的细胞壁碎片（寡聚半乳糖醛酸）。系统素和寡聚半乳糖醛酸通过韧皮部传送到远处的植物部位，并激活应答以增强植物对随后的昆虫伤害的抵抗。

系统素在防御食草动物中的重要性已在转基因番茄中得到证明。在对伤害应答时有些转基因番茄产生的系统素低于正常水平，而有些则持续性产生高水平的系统素。当产生的系统素低于正常水平时，植物会大大降低对防御机制的系统性诱导作用并对烟草天蛾（*Manduca sexta*）幼虫的取食的抗性也会下降。当系统素持续性处于高水平时，植物则会组成性开启防御机制（无论是否受到伤害）。

系统素通过激活多条信号通路来启动防御机制。其中一条通路和 PAMP 引发的信号通路相似，包括跨膜离子流、超氧暴发和 MAP 激酶的激活等。这条通路使得那些合成木质素前体和植物激素乙烯所需的基因表达上调。乙烯进一步激活一些参与防御反应基因的表达。系统素还激活一条负责茉莉酸（JA）合成的生物化学通路。JA 是一种重要的信号分子，它能够进一步激活防御相关基因的表达。JA 信号通路也参与植物的抗逆应答（见 7.7 节）和植物的正常生长发育。JA 由 18-碳的**脂肪酸亚麻酸**（图 8-62）合成，催化反应的酶存在于叶绿体和**过氧化物酶体**中（过氧化物酶体中的酶也参与**β-氧化**反应通路，见 4.6 节）。那些缺失这条合成通路中酶的番茄突变体，以及那些亚麻酸合成缺陷突变体只生成很少或不能合成 JA。当受到伤害时，它们表现出严重的防御应答反应缺陷。例如，蛋白酶抑制剂不能合成，植物对来自蚜虫和烟草天蛾幼虫（图 8-63）的伤害更加敏感。

伤害防御反应中的部分环节在植物物种间是保守的。拟南芥中伤害应答的启动与番茄中的相似，JA 在其中起到关键作用。但拟南芥没有编码类似于系统素原蛋白的基因。拟南芥中 JA 本身可能就是诱导系统伤害应答的信号分子。

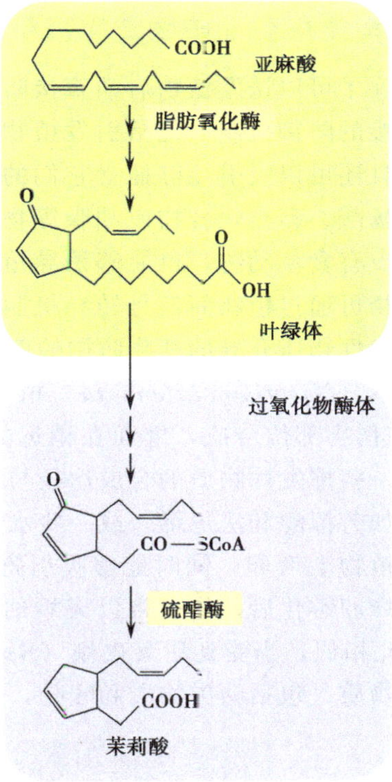

图 8-62 **茉莉酸的合成。** 茉莉酸是通过一条叶绿体和过氧化物酶体的合成途径，由脂肪酸亚麻酸合成。第一步反应发生在叶绿体中，由脂肪氧化酶催化。脂肪衍生物输出至过氧化物酶体，随后的代谢（作为脂酰 CoA）包括通过一个类似 β 氧化作用的机制减少脂酰链的长度。最后一步，硫酯酶去除辅酶 A 释放茉莉酸。

图 8-63 **茉莉酸在对昆虫伤害的系统性抗性中发挥重要作用。** 野生型番茄植株（左）在受到烟草天蛾幼虫毛虫的第一次伤害后产生系统抗性来减少植株损害，并限制毛虫的生长。在番茄 *spr2* 突变体（右）中，JA 合成降低，突变体不能产生系统抗性，植株受到天蛾幼虫的严重伤害，毛虫比野生型植株上的长得更大。野生型 *spr2* 基因编码一种参与叶绿体中 JA 前体亚麻酸合成的脂肪酸去饱和酶（图 8-62）。

嚼食类昆虫引发植物产生吸引其他昆虫的挥发性物质

伤害除了可以诱发植物启动直接防御机制外，幼虫的取食和食草昆虫的产卵也能够激活间接的防御机制，包括引发植物释放挥发性物质，这些物质不仅能够驱赶食草昆虫，而且还可以吸引能够捕食它们的寄生昆虫。这些挥发性物质一般是信号分子茉莉酸、水杨酸、萜类化合物或吲哚等物质的衍生物。当它们在植物周围的环境中存在时，即使没有食草动物，也能够诱导植物的防御机制的启动。所以当受到食草动物伤害时，植物可通过植物间信号转导机制激活邻近同种未受伤害植物的抗性。我们举两个关于挥发性物质介导的植物防御的例子以阐述这种现象的一些共性。

当烟草（*Nicotiana attenuata*）植株受到烟草天蛾幼虫（*Manduca sexta*）取食时，JA首先在伤害部位合成，继而在稍远的部位合成。JA激活一系列挥发性物质的合成和释放。一些挥发性物质的合成途径与JA相同（如己烯-1-醇），而其他的是一些萜类化合物（如芳樟醇和法尼烯）或一些水杨酸衍生物（如水杨酸甲酯）。这些物质不仅防止成虫在植物上产卵，同时能够吸引寄生性黄蜂（*Geocoris pallens*）在天蛾幼虫上产卵。当黄蜂卵孵化后，幼虫将以天蛾幼虫为食。关于黄蜂对天蛾幼虫的寄生作用见图8-64。与此相似，当受到甜菜夜蛾（*Spodoptera exigua*）幼虫伤害后，玉米会产生一些挥发性物质，包括萜类物质和吲哚，来吸引对甜菜夜蛾幼虫有寄生作用的黄蜂。

图 8-64 寄生于番茄天蛾幼虫（*Manduca quinquemaculata*）身体上的寄生蜂（*Cotesia congregatus*）的蛹。天蛾幼虫取食的植株能够产生挥发性的物质吸引成虫黄蜂（由 Whitney Cranshaw 提供）。

在这两个例子中，防御反应都是由食草性毛虫唾液中的激发子激活的。其中一种激发子是由谷氨酸相连的脂肪酸衍生物组成的物质（volicitin）。脂肪酸成分来自于毛虫取食时植物质膜破裂引起的产物，而氨基酸是由毛虫本身产生的（图8-65）。

植物应答毛虫取食所产生的挥发性物质的调控是一个复杂的过程。尽管JA是应答所必需的，但对未受伤害的植物施加JA时，植物会产生与前面提到的来自天蛾幼虫或斜纹夜蛾幼虫伤害相比更为广泛的更不特异性的应答反应。似乎昆虫激发子可以诱导植物产生多种信号分子并且信号通路通过复杂的相互作用来调控防御应答。例如，在烟草中，施加JA和除天蛾幼虫之外其他昆虫的伤害会诱导植物的根部产生尼古丁并通过木质部传

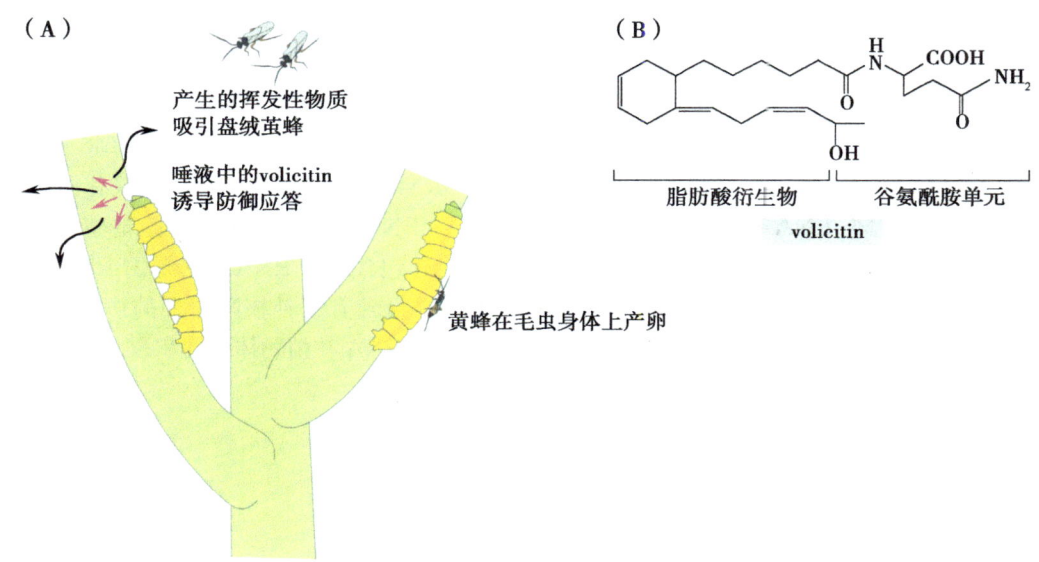

图 8-65　诱发子氮-（17-羟基-亚麻酰基）-L-谷氨酰胺（volicitin）引发的系统防御反应。（A）当黏虫（*Spodoptera*）取食玉米（左）时，唾液中产生诱导素 volicitin。这种效应物诱发系统防御应答，包括产生吸引寄生蜂的挥发性物质。黄蜂将卵产在黏虫幼虫身体上（右），后者最终会被黄蜂幼虫消化。（B）诱导素 volicitin 的结构。谷氨酰胺单元是由黏虫产生的，脂肪酸单元是由幼虫取食的植物膜类物质产生的。

送到叶片。尼古丁在植物根部（而不在叶片中）合成，使得植物即使在上部大部分都被吃掉时其系统性防御仍完好无损。但是天蛾幼虫的毛虫伤害并不能诱导植物产生尼古丁。天蛾幼虫毛虫能够耐受尼古丁，而它们的天敌寄生性黄蜂则会受尼古丁驱赶。所以选择压不利于那些在应答天蛾幼虫毛虫的伤害时产生尼古丁的植株。天蛾幼虫可能特异性产生一种激发分子来激活植物表达信号分子乙烯，从而抑制编码尼古丁合成所需酶的基因的表达，否则这些酶会受 JA 诱导表达。

RNA 沉默在植物抵抗病毒中的重要作用

很久以前人们就知道受病毒感染的植物能够"康复"并可以产生新的无病毒病症的枝芽（图 8-66）。近期研究发现植物可通过 RNA 沉默抑制多种植物病毒的复制。尽管不同的植物病毒在形态学、基因结构、复制和蛋白质表达方式、宿主范围以及其

图 8-66　病毒感染的恢复。烟草植株下部叶片表现出强烈的病毒感染症状，但是感染后长出的上部叶片没有该症状。这张图片取自阐述该现象的第一篇科技文章，1928 年发表于 *Journal of Agricultural Research*。

他很多方面有很大不同，但它们都将积累病毒 RNA 作为它们生命周期的一部分。如下将描述病毒 RNA，特别是双链 RNA，是沉默机制的起始点。dsRNA 可是复制过程的组分，可在 ssRNA 内部折叠产生，或是双向转录重叠区的 RNA 产物。

首先，病毒 dsRNA 由一个**类似 Dicer 蛋白**（Dicer-like protein，DCL）或者 Dicer 的植物酶家族降解并生成一些特异性的产物。DCL 将 dsRNA 切割生成 21～24 个核苷酸长度的片段，即**干扰小 RNA 或 siRNA**（图 8-67）。然后，siRNA 的双链分离，一条链整合到多亚基复合体即 **RNA 诱导沉默复合体**（RISC）中。复合体包含结合 RNA 链必需的 RNA 解旋酶和 RNA 核酸酶。RISC 以 RNA 链作模板，识别并结合含有互补核酸序列的病毒 RNA。RISC 的 RNA 核酸酶降解目标病毒 RNA，从而抑制病毒 RNA 在植物体内的积累。

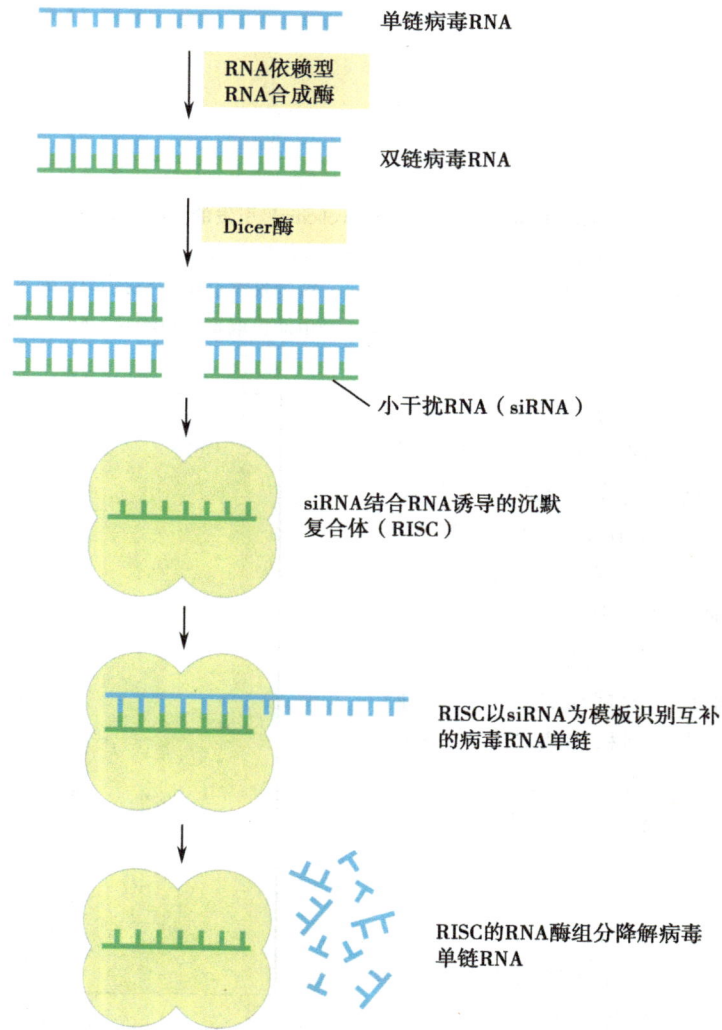

图 8-67　病毒 RNA 沉默机制。 在病毒 RNA（单链）复制过程中产生的双链 RNA 可被 DCL 酶或 Dicer 酶识别，并将 dsRNA 切割成 21～24 个核苷酸长度的片段。这些小干扰 RNA（siRNA）与 RISC 复合体结合，并以 siRNA 为模板识别并结合病毒 RNA 分子。被结合的病毒 RNA 分子被 RISC 复合体中的 RNA 酶组分降解。

作为一种有效的防御机制，RNA 沉默有三个特点。首先，它特异性针对病毒 RNA，因为 RISC 中的 siRNA 来自病毒 RNA 的双链形式，所以病毒诱导的沉默对宿主编码的 RNA 不起作用。其次，它具有潜在的放大效应：每种病毒 dsRNA 可以产生许多 siRNA，并且每种整合形成 RISC 的 siRNA 可能用于催化多个目标的沉默。这种潜在的放大效应意味着即使针对快速复制的病毒，RNA 沉默机制仍然很有效。第三个特点是沉默信号的传导可能是随着或早于病毒移动。沉默信号保证植物病毒不会因在细胞间或韧皮部内的移动而逃脱。

RNA 沉默序列特异性的特征可通过表达**绿色荧光蛋白**（GFP）的转基因植物的实验阐明（图 8-68）。在合适波长的光下这些植物能够发出荧光。如果用携带 *GFP* 基因的修饰过的马铃薯 X 病毒（*Potato virus X*）侵染这些植物，*GFP* 基因的沉默随着病毒侵染在植物中扩散（通过荧光的消失可以观察到此过程。该现象也可以通过用其他方法如利用含有 *GFP* 基因的 T-DNA 区的农杆菌渗入植物叶片的方法将第二个 *GFP* 基因转入植物来诱导发生，图 8-68）。沉默的发生是因为 RISC 复合体含有编码 GFP 的病毒 RNA 小片段，能够降解转基因植物中 *GFP* 基因转录生成的 mRNA。如果病毒中不含有 *GFP* 基因，GFP 沉默将不会发生，植物仍能够发出荧光。改造的病毒也可以用来沉默植物自身的基因。如果病毒

图 8-68 带有第二个 *GFP* 基因的农杆菌注射导致的烟草植株 GFP 表达沉默。 表达绿色荧光蛋白的转基因烟草植株在合适波长的光下，显示荧光（黄绿色）（红色是由于叶绿素的自发荧光）。用含有 *GFP* 基因的农杆菌注射叶片（箭头所示）可诱导植物 *GFP* 基因的沉默。注射叶片（叶片 1）上部的成熟叶片仍然有荧光，因为在注射前叶片中已有 GFP 蛋白存在。注射时正在生长的上部叶片（叶片 2 和 3）表现部分沉默，较年轻的叶片（叶片 4）发生彻底的基因沉默（由 David Baulcombe 提供）。

携带一个植物基因的部分序列，当用该病毒侵染植物时该植物基因的 mRNA 将会被降解。这是一个通过实验特异性降低或消除某一植物基因表达的极有用的方法（同见 2.3 节）。

许多植物病毒编码一些 RNA 沉默的抑制蛋白，以保证病毒在植物体内的复制。不同病毒产生的抑制蛋白在序列和结构上通常也不一致。似乎在 RNA 沉默这种有力的选择压下几种不同的病毒机制独立演化达到相同的功能——一个趋同演化的例子。在几种情况下，抑制蛋白在病毒生物学中行使一些其他的不相关功能。RNA 沉默抑制特性是作为一个另外的特点而演化生成。病毒抑制蛋白干扰植物 RNA 沉默系统的各个环节。例如，番茄丛矮病毒（*Tomato bushy stunt virus*）编码的抑制蛋白 P19 可直接和短的 dsRNA 分子相结合，很可能因此干扰它们整合到 RISC 复合体中。当把甘蓝花叶病毒（*Turnip mosaic virus*）抑制蛋白 HcPro 转入甘蓝（即在无病毒侵染的情况下），植物表现出和缺失掉 DCL 参与植物正常生长过程中起调控作用的小 RNA（microRNA）的加工功能的表型相似。这表明在植物中 HcPro 干预 DCL 所有功能，而非仅仅干预那些抑制病毒复制的功能。一些病毒性疾病症状特别是萎蔫和不正常的发育可能是由于病毒抑制蛋白影响了 siRNA 和 microRNA 的加工而导致的结果。

8.5 合作

我们到现在为止所描述的植物和微生物或昆虫之间的相互作用都是对植物有害的。但是许多植物和微生物、植物和昆虫以及其他动物之间的关系是对双方都有利的。这种对双方都有利的关系，称之为"共生"。本节我们首先阐述花是如何通过吸引动物来完成授粉作用，然后讨论植物和土壤微生物之间两种类型的共生：一些植物物种和固氮菌之间的关系，以及植物和真菌之间的更为广泛的共生。

许多植物物种通过动物传粉

大部分有花植物通过动物传粉并且大多数的授粉是由昆虫来完成。花的形状和引诱物的演化和授粉动物的演化是平行进行的（共演化的另一个例子）。动物传粉的花通过花瓣的颜色、形状和气味等来吸引传粉者并给予它们回报如花蜜。不是动物传粉的花（如风媒花）通常没有这些特征。最早的有花植物的传粉者可能是为它的食物——花粉本身所吸引。花粉通过取食昆虫从一朵花转到另一朵的效率，很可能比风媒授粉的效率更高，这为那些吸引昆虫和其他动物的另外的机制的演化提供了选择压力。

花的形状和引诱物以及传粉动物存在广泛的多样性（图 8-69）。以甲虫为媒介的花

图 8-69 **动物传粉的花。**（A）食蚜蝇取食烛台树（*Euphorbia ingens*）开放的花的花蜜。（B）与萝摩科（Stapeliaceae）其他植物相似的赤鬼角（*Huernia zebrina*）的花用如同腐肉的外观和气味来吸引昆虫。（C）蜜蜂在唇形科（Labiatae）水苏的管状花上取食。（D）蜂鸟取食桑寄生科植物 *Tristerix corymbosus* 长吊型管状花的花蜜。

通常具有开放结构以方便这些昆虫较短的口器能够取食到花粉、花蜜或者特化的食物结构（花内供甲虫取食的细胞群）。以甲虫和苍蝇为媒介的花常常具有很强的气味，闻起来就像是这些昆虫的其他食物如粪便和腐肉。以蜜蜂为媒介的花，常常是黄色、紫色或蓝色的，并带有明显的斑线。它们外形通常能够为昆虫的停落提供平台，同时花瓣形成管状，从而只允许那些具有特化口器的昆虫取食到花蜜。蝴蝶、蛾和蜂鸟等取食的花蜜通常也位于较长管状花的基部，只有那些具有较长管状口器的动物才能取食到。以蛾和蝙蝠为媒介的花常常是白色的，并具有强烈的气味且在傍晚或夜里开放。

一些花的形状有利于最大效率地传粉。许多以蜜蜂为媒介的花的花瓣使蜜蜂最先和柱头接触以传递其携带的其他花的花粉。蜜蜂取食时会与花药接触并黏带花粉，从而将其传递给其他花。一些极端的例子是花的外形会困住昆虫，待授粉完成后，花会打开一条保证昆虫身上黏带上花粉的通道释放昆虫。一些海芋属植物的花就是这样的例子（图 4-65）。

花的气味和颜色是由通过多条代谢途径合成的一系列物质组成的。花的气味常常是由花瓣叶肉层的某些特定细胞产生并通过表皮特异区域释放。许多气味物质是由单萜和苯丙烷类化合物前体衍生而来，并且一朵花的气味通常是不同挥发性物质的混合物。花的黄色、橙色和红色等颜色常常是由存在于花瓣细胞质体内的类胡萝卜素产生的。这些都是萜类化合物代谢分支上的产物（4.7 节讲述了这些物质及其类似物的代谢过程）。花的粉红色、红色、蓝色和紫色等颜色常常是由存在于花瓣细胞液泡内的**花青素**（一些萜类化合物的代谢产物）产生的。它们赋予花瓣的各种颜色是由这些精细的分子结构（特别是其中一个环中羟基的位置；图 8-70）、液泡的 pH，以及与金属或其他存在于液泡的类黄酮物质结合形成复合物等因素决定的。黄酮和类黄酮本身对一些昆虫如蜜蜂来说具有"可视"的颜色，尽管对人类来说没有颜色。这些物质能够吸收处于紫外光谱内的光，蜜蜂能够感受到该波长范围的光线，而人类不能看见（图 8-70B）。

花瓣颜色和模式存在巨大的变化是由于编码类黄酮合成酶的基因具有复杂的时空调控引起的。这种调控是由转录因子调节生物合成途径分支中基因的功能所决定的。转录因子重叠的表达模式决定类黄酮组成在整个花瓣中精细的局部变化，看上去成为花的明暗和色调，从而吸引来特定类型的传粉者以保证花粉得到有效的传递和扩散。

共生固氮作用是植物和细菌间的特化的相互作用

大部分植物是从土壤中可溶性硝酸盐或铵盐来获取氮源（见 4.8 节）。但一些植物中的氮来源于**固氮菌**。固氮菌将空气中的氮气（N_2）还原为氨（NH_3），该过程称为**固氮作用**。细菌只有在和植物紧密联系并包被在植物根部的根瘤中时才具有固氮能力（图 8-71）。植物把细菌在根瘤菌中生产的氨用于自身氨基酸的合成。在氮源缺乏的土壤中，具有这种共生关系的植物比其他植物生长得更好。

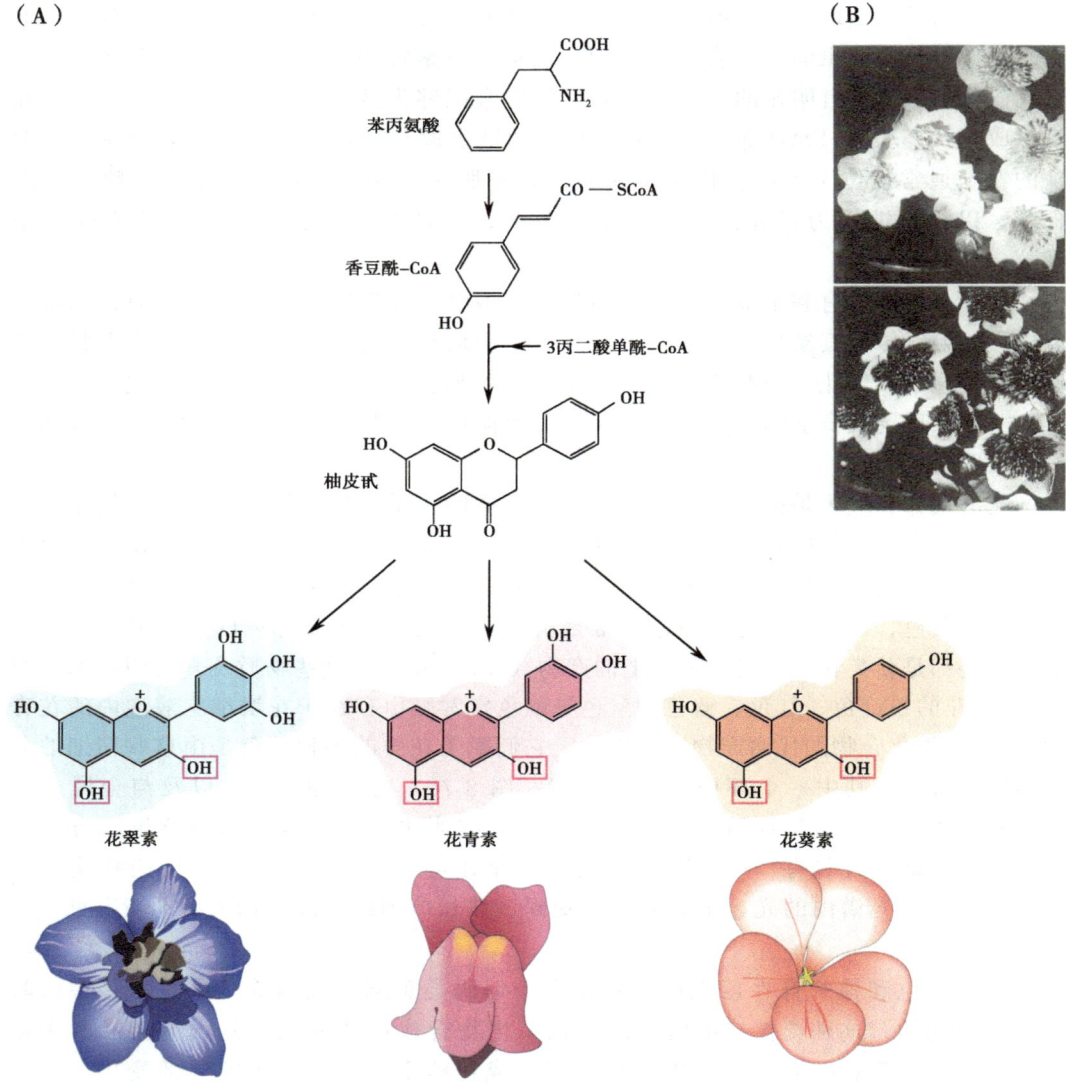

图 8-70 花的色素。(A) 花色素的合成。花翠素、花青素和花葵素分别赋予飞燕草、金鱼草和天竺葵花朵为蓝色、洋红色和橘红色。这三种物质都是由芳香族氨基酸苯丙氨酸合成的。它们之间的差异来自于右手环上羟基数目的不同。这些花色素在合成后，由方框所示的羟基位置发生了糖基化（被加上糖基）。糖基化状态的物质（花色素）被运输到花瓣细胞的液泡内，并在那里积累。(B) 处于白光（上）和紫外光（下）照射下的驴蹄草 (*Caltha palustris*) 的花。注意黑色的中心部分，即不反射紫外光的区域，在白光下不易将它们与其他的花相区分（图 B 由 Bob Fosbury 提供）。

 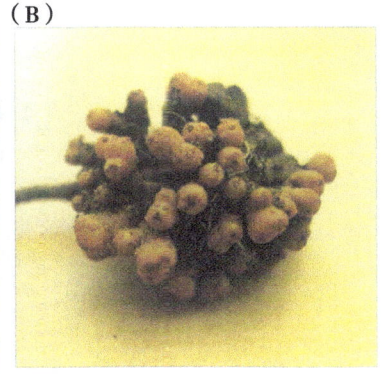

图 8-71 根瘤。(A) 豌豆根系中的根瘤。粉红色是由高浓度的携氧蛋白豆血红蛋白造成的。根瘤菌中含有固氮菌。(B) 桤木 (*Alnus* sp.) 根部含有放射菌属弗兰克氏菌的根瘤菌 (图 A 由 J. A. Downie 提供；图 B 由 David Benson 提供)。

生物固氮关系发生在豆科植物 (Leguminosae, 亦称 Fabaceae; 举例见图 8-71A) 和一些统称为**根瘤菌**的包括根瘤菌属 (*Rhizobium*) 和短根瘤菌属 (*Bradyrhizobium*) 的土壤细菌之间。这些共生关系已得到详细的研究，下面我们详细进行描述。与豆类植物位于同一分支上的 8 个科的将近 200 多种植物与另一种细菌——放线菌类弗兰克氏菌属 (*Frankia*) 有相互关系 (图 8-71B)。尽管豆科植物和根瘤菌之间的相互关系已经了解得很清楚，但是放线菌类的共生关系同样具有相当大的经济意义。在生物圈中，它们所固定的空气中氮气的量与豆科植物-根瘤菌共生所固定的氮气的量是相当的。固氮共生关系也发生在其他的植物类群中。蓝细菌 (如念珠藻属和鱼腥藻属) 可以与多种植物形成共生关系，如水生蕨类植物 (绿萍)、苏铁以及有花植物根乃拉草 (*Gunnera*)，尽管在这种相互作用中没有根瘤生成。

根瘤菌和宿主植物都不依赖共生关系而存活。根瘤菌是土壤中自由生活的细菌，在没有宿主植物的情况下仍能够繁殖。豆科植物在没有根瘤菌存在时仍然能够吸收来自硝酸盐或氨的氮。共生关系是高度特异的，特定类型的固氮菌只感染一种或少数的宿主植物。共生关系的形成 (称为"结瘤") 是一个明显的过程，包括细菌和植物之间化学信号的交换，以及在根瘤和细菌包被过程中细菌和植物基因表达与发育模式上的重大变化。这个过程可以分成几步 (图 8-72)。

(1) 土壤根瘤菌接受来自宿主植物根部的化学信号；这些信号通常是与花和叶片里的花青素相关的类黄酮类物质。

(2) 根瘤菌对这些信号通过产生一些新的信号分子即**根瘤因子**来做出应答，并作用于宿主植物的根毛使其顶端发生卷曲。

(3) 细菌从卷曲处进入根毛，一条含有细菌的侵染线从细胞到细胞穿过根部皮层进行生长。

(4) 在此过程中，根瘤因子的进一步分泌促使皮层和**形成层**发生新的细胞分裂，导致根瘤的分化形成。

(5) 随着根瘤的发育，侵染线进入根瘤细胞，根瘤菌从侵染线释放到仍有细菌和宿主膜包围的这些细胞内。然后它们分化形成**类菌体**或**共生体**，即固氮场所。

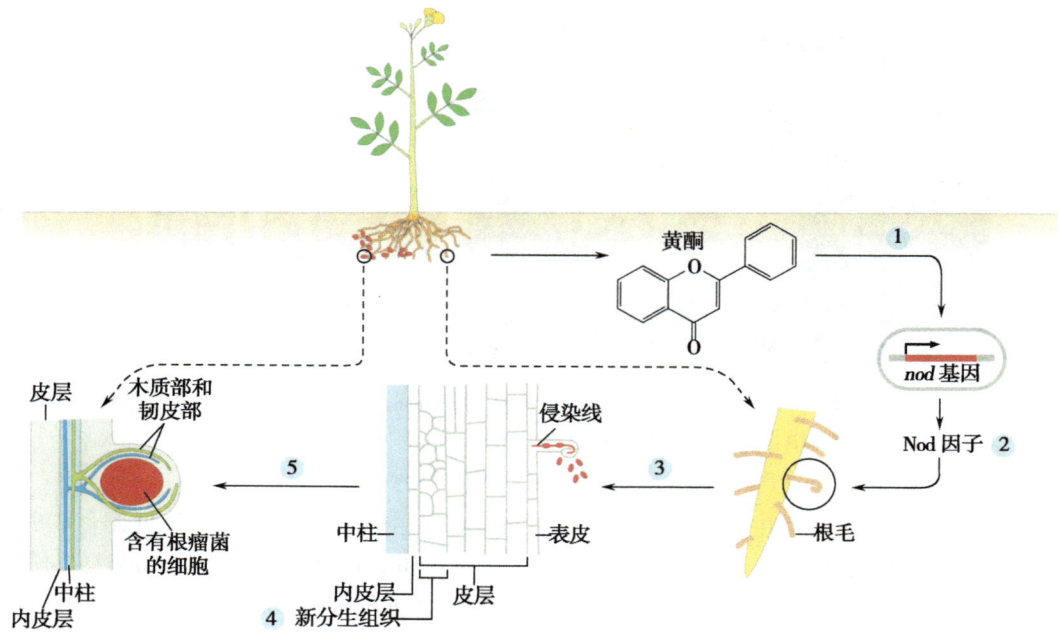

图 8-72 根瘤形成过程中的各个阶段。 植物未感染根瘤菌的根部释放黄酮到土壤中。①黄酮是一种信号物质，能激活土壤中游离的根瘤菌 nod 基因的表达。②nod 基因编码合成 Nod 因子所需要的酶。Nod 因子可导致根毛发生弯曲。③细菌进入弯曲的根毛，并沿侵染线内细胞生长。④根瘤菌释放的信号促进根瘤发生处根皮层细胞分裂（新分生组织的形成在下文讨论）。侵染线穿过皮层细胞延伸至正在形成的根瘤。⑤根瘤菌从侵染线释放到根瘤细胞中。根瘤增大，凸显在根部表面，并形成维管。

豆科植物根部释放的能够诱导土壤根瘤菌产生根瘤因子的信号通常是（并非都是）类黄酮类和相关物质——**苯丙氨酸代谢**途径的**次生代谢物质**。不同类型的豆科物种产生一系列特定性质的类黄酮，例如，苜蓿属产生毛地黄黄酮，其他豆科植物产生相关而完全不同的物质。宿主植物信号能够为土壤中合适的根瘤菌所识别。例如，中华根瘤菌可强烈识别毛地黄黄酮并与苜蓿属植物形成共生关系，而其他大多数根瘤菌不能识别毛地黄黄酮。细菌识别植物信号后合成根瘤因子并在合适的宿主植物体内激活根瘤形成，而非宿主植物不能够识别和应答根瘤因子。所以根瘤菌只对来自那些能与它形成共生关系的植物的化学信号做出应答，同时植物也只对合适的根瘤菌产生的根瘤因子做出应答。

可以形成共生的根瘤菌在分类学上差异较大。例如，根瘤菌和中华根瘤菌与农杆菌的关系要比它们与短根瘤菌的关系近。所有根瘤菌都含有两类形成共生必需的关键基因。nod 基因是诱导早期根瘤形成所必需的；nod 基因中的一些基因参与根瘤因子的合成（图 8-73）。基因 nif 是根瘤内固氮作用所必需的基因。例如，$nifK$、$nifD$ 和 $nifH$ 基因编码的三种蛋白质构成了**固氮酶复合体**的还原酶组分，其功能是将氮气转化为氨。基因 nod 和 nif 在细菌基因组中常常是相伴成簇存在的。例如，在根瘤菌中共生所需基因通常存在于固有质粒中（共生质粒），其大小为 200～1200kb。在土壤中自由生活的根瘤菌中，这些质粒可以通过接合作用从一种菌株传递到另一菌株，所以先前的非共生细菌可能获得完全的共生"功能包"。

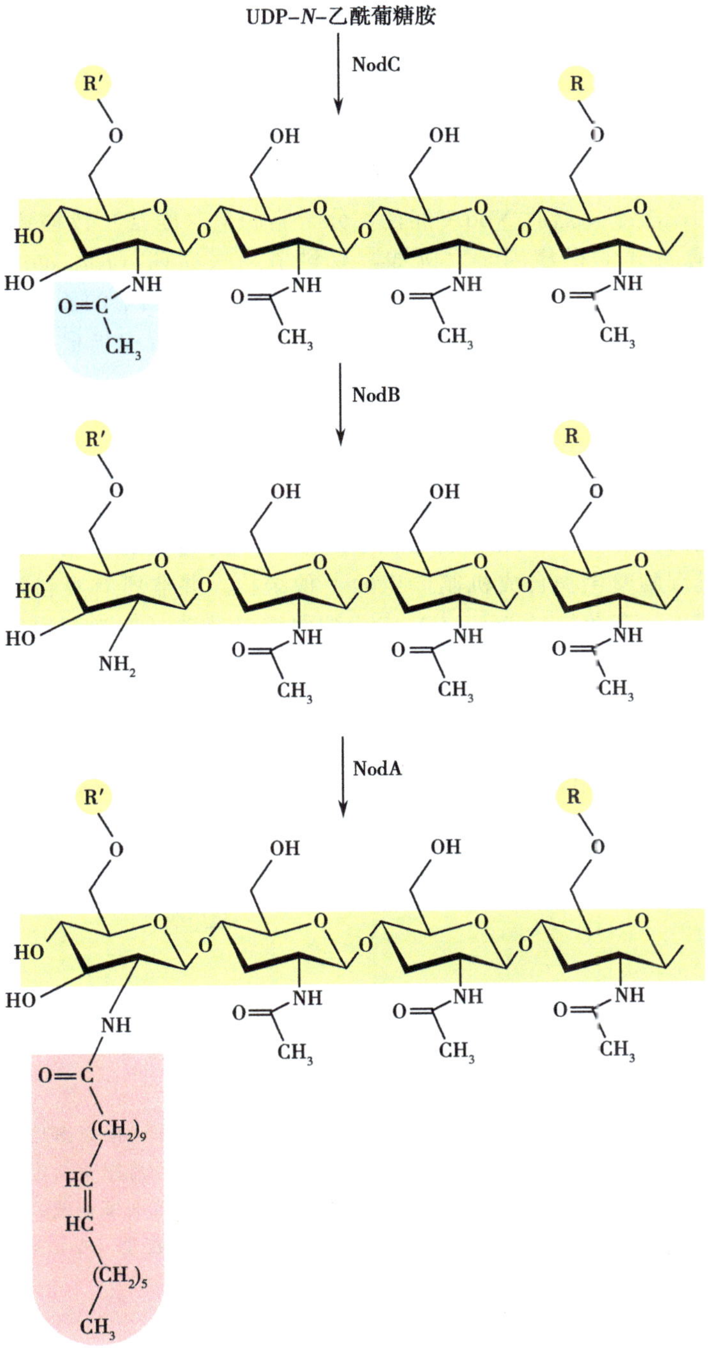

图 8-73 Nod 因子的合成。 糖核苷酸 UDP-N-乙酰葡糖胺在 NodC 酶（由 *nodC* 编码）作用下，发生多聚化形成 Nod 因子的主链。末端残基的乙酰基（蓝色）被 NodB 酶切除后，在 NodA 酶作用下，脂肪酸连接到此位点。其他酶催化更多的基团（R 和 R'）连接到氨基葡萄糖主链上。连接到主链上的脂肪酸和 R 基团因根瘤菌种类不同而不同。

细菌使豆科植物结瘤的能力（与豆科植物形成共生关系）与其产生合适的信号分子——根瘤因子的能力相关，而不与细菌亲缘关系相关。不同根瘤菌的根瘤因子具有相同的基本结构（图 8-73），是一条由 4 或 5 个 N-乙酰-D-葡糖胺经 β-1，4 糖苷键连接组成的主链通过其末端的糖基与一个脂肪酸相连。根瘤因子主链合成所需的酶是由 *nod* 基因编码的。NodC 蛋白催化 N-乙酰-D-葡糖胺的多聚化反应。NodB 蛋白去除主链末端葡糖胺残基的乙酰基，然后 NodA 催化一分子脂肪酸（酰基）转移到游离的氨基上。每种根瘤菌都有特异的根瘤因子。例如，豆科植物根瘤菌（*Rhizobium leguminosarum*）和苜蓿中华根瘤菌（*Sinorhizobium meliloti*）的根瘤因子的乙酰链具有不同的结构，同时苜蓿中华根瘤菌的根瘤因子中存在一个巯基。苜蓿中华根瘤菌能够激活苜蓿属植物的应答而对于其他豆科属的植物无作用。

根瘤因子在极低的浓度下就可以诱导根毛弯曲。将纯化得到的高浓度的根瘤因子施加到植物根部，在没有细菌存在的情况下，它仍然能够诱导完整根瘤的形成。在自然状态下感染根毛的折叠会把细菌包裹起来（图 8-74A）。根毛紧挨细菌的一侧细胞壁部分降解，细胞内向生长，导致根毛细胞壁内陷形成隧道状的结构。它发育形成侵染线，是植物通过细胞壁生物合成机制产生的一种结构。并非所有豆科植物都是通过这种方式来启动共生。在花生（*Arachis*）中，细菌通过裂缝（如当侧根发生时出现的缝隙）进入根部并在细胞间隙繁殖（图 8-74B）。这会刺激植物产生一条允许细菌进入植物细胞的短的侵染线。

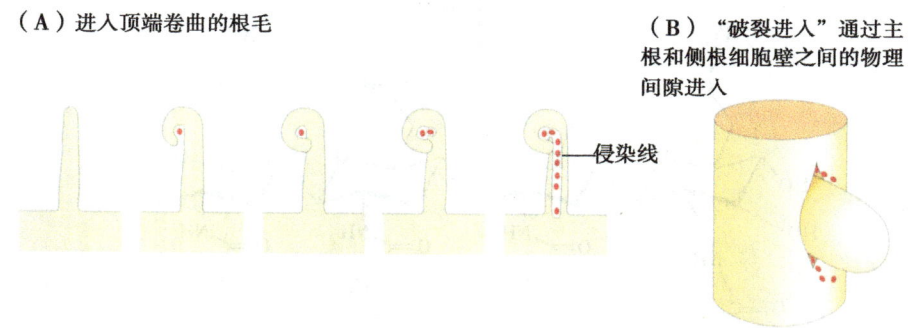

图 8-74　根瘤菌进入豆科植物根部。（A）在大多数豆科植物中，根瘤菌是通过根毛进入植物的。Nod 因子诱导根毛弯曲，把细菌包裹在细胞壁中。细胞壁重新定向合成，然后发生降解，使得细菌通过根毛细胞中的管道——侵染线，它含有细胞壁类似物质。侵染线伸长穿过根毛，进入皮层细胞。（B）在一些植物中，包括花生（*Arachis*），根瘤菌通过主根和侧根细胞壁之间的间隙，而非通过根毛，进入根中。

研究者正开始了解导致根毛弯曲事件的细节。将根瘤因子施加到合适豆科植物的根部会迅速激活根毛细胞内一条复杂的信号途径。起初 Ca^{2+} 迅速流入细胞，随后质膜发生去极化。10^{-9} mol/L 低浓度的根瘤因子就能够诱导膜的去极化。施加根瘤因子 10min 后，胞质 Ca^{2+} 浓度的波动（称为"钙离子激增"）即发生诱导（图 8-75）。钙离子激增很可能激活导致基因表达的变化的下游事件。

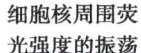
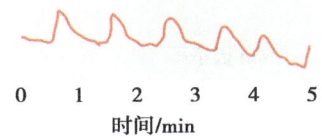
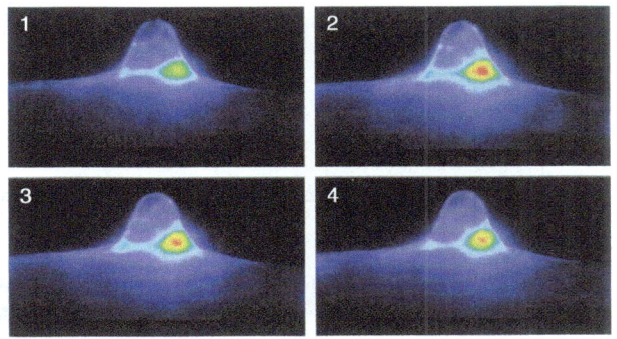

图 8-75　钙离子激增与对 Nod 因子的识别相关。 向根毛中注入一种能够应答 Ca^{2+} 并产生荧光的染料。当注入染料后，加入 Nod 因子，通过荧光的变化监测细胞内 Ca^{2+} 浓度的变化。当荧光振荡建立后，在一个振荡周期中，取四个时间点拍摄细胞（蓝色代表低浓度的 Ca^{2+}；红色表示最高浓度）。(1, 2) 振荡起始时，细胞核周围 Ca^{2+} 浓度迅速上升；(3, 4) 然后缓慢下降，到达基础水平（由 J. A. Downie 提供）。

通过筛选豆科植物突变体的方法，对这个事件上下游的信号通路有了一定的了解。这些豆科植物突变体要么在有合适根瘤菌存在的情况下仍不能够合成根瘤，要么具有超结瘤作用——形成比正常植物更多的根瘤。许多早期的研究是在豌豆（*Pisum sativum*）中进行的，但是最近两个物种发展成为更易操作的模式植物：百脉根根瘤菌（*Mesorhizobium loti*）作用下结瘤的百脉根（*Lotus japonicus*）和在苜蓿中华根瘤菌（*S. meliloti*）作用下结瘤的蒺藜苜蓿（*Medicago truncatula*），这两个物种的基因组和遗传学工具正在迅速发展。

通过对在百脉根根瘤菌存在时不能结瘤和对根瘤因子没有应答的百脉根突变体的研究，鉴定出了根瘤因子引起的起始信号事件中所需的蛋白质（图 8-76）。有几个这样的蛋白质是跨膜蛋白的激酶。其中一个蛋白质 Nfr 具有胞外 **LysM 结构域**。其他蛋白质中的 LysM 结构域参与结合肽聚糖，一种细菌细胞壁蛋白质多聚糖。其他蛋白激酶含有参与蛋白质识别作用的 LRR 结构域（如同许多植物防御蛋白中的一样；见 8.4 节）。这些 LysM 激酶可能参与植物细胞质膜处根瘤因子的识别，它们是钙离子激增所必需的。位于钙离子激增下游信号转导途径的蛋白质包括一些 Ca^{2+} 结合后活化的蛋白激酶和受这些激酶激活的转录因子。对于基因表达变化是如何受诱导又如何导致根毛弯曲和侵染线起始的确切机制还不了解。

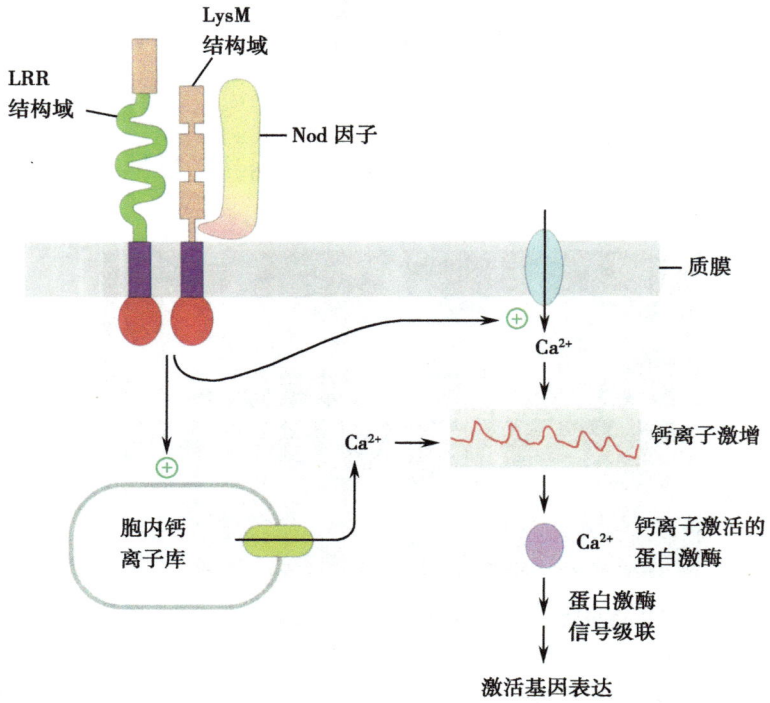

图 8-76　根瘤菌诱导的根毛细胞信号转导事件。两类跨膜受体激酶对于起始信号事件是必需的。一类激酶含有胞外 LysM 结构域，可能检测 Nod 因子。另外一类激酶含有 LRR 结构域，该结构域可能和 LysM 蛋白形成复合物，同时是这类激酶活性所必需的。这些受体的胞内激酶结构域（红色）激活信号转导事件，促进质体膜钙离子通道的钙离子流入以及胞内钙离子库中 Ca^{2+} 的释放。Ca^{2+} 浓度的规律性振荡激活蛋白激酶级联信号，从而激活能够导致根毛弯曲和侵染线形成的基因的表达。

当侵染线沿着根毛伸长并向下穿过几个皮层细胞时，细菌在侵染线内生长，在此过程中常常发生分叉。侵染线内的细菌在位置上仍处于植物细胞外面，直到侵染线到达固氮发生的根瘤细胞。在此处新的细胞壁物质不再沿着侵染线沉积，细菌释放进入植物细胞内（图 8-77）。

根瘤**分生组织**在侵染线形成的同时由根部的皮层或形成层细胞分裂形成。植物物种间在根瘤结构和分化方面存在相当大的多样性。苜蓿属植物通过无限分生组织（持续生长）生成根瘤，而麦冬和大豆通过有限分生组织（生长潜力有限）生成根瘤。在有限性根瘤中，细胞成熟同步化，所以一个成熟的根瘤内不再含有分生（未分化的）细胞。在无限性根瘤内情况相反，新的分裂细胞在延伸的顶端持续形成。

根瘤细胞中的细菌由一层来自植物质膜的膜结构包围形成类菌体或共生体。细菌能够和植物细胞形成如此紧密的复合体，其前提在于它们没有激活植物的防御机制。细菌细胞的胞外多糖成分在此发挥了重要作用。胞外多糖结构发生改变的根瘤菌突变体不能够感染宿主植物，很可能是因为它们激活了宿主的防御应答。

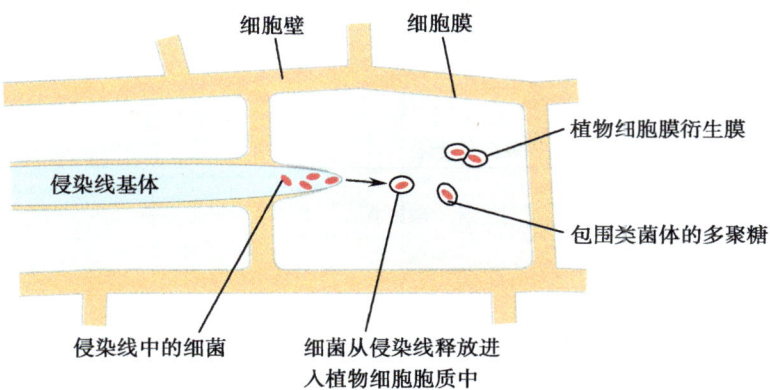

图 8-77 农杆菌释放进入根瘤细胞。处于侵染线内的细菌由植物衍生的细胞壁物质包被，生长穿过皮层细胞进入发育中的根瘤中。在这里，细菌从侵染线的末端得以释放进入细胞质，形成固氮类菌体。类菌体由植物细胞质膜衍生物和多聚糖物质包被。

类菌体利用宿主细胞的碳源为固氮作用提供能量，同时为宿主细胞合成氨基酸提供氨（图 8-78）。只有一些原核生物具有还原占地球大气的 80% 的氮气的能力，包括自由生活的土壤细菌、蓝细菌以及一些和植物共生的细菌。由于氮气（N_2）具有稳定的三个共价键，所以相对不活跃，不能为大部分生物所代谢。固氮细菌体内的关键酶——**固氮酶**，包含两种组分：固氮酶和固氮酶还原酶，两种酶独立存在时都不具有活性。固氮酶含有一个不寻常的金属-硫-钼辅因子，并且对氧气非常敏感（可被氧气所破坏）。它将一分子 N_2 还原为两分子的 NH_3，消耗 8 个质子并释放一分子的氢气（图 8-78）。在还原反应中，**铁氧化还原蛋白**在**固氮酶还原酶**催化下，将其电子传递给金属-硫-钼辅因子。固氮酶还原酶是一种金属硫蛋白，在催化的反应中需要水解两分子的 ATP 将一个电子从铁氧化还原蛋白传递到固氮酶。这使得固氮作用在能量消耗上较为昂贵，把 1mol N_2 还原生成 2mol NH_3 至少需要 16mol 的 ATP。

根瘤菌为固氮作用的高效进行提供了环境，因为类菌体周围保持着最适的 O_2 浓度。虽然固氮酶只能在厌氧环境中发挥作用，但是固氮作用需要细菌**呼吸作用**产生 ATP 为其提供能量，该过程需要 O_2 参与。这两种对氧气水平的要求显然是矛盾的，即"氧气悖论"：首先通过维持低氧水平以保护固氮酶（微氧环境），其次在根瘤菌分化成类菌体后，细菌呼吸电子传递链的改变使呼吸作用在低氧水平下可以正常进行。

三个关键因子保证了根瘤菌中的微氧环境，同时也使需氧的 ATP 合成可以正常进行（图 8-79）。首先，氧气进入根瘤是由在根瘤结构外围的一道控制氧气渗透的屏障所控制。它以何种机制限制氧气进入根瘤菌尚不了解。其次，植物可以合成一种称为豆血红蛋白的氧气结合蛋白，在根瘤细胞内它的浓度可达到毫摩尔水平。豆血红蛋白可以有效地缓冲因呼吸速率或渗透屏障调控波动而导致的氧气浓度变化。氧气在与豆血红蛋白结合形成的复合体中比作为游离的氧有更高的稳定性，因此即使在较低游离氧水平下氧气从细胞间孔隙进入类菌体仍可以快速进行。在根瘤细胞中豆血红蛋白结合的氧气的量是游离氧的 70 000 倍。

(A) $N_2 + 16\ ATP + 8\ e^- + 8H^+ \xrightarrow{\text{固氮酶}} 2NH_3 + H_2 + 16\ ADP + 16\ P$

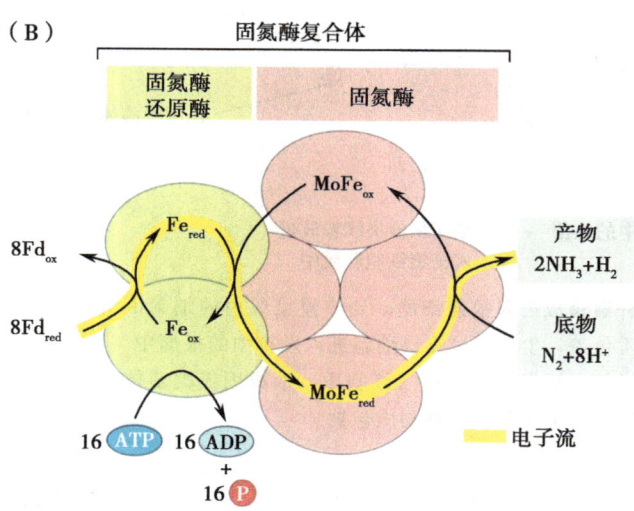

图 8-78　**固氮酶复合体**。（A）固氮酶是由酶和辅因子组成的复合体，它能够把氮气转化成氨，该过程消耗大量的 ATP 和还原剂（质子，H^+）。（B）固氮酶复合体由固氮酶和固氮酶还原酶组成，前者将氮气转化成氨，后者通过一个消耗 ATP 的反应，将电子从还原型铁氧还蛋白（Fd）转移到固氮酶。电子依次经铁-硫簇（这里简单表示为 Fe）和铁-硫-钼簇（表示为 MoFe）从固氮酶还原酶传到固氮酶。

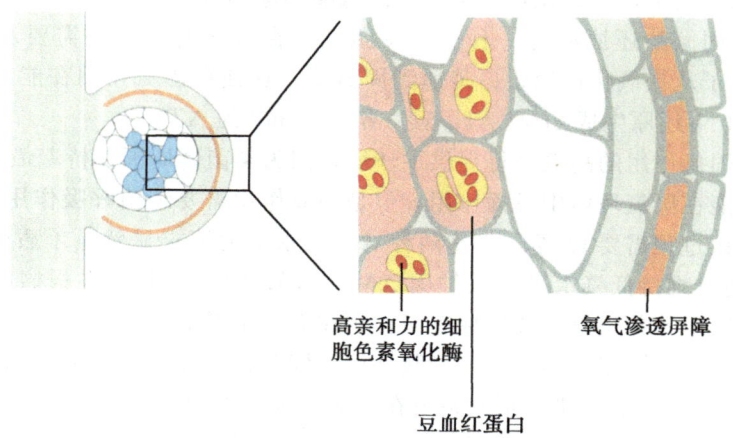

图 8-79　**根瘤中控制可利用氧气的因子**。游离氧可抑制固氮酶活性，但是它也是产生 ATP 所必需的（呼吸作用），而 ATP 又是固氮酶反应所必需的。这种矛盾通过三种方法解决：根瘤的外层含有一个限制氧气进入的屏障；根瘤中的氧气大部分与豆血红蛋白结合，所以游离氧浓度非常低；还有类菌体电子传递链的细胞色素氧化酶对氧有非常高的亲和力，即固氮酶可以在低氧浓度下高效工作。

第三个解决氧气需求矛盾的机制是来源于细菌。自由生活的根瘤菌具有一条和线粒体相似的呼吸电子传递链。当根瘤菌分化生成类菌体时，另外一条电子传递链表达。这增加了类菌体的呼吸速率，使类菌体的呼吸更强地消耗细胞内的氧气，从而保持细胞的低氧状态。另外类菌体的呼吸电子传递链含有一种**细胞色素氧化酶**，它比自由生活的细菌体内的这种酶具有更高的氧亲和力；换句话说，类菌体内的细胞色素氧化酶与自由生活的细菌中的这种酶相比能够在更低的氧浓度条件下达到最大催化效率。这两种酶的 K_m 值（K_m 值表示当氧化酶催化速率达到最大速率的一半时氧气的浓度）分别是 8nmol/L（自由生活的细菌中的）和 50nmol/L（类菌体中的）。类菌体细胞色素氧化酶只在根瘤中表达，并且是固氮作用发生所必需的。在类菌体形成过程中电子传递链的这些变化保证了即使在氧气水平足够低以防止对氧敏感固氮酶的破坏的情况下，呼吸作用也可以快速进行。

被固定的氮元素以 NH_3 的形式从固氮酶复合体和类菌体中释放到植物中。高浓度的氨是有毒害作用的，并且不能在植物体中运输，因此在根瘤中的植物细胞内 NH_3 同化为有机化合物。该过程发生在**谷氨酰胺合成酶-GOGAT 系统**中，4.8 节已阐述（图 8-80A）。通过这条途径合成的谷氨酸的去向随豆科植物种类的不同而不同。例如，在紫花苜蓿及豌豆中谷氨酸和天冬氨酸直接从根瘤中输出来为植物生长提供氮源。在大豆和豇豆中，谷氨酸转化为**酰脲**如尿囊素和尿囊酸，然后再从根瘤中输出。

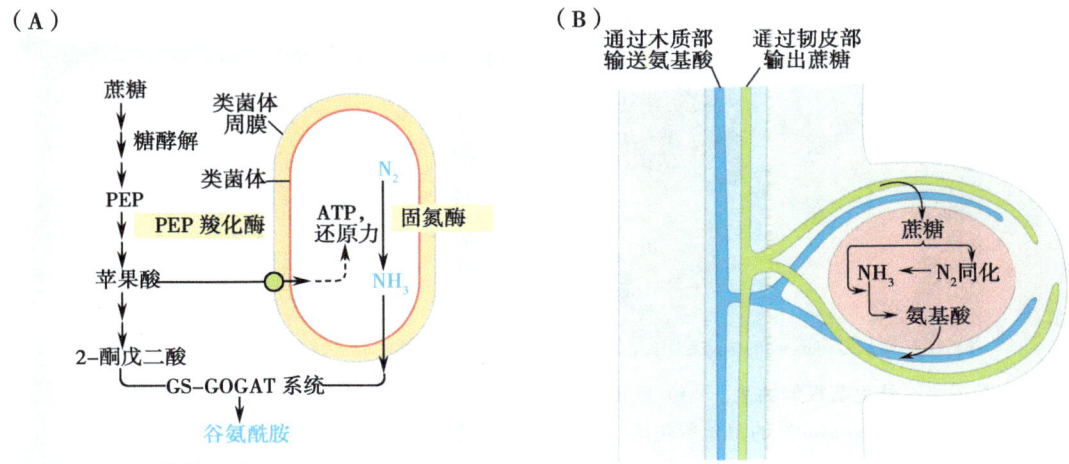

图 8-80 类菌体代谢和氨同化所需前体分子的供应。（A）在感染细胞中，蔗糖降解生成可作为类菌体代谢和氨同化前体的苹果酸。苹果酸通过植物衍生的定位于类菌体周膜中的苹果酸转运体进入类菌体。在类菌体中，苹果酸作为底物用于生成固氮酶催化反应所需的还原力和 ATP。苹果酸在植物细胞质中降解生成 2-酮戊二酸，它是谷氨酰胺合成酶（GS）-GOGAT 系统的底物，固氮酶反应生成的氨通过该系统合成谷氨酰胺。（B）叶片通过光合作用产生的蔗糖，经过韧皮部输送到根瘤中。固氮反应生成的氨经过同化合成氨基酸，通过木质部从根瘤输送到植物的其他部分（PEP＝磷酸烯醇式丙酮酸）。

在根瘤中，固氮作用和氨基酸的合成需要一个碳源以保证细菌的呼吸作用，从而为固氮反应提供 ATP 和还原性的铁氧化还原蛋白，以及为氨同化为氨基酸提供前体分子。这都是通过代谢从叶片转运到根瘤细胞的蔗糖来实现的（图 8-80B）。用于细菌的碳源是有机酸苹果酸和草酰乙酸，而用于植物细胞进行氨同化的主要碳的前体物是 2-酮戊二酸。

菌根真菌与植物的根形成紧密的共生关系

许多植物的根与真菌形成共生关系，称为**菌根**（从"真菌"和"根"的含义中演化而来）。植物可从这种关系中获益是因为真菌菌丝可以深入到比植物的根更多的土壤中，并从这些土壤中吸收更多养分提供给植物。真菌从这种关系中获益是因为其可以从植物光合作用中获取糖分。另外，植物在受到一种真菌侵入后可以防止其再受其他种类的真菌感染。两种主要的菌根共生关系的类型已有描述。真菌要么作为外鞘包裹在根周围（为**外生菌根**），要么在植物根内繁殖并在根细胞中形成吸器（为**内生菌根**）。

外生菌根（图 8-81）主要是在林木中形成的产毒的担子菌类，如毒蝇伞蕈（*Amanita muscaria*）。真菌菌丝在根的周围形成紧密的网状结构，厚度是菌丝直径的 1 或 2～30 倍不等，这取决于真菌种类。真菌菌丝进入根部但只在表皮细胞周围生长而不是刺入细胞壁。外生菌根常比未感染的根肿胀、更短并有更多分枝。

图 8-81　外生菌根的共生。（A）欧洲赤松（*Pinus sylvestris*）的根由外生菌根卷缘桩菇（*Paxillus involutus*）的菌丝所包围。（B）哈蟆菌的食用体，一种担子菌门的真菌，与树类包括桦木（*Betula* spp.）形成外生菌根共生关系（图 A 由 D. J. Read 提供）。

当植物的根受到球囊霉属（*Glomus*）的接合菌感染后会形成内生菌根的共生关系。化石证据和绣球菌目的 DNA 序列分化都表明这种共生关系已有 4.5 亿年之久，与植物登陆的时间相符（见 1.3 节）。内生菌根中的真菌都是专性活体营养型，即它们严格依靠宿主生存。同与根瘤菌形成共生关系的有限的几类植物不同，植物与真菌间的共生在植物王国中广泛存在，大多数植物物种（但不包括拟南芥和其他十字花科植物）都可以形成菌根。植物对菌根的反应和对根瘤菌共生体的反应有许多相似性。有些豌豆、*Lotus* 和苜蓿突变体不能与根瘤菌形成根瘤的也丧失了与菌根形成共生关系的能力。这表明植物与根瘤菌之间的共生关系是对更古老的、存在更广泛的植物与内生菌根真菌间共生关系的改进。

真菌与宿主植物间的关系就如植物与根瘤菌的关系一样起始于宿主与共生体间化学信号的交换。目前这些在菌根相互作用中起作用的化学信号分子鉴定出不多，但是宿主根部的分泌液（尤其是类黄酮）是已知的可以促进真菌孢子萌发的信号分子。与根瘤菌共生中植物产生水解酶来减弱自身细胞壁从而帮助细菌侵入不同，宿主植物并不帮助真菌侵入。真菌菌丝在位于根表面的根表皮细胞的细胞壁接触处形成附着器。菌丝在附着器处发育并进入根的表皮，然后穿过表皮在细胞间生长或在类似根瘤菌感染线的结构中跨越细胞生长。真菌在内皮层侵入细胞。一旦进入皮层细胞，菌丝会形成称为**丛枝吸胞**的高度分枝的吸器结构（图 8-82A）。这个结构在真菌和宿主细胞间形成大面积的接触面。由两层膜将吸器与植物细胞的胞质分开，即植物细胞质膜和来源于真菌质膜的周围真菌膜。周围真菌膜在物理上与植物质膜分离并具有完全不同的运输能力。人们认为植物与真菌接触面的结构特点是使营养物质的流动得到紧密调控，确保营养物质只流入真菌侵入点。

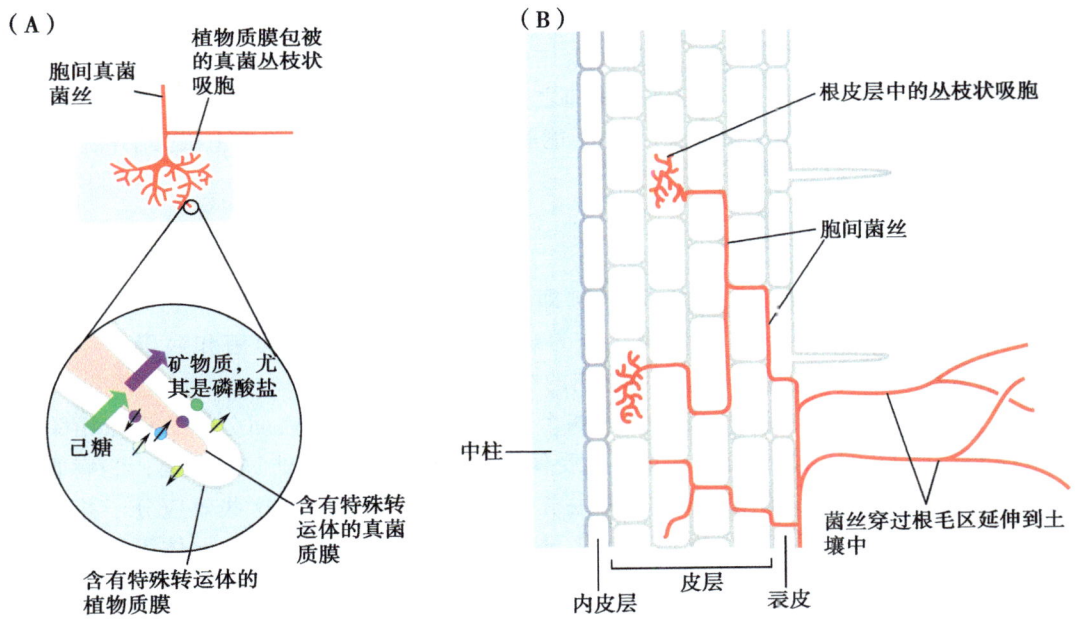

图 8-82　内生菌根的共生。（A）真菌菌丝刺入植物根部，并在根细胞的胞间繁殖扩增，然后侵入细胞形成丛枝状吸胞。丛枝状吸胞仍处于植物质膜外。包被丛枝状吸胞的植物和真菌质膜含有特殊的转运蛋白。丛枝状吸胞为植物和真菌细胞提供了较大的接触面积，双方以此实现营养物质的交换。最大的物质交换包括植物己糖向真菌的转移，从而为真菌生长提供碳源，同时真菌向植物进行的矿物质转移，尤其是磷酸盐。（B）真菌菌丝从感染根部表面伸出，进入根毛利用不到的土壤区域。真菌摄取的营养物质回转至根部，并通过丛枝状吸胞的膜进入植物细胞。

菌丝在感染后从根部长出来并在整个土壤中分支生长（图 8-82）。它们从周围大量的土壤中吸收养分并将养分运输到植物中，养分运输通过丛枝吸胞向植物细胞提供水和矿物质来实现。真菌通过透过周围真菌膜转运到丛枝吸胞的己糖形式从植物获得糖分。

在磷酸盐缺乏的土壤中生长的植物能够接触到更大范围的土壤是特别重要的。磷酸盐是植物根部可以获取的最少的大量营养元素，部分原因是由于较大比例的磷酸盐是通过土壤颗粒吸收的（见4.9节）。内生菌根的共生与未感染的根相比可以使根对磷酸盐的吸收增加2～6倍。只在感染细胞中表达的一种特殊类型的植物磷酸盐转运蛋白对将磷酸盐从真菌转移到宿主植物中是十分必要的。其他根部的磷酸盐转运蛋白表达在菌根共生中下调，也许是因为真菌可以为植物提供所需的大部分磷酸盐。

植物受到真菌侵染（菌根形成）的早期阶段与根瘤菌共生中根瘤的形成（结瘤）具有相同的特征。多种植物基因的表达在菌根共生和根瘤菌共生的相互作用中受到快速诱导。这些基因（早期结瘤基因）的功能还未确定。

结瘤与菌根形成的进一步的共同点是通过研究在根瘤菌存在下不能结瘤的豆科植物突变体而发现的。这些突变体中有许多也丧失了支持菌根形成的能力。例如，豌豆中有三个基因是在这两种相互关系的早期阶段中所必需的（$Sym\,8$、$Sym\,9$ 和 $Sym\,10$）。带有这些基因突变的突变体不能与根瘤菌形成侵染线，并且尽管内生菌根的真菌仍可以形成附着器，但它们不能形成细胞间菌丝，表明这些基因只在真菌侵入的早期阶段是必需的。

在菌根共生关系发展过程中真菌共生体中所发生的分子水平上的变化与在植物中和根瘤菌相互作用中所发生的变化相比知之甚少。遗传分析在球囊霉属（$Glomus$）真菌中受到操作上的实际困难的限制：它不能脱离宿主培养并且在遗传上极其不纯。

小结

植物是所有非光合作用生物的有机碳即食物的来源。植物与其他生物间的相互作用往往对植物是有害的。这些生物可分为病原（细菌、真菌、卵菌和病毒）和害虫（食草动物）。许多植物病原和害虫与它们的宿主植物共同进化。

病原与宿主植物的共进化可描述为四个阶段：①病原带有表面分子（病原相关的分子模式，或PAMP），其可被宿主植物受体识别并激发植物基础防御机制；②病原产生效应分子来抑制这些基础防御；③宿主植物的遗传变异体识别这些效应分子并以进一步的防御机制（R基因介导的防御）来进行反应；④病原的遗传变异体不再产生可被宿主识别的效应分子，不再激发防御机制并可成功攻击和取食植物。

许多病原是活体营养型或死体营养型。病原通过三种主要途径进入植物：通过接触面直接侵入、通过天然开口侵入或通过伤口处侵入。病原感染会引起许多病症。效应分子可增强病原从宿主植物中获取养分的能力，从而增强繁殖能力。许多效应分子是酶、生长调节物质（植物激素）或毒素。

病原的效应分子可以在带有相应R基因的宿主植物中激发强烈的防御反应。带有特定R基因的特定植物物种可以识别由病原产生的一种特定的效应分子。这是植物与病原之间基因对基因模型的基础。

寄生线虫取食植物根部并产生改变植物生长和代谢的效应分子。昆虫通过直接取食和作为微生物病原载体两种方式造成作物的大量损失。有些寄生植物也可作为植物病原。通过多种载体传播的病毒是植物疾病的主要原因。植物病毒根据其结构和复制机制可分为几种类型。许多病毒也编码产生可以在宿主植物中抑制基因沉默的蛋白质，从而使植物防御机制失效并妨碍植物发育。RNA 沉默在植物抗病毒中是重要的。

　　基础防御机制包括额外的细胞壁材料的沉积、对病原产生的有毒物质的去毒以及产生抗微生物化合物或其他毒性分子。在 R 基因介导的防御反应中，对病原效应分子的识别可激发类似于这些基础防御反应的防御反应。然而，R 基因介导的防御反应一般比基础防御更加强烈，并且可以导致受攻击细胞的死亡来限制病原入侵。

　　植物与其他生物体间的合作包括花与传粉者之间的相互作用。特化的花和花的引诱剂的进化与传粉动物的进化是平行发生的。植物与固氮细菌间的共生相互作用包括豆科植物与根瘤菌间的相互作用。细菌从宿主植物中获取有机碳，而植物通过共生获得氨来进行氨基酸及其衍生物的合成。许多植物根部可以形成与真菌共生的菌根。因为真菌菌丝可以深入到比植物的根更多的土壤中，所以植物可获得更多营养，而真菌可通过利用植物产生的糖分而受益。

延伸阅读

整章

Agrios GN (2005) Plant Pathology, 5th ed. Amsterdam: Elsevier Academic Press.

Chisholm ST, Coaker G, Day B & Staskawicz BJ (2006) Hostmicrobe interactions: shaping the evolution of the plant immune response. *Cell* 124, 803-814.

Dangl JL & Jones JDG (2001) Plant pathogens and integrated defence responses to infection. *Nature* 411, 826-833.

Jones JDG & Dangl JL (2006) The plant immune system. *Nature* 444, 323-329.

Strange RN & Scott PR (2005) Plant disease: a threat to global food security. *Annu. Rev. Phytopathol.* 43, 83-116.

8.1 微生物病原

Bent AF & Mackey D (2007) Elicitors, effectors, and R genes: the new paradigm and a lifetime supply of questions. *Annu. Rev. Phytopathol.* 45, 399-436.

Desveaux D, Singer AU & Dangl JL (2006) Type Ⅲ effector proteins: doppelgangers of bacterial virulence. *Curr. Opin. Plant Biol.* 9, 376-382.

Ellis J, Catanzariti AM & Dodds P (2006) The problem of how fungal and oomycete avirulence proteins enter plant cells. *Trends Plant Sci.* 11, 61-63.

Ellis JG, Dodds PN & Lawrence GJ (2007) The role of secreted proteins in diseases of plants caused by rust, powdery mildew and smut fungi. *Curr. Opin. Microbiol.* 10, 326-331.

Grant SR, Fisher EJ, Chang JH et al. (2006) Subterfuge and manipulation: type Ⅲ effector proteins of phytopathogenic bacteria. *Annu. Rev. Microbiol.* 60, 425-449.

Kamoun S (2007) Groovy times: filamentous pathogen effectors revealed. *Curr. Opin. Plant Biol.* 10, 358-365.

Koh S & Somerville S (2006) Show and tell: cell biology of pathogen invasion. *Curr. Opin. Plant Biol.* 9, 406-413.

Morgan W & Kamoun S (2007) RXLR effectors of plant pathogenic oomycetes. *Curr. Opin. Microbiol.* 10, 332-338.

Toth IK & Birch PRJ (2005) Rotting softly and stealthily. *Curr. Opin. Plant Biol.* 8, 424-429.

van Kan JAL (2006) Licensed to kill: the lifestyle of a necrotrophic plant pathogen. *Trends Plant Sci.* 11, 247-253.

8.2 害虫和寄生虫

Kaloshian I & Walling LL (2005) Hemipterans as plant pathogens. *Annu. Rev. Phytopathol.* 43, 491-521.

Niblack TL, Lambert KN & Tylka GL (2006) A model plant pathogen from the kingdom Animalia: *Heterodera glycines*, the soybean cyst nematode. *Annu. Rev. Phytopathol.* 44, 283-303.

8.3 病毒和类病毒

Baulcombe D (2004) RNA silencing in plants. *Nature* 431, 356-363.

Baulcombe D (2005) RNA silencing. *Trends Biochem. Sci.* 30, 290-293.

Brodersen P & Voinnet O (2006) The diversity of RNA silencing pathways in plants. *Trends Genet.* 22, 268-280.

8.4 防御

Bittel P & Robatzek S (2007) Microbe-associated molecular patterns (MAMPs) probe plant immunity. *Curr. Opin. Plant Biol.* 10, 335-341.

Durrant WE & Dong X (2004) Systemic acquired resistance. *Annu. Rev. Phytopathol.* 42, 185-209.

Engelberth J, Alborn HT, Schmelz EA & Tumlinson JH (2004) Airborne signals prime plants against insect herbivore attack. *Proc. Natl. Acad. Sci. USA* 101, 1781-1785.

Schilmiller AL & Howe GA (2005) Systemic signaling in the wound response. *Curr. Opin. Plant Biol.* 8, 369-377.

Takken FLW, Albrecht M & Tameling WIL (2006) Resistance proteins: molecular switches of plant defence. *Curr. Opin. Plant Biol.* 9, 383-390.

8.5 合作

Brachmann A & Parniske M (2006) The most widespread symbiosis on earth. *PLoS Biol.* 4, 1111-1112.

Chittka L & Raine NE (2006) Recognition of flowers by pollinators. *Curr. Opin. Plant Biol.* 9, 428-435.

Oldroyd GED & Downie JA (2004) Calcium, kinases and nodulation signalling in legumes. *Nat. Rev. Mol. Cell Biol.* 5, 566-576.

Pamiske M (2004) Molecular genetics of the arbuscular mycorrhizal symbiosis. *Curr. Opin. Plant Biol.* 7, 414-421.

Paszkowski U (2006) Mutualism and parasitism: the yin and yang of plant symbioses. *Curr. Opin. Plant Biol.* 9, 364-370.

9 驯化和农业

> 阅读本章后，您应该能够做到：
> - 以玉米、栽培小麦和番茄为例，描述植物驯化的起源及历史，即从野生种到驯化种，再到用现代科学方法培育出良种的过程。
> - 给出"杂种优势"的定义，并总结其在植物驯化及作物育种中的重要性。
> - 总结如何通过育种、作物管理和生物技术的手段培育作物的抗病性，并举出实例。
> - 列举部分绿色革命的成果，列举转基因植物在现代农业和园艺中的应用。
> - 描述农杆菌二元载体系统和基因枪技术在创制转基因植株中的应用。
> - 概述培育抗除草剂及抗虫作物的方法。
> - 总结现代农业技术所引发的问题及挑战。

人类与植物的相互影响无处不在，而这些影响随着人类的历史进程发生了巨大的变化。我们在日常生活中每天都会遇到的许多植物是人类有意种植的，如农田里、花园中、城市公园及街道，种植的种类大多是人类根据口感、园艺用途、更高的农业生产力（产量）或是宜人的外观等品质选择出来的。本章中，我们从古至今回顾了一些人类与植物的关系之间发生的主要变化。我们尤其关注农业及园艺相关的发展：植物最初的驯化，随后适应当地环境品种的出现，直至20世纪出现的新型育种方法以及生物技术方法在作物改良中的近期发展。

我们认为一些主要作物驯化的遗传基础仅仅依赖于少数关键基因表达的变化，例如，野生玉米和栽培玉米的区别。我们也概述了如何通过将栽培品种与野生种进行杂交而产生现代面包小麦的历程，并且列举了其他事例来说明人类选择如何在无意识的情况下改造我们所熟悉的一些作物。然后介绍了一些更科学的改良作物的方法，以及涉及现代植物育种及农业的一些基本概念和近期人们对植物生物学的进一步理解而对农业所做出的贡献。

9.1 驯化

选择具备人类需要特性的作物（**驯化**）约始于11 000年前。一个重要的农作物驯化地点就是新月沃土（图9-1）。新月沃土也是我们熟知的人类各种文明早期的发源地，包括贸易、写作、社会等级制度等。事实上，可能正是农业的发展促进了文明的发展：以作物栽培和畜牧管理的方式来达到更高效的食品产出，一些人群可以专职于其他工作而非寻找食物。因此，人们对新月沃土出现的农业进行了大量的深入研究——不仅植物学家进行研究，历史学家和考古学家也进行了研究。

图 9-1　**新月沃土**。这一地区位于东地中海，覆盖现代黎巴嫩、叙利亚、土耳其、伊拉克、伊朗、约旦和以色列的部分地区。

人类选择参与的作物驯化

新月沃土首先出现的作物源自野生植物物种，是通过人类选择获得的。这些作物中有几个的野生祖先是已知的，植物遗传学家已鉴定了其中一些原始种和栽培种的遗传差异。有 8 个"起始作物"在新月沃土被驯化：谷类的二粒小麦、栽培单粒小麦、大麦、扁豆、豌豆、鹰嘴豆、苦豌豆，以及纤维作物亚麻（图 9-2）。

图 9-2　一些作物最初在新月沃土被驯化。（大麦图片由 Boye Koch 提供；亚麻图片由 Lytton J. Musselman 提供）。

除了新月沃土，作物驯化也独立地出现在中国、中美洲（墨西哥中部及南部及其中美洲邻近区域）、安第斯山脉和亚马逊河流域以及北美洲东部（表9-1）。考古学证据表明在史前时代作物栽培从最初的起源中心传播到很多其他区域（图9-3），作物、家畜和知识从一个起源中心传递到另一个。史前主要的传播路线是从新月沃土到欧洲、埃及、北非、埃塞俄比亚和中亚地区；从中国到热带东南亚、菲律宾群岛、印度尼西亚、朝鲜和日本；从中美洲到北美和南美洲。

表9-1 作物驯化的一些起源中心

起源地	作物	开始驯化的时间（公元前）
西南亚（新月沃土）	小麦，豌豆	8500
中国	水稻，黍	7500
中美洲	玉米，豆类，南瓜，番茄	4000
安第斯山脉及亚马孙河地区	土豆，木薯	3500
美洲东北部	向日葵，藜	2500

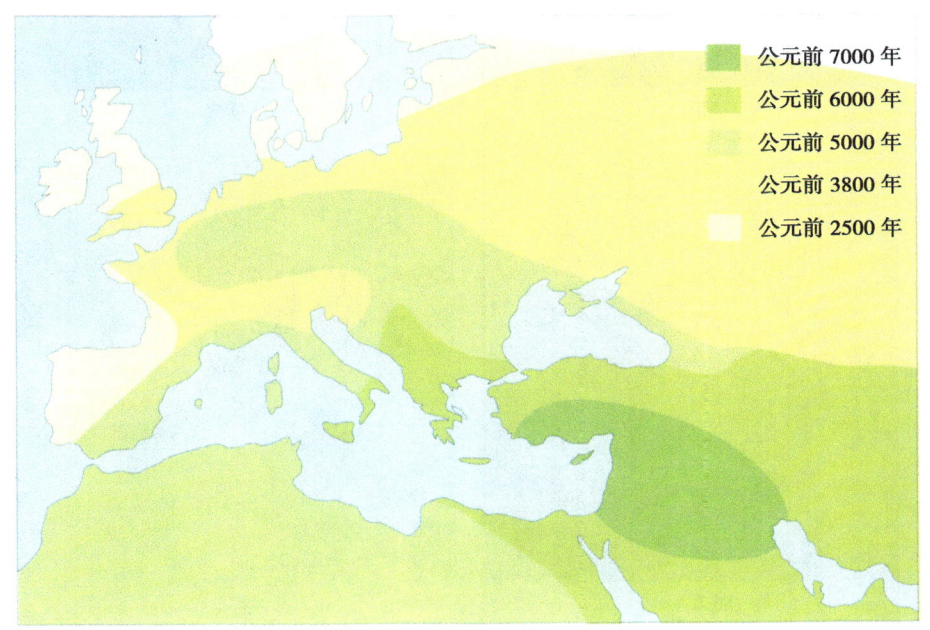

图9-3 作物栽培术从新月沃土逐步推广到欧洲和西亚。

许多驯化的植物来源于一些常见于前农业时期人类聚居地的野生种；这些物种有很强的"开拓"特性，尤其是能在裸土中生长。驯化导致了这些植物发生了一些重要的变化，使之不能够在野外生存、繁衍。例如，早期的农民无意识地选择了种子能够保留在植株上（而不是随意散落）的突变体。因为种子散落习性对于其在自然条件下生长和散布是有利的，而这些驯化种则不利于在野外生存。

不同植物种因为不同的特性而被驯化。因此，人们驯化谷类（如大麦、小麦、水稻和玉米）和豆类（如豌豆和菜豆）是为了得到其种子，而其他植物是为了叶片（如生菜和菠菜）、块茎（如土豆）或是果实（如番茄、苹果）。驯化通常会使作物的目的器官大大增加，并使形状大为改变。正如我们将会在番茄的事例中看到的，驯化会导致果实与其野生祖先产生十分显著的差异。图 9-4 展示的是一些其他驯化果实的例子。

图 9-4　一些驯化水果。苹果、草莓、甜瓜、杏（由 Blake Winton 和 Gemma Cole 提供）。

作物驯化的历史阐明了选择是如何改变生物形态的。达尔文《物种起源》的第 1 章并非专注于自然状态下生物的演化，而是驯化过程中形态发生的快速变化。达尔文认为人类的选择（"人工选择"），即驯化过程的一部分，在某些方面类似于自然选择对自然群体进行选择的效果。在这一节中，我们将描述作物驯化在分子水平的一些变化，并从这些变化的结果来理解自然选择。

五个不同位点等位基因的变化足以说明玉米及其野生祖先玉蜀黍之间的差异

考古学证据表明玉米的驯化始于大约 6000 年前的墨西哥中部。其野生祖先是一种大型禾草玉蜀黍（现仍然存在于墨西哥和尼加拉瓜）。玉蜀黍的外表与栽培玉米差异很大，以至于科学家们最近才意识到这两种植物有密切的亲缘关系。玉米和玉蜀黍的主要差别之一在于籽粒及其附着的结构。玉米籽粒（谷粒）牢固地附着在一个相对粗壮的、被称为"玉米棒子"的结构上，而玉蜀黍籽粒附着在一个易碎的秆状穗轴上（图 9-5）。穗轴的断裂会促使玉蜀黍籽粒的散落。另外一个重要的差别是休眠：玉蜀黍籽粒会有不同程度的休眠（为保证所有的种子在不同时期萌发），而玉米籽粒很少或不休眠。这些形态学和休眠上的差异反映了玉米及玉蜀黍承受的不同选择压。人类倾向于选择在收获之前不易掉落和有更快萌发特性的玉米。相反地，自然选择倾向于种子更好地散布和不同步的萌发特性。

图 9-5 玉蜀黍-玉米的杂交。 这里展示的是玉蜀黍（左）、玉米（右）以及它们的 F_1 代杂种（中间）的穗。在玉米植株上，雌花序（穗）在两或三个短的侧枝顶端形成，是一个 8～24 排、每排大约 50 个谷粒组成的玉米棒。玉蜀黍具有更多的侧枝，每个穗的顶端由两排 5 或 6 个被坚硬果盒包被的单个谷粒组成。玉米穗被多层"外壳"，即变态的叶片包被着（图中未显示），这些叶片是由侧枝产生的，而玉蜀黍的穗被很少的几层外壳松散地包被着。玉米谷粒附着在坚硬的玉米棒或穗轴上。相反的，玉蜀黍穗的穗轴非常脆弱，尤其是在成熟时（由 John Doebley 提供）。

虽然在形态学水平上差异很大，但玉米和玉蜀黍在遗传水平上的差异微乎其微。两种植物均有 20 条**染色体**，具有相似的形态及基因顺序。玉米和玉蜀黍之间的杂交可

产生完全可育的 F_1 代杂种（图 9-5）。事实上，QTL（**数量性状基因座**）分析（见 2.5 节）表明玉米与玉蜀黍之间的大多数遗传差异可以仅归因于 5 个很小的染色体区域，每个区域影响几个不同性状的不同部分。其中至少有 2 个区域对多个性状的影响，可以归因于单个基因。可能在其他的区域同样也有一个发挥主要效用的基因。

如上所述，达尔文将驯化产生的变化当作其关于生物演化过程中自然选择发挥重要作用的主要论据。我们接下来会阐述一些分子水平的变化在玉米演化过程中所起到的重要作用，即从其形态上完全不同的祖先——玉蜀黍驯化而来的过程。这些分子水平的变化改变了一个编码调控蛋白的基因的表达模式。这项发现表明基因表达模式的改变是改变表型的一个重要途径，从而使选择可以在演化过程中发挥作用。

玉蜀黍分枝基因表达的改变在玉米驯化过程中起着重要作用

也许玉蜀黍和玉米之间最明显的差异是玉蜀黍植株高度分枝，而玉米却并非如此（图 9-6）。玉米分枝的减少是由**顶端优势**的增加导致的（见 5.4 节），主茎的顶端抑制了**侧生分生组织**产生侧枝。分枝的减少对早期的农民是有利的，因为这就使一个或几个侧枝（穗）上产生相对多的种子，而不是许多不同的侧枝上产生少量的种子。这样的结构也使得谷粒的收获更加容易。

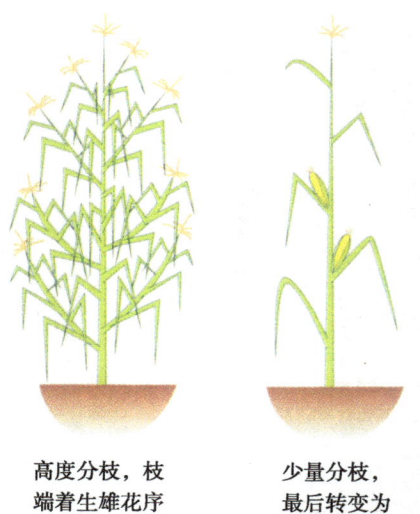

高度分枝，枝端着生雄花序（雄花）
↓ *tb1*

少量分枝，最后转变为雌花序
↑ *tb1*

图 9-6 玉蜀黍和玉米分枝结构。 玉蜀黍（左）具有许多侧生的长枝，顶端着生雄花序（雄花穗）。玉米（右）只有较少、短的侧生分枝，顶端着生雌花序的（雌花穗）。这些差别是由 *tb* 基因表达的差异（这里指 *tb 1*）造成的——玉蜀黍中相对较低，玉米中相对较高。

上述的 QTL 分析找到了玉米和玉蜀黍在 1 号染色体上的单个染色体片段的差异，这个差异导致了二者分枝结构的差别。此外，先前的遗传分析鉴定到一个单基因突变，即 *tb* 基因（玉蜀黍分枝；亦见 5.4 节），可在玉米中产生类似玉蜀黍的分枝结构。*tb* 基因也被定位在 1 号染色体上相同的片段匹配（与 QTL 分析一致），因此是玉米和玉蜀黍分枝结构差异的主要决定因子。

那么，玉米与玉蜀黍的 *tb* 基因的差别又是什么呢？二者 *tb* 基因编码的蛋白质与金鱼草（*Antirrhinum majus*）CYCLOIDEA 蛋白（*CYCLOIDEA* 基因的产物；见 5.5

节)共享两个短区域的相似序列,CYCLOIDEA 是一个转录水平的调控因子,它是一个器官生长的抑制子,因此 tb 基因的产物也有可能是生长抑制子。

　　玉米与玉蜀黍 tb 基因使植株产生如此不同的结构可能有两个原因。首先,TB 蛋白(tb 基因产物)可能在抑制生长的方式上有所不同。但是,这个解释是不太可靠的,因为事实上玉米和玉蜀黍的 TB 蛋白在氨基酸序列上是一样的。其次,玉米和玉蜀黍的 tb 基因可能产生不同水平的 TB 蛋白,因此对两种植物的生长产生不同水平的抑制。实验证据支持第二种解释。玉米 tb 基因的信使 RNA 转录物含量比玉蜀黍高,由此推测玉米能产生比玉蜀黍更多的 TB 蛋白。有趣的是,在玉蜀黍中,环境条件的改变会导致 tb 基因转录物水平的改变。因此,有可能在驯化过程中,人类选择了一个 tb 基因的突变体,其 tb 基因在初生叶腋分生组织的表达水平比玉蜀黍的正常等位基因高。这种选择背后的生物学机制就是通过调节植物结构来应答环境信号;其结果是形成了玉米棒而不是像玉蜀黍一样的末端抽穗的长分枝。对考古发掘地点发现的玉米 DNA 进行分析表明,对驯化玉米的 tb 等位基因的选择发生在玉米栽培开始后不久。

玉蜀黍的颖片结构基因调控颖片的大小和硬度

　　玉米和玉蜀黍之间另一个主要差别在于颖片的发育,颖片是包被发育中谷粒的花器官(图 9-7)。玉蜀黍的谷粒包被在非常坚硬且表面光亮的果"盒"中。这种结构具有选择优势,因为它能够保护谷粒并且减小其被动物取食的概率。玉蜀黍的果"盒"是一个称为壳斗的深杯子形状的结构,是由向上环绕生长并不断变硬的颖片构成的,从而将谷粒完全包裹起来。玉米的壳斗更平一些并且不包裹籽粒,颖片更柔软、薄、短。因此玉米的籽粒没有果"盒"包被,更易收割以及被人类食用。

图 9-7 玉蜀黍的谷粒。玉蜀黍未成熟的穗(上)的谷粒完全被绿色的颖包被。切开的未成熟的穗(中)展示了果盒中的谷粒。敲开的成熟果盒(下),露出其中的谷粒(由 John Doebley 提供)。

正如 *tb* 基因一样，上述不同的性状在很大程度上是被 4 号染色体上一个单基因位点所控制——玉蜀黍颖片结构基因（*tga1*）。同 *tb* 基因一样，*tga1* 基因可能编码一个调控蛋白，因为它影响壳斗和颖片结构的几个不同方面。首先，*tga1* 基因通过调节颖片表皮细胞的硅沉积而影响了颖片的光亮度和坚硬度。玉米中的 *tga1* 基因使得硅只沉积在玉米颖片的部分表皮，而玉蜀黍中的等位基因使得硅沉积在其颖片的所有表皮细胞中。其次，*tga1* 基因控制颖片叶肉细胞的木质化。玉蜀黍的颖片比玉米的更坚硬是因为玉蜀黍的等位基因促进了木质化。最后，颖片和壳斗的生长速率受 *tga1* 基因控制，它们在玉蜀黍上长得比玉米快。玉米的颖片和壳斗生长太慢以至于不能完全包裹籽粒，这样使得玉米的种子更易收获。

到目前为止，我们讨论了玉米和玉蜀黍之间的差异（对驯化和栽培玉米的发展作出重大贡献的差异）是如何由几个单基因的遗传变异引起的，这几个基因编码调控植物形态和发育多个方面的蛋白质。这可能揭示了一个普遍规律，演化上的差异可能更多是因为一些影响植物多种表型的基因（即广义的基因多效性）活性的改变，而不是多个遗传位点的改变。

栽培小麦是多倍体

与玉米不同，栽培小麦可能不是由单一祖先演化而来的。正如我们将要看到的，现代面包小麦（*Triticum aestivum*）是**多倍体**（六倍体），是由不同的二倍体与四倍体的杂交后代演化而来的。多倍体化（见 2.4 节与 3.1 节讨论部分）趋向于使植物细胞和器官的增大，所以可能早期农民最初选择多倍体小麦是由于其谷粒大于二倍体小麦。

小麦最初的驯化发生在新月沃土。该地区在小麦被驯化的时期大量种植有栽培小麦的野生祖先——单粒小麦（*Triticum monococcum*）（图 9-2）和二粒小麦（*Triticum turgidum*）（图 9-2，图 9-8）。这两个物种在分别被当做谷类作物进行驯化，人们认为二粒小麦与另一种野生禾草的杂交产生了六倍体，进一步被驯化为小麦。

单粒小麦是包括现代小麦的小麦属中的二倍体成员。单粒小麦的基因组，被称为"A 基因组"，包括 7 对染色体，即 1A～7A。单粒小麦的野生与驯化品种的主要差别在于种子散落的机制。野生的单粒小麦具有易裂的谷穗（谷粒附着的茎）。当最终谷穗干燥，种子成熟时，谷穗趋向于裂开，从而使谷粒更易散落。最初的农民可能更偏爱不裂的谷穗，因此可能在他们自己都不知道的情况下进行了选择。因而，栽培单粒小麦的种子能够保留在麦穗上直到收割。

虽然驯化作物是由野生种衍生而来，驯化通常也包括栽培植物与野生亲缘植物的进一步杂交。例如，与单粒小麦不同，二粒小麦是四倍体。二粒小麦的基因组是 A 基因组的物种（*Triticum urartu*）和一个 B 基因组的物种（图 9-8）杂交的产物。人们还不知道这个 B 基因组的提供者是什么物种，但有可能是山羊草属（*Aegilops*）中的二倍体成员。因此二粒小麦基因组包含 7 条 A 基因组染色体和 7 条 B 基因组染色体。一对 A 基因组染色体被称为一对同源染色体（如两条 1A 染色体是**同源染色体**）；A 和 B 基因组被称为**部分同源染色体**（如染色体 1A 和 1B 是部分同源染色体）。

与单粒小麦相同，二粒小麦的野生型具有易断裂的谷穗，而栽培类型并非如此。一些二粒小麦的变种（*T. turgidum* var. *durum*）现在被广泛种植。这种硬粒小麦具有大而硬的谷粒，这些谷粒面筋含量相对较低，尤其适宜用作意大利面的面粉。

栽培面包小麦（*T. aestivum*）是六倍体，被认为是由二粒小麦（AABB）与节节麦（山羊草属）杂交而来。节节麦提供了D基因组，从而产生了面包小麦的AABBDD基因组（图9-8）。面包小麦谷粒的胚乳中含有较多的面筋蛋白（麦谷蛋白）（见4.8节）。面筋蛋白能够使生面团黏性增加，所以在酵母发酵过程中产生的二氧化碳能够保留在面团里，使之不断膨大。

六倍体小麦（AABBDD）的基因组在**减数分裂**时遵循二倍体的方式。这就是说，染色体配对仅发生在同源染色体之间（如1A和1A之间，而不是1A和1B）。这就使一套完整的小麦单倍体基因组（ABD）能稳定遗传。减数分裂时准确的配对是由于基因 *Ph*（位于5B染色体上）阻止了部分同源染色体的配对（如1A和1B）。在 *Ph* 功能缺失的小麦突变体中，正常的配对以及由此产生的ABD基因组的稳定遗传都丢失了。

花椰菜是由分生组织决定基因的突变产生的

芸薹属植物的驯化产生了大批外观差异极大的蔬菜类型（图9-9）。例如，甘蓝（*Brassica oleracea*）大量的叶片交叠在一起包裹住顶芽，从而产生"头"状结构。抱子甘蓝是腋芽增大的甘蓝，而芜菁甘蓝可食用的膨大结构是由最下部的茎、下胚轴和一部分根组成的。甘蓝的花器官也被人类选择所改变，从而产生了两种人们熟知的蔬菜：西兰花和花椰菜。在大多数情况下，我们不知道野生甘蓝（或油菜）与

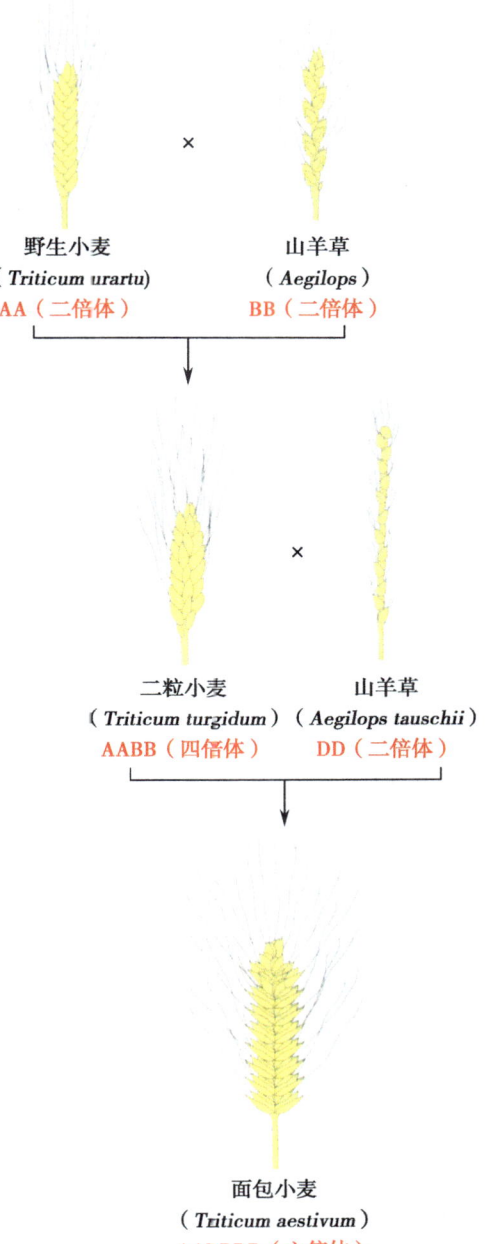

图 9-8　六倍体面包小麦的来源。二倍体与四倍体植物种通过连续几轮的杂交产生了六倍体面包小麦。野生小麦（*Triticum urartu*）AA（二倍体）× 山羊草（*Aegilops*）BB（二倍体）。二粒小麦（*Triticum turgidum*）AABB（四倍体）× 山羊草（*Aegilops tauschii*）DD（二倍体）。面包小麦（*Triticum aestivum*）AABBDD（六倍体）。

其栽培类型之间遗传差异的本质。然而，我们确实知道一些促进花椰菜发育的分子水平的改变。

图 9-9 一些驯化的十字花科蔬菜。

花椰菜头，或头状花序，是由大量未经历正常花发育的花芽组成的。这些花芽停滞在**花序分生组织**形成后期。花的形成可以划分为一系列不同的发育阶段（见5.5节）：**成花诱导**（花原基的形成）和花器官的起始。在花椰菜中，顶端分生组织以正常的方式转变为花序分生组织（成花诱导）。在这之后，花序分生组织的侧生衍生物没有分化为**花分生组织**，而是又发育成花序分生组织。这是一个自我循环过程，从而增殖产生大量花序分生组织，即花椰菜的头状花序（图9-10）。

对产生花椰菜表型的分子基础的理解源于对拟南芥花发育突变体的研究。最初人们通过花瓣（第二轮花发育产生的器官）缺失而发现一类 *ap1* 功能缺失突变体（见5.5节；*AP1* 或 *APETALA 1* 基因编码 MADS box 家族的一个**转录因子**，它是花原基和花器官特性的决定基因），这些突变体趋向于在原来产生花的位置形成花序。因此，产生具有一些额外花朵的花序,而不是原本应有的单个花朵。拟南芥还有另一个基因——CAL 1(CAULIFLOWER 1),编码一个与 AP 1 编码的蛋白质氨基酸序列非常相似的蛋白质。同时携带 ap 1 和 cal 1 功能缺失的突变体产生了极端的表型。花序分生组织侧面产生的新的分生组织本身就是花序分生组织,而不是花分生组织(图 9-10)。因此综合遗传和分子水平的分析,AP1 和 CAL1 蛋白的功能在很大程度上有冗余,但不完全相同,它们促进花序向花的转变。

图 9-10 花椰菜与拟南芥 ap 1:cal 1 双突变体的比较。(A) 花椰菜。(B) 拟南芥的 ap 1 突变体;注意花瓣的缺失。(C) 拟南芥 ap 1:cal 1 双突变体;注意花序分生组织的增加及其与花椰菜 (A) 的相似性。

拟南芥 ap 1:cal 1 突变体花的表型与花椰菜的很像(图 9-10),表明花椰菜表型的遗传基础可能与拟南芥 ap 1:cal 1 突变体类似。拟南芥 AP 1 的直系同源基因在甘蓝(具有正常的花)中被鉴定出来,并将其序列与在花椰菜(B. oleracea var. botrytis)中找到的基因进行比对。甘蓝 AP 1 基因编码一个类似于拟南芥 AP1 的全长蛋白,而花椰菜等位基因编码一个截短的、可能没有功能的 AP1 蛋白,因为一个翻译的终止密码子打断了它的可读框。因此花椰菜的头状花序结构是由于 AP1 功能缺失造成的,从而降低了其由花序向花分生组织转变的能力。

果实增大出现在番茄的早期驯化中

野生水果在农业发展之前曾是人类食物的一个重要组成部分,在史前有许多水果作物被驯化。水果在大小、形状和结构上差异很大。对人类来说,驯化了的水果比其野生祖先更大、更美味。我们将番茄作为例子,并讲述其驯化过程中的关键一步。

栽培番茄(Solanum lycopersicum)是世界上最重要的园艺作物之一。番茄最初的驯化可能发生在秘鲁沿海,起始于一种茄属中与茴芹叶番茄(Sclanum pimpinellifolium)的近缘种,可能是早期玉米作物中的一种杂草。这种"古老的"番茄可能与茴芹叶番茄一样具有很小的果实(图 9-11)。事实上,果实的增大(人类选择的结果)可能是番茄的驯化过程中最早发生的变化之一。

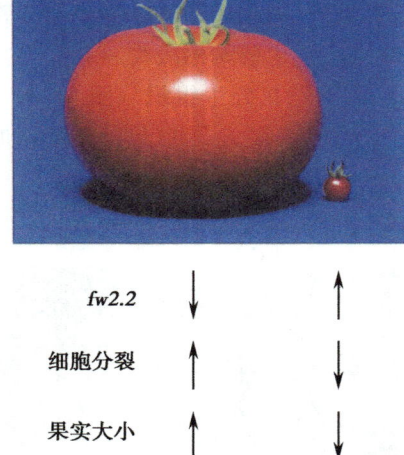

图 9-11 *fw 2.2* 表达对番茄果实大小的调控。小的果实（右）是野生种茴芹叶番茄的果实；果实之所以小是因为 *fw 2.2* 高水平表达抑制细胞分裂造成的。大一些的果实（左）是栽培番茄品种"巨红"的果实，由于 *fw 2.2* 低水平表达促进了细胞分裂，因此果实很大。

人们通过 QTL 分析探明了野生型和栽培型番茄大小差异的遗传基础。果实小的番茄（茴芹叶番茄）与果实大的番茄（商业化种植的番茄品种"巨红"Giant Heirloom）进行了杂交。杂交的 F_2 代表现出果实大小的一系列变化，研究者发现成熟番茄果实的相对大小部分是由早期果实发育的细胞分裂数决定的。QTL 分析显示一个基因 *fw 2.2* 在决定果实大小上起着主要作用，这个基因的等位基因造成了观察到的果实大小的变化（图 9-11）。*fw 2.2* 基因编码一个在结构上与 Ras 家族的 GTP 酶很相似的蛋白质，GTP 酶调控哺乳动物细胞的细胞分裂。*fw 2.2* 编码的蛋白质抑制已受精心皮的细胞分裂，心皮将长成番茄的果实。*fw 2.2* 在茴芹叶番茄中的等位基因导致了小果实的形成，因为它有更高水平的 mRNA 转录物，从而产生更多抑制细胞分裂的蛋白质。因为所有的野生型番茄属植物都有"小果实"的等位基因（与茴芹叶番茄相同），而所有的栽培种都含有"大果实"的等位基因（与 Giant Heirloom 相同），所以可能对 *fw 2.2* 大果实等位基因的选择是番茄驯化的关键一步。正如前面提到的玉米中的 *tb* 基因，适应性的重要等位基因是由一个编码调控蛋白（如 *fw 2.2* 编码的蛋白质）的基因表达水平的差异产生的，而不是编码功能基因产物的差异造成的。

9.2 科学植物育种

在过去的 200~300 年，我们主要作物的遗传物质发生了深远的变化。欧洲小麦的培育提供了一个很好的例子，我们将由此展开讨论。之后我们将介绍其他谷类作物和果实，并讲述一些被称为"绿色革命"的进展。

作物改良的科学方法使许多作物的遗传结构发生了实质性的改变

在现代农业和大规模育种出现之前，个体农户储存着用于种植的作物种子。这套系统导致了数以千计遗传上不同、适应当地环境的植物品种（variety）的产生，现在这些品种被称为**地方品种**。欧洲曾广泛栽种了很多小麦的地方品种。这些促成地方品种发展的选择压力有两种来源。首先，农民们（大多数是无意识的）保留了一部分当年收成用以来年春季播种，从而进行了选择。其次，各地不同的气候、地理和环境条件也是当地品种演化过程中的选择压力。因此，在现代植物育种出现之前，遍布欧洲的栽培小麦有着相当大的遗传多样性。

地方品种的遗传物质是不均一的。例如，在任何一块种有小麦地方品种的农田中，都存在相当多的等位变异。发生在现代作物品种培育过程中的主要变化之一是遗传异质性的减少。这个减少的步伐随着时间的推移而加快。最初，农民和早期的植物育种者更有意识地进行选择。一旦作出选择之后，很少的（甚至是单个的）植物被留作扩繁用。结果就是地方品种渐渐转变为"纯种"（自交）系。这些品系的所有基因在很大程度上是**纯合**的，种群中的植物个体与选择前相比，彼此之间更加相似。

20世纪初，植物育种者开始将遗传学的新知识应用于作物的改良。有针对性地将不同纯种系之间进行**异花授粉**，在作物培育的过程中发挥了巨大的作用。最早的发现之一是**杂种优势**现象。这个现象发生在两个低产的自交系杂交后产生的 F_1 代杂种比双亲具有更高的产量。杂种优势在现代玉米品系和许多园艺作物的培育过程中发挥了重要作用。然而，因为小麦主要是自花授粉，杂种优势对现代小麦品种的培育并没有显著的作用。

20世纪小麦育种的主要遗传手段是反复回交。下面一个虚构的例子阐明了这项技术的基本原理。假设第一个小麦品种非常高产而且能产出优质的谷粒，但是容易得一种病。第二个品种低产但是抗病。很明显，人们想要的是将两种原始品种的优势结合在一起的新品种。以下是植物育种者用以实现这个目的的做法：将第一个品种与第二个杂交，在其后代中筛选（直接从 F_1 代或下一代中筛选）那些在产量上最像第一个品种同时也抗病的个体。这些选出的抗病植株再与第一个品种回交。这种回交被一遍遍重复，每次都选择高产和抗病的结合体。最终的结果是产生一个品种能够与第一个品种十分相似，同时携带一些来自第二个品种的抗病基因（及其连锁基因）。反复回交及后续选择的效率取决于不同的品种、纯种系、当地品种或野生相关株系中是否有决定这些重要性状（如产量和抗病性）的遗传变异性。

现代植物育种方法所带来的作物的培育导致了作物遗传基础的变窄。每年只有少数不同的品种被广泛栽种。这就导致许多原有的地方品种及其遗传多样性的丢失。正如我们所看到的，植物育种学家在改良作物的过程中逐渐意识到了地方品种及其野生近缘种的遗传多样性在育种中的潜在价值。

反复回交和选择的目的之一就是引入新的有益基因，并使原始基因型发生最小程度的变化。然而，有时仅靠观察少数植株的表型很难确定目的性状是否传给了下一代（尤其像产量等数量遗传性状）。这些难题目前已通过作物（见 2.4 节）**基因组图谱**的开发得到了缓解。现代基因组图谱提供了与重要性状的基因座紧密**遗传连锁**的**分子标记**。在育种的过程中，确定这些标记是否传给了下一代比确定目标性状的遗传更容易。因此基因组图谱能够极大地提高一些植物育种效率，当然，这些育种利用的是将含有不同性状的品种（系）进行杂交的方法。

小黑麦是一个"合成"的驯化作物

对于世界范围内广泛生长的大部分作物来说,它们经历了几千年人类的选择和驯化。小黑麦是首例人类有意创造出的作物物种,即通过将两个不同的谷类作物物种进行杂交:小麦（*Triticum*）和黑麦（*Secale*）。这种种间杂交的目的是将小麦营养和农学特性（高产、高蛋白含量的种子和适于烘焙面包的面粉）与黑麦耐寒及耐旱特性结合起来,从而扩大了这种具有小麦特性的作物的种植区域。

小黑麦有六倍体和八倍体两种形式。六倍体具有 AABBRR 基因组,是由四倍体（AABB）硬粒小麦和二倍体（RR）黑麦杂交而来。八倍体（AABBDDRR）来自于六倍体面包小麦（AABBDD）和黑麦的杂交。最初的杂交是科学家在 20 世纪 40 年代完成的,其结果产生含有亲本双方各一个基因组的单倍体胚。这些单倍体植株是不育的,但单倍体胚经**秋水仙素**（一种在**有丝分裂**时期抑制染色体分离的药物）处理后,产生双倍的染色体,从而使细胞分裂能正常进行。这些秋水仙素处理的植株完全可育,并且可以正常结实。

六倍体小黑麦比八倍体更具优势,并且是作物改良中重点关注的对象。小黑麦的产量与标准面包小麦栽培品种相似；被用作家畜饲料时,在营养价值上也与小麦或大麦相同。此外,小黑麦有更强的适应能力（相对于母本小麦）。因此,小黑麦现在一些国家被大量种植（东欧、加拿大、墨西哥、巴西；图 9-12),主要用作动物饲料。

图 9-12　巴西农田中的小黑麦。

从历史的观点来看，小黑麦是很重要的，它代表了人类第一次有意识地尝试去使用当时可行的技术来创造新的作物物种。从本质上说，它代表了人类第一次将遗传物质从一种作物向另一种转移。最近科学技术的发展使人们可以将单个基因或几个基因从一个物种转移到另一个物种，而不是整个基因组的转移，我们将在9.3节详述这部分内容。

抗病是产量的重要决定因子，并且可通过植物育种和作物管理来实现

作物的病虫害对产量具有显著的影响。除了在田里的损失，由昆虫、线虫、真菌和细菌导致的收割后损失也会造成减产（见第8章）。有几种方法可以保护作物不受病虫的危害。一些作物对特定的疾病或害虫有抵抗力，因为它们具有避开侵袭的能力。对于其他的作物，可以通过改变耕作方式来阻止病虫害的流行。这些作物管理的改变包括使用**除草剂**、杀真菌剂或杀虫剂，或是其他不依赖于化学药物的方法。这里我们将选择一些例子来描述如何帮助作物抵抗病害。抗病的遗传学和生物化学基础见8.4节。

正如在第8章里描述的，选择导致了新病虫的演化，并使其可以克服作物由遗传决定的抗病性。出于这个原因，植物育种学家正在不断寻找抗病的新抗源。这可以通过将携带目的性状（如高产）但是对特定病害敏感的作物株系与抗病株系进行杂交而实现，接下来选择保留目的性状同时能抗病的植株即可（如上所述）。最近，对于抗病机制的进一步了解使科学家们可以将克隆得到的抗病性基因（R基因）直接插入到作物基因组中（见9.3节）。

这里给出一个常规遗传杂交的例子，番茄育种者用来自于野生近缘种的抗病基因来改良栽培番茄的抗性。番茄是茄属植物中9个近缘种之一。这些种在染色体数目（$2n=24$）上是相同的，并与番茄的种间杂种可育，这样使得番茄不同品种间的杂交得以进行。由于番茄易于杂交，且人们对其**细胞遗传学**具有全面的了解，野生近缘种的性状已被成功的通过回交与选择整合到商业化种植的番茄品种中。这些性状包括对真菌、细菌、病毒和线虫病的抗性。引入野生种的这些性状产生的一个主要问题是**连锁累赘**：由于基因的连锁，有害性状与有益性状一起被转入植株中。例如，一些潜在的、有用的抗病基因与减小果实大小的基因紧密连锁，从而很难获得既抗病又具有大果实的植株。然而，最近由于精确的分子标记的使用使区分单个基因变得更加容易，从而使转入的抗性基因周围的DNA尽可能的少，因此减少了连锁累赘的问题。

当抗病基因在一个作物种群中以较低的频率出现而不是出现在每个个体中时，加快病虫演化的选择强度会降低。因此一些育种者提倡混合种植带有不同抗病基因的品种，这样可以阻止病害的流行。然而，这个策略（与作物种群在遗传上追求均一化的现代趋势是相反的）有一个缺点就是不同品种在特定的农学和品质上的性状也会不同。最终也许有可能的是种植遗传背景基本一致的品种，但其携带不同的抗病基因。这就模仿了这些抗病基因在野生种中行使功能的方式，因为大多数抗病基因在自然种群中以多态位点的形式发挥作用（见8.4节关于R基因多态性的讨论）。

如上所述，作物管理方式的改变也可以抵抗作物的病害，这具有相当重要的实践及科学意义。例如，在非洲，玉米产量受到钻蛀虫的严重影响，尤其是外来的玉米螟

和当地的蛀褐夜蛾。一些植物，如糖蜜草（*Melinus minutiflora*），能够用化学方法击退钻蛀虫，并释放一些化学物质来吸引钻蛀虫的寄生虫（更多植物释放的驱虫化学物质的例子见 8.4 节）。如果糖蜜草和玉米隔行种植（间混作），玉米田中钻蛀虫的密度比玉米单独种植时显著降低。这个例子说明了掌握植物化学对食草昆虫以及其寄生虫作用的知识能够提高对作物的保护能力。

豆科植物银叶山蚂蝗（*Desmodium uncinatum*）也可以驱除钻蛀虫，当与玉米间隔种植时是一种有效的控制害虫的方法。银叶山蚂蝗也可以通过固氮（根节处含有根瘤菌；见 8.5 节）来增加土壤肥力，并能够强有力地抑制寄生野草独脚金（*Striga hermonthica*）的生长，独脚金是非洲部分地区（见 6.1 节和 8.2 节）玉米田中的常见杂草。抑制独脚金的机制尚不清楚，有可能与抑制其种子萌发或抑制其幼苗寄生在银叶山蚂蝗的根部有关。

影响果实颜色、成熟和脱落的突变基因已被运用于番茄育种工程中

番茄育种者筛选了许多不同形状、形态和颜色的番茄果实，因此其品种间具有相当大的差异（图 9-13）。现代番茄育种更多地关注其在环境特异的适应性（如番茄种植在地中海、北欧的温室中、美国潮湿的东南部及干旱的西部）。此外，番茄育种者在不断尝试着提高番茄对一系列病原物和害虫的抗性，特别针对果实形状、颜色、果肉质地和口味等重要的性状进行筛选。我们将要举出一些的单基因突变体的例子，这些基因突变极大地影响了番茄果实特征或是果实承重结构特性，并被广泛运用于育种工作中。

图 9-13　番茄栽培品种 Heirloom。显示了非常独特的果实形状和颜色，这只是不同番茄品种在果实大小、形状和颜色方面有巨大差异的一个例子。

番茄果实颜色的变化主要是由于**类胡萝卜素**含量和质量的改变。所有植物都产生类胡萝卜素，其在**光合作用**（在**集光复合体**和反应中心中；见 4.2 节；又见 4.7 节关于类胡萝卜素生物合成的讨论）中起作用。类胡萝卜素在番茄果实中一种称为**色质体**的特殊**质体**中积累。番茄成熟过程中的颜色变化（如下）与催化类胡萝卜素生物合成途径中各步骤的酶的活性增加有关。在许多情况下，番茄品种间的颜色差异是由这条途径上的一个或更多酶的活性差异造成的。这些酶活性的品种间差异（由此造成的颜色差异）通常是由于编码这些酶的基因等位变异造成的。

番茄育种学家研究了果实成熟的遗传机理。番茄和许多其他果实在成熟过程中都会在一个特定的时间段有强烈的**呼吸作用**和相关的代谢活动，称为**呼吸跃变**。成熟的重要标志如颜色变化、软化和糖类积累都与呼吸跃迁有关。这一过程由植物激素乙烯

引发，乙烯的量在呼吸跃迁发生之前会有显著的增加。人们已经鉴定了影响番茄果实对乙烯响应的一些突变体。实践已经证明其中一些突变体对植物育种是非常有用的，因为延迟成熟可以降低果实在运输过程中的损坏，从而可以减少收割次数。一个例子是半显性 Neverripe（Nr）突变体。Nr 通过阻断对乙烯的正常响应而使得果实延迟成熟。野生型等位基因编码一个乙烯受体（是拟南芥 ETR1 的直系同源基因）。相反，Nr 等位基因编码一个突变的乙烯受体（与拟南芥突变体 etrl-1 等位基因类似；见 6.3 节关于 ETR1 及其他乙烯受体基因及突变体）。这一突变的受体不能感应乙烯，因此乙烯的响应被抑制。另外两个影响果实成熟的突变体已被用于番茄育种工作中：ripening inhibitor（rin）和 nonripening（nor）。这些基因的野生型等位基因编码控制成熟过程中的关键转录因子。在突变体 rin 或 nor 等位基因的纯合植株中，引发呼吸跃迁的乙烯生物合成受到了抑制。rin 等位基因在商业上已被广泛用于培育成熟迟缓的番茄品种。

另一个突变体 jointless 已被番茄培育学家用于减少由于果实未成熟脱落而造成的损失。野生型番茄在**花梗**处（花基部的柄）会分化出离区。随着果实成熟，通过乙烯调节的程序化事件（如离区细胞间的胞间层中细胞壁水解酶的表达）导致离区弱化，之后断裂，从而使成熟的果实从母体脱落。jointless 的纯合植株不能分化出离区，因此成熟的果实能够留在植株上。其野生型等位基因编码一个可能参与调控离区发育过程的转录因子。将 jointless 整合到商品番茄育种**种质材料**中可以帮助减少未成熟果实的脱落。

在绿色革命中，小麦和水稻矮化突变体的应用是作物产量提升的主要原因

绿色革命是指过去的一段时间内，许多国家采用新的品种和栽培方法，从而使主要谷类作物——小麦和水稻的产量快速增长。自人类实现农业以来，大多时候作物都种植在氮源供应非常有限，需要同野草有效地竞争光照、水分和营养的条件下。科技在农业中的应用显著地改变了作物的生长环境和种植方式。例如，现代麦田与 19 世纪的麦田完全不同：选择性除草剂的使用在很大程度上去除杂草，无机肥料的使用可以将土壤氮源提升至以往无法达到的水平。尤其是使用方便的无机氮源（在工业过程中固定为氨，哈伯-波希制氨法）对作物产量有着极大的影响。

在新环境下，人们对作物又有了新的要求。以前，高大的植物具有优势，因为它们可以高过野草从而避免被其遮阴；此外，农民们需要高的麦秆为家畜铺草垫。在新的环境中，高秆作物相对来说优势减少。因为没有那么多与之竞争的杂草，高秆作物相对于矮秆作物在受风雨侵袭时更容易倒伏，从而使产量减少。这种易倒伏在施肥增加氮源的土地上更加严重，因为施肥使得茎秆长得更高。倒伏茎上所结的麦穗通常会落在地上，以致不能收割。此外，若将生长高的茎秆所消耗的营养和能量用于麦粒的发育则会增产。虽然小麦品种高度在 19 世纪后期及 20 世纪初期逐渐变矮，20 世纪 50 年代和 60 年代的绿色革命为小麦和水稻矮化品种的育种带来了巨大的进步。我们首先讲述小麦育种的绿色革命。

19 世纪后期，日本的农民种植了小麦的半矮化品种，其茎秆比普通的小麦显著变短。这些品种含有一个显性矮秆基因。这种矮化影响茎秆长度但是对每一麦穗的谷粒

产量没有显著的影响。20世纪50年代，这些矮化的基因被引入到产量相对高的美国品种，然后被引入到墨西哥的小麦育种工作中。正是在墨西哥产生了第一个真正的半矮化绿色革命品种。通过在墨西哥两个气温不同的区域试验田的种植，一个冷一个热，筛选出了新的在两种环境下均生长良好的矮化品种。此外，这些新品种是"春"小麦（春小麦，不同于冬小麦，开花之前不需要长时间冷处理）。春小麦在春夏相对温和的地区可以春天种植夏天收割，在冬天温和春夏炎热的地区也可以在冬天种植（秋天种植春天收割）。

新品种的产量比传统品种显著增加，主要有两个原因：首先，它们将部分茎秆生长的能量用到谷粒的生产上；其次，较短的茎秆减少了风雨造成的产量损失。新的、绿色革命的小麦品种的应用迅速传播到了世界各地。在几年之内，20世纪60年代末至70年代初，一些国家如印度从小麦的净进口国转变为净出口国。

赋予绿色革命小麦品种矮化特性的关键基因是一对部分同源的突变基因——Rht-$B1b$（位于4B染色体上）和 Rht-$D1b$（位于4D染色体上），其中任何一个都能导致矮化（图9-14）。所有绿色革命小麦品种都包含这两个基因的其中之一。Rht-$B1b$ 和 Rht-$D1b$ 编码突变了的拟南芥**赤霉素**信号蛋白 GAI 的小麦直系同源蛋白。GAI 最初被鉴定为赤霉素调节植物生长机制中的关键组分。GAI 是生长的抑制子，而赤霉素通过细胞**蛋白酶体水解途径**（见5.4节）将 GAI 破坏从而促进植物生长。GAI 的突变体 gai 蛋白在 N 端缺失了一个称为 **DELLA 结构域**的高度保守的区域。这个结构域的缺失使 gai 蛋白变成组成型表达的抑制子，不受赤霉素影响。同样的，Rht-$B1b$ 和 Rht-$D1b$ 编码的蛋白质因缺失 DELLA 结构域对赤霉素不敏感而造成了小麦的矮化特性。（更多详细资料见5.4节关于赤霉素及 GAI、DELLA 蛋白的叙述。）

图9-14 显示"绿色革命"矮化基因效应的小麦植株。这里显示的是高的野生型（左1）、半矮化的 Rht-$B1b$（左2）、半矮化的 Rht-$D1b$（左3）及矮化等位基因及其组合（右1～3）（由 Peter Hedden 提供）。

水稻绿色革命品种的育种开始于将矮化基因引入水稻育种过程中。首批品种（如IR8）来自一个台湾的矮化品种（Dee-gee-woo-gen）与一个印度尼西亚的高产品种杂交的后代。与小麦一样，这些新的矮化品种产量很高，使其在亚洲许多水稻种植区快速传播。Dee-gee-woo-gen 的矮化特性是由一个单隐性等位基因 $sd\text{-}1$ 导致的。$SD\text{-}1$ 基因的野生型序列显示其编码一个赤霉素生物合成途径中的酶——赤霉素-20 氧化酶。水稻基因组含有一个由 5 个不同基因编码 GA20-氧化酶组成的家族，它们都是组织特异性表达。$SD\text{-}1$ 在生长的茎和叶中表达，但不在花序中表达。$SD\text{-}1$ 功能的缺失（$sd\text{-}1$ 突变体）会导致茎秆中赤霉素水平降低，从而产生矮化茎秆。因为花序赤霉素水平保持不变，（每个穗子）谷粒数不会受影响，但是茎秆高度降低会使作物产量增加。

绿色革命的小麦和水稻矮化基因的分子基础近期才建立起来，20 世纪 50 年代和 60 年代首次使用它们的育种者并不确切地知道这些基因是如何造成表型变化的。回顾过去，很清楚的是育种学家使用两种不同的方法改变植物的赤霉素水平来增加现代谷类作物的产量。正如我们提到的，绿色革命品种的引入所带来的高产量具有世界范围的影响，使一些国家由食品进口国变为净出口国。此外，粮食产量的增加帮助减少了由饥荒带来的死亡人数，其他许多本会挨饿的人现在也有饭吃。在世界人口由 30 亿增加到 60 亿时，食物生产量仍能满足日益增长的人口的需求。

杂种优势也导致作物产量大幅度提高

达尔文第一个注意到当两个玉米自交系杂交时，F_1 代植株更高，并且对冷具有更好的耐受性。他总结出杂交种比其自花授粉的亲本更高、更重，且育性更强，并认为这是因为其具有更好的先天活力。植物育种学家将这种现象称为杂种优势，并将之用于提高产量。

杂种优势现在被用于许多农业和园艺作物来提高产量。早期研究（1908 年）表明杂种玉米的产量比其亲本株系高出 4 倍（图 9-15）。第一代商品杂种玉米在出现于 20 世纪 20 年代初的美国。到 20 世纪 40 年代，美国的玉米作物大多数都是杂种，直到今天。

图 9-15　现代玉米田。生长旺盛、高产的杂种玉米。

1930~1997 年，每公顷玉米产量由平均 1t 增长到平均 8t。由杂交优势带来的产量的增加占这个增长的 50%~70%，而其余的增长则是由除草剂的施用和更多肥料的施用带来的。

农民们从种子公司购买 F_1 代杂种玉米种子，种子公司通过将两个自交系杂交来生产种子。农民们从 F_1 植株上收获的谷粒（F_2）因为拥有两个亲本不同的等位基因而导致分离。如果将这些收获的种子种下去，会产生大量表型不同的植株，而不是像 F_1 代那样产生表型一致、高产的植株。所以农民们每年都需要从种子公司购买的新的 F_1 代杂交种子。

种子公司通过控制亲本自交系的异花传粉来生产 F_1 代种子。由于玉米的雄花和雌花本身就是分开的，有几种不同的方法可以实施异花传粉：给花序套袋，去掉雄花（"打顶"；图 9-16），或者使用遗传上的雄性不育株（如下）。

图 9-16　20 世纪 30 年代给玉米"打顶"（来源于 D. N. Ouvkk，Nature Rev. Genetics，2：69-74，2001. 经由 Macmillan Publishers Ltd 许可，由 Pioneer Hi-Bred International，Inc 提供）。

杂种优势使许多其他农业和园艺作物的产量提高。例如，商品番茄品种通常是 F_1 代杂种，莴苣、菠菜和其他叶菜的许多常见种植品种也一样。尽管在作物产量和生长势改良方面具有极大的重要性，杂种优势的遗传基础仍是个谜。这个谜有可能在不久的将来通过遗传学手段揭开。

细胞质雄性不育使得 F_1 代杂交育种更方便

线粒体 DNA 的突变会抑制可育花粉的产生从而导致不能产生种子（见 2.6 节关于**线粒体基因组**的信息）。无法产生可育花粉称为"雄性不育"。许多植物的线粒体仅通过**胚珠**传递给下一代，而不是**花粉**，因此会造成雄性不育的线粒体突变只能通过母本遗传。这种类型的遗传称为**细胞质雄性不育**(CMS)。人们已在 150 多种植物中发现了 CMS 现象，植物培育学家在作物中利用 CMS 来产生 F_1 代杂种。CMS 比较适合于需要繁重劳动力进行去雄的作物，这样就不需要手工去除花药（去雄）或切掉整个雄花序（玉米的打顶；图 9-16）来避免自交授粉。一些作物如高粱，其大量微小、排列紧密的两性花使得人工去雄几乎不可能。当 CMS 植株授以其他栽培品种正常的花粉时，其所有的后代都是 F_1 代杂种（因为 CMS 不产生自身可育的花粉）。

然而，F_1 代杂种后代的育性需要得到保证。为了实现这个目的，CMS 植株与含有**核恢复基因**的栽培品种进行杂交。核恢复基因会抑制 CMS 线粒体突变所产生的效应，使 CMS 的花粉有活力并克服由线粒体突变造成的雄性不育。这就保证了 F_1 代杂种本身的育性，使 F_1 代在农业上种植时可以产生种子和果实。为了得到玉米 F_1 代杂种种子，CMS 植株与恢复系植株间隔交替种植。CMS 植株授以恢复系植株的花粉后得到 F_1 代种子，其萌发后即可产生完全可育的植株。

CMS 在经济上的重要性吸引了大量研究来发掘其分子机制。例如，CMS 在玉米、油菜（十字花科）、矮牵牛、水稻、高粱和向日葵中已得到很好研究。在许多情况下，CMS 与线粒体 DNA 重排有关，使线粒体基因组产生新的蛋白质编码区域。例如，CMS Texas（T）细胞质（CMS-T）是美国首个用于生产玉米 F_1 代杂种的 CMS 系统。在 CMS-T 细胞质的线粒体基因组中，重排使基因 *ATP 6* 的启动子与另一个线粒体基因 *RRN 26* 的部分编码区域融合在一起。融合的结果产生了一个新的编码区域 *T-URF 13*，编码一个新的 13kDa 的 T-URF13 蛋白。这个蛋白质是一个突变的孔道形成蛋白，它定位于线粒体的内膜（图 9-17），它的异常抑制了正常线粒体的功能，从而导致不育花粉的形成。与 CMS-T 联合使用的核恢复基因（*Rf 1* 和 *Rf 2*）的产物（恢复由 CMS-T 产生的 F_1 代杂种的育性）降低了 T-URF13 对线粒体功能的影响，恢复了花粉的育性（图 9-18）。

20 世纪 60 年代后期，CMS-T 系统在美国广泛用于生产玉米 F_1 代杂种。然而，携带 CMS-T 细胞质的植株极易感染南方玉米枯萎病。这种病害的流行导致 1970 年美国大量玉米作物受损，并导致严重减产。美国玉米育种学家一度重新采取打顶手段来生产玉米 F_1 代杂种。幸运的是，病原体易感性在其他 CMS 系统中并不是普遍现象。

CMS 最令人不解的一个问题是为什么线粒体障碍会使 CMS 影响花粉发育而不影响植物发育的其他方面。在许多情况下，CMS 与绒毡层早期降解有关，绒毡层是花药中产生花粉的细胞层。CMS 植株的所有细胞都含有同样的突变线粒体，所以为什么这个缺陷仅仅出现在花粉发育时期？这个问题的答案依然不清楚。但是，有可能线粒体缺陷造成的影响仅仅在线粒体达到或接近最大限度发挥功能的组织中观察的到；或许突变的线粒体会满足大多数组织对能量的需求，但无法满足产生花粉的绒毡层细胞相对极端的 ATP 要求。

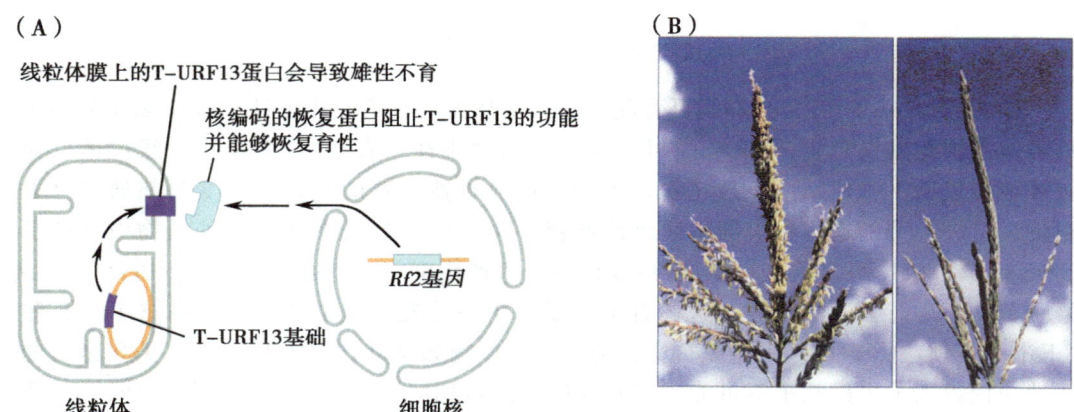

图 9-17 使用 CMS Texas（T）细胞质生产 F_1 代杂种玉米。（A）T 型雄性不育在 20 世纪 60 年代被用于玉米育种研究中。使用雄性不育系作为母本与不同的自交系进行杂交，保证母本不会自交授粉，从而母本上所结的种子都是杂种。图中展示了 T 型雄性不育在玉米中的工作模型。在携带 T 型雄性不育的植株中，线粒体基因组编码一个定位于线粒体内膜上的小蛋白——T-URF13。这个蛋白致使植物花粉失活而导致植物雄性不育。一个核基因（$Rf2$）编码一个"恢复"蛋白，可以抑制 T-URF13 对花粉育性的影响。玉米育种学家在其育种过程中使用携带恢复基因的父系，就能恢复杂种后代雄性的育性。（B）照片中是玉米的雄穗。T 型细胞质会导致核恢复基因 $Rf1$ 和 $Rf2$ 缺失的植株雄性不育（右）；携带 $Rf1$ 和 $Rf2$ 的植株雄性可育（左）。

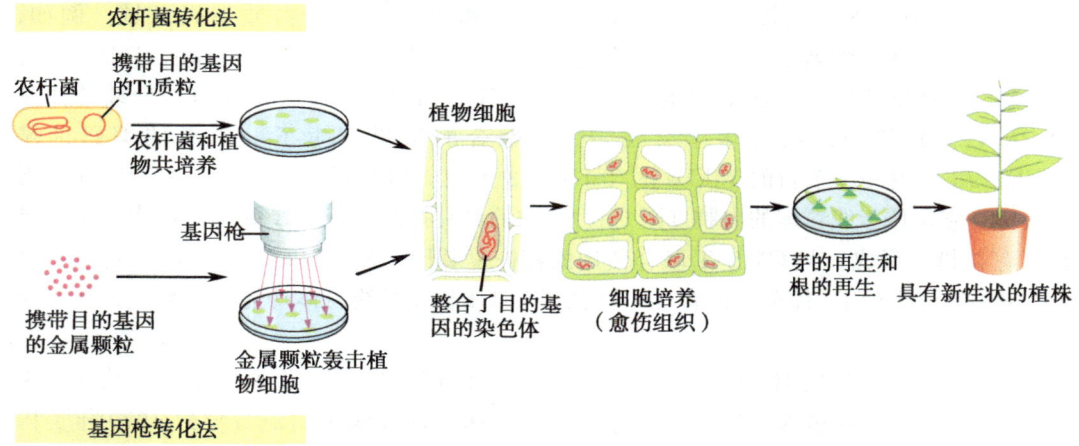

图 9-18 农杆菌及基因枪介导的基因转化方法。

9.3 生物技术

我们现在转向植物生物学相对近期的发展：能够将含有一个或几个基因的一个 DNA 片段插入到植物基因组中。此前，将新的遗传物质转移到植物的基因组中只能通过传统的异花授粉。虽然这种传统的方法已获得巨大的成功，并用于当今世界上种植的几乎所有作物，但新技术与其相比能够更精确的转移选定的目的基因，而不像传统的育种方法会影响到很多非目的基因；该技术也没有必要进行连续几轮的选择（在最初杂交的几代之后）从基因组中删除不需要的基因。除了作为日益重要的作物改良方法外，该技术因其能有效地将单基因插入到植物基因组中，也已成为植物生物学基础研究的一个重要技术手段。

在本节中，我们将讨论基因植入技术（构建**转基因植物**；转入的外源基因被称为转基因），之后讲述转基因作物在农业中的一些应用。最后，我们将展望未来几十年可能发生什么：怎样运用遗传的和生物技术的进步来改良未来的农作物。

农杆菌介导的基因转化方法广泛应用于植物转基因工作中

根癌农杆菌是土传的细菌，它能感染广泛的植物寄主。农杆菌的 DNA 片段转移到宿主核基因组的机制已于 8.1 节进行了讲述，建议读者在往下读之前先阅读相关内容。总之，农杆菌 **Ti（瘤诱导）质粒** 的 T-DNA 被转移到宿主植物的细胞核，并整合到宿主的核 DNA 中。

转化是将一段新的 DNA 引入生物体基因组的过程，转基因植物就是被转入 DNA 的植物或其后代。在实验室中农杆菌这种天然的转化系统已经被运用于把一个特别的基因转入到一个植物受体中。最常见用于植物转化的农杆菌介导的方法是**二元载体系统**。在这些系统中，Ti 质粒的 *vir*（**毒性基因**）的功能和 T-DNA 的功能被分为两个遗传组分（因此称为"二元"）。首先，T-DNA 在 Ti 质粒上被删除，由留下的基因 *vir* 完成侵染（图 9-19）。其次，T-DNA 的边界序列（LB 和 RB）（图 9-19）被整合到一个称为"广泛宿主"的质粒中，因为它在大肠杆菌和农杆菌中都可以生长，且可被操控。这种新的质粒还带有选择性标记基因，可以对携带这种载体的细胞或植物进行抗生素筛选。新的 DNA 可插入到两个 T-DNA 的边界序列之间（形成一个**嵌合 T-DNA**），重新导入含有删除掉最初 T-DNA 的 Ti 质粒的农杆菌中。通常这种新的 DNA 含有一个基因和控制其在植物细胞中表达的部分：目的可读框和驱动可读框表达的启动子。

图 9-19　**抗草甘膦的大豆。**大豆作物能抵抗草甘膦的喷洒，而作物大田中生长的杂草都会被杀死。

携带嵌合 T-DNA 的农杆菌被用于感染植物细胞，从而将嵌合 T-DNA 插入到植物基因组中。带有嵌合 T-DNA 的细胞能抵抗抗生素，因此可在植物的再生过程中用抗生素对其进行选择（图 9-19）。另外，含有生殖核（即生殖细胞的细胞核；见 5.6 节）的花粉被转入嵌合 T-DNA 后，其后代具有抗生素抗性。转化后的植物可通过抗性表达进行鉴定，接着就可以检测转入植物基因组的新基因的表达特性了。

农杆菌通常感染**真双子叶植物**，而不是**单子叶植物**。因此，当基于农杆菌的植物转化系统首次被开发出来时，它们只适用于真双子叶植物。但是，通过测试不同的农杆菌菌株，并操控 *vir* 基因的表达，现在已设计出对许多单子叶植物极为有效的转化系统，包括重要的农作物如玉米、水稻、小麦和大麦。

上述嵌合基因的构建所需的启动子的选择取决于所需基因的表达水平或组织特异性，以及被转化物种本身的特性。农杆菌介导的基因转化中最广泛使用的启动子是花椰菜花叶病毒（CaMV）35S 启动子。这个启动子在大多数真双子叶植物组织中启动基因的高水平表达，但在大多数单子叶植物中作用很差。基于这个原因，玉米泛素化基因启动子通常被用于单子叶植物的基因转化。其他启动子的表达受植物特定发育阶段或外部刺激的调控，或者在特定细胞类型中表达，人们利用这些启动子的特性，使得嵌合基因根据需要在特定部位或特定时间进行表达。

基因枪法（粒子轰击）介导的基因转化是产生转基因植株的另一种方法

不同于农杆菌介导的基因转化，基因枪法（或称为粒子轰击法）依赖于物理的而不是生物学方法将 DNA 转入植物细胞核中。我们在图 9-18 中对这两种技术进行了总结。被转移的 DNA（通常是构建的嵌合基因，包括启动子、可读框和供选择用的抗生素抗性标记）沉淀到微小的金质颗粒上。这些颗粒被加速到很高的速度——通过静电，或氦气的喷射，或通过快速"子弹"的冲击，从而穿透和进入植物细胞。粒子表面的 DNA 被整合进部分细胞的基因组中。被转化的细胞可以通过其抗生素的抗性通过筛选，这些细胞可以再生出有活力的植株（这些步骤在两种转化方法中都相同；图 9-18）。

如上所述，利用农杆菌介导的转化方法将外源基因转入该细菌正常宿主范围之外的物种中是研究人员最近才开发出的。因此，目前商业的许多转基因玉米和大豆品种是由基因枪介导的基因转化方法产生的。

转基因抗除草剂作物有利于控制杂草

除草剂是能够杀死植物的化学物质，已被商业化用于清除杂草。农民们面临的挑战是如何清除杂草而不损伤作物。基于以下几个原因，农民需要对杂草进行控制：它们与作物竞争资源，如光、水和土壤养分，导致作物减产；会影响收割过程的速度和效率；在收割过程中，有毒杂草的种子会污染作物种子。特定基因的转化已被用来开发抗除草剂作物。这些转基因抗除草剂作物增加了农民使用除草剂的灵活性和效率。

除草剂有许多不同类型，以不同的方式杀死植物。这里我们主要介绍一个例子，草甘膦，因为对草甘膦有抗性的基因已经被转到许多的作物品种中。草甘膦是抑制氨基酸生物合成的一种除草剂。具体来说，草甘膦（*N*-phosphonomethylglycine）抑制烯醇丙酮莽草酸三磷酸（EPSP）合酶的活性，这是一个芳香族氨基酸、色氨酸、苯丙氨酸和酪氨酸生物合成途径中的酶（莽草酸途径的叙述见 4.8 节）。EPSP 合酶使莽草酸三磷酸和磷酸烯醇丙酮酸（PEP）转化为 EPSP 和无机磷酸盐。草甘膦与 PEP 非常相像，能竞争性地结合到 EPSP 合酶蛋白上。

在 PEP 结合位点处改变 EPSP 合酶氨基酸序列，会产生一个对草甘膦不敏感的突变蛋白，但仍然可以结合 PEP。这些对草甘膦不敏感的 EPSP 合酶的突变蛋白被大量表达，特别是在分生组织中（草甘膦能够迅速转移），使植物可以耐受高浓度的草甘膦。对于阔叶作物如大豆和甜菜，控制杂草但不损害作物是非常困难的，能够大量表达草甘膦不敏感的 EPSP 合成酶的转基因品种的开发，使无杂草栽培变得更加容易。在种有转基因抗草甘膦作物品种的农田中施用草甘膦能够清除杂草而不伤害作物（图 9-19）。

转入编码苏云金芽孢杆菌（Bt）晶体蛋白基因的作物产生了抗虫性并能提高了产量

除草剂抗性，尤其是草甘膦抗性，是目前作物中非常重要的两个转基因性状之一。另一重要转基因性状是对害虫的抗性，是由转入苏云金芽孢杆菌中一个编码杀虫蛋白的基因产生的。

苏云金芽孢杆菌是一种形成孢子的细菌，其孢子含有由一个大约 130kDa 的蛋白质形成的晶体，即 Bt 蛋白（或 cry 蛋白）。当昆虫幼虫摄取孢子之后，昆虫中肠的碱性环境使晶体溶解。肠道蛋白酶对释放出的 Bt 蛋白进行剪切，去掉大部分的 C 端，留下有活性的、有毒的 N 端 65~70kDa 的功能域。这种活性毒素与中肠上皮细胞质膜上的特定受体相结合，在膜上形成小孔将细胞杀死。昆虫的肠道功能受到损害，幼虫饥饿致死。

自从转基因植物在 1983 年成为现实后，具有抗虫的转 Bt 基因作物的开发已成为一个主要的目标。今天，种植最广的转 Bt 基因作物是棉花，其中 cry1Ac Bt 蛋白的表达产生了对烟青虫（*Heliothis virescens*）的抗性，同时也抗棉铃虫（*Helicoverpa zea*）和棉红铃虫（*Pectinophora gossypiella*）（图 9-20）。在转 Bt 基因的玉米中，cry1Ab Bt 蛋白产生了对欧洲玉米螟的抗性。种植这些转基因作物，减少了农业中化学杀虫剂的使用。

图 9-20　生长在亚利桑那州科罗拉多河流域帕克山谷的 Bt 棉花。前面大片绿色的农田种植了被遗传改造过的能够产生 Bt 毒素 cryTAc 的棉花。后边没有绿叶的白色部分种植的是非 Bt 棉花；这种种植方法是法规要求的，其目的是庇护对 Bt 敏感的昆虫，从而抑制节肢动物演化出对 Bt 毒素的抗性（由 T. J. Dennehy 提供）。

许多农艺性状都可以通过转基因方法得到改良

将一个或几个基因转移到农作物中的技术已经变得比较简单。许多可能的应用是显而易见的，每年都有新的转基因作物加入到商业生产中。在这里，我们重点讲述两个最近具有独特生物学意义的应用：抗番木瓜环斑病毒（PRSV）的番木瓜和表达更高水平 β-胡萝卜素水稻的开发。

近几年环斑病毒对番木瓜的破坏尤其严重。在 20 世纪 90 年代这种疾病对夏威夷和其他地区的番木瓜产业造成了严重损害。转基因番木瓜的引入使 PRSV 病毒对番木瓜产业的负面影响大为减弱，因为该转基因番木瓜携带一个能够表达 PRSV 病毒外壳蛋白的外源基因。番木瓜中这个基因的表达显著降低了 PRSV 的侵染，很可能是因为它导致了 PRSV 同源序列的基因沉默（RNA 沉默见 8.4 节的讨论）。这个简单的抵抗病毒病的转基因方法使夏威夷和其他地区的番木瓜种植业得以恢复（图 9-21）。

图 9-21　抗 PRSV 的番木瓜。 鸟瞰番木瓜田。抗 PRSV 的转基因番木瓜植株（深绿色区域），被非转基因、受病毒侵染、濒临死亡的番木瓜树所包围（由 Dennis Gonsalves 提供）。

在世界上人们依赖水稻生存的地区，以大米为主的食物中缺少维生素 A 引发了健康问题。大量儿童由于缺乏维生素 A 而免疫系统低下，从而死于各种病原感染。此外，维生素 A 的缺乏会导致视力问题，轻则影响视力，重则完全失明。在东南亚地区，据估计每年有 25 万儿童由于这种营养缺乏而失明。人体能够将从饮食中摄取的类胡萝卜素转变成维生素 A，即视黄醇。例如，β-胡萝卜素被肝脏中的酶剪切成两个维生素 A 分子（图 9-22）。

转基因水稻在胚乳中能表达一种酶，从而产生高水平的 β-胡萝卜素，以预防维生素 A 缺乏症。水稻未成熟胚乳中会合成胡萝卜素途径中的早期中间产物——牻牛儿二磷酸（见 4.7 节萜类化合物合成的讨论），但缺乏快速催化 β-胡萝卜素合成的能力。胚乳中表达的八氢番茄红素合酶（PS）将内源牻牛儿二磷酸转化成八氢番茄红素。若在

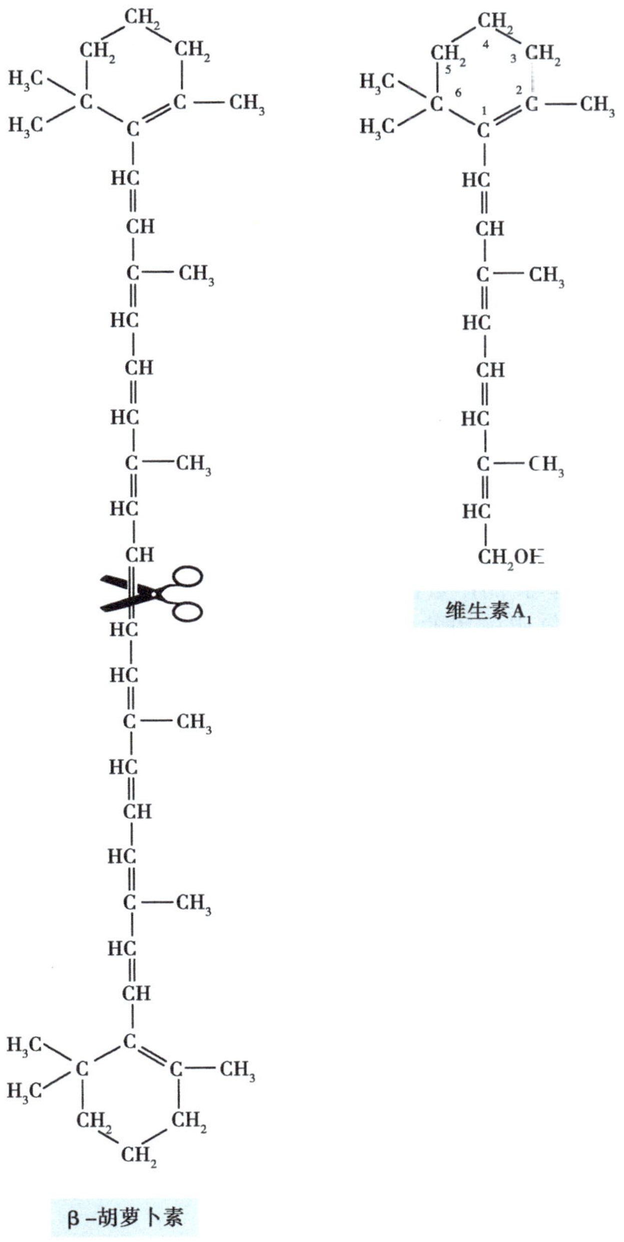

图9-22 β-胡萝卜素被剪切形成维生素A。

水稻胚乳中表达细菌胡萝卜素脱氢酶（crtI）和植物番茄红素β-环化酶，就可以将八氢番茄红素合成为β-胡萝卜素。因此，在开发这种大米的过程中，需要转化三个基因来产生合成β-胡萝卜素的能力。编码PS和番茄红素β-环化酶的基因从喇叭水仙中克隆得到的（水仙花因积累β-胡萝卜素而呈黄色）。由这些基因编码的酶携带叶绿体转运肽，从而在质体中积累。人们对细菌 *crtI* 的可读框加以修饰，也使之加上一个编码叶绿体转运肽的序列，从而将上述三种酶定位在质体中。可用农杆菌介导的转化方法将表达编码这三种酶基因转入水稻植株，转基因水稻的胚乳中将含有较高浓度的β-胡萝卜素。近期已将玉米（而不是水仙）的 PS 基因转入水稻，获得了更高浓度的胡萝卜素。这种合成 β-胡萝卜素的水稻是一种可以用来改善膳食的途径。研究人员正在进行实验以确定水稻胚乳中的脂溶性 β-胡萝卜素如何能被有效的吸收到体内，以及满足饮食需要的食用量。

"绿色未来"：人类与植物之间的可持续发展

在这一章我们列举了一些具体例子，来说明植物和人之间关系的变化，尤其侧重于农业和园艺。这种关系涉及面十分广泛，并且非常复杂，在此不能全面地加以阐述，但我们选择的例子清楚地阐明了植物驯化、育种及生物技术的进展是如何为植物和植物种群的结构及特性带来了巨大的变化。这些变化反过来又导致了农业实践、景观和生态的改变。这些变化肯定还会继续。

目前，人类面临着挑战：作物新品种的发展及栽培方法的改良使 20 世纪作物产量空前增加，在很大程度上，这些增加与世界人口增长所带来的对粮食增加的需求保持同步。但在许多情况下，食品产量的增加是以破坏环境为代价的。举个例子，大部分作物产量的提高归功于氮肥施用的增加。这些肥料中含有化学活性态的氮，是从大气中非活性氮气制造而来。许多作为氮肥施用到农田中的硝酸盐和氨等并不能被作物完全利用。因此，近几十年来，环境中化学活性态的含氮化合物出现了大幅增长；这种增长破坏了自然生态系统，如在湖泊和河流中，含氮化合物促进了藻类的生长，而藻类数量的快速增长消耗了水中的氧气和其他营养物质，造成湖泊与河流中的鱼类和其他生物死亡。

现代农业还威胁到环境的其他方面。为了给作物种植腾出空间而进行的对其他生物自然栖息地的侵占以及土地开垦加速了物种的灭绝。人类也得为全球环境的改变负责，如因化石燃料的燃烧使大气中二氧化碳水平的增加所带来的气候变化；这些变化本身对作物生产力的维持就是一个巨大的挑战。地球所提供的有限资源、生态系统、栖息地和自然种群必须得到保护，这一认识已被世界上越来越多的国家所支持。植物生物学家们所面临的挑战是找到一种方法，使得在维持和提高作物产量的同时停止或扭转对环境的破坏。

小结

从史前时期到今天，植物和人类之间的关系发生了重大变化。人类从野生植物物种中进行选择而首次产生了驯化作物，其中很多在前农业时期人类聚居地附近是很普遍的。不同种类的植物因其特定性状而被驯化：谷类和豆类的种子，其他植物的叶、茎或果实。

玉米及其野生祖先玉蜀黍之间的许多差异仅由 5 个基因座的等位变异造成。例如，*teosinte glume architecture* 基因调节颖的大小和硬度；玉蜀黍谷粒包含在一个坚硬的果盒之内，而玉米谷粒并非如此，因此更容易收获。栽培面包小麦是多倍体，是由不同的二倍体和四倍体杂交演化而来的。野生的二倍体和四倍体小麦分别被驯化的为单粒小麦和二粒小麦。二粒小麦和第三种野生禾草物种的杂交产生了被进一步驯化成为面包小麦的六倍体。果实大小的增加，最早出现在由野生茄属植物驯化而来的番茄中。

后来，改良作物的科学方法使许多作物的遗传结构发生了重大变化。其结果之一是遗传异质性的减少。在植物育种学家将不同的纯种系植物进行有目的及可控的杂交授粉的过程中，他们发现了杂种优势。两个低产的自交系进行杂交产生的 F_1 代杂种比亲本产量要高。杂种优势在现代玉米和许多园艺作物育种中的应用具有极大的重要性；大多数商品番茄品种是 F_1 代杂种，许多生菜、菠菜和其他叶菜作物品种也是如此。20世纪小麦育种采用连续回交及后续选择的方法，连续回交和选择的一个目标是引入新的、有益的基因而最小程度地干扰原始基因型；基因图谱的出现极大地方便了这一过程。

通过科学方法将小麦与黑麦进行杂交产生了小黑麦；通过影响果实颜色、成熟和脱落的基因突变体来改良番茄品种，并将茄属植物的野生近缘种的抗病性引入番茄。作物管理的变化也减少了作物的受损，例如，将抗虫植物与作物品种间作（如糖浆草和玉米）。在"绿色革命"中，小麦和水稻的矮化突变体使作物产量大幅增加。新品种迅速传播到世界上的许多地区，例如，20世纪60年代后期到70年代前期，一些国家从小麦净进口国变成净出口国。

随着生物技术的发展，仅一个或几个特定的基因可以被转化到植物的基因组中。产生转基因植物的方法包括农杆菌介导和基因枪介导的基因转化。使用这种技术的例子包括将抗除草剂特性引入转基因作物来进行杂草控制，转入编码苏云金芽孢杆菌（Bt）结晶蛋白基因的转基因植物具有抗虫性。

新品种的发展及栽培方法的改良使20世纪作物产量空前增长。在很大程度上，这些增长与世界人口增长所带来的对粮食需求的增长保持同步。但在许多情况下，粮食产量的增加是以环境破坏为代价的。植物生物学家们所面临的挑战是寻找一种方法，使得在维持和提高作物产量的同时停止或扭转对环境的破坏。

延伸阅读

整章

Chrispeels MJ & Sadava DE (2002) Plants, Genes and Crop Biotechnology, 2nd ed. Sudbury, MA: Jones and Bartlett Publishers, Inc.

Diamond JM (2005) Guns, Germs and Steel, new ed. London: Vintage.

9.1 驯化

Doebley J (2004) The genetics of maize evolution. *Annu. Rev. Genet.* 38, 37-59.

Doebley J, Stec A & Hubbard L (1997) The evolution of apical dominance in maize. *Nature* 386, 485-488.

Frary A, Nesbitt TC, Grandillo S et al. (2000) fw2.2: a quantitative trait locus key to the evolution of tomato fruit size. *Science* 289, 85-88.

Kempin SA, Savidge B & Yanofsky MF (1995) Molecular basis of the cauliflower phenotype in Arabidopsis. *Science* 267, 522-525.

Zohary D & Hopf M (2000). Domestication of Plants in the Old World, 3rd ed. Oxford: Oxford

University Press.

9.2 科学植物育种

Cui X, Wise RP & Schnable PS (1996) The *rf2* nuclear restorer gene of male-sterile T-cytoplasm in maize. *Science* 272, 1334-1336.

Liu F, Cui X, Horner HT et al. (2001) Mitochondrial aldehyde dehydrogenase activity is required for male fertility in maize. *Plant Cell* 13, 1063-1078.

Mao L, Begum D, Chuang HW et al. (2000) *JOINTLESS* is a MADS-box gene controlling tomato flower abscission zone development. *Nature* 406, 910-913.

Peng J, Richards DE, Hartley NM et al. (1999) "Green Revolution" genes encode mutant gibberellin response modulators. *Nature* 400, 256-261.

Sasaki A, Ashikari M, Ueguchi-Tanaka M et al. (2002) A mutant gibberellin-synthesis gene in rice. *Nature* 416, 701-702.

Vrebalov J, Ruezinsky D, Padmanabhan V et al. (2002) A MADSbox gene necessary for fruit ripening at the tomato *Ripeninginhibitor* (*Rin*) locus. *Science* 296, 343-346.

Wilkinson JQ, Lanahan MB, Yen H-C et al. (1995) An ethyleneinducible component of ethylene signal transduction encoded by *Never-ripe*. *Science* 270, 1807-1809.

9.3 生物技术

Comai L, Faccioti D, Hiatt WR et al. (1985) Expression in plants of a mutant aroA gene from *Salmonella typhimurium* confers tolerance to glyphosate. *Nature* 317, 741-744.

Delannay X, Bauman TW, Beighley DH et al. (1995) Yield evaluation of a glyphosate-tolerant soybean line after treatment with glyphosate. *Crop Sci.* 35, 1461-1467.

Feitelson JS, Payne J & Kim L (1992) *Bacillus thuringiensis*: insects and beyond. *Biotechnology* 10, 271-275.

Hoekema A, Hirsch PR, Hooykass PJJ et al. (1983) A binary plant vector strategy based on separation of *vir*- and T-region of the *Agrobacterium tumefaciens* Ti-plasmid. *Nature* 303, 179-180.

Vaeck H, Reynaerts A, Höfte H et al. (1987) Transgenic plants protected from insect attack. *Nature* 328, 33-37.

Ye X, Al-Babili S, Klöti A et al. (2000) Engineering provitamin A (β-carotene) biosynthetic pathway into (carotenoid-free) rice endosperm. *Science* 287, 303-305.